民用建筑供暖通风与空气调节设计规范技术指南

本书编委会　编
徐　伟　主编

中国建筑工业出版社

图书在版编目（CIP）数据

民用建筑供暖通风与空气调节设计规范技术指南/本书编委会编，徐伟主编. —北京：中国建筑工业出版社，2012.9
ISBN 978-7-112-14439-6

Ⅰ.①民… Ⅱ.①本… ②徐…Ⅲ.①民用建筑-采暖设备-建筑设计-设计规范-指南 ②民用建筑-通风设备-建筑设计-设计规范-指南③民用建筑-空气调节设备-建筑设计-设计规范-指南 Ⅳ.①TU83-65

中国版本图书馆CIP数据核字（2012）第160412号

《民用建筑供暖通风与空气调节设计规范》GB 50736－2012经住房和城乡建设部2012年1月21日以第1270号公告批准、发布，自2012年10月1日正式实施。本规范为暖通空调行业最重要的基础性标准和通用标准，技术难度高、覆盖面广、影响力大，是我国暖通空调行业，特别是建筑节能领域的最重要的基础性标准之一。

为配合《民用建筑供暖通风与空气调节设计规范》GB 50736－2012在全国范围内的宣贯、培训、实施以及监督工作的开展，将支撑此次规范编制过程中的主要研究专题资料进行留存，将暖通空调行业的一些基本概念和定义进行统一，将一些暖通空调行业的新技术、新系统、新设备进行推广，将一些相关计算方法标准化，将国内外的行业最新信息介绍给广大工程技术人员，《民用建筑供暖通风与空气调节设计规范》编制组特编制了此“技术指南”。为了更好地支撑规范的相关重点条文，本书从室内设计计算参数的确定，室内设计新风量、洁净度的确定及IAQ指标，供暖系统设计参数（供回水温度）的选择研究，供暖系统设计参数（比摩阻）的选择与间歇供暖负荷计算方法，间歇逐时空调附加冷负荷系数的计算方法研究，室外空气计算参数的确定方法及更新，空调冷负荷计算方法及软件比对分析，中外暖通空调设计规范（手册）比对研究等方面进行了系统介绍，形成了专题研究报告，以供工程技术人员参考使用。

本书为《民用建筑供暖通风与空气调节设计规范宣贯辅导教材》的姊妹篇，可作为各省、自治区、直辖市建设行政主管部门开展《民用建筑供暖通风与空气调节设计规范》GB 50736－2012宣贯培训工作的配套辅导教材，也可作为工程建设管理和技术人员理解、掌握该规范的参考资料；可供从事民用建筑供暖通风与空气调节设计、施工、监理、工程咨询、施工图审查等工程技术人员，大专院校从事供暖通风与空气调节研究、教学的广大师生，新材料、新设备等生产厂家的有关人员参考使用。

* * *

责任编辑：孙玉珍　何玮珂
责任设计：赵明霞
责任校对：党　蕾　王雪竹

民用建筑供暖通风与空气调节设计规范
技术指南
本书编委会　编
徐　伟　主编
*
中国建筑工业出版社出版、发行（北京西郊百万庄）
各地新华书店、建筑书店经销
北京红光制版公司制版
北京中科印刷有限公司印刷
*
开本：787×1092毫米　1/16　印张：39¼　字数：978千字
2012年8月第一版　2013年4月第三次印刷
定价：**88.00**元
ISBN 978-7-112-14439-6
（22512）

本书编委会名单

前　言

《民用建筑供暖通风与空气调节设计规范》GB 50736－2012由住房和城乡建设部组织编制、审查、批准，并与国家质量监督检验检疫总局联合发布，将于2012年10月1日起正式实施。这是我国批准发布的第一部完全针对民用建筑供暖通风与空气调节设计的基础性通用技术规范，对规范建筑市场，提高设计水平，促进节能减排，保障人民工作和生活环境，以及推动相关工程标准和产品标准的完善具有重要作用。

我国正处在城镇化的快速发展时期，2010年我国城镇化率为47.5%，国民经济和社会发展第十二个五年规划指出，“十二五”期间城镇化率仍将保持每年0.8%的增长趋势，到“十二五”末期将达到51.5%。城镇化快速发展使新建建筑规模仍将持续大幅增加，按“十一五”期间城镇每年新建建筑面积推算，“十二五”期间，全国城镇累计新建建筑面积将达到40～50亿m^2。城镇化快速发展带来对能源、资源的更多需求，如何在保证合理舒适度的前提下，降低建筑能耗是建筑节能工作的重点之一。

供暖、通风与空调工程是基本建设领域中一个不可缺少的组成部分，对合理利用资源、节约能源、保护环境、保障工作条件、提高生活质量，有着十分重要的作用。人民对生活质量需求不断提高对建筑室内环境提出更高要求，暖通空调系统在建筑物使用过程中持续消耗能源，如何通过引导暖通空调行业整体形成正确的设计理念，合理选择系统与优化设计使其能耗降低，满足“节能、健康、环保、安全”的室内环境，平衡建筑室内环境节能与健康、节能与环保舒适、节能与安全的关系，推动行业科学健康发展对实现我国建筑节能目标和推动绿色建筑发展作用巨大，关系到我国能源的可持续发展。

《民用建筑供暖通风与空气调节设计规范》GB 50736－2012为暖通空调行业最重要的基础性标准和通用标准，技术难度高，覆盖面广，影响力大，是许多其他标准，特别是节能标准的重要基础之一。从2008年开始，住房和城乡建设部组织中国建筑科学研究院等39个单位的多名专家组成编制组，经广泛调查研究，认真总结实践经验，对暖通行业新产品、新技术进行分析甄别、总结归纳，参考有关国际标准和国外先进标准，并在广泛征求意见的基础上，最后编制完成《民用建筑供暖通风与空气调节设计规范》GB 50736－2012（以下简称《规范》）。在编制过程中，一些设计师希望标准具有更宽的尺度，以满足在设计上的灵活性，但考虑到不同地区设计院以及设计师的专业能力，标准还以约束和规范性条文为主，突出标准的可操作性。

在《规范》编写的过程中，为更好支撑《规范》相关重点条文编制，规范组设立了八个专项研究课题，分别为“室内设计计算参数的确定”、“室内设计新风量、洁净度的确定及IAQ指标”、“供暖系统设计参数（供回水温度）的选择研究”、“供暖系统设计参数（比摩阻）的选择与间歇供暖负荷计算方法”、“间歇逐时空调附加冷负荷系数的计算方法研究”、“室外空气计算参数的确定方法及更新”、“空调冷负荷计算方法及软件比对分析”和“中外暖通空调设计规范（手册）比对研究”，研究专题在汇总国内外最新资料和成果的基础上，形成了专题研究报告，并完成《规范》相关具体条文和条文说明的编写。在研究的过程中，由于《规范》对内容的要求，一些基础性的研究资料并没有写入《规范》的条文和条文说明，这些基础性资料也具有重要的学术价值，值得保存。

同时，在《规范》编制和征求意见的过程中，随着行业相关信息的不断收集和反馈，规范组发现，一些暖通行业的基本概念和定义在规范、高校教材、技术丛书内还不尽统一，一些暖通行业的节能舒适的新技术、新系统、新设备、新工艺的出现没有得到广泛普及和使用，一些支撑设计的重要计算方法还有待标准化，而且随着我国逐渐与国际接轨，行业人员也希望能更多地了解国外相关暖通设计标准（手册）的具体情况。因此，借《民用建筑供暖通风与空气调节设计规范》GB 50736－2012 实施的机会，为了将支撑此次《规范》编制的研究专题的主要研究资料进行留存，将暖通行业的一些基本概念和定义进行统一，将一些暖通行业的新技术、新系统、新设备进行推广，将一些相关计算方法标准化，将国内外的行业最新信息带给大家，规范组特组织邀请相关行业专家完成此本《民用建筑供暖通风与空气调节设计规范技术指南》。需要说明的是，一些专项研究课题是相关研究单位及个人的观点和看法，考虑到技术成熟度、操作可行性、经济合理性，一些观点和看法未被《规范》吸纳，但其研究思路及结论具有很强的科研价值，值得行业探讨、交流和借鉴。

本书的编写凝聚了所有参编人员的集体智慧，是大家辛苦的付出才得以完成。编写过程中，始终得到了住房和城乡建设部标准定额司的指导和支持，在此一并感谢。

部分《规范》专项研究课题和本书的编写得到了能源基金会（美国）的资金赞助。

由于时间仓促，本书难免有不足之处，敬请读者给予批评指正。

徐伟

2012 年 5 月

目　录

舒适与节能的室内设计热工参数研究

天津大学环境科学与工程学院　朱能　田喆　丁研　徐欣

1　前言

随着我国经济的快速发展，人们对生活质量的要求也不断提高。人的一生中80%以上的时间是在室内度过的，所以室内环境质量的好坏对人们的生活有很大的影响。室内设计参数的重要作用之一就是满足居住者对于热舒适的需求。需要注意的是，伴随着我国城市化的高速发展，建筑能耗所占社会商品能源总消费量的比例也持续增加，而其中大部分能耗是用于供暖、通风与空调。随着我国对节约能源意识的不断加强，暖通空调系统的节能也越来越受到关注，只有制定合理的室内设计参数，才能科学地计算冷、热负荷，选择经济合理的供冷及供热设备，达到建筑节能的目的。所以，室内设计参数的确定是供暖通风与空气调节设计的首要前提。

室内计算参数主要是指建筑室内的温度、相对湿度、风速以及新风量等，这些参数的变化直接影响室内的热环境以及建筑的能耗。室内各计算参数，对于室内热舒适和空调系统能耗的影响程度是各不相同的，有些参数的变化对室内热舒适环境影响较大，对能耗影响却较小，而有些参数的变化则恰恰相反。因此，在修订室内计算参数时，如何均衡地考虑热舒适和节能，是本报告的重点，也是难点。此外，为了更好地结合我国的实际情况，对国内已有建筑室内温、湿度的调研也将为参数修订提供一定的支持依据。

2　室内设计热工参数——热舒适部分

暖通空调设计规范作为进行室内空调系统和供暖系统设计的主要依据，需要认真考虑室内热舒适的情况。室内设计热工参数与室内热舒适直接密切相关，所以从热舒适角度考虑室内设计热工参数的确定十分重要。

依据热舒适标准对室内设计热工参数进行修正的主要工作包括以下三个方面：

1）选择合理的热舒适评价指标

“热舒适”是指人体对热环境的主观热反应。1992年美国供暖、制冷与空调工程师协会标准（ASHRAE Standard 55-1992）中明确定义：热舒适是指对热环境表示满意的意识状态。Gagge将热舒适定义为：一种对环境既不感到热也不感到冷的舒适状态，即人们在这种状态下会有“中性”的热感觉。

目前国际上主要应用的是：*PMV-PPD*指标、有效温度*ET*和标准有效温度*SET*等指标。在以上的各个评价指标中，应结合我国的实际情况并参考国际上通用的热舒适标准，选择适用于我国暖通空调规范且合理的热舒适评价指标，以此作为根据进行必要的热舒适计算。

2）不同功能建筑的热舒适区的计算

根据选择的热舒适评价指标，结合我国居民的着装习惯、一般新陈代谢率等条件，进行热舒适区的计算。确定在不同的相对湿度、室内风速条件下，各种典型建筑的热舒适区范围。

3）确定参数条目及其范围

根据计算的热舒适区，结合建筑能耗和温、湿度之间的关系，并参考我国现有建筑常用室内设计参数的经验设计值，制定室内设计参数要求的条目及其范围。

2.1 热舒适评价指标的选择

国外关于人体对热湿环境反应的研究起步很早。早在20世纪初，美国供暖、制冷与空调工程师协会ASHRAE的前身ASHVE（The American society of Heating and Ventilation Engineers）提出了通过人体热舒适感觉而得出的评价室内热湿环境指标：*ET*（Effective Temperature）。随着研究的深入，人体热舒适理论也不断完善。

根据目前国内外的研究结果，影响室内热舒适的因素主要有以下6个：人体的新陈代谢率、服装热阻、室内空气流速（风速）、空气温度、平均辐射温度、相对湿度（或含湿量）。根据这6个主要的影响因素，国际上形成了一系列的评价指标，常用的主要有：有效温度*ET*、*PMV-PPD*指标等。

2.1.1 有效温度（*ET*）

有效温度的定义是：干球温度、湿度、空气流速对人体温暖感或冷感影响的综合数值，该数值等于产生相同热感觉时的静止饱和空气的温度。有效温度是通过人体试验得到的，并将具有相同有效温度的点作为热舒适线绘制在湿空气焓湿图上。随着研究的深入，人们发现有效温度过高地考虑了湿度的影响，于是对其进行了修正，陆续地又提出了新有效温度（ET^*）、标准有效温度（SET^*）。新有效温度（ET^*）中引入了皮肤润湿度的概念，该指标适用于着标准服装和坐着工作的人员。随后综合考虑了不同的活动水平和服装热阻，形成了标准有效温度（SET^*），但是由于其运算比较复杂，通常不适用。

2.1.2 Fanger热舒适理论和*PMV-PPD*指标

丹麦的P. O. Fanger教授提出的著名舒适方程基于人体热平衡方程：

$$M-W-C-R-E-S=0 \tag{2-1}$$

式中 M——人体能量代谢率，决定于人体的活动量的大小，W/m^2；

W——人体所做的机械功，W/m^2；

C——人体外表面向周围环境通过对流形式散发的热量，W/m^2；

R——人体外表面向周围环境通过辐射形式散发的热量，W/m^2；

E——汗液蒸发和呼出的水蒸气所带走的热量，W/m^2；

S——人体的蓄热率，W/m^2。

人体处于热平衡状态，蓄热率为零，令公式（2-1）中蓄热量等于零，则得到：

$$M-W-C-R-E=0 \tag{2-2}$$

（2-2）式中各项表达式可以通过传热理论和人体试验得到的经验数值综合得到，将各项的表达式带入，就可以得到人体的热平衡方程。

Fanger 教授进一步发展了舒适方程，并用公式表示一个可预测任何给定环境变量的组合所产生热感觉的指标，这一指标被称为预测平均反应（*PMV*）。

PMV 指标代表了同一环境中绝大多数人的感觉，但是人与人之间存在生理差别，所以 *PMV* 指标并不能够代表所有个人的热感觉，为此 Fanger 教授又提出了预测不满意百分比指标（*PPD*）表示人群对于热环境不满意的百分数。

PMV 热感觉标尺如表 2-1 所示。

表 2-1　热感觉标尺表

热感觉标尺			热感觉标尺		
+3	hot	热	−1	slightly cool	稍凉
+2	warm	暖	−2	cool	凉
+1	slightly warm	稍暖	3	cold	冷
0	neutral	中性			

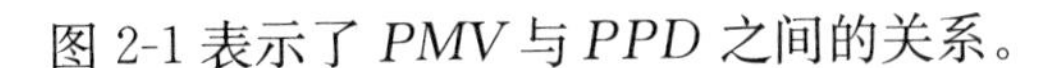
图 2-1 表示了 *PMV* 与 *PPD* 之间的关系。

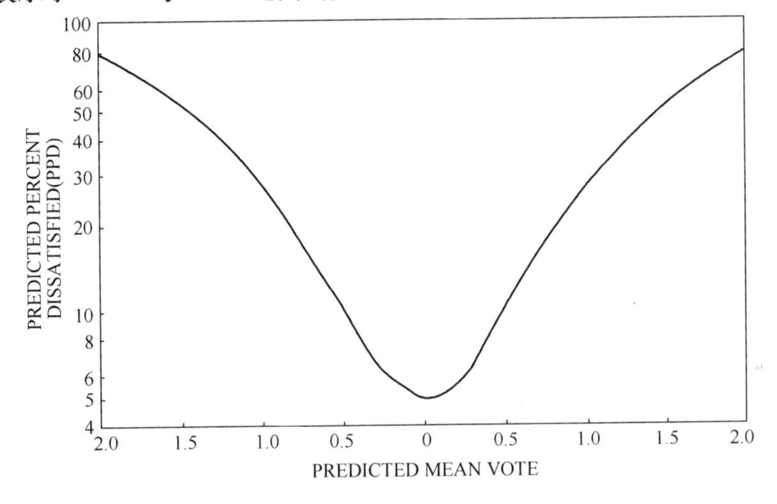

图 2-1　*PMV*-*PPD* 之间的关系

热舒适方程的适用条件：

（1）Fanger 教授的研究对象是穿着短袖的人员，且服装热阻没有改变。现在对不同着装热阻的人员的大量研究，结合现在人员的整体着装及服装特性，有学者提出应该对方程的辐射换热项进行修正。

（2）关于对流换热项，在实验过程中受试人员的状态是静止的，如果人员是活动的，则采用相对风速才可以得到合理的结果，但该公式只有对风速小于 2.6m/s 时才能得到正确结果；对于高风速也是不适合的，因为人体对流散热量在高风速下（大于 2m/s）时已经不随风速显著增加了。

（3）该方程只适用于接近海平面上的正常气压。

（4）*PMV* 方程没有考虑到人体自身的生理调节功能。

（5）由于人体处于整体热平衡、局部热不平衡状态，这也会引起局部不舒适。

虽然有以上的适用和限制条件，Fanger 教授的热舒适方程仍然是目前发展最为成熟、应用最为广泛的热舒适理论，国际通用标准 ISO 7730、美国标准 ASHRAE 55-2005、欧盟标准 EN 15251 等都采用了此指标作为计算热舒适区的依据。

2.1.3 我国室内设计热工参数设定选择的热舒适理论

基于以上的介绍，在进行室内设计参数修编时主要采用 Fanger 教授的热舒适方程和 *PMV-PPD* 指标作为理论依据，其主要原因有以下几点：

（1）这是目前发展最成熟的理论，也是国际标准采用的理论基础。Fanger 教授在 1982 年提出的热平衡方程，已经被国际上很多学者和专家所接受，上面已经提到现行国际通用标准 ISO 7730、美国标准 ASHRAE 55-2005、欧盟标准 EN 15251 等都采用该指标作为计算热舒适区的依据。

（2）我国目前关于热舒适的研究，一般都是采用热舒适方程和 *PMV-PPD* 指标，例如王昭俊等热舒适评价指标和冬季室内计算温度的探讨；朱能等人体热舒适区的实验研究；张欢等商场建筑夏季室内参数的选择与节能等等。虽然我国有很多学者对于国际标准规定的热舒适区对于我国居民是否适用提出疑问，但是一般研究者只是对参数的范围提出质疑。在我国学者制定适合我们国内人民的舒适区时，使用的理论基础仍是热舒适方程，只是与国际标准相比我国居民适应的范围发生了细微的变化。

（3）目前关于热舒适的研究文献表明，国内外有许多研究者对于热舒适方程中的经验参数值提出了疑问，认为关于服装热阻的修订、排汗的影响等经验系数的规定与人种、地理位置等有关，仅凭 Fanger 教授对美国和丹麦学生的实验不能以偏概全。虽然目前这方面的研究有很多，但是现在还不能形成相对成熟的理论体系，尤其是对于方程中系数的研究也没有形成统一的结论。

（4）采用 *PMV-PPD* 指标可以直接看出空气温度的范围，对于设计指导来说，空气温度比有效温度更加直接、便于应用。

不可否认，随着研究的不断进行，热舒适方程会不断得到完善，甚至有人会提出更加实用的新热舒适理论，但是综合目前国内外的研究现状，在本文的工作中仍采用热舒适方程和 *PMV-PPD* 指标作为计算热舒适区的依据。

2.2 热舒适区的计算

2.2.1 建筑按热舒适水平分级的说明

我国 2003 年颁布实施的《采暖通风与空气调节设计规范》GB 50019－2003 中室内设计参数范围跨度很大，如冬季采暖室内设计参数规范中规定的是：16～24℃。在实际的工程设计中，设计者通常根据经验在此范围内选择一个具体的数值进行负荷计算。

参考国际标准 ISO 7730 和欧盟 EN 15251 中的相关规定，建议对建筑按照不同的热舒适水平进行分级。

建筑分级可以为设计者提供更为精确的设计要求，设计者可以根据所设计建筑的舒适要求选择室内设计参数，提高了室内热舒适水平；此外，建筑分级有利于我国的建筑节能政策的实施，在人员热舒适要求不高的环境中可以采用更为宽松的热舒适要求，既节约了能源也能满足大部分人的热舒适要求。

在本文中，拟根据预测平均热反应（*PMV*）作为划分建筑热舒适等级的依据：以热感觉“凉”和“暖”作为舒适区的边界，即 *PMV* 的范围在－1～＋1 之间。具体分级如

表 2-2 所示。

表 2-2 建 筑 分 级

建筑级别	*PMV* 及热感觉	*PPD*	建筑级别	*PMV* 及热感觉	*PPD*
Ⅰ级	−0.5～+0.5，舒适	10%	Ⅱ级	−1.0～+1.0，稍凉～稍暖	27%

2.2.2 热舒适区的计算

1. 典型条件计算结果

由于不同功能建筑（民用建筑和公共建筑）室内人员的活动量和服装热阻的不同，本文将居住建筑和公共建筑分开进行计算，选择典型的新陈代谢和服装热阻水平，按照 *PMV* 和 *PPD* 的计算公式编程进行计算。

另外，考虑到随着建筑节能政策的提出，目前我国很多地区都采用了地板辐射采暖和辐射吊顶供冷的方式，因而对这两种建筑也进行了单独的计算。

进行计算需要对计算条件进行一些假设，表 2-3 作出了详细的说明。

表 2-3 热舒适区计算假设条件

工 况	前 提 和 假 设
1. 冬季住宅建筑	代谢率 M=1.1met，服装热阻 I_{cl}=1.0clo，室内风速 v=0.1m/s，机械效率 W=0，室内空气温度等于平均辐射温度：$t_a=t_r$
2. 夏季住宅建筑	代谢率 M=1.1met，服装热阻 I_{cl}=0.5clo，室内风速 v=0.1m/s，机械效率 W=0，室内空气温度等于平均辐射温度：$t_a=t_r$
3. 冬季办公室建筑	代谢率 M=1.2met，服装热阻 I_{cl}=1.0clo，室内风速 v=0.2m/s，机械效率 W=0，室内空气温度等于平均辐射温度：$t_a=t_r$
4. 夏季办公室建筑	代谢率 M=1.2met，服装热阻 I_{cl}=0.6clo，室内风速 v=0.2m/s，机械效率 W=0，室内空气温度等于平均辐射温度：$t_a=t_r$
5. 冬季商场建筑	代谢率 M=1.7met，服装热阻 I_{cl}=1.5clo，室内风速 v=0.3m/s，机械效率 W=0，室内空气温度等于平均辐射温度：$t_a=t_r$
6. 夏季商场建筑	代谢率 M=1.7met，服装热阻 I_{cl}=0.5clo，室内风速 v=0.3m/s，机械效率 W=0，室内空气温度等于平均辐射温度：$t_a=t_r$
7. 冬季辐射采暖（住宅）	代谢率 M=1.1met，服装热阻 I_{cl}=1.0clo，室内风速 v=0.1m/s，机械效率 W=0
8. 夏季辐射供冷（办公室）	代谢率 M=1.2met，服装热阻 I_{cl}=0.6clo，室内风速 v=0.1m/s，机械效率 W=0

表 2-4 是整体舒适区的温度统计结果。

表 2-4 舒适区温度统计结果　　单位:℃

编号	1	2	3	4
工况	冬季住宅	夏季住宅	冬季办公室	夏季办公室
Ⅱ级	17.7～25.6	21.8～29.7	17.4～28	21～29.3
Ⅰ级	19.8～26	23.2～28	19.6～25.9	22.6～27.6

续表 2-4

编号	5	6	7	8
工况	冬季商场	夏季商场	居住建筑地板辐射	夏季办公室吊顶供冷
Ⅱ级	7.3～24.1	18～28.1	16.5～28.5	21.5～31
Ⅰ级	11～20	20.1～25.9	18.5～26	23.3～29

2. 舒适区随参数的变化

在计算的过程中，可以发现相对湿度 RH 和室内的设计风速对热舒适区的温度范围有较明显的影响，下面以冬季住宅建筑为例，说明这种变化。

1）风速对于热舒适区温度范围的影响

对于居住建筑当其他计算条件不变时，假设室内设计风速分别为：0.1m/s，0.2m/s，0.3m/s 时，统计其舒适区的范围（固定相对湿度为某一值，此处以 $RH=0\%$ 为例），得到图 2-2～图 2-4。

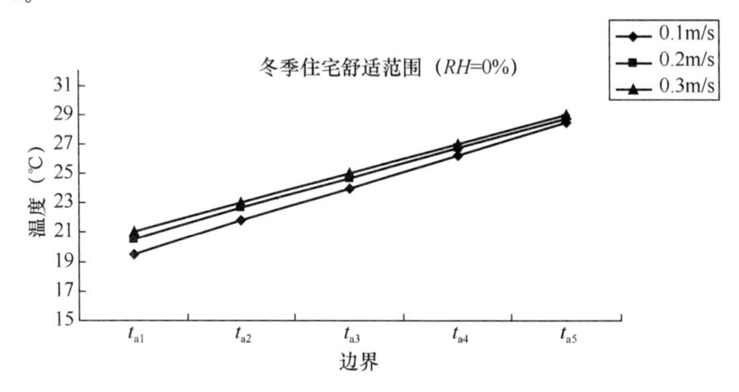

图 2-2 热舒适区的整体变化

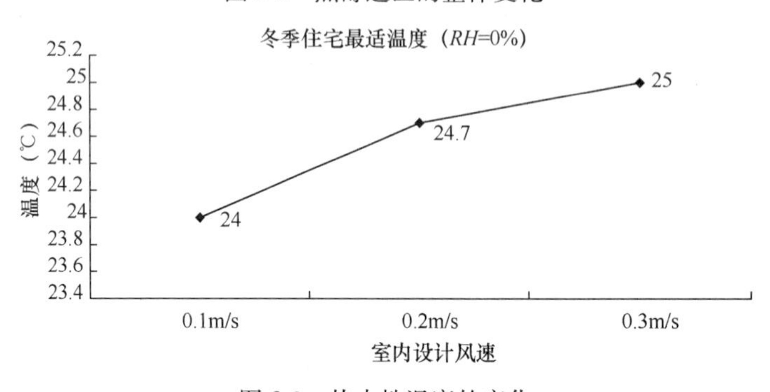

图 2-3 热中性温度的变化

从图 2-2 可以看出满足 PMV 从 -1～$+1$ 变化的温度边界值基本呈线性关系，室内设计风速较大时，满足同样人体热舒适水平所要求的空气温度越大。从图 2-3 和图 2-4 可以看出当室内风速从 0.1m/s 变为 0.3m/s 时，人体感到热中性的温度值从 24℃变成了 25℃，上升了 1℃，舒适区的下限温度值从 19.5℃变成了 21℃，上升了 1.5℃。所以，无论是从舒适还是节能的角度考虑，都应该选择合适的室内设计风速。

2）相对湿度对于热舒适区温度范围的影响

相对湿度的变化对于舒适温度的影响也很明显，下面仅取 $RH=20\%$，50%，80%为例，来说明这种变化，如图 2-5、图 2-6 所示。

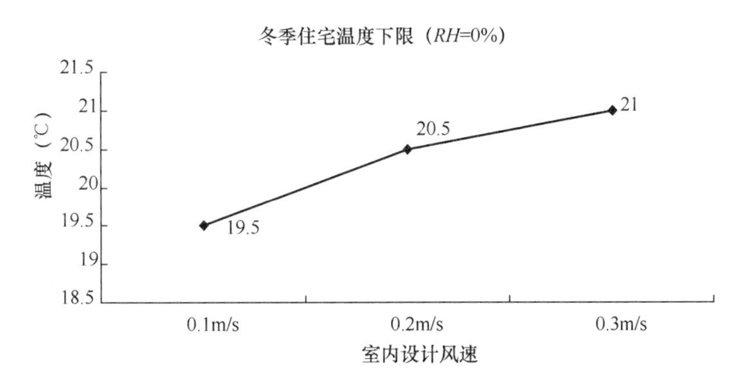

图 2-4　温度下限值的变化

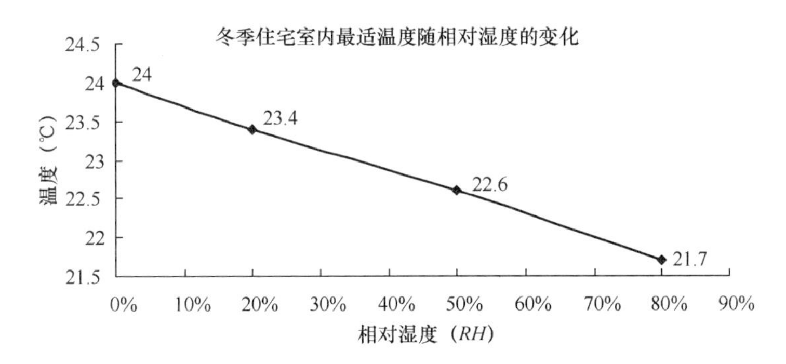

图 2-5　热中性温度的变化

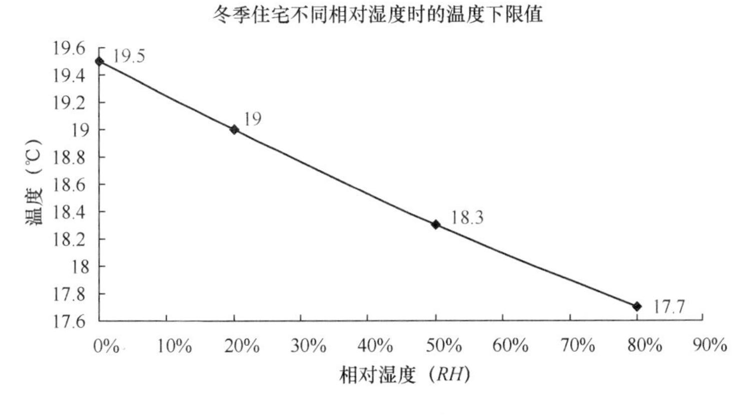

图 2-6　温度下限值的变化

从图中可以看出，当相对湿度从 20%变为 80%时，人体感到热中性的温度值和舒适区下限值都有了明显的减小，减小的幅度约为 2℃。可见制定合理的相对湿度设计范围，对于室内空气温度的设定有重要的作用。

2.3　国际标准热舒适参数的规定

2.3.1　国外与热舒适有关的标准分类

1）直接与热舒适和热环境有关的标准

ASHRAE 55：Thermal environmental conditions for human occupancy

ISO 7730：Moderate thermal environments-Determination of the PMV and PPD indices and specification of the conditions for thermal comfort，(EN ISO 7730)

ISO 7993：Hot environments-Analytical determination and interpretation of thermal stress using calculation of required sweat rate

2）关于设计室内环境的标准

ASHRAE 62：Ventilation for acceptable indoor air quality

CR 1752：Ventilation for buildings-Design criteria for the indoor environment

EN 15251：Indoor Environmental Criteria for Design and Calculation of Energy Performance of Buildings

3）适用于室内热环境参数测量的标准

ASHRAE 55：Thermal environmental conditions for human occupancy

ASHRAE 113：Method of testing for room air diffusion

ISO 7726：Ergonomics of the thermal environment-Instruments for measuring physical quantities

4）关于个人因素的标准

ISO 8996：Ergonomics-Determination of metabolic heat production

ISO 9920：Estimation of the thermal insulation and evaporative resistance of a clothing ensemble

下面重点对 ISO 7730 和 ASHRAE 55 的内容作说明。

国际标准 ISO 7730-2005 主要包括以下几大部分：Predicted mean vote（*PMV*）、Predicted percentage dissatisfied（*PPD*）、Local thermal discomfort、Acceptable thermal environments for comfort、Non-steady-state thermal environments 、Long-term evaluation of the general thermal comfort conditions、Adaptation 等。

ISO 7730-2005 取代了之前的 ISO 7730-1995，在新的条文中添加了局部热不舒适、非稳定状态和不同类别建筑中的热舒适要求等内容。ISO 7730 推荐以 *PPD*≤10％作为设计依据，即 90％以上的人感到满意的热环境为热舒适环境，此时对应的 *PMV*＝－0.5～＋0.5，满足人体热舒适的室内空气温度为 21～24℃。

ASHRAE 55-2004 取代了之前的 ASHRAE 55-1992，主要包括以下 4 部分 General Requirements、Conditions that Provide Thermal Comfort、Compliance、Evaluation of the Thermal Environment 等。此标准的目的是将影响舒适环境的室内热环境因素和个人因素结合起来。在此标准中对于 *PMV* 和 *PPD* 作了和 ISO 7730 一样的规定。

2.3.2 ISO 7730 和 ASHRAE 55 的参数条目及范围

影响热舒适的因素，目前的研究者一般认为主要有以下 6 个，其中环境因素有 4 个：空气温度、平均辐射温度、湿度和风速，另外两个是人体的因素：代谢率和服装热阻；造成局部热不舒适的因素主要是：垂直温差、吹风感、地板温度、辐射不对称度等。基于以上的影响因素，国际通用标准中主要列出了以下条目对舒适环境进行约束。

1. *PMV* 和 *PPD* 指标

PMV 指标是应用热平衡原则将影响热舒适的 6 个关键要素结合起来的。在 ASHRAE 中定义此指标的范围是 *PPD*＜10％，－0.5＜*PMV*＜0.5，在 ISO 7730 中根据

建筑分类（A、B、C类）给出了推荐的指标范围，见表2-5。

表2-5 Categories of thermal environment

Category	Thermal state of the body as a whole		Local discomfort			
	PPD %	*PMV*	*DR* %	*PD* %		
				Vertical air temperature difference	caused by warm or cool floor	radiant asymmetry
A	<6	−0.2<*PMV*<+0.2	<10	<3	<10	<5
B	<10	−0.5<*PMV*<+0.5	<20	<5	<10	<5
C	<15	−0.7<*PMV*<+0.7	<30	<10	<15	<10

2. 操作温度

图2-7是ASHRAE 55标准中以操作温度定义的舒适区，要求的条件是：代谢率在1.0～1.3met之间，服装热阻在0.5～1.0clo之间。此外，此图表适用于室内风速≤0.2m/s的情形，规范中指明当风速大于0.2m/s时，舒适区操作温度的上限值可能提高。其中舒适区的定义是80%的居住者可以接受的环境，其中10%来源于整体不满意，另外的10%来源于局部不舒适。在ISO 7730标准中同样也以图表的方式给出了三类建筑所要求的最佳操作温度。

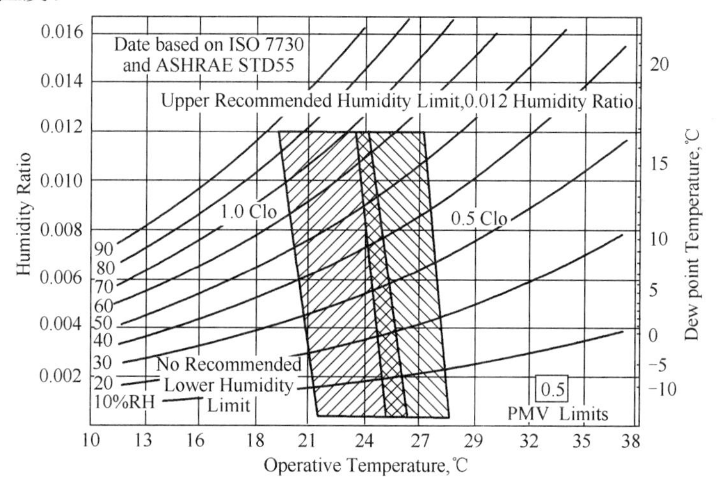

图2-7 最佳操作温度

3. 相对湿度（含湿量）

在ASHRAE 55中规定了湿度的上限值，即要求含湿量低于12g/kg·d，或水蒸气分压力低于1.910kPa；在ISO 7730中没有规定湿度的限制，但是在两个规范中同时指出室内相对湿度较低时会引起人们的热不舒适。

4. 风速

ASHRAE 55中指出风速的限定是0.2m/s，ISO 7730中根据具体的活动量和建筑类型给出了推荐的室内风速值，其中夏季最大值不超过0.24m/s，冬季最大值不超过0.18m/s。另外两个规范中都指出提高风速可以提高可接受的最高温度，以便用来消除因为空气温度或操作温度升高而引起的热不舒适，但是提高后的最大风速不能大于 0.8m/s，而且每一次风速的增加量不大于 0.15m/s。

5. *DR* 和 *PD*

这两个指标的含义分别是由于吹风感而引起的不满意百分比和由于其他因素引起的不满意百分比。两个标准中都给出了其规定的范围。表 2-6 是 ASHRAE 55 中给出的限定范围。

表 2-6 Percentage Dissatisfied Due to Local Discomfort from Draft（*DR*）or Other Sources（*PD*）

DR Due to Draft	*PD* Due to Vertical Air Temperature Difference	*PD* Due to Warm or Cool Floors	*PD* Due to Radiant Asymmetry
<20%	<5%	<10%	<5%

6. 垂直温差

标准中给出了头部和脚踝处的最大温差值。ASHRAE 55 中规定垂直温差<3℃；ISO 7730 中按建筑分类给出了不同的要求。见表 2-7。

7. 地板温度

地板温度也是影响局部热舒适的重要因素之一，两个规范中对此也作了要求：ASHRAE 55 中规定的地板温度范围是 19～29℃；ISO 7730 中根据建筑分类进行了规定，见表 2-8。

表 2-7 Vertical air temperature difference between head and ankles

Category	Vertical air temperature difference[a] ℃
A	<2
B	<3
C	<4
注：[a] 1.1and 0，1m above floor.	

表 2-8 Range of floor temperature

Category	Floor surface temperature range ℃
A	19 to 29
B	19 to 29
C	17 to 31

8. 辐射不对称度

表 2-9 是 ASHRAE 55 中规定的辐射不对称度。

表 2-9 Allowable Radiant Temperature Asymmetry

Radiant Temperature Asymmetry ℃（℉）			
Warm Ceiling	Cool Wall	Cool Ceiling	Warm Wall
<5（9.0）	<10（18.0）	<14（25.2）	<23（41.4）

表 2-10 是 ISO 7730 中作出的规定：

使用 ASHRAE 55 标准时主要有以下几点要求：1）必须指定相应的空间和居住者；2）必须考虑居住者的活动量和服装热阻；3）此标准描述的是稳态条件下的热舒适；4）此标准适用于居住者处于静坐或者近似静坐的活动量水平下；5）规范不适用于睡觉或在床上休息，不适用于小孩、残疾人和体质虚弱的人。ISO 7730 在说明中也指出此标准是适用于中等舒适环境下健康的成年人，并指出了 *PMV* 指标适用于稳态环境。

表 2-10　Radiant temperature asymmetry

Category	Radiant temperature asymmetry ℃			
	Warm ceiling	Cool wall	Cool ceiling	Warm wall
A	<5	<10	<14	<23
B	<5	<10	<14	<23
C	<7	<13	<18	<35

2.3.3　欧盟和我国现行规范的规定

1. 欧盟标准 EN 15251：2007

这个标准主要内容是室内设计参数，对建筑热性能的评价包括：室内空气品质、热环境、声环境、光环境等，该标准适用于民用建筑。

在此标准中按照舒适度的要求，以 *PMV*、*PPD* 指标为标准对建筑进行了分类，并给出了 HVAC 系统设计时推荐使用的室内设计参数。主要包括：室内温度、湿度（上、下限)、风速和基于室内空气品质考虑的换气量（具体数值不再列出)。在这个标准中没有考虑局部热不舒适。

2. 我国规范的规定

1）我国在 2000 年制定了《中等热环境 *PMV* 和 *PPD* 指数的测定及热舒适条件的规定》GB/T 18049－2000，此标准与国际标准 ISO 7730 等效，但综合考虑了我国的实际情况。

在此标准中分别给出了冬季和夏季推荐的热舒适要求，主要参数条目有：*PMV*-*PPD*、作业（操作）温度、相对湿度、垂直温差、地板温度、平均风速、辐射温度的不均匀性（包括冷垂直表面和加热的屋顶)。以上参数范围的规定有以下条件：(1) 工作量取坐姿工作为标准；(2) 冬季服装热阻为 1.0clo，夏季服装热阻为 0.5clo，并且仅适用于冬季有供热且夏季有空调的情况下；(3) 如果环境条件是处于本规范推荐的舒适限度内，则可以估计有 80%以上的作业人员将认为这个热环境条件是可以接受的。

2）在我国现行的供暖通风与空气调节设计规范中对于室内设计参数的规定包括：温度、湿度、风速、*PMV*-*PPD* 和最小新风量。

室内设计参数的选择主要取决于以下几点：建筑房间使用功能对于热舒适的要求、地区、冷热源情况、经济条件和节能要求等因素。

我国已经作废和正在应用的标准对于室内温度的规定如表 2-11 所示。

表 2-11　我国规范所规定的室内设计参数

标准号	冬季采暖	冬季空调	夏季空调
GBJ 42－81（送审稿，作废）	高级：20～22℃ 中级：18～20℃ 普通：16～18℃	18～22℃	26～30℃
GBJ 19－87（作废）	16～20℃	16～20℃	24～28℃
GB 50019－2003	16～24℃	18～24℃	22～28℃

注：表中所列为民用建筑主要房间的室内设计温度。

对于相对湿度的规定，各规范基本相同：冬季采暖不做要求；冬季空调为30%～60%；夏季空调为40%～65%。风速的要求也基本相同：冬季为0.2～0.3m/s之间，夏季不大于0.3m/s。

各个规范中规定的参数条目的总结，如表2-12所示。

表2-12　各个规范中规定的参数条目的总结

规范类型	参数条目
直接与热舒适有关的规范	*PMV-PPD*指标、操作温度、相对湿度、风速、预测不满意度、地板温度、辐射不均匀性、垂直温差
与室内设计参数有关的规范	*PMV-PPD*指标、空气温度、湿度、风速、最小新风量（换气次数）

2.3.4　规范中参数的变化趋势

1）国内规范中参数范围的变化趋势

从表2-11中可以看出，对于普通民用建筑冬季室内设计温度的上限值有所提高，而夏季室内设计温度的下限值呈下降趋势，同时规范中所规定的室内设计温度的范围也在放宽。这说明随着人们生活水平的提高，我国人民对于室内热舒适水平的要求在不断提高，规范正是根据居住者的要求做了相应的调整。同时在《采暖通风与空气调节设计规范》GB 50019－2003中增加了评价热舒适水平的*PMV-PPD*指标，规定室内必须满足$-1 \leqslant PMV \leqslant +1$、$PPD \leqslant 27\%$。采用*PMV-PPD*指标，可以定量分析室内热湿环境，可以定量分析室内平均辐射温度的影响等因素，所以对于舒适性空调室内设计参数的确定更具有指导意义。

2）国外规范中参数范围的变化趋势

1961年Nevins指出热舒适温度标准从1900年的18～21℃（干球温度）平稳上升到1960年的24～26℃。舒适的有效温度*ET*从1923年的18℃上升到1941年的20℃。这种上升趋势可能是由于人们着装逐年变薄及生活方式、饮食习惯和热舒适期望值的改变引起的。ASHRAE 55-74舒适标准中温度范围是21.8～26.4℃；ASHRAE 55-81舒适标准中温度为22.2～25.6℃；ASHRAE 55-92舒适标准中冬季有效温度范围是20～23.6℃。由此可见，近20年来，ASHRAE舒适标准中温度下限值约上升了1.0℃，而温度上限值则变化不大。这说明国外（发达国家）的居住者对于室内热舒适的要求也在不断提高，而且国外的学者研究也更加严谨。

2.3.5　国际标准和美国ASHRAE 55标准中参数限值的参考依据

根据ASHRAE中的介绍，其主要参考依据如下：

1）*PMV-PPD*是根据人体热平衡计算的。此指标最初的提出是经过1300多名实验者进行的人体实验得出来的。在ASHRAE 55和ISO 7730中均指出，*PMV*的确定有两种方法：根据所列图表查得和基于热平衡模型的计算机程序。

2）操作温度是与*PMV*指标相互结合的，也是根据热舒适方程得来的。规范中首先根据热舒适的定义指出*PPD*的范围，并且由*PPD*与*PMV*之间的关系得到*PMV*的值，再根据表格或者计算机程序得出对应的操作温度的范围。

3）湿度在ASHRAE手册中提到：低的湿度会使皮肤和黏液表面干燥，特别是露点低于零度的时候，会导致鼻子、喉咙及眼睛干燥。Livianaet al. 发现低湿度的时候眼睛会尤其感到不舒服。Green 发现冬天时呼吸疾病及旷工会因为湿度较低而增加。根据对不舒适因素的观察，ASHARE 55 要求露点温度不应低于 2℃。

高湿度时，皮肤黏性增加导致不舒适（Berglund and Cunningham 1986；Gagge 1937），尤其是出汗的区域。高湿度的时候，单一的热感觉已经不是热舒适的可靠表现者了（Tanabe et al. 1987）。因为不舒适的出现是对湿度本身的感觉，湿度会增加衣服和皮肤之间的摩擦（Gwosdowet al. 1986）。为了防止这种因热引起的不舒适，Nevinset al.（1975）指出热边界的相对湿度不能超过 60%。

在《中等热环境 *PMV* 和 *PPD* 指数的测定及热舒适条件的规定》GB/T 18049－2000 中指出：推荐相对湿度应维持在 30%～70%，这种数值限度的设置是为了减少潮湿或干燥对皮肤及眼睛的刺激、静电、细菌生长和呼吸性疾病的危害。

4）风速：对于室内风速的定义规范和手册中没有单独指出，主要是结合吹风感进行阐述的。

5）由吹风感引起的预测不满意度：Fanger and Christensen（1986）指出当给出平均风速的时候，应该得到感到吹风感的人的比例。Berglund and Fobelets（1987）研究表明低于 0.25m/s 的风速吹过人体的时候不会产生吹风感。在《中等热环境 *PMV* 和 *PPD* 指数的测定及热舒适条件的规定》GB/T 18049－2000 指出 *DR* 是根据 150 名受试者的试验结果得到的，他们是处于空气温度为 20～26℃，平均风速为 0.05～0.4m/s，湍流强度为 0%～70%，这种方法适用于从事轻（主要是坐姿）体力活动时，其全身热感觉接近于适中。

6）辐射不对称度：手册中指出，ISO 7730 和 ASHRAE 55 标准中给出了对于此项指标的推荐值来源于 Fanger and Langkilde（1975）、McIntyre（1974，1976）、McIntyre and Griffiths（1975）、McNall and Biddison（1970）和 Olesen et al.（1972）的研究成果。这些研究是针对处于稳定状态的对象，并且这些对象处于只包括辐射不对称因素引起的不舒适环境中。

7）垂直温差：对于这方面的研究比较少，手册中的数据来源于 Eriksson（1975）、McNair（1973）、McNair and Fishman（1974）和 Olesen et al.（1979）等的实验研究，实验中受试者处于不同的垂直温差环境中。在测试过程中人员可以根据感觉调节除垂直温差以外的其他室内参数以达到最舒适的状态，但是垂直温差的值是不可以改变的。通过实验得到了垂直温差和不满意度之间的曲线。

8）地板温度：手册中给出了地板温度和不满意度之间关系的实验结果，此图表作为指定地板温度的主要依据。

3 室内设计参数修订——建筑节能部分

节能已成为我国的基本国策，是建设节约型社会的根本要求。我国国民经济和社会发展第十一个五年规划规定，2010 年单位国内生产总值能源消耗要比 2005 年降低 20%左右，且这是一个约束性的、必须实现的指标，任务相当艰巨。我国建筑用能已超过全国能源消费总量的 1/4，并将随着人民生活水平的提高逐步增加到 1/3 以上。室内设计热工参数直接影响着建筑能耗。本节主要工作内容包括：

1. 对国内节能标准的分析总结

2. 不同的室内参数对空调能耗的影响

影响节能的室内参数主要为：温度、湿度及新风量，因而如何选择室内温度、湿度和新风量对节能效果起着决定性作用。因此本节主要研究不同的室内设计温湿度及新风量对空调能耗的影响，并综合考虑不同气候区的采暖制冷需求差异。

3. *PMV* 及对应的温湿度组合对能耗的影响

以天津地区的办公建筑为例，综合运用 Fanger 热舒适理论及能耗模拟软件，建立节能舒适区。

4. 室内参数对初投资的影响

室内空气计算参数中对空调系统一次投资和运转费用产生影响的主要是室内干球温度和相对湿度，本文以天津、重庆、广州三座城市为例研究了初投资与温湿度的关系。

3.1 节能标准汇总

3.1.1 建筑设计规范

表 3-1 建筑设计规范

规范名称	冬季采暖温度	冬季空调温湿度	夏季空调温湿度
《采暖通风与空气调节设计规范》 GB 50019-2003	16～24℃	18～24℃， 30%～60%	22～28℃ 40%～65%
《办公建筑设计规范》 JGJ 67-2006		18～20℃， ≥30%	24～27℃ ≤65%
《饮食建筑设计规范》 JGJ 64-89	18～20℃		24～28℃ ≤65%
《旅馆建筑设计规范》 JGJ 62-90		18～20℃， ≥40%	24～28℃ ≤65%

3.1.2 建筑节能设计标准

表 3-2 建筑节能设计标准

规 范 名 称	冬季室内参数	夏季室内参数
《公共建筑节能设计标准》 GB 50189-2005	冬季一般房间 20℃，大堂、过厅 18℃，相对湿度 30%～60%	一般房间 25℃，大堂、过厅室内外温差≤10℃，相对湿度 40%～65%
《居住建筑节能设计标准》 DBJ 11-602-2006	18℃	26℃
《夏热冬冷地区居住建筑节能设计标准》 JCJ 134-2001	16～18℃	26～28℃
《夏热冬暖地区居住建筑节能设计标准》 JGJ 75-2003	不低于 16℃	不高于 26℃

3.2 室内参数对建筑能耗的影响

以下分别研究了室内参数对各种建筑能耗的影响。

为了研究不同气候区及不同类型建筑能耗的规律，在每种气候区选取一典型城市为研究对象，并分别研究居住建筑及公共建筑。

代表城市及建筑类型选取结果如表 3-3 所示。

表 3-3 代表城市及建筑类型选取表

	严寒地区 A 区	严寒地区 B 区	寒冷地区	夏热冬冷地区	夏热冬暖地区
夏季公共建筑空调	哈尔滨	长春	天津	重庆	广州
冬季居住建筑采暖	哈尔滨	长春	天津		
冬季公共建筑空调	哈尔滨	长春	天津		

分别依据《公共建筑节能设计标准》GB 5989－2005 及《居住建筑节能设计标准》DBJ 11－602－2006 选取围护结构，选取结果如表 3-4 所示。

表 3-4 各围护结构的传热系数

	居住建筑围护结构传热系数 [W/（m^2·K)]				公共建筑围护结构传热系数 [W/（m^2·K)]			
	屋顶	外墙	窗户	地板	屋顶	外墙	窗户	地板
哈尔滨	0.4	0.4	2	0.7	0.35	0.45	1.7	0.6
长春	0.4	0.45	2.1	0.8	0.45	0.5	1.8	0.8
天津	0.5	0.5	2.8	1	0.55	0.6	2	1.5
重庆					0.7	1	2.5	1
广州					0.9	1.5	3	1.5

3.2.1 室内设计参数对居住建筑负荷的影响

1）采暖能耗

中国城镇冬季需采暖建筑面积约为 65 亿 m^2，占城镇总建筑面积的 42.6%。采暖能耗占城镇建筑总能耗的近 40%，是建筑耗能的主要途径。居住建筑用能数量巨大，浪费严重。因此，居住建筑节能是当务之急。探讨切合实际的室温标准，对保证冬季采暖、节能减排、保持经济可持续发展十分必要。为研究室内设计温度对负荷的影响，分别选取了哈尔滨、长春、天津三个代表城市。计算结果如图 3-1 所示。

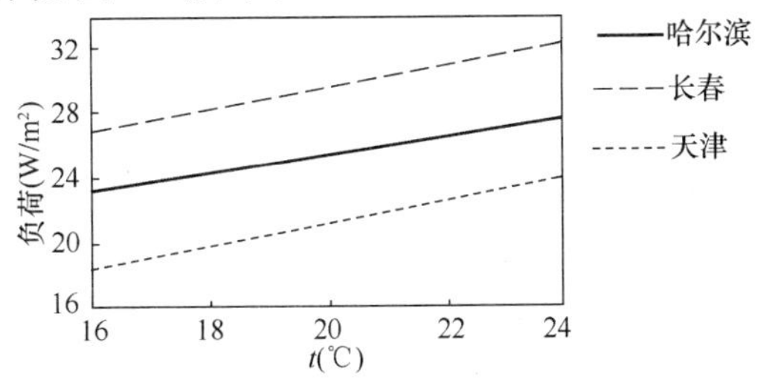

图 3-1 负荷随室内设计温度变化图

通过数据分析，可以得出以下结论：

结论 1：室内设计温度每降低 1℃，设计负荷约下降约 2%～4%，其中对天津的影响最大，平均值为 3.4%，对哈尔滨的影响最小，平均值为 2.13%，对长春的影响为 2.29%。由此可见，室外设计温度越高，室内设计温度对负荷的影响越大。

2）空调能耗

由于大多数的中国居住建筑未实行集中供冷，不做系统分析，调查表明，目前使用空调器的家庭，空调运行的设定温度大多数为 26℃左右，也有一些家庭空调设定温度为 24℃。《居住建筑节能设计标准》DBJH－602－2006 中规定，夏季空调室内热环境设计计算指标为卧室、起居室室内设计温度取 26℃，而夏季室温控制在 26℃，对大多数人来说都达到了热舒适的水平。从节能角度出发，建议居住建筑夏季室内设计参数不低于 26℃。

3.2.2 室内设计参数对公共建筑负荷的影响

本文主要考虑室内参数对空调采暖系统能耗的影响。

1）夏季空调能耗

设计参数依据《公共建筑节能设计标准》GB 50189－2005。空调负荷计算参数见表 3-5。

表 3-5 空调负荷计算参数

人员密度	照明功率密度值	电器设备功率	新风量
(m^2/p)	(W/m^2)	(W/m^2)	m^3/（h•p）
4	11	20	30

为研究室内设计参数对能耗的影响，分别选取了天津、重庆、广州三个代表城市，并令室内设计温度从 22～29℃变化，相对湿度从 30%～75%变化，共选取 240 种夏季工况进行研究。计算结果如图 3-2～图 3-4 所示。

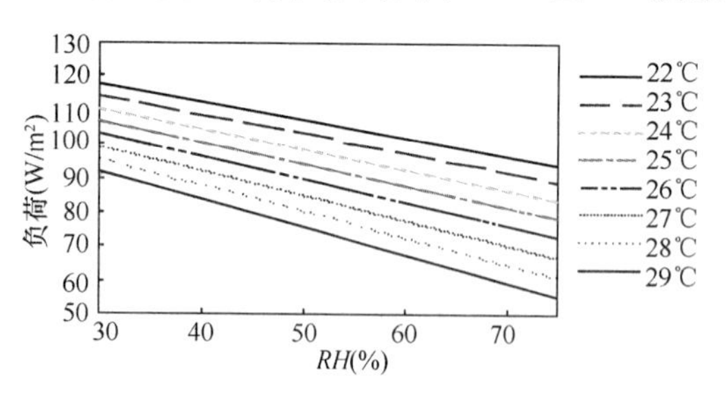

图 3-2 天津夏季空调负荷随室内温湿度的变化

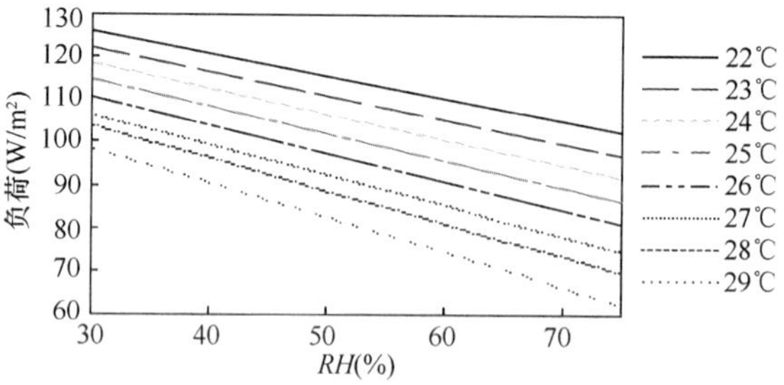

图 3-3 重庆夏季空调负荷随室内温湿度的变化

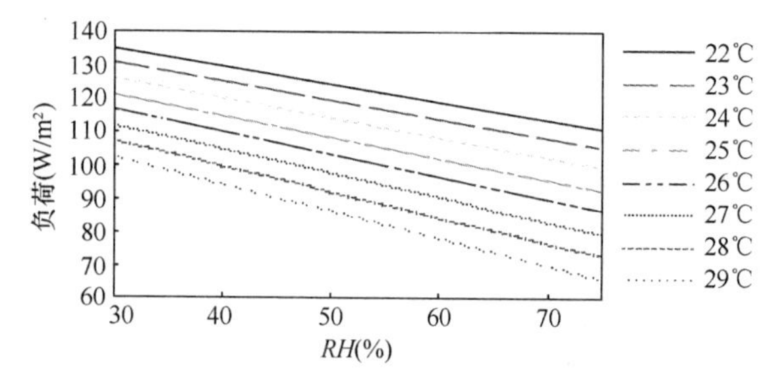

图 3-4 广州夏季空调负荷随室内温湿度的变化

对以上数据进行分析可以得出：

结论 1：当温度不变时，相对湿度每上升 5%，负荷约下降 2%～7.5%，不同地域也有差异，相对湿度对天津负荷的影响最大，广州最小。

结论 2：室内设计温度越高相对湿度对负荷的影响越大。

结论 3：当相对湿度不变时，温度每上升 1℃，负荷约下降 3%～11.8%。

结论 4：相对湿度越大，温度对负荷的影响越大。

由此可见，温度与湿度对公共建筑负荷影响都很大，为了节省能源，应避免冬夏季空调采用过低的室内温度和相对湿度。

2）冬季空调能耗

选取哈尔滨、长春、天津三个城市进行研究，计算结果如图 3-5～图 3-7 所示。

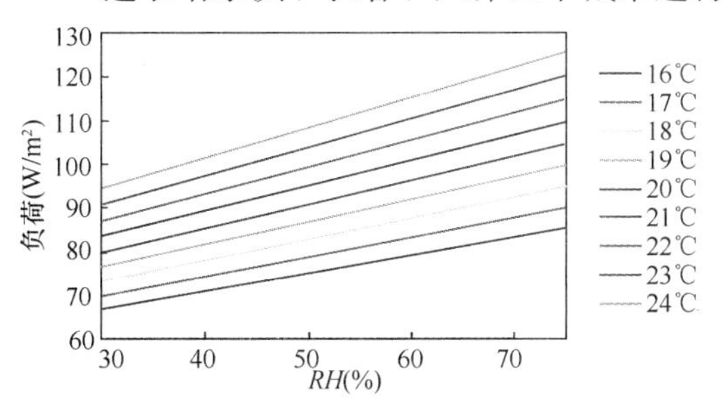

图 3-5　天津冬季空调负荷随室内温湿度的变化

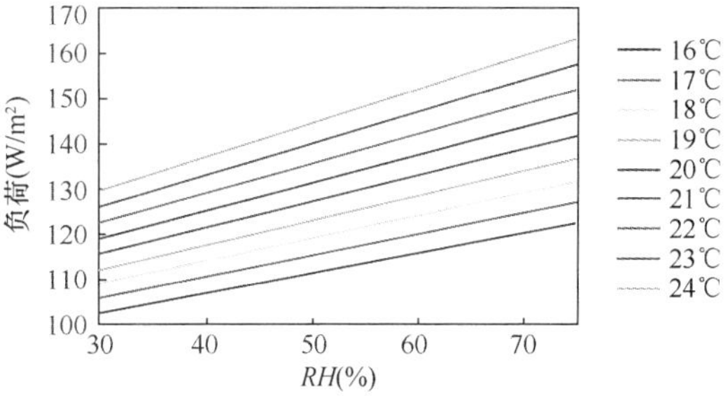

图 3-6　长春冬季空调负荷随室内温湿度的变化

对以上数据进行分析可以得出：

结论 1：当室内温度不变时，相对湿度每增加 5%，负荷约增加 2%～3%，对各区域的影响情况大致相同。

结论 2：当相对湿度不变时，温度每增加 1℃，负荷约增加 3%～5%，各地的差异也不明显。

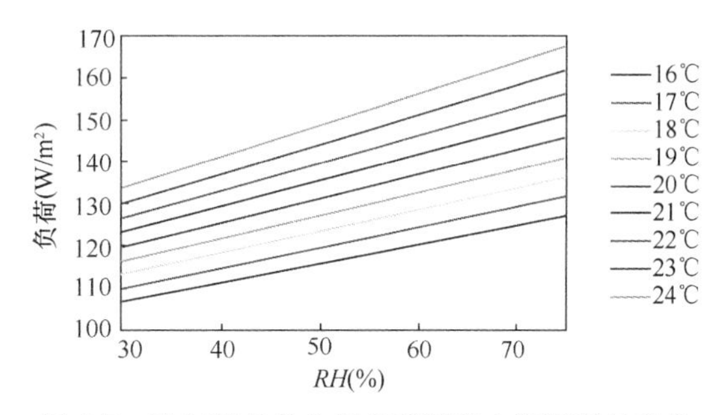

图 3-7　哈尔滨冬季空调负荷随室内温湿度的变化

3.3　*PMV* 及对应的温湿度组合对建筑负荷的影响

空调参数的合理设定不仅影响到室内人员的热感觉和工作状况，而且与空调系统的能耗直接相关。ISO 7730 和 ASHRAE 55 中运用的是 Fanger 热舒适理论，给出了热舒适区。但是随着人们对节能的关注，如何选择更节能的室内参数被重视起来。根据 Fanger 热舒适理论和 *PMV-PPD* 指标可知，同样的 *PMV* 值，可以对应很多个温湿度组合，这些组合的热感觉值相同，但是能耗却不尽相同。表 3-6 为天津地区办公建筑夏季工况不同的 *PMV* 值对应的温湿度组合。

表 3-6　天津地区办公建筑夏季工况

%	*PMV*=−1	*PMV*=−0.5	*PMV*=0	*PMV*=0.5	*PMV*=1
0	22.7℃	24.5℃	26.3℃	28℃	29.6℃
10	22.5℃	24.3℃	26℃	27.6℃	29.3℃
20	22.2℃	24℃	25.8℃	27.4℃	29.1℃
30	22℃	23.8℃	25.4℃	27.1℃	28.7℃
40	21.8℃	23.5℃	25℃	26.8℃	28.5℃
50	21.7℃	23.3℃	25.8℃	26.6℃	28.2℃
60	21.5℃	23℃	24.8℃	26.4℃	28℃

续表 3-6

%	PMV=−1	PMV=−0.5	PMV=0	PMV=0.5	PMV=1
70	21.3℃	22.8℃	24.5℃	26.2℃	27.7℃
80	21℃	22.6℃	24.2℃	25.9℃	27.4℃
90	20.9℃	22.4℃	24℃	25.6℃	27.1℃

选取相对湿度 20%～80%之间的工况点，模拟计算不同 *PMV* 时的能耗见图 3-8。

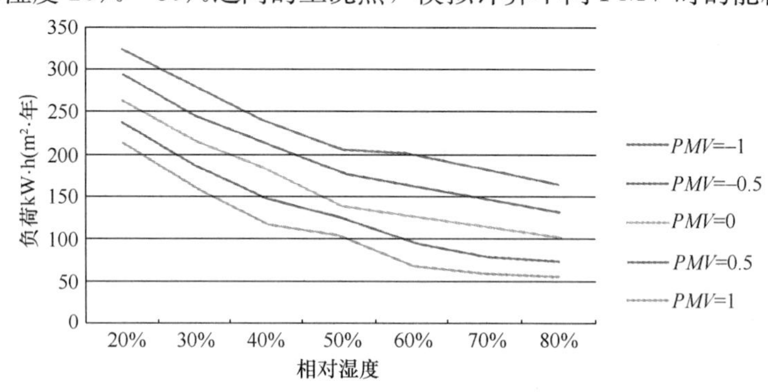

图 3-8　不同 *PMV* 对应的各工况点的负荷

从以上计算可知：

不同的 *PMV* 对应的能耗有显著差别，以相对湿度 50%对应的工况点为例，*PMV* 每增加 0.5，能耗要增加 10%～20%。因此建议在夏季选择偏热环境，即 0<*PMV*<1 的舒适区。

对于相同的 *PMV*，不同的工况点能耗也有显著差别，以 *PMV*=0 为例，相对湿度每降低 10%，能耗约下降 10%～25%。

对于相同的 *PMV*，相对湿度越低，能耗增加得越快。从 *PMV*=0.5 及 *PMV*=1 的能耗曲线中可以看出，当相对湿度低于 40%时，能耗呈显著增高的趋势，因此建议夏季相对湿度不宜低于 40%。

3.4　室内设计参数对初投资的影响

室内空气计算参数中对空调系统一次投资和运转费用产生影响的主要是室内干球温度和相对湿度，图 3-9～图 3-11 为天津、重庆、广州这三座城市的初投资与温湿度的关系图。

结果分析：

结论 1：当室内设计温度不变时，初投资随着相对湿度的增大而增大，而且相对湿度越大，其增大趋势越明显。室内设计相对湿度从 65%提高到 70%时，初投资增加高达 12%左右。变化趋势受地域影响不大，因此，虽然经过讨论夏季提高设计相对湿度可以降低能耗，但由于初投资也显著增大，因此夏季室内设计相对湿度也不可过高。

结论 2：当室内设计相对湿度不变时，初投资随着温度的升高而降低。温度每升高 1℃，初投资约下降 3%～7%。温度越高、相对湿度越大时，这种降低趋势越明显。地域

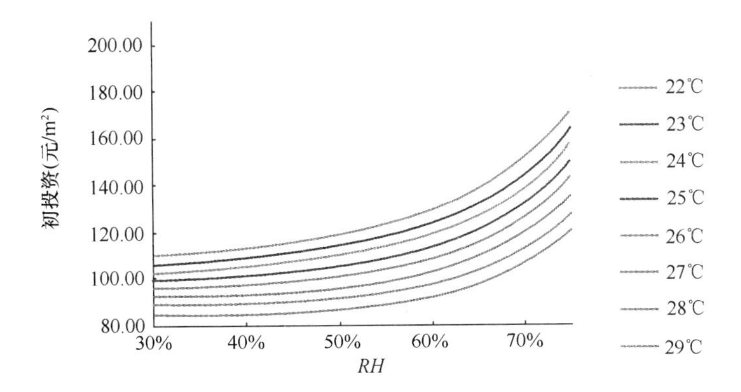

图 3-9 天津市夏季空调系统初投资与温湿度关系

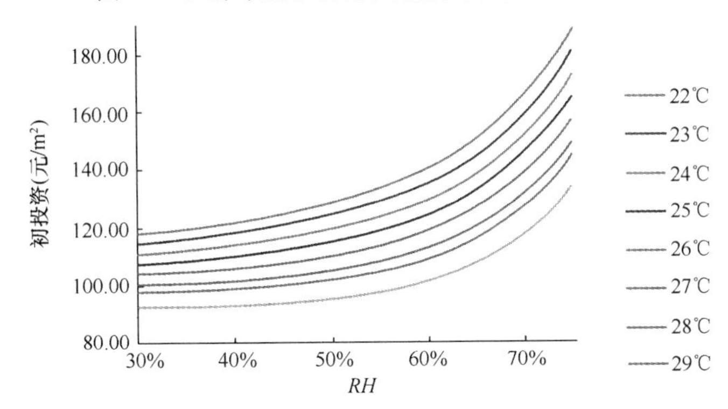

图 3-10 重庆市夏季空调系统初投资与温湿度关系

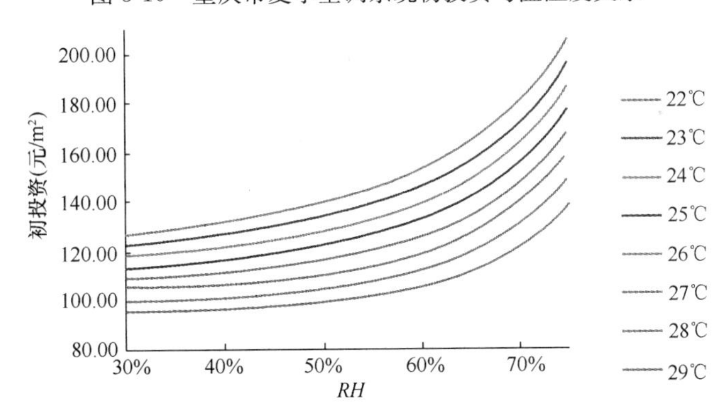

图 3-11 广州市夏季空调系统初投资与温湿度关系

差距也不大。与以上对能耗的分析相结合，可以得出这样的结论，提高室内设计温度，无论能耗还是初投资都会降低，因此夏季室内设计温度在满足舒适的前提下应尽量取高。

4 室内设计参数修订——实际调研部分

室内空气计算参数是空调设计的基本依据，室内空气计算参数的确定与诸多因素有关，在规范修编过程中应当遵循“安全”、“健康”、“节能”、“舒适”的原则。随着经济技术的发展和生活水平的提高，尤其是进入 21 世纪以来，人们对于室内热舒适的要求越来越高，这主要表现在冬季采暖温度的适当提高以及夏季空调温度的适当降低，这样做的后果是加大了能源的消耗，“节能减排”是我们当前面临的主要任务，因此在修编室内参数过程中如何平衡节能和舒适的关系就成了关键。

由于本次调研的内容是民用建筑室内设计参数（主要是温度和湿度），主要是通过调研整理国内的节能标准和政策法规，查阅图书搜集设计案例，在网上搜集相关技术资料的方式进行。

采用的调研方法有：

方法1：调研国内现行的居住建筑节能设计标准和公共建筑节能设计标准，查找与规范的区别；调研国内政策法规对室内设计参数的规定，总结参数的变化规律。

方法2：调研国内暖通空调设计案例，运用概率统计的方法将室内设计参数进行归纳整理，并进行分析。

希望通过调研达到以下目标：

目标1：通过调研国内现行节能设计标准，找到规范与节能标准的结合点。

目标2：通过设计案例的数据分析整理，总结出不同类型房间的室内设计参数大体取值规律。

目标3：通过阅读相关文献，总结暖通空调新技术对室内设计参数的影响。

最后通过以上几方面的工作，提出一些对规范修编有指导性的建议。

4.1 国内节能设计标准的调研

4.1.1 国内节能设计标准的总结

由于民用建筑类型较多，而且房间功能比较复杂，所以要求的室内计算参数也各不相同。整理节能设计标准如表4-1所示。

表4-1 民用建筑节能设计标准室内计算参数

标准名称	建筑类型	采暖室内计算温度（℃）	空调室内计算温度			
			夏季		冬季	
			温度（℃）	相对湿度（%）	温度（℃）	相对湿度（%）
北京市《居住建筑节能设计标准》DBJ 11-602-2006	卧室、起居室	18	26	无	无	无
《公共建筑节能设计标准》GB 50189-2005	办公楼	16～20	25	40～65	20	30～65
	餐饮	16～18	25	40～65	20	30～65
	影剧院	14～20	25	40～65	20	30～65
	交通	16～20	25	40～65	20	30～65
	银行	14～20	25	40～65	20	30～65
	体育	16～20	25	40～65	20	30～65
	商业	14～20	25	40～65	20	30～65
	旅馆	16～20	25	40～65	20	30～65
	图书馆	16～20	25	40～65	20	30～65

分析表 4-1，可以得到以下结论：

结论 1：《公共建筑节能设计标准》GB 50189－2005 中规定的采暖温度上限为 20℃，有的公共建筑的下限为 14℃；而现行《采暖通风与空气调节设计规范》GB 50019－2003 中的采暖取值范围为 16～24℃。

结论 2：《公共建筑节能设计标准》GB 50189－2005 规定的夏季空调温度为 25℃，而《采暖通风与空气调节设计规范》GB 50019－2003 中规定的夏季空调温度取值范围是 22～28℃；相对湿度的规定两者一致。

结论 3：《公共建筑节能设计标准》GB 50189－2005 规定的冬季空调温度规定为 20℃，而《采暖通风与空气调节设计规范》GB 50019－2003 中的温度取值范围是 18～24℃；《公共建筑节能设计标准》GB 50189－2005 相对湿度为 30%～65%，《采暖通风与空气调节设计规范》GB 50019－2003 中相对湿度为 30%～60%。

4.1.2 相关建议

建议 1：民用建筑种类繁多，原规范只是笼统地给出了一个参数范围。建议对常用主要建筑的参数进行细化，且细化后应给出某一选择范围，而不是设定某一值。

建议 2：规范中冬季采暖温度的上限应该有所降低，降到 20℃，部分公共建筑的下限采暖温度可以降到 14℃。

建议 3：公共建筑的夏季空调温度下限应该提高，可由原来的 22℃提高到 25℃；湿度不用变化。

建议 4：公共建筑的冬季空调温度上限应该有所降低，可由原来的 24℃降低到 20℃。

4.2 供暖室内计算温度

4.2.1 居住建筑采暖室内计算温度

我国现行北京市《居住建筑节能设计标准》DBJ 11－602－2006 中规定居住建筑冬季供暖室内计算温度为 18℃。下面从两个方面对居住建筑供暖室内温度进行探讨。

1）政策法规

表 4-2 北方供暖地区供热法规

法规名称	实施时间	对室内温度规定
黑龙江城市供热条例	1996.10.1	≥16℃
齐齐哈尔市供热管理办法	1994.7.24	≥16℃
兰州市城市供热管理办法	1994.4.5	≥16℃
北京市住宅锅炉供暖管理规定	1994.9.1	≥16℃
银川市城市供热管理办法	2001.11.1	≥16℃
青海省城市供热管理办法	2006.12.5	≥16℃
兰州市城市供热管理条例	2003.2.1	≥18℃
银川市城市供热条例	2005.5.1	≥18℃
黑龙江城市供热条例	2005.9.1	6～21 时≥18℃，其他时间≥16℃
吉林省城市供热管理条例	2004.6.1	≥18℃
呼和浩特城市供热管理条例	2006.10.15	≥18℃

通过调研总结广大北方供暖地区的供热条例以及管理办法，如表 4-2 所示。从表中可以看出，2000 年以前，室内温度普遍规定为≥16℃；而进入 21 世纪以来，大部分地区温度有所提高，基本定为≥18℃。另外，也有一些地区，比如银川市 2001 年实施的管理办法中对室内温度规定值为≥16℃，但是在 2005 年实施的供热条例中把温度提高到了≥18℃。

分析原因，随着人民生活水平的提高，国家不仅仅只考虑人们生活环境的安全、健康，已经开始慢慢考虑人体的舒适性。从 20 世纪 90 年代中期到 2005 年左右，室内温度提高了 2℃，从这个趋势出发，温度可以进一步提高，提高幅度为 2℃。

2）实测供暖室内温度及人体热舒适性调查

通过查阅文献，对大连市的 30 套和哈尔滨市的 37 套民用住宅室内环境的实测结果进行了总结，如表 4-3 所示。

表 4-3　供暖室内温度实测结果

温度（℃）	大　连　市		哈尔滨市
	普通住宅	节能住宅	普通住宅
设计参数	18	18	18
最低值	19.5	21.9	12
最高值	20.9	22.9	25.6
平均值	20.2	22.4	20.1

由表 4-3，可以得到以下结论：

结论 1：北方民用普通住宅室内温度在 20℃左右，比设计温度高出 2℃。

结论 2：节能住宅平均温度为 22.4℃，比设计温度高出 4℃，比普通住宅高出 2℃。

另外，大连市居民热舒适性问卷调查表明：冬季供暖住宅的热状况基本能满足人的热舒适要求。节能住宅室温“适中”的回答率低于普通住宅，主要的热感觉是“稍暖”和“暖”；普通住宅的居住者热感觉以“适中”为主，其他热感觉的回答率基本呈正态分布。这个结果表明对于 19.5～22.9℃的室内温度，大多数人是接受的。

哈尔滨市的调查结果中 91.7%的居民能够接受所处的热环境。然后根据 80%的居民可接受的温度为热舒适环境，反推得到本地区居民可接受的操作温度为 18～25℃。

通过室内温度实测以及热舒适环境调查，20℃的室内温度，居民接受率较高，基本达到 90%。

4.2.2　供暖新技术的建筑室内计算参数

1）地板辐射供暖系统

低温热水地面辐射供暖是以温度不高于 60℃的热水为热媒，在埋置于地面以下填充层中的加热管内循环流动，加热整个地板，通过地面以辐射和对流的热传递方式向室内供热的一种供暖方式。

地板辐射供暖有很多优点，其中比较重要的一点是舒适性较高。这是因为地板辐射供暖有辐射强度和温度的双重作用，与散热器对流供暖相比，在接近地面的区域垂直温差与热流密度都比较小，更有利于将热量有效地传给人体，在较低的室温下可以达到同样的舒适感。所以一般在设计室内计算温度时可降低 2℃。

另外，国家以及地方都制定了地面辐射供暖技术的相关规程，其中行业标准《地面辐射供暖技术规程》JGJ/142－2004 第 3.3.2 条中规定：计算全面低温热水地面辐射供暖系统的耗热量时，室内计算温度的取值应降低 2℃，或取计算总耗热量的 90%～95%。这就意味着在与常规空调系统同样舒适性的前提下，地板辐射供暖系统可以将室内计算参数降低 2℃。

由于与辐射供暖具有相似的性质，辐射供冷在设计室内参数时可以比常规空调系统提高 2℃。

2）分户热计量供热系统

新建住宅进行“分户热计量供暖系统”的设计是实现建筑节能，提高室内供热品质，加强供热系统智能化管理的一项重要措施。分户热计量及温度控制技术的推广，使热变成了商品，将供暖节能变成了人们在用热时的一种自觉的节能行动。同时，在分户热计量供热系统中，用户可根据自己的热舒适标准、经济条件、生活习惯等因素来调节室内温度。

分户热计量供热系统的主要作用在于：一方面最大限度地节能，一方面尽可能保证用户的热舒适性。所以，有学者认为，分户计量供热系统的室内设计计算温度应当提高，从热舒适的角度考虑应该是 20℃为宜。室内温度范围是 16～24℃。这一温度范围既包括了最佳的热舒适温度，也考虑到用户的经济承受能力和身体、年龄等状况。在晚上，人们休息以后，室温可以有所降低，为 16～18℃；白天，多数人都要上班，留在家的多是老人和小孩，所以居住建筑的室温应提高，为 20～24℃。这样，从 16℃到 24℃的温度范围可以满足各种状况的人在不同时间的要求。

国家关于分户热计量并没有颁布相关规定，但是地方上相继出台了分户热计量供热设计规程。其中关于室内设计计算温度普遍规定：实施分户热计量的住宅建筑，其卧室、起居室和卫生间等主要居住空间的室内设计计算温度，应在相应的设计标准基础上提高 2℃。

考虑到提高热舒适性是“分户热计量供暖系统”设计的一个主要目的，分户计量供暖系统的用户可以根据需要对室温进行自主调节，这就对不同需求的热用户提供了一定范围的舒适度的选择余地，因此计量系统的室内设计温度宜比常规的供暖系统有所提高。目前，普遍认可的看法是：分户热计量供暖系统的室内设计温度一般比国家现行标准提高 2℃。

4.3 空调室内计算参数

4.3.1 普通建筑空调室内计算参数

对全国范围内的 140 多栋建筑（主要针对公共建筑）的室内计算参数进行调研，运用概率统计的方法对参数进行整理归纳。

在调研时，根据人体活动的剧烈程度，将空调建筑分为五类，如表 4-4 所示。

表 4-4 建筑分类

代 码	人体活动程度	房间用途
A	静坐、轻度活动	会场、宴会厅、礼堂、剧院
B	坐、轻度活动	办公室、银行、旅馆、餐厅、学校、住宅

续表 4-4

代　码	人体活动程度	房间用途
C	中等活动	百货公司、商店、快餐
D	观览场所	体育馆、展览馆
E	其他	酒吧等

1）夏季空调室内计算参数

通过总结整理，得到夏季空调室内计算参数的分布图，如图 4-1、图 4-2 所示。

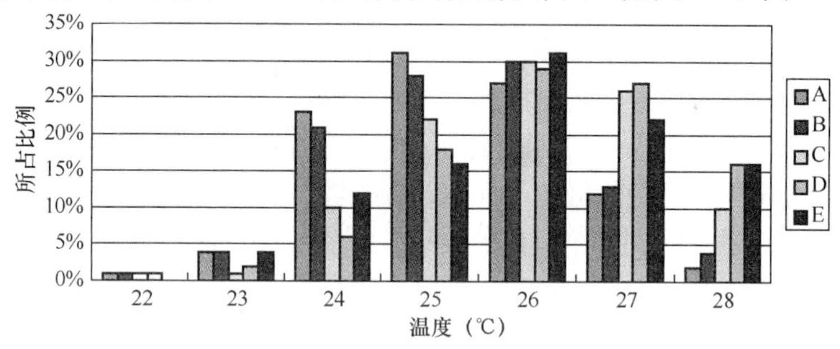

图 4-1　夏季空调室内设计温度分布图

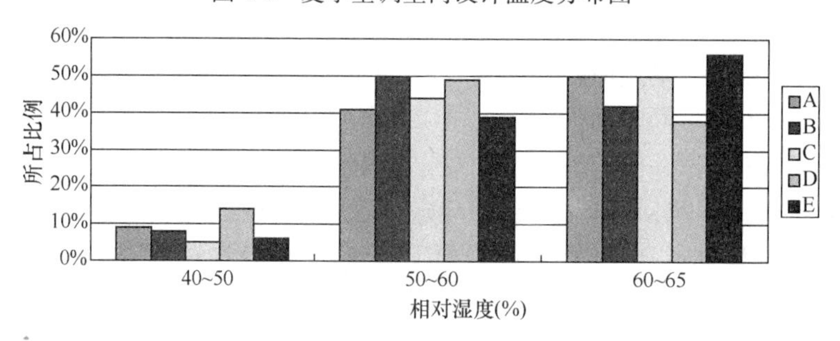

图 4-2　夏季空调室内设计湿度分布图

由图 4-1 和图 4-2 可以得到以下结论：

结论 1：温度分布比较集中，主要在 24～28℃之间。

结论 2：不同类型的建筑温度分布不同。A 类和 B 类建筑的人员活动量小而且较为稳定，温度主要分布在 24～26℃之间；C 类和 D 类建筑人员流动性大且人员属于中度活动，所以温度比 A 类和 B 类建筑高，主要分布在 25～26℃之间。

结论 3：虽然《采暖通风与空气调节设计规范》GB 50019－2003 中温度范围是 22～28℃，但从图中可以看出，22℃和 23℃很少被用到（除特别房间外），这也是基于舒适性和节能性考虑的。

结论 4：在调研中还发现 4 栋建筑的设计温度超过了 28℃，这类建筑的房间功能均为人员流动较大的办事大厅和展示大厅，属于舒适性要求相对较低的 D 类建筑。

结论 5：湿度分布更加集中，而且不同建筑类型的湿度没有明显差别。

2）冬季空调室内计算参数

通过总结整理得到冬季空调室内计算参数分布图，如图 4-3、图 4-4 所示。

由图 4-3 和图 4-4 可以得到以下结论：

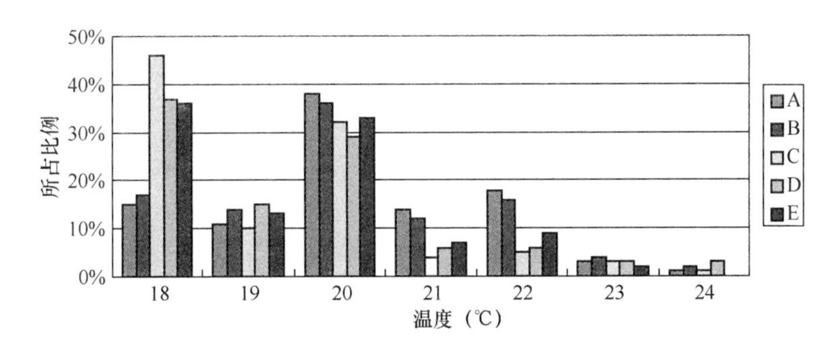

图 4-3　冬季空调室内设计温度分布图

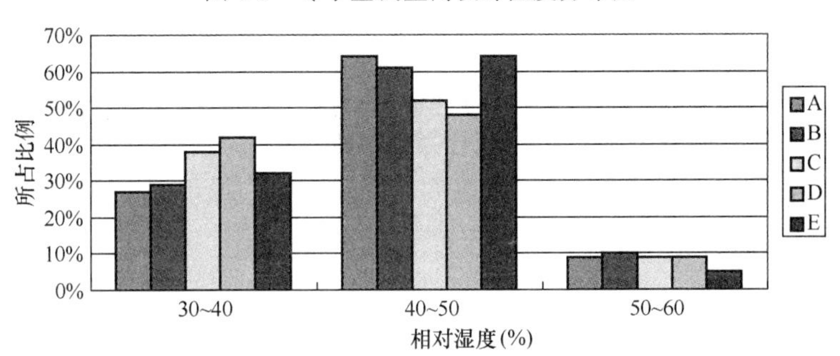

图 4-4　冬季空调室内设计湿度分布图

结论 1：冬季温度主要分布在 18～20℃之间，尤其是在 18℃和 20℃两个温度上最为集中。

结论 2：A 类和 B 类建筑在 18～22℃之间分布，但是在 20℃分布比较集中；C 类和 D 类建筑主要分布在 18℃和 20℃两个值上。

结论 3：考虑到舒适性以及节能性，23℃和 24℃很少有建筑涉及。

结论 4：相对湿度主要分布在 30%～50%，比夏季有所降低。另外在被调研的 140 多栋建筑中，有将近 16%的公共建筑冬季没有考虑湿度，其中大部分为 C 类和 D 类建筑。

3）相关建议

通过对空调室内计算参数的整理统计，得到一些结论，这些结论对于规范的修编有重要的借鉴价值。根据这些结论，提出了一些不成熟的建议：

建议 1：根据民用建筑的不同类型，给出室内设计参数的等级。比如说，对于办公建筑夏季空调温度可以适当降低，对于商场建筑温度可以适当提高，这样可以满足不同环境下的人员对于热舒适的要求。

建议 2：由于民用建筑范围比较广，在调研中发现有些建筑的室内设计参数超出了规范的范围。针对此情况，可以考虑适当放宽室内参数的选择范围。

5　结论

5.1　供暖室内设计温度的确定

考虑到不同地区居民生活习惯不同，分别对严寒和寒冷地区、夏热冬冷地区主要房间的供暖室内设计温度进行规定。

根据国内外有关研究结果，当人体衣着适宜、保暖量充分且处于安静状态时，室内温度20℃比较舒适，18℃无冷感，15℃是产生明显冷感的温度界限。冬季的热舒适（$-1\leqslant PMV\leqslant +1$）对应的温度范围为：18～28.4℃。基于节能的原则，本着提高生活质量、满足室温可调的要求，在满足舒适的条件下尽量考虑节能，因此选择偏冷（$-1\leqslant PMV\leqslant 0$）的环境，将冬季供暖设计温度范围定在18～24℃。从实际调查结果来看，大部分建筑供暖设计温度为18～20℃。冬季空气集中加湿耗能较大，延续我国供暖系统设计习惯，供暖建筑不作湿度要求。从实际调查来看，在我国供暖建筑中人们常采用各种手段实现局部加湿，供暖季房间相对湿度在15%～55%范围波动，这样基本满足舒适要求，同时又节约能耗。

考虑到夏热冬冷地区实际情况和当地居民生活习惯，其室内设计温度略低于寒冷和严寒地区。夏热冬冷地区并非所有建筑物都供暖，人们衣着习惯还需要满足非供暖房间的保暖要求，服装热阻计算值略高。因此，综合考虑本地区的实际情况以及居民生活习惯，基于*PMV*舒适度计算，确定夏热冬冷地区主要房间供暖室内设计温度宜采用16～22℃。

5.2 舒适性空调室内设计参数的确定

5.2.1 舒适性空调室内的分级

考虑不同功能房间对室内热舒适的要求不同，分级给出室内设计参数。热舒适度等级由业主在确定建筑方案时选择。

出于建筑节能的考虑，要求供热工况室内环境在满足舒适的条件下偏冷，供冷工况在满足热舒适的条件下偏热，所以具体热舒适度等级划分如表5-1所示。

表5-1 不同热舒适度等级所对应的*PMV*值

热舒适度等级	供热工况	供冷工况
Ⅰ级	$-0.5\leqslant PMV\leqslant 0$	$0\leqslant PMV\leqslant 0.5$
Ⅱ级	$-1\leqslant PMV<-0.5$	$0.5<PMV\leqslant 1$

5.2.2 空调室内设计参数的确定

根据我国在2000年制定的《中等热环境*PMV*和*PPD*指数的测定及热舒适条件的规定》GB/T 18049，相对湿度应该设定在30%～70%之间。从节能的角度考虑，供热工况室内设计相对湿度越大，能耗越高。供热工况，相对湿度每提高10%，供热能耗约增加6%，因此不宜采用较高的相对湿度。调研结果显示，冬季空调建筑的室内设计相对湿度几乎都低于60%，还有部分建筑不考虑冬季湿度。对舒适要求较高的建筑区域，应对相对湿度下限作出规定，确定相对湿度不小于30%，而对上限则不作要求。因此对于Ⅰ级，室内相对湿度≥30%，*PMV*值在−0.5～0之间时，热舒适区确定空气温度范围为22～24℃。对于Ⅱ级，则不规定相对湿度范围，舒适温度范围为18～22℃。

对于空调供冷工况，相对湿度在40%～70%之间时，对应满足热舒适的温度范围是22～28℃。本着节能的原则，应在满足舒适条件前提下选择偏热环境。由此确定空调供冷工况室内设计参数为：温度24～28℃，相对湿度40%～70%。在此基础之上，对于Ⅰ级，当室内相对湿度在40%～70%之间，*PMV*值在0～0.5之间时，基于热舒适区计算，舒适温度范围为24～26℃。同理对于Ⅱ级建筑，基于热舒适区计算，舒适温度范围为26

～28℃。

5.2.3 室内设计风速

对于风速，参照国际通用标准 ISO 7730 和 ASHRAE 55，并结合我国的实际国情和一般生活水平，取室内由于吹风感而造成的不满意度 *DR* 为不大于 20%。

根据实际情况，供冷工况室内紊流度较高，取为 40%，得到空调供冷工况室内允许最大风速约为 0.3m/s；供热工况室内空气紊流度一般较小，取为 20%，空气温度取 18℃时，得到冬季室内允许最大风速约为 0.2m/s。

对于游泳馆（游泳池区）、乒乓球馆、羽毛球馆等体育建筑，以及医院特护病房、广播电视等特殊建筑或区域的空调室内设计参数不在本条文规定之列，应根据相关建筑设计标准或业主要求确定。

温和地区夏季室内外温差较小，通常不设空调。设置空调的人员长期逗留区域，夏季空调室内设计参数可在本规定基础上适当降低 1～2℃。

6 参考文献

[1] 薛卫华等．供暖房间热环境参数的实验研究及人体热舒适的模糊分析[J]．建筑热能通风空调，2002(2)，1-3.

[2] 牛润萍，陈其针，张培红．热舒适的研究现状与展望[J]．人类工效学，2004，10(1)，38-40.

[3] 朱能，吕石磊，刘俊杰等．人体热舒适区的实验研究[J]．暖通空调，2004，(12)：19-23.

[4] 纪秀玲，戴自祝，甘永祥．夏季室内人体热感觉调查[J]．中国工程卫生学，2003，2(3)，141-143.

[5] 王昭俊，张志强，廉乐明．热舒适评价指标和冬季室内计算温度的探讨[J]．暖通空调，2002，(2)：26-28.

[6] 徐小林，李白战，罗明智．室内热湿环境对人体热舒适的影响分析[J]．制冷与空调，2004，(4)：55-58.

[7] 李俊鸽，杨柳，刘加平．夏热冬冷地区夏季住宅室内适应性热舒适调查研究[J]．四川建筑科学研究，2008，(4)：200-205.

[8] 刘念雄．建筑热环境[M]．北京：清华大学出版社，2005.

[9] 高屹，王晓杰，涂光备．空气流速对人体热舒适的影响[J]．兰州大学学报，2003，(2)：95-99.

[10] 官燕玲．供暖房间动态热环境与热舒适分析[J]．西北建筑工程学院学报，1998，(6)：1-6.

[11] 王子介．室内热舒适性的综合评价方法与应用[J]．南京师范大学学报，2003，(2)：22-26.

[12] 张欢．商场建筑夏季室内参数的选择与节能[J]．中国高新技术企业，2008，(10)：148-149.

[13] 叶晓江，陈焕新，周朝霞．热舒适温度与建筑节能[J]．建筑节能，2008，(9)：63-65.

[14] 张景玲，万建武．室内温、湿度对人体热舒适和空调能耗影响的研究[J]．重庆建筑大学学报，2008，(1)：9-12.

[15] 史小兵．建筑室内环境及人体热舒适研究[J]．河北能源职业技术学院学报，2008，(1)：52-55.

[16] 丁容仪，孙淑凤，赵荣义，许全为．动态送风空调系统的经济分析[J]．制冷与空调，2002，(6)：28-31.

[17] 闫斌，郭信春，程宝义．舒适性空调室内设计参数的优化[J]．暖通空调，1996，(1)：44-45.

[18] 高俊伟．民用建筑环境热舒适标准的探讨[J]．科技通报，1991，(4)：216-220.

[19] 汪训昌，张希仲．旅游旅馆的热舒适标准及其室内设计计算温、湿度的探讨[J]．暖通空调，1988，(2)：3-7.

[20] 韦延年．节能住宅室内外气候计算参数的选择[J]. 四川建筑科学研究，2003，(3)：98-100.
[21] 夏一哉，赵荣义，江亿．北京市住宅环境热舒适研究[J]. 暖通空调，1999，(2)：1-5.
[22] 杨嘉，吴祥生，张锦松．人体热舒适的模糊综合评价[J]. 重庆大学学报，2002，(8)：28-30.
[23] D. A. Mcintyre. 室内气候[M]. 上海：上海科学技术出版社，1988.
[24] 吕芳．热舒适与建筑节能[D]. 天津：天津大学建筑设备与环境工程系，2000.
[25] 李世刚，连之伟．Fanger 热舒适理论的应用问题探讨[C]. 上海：上海市制冷学会学术年会，2007，316：319.
[26] 于连广，端木琳．温度突变环境下人体平均温度变化及热感觉预测[J]. 制冷空调与电力机械，2006，(1)：8-16.
[27] B. W. Olesen. Indoor Environmental Criteria for Design and Calculation of Energy Performance of Buildings-EN15251[J]，International Center for Indoor *Environment and Energy*，Institute of Mechanical Engineer，Technical University of Denmark.
[28] 朱颖心．建筑环境学(第二版)[M]. 北京：中国建筑工业出版社，2006.
[29] 陆耀庆等．实用供热空调设计手册(第二版)[M]. 北京：中国建筑工业出版社，2008.
[30] ASHRAE Standard 55. Thermal Environmental Conditions for Human Occupancy [S]. Atlanta：ASHRAE Standards Committee，2004.
[31] ISO 7730. Ergonomics of the thermal environment-Analytical determination and interpretation of thermal using calculation of the PMV and PPD indices and local thermal comfort criteria[S]. Brussels Belgium：International Standard Organization，2005.
[32] 李莉．居室热舒适及其空调参数的节能控制[OL]. http：//www. topenergy. org/news _ 3315. html，2006-03-06.
[33] 刘斌，杨昭，朱能，蒋薇．舒适性与空调系统能耗研究[J]. 天津大学学报，2003，(7)：489：492.
[34] 中华人民共和国国家标准．旅游旅馆建筑热工与空气调节节能设计标准 GB 50189－93[S]. 北京：中国标准出版社，1993.
[35] 中华人民共和国国家标准．民用建筑热工设计规范 GB 50178－93[S]. 北京：中国标准出版社，1993.
[36] 中华人民共和国国家标准．公共建筑节能设计标准 GB 50189－2005[S]. 北京：中国标准出版社，2005.
[37] 中华人民共和国国家标准．采暖通风与空气调节设计规范 GB 50019－2003[S]. 北京：中国标准出版社，2003.
[38] 周西文，马爱华，王雨．湿度和热舒适性与空调节能的探讨[J]. 山西建筑，2008，(2)：245-246.
[39] 吕静．夏热冬冷地区居住建筑冬季室内热环境质量的优化研究[D]. 南京：东南大学，2003，12.
[40] 弓南，刘学民，胡岚．对热舒适、空气感觉质量及能耗的模拟研究[J]. 建筑热能通风空调，2004，(2)：90-93.
[41] Leen Peeters. Thermal comfort in residential buildings：Comfort values and scales for building energy simulation[J]. *Applied Energy*，2009，86：772-780.
[42] 周皞．低温地板辐射采暖在夏热冬冷地区的应用[J]. 常州工程职业技术学院学报，2008，(2)：67-69.
[43] 孙丽颖，马最良．冷却吊顶空调系统的设计要点[C]. 南宁：全国暖通空调制冷学术年会，2000，659-662.

建筑室内设计新风量研究

同济大学暖通空调与燃气研究所　张旭　周翔　王军　蒋丹丹

1　前言

长期以来，室内空气被认为是室内主要环境影响因子。石油危机出现之后，建筑节能问题日益得到普遍关注，而降低新风负荷也就成为主要的节能措施之一。然而，病态建筑综合症（Sick Building Syndrome，SBS）和建筑相关疾病（Building-related Illness，BRI）以及化学物质过敏症（Multiple Chemical Sensitivity，MCS）的出现使人们认识到提高建筑新风量是构建健康建筑（Health Building，HB）的必然选择，特别是 SARS 危机之后，增加新风量更成为应对 SARS 的主要技术措施。同时，美国 ASHRAE Standard 62 标准还特别规定不允许用空气净化器完全替代室外新鲜空气，新风对于改善室内空气品质，减少病态建筑综合症具有不可替代的重要作用。因此，合理确定建筑新风量的大小对改善室内空气环境和保证室内人员的健康舒适具有重要的现实意义。

本研究首先基于国内外室内空气品质最新理论，对室内空气污染的形成与特征以及室内空气品质控制目标作出了分析和探讨；其次，分别介绍了三大代表性新风量确定的基本理论，并对这些理论在国外标准中的应用情况给予了说明；再次，进一步对我国新风量标准及其体系以及以美国、欧洲、日本为代表的国外新风量标准及其体系给予了介绍，并对各标准之间的差异及原因作出了对比和分析；最后，着重对我国现行新风量标准存在的问题进行了探讨，并指出了新风量新标准制定所面临的问题以及当前制定新风量标准应采取的基本原则，再据此最终确定出各类建筑新风量的新标准。

2　室内空气污染与 IAQ 控制目标

2.1　室内空气污染的形成

室内空气污染已经列入对公众健康危害最大的 5 种环境因素之一。在经历了工业革命的“煤烟型污染”和“光化学烟雾型污染”后，目前已进入以“室内空气污染”为标志的第三个污染期。各种大型公共场所、办公楼、居民住宅等现代建筑物的室内空气质量（Indoor Air Quality，IAQ）问题已经成为各国环境控制的焦点。

根据空气污染学基本理论可以看到，传统意义上的建筑室内空气污染是指某些物质(Substance)以气态(Gases)、液滴(Liquid Drop)或固体颗粒(Solid Particles)形态存在于室内空气中，且其浓度超过自然背景水平(Normal Ambient Levels)，并产生对人体的可测知效应(Measurable Effect)，则这些物质构成室内空气污染物。因此，室内空气污染形成需要具备三个条件：①存在污染源；②存在不利的空气状态；③存在受害对象。即：

污染源 emission → 污染物 pollutant → 室内空气 indoor air → 混合及影响机制 mixing and effect mechanism → 受体 object

结合室内空气污染的根源可以发现，室内空气污染问题产生的主要原因在于以下四个方面：污染物的种类增多和强度多变，包括人员污染物和建筑污染物（建材饰材和设备散发污染物）；室外空气污染的加剧，新风品质下降；空调系统的自身污染，如过滤效果和除湿方式的影响；控制策略的效果不佳或力度不足，如新风量下降。具体而言，包括：

■ 新型合成材料化学在现代建筑中大量应用：一些合成材料由于价格低廉、性能优越作为建筑材料和建筑装修材料广泛获得应用，但其中一些会散发对人体有害的气体，如挥发性有机化合物（VOCs）。

■ 散发有害气体的电器产品的大量使用：随着电子技术的发展，一些电器产品在办公室和家庭日益普及，其中如复印机、打印机、计算机等会散发有害气体如臭氧、有机挥发物等，造成室内空气品质的下降。

■ 室外空气污染加剧：近年来，一些发展中国家尤其是我国由于经济发展过程中不注意环境保护，导致室外空气污染加剧。这些室外空气不经处理直接引入室内，会造成室内空气品质降低。

■ 传统集中空调系统的固有缺点以及系统设计和运行管理的不合理：传统空调过滤器难以对有机挥发物等化学污染和微生物等进行过滤，集中空调冷凝除湿方式，使空调箱和风机盘管系统往往成为霉菌的滋生地。系统设计和运行管理不合理，如过滤网不及时清洗或更换，新风口设计不合理等也常是造成室内空气品质低劣的原因。

■ 强调节能导致的建筑密闭性增强和新风量减少：20 世纪 70 年代的能源危机后建筑节能在发达国家普遍受到重视，作为建筑节能的有效手段，很多建筑密闭性增强，新风供给量减少，而新建的大量大型建筑及其配套空调系统普遍采用此策略。

其中，造成室内空气污染的污染源包括室外源和室内源两个方面，而室内源又分为人员相关污染源和非人员相关污染源。这些污染源产生的主要污染物如表 2-1 所示。

表 2-1　室内空气污染源及其污染物

污染物	来源	危害
二氧化碳（CO_2）	人体自身代谢活动、吸烟以及燃料燃烧等	造成人员疲劳、头晕、恶心等
一氧化碳（CO）	燃料燃烧、吸烟和室外等	引起组织缺氧、损害大脑和心肌等
甲醛（HCHO）	建筑材料、家具、纺织品、胶粘剂、纤维板材、胶合板等	嗅觉、黏膜刺激、呼吸道刺激、诱癌等
总挥发性有机物（TVOC）	建筑材料、有机溶剂、装饰材料、纤维材料、办公用品、燃料燃烧、设计和使用不当的通风系统、人员自身代谢、室外等	刺激眼睛和呼吸道、皮肤过敏、使人产生疲惫、头痛、咽痛和乏力、诱癌等
二氧化硫（SO_2）	燃料燃烧和室外等	刺激眼睛和呼吸道等
二氧化氮（NO_2）	室外、吸烟、燃料燃烧、复印机等	刺激鼻腔和呼吸道等
氨气（NH_3）	混凝土防冻剂、装饰材料、木质板材	刺激鼻黏膜和呼吸道等
臭氧（O_3）	电视机、打印机、负离子发生器和室外等	对呼吸系统有刺激和损伤作用、刺激眼睛、黏膜和中枢神经系统等

续表 2-1

污染物	来　源	危　害
苯（C_6H_6）	建筑材料的有机溶剂、防水添加剂和装饰材料的溶剂等	引发头晕、疲倦、恶心和诱癌等
甲苯（C_7H_8）	溶解型涂料、溶剂和胶粘剂等	刺激眼睛、鼻腔及咽喉、损伤中枢神经等
二甲苯（C_8H_{10}）	溶解型涂料、溶剂和胶粘剂等	刺激眼睛、鼻腔及咽喉、损伤中枢神经等
苯并［a］芘（B(a) P）	碳燃料热解、厨房油烟、吸烟等	致癌、具有致畸和遗传毒性等
可吸入颗粒物（PM_{10}）	燃料燃烧、人体代谢、吸烟等	刺激黏膜和呼吸道、引发过敏和肺炎、危害神经系统等
氡（Rn）	地基土壤、建筑材料、室外、供水、家用燃料等	致癌
细菌	生活工作用品、人体、暖通设备和室外等	引起肺炎、鼻炎、呼吸道过敏、皮肤过敏等

2.2　室内空气污染的特征

当前室内环境污染主要表现出以下 5 点特征：

■ 影响范围大：室内空气污染不同于特定的工矿企业的环境污染，涉及的人群数量很大，几乎包括了整个年龄段；

■ 接触时间长：人们在室内的时间超过了全天的 80％，长期持续地暴露在室内空气污染的环境中，对人体作用时间很长；

■ 污染物浓度低：室内空气污染物一般不会超标，短期内人体不会有明显的表现；

■ 污染物种类多：成千上万种空气污染物同时作用在人体，可发生复杂的抵消作用和协同作用；

■ 健康危害不清：这些低浓度室内空气污染的长期影响对人体作用机理及其阈值剂量不清楚，这样我们很难用确切的方法确定最小的新风量来消除室内污染物对人体的影响。

2.3　室内空气污染的影响

（1）对室内空气可接受性的影响

该种影响主要是指室内空气污染引发的感觉效应，即气味污染（可感知污染）；室内气味物质（Odors）根据性质的不同相互之间存在叠加、协同、融合和掩盖关系，共同构成室内气味强度水平；随着气味强度的上升，室内人员的不满意度（Percentage of Dissatisfied，PD）增加，即可接受性下降。

（2）对人员健康的影响

室内空气污染可以引发多种疾病，主要包括：

①病态建筑综合症（Sick Building Syndrome，SBS）主要临床表现为刺激眼睛、鼻塞、头痛、头晕、嗜睡、疲劳、紧张、哮喘、皮肤干燥、皮疹、感觉不适、和恶心等症

状。这些症状通常都是短期的，当离开大楼后症状就会消失。

②建筑相关病症（Building-related Illnes，BRI）临床表现为发热、过敏性肺炎、哮喘以及传染疾病；患者即使离开现场症状也不会很快消失，必须进行治疗才能恢复健康。

③化学物质敏感症（Multiple Chemical Sensitivity，MCS）由人们对室内化学物质产生过敏反应而引起，1999年美国、英国、加拿大三国共同提出6条诊断标准：病症具有复发性、症状为慢性、由低浓度化学物质引起、对多种化学物质产生过敏反应、多种器官同时发病、致病因素排除后症状将会改善或消退。

（3）对人员工作效率的影响

室内空气质量（IAQ）的下降，人员请假缺勤的现象增多，由此产生了大量的经济损失。研究发现，IAQ对人员的工作效率具有正面的影响，并且在良好的IAQ情况下，工作效率大约增加6.5%。这种效率的增加应与调节室内环境成本相比，在发达国家的办公楼中，这一成本一般不到人工成本的1%。

2.4 IAQ控制目标

自20世纪70年代以来主要发达国家治理环境污染的方向呈现由室外转向室内的发展特点，室内空气质量（IAQ）问题已引起国际上很多国家、地区和组织的重视。与此同时，中国（包括香港、台湾地区）、美国、欧盟、加拿大、日本、韩国等都成立了相应的机构和组织，不断完善室内空气质量的立法工作。目前，世界范围内主要国家的室内空气质量立法情况如表2-2所示。

表2-2 国内外室内空气质量立法简况

国家或地区	室内空气质量标准立法简况
中国内地	•《室内空气质量标准》GB/T 18883－2002对室内空气中与人体健康有关的物理、化学、生物和放射性等污染物控制参数作出规定 •《民用建筑工程室内环境污染控制规范》GB 50325－2010分别从建筑工艺、勘察、设计、施工、验收、检验等诸多方面对建筑工程进行规范，同时对建筑工程造成的室内空气中的甲醛、苯、氨、氡、TVOC五项指标进行强制性控制 •《室内建筑装饰装修材料有害物质限量》对建筑、装饰和家具造成的室内空气污染进行源头控制做出规定
中国香港	• 1999年出版《在办公楼及公共场所的室内空气质量管理指南》，建议IAQ标准，建议达到IAQ指标的战略，建议整体IAQ管理的战略 • 其他部门负责有关通风系统、健康与安全等法规 • 不同部门出版指引、指南、工作守则等来推行公民对IAQ的认识和改善
美国	• 1993年由职业安全健康署（OSHA）起草并通过《室内空气质量议案》；议案包括鉴定、消减以及预防主要室内空气污染物以及增进健康计划与指导；议案的目的之一是修正公共健康法案，该方案提出了消减室内空气污染物的国家计划
英国	• 无特别有关的IAQ标准，但受欧盟标准影响较大 • IAQ标准与通风要求主要由专业团体制定 • 工作健康和安全法要求顾主提供健康和安全的工作环境 • 楼房规定通风技术的规格要符合英国相关标准和工作守则 • 危害健康物品管制规定对工作场地的有害物品进行管制

续表 2-2

国家或地区	室内空气质量标准立法简况
加拿大	• 没有专门的加拿大 IAQ 法规 • 引用现有标准成为 IAQ 法规，如 ASHRAE 标准 • 非工业工作场所的 IAQ 通常由省政府负责，各省的 IAQ 法规和标准不同 • 民主楼房的 IAQ 由国家楼房守则管理 • 联邦/省职业安全及健康委员会出版了三份指引《居民室内质量指引》、《办公楼空气质量技术指南》、《公共楼房过滤细菌污染：认识与管理指南》
澳大利亚	• IAQ 法规分两类《职业健康与安全》和《公共健康》 • 国家室内空气质量临时目标 • 机械通风标准（AS1668.2）
新加坡	• 建立一些指南和工作守则《办公楼良好室内空气质量指引》（环境部）、楼房控制法规（国家发展部）、《机械通风工作守则》（国家发展部） • 提供以下信息《机械通风标准》、《空调设计标准》、《室内空气污染物对健康的潜在影响》、《建议通风系统的维修保养时间表》
日本	• 建立《楼房卫生保养法》，适用于指定楼房，设立楼房卫生管理标准（空气、供水、废水、鼠害、昆虫），培训合格的楼房环境卫生管理技术员，如不达到楼房卫生管理标准，地方市长对业主可罚款或封楼 •《楼房卫生条例》（健康与福利省）给出室内 CO、CO_2、TSP 等标准 •《办公楼卫生条例》（劳工省）规定员工所需要的开窗面积

目前，各主要国家或地区的室内空气质量立法都对 IAQ 控制目标提出具体要求，即对主要控制指标作出限值规定，结果如表 2-3 所示。

表 2-3 室内空气质量控制指标

控制指标	中国内地		中国香港	美国	英国	加拿大	澳大利亚	新加坡	日本
	A	B							
CO_2	1000 ppm 24h		1000 ppm	1000 ppm	5000 ppm 8h	1000 ppm 24h	1000 ppm 8h	1000 ppm	1000 ppm
CO	10 mg/m^3 1h		8000 $\mu g/m^3$	10 ppm	50 ppm 8h	25 ppm 1h	9 ppm 8h	9 ppm 8h	10 ppm
HCHO	0.10 mg/m^3 1h	≤0.08 mg/m^3 (Ⅰ) ≤0.12 mg/m^3 (Ⅱ)	100 $\mu g/m^3$			0.1 ppm	0.1 ppm	0.1 ppm 8h	
TVOC	0.60 mg/m^3 8h	≤0.5 mg/m^3 (Ⅰ) ≤0.6 mg/m^3 (Ⅱ)		5 mg/m^3				3 ppm	

续表 2-3

控制指标	中国内地		中国香港	美国	英国	加拿大	澳大利亚	新加坡	日本
	A	B							
SO_2	0.50 mg/m^3 1h					0.019 ppm 24h	250 ppb 1h		
NO_2	0.24 mg/m^3 1h		150 μg/m^3		3 ppm 8h	0.25 ppm 1h			
NH_3	0.20 mg/m^3	≤0.2 mg/m^3 (Ⅰ) ≤0.5 mg/m^3 (Ⅱ)							
O_3	0.16 mg/m^3 1h		120 μg/m^3		0.1 ppm 8h	0.12 ppm 1h	0.12 ppm 1h	0.05 ppm 8h	0.06 ppm
C_6H_6	0.11 mg/m^3 1h	≤0.09 mg/m^3							
C_7H_8	0.20 mg/m^3 1h								
C_8H_{10}	0.20 mg/m^3 1h								
苯并[a]芘 B(a)P	1.0 ng/m^3 24h								
PM10	0.15 mg/m^3 24h							150 μg/m^3	
Rn	400 Bq/m^3 1 year	≤200 Bq/m^3 (Ⅰ) ≤400 Bq/m^3 (Ⅱ)	200 Bq/m^3	200 Bq/m^3		800 Bq/m^3 1 year	200 Bq/m^3 1 year		
细菌总数	2500 cfu/m^3							500 cfu/m^3	

备注：A 为《室内空气质量标准》GB/T 18883－2002；B 为《民用建筑工程室内环境污染控制规范》GB 50325－2010，其中，Ⅰ类民用建筑包括住宅、医院、老年建筑、幼儿园、学校教室等，Ⅱ类民用建筑包括办公楼、商店、旅馆、文化娱乐场所、书店、图书馆、展览馆、体育馆、公共交通等候室、餐厅、理发店等。

3 建筑新风量确定的理论基础

3.1 新风的作用

在 18～19 世纪，人们一直认为人是室内空间内的唯一污染源，通新风的目的在于控制人呼出物的危害。19 世纪末，通风被用来稀释室内空气中的微生物，减少疾病传播危险。20 世纪初这种思路变得越发清晰。直到 20 世纪 30 年代，Yaglou C. P. 的研究才让通新风的目的变为实现室内舒适，并将室内主要污染定性为生物散发物，将 CO_2 确定为生物散发物的指标。20 世纪下半叶起，新型建筑材料、装饰材料以及建筑设备等的大量使用诱发了室内低浓度污染问题。但直到 20 世纪 70 年代石油危机之后，人们才对室内多种低浓度污染物的长期综合作用引起重视。再次，随着对室内空气品质要求的不断提高，目前已出现颗粒污染控制扩展到化学污染控制的趋势，并提出了“分子污染”问题。“分子污染”主要涉及气味，“分子污染”所引起的气味决定了所感受的空气新鲜度。分子比微粒小 1000～10000 倍，所以分子污染一般以 ppb（10^{-9}）来计量。空气净化的方法虽然可以在一定程度上改善室内空气品质，但对于“分子污染”，尤其是“低浓度分子污染”，其去除效果极为有限。而且，美国 ASHRAE62）标准还特别规定不允许用空气净化器完全替代室外新鲜空气，新风对于改善室内空气品质，减少病态建筑综合症具有不可替代的重要作用。

因此，根据对新风作用的认识历程来看，建筑室内通入新风的目的可以概括为：

- 提供室内人员呼吸代谢所需要的空气；
- 控制室内异味，提高室内空气品质的可接受性；
- 稀释室内污染物，减少各种室内病症的发生；
- 创造优异的空气环境，提高人员的工作效率；
- 调节室内相对湿度；
- 调节室内温度；
- 营造室内风环境。

3.2 新风量的影响因素

建筑室内新风量的影响因素（图 3-1）包括 4 个方面：

- 污染物的散发量

室内污染物的来源包括室外源和室内源两个方面，其中室外源对室内空气质量的影响快慢取决于空气交换率。另一方面，从释放特性上看污染源又分为阵发性污染源和连续性污染源；如烹饪、吸烟等因人的活动而发生，一旦活动停止，污染物浓度急剧下降，而建筑材料、装饰材料及家具等污染源释放污染物相对平稳。同时，污染源的散发特性还与室内风环境和热环境有很大关系。此外，室内污染物的化学反应带来的二次污染问题还会影响对污染物散发量的正确判断。

- 污染物室内允许浓度

室内允许浓度是室内空气质量的控制目标，这首先涉及基于污染源特性的控制对象选择问题。其次，针对具体的控制对象，需要基于病理学（和毒理学）从健康角度分析污染物不同浓度水平对室内人员的影响；此外，为了满足可感知的室内空气品质要求，需要从舒适（可接受）性角度分析污染物不同浓度水平对室内人员的影响。值得指出的是，室内焓值水平对人员接受室内空气的影响不可忽略。

■ 污染物入室浓度

室外空气质量的变化会影响室内外污染物浓度的差值，进而直接影响新风的需求；与此同时，新风在经空调系统送到各个功能房间过程中，空气处理方式和空调系统自身的污染状况会改变入室新风的品质，从而进一步影响新风需求。

■ 通风效率

不同的通风方式在不同的送风状态参数下会形成不同的气流组织效果。同时，污染物的性质（如沉积特性、扩散特性等）会影响特定气流组织形式下的室内浓度分布状况。此外，室内热环境（如温度分层等）对室内污染物浓度场的形成具有重要影响。

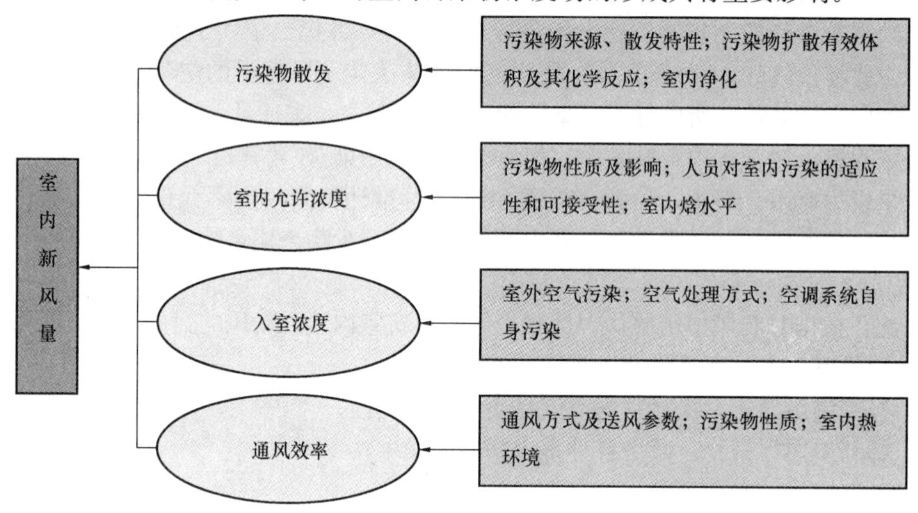

图 3-1　室内新风量的影响因素

3.3　新风量确定的基础理论

在过去的 300 年里，人们已经发现什么地方通入新风是必要的，但对于为了健康和舒适，建筑或人真正需要多少新风，新风量标准是建立在生理卫生基础上还是舒适角度上等问题自新风量问题研究之初就备受争议。在过去的 173 年里，新风量指标不断发生变化，并在 ASHRAE 标准中做了多次修订，如图 3-2 所示。

这也表明在过去乃至今天，人们对建筑所需最佳新风量的认识还在不断变化。1936 年，Yaglou 首次建立新风量指标确定的传统理论。1987 年在第四届室内空气品质国际会议上，Fanger 教授认为可以用人作为仪器来衡量室内空气品质，并建立空气品质舒适方程来确定新风量需求。2000 年，捷克布拉格技术大学的 Jokl M. V. 提出采用分贝（decibel）概念来衡量室内空气品质，并用具体的污染物指标作为分析对象来确定人员新风量指标和单位建筑面积新风量指标。

3.3.1　Yaglou 新风理论

20 世纪 30 年代，Yaglou 通过实验手段研究了在正常条件下人员占有体积、空气处理

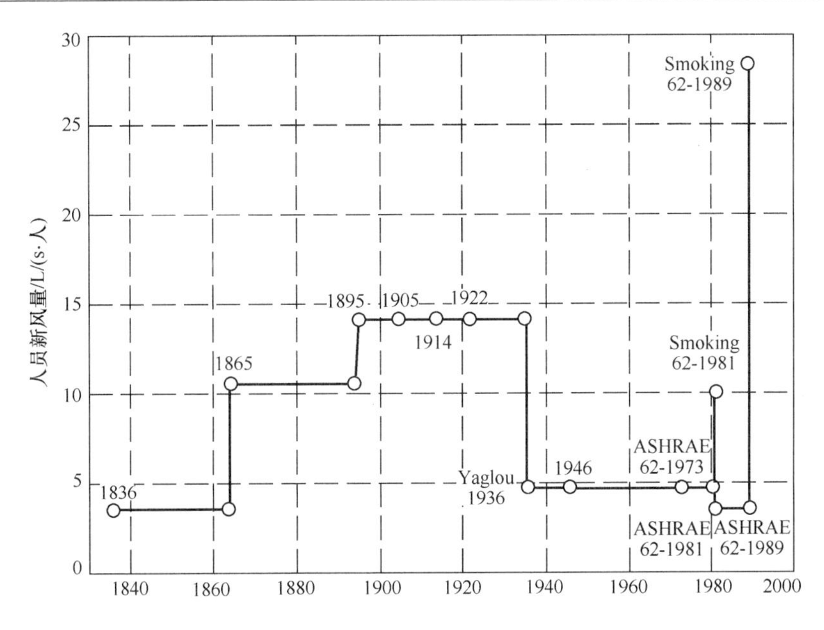

图 3-2　新风量指标的演化

过程、个人卫生、室内空气质量、室内二氧化碳浓度水平与室内人体气味强度和人员新风量指标之间的关系。实验条件包括夏季和冬季工况，实验对象包括儿童和成人，实验结果可以推广应用到学校教室、办公室、住宅等场所的新风量确定。

3.3.1.1　人体气味强度与新风量要求之间的关系

图 3-3 给出了在室内人员（16 岁以上）静坐的条件下室内人体气味强度随每人新风量指标变化的关系。从图 3-3 中可以看到，室内人体气味强度与每人新风量的对数值成线性关系，并且每人新风量指标越大，室内人体气味强度越小，这与 Weber-Fechner 定律相符合。同时可以看到，当每人新风量指标小于 5.1m^3/h（3cfm）时，室内人体气味强度完全无法接受，而要把室内人体气味强度降低到允许的 2 级水平（中等水平），需要的最小每人新风量指标为 27.2m^3/h（16cfm），当每人新风量指标提高到 51m^3/h（30cfm）时，室内人体气味强度已降低到刚好可以感知的程度。

图 3-4 给出了以学校儿童为实验对象的情况下室内人体气味强度随每人新风量指标变化的关系。尽管儿童的体表面积更小、整体代谢率更低，但散发的气味比成年人更多，因

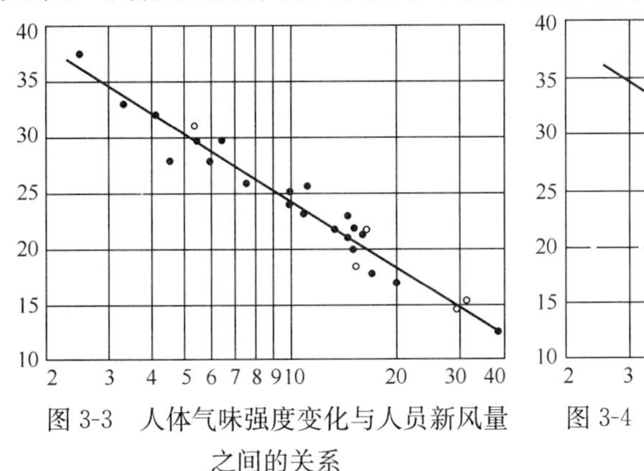

图 3-3　人体气味强度变化与人员新风量之间的关系

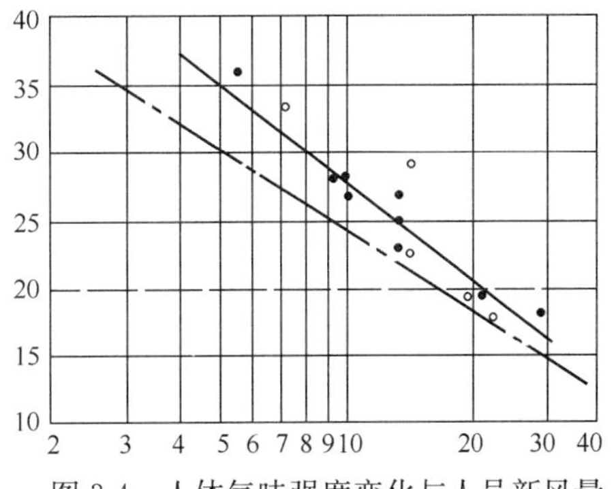

图 3-4　人体气味强度变化与人员新风量之间的关系（儿童）

此对新风量的要求也更高。从图 3-4 可以看出，要把室内人体气味强度降低到允许的 2 级水平，对于儿童而言，需要的最小每人新风量指标为 35.7m^3/h（21cfm）。

3.3.1.2 人员占有体积、气味强度和新风量要求之间的关系

图 3-5 给出了室内人员占有体积对气味强度的影响关系。图 3-5 中的三条线分别代表人员占有面积 1.0219m^2（11sq ft）、2.0438m^2（22sq ft）和 4.8308m^2（52sq ft），相应的人员占有体积为 2.83m^3（100cu ft）、5.66 m^3（200cu ft）和 13.301 m^3（470cu ft）。

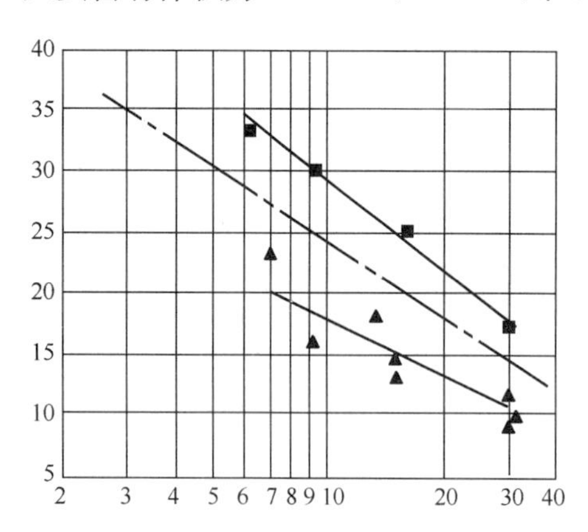

图 3-5 人员占有体积对气味强度变化的影响

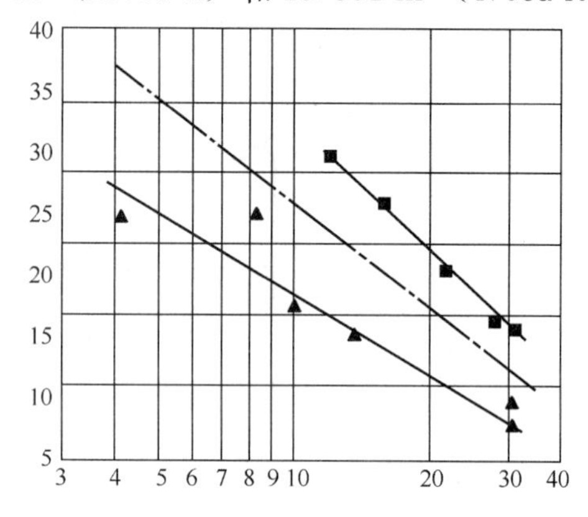

图 3-6 人员占有体积对气味强度变化的影响（儿童）

从图 3-5 可以看到，要把室内人体气味强度降低到允许的 2 级水平，当人员占有体积为 2.83m^3（100cu ft）时，人员新风量指标需要 42.5m^3/h（25cfm）；当人员占有体积为 5.66 m^3（200cu ft）时，人员新风量指标需要 27.2m^3/h（16cfm）；当人员占有体积为 13.301 m^3（470cu ft）时，人员新风量指标需要 11.9m^3/h（7cfm）。

对于儿童而言，室内人员占有体积对气味强度的影响关系如图 3-6 所示。可以看到，儿童的气味强度和新风要求比成年人都要高。要把室内人体气味强度降低到允许的 2 级水平，当人员占有体积为 2.83m^3（100cu ft）时，人员新风量指标需要 49.3m^3/h（29cfm），当人员占有体积为 5.66 m^3（200cu ft）时，人员新风量指标需要 35.7m^3/h（21cfm），当人员占有体积为 13.301 m^3（470cu ft）时，人员新风量指标需要 20.4m^3/h（12cfm）。

3.3.1.3 空气处理过程与气味强度和新风量要求之间的关系

常用的过滤、除湿或冷却可以除去回风中相当数量的气味物质，因此可以考虑利用回风来减少新风需求。图 3-7 给出三种空气处理过程（喷淋冷却和除湿、离心除湿机除湿、表冷器冷却）下气味物质的去除能力。从图 3-7 中可以看到采用表冷器冷却的空气处理方式去除的气味物质最少，而用喷淋除湿去除的气味物质最多，离心除湿机除湿的去除效果略优于表冷器冷却。对于新风加回风的通风方式，采用离心除湿机除湿或表冷器冷却，所需要的人员新风量指标从 27.2m^3/h（16cfm）降到 22.1m^3/h（13cfm），而采用喷淋除湿所需要的人员新风量指标则减小到 6.8m^3/h（4cfm）。同时，图 3-6 也说明，当回风控制在 51m^3/h（30cfm），即使净化效率达到 100%，室内气味强度也不能降低到低于 1.5 级的水平，其原因不在于对气味物质的吸收，而在于人员的嗅觉会出现错觉。值得指出的是，喷淋除湿若不及时更换清洁的水，在采用该种空气处理方式条件下，随着使用时间的增长室内气味强度会上升，人员新风量指标会增大。

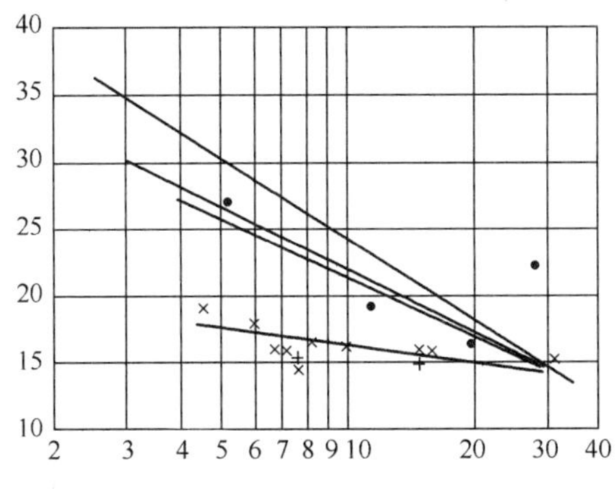

图 3-7　空气处理方式对气味的去除能力

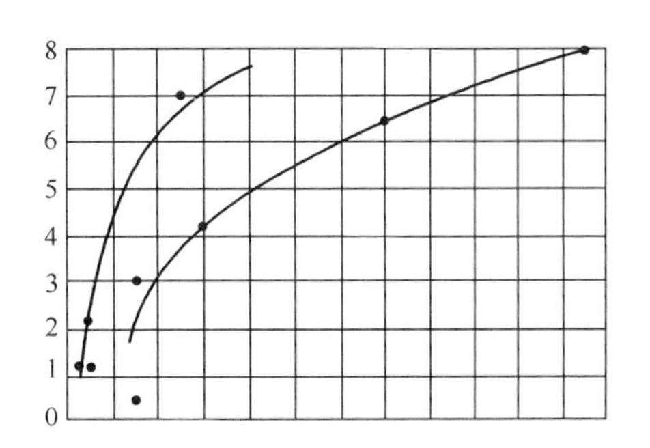

图 3-8　个人卫生对新风量要求的影响

3.3.1.4　个人卫生与气味强度和新风量要求之间的关系

图 3-8 给出了个人卫生对人员新风量指标的影响。从图 3-8 中可以看到，基于新风量需求考虑，一周洗 1 次澡是完全不够的，特别是对于学校学生而言。而一周洗 2 次澡对解决教室的气味污染问题有很大帮助。这一实验结果从人员的经济和教育角度揭示了新风量需求增大带来的成本提高与改善人员卫生投入之间存在紧密关系。

3.3.1.5　室内空气质量与气味强度和新风量要求之间的关系

图 3-9 给出了人员新风量指标对室内质量的影响关系。从图 3-9 中可以看到，当人员占有体积为 5.66 m^3 (200cu ft) 时，若人员新风量指标低于 5.1m^3/h (3cfm)，室内空气质量很差；当人员新风量指标提高到 25.5m^3/h (15cfm)，室内空气质量得到迅速改善。若继续提高人员新风量指标，室内空气质量的改善效果很小。这表明，当人员新风量指标增加到一定程度以后，室内空气质量的改善效果将不再明显，主要原因在于此时若继续用气味来评价室内空气质量将不再具有客观性。

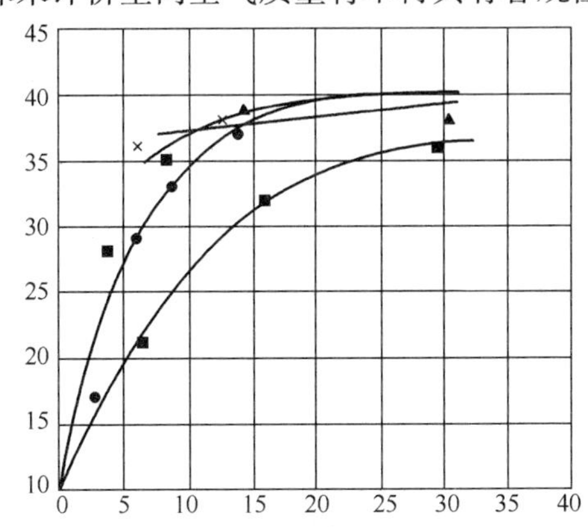

图 3-9　室内空气质量与新风量要求之间的关系

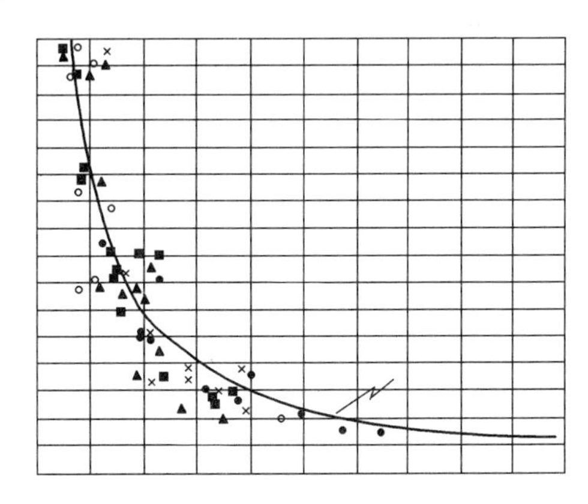

图 3-10　二氧化碳与新风量要求之间的关系

3.3.1.6　二氧化碳与气味强度和新风量要求之间的关系

图 3-10 给出室内 CO_2 浓度水平与人员新风量指标之间的关系。图 3-10 中的曲线是由根据理论计算结果得到，尽管与实验结果基本吻合，但仍然存在偏离很大的地方。例如，当室内 CO_2 浓度为 900ppm 时，人员新风量指标需求介于 25.5m^3/h (15cfm) 到 51m^3/h (30cfm) 之间，最大偏差达到 100%。特别是，当人员新风量指标小于 17m^3/h (10cfm)

以后，由于曲线斜率的绝对值很大，室内 CO_2 浓度的微小起伏将导致人员新风量指标变化十分剧烈；而且，此时的理论预测值要高于实验值，其主要原因在于当室内 CO_2 浓度很高时，室内表面（如壁面、家具、衣服等）会对室内 CO_2 产生吸收作用。

3.3.2 Fanger 新风理论

3.3.2.1 基于空气品质舒适方程的新风量确定

Fanger 教授认为人的鼻子比化学分析仪器灵敏，因此可以用人作为仪器来分析室内污染源强度。他为此提出 2 个新的单位，用 olf 作为定量污染源的单位，用 decipol 来定量空气品质。1olf 表示一个标准人的污染物散发量；所谓标准人是指一个处于热舒适状态下静坐的成年人，此人每天洗澡 0.7 次，每天更换内衣，符合卫生标准；其他污染源可以用标准人来定量化。1decipol 表示 1 个标准人产生的污染经过 10L/s 未经污染空气通风稀释后的空气品质。主要污染源的 olf 值和典型状态的 decipol 尺度分别如表 3-1 和表 3-2 所示。

表 3-1 污染源的 olf 值

状 态	值	状 态	值
静坐的人，1met	1olf	吸烟者，吸烟时	25olf
活动的人，4met	5olf	吸烟者，平时状态	6olf
活动的人，4met	11olf	办公室材料	0～0.5olf

表 3-2 典型状态的 decipol 尺度

	山区室外空气	城镇室外空气	健康建筑	病态建筑
decipol	0.01	0.1	1	10

基于 olf 和 decipol 新单位，就可以获得特定空间内空气污染总负荷，从而计算得到达到理想空气品质所需要的新风量，即空气品质舒适方程：

$$Q=\frac{10G}{C_i-C_o} \tag{3-1}$$

式中 Q 为所需要的新风量，L/s；G 为室内及相应通风系统污染源强度，olf；C_i 和 C_o 分别为在室内所感受的空气品质和所感受到的室外空气品质，decipol。

此外，Fanger 教授还进一步给出新风量指标与人员不满意率之间关系以及可感受的空气品质与人员不满意率之间的关系，如图 3-11 和图 3-12 所示。从图 3-11 可以看到，人员

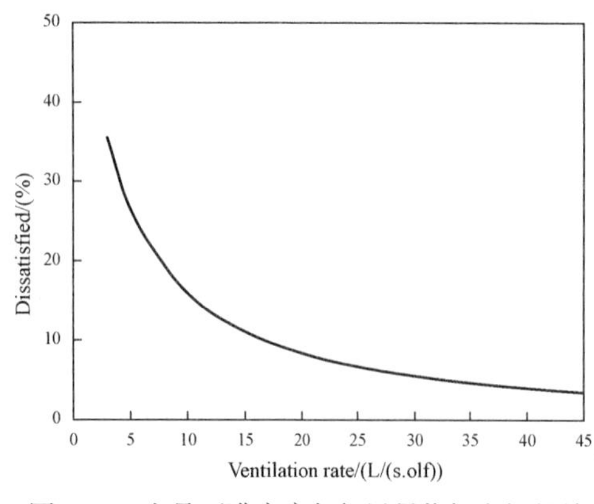

图 3-11 人员不满意率与新风量指标之间的关系

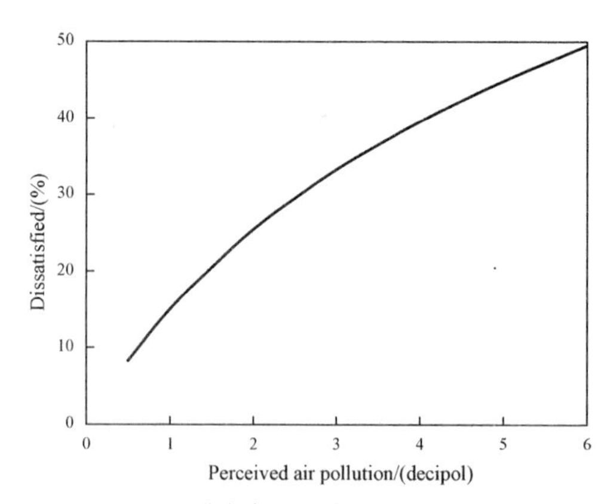

图 3-12 人员不满意率与可感受的空气品质之间的关系

不满意率随着新风量的增加先迅速减小再缓慢变化；由此可以看到，对反应敏感的人员而言，需要很高的新风量才能使其接受室内空气，而对忍受性较好的人员而言，只需较少的新风量就能使其接受室内空气。

从图 3-12 可以发现，对于低污染源，可感受的空气品质低于 1decipol，人员不满意率低于 15%；而对于新风量少且含有高污染源的建筑空间，可感受的空气品质高于 10decipol，人员不满意率高于 60%。值得指出的是，可感受的空气品质 0.1decipol 或人员不满意率 1%的状态很难在室内实现。

3.3.2.2 基于人员适应性的新风量确定

Fanger 教授研究发现，对于已被污染的建筑空间，人员进出室内时初始感觉最受关注，而对于人员长时间停留的建筑空间，室内人员经过初始阶段的适应以后，能够适应较高污染水平的环境。

图 3-13 给出了室内人员对人员污染的适应性与人员新风量指标之间关系。可以看到，在人员污染从低水平上升到高水平的过程中，已经适应的人员对室内空气的接受性并没有表现出明显的变化，新风量指标的增大对其不满意率的减小并不明显。

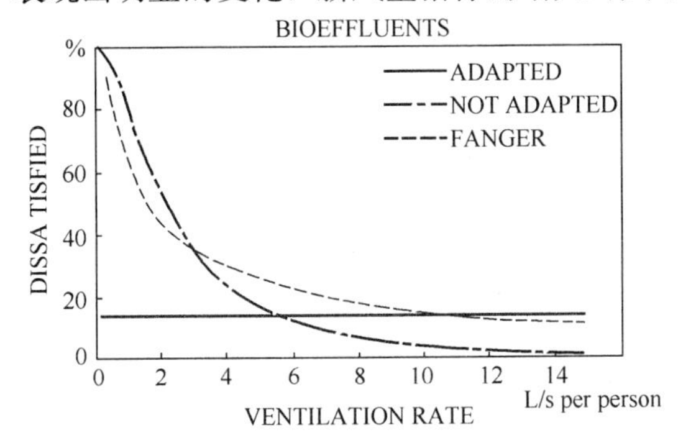

图 3-13 对人员污染适应与否和新风量要求之间的关系

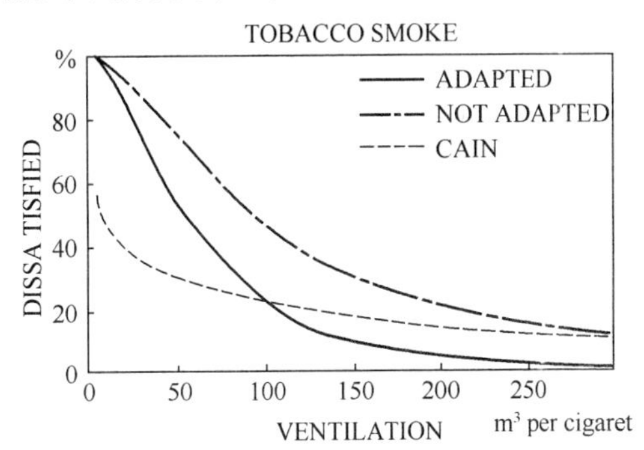

图 3-14 对吸烟污染适应与否和新风量要求之间的关系

图 3-14 给出了室内人员对吸烟污染的适应性与人员新风量指标之间关系。从图 3-14 中可以看到，无论是适应者还是未适应者，提高人员新风量指标对减小二者的不满意度都十分明显，特别是对已适应者而言，通过增大新风量来减少不满意度的效果表现得更为显著。对比图 3-13 和图 3-14 可以发现，当人员污染的水平较低时，污染物浓度变化对室内空气可接受性的影响很小，但对吸烟污染而言，室内空气可接受性始终受污染物浓度变化的影响。与此同时，若短时间（10min 左右）的不舒适可以接受，则可以较大程度减小新风量需求。

3.3.3 Jokl M. V. 新风理论

Jokl M. V. 基于分贝概念，对人所感受的气味强度进行量化，并以 CO_2 和 TVOC 浓度指标为研究对象，通过建立气味强度与 CO_2 和 TVOC 浓度指标之间的关系，再结合气味强度与人员不满意率之间的关系，得到特定人员不满意率下的 CO_2 和 TVOC 浓度限值，如图 3-15 和图 3-16 所示。

根据图 3-15 和图 3-16 所给出的浓度限值，再由人员散发 CO_2 的量和单位建筑面积散发 TVOC 的量确定出人员新风量指标和单位建筑面积新风量指标。

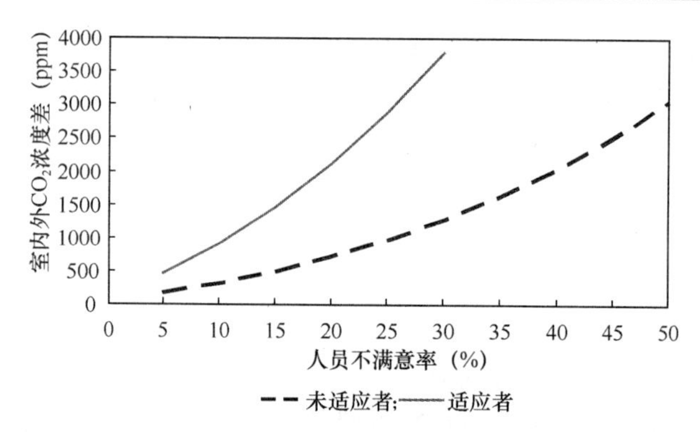

图 3-15 人员不满意率与室内外 CO_2 浓度差之间的关系

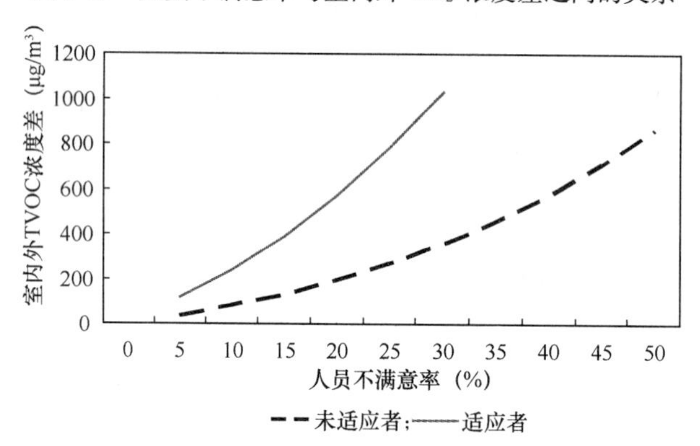

图 3-16 人员不满意率与室内外 TVOC 浓度差之间的关系

3.4 新风理论的应用

在过去的 100 年里，通风空调标准主要是以 Pattenkofer 和 Yaglou 的传统理论为基础，即人是民用建筑的主要污染物，并且这一思想在世界各国标准中都有所反映。1978 年，Cain 通过对照 ASHRAE 推荐新风量和最小新风量与 Yaglou 曲线之间的关系，发现 Yaglou 曲线构成新风量推荐值的下限。

Fanger 提出基于“olf”和“decipol”概念的新风量需求确定方法在 1992 年成为欧盟 EUR 14449EN 推荐方法，但却没有被 ASHRAE Standard 61－1989R 接受，原因在于该方法完全依据人体的主观感觉对污染强度进行量化，衡量标准较为模糊，具有很大的局限性。同时指标对于无刺激性但危害较大的室内空气污染物不能表征，或者对于刺激性较大但危害较小的室内污染物给出较大的值，因而有时不能真实反映污染程度及污染对人体的健康影响。

4 国内外新风量标准及其体系

4.1 国内新风量标准及其体系

目前，国内关于新风量确定方法或原则主要在《公共建筑节能设计标准》GB 50189－2005、《采暖通风与空气调节设计规范》GB 50019－2003 和《民用建筑空调设计手册》中作出规定。

(1)《公共建筑节能设计标准》GB 50189－2005中规定当空调风系统负责多个空间时，新风量计算方法如下：

$$Y = X/(1+X-Z) \tag{4-1}$$

$$Y = V_{ot}/V_{st} \tag{4-1a}$$

$$X = V_{on}/V_{st} \tag{4-1b}$$

$$Z = V_{oc}/V_{sc} \tag{4-1c}$$

式中 Y——修正后的系统新风量在送风量中的比例；

V_{ot}——修正后的总新风量，m^3/h；

V_{st}——总送风量，即系统中所有房间送风量之和，m^3/h；

X——未修正的系统新风量在送风量中的比例；

V_{on}——系统中所有房间的新风量之和，m^3/h；

Z——需求最大的房间的新风比；

V_{oc}——需求最大的房间的新风量，m^3/h；

V_{sc}——需求最大的房间的送风量，m^3/h。

对于不同类型的公共建筑和功能房间，在《公共建筑节能设计标准》GB 50189－2005中给出了相应的设计新风量，如表4-1所示。

表4-1 公共建筑主要空间的设计新风量

建筑类型和房间名称			新风量/m^3/（h·人）
旅游旅馆	客房	5星级	50
		4星级	40
		3星级	30
	餐厅、宴会厅、多功能厅	5星级	30
		4星级	25
		3星级	20
		2星级	15
	大堂、四级厅	4～5星级	10
	商业、服务	4～5星级	20
		2～3星级	10
	美容、理发、康乐设施		30
旅店	客房	1～3级	30
		4级	20
文化娱乐	影剧院、音乐厅、录像厅		20
	游艺厅、舞厅（包括卡拉OK歌厅）		30
	酒吧、茶座、咖啡厅		10
体育馆			20
商场（店）、书店			20
饭馆（餐厅）			20
办公			30
学校	教室	小学	11
		初中	14
		高中	17

（2）《采暖通风与空气调节设计规范》GB 50019－2003 中规定建筑物室内空气应符合国家现行的有关室内空气质量、污染物浓度控制等卫生标准的要求。建筑物室内人员所需最小新风量，应符合以下规定：

①民用建筑人员所需最小新风量按国家现行有关卫生标准确定；

②工业建筑应保证每人不小于 30m³/h 的新风量。

在《采暖通风与空气调节设计规范》GB 50019－2003 中已给出民用建筑主要房间的人员所需最小新风量，如表 4-2 所示。

表 4-2　民用建筑主要房间人员所需最小新风量［m³/（h·人）］

建筑类型和房间名称			新风量
旅游旅馆	客房	1 级	50
		2 级	40
		3 级	30
	餐厅 宴会厅 多功能厅	1 级	30
		2 级	25
		3 级	20
		4 级	15
	大堂、四级厅	1～2 级	10
	商业、服务	1～2 级	20
		3～4 级	10
	美容、理发、康乐设施		30
旅店	客房	3～5 星级	30
		1～2 星级	20
文化娱乐	影剧院、音乐厅、录像厅		20
	游艺厅、舞厅（包括卡拉 OK 歌厅）		30
	酒吧、茶座、咖啡厅		10
体育馆			20
商场（店）、书店			20
饭馆（餐厅）			20
办公			30
住宅			30
学校	教室	小学	11
		初中	14
		高中	17

（3）《民用建筑空调设计手册》新风量确定原则考虑以下三个方面：

①满足卫生要求　为了满足人体的健康要求，必须向空调房间送入足够的新风。

②补充局部排风量　当空调房间内有局部排风装置时，为了不使房间产生负压，在系统中必须有相应的新风量来补充排风量。

③保证空调房间正压要求　为了防止室外空气无组织地侵入，需要在空调房间内保持正压。即用增加一部分新风量的办法，使室内空气压力高于外界压力，然后再让这部分新风从空调房间门缝处渗透出去。这部分渗透空气量的大小由房间的正压、窗户结构形成的

缝隙状况所决定。

在《民用建筑空调设计手册》中，对国内现行规范、设计手册、技术措施中有关新风量的推荐值进行了总结，如表 4-3 所示。

表 4-3 暖通空调设计标准、设计手册推荐的最小新风量 [m³/（h·人)]

建筑类型		空气调节设计手册	实用供热空调设计手册	专用设计规范		采暖通风与空气调节设计规范	民用建筑暖通空气调节设计技术措施
				GB 50189	JGJ 62－90		
客房	一级	50	100m³/(h·室)	≥50	50	旅馆客房 30 （少量吸烟）	旅馆客房 最少：30 适当：50 （大量吸烟）
	二级	43	80m³/(h·室)	≥40	40		
	三级	30	60m³/(h·室)	≥30	30		
	四级	15	30m³/(h·室)	—	—		
餐厅、宴会厅、多功能厅	一级	30	—	≥30	25		旅馆餐厅、宴会厅 最少：20 适当：25 (有一些吸烟)
	二级	25	40	≥25	20		
	三级	20	25	≥20	20		
	四级	15	18	≥15	—		
商业服务	一级	20	18	≥20			
	二级	20	18	≥20			
	三级	10	18	≥10			
	四级	10	18	≥10			
大厅、四季厅	一级	10	18	≥10			
	二级	10	18	GB 50189			
	三级						
	四级						
会议厅、办公室、接待室	一级						
	二级		50				
	三级		30				
	四级						
公寓	20					最少：18 适当：35	
公寓	高级卧室	30					
	一般卧室	20					
	高级起居室	90					
	一般起居室	70					
影剧院	9	15	JGJ 58 观众厅 10 JGJ 57　10	8(无吸烟)		最少：18(17) 适当：15(25) 无吸烟 (有一些吸烟)	
博物馆		9		8(无吸烟)			
体育馆		9	10	8(无吸烟)			

续表 4-3

建筑类型	空气调节设计手册	实用供热空调设计手册	专用设计规范		采暖通风与空气调节设计规范	民用建筑暖通空气调节设计技术措施
			GB 50189	JGJ 62－90		
商店	9		JGJ 48		8(无吸烟)	
办公室	18				17 (无吸烟)	最少：18 适当：25 (有一些吸烟)
图书馆	17				17 (无吸烟)	
银行大楼		20				
普通餐厅	17		JGJ 64 一级餐厅 25 二级餐厅 20		17 (无吸烟)	
商业中心	10	10				
百货大楼	10	10				最少：9 适当：12 (无吸烟)
一般会议室	17				17 (无吸烟)	最少：50(40) 适当：80(60) 严重吸烟 (有一些吸烟)
展览厅		10				
大会堂		10				最少：18 适当：25 (有一些吸烟)
候机厅		15				
办公大楼		20	JGJ 6 (一般办公室 20～30) (高级办公室 30～50)			
美容、理发、康乐设施	30	30	GB 50189 ≥30			理发最少：17 适当：25 (大量吸烟) 美容最少：13 适当：17 (有一些吸烟)
舞厅					17 (无吸烟)	最少：18 适当：33 (有一些吸烟)

续表 4-3

<table>
<tr><th colspan="2" rowspan="2">建筑类型</th><th rowspan="2">空气调节设计手册</th><th rowspan="2">实用供热空调设计手册</th><th colspan="2">专用设计规范</th><th rowspan="2">采暖通风与空气调节设计规范</th><th rowspan="2">民用建筑暖通空气调节设计技术措施</th></tr>
<tr><th>GB 50189</th><th>JGJ 62－90</th></tr>
<tr><td colspan="2">电子计算机房</td><td></td><td></td><td colspan="2">GB 50174－93
40</td><td></td><td></td></tr>
<tr><td rowspan="4">体育类建筑</td><td>健身房</td><td></td><td>80</td><td colspan="2"></td><td></td><td></td></tr>
<tr><td>保龄球房</td><td></td><td>40</td><td colspan="2"></td><td></td><td></td></tr>
<tr><td>弹子房</td><td></td><td>30</td><td colspan="2"></td><td></td><td></td></tr>
<tr><td>室内游泳池</td><td></td><td>30</td><td colspan="2"></td><td></td><td></td></tr>
<tr><td rowspan="5">医院建筑</td><td>门诊部</td><td>18</td><td>—</td><td colspan="2"></td><td>17
（无吸烟）</td><td></td></tr>
<tr><td>普通病房</td><td>18</td><td>—</td><td colspan="3">17
（无吸烟）</td><td>最少：18
适当：35
（无吸烟）</td></tr>
<tr><td>CT 诊断</td><td>—</td><td>20</td><td colspan="2"></td><td></td><td></td></tr>
<tr><td>高级病房</td><td>20</td><td>20</td><td colspan="2"></td><td></td><td>最少：40
适当：50
（无吸烟）</td></tr>
<tr><td>手术室</td><td>20</td><td>20</td><td colspan="2"></td><td></td><td>37
$m^3/(h \cdot m^2)$</td></tr>
<tr><td colspan="2">候机厅</td><td></td><td>15</td><td colspan="2"></td><td></td><td></td></tr>
</table>

4.2 国外新风量标准及其体系

4.2.1 美国新风量标准及其体系

最新的 ASHRAE 标准 62.1－2007 标准对于新风量的确定有两种方法：规定设计法和性能设计法。规定设计法与污染源、室内污染物浓度限值以及人员主观感觉有关，要求室内污染物浓度将通过净化设备或者改进设计被控制在人们可感知的范围内。性能设计法与建筑类型、室内人数以及地板面积有关，其最小新风量与污染源和污染源强度有关。

（1）ASHRAE 规定设计法

规定设计法由早期的“通风量法”（Ventilation Rate Procedure）改进得来。这种方法的出发点是污染源。早期国内外的很多标准把人作为建筑空间内唯一的污染源，由此规定新风量需求仅随人数的变化而变化。而现有标准大多数将建筑污染也考虑在内，并且假定相同类型的建筑物内污染源及其强度基本相同，因此提出人员最小新风量需求和建筑污染最小新风量需求的概念。ASHRAE 标准 62.1－2007 给出的呼吸区设计新风量计算公式为：

$$V_{bz} = R_p P_z + R_a A_z \tag{4-2}$$

通风系统在设计工况下所需新风量还应考虑空气分布效率，因此通风区设计新风量为：

$$V_{oz} = V_{bz}/E_z \tag{4-3}$$

式中 R_p——每人所需新风量，L/（s·人）；

R_a——单位地板面积所需新风量，L/（s·m^2）；

P_z——室内人数；

A_z——建筑面积，m^2；

E_z——空气分布效率，典型空调末端形式的空气分布效率如表 4-4 所示。

表 4-4 不同空调末端的空气分布效率

空调末端形式	E_z
供冷上送	1.0
供热上送下回	1.0
供热上送下回（送风温差>8℃）	0.8
供热上送下回（送风温差<8℃，送风速度达到 0.8m/s）	1.0
供冷下送上回（送风速度达到 0.8m/s）	1.0
供冷下送上回（低速置换通风）	1.2
供热下送下回	1.0
供热下送上回	0.7
送排（回）风口反向对称布置	0.8
送排（回）风口临近布置	0.5

典型场所的 R_p 和 R_a 取经验值，P_z 和 A_z 根据实际情况而定。R_pP_z 称为人员部分，与空间内人数成正比，用于稀释室内人员本身（生物污染）及其活动产生的污染物；R_aA_z 称为建筑部分，与地板面积成正比，用于稀释由建筑材料、家具、空间内与人数不成正比的活动以及 HVAC 系统散发的污染物。

对于不同类型的建筑和功能房间，在 ASHRAE 62.1－2007 中给出了相应的 R_p 和 R_a 推荐取值，如表 4-5 所示。

表 4-5 ASHRAE 62.1－2007 呼吸区最小新风量

建筑类型	人均新风量		单位面积新风量		默认值			空气等级
					人员密度	总新风量		
	cfm/人	L/s·人	cfm/ft^2	L/s·m^2	#/1000ft^2 #/100m^2	cfm/人	L/s·人	
教育设施								
幼儿室	10	5	0.18	0.9	25	17	8.6	2
教室	10	5	0.12	0.6	35	13	6.7	1
报告厅	7.5	3.8	0.06	0.3	65	8	4.3	1
艺术教室	10	5	0.18	0.9	20	19	9.5	2
实验室	10	5	0.18	0.9	25	17	8.6	2
计算机房	10	5	0.12	0.6	25	15	7.4	1
多功能房	7.5	3.8	0.06	0.3	100	8	4.11	

续表 4-5

建筑类型	人均新风量		单位面积新风量		默认值			空气等级
					人员密度	总新风量		
	cfm/人	L/s·人	cfm/ft²	L/s·m²	#/1000ft² #/100m²	cfm/人	L/s·人	
食品饮料								
食堂	7.5	3.8	0.18	0.9	70	10	5.1	2
小餐厅	7.5	3.8	0.18	0.9	100	9	4.7	2
酒吧	7.5	3.8	0.18	0.9	100	9	4.7	2
公共	5	2.5			25	10	5.1	
休息室	5	2.5	0.06	0.3	20	11	5.5	1
咖啡厅	5	2.5	0.06	0.3	50	6	3.1	1
会议室			0.06	0.3				1
走道			0.06	0.3				1
储藏室			0.12	0.6				1
宾馆、宿舍								
房间	5	2.5	0.06	0.3	10	11	5.5	1
临时房间	5	2.5	0.06	0.3	20	8	4.0	1
洗衣房	5	2.5	0.12	0.6	10	17	8.5	2
大厅	7.5	3.8	0.06	0.3	30	10	4.8	1
多功能厅	5	2.5	0.06	0.3	120	6	2.8	1
办公建筑					5	17	8.5	1
办公区	5	2.5	0.06	0.3	30	7	3.5	1
接待区	5	2.5	0.06	0.3	60	6	3.0	1
大厅	5	2.5	0.06	0.3	10	11	5.5	1
多功能建筑								
机房	5	2.5	0.06	0.3	4	20	10	1
电子设备房			0.06	0.3				1
电梯间			0.12	0.06				1
药房	5	2.5	0.18	0.9	10	23	11.5	1
影楼	5	2.5	0.12	0.3	10	17	8.5	1
电话亭				0	0			1
候车站台	7.5	3.8	0.06	0.3	100	8	4.1	1
储藏室			0.06	0.3				2
公共设施								
音乐厅	5	2.5	0.06	0.3	150	5	2.7	1
宗教场所	5	2.5	0.06	0.3	120	6	2.8	1
法庭	5	2.5	0.06	0.3	70	6	2.9	1
司法机构	5	2.5	0.06	0.3	50	6	3.1	1
图书馆	5	2.5	0.12	0.6	10	17	8.5	1
大厅	5	2.5	0.06	0.3	150	5	2.7	1
博物馆	7.5	3.8	0.12	0.6	40	11	5.3	1

续表 4-5

建筑类型	人均新风量		单位面积新风量		默认值			空气等级
					人员密度	总新风量		
	cfm/人	L/s·人	cfm/ft²	L/s·m²	#/1000ft² #/100m²	cfm/人	L/s·人	
住宅								
住宅单元	5	2.5	0.06	0.3				1
公共走道			0.06	0.3				
零售								
售货	7.5	3.8	0.12	0.6	15	16	7.8	2
卖场	7.5	3.8	0.06	0.3	40	9	4.6	1
理发店	7.5	3.8	0.06	0.3	25	10	5	2
美容室	20	10	0.12	0.6	25	25	12.4	2
宠物房	7.5	3.8	0.18	0.9	10	26	12.8	2
超市	7.5	3.8	0.06	0.3	8	15	7.6	1
自动售货机	7.5	3.8	0.06	0.3	20	11	5.3	2
体育娱乐								
体育场			0.3	1.5				1
健身房			0.3	1.5	30			2
观众区	7.5	3.8	0.06	0.3	150	8	4	1
游泳馆			0.48	2.4				2
舞池	20	10	0.06	0.3	100	21	10.3	1
有氧运动房	20	10	0.06	0.3	40	22	10.8	2
健身俱乐部	20	10	0.06	0.3	10	26	13	2
保龄球馆	10	5	0.12	0.6	40	13	6.5	1
棋牌赌博场	7.5	3.8	0.18	0.9	120	9	4.6	1
游戏室	7.5	3.8	0.18	0.9	20	17	8.3	1
舞台	10	5	0.06	0.3	70	11	5.4	1

（2）ASHRAE 性能设计法

性能设计法由早期的“室内空气品质法”（Indoor Air Quality Procedure）发展得来。这种方法立足于维持一定的室内空气品质。ASHRAE 标准有两个室内空气品质的定义，即可接受的室内空气品质（Acceptable Indoor Air Quality）与可接受的可感室内空气品质（Acceptable Perceived Indoor Air Quality）。性能设计法针对特定空间内影响健康和舒适的每种污染物，根据它预计存在的源强以及从健康和舒适方面考虑各自所允许的最大浓度，运用质量守恒方程计算新风量，取最大值作为该空间的最小新风量。基于质量守恒方程的稀释各种污染物所需的新风量 Q 的计算式如下：

$$Q = \frac{G}{(c_i - c_o)E_v} \tag{4-4}$$

式中 G——污染物散发量，mg/s；

c_i——从健康或舒适角度考虑的浓度限度，mg/L；

c_o——室外空气中污染物浓度，mg/L；

E_v——通风效率。

理论上，性能设计法优于规定设计法，其计算值更精确。但事实上，目前对 G、c_i 值的确定以及室内到底有哪些污染物影响健康和舒适等问题还没有足够的认识。因此目前许多场所还无法应用性能设计方法，规定设计法仍是绝大多数情况下的选择。

需要指出的是，在实际应用中，由于空调系统的形式以及过滤器的位置（如图 4-1 所示）的不同，所需新风量的计算方法也不相同，具体情况如表 4-6 所示。

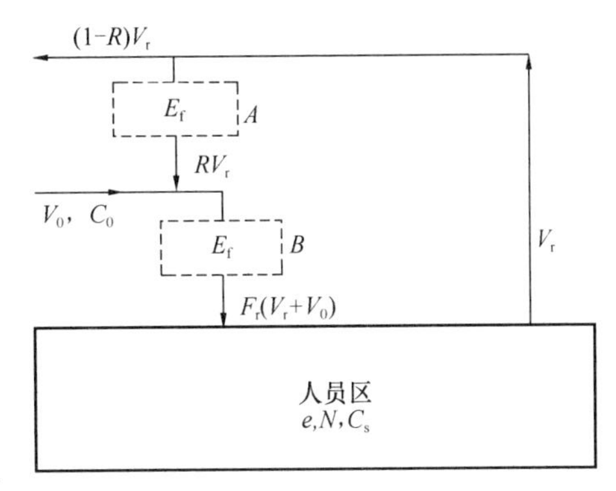

图 4-1　通风系统示意图

表 4-6　不同空调系统和过滤器位置所需新风量的计算方法

过滤器位置	流量	室外新风量	新风量计算方法
—	VAV	100%	$V_0=\frac{N}{E_vF_r(C_s-C_0)}$
A	定流量	定流量	$V_0=\frac{N-E_vRV_rE_fC_s}{E_v(C_s-C_0)}$
A	VAV	定流量	$V_0=\frac{N-E_vF_rRV_rE_fC_s}{E_v(C_s-C_0)}$
A	VAV	按比例	$V_0=\frac{N-E_vF_rRV_rE_fC_s}{E_vF_r(C_s-C_0)}$
B	定流量	定流量	$V_0=\frac{N-E_vRV_rE_fC_s}{E_v[C_v-(1-E_f)C_0]}$
B	VAV	100%	$V_0=\frac{N}{eF_r[C_s-(1-E_f)C_0]}$
B	VAV	定流量	$V_0=\frac{N-E_vF_rRV_rE_fC_s}{E_v[C_s-(1-E_f)C_0]}$
B	VAV	按比例	$V_0=\frac{N-E_vF_rRV_rE_fC_s}{E_vF_r[C_s-(1-E_f)C_0]}$

注：1. 按比例指新风量根据送风量不同而不同；
2. 位置 A 表示过滤器处于回风段，位置 B 表示过滤器处于送风段。

4.2.2　欧洲新风量标准及其体系

欧洲现行新风量标准主要有：

■ DIN 1946：德国标准组织 DIN 于 1994 年出版的 DIN 1946 第二部分《通风与空调：技术上的卫生要求》的修订。

■ CIBSEGuideA：由英国的建筑设备特许工程师学会（CIBSE）发表的对指南 A 的第二部分《设计中的环境原则》CIBSE 1993 的评价。

■ PrENV 1752（96）：由欧洲标准组织（CEN）的技术委员会 TC156 下属的一个工作组“建筑通风组”编写《建筑通风，考虑室内环境的设计准则》（CEN 1996）。计划将此文件作为欧洲的预选标准，这意味着它将经历为期二年的实际试用。然后由 CEN 成员国决定是否采用它（包括修订部分）作为一个普遍的标准。如果通过，所有欧洲国家必须将其作为本国的国家标准。

■ NKB-61：北欧导则由北欧国家学术团体编制。

（1）德国新风量标准

DIN 是德国工业标准（German Industry Standard）简称，针对空调通风的相关标准，德国工业标准中 DIN1946 是针对此方面的规定。DIN1946 • Part2 主要针对以下几个方面作出了要求：对建筑物中工作空间和公共空间通风系统的要求；使中等活动程度的人感到舒适的健康要求；热舒适、室内空气品质及噪声要求；自然通风可能并非总能达到满意的空气品质和舒适感。DIN1946 • Part4 主要对医院洁净通风进行规定。DIN 标准的分析方法中将通风要求分为三个水平，分别使 90%、80%和 70%的室内人员满意，表 4-7 中列出标准对于办公建筑、教室最小新风量的有关要求，其中新风量取人员部分、建筑部分的大值，也可假设建筑无污染。

表 4-7　典型建筑新风量

房间类型	人员部分 [L/（s • 人)]	建筑部分 [L/（s • m^2)]
单个办公室	11	1.11
景观办公室	16.6	1.67
会议室	5.6	2.7～5.6
普通教室	8.3	4.2

（2）英国新风量标准

英国 CIBSE 于 1993 年对指南 A 第二部分“设计的环境标准”制定的修订草案，其中按照人员疏密程度以及吸烟与否，给出了人均新风量，如表 4-8 所示。

表 4-8　人 均 新 风 量

每人所占地板面积 m^2/人	最小新风量 L/（s • 人）	推荐新风量 L/（s • 人）	
		不吸烟	吸烟
3	11.3	17.0	22.6
6	7.1	10.7	14.2
9	5.2	7.8	10.4
12	4.0	6.0	8.0

与此同时，对于不同建筑类型，英国 CIBSE 也给出推荐的换气次数，如表 4-9 所示。

表 4-9　各类建筑推荐换气次数

场　所	种　类	换气次数 h^{-1}
居住类	厨房	15
	卧室	6
	客厅	6
	厕所	10
	浴室	8

续表 4-9

场　所	种　类	换气次数 h^{-1}
旅馆	餐厅	10
	厨房	15
	大食堂	8
	厕所	10
	浴室	8
学校类	礼堂	6
	体育馆	8
	厕所	12
	教室	6
办公建筑	办公室	6
医院类	等候室	10
	诊疗室	6
	手术室	15
	消毒室	12

对于不同的通风场所，英国 CIBSE 还给出推荐的小时换气次数，如表 4-10 所示。

表 4-10　各场所小时换气次数

场　所	种　类	次数	场　所	种　类	次数
一般家庭	厨房	15	剧院	观览室	12
	卧室	6		放映室	20
	客厅	6	医院	等候室	10
	厕所	10		诊疗室	6
	浴室	8		手术室	15
旅馆及大饭店	餐厅	10		消毒室	12
	厨房	15	工厂	一般作业室	6
	大食堂	8		涂装室	20
	厕所	10	一般建筑	事务室	6
	浴室	8		会议室	12
饮食店	饮食室	6	暗室	冲洗片室	10
	厨房	20			
	宴会室	10	公共厕所		20
学校	礼堂	6			
	体育馆	8	有害气体尘埃发出地方		20 以上
	厕所	12			
	教室	6			

此外，根据人员密度不同和吸烟程度不同，英国 CIBSE 按三种方式分别给出所需的

新风量，如表 4-11 所示。

表 4-11 不同人员密度和吸烟程度的新风量标准

停留者密度	每人所占地板面积 m^2	吸烟程度	风量 L/s	单位地板面积风量 L/（s·m^2）	换气次数 h^{-1}
稀	≥8	无	6	1.0	1.0
		少许	9	1.4	1.5
		重	12	1.8	2.0
密	3～7	无	9	2.8	3.0
		少许	12	3.7	4.0
		重	15	4.6	5.0
挤	≤2	无	12	6.7	7.0
		少许	15	8.3	9.0
		重	18	10.0	11.0

（3）前苏联新风量标准

前苏联没有明确给出新风量确定的一般原则，在前苏联的相关设计手册中提供了各类建筑的换气次数，如表 4-12 所示。

表 4-12 各类建筑换气次数

场　所	种　类	换　气　次　数
居住类及宾馆类	公共宿舍和旅馆内的住室	0.5
	卧室、起居室	1
	洗衣室、小吃部	1
	公共宿舍内的厨房和蒸馏室	3
	单人浴室	2
	公共淋浴室	5
	理发室	1.5
	广播室、电话总机室、晒图室	3
学校类	教室	1
	化学实验室	3
	其他实验室	1
	礼堂	1.5
办公建筑	办公室	0.5
医院类	X 光透视照片室	5
	检验室、消毒室、蒸煮室	3
	值班室	1
	休息室	2.5
	餐室	2
	成年人病房	每张病床 40m^3/h
	小儿病室	每张病床 20m^3/h
	隔离室和半隔离室	2.5
	解剖室	4

4.2.3 日本新风量标准及其体系

在日本，新风量确定的基本原则是，室内人数确定时，新风量按人均新风量计算，如表 4-13 所示；当室内人数在每个时间内不知道时，按照每平方米地板面积的新风量计算，如表 4-14 所示。

表 4-13 每人必须的新风量〔m^3/（h·人)〕

吸烟程度	房间名称	必须的新风量	
		推荐值	最小值
非常多	交易所	85	81
	新闻编辑室		
	会议室		
多	酒吧、酒楼	51	42.5
一般	办公室	25.5	17
	饭　店	25.5	20
少	商店，百货店	25.5	17
无	剧 场	25.5	17
	医院病房	34	25.5

注：本表适用于各房间的不同情况，应根据吸烟程度来决定。

表 4-14 每单位地板面积的必须新风量［m^3/（m^2·h)］

	办公室	饭店和百货公司	会议室	剧场观众席	公寓、住宅和旅馆客房	走廊入口和大厅
推荐值	5	10	15	25	3	3
最小值	3	6	10	25	2	2

此外，在旅馆客房等场合，一次空气以全新风送风，全部在附设浴室排风时，根据浴室排风量（一般每一室 80～100m^3/h）决定新风量。一般情况下，新风量占总风量的比例为 20%～30%。另外，有厕所、厨房等排风时，以上的计算与这些排风量的总和相比，必须取其中的最大值作为新风量。

在［日］井上宇市所著的《空气调节手册》（1986）给出各类建筑新风量推荐值，如表 4-15 所示。

表 4-15 各类建筑新风量

房间名称	人均新风量［m^3/（h·人)］		单位面积新风量［m^3/（m^2·h)］	
	推荐值	最小值	推荐值	最小值
旅馆			3	2
居住建筑			3	2
办公建筑	25.5	17	5	3
饭 店	25.5	20	10	6
医院病房	34	25.5		

此外，日本还提出了考虑节能的基本新风量，《建筑和建筑设备的节能-设计、管理技术的基础和应用》（［日］中原信生著，1990）给出了推荐新风量，如表4-16所示。

表4-16　日本考虑节能的基本新风量（L/s·人）

主要负荷	房　间		基本风量	
	人体活动	房间用途	无吸烟	有吸烟
人体为主要负荷	近于安静	办公室、教室、走廊、大厅、会议室、百货店、餐厅、观众厅、轻工作、舞厅、游戏场、打字室、中等劳动、体育馆、重劳动车间	8.5	30
	轻活动		10	40
	中等活动		15	50
	重活动		30	60
人体以外为主要负荷时	美容室、理发室		30	60
	吸烟室		—	90
	其　他		由房间负荷求出	由房间负荷求出

对于医院手术室等室内环境，日本没有标准或指南，直到1989年，才有正式的《医院设计和管理指南》HEAS-02-1989，不同洁净度要求的区域所需新风量如表4-17所示，2004年日本颁布了《医院设计和管理指南》HEAS-02-2004修订稿，不同洁净度要求的区域所需新风量如表4-18所示。

表4-17　依据洁净度区分的换气次数（HEAS-02-1989）

洁净度	区域名称	室　名　称	最小换气次数（次/h）	最小全风量（次/h）	室内正负压
Ⅰ	高度洁净区域	层流式生物洁净手术室	15		P
		层流式生物洁净病房	15		P
Ⅱ	清洁区域A	手术室、准备室	5	20	P
		紧急手术室	5	20	P
		洁净走廊、洗手间、准备室	5	15	P
		开创照射室	5	20	P
		NICU	5	10	P
		无菌制药室	5	15	P
		中央材料部-灭菌室	5	15	P
Ⅲ	清洁区域E	早产儿室	3	10	P
		特殊病房	2	10	P
		手术部一般区域（更衣室、恢复室）	3	10	P
		ICU	3	10	P
		门诊手术室	3	10	P
		分娩室	4	10	P
		特殊检查室	3	10	P
		中央材料室的一般区域	3	10	P
		血液透析室	3	10	P

续表 4-17

洁净度	区域名称	室 名 称	最小换气次数（次/h）	最小全风量（次/h）	室内正负压
Ⅳ	准清洁区	病房	2	4	E
		诊疗室	2	6	E
		处置室	2	6	E
		配药室	2	6	P
		检查部的一般区域	3	10	E
		CCU	2	6	E
		一般新生儿室	3	10	P
		物理治疗室（水疗室）	2	6	E
		物理治疗室（水疗室以外）	2	6	E
		放射部的一般区域	2	10	E
		待诊室	3	6	E
Ⅴ	一般区域	办公室	2	6	E
		会议室	2	6	E
		厨房		排气 20	N
		一般食堂	2	6	P
		药房	2	6	E
		研究室（无实验设备）	1～5	4	E
		洗涤室		排气 20	E
		废弃物仓库	2	4	E
Ⅵ	污染扩散防止区域	微生物实验室	10		N
		RI 检查室	15		N
		感染症病房	10		N
		中央材料部的污染区域	10	排气 10	N
		解剖室	4	排气 10	N
		污染处理室	—		N
Ⅶ	污染区域	一般厕所	—	排气 10	N
		洗物区分室	—	排气 10	N
		灰尘处理室	—	排气 10	N

表 4-18 东京医院新风量规定（参照 HEAS-02-2004）

洁净度	区域名称	室 名 称	最小换气次数（次/h）	最小全风量（次/h）	室内正负压
Ⅰ	高度洁净区域	手术室（大）	5	未规定	P

续表 4-18

洁净度	区域名称	室　名　称	最小换气次数（次/h）	最小全风量（次/h）	室内正负压
Ⅱ	清洁区域 A	手术室(中)、(小)	5	20	P/(P or N)
		手术室(大)前室	3	20	P
		无菌制剂室	2	15	P/N
		无菌储藏室	2	10～15	P
		清洁器具室	2	10～15	P
		手术室	2	10～15	P
Ⅲ	准清洁区	血管造影室	3	15	P
		精神科电气痉挛疗法（mECT）专用室	2	6	N
		手术室周边区域（器材库）	2	6	P
		手术室周边区域（业务办理）	2	6	P
		床重症室（MPU）	3	6	P
Ⅳ	一般区域	医生的办公室，治疗室中央，中央尿液血液样本收集室，每个部门的医疗室（小手术室，治疗室和其他）	2	6	E
		牙科实验室	2	6	—
		所有其他门诊室	2	6	E
		手术室周边区域（洗涤室等）	2	6	E
		内镜室（消化）	2	6	E
		体检室	5	6	E
		冷冻室（实验室样品）	5	6	E
		感染症实验室	全排气	12	—
		生理学实验室	2	6	E
		放射室（结核病摄影室除外）	2	6	E
		放射室（结核病摄影室）	2	6	—
		放射图像管理办公室	2	6	E
		社会援助部门，康复，日间护理，心理咨询部	2	6	E
		配药室	5	6	E
		准备室	5	6	E
		药品检验室	5	6	E
		一般病房，血液透析室	2	6	E
		急诊保护室，紧急保护隔离室，重症观察室	2	6	—
		病人家属会议室	2	6	E
		设备存储室	2	6	E
		服务器室	2	6	E
		厨房	6	6	E
		应急储备仓库	6	6	E
		医疗办公室，其他办公管理区	2	6	E

续表 4-18

洁净度	区域名称	室 名 称	最小换气次数（次/h）	最小全风量（次/h）	室内正负压
V	污染管理区域	RI 管理室（核医学检查）	12	12	—
		病理检验室	12	12	—
		解剖室	12	12	—
		解剖室前室，器官室	12	12	—
		样品室，显微镜室	12	12	E
		研究部门			
		感染症检查室，痰标本取样室，等候室，私人厕所等	6	6	—
		感染病房，感染病研究室	6	6	—
		肺结核收治区（背后室）	6	6	—
		肺结核收治区（其他）	6	6	E
		内镜室	6	6	—
		清洗和整理室（中央材料室）	12	12	—
	防扩散区域	厕所			—
		污水处理室，垃圾坑			—
		殓房			—
		废物存储室			—
		垃圾存储室			—
		污水处理室			—

4.3 国外标准比较及存在的差异

4.3.1 国外标准最小新风量比较

针对建筑污染新风需求与人员污染新风需求之间的关系，对国外主要标准在几类典型应用场合的最小新风量作出比较，如表 4-19 所示。

表 4-19 国外标准最小新风量比较表

应用场所	标准	级别	人员部分 R_p/L/(s·人)	建筑部分 L/(s·m²)（“人员”和“建筑”相加时后者的取值）			建筑部分（单独计算）R_{SB}/L/(s·m²)
				低污染建筑	R_B	非低污染建筑	
单个办公室	prENV 1752(96)	A	10	1.0		2.0	
		B	7	0.7		1.4	
		C	4	0.4		0.8	
	DIN 1946(94)		11				1.11
	ASHRAE 62(rev. 96)		3.0		0.35		0.66

续表 4-19

应用场所	标准	级别	人员部分 R_p/L/(s·人)	建筑部分 L/(s·m²)（"人员"和"建筑"相加时后者的取值）			建筑部分（单独计算）R_{SB}/L/(s·m²)
				低污染建筑	R_B	非低污染建筑	
单个办公室	ASHRAE 62R		10				
	NKB-61(91)		3.5				0.7
	CIBSEGuideA(93)		8				
景观办公室	prENV 1752(96)	A	10	1.0		2.0	
		B	7	0.7		1.4	
		C	4	0.4		0.8	
	DIN 1946(94)		16.6				1.67
	ASHRAE 62		3.0		0.35		0.65
	ASHRAE 62R		10				
	NKB-61(91)		3.5				0.7
	CIBSEGuideA(93)		8				
会议室	prENV 1752(96)	A	10	1.0		2.0	
		B	7	0.7		1.4	
		C	4	0.4		0.8	
	DIN 1946(94)		5.6				2.7～5.6
	ASHRAE 62		2.5		0.35		0.65
	ASHRAE 62R		10				
	NKB-61(91)		3.5				0.7
	CIBSEGuideA(93)		8				
普通教室	prENV 1752(96)	A	10	1.0		2.0	
		B	7	0.7		1.4	
		C	4	0.4		0.8	
	DIN 1946(94)		8.3				4.2
	ASHRAE 62		3.0		0.55		1.8
	ASHRAE 62R		8				
	NKB-61(91)		3.5				0.7
	CIBSEGuideA(93)		8				

4.3.2 国外标准之间的差异

通过对比现有新风量标准及其体系，可以发现各标准之间主要存在以下 6 点差异：

（1）人员部分与建筑部分

ASHRAE 62-1989R、prENV 1752 和 NKB-61 将人员部分与建筑部分相加，DIN 1946 取人员部分与建筑部分的最大值，CIBSE Guide A 和 ASHRAE 62-1989 只有人员部

分。ASHRAE 62-1989R 等标准之所以把人员部分和建筑部分加在一起得出设计室外空气通风量 DVR，是因为考虑到不同化学组成的污染物可以在嗅觉反应（气味）和物质感觉（刺激性）上发生叠加效应［称作“显效性”（agonism)］。而 DIN 1946 等标准取人员部分和建筑部分两者中的较大值作为通风量，出发点可能是一定量新风在稀释了某种污染物的同时也稀释了其他不同化学组成的污染物。这样我们不能直接比较不同标准的最小新风量需求大小，而需要首先统一单位（在相同人员密度典型场所的情况下，将 R_P(L/(s·p))乘以人员密度(p/m^2)所得值的单位即为 $L/(s·m^2)$)，再按各标准的方法将最小新风量需求以单位地板面积的形式给出。

（2）吸烟与不吸烟

由于越来越多的商业和公共建筑中严格限制和禁止吸烟，包括 ASHRAE 62-1989R 在内的一些标准的通风标准是在假定不吸烟的情况下得到的。若必须考虑吸烟，各标准处理方法不同。ASHRAE 62-1989 除吸烟室外不区分吸烟与不吸烟，但其“允许中等程度的吸烟”易引起标准的滥用。DIN 1946 不论吸烟量多少，统一规定将 R_P 值加上 5.6L/(s·p)。其他各标准则提供一定吸烟量下的所需的 R_P 值取代不吸烟的 R_P 值或者提供人员部分所需的附加风量，例如 ASHRAE 62-1989R 附录中提供了确定要维持可接受的可感室内空气品质所需额外通风量的方法。

（3）未适应者与已适应者

ASHRAE 62-1989、prENV 1752、DIN 1946、CIBSE Guide A 和 NKB-61 的最小新风量需求基于未适应者或称来访者（visitors），即刚刚进入空间的人；只有 ASHRAE 62-1989R 的最小新风量需求基于已适应者或称室内人员，即已处于某空间的人。由于人对体味有显著的适应性，故 ASHRAE 62-1989R 中用来稀释人员污染所需的最小新风量 R_P 较小。但该标准也允许设计者针对未适应者进行设计，建议在人员部分 R_P 值上附加 5L/(s·p)。与对体味的适应性相比，人对建筑物散发之污染物的适应性很小，所以已适应者和未适应者所需的建筑部分 R_B 可认为大致相等。

（4）低污染建筑与非低污染建筑

CEN 建议案 prENV 1752 将建筑物分为两大类：低污染建筑和非低污染建筑。用表 4-20 中的值作为类指标。

表 4-20　低污染建筑和非低污染建筑的类指标

M1 最大散发量 mg/（m^2·h)	M2 最大散发量 mg/（m^2·h)	M3
TVOC$<$0.2	TVOC$<$0.4	散发量高于 M1、M2 类
$H_2CO<0.05$	$H_2CO<0.125$	
$NH_3<0.03$	$NH_3<0.06$	无散发量数据
致癌化合物$<$0.0005	致癌化合物$<$0.0005	

满足“低污染”建筑的要求是：建筑物中使用 M2 类材料不得超过 20%，M3 类材料允许使用的比例很小。prENV 1752 根据不同分类建筑物给出不同新风量。其他标准未对建筑物分类，但考虑建筑部分的标准其建筑物情形与 prENV 1752 中的低污染建筑可比。

（5）关于室内空气品质与满意率

各个标准对室内空气品质的定义或阐述不同：

ASHRAE标准中有两个室内空气品质的定义。可接受的室内空气品质（acceptable indoor air quality）：对空间内的空气，绝大多数（≥80%）室内人员未表示不满，且已知污染物的浓度尚不足以对人的健康产生明显危害。该定义既包含对室内空气品质的主观评价，也包含客观评价。可接受的可感室内空气品质（acceptable perceived indoor air quality）：对空间内的空气，绝大多数（≥80%）室内人员未对气味和感官刺激表示不满。可接受的可感室内空气品质为满足标准定义的可接受室内空气品质的必要非充分条件。因为某些污染物如氡和一氧化碳并不产生气味和刺激，却危害健康。再则，香烟烟雾被美国环境保护署（EPA）列为致癌物质，这意味着，由于香烟烟雾对健康的危害性，吸烟环境中不可能达到“可接受的室内空气品质”，却有可能达到“可接受的可感室内空气品质”。

CIBSE（Chartered Institute of Building Services Engineers）提案中关于可接受的室内空气品质定义为：如果少于50%的室内人员感觉有异味，少于20%的感觉不舒服，少于10%的感觉黏膜刺激，以及少于5%的人在少于2%的时间内感觉烦躁，则这样的室内空气品质就是可接受的。该定义与舒适有关，并未考虑对人体健康有潜在危险却无异味的物质，如氡等。

其他各标准中虽然也使用了类似术语，但无明确定义。CEN标准将通风要求分为A、B和C三级，分别代表85%、80%和70%的满意率；DIN标准的分析方法中也将通风要求分为三个水平，分别使90%、80%和70%的室内人员满意；ASHRAE 62-1989R附录中给出的分析方法（即性能设计法）也包含一个针对不同满意水平确定不同通风要求的方法。

（6）是否需要关注二氧化碳

对人员密集场所，因为ASHRAE 62-1989R推荐的新风量相对于ASHRAE 62-1989较小会导致CO_2稳定浓度高达（2000～2500）$\times 10^{-6}$（ppm），而ASHRAE 62-1989建议极限值为1000×10^{-6}，这就引发了对ASHRAE 62-1989R的争议。CO_2先是作为体臭的指标，进而发展为整个室内空气品质的指标。ASHRAE 62-1989在规定1000×10^{-6}为CO_2稳定浓度限值时，明确指出该浓度“并不是从危害健康的角度考虑，而是人体舒适感（臭气）的一种表征”。研究表明，假定新风的CO_2浓度为300×10^{-6}，典型成年人静坐，7.5L/(s·p)的新风量能使80%的来访者满意。但还没有任何受控研究表明，CO_2浓度高于2500×10^{-6}会对人体健康造成任何影响。已有的CO_2浓度超过1000×10^{-6}会导致困倦的观测数据还没有在受控小室研究中得到证实。有鉴于此，修订案不再将CO_2作为所关注的污染物代表，也不再提及1000×10^{-6}这一指标。

5 我国现行新风量标准分析及新标准的确定

5.1 我国现行新风量标准存在的问题

5.1.1 控制指标的选择问题

目前我国民用建筑室内卫生要求的最小新风量主要是针对CO_2浓度控制要求而确定的，即主要考虑了人员污染部分。然而，按照该种思路来确定空调房间所需要的最小新风量存在以下局限：

（1）对污染源特征（数量和强度）的反映方面

以 CO_2 浓度为控制对象，即是把人作为非工业建筑的主要污染物，然而随着大量新型建筑材料、装饰材料、清洁剂和胶粘剂等的使用，建筑污染问题变得越来越突出，且建筑污染部分对新风需求的比重不可忽视，特别是人员密度很低的建筑（如住宅等）更应注意此问题；此外，CO_2 浓度指标虽然可以在一定程度上反映人员污染（如人体气味污染）的程度，但却不能反映来自建筑材料、装饰材料等污染物的浓度水平，如图 5-1 所示。因此按照该方法所确定的新风量不能完全保证满足卫生要求。

（2）对新风量需求的反映方面

人体呼吸作用除了产生 CO_2，还产生一系列的其他污染物，如气味物质、酶蛋白、粒子、细菌和微生物等。当室内外 CO_2 浓度差超过一定水平，如 700ppm，人体其他污染物的浓度高到一定程度就会使人产生不舒适的反应。实际上，决定新风量指标大小的是室内外 CO_2 浓度差，而不是 CO_2 浓度的绝对水平。同时，对于个人卫生较差的人，散发的气味物质会增多，但新陈代谢所呼出 CO_2 的量却基本不受影响；又如儿童的新陈代谢水平（呼出 CO_2 的量）一般低于成年人，但产生气味物质却多于成年人（由卫生和着衣习惯的差异引起）；即呼出 CO_2 的量与产生气味物质的量之间的比例发生改变；再如回风处理可以去除相当数量的气味物质但对其中 CO_2 的浓度改变很小；对于以上 3 种特殊情况，CO_2 浓度指标将不能准确反映新风需求。

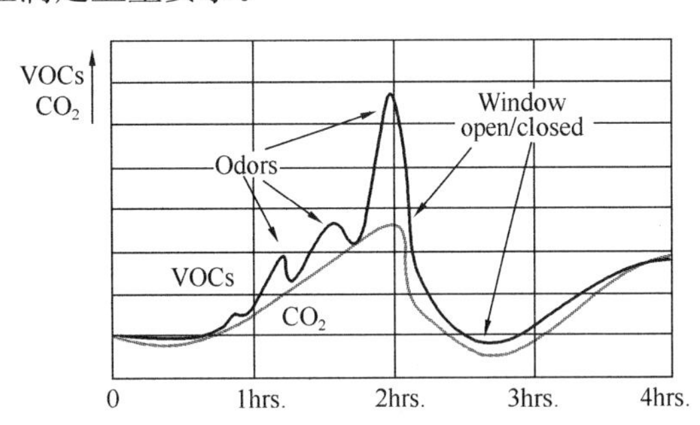

图 5-1　某办公室气味污染水平随污染物浓度的变化关系

5.1.2　低密人群建筑新风量标准存在的问题

对于人员密度很低的建筑，其建筑污染部分所需新风量的比重一般要高于人员污染部分对新风量的要求，而按照传统仅考虑人员污染不考虑建筑污染的思路所确定的新风量不能保证始终满足室内卫生要求。以住宅为例说明。在《采暖通风与空气调节设计规范》GB 50019—2003 中规定住宅每人所需新风量为 $30m^3/(人 \cdot h)$，而对比已考虑建筑污染的美国 ASHRAE 62.1-2007 可以发现，当人均居住面积超过 $20m^2/人$以后，我国标准将不能满足室内卫生要求，如图 5-2 所示。

实际上，出现上述现象的原因在于，随着人均居住面积的变化，人员污染所需新风量的比重与建筑污染所需新风量的比重在不断发生变化，如图 5-3 所示。当人均居住面积在 $20\sim100m^2/人$范围内，建筑污染部分所需新风量的比重要明显大于人员污染部分对新风量的要求，不考虑建筑污染部分将使所得到的新风量不能满足室内卫生要求。反之，当人均居住面积在 $10\sim20m^2/人$范围内，由于人员污染部分所需新风量的比重逐渐上升，此时按《采暖通风与空气调节设计规范》GB 50019—2003 得到的新风量开始高于由 ASHRAE 62.1-2007 所得到的计算结果。根据上述现象可以看到，建筑污染部分与人员污染部分所需新风量之间的比重变化关系是决定我国现行住宅新风量标准能否满足室内卫生要求的主要依据。当建筑污染部分的比重较大时，再单纯以 CO_2 浓度指标作为新风量的确定依据

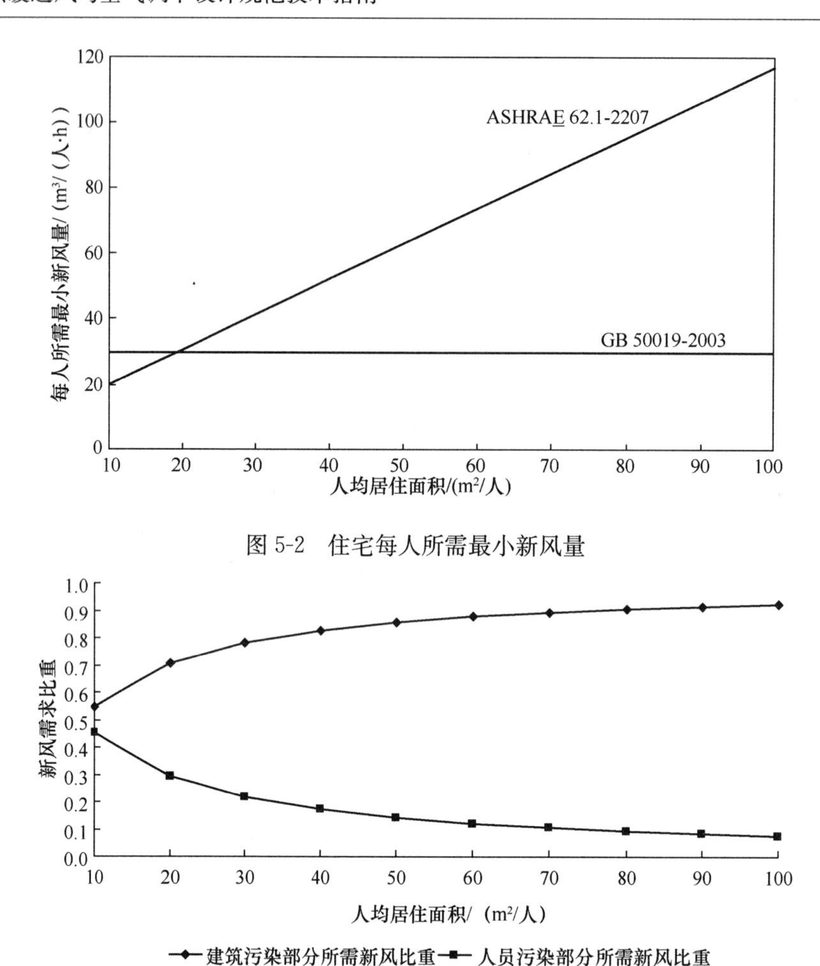

图 5-2 住宅每人所需最小新风量

图 5-3 住宅新风需求比重随人均居住面积的变化关系

将存在明显的不合理性，也无法满足室内卫生要求。

综合以上分析可以看到，若以美国 ASHRAE 62. 1-2007 为参照，对于以住宅为代表的低密度人群建筑而言，在人员密度很低的情况下，按照我国现行新风量标准《采暖通风与空气调节设计规范》GB 50019—2003 计算所得的新风量不能满足该类建筑的室内卫生需求；而在人员密度提高以后，所计算的新风量又出现偏高的情况。同时，值得指出的是，医院建筑（门诊室、病房和手术室等）也存在类似的问题。

5.1.3 高密人群建筑新风量标准存在的问题

高密人群建筑是一类极具典型性和特殊性的建筑，一方面其人员密度要比其他类型建筑高得多；另一方面，其人流量波动一般较大，人员密度也存在显著的地区差异，并且受季节、气候和节假日的影响也较为明显。因此，该类建筑的建筑污染部分与人员污染部分所需新风量之间的比重变化关系存在可变性和复杂性，这也正是该类建筑在新风量确定过程中面临的主要难点之一。与此同时，该类建筑按照目前我国现行设计规范和标准，其新风负荷在其空调负荷中的比重一般高达 20％～40％，该类建筑为实现室内环境控制目标带来了很大的能源消耗。

这类建筑主要包括影剧院、音乐厅、商场、超市、歌厅、酒吧、体育馆等。以下给出该类建筑在不同人员密度条件下我国标准与国外标准之间的差异对比，如图 5-4～图 5-16 所示。

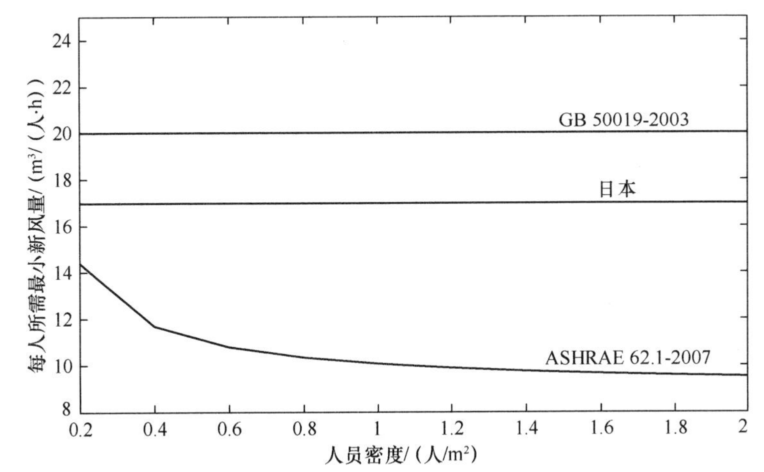

图 5-4　影剧院和音乐厅每人所需最小新风量

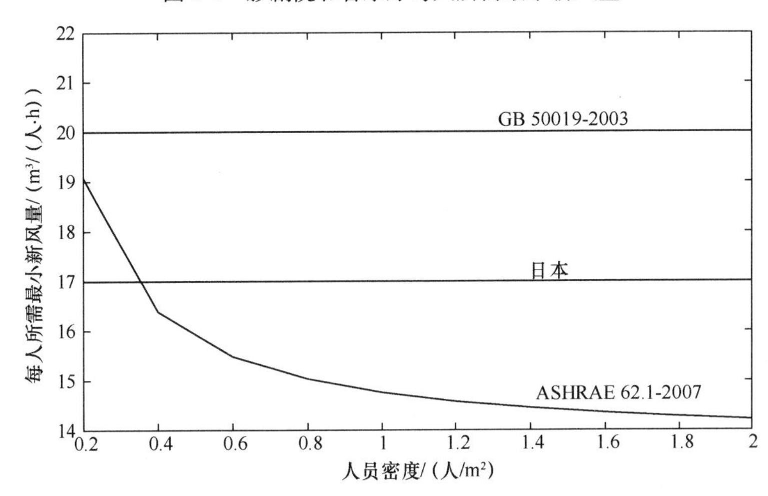

图 5-5　商场和超市每人所需最小新风量

从图 5-4～图 5-16 可以看出，对于相当部分的高密人群建筑（如剧院、音乐厅、超市、商场、体育馆等）而言，我国标准所规定的每人所需最小新风量要高于 ASHRAE 62.1-2007 的相应结果，并且人员密度越高，高出的部分越大。主要原因在于，ASHRAE 62.1-2007 提供的人员所需最小新风量考虑了人员对室内环境的适应性，且要低于我国标准，而若把我国高出的部分“视为”单位建筑面积所需的最小新风量，则随着人员密度的提高，单位建筑面积新风量累加结果会逐渐增高，从而超过实际需求值。

以下以商场建筑为例来具体说明。基于 ASHRAE 62.1-2007 的规定设计法思想得到折算人员所需最小新风量为：

$$G_p = \frac{R_p P_z + R_a A_z}{P_z} = R_p + \frac{R_a}{P_z/A_z} \tag{5-1}$$

商场新风量相关参数取值如表 5-1 所示。

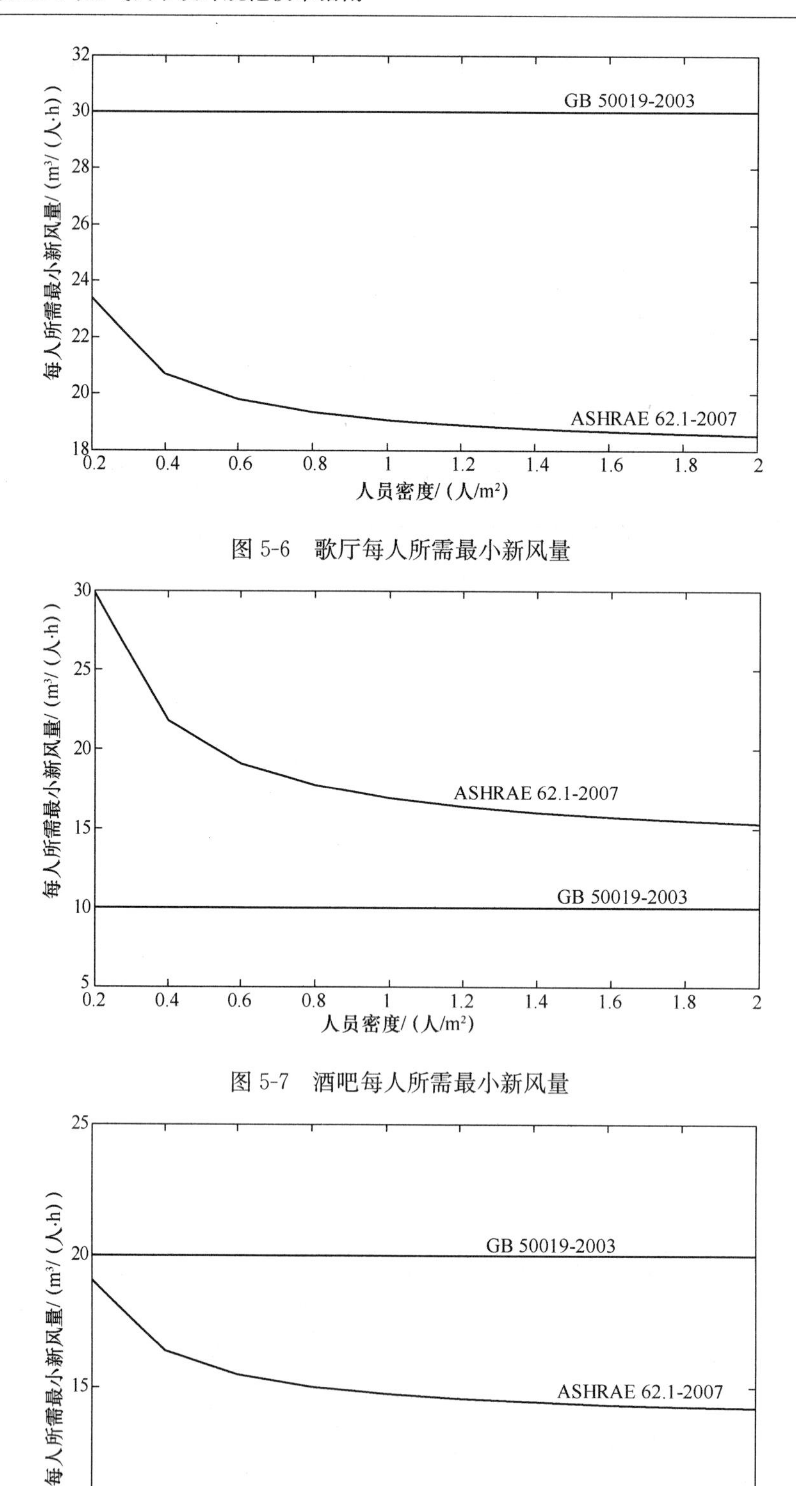

图 5-6　歌厅每人所需最小新风量

图 5-7　酒吧每人所需最小新风量

图 5-8　体育馆每人所需最小新风量

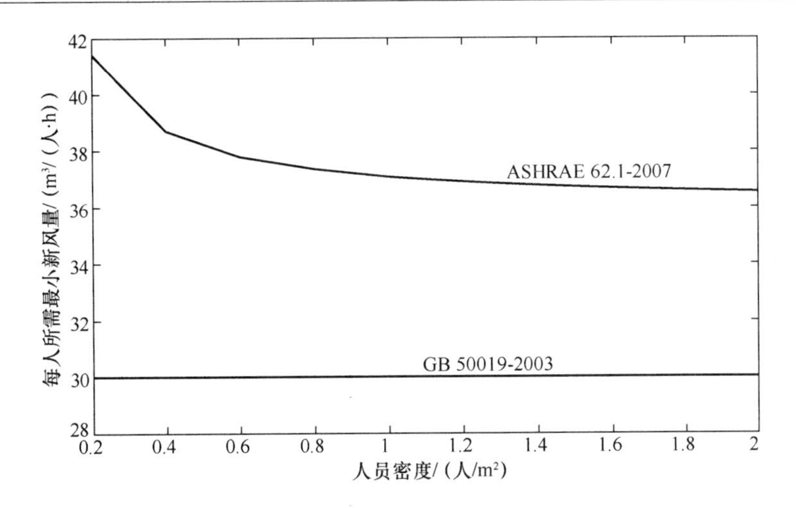

图 5-9　健身房每人所需最小新风量

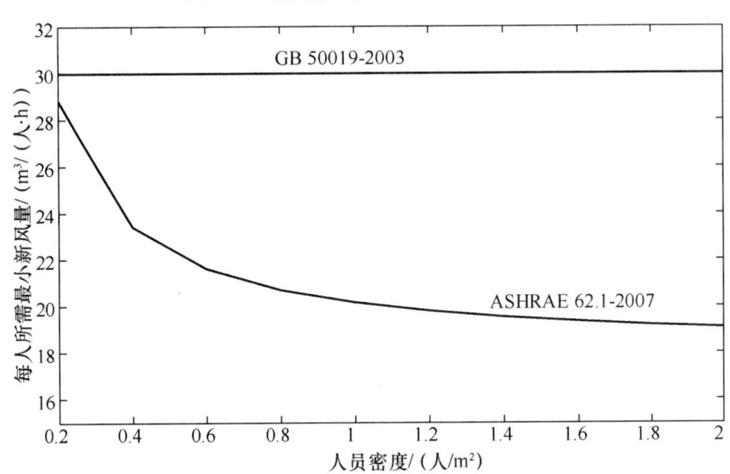

图 5-10　保龄球房每人所需最小新风量

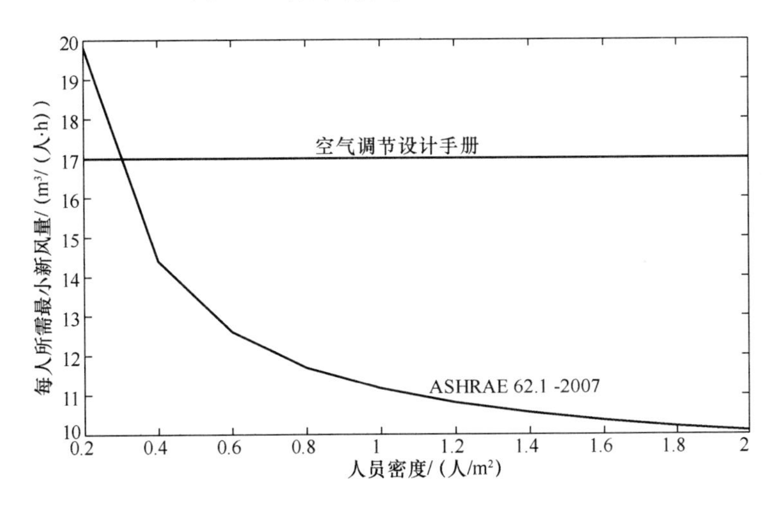

图 5-11　图书馆每人所需最小新风量

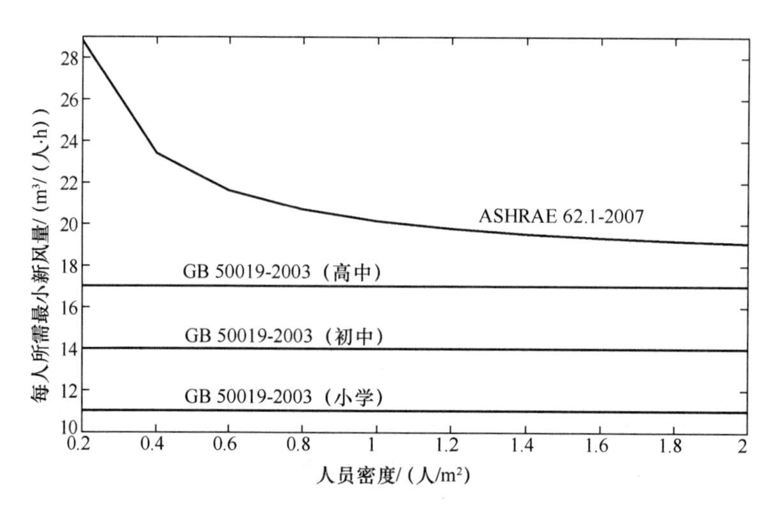

图 5-12　教室每人所需最小新风量

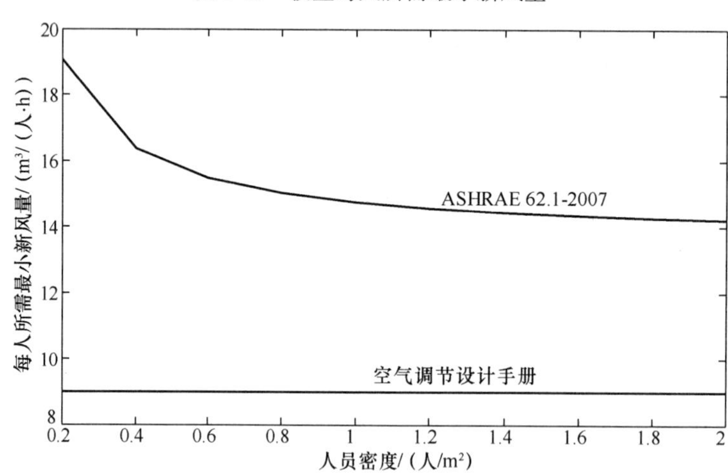

图 5-13　博物馆每人所需最小新风量

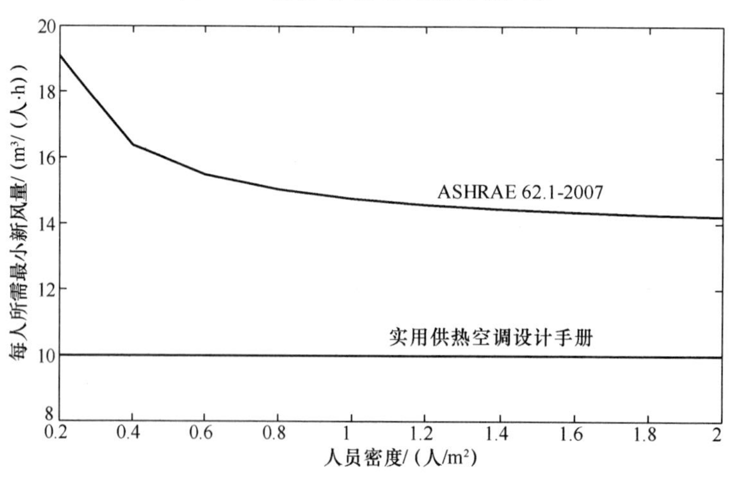

图 5-14　展览馆每人所需最小新风量

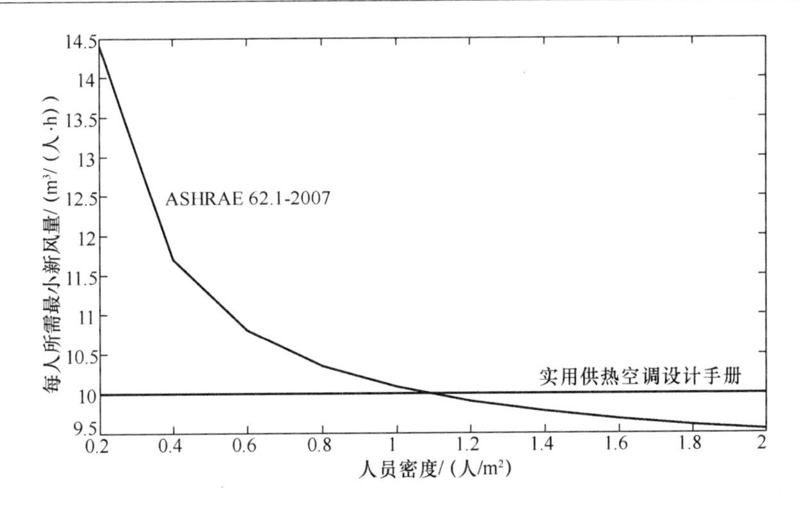

图 5-15　大会议厅每人所需最小新风量

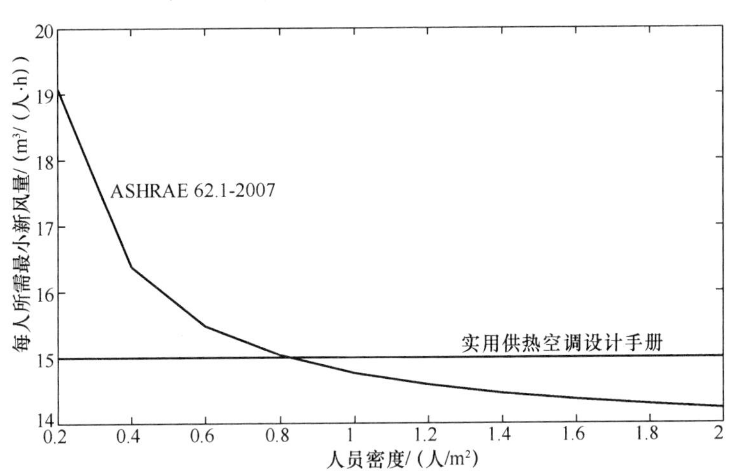

图 5-16　候车/候机厅每人所需最小新风量

表 5-1　商场新风量参数

	GB 50019—2003	ASHRAE 62. 1-07	
	(m³/(人・h))	R_P/[m³/(人・h)]	R_a/[m³/(m²・h)]
商场	20	13. 68	1. 08

图 5-17 给出了商场建筑折算人员所需最小新风量随人员密度的变化规律。

可以看到，当人员密度小于等于 0. 3 人/m²，即人均占有面积小于等于 3. 3m²/人时，按照 ASHRAE 62. 1-2007 得到的折算人员所需最小新风量仅略低于由《采暖通风与空气调节设计规范》GB 50019—2003 所得到的结果；而当人员密度在 0. 3～0. 6 人/m² 范围内，即人均占有面积为 3. 3～1. 7m²/人时，按《采暖通风与空气调节设计规范》GB 50019—2003 得到的折算人员所需最小新风量高出 ASHRAE 62. 1-2007 计算结果的部分开始增大，并且平均高出约 18%；当人员密度大于 0. 6 人/m²，即人均占有面积小于 1. 7m²/人之后，由《采暖通风与空气调节设计规范》GB 50019—2003 得到的结果要明显高于按 ASHRAE 62. 1-2007 所得到的计算结果，且平均偏高约 27%。由此可以看到，若

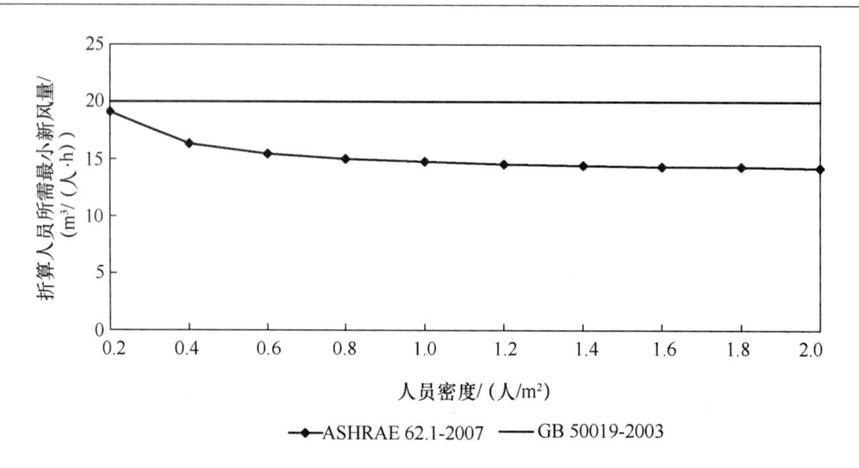

图 5-17 折算人员所需最小新风量随人员密度的变化特性

以 ASHRAE 62.1-2007 为参照，对于以商场为代表的高密人群建筑，我国现行新风量标准《采暖通风与空气调节设计规范》GB 50019—2003 没有反映人员密度变化对新风需求的影响，且规定值偏高。

其次，根据 ASHRAE 62.1-2007 的计算结果可以看到，商场人员污染部分所需最小新风量的比重始终高于建筑污染部分的相应比重，且高出的幅度也较大，如图 5-18 所示，因此人员污染在该类建筑的污染构成中具有主导性，这也是《采暖通风与空气调节设计规范》GB 50019-2003 仅考虑人员污染所得到新风量指标也能满足室内卫生要求的主要原因。

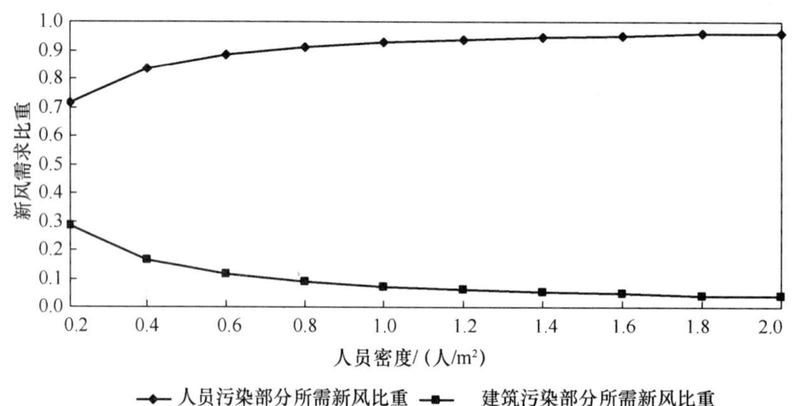

图 5-18 商场新风需求比重随人均居住面积的变化关系

另一方面，可将《采暖通风与空气调节设计规范》GB 50019—2003 的人员所需最小新风量分解为人员污染部分所需最小新风量和建筑污染部分等价单位地板面积所需最小新风量，其中前者与 ASHRAE 62.1-2007 中的相应人员污染部分所需最小新风量保持一致，而由《采暖通风与空气调节设计规范》GB 50019—2003 得到的等价单位地板面积所需最小新风量随人员密度的变化特性如图 5-19 所示。可以发现，《采暖通风与空气调节设计规范》GB 50019—2003 得到的等价单位地板面积所需最小新风量始终高于 ASHRAE 62.1-2007 的单位地板面积所需最小新风量；并且人员密度越高，《采暖通风与空气调节设计规范》GB 50019—2003 得到的等价单位地板面积所需最小新风量超出 ASHRAE 62.1-2007

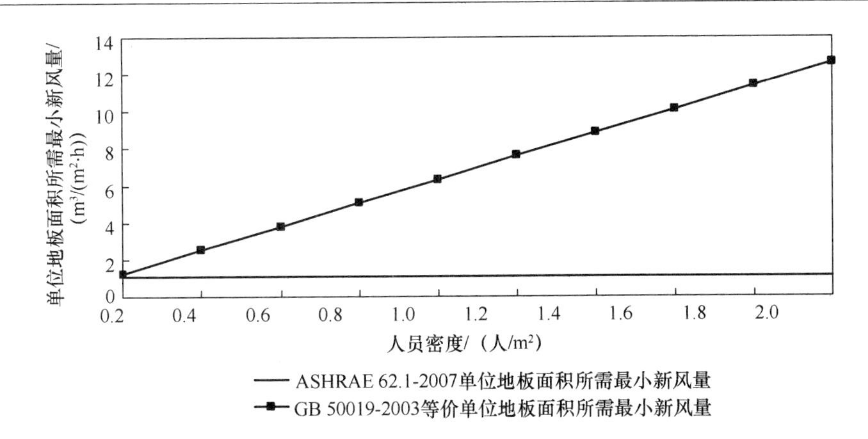

图 5-19　单位地板面积所需最小新风量随人员密度的变化特性

中相应结果的部分也越多。

综合以上分析可以看到，若以美国 ASHRAE Standard 62. 1-2007 为参照，对于以商场为代表的高密人群建筑而言，我国现行新风量标准《采暖通风与空气调节设计规范》GB 50019—2003 虽然能够满足卫生要求，但却不能反映人员密度变化对新风需求的影响，并且规定值偏高。

5.1.4　其他建筑新风量标准的有条件适用性

对于以客房、办公室、多功能厅、美容室、理发室、宴会厅、餐厅、咖啡厅等为代表的建筑，图 5-20～图 5-27 分别给出了该部分建筑的我国新风量标准与国外新风量标准之间的差异对比。

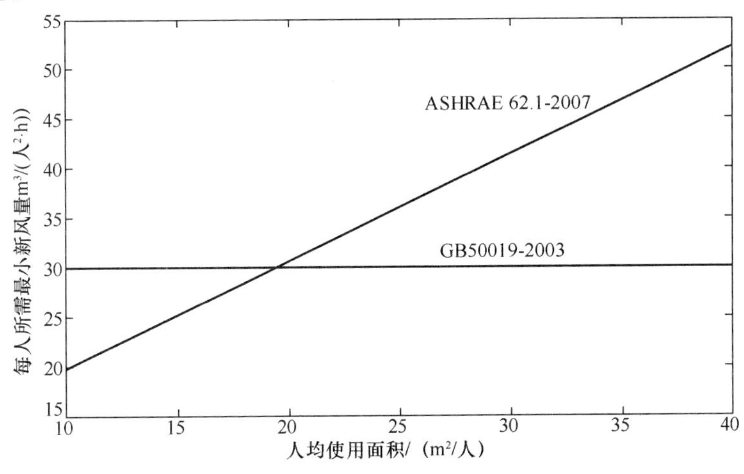

图 5-20　客房每人所需最小新风量

从图 5-20～图 5-27 中可以看到，我国新风量标准对客房、办公室、多功能厅、游艺厅、宴会厅、餐厅、咖啡厅所作出的规定值在特定的人均使用面积的情况下与 ASHRAE 62. 1-2007 的对应结果相吻合，而各建筑所对应的特定人均使用面积能够反映当前这些建筑在通常情况下的实际使用状况。因此，对于该部分建筑，我国新风量标准具有合理性。值得指出的是，我国新风量标准对美容室和理发室的新风量规定值分别存在偏低和偏高的问题，故应根据人均使用面积的实际情况选择合适新风量。

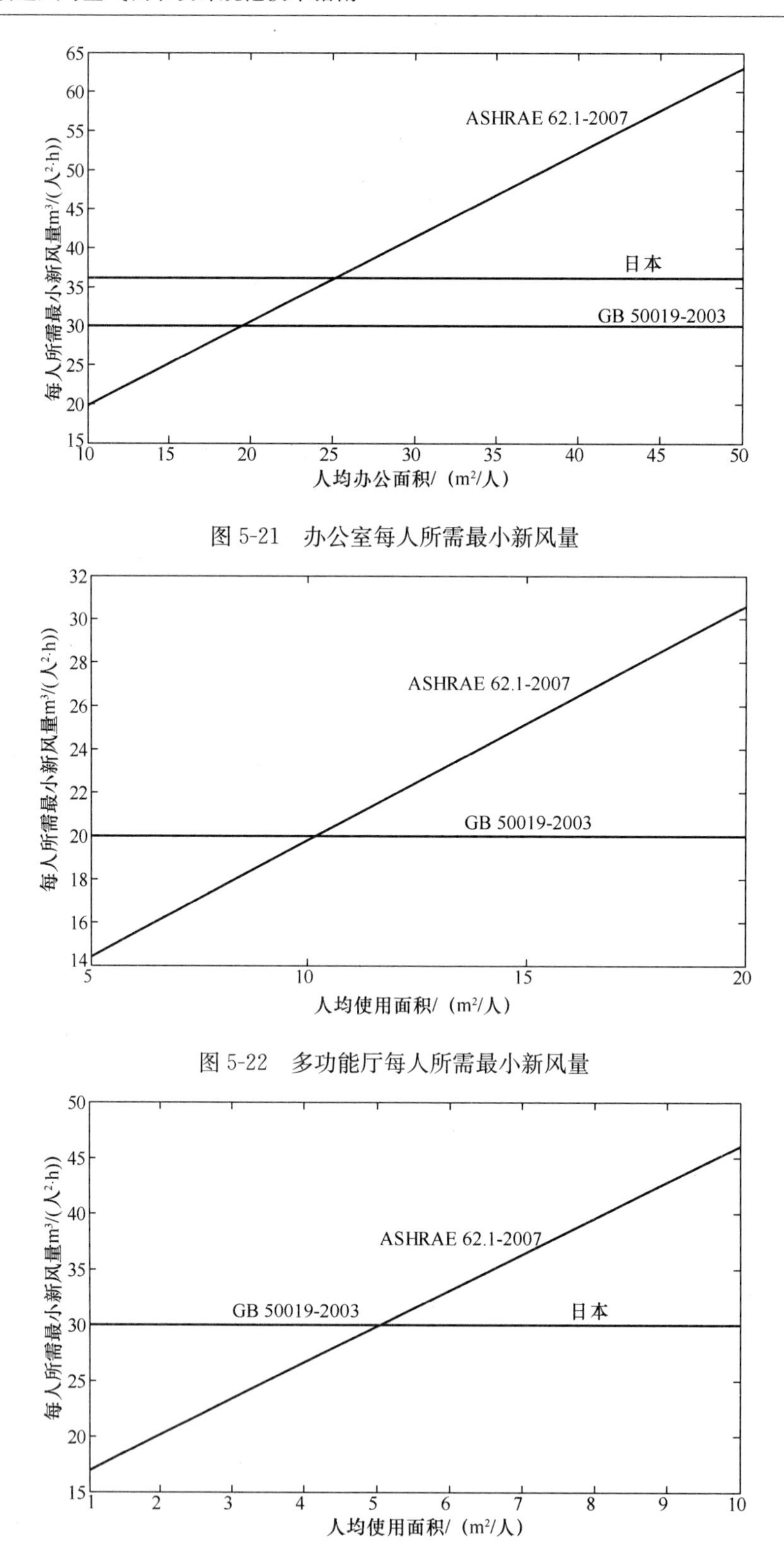

图 5-21　办公室每人所需最小新风量

图 5-22　多功能厅每人所需最小新风量

图 5-23　游艺厅每人所需最小新风量

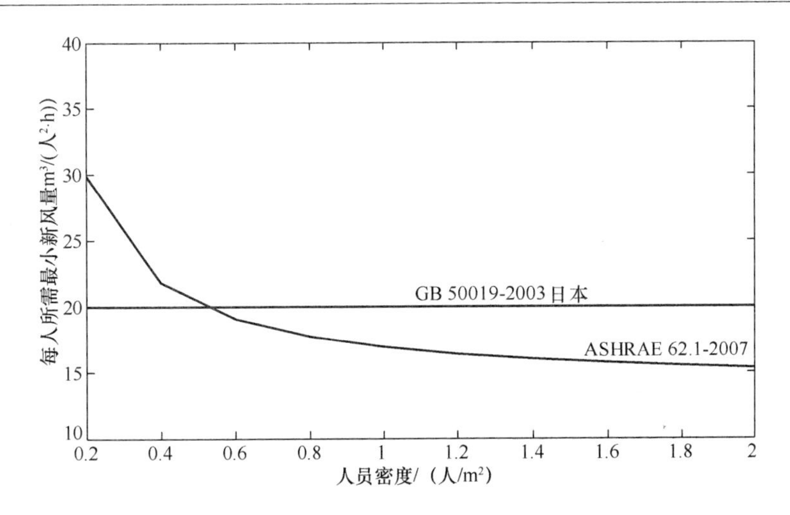

图 5-24　宴会厅和餐厅每人所需最小新风量

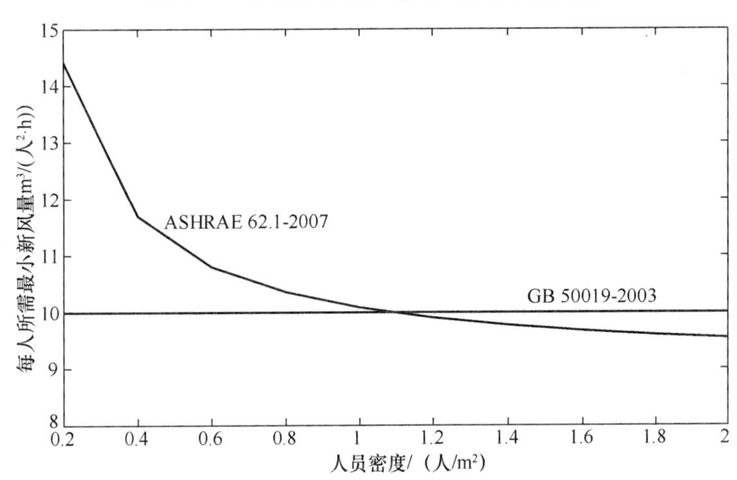

图 5-25　咖啡厅每人所需最小新风量

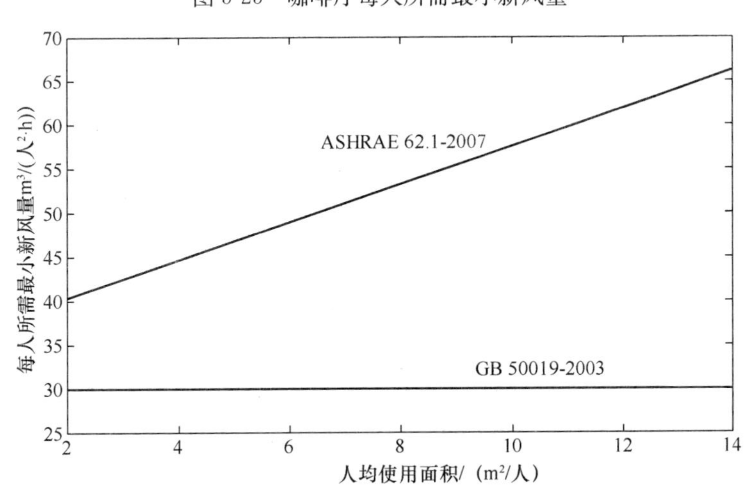

图 5-26　美容室每人所需最小新风量

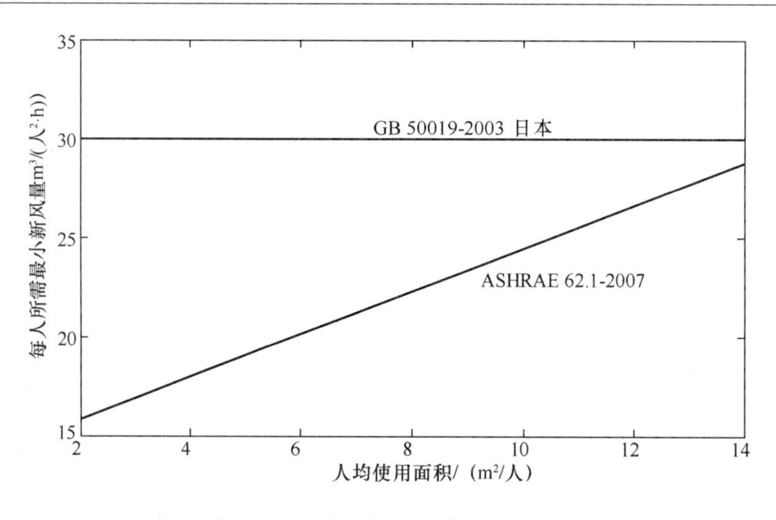

图 5-27 理发室每人所需最小新风量

5.2 新风量新标准制定的基本原则

5.2.1 当前所面临的困难

我国建筑室内新风量标准的制定涉及对我国建筑污染现状与特征、我国人员对室内污染在舒适健康方面的反应特性、新风控制低浓度污染的有效性等问题的科学掌握。而以上这些问题对我国而言是一项有待深入解决的长期任务。因此，目前制定我国建筑室内新风量标准还面临以下困难：

■ 针对我国建筑污染特征以及人员舒适健康反应等问题的基础数据尚待进一步积累和完善，即我国在该方面的前期研究还不支持完全不依托国外标准；

■ 室内空气污染是多种污染物引发的低浓度污染，多种污染物相互之间的反应及对舒适健康的综合影响问题目前还没有彻底解决，这使得室内真实污染程度无法得到准确判断，从而使目前新风量的确定在一定程度上具有经验性；

■ 新风效应的发挥是受污染源散发特性、污染物扩散特性等多种因素影响的过程，对该过程的完整认识和理解是室内空气品质研究领域有待进一步解决的问题，而该问题的存在使得对新风“量”的认识还缺乏足够的科学性。

5.2.2 新风量确定的基本原则

在当前情况下，基于对实际的考虑，为了尽可能减少前述困难的影响并提高新标准制定的科学性，应当坚持以下基本原则：

■ 鉴于建筑节能和室内舒适健康对新风量的双重要求，新标准应以室内卫生健康要求为主导，而舒适要求只按适宜的目标考虑，且新标准只给出各类建筑所需的最小新风量；

■ 建筑污染与人员污染对新风量需求的比重变化关系在新标准中给予适当体现，即针对不同建筑类型按不同指标形式给出相应的新风量标准；

■ 对于我国现行新风量标准中存在问题的建筑类型，应有针对性地借鉴国外标准对这些建筑的新风量指标予以完善。

6 参考文献

[1] Sundell J. On the history of indoor air quality and health[J]. Indoor air，2004，vol14：51-58.

[2] Jokl M. V. Evaluation of indoor air quality using the decibel concept based on carbon dioxide and TVOC[J]. Building and environment，2000，35：677-697.

[3] Ake Thorn. The sick building syndrome：a diagnostic dilemma[J]. Soc. Sci. Med，1998；47(9)：1307-1312.

[4] Fanger P. O. 21世纪的室内空气品质：追求优异[J]. 暖通空调，1999，30(3)：32-35.

[5] Hazim B，Awbi. Chapter 7-ventilation[J]. Renewable and sustainable energy reviews，1998，vol2：157-188.

[6] John E，Janssen，P. E. The V in ASHRAE：An historical perspective[J]. ASHRAE Journal，1994，vol8：126-132.

[7] Yaglou C. P. Ventilation requirements[J]. Trans. ASHVE，1936，vol42：133-162.

[8] Fanger P. Ole. The olf and decipol[J]. ASHRAE Journal，1988，10.

[9] Fanger P. Ole. The new comfort equation for indoor air quality[J]. ASHRAE Journal，1989，10.

[10] Jokl M. V. Evaluation of indoor air qualtiy using the decibel concept based on carbon dioxide and TVOC[J]. Building and Environment，2000，vol35：677-697.

[11] 中华人民共和国国家标准. 公共建筑节能设计标准 GB 50189—2005[S]. 北京：中国标准出版社，2005.

[12] 中华人民共和国国家标准. 采暖通风与空气调节设计规范 GB 50019—2003[S]. 北京：中国标准出版社，2003.

[13] ASHRAE Standard 62. 1-2007 Ventilation for Acceptable Indoor Air Quality.

[14] Bjarne W，Olesen. International development of standards for ventilation of buildings[J]. ASHRAE Journal，1997，vol4：31-39.

[15] 中华人民共和国国家标准. 工业企业采暖通风和空气调节设计规范. TJ 19—1975[S]. 北京：中国标准出版社，1975.

室外空气计算参数确定方法研究

中国建筑科学研究院　王　敏　徐　伟

室外空气计算参数对负荷计算而言是非常重要的基础数据。它的确定方法及统计方法直接与采暖空调系统的负荷及设备选型相关联。我国原有的室外计算参数确定与ASHRAE、日本、英国等使用的计算参数在数据形式及统计年限等方面存在一定差异。为得到更适合我国的计算参数，专题组以我国近三十年的气象观测数据为基础，经过对国内外室外空气计算参数确定方法的对比分析，确定并更新了本次规范的室外空气计算参数。

1　研究背景

《采暖通风与空气调节设计规范》是我国暖通空调行业的基础性规范，自1975年编制以来至今为止共进行了三次修订。由于经济等条件的限制，1975年时民用建筑使用空调是一件奢侈的事，采暖与空调还只限于运用在工业企业中，所以最早的规范名称为《工业企业采暖通风和空气调节设计规范》TJ 19—75，该规范中对于室外空气计算参数的确定方法是我国这五十余年来室外空气计算参数确定方法的母版。1987年我国发布了暖通行业的第二本国家规范，更名为《采暖通风与空气调节设计规范》GBJ 19—87，将供热、空调与通风推广至民用。虽然1987版的规范在室外空气计算参数的定义方面有少许文字上的改动，但是其定义方法仍沿袭TJ 19—75的规定，在气象参数上的修订主要体现在数据更新上。2003年《采暖通风与空气调节设计规范》GB 50019—2003发布，规范在前言中指出："取消'室外气象参数'表，另外出版《采暖通风与空气调节气象资料集》"。但规范在推出之后，由于种种原因，该气象资料集一直没有出版。由于上一版的气象参数是1987年制定的，按照规范对室外计算参数统计的规定，1987年制定的设计参数所选用的气象数据大部分采用的是1951～1980年的数据。新版的规范已经推出，但是室外空气计算参数却还在使用50年前的数据，这无疑是不科学的。

针对这一缺憾，国内有两本建筑用气象数据集先后出版，它们分别是日本筑波大学张晴原教授在2004年出版的《中国建筑用标准气象数据库》和清华大学建筑科学技术系联合中国气象局气象信息中心气象资料室在2005年出版的《中国建筑热环境分析专用气象数据集》。张晴原先生目前是日本筑波科技大学的教授，从1999年开始致力于研究中国的气象参数，在《中国建筑用标准气象数据库》这本书中，张教授提出了标准气象日以及目前在美国、日本使用的不保证率等概念，这与国内的规范相比，是一些较新的概念，同时也是相异的概念。2005年清华大学出版的《中国建筑热环境分析专用气象数据集》以中国气象局气象信息中心气象资料室制作的我国地面气候资料数据集和气象辐射资料数据集为数据来源，以《采暖通风与空气调节设计规范》GB 50019—2003中的条文和《空气调节设计手册

(第二版)》中的统计方法为依据，建立了包括全国270个站点的建筑热环境分析专用气象数据集。该数据集主要汇成了以下三项数据成果：(1)设计用室外气象参数；(2)典型气象年的全年逐时数据；(3)五种设计典型年的全年逐时数据。

以上两本数据集虽然出版的年份较新，但是并不能代替设计规范在我国全面推行。近些年来，随着温室效应对全球的影响，环境温度也在不断变化。根据国家标准《采暖通风与空气调节设计规范》的要求，中国用于建筑物采暖空调系统设计计算的室外空气计算参数的数据统计期为30年，环境温度的变化势必会对气象参数产生影响，数据的统计期取30年是否合理，气象参数目前的确定方法是否适合我国国情，这些都需要进行数据分析。

2 气象数据

2.1 数据来源及基本信息

本课题所使用的原始数据来自国家气象信息中心气象资料室。从2000年起我国的气象观测站正在由人工观测转向自动观测。人工观测是一日4次的定时观测，观测时间为每日的2、8、14、20点，而自动站为每日24小时的逐时观测。由于室外空气计算参数统计需要30年的数据，自动站24小时观测的数据只是部分台站的少数年份，考虑到数据的均一性，本次研究用数据均为每日4次的人工定时观测数据，统计年份为1978年1月1日～2007年12月31日。(规范最终选用数据为1971年1月1日～2000年12月31日)

2.2 气温变化趋势

在研究室外空气计算参数之前对大气温度的变化有一个量化的认识是很有必要的。我国气象工作者对全国各地气象数据的研究分析结果显示：我国大部分地区在20世纪的50、60年代处于气温较低的时期，进入1980年后，尤其是1985年以后我国除西南部以外的大部分地区气温总体呈上升趋势，且冷季增暖较为明显，多为最低气温上升幅度大，最高气温上升幅度小，平均日较差减小；夏季的气温总体也呈上升趋势，但增温趋势较弱。从不同区域来看，东部比西部的增暖速率大。华东地区中上海、江苏等地在20世纪末增温最显著，南京自1951年以来至2007年，夏季的长度增加了20天，而上海因为城市化的影响，市区与郊区的温差在逐年加大，以1960年代为基准年代，上海市年平均温度在1990年代平均升高了1.1℃。西北地区，除夏季的陕南外，也是一致的增温趋势。近20年是西北地区冬季和年增暖发生的主要时段，近10年是西北地区春、夏、秋季增暖发生的主要时段。西北地区的年平均气温主要是由冬季平均气温所决定的。与全国大部分地区不同的是，我国川渝地区增温并不明显，重庆地区的年平均气温总体呈下降态势，但是自1996年起年平均气温已有增暖的迹象。

3 确定方法的分析

3.1 我国室外空气计算参数确定方法

3.1.1 确定方法的比较

将《工业企业采暖通风和空气调节设计规范》TJ 19—75、《采暖通风与空气调节设计规范》GBJ 19—87、《采暖通风与空气调节设计规范》GB 50019—2003 这三本规范中对室外空气参数的定义进行对比，发现 GBJ 19—87 与 GB 50019—2003 在绝大部分条款的文字描述上是相同的，但与 TJ 19-75 的确定方法存在一些表达上的差别，逐项对比结果如下：

3.1.1.1 措词的区别

“历年”与“累年”是 1987 版、2003 版规范与 1975 年规范中最明显的差别，如果弄不清楚二者的区别，在统计气象数据的时候就很可能因为对方法的理解错误而导致结果出现偏差。“累年”首次出现是在 1987 年的规范中，并沿用至 2003 年的规范。

《采暖通风与空气调节设计规范》GBJ 19—87 在“附录一”的名词解释中对于“历年”和“累年”的含义进行了说明，如表 3-1 所示。

表 3-1 历年与累年的定义

名词	曾用名词	名 词 解 释
历年		逐年。特指整编气象资料时，所采用的以往一段连续年份的每一年
累年	历年	多年(不少于三年)。特指整编气象资料时，所采用的以往一段连续年份的累计

同时，“历年值”与“累年值”的定义也是有区别的：

历年(月、旬、日、时)值——每年(月、旬、日、时)气象要素观测值。

累年(月、旬、日、时)值——历年(月、旬、日、时)气象要素观测值的平均值或极值。

根据名词解释可以得知，TJ 19—75 中的“历年平均温度的平均值”即 GBJ 19—87 中的“累年平均温度”，TJ 19—75 中的“历年平均每年”就是 GBJ 19—87 中的“历年平均”，而“每年”即“历年”。

3.1.1.2 方法本身的修改

除了措词上的不同外，由于科学技术的进步，实践经验的积累，旧版规范中的一些条款在修订时得到了完善。比如：由于气象资料的积累，统计年份由 20 年扩展到了 30 年；把“一月份”的平均温度改成了“最冷月”的平均温度；把“主要风向”改成了“最多风向”等等。

3.1.1.3 室外空气计算参数的含义

为确定计算参数的确切含义，还有必要解释一下以下名词：

历年最冷月——每年逐月平均温度最低的月份，一般为一月、二月或十二月。

累年最冷月——累年逐月平均温度最低的月份，一般为一月、二月或十二月。

历年最热月——每年逐月平均温度最高的月份，一般为六月、七月或八月。

累年最热月——累年逐月平均温度最高的月份，大部分地区为七月，少数地区为六月或八月，个别地区为五月。

日平均温(湿)度——气象台站每日逐时或 4 次定时温(湿)度观测值的平均值。

月平均温(湿)度——某月逐日平均温(湿)度的平均值。

年平均温(湿)度——某年逐月平均温(湿)度的平均值。

3.1.2 数据统计方法

众多设计手册中都有空调室外计算参数统计方法的例子，但基本都是用手工统计的方法进行的。这与以前的气象数据都是由人工记录也有一定关系。随着科学技术的进步，现在的气象数据已经可以用计算机来处理了，既方便快捷，准确性又好。本文在进行数据统计时，选用了 matlab 程序对数据进行整理。

值得注意的是，目前虽然很多大城市已经可以做到逐时记录数据，但仍存在一些城市的基础数据还是以 4 小时或 6 小时为间隔进行记录。对于这样的数据，在计算夏季空调室外计算温度时，要把一个数据折合成 4 个小时或者 6 个小时。比如：历年平均不保证 50 小时，统计年份为 30 年，则总小时数为 1500 小时，而基础数据是 6 小时的，所以折合成统计个数为 250 个，即：在 30 年的基础数据中，要找到一个温度，有 250 个数据大于它，这个温度就是夏季空调室外计算温度。但是在统计的过程中，往往会出现这种情况，即相同的温度值会很多个，假如第 233～276 个温度值都相同，那么如何取大于第 250 个的温度值？本文沿用文献[6]参考资料之《室外气象参数统计方法举例》中气象参数统计表（十一）的做法使用插值确定。

3.2 国际上关于室外空气计算参数的信息

3.2.1 ASHRAE

ASHRAE FUNDAMENTALS 中专门有一章对气象参数进行了介绍，章标题是：Climatic Design Information。查阅 1989 年至 2005 年的 ASHRAE HANDBOOK FUNDAMENTALS，可以发现 ASHRAE 对于气象参数的确定也是一个变化的过程。

1989 ASHRAE HANDBOOK FUNDAMENTALS 的第 24 章 WEATHER DATA 主要介绍了温度、风速等设计参数（以美国的气象参数表为例，其他地区有个别参数缺省，见表 3-2。

其中，冬季干球设计温度和夏季干球设计温度以及对应的平均湿球温度分别以冬、夏两季的时间为基数用不同的（不）保证率来计算：

- 冬季干球设计温度

美国以 12～2 月 3 个月 2160 小时为基础，按 99%和 97.5%的两种累积保证率计算，得到两个设计干球温度。即，一般说来，根据所选的级别不同，每年冬天最多允许有 22 个小时或 54 个小时不满足采暖要求。

与美国不同的是加拿大只以 1 月为基础来计算，他们认为 1 月的气候特征在冬季里比较具有代表性。由于计算的基础时间不同，加拿大的冬季设计温度要比美国略低几度。

- 夏季干球设计温度与对应的平均湿球温度

美国以 6～9 月 4 个月 2928 小时为基础，按 1%、2.5%、5%三种累积不保证率计算，得到三个不同的设计温度，平均来说是每年夏天分别不保证 29、73、146 个小时。同一栏的湿球温度是在该干球温度下对应的湿球温度的平均值。

与冬天相对应，加拿大的夏季设计温度也是仅以 7 月一个月为计算基础，因而得到的设计温度会比美国高几度。

- 夏季设计湿球温度

该温度是与前面设计干球温度相独立的。主要用于通风负荷及蒸发冷却过程的计算，而设计干球温度主要用于空调负荷的计算及设计选型。

1993 年，ASHRAE FUNDAMENTALS 对气象参数的确定方法进行了修改。设计温度的确定从原来的季节性（Seasonal）改为了年度性（Annual）。即从原来的以全年中最热月

(夏季)和最冷月(冬季)的两千余小时为基础来确定温度，改为用全年的 8760 小时为基数来计算温度。当然随着基数的增大，不保证率的数值也减小了。

从季节性到年度性计算的好处是可以减缓一些气候特征比较特殊的地区的计算偏差。因为对气候特征可能与一般地区相异的地区，用 6～9 月和 12～2 月可能并不能完全包括当地最热或最冷的时间，但如果以全年 8760 小时作为基数的话，就不会有季节差异带来的偏差。改变后的不保证率为冬季：99.6%和 99%；夏季：0.4%、1%和 2%。改变后的设计值和以前的季节性设计值相比差别不大，但个别极端参数会比原来更高(低)一些。

2001 年的 ASHRAE FUNDAMENTALS 对参数的罗列和解释更为详细，且各参数的单位也由℉和 knot 等改为了℃和 m/s 等通用的国际制单位。在参数的编排上，ASHRAE 是根据使用工况来编定参数的，数据分为 A：供热及风系统设计工况；B：制冷和除湿设计工况，详见表 3-3 及表 3-4。

在年度计算参数之外，美国还对本土地区给出了一个以月为单位的设计参数表(Monthly Tables)，不保证率同样是 0.4%，1.0%和 2.0%。

2005 年，ASHRAE FUNDAMENTALS 的气象设计信息增加至 4422 个站点，比 2001 年增加了 3000 多个，其中美国增加 243 个(增长 48%)，加拿大增加 174 个(增长 131%)，其他地区增加 2541 个(增长 310%)。在气象参数方面，设计数据也进一步细化。与 2001 年相比，新增加的参数有：冬季露点温度及其对应的含湿量和干球温度；夏季焓值及其对应的干球温度；最大湿球温度；5 年、10 年、20 年及 50 年重现期的极端干球温度值；最热月及最冷月；协调世界时(UTC，Universal Time coordinated)；时区编码；月平均日较差。另外，逐月干、湿球温度的地区也从美国扩展至了全球。所有列出气象参数的地区都是拥有长期逐时气象观测参数的。美国及加拿大的逐时气象参数统计年限为 1972 年至 2001 年，其他地区为 1982 年至 2001 年。

3.2.2 日本

日本与北美的情况较为相似，它以 ASHRAE 技术咨询委员会的方法(称之为 TAC 法)为基础，提出了“改进后的 TAC 法”。以室外设计干球温度为例，该方法即为：夏季在 6～9 月中先选出不保证率范围在 2.5%～7.5%之间的温度，然后对其取平均值，以该平均值为最终的设计温度，也称为“干球温度基准”。此方法求出的干球温度相当于不保证率为 5%的数值。同理，如果对不保证率在 0～5%之间的温度取平均值，即相当于不保证率为 2.5%的数值。与 ASHRAE 不同的是，日本冬季的计算时间为 11～2 月四个月。

表 3-2 1989 ASHRAE FUNDAMENTALS 美国地区气象参数列表

Col. 1	Col. 2	Col. 3	Col. 4	Winter ℉		Summer，℉							Prevailing Wind		Temp. ℉	
				Col. 5		Col. 6			Col. 7	Col. 8			Col. 9		Col. 10	
State and station	Lat.	Long.	Elev.	Design Dry-Bulb		Design Dry-Bulb and MeanCoincident Wet Bulb			Mean Daily Range	Design Wet-Bulb			Winter Summer		Median of Annual Extr.	
	°′	°′	Feet	99%	97.5%	1%	2.5%	5%		1%	2.5%	5%	Knots		Max.	Min.

表 3-3　2001 ASHRAE FUNDAMENTALS 美国以外地区供热及风向参数列表

Station	WMO#	Lat.	Long.	Elev. m	StdP. KPa	Dates	Heating Dry-bulb		Extreme Wind Speed, m/s			Coldest Month				MWS/PWD to DB				Extr. Annual Daily			
												0.4%		1.0%		99.6%		0.4%		Mean DB		StdD DB	
							99.6%	99%	1%	2.5%	5%	WS	MDB	WS	MDB	MWS	PWD	MWS	PWD	Max.	Min.	Max.	Min
1a	1b	1c	1d	1e	1f	1g	2a	2b	3a	3b	3c	4a	4b	4c	4d	5a	5b	5c	5d	6a	6b	6c	6d

表 3-4　2001 ASHRAE FUNDAMENTALS 美国以外地区供冷及除湿参数列表

Station	Cooling DB/MWB						Evaporation WB/MDB						Dehumidification DP/MDB and HR									Range of DB
	0.4%		1%		2%		0.4%		1%		2%		0.4%			1%			2%			
	DB	MWB	DB	MWB	DB	MWB	WB	MDB	WB	MDB	WB	MDB	DP	HR	MDB	DP	HR	MDB	DP	HR	MDB	
1	2a	2b	2c	2d	2e	2f	3a	3b	3c	3d	3e	3f	4a	4b	4c	4d	4e	4f	4g	4h	4i	5

3.2.3　英国

英国 CIBSE（The Charted Institution of Building Services Engineers）2006 年第 7 版的 CIBSE Guides A-Environmental Design 的第二章 External design data 主要介绍了英国 Belfast、Birmingham、Cardiff、Edinburgh、Glasgow、London、Manchester 及 Plymouth 这八个站点的外部设计数据，包括冷暖季（cold、warm weather）温度参数，度日数(degree-days)和度小时数(degree-hours)，太阳辐射参数，风参数，气候变化及热岛效应等内容。

英国与北美和日本的不同之处在于数据的统计年限为 20 年，2006 年版本的数据统计期为 1983～2002 年，上一版的数据采用的是 1976 年～1995 年。在统计数据中存在一些地点数据缺失的现象，严重的近乎缺失全年所有的有价值数据，对于这种情况，一般选用与该地点邻近的 2 个站点的数据进行综合处理，然后用于填补缺漏。

CIBSE Guide A 认为设计温度对于系统设备的投资及运行费用有很大的影响，但是由于站点的选取是有限的，每一个地点不可能都有与其对应的十分准确的设计参数，在设计时，设计者与用户应按建筑的类型、用途、安全级别等因素决定设计温度的选用级别，以与设计地点最近的气象站参数为基础，综合考虑海拔高度与热岛效应的影响确定最终的设计值。

CIBSE Guide A 的干湿球温度设计值并不是一个固定的数值，它的做法是给出上述 8 个站点不同温度出现的频率：冬季是以 1℃为间隔，列出 24 小时或 48 小时的平均温度在 −1～−13℃之间所出现的累积频率，夏季是以 2℃为间隔，列出 6～9 月间逐时干湿球温度在 −2～32℃之间出现的频率，让设计者以此为参考，在设计时选择合适于项目的数值进行计算。另外，CIBSE 也给出了类似于 ASHRAE 不同保证率下的设计温度，冬季的频率为 99.6%、99%、98%及 95%，夏季为 0.4%、1%、2%及 5%，并指出在应用以上温度时应考虑海拔等因素。

3.3　我国与国外室外空气计算参数的比较与分析

经上述描述可知，我国与国际主要国家所使用的室外空气计算参数存在着一些差别，主要表现为以下几点：

3.3.1 不保证率的形式不一样

我国是按小时和日来计算，而 ASHRAE 和日本是用百分数的形式。以全年 8760 小时或6～9 月 2928 小时、11～2 月 2880 小时计算，我国与北美、日本在不保证率所对应时间上的差异详见表 3-5。

表 3-5 中外不保证率时间对比

	中国		ASHRAE			日本	
采暖	5 天（采暖）	1 天（空调）	99.6%	99%		2.5%	5%
			35 小时	87.6 小时		72 小时	144 小时
空调	50 小时		0.4%	1.0%	2.0%	2.5%	5%
			35 小时	88 小时	175 小时	73 小时	146 小时

如果仅从数字的角度来看，将天换算成小时，我国的冬季采暖不保证时间约与 98.5%的不保证率相当，冬季空调不保证时间甚至小于 99.6%的 35 小时，但这是不是就能说明我国冬季空调的计算温度已经要比美国等发达国家还要低，保证情况还好呢？事实上，这样的比较是不准确的，我国的不保证时间按天来计算，那么相应的温度也会是日平均温度，一天的 24 小时气温不会是 30 年内最低的 24 个逐时气温，因此与美国的逐时不保证率的比较基准是不一样的。

3.3.2 所给出的信息量不一样

我国的室外计算参数基本上都是以一个确定的数值给出，而国外的数据却更为丰富，每一种数据都有几种不同的保证率，或者仅给出不同温度所出现的频率，让设计者在不同的使用情况下可以具体灵活地选择。

从形式而言，我国对于数值的用途是作了规定的，比如冬季通风、夏季空调、夏季通风等等，而国外的手册基本上没有特别指定哪些是通风用的温度，哪些是空调用的温度。美国给出了一些建议，而英国则更自主一些。当然，这并不能简单判定一个国家工程设计的发展水平，只能说不同国家的工程设计习惯存在着差异。

3.3.3 原始数据的精度不一样

目前，美国、日本、加拿大及欧洲等国的基础数据基本上都为逐时数据，而在我国，虽然已有一部分台站进入了自动记录的时代，但是由于记录时间短，逐时数据少，目前尚不能使用逐时数据代替每日 4 次的定时数据进行统计计算，这种基础数据的现状，对我国那些以小时为不保证单位的计算参数的统计整理也是有一定影响的。

3.3.4 统计年限略有差异

在统计数据的年限上，我国与北美、日本都为 30 年；而英国略少，为 20 年。

30 年是气象学上认为一个可以较好反映气温变化规律的时期。目前，气象单位仍按 30 年来整编地面气象资料，每隔 10 年更新一次，并以此作为气温比较的基准。

暖通行业选择 30 年作为设计计算参数的统计年限可能与气象学的规定有一定的关系，但是不是 30 年较为合理，如果选用 10 年或者 20 年，计算结果有多少偏差？能否反映实际的气温变化规律需要进行具体细致的比较。

4 典型城市主要室外空气计算参数的统计分析

4.1 典型城市的选取

课题在选取典型城市时主要参考《建筑气候区划标准》GB 50178—93 和《民用建筑热工设计规范》GB 50176—93，综合考虑城市的经济发展状况和分布位置，选取以下 29 个城市作为室外空气计算参数比较分析的主要典型城市：

- 齐齐哈尔　哈尔滨　克拉玛依　乌鲁木齐　呼和浩特　长春
- 兰州　北京　西安　拉萨　徐州　郑州　大连　银川
- 南京　上海　长沙　重庆　成都　武汉　南昌　桂林
- 福州　广州　海口　厦门　深圳　湛江
- 昆明

由于气象观测站搬迁或台站升级等因素，部分城市的数据由该城市内两个台站不同时期数据的合集整理而成，并存在部分台站数据缺失的现象。如表 4-1 所示。

表 4-1　29 台站统计年限信息

城市	统计年份	1978～2007	缺失年份
齐齐哈尔	30	√	—
哈尔滨	30	√	—
克拉玛依	30	√	—
乌鲁木齐	30	√	—
兰　州	27	—	2004～2006
呼和浩特	30	√	—
银　川	30	√	—
长　春	30	√	—
北　京	30	√	—
大　连	30	√	—
拉　萨	30	√	—
成　都	26	—	2004～2007
昆　明	30	√	—
西　安	29	—	2006
郑　州	30	√	—
武　汉	30	√	—
重　庆	9	—	1987～2007
长　沙	21	—	1978～1986
桂　林	30	√	—
徐　州	30	√	—
南　京	30	√	—
上海宝山	17	—	1978～1990

续表 4-1

城市	统计年份	1978～2007	缺失年份
南　昌	30	√	—
福　州	30	√	—
厦　门	30	√	—
广　州	30	√	—
深　圳	30	√	—
湛　江	30	√	—
海　口	30	√	—

考虑到上海宝山、重庆、长沙三个站台缺失数据过多，其计算结果不具有代表性，在下文的分析中不再列举这三个台站的计算结果。

4.2 数据分析

4.2.1 统计期限的分析

《采暖通风与空气调节设计规范》GB 50019—2003 的 3.2 中包含采暖室外计算温度等 24 项计算参数，本文分别计算了统计年限为 10 年、15 年、20 年及 30 年的采暖室外计算温度、冬季空气调节室外计算温度、夏季空气调节室外计算干球温度、夏季通风室外计算温度，结果如图 4-1～图 4-5 所示：

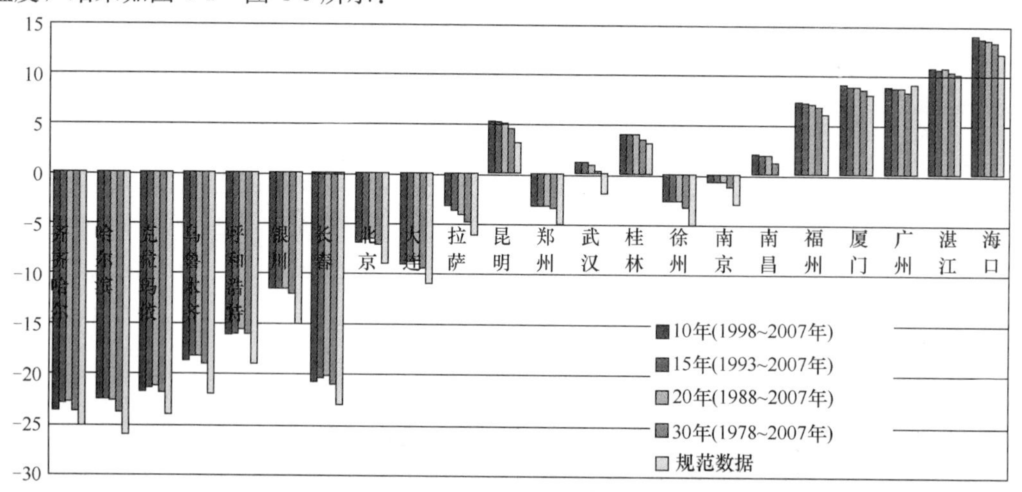

图 4-1　22 个城市不同统计期采暖室外计算温度的比较

由图可知，大部分城市夏季空气调节室外计算干球温度及夏季通风室外计算温度近 30 年的数值与 1951～1980 年相比略有上升，但变化不大，个别城市如乌鲁木齐与郑州的夏季计算参数还略低于规范的数值。总体看来，是 10 年统计期的温度最高，15 年次之，20 再次，30 年最低。这与累年年平均气温的走势是基本吻合的。

冬季计算参数的变化幅度比夏季计算参数要明显些，虽然累年年平均气温随统计年限的缩短而呈上升趋势，但北方部分城市的冬季采暖室外计算温度和空气调节室外计算温度并没有随累年年平均气温一起持续上升，例如：齐齐哈尔、乌鲁木齐、长春、北京、大连等城市的 10 年统计计算结果与 15 年和 20 的统计结果相比已明显呈下降趋势，有的甚至

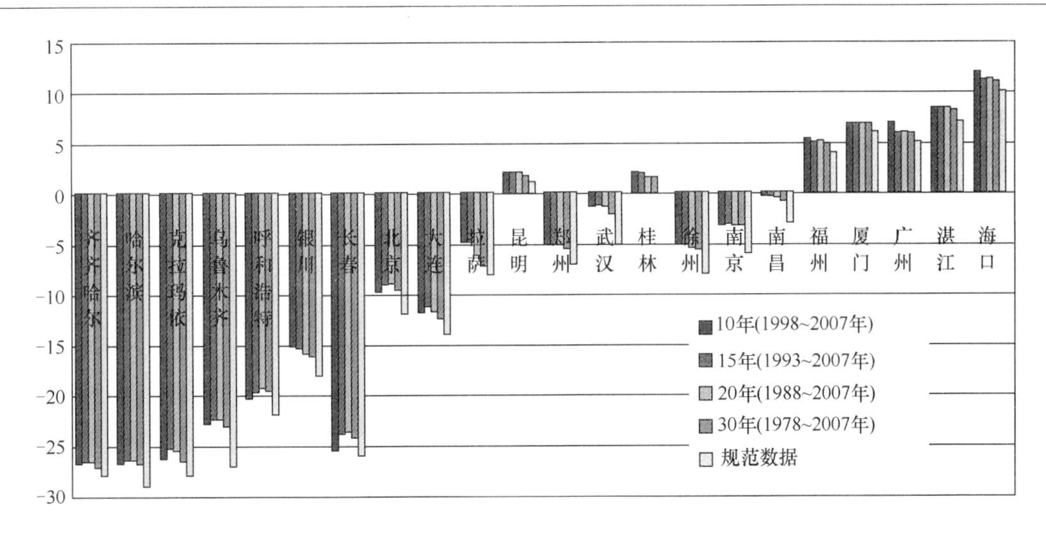

图 4-2　22 个城市不同统计期冬季空气调节室外计算温度的比较

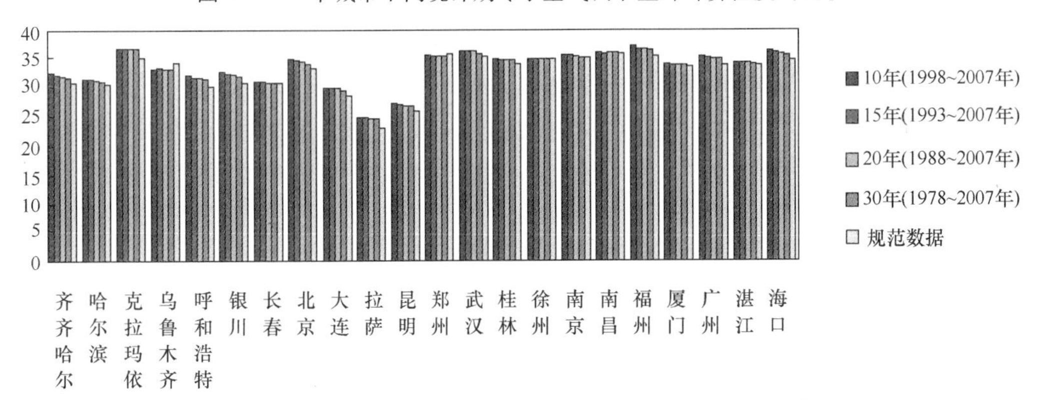

图 4-3　22 个城市不同统计期夏季空气调节室外计算干球温度的比较

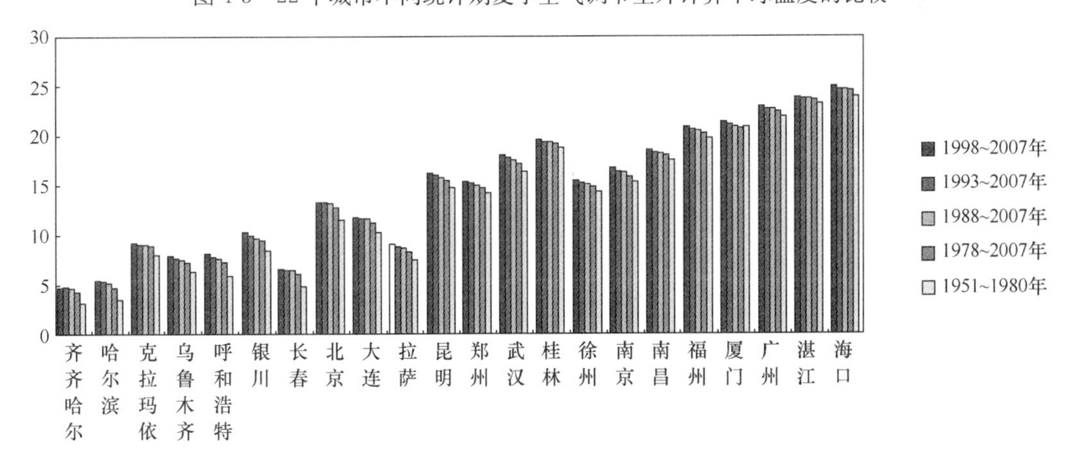

图 4-4　22 个城市不同统计期夏季通风室外计算温度的比较

接近于或低于 30 年的计算结果。虽然南方城市的冬季计算参数仍呈上升趋势。但由于采暖主要集中在我国淮河以北地区，所以可以认为，我国大部分地区的冬季室外计算参数的变化趋势与累年年平均气温的趋势是相异的。

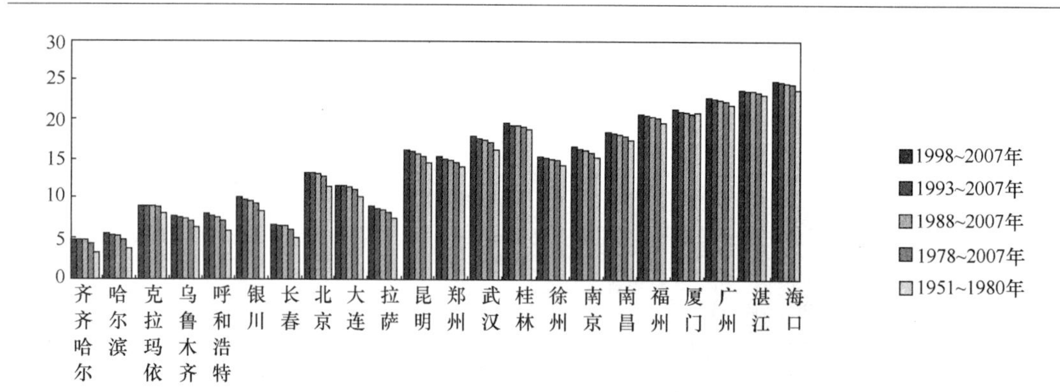

图 4-5　22 个城市不同统计期累年年平均气温的比较

若以规范室外空气计算参数的数值和 1951～1980 年的累年年平均气温为基准，用不同统计期的室外空气计算参数和累年年平均气温与之分别作差，再进行比较，可以发现 22 个城市的平均数值显示采暖室外计算温度及冬季空调室外计算温度的变化与累年年平均气温变化最接近的是 10 年的统计期，其次是 30 年，再次是 15 年和 20 年；而夏季空调室外计算干球温度及夏季通风室外计算温度的变化与气温变化最接近的是 30 年统计期，其次是 20 年，再次是 15 年和 10 年。从比较的结果看，10 年和 30 年的统计结果更贴近环境气温的变化规律，而气象学上认为 30 年的统计期对于气温变化的反映更具代表性，因此，综合考虑气象学上对气温统计的规定及冬夏两季设计参数随气温变化的趋势这两点因素，我们认为 30 年是这 4 种统计期中较为合理的期限。

4.2.2　不同保证形式的对比分析

按不保证率计算的温度参数不再细分为采暖、空调、通风等项目，主要讨论 10 年、15 年、20 年及 30 年 4 个统计期内全年 8760 小时不保证率为 0.4%、1.0%、2.5%和 5%(冬季为 99.6%、99%、97.5%和 95%)的干球计算温度。

在同一保证率下，夏季干球温度 10～30 年的温度变化大部分在 0.3～0.8℃之间，冬季变化大部分温升在 0.4～1.0℃之间。拉萨和昆明是两个比较特殊的地区，夏季温度多年基本保持不变，但冬季的温度变化较大，其中拉萨地区 99.6%保证率下的冬季温度变化为 2℃，昆明 4 种保证率下的冬季温度增幅均为 1.5℃左右，这说明该地冬季的最低气温在不断在升高。与之相反的是，齐齐哈尔、长春、克拉玛依、北京等一些北方城市冬季的设计参数已经呈现下降趋势，其 10 年统计期的计算温度均低于 15 年和 20 年的结果，有的甚至接近 30 年的计算结果。

由 30 年统计期限的计算结果分析可以得到：我国夏季空气计算参数中空气调节的干球温度介于 ASHRAE 不保证率的 0.4%～1.0%，且更靠近于 0.4%；夏季通风及日平均温度接近于不保证率 5.0%的数值；冬季室外空气计算参数中采暖温度与不保证率为 97.5%的数值相当，冬季空气调节室外计算温度与 99%的数值相近，冬季通风的温度较高，大于 95%的不保证率数值。总体来看，除了冬季通风室外计算参数外，我国的大部分室外空气计算参数值与 ASHRAE 不保证率形式的结果是处于同一区间的，我国空调设计参数处于较高的保证率级别。

在比较我国目前的设计参数与 ASHRAE 设计参数是否处于同一水平时，我们有必要注意：不能简单地将我国所有参数的不保证时间按小时数与国外不保证率所换算的数值进行比较。对于我国夏季空调的干湿球计算温度这类由不保证小时数来确定计算数值的参数，在与国外不保证率方法的结果比较时，其数值的大小与时间成对应关系，可以直接比较，例如：我国不保证 50 小时的数值就介于不保证 35 小时(0.4%)与 88 小时(1.0%)之间，可以说明我国夏季空调的设计参数处于国际较为严格的保证级别；而对于冬季室外空气计算参数及夏季空调室外日平均温度这类由不保证天数确定计算结果的参数，因为所使用的基础气象数据为日平均气温，与国外使用逐时平均气温不在一个比较基准线上，因此不能直接由小时数的多少来判定设计参数值的大小关系；另外我国夏季通风室外计算参数选用的是 14 时的气温和相对湿度进行统计，这与国外选用逐时干球温度的方法也存在着差异，比较的结果不会是完全与时间对应的关系。

另外，我国现在还做不到用逐时的气温数据来进行统计计算，因此在做不保证率的计算时，仍然采用的是用一个定时温度代替 6 小时逐时气温的处理方法，例如 0.4%的不保证率本来应该对应不保证 35 小时的数值，但由于基础数据不够完善，只能用 6 个定时数值近似代替 35 小时的结果，这样的计算结果与真正意义上扣除 35 个逐时气温所得到的结果肯定是有差异的。即使是我国夏季不保证 50 小时的计算结果也是用这种方法近似得到而非真正的不保证 50 小时。这种情况是由我国气象观测的实际条件所决定的。目前我国由自动站记录逐时数据的时间还不超过 10 年，因此选用不保证率的方法来确定我国室外空气计算参数的客观条件还不成熟。

5 结论

专题组采用国家气象信息中心气象资料室提供的 26 城市 1978 年 1 月 1 月～2007 年 12 月 31 日的地面气候资料为观测基础数据，按我国规范的确定方法和国外不保证率的方法为基础，对室外空气计算参数的确定方法进行了分析讨论，主要结论如下(分别计算统计年限为 10 年、15 年、20 年及 30 年的室外空气计算参数)：

1. 参考气象学上的规定并综合冬夏室外空气计算参数的变化与累年气温的变化规律，认为 30 年是比较适宜的统计期。

2. 我国空调室外空气计算参数与 ASHRAE 相比，数值处于保证级别比较高的水平，只是形式不够灵活，不能让设计师在设计时根据建筑的不同用途、实际需要来选择对应的设计值。而且我国现在还不能提供满足统计要求的逐时气温数据，使用不保证率的方法条件还不够成熟。

6 参考文献

[1] 中华人民共和国国家标准．工业企业采暖通风和空气调节设计规范 TJ 19—75[S]．北京：中国标准出版社，1995.

[2] 中华人民共和国国家标准．采暖通风与空气调节设计规范 GBJ 19—87[S]．北京：中国标准出版社，1987.

[3] 中华人民共和国国家标准．采暖通风与空气调节设计规范 GB 50019—2003[S]．北京：中国标准出版社，2003.

[4] 中华人民共和国国家标准. 建筑气候区划标准 GB 50178—93[S]. 北京：中国计划出版社，1993.
[5] 中华人民共和国国家标准. 民用建筑热工设计标准 GB 50176—93[S]. 北京：中国标准出版社，1993.
[6] 暖通规范管理组主编. 暖通空调设计规范专题说明选编[M]. 北京：中国计划出版社，1990.
[7] 电子工业部第十设计研究院主编. 空气调节设计手册(第二版)[M]. 北京：中国建筑工业出版社，1995.
[8] 陆耀庆主编. 实用供热空调设计手册(第二版)[M]. 北京：中国建筑工业出版社，2007.
[9] 中国气象局气象信息中心气象资料室，清华大学建筑技术科学系著. 中国建筑热环境分析专用气象数据集[M]. 北京：中国建筑工业出版社，2005.
[10] 张晴原著. 中国建筑用标准气象数据库[M]. 北京：机械工业出版社，2004.
[11] 王颖，刘小宁，鞠晓慧. 自动观测与人工观测差异的初步分析[M]. 应用气象学报，2007，12.
[12] 单寄平主编. 空调负荷实用计算法[M]. 北京：中国建筑工业出版社. 1989.
[13] 本编委著. 2003 全国民用建筑工程设计技术措施(暖通空调动力)[M]. 北京：中国计划出版社，2003.
[14] ASHRAE. 1989 ASHRAE HANDBOOK FUNDAMEATALS[S]. 1989.
[15] ASHRAE. 2001 ASHRAE HANDBOOK FUNDAMEATALS[S]. 2001.
[16] ASHRAE. 2005 ASHRAE HANDBOOK FUNDAMEATALS[S]. 2005.
[17] CIBSE. CIBSE Guide A Environmental Design[S]. CIBSE Guides. 2006.
[18] Qingyuan Zhang，Joe Huang. Influence of Climate Change on Weather Data for Heating and Air-conditioning Design in China[J]. The First International Conference on Building Energy and Environment，2008.
[19] Qingyuan Zhang，Lou Chenzhi，Yang Hongxin. Trends of Climate Change and Air-Conditioning Load of Residential Building in China[J]. Journal of Asian Architecture and Building Engineering，November 2006：8.
[20] 日本冷凍空調学會. 冷凍空調技術. 空調編. 平成 18 年.
[21] 穆海振，孔春燕，汤绪，柯晓新. 上海气温变化及城市化影响初步分析[J]. 热带气象学报，2008，24(6).
[22] 缪启龙，潘文卓，许遐祯. 南京 56 年来夏季气温变化特征分析[J]. 热带气象学报. 2008，24(6).
[23] 孙莹，江静，杨青，卢秉红，杨诚. 东北夏季气温分区变化特征[J]. 气象科学，2008，28(1).
[24] 余运河，屈述军. 重庆地区近五十年地面气温的变化[J]. 中国气象学会 2008 年年会气候变化分会场论文集，2008.
[25] 王劲松，费晓玲，魏锋. 中国西北近 50 年来气温变化特征的进一步研究[J]. 中国沙漠，2008，28(4).
[26] 于海鸣，刘建基. 新疆 40 年来气平均气温变化趋势及径流响应分析[J]. 新疆水利，2008，6.
[27] 赵文虎，孙卫国，程炳岩. 近 50 年川渝地区的气温变化及其原因分析[J]. 高原山地气象研究，2008，28(3).
[28] 王海平，汤燕冰. 华东地区气温变化的区域特征分析[J]. 科技通报，2003，19(3).
[29] 周自江. 我国冬季气温变化与采暖分析[J]. 应用气象学报. 2000，11(2).
[30] 任国玉，徐铭志，初子莹，郭军，李庆祥，刘小宁，王颖. 近 54 年中国地面气温变化[J]. 气候与环境研究，2005，10(4).
[31] 刘莉红，郑祖光. 我国 1 月和 7 月气温变化的分析[J]. 热带气象学报，2004，20(2).

严寒寒冷地区供暖热负荷计算修正方法

中国建筑东北设计研究院　金丽娜

规范将室外温度5℃作为建筑物供暖的临界温度，一个地区累年日平均温度稳定低于或等于5℃的日数基本就是这个地区的供暖期天数（但并不是该地区的实际供暖期）。累年日平均温度稳定低于或等于5℃的日数大于或等于90天的地区，也就是说供暖期大于或等于90天的地区。这些地区基本上就是我们目前建筑热工设计分区中的严寒和寒冷地区。严寒和寒冷地区是北京、天津、河北、山西、内蒙古、辽宁、吉林、黑龙江、山东、西藏、青海、宁夏、新疆等13个省、直辖市、自治区的全部，河南（许昌以北）、陕西（西安以北）、甘肃（除陇南部分地区）等省的大部分，以及江苏（淮阴以北）、安徽（宿县以北）、四川（川西高原）等省的一小部分，此外还有某些省份的高寒山区，如贵州的威宁、云南的中甸等。这些地区全部面积约占全国陆地面积的70%。对于这些地区规范规定应设置供暖设施，并宜采用集中供暖。

供暖热负荷是供暖系统设计中最基本的数据之一，它直接影响供暖方案选取、系统管径和末端散热设备的确定，以及系统运行的节能效果和使用效果及投资成本。

严寒寒冷地区居住建筑冬季供暖热负荷应包含以下3个方面耗热量以及各种修正和附加。3个方面耗热量是：①围护结构的耗热量；②窗缝隙渗入室内的冷空气耗热量；③加热由外门开启时经外门进入室内的冷空气耗热量。各种修正和附加有：朝向修正、风力附加、外门修正、双面外墙修正、窗墙面积超大修正、房间高度附加、户间传热修正及间歇供暖附加。

对于公共建筑的冬季供暖热负荷，除了计算上述的居住建筑冬季供暖热负荷以外，还应考虑当内部有较大且放热较恒定的物体散热量。例如办公建筑的计算机房，计算机服务器和交换机的发热量较大且恒定；商业建筑中，照射在商品上的射灯发热量较大且恒定；这些发热量在确定供暖系统热负荷时应予以考虑，但通常这类区域冬、夏季基本是采用空调通风系统来解决。

围护结构的耗热量计算包括基本耗热量计算和附加耗热量计算。

1　围护结构的基本耗热量 Q 的计算

围护结构的基本耗热量 Q 的计算公式：

$$Q = \alpha F K\ (t_{\rm n} - t_{\rm wn}) \tag{1-1}$$

式中　Q——围护结构的基本耗热量（W）；

α——围护结构温差修正系数，按本规范表1-1采用；

F——围护结构的传热面积（m^2）；

K——围护结构的传热系数［W/(m^2·℃)］；

t_n ——供暖室内设计温度（℃）；

t_{wn} ——供暖室外计算温度（℃）。

注：当已知或可求出冷侧温度时，t_{wn}一项可直接用冷侧温度值代人，不再进行 α 值修正。

表 1-1　温差修正系数 α

围护结构特征	α
外墙、屋顶、地面以及与室外相通的楼板等	1.00
闷顶和与室外空气相通的非供暖地下室上面的楼板等	0.90
与有外门窗的不供暖楼梯间相邻的隔墙（1～6 层建筑）	0.60
与有外门窗的不供暖楼梯间相邻的隔墙（7～30 层建筑）	0.50
非供暖地下室上面的楼板，外墙上有窗时	0.75
非供暖地下室上面的楼板。外墙上无窗且位于室外地坪以上时	0.60
非供暖地下室上面的楼板。外墙上无窗且位于室外地坪以下时	0.40
与有外门窗的非供暖房间相邻的隔墙	0.70
与无外门窗的非供暖房间相邻的隔墙	0.40
伸缩缝墙、沉降缝墙	0.30

近些年北方地区的居住建筑大都采用封闭阳台，封闭阳台形式大致有两种：凸阳台和凹阳台。凸阳台是包含正面和左右侧面三个接触室外空气的外立面，而凹阳台是只有正面一个接触室外空气的外立面。在计算围护结构基本耗热量时，应考虑该围护结构的温差修正系数。国家现行标准《严寒和寒冷地区居住建筑节能设计标准》JGJ 26 附录 E.0.4 给出了严寒寒冷地区 210 个城市和地区、不同朝向的凸阳台和凹阳台温差修正系数。

供暖房间与相邻房间的温差大于或等于 5℃，或通过隔墙和楼板等的传热量大于该房间热负荷的 10％时，应计算通过隔墙或楼板等的传热量。

2　附加耗热量计算

围护结构的附加耗热量按其占基本耗热量的百分率计算。

2.1　朝向修正率

朝向修正率，是基于太阳辐射的有利作用和南北向房间的温度平衡要求，而在耗热量计算中采取的修正系数。规范给出的一组朝向修正率是综合各方面的论述、意见和要求，我国幅员辽阔，在太阳辐射得热方面，各个地区实际情况比较复杂，影响因素很多，南北向房间耗热量客观存在一定的差异（10％～30％左右），以及北向房间由于接受不到太阳直射作用内墙表面温度较南向房间偏低，而使人们的实感温度低（约差 2℃），而且墙体的干燥程度北向也比南向差，为使南北向房间在整个供暖期均能维持大体均衡的温度，围护结构的耗热量计算采用的朝向修正。朝向修正率应根据当地冬季日照率、辐射照度、建筑物使用和被遮挡等情况选用。

严寒地区采用的朝向修正率是：

北、东北、西北　　　　　　　　0％

东、西　　　　　　　　　　　　　　　　　　　　　　－5％
东南、西南　　　　　　　　　　　　　　　　　　　　－10％
南　　　　　　　　　　　　　　　　　　　　　　　　－15％

寒冷地区（北京）采用的朝向修正率是：

北、西北　　　　　　　　　　　　　　　　　　　　　0％
东北　　　　　　　　　　　　　　　　　　　　　　　－5％
东、西　　　　　　　　　　　　　　　　　　　　　　－10％
东南、西南　　　　　　　　　　　　　　　　　　　　－15％
南　　　　　　　　　　　　　　　　　　　　　　　　－25％

值得注意的是：对于冬季日照率小于35％的地区，东南、西南和南向的修正率，宜采用－10％～0；东、西向可不修正。

2.2　风力附加率

风力附加率，是指在供暖耗热量计算中，基于较大的室外风速会引起围护结构外表面换热系数增大，即大于23W/(m^2·℃)而设的附加系数。对于城镇一般建筑物不考虑风力附加，仅对建筑在不避风的高地、河边、海岸、旷野上的建筑物，以及城镇内明显高出周围其他建筑物的建筑物进行风力附加，其垂直外围护结构宜附加5％～10％。

2.3　外门附加率

外门附加率，是基于建筑物外门开启的频繁程度以及冲入建筑物中的冷空气导致耗热量增大而附加的系数。外门附加率，只适用于短时间开启的、无热空气幕的建筑物底层入口的外门。阳台门和各层每户的外门不应计入外门附加。

当建筑物的楼层数为n时：

一道门　　　　　　　　　　　　　　　　　　　　　　65％×n
两道门（有门斗）　　　　　　　　　　　　　　　　　80％×n
三道门（有两个门斗）　　　　　　　　　　　　　　　60％×n
公共建筑的主要出入口　　　　　　　　　　　　　　　500％

例如：设楼层数n＝6，

一道门的传热系数是4.65W/(m^2·℃)，两道门的传热系数是2.33W/(m^2·℃)，则：

一道门的附加65％×n为：4.65×65％×6＝18.135

两道门的附加80％×n为：2.33×80％×6＝11.184

2.4　两面外墙修正

当供暖房间有两面以上外墙时，对其外墙、窗、门的基本耗热量附加5％。

2.5　窗墙面积比超大修正

当公共建筑房间的窗、墙（不含窗）面积比超过1∶1时，对窗的基本耗热量附加10％。

2.6 房间高度修正

高度附加率应附加于围护结构的基本耗热量和其他附加耗热量之和的基础上。高度附加率，是基于房间高度大于4m时，由于竖向温度梯度的影响导致上部空间及围护结构的耗热量增大的附加系数。

以前有关地面辐射供暖的规定认为可不计算房间热负荷的高度附加。但实际工程中，北京市建筑设计研究院做过测试：高大空间的地面辐射供暖系统向房间散热时有将近一半的热量仍以对流散热的形式散热，房间高度方向也存在一些温度梯度。因此建议设计地面辐射供暖系统时，也要考虑高度附加，其附加值约按一般散热器供暖计算值50%取值。

由于围护结构耗热作用等影响，房间竖向温度的分布并不总是逐步升高的，因此对高度附加率的上限值作了限制。

建筑（除楼梯间外）的围护结构耗热量高度附加率：

散热器供暖房间高度大于4m时，每高出lm应附加2%，但总附加率不应大于15%；地面辐射供暖的房间高度大于4m时，每高出1m宜附加1%，但总附加率不宜大于8%。

2.7 间歇供暖修正

对于夜间基本不使用的办公楼和教学楼等建筑，在夜间时允许室内温度自然降低一些，这时可按间歇供暖系统设计，这类建筑物的供暖热负荷应对围护结构耗热量进行间歇附加，间歇附加率可取20%；对于不经常使用的体育馆和展览馆等建筑，围护结构耗热量的间歇附加率可取30%。若建筑物预热时间长，如两小时，其间歇附加率可以适当减少。

2.8 户间传热修正

目前居住建筑的入住率不是很高，考虑相邻住户没有入住，其供暖系统是关闭状态或低室温状态下运行，这样对入住的住户，与没有供暖的住户间就会有温差传热，如果不计算户间隔墙的传热量，那么，入住住户的室内温度就达不到设计温度；由于户间传热对供暖负荷的附加量的大小不影响外网、热源的初投资，在实施室温可调和供热计量收费后也对运行能耗的影响较小，只影响到室内系统的初投资。基于这样的考虑，仅在确定分户热计量供暖系统的户内供暖设备容量和户内管道时，考虑户间传热对供暖负荷的附加，不统计在供暖系统的总热负荷内。但是，附加量取得过大，初投资也增加较多。依据模拟分析和运行经验，户间传热对供暖负荷的附加量不宜超过计算负荷的50%。

散热器供暖系统供回水温度参数研究

清华大学　狄洪发

1　背景

目前我国暖通空调设计手册规定集中供热系统二次网设计供回水温度参数为95/70℃，该参数是沿用原苏联的设计参数。但是我国集中供热系统二次网的实际供回水温度参数均低于规范中的设计参数。室外条件、设计和运行环节等不同均会造成我国集中供热系统实际运行参数低于设计参数。例如造成我国集中供热系统二次网供回水运行温度偏低的原因如下：(1) 实际散热器面积大于设计值；(2) 实际的流量值大于设计值；(3) 实际室外温度低于设计室外温度。

目前集中供热系统形式呈现多样性的特点，例如不同燃料的热源形式、各种低温高效散热性能的散热末端形式、各种回收余热的装置和设备形式逐渐地被应用到集中供热系统形式中。因此不同的系统形式应该有相适宜的二次网设计参数。另外二次网供回水温度参数对整个集中供热系统的节能性、初投资和运行费均有较大的影响，不同的管网基价和燃料价格对供热系统整体的初投资和运行费会产生较大影响。因此如何合理地选取和设定我国集中供热系统二次网采暖温度设计参数需要深入研究。

本篇首先调研了我国集中供热系统二次网供回水温度的设计参数和实际运行参数情况，并调研了其他国家集中供热系统的二次网设计温度参数情况。然后分析了改变二次网供回水温度参数对集中供热系统各环节的初投资、运行费等方面的影响。通过比较分析和敏感性分析方法，分析了二次网采暖温度设计参数对集中供热系统年运行费的影响，找出适合不同集中供热系统形式的二次网采暖温度设计参数。为修订我国集中供热系统的二次网采暖温度设计参数提供相关参考依据。

2　集中供热系统二次网供回水温度参数调研

2.1　国内实际运行参数调研

调研了黑龙江省（大庆）、吉林省（长春、通化、珲春）、北京市、河北省（衡水、保定）、山西省（太原、吕梁）、山东省（济南、青岛）等部分地区集中供热系统一、二次网的供回水温度的实际运行参数情况，具体参数情况如表2-1所示。

从我国集中供热系统调研案例可知，二次网的实际运行温差均小于设计温差25℃，本文调研案例的二次网在严寒期间的运行温差约为7.8～14.7℃。这些系统在运行期间的室外平均温度约在－16.6～－0.4℃，二次网供水温度约在47.8～63.3℃，二次网回水温度约在40～50℃。

从表 2-1 中可以得出我国北方地区部分城市集中供热系统二次网供回水温度参数的实际运行状况。如果折合到相同的室外温度工况下，可以看出我国集中供热系统二次网的实际运行参数呈现“北低南高，西高东低”的现象。

表 2-1 我国北方部分城市集中供热系统运行参数情况

城市		调研期间内的平均温度（℃）				调研数据时间
		二次供水	二次回水	温差	室外温度	
1 黑龙江省	大庆	64.0	52.8	11.2	—	2005-1-1～2005-1-31
	长春	63.3	50.0	13.3	−16.6	2005-12-25～2005-12-30
2 吉林省	通化	47.8	40.0	7.8	−8.5	2009-1-1～2009-1-31
	珲春	49.7	40.1	9.6	−7.9	2009-1-1～2009-1-31
3 北京	北京	60.0	45.3	14.7	0.3	2009-1-1～2009-1-31
	北京	56.7	46.8	9.9	−1.8	2008-1-1～2008-1-31
	北京	56	48	8.0	−1.8	2008-1-1～2008-1-31
4 河北	衡水	53.7	43.8	9.9	—0.5	2009-1-1～2009-1-31
	保定	58.4	49.2	9.2	—	2009-1-1～2009-1-31
5 山东	济南	55.3	46.7	8.6	—	2008-1-1～2008-1-31
	青岛	51.3	41.6	9.7	—0.4	2009-1-1～2009-1-31
6 山西	太原	50.2	42.1	8.1	—	2009-1-15 15：00
	吕梁	63.1	53.6	9.5	—	2009-1-1～2009-1-31

2.2 国内设计参数调研

通过对建筑设计院所调研可知，我国北方部分城市集中供热系统二次网的供回水温度设计参数情况如表 2-2 所示。我国目前集中供热系统二次网的实际设计参数呈现“北高南低，西高东低”的现象。

表 2-2 国内集中供热系统二次网供回水温度设计参数调研

省	市	二次网供水温度（℃）	二次网回水温度（℃）
黑龙江	哈尔滨	95	70
吉林	长春	95	70
辽宁	沈阳	85/80	60/55
北京	北京	80/75	60/55
天津	天津	85	60
河南	郑州	85	60
山东	济南	80	60
山东	青岛	80	60
山西	太原	85	60
陕西	西安	80	60
甘肃	兰州	95	70
宁夏	银川	85	60

2.3 国外供热系统设计参数调研

根据文献调研可知，国外集中供热系统的设计参数情况如表 2-3 和表 2-4 所示。可以看出，国外集中供热系统的二次网供回水设计参数存在向低温供热发展的趋势。其中丹麦、芬兰、德国、波兰和韩国等国家由于其纬度与中国北方采暖城市的纬度相近，因此这些国家的供热系统更有参考价值，这些国家的集中供热系统二次网的供水温度参数约为70～80℃，二次网回水温度参数约在 40～65℃之间，二次网的供回水温度多采用 70/40℃、70/50℃、80/60℃、75/65℃等设计参数。

表 2-3　国外集中供热系统二次网供回水温度设计参数情况

国家	二次供水温度（℃）	二次回水温度（℃）
丹麦	70	40
芬兰	70	40
韩国	70	50
罗马尼亚	95	75
俄罗斯	95	70
德国	80	60

表 2-4　国外供热系统二次网供回水温度设计参数情况

国家	二次供水温度（℃）	二次回水温度（℃）	室内设计温度（℃）
波兰	80	60	20
芬兰	70	40	20
欧洲标准 EN442	75	65	20

2.4 调研分析结果

根据对我国集中供热系统的设计参数和实际运行参数调研可知：

1. 我国集中供热系统二次网供回水温度的设计参数多数采用 95/70℃、85/60℃的设计参数，也有集中供热系统的二次网设计参数会采用 75/55℃设计参数；

2. 在本文调研的几个集中供热系统案例中，调研运行期间的室外平均温度约在－0.4～－16.6℃，二次网供水温度约在 47.8～63.3℃，二次网回水温度约在 40～50℃；

3. 根据国内集中供热系统调研案例可知，这些案例的二次网运行温差约为 7.8～14.7℃，二次网运行温差均小于设计温差 25℃；

4. 国外集中供热系统的二次网供回水设计参数存在向低温供热发展的趋势。

3　二次网温度设计参数对集中供热系统经济性的影响分析

3.1 集中供热系统描述

集中供热系统主要包括热源、一次网、热力站、二次网、室内管网、散热末端六个环节，如图 3-1 所示。如果保持二次网供回水温差不变，降低二次网平均设计温度，会造成散热末端的初投资增加，二次网温度降低还会造成一次网回水温度降低，增大一次网的运行温差，由此会降低一次网的初投资和一次网循环水泵的运行费用。另外还会增大热力站的换热温差，由此会降低热力站的初投资。

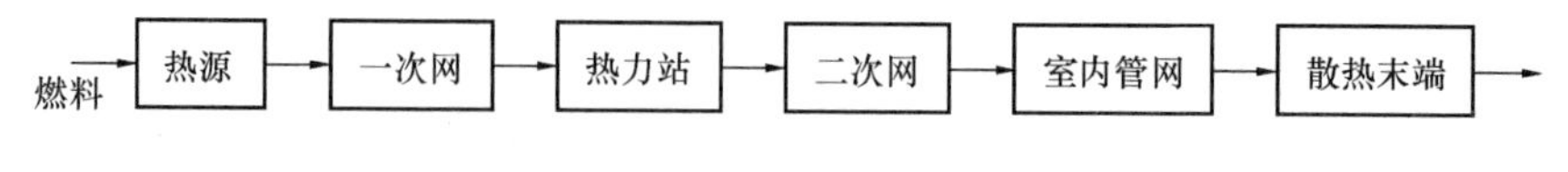

图 3-1 集中供热系统主要环节

3.2 集中供热系统经济性分析模型

3.2.1 供热系统初投资

集中供热系统的初投资构成如下：

$$C_{总} = C_{源} + C_{一次网} + C_{站} + C_{二次网} + C_{室内网} + C_{散热末端} \tag{3-1}$$

3.2.2 热源投资

对于燃煤锅炉房等热源形式，供热系统的设计温度参数对热源的初投资影响不大，热源部分的初投资主要受供热规模（供热负荷）和热源形式的影响较大。因此热源部分的投资为常数。

3.2.3 管网投资

热网的初投资与热网的设计温差、比摩阻、管网的结构参数管径和管长及其投资的影响较大。因此本文在分析不同设计温差对一次网初投资的影响时，需要保持一次管网的主干管网的平均比摩阻基本不变。

对于热水供热管网，管网的初投资近似与管径呈线性关系，因此可以根据管网基价估算指标得出，即：

$$K = a + b \cdot d \tag{3-2}$$

式中 K——每米管长的基建费用，元/m；

d——管道的公称直径，m；

a,b——与管网的铺设方式相关，a、b 单位分别为元/m 和元/m^2。

因此热水管网的初投资可利用如下公式计算：

$$C_{网} = \sum_{i=1}^{n} (a + bd_i) l_i \tag{3-3}$$

3.2.4 热力站投资

热力站的初投资主要与对数换热温差和供热面积相关，该指标可以通过投资估算指标基价得到。

3.2.5 散热末端投资

室内散热末端的初投资主要与散热末端形式（散热器或地板采暖形式）、散热器形式、散热器平均温度、室内温度及散热器面积相关。在参考工况下，散热器的造价按照 0.3 元/W 选取。在其他设计工况下的散热器的面积将会按照一定的比例增加，可以将所需散热器的面积折算成参考工况的面积比例计算。

3.2.6 供热系统运行费

集中供热系统的运行费用主要包括系统的燃料费用、热网循环泵耗电费、补水泵耗电费和供热系统的折旧费用。

$$S_{运行费} = S_f + S_{1p} + S_{2p} + S_{1b} + S_{2b} \tag{3-4}$$

式中　S_f——供热系统采暖季用于供暖消耗的燃料费用，万元/年；

S_{1p}——一次网循环泵耗电费用，万元/年；

S_{2p}——二次网循环泵耗电费用，万元/年；

S_{1b}——一次网补水泵耗电和耗水费用，万元/年；

S_{2b}——二次网补水泵耗电和耗水费用，万元/年。

循环水泵消耗的电费计算公式如下：

$$S_P = \frac{G \cdot \Delta P}{3600000 \cdot \eta} N_{时间} \cdot C_{电} \tag{3-5}$$

式中　G——系统总流量，t/h；

ΔP——循环水泵杨程，Pa；

η——水泵装置的效率；

N——水泵运行小时数；

$C_{电}$——电能价格，元/(kWh)。

3.2.7　供热系统年运行费

$S_{折旧费} = C_{总} / T_{折旧年限}$，$S_{折旧费}$是供热系统的折旧费用，万元/年，折旧年限20年。

因此本文中的供热系统的年运行费用如下：

$$S_{年运行费} = S_{1p} + S_{2p} + S_{1b} + S_{2b} + S_{折旧费} \tag{3-6}$$

3.3　集中供热系统工况设定和基价选取

供热管网、热力站、散热器的投资估算指标参照市政工程投资估算指标选取。

一次网和二次网的电价按照商业电价选取，0.7625元/(kWh)，补水比例按照2%选取，水价按照5.0元/吨，煤炭价格按照600元/吨计算。

3.4　参考工况与对比工况设定

集中供热系统二次网温度参数的参考工况取95/70℃，一次网取130/80℃，对比工况如表3-1所示。

表3-1　集中供热系统的参考工况与对比工况设定参数

二次温差,℃		参考工况供回水温度,℃	对比工况供回水温度,℃				
二次网	25	95/70	85/60	75/50	65/40	55/30	45/20
一次网		130/80	130/70	130/60	130/50	130/40	130/30
二次网	20	95/70	80/60	70/50	60/40	50/30	40/20
一次网		130/80	130/70	130/60	130/50	130/40	130/30
二次网	15	95/70	75/60	65/50	55/40	45/30	35/20
一次网		130/80	130/70	130/60	130/50	130/40	130/30
二次网	10	95/70	70/60	60/50	50/40	40/30	30/20
一次网		130/80	130/70	130/60	130/50	130/40	130/30

3.5 二次网设计温度对燃煤锅炉集中供热系统经济性的影响

3.5.1 燃煤锅炉集中供热系统形式

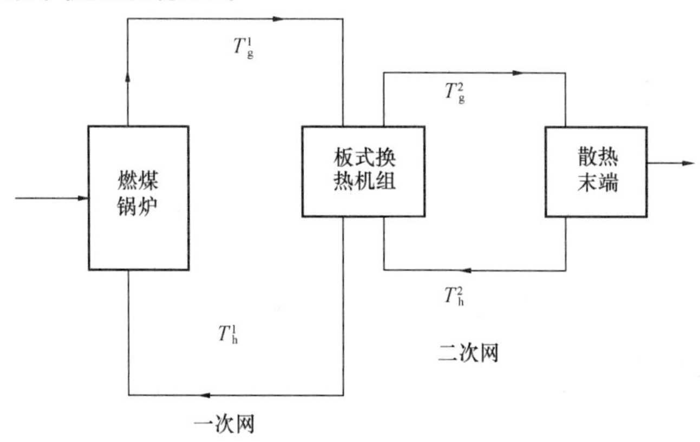

图 3-2 燃煤锅炉集中供热系统示意图

3.5.2 对燃煤锅炉集中供热系统经济性的影响

(1) 对采用散热器的集中供热系统经济性的影响

通过经济性分析可知，当二次网温差为 25℃时，随着二次网供回水温度参数的降低，不考虑系统折旧时，供热系统的运行费降低，但是供热系统的初投资逐渐升高。考虑了系统折旧后（20 年折旧期），当二次网设计温度为 75/50℃，供热系统年运行费最低。

针对二次网设计温差 25、20、15、10℃等不同的设计温差，随着二次网温差的减少，二次网的运行费增加较大，系统的年运行费最低时的二次网设计温度降升高。当二次网设计温差为 20℃时，二次网的设计温度为 70/50℃时最低，但略高于 95/70℃工况下的年运行费。因此二次网设计温差不应过小，二次网的设计温差不应该小于 20℃。二次网湿度差对系统年运行费的影响如图 3-3～图 3-6 所示。

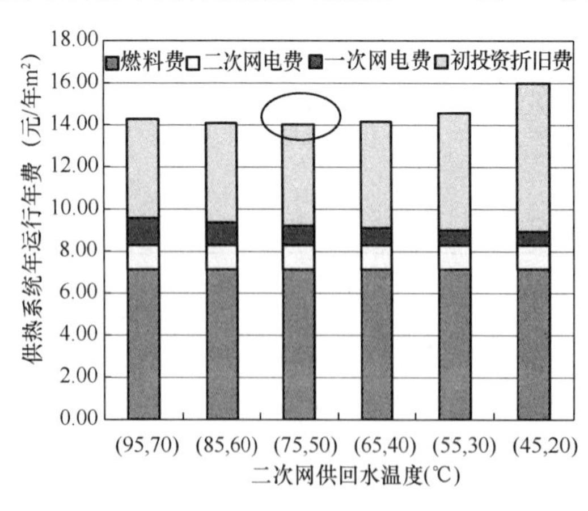

图 3-3 二次网温度对系统年运行费的影响（$\Delta T=25$℃）

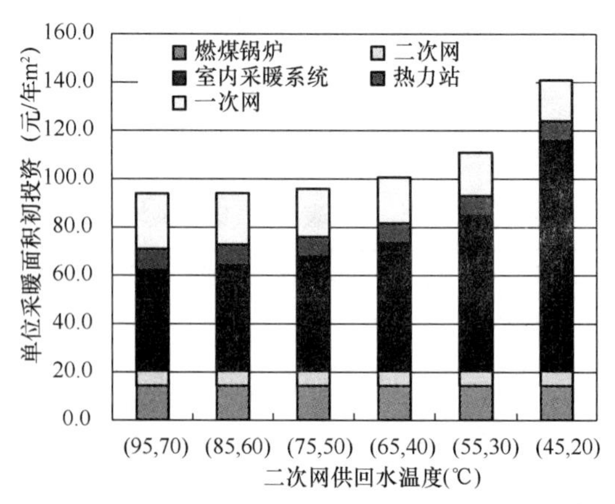

图 3-4 二次网温度对系统各环节初投资的影响（$\Delta T=25$℃）

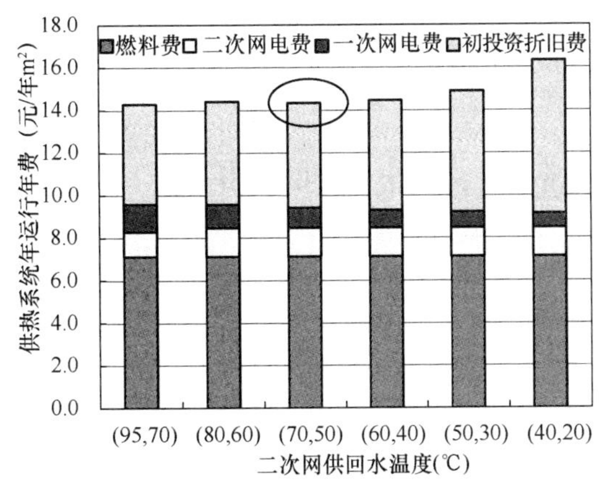

图 3-5　二次网温度对系统年运行费的影响（$\Delta T=20$℃）

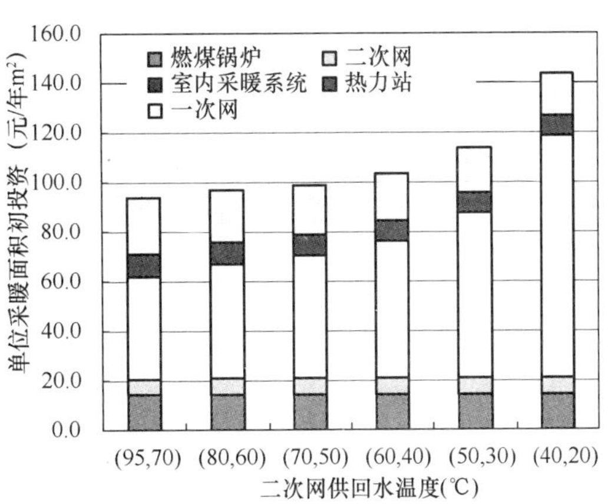

图 3-6　二次网温度对系统各环节初投资的影响（$\Delta T=20$℃）

4　结论

➢ 国内集中供热系统二次网供回水温度的设计参数多数采用 95/70℃、85/60℃的设计参数，也有集中供热系统的二次网设计参数会采用 75/55℃设计参数；

➢ 根据集中供热系统实际运行温度的调研结果可知，二次网运行参数低于 95/70℃；

➢ 在本文调研的几个国内集中供热系统案例中，调研运行期间的室外平均温度约在 −0.4～−16.6℃，二次网供水温度约在 47.8～63.3℃，二次网回水温度约在 40～50℃；这些案例的二次网运行温差约为 7.8～14.7℃，二次网运行温差均小于设计温差 25℃；

➢ 对于 95/70℃的二次网采暖设计参数，在当前的设备估算基价和燃料、电价下得出的供热系统的经济性不再是最优结果。尤其是散热器成本开始降低，一次网的投资成本升高，电价上涨运行费提高的背景下，这一现象将变得更为突出；

➢ 对于常规燃煤锅炉集中供热系统，针对散热器形式的散热末端形式，二次网设计参数宜选取 75/50℃；

➢ 当二次网的设计温差降低时，二次网的运行费用和初投资增加，建议采用散热器的二次网的设计温差不宜低于 20℃。

5　参考文献

[1] Bard Skagestad, Peter Mildenstein. District Heating and Cooling Connection Handbook[M]. International energy agency IEA district heating and cooling Program of Research, 2003.

[2] 俞敖元，郭占庚，赵刚. 我国采暖散热器的发展和市场前景[J]. 中国建筑金属结构，2007(7)：28～35.

[3] 建设部标准定额研究所主编. 市政工程投资估算指标　第八册集中供热热力网工程[M]，北京：中国计划出版社，2007.

民用建筑热水供暖系统经济比摩阻研究

哈尔滨工业大学　董重成
黑龙江省人防设计研究院　王　昕

平均比摩阻的大小直接关系到整个供暖系统的造价及运行费用的高低，经济比摩阻就是在水力计算中，使得计算期内系统年费最低才采用的比摩阻。虽然对经济比摩阻合理取值的研究计算在我国有了一个很快的发展，但随着我国经济的迅速发展以及各种政策的规范及强化，我们需要对经济比摩阻做进一步的研究，从而在工程设计中达到既能满足热水供暖的要求，又能实现提高效率、节约能源的目的。

民用建筑热水供暖系统经济比摩阻的传统取值为60～120Pa/m，这一数值能否满足我国目前的管网造价、热价及电价等的变化，能否真正体现现阶段热水供热管网的经济性，我们对此进行了初步的研究。本文运用常见的技术经济分析方法，在水力平衡的前提下，通过分析计算，进一步对经济比摩阻进行研究，给出设计合理选择的经济比摩阻。

1　民用建筑热水供暖系统的费用组成及数学模型

1.1　几点假设

在不影响系统基本特性的情况下，对经济比摩阻最优化的研究问题进行适当的假设是十分重要的。因此我们在本课题的讨论中进行了如下假设：

(1) 为了讨论问题的方便，假设各楼层热负荷相同，即40W/m²。供水温度为85℃，回水温度为60℃。每层层高均为3m，由于管道均在建筑内部，所以不考虑管道热损失。

(2) 非线性法指的是：采用动态程序设计，对管网分段进行优化的方法。在计算整个管网系统的年计算费用时，采用微分计算方法求得整个工程的年计算费用总值与比摩阻的函数关系，从而得到当年计算费用总值取得最小值时的比摩阻，即为经济比摩阻。当进行热网水力计算时，任一管段的经济比摩阻采用如下公式：

$$R_i = 6.25 \times 10^{-2} \frac{\lambda_i}{\rho_i} \frac{G_{ti}^2}{d_i^5} \tag{1-1}$$

式中　R_i——每米管长的比摩阻，Pa/m；

G_t——管网中每段的水流量，t/h；

d——管子的内直径，m；

λ——管道内壁的摩擦阻力系数；

ρ——水的密度，供回水平均温度72℃时水的密度为976.66kg/m³；

i——管段编号。

根据研究，热水在室内供暖系统管路内的流动状态（流速处于0.026～1.5m/s之间）几乎都处在过渡区域内，我们对经济比摩阻的求解公式进行整理时遇到的超越方程的问题提出如下假设：

对于公式 $\lambda=\dfrac{1.42}{\left(\lg R_e\dfrac{d}{k}\right)^2}$，其中 $R_e=\dfrac{\nu d}{\gamma}$。经过初等变换可以得到：

$\lg R_e=\lg\dfrac{\nu d}{\gamma}=\lg\dfrac{G}{900\pi d\rho\gamma}=\lg\dfrac{G}{d\rho}-\lg 900\pi\gamma$，其中最后一项中 γ 的数量级为 10^{-6}，不予考虑，所以 $\lg R_e$ 近似等于 $\lg\dfrac{G}{d\rho}$，又因为对数函数为单调增函数，所以 $\lg\dfrac{G}{d\rho}$ 的单调性与 $\dfrac{G}{d\rho}$ 的单调性一致，故 $\lambda\propto\dfrac{1.42}{(G/k\rho)^2}$。

（3）在计算中，水泵形成的压力用于克服热源内部阻力、用户内部阻力和管网上的阻力，其中前两项是基本不变的，因而在求解时，可以只考虑用于消耗在管网上的可变费用项。

（4）在参数的优化分析中，忽略锅炉房或换热站的年费用。

（5）由于本课题只考虑建筑内部的年费与经济比摩阻的关系，所以不考虑散热损失的费用。

（6）关于材料特性系数 M：对室内热水供暖系统管路 $K=0.2\text{mm}$，当平均水温为72.5℃时，水的密度 $\rho=976.66\text{kg/m}^3$。则有：

$$M=\sum_{i=1}^{n}d_il_i\sum_{i=1}^{n}\left(0.089\times K^{0.4}\times\rho^{0.2}\times\frac{1}{R_i^{0.2}}\times l_i\right)$$

$$=0.012\sum_{i=1}^{n}\frac{1}{R_i^{0.2}}\times l_i \tag{1-2}$$

由于上式第1项只与管道长度有关，与管径和比摩阻均无关，可略去不予讨论，所以基建投资费用可以简化表示为：

$$K_z\cong 0.012a_2\sum_{i=1}^{n}\frac{1}{R_i^{0.2}}\times l_i \tag{1-3}$$

1.2 数学描述

对热水供暖系统，每米管长的投资费用，可近似按与管径呈线性关系进行估算，即：

$$K=a_1+a_2d$$

式中 K——每米管长的基建费用，元/m；

d——管道的公称直径，m；

a_1、a_2——与管道敷设方式有关的常数，a、b 的单位分别为元/m 和元/m^2。

故整个热水供暖系统管道部分的总投资费用可以用下面公式来表示：

$$K_z=\sum_{i=1}^{n}(a_1+a_2d_i)l_i=a_1\sum_{i=1}^{n}l_i+a_2\sum_{i=1}^{n}d_il_i=a_1\sum_{i=1}^{n}l_i+a_2M \tag{1-4}$$

式中 M——管路的材料特性，表示管道消耗材料的指标，m^2；其中

$$M=\sum_{i=1}^{n}d_il_i=\sum_{i=1}^{n}\left(0.089\times K^{0.4}\times\rho^{0.2}\times\frac{1}{R_i^{0.2}}\times l_i\right)$$

$$=0.012\sum_{i=1}^{n}\frac{1}{R_i^{0.2}}\times l_i$$

由于公式第一项 $a\sum_{i=1}^{n} l_i$ 只与管道长度有关，与管径、比摩阻无关，所以可略去不予讨论，所以基建投资费用可以简化表示为

$$K = 0.120b\sum_{i=1}^{n} \frac{1}{R_i^{0.2}} \times l_i \tag{1-5}$$

1.3 输送热水消耗的电能费用 C_d

$$C_d = \frac{G \cdot \Delta P}{3600000 \cdot \eta} N_1 \cdot C_1 \tag{1-6}$$

式中 G——系统总流量，t/h，$G=0.86Q/\Delta t$；

Q——系统总负荷，kJ/h；

ΔP——循环水泵杨程，Pa；

η——水泵装置的效率；

N_1——水泵运行小时数；

C_1——电能价格，元/(kWh)。

1.4 数学模型

$$Z = \omega K + (C_d + f_j K) = C_d + (f_j + \omega)K$$

$$Z = \frac{G \cdot \Delta P}{3600000 \cdot \eta} N_1 \cdot C_1 + 0.012a_2(f_j + \omega)\sum_{i=1}^{n} \frac{1}{R_i^{0.2}} \times l_i \tag{1-7}$$

式中 ω——标准投资效果系数；

f_j——总折旧率，包括管网基本折旧率、修理费折旧率及其他费用折旧率；

b——取哈尔滨地区材料因子，元/m^2；

η——水泵装置的效率；

N_1——水泵运行小时数，h；

C_1——电能价格，元/(kWh)。

2 计算结果及分析

2.1 计算说明

2.1.1 拟采用供暖地区的总体情况

以哈尔滨为拟供热地区，供暖建筑综合热指标为 $q=40W/m^2$，供、回水温度为 85/60℃，层高按 3m 计算。供暖管道干管采用焊接钢管，不考虑管道散热损失。

2.1.2 计算参数

现以哈尔滨地区（电价、热价为现价）为例，计算得到：$b=4251$ 元/m，$N_1=4296h$，$C_1=1$ 元/(kWh)，$\omega=0.14$，$f_j=7\%$，$\eta=0.85$，$K=0.2mm$，$\rho=976.66kg/m^3$。

将以上参数带入公式（1-7）进行整理，得到比摩阻与年费用的函数关系，在进行分析计算时，可以通过改变可调参数（如：负荷、系统形式、供回水温差等），对经济比摩

阻的选择对年费的影响进行分析。

2.2 计算结果

采用公式（1-7）对常见的三种供暖形式：垂直单管跨越式（图 2-1），分户计量水平单管跨越式（图 2-2）以及低温热水辐射（图 2-3）供暖系统进行分析。

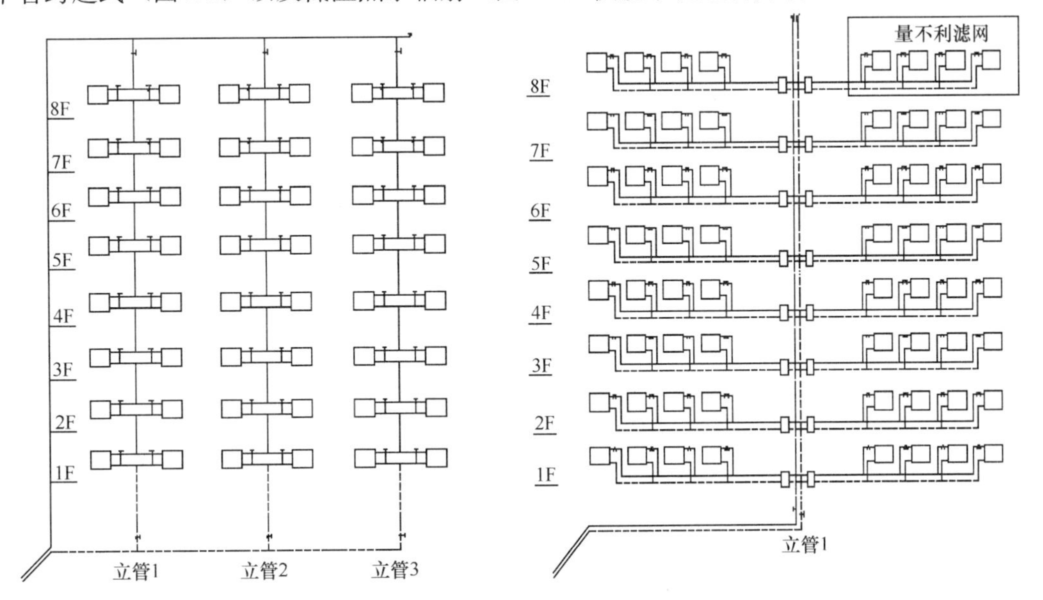

图 2-1　垂直单管跨越式供暖系统原理图　　　图 2-2　分户计量水平单管跨越式供暖系统原理图

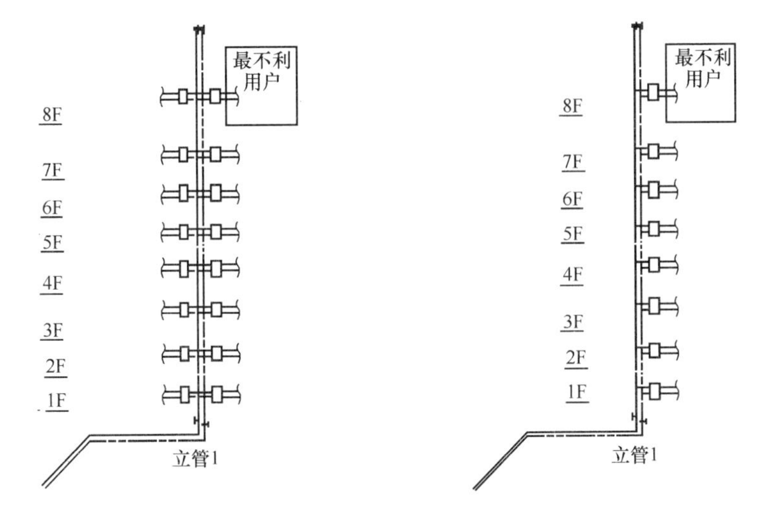

图 2-3　低温热水辐射供暖系统原理图

在水力平衡的前提下对不同规模的建筑进行分析计算，每一种系统形式在相同边界条件下均会得到一组曲线来表征系统年费与比摩阻的函数关系，如图 2-4 所示，为低温热水辐射供暖系统在楼层数为 7 层、每层 2 户、最不利房间面积分别为 50、60、90、120 和 160m^2 的情况下得到的函数曲线。

在水力平衡的前提下，采用公式（1-7）在不同规模的建筑中对三种采暖形式进行分

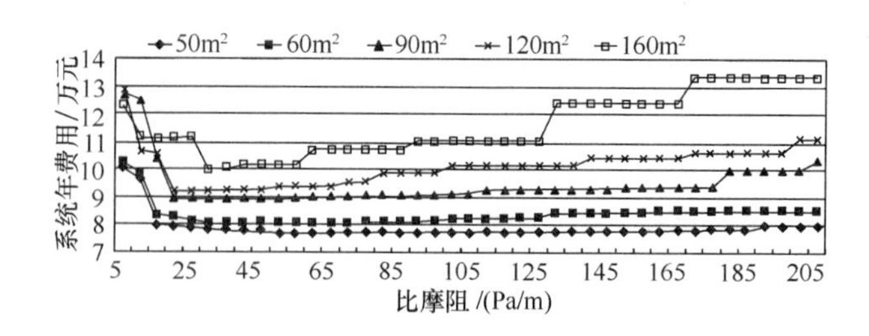

图 2-4　系统年费与比摩阻的函数关系曲线

析计算，得出如下数据，分别见表 2-1～表 2-3。

表 2-1　垂直单管跨越式供暖系统的分析数据

经济比摩阻 \ 楼层数	楼层的单层面积		
	200m²	500m²	1000m²
4	50	110～125	130
7	135～200	125～200	135～200
11	75～115	120～160	60～70

表 2-2　分户计量式水平单管跨越式供暖系统的分析数据

经济比摩阻 \ 楼层数	楼层的单户面积				
	50m²	70m²	90m²	120m²	160m²
4	180～220	105～220	155	70～155	60～130
7	135～220	120～220	135～210	110～185	105～160
11	160～220	180～205	160～185	125～155	70～120

表 2-3　低温热水辐射供暖系统分析数据

楼层数	楼层的单户面积/m²				
	50	70	90	120	160
4	110～220	105～220	95～220	70～155	55～130
7	55～115	20～105	20～95	20～95	30～85
11	140～185	160～205	110～205	100～155	40～135

2.3　计算分析

由以上数据可得三种不同系统形式中经济比摩阻的取值区间图，如图 2-5～图 2-7 所示。

由经济比摩阻取值区间图可以发现，在采用垂直单管跨越式供暖系统的民用建筑中，经济比摩阻受楼层数以及楼层单层面积的影响，年费最小值出现的范围不尽相同，但是可以发现合理的经济比摩阻值大多出现在 100～160 Pa/m 之间。对于住宅建筑常用的分户计量水平单管跨越式供暖系统，年费取最小值时经济比摩阻的范围在 110～200 Pa/m 之

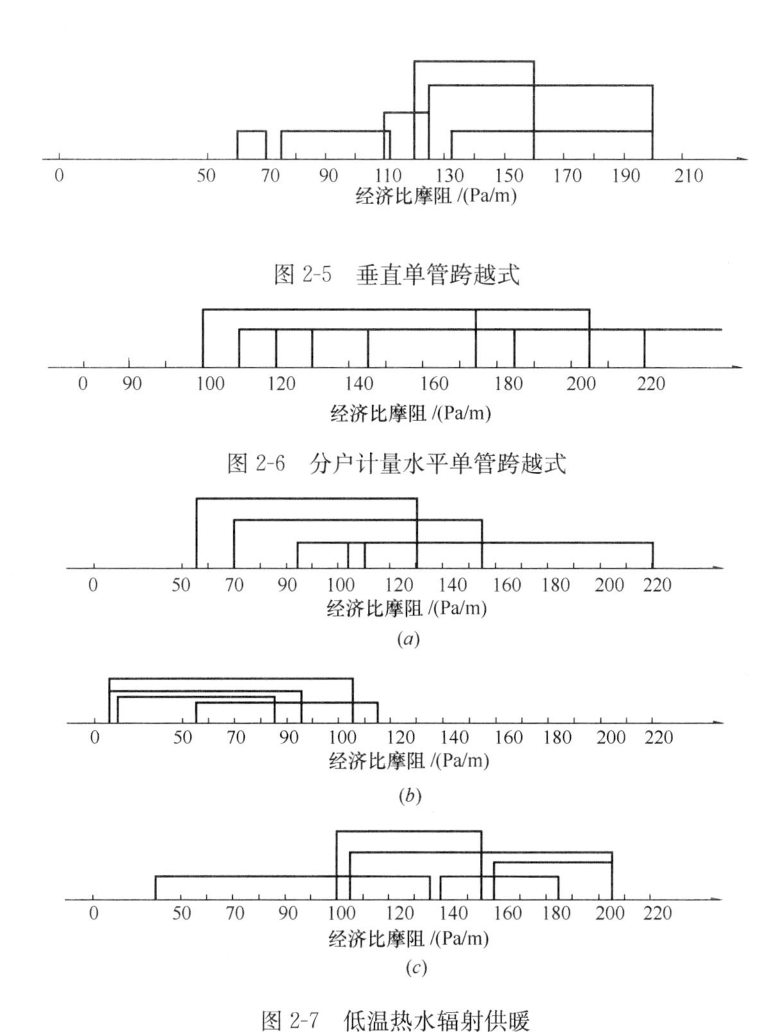

图 2-5　垂直单管跨越式

图 2-6　分户计量水平单管跨越式

图 2-7　低温热水辐射供暖

(*a*) 4 层；(*b*) 7 层；(*c*) 11 层

间。对于层数相同而单户面积不同的建筑，随着单户面积的减少，系统总的热负荷减少，供暖年费的最小值所对应的经济比摩阻将随之增大。即，当供暖系统的总负荷越大时，采用相对较小的经济比摩阻，供暖年费将越低；而当总负荷越小时，则宜采用较大的经济比摩阻。另外，建筑物的层数对经济比摩阻的范围影响并不明显。对于地面低温热水辐射供暖系统，当建筑层数改变时经济比摩阻取值范围不尽相同，当层数为 4 层时，经济比摩阻在 95～155 Pa/m 之间；当层数为 7 层时，经济比摩阻在 55～95 Pa/m 之间；当层数为 11 层时，经济比摩阻在 100～185 Pa/m 之间。这样的计算结果与传统计算时经济比摩阻在 60～120 Pa/m 之间很接近。也就是说，目前低温热水辐射供暖系统是很经济的，但还是建议比摩阻选取时尽量靠近上限选取，这样既可以节省管材和基建投资，又可以降低年费，便于系统平衡管理，从而可以提高效率、节约能源，避免造成不必要的浪费。

3 结论

由于室内供暖系统的经济比摩阻研究必须是在水力平衡的前提下进行，并且保证室内水流速度不超过极限流速，所以末端房间面积变化（及负荷变化）或层高变化时对系统末端的管径影响很小，从而造成在人为调整干管平均比摩阻时对年费产生的影响也较小。为了能够确定一个适合于现在供暖系统的经济比摩阻范围，此研究还需要对多种层高和单层面积的建筑进行水力计算。

根据以上阶段研究结果，我们认为：不同类型供暖系统形式的经济比摩阻取值应根据不同的系统形式有针对性的定额选取。对于采用垂直单管跨越式的供暖系统，合理的经济比摩阻取值范围为 100～160Pa/m；对于采用分户计量水平单管跨越式的供暖系统，合理的经济比摩阻取值范围为 110～200Pa/m；对于采用地面低温热水辐射的供暖系统，可根据建筑层数选取，也可以根据传统的 60～120Pa/m 选取。

4 参考文献

[1] 李先瑞，郎四维．我国建筑供热采暖的现状及问题分析[J]．区域供热，2001(1).
[2] 李世武，于洪志．提高热网设计水平问题的研究[J]．暖通空调，1989(4).
[3] 刘贺明．中国城市供热发展与改革情况 [J]．区域供热，2003(3).
[4] 李先瑞．从统计数字看我国的集中供热 [J]．区域供热，2003(6).
[5] 杨宝军．热水供热管网经济比摩阻的研究[D]．2005.
[6] 贺平．孙刚 供热工程[M]．北京：中国建筑工业出版社，1993.
[7] 邹平华，王晓霞，李祥立．管沟敷设供热管道热损失的计算[J]．节能技术，2004(1).
[8] 陆耀庆．实用供热空调设计手册(第 2 版)[M]．北京：中国建筑工业出版社，2008.

间歇供暖负荷计算方法

哈尔滨工业大学　董重成
中国五洲工程设计有限公司　陈　玲

1　概述

1.1　课题来源及研究目的和意义

1.1.1　课题来源

本课题来源于住房和城乡建设部2008年工程建设标准规范制定、修订计划中，中国建筑科学研究院主编的国家标准《民用建筑供暖通风与空气调节设计规范》的研究专题——“供暖系统设计参数（比摩阻）的选择与间歇供暖负荷计算方法”。

1.1.2　课题研究目的和意义

随着社会发展，科学技术的不断进步，根据当前各城市供热、供气、供电以及所处地区气象条件、生活习惯等不同情况，采暖方式各异。如何选定合理的采暖方式，达到技术经济最优化，是应通过综合技术经济比较确定的。因为各地能源结构及价格均不同，经济实力也存在较大差异，还受到环保、卫生、安全等多方面的制约。而以上各种因素并非固定不变而是不断发展和变化的。

在我国，累年日平均温度稳定低于或等于5℃的日数大于或等于90天的地区全部面积约占全国陆地面积的70%，对于这部分地区宜采用集中供暖。累年日平均温度稳定低于或等于5℃的日数为60～89天的地区和累年日平均温度稳定低于或等于5℃的日数不足60天，但累年日平均温度稳定低于或等于8℃的日数大于或等于75天的地区约占全国陆地面积的15%，对于这部分地区应该根据建筑的类型和实际需求设置集中供暖。

我国夏热冬冷地区夏季炎热、冬季寒冷，早些年该地区的建筑冬季并不取暖，室内温度较低，湿度较大，导致环境较差。由于过去长期不供暖，建筑的设计对保温隔热问题不够重视，围护结构热工性能普遍较差。近年来，随着我国经济的高速增长，该地区的居民纷纷采取措施，自行解决住宅的冬季室内供暖问题。通常主要的供暖设备是暖风机和电暖器，但大都能效比较低，电能浪费严重，供暖能耗急剧上升，并且会导致用电高峰期出现。由于夏热冬冷地区的气候特点，冬季寒冷时间相对较短，室外温度也不太低，如果采用连续供暖的方式，势必会造成能源的浪费。除此之外，在《采暖通风与空气调节设计规范》GB 50019—2003中提到供暖区域南扩，这些地区多属于夏热冬冷地区。对于新增的供暖区域，由于其气候特点，供暖时间较短，连续的集中供暖方式运行成本较高，不符合技术经济和节能的要求，可以考虑间歇供暖的方式。

根据建筑物的使用情况，民用建筑包括居住建筑（住宅、宿舍、公寓等）和公共建筑（如学校，办公建筑、剧院等）。由于建筑物的特点不同，适合的供暖方式也不尽相同，例如：办公建筑并不是全天有人活动，适合采用白天供暖夜间停暖的间歇供暖方式。在民用建筑中，有很大一部分并不是全天都使用的建筑，使用时间具有周期性，如果采用连续供暖则将会造成能源的浪费，所以相比之下更适合采用间歇供暖的方式。

供暖系统的设计热负荷是供暖系统设计中最基本的数据之一，它直接影响供暖方案选取、管道管径和终端散热设备的确定，以及系统使用和运行的节能效果和经济费用。目前，在工程设计中，供暖系统的设计热负荷一般包括围护结构的基本耗热量、围护结构的修正耗热量、冷风渗透耗热量和冷风侵入耗热量。其中围护结构的基本耗热量是按一维稳定传热过程进行计算的，即假设在计算时间内，室内、外空气温度和其他传热过程参数都不随时间变化，但是由于室外空气温度随季节和昼夜的变化而不断变化，并且终端散热设备的散热量不稳定，实际上这是一个不稳定传热的过程。根据供暖时间的连续性，通常分为连续供暖和间歇供暖。连续供暖是指对于全天使用的建筑物，使其室内平均温度全天均能达到设计温度的供暖方式；间歇供暖是指对于非全天使用的建筑物，仅在其使用时间内使室内平均温度达到设计温度，而在非使用时间内可采用自然降温的供暖方式。

目前来看，现有的采暖空调设计手册中涉及间歇采暖负荷计算的内容相当少，且仅有的也是一些估算指标，没有系统的阐述负荷的特点和计算方法。《夏热冬冷地区居住建筑节能设计标准》JGJ 134—2010 规定，对于夏热冬冷地区负荷必须采用动态计算的方法，原来采用的连续采暖负荷的计算方法是针对最不利情况的最大负荷，无法体现全年的负荷和能耗。在民用建筑节能标准中明确规定了新建居住建筑的采暖供热系统，应按连续采暖进行设计，但是在实际的工程中设计负荷偏大，设备的选择不合理，通常处于低效的运行工况，造成投资偏大，运行费用偏高。虽然间歇供暖会造成室内温度的波动、设备容量增大等情况，但是在某些建筑（学校、影剧院、俱乐部等）和某些地区（夏热冬冷地区）还是有很广阔的应用前景，所以间歇供暖的负荷计算方法是值得深入研究的一个课题。

1.2 国内外研究现状

1.2.1 国外研究现状

ASHRAE 手册中对建筑热容引起的间歇负荷阐述很少，只给出某种情况下间歇供暖的建筑热负荷应增加 10%的建议。在工程设计中，往往采用根据经验估计的方法计算供暖热负荷。

1.2.2 国内研究现状

在我国，目前对于采暖负荷的计算采用的还是一维稳态的计算方法，而对于间歇采暖负荷计算方法，尚无明确的规定，目前研究的相关文献见之甚少。由于夏热冬冷地区历史上不属于空调采暖地区，而《夏热冬冷地区居住建筑节能设计标准》JGJ 134—2010 也只是提出一些指导性意见，对于具体的负荷计算方法也没有详细提出。2009 全国民用建筑工程设计技术措施（暖通空调动力）中提出对于间歇使用的建筑物，宜按间歇附加率计算，附加在耗热量的总和上，仅白天使用的建筑物附加 20%，不经常使用的建筑物附加 30%。

1.2.3 间歇供暖的研究方法

采用间歇供暖时，建筑物经历的是一个十分复杂的动态的热工变化过程，其影响因素繁多，包括建筑物的形状、围护结构各部分的尺寸、保温形式、房间位置、材料热工性质、室外气象参数在整个供暖季的变化情况、太阳辐射、冷风渗透、通风和间歇时间等。间歇供暖过程的计算分析十分复杂，所以以往一些研究人员采用现场调查或对一个房间进行试验测试的方法进行研究。但是，现场实测方法很难对众多的影响因素进行准确的控制和分析，并且难以考虑建筑物内各房间的相互影响，因此该方法存在较大的局限性。另一些研究人员采用解析法进行定量分析研究，根据热平衡方程、传热控制方程等相关知识建立数学模型，采用 VB、C 语言等编程。为了能够求解，作许多简化假设，剔除许多复杂因素影响，因而可能造成较大计算误差。因此，上述研究结果有时差别较大，甚至相互矛盾。除此之外，现在大多采用计算机模拟的方法，应用建筑热环境模拟软件 DOE-2、DeST、EnergyPlus 等对整栋建筑各房间间歇供暖的热负荷、能耗、室内温度等参数的变化特性进行逐时全工况多参数综合动态数值模拟计算。例如，清华大学开发的建筑能耗模拟软件 DeST-h 采用状态空间法进行计算，其计算的准确性得到了实测数据的验证，并已在大量实际工程中得到应用。

在现有的暖通空调设计中一般不进行动态的模拟分析，设备容量偏大的现象普遍存在。这不仅提高了建筑的初投资，并且各种设备总是在低效工况下运行，造成能源的浪费和各种运行管理成本的增加。现有对住宅建筑和商业建筑进行模拟和分析的文献，一般只是给出某一因素对供暖负荷的影响及室内的空气温度波动情况，并没有给出普遍适用于工程实际的方法。

1.2.4 间歇供暖的主要研究内容

关于间歇供暖方面目前主要的研究内容有：内外保温对间歇供暖的影响、窗户类型对间歇供暖的影响、地板辐射采暖对间歇供暖室内温度的波动影响等。但是并没有相关文献对这些因素进行综合性分析，给出间歇运行时供暖负荷的计算方法。

（1）内外保温和窗对间歇供暖的影响

目前，研究围护结构对间歇供暖负荷的影响主要包括两方面：内外墙保温的影响和窗户的影响。夏热冬冷地区宜采用间歇供暖方式，但由于历史上不属于供暖区域，所以过去人们只注重考虑建筑的通风换气和采光的性能，对住宅建筑的外围护结构没有考虑节能的要求。为了降低住宅能耗，该地区采取了多种节能措施，外围护结构有隔热保温措施，隔热保温层在内侧和外侧对建筑热过程影响很大，它直接影响建筑能耗的大小和室内热环境条件。另一方面，近年来全国供暖地区都推广使用分户计量，所以也有文章研究寒冷地区和严寒地区内外保温对间歇供暖的影响。但是，目前还没有文章分析总结内外保温对不同地区间歇供暖的影响规律，并给出具体的修正数据。从当前的研究情况得出的结论是，在夏热冬冷地区采用适当厚度的外墙保温，间歇供暖方式能起到一定节能的目的。但在北方地区（如北京）外墙保温对间歇供暖节能的效果并不明显，反而会增加设备容量，加大投资。

由于在《夏热冬冷地区居住建筑节能设计标准》JGJ 134 的“建筑和建筑热工节能设计”章节中对外窗保温性能作了具体的规定，有一些文章研究了外窗的保温性能和隔热性能对夏热冬冷地区建筑节能的影响，给出了在保证节能 50%的目标下某些典型地区的建筑外窗的传热系数和遮阳系数限值。

（2）地板辐射对间歇供暖的影响

目前还有一些文献进行了地板辐射供暖间歇运行时的研究，建立了低温热水地板辐射供暖系统间歇运行时室内热环境数学模型，利用模型计算不同运行方式、内围护结构和内热源作用下室内热环境变化规律。发现低温地板辐射供暖系统采用适当间歇运行即可满足室内热环境要求，运行时间主要受室外温度和内热源变化规律影响。当系统按冬季室外供暖计算温度设计时，在冬季室外平均条件下，系统夜间运行半天左右即可基本保证全天室内热环境要求。在夏热冬冷地区用空气源热泵加低温热水地板辐射供暖系统是可行的，比现有的家用空调更节能，舒适性更好。

在设计低温热水地板供暖系统时，房间热负荷按室外供暖计算温度计算。但实际运行中，整个供暖季只有少数时间室外温度接近室外供暖计算温度，其余多数时间室外温度高于设计计算条件，若系统仍按设计工况运行，会造成能源浪费和室内温度过高。可对于间歇供暖系统，研究系统间歇运行时房间动态热过程，获得在各种运行状态下的房间热环境和为保证房间热环境要求系统的间歇运行规律，为系统运行控制和节约能源提供依据。现有的文章通过建立数学模型计算，得出室内的温度变化情况和间歇运行规律，但并没有给出对间歇供暖负荷定量的影响结果，所以有必要更深入地研究，给出更具体指导意见。

（3）间歇供暖时室内的热舒适性

间歇供暖最终的目的是提供舒适的室内热环境，满足人们的正常生活，最重要的衡量指标是室内空气的温度变化情况。目前，主要的研究方法是通过分析计算，得出连续供暖和间歇供暖在不同工况下室内空气温度的波动曲线以及平均温度等相关数据，与实测的数据进行对比分析。有文章还根据 Fanger 教授建立的热舒适型模型进行计算分析，最后得出结论：当采用间歇供暖时，只要确定合理的供暖时间并适当地分布供暖时间，就能保证热环境全天各时刻都能满足人体舒适条件。

综上所述，从目前的研究来看研究围护结构对间歇供暖的影响只对内外保温和窗户等单方面的影响还不够全面。根据建筑热工分区和不同的气候特点，不同地区的围护结构类型不同，只研究内外保温说明不了问题。虽然有文章研究了不同热惰性指标墙体对间歇供暖的相关影响，但是文章年限过早也比较少，对目前新型的围护结构并不适用。间歇供暖的负荷计算作为一项不可或缺的研究工作，显得极其重要。间歇供暖负荷受哪些因素的影响、影响程度如何、与连续供暖有何差异、室内的温度稳定性如何等问题，都是值得研究的对象。

2 研究内容及技术路线

2.1 研究方案设计

2.1.1 建筑热工设计分区

我国地域辽阔，地形复杂，气候变化也有很大差异，对建筑设计要求也不一样。建筑热工分区是在建筑气候区域的基础上进行的，对建筑热工分区是为了促使工业与民用建筑充分利用适宜气候条件，因地制宜，进一步满足人民生产和生活要求。

《民用建筑热工设计规范》GB 50176—93 将我国划分为严寒、寒冷、夏热冬冷、夏热冬暖和温和五个热工设计气候区域，分别规定了不同的热工设计要求，具体的划分条件和设计要求如表 2-1 所示。

表 2-1　建筑热工设计分区设计要求

分区指标与设计要求		分区名称				
		严寒地区	寒冷地区	夏热冬冷地区	夏热冬暖地区	温和地区
分区指标	主要指标	最冷月平均温度≤−10℃	最冷月平均温度0～−10℃	最冷月平均温度0～10℃ 最热月平均温度25～30℃	最冷月平均温度>10℃ 最热月平均温度25～29℃	最冷月平均温度0～13℃ 最热月平均温度18～25℃
	辅助指标	日平均温度≤5℃的天数≥145d	日平均温度≤5℃的天数90～145d	日平均温度≤5℃的天数0～90d 日平均温度≥25℃的天数40～110d	日平均温度≥25℃的天数100～200d	日平均温度≤5℃的天数0～90d
设计要求		必须充分满足冬季保温要求，一般可不考虑夏季防热	应满足冬季保温要求，部分地区要兼顾夏季防热	必须满足夏季防热要求，适当兼顾冬季保温	必须充分满足夏季防热要求，一般可不考虑冬季保温	部分地区应注意冬季保温，一般可不考虑夏季防热

可以看出，在我国五个建筑热工气候分区中除面积极小的温和地区外，各地的建筑一般都有保温和防热的要求，但各有侧重。严寒和寒冷地区的居民建筑，由于冬季较寒冷且低温天数较长，主要以冬季保温为主；夏热冬暖地区的民居建筑，由于夏季潮湿炎热且延续时间长，而冬季气候相对温和且时间较短，主要以夏季防热为主。最为矛盾的是夏热冬冷地区的民居建筑，尽管该地区夏季湿热、冬季潮冷，冬季保温和夏季防热需要兼顾考虑，但是，由于防寒和防热一般不能同时完美解决，为了提供高效舒适的需要，必须要取舍。考虑到冬季寒冷气候状况的持续时间相对较短，而且还可以通过一定的被动式手段加以补偿，如生火取暖、白天穿厚棉衣、夜间盖厚棉被；而夏季炎热时间较长，且“冷不自生”，因而在民居建筑中以防热为优先。也就是说，针对气候的设计要求，北方地区民居建筑因其寒冷，总体呈现出防寒优先原则，而南方的夏热冬冷和夏热冬暖地区民居则以防热优先。

划分气候分区的最主要目的是针对各个分区提出不同的建筑围护结构热工性能要求，不同区域对应的围护结构的传热系数等热工参数也有所不同。目前我国寒冷地区和严寒地区提倡连续供暖，这主要是考虑到锅炉的效率，尽量减少锅炉的启停和压火次数等，有效提高燃料的燃烧效率。但是仍有一些居住建筑和特殊功能的建筑物如办公楼、剧院、体育馆等，根据居民活动的规律和使用时间的间歇性特点，并不需要一直供暖，所以有必要研究这两个地区间歇供暖时的热负荷特点。除此之外，随着人们对室内环境要求的提高，供暖区域南扩，夏热冬冷地区的许多城市冬季也要求供暖。但由于其特殊的气候条件、围护结构热工特性和长期以来人们的生活习惯，冬季供暖时间较短，室外温度相对北方冬季较高，并不需要连续供暖，民用建筑的间歇供暖成为可能。针对于目前没有规范对间歇供暖时的设计热负荷进行规定，为了更好地指导实际的工程设计，本论文主要分析夏热冬冷地区和寒冷地区间歇供暖时热负荷的特点。

2.1.2　围护结构热惰性

随着室外温度波动，围护结构实际上内表面温度也随之波动。热惰性不同的围护结构，在相同的室外温度波动下，围护结构的热惰性越大，则其内表面温度波动就越小。根

据热惰性指标 D 的不同，建筑围护结构可分为 4 个等级Ⅰ、Ⅱ、Ⅲ、Ⅳ，详见表 2-2。当热惰性指标 $D>6.0$ 时，称为重质墙；当 $D<6.0$ 时，称为中型和轻型围护结构。

表 2-2　建筑围护结构分类

围护结构的类型	Ⅰ	Ⅱ	Ⅲ	Ⅳ
热惰性指标 D 值	>6.0	4.1～6.0	1.6～4.0	$\leqslant 1.5$

在传统的供暖热负荷计算时，根据建筑物围护结构热惰性 D 值的大小不同，应分别采用四种类型冬季围护结构室外计算温度的取值方法。按照这一方法，不仅能保证围护结构内表面不产生结露现象，而且将围护结构的热稳定性与室外气温的变化规律紧密地结合起来，使 D 值较小（抗室外温度波动能力较差）的围护结构，具有较大的传热阻；使 D 值较大（抗室外温度波动能力较强）的围护结构，具有较小的传热阻。这些传热阻不同的围护结构，不论 D 值大小，不仅在各自的室外计算温度条件下，其内表面温度都能满足要求，而且当室外温度偏离计算温度乃至降低到当地最低日平均温度时，围护结构内表面的温降也不会超过 1℃。也就是说，这些不同类型的围护结构，其内表面最低温度将达到大体相同的水平。

对于热稳定性最差的Ⅳ类围护结构，室外计算温度不是采用累年极端最低温度，而采用累计最低日平均温度（二者相差 5～10℃）；对于热稳定性较好的Ⅰ类围护结构，采用采暖室外计算温度，其值取历年平均不保证 5 天的日平均温度；对于热稳定性处于Ⅰ、Ⅳ类中间的Ⅱ、Ⅲ类围护结构，则利用Ⅰ、Ⅳ类计算温度即采暖室外计算温度和最低日平均温度并采用调整权值的方式计算。

本论文中，当采用间歇供暖时围护结构的热惰性将会影响建筑物的室温变化和热负荷需求。由于考虑到围护结构热惰性对间歇供暖热负荷的影响以及实际工程的要求，Ⅳ类围护结构一般不满足常用外墙和屋顶的要求，所分析建筑的外围护结构只选用Ⅰ、Ⅱ、Ⅲ类围护结构。

当供暖系统间歇运行时，建筑围护结构的热惰性对房间所需热负荷和室内温度将会有影响。由于间歇运行是一种动态的过程，热工特性比较复杂，在本论文中以围护结构的类型作为分类，分析不同类型围护结构对间歇供暖时供暖热负荷和室内温度等参数的影响。

2.1.3　研究方案

本课题的研究方案主要分析不同地区的民用建筑（居住建筑和办公建筑），在不同的间歇运行模式下，建筑围护结构、通风次数和供暖方式对采暖负荷及室内空气温度的影响。研究对象主要是夏热冬冷地区、寒冷地区和严寒地区的居住建筑和办公建筑。由于建筑物采暖期刚开始供暖时，围护结构要蓄存热量，本研究课题的前提对象是供暖稳定时期，间歇供暖负荷的变化情况。主要从以下几个方面研究：

（1）间歇运行模式的确定

根据建筑的功能不同，间歇供暖的时间也是千差万别。对于居住类建筑，主要的影响因素是人们的生活习惯，可以通过查阅相关资料和对多数人的生活习惯调查确定出几种典型的间歇运行模式。对于办公建筑，可以根据建筑的使用时间情况，确定间歇运行的时间段。模拟建筑设置相应的温控设施，当采用间歇供暖模式时，能及时地调整流量，使室温维持在相对恒定的设计值，避免因散热设备和围护结构蓄热、放热时间的延续性，导致温度超过设计温度，造成不必要的能源浪费。

（2）围护结构对间歇供暖负荷的影响

围护结构是分隔建筑内部环境及室外天然环境的屏障，主要包括：外墙面、顶层的屋顶、所有窗户及通往屋外的门、地基墙及底层的地板。建筑外墙是整个围护结构中的重要组成部分，它在建筑物中所占的面积也最大，从建筑各部分所占的热损耗率来看，墙体所占的比例很大，因此墙体的影响成为间歇供暖负荷影响因素中的重点。通过研究不同热惰性指标的围护结构对热负荷的影响，最终分别给出不同地区居住建筑和办公建筑间歇供暖热负荷相对于连续采暖热负荷修正百分率。除此之外，窗户也是影响热负荷的重要因素之一。窗户类型、气密性和窗墙比等都可能对热负荷和室内空气温度稳定性有影响。在满足所研究气候区域的热工要求前提下，定量地分析各因素的影响程度。

（3）供暖方式对间歇供暖负荷的影响

目前，散热器供暖和地板辐射供暖是最常用的供暖方式。由于它们的散热特征和蓄热性能不同，所以有必要对比分析在相同条件下，不同形式的采暖方式对间歇供暖负荷计算的影响。设备的数量与温升的快慢对供暖系统的初投资有很大影响。通过改变散热设备的数量来研究间歇采暖中温度的升降时间，是否能通过适当改变散热设备数量来调整升降温时间及室内温度的稳定性，最终确定出不同供暖方式下的间歇供暖负荷。

（4）通风对间歇供暖负荷的影响

人们的生活习惯和对采暖室内温度要求也会影响间歇采暖室内温度的稳定性，所以在采暖负荷设计时需要考虑。主要表现在不同区域窗户的冷风渗透和门窗的冷风侵入耗热量相差很大。对于该影响因素主要研究通过改变建筑与外界的通风换气次数，确定该因素对间歇供暖的室内空气温度稳定性的影响和对供暖热负荷的影响。

2.2 模拟软件的选择

2.2.1 模拟软件的对比

建筑热环境全年动态模拟在理论上已经逐渐发展成熟，现行计算分析方法很多，例如有限差分法，反应系数法，谐波反应法，状态空间法等。它们通过采用数值或解析求解的方法都可以在计算机上模拟出很好的结果，自 20 世纪 60 年代到今天，世界各国都相继开发出一些很好的能耗模拟软件，可以很方便地对建筑物全年动态能耗进行建模计算。其中比较著名的包括美国能源部开发的 DOE-2，美国国防部开发的 BLAST，英国开发的 ESP，美国最近开发出来的 EnergyPlus 和 DesignBuilder，此外还有 SRES/SUN，SERIRES，S3PAS，IBLAST 和 TASE 等。我国清华大学也独立研究开发了一套功能齐全的全年动态能耗模拟软件，DeST（Designer's Simulation Toolkit）。

表 2-3 建筑负荷分析计算能力比较

比较方面	DOE-2	BLAST	IBLAST	EnergyPlus	DesignBuilder	DeST
房间热平衡计算方程		√	√	√	√	√
建筑热平衡计算方程						√
内表面对流传热计算			√	√	√	√
内表面间长波互辐射				√	√	√
邻室传热模型						√

续表 2-3

比较方面	DOE-2	BLAST	IBLAST	EnergyPlus	DesignBuilder	DeST
湿度计算			√	√	√	√
热舒适计算		√	√	√	√	
天空背景辐射模型	√			√	√	√
窗体模型计算	√			√	√	√
太阳透射分配模型	√			√	√	√
日光模型计算	√			√	√	

针对本课题的研究内容和目前大量的模拟软件，先将相关软件的建筑负荷分析计算能力进行对比，见表 2-3，通过比较从而方便选出最适合的分析软件。可以看出所列的模拟分析软件中 EnergyPlus、DesignBuilder 和 DeST 相对比较全面地考虑了各影响因素。

2.2.2 DeST 和 DesignBuilder 简介

DeST 软件是由清华大学开发的，其研发开始于 1989 年。开始立足于建筑环境模拟，1992 年以前命名为 BTP（Building Thermal Performance），以后逐步加入空调系统模拟模块，命名为 IISABRE。为了解决实际设计中不同阶段的实际问题，更好地将模拟技术投入到实际工程应用中，从 1997 年开始在 IISABRE 的基础上开发针对设计的模拟分析工具 DeST，并于 2000 年完成 DeST1.0 版本并通过鉴定，2002 年完成 DeST 住宅版本。

建筑环境设计模拟工具包 DeST（Designer’s Simulation Toolkit）是建筑环境及 HVAC 系统模拟的软件平台，该平台以清华大学建筑技术科学系环境与设备研究所 20 余年的科研成果为理论基础，将现代模拟技术和独特的模拟思想运用到建筑环境的模拟和 HVAC 系统的模拟中去，具有计算建筑物全年 8760 小时逐时负荷的强大功能，并能对一般的空调系统进行能耗分析，为建筑环境的相关研究和建筑环境的模拟预测、性能评估提供了方便实用可靠的软件工具，为建筑设计及 HVAC 系统的相关研究和系统的模拟预测、性能优化提供了一流的软件工具。目前 DeST 有两个版本，应用于住宅建筑的住宅版本（DeST-h）及应用于商业建筑的商建版本（DeST-c）。

DeST 软件使用方便，具有简单明了的定义操作界面，计算模型能准确的反映实际情况，后处理及报表生成功能强大。自推出 DeST1.0 版以来，至今发展到 DeST2.0，分别推出了 DeST-h（住宅版）、DeST-e（评估版）、DeST-c（商建测试版），在此期间，DeST 获得了广泛的应用，主要有三方面：辅助工程设计、建筑节能评估和学术课题研究。它基于“分阶段模拟”的理念，实现了建筑物与系统的连接。使之既可用于详细地分析建筑物的热特性，又可以模拟系统性能，善而形成的建筑动态模拟工具。

DesignBuilder 是专门针对 EnergyPlus 开发的用户图形界面软件，包括了所有 EnergyPlus 的建筑构造和照明系统数据输入部分，也移植了所有的材质数据库，包括建筑和结构材料、照明单元、窗户和加气玻璃、窗帘遮阳等。DesignBuilder 是第一个针对 EnergyPlus 建筑能耗动态模拟引擎开发的综合用户图形界面模拟软件。

EnergyPlus 是基于动态负荷理论，采用反应系数法对包括建筑物及其相关的供热通风和空调系统设备能耗情况进行模拟分析的一款大型能耗分析计算软件。输入建筑的地理位置，相关的气象资料，建筑材料及围护结构的基本信息，内部使用情况（包括人员、照明、设备和空气流通的情况），供热通风及空调系统形式，运行状况以及冷热源的选择情况等信息，EnergyPlus便可模拟计算出建筑物的全年建筑能耗。EnergyPlus程序所采用的负荷计算方法是房间热平衡法，基本假设为房间空气的温度是均衡一致的，采用墙体导热传递函数（Conduction Transfer Functions，CTFs）模拟墙体、屋顶、地板等的瞬态传热，采用基于人体活动量、室内温湿度等参数的热舒适模型模拟热舒适度，采用各向异性的天空模型以改进倾斜表面的天空散射强度。

2006年6月，DesignBuilderV1.2.0（内置计算引擎EnergyPlusV1.3.0）通过了ANSI/ASHRAE Standard 140-2004的围护结构热性能和建筑能耗测试。ANSI/ASHRAE Standard 140-2004采用特定的测试程序对用于建筑热和能耗环境模拟的软件的适用范围，模拟能力和建筑环境控制系统进行了评测。评测认定DesignBuilderV1.2.0适用于大量建筑类型的热环境和能耗模拟，对比显示DesignBuilder的模拟结果与EnergyPlus单独运行的结果吻合。在本论文中选用2010年刚刚推出的最新版本DesignBuilderV2.2.4.001，内置计算引擎EnergyPlusV4.0。

DesignBuilder各模块的主要特点有：

（1）软件界面

易用的OpenGL三维固体建模器，建筑模型可以在三维界面上通过定位、拉伸、块切割等命令来组装。仿真的三维视图可以表现出模型单元实际厚度，房间面积体积，对模型的几何形状没有限制。建筑几何模型可以由CAD模型导入，然后通过DesignBuilder创建块和隔断，划分区域。用户通过数据模版可以导入一般的建筑结构参数。人员活动、HVAC和照明系统的设置可以通过下拉菜单来选择，用户也可以根据自己的模型特点创建特定的数据模版。模型整体的设置，可以作全局改动，也可以在特定的区域或面上改动细节，使模型内部的设置更符合实际需要。模型编辑界面与环境参数之间的切换方便，不需要任何外部工具，就可以查看所有设置参数的详情。气象资料中内置最新的ASHRAE全球逐时气象资料可供选择。

（2）模拟能力

建筑环境模拟结果的显示和后处理分析并无需导入任何外部工具，整个的模拟过程和结果的显示分析由软件自动完成。整合的HVAC系统描述提供了一个详细分析普通的制冷和供热系统的简单方法。

（3）模拟结果后处理

综合的模拟结果，包括当地气象资料可以显示为年、月、日、小时，甚至小于每小时的时间步长。生成的IDF文件可以导入其他模拟工具，模拟DesignBuilder没有提供的函数，也可以自由选择不同的EnergyPlus模拟器，包括DOE-2、DLL动态链接库或其他任何可用的DOE程序。

3 用DeST分析建筑间歇供暖热负荷

供暖系统的热负荷是指在某一室外温度下，为了达到要求的室内温度，供暖系统在单位时间内向建筑物供给的热量，它随着建筑物得失热量的变化而变化。供暖系统的设计热负荷，是指在室外设计温度下，为达到要求的室内温度，供暖系统在单位时间内向建筑物供给的热量，它是设计供暖系统的最基本依据。对于一般的民用建筑（如民用住宅建筑、办公楼等），失热量主要有围护结构传热量、冷风渗透耗热量和冷风侵入耗热量，得热量主要有太阳辐射进入室内的热量。本章采用动态分析软件 DeST-h 和 DeST-c 分别研究居住和办公建筑间歇供暖负荷变化情况，在此主要考虑围护结构（外墙、屋顶和窗）和通风换气对间歇供暖负荷的影响。

3.1 建立模型

3.1.1 居住建筑模型建立

3.1.1.1 模拟建筑介绍

根据《严寒和寒冷地区居住建筑节能设计标准》JGJ 26 要求，建筑物朝向宜采用南北向或接近南北向，主要房间宜避开冬季主导风向。建筑物体形系数宜控制在 0.3 及 0.3 以下；若体形系数大于 0.3，则屋顶和外墙应加强保温，其传热系数应满足相应的规定。窗（包括阳台门上部透明部分）面积不宜过大，并且所选窗户类型要满足气密性要求。不同朝向的窗墙面积比不应超过表 3-1 规定的数值。

表 3-1 不同朝向的窗墙面积比

朝向	窗墙面积比	朝向	窗墙面积比
北	0.25	南	0.35
东、西	0.30		

为了分析围护结构、通风等因素对间歇供暖负荷的影响，现以某住宅建筑为计算研究对象。该住宅楼共 6 层，每层 6 户，层高 3m，体形系数为 0.284m^{-1}。户型为三室一厅，建筑面积 104.04m^2，总建筑面积 4102m^2。建筑的立面外围护结构如表 3-2 所示，均符合上述规范的相关要求。

表 3-2 模拟住宅建筑立面外围护结构

朝　　向	外墙（m^2）	外门（m^2）	外窗（m^2）	窗墙比
东	280.80	0.00	10.80	0.04
南	826.20	0.00	286.20	0.26
西	280.80	0.00	10.80	0.04
北	833.76	11.34	267.30	0.24

该模拟住宅建筑的平面图如图 3-1 所示，立面图和单层的结构示意图如图 3-2 所示。

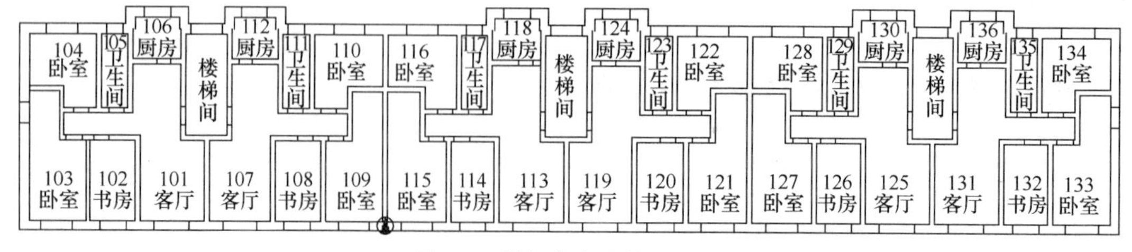

图 3-1 模拟住宅建筑平面图

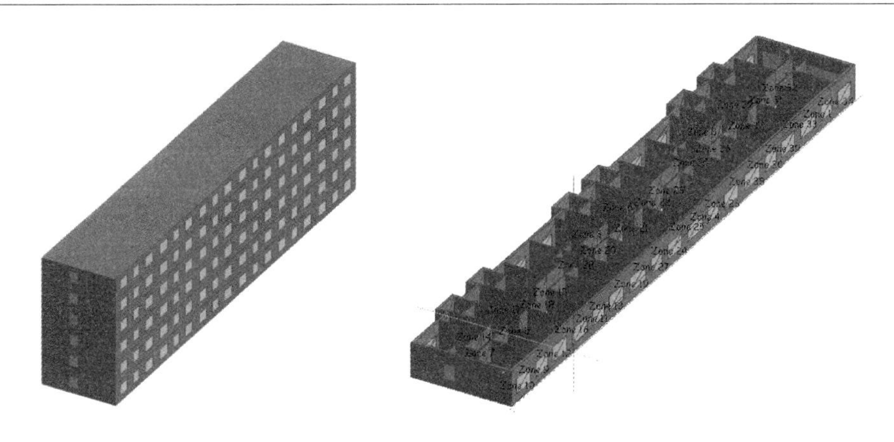

图 3-2 模拟住宅建筑立面图和单层结构示意图

3.1.1.2 模拟参数设置

冬季供暖室内热环境设计指标除楼梯间外，客厅、书房、卧室室内设计温度为 18℃，厨房、卫生间室内设计温度为 16℃。卧室最多人数为 2 人，客厅最多人数为 3 人，每人发热量为 53W。卧室和客厅照明最大功率为 5W/m²。客厅设备的总最大热功率为 90W，卧室设备的总最大热功率为 60W。所有参数每天的逐时变化值全部根据普通居民的实际生活规律来确定。

3.1.1.3 围护结构参数设置

所选围护结构满足《民用建筑热工设计规范》GB 50176-93 和《夏热冬冷地区居住建筑节能设计标准》JGJ 134-2010 的要求。为了分析不同热惰性指标围护结构对冬季间歇供暖负荷的影响，在此选择以下几种类型围护结构进行模拟计算。根据地区的不同选择不同的围护结构，具体参数见表 3-3 和表 3-4。

表 3-3 夏热冬冷地区和寒冷地区模拟住宅建筑围护结构参数

围护结构类型	围护结构名称	围护结构材料	传热系数 [W/(m²·K)]	热惰性指标 D
类型Ⅰ	外墙	240 砖墙＋加气混凝土保温	0.54	7.66
	屋顶	憎水珍珠岩保温	0.74	4.48
类型Ⅱ	外墙	240 砖墙＋水泥膨胀珍珠岩保温	0.78	4.79
	屋顶	憎水珍珠岩保温	0.74	4.48
类型Ⅲ	外墙	钢筋混凝土＋EPS 板保温	0.84	2.89
	屋顶	EPS 板保温	0.67	3.61
类型Ⅰ 类型Ⅱ 类型Ⅲ	内墙：40 砖墙；楼地：40mm 混凝土；楼板：钢筋混凝土； 外窗：标准外窗（传热系数根据窗墙比确定）； 外门：单层木质外门；内门：单层木质内门			

表 3-4　严寒地区模拟住宅建筑围护结构参数

围护结构类型	围护结构名称	围护结构材料	传热系数［W/（m²·K）］	热惰性指标 D
类型Ⅰ	外墙	250 加气混凝土保温	0.43	6.07
	屋顶	憎水珍珠岩保温	0.50	6.51
类型Ⅱ	外墙	240 砖墙＋水泥膨胀珍珠岩保温	0.45	4.41
	屋顶	憎水珍珠岩保温	0.52	5.92
类型Ⅲ	外墙	钢筋混凝土＋EPS 板保温	0.48	3.12
	屋顶	EPS 板保温	0.46	3.14
类型Ⅰ 类型Ⅱ 类型Ⅲ	内墙：200mm 混凝土；楼地：40mm 混凝土； 楼板：钢筋混凝土；外窗：双层玻璃窗 K=2.5 W/（m²·K）； 外门：双层木质外门；内门：单层木质内门			

3.1.1.4　间歇运行模式确定

根据普通住宅建筑中居民的生活习惯和实际作息规律，现在确定分析四种供暖模式（包括三种间歇运行模式）的供暖热负荷及室内温度情况，运行模式如图 3-3 所示。

a）连续运行；

b）每天 7：00～17：00 停暖，其他时间供暖；

c）每天 0：00～4：00，7：00～17：00 停暖，其他时间供暖；

d）每天 0：00～4：00，7：00～11：00，13：00～17：00 停暖，其他时间供暖。

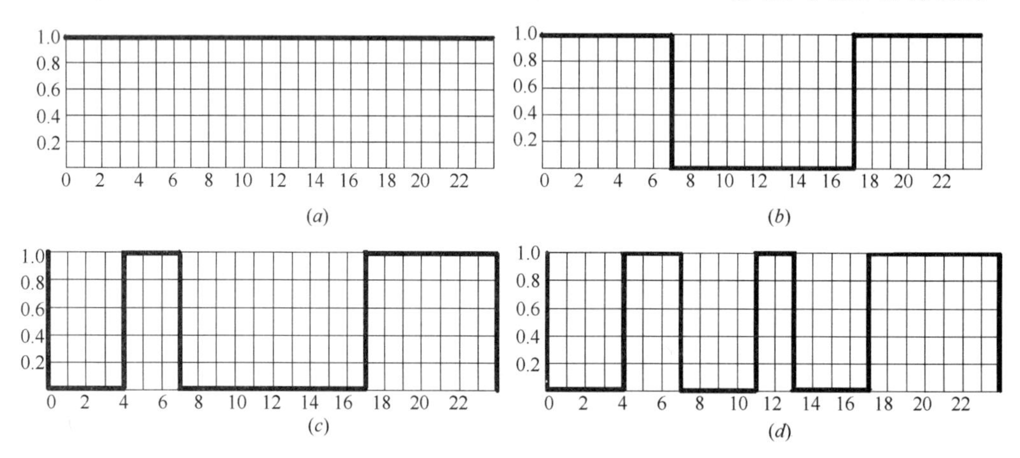

图 3-3　住宅建筑四种供暖模式运行示意图

（*a*）模式一；（*b*）模式二；（*c*）模式三；（*d*）模式四

注：其中 1.0——代表供暖，0——代表停暖

3.1.2　办公建筑模型建立

3.1.2.1　模拟建筑介绍

为了分析围护结构对办公建筑间歇供暖负荷的影响，现以某办公楼为计算对象，该办公楼共 5 层，层高 3.6m，总建筑面积 2645m²。该办公建筑中的房间类型有办公室、活动室、走廊和卫生间。模拟办公楼平面图如图 3-4 所示，立面外围护结构见表 3-5 及图 3-5。

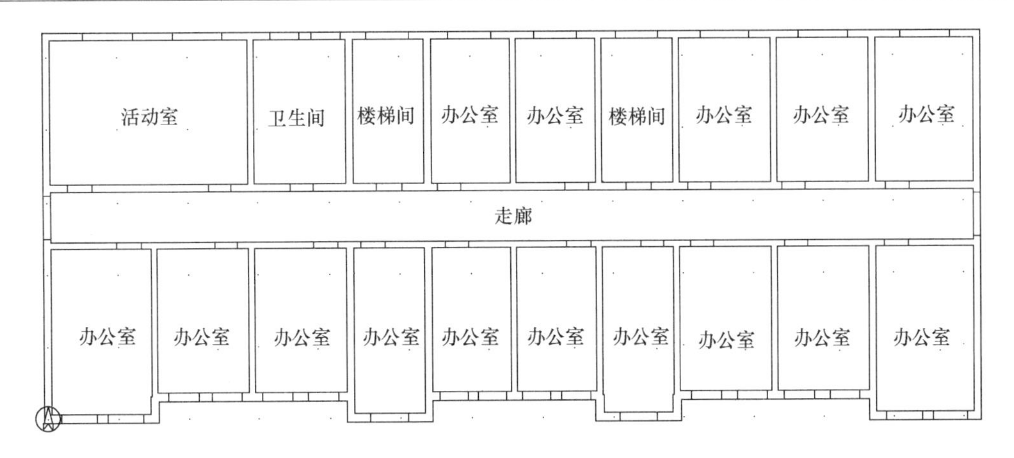

图 3-4　模拟办公楼平面示意图

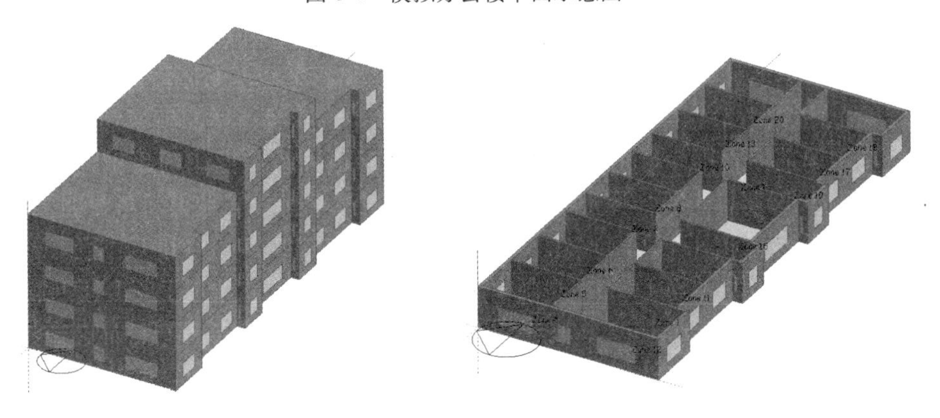

图 3-5　模拟办公建筑立面图和底层结构图

表 3-5　模拟办公建筑立面外围护结构

朝　向	外墙（m²）	外门（m²）	外窗（m²）	窗墙比
东	309.12	0.00	19.20	0.06
南	403.74	14.58	201.60	0.33
西	313.92	0.00	14.40	0.04
北	453.96	5.76	160.20	0.26
建筑体形系数（m^{-1}）：0.263				

根据《公共建筑节能设计标准》GB 50189-2005 建筑总平面的布置和设计，宜利用冬季日照并避开冬季主导风向，利用夏季自然通风。严寒、寒冷地区建筑的体形系数应小于或等于 0.40。建筑每个朝向的窗（包括透明幕墙）墙面积比均不应大于 0.70。当窗（包括透明幕墙）墙面积比小于 0.40 时，玻璃（或其他透明材料）的可见光透射比不应小于 0.4。当不能满足规定时，必须按标准规定进行权衡判断。在此选用的模拟办公建筑各项参数均符合相关标准的规定。

3.1.2.2　模拟参数设置

办公室的室内设计温度 20℃，活动室的室内设计温度 18℃，走廊和卫生间的室内设计温度 16℃；普通办公室和会议室照明功率密度值为 11W/m²，走廊为 5W/m²；普通办公室人均占有的使用面积为 4m^2/人，会议室为 2.5m^2/人，走廊为 50m^2/人，其他为 20m^2/人；对于房间内的电器设备，普通办公室为 20W/m^2，会议室为 5W/m^2，走廊没有。工作日的照明开关时间表、房间人员逐时在室率和电器设备逐时使用率见表 3-6，对于节假日这三项的逐时值均为零。

表 3-6　工作日照明、人员和电器设备使用率

照明开关时间表（%）												
时间	1	2	3	4	5	6	7	8	9	10	11	12
使用率	0	0	0	0	0	0	10	50	95	95	95	80
时间	13	14	15	16	17	18	19	20	21	22	23	24
使用率	80	95	95	95	95	30	30	0	0	0	0	0
房间人员逐时在室率（%）												
时间	1	2	3	4	5	6	7	8	9	10	11	12
在室率	0	0	0	0	0	0	10	50	95	95	95	80
时间	13	14	15	16	17	18	19	20	21	22	23	24
在室率	80	95	95	95	95	30	30	0	0	0	0	0
电器设备逐时使用率（%）												
时间	1	2	3	4	5	6	7	8	9	10	11	12
使用率	0	0	0	0	0	0	10	50	95	95	95	50
时间	13	14	15	16	17	18	19	20	21	22	23	24
使用率	50	95	95	95	95	30	30	0	0	0	0	0

3.1.2.3　围护结构参数设置

《公共建筑节能设计标准》GB 50189-2005 中要求，由于围护结构中窗过梁、圈梁、钢筋混凝土抗震柱、钢筋混凝土剪力墙、梁、柱等部位的传热系数远大于主体部位的传热系数，形成热流密集通道，即为热桥。为了防止冬季采暖期间热桥内外表面温差小，内表面温度容易低于室内空气露点温度，造成围护结构热桥部位内表面产生结露，同时也避免夏季空调期间这些部位传热过大增加空调能耗，内表面结露造成围护结构内表面材料受潮，影响室内环境，应采取保温措施，减少围护结构热桥部位的传热损失。对于体形系数⩽0.3 的建筑，根据地区的不同对外墙的传热系数要求也不相同，夏热冬冷地区的传热系数⩽1.0W/(m^2·K)，寒冷地区⩽0.6W/(m^2·K)，严寒 A 区⩽0.45W/(m^2·K)，严寒 B 区⩽0.5W/(m^2·K)；对于屋面传热系数，夏热冬冷地区⩽0.7W/(m^2·K)，寒冷地区⩽0.55W/m^2·K，严寒 A 区⩽0.35W/(m^2·K)，严寒 B 区⩽0.45W/(m^2·K)。

为了分析不同热惰性指标围护结构对冬季间歇供暖负荷的影响，在此选择以下三种类型围护结构进行模拟计算，根据地区的不同选择不同类型的围护结构，在这里所指的不同围护结构类型主要是指外墙和屋面，窗户的影响将单独研究，具体参数如表 3-7 和表 3-8 所示。在此选用的围护结构，外墙、屋面、窗户及地面等结构的热工参数均符合新节能标准设计中的要求，并且全部采取保温措施。

表 3-7　夏热冬冷地区和寒冷地区办公建筑围护结构参数

围护结构类型	围护结构名称	围护结构材料	传热系数 [W/(m²·K)]		热惰性指标 D	
			夏热冬冷	寒冷	夏热冬冷	寒冷
类型Ⅰ	外墙	240 多孔砖墙＋加气混凝土保温	0.55	0.55	7.66	7.66
	屋顶	加气混凝土保温屋面	0.48	0.48	6.75	6.75
类型Ⅱ	外墙	240 砖墙＋水泥珍珠岩保温	0.70	0.56	4.02	4.22
	屋顶	珍珠岩保温屋面	0.66	0.54	4.19	4.39
类型Ⅲ	外墙	钢筋混凝土＋EPS 板保温	0.85	0.55	2.76	3.02
	屋顶	EPS 板保温	0.64	0.51	2.17	2.35
类型Ⅰ 类型Ⅱ 类型Ⅲ	内墙：40 砖墙；楼地：40mm 混凝土；楼板：钢筋混凝土； 外窗：标准外窗（传热系数根据窗墙比确定）； 外门：单层木质外门；内门：单层木质内门					

表 3-8　严寒地区模拟住宅建筑围护结构参数

围护结构类型	围护结构名称	围护结构材料	传热系数 [W/(m²·K)]	热惰性指标 D
类型Ⅰ	外墙	240 多孔砖墙＋加气混凝土保温	0.43	7.16
	屋顶	加气混凝土保温屋面	0.35	7.57
类型Ⅱ	外墙	240 砖墙＋水泥珍珠岩保温	0.44	4.57
	屋顶	珍珠岩保温屋面	0.34	4.15
类型Ⅲ	外墙	钢筋混凝土＋EPS 板保温	0.45	3.20
	屋顶	EPS 板保温	0.35	2.98
类型Ⅰ 类型Ⅱ 类型Ⅲ	内墙：200mm 混凝土；楼地：40mm 混凝土； 楼板：钢筋混凝土；外窗：双层玻璃窗 K=2.5W/（m²·K）； 外门：双层木质外门；内门：单层木质内门			

3.1.2.4　间歇运行模式确定

根据办公建筑的使用情况，现确定以下两种供暖模式，具体运行模式如下图 3-6 所示：

a）连续运行；

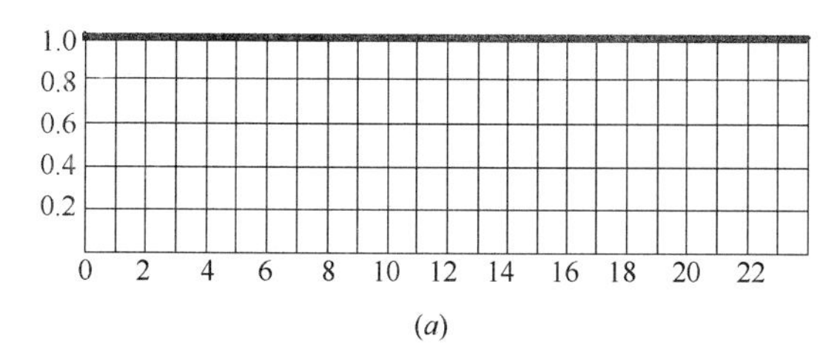

(*a*)

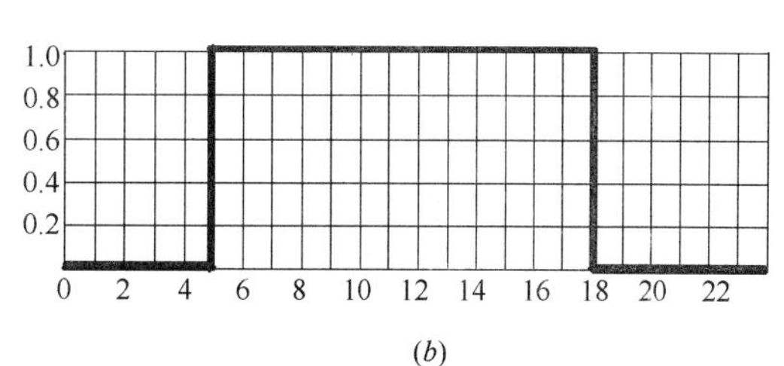

(*b*)

图 3-6　办公建筑运行模式示意图

（*a*）模式一；（*b*）模式二

b）每天 7：00～18：00 供暖，其他时间停暖。

3.2 围护结构对建筑间歇供暖负荷的影响

围护结构是指建筑及房间各面的围挡物，它分透明和不透明两部分：不透明围护结构有墙、屋顶和楼板等；透明围护结构有窗户、天窗和阳台门等。按是否同室外空气接触，又可分为外围护结构和内围护结构。外围护结构是指同室外空气直接接触的围护结构，如外墙、屋顶、外门和外窗等；内围护结构是指不同室外空气直接接触的维护结构，如隔墙、楼板、内门和内窗等。由于外墙和窗户在负荷计算中占的比重较大，在此只分析这两种因素的影响。

就建筑热过程而言，白天外围护结构受到太阳辐射被加热升温，向室内传递热量，夜间围护结构散热，即存在围护结构内、外表面日夜交替变化方向传热，以及在自然通风条件下对围护结构双向温度波作用。冬季基本上是以通过外围护结构向室外传递热量为主的热过程。因此，不同气候地区进行建筑围护结构设计时所考虑的角度不同：夏热冬冷地区，既要保证夏季隔热，又要兼顾冬季保温；寒冷地区，既要保证冬季保温，又要兼顾夏季隔热。恰当地选择围护结构构造形式，来满足外围护结构节能要求和合理、经济的隔热效果。

3.2.1 外墙和屋面对居住建筑间歇供暖负荷的影响

在此采用动态模拟分析软件 DeST-h 进行模拟，计算该住宅建筑选用不同类型围护结构时在 3.1.1.4 中所述四种运行模式下冬季供暖热负荷和室内温度的特点和变化情况。为了对比分析严寒地区、寒冷地区和夏热冬冷地区的总体状况及不同城市供暖负荷的差别，现根据地理位置及气候分区特点选取哈尔滨、北京、上海、合肥、长沙、武汉和成都七个典型城市进行计算。

目前，我国现行的暖通规范采用了不保证天数的方法确定各城市的供暖室外计算温度值。规范规定："供暖室外计算温度，应采用历年平均不保证 5 天的日平均温度"。通过 DeST-h 的模拟计算，获得大量的模拟数据，在此选取各地区最冷月的相关数据进行分析。根据 DeST-h 给出的典型气象年中的相关气象参数，以冬季供暖室外计算温度为参考确定供暖热负荷数据分析的典型日，最后分析典型日的热负荷波动情况和室内热环境，研究间歇供暖时热负荷的一些特点。每个典型城市模拟计算所确定的 12 种运行模式的供暖热负荷情况。

3.2.1.1 建筑的平均热负荷指标

通过 7 个典型城市选用不同围护结构的模拟计算，现将该建筑的平均热负荷统计如下，见表 3-9。

表 3-9 四种运行模式下的平均热负荷指标 （W/m²）

围护结构类型	运行模式	上海	合肥	长沙	武汉	成都	北京	哈尔滨
围护结构类型Ⅰ	模式一	18.79	24.71	22.36	19.53	20.21	35.02	49.06
	模式二	20.76	27.08	20.42	21.67	21.28	39.52	69.99
	模式三	27.73	29.22	27.26	28.96	28.42	52.74	94.26
	模式四	24.16	31.52	23.91	25.27	24.90	45.63	81.37

续表 3-9

围护结构类型	运行模式	上海	合肥	长沙	武汉	成都	北京	哈尔滨
围护结构类型Ⅱ	模式一	21.80	31.72	23.98	23.48	23.34	40.78	50.28
	模式二	26.07	42.25	25.76	26.96	25.45	46.59	71.27
	模式三	34.63	36.97	30.95	35.83	33.88	61.85	95.93
	模式四	30.34	23.34	27.96	31.43	29.76	54.48	82.89
围护结构类型Ⅲ	模式一	21.08	27.48	23.08	22.14	22.57	38.73	50.29
	模式二	24.42	30.83	24.02	25.28	24.86	43.83	71.15
	模式三	32.50	41.05	31.96	29.69	33.08	58.29	95.67
	模式四	28.43	35.92	28.11	29.50	29.08	51.34	82.73

从表 3-9 可以看出，住宅建筑在围护结构满足建筑节能标准中热工要求前提下，对于同一种间歇运行模式来说，大部分城市的间歇热负荷百分数附加率随着热惰性指标 D 的减小而增大，但是有些城市在模式三下围护结构类型Ⅱ却比围护结构类型Ⅲ的热负荷附加率大，这主要是因为热负荷还与围护结构蓄热性有关。可见，围护结构的传热性能、蓄热性能和间歇运行模式对间歇供暖的热负荷都是有影响的，而不是由其中某一种因素单独决定的。

在某一种确定的围护结构类型下，模式二、模式四、模式三附加率依次增加，并没有出现随着间歇次数的增加热负荷修正百分数也在增大的情况，这主要是因为间歇运行时，刚开始供暖的几个小时内，为了达到室内设计温度，向房间内供给的热量不仅要维持热平衡所需热量还需要提供建筑物围护结构等相关物体所蓄存的热量。模式三和模式四的附加率都比模式二大，由于模式二只有一个间歇时间段，然后很快达到稳定，平均热负荷就相对较小；而模式三和模式四由于间歇时间段多，刚开始供暖的热负荷要相对平均值大，导致整体的附加率较大。模式四的间歇时间段虽然比模式三多，但由于其中午供暖时太阳辐射量大，室外温度较高，所需补充的热量相对较少，所以模式四的附加率反而比模式三的要小。

各个城市的室外气象参数及太阳辐射量等外界因素不同，不同城市在各间歇运行模式下的热负荷百分数附加率也不同，具体如表 3-10 所示。

表 3-10　间歇运行模式下热负荷附加率　（%）

围护结构类型	运行模式	上海	合肥	长沙	武汉	成都	北京	哈尔滨
围护结构类型Ⅰ	模式二	10	10	1	11	5	13	43
	模式三	48	18	34	48	41	51	92
	模式四	29	28	17	29	23	30	66
围护结构类型Ⅱ	模式二	20	9	3	15	9	14	42
	模式三	59	45	37	53	45	52	91
	模式四	39	27	21	34	28	34	65
围护结构类型Ⅲ	模式二	16	12	4	14	10	13	41
	模式三	54	49	38	34	47	51	90
	模式四	35	31	22	33	29	33	65

从表 3-10 可以看出，模式三的附加率偏大，有些城市甚至达到 50%以上，这将大大增加设备容量及管网的投资费用，不推荐使用，这主要是因为晚间间歇供暖时所需要补充的热量较大。对于严寒地区来说，以哈尔滨地区为例最低的附加率都达到 41%。对于寒冷地区来说，以北京为例在模式二的运行情况下，附加率为 14%，在模式四运行模式下为 32%左右，都属于工程设计中可以接受的范围，具体设计时可以根据实际情况在此范围内选用。对于夏热冬冷地区来说，由于其各个城市的气象条件不同，修正率相差较大。当采用模式二时平均附加率为 2%～15%，采用模式四时附加率为 20%～35%。

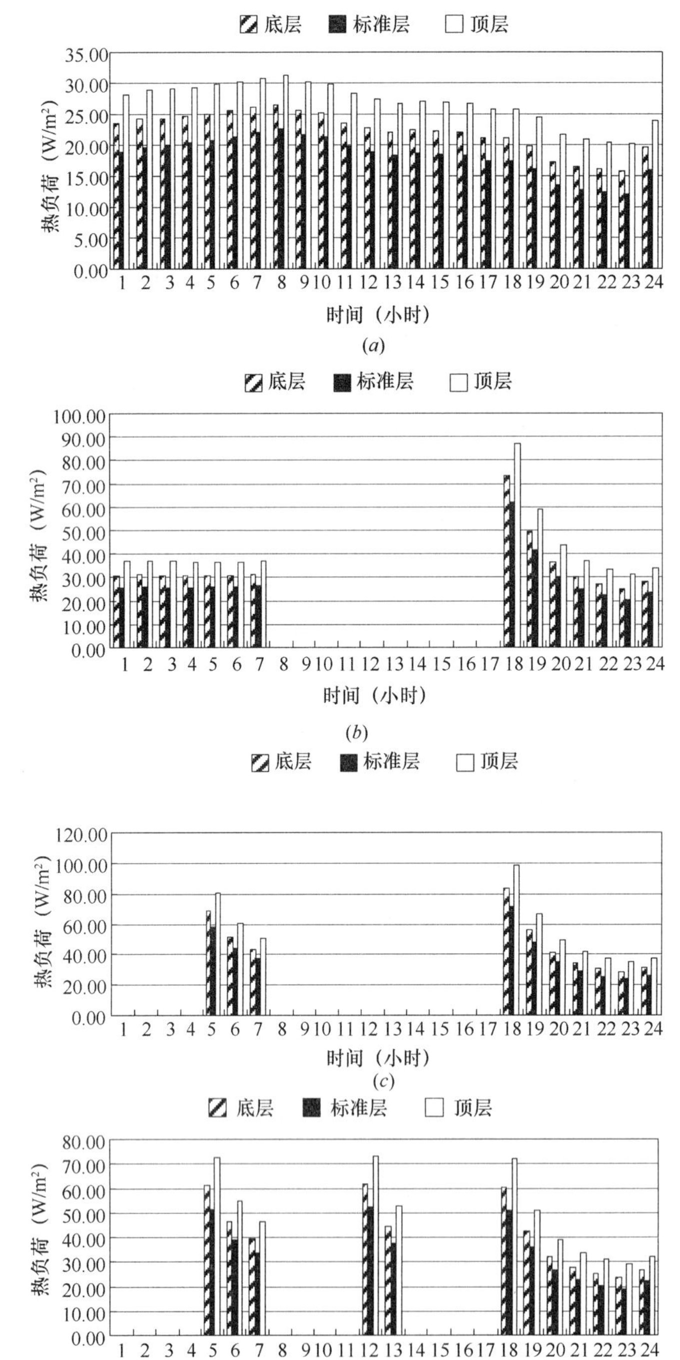

图 3-7　四种运行模式下的热负荷波动情况

(a) 模式一；(b) 模式二；(c) 模式三；(d) 模式四

3.2.1.2　房间的热负荷及温度波动特点

为了分析间歇供暖室内舒适性情况及负荷的波动情况，由于计算工况繁多，现取上海地区为代表说明。以模拟住宅建筑中客厅为研究对象，位置见图 3-1 中客厅 107 房间所示。分析当采用围护结构Ⅲ时底层、标准层和顶层在各种间歇运行模式下典型日的热负荷需求情况及室温波动情况。

通过 DeST 中的数据统计，取典型日 1 月 8 日的相关数据进行分析。连续模式和间歇运行模式下的供暖热负荷波动情况如图 3-7 所示。

从图 3-7 可以看出，顶层、标准层和中间层房间间歇运行时的平均热负荷高于连续采暖时所需的平均热负荷，尤其是间歇运行刚开始供暖时其热负荷更大，约 3 小时之后间歇供暖的逐时热负荷与连续供暖热负荷接近。这主要是因为间歇运行模式下，刚开始供暖不仅要提供室内设计温度下所需的热量，而且围护结构及室内的物品等还都要蓄存一部分热量，从而补充停暖期间所损失的热量。随着供暖时间的增加，所需热负荷也逐渐减少，直至达到新的平衡，也就是接近连续供暖时的情况。在图 *a*）中逐时热负荷整体波动不大，只是白天稍有波动，因为房间白天吸收了太阳辐射能，中午达到最大值，此时所需热负荷也降低。从图 *b*）、*c*）、*d*）中可以看出，由于间歇次数的增加，每次刚开始供暖时热负荷很大，导致模式三和模式四的平均热负荷比模式二的大。对比模式三和模式四，虽然模式四的间歇次数比模式三多，但其平均热负荷却比较低，这主要是因为模式四在中午的两小时运行为房间提供了一定热量，当晚间供热时起始负荷就不需要模式三那么大。可见间歇供暖热负荷不仅跟间歇次数有关，还跟间歇运行时间段有关。

除此之外还可以看出，无论在哪种运行模式下，标准层房间的供暖热负荷最小，底层次之，顶层最大。这是因为顶层房间有屋顶所造成的耗热量，底层有与地面接触所造成的耗热量。以底层房间为基准，标准层房间的逐时热负荷比底层房间的小 15%～23%，顶层房间的逐时热负荷比底层房间的大 15%～24%。考虑到运行模式不同，间歇模式标准层房间热负荷减小比率比连续模式的大 1%～3%，顶层房间热负荷增加比率比连续模式大约 3%。

现分别取底层、标准层和顶层房间为例说明温度的波动情况，房间位置如图 3-1 中客厅 107 房间所示。典型日四种运行模式下底层、标准层和顶层房间的逐时温度波动如图 3-8 所示。

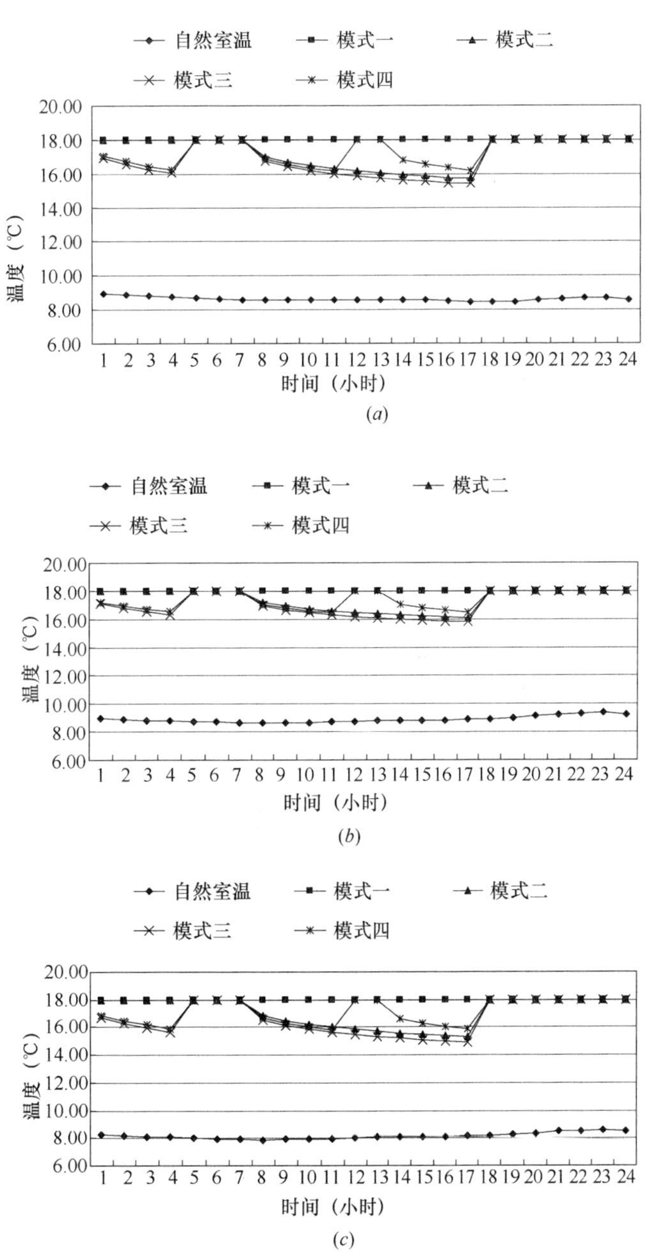

图 3-8　典型日四种运行模式下房间的室温波动情况

(*a*) 底层房间；(*b*) 标准层房间；(*c*) 顶层房间

自然室温指当建筑物没有

采暖空调系统时，在室外气象条件和室内各种发热量的联合作用下所导致的室内空气温度。它全面反映了建筑本身的性能和各种被动性扰动（室外气象参数、室内发热量）对建筑的影响。从图 3-8 可以看出，底层房间、标准层房间和顶层房间自然室温都维持在 8℃左右，标准层的自然室温最高，底层次之，顶层温度最低，相差不超过 1℃，但都不满足人体舒适性要求，会产生冷感。在连续供暖运行模式下，室温维持在 18℃，但当室内无人时仍然继续供暖势必造成能源的浪费。

除此之外，可以看出典型日间歇运行模式下室内的温度波动情况，当停暖时室内温度逐渐下降，刚开始时温度降低比较快，随着时间的推移，温度降低变的缓慢。这是因为刚开始停暖时，室内温度及围护结构的温度与室外温度相差较大，热损失也大，随着时间的推移，温差越来越小，单位时间的热损失也逐渐减小。无论在哪一种间歇运行模式下，各类型房间的温度都维持在 14℃以上，不会使人产生冷感，可见这些间歇模式在没有特殊要求的情况下都能满足人们的要求。温度降低最快的是顶层房间，达到最低值时比底层和标准层低约 1℃。

如图 3-9 所示是间歇模式下底层、标准层和顶层房间典型日温度对比图。

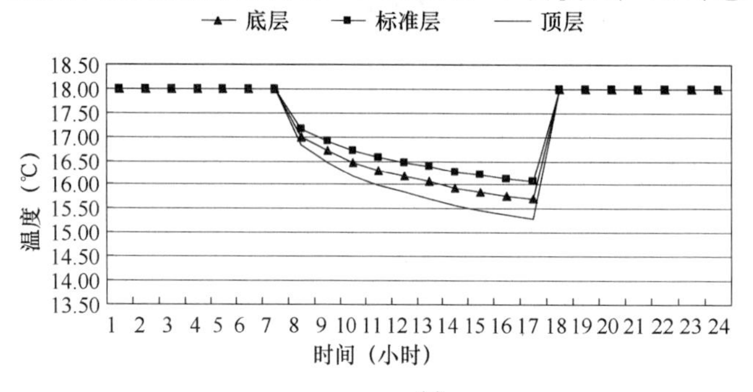

(*a*)

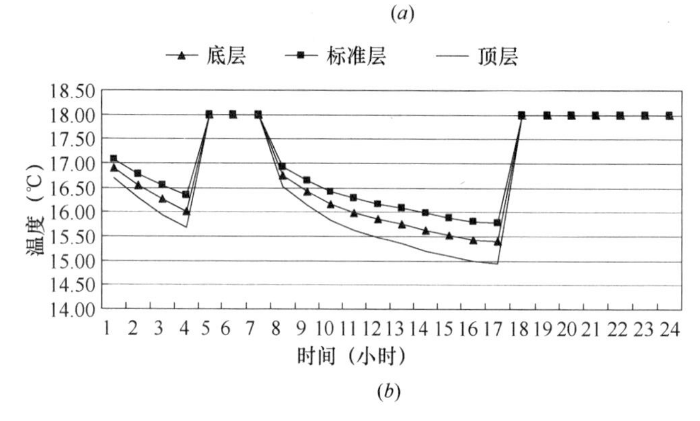

(*b*)

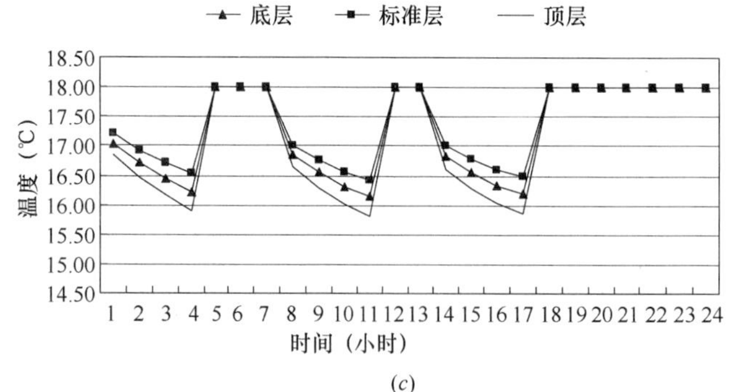

(*c*)

图 3-9 间歇运行模式下底层、标准层和顶层温度对比图
(*a*) 模式二；(*b*) 模式三；(*c*) 模式四

从图 3-9 中可以看出无论是哪种间歇模式顶层房间的温度降低最快，降低的值也最多，其次是底层房间，降低最慢的是标准层房间，这也和前面对负荷的分析相对应。这主要是与房间的外围护结构的多少有关，其中标准层房间与外界的接触面积最少，温度相对也最高。但各个类型房间的逐时温差并不是很大，最大时约为 0.8℃。

3.2.1.3 不同朝向房间的负荷差异

朝向不同的房间其供暖热负荷也是不同的，这是考虑了建筑受太阳照射影响。当太阳照射建筑物时，阳光直接透过玻璃窗，使室内得到热量。同时由于受阳面的围护结构较干燥，外表面和附近气温升高，围护结构向外传递热量减少。朝向不同所导致的供暖热负荷不同，应该综合考虑当地的冬季日照率、建筑物使用和被遮挡等情况。

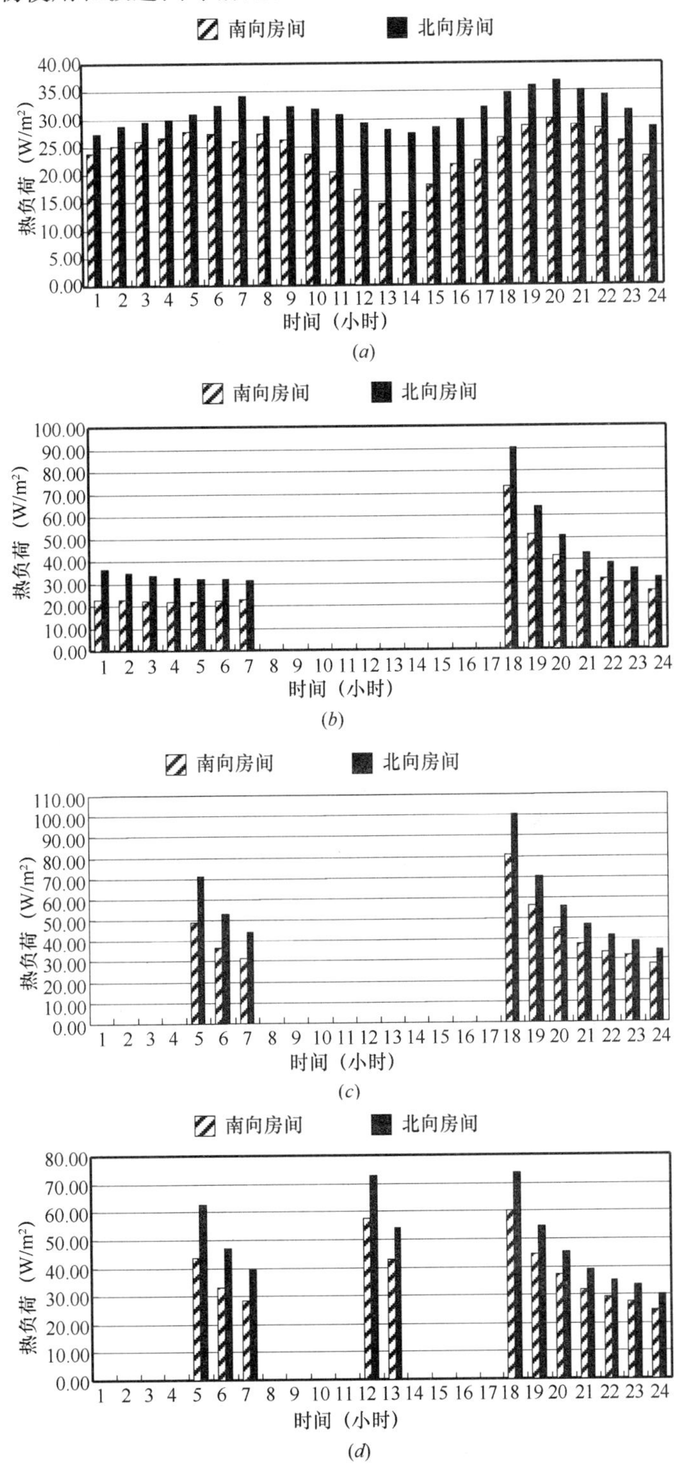

图 3-10　南向和北向房间典型日逐时热负荷

(a) 模式一；(b) 模式二；(c) 模式三；(d) 模式四

现以底层房间为例，分析南向房间和北向房间在间歇运行时供暖热负荷的差异。图3-10所示为南向房间109和北向房间110典型日逐时热负荷情况，房间109和110的位置见图3-1中。

从图3-10中可以看出，北向房间的热负荷约比南向房间的热负荷多约20%。从图*a*）中看出，南向房间受白天太阳辐射的影响大于北向房间，尤其是11：00～15：00，此时南向房间的逐时热负荷有明显的降低。从图*b*）、*c*）和*d*）可以看出，当停暖后开始再次供暖时，南面房间的热负荷变化相对比北面房间要平缓，这主要是由于受太阳辐射的影响。

由于底层、标准层和顶层的热负荷本身不同，各层房间在不同运行模式下南北向房间的负荷相差百分比见表3-11。

表3-11　南向和北向房间负荷相差百分比　（%）

	底层	标准层	顶层		底层	标准层	顶层
模式一	20.3	45.9	35.7	模式三	22.7	44.0	34.3
模式二	25.8	48.9	37.6	模式四	21.3	43.8	34.4

从表3-11可以看出，间歇供暖对南北向房间的热负荷的差异也有影响。当采用模式二时，间歇供暖的热负荷应在连续供暖热负荷朝向修正的基础上再附加3%～6%，模式三和模式四基本上没什么变化。这是因为当停暖后，南向房间的热负荷损失比北向的小，开始供暖需要补充的也相对较小。

现取底层、标准层和顶层南北向房间的温度进行分析，典型日的温度情况如图3-11～图3-13所示。

从图3-11～图3-13可以明显地看出，底层、标准层和顶层北向房间的温度都比南向房间的温度波动大，间歇段越多温度降低所达到的最小值越低。南向房间停暖时温度维持在15℃以上，北向房间停暖时温度维持在14℃以上，温度最低时南向和北向房间的温差不超过2℃。当停暖期间，无论底层、标准层还是顶层，南向房间的温度降低比北向房间的温度降低小。这主要是因为南向房间在白天停暖时可以得到太阳辐射补充的热量，从而缓解了房间向室外的热损失。无论是南向房间还是北向房间在各种间歇运行模式下，当停暖期间顶层房间的温度最低，这与负荷的变化规律对应。

3.2.2　窗户对居住建筑间歇供暖负荷的影响

窗户是建筑不可缺少的重要组成部分，使采光和通风大为改善，又可使住宅有一定的敞开面积，扩大视野，但同时它也是建筑耗能的重要因素。随着建筑节能事业的逐步发展，我国相继制定和颁布了一系列的建筑节能方面的标准，在这些标准中，对建筑外窗都提出了明确的要求。不同热工分区的居住建筑节能设计标准对建筑外窗的热工性能有不同要求。

夏热冬冷地区居住建筑节能设计标准对住宅外窗提出了要求，原建设部于2001年发布的《夏热冬冷地区居住建筑节能设计标准》JGJ 134规定：外窗（包括阳台的透明部分）的面积不应过大。不同朝向、不同窗墙面积比的外窗，其传热系数需符合规定值，按规定条件计算出的每栋建筑的采暖年耗电量和空调年耗电量之和，不应超出该标准规定按采暖日数列出的采暖年耗电量和按空调度日数列出的空调年耗电量之和。

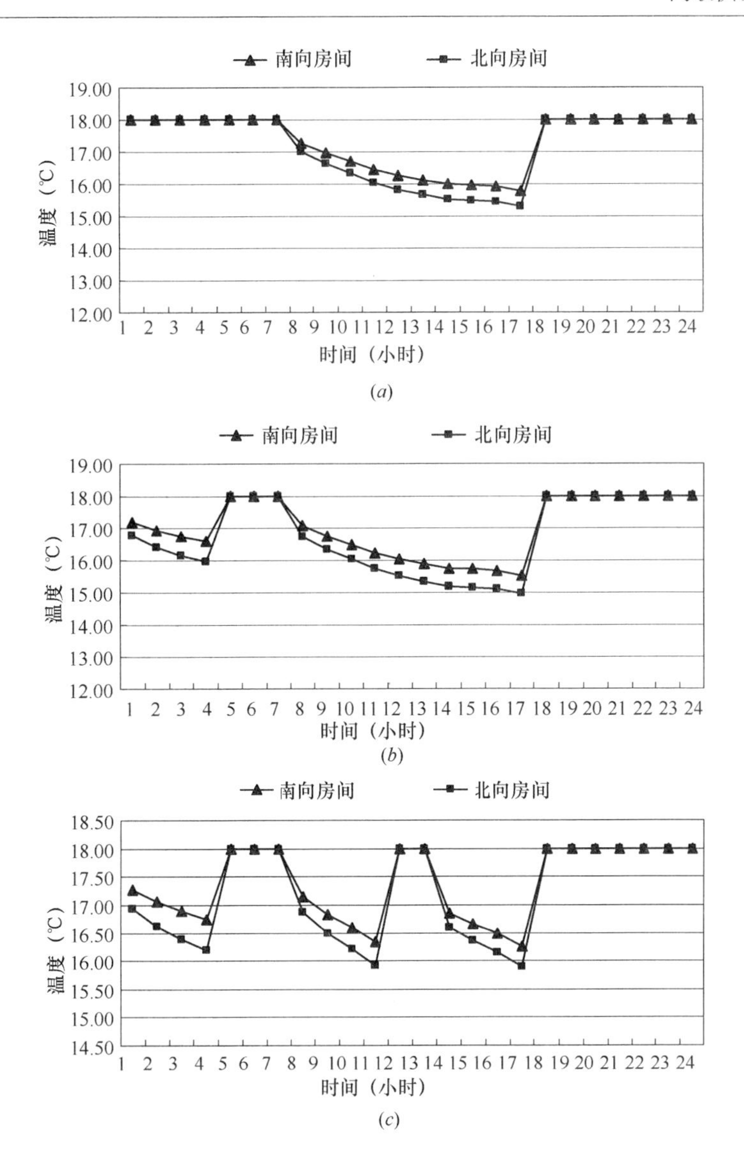

图 3-11　间歇供暖模式底层南北向房间的温度波动情况

（a）模式二；（b）模式三；（c）模式四

此外，该标准还提出多层住宅外窗宜采用平开窗；宜设置窗户外遮阳；建筑物 1～6 层外窗及阳台门的气密性等级不应低于国家标准的《建筑外窗空气渗透性能分级及其检测方法》GB 7107-2002 所规定的 3 级；7 层及 7 层以上的外窗及阳台门的气密性等级，不应该低于该标准规定的 4 级。

严寒地区和寒冷地区居住建筑节能设计标准也对住宅外窗提出了要求。严寒地区的建筑气候特征表现为：冬季漫长而寒冷，夏季短促而凉爽，冰冻期长，冬季日照丰富。寒冷地区的建筑气候特征表现为：冬季较长，寒冷干燥，夏季炎热湿润，降水相对集中，日照比较丰富。1995 年 12 月，建设部批准发布了《民用建筑节能设计标准（采暖居住建筑部分)》JGJ 26-95 其目标为在 1980～1981 年当地通用设计的基础上节能 50%。该标准规定：窗户（包括阳台门上部透明部分）面积不宜过大。不同朝向的窗墙面积比北向不应超

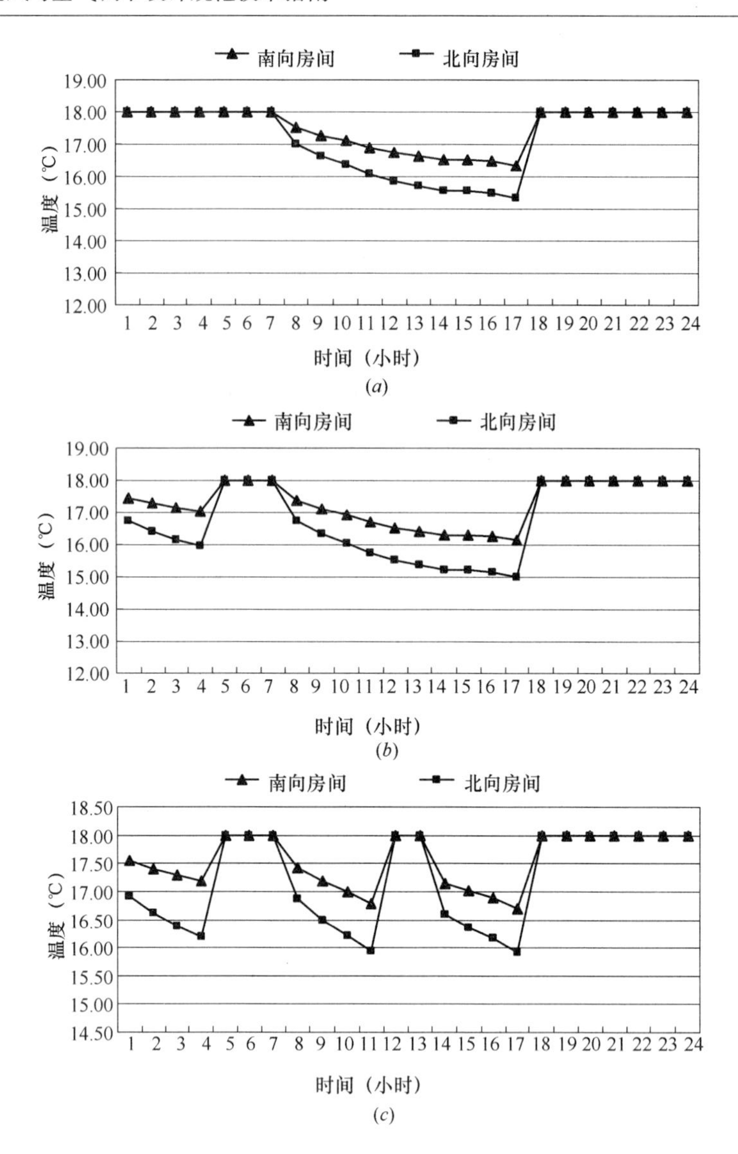

图 3-12　间歇供暖模式标准层南北向房间的温度波动情况

(a) 模式二；(b) 模式三；(c) 模式四

过 0.25。东、西向不应超过 0.30，南向不应超过 0.35。

目前，已有部分北方大城市开始执行建筑节能 65％的标准，如北京、天津等地，新的节能标准对建筑的窗墙面积比较过去的要求有所放宽，南向窗墙比可为 0.5，东南向可为 0.35，其他朝向可为 0.3，对窗的传热系数要求有所提高，新的标准中规定外窗的传热系数要达到 2.8W/(m^2·K)。

综上所述，由于气候的差异，不同热工分区的居住建筑节能设计标准，对住宅窗户的设计要求也是不同的。严寒地区、寒冷地区要求住宅窗户的保温性能好；夏热冬冷地区要求住宅窗不仅要有一定的保温性能，而且要有一定的隔热性能。

窗墙面积比是指窗户洞口面积与房间立面单元面积（即建筑层高与开间定位线围成的面积）的比值。确定窗墙面积比的基本原则是依据这一地区不同朝向墙面冬、夏日照情况

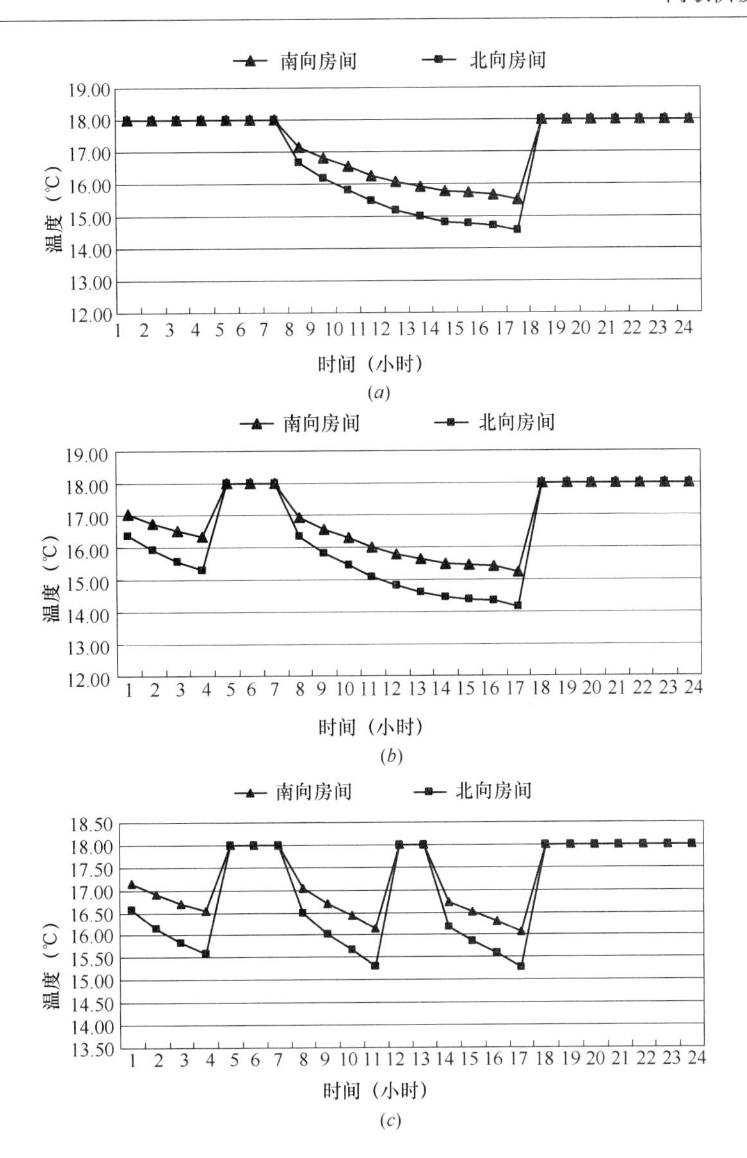

图 3-13　间歇供暖模式顶层南北向房间的温度波动情况

（*a*）模式二；（*b*）模式三；（*c*）模式四

（日照时间长短、太阳总辐射强度、阳光入射角大小），冬、夏季季风影响、室外空气温度、室内采光设计标准以及开窗面积与建筑能耗所占比率等因素来综合考虑。一般普通窗户（包括阳台门的透明部分）的保温隔热性能比外墙差得多，尤其是夏季白天通过窗户进入室内的太阳辐射热也比外墙多得多，窗墙面积比越大，则采暖和空调的能耗也越大。因此，从减少建筑能耗的角度出发，必须限制窗墙面积比，在一般情况下，应以满足室内采光要求作为窗墙面积比的确定原则，来规定窗墙面积比的数值，使它能基本满足较大进深房间的采光要求。

根据节能标准中对窗墙比的规定，在此对于寒冷地区的城市计算窗墙比为 0.2～0.35，间隔为 0.05 的四种情况；对于夏热冬冷地区的典型城市计算窗墙比为 0.2～0.5，间隔为 0.05 的六种情况。连续和间歇各运行模式下的供暖热负荷见表 3-12。

表 3-12 各种模式下不同窗墙比的热负荷 (W/m²)

城市	运行模式	窗墙比					
		0.2	0.25	0.3	0.35	0.45	0.5
北京	模式一	41.35	42.88	44.40	45.90	—	—
	模式二	46.50	46.54	46.59	47.65	—	—
	模式三	61.85	61.75	61.65	61.58	—	—
	模式四	54.02	53.98	53.96	53.95	—	—
上海	模式一	17.87	18.14	18.39	18.62	19.00	19.15
	模式二	22.27	22.37	22.49	22.63	22.98	23.19
	模式三	32.35	32.40	32.47	32.58	32.87	33.06
	模式四	28.27	28.34	28.44	28.56	28.86	29.06
武汉	模式一	21.91	22.22	22.52	22.81	23.37	23.64
	模式二	25.06	25.34	25.63	25.92	26.51	26.83
	模式三	33.44	33.73	34.02	34.33	34.95	35.27
	模式四	29.26	29.56	29.87	30.19	30.83	31.16
长沙	模式一	23.93	25.09	26.23	27.36	29.59	30.69
	模式二	26.63	28.06	29.49	30.92	33.79	34.24
	模式三	31.50	32.00	32.50	33.00	34.00	34.51
	模式四	27.67	28.16	28.65	29.14	30.13	30.63
合肥	模式一	26.59	27.52	28.44	29.35	31.14	32.02
	模式二	30.30	30.88	31.46	32.03	33.19	33.76
	模式三	40.42	41.10	41.78	42.44	43.77	44.43
	模式四	36.13	36.94	37.73	38.51	40.06	40.82
成都	模式一	21.40	22.57	23.73	24.88	27.14	28.26
	模式二	24.26	24.88	25.50	26.10	28.30	29.90
	模式三	32.35	33.10	33.84	34.57	36.00	36.72
	模式四	28.40	29.11	29.82	30.53	31.91	32.60

通过表 3-12 可以看出对于某一个城市，无论选用哪种间歇运行模式，当改变窗墙比时，各运行模式下的热负荷指标变化不大。通过对比分析，间歇运行不会对其供暖热负荷产生额外的附加或减少。现在以夏热冬冷地区典型城市上海为例，绘制各供暖模式下窗墙比变化对热负荷的影响规律，见图3-14。从图中可以看出各运行模式下，随着

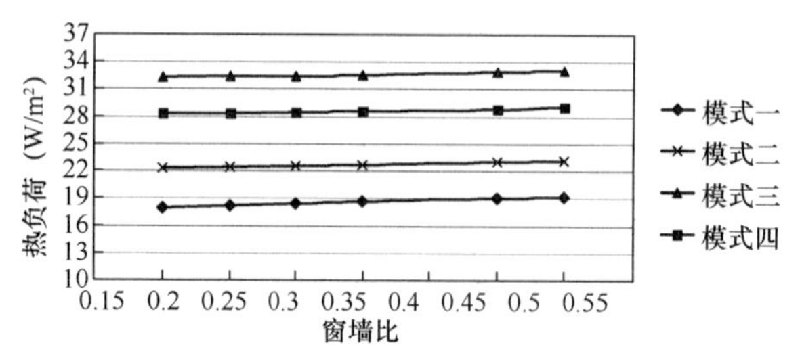

图 3-14 窗墙比变化对供暖热负荷的影响

窗墙比的变化热负荷变化曲线基本上呈平行，其附加率也是相同的。这主要是因为在满足窗户的热工要求和气密性要求前提下，由窗户所导致的热损失相差不大，而且窗户本身的蓄热性与外墙和屋面相比也是有限的。

3.2.3 外墙和屋面对办公建筑间歇供暖负荷的影响

办公建筑属于公共建筑的一种，其外围护结构和室内环境与居住建筑不同。通过使用建筑动态模拟分析软件 DeST-c 进行模拟分析计算，现将夏热冬冷地区典型城市上海、武汉、长沙、合肥和成都，寒冷地区典型城市北京和严寒地区哈尔滨的办公建筑模拟在连续运行模式和间歇运行模式下冬季供暖热负荷进行统计如表 3-13 所示。

表 3-13 各运行模式下城市的平均热负荷指标 （W/m^2）

围护结构类型	运行模式	上海	合肥	长沙	武汉	成都	北京	哈尔滨
类型Ⅰ	模式一	43.71	45.27	45.73	48.45	34.40	77.86	113.80
	模式二	47.37	53.68	54.09	56.26	40.06	96.17	145.87
类型Ⅱ	模式一	41.74	55.70	47.92	46.63	35.81	78.22	118.13
	模式二	50.17	62.85	58.51	62.03	43.19	96.08	152.88
类型Ⅲ	模式一	44.82	54.16	56.66	49.52	39.83	78.49	117.11
	模式二	51.98	62.24	64.43	61.96	45.99	96.41	151.30

从表 3-13 可以看出，不同城市由于气象条件和围护结构的不同，连续和间歇运行时的热负荷也不相同。当采用间歇运行模式二时，无论哪个城市采用哪种围护结构所需的热负荷都比连续供暖时的要大。这主要是因为间歇运行时，刚开始供暖的时间段为了补充围护结构所蓄存的热量，热负荷比较大。计算不同城市在间歇运行模式下相对于连续供暖模式下的采暖热负荷百分数修正率，见表 3-14。

表 3-14 间歇运行模式城市的热负荷指标附加率 （%）

围护结构类型	上海	合肥	长沙	武汉	成都	北京	哈尔滨
类型Ⅰ	8	19	18	16	16	24	28
类型Ⅱ	22	13	22	29	21	23	29
类型Ⅲ	16	15	14	25	25	23	29

从表 3-14 可以看出，当采用间歇供暖模式时，无论哪种围护结构热负荷附加率基本没什么变化，夏热冬冷地区根据地区不同附加率为 10%～20%之间；寒冷地区的典型城市约为 25%；严寒地区的附加率约为 30%。这主要是因为受室外温度的影响，室外温度低的地区当间歇运行停暖时向外释放的热量较多，所以当开始供暖时需要补充的热量也相应增加。

3.2.4 窗户对办公建筑间歇供暖负荷的影响

相对居住建筑来说，窗墙比的适用范围更大。为了分析窗户面积对间歇供暖负荷的影响，现选取 3.2.2 中所述的建筑模型，围护结构选用类型Ⅱ，模拟计算各气候区典型城市不同运行模式下热负荷的特点。通过大量的数据统计，当窗墙比不同时典型城市的热负荷如表 3-15 所示。

表 3-15　窗墙比不同时的热负荷指标　(W/m²)

城市	运行模式	窗墙比					
		0.2	0.25	0.3	0.4	0.5	0.7
北京	模式一	82.02	83.64	85.25	88.42	91.54	97.62
	模式二	100.94	103.23	105.49	109.9	114.2	122.41
上海	模式一	40.52	41.87	42.22	42.92	43.64	45.12
	模式二	50.97	51.56	52.14	53.29	54.42	56.62
武汉	模式一	45.80	46.26	46.72	47.63	48.54	50.34
	模式二	56.89	57.62	58.34	58.74	60.08	63.63
长沙	模式一	50.69	52.03	53.37	56.02	58.63	62.72
	模式二	65.57	67.54	69.46	73.21	76.81	83.66
合肥	模式一	53.83	54.32	55.79	57.70	59.57	63.15
	模式二	61.64	62.08	63.18	65.91	67.89	71.54
成都	模式一	34.88	36.18	37.53	38.32	39.60	41.44
	模式二	42.11	43.21	44.53	46.47	48.07	51.75

从表 3-15 可以看出，随着窗墙比的增加各典型城市的热负荷也在增加，但增加的幅度并不大，附加率变化很缓慢，窗墙比为 0.2 时和 0.7 时最大差值在 1%～3%之间变化。所以窗墙比的变化对间歇供暖负荷的影响甚小，可以不考虑其影响。

3.3　换气次数对间歇供暖负荷的影响

在影响建筑热环境的众多因素当中，室内外通风和空调送风对室内环境的影响是直接和瞬时的，因为它们带来的气流与室内空气混合，它们的热湿状况会立刻影响室内空气的状态。不论室内外通风，还是空调送风，本质都是与室内的空气交换。将外界环境与建筑的空气交换和建筑内部发生的空气交换统称为建筑通风。显然，建筑通风包括自然通风和渗透两种，也包括空调系统机械通风。

在很多情况下，室外的空气温度湿度并非处于室内温度湿度舒适范围内，自然通风和渗透会成为建筑的冷热负荷，而增加空调系统的能耗。住宅中各时刻的实际通风量会受住户干预而不断变化，这个变化对住宅建筑的热环境和能耗也会造成较大影响。因此，把自然通风量设成定值作为住宅模拟计算的输入，是与住宅建筑实际热状况不相符的。为了比较客观地反映出住宅建筑的实际能耗状况，DeST-h 对自然通风这一影响因素作了更符合实际情况的处理，根据使用者的需要和计算所掌握的有关建筑通风能力的信息的情况设置了自然通风计算的两种模式：

(1) 确定通风次数的计算模式

在这种计算模式下，用户设定一个固定的房间通风次数（默认值），房间通风量在一年之中的变化则通过定义逐时的通风作息来反映，房间的自然通风量就按照这个作息和固定的通风次数进行计算。

(2) 可变通风次数的计算模式

在这种计算模式下，用户可以根据对建筑通风能力信息的掌握情况设定一个房间的通风范围：[G_{min}，G_{max}]，房间的逐时通风能力则在计算时根据充分利用新风使得能耗最小化的原则在通风范围中选取。

在本论文中的模拟计算中选用第一种自然通风计算模式来研究自然通风对间歇供暖负荷的影响，并分析选用不同通风换气次数时对间歇供暖热负荷的影响程度。

3.3.1 住宅建筑模拟分析

为了研究自然通风对间歇供暖负荷的影响，在此选用 3.1.1 中介绍的模型。根据各地区围护结构的实际使用情况，对于寒冷地区选用围护结构类型Ⅱ，夏热冬冷地区也用围护结构类型Ⅱ。根据前文的分析可知，对于严寒地区的居住类建筑不适合采用间歇供暖，在此不进行模拟分析。在满足相关节能标准要求的前提下，选取 6 个城市分别计算通风次数为 0.5 次/小时、0.7 次/小时、1.0 次/小时、1.5 次/小时、2.0 次/小时时，分析研究连续模式和不同间歇供暖运行模式下供暖热负荷的变化情况。每个典型城市计算 20 种运行工况，获得大量的模拟数据。现将不同通风换气次数时的供暖热负荷进行统计如表 3-16 所示。

表 3-16 住宅建筑不同通风次数时的热负荷 （W/m^2）

城市	运行模式	通风次数（次/小时）				
		0.5	0.7	1.0	1.5	2.0
北京	模式一	29.15	33.71	40.78	51.80	62.99
	模式二	31.84	36.84	46.59	59.01	72.87
	模式三	40.01	47.91	61.85	77.91	95.50
	模式四	34.65	41.61	54.48	68.47	84.50
上海	模式一	13.55	16.41	21.80	26.43	32.64
	模式二	15.13	18.81	26.07	33.18	41.79
	模式三	20.25	25.11	34.63	43.79	54.76
	模式四	17.60	21.88	30.34	38.55	48.52
武汉	模式一	14.24	17.42	23.48	29.92	37.63
	模式二	16.88	19.88	26.96	34.05	42.52
	模式三	21.76	26.59	35.83	44.97	55.74
	模式四	18.94	23.21	31.43	39.68	49.51
长沙	模式一	17.56	20.57	23.98	32.55	39.97
	模式二	18.24	21.97	25.76	35.17	43.01
	模式三	21.84	25.37	30.95	42.46	52.47
	模式四	19.23	23.24	27.96	37.59	46.74
合肥	模式一	19.28	22.57	29.04	35.61	43.67
	模式二	20.65	24.77	31.72	40.64	50.13
	模式三	27.72	33.14	42.25	53.58	65.71
	模式四	24.97	29.80	36.97	48.29	59.30
成都	模式一	15.87	18.56	23.34	29.21	35.82
	模式二	16.60	19.94	25.45	32.82	40.52
	模式三	22.27	26.66	33.88	43.33	53.10
	模式四	19.46	23.35	29.76	38.35	47.30

从表 3-16 可以看出，对于各典型城市随着换气次数的增加，单位面积的供暖平均热负荷逐渐增大。换气次数每增加 0.5 次，间歇供暖的热负荷约增加 25%～30%，说明冷空气的渗透对房间的热负荷影响较大。换气次数每增加 0.5 次，间歇供暖的热负荷附加率增加约 5%。这说明随着换气次数越来越大，自然通风对间歇供暖的负荷的附加率也是有影响的。这主要是因为随着进入室内的冷风增加，为了维持室内的热环境，就需要为房间提供更多的热量，这必然导致热负荷的增加。而且空气的比热相对较小，当采用间歇运行模式时，进入室内的空气并没有起到维持室温的作用，而是加剧了室温的降低，从而导致间歇供暖时的热负荷修正率增大。当通风换气次数相同时，间歇模式的供暖热负荷比连续模式时的热负荷大，这与围护结构对热负荷的影响规律相同，这主要是因为间歇运行开始供暖时，需要向房间补充更多的热量。

3.3.2 办公建筑模拟分析

与 3.3.1 中采用的方法一样，模拟分析办公建筑在连续和间歇运行的两种运行模式下各地区典型城市的热负荷变化情况，以 3.1.2 中所述的办公楼为计算模型，各典型城市建筑模型的围护结构选择类型Ⅱ。通过模拟分析计算，将通风次数为 0.5 次/小时、0.7 次/小时、1.0 次/小时、1.5 次/小时、2.0 次/小时时的热负荷数据进行统计如表 3-17 所示。

表 3-17 办公建筑不同通风次数时的热负荷 (W/m²)

城市	运行模式	通风次数（次/小时）				
		0.5	0.7	1.0	1.5	2.0
北京	模式一	62.78	69.00	78.22	93.60	109.05
	模式二	75.03	83.53	96.08	116.73	136.88
上海	模式一	31.18	35.41	41.74	52.40	63.17
	模式二	36.41	42.05	50.17	63.95	77.35
武汉	模式一	35.59	40.56	46.63	57.68	68.59
	模式二	44.41	50.81	62.03	74.48	88.73
长沙	模式一	37.27	42.53	47.92	58.66	69.27
	模式二	45.22	52.08	58.51	78.06	93.39
合肥	模式一	40.95	45.59	55.70	64.22	75.70
	模式二	50.65	53.54	62.85	88.04	104.86
成都	模式一	30.34	33.16	35.81	52.48	62.10
	模式二	36.85	40.72	43.19	68.07	81.16

从表 3-17 可以看出，与住宅建筑换气次数变化的规律相同，热负荷还是随着换气次数的增加而增大；换气次数越大，附加率的增加幅度越小。这是因为换气次数增加也就意味着更多的冷空气渗入室内，为了维持房间室内的热环境，就需要向房间提供更多的热量，从而导致热负荷增大。换气次数每增加 0.5 次，这些典型城市间歇供暖的热负荷附加率增加约 5%。但热负荷的相对值变化却很大，这主要是因为冷风的渗透对供暖热负荷的影响较大。间歇供暖的停暖期间，换气次数的增加加剧了房间热负荷的损失，从而开始供暖时就需要供暖系统提供更多的热量。

为了更清晰地看出热负荷的变化，分别取寒冷地区的北京和夏热冬冷地区的上海作为

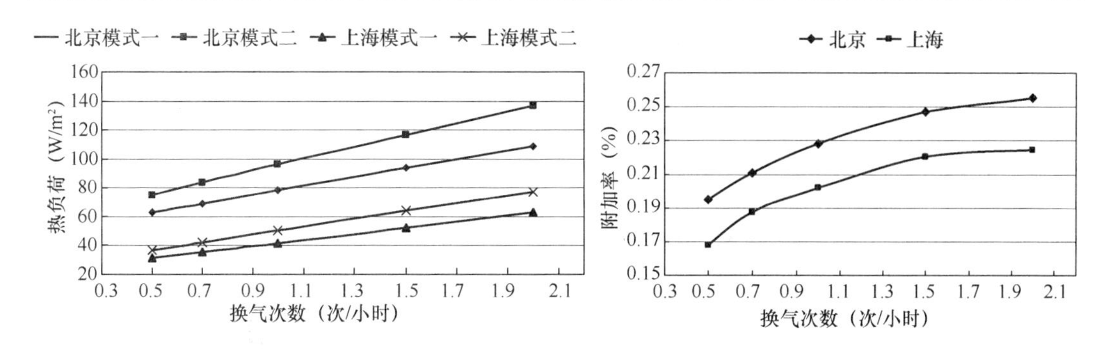

图 3-15　不同换气次数的热负荷和附加率变化

分析对象，连续模式和间歇模式二的热负荷及其附加率变化，如图 3-15 所示。

3.4　供暖方式对间歇供暖负荷的影响

3.4.1　供暖方式概述

随着人们生活水平的提高，对室内的热湿环境有了更高的要求，这使得采暖方式多样化。供暖系统中散热设备向房间传热主要有以下两种方式：

供暖系统的热媒通过散热设备的壁面，主要以对流传热方式向房间传热，这种散热设备统称为散热器。

供暖系统的热媒通过散热设备的壁面，主要以辐射方式向房间传热，散热设备可采用在建筑物的顶棚、墙面或地板内埋设管道或风道的方式，此时，建筑物部分围护结构与散热设备合二为一，以辐射传热为主的供暖系统，称为辐射供暖系统。由于辐射采暖散热均匀有效并能使用低品位能源，所以在生产和生活中得到了广泛的应用。

辐射采暖的特点是利用加热管作供热部件向辐射表面供热。地面辐射采暖时管子埋设在混凝土中，管子的传热量比加热管明装时增加较大幅度。主要原因就是利用管外包裹的混凝土增加了表面积。因而在相同的采暖设计热负荷下，辐射散热表面的温度可大幅度降低，从而可采用较低温度的热媒，如地热水、采暖回水等。与建筑结构合成或贴附一体的采暖辐射板，热惰性大，启动时间长。在间歇供暖时，热惰性大，使室内温度波动较小，这一缺点又变成优点。而散热器采暖时，散热部件仅限于散热器及其管道，热惰性小，启动时间虽短，但停暖后室内温度波动也较大。对于间歇供暖的室内热环境来说，辐射采暖比散热器采暖具有优势，所需供暖热负荷小，室内温度波动也较小，节约了冬季供暖能耗。

目前，散热器供暖和地板辐射供暖是最常用的供暖方式，对于电采暖等其他供暖方式在此不做分析。由于散热器供暖和地板辐射供暖的散热特征不同，所以有必要定量地对比分析在相同条件下，不同形式的采暖方式对间歇供暖负荷计算的影响程度以及不同采暖方式下热负荷逐时波动和室内温度逐时波动情况。

3.4.2　散热器供暖和地板辐射供暖模拟结果分析

在本论文中分别取寒冷地区的典型城市北京和夏热冬冷地区的典型城市上海和武汉的居住建筑进行模拟分析，围护结构采用 3.1.1.1 中所介绍的类型Ⅱ，室内设计参数与前面所述。地板辐射供暖时，辐射放热量占总放热量的 40%。通过 DesignBuilder 的模拟计算，现将三个典型城市的供暖热负荷和间歇运行时的附加率统计列表，如表 3-18 所示：

表 3-18　散热器和地板辐射供暖热负荷及其附加率统计表

城市	运行模式	散热器供暖热负荷（W/m²）	地板辐射供暖热负荷（W/m²）	散热器供暖热负荷附加	地板辐射供暖热负荷附加
北京	模式一	54.14	50.94	—	—
	模式二	62.71	56.93	15.83%	11.76%
	模式三	77.91	72.11	43.90%	41.56%
	模式四	74.07	64.70	36.81%	27.01%
上海	模式一	30.32	27.59	—	—
	模式二	35.84	31.24	18.21%	13.23%
	模式三	48.08	43.69	58.58%	58.35%
	模式四	43.18	38.91	42.41%	41.03%
武汉	模式一	30.17	27.82	—	—
	模式二	36.05	31.75	19.49%	14.13%
	模式三	45.04	40.86	49.29%	46.87%
	模式四	39.83	35.69	32.02%	28.29%

从表 3-18 可以看出，连续模式和间歇模式时地板辐射供暖的热负荷比散热器供暖的热负荷低，并且间歇供暖降低的幅度比连续供暖降低的多。对比两种供暖模式的间歇供暖热负荷附加率，地板辐射供暖的附加率比散热器供暖的约小 3%～10%。这主要是因为间歇供暖时地板辐射供暖的热惰性大，室内温度波动较小，所需供热系统补充的热量也小。

为了对比两种供暖方式下室内温度变化情况，现取北京地区 1 月 7 日～1 月 14 日连续模式一和间歇模式二的逐时温度绘制曲线，如图 3-16 所示。

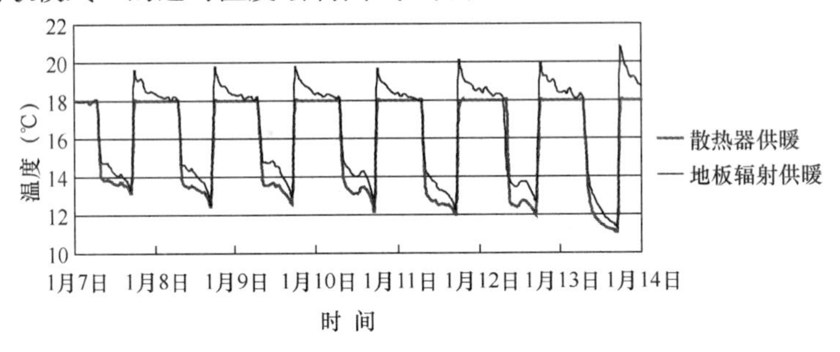

图 3-16　散热器供暖和地板辐射供暖间歇运行时的温度波动

从图 3-16 中可以看出，当停止供暖时散热器供暖由于蓄热性能差，热惰性小，相比地板辐射供暖室内温度波动较快，温度降低的幅度较大。当开始供暖时，散热器迅速达到室温要求，而地板辐射供暖由于其热惰性比较大，温度不太容易控制，室温先升高约 1℃，然后再降低维持在室内设计温度。

4　结论

本文以夏热冬冷地区、寒冷地区和严寒地区典型城市的居住建筑和办公建筑为研究对象，分别采用动态模拟软件 DeST 和 DesignBuilder 模拟计算了外墙和屋顶、窗墙比、换气次数以及供暖方式对间歇供暖的热负荷的影响，并分析了采用间歇供暖时室内温度的变化情况，最后分析了间歇供暖热负荷的变化对初投资的影响，得出以下结论：

（1）围护结构在满足建筑热工要求的前提下，间歇热负荷百分数附加率随着热惰性指标 D 的减小而增大，但变化率不大。围护结构的传热性能、蓄热性能和间歇运行模式对间歇供暖的热负荷都有影响。

（2）通过动态模拟软件 DeST 和 DesignBuilder 的模拟分析，其中外墙与屋顶、换气次数和供暖方式对间歇供暖热负荷的影响较大，而窗墙比的影响较小。窗墙比在节能标准要求的范围内，间歇供暖热负荷附加率在 1%～3%之内变化，可以忽略不计。换气次数每增加 0.5 次，典型城市间歇热负荷附加率约增加 5%；地板辐射供暖的间歇热负荷附加率比散热器供暖的约小 3%～10%。

（3）对于居住建筑当采用白天停暖晚间供暖的间歇运行模式二时，对于寒冷地区来说以北京为例间歇供暖热负荷附加率为 14%，夏热冬冷地区各典型城市的冬季间歇供暖热负荷附加率约为 5%～15%；而各城市在模式三的附加率较大，有的城市甚至达到 50%以上；各城市在模式四下寒冷地区的附加率约为 30%，夏热冬冷地区的附加率为 20%～35%。

（4）对于办公建筑冬季间歇供暖热负荷，在夏热冬冷地区根据地区不同附加率为 10%～20%之间；寒冷地区的典型城市约为 25%；严寒地区的附加率约为 30%。

5 参考文献

[1] 中华人民共和国国家标准. 采暖通风与空气调节设计规范 GB 50019-2003[S]. 北京：中国计划出版社，2003.

[2] 付祥钊. 夏热冬冷地区建筑节能技术[M]. 北京：中国建筑工业出版社，2002：6-12.

[3] 周智泉. 浅析间歇供暖存在的问题[J]. 科技信息，2007，(13)：225.

[4] Chapter 28：Residential cooling and heating load calculations，2001 ASHRAE FUNDAMENTALS HANDBOOK，ASHRAE，2001.

[5] 宁勇飞. 夏热冬冷地区住宅空调负荷特征与节能分析[D]. 硕士学位论文. 南华大学，2006.

[6] 许景峰. 间歇采暖条件下建筑围护结构热工性能评价研究[D]. 硕士学位论文. 西安：西安建筑科技大学，2004.

[7] 中华人民共和国国家标准. 夏热冬冷地区居住建筑节能设计标准 JGJ 134-2001[S]. 北京：中国建筑工业出版社，2001.

[8] 李兆坚，江亿，燕达. 住宅间歇供暖模拟分析[J]. 暖通空调，2005，35(8).

[9] 黄志刚. 住宅小区间歇供暖的实测与研究[J]. 沈阳建筑工程学报，1990，6(4).

[10] 管燕玲，田安民，刘宁. 西安某小区供热系统间歇运行供暖房间热环境分析[J]. 西北建筑工程学院学报(自然科学版)，2001，18(4).

[11] 张治江，石久胜. 电热间歇供暖加热过程规律的初步研究[J]. 建筑热能通风空调，2001，20(4).

[12] 郑茂余. 间歇供暖的预热量系数的研究[J]. 应用能源技术. 1990(4).

[13] 朱光俊、张晓亮. 外墙保温技术对空调负荷的影响[J]. 节能技术，2005，23(1).

[14] 刘艳峰，刘加平. 低温热水地板辐射供暖间歇运行研究[J]. 节能技术，2004，22(1).

[15] 周瑞芳. 夏热冬冷地区住宅冬季采用地板采暖的可行性分析[J]. 建筑热能通风空调，2007，8(4).

[16] 武伟. 地板辐射供暖系统间歇运行的性能分析[J]. 上海煤气，2005，(4).
[17] 国丽荣. 两种采暖方式室内温度稳定性分析[D]. 硕士学位论文. 哈尔滨工业大学，2006.
[18] 王淞. 分户计量供暖系统室内温度及热负荷波动规律研究[D]. 硕士论文. 哈尔滨工业大学，2003.

新型散热器连接方式散热量修正研究

中国建筑科学研究院　冯爱荣

1　本专题的主要研究范围和内容

目前，国内对采暖散热器不同连接方式对散热量影响的研究开展情况如下：由哈尔滨工业大学——原建筑工程学院供热研究室针对铸铁采暖散热器四柱813型、M-132型和长翼型（大60）三类散热器的不同连接方式对散热量的影响进行了研究，并给出了相应的修正系数。详见贺平、孙刚编制的《供热工程》。表1-1为铸铁采暖散热器连接方式修正系数。

表1-1　铸铁采暖散热器连接方式修正系数

连接形式	同侧上进下出	异侧上进下出	异侧下进下出	异侧下进上出	同侧下进上出
四柱813型	1.0	1.004	1.239	1.422	1.426
M-132型	1.0	1.009	1.251	1.386	1.396
长翼型（大60）	1.0	1.009	1.225	1.331	1.369

注：1. 本表数值由哈尔滨建筑工程学院供热研究室提供，该值是在标准状态下测定的；
2. 其他散热器可近似套用上表数据。

中国建筑科学研究院早在20世纪80年代末对钢制柱型散热器热工性能进行了分析、研究和实验数据的整理方法。

青岛理工大学对铜铝复合柱翼型散热器进行了研究。铜铝复合柱翼型散热器连接方式修正因数见表1-2。

表1-2　铜铝复合柱翼型散热器连接方式修正因数

序号	连接方式	计算公式	标准散热量/W	标准散热量比值/%	图　例	β_2
1	同侧上进下出（12柱）	$6.691\ (\Delta t)^{1.293}$	1463	100		1.00
2	异侧上进下出	$6.603\ (\Delta t)^{1.323}$	1502	103.9		0.96
3	一端底进底出，两管口间有隔板	$7.168\ (\Delta t)^{1.274}$	1448	98.97		1.01

续表 1-2

序号	连接方式	计算公式	标准散热量/W	标准散热量比值/%	图例	β_2
4	一端底进底出，两管口间无隔板	6.505 $(\Delta t)^{1.2677}$	1280	87.49		1.14
5	两端底进底出，下联箱无隔板	7.02 $(\Delta t)^{1.264}$	1360	92.96		1.08
6	异侧下进下出	5.629 $(\Delta t)^{1.312}$	1332	91.05		1.10
7	异侧底进上出	4.5856 $(\Delta t)^{1.307}$	1063	72.66		1.38
8	同侧下进上出	4.6716 $(\Delta t)^{1.3011}$	1056	72.18		1.39

注：序号 4 的接水口间距为 80mm，序号 5 的接水口间距为 860mm。

国外采暖散热器一般为钢制、铸铁的、铝合金的居多。西欧和北欧以钢制散热器为主，南欧成为铝制散热器的主要产地，俄罗斯以铸铁散热器为主。日本则是以地板（地暖床）为主。在我们所查到的国外文献中未见到关于散热器不同连接方式对散热量影响的相关资料。

本专题针对目前现有的 4 类新型采暖散热器包括钢制柱型、钢制板型、铜铝复合柱翼型和铜管对流型采暖散热器进行了研究，对其在同一测试条件下，不同连接方式下，主要包括同侧上进下出、异侧上进下出、异侧下进下出、异侧下进上出、同侧下进上出这 5 种连接方式下散热量的变化量进行试验并得出相应的结论，并基于已有的同侧上进下出的连接方式，给出其他连接方式下的修正方法，可供设计人员和散热器生产厂家参考。对于不同的采暖散热器，指出在工程应用中采用何种连接方式最为有利。

2　采暖散热器分类及散热量的影响因素

本专题主要研究钢制柱型、钢制板型、铜铝复合柱翼型及铜管对流型采暖散热器四类，采暖散热器散热量的影响因素很多，如散热器的种类、安装位置、组合长度、流量、表面颜色、进出水口连接方式等因素。本章叙述了采暖散热器的种类，对采暖散热器散热量影响因素进行了分析。

2.1　散热器分类、特点

采暖散热器在我国过去很长一段时期铸铁散热器一统天下，近年来以钢制、铜铝复合和铝制散热器为代表的新型采暖散热器的发展越来越快，种类越来越多。本章节将针对不同类型散热器进行分类并介绍其特点，以便分析散热量的影响因素。

目前，国内生产的散热器种类繁多，分类方法也颇多。本章仅按其制造材质和散热方式分类。采暖散热器按照制造材质主要有铸铁、钢制、铝制及复合型散热器 4 大类。采暖散热器按散热方式的不同可以分为辐射式和对流式。

下面对我国现行有效的国家标准和行业标准中几种主流散热器的特点进行分析介绍。

2.1.1 铸铁散热器

铸铁散热器具有结构简单、防腐性能好、使用寿命长、价格低以及热稳定性较好等优点，多年以来在东北、华北、西北等地区的不同建筑中得到了广泛应用；但其金属耗量大，金属热强度低于其他采暖散热器。铸铁采暖散热器按其构造形式，主要分为柱型、翼型、柱翼型、板翼型 4 大类。详见图 2-1～图 2-4。

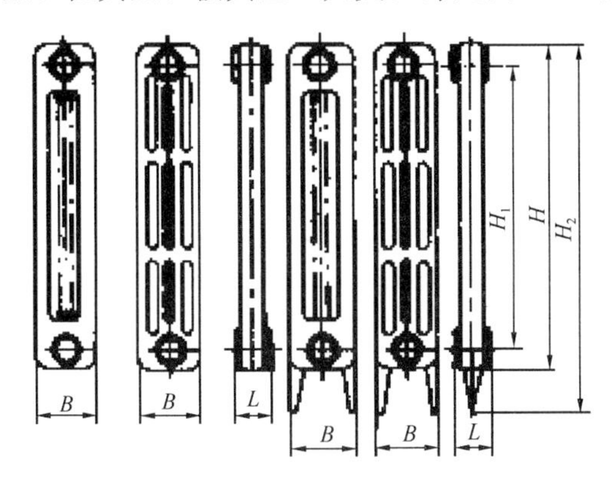

图 2-1 柱型散热器示意图

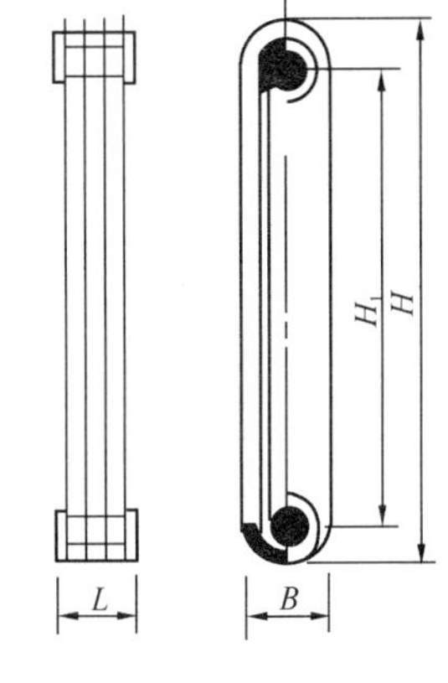

图 2-2 翼型散热器示意图

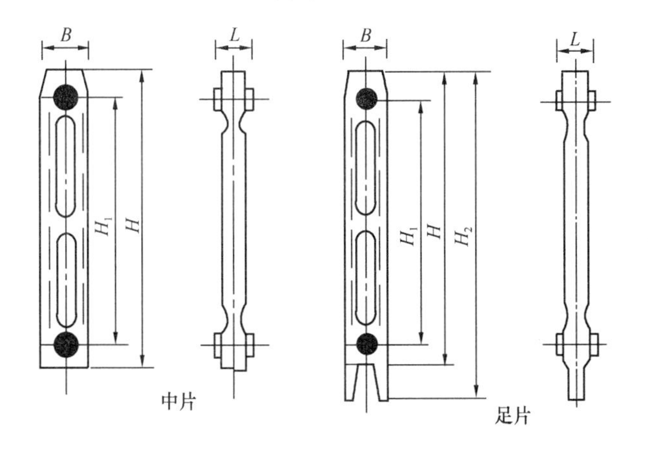

图 2-3 柱翼型散热器示意图

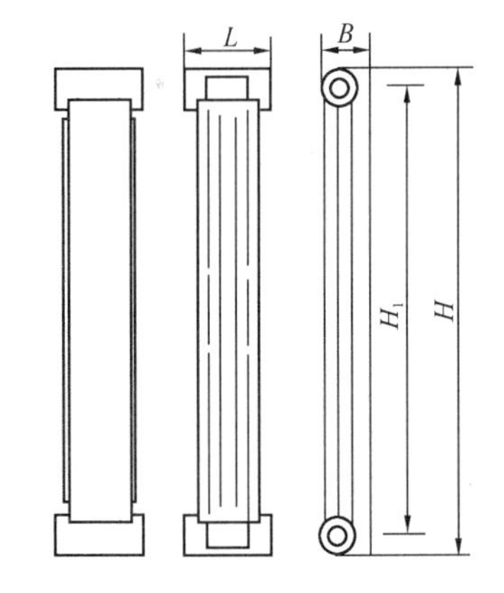

图 2-4 板翼型散热器示意图

2.1.2 钢制散热器

钢制采暖散热器与铸铁采暖散热器相比，具有金属耗量少、耐压强度高、外形美观整洁、占地小、易与建筑和室内装饰相协调等优点，但其水容量较少、热稳定性稍差、易腐蚀、使用寿命比铸铁散热器短。按其构造形式，主要分为柱型、板型、管型、卫浴型、钢制翅片管型及钢制闭式串片型六大类，详见图 2-5～图 2-9。目前，钢制散热器中钢制柱型和钢制板型为主要产品。

现在市场上钢制柱形散热器一般是采用片头与立柱焊接而成的，钢柱型散热器构造如图 2-5 所示，采用厚度为 1.2～2.5mm 的碳素冷轧钢板经冲压延伸形成片状半柱形和半个片头，两个片状半柱形经压力滚焊复合成柱形，两个半片头合焊形成片头；2 个片头在柱形的两头焊接成单片，有 2～4 个中空立柱，其流道如图中 1、2、3 所示。散热片之间、散热片的螺母可用焊接方法连接。

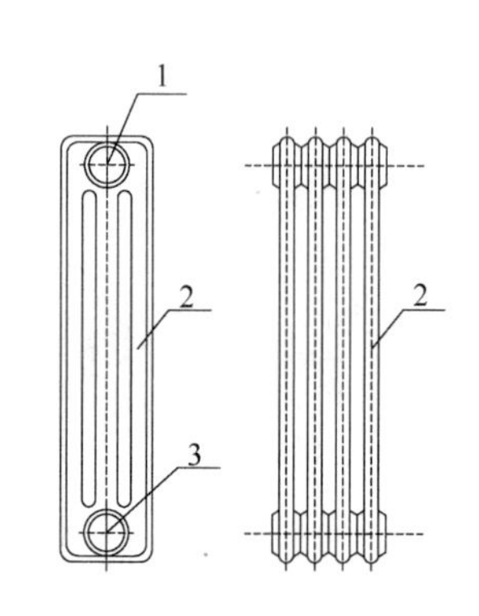

图 2-5 钢制柱型散热器示意图

1—上接口；2—钢柱；3—下接口

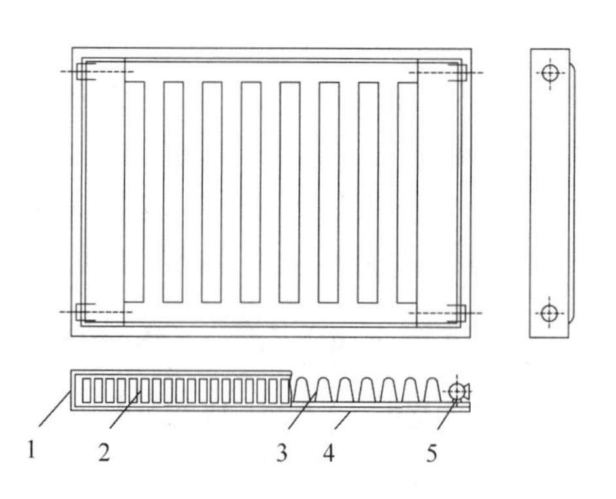

图 2-6 钢制板型散热器示意图

1—侧边盖板；2—格栅上盖板；3—对流片；4—水道板；5—接口

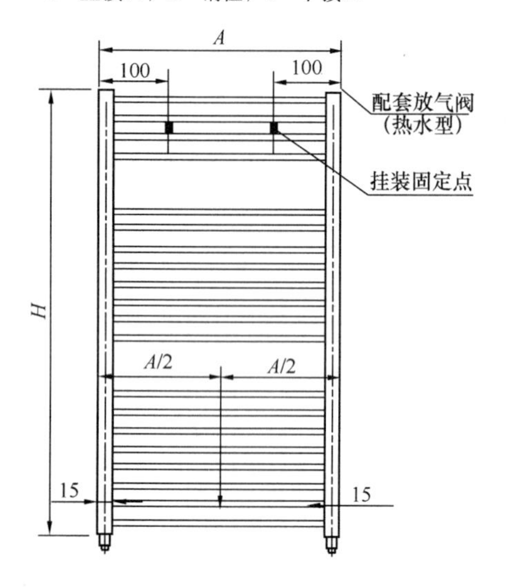

图 2-7 钢制卫浴型散热器示意图

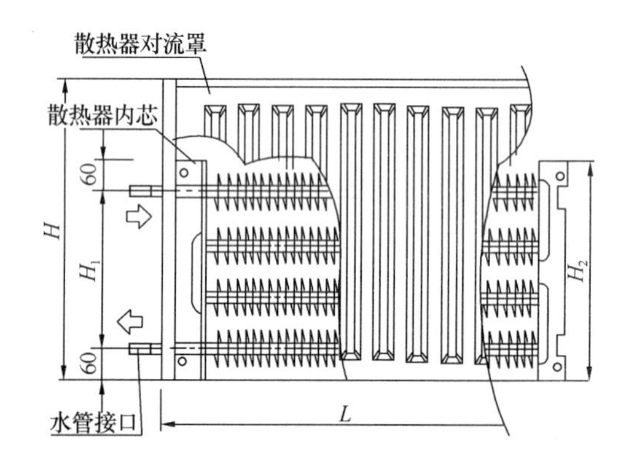

图 2-8 钢制翅片管型散热器示意图

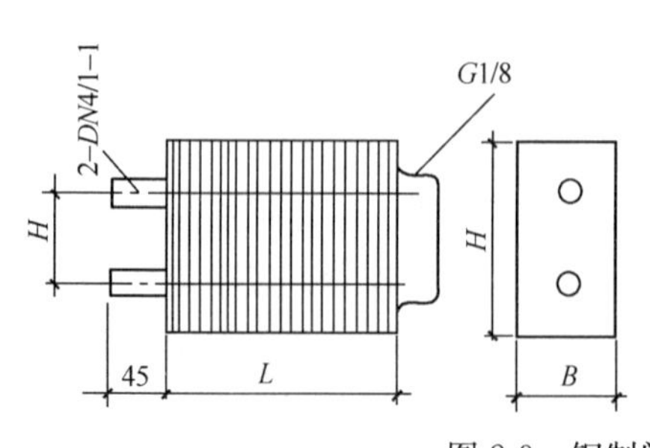

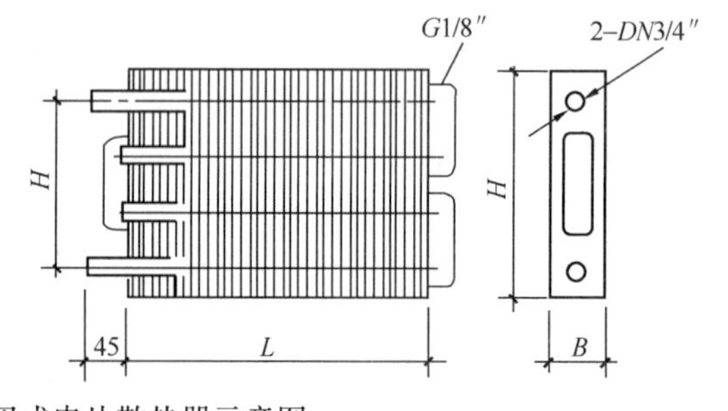

图 2-9 钢制闭式串片散热器示意图

钢制柱型散热器其性能及特点有：1）散热器外表喷塑处理，表面光滑整洁，易于清除灰尘，装饰性强；2）具有承压高的特点，适用高层建筑；3）对流换热性强，金属热强度高；4）耐腐蚀能力差，对水质要求严格。

钢制板型散热器构造如图 2-7 所示，由面板、背板、进出水口接头 5、放水固定套及上下支架组成。背板有带对流片和不带对流片两种板型。面板、背板多用 1.2～1.5mm 厚的冷轧钢板冲压成型，在面板直接压出呈圆弧形或梯形的散热器水道。水平联箱压制在背板上，经复合滚焊形成整体。为增大散热面积，在背板后面焊上 0.5mm 的冷轧钢板对流片。

钢制板型散热器有下列特点：1）对流换热性强，金属热强度高；2）占地小，易维护。板式换热器的结构极为紧凑；3）阻力损失少。因结构紧凑和体积小，散热器的外表面积也很小，因而热损失也很小；4）散热器水容量小，热稳定性差；5）耐腐蚀性差，水质要求严格。

钢制柱型散热器、钢制板型散热器、钢制卫浴型散热器是目前工程中较常采用的产品，钢制闭式串片采暖散热器是限制使用产品，工程中已经较少采用。

钢制柱型散热器是由单柱组装而成，钢制板型散热器、钢制卫浴型散热器、钢制翅片管型散热器、钢制闭式串片散热器是整体采暖散热器。

2.1.3 铝制散热器

铝制采暖散热器具有热效率高、升温迅速、外形可以做成各种美观的艺术造型、节能节材、金属热强度高等优点，但其最致命的弱点是它的碱腐蚀严重，不能用于区域锅炉房直供的采暖系统。目前国内用量较少。如图 2-10 所示。

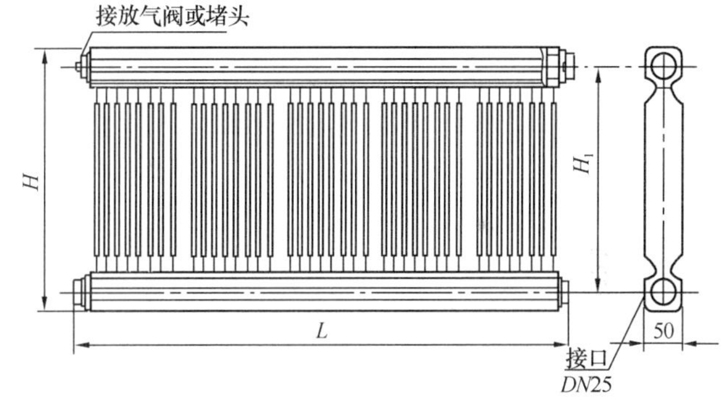

图 2-10　铝制散热器示意图

2.1.4 复合型散热器

复合型散热器种类较多，有铜铝复合柱翼型散热器、铜管对流散热器、钢铝复合柱翼型散热器、不锈钢铝复合柱翼型散热器等。也有前面提到的传统的钢制翅片管对流散热器。

一般来说，复合型散热器都是以耐腐蚀的铜管、不锈钢管或厚壁钢管作为过水部件，以柱翼型铝型材或铝翅片作为强化散热部件。复合型散热器散热方式以对流为主，金属热强度较高，具有较强的耐腐蚀能力，广泛适用于不同的水质条件。但是，复合型散热器通常要用到相对稀少的铜或不锈钢材料，散热器价格相对较贵；另外，散热器造型较单一，且由于主要靠对流散热，易出现熏墙现象，卫生状况较差。

铜铝复合柱翼型散热器构造如图 2-11 所示，以耐腐蚀的挤压坯拉制紫铜管作为过水部件（图中 1，2，3），以柱翼型铝型材作为强化散热部件（图中 4），散热器的上下联箱一般为 ϕ32 或 ϕ40 铜管。立柱所用铜管一般为 ϕ20，且多为一根，通水断面比铸铁散热器小很多。散热器散热方式以辐射为主，金属热强度较高，具有较强的耐腐蚀能力，广泛适用于不同的水质条件。

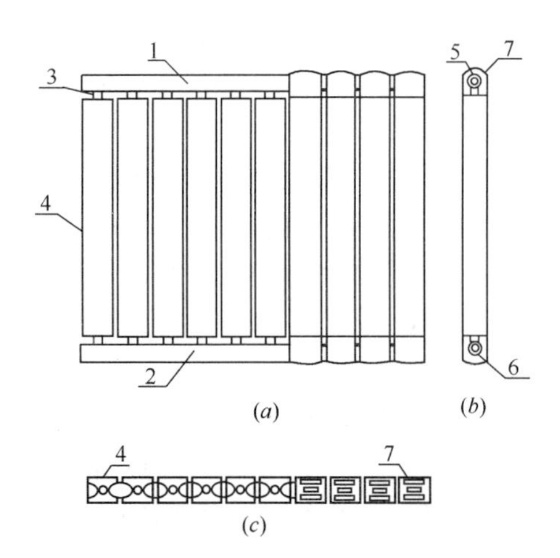

图 2-11　铜铝复合柱翼型散热器

(a) 正视图；(b) 侧视图；(c) 俯视图

1—上联箱；2—下联箱；3—铜立管；4—铝翼管；

5，6—进出水管口；7—装饰罩

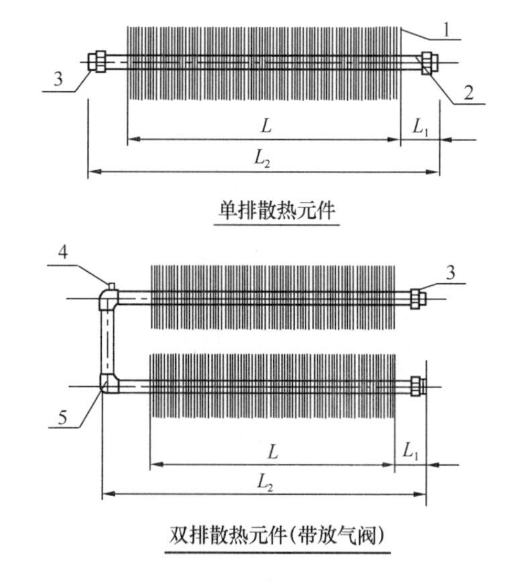

图 2-12　铜管对流散热器

但铜铝复合型散热器通常要用到相对稀少的铜，散热器价格相对较贵；散热器造型较单一，外形无法像钢制或铝制散热器一样做成各种艺术造型；过水流道与强化散热部件间由于热膨胀系数不同，某些工艺容易产生接触热阻，影响散热效果。另外，铜铝复合产品的铜材壁厚是影响产品寿命的因素之一，选用时应加以注意。

铜管对流散热器构造如图 2-12 所示，以铜管铝串片为散热元件。产品按结构型式分为单体型和连续型。单体型对流散热器内置单管或多管串联散热元件，接口有侧面连接或底部连接。连续型对流散热器一般内置单管或两管散热元件，接管为侧面连接。铜管对流散热器采用机械胀管使铜管与铝片紧密结合，铝片冲孔采用二次翻边工艺制作。

铜管对流散热器具有耐压强度高、传热快、体积小、重量轻、安装方便、外观亮丽、高效节能等优点。散热器散热方式以对流为主，金属热强度较高，具有较强的耐腐蚀能力，广泛适用于不同的水质条件。铜管对流散热器价格相对较贵；散热器造型较单一，外形无法象钢制或铝制散热器一样做成各种艺术造型；主要靠对流散热，易出现熏墙现象，不适宜于高大空间的使用；过水流道与强化散热部件间由于热膨胀系数不同，某些工艺容易产生接触热阻，影响散热效果。

2.1.5　对流式和辐射式散热器

对流式采暖散热器是指几乎完全依靠对流方式散热的散热器，辐射式采暖散热器的散热方式是指辐射和对流兼有。

在前面介绍的 14 类采暖散热器中，钢制翅片管型散热器、铜管对流散热器和钢制闭式串片型则主要利用对流方式散热。其余 11 类采暖散热器主要利用辐射方式散热。

2.2　散热量的影响因素

对于采暖散热器散热量的影响因素非常复杂，涉及柱数（或称片数）或长度，连接方式、安装位置、水流量和颜色等等。现行工程设计中，采暖散热器的选型时，计算散热器数量的方法已不采用《供暖通风设计手册》所列的散热面积法，而改用按散热器的单位散热量

（每柱或每 m）计算，即直接计算所配置的散热器的柱数或长度。计算公式见式（2-1）。

$$N = \frac{Q}{Q_d}\beta_1\beta_2\beta_3\beta_4\beta_5 \tag{2-1}$$

式中 N——房间所需的散热器数量［柱形散热器为柱数（或称片数），横管式、板式、串片式散热器长度，m］；

Q——房间热负荷，W；

Q_d——散热器在设计条件下的单位散热量，根据设计条件（室温、供回水温度）按散热器的散热量计算公式计算求得，柱形散热器为 W/柱，横管散热量为 W/m；

β_1——散热器组合长度（柱数）修正因数，无单位；

β_2——散热器连接方式修正因数，无单位；

β_3——散热器安装形式修正因数，无单位；

β_4——散热器水流量修正因数，无单位；

β_5——散热器外表面颜色修正因数，无单位。

其中各项修正因数选取是不同的，下面我们针对散热器组合长度（柱数）、安装形式、水流量和外表面颜色四项修正因数来逐一分析这些因素对不同连接方式的影响。

2.2.1 组合长度（片数）对散热量的影响

采暖散热器表面是借辐射和对流两种方式将热量传递给周围空间的，散热器片数（柱数）变化时，辐射传热也会改变。所以，辐射型采暖散热器的组合长度变化时，散热量就会有所改变。如钢制柱型、铜铝复合柱翼型。铸铁采暖散热器，在传热过程中，这种柱型组合式的散热器，只有两端散热器的外侧表面才能把大部分辐射热量传给室内，中间各个相邻柱之间相互吸收辐射热，而减少了向房间的辐射热量。因此，随着柱型散热器片数的增加，其外表面占总散热面积的比例减少，散热器单位散热面积的平均散热量就将减少。一般是以 10 柱或者 1m 长度进行散热量的测试。各种柱型散热器的组合片数修正因数见表 2-1，铜铝复合柱翼型散热器组合长度修正因数见表 2-2，钢制柱型采暖散热器组合长度修正因数见表 2-3。

表 2-1 铸铁散热器柱数修正因数 β_1

散热器片数	＜6	6～10	11～20	＞20
β_1	0.95	1.00	1.05	1.10

表 2-2 铜铝复合柱翼型散热器组合长度修正因数 β_1

散热器组合长度/mm	＜500	500～800	800～1200	1200～1500	≥1500
β_1	0.97	0.98	1.00	1.02	1.03

表 2-3 钢制柱型散热器组合长度修正因数 β_1

散热器片数	3	4	5	6	7	8	9	10	11	12～14	15～17	18～20	25
β_1	0.86	0.91	0.94	0.96	0.97	0.99	0.996	1.00	1.01	1.02	1.03	1.04	1.05

本专题中所研究的散热器中，其组合片数（柱数）已经确定，因此，不存在组合片数（柱数）影响。

2.2.2 安装位置对散热量的影响

安装在房间内的散热器，可有种种方式，如敞开装置、在壁龛内、或加装遮挡罩板等。当安装方式不同时，就改变了散热器对流放热和辐射放热的条件，因而要对散热器的传热系数或散热量进行修正，即散热器安装形式修正系数见图 2-13。

装置示意	装置说明	β_3
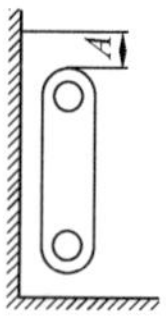	散热器安装在墙面上加隔板	当A=40mm，β_3=1.05 A=80mm，β_3=1.03 A=100mm，β_3=1.02
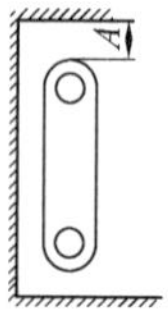	散热器装在墙龛内	当A=40mm，β_3=1.11 A=80mm，β_3=1.07 A=100mm，β_3=1.06
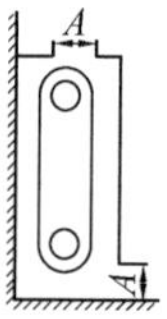	散热器安装在墙面，外面有罩。罩子上面及前面之下端有空气流通孔	当A=260mm，β_3=1.12 A=220mm，β_3=1.13 A=180mm，β_3=1.19 A=150mm，β_3=1.25
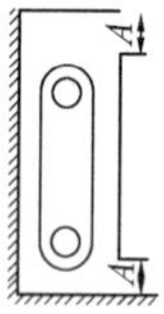	散热器安装形式同前，但空气流通孔开在罩子前面上下两端	当A=130mm，开孔是敞开的，β_3=1.2，开口有格栅时网状物盖着的，β_3=1.4
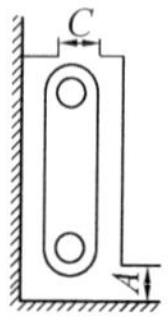	安装形式同前。但罩子上面空气流通孔宽度C不小于100mm，其他部分为格栅	当A=100mm，β_3=1.15
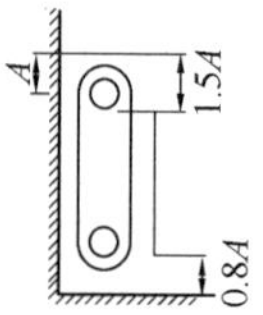	安装形式同前。空气流通口开在罩子前面上下两端，其宽度如左图。	β_3=1.0
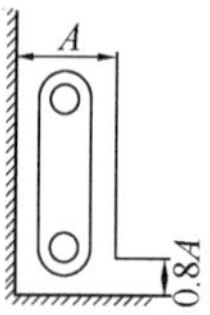	散热器用挡板挡住，挡板下端留有空气流通口，其高度为 0.8A	β_3=0.9

图 2-13 散热器安装形式修正系数β_3

注：散热器明装，敞开布置，β_3=1.0

由图 2-13 可见，散热器安装形式修正系数在散热器明装时最小，有遮挡时次之，安装外罩时最大。散热器安装隔板与散热器间距越大，其修正系数越小，说明散热器对流换热越强烈。

散热器安装有外罩时，上面及前面设空气流通孔方式与上面及下面设空气流通孔方式相比，前者安装形式修正系数小，说明前者空气对流时流动阻力小，更有利用散热器表面与空气的对流换热。散热器空气流通孔开在罩子前面上下两端方式及散热器设挡板、下端设空气流通孔方式，其安装形式修正系数与散热器明装时相当，甚至小于明装工况，这两种安装方式利用“烟囱效应”，增强了空气对流。

在本次试验过程中，散热器安装在闭式小室里，安装方式均为明装，背部距墙 0.05m，底部距墙 0.11m，散热器安装方式对散热量的影响一致。

2.2.3 流量对散热量的影响

以往的一些实验研究表明：在一定的连接方式和安装形式下，通过散热器的水流量对某些形式的散热器的传热系数和散热量也有一定影响。现将其流量修正因数综合见表2-4。

表 2-4 部分散热器在一定连接方式下流量修正因数 β_4

名称	连接方式	流量修正因数 β_4（%）					
		1/2G	G	2G	3G	4G	5G
钢串片对流散热器	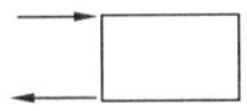	103	100	98	97	96	95
钢制版式散热器		—	100	95	95	95	95
四柱 813 散热器	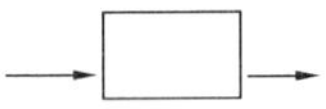	—	100	90	86	85	83
铜铝复合柱翼型散热器	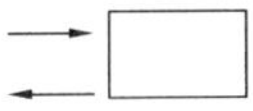	108	100	93	90	—	—

由表 2-4 可见，随着流量的增大，钢制板型散热器流量修正因数保持不变，而铸铁散热器、钢串片对流散热器及铜铝复合柱翼型散热器随流量增大，其流量修正因数在递减，且递减的幅度在逐渐减小；即流量增大到一定程度时，流量对散热量的影响较小。

从表 2-4 可以看出，当流量为基准流量的 0.5 倍时，刚串片对流散热器和铜铝复合柱翼型散热器的流量修正因数相应的数据，分别为 103%和 108%；当流量增大到 2 倍时，这四类采暖散热器流量修正在 93%和 98%范围内。本专题所作的实验，以同侧上进下出的流量为基准，其他连接方式的流量均在基准的 0.7～1.02 倍之间，流量变化很小，所以，流量在本研究中产生影响也非常小，故不予考虑。

2.2.4 外表面颜色对散热量的影响

散热器表面涂料及颜色不同，发射率就有一定的差异，对散热器的散热量有一定的影响。例如，铸铁散热器在标准散热量测试时为不涂防锈漆的原件，涂银粉等金属性油漆会降低其散热量 9%以上。表 2-5 为铜铝散热器表面涂料颜色为白色、砂红色、砂蓝色时散热器的颜色修正系数。

表 2-5 铜铝复合柱翼型散热器颜色修正因数 β_5

散热器表面颜色	散热器上下罩的开孔率%			
	14.6	24.8	35	100
白色	1.00	1.00	1.00	1.00
砂红色	1.03	1.02	1.02	1.01
砂蓝色	0.94	0.94	0.94	0.98

在本专题研究过程中，由于采用同一散热器，因此散热器表面颜色及涂料不作为变量影响散热量。

2.3 采暖散热器进出水口连接方式

本专题研究的采暖散热器进出水口连接方式对散热量的影响将在第 3 章中给出，本节主要分析散热器进出水口连接方式。将采暖散热器按照辐射型采暖散热器和对流型采暖散热器 2 种分别进行论述。辐射式采暖散热器进出水口的连接方式主要有以下 5 种，详见图 2-14～图 2-18，在钢制柱型散热器中带挡板的异侧下进下出也是近一年来比较多的一种形式，见图 2-19；对流式采暖散热器一般情况下有以下 2 种连接方式，详见图 2-20 和图 2-21。由于进出口连接方式不同，其水流方向也有差异。

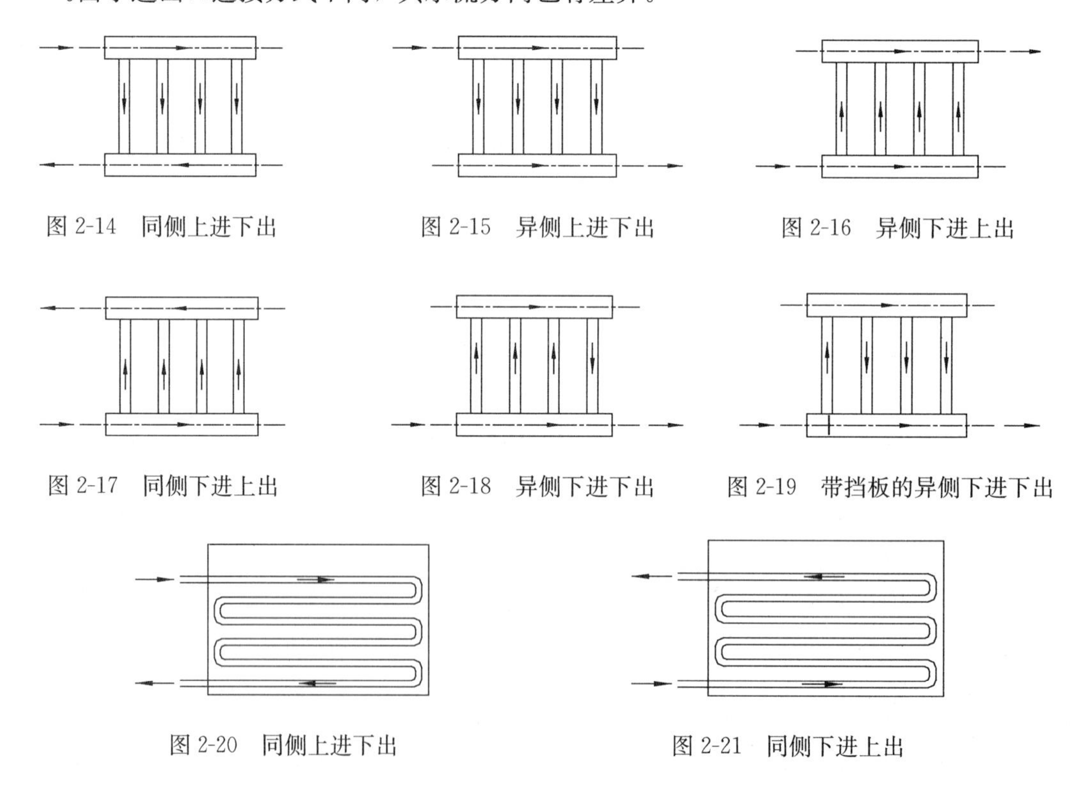

图 2-14　同侧上进下出

图 2-15　异侧上进下出

图 2-16　异侧下进上出

图 2-17　同侧下进上出

图 2-18　异侧下进下出

图 2-19　带挡板的异侧下进下出

图 2-20　同侧上进下出

图 2-21　同侧下进上出

目前由于供暖系统形式的变化、轻型散热器的特点及室内安装的需要，使散热器连接方式多样化，本文仅就以上几种常用的连接方式进行测试并归纳总结。

3　连接方式对散热量的影响及修正因数

在本章中论述了钢制柱型、钢制板型、铜铝复合柱翼型及铜管对流型新型采暖散热器样品的选取，试验方法介绍，检验数据分析及结论和不同连接方式时散热量的修正因素。

3.1　样品的选择

本专题对钢制柱型、钢制板型、铜铝复合柱翼型、铜管对流型4种新型采暖散热器选取的样品：钢制柱型采暖散热器共6组，其中同一规格同样柱数的4组（1＃、2＃、3＃、4＃），另外2组（5＃和6＃）样品是一样的，而6＃样品在下部联箱第一柱与第二柱之间增加挡板；铜铝复合柱翼型散热器4组是同一规格同样柱数；钢制板型采暖散热器供选择3组样品，其中2组样品是同样的；因时间限制，铜管对流型散热器仅选取1组。测试样品详细参数和样品照片如表3-1所示。

表3-1　课题选用测试样品

样品名称	样品描述	样　品　照　片
钢制柱型散热器	样品为椭圆管双柱散热器，椭圆管长轴和短轴尺寸为50mm×25mm，共10柱。 外形尺寸： 高度：670mm； 宽度：100mm； 长度：595mm； 同侧进出中心距：600mm。 样品数量：4组	  
钢制柱型散热器	样品为椭圆管双柱散热器，椭圆管长轴和短轴尺寸为50mm×25mm，共10柱。 外形尺寸： 高度：670mm； 宽度：100mm； 长度：605mm； 同侧进出中心距：600mm。 样品数量：2组	 

续表 3-1

样品名称	样品描述	样品照片
钢制板型散热器	样品结构为双板双对流片。 外形尺寸： 高度：600mm； 宽度：100mm； 长度：800mm； 同侧进出中心距：545mm。 样品数量：2组	 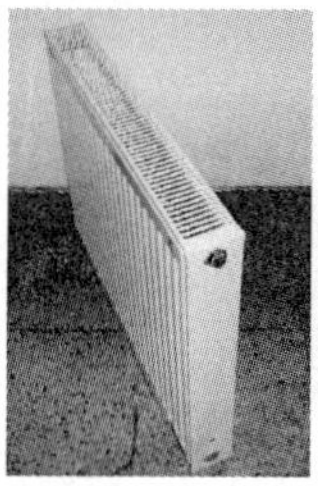 
	样品结构为双板双对流片。 外形尺寸： 高度：600mm； 宽度：105mm； 长度：405mm； 同侧进出中心距：545mm。 样品数量：1组	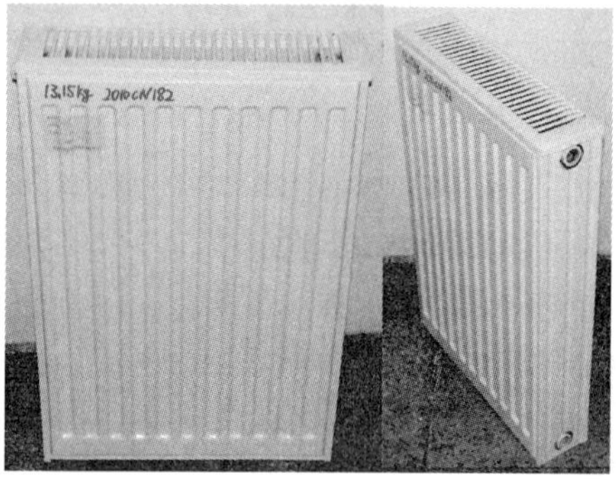
铜铝复合散热器	样品铝翼尺寸为75mm×75mm，共8柱。 外形尺寸： 高度：645mm； 宽度：75mm； 长度：630mm。 样品数量：4组	  

续表 3-1

样品名称	样品描述	样　品　照　片
铜管对流散热器	样品属单体型铜管对流散热器，外形尺寸： 高度：585mm； 宽度：125mm； 长度：1025mm； 其背部有挡板，联箱内藏，有放气阀；散热元件铜管管径 ϕ19.05，4 管串联。 样品数量：1 组	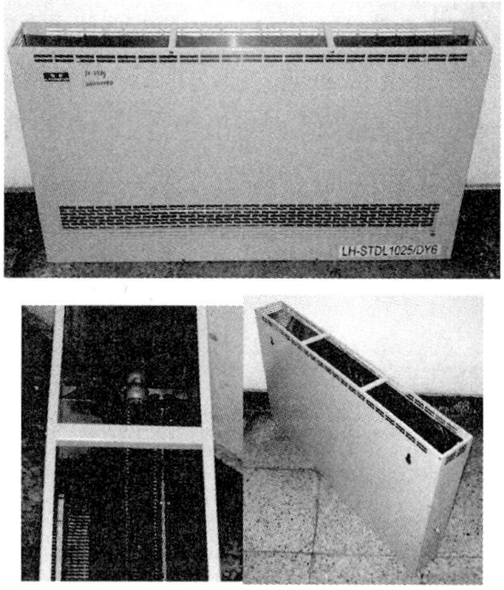

3.2　试验方法简介

根据《采暖散热器热量测定方法》GB/T 13754-2008 的规定，本实验采用标准中规定的标准工况进行测试。

散热器的安装条件：散热器应与安装位置所在的壁面平行，并对称于该壁面的中心线；散热器安装位置所在的壁面与距其最近的散热器表面之间的距离应为(0.05±0.005) m;散热器底部应与小室地面平行，其底部与小室底部的间距应为(0.11±0.01)m。

标准测试工况：基准点空气温度为 18℃±1k，小室大气压力为标准大气压力；辐射散热器进出口温差为 25±1k，即进口水温为 95℃，出口水温为 70℃；对流散热器进出口温差为 12.5±1k，即进口水温为 88.75℃，出口水温为 76.25℃的测试工况。

每个样品至少在 3 种不同工况下进行测试，样品进出水平均温度与基准点空气温度的差值分别为 64.5k±1k、32k±3k 和 47k±3k 这三个工况测试的基础上进行。

测试在热媒循环系统和闭式小室的环境全部达到稳态条件后进行，即当在至少三十分钟内得到的所有读数（至少 12 组）与平均值的最大偏差小于下列范围时，可以认为达到稳态条件：

a）热媒循环系统的稳态条件如下：

测试参数	与平均值的最大偏差
流　　量	±1%
温　　度	±0.1℃

b）测试装置环境的稳态条件如下：

测试参数	与平均值的最大偏差
各壁面中心温度	±0.3℃
安装散热器墙壁内表面温度	±0.5℃

基准点温度　　　　　　　　±0.1℃

在样品的整个测试过程中热媒循环系统和测试装置环境都应保持稳态条件。

3.3 数据处理

试验样品的数据处理，利用《采暖散热器热量测定方法》GB/T 13754-2008 中规定的测试方法，使用上面所得的 3 个工况中的流量、各个工况进出口温度对应的焓差、散热量，采用二元线性回归方程方法计算拟合出标准工况下散热量 Q 与计算温差 ΔT 的关系，测试得到的标准特征公式表示如下：

$$Q = K_{M} \cdot \Delta T^{n} \tag{3-1}$$

式中　Q——散热器散热量，W；

ΔT——过余温度，K；

K_{M}，n——针对该散热器型号的常数，通过最小二乘法求得。

3.4 检验数据分析及结论

以下分别对钢制柱型、钢制板型、铜铝复合柱翼型和铜管对流型采暖散热器的不同连接方式进行了测试和数据整理，并分析得出相应结论。

3.4.1 钢制柱型散热器

本专题选用 4 组同规格型号相同柱数的钢制柱型采暖散热器（编号分别为 1＃、2＃、3＃、4＃）分别测试其同侧上进下出、异侧上进下出、异侧下进上出、异侧下进下出和同侧下进上出 5 种类型；另外选用 1 组带挡板的测试一侧底进底出。测试数据见表 3-2。

表 3-2　钢制柱型采暖散热器连接方式对散热量的影响及修正因数

样品编号	重量（kg）	连接方式	计算公式 $Q = K_{M} \cdot \Delta T^{n}$	标准散热量（W）	与标准散热量的比值 /%	β_2	连接方式图例
1＃	21.10	同侧上进下出	$6.4197\Delta T^{1.2543}$	1150.7	100	1.00	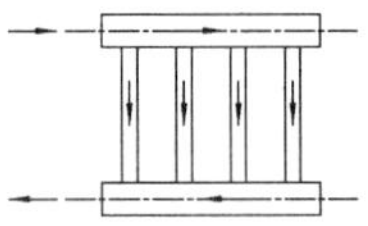
2＃	21.10		$5.3634\Delta T^{1.2835}$	1127.2	100	1.00	
3＃	21.15		$5.2152\Delta T^{1.2862}$	1108.5	100	1.00	
4＃	21.10		$5.3172\Delta T^{1.2874}$	1123.1	100	1.00	
1＃	21.10	异侧上进下出	$5.1598\Delta T^{1.2982}$	1152.9	100	1.00	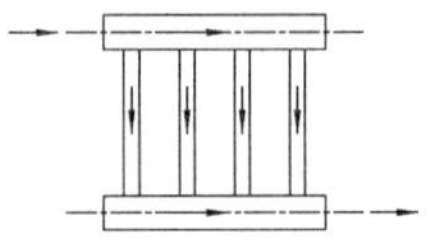
2＃	21.10		$5.3517\Delta T^{1.2845}$	1129.5	100	1.00	
3＃	21.15		$5.6335\Delta T^{1.2794}$	1163.9	105	0.95	
4＃	21.10		$5.7303\Delta T^{1.2729}$	1152.3	103	0.97	
1＃	21.10	异侧下进下出	$4.5457\Delta T^{1.2778}$	932.9	81	1.23	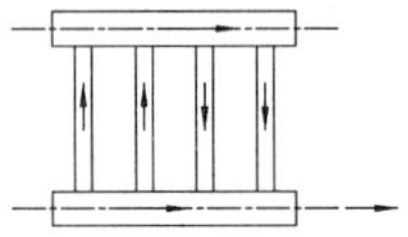
2＃	21.10		$4.5312\Delta T^{1.2752}$	919.9	82	1.23	
3＃	21.15		$4.5226\Delta T^{1.2633}$	873.8	79	1.27	
4＃	21.10		$4.5988\Delta T^{1.2702}$	914.4	81	1.23	

续表 3-2

样品编号	重量(kg)	连接方式	计算公式 $Q=K_M \cdot \Delta T^n$	标准散热量(W)	与标准散热量的比值/%	β_2	连接方式图例
1#	21.10	异侧下进上出	$4.5876\Delta T^{1.2663}$	897.5	78	1.28	
2#	21.10		$4.4423\Delta T^{1.2723}$	891.1	79	1.26	
3#	21.15		$4.5574\Delta T^{1.2661}$	890.8	80	1.24	
4#	21.10		$4.9994\Delta T^{1.2429}$	887.2	79	1.27	
1#	21.10	同侧下进上出	$4.4392\Delta T^{1.2711}$	886.0	77	1.30	
2#	21.10		$4.3247\Delta T^{1.2757}$	879.9	78	1.28	
3#	21.15		$4.4127\Delta T^{1.2642}$	855.8	77	1.30	
4#	21.10		$4.3046\Delta T^{1.2757}$	875.8	78	1.28	
5#	19.95	同侧上进下出	$5.3410\Delta T^{1.2730}$	1074.47	100	1.00	
6#	19.95	带隔板的底进底出	$5.3082\Delta T^{1.2690}$	1050.21	98	1.02	

从表 3-2 可以看出，从 1#～4# 这 4 个样品在同侧上进下出、异侧上进下出、异侧下进上出、异侧下进下出和同侧下进上出 5 种类型的检测数据的一致性是比较好的。

钢制柱型散热器的散热量随连接方式不同而差距较大。最高值（异侧上进下出）与最低值（同侧下进上出）相差 30%。所得散热量由大到小的顺序为：异侧上进下出，同侧上进下出，异侧下进下出，异侧下进上出，同侧下进上出。

对于以上数据中，异侧上进下出所得散热量好于同侧上进下出的原因，经分析认为，主要是同流程的连接方式每根立管中水流量比较均匀，换热效果好，而异流程的连接方式每根立管中水流量不均匀，距离进出水口近的立管中水流量较大，远离进出水口的立管中水流量较小，此时散热器整体的换热效果较差些。

同侧上进下出连接方式所得散热量好于同侧下进上出，异侧上进下出连接方式所得散热量好于异侧下进上出，分析原因，在上进下出的连接方式中水侧与空气侧换热是逆流换热，而在下进上出的连接方式中水侧与空气侧换热为顺流换热，我们知道在传热学中，逆流换热平均温差要大于顺流换热平均温差，换热效果好。水侧与空气侧流动方向见图3-1。

异侧下进上出连接方式所得散热量好于同侧下进上出，原因在于异侧下进上出方式属同流程，而同侧下进上出方式属异流程，散热器中流量分布不均，因此异侧下进上出方式换热效果好。

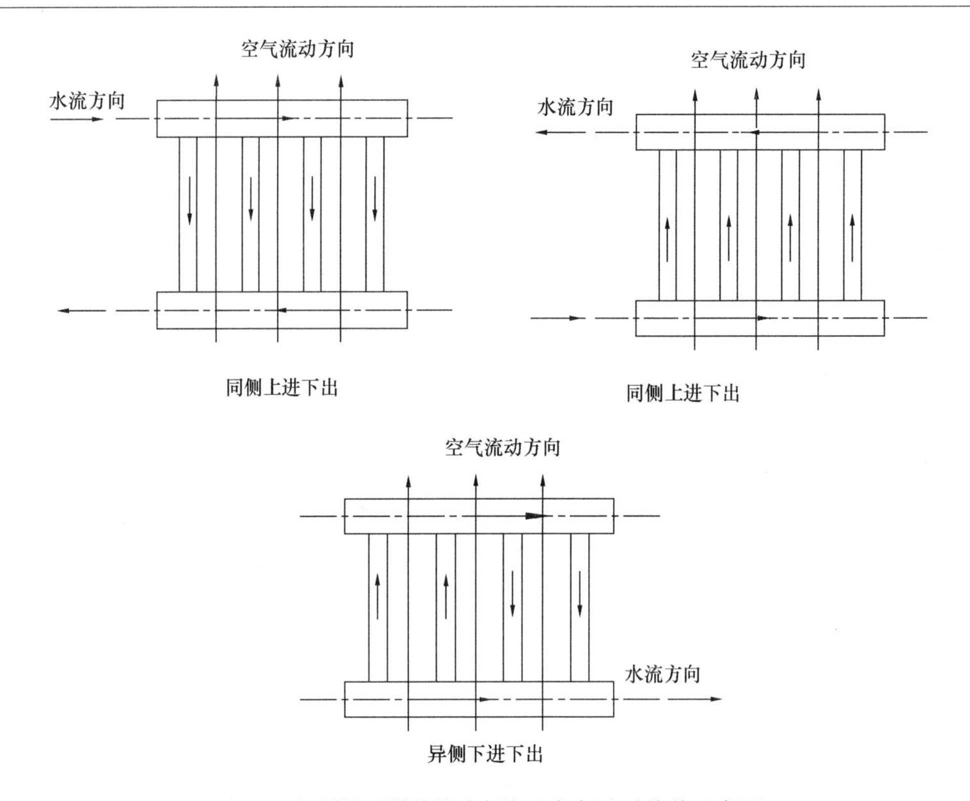

图 3-1　钢制柱型散热器水侧与空气侧流动换热示意图

异侧下进下出连接方式所得散热量好于异侧和同侧下进上出，而低于异侧和同侧上进下出，分析其主要原因，如图 3-1 中所示，是有部分水流自下联箱流到上联箱面后再从上联箱向下流入下联箱，致使水流侧与空气侧一部分是顺流换热，一部分是逆流换热，因此异侧下进下出的连接方式所得散热量居于四者中间。

本次实验的结果与过去对铸铁散热器的测试结果大致相同。但有明显差异的是钢制柱型散热器异侧上进下出连接方式所得散热量最大，而铸铁散热器同侧上进下出时最大。造成此种差别的原因，我们认为是本次试验选用样品长度较以前测试所用样品短，散热器上下联箱内水的温度易均匀并达到一致，故由水温所产生的压差非常小，对散热量起到的影响就小，而异侧上进下出水流均匀，换热效果要好。

目前市场上还有一种比较常见的连接方式为底进底出的钢制散热器产品，该产品是以一端连接进出水口，进出水口间设隔板，这时以一个立柱作上行水管，其余均为下行水管。在我们的测试中其散热量接近同侧上进下出连接方式（10 柱时散热量仅比同侧上进下出连接方式低 2%）。工程中采用此种连接方式是比较适宜的，但是，这种连接方式的散热器应特别注意，制造过程中设置隔板时一定要严密，国家空调设备质量监督检验中心散热器实验室在日常的检测业务中经常遇到隔板不严密，使一部分水通过隔板的缝隙直接从出口流出，致使散热器散热量大大减少。

对钢制柱型散热器而言，从保证散热量的角度出发，推荐的连接方式为异侧上进下出、同侧上进下出、一端底进底出两管口间加隔板，这 3 种连接方式的散热量大致相等，应作为优选的连接方式。

表 3-2 中异侧下进上出、异侧下进下出和同侧下进上出，其散热量减少都在 24%～

30%之间，工程中尽量少采用。特殊需要时，必须认真考虑散热器数量的附加问题。

3.4.2 钢制板型散热器

本专题选用2组同规格型号相同钢制板型采暖散热器分别测试其同侧上进下出、异侧上进下出、异侧下进上出、异测下进下出和同侧下进上出5种类型。其连接方式对散热量的影响及其修正因数见表3-3。

表3-3 钢制板型散热器连接方式对散热量的影响及其修正因数

样品编号	重量(kg)	连接方式	计算公式	标准散热量(W)	与标准散热量的比值/%	β_2	图例
1#	27	同侧上进下出		1677.6	100	1.00	
2#	27.3			1696.5	100	1.00	
3#	13.15			925.2	100	1.00	
1#	27	异侧上进下出		1654.4	99	1.01	
2#	27.3			1661.6	98	1.02	
3#	13.15			929.5	100	0.99	
1#	27	异侧下进下出		1560.2	93	1.08	
2#	27.3			1559.4	92	1.09	
3#	13.15			859.4	93	1.08	
1#	27	进上出		1145.6	68	1.46	
2#	27.3			1161.4	68	1.46	
3#	13.15			657.1	71	1.41	
1#	27	同侧下进上出		1120.7	67	1.50	
2#	27.3			1127.3	66	1.50	
3#	13.15			650.6	70	1.42	

从表3-3中我们所测试的3组钢制板型散热器数据可知，连接方式对钢制采暖散热器散热量的影响差距最大。最高值（异侧上进上出）与最低值（同侧下进上出）相差近50%。同一散热器所得散热量由大到小的顺序为：同侧上进下出，异侧上进下出，异侧下进下出，异侧下进上出，同侧下进上出。此规律与过去对铸铁散热器的测试结果所得散热量规律一致。其中3#钢制板型散热器异侧上进下出好于同侧上进下出，主要是这组散热器从长度上是1#和2#的一半，由此可见，当散热器的长度较小时，其上下联箱内水温

度比较均匀一致（基本上等于进出水口的温度），由水温所产生的压差非常小，可以忽略不计，而异侧上进下出连接方式中散热器每个流道中水流比较均匀，换热效果好，所得散热量大于同侧上进下出。

同侧（异侧）上进下出好于同侧下进上出，异侧下进下出好于异侧下进上出，这种情况出现的原因与钢制柱型采暖散热器是一样的。

在工程设计施工和使用时，我们推荐钢制板型散热器的优先选用的连接方式为异侧上进下出、同侧上进下出，这 2 种连接方式，二者的散热量大致相等；异侧下进下出连接方式的散热量减少 10%以内，选用时考虑适当附加散热器数量。

表 3-3 中异侧下进上出和同侧下进上出，其散热量减少都在 40%以上，工程中不建议采用。

3.4.3 铜铝复合柱翼型散热器

本专题选用 4 组同规格型号相同柱数的铜铝复合柱翼型采暖散热器分别测试其同侧上进下出、异侧上进下出、异侧下进上出和同侧下进上出 4 种类型。详见表 3-4。

表 3-4 铜铝复合柱翼型采暖散热器连接方式对散热量的影响及修正因数

样品编号	重量(kg)	连接方式	计算公式 $Q=K_M \cdot \Delta T^n$	标准散热量(W)	与标准散热量的比值/%	β_2	连接方式图例
1#	8.34	同侧上进下出	$6.8745\Delta T^{1.2443}$	1227.1	100	1.00	
2#	8.45		$5.1060\Delta T^{1.3118}$	1207.4	100	1.00	
3#	8.44		$5.3106\Delta T^{1.3054}$	1222.8	100	1.00	
4#	8.45		$4.8107\Delta T^{1.3309}$	1231.8	100	1.00	
1#	8.34	异侧上进下出	$5.1357\Delta T^{1.3145}$	1228.2	100	1.00	
2#	8.45		$5.3699\Delta T^{1.3034}$	1226.2	102	0.98	
3#	8.44		$5.2897\Delta T^{1.3081}$	1231.7	101	0.99	
4#	8.45		$5.1283\Delta T^{1.3182}$	1245.5	101	0.99	
1#	8.34	异侧下进上出	$3.8290\Delta T^{1.3097}$	897.6	73	1.37	
2#	8.45		$3.9408\Delta T^{1.3009}$	890.5	74	1.36	
3#	8.44		$3.8509\Delta T^{1.3061}$	889.3	73	1.38	
4#	8.45		$4.1719\Delta T^{1.2893}$	898.3	73	1.37	
1#	8.34	同侧下进上出	$3.8713\Delta T^{1.3043}$	887.3	72	1.38	
2#	8.45		$4.0186\Delta T^{1.2923}$	876.1	73	1.38	
3#	8.44		$3.8689\Delta T^{1.3019}$	877.9	72	1.39	
4#	8.45		$4.0915\Delta T^{1.2873}$	873.6	71	1.41	

从表 3-4 可以看出，从 1#～4#这 4 个样品在同侧上进下出、异侧上进下出、异侧下进上出和同侧下进上出 4 种类型的检测数据的一致性是比较好的。

铜铝复合柱翼型散热器的散热量随连接方式不同仍然是差距甚大。最高与最低值相差 41%。所得散热量由大到小的顺序为：异侧上进下出，同侧上进下出，同侧下进上出，异侧下进上。铜铝复合柱翼型散热器的这 4 种连接方式与上面的钢制柱型和钢制板型的规律比较一致。

为了便于对比，现将课题测试的样品不同连接方式下的散热量与标准散热量的比值（n_1）和修正因数取平均值（β_{21}），并与表 1-2 中相对应连接方式下的与标准散热量的比值（n_2）和修正因数（β_{22}）作表 3-5。

表 3-5 本专题所作铜铝复合柱翼型散热器四种连接方式与青岛理工测试的对比

连接方式	连接方式图例	n_1	β_{21}	n_2	β_{22}
同侧上进下出	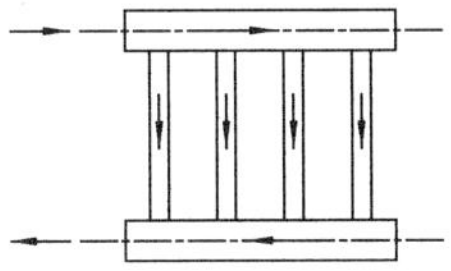	100	1.00	100	1.00
异侧上进下出	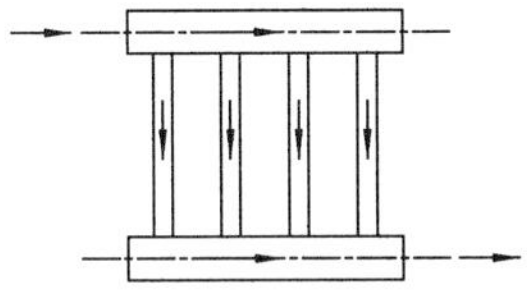	101	0.99	103.9	0.96
异侧下进上出	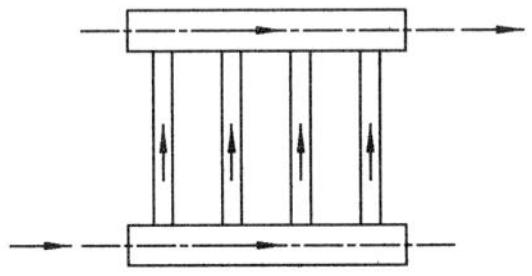	73	1.37	72.66	1.38
同侧下进上出	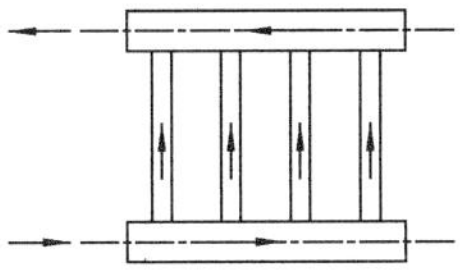	72	1.38	72.18	1.39

由表 3-5 可知，在同侧上进下出，异侧上进下出，异侧下进下出和异侧下进上 4 种连接方式中，本专题所得出的结论与青岛理工大学所得结论一致，因时间与经费的关系，本专题未作其他连接方式的研究，异侧下进下出和底进底出中间加隔板的连接方式等将引用青岛理工大学的结论。

从表 1-2 可以看出，比较同侧上进下出，异侧上进下出，异侧下进下出，异侧下进上，同侧下进上出这 5 种方式所得散热量由大到小的顺序为：异侧上进下出，同侧上进下出，异侧下进下出，异侧下进上出，同侧下进上出。此规律与钢制柱型采暖散热器的这 5 种接口方式所得散热量规律一致。

铜铝复合柱翼型散热器也有部分连接方式是底进底出，同钢制柱型散热器一样，以一端连接进出水口，进出水口间设隔板，这时以一个立柱作上行水管，其余均为下行水管。表 1-2 中其散热量接近同侧上进下出连接方式（12 柱时底进底出散热量比同侧上进下出散热量仅低 1%）。而一端底进底出且两管口间不设隔板是不可取的，散热量会减少 14%以上。

从以上数据中可见，铜铝复合柱翼型散热器与过去对铸铁散热器的测试结果也是大致相同。但有明显差异的一点仍是铜铝复合柱翼型散热器异侧上进下出连接方式所得散热量最大，而铸铁散热器同侧上进下出时最大。

从表 1-2 中可以看出，连接方式为异侧上进下出、同侧上进下出、一端底进底出两管口间加隔板，这 3 种连接方式的散热量大致相等，在工程设计和安装中应作为优选的连接方式。

表 1-2 中两端底进底出、下联箱无隔板，异侧下进下出，底进底出两管口间无隔板 3 中连接方式，其散热量减少 8%～14%，工程设计安装过程中可以采用，散热器数量要有一定的附加；表 3-4 和表 3-5 中可以看到，异侧下进上出（底进上出）、同侧下进上出，其散热量减少 37%～40%，工程中尽量避免采用。特殊需要时，必须认真考虑散热器数量的附加问题。

3.4.4 铜管对流散热器

铜管对流散热器只有一个进口和一个出口，由于本测试利用国家空调设备质量监督检验中心采暖散热器实验室的热工性能测试台，该测试台近年承担大量的检测业务，因此，限于时间和经费的关系，本专题选用 1 组单体型铜管对流散热器分别测试其同侧上进下出和同侧下进上出 2 种类型。见表 3-6。

表 3-6 单体型铜管对流采暖散热器连接方式对散热量的影响及修正因数

样品编号	重量(kg)	连接方式	计算公式 $Q=K_M\cdot\Delta T^n$	标准散热量(W)	与标准散热量的比值/%	β_2	图例
1#	12.25	同侧上进下出	$8.3288\Delta T^{1.3609}$	2416.6	100	1.00	
1#	12.25	同侧下进上出	$12.0532\Delta T^{1.2596}$	2293.1	95	1.05	

单体型铜管对流散热器的散热量在同侧上进下出和同侧下进上出 2 种连接方式上相差仅为 5%，二者的相同点是水的流程相同；从换热方式上，水侧与空气侧换热二者均为混合流，但是，同侧上进下出中水侧与空气侧换热主要是逆流方式，同侧下进上出水侧与空气侧换热主要是顺流方式，见图 3-2。

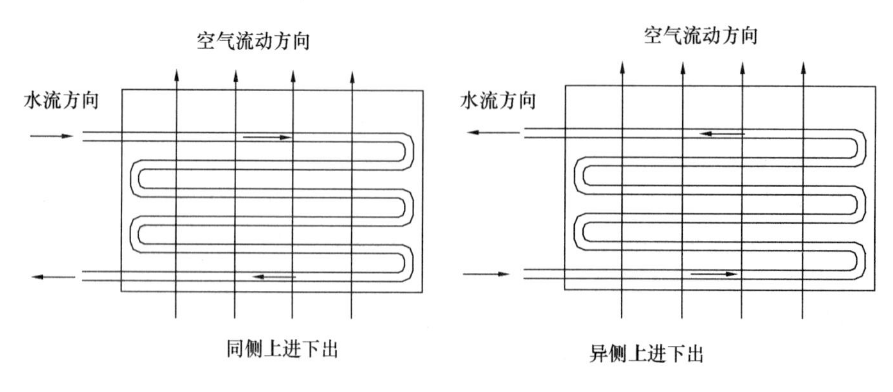

图 3-2 铜管对流型散热器水侧与空气侧换热示意图

4 结论

1. 报告中给出钢制柱型、钢制板型、铜铝复合柱翼型及铜管对流型 4 种新型采暖散热器不同连接方式对散热量影响情况，并给出基于同侧上进下出连接方式的其他连接方式下散热量的修正系数。

2. 散热器的散热量随连接方式不同而差距甚大，钢制柱型采暖散热器最高与最低相差 30%；铜铝复合柱翼型采暖散热器最高与最低相差 40%；钢制板型散热器最高与最低值相差近 50%；这是值得工程技术人员和散热器生产厂家密切注意的问题，否则会造成因散热器配置数量不足，而使房间温度过低的问题。单体型铜管对流散热器的 2 种连接方式散热量相差仅为 5%。

3. 在研究过程中，发现不同的连接方式对于钢制柱型和铜铝复合柱翼型采暖散热器的影响是一致的，不同连接方式所得散热量由大到小的顺序为：异侧上进下出，同侧上进下出，同一端底进底出、两管口间带隔板的，异侧下进下出（钢制柱型和铜铝复合柱翼型采暖散热器），异侧下进上出，同侧下进上出。而钢制板型散热器不同连接方式所得散热量由大到小的顺序为：同侧上进下出，异侧上进下出，异侧下进上出，同侧下进上出。

4. 钢制柱型和铜铝复合柱翼型散热器二者相同之处是异侧上进下出的散热量均大于同侧上进下出时的散热量。究其原因是异侧上进下出的散热器为同流程，每根立管中水流量均匀，换热效果好；同侧上进下出的散热器为异流程，每根立管中水流量不均匀，而导致换热效果差些。对于钢制板型散热器当长度较小时，符合上面的结论，当长度到达 800mm 以上时，由水温所产生的压差起的作用就显著，所得散热量为同侧上进下出大于异侧上进下出。

同侧上进下出连接方式所得散热量好于同侧下进上出，异侧上进下出连接方式所得散热量好于异侧下进上出，原因在于，在上进下出的连接方式中水侧与空气侧换热是逆流换热，而在下进上出的连接方式中水侧与空气侧换热为顺流换热，而逆流换热平均温差要大于顺流换热平均温差，换热效果好。

异侧下进上出连接方式所得散热量好于同侧下进上出，原因在于异侧下进上出方式属同流程，而同侧下进上出方式属异流程，散热器中流量分布不均，因此异侧下进上出方式换热效果好。

异侧下进下出连接方式所得散热量好于异侧和同侧下进上出，而低于异侧和同侧上进下出，原因在于有部分水流自下联箱流到上联箱面后再从上联箱向下流入下联箱，致使水流侧与空气侧一部分是顺流换热，一部分是逆流换热，因此异侧下进下出的连接方式所得散热量居于四者中间。

5. 单体型铜管对流散热器的散热量在同侧上进下出和同侧下进上出 2 种连接方式相差仅为 5%，从换热方式上看，水侧与空气侧换热二者均为混合流，但是，同侧上进下出中水侧与空气侧换热主要是逆流方式，同侧下进上出水侧与空气侧换热主要是顺流方式。

6. 在工程设计和安装中应作为优选的连接方式：对于钢制柱型、铜铝复合柱翼型采暖散热器，连接方式为异侧上进下出、同侧上进下出、一端底进底出两管口间加隔板，这 3 种连接方式；对于钢制板型采暖散热器异侧上进下出和同侧上进下出，这 2 种连接方式。单体型铜管对流型散热器的2种连接方式都可用，但通常情况下还是采用上进下出的进出口连接方式。

7. 辐射型采暖散热器中异侧下进上出（底进上出）、同侧下进上出，工程中尽量避免采用。特殊需要时，必须认真考虑散热器数量的附加问题。

5 参考文献

[1] 牟灵泉，宋为民，肖曰嵘，董重成. 我国采暖散热器发展方向探索[J]. 采暖散热器行业，2006. 9.

[2] 贺平，孙刚. 供热工程(第三版)[M]. 北京：中国建筑工业出版社，1993.

[3] 张双喜，余才锐等. 铜铝复合柱翼型散热器连接方式对散热量的影响[J]. 暖通空调，2006. 3，第36卷第3期.

[4] 陆耀庆. 供暖通风设计手册[M]. 北京：中国建筑工业出版社，1987.

[5] 田小虎. 钢制柱形散热器热工性能的分析研究及实验数据的整理方法[D]. 天津大学，1990.

[6] 全国采暖通风空调及净化设备标准化技术委员会. 采暖散热器热量测定方法 GB/T 13754-2008[S]. 北京：中国标准出版社. 2009.

发热电缆地面辐射供暖线功率限值研究

中国建筑科学研究院　杜国付　邹　瑜

1　发热电缆地面辐射供暖概述

地面辐射供暖技术是目前一种重要的供暖方式，在国内得到广泛的应用，并取得了良好的效果。目前的地面辐射供暖按加热介质来划分，主要有低温热水地面辐射供暖和发热电缆地面辐射供暖。发热电缆地面辐射供暖虽然在国内应用时间较短，但是发展速度较快。

发热电缆地面辐射供暖，起源于北欧寒冷地区的国家，用于解决室内采暖、道路融雪、水管伴热等，具有不污染环境、升温快、便于独立控制和分户热计量、在电力充足地区不失为一种很好的供暖方式。

发热电缆低温辐射供暖系统是以电力为能源，发热电缆为发热体，高效率地将电能转换热能，以建筑物内部地面作为散热面，通过辐射和对流的方式加热周围空气及物体（人、家具），保障建筑物的室温达到舒适要求。

该系统是由发热电缆和温控器两部分组成，发热电缆铺设于地面中，温控器安装于墙上，当室内环境温度或地面温度低于温控器设定的温度时，温控器接通电源，发热电缆通电后开始发热升温，发出的热量被覆盖的水泥层吸收，然后均匀加热室内空气，还有一部分热量以远红外辐射的方式直接释放到室内，使室内温度分布更为合理。

发热电缆地面辐射供暖的施工构造与低温热水地面辐射供暖形式相似，就是将直径6mm左右的、表面工作温度60℃左右的发热电缆铺设在楼板绝热层之上，再覆盖以填充层和面层。发热电缆的发热元件是由铜、镍合金制成的电阻丝。发热电缆通过密封防水的接线盒与冷线相连，当冷线被加上电压后，电流在发热电缆中通过，电能转化为热能。根据发热电缆内部结构的不同，又分为单导线和双导线及无屏蔽层导线。如图1-1所示。

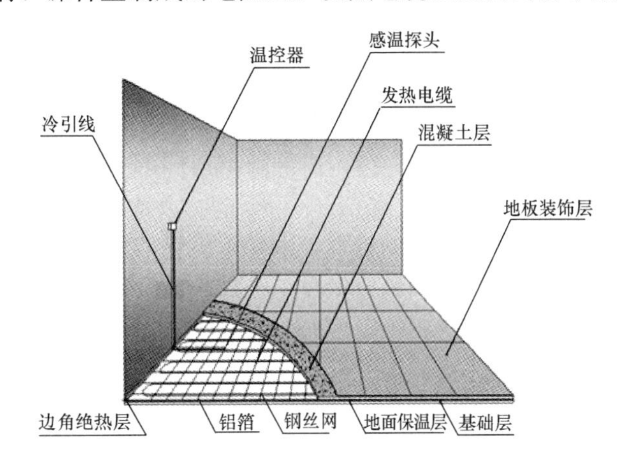

图1-1　低温辐射发热电缆安装示意图

发热电缆地面辐射采暖的特点：

地板辐射采暖就是通过埋设在地板内的加热电缆等来加热地板，控制地板表面温度以对室内供暖的采暖方式。

优点：

●热舒适性好：平均辐射温度高。辐射采暖不同于对流采暖的一点就是传递到室内的热中有很大的比例是通过辐射的方式完成的，更符合人体与周围环境之间的热交换模式，因此人的舒适性更好。

●热稳定性好：混凝土填充层具有较大的蓄热能力，使得系统热容量大，热稳定性良好。

●节能：采用地面辐射供暖可适当降低室内采暖设计温度。人员的热舒适感主要取决于人体实感温度，实感温度是室内平均辐射温度和室内空气温度的综合作用，辐射采暖提高了室内各表面温度，使得室内平均辐射温度升高。因此，在获得相同的热舒适度的前提下，采用辐射采暖的房间设计温度可比传统的对流采暖适当降低，节约了采暖能耗。

●便于管理和实行热计量。地板辐射采暖单户自成系统，可实现分户热计量，适应供热方式的变革，而且使人们可以自主调节室温，可按自己的舒适度需要和经济条件，任意用手动、自动或远程调控，可分室、分时调节温度，既满足个性化舒适要求又可按需供热，从而避免了能源浪费。

●室内美观：与传统的散热器采暖相比，没有地面上的散热器，也没有连接散热器的水平管道，不占用室内空间和面积，便于装修和家具的布置，使室内更加美观。另外发热电缆配套设备体积均较小，节省空间。

●改善供电功率因数：因电热器无电感是电阻型耗电，故可改善（提高）供电功率因数。

●排峰填谷、运行经济：地板采暖系统有蓄热功能，根据政府低谷用电优惠政策的出台，完全可以利用低谷时段来储备热量，满足全天的供暖，将电能消耗转移到低谷时段使用，运行更经济。

缺点：

尽管低温地板辐射采暖有许多优点，它也存在一些问题。

●增加了地板厚度，且地板采暖属于隐蔽性工程，维修困难，另外，对地面的装饰和布置也有一定的限制。

●为节约费用利用低谷电可能导致室温波动较大：为了尽量集中利用低谷电给地板蓄热，必然提高地板的温度，随之室温也将升高；而在地板放热后其温度或室温又随之降低。

●有不安全因素：电加热电缆一旦发生漏电事故，既难查找又使建筑有带电危险。

●不适于取代集中热水供暖：电力毕竟是高品位的清洁能源，因采暖的电耗量很大，如普遍地用于采暖，势必可能造成电网的不堪负担。故它必须是在电网规划允许和可能的条件下开发利用。

●住宅商品化的进程，带来了供热体制的变革，也引起了采暖方式的巨大变化。总体来说发热电缆地面辐射供暖是一种舒适度比较高的采暖技术，如果运用得当也有比较高的节能性。

2 研究背景

普通发热电缆的线功率是基本恒定的，热量不能散出来就会导致局部温度上升，成为安全的隐患。国家标准《额定电压 300/500V 生活设施加热和防结冰用加热电缆》GB/T 20841-2007/IEC60800：1992 规定，护套材料为聚氯乙烯的发热电缆，表面工作温度（电缆表面允许的最高连续温度）为 70℃；《美国 UL 认证》规定，发热电缆表面工作温度不超过 65℃。要满足对电缆表面工作温度的要求，最直接的措施就是限制电缆的线功率。在国内的设计、施工实际状况下，电缆的线功率如何限定是个必须解决的问题，而且线功率的确定必须结合中国的实际，考虑气候、围护结构参数、地面辐射采暖构造、室内参数要求等因素影响。

3 数学模型的建立软件编程

本研究采用理论结算分析的方法进行发热电缆线功率限值的确定。

本课题依据 2008 ASHRAE Handbook-Panel Heating and Cooling 中提出的一套地板辐射采暖的计算方法，建立数学模型，利用 FORTRAN 编制计算程序进行计算分析。

3.1 发热电缆地面辐射的构成

发热电缆地面辐射供暖构造主要包括楼板、保温层、填充层，填充层一般采用豆石混凝土，并用水泥砂浆找平，装饰面层可以为瓷砖、塑料类材料、木地板等，构造如图 3-1 所示。

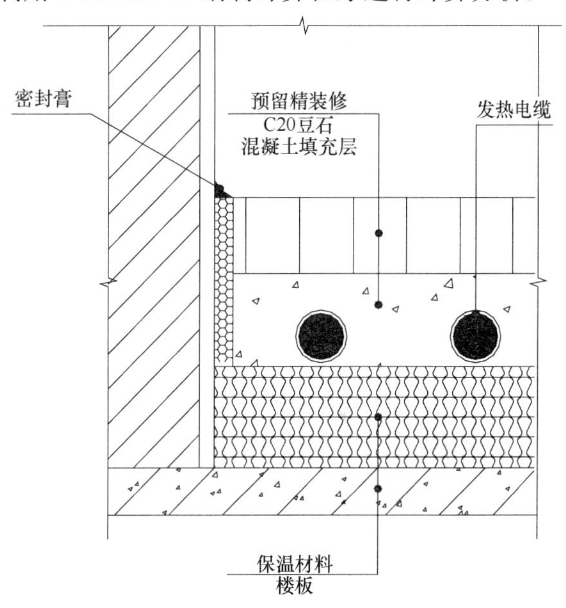

图 3-1 发热电缆地面辐射供暖构造示意图

3.2 地板表面传热过程

在一个封闭空间内，地板与室内空间及周围的围护结构之间的热传递存在两种基本方式，一为热辐射，二为对流换热。

3.2.1 地板表面辐射换热

根据 2005 年 ASHRAE Handbook-Fundamentals 第 3 章，多面灰色漫反射等温围护结构组成的封闭空间内，辐射换热的基本方程如下：

$$q_{\mathrm{r}} = J_{\mathrm{p}} - \sum_{j=1}^{n} F_{\mathrm{p}j} J_{j} \tag{3-1}$$

式中 q_{r}——地板表面的净辐射换热，W/m^2；

J_{p}——地板发出的总辐射热，W/m^2；

J_j——封闭空间内其他表面对地板的辐射热，W/m^2；

$F_{\mathrm{p}j}$——地板与其他表面间的角系数；

n——封闭空间内除平板外的表面数。

角系数可以参见 2005 ASHRAE Handbook-Fundamentals 第 6 章的图 6。Fanger 教授

1972年发表了房间相关的角系数。也可以通过 ASHRAE’s Energy Calculations I（1976）中的算法进行计算。

但总体来说，上面的计算方法还是比较繁琐的。为此出现了几种简化的办法。简化的核心理论是将上述多个面组成的封闭空间内的换热简化成两个面之间的换热，成为 MRT 方法。MRT 方法，是将平板与空间内其他表面的辐射换热，假设为其与一个具有相同辐射换热系数、表面温度，而且具有与封闭空间内其他表面相同的换热效果的虚拟表面之间的辐射换热，换热公式简化为：

$$q_r = \sigma F_r [T_p^4 - T_r^4] \tag{3-2}$$

式中 σ——Stefan-Boltzmann 常数，5.67×10^{-8}W/（$m^2\cdot K^4$）；

F_r——辐射换热系数；

T_p——平板有效温度，K；

T_r——虚拟表面的温度，K。

虚拟表面的温度 T_r 为其他各表面温度的面积、发射系数的加权平均值：

$$T_r = \frac{\sum_{j\neq p}^{n} A_j \varepsilon_j T_j}{\sum_{j\neq p}^{n} A_j T_j} \tag{3-3}$$

式中 A_j——其他各表面面积，m^2；

T_j——其他各表面温度，K；

ε_j——其他各表面发射率。

如果各表面的发射率基本相等，而且地板所面对的各表面没有被加热。上式可以简化成面积加权平均温度 $AUST$。需要注意的是该面积加权平均温度 $AUST$ 不考虑与地板在同一平面上却未被加热的部分。

两个平面之间的热辐射换热系数 F_r 可用 Hottel 方程计算：

$$F_r = \frac{1}{\frac{1}{F_{p-r}} + \left(\frac{1}{\varepsilon_p} - 1\right) + \frac{A_p}{A_r}\left(\frac{1}{\varepsilon_r} - 1\right)} \tag{3-4}$$

式中 F_{p-r}——平板到虚拟表面的角系数；

A_p，A_r——平板、虚拟表面的面积；

ε_p，ε_r——平板、虚拟表面的发射率。

平板到虚拟表面的角系数为 1.0，非金属表面的 ε_p 一般约为 0.9，代入式（3-4），可得 F_r=0.87。再将 F_r 值代入公式（3-2），经过测试验证并简化，地板表面辐射换热的公式可进一步写为：

$$q_r = 5\times10^{-8}[(t_p + 273)^4 - (AUST + 273)^4] \tag{3-5}$$

式中 t_p——地板表面有效温度，℃；

$AUST$——室内其他表面的面积加权平均温度，℃。

公式（3-5）可用于室内天花板、地板及墙体加热（制冷）辐射热计算。在某些特定的工程中，如果是多层商业建筑，并且采用荧光灯的话，距离地面 1.5m 处的空气温度接近 $AUST$。如果建筑的热负荷主要是围护结构负荷或者使用白炽灯的话，墙体表面温度要与室内温度有较大差别。

$$AUST=\frac{\sum_{i=1}^{n}t_iA_i}{\sum_{i=1}^{n}A_i} \tag{3-6}$$

式中　t_i——室内除加热面外其他表面的温度,℃;

A_i——室内除加热面外其他表面的面积，m^2。

计算 *AUST* 温度时，内墙表面温度可近似等于室内空气温度，外墙、屋顶及地面内表面温度可用下式计算：

$$t_u=t_a-\frac{U}{h}(t_a-t_o) \tag{3-7}$$

式中　h——外墙及屋顶内表面对流换热系数，W/(m^2·K);

U——外墙、屋顶及地板传热系数，W/(m^2·K);

t_a——室内空气温度,℃;

t_u——外墙、屋顶及地面内表面温度,℃;

t_o——室外温度,℃。

h 的取值见 2005 ASHRAE Handbook-Fundamentals 第 24 章。水平表面热流向上：h=9.26W/(m^2·K)；垂直表面(墙体)：h=9.09W/(m^2·K)；水平表面热流向下：h=8.29W/(m^2·K)。

根据 Schutrum 等（1953a，1953b）所做的测试以及 Kalisperis（1985）依据 Kalisperis 与 Summers（1985）开发的程序所做的模拟，如果房间的外围护结构少或没有外围护结构，*AUST* 温度近似等于室内空气温度。Steinman（1989）证明具有大量开窗或者外墙、屋面的情况下，外围护结构会降低 *AUST*，从而导致辐射换热量加大。

3.2.2　地板表面对流换热

辐射地板表面与室内空气之间发生自然对流换热。自然对流换热系数不容易确定。在地板附近的边界层中的空气受热上升产生自然对流换热。实际上，地板与室内空气的自然对流换热影响很多，房间空间布局可能影响自然对流，另外冷风渗透、人员的活动以及机械通风都会产生强制对流，扰动自然对流过程。然而实际计算中不应考虑强制对流的影响，因为强制对流的影响模式和效果是无法预测的。而且，强制对流不会显著影响辐射地板整体的对流换热。

自然对流效果主要取决于地板表面有效温度和边界层的空气温度。Min（1956）做了有关的研究，可以用来计算加热天棚、加热地板与室内的自然对流换热，方程分别如下：

全部加热的天花板自然对流换热

$$q_c=0.2\frac{(t_p-t_a)^{1.25}}{D_e^{0.25}} \tag{3-8}$$

全部加热的地板自然对流换热

$$q_c=2.42\frac{(t_p-t_a)^{1.31}}{D_e^{0.08}} \tag{3-9}$$

式中　q_c——自然对流换热量，W/m^2;

t_p——地板表面有效温度,℃;

t_a——室内空气温度,℃;

D_e——地板等效直径（4×面积/周长），m；

H——墙高度，m。

根据 Schutrum 与 Vouris（1954）所做的研究，如果房间尺寸不是很大，房间的大小对平板表面对流换热的影响也可以忽略，以上方程可以分别简化为以下方程：

全部加热的天花板自然对流换热

$$q_c = 0.134\ (t_p - t_a)^{1.25} \tag{3-10}$$

全部加热的地板自然对流换热

$$q_c = 2.13\ (t_p - t_a)^{1.31} \tag{3-11}$$

对于大空间的情况，可用与房间大小有关的因子 $\left(\frac{16.1}{D_e}\right)^{0.25}$ 对上述公式进行修正。

3.2.3 地板表面综合传热

辐射供暖地板表面是以辐射与对流两种换热形式与室内进行热交换，因此地板表面的综合传热量为两者的和。

$$q = q_r + q_c \tag{3-12}$$

式中 q——地板表面的综合传热量，W/m²。

3.3 地板内部换热过程

3.3.1 地板内部及加热管道传热分析

地板内部的换热过程为热传导过程，包括加热电缆与地板之间的传热以及各层之间的导热过程。加热电缆与地板表面的任何热阻都会影响换热效果，加热电缆周围不同的构造做法对换热效果影响不同，可能差别很大。

地板热阻计算公式如下：

$$r_u = r_s M + r_p + r_c \tag{3-13}$$

加热电缆表面工作温度计算公式（TSI 1994）如下：

$$t_d = t_a + \frac{(t_p - t_a)M}{2W\eta + D_o} + q(r_p + r_c + r_s M) \tag{3-14}$$

式中 t_d——加热电缆表面工作温度，℃；

q——板表面综合传热量，W/m²；

D_o——电缆外径，m；

M——管间距，m；

$2W$——管间净距，$M - D_o$，m；

η——肋片效率，计算公式如下：

$$\eta = \frac{\tanh\ (fW)}{fW} \tag{3-15}$$

当 $fW > 2$ 时，

$$\eta \approx 1/fW \tag{3-16}$$

式中

$$f = \left[\frac{q}{m(t_p - t_a)\sum_{i=1}^{n} k_i x_i}\right]^{1/2} \quad (t_p \neq t_a) \tag{3-17}$$

m——$2+r_c/2r_p$；

n——平板及以上覆盖物的层数；

x_i——每层的厚度，m；

k_i——每层的导热系数，W/(m·K)；

r_p——平板热阻，埋地管道可用下式计算，$m^2 \cdot K/W$；

$$r_p = \frac{x_p - D_o/2}{k_p} \tag{3-18}$$

x_p——平板的厚度，埋地管道取值参见图 3-2，m；

k_p——平板的导热系数，W/(m·K)；

r_s——管与板的接触热阻，m·K/W，对于埋地管道 $r_s=0$；

r_c——地板面层热阻，$m^2 \cdot K/W$。

Type of Panel	Thermal Resistance r'_p $m^2 \cdot K/W$	Thermal Resistance x'_s $m \cdot K/W$
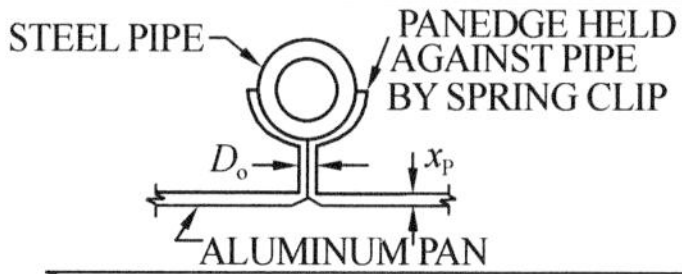 STEEL PIPE; PANEDGE HELD AGAINST PIPE BY SPRING CLIP; D_o; x_p; ALUMINUM PAN	$\frac{x_p}{k_p}$	0.32
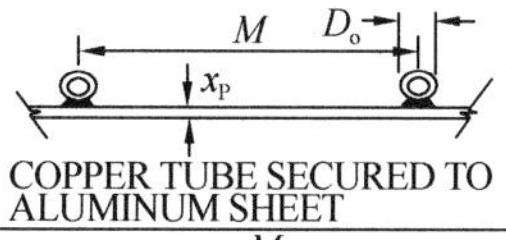 M; D_o; x_p; COPPER TUBE SECURED TO ALUMINUM SHEET	$\frac{x_p}{k_p}$	0.38
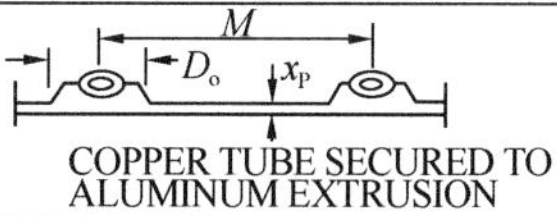 M; D_o; x_p; COPPER TUBE SECURED TO ALUMINUM EXTRUSION	$\frac{x_p}{k_p}$	0.10
 x_p; METAL OR GYPSUM LATH; D_o; TUBES	$\frac{x_p-D_o/2}{k_p}$	≈0
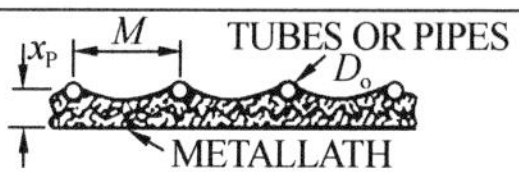 x_p; M; TUBES OR PIPES; D_o; METALLATH	$\frac{x_p-D_o/2}{k_p}$	≤0.12

图 3-2 埋地管道平板厚度取值示意图

加热电缆功率应包括向上传热及向下的热损失：

$$Q = q + q_2 \tag{3-19}$$

式中 q_2——平板背面的热损失，W/m^2。

4 低温热水地板辐射采暖计算程序编制

由于辐射地板传热过程非常复杂，为了便于计算，对以上低温热水地板辐射采暖传热过程做如下假设：

(1) 整个地板上、下表面温度均匀一致；

(2) 内墙内表面温度等于室内空气温度；

(3) 室内其他非加热表面均为灰色漫反射等温表面;

(4) 只考虑辐射地板向下的热损失,忽略向地板边缘的热损失;

(5) 电缆表面工作温度均匀恒定。

通过上述对加热电缆地板辐射系统系统的数学模型编制软件,我们可以对整个供暖地板的传热过程编制程序,进行模拟计算。辐射供暖地面构造图如图 4-1 所示。

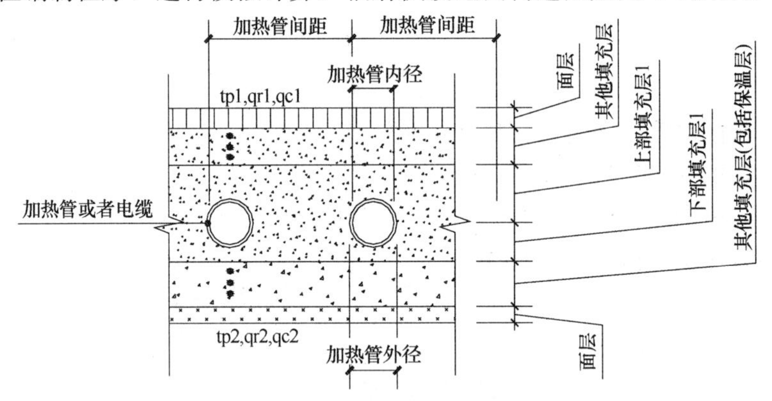

图 4-1　辐射供暖地面构造示意图

计算软件界面如表 4-1～表 4-4 所示。

表 4-1　基本输入界面

基　本　输　入				
初值设定类型	1	注:1. 根据计算收敛情况选择初值设定类型及各变量初值; 2. 根据计算层地板是否处于标准层输入上下层加热数量,标准层输入为 1,其他输入为 0		
上下层加热数量				
统一初值				
向上散热量初值		向下热损失初值		地板上表面温度初值
地板下表面温度初值		向下肋化效率初值		向上肋化系数初值
向下肋化效率初值		向下肋化系数初值		地暖管外表面温度初值
地暖管类型	1			
金属管道内流速 (m/s)				
室外空气温度 (℃)	−9			

表 4-2　地板上层参数输入

地板上层参数输入					
上层房间内围护结构数量	2	上层房间外围护结构数量	2		
加热管以上至面层的填充层数量	2				
上层室内设计温度(℃)	18				
地板上层空间天棚内表面温度初值 (℃)	18	地板上层空间天棚面积 (m^2)			

续表 4-2

地板上层参数输入					
外围护结构 1 内表面换系数(W/(m^2·K))	9.09	外围护结构 1 传热系数(W/(m^2·K))	0.9	外围护结构 1 面积(m^2)	14.9
外围护结构 2 内表面换系数(W/(m^2·K))	9.09	外围护结构 2 传热系数(W/(m^2·K))	4.7	外围护结构 2 面积(m^2)	2.1
外围护结构 3 内表面换系数(W/(m^2·K))		外围护结构 3 传热系数(W/(m^2·K))		外围护结构 3 面积(m^2)	
外围护结构 4 内表面换系数(W/(m^2·K))		外围护结构 4 传热系数(W/(m^2·K))		外围护结构 4 面积(m^2)	
外围护结构 5 内表面换系数(W/(m^2·K))		外围护结构 5 传热系数(W/(m^2·K))		外围护结构 5 面积(m^2)	
内围护结构 1 表面温度(℃)	18	内围护结构 1 面积(m^2)	10.5		
内围护结构 2 表面温度(℃)	18	内围护结构 2 面积(m^2)	6.5		
内围护结构 3 表面温度(℃)		内围护结构 3 面积(m^2)			
内围护结构 4 表面温度(℃)		内围护结构 4 面积(m^2)			
内围护结构 5 表面温度(℃)		内围护结构 5 面积(m^2)			
地板面层导热系数(W/(m·K))	0.93	地板面层热阻(m^2·K/W)	0.02		
填充层 1 导热系数(W/ (m·K))	1.51	填充层 1 厚度 (m)	0.05		
填充层 2 导热系数(W/ (m·K))	0.93	填充层 2 厚度 (m)	0.02		
填充层 3 导热系数(W/ (m·K))		填充层 3 厚度 (m)			
填充层 4 导热系数(W/ (m·K))		填充层 4 厚度 (m)			
填充层 5 导热系数(W/ (m·K))		填充层 5 厚度 (m)			
加热管的接触热阻(m·K/W)	0				

表 4-3　地板下层参数输入界面

地板下层参数输入					
下层房间内围护结构数量	2	下层房间外围护结构数量	2		
加热管以下至天棚的填充层数量	2				
下层室内设计温度(℃)	18				
地板下层空间地面内表面温度初值（℃）		地板下层空间地面面积(m^2)			
外围护结构 1 内表面换系数(W/(m^2·K))	9.09	外围护结构 1 传热系数(W/(m^2·K))	0.9	外围护结构 1 面积(m^2)	14.9
外围护结构 2 内表面换系数(W/(m^2·K))	9.09	外围护结构 2 传热系数(W/(m^2·K))	4.7	外围护结构 2 面积(m^2)	2.1
外围护结构 3 内表面换系数(W/(m^2·K))		外围护结构 3 传热系数(W/(m^2·K))		外围护结构 3 面积(m^2)	
外围护结构 4 内表面换系数(W/(m^2·K))		外围护结构 4 传热系数(W/(m^2·K))		外围护结构 4 面积(m^2)	
外围护结构 5 内表面换系数(W/(m^2·K))		外围护结构 5 传热系数(W/(m^2·K))		外围护结构 5 面积(m^2)	
内围护结构 1 表面温度(℃)	18	内围护结构 1 面积(m^2)	10.5		
内围护结构 2 表面温度(℃)	18	内围护结构 2 面积(m^2)	6.5		
内围护结构 3 表面温度(℃)		内围护结构 3 面积(m^2)			
内围护结构 4 表面温度(℃)		内围护结构 4 面积(m^2)			
内围护结构 5 表面温度(℃)		内围护结构 5 面积(m^2)			
加热管下天棚面层导热系数(W/(m·K))	1.74	加热管下天棚面层热阻(m^2·k/W)	0.069		
填充层 1 导热系数(W/(m·K))	1.51	填充层 1 厚度(m)	0.01		
填充层 2 导热系数(W/(m·K))	0.0504	填充层 2 厚度(m)	0.02		
填充层 3 导热系数(W/(m·K))		填充层 3 厚度(m)			
填充层 4 导热系数(W/(m·K))		填充层 4 厚度(m)			
填充层 5 导热系数(W/(m·K))		填充层 5 厚度(m)			
加热管的接触热阻(m·K/W)	0				

表 4-4 加热管参数输入界面

加热管参数输入			
加热管间距（m）	0.2		
加热管外径（m）	0.02	加热管内径（m）	0.016
加热管内水温或电缆外表面温度（℃）	55	加热管导热系数（W/（m·K））	0.38
		计算	
当前工作目录/jieguo.txt		查看结果	

输出结果

Q_1——地板上表面向上总散热量，W/m^2；

q_{r1}——地板上表面向上辐射热，W/m^2；

q_{c1}——地板上表面向上对流换热，W/m^2；

Q_2——地板下表面向下总散热量，W/m^2；

q_{r2}——地板下表面向下辐射热，W/m^2；

q_{c2}——地板下表面向下对流换热，W/m^2；

t_{p1}——地板上表面温度，℃；

t_{p2}——地板下表面温度，℃。

5 发热电缆地面辐射散热及线功率计算

采用上述计算模型及软件进行发热电缆的有关计算。选择如图 5-1 所示的典型房间进行计算，房间尺寸 3.9m×3.9m，外窗 2.1m^2，层高 2.5m。

混凝土填充层厚度 35mm、聚苯乙烯泡沫塑料绝热层厚度 20mm。因为要计算线功率的限值，所以发热电缆表面温度按照上限值 70℃考虑。地面面层考虑四种典型面层：瓷砖类材料（面层热阻 $R=0.02$m^2·K/W）、塑料类材料（面层热阻 $R=0.075$m^2·K/W）、木地板类（面层热阻 $R=0.1$m^2·K/W）、厚地毯类（面层热阻 $R=0.15$m^2·K/W）。

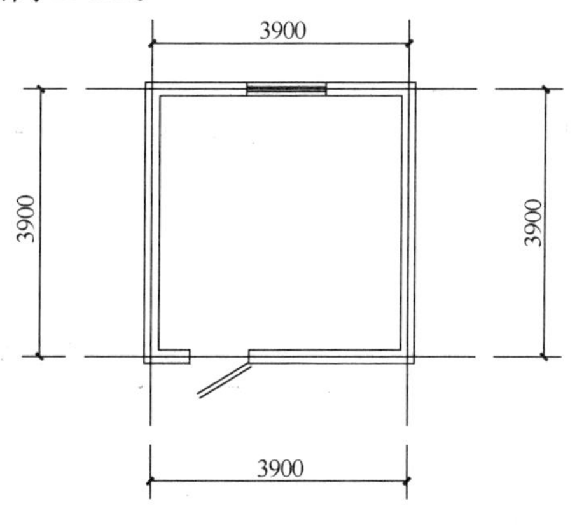

图 5-1 典型房间尺寸（单位 mm）

发热电缆间距取典型数值，计算分别为 50mm，100mm、150mm、200mm、250mm、300mm、350mm、400mm、450mm、500mm 时地面散热量及相应的发热电缆线功率。

根据以上计算模型及软件计算得出散热量后，利用以下方程进行发热电缆线功率的计算。

$$p_x = S \times q \tag{5-1}$$

式中 p_x——电缆线功率，W/m；

S——电缆间距，m；

q——单位面积总散热量，W/m^2。

计算结果如表 5-1～表 5-8 以及相应的图 5-2～图 5-11 所示。

表 5-1　瓷砖类面层不同间距散热量及线功率

序号	间距 (mm)	向上散热量 (W/m²)	向下热损失 (W/m²)	总散热量 (W/m²)	线功率 (W/m)	上表面温度 (℃)	下表面温度 (℃)
1	50	369.46	60.41	429.87	21.49	50.46	36.29
2	100	361.17	60.53	421.69	42.17	49.89	36.18
3	150	347.77	60.80	408.57	61.28	48.97	36.01
4	200	330.98	61.18	392.16	78.43	47.81	35.79
5	250	312.22	61.41	373.63	93.41	46.49	35.51
6	300	292.70	61.81	354.52	106.35	45.10	35.24
7	350	273.40	62.23	335.63	117.47	43.70	34.97
8	400	254.94	62.64	317.57	127.03	42.34	34.71
9	450	237.60	63.03	300.63	135.28	41.05	34.47
10	500	221.61	63.40	285.01	142.50	39.84	34.24

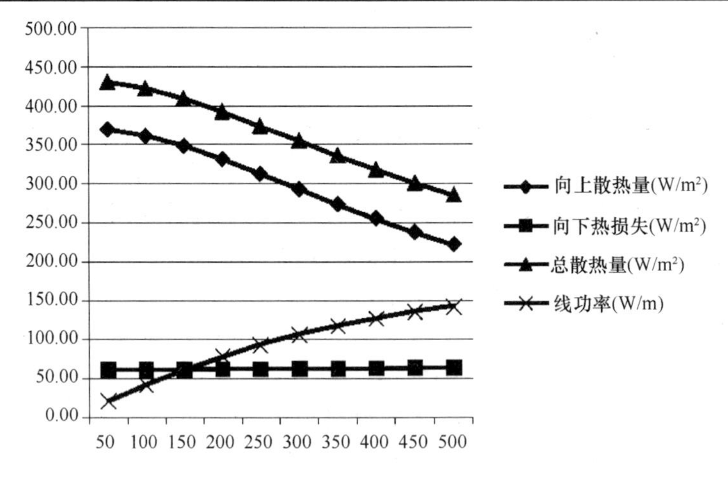

图 5-2　瓷砖类面层不同间距散热量及线功率

表 5-2　塑料类面层不同间距散热量及线功率

序号	间距 (mm)	向上散热量 (W/m²)	向下热损失 (W/m²)	总散热量 (W/m²)	线功率 (W/m)	上表面温度 (℃)	下表面温度 (℃)
1	50	263.62	62.92	326.55	16.33	42.99	34.92
2	100	259.46	62.95	322.41	32.24	42.98	34.85
3	150	252.76	63.05	315.81	47.37	42.19	34.74
4	200	244.09	63.20	307.29	61.46	41.54	34.61
5	250	234.05	63.39	297.44	74.36	40.79	34.46
6	300	223.21	63.61	286.82	86.05	39.97	34.30
7	350	212.07	63.85	275.91	96.57	39.11	34.14
8	400	200.98	64.09	265.07	106.03	38.26	33.97
9	450	190.23	64.33	254.55	114.55	37.41	33.81
10	500	179.96	64.63	244.60	122.30	36.06	33.62

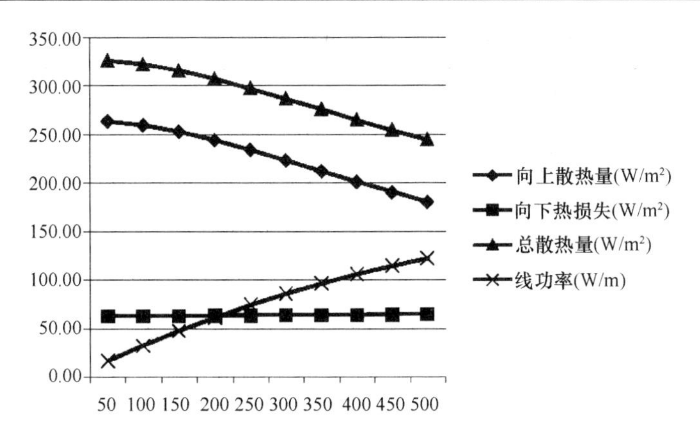

图 5-3　塑料类面层不同间距散热量及线功率

表 5-3　木地板类面层不同间距散热量及线功率

序号	间距（mm）	向上散热量（W/m^2）	向下热损失（W/m^2）	总散热量（W/m^2）	线功率（W/m）	上表面温度（℃）	下表面温度（℃）
1	50	231.09	63.74	294.83	14.74	40.57	34.47
2	100	228.34	63.76	292.10	29.21	40.36	34.42
3	150	223.89	63.86	287.74	43.16	40.02	34.36
4	200	218.02	63.87	281.90	56.38	39.57	34.25
5	250	211.08	64.00	275.07	68.77	39.04	34.15
6	300	203.39	64.14	267.53	80.26	38.44	34.03
7	350	195.26	64.30	259.57	90.85	37.81	33.90
8	400	186.97	64.47	251.45	100.58	37.16	33.78
9	450	178.71	64.65	243.36	109.51	36.50	33.65
10	500	170.64	64.83	235.47	117.73	35.86	33.53

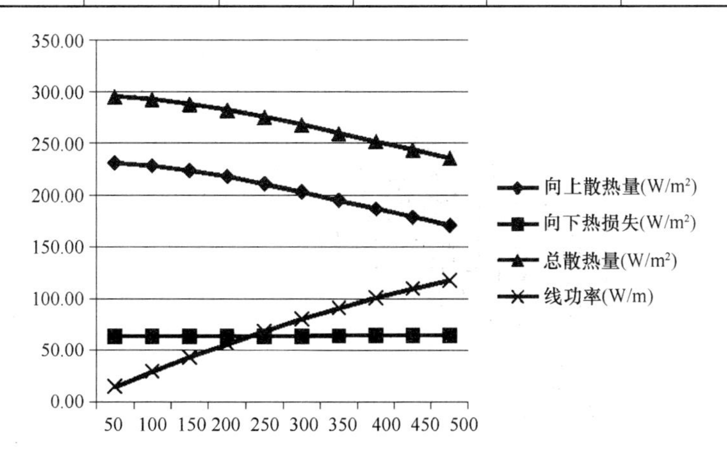

图 5-4　木地板类面层不同间距散热量及线功率

表 5-4 厚地毯类面层不同间距散热量及线功率

序号	间距 (mm)	向上散热量 (W/m^2)	向下热损失 (W/m^2)	总散热量 (W/m^2)	线功率 (W/m)	上表面温度 (℃)	下表面温度 (℃)
1	50	185.77	64.91	250.68	12.53	37.07	33.83
2	100	184.32	64.88	249.20	24.92	36.96	33.79
3	150	181.96	64.96	246.92	37.04	36.77	33.76
4	200	178.79	65.05	243.84	48.77	36.52	33.72
5	250	174.95	65.17	240.12	60.03	36.21	33.67
6	300	170.57	65.33	235.90	70.77	35.86	33.61
7	350	165.80	65.48	231.28	80.95	35.48	33.54
8	400	160.78	65.72	226.49	90.60	35.07	33.49
9	450	155.61	65.93	221.54	99.69	34.66	33.42
10	500	150.40	66.17	216.57	108.28	34.23	33.36

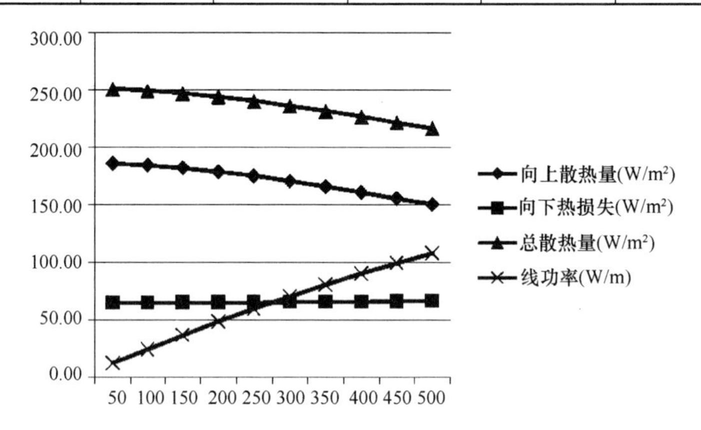

图 5-5 厚地毯类面层不同间距散热量及线功率

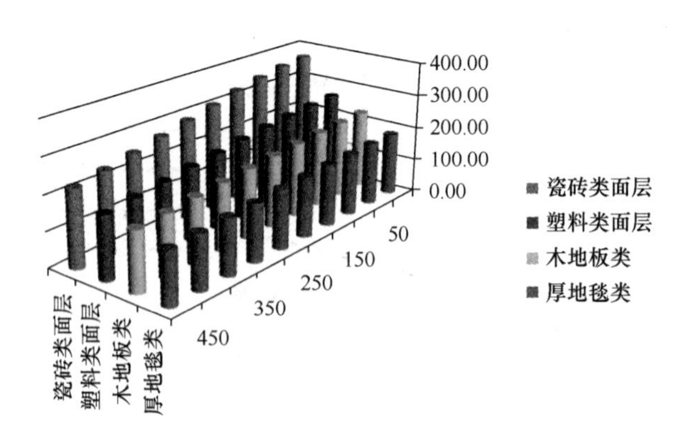

图 5-6 不同电缆间距、地面面层下向上散热量对比

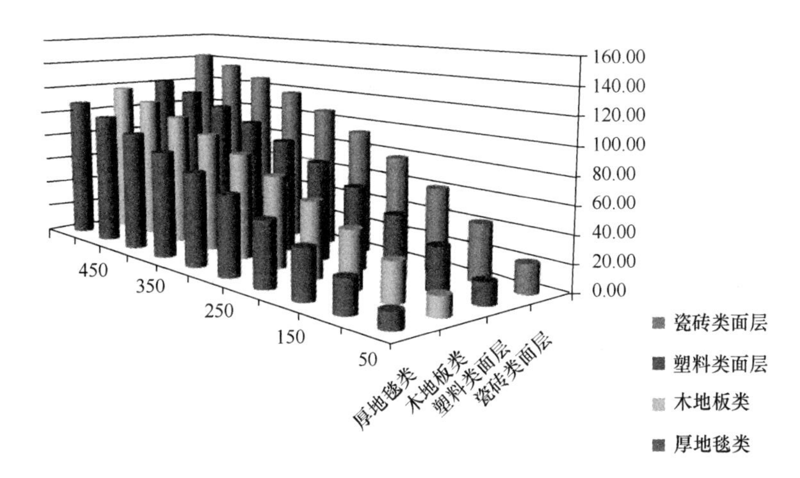

图 5-7　不同电缆间距、地面面层下向上电缆线功率对比

表 5-5　瓷砖类面层上下层空间辐射、对流换热对比

序号	间距（mm）	向上辐射换热（W/m²）	向上对流换热（W/m²）	向下辐射换热（W/m²）	向下对流换热（W/m²）	向上辐射换热占比	向下辐射换热占比
1	50	166.22	203.45	55.32	5.07	0.450	0.916
2	100	162.47	198.70	55.50	5.03	0.450	0.917
3	150	156.57	191.23	55.75	4.97	0.450	0.918
4	200	149.12	181.86	56.28	4.90	0.451	0.920
5	250	140.85	171.37	56.61	4.80	0.451	0.922
6	300	132.15	160.52	57.42	4.73	0.452	0.924
7	350	123.66	149.75	57.61	4.62	0.452	0.926
8	400	115.45	139.48	58.11	4.53	0.453	0.928
9	450	107.74	129.86	58.59	4.45	0.453	0.929
10	500	100.60	121.00	59.03	4.37	0.454	0.931

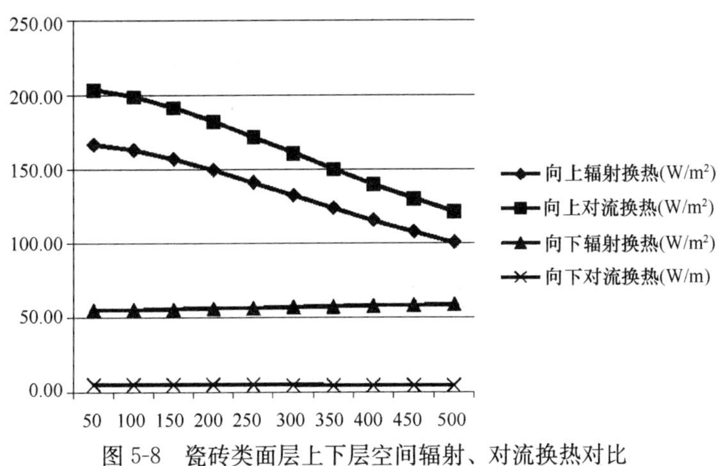

图 5-8　瓷砖类面层上下层空间辐射、对流换热对比

表 5-6　塑料类面层上下层空间辐射、对流换热对比

序号	间距(mm)	向上辐射换热(W/m^2)	向上对流换热(W/m^2)	向下辐射换热(W/m^2)	向下对流换热(W/m)	向上辐射换热占比	向下辐射换热占比
1	50	119.25	144.37	58.34	4.60	0.452	0.927
2	100	117.40	142.05	58.41	4.58	0.453	0.927
3	150	114.44	138.32	58.51	4.54	0.453	0.928
4	200	110.59	133.50	58.70	4.49	0.453	0.929
5	250	106.12	127.93	58.95	4.44	0.453	0.930
6	300	101.24	121.95	59.51	4.41	0.454	0.931
7	350	96.32	115.77	59.51	4.34	0.454	0.932
8	400	91.35	109.64	59.81	4.28	0.455	0.933
9	450	86.52	103.71	60.10	4.23	0.455	0.934
10	500	81.90	98.07	60.39	4.17	0.455	0.935

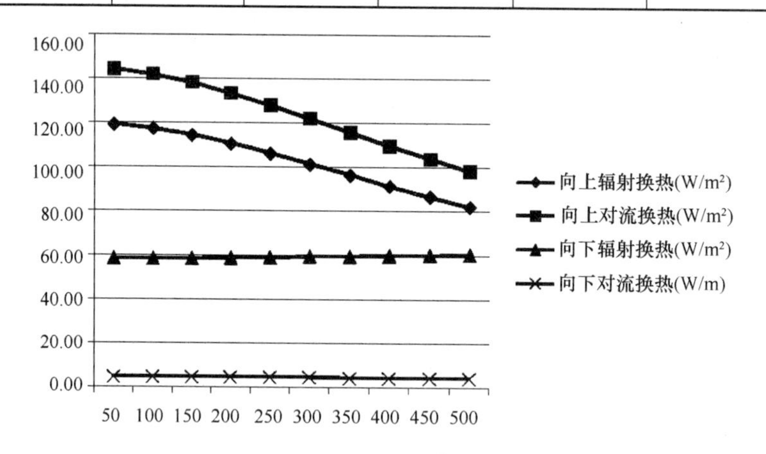

图 5-9　塑料类面层上下层空间辐射、对流换热对比

表 5-7　木地板类面层上下层空间辐射、对流换热对比

序号	间距(mm)	向上辐射换热(W/m^2)	向上对流换热(W/m^2)	向下辐射换热(W/m^2)	向下对流换热(W/m)	向上辐射换热占比	向下辐射换热占比
1	50	104.765	126.327	59.294	4.446	0.453	0.930
2	100	103.542	124.796	59.332	4.43	0.453	0.931
3	150	101.556	122.329	59.451	4.408	0.454	0.931
4	200	98.953	119.071	59.501	4.373	0.454	0.932
5	250	95.851	115.226	59.658	4.337	0.454	0.932
6	300	92.411	110.976	59.843	4.297	0.454	0.933
7	350	88.77	106.494	60.046	4.256	0.455	0.934
8	400	85.045	101.928	60.261	4.213	0.455	0.935
9	450	81.326	97.388	60.479	4.171	0.455	0.935
10	500	77.683	92.96	60.697	4.129	0.455	0.936

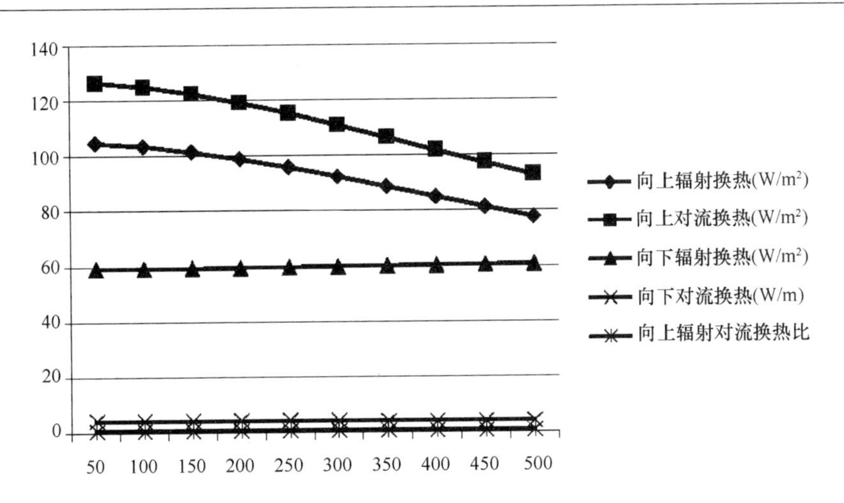

图 5-10　木地板类面层上下层空间辐射、对流换热对比

表 5-8　厚地毯类面层上下层空间辐射、对流换热对比

序号	间距（mm）	向上辐射换热（W/m²）	向上对流换热（W/m²）	向下辐射换热（W/m²）	向下对流换热（W/m）	向上辐射换热占比	向下辐射换热占比
1	50	84.45	101.32	60.68	4.23	0.455	0.935
2	100	83.81	100.51	60.66	4.22	0.455	0.935
3	150	82.74	99.22	60.75	4.21	0.455	0.935
4	200	81.31	97.48	60.85	4.19	0.455	0.936
5	250	79.57	95.38	60.99	4.18	0.455	0.936
6	300	77.59	92.99	61.17	4.16	0.455	0.936
7	350	75.42	90.38	61.35	4.14	0.455	0.937
8	400	73.13	87.65	61.60	4.12	0.455	0.937
9	450	70.77	84.84	61.83	4.10	0.455	0.938
10	500	68.38	82.01	62.10	4.07	0.455	0.938

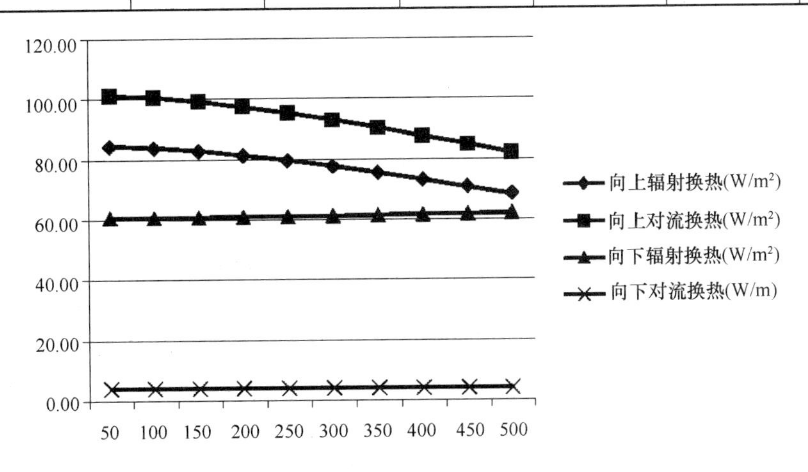

图 5-11　厚地毯类面层上下层空间辐射、对流换热对比

根据以上的表格和图形可以看出：

（1）在各种类型的面层做法下，随着间距从 50～500mm 逐渐增加，向上散热量和总散热量均逐渐减小，向下热损失变化相对于前两个变量的变化而言很小（体现了绝热层的作用）。

（2）在同样的间距下，不同类型面层做法的散热效果不同。地面面层热阻越小，向上散热量越大，瓷砖类面层间距 50mm 的散热量为间距 500mm 的 1.67 倍。地面热阻增加将减少两者之间的差距。如面层为厚地毯时，间距 50mm 的散热量为间距 500mm 的 1.24 倍。

（3）电缆线功率随着间距的增加而增加，随着面层热阻的增加而减小。在以上的算例中当面层为瓷砖类，间距为 500mm 时，线功率最大，达到 142.5W/m；当面层为厚地毯类，间距为 50mm 时，线功率最小为 12.53W/m。

（4）各种面层及间距条件下，地面向上层空间辐射换热量占向上总换热量的比例基本一致，大概为 46%左右。相对于其他的系统形式，辐射换热占有较大比例。地面向下层空间辐射换热占总换热量的比例更大，达到 94%左右。对流换热在上下层空间的差异在于气流浮生力的左右。在上层空间中，地面温度高加热临近气体后，形成向上的自然对流。而以上各算例中地表面温度要高于实际工程的地板表面温度，因此对流换热较其他类型的地板供暖占了更大的比例。下层空间中天棚的温度相对于与地板表面温度要低，在其周围自然对流不明显，所以对流换热效果要比辐射换热小很多。以瓷砖面层、电缆间距 50mm 计算结果为例，计算结果如图 5-12 所示，地板总换热量中四个组成部分各自所占的比例情况。

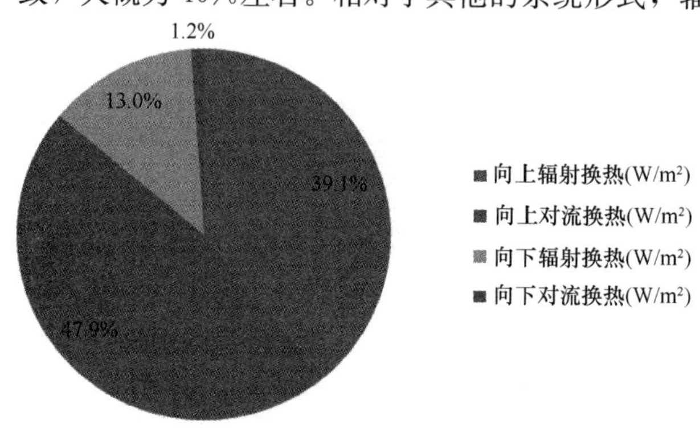

图 5-12　瓷砖面层、电缆间距 50mm 各项换热占总换热量的比例

6　结论

影响发热电缆地面辐射采暖的散热量及电缆线功率的影响因素较多，在不同情况下所需要的电缆线功率差别也很大。在以上的算例中可以看出最大值是最小值的 11 倍。但是为了满足电缆安全的要求，电缆的线功率不能无限制的增加。

根据以上的算例计算，采用发热电缆的地面辐射供暖应尽量减小电缆间距，同时为了增加散热效果尽可能采用热阻小的面层类型。在应用发热电缆地面辐射供暖时，尤其不建议采用厚地毯的面层类型，因为其对散热量有明显的消减作用，在电缆间距为 50～500mm、采用厚地毯面层时，向上的散热量只能达到采用瓷砖类面层的 50%～68%。

为了满足工程应用需要，对发热电缆线功率限定不能一概而定。从安全、实用角度综合考虑应选择塑料类面层作为判断的依据。

根据以上算例得出：当面层采用塑料类材料（面层热阻 R=0.075m^2·K/W）、混凝土填充层厚度35mm、聚苯乙烯泡沫塑料绝热层厚度20mm，发热电缆间距50mm，发热电缆表面温度70℃时，计算发热电缆的线功率为16.3W/m。为了控制发热电缆表面温度，保证其使用寿命及安全，并有利于地面温度均匀且不超出最高温度限制，发热电缆的线功率应限定不宜超过17W/m的规定。需要说明的是，发热电缆线功率的选择，与敷设间距、面层热阻等因素密切相关，敷设间距越大，面层热阻越小，允许的发热电缆线功率也可适当加大；而当时间条件限制必须采用地毯等高热阻材料作为面层时，应选用更低线功率的发热电缆，以确保安全。

采用发热电缆地面辐射供暖时，尚应考虑到家具布置的影响，发热电缆的布置应尽可能避开家具特别是无腿家具的占压区域，以免因占压区域的热损失而影响供暖效果或因占压区域的局部温度过高而影响发热电缆的使用寿命。

户式热泵供暖设计方法

大金（中国）投资有限公司　陈晓波

随着人们生活品质的不断提高，供暖产品已不局限于严寒和寒冷地区，在夏热冬冷地区的应用也日趋普遍。同时，对于不同的住宅或人群，供暖要求与使用习惯各不相同。因此，户式供暖方式的应用越来越普遍。

现有户式供暖主要以锅炉为热源，采用燃气、燃油等不可再生能源供热。随着节能环保理念的不断普及，热泵供暖以其优越的节能环保性和安全舒适性，被越来越多的客户所接受，热泵供暖的市场在不断增长。

目前市场上的热泵热源形式及设备多种多样，并且尚无关于热泵供暖的设计方法的描述，本设计方法以大金现有空气源热泵供暖系统参数为例，系统阐述热泵供暖系统的设计方法，希望对设计人员正确了解及设计热泵供热系统有所帮助。另外，现今市场上以热泵供暖的厂家众多，各厂家产品性能参数均有所不同，因此在实际项目中，请参照各厂家的最新技术规格及相关规范进行设计。

1　户式热泵供暖介绍

大金空气源热泵供热设备为制冷剂—水（供暖加热介质一般为水）热交换设备，即为两个不同的系统。制冷剂系统是将热量从低位热源向高位热源转移，将温度提高；通过热交换器将介质水加热，通过水系统为房间供暖加热，制冷剂与水通过板式换热器进行热交换。如图 1-1 所示。

空气源热泵供暖系统供水温度一般在 50℃以下，而低温地板辐射供暖系统要求水温在 50℃以下（民用建筑），地表面温度低于 28℃。热泵供暖系统非常适合低温地板供暖系统，在保证室内设计温度的前提下，是更节能、安全、环保的供暖形式。

2　户式热泵供暖设计

户式热泵供暖的设计应遵循如图 2-1 所示的流程。

2.1　房间的热负荷计算

根据外气设计温度、室内设计温度、外围护结构传热系数、户间传热、建筑朝向、冷风渗透、新风量等计算房间散热负荷（围护结构基本耗热量）。

- 外气设计温度：根据所在的城市，选择相应的外气设计温度（采暖）。
- 室内设计温度：严寒和寒冷地区主要房间宜采用 18～24℃；夏热冬冷地区主要房

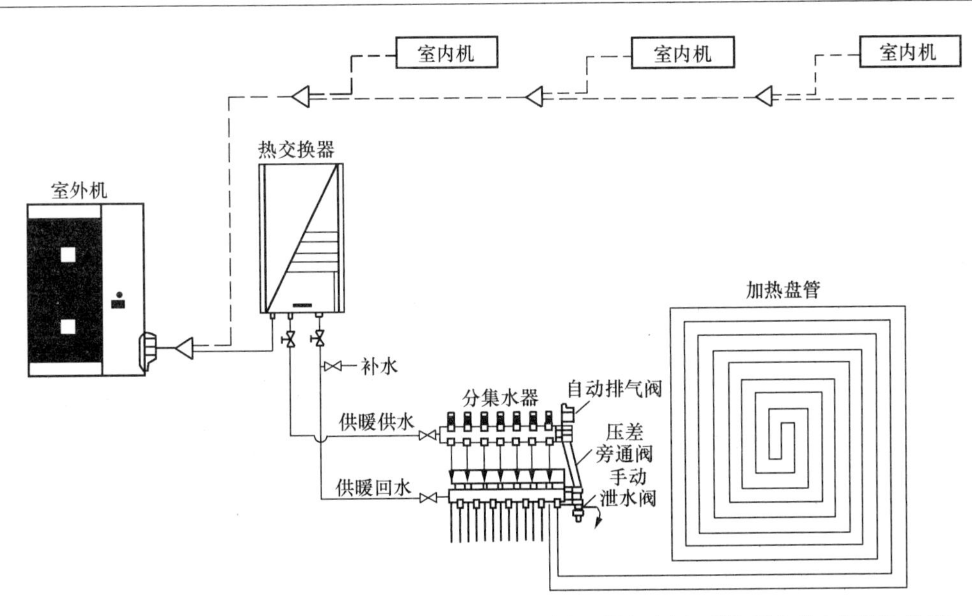

注：室内机部分为夏季空调制冷或冬天空调制热，此设计中不详细介绍，详细请参考空调制冷/制热部分。本设计方法以空气源热泵为例进行介绍。

图 1-1 热泵供暖系统示意

间宜采用 16～22℃。

● 外围护结构传热系数：设置供暖的建筑物，其围护结构的传热系数应符合国家现行相关节能设计标准的规定。

● 户间传热：楼上及隔壁为非采暖房间，需要考虑户间传热。

● 朝向修正：是基于太阳辐射的有利作用和南北向房间的温度平衡要求，而在耗热量计算中采取的修正系数。

● 冷风渗透：加热由门窗缝隙渗入室内的冷空气的耗热量，应根据建筑物的内部隔断、门窗构造、门窗朝向、室内外温度和室外风速等因素计算。

2.2 确定散热量

地面面层材料、平均水温、室内温度、加热管管材及管间距不同，散热温度不同。如例 2-1 所示。

【例 2-1】 常用供暖加热管的地板散热量及向下热损失（PE-X 加热管、室内设计温度为 18℃、平均水温 45℃），如表 2-1 所示。

表 2-1 常用供暖加热管的地板散热量及向下热损失

地板材质	管间距（mm）	散热量（W/m²）	热损失（W/m²）	管间距（mm）	散热量（W/m²）	热损失（W/m²）
瓷砖或石材	200	147	34.5	150	159.8	34.8
塑料类材料	200	111.2	34.7	150	117.8	35.4
木地板	200	100.5	35.3	150	105.6	36

数据来源：《地面辐射供暖技术规程》JGJ 142—2004。

根据各房间的热负荷（围护结构基本耗热量），确定盘管的散热量，设计中盘管的散

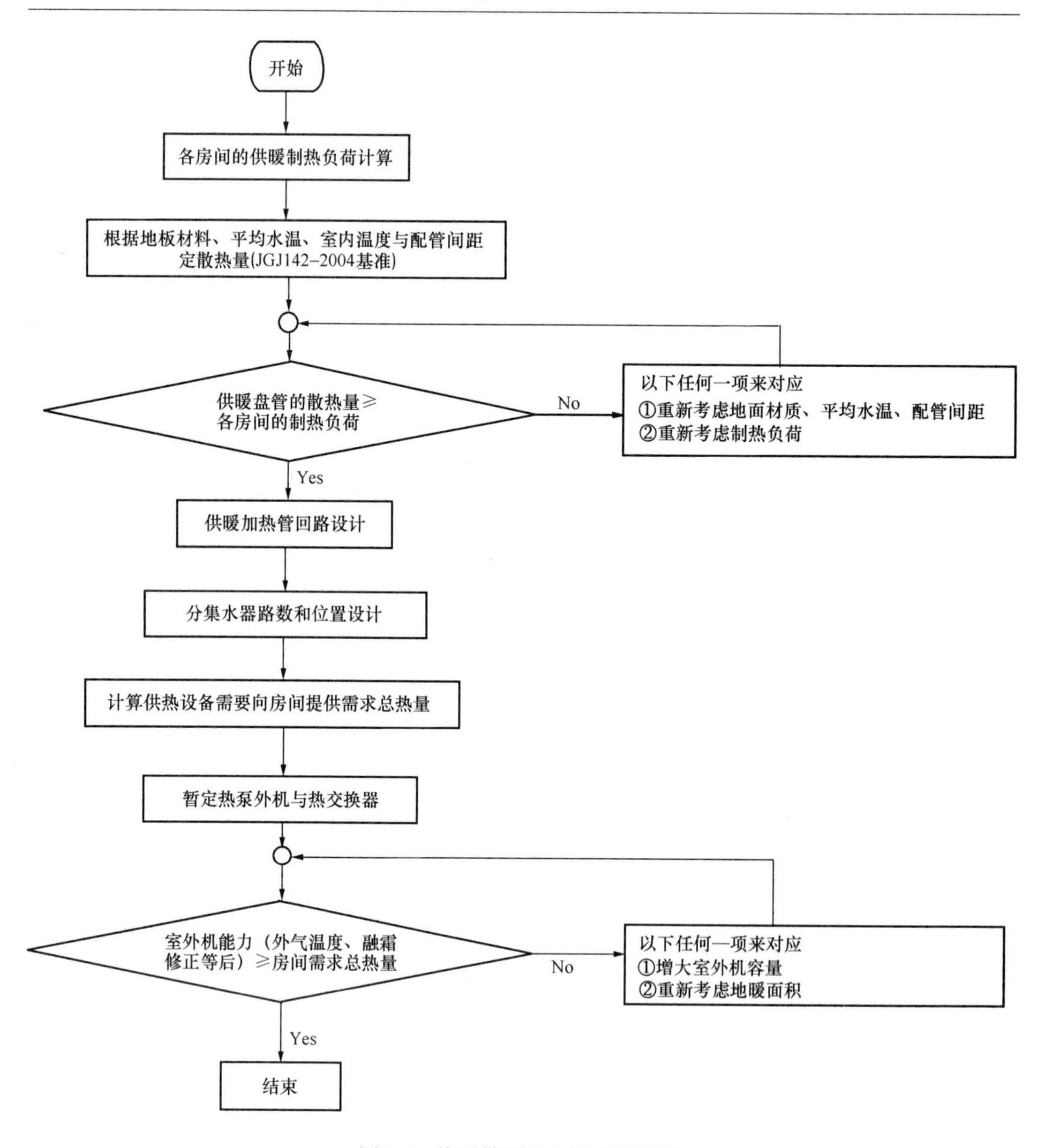

图 2-1　热泵供暖系统设计流程图

热量需大于等于房间的热负荷。

热损失比例 η：

地面辐射供暖系统中，虽然铺设了保温层，但热量仍会向下层传递，这些热量称为热损失量。具体参数详见《地面辐射供暖技术规程》JGJ 142—2004 中附录 A 单位地面面积的散热量和向下传热损失。

$$热损失比例\ \eta = 热损失/散热量$$

根据地面面层材料、平均水温、室内温度、加热管管材及管间距不同，依据《地面辐射供暖技术规程》JGJ 142—2004 中附录 A 单位地面面积的散热量和向下传热损失，计算出热损失比例 η 值（地面材质不同热损失比例也不同，散热管材质不同热损失比例也不同）。

2.3 地暖盘管设计

1）热泵供暖供水温度一般≤50℃（民用建筑供水温度宜采用35～50℃），供回水温差在5℃左右，流量相对较大，故地埋加热管需要外径20mm，有效内径16mm。为保证散热更均匀，建议供暖加热管间距为150～200mm（需要根据房间总热量具体进行设计）。水流量相对较大，供热设备与分集水器之间的连接管道在允许流速的前提下，需要保证有效内径。

2）供暖加热管单回路管长不宜超过100m。

2.4 分集水器选型设计

1）每个环路加热管的进、出水口，应分别与分、集水器相连接。分、集水器直径应不小于总供回水管直径，且分、集水器最大断面流速不宜大于0.8m/s。每个分、集水器分支环路不宜多于8路，超过10路需要拆分为2套。

2）在分水器之前的供水连接管道上，应安装阀门、压力表等。在集水器之后的回水连接管上，应安装阀门、温度计和过滤器等。

3）需要分区域温度控制，则靠近分集水器位置需要预留电源（控制供电）。

4）分集水器不能跨层设计，错层铺设加热管时，建议分集水器分开设计。

5）在分水器与集水器之间（分集水器末端），需要设置压差旁通阀。分水器、集水器上均应设置排气阀及泄水阀装置。

2.5 根据房间需求热量确定室外机容量设计

房间需求总热量不仅包含各房间热负荷指标，还包含房间向下热损失及管路热损失量。

即：房间需求总热量＝∑(各房间的热负荷指标＋各房间的热负荷指标×热损失比例 η)
×管路热损失修正系数

1）各房间的热负荷指标详见前计算。

2）向下热损失量（热损失比例）

根据房间负荷值及热损失比例 η 值，计算出向下热损失量。

3）管路热损失量（管路热损失修正系数）

户式供暖与集中供暖不同，集中供暖考虑管路损失为统一考虑，而户式供暖则需要每户进行考虑。由于供热设备一般放置在设备阳台，则管路需要进行热损失修正，热量的散失都需要供热设备提供热量，修正系数1.05～1.1。

【例2-2】 供暖地板材料：复合木板类；供暖加热管材料：PE-X；室内设计温度：18℃；

供暖供水温度：47.5℃；供暖平均水温：45℃；供暖盘管间距：150mm。

如果房间单位热负荷需求为70W/m²，管路热损失修正系数为1.05，则热泵供热设备需要向房间提供的制热负荷：

$Q_{热}=(70+70\times30\%)(\mathrm{W/m^2})\times1.05=91(\mathrm{W/m^2})\times1.05=95.55(\mathrm{W/m^2})$

根据房间需求总热量计算空气源热泵室外机容量，但室外机制热需要进行修正，最终确定室外机制热容量，来满足房间需求总热量。空气源热泵需进行修正最终确定供热能力，修正包括：外气温度修正、供热设备出口水温修正、制冷剂管长修正、融霜修正。

空气源热泵机组制热量计算如下：

计算公式 $$Q = qK_1K_2 \tag{2-1}$$

式中 Q——机组制热量（kW）；

q——设计件件下制热量（kW）；

K_1——等效配管修正系数，应根据生产厂家提供的数据修正；

K_2——机组融霜修正系数，应根据生产厂家提供的数据修正。

空气源热泵供热能力＝设计温度下供热能力×等效配管修正系数×融霜修正系数

由于各生产厂家的技术数据及表述方式不尽相同，因此在项目设计时应根据所选厂家提供的技术参数进行计算，以下以现有大金热泵供暖系统产品的技术参数为例，以供参考。

1. 设计温度下供热能力（外气温度、出口水温修正）：

1）外气温度修正

随着环境温度的变化，热泵供热设备的能力也会有所变化。一般设备标注为额定工况下测试数值，因此，需要根据实际情况下的设计温度，对热泵供热设备进行修正。

2）供热设备出口水温修正

供热设备出口水温不同，供热设备所能提供供热能力也不同。因此，设计时需要根据实际使用下的供热设备出口水温。

【例 2-3】 6HP 空气源热泵的实际供热能力

条件：额定工况

冬季供暖热交换器出口水温：35℃；室外温度：7℃DB，6℃WB。

设计工况

冬季供暖热交换器出口水温：47.5℃；室外温度：－2℃DB。

TC：热泵设备总容量，kW；*PI*：热泵输入功率，kW（压缩机＋室外风扇电机）。

备注：在额定工况下，其空气源热泵供热能力为表 2-2 黑框中表示。

计算过程：

（1）设计外气温度修正（设计外气温度－2℃）

从供热容量表 2-3 上，直接读取出口水温 45℃和 50℃两列读数，并且在－3℃DB 和 0℃DB 两个室外温度条件下，通过求加权平均数的方法求得－2℃DB 时室外机的供热能力。具体计算如下：

出口水温 45℃，设计室外温度－2℃DB 时：TC＝14.8kW；

出口水温 50℃，设计室外温度－2℃DB 时：TC＝14.5kW。

（2）热交换器出口水温修正（出口水温 47.5℃）

将前面求得的室外温度－2℃DB 下的两个 TC 值，通过加权平均数的方法求得制冷剂－水热交换器出口水温在 47.5℃下的供热能力：TC＝14.65kW。

2. 等效配管修正系数

连接管管长会对热泵室外机制热能力有一定的影响，故在室外机制热选择时，需对室外机进行连接管管长修正。详细参数见各产品样本或技术资料。

表 2-2　供热容量表

热交换器出口温度修正　地暖容量

组合（%）（容量系数）	室外气温		出口水温（℃）											
			25.0		30.0		35.0		40.0		45.0		50.0	
			TC	PI	TC	PI	TC	PI	TC	PI	TC	PI	TC	PI
	(℃ DB)	(℃ WB)	KW	KW	KW	KW	KW	KW	KW	KW	KW	KW	KW	KW
100% 16.00kW	−19.8	−20.0	10.3	2.64	10.2	2.86	10.1	3.12	9.9	3.45	9.7	3.77	9.6	4.11
	−18.8	−19.0	10.7	2.69	10.5	2.92	10.4	3.19	10.2	3.52	10.0	3.85	9.8	4.20
	−16.7	−17.0	11.3	2.78	11.1	3.01	11.0	3.30	10.8	3.65	10.6	3.99	10.4	4.37
	−13.7	−15.0	11.9	2.86	11.7	3.10	11.6	3.40	11.4	3.76	11.2	4.12	11.0	4.51
	−11.8	−13.0	12.5	2.93	12.4	3.18	12.2	3.49	12.0	3.87	11.8	4.24	11.6	4.64
	−9.8	−11.0	13.2	3.00	13.0	3.26	12.8	3.57	12.6	3.96	12.4	4.34	12.1	4.76
	−9.5	−10.0	13.5	3.03	13.3	3.29	13.1	3.61	12.9	4.00	12.7	4.39	12.4	4.82
	−8.5	−9.1	13.7	3.06	13.6	3.32	13.4	3.64	13.2	4.04	12.9	4.43	12.7	4.86
	−7.0	−7.6	14.2	3.10	14.0	3.37	13.8	3.69	13.6	4.10	13.4	4.50	13.1	4.94
	−5.0	−5.6	14.8	3.15	14.6	3.42	14.4	3.76	14.2	4.17	13.9	4.58	13.7	5.03
	−3.0	−3.7	15.4	3.10	15.2	2.47	15.0	3.81	14.3	4.24	14.5	4.66	14.2	5.11
	0.0	−0.7	16.0	3.14	16.0	3.50	15.9	3.89	15.7	4.33	15.4	4.76	15.1	5.23
	3.0	2.2	16.0	2.34	16.0	3.27	16.0	3.67	16.0	4.19	16.0	4.74	15.9	5.33
	5.0	4.1	16.0	2.82	16.0	3.14	16.0	3.53	16.0	4.02	16.0	4.55	16.0	5.15
	7.0	6.0	16.0	2.71	16.0	3.02	16.0	3.39	16.0	3.86	16.0	4.37	16.0	4.95
	9.0	7.9	16.0	2.61	16.0	2.90	16.0	3.26	16.0	3.72	16.0	4.21	16.0	4.77
	11.0	9.8	16.0	2.52	16.0	2.80	16.0	3.15	16.0	3.59	16.0	4.06	16.0	4.60
	13.0	11.8	16.0	2.43	16.0	2.70	16.0	3.03	16.0	3.46	16.0	3.91	16.0	4.43
	15.0	13.7	16.0	2.35	16.0	2.61	16.0	2.93	16.0	3.34	16.0	3.78	16.0	4.28

室外气温

表 2-3　供热容量表放大部分

组合（%）（容量系数）	室外气温	出口水温（℃）			
		45.0		50.0	
		TC	PI	TC	PI
	℃DB	kW	kW	kW	kW
100% 16kW	−3.0	14.5	4.66	14.2	5.11
	0.0	15.4	4.76	15.1	5.23

等效配管长度计算，公式如下：

等效配管长度＝实际配管长度＋Σ（不同管径下的弯管个数×弯管等效长度）

＋（分支管个数×分支管等效长度）

弯管等效长度以及分支管的等效长度如表 2-4 所示。

表 2-4　弯管及分支管的等效长度计算表

	管径（mm）	等效长度（m）
弯管等效长度	ϕ6.4	0.16
	ϕ9.5	0.18
	ϕ12.7	0.20
	ϕ15.9	0.25
	ϕ19.1	0.35

续表 2-4

	管径（mm）	等效长度（m）
弯管等效长度	ϕ22.2	0.40
	ϕ25.4	0.45
	ϕ28.6	0.50
	ϕ31.8	0.55
分支管等效长度	等效长度 0.5m	

3. 融霜修正系数

在冬季，户式空气源热泵能效受室外温湿度影响较大，同时需要考虑系统的除霜要求。室外机制热能力进行融霜时会对室外机制热能力有一定的影响，故在计算室外机能力时，需考虑项目实际使用时的外气温度融霜修正系数如表 2-5 所示。

表 2-5　融霜修正系数

室外单元入口空气温度℃DB（℃WB）	−7.0（−7.6）	−5.0（−5.6）	−3.0（−3.7）	0.0（−0.7）	3.0（2.2）	5.0（4.1）	7.0（6.0）
结霜时的能力修正系数	0.95	0.93	0.88	0.84	0.85	0.9	1

注：融霜修正系数是将一个循环（制热运转——除霜运转——制热运转）中的制热能力的积分值对应时间进行换算，并将这一值取做能力修正系数。

以上为空气源热泵供热的设计流程，此外，设计过程中还需注意以下几点：

（1）水阻力计算

计算热泵所能提供的动力是否满足系统所要克服的总阻力。需克服的阻力包括：热泵主设备、连接管路、分集水器装置及供暖加热管部分。详细参考《地面辐射供暖技术规程》JGJ 142—2004 中水力计算部分。

（2）设备连接管

- 主管建议采用塑料管，不能使用钢管、铁管等，否则会被腐蚀、破坏主设备，且影响换热效果。
- 设备连接管必须做保温处理，防止过多热量损失。
- 当供热设备及分水器均低于连接管道时，则需要在连接管道最高处安装排气装置，且预留检修口（尺寸：300mm×300mm 以上）。

（3）配电注意事项

热泵供暖系统的电气配线应按照热泵供暖的最大运行电流进行设计，而不能按照机组的额定功率进行设计，主要是由于热泵供暖的运行工况往往与额定工况有较大差距，因此应考虑可运转的外气温度、室内温度及运转情况等数据，应按照厂家提供的最大电流数据确定。详细参数见各产品样本或技术资料。

在供暖期间，为了保证热泵供暖系统的设备能够正常启动，压缩机应保持预热状态，因此热泵供暖系统必须持续供电。若与其他电气设备采用共用回路时，当关闭其他电气设备电源的同时，也将使得热泵供暖系统断电，从而无法保证压缩机的预热，故应将系统的供电回路与其他电气设备分开设计。

在供暖期间，当室外温度较低时，若热泵供暖系统长时间不使用，系统的水回路易发生冻裂现象，因此系统的水泵需要不定期进行防冻保护运转，因此需要持续供电。

（4）室外机布置

空气源热泵室外机设置应符合下列要求：

- 确保进风与排风畅通，在排出空气与吸入空气之间不发生气流短路，避免受污浊气流影响。
- 对周围环境不造成热污染和噪声污染。
- 妥善处理室外机排水。热泵系统在供暖运行时会有除霜运转，产生化霜水，为了避免化霜水的无组织排放，对周边环境及邻里关系造成影响，应采取一定的措施，如在设备下方设置积水盘，收集化霜水后集中排放至地漏或建筑集中排水管。
- 保证室外机换热器清扫便利性。

详细安装尺寸及检修预留空间，详细参数见各产品样本或技术资料。

（5）新风系统说明

户式供暖系统中建议使用具有高效能量回收装置的新风设备，新风量的确定、管路的设计等应遵从《民用建筑采暖通风与空气调节设计规范》GB 50019 中相关条款。

以上简单介绍了户式热泵供暖系统的设计方法，希望能对设计者有所帮助。此外，在设计时应根据不同厂家的技术参数，结合项目的实际情况进行合理设计，才能以进一步体现热泵供暖系统的优势与特点。

集中供热住宅供暖系统设计要点

山东省建筑设计研究院　于晓明

自2000年我国对新建集中供热住宅供暖系统强制实行分户热计量要求和“十一五”期间对既有居住建筑实行热计量改造以来，随着热计量技术的进步和热计量工程的推广，能够适合我国国情的热计量装置与热计量方法取得了不断地创新与发展，由此也带来了室内供暖系统形式的多样化。但是，无论是哪种供暖系统，除了要提供用户基本的室内供暖温度外，还必须具备实现分户热计量和分室（户）温度调控及系统水力平衡等功能，以满足热用户的个性化使用要求和供暖系统的节能运行。为此，本文结合本规范有关规定和工程实践经验，着重从集中供热住宅供暖系统形式、分户热计量和分室（户）温度调控及系统水力平衡等几个方面的设计要点进行探讨，以供同行进行工程设计时参考。

1　供暖系统形式

对于新建住宅，从有利于供热公司热费收缴和方便系统维护等方面考虑，供暖系统宜采用共用立管分户独立循环系统，即通过设在楼梯间管道井中的共用供回水总立管和设置在各户内的独立循环系统向各房间供暖。共用立管通常采用下供下回方式；室内独立循环系统可根据工程需要设计成供回水水平干管暗埋的下供下回（下分式）的水平双管散热器供暖系统、水平单管跨越式散热器供暖系统、低温热水地面辐射供暖系统、及辐射式（章鱼式）散热器供暖系统，也可以设计为供回水水平干管明装的上供上回（上分式）的水平双管散热器供暖系统。从美观、便于分室温度调控及节能运行的角度出发，宜采用下供下回（下分式）的低温热水地面辐射供暖系统或水平双管散热器供暖系统。

共用立管分户独立循环系统的特点大致有3个，一是对不缴纳热费的热用户可随时通过关闭该用户供水干管上的锁闭阀停止供热，而不影响其他热用户的正常供暖，但这种做法是否合理，业内存在一定争议。再者，按户设置锁闭阀并非供暖系统和分户热计量所必需的，与节约能源也毫无关系；二是由于各热用户的供暖管道及设施均设置在自家楼层内，因此维护方便且不影响邻居；三是该系统分户独立循环的户内水平供回水干管多数是采用暗埋方式，每层地面上需要设置一定厚度的保温材料和混凝土等垫层，这势必影响到楼层层高及建筑物高度，并且会增加结构荷载和土建投资。因此，在建设方或供热公司没有严格要求采用该系统时，对采用散热供暖方式的住宅，也可采用上供下回垂直双管系统或上供下回垂直单管跨越式系统。

对于既有住宅室内供暖系统的热计量改造，应采用合理可行、投资经济、简单易行的技术方案，特别要注意，应根据既有室内供暖系统的现状选择改造后的室内供暖系统形式，为了增加锁闭阀有利于收缴热费而一味地拆掉原有管道改为分户独立循环系统的做法不可取，改造应尽量减少对居民生活干扰。为满足室温调控的要求，室内供暖系统改造宜采用以下几种形式：

- 原系统为垂直单管顺流系统或单双管系统时时，宜改造为垂直双管系统或垂直单管跨越式系统。
- 原系统为垂直双管系统或低温热水地面辐射供暖系统时，宜维持原系统形式。
- 原有的供暖系统必须更新室内管道时，也可改造为共用立管分户独立循环系统。

由于室温调控的需要，在共用立管分户独立循环系统和上供下回垂直双管系统及上供下回垂直单管跨越式系统中，均要求设置相应的自动温度控制阀（如散热器恒温阀等），该阀具有恒定室温的作用，可以避免垂直双管系统中上部楼层过热的垂直失调现象。因此，对于共用立管分户独立循环系统和上供下回垂直双管系统，只要热力入口资用压头足以满足系统工作压力的要求，其所供的楼层数可不受传统的垂直双管系统一般不能超过5层的限制；相反，对于上供下回垂直单管跨越式系统，为避免底部楼层散热器面积增加过多而影响安装，不宜超过6层。由此可见，新的垂直双管系统和垂直单管跨越式系统所适应的楼层数与传统的垂直系统是不一样的。

2　分户热计量

随着我国供热计量技术的发展和热计量工程的推广，到目前为止，住宅分户热计量的方法已由最初的2种增加到6种。但是，无论哪种方法都应执行同一技术路线，即以楼栋（住宅）为对象设置楼栋热量表作为供热企业与终端用户之间唯一的热费结算依据，而楼内住户则应安装相应的热量分摊装置作为对整栋楼的耗热量进行分摊的依据。这一技术路线是近年来国内试点研究的重要成果和结论，符合原建设部等八部委颁布的《关于进一步推行热计量工作的指导意见》。为严格执行这一技术路线，在最新颁布的《严寒和寒冷地区居住建筑节能设计标准》JGJ 173—2009 第5.3.3条中，已作了强制性规定。上述规定与在每户安装户用热量表直接进行分户热计量的做法相比，一方面体现了一栋住宅（包括屋顶、东西山墙及地面等）的耗热量是楼内所有用户共同消耗的、所应支付的热费应有楼内的全体用户来共同承担的特点，能够保证对供暖费用分摊保持相对的公平、合理；另一方面，通过设在住宅热力入口处的楼栋热量表，可以判断维护结构的保温质量和运行调节水平以及水力失调情况，并可计量管网的热损失，能为判定新建和既有住宅能耗症结提供重要的依据，也有利于供热企业的合理收费；第三，可以免去将户用热量表直接作为结算表时每年所应花费的检验费及拆装费等，并可降低对户表的精度要求及成本。

由于楼栋热量表为住宅楼所耗热量（热费）的结算表，要求有较高的精度及可靠性，如果按每个单元设置，投资相对较高。为了降低热量表的投资，要尽量减少热力入口的数量，按栋楼设置楼栋热量表，即以每栋楼作为一个计量单元只设置一个热力入口和一块热量结算表。对于建筑用途相同、建设年代相近、建筑形式、平面、构造等相同或相似，建筑物耗热量指标相近，户间热费分摊方式、仪表的种类和型号一致的小区（组团），也可以若干栋住宅统一设置一块热量表进行结算。

多数情况下地下管沟中的环境非常恶劣，潮湿闷热甚至管路被污水浸泡，会缩短和影响热力入口装置的使用寿命和可靠性。因此，《供热计量技术规程》JGJ173－2009中规定，新建建筑不应采用将热量表设在室外地下管沟内的传统做法，应在地下室或首层楼梯间内设置专用表计小室；改造工程的热量表设置在管沟内时，当安装环境恶劣或热量表计算器的防护等级不满足安装环境要求，宜将计算器设置在室内。有些改造工程将热量表的计算器放置在建筑物热力入口的室外地坪，并外加保护箱，可起到防盗、防水和防冻的作用。

采用不同的热量分摊装置可以形成多种分户热计量方法，但各种方法均有不同的优缺点和使用条件，没有一种方法完全合理、尽善尽美，单一方法难以适应各种情况。因此，住宅分户热计量方法的选择，应从技术可行、经济合理、便于维护和推动节能效果等多个方面综合考虑，并应与户内供暖系统的形式相适应。以下重点对五种分户热计量方法的工作原理、特点及适用范围等做一介绍。

（1）散热器热分配计法。是在每组散热器上安装一个散热器热分配计，通过读取分配表分配计的读数，得出各组散热器的散热量比例关系，对结算点的总热量表的读数进行热分摊计算，得出每个住户的供热量。

由于每户居民在整幢建筑中所处位置不同，即便同样住户面积，保持同样室温，散热器热量分配计上显示的数字却是不相同的。所以，收费时要将散热器热量分配计获得的热量进行住户位置的修正并考虑户间传热问题。采用该方法的前提是分配计和散热器需要在实验室进行匹配试验，得出散热量的对应数据，而我国散热器型号种类繁多，试验检测工作量较大；居民用户还可能私自更换散热器，对分配计的检定工作带来了不利因素。该方法的另一个缺点是需要在装修和散热器安装完成后再入户安装和每年抄表换表（电子远传式分配计无需入户读表，但是投资较大）；既有建筑居住小区的居民很多安装了散热器罩，也会影响分配计的安装、读表和计量效果。

散热器热分配计热分摊法安装简单，适用于所有散热器供暖的系统，特别是对于既有供暖系统的热计量改造比较方便、灵活性强，不必将原有垂直系统改成按户分环的水平系统。但该方法不适用于地面辐射供暖和空调末端设备供暖系统。

（2）温度面积法。该方法是利用所测量的每户室内温度，结合建筑面积来对建筑的总供热量进行分摊。其具体做法是，在每户主要房间安装一个温度传感器，用来对室内温度进行测量，通过采集器采集的室内温度经通讯线路送到热量采集显示器；热量采集显示器接收来自采集器的信号，并将采集器送来的用户室温送至热量采集显示器；热量采集显示器接收采集显示器、楼栋热量表送来的信号后，按照规定的程序将热量进行分摊。

这种方法的出发点是按照住户的平均温度来分摊热费。如果某住户在供暖期间的室温维持较高，那么该住户分摊的热费也较多。它与住户在楼内的位置没有关系，收费时不必进行住户位置的修正，也不必考虑户间传热问题。应用比较简单，结果比较直观，与建筑内供暖系统没有直接关系。所以，这种方法适用于新建建筑各种供暖系统的热计量收费，也适合于既有建筑的热计量收费改造。

（3）流量温度分摊法。这种方法适用于共用立管的独立分户系统和单管跨越管采暖系统。该户间热量分摊系统由流量热能分配器、温度采集器处理器、单元热能仪表、三通测温调节阀、无线接收器、三通阀、计算机远程监控设备以及建筑物热力入口设置的楼栋热量表等组成。通过流量热能分配器、温度采集器处理器测量出的各个热用户的流量比例系数和温度系数，测算出各个热用户的用热比例，按此比例对楼栋热量表测量出的建筑物总供热量进行户间热量分摊。但是这种方法不适合在垂直单管顺流式的既有建筑改造中应用，此时温度测量误差难以消除。

该方法也需对住户位置进行修正。

（4）通断时间面积法。该方法是以每户的供暖系统通水时间为依据，结合建筑面积来对建筑的总供热量进行分摊。具体做法是，对于分户水平连接的室内供暖系统，在各户的分支支路上安装室温通断控制阀，用于对该用户的循环水进行通断控制来实现该户室温控制。同时在各户的代表房间里放置室内控制器，用于测量室内温度和供用户设定温度，并将这两个温度值传输给室温通断控制阀。室温通断控制阀根据实测室温与设定值之差，确定在一个控制周期内通断阀的开停比，并按照这一开停比控制通断调节阀的通断，以此调节送入室内热量，同时记录和统计各户通断控制阀的接通时间，按照各户的累计接通时间结合供暖面积分摊整栋建筑的热量。

该方法能够分摊热量并对户内室温进行总体控制，但不能实现分室温控，节能效果有所减弱。对其计量结果，实际上存在需要对住户位置进行修正并考虑户间传热问题。其应用的前提是每户须为一个独立的水平单管串联系统，设备选型和设计负荷要良好匹配，不能改变散热末端设备容量（即不能随意更换散热器），户与户之间不能出现明显水力失调，户内散热末端不能分室或分区控温，以免改变户内环路的阻力。

这种方法适用于水平单管串联的分户独立循环室内散热器供暖系统，但不适合用于垂直双管系统和垂直单管跨越式系统及采用传统垂直供暖系统的既有建筑的改造。

（5）户用热量表法。该分摊系统由各户用热量表以及楼栋热量表组成。

户用热量表安装在每户供暖环路中，可以测量每个住户的供暖耗热量。热量表由流量传感器、温度传感器和计算器组成。根据流量传感器的形式，可将热量表分为：机械式热量表、电磁式热量表、超声波式热量表。机械式热量表的初投资相对较低，但流量传感器对轴承有严格要求，以防止长期运转由于磨损造成误差较大；对水质有一定要求，以防止流量计的转动部件被阻塞，影响仪表的正常工作。电磁式热量表的初投资相对机械式热量表要高，但流量测量精度是热量表所用的流量传感器中最高的、压损小。电磁式热量表的流量计工作需要外部电源，而且必须水平安装，需要较长的直管段，这使得仪表的安装、拆卸和维护较为不便。超声波热量表的初投资相对较高，流量测量精度高、压损小、不易堵塞，但流量计的管壁锈蚀程度、水中杂质含量、管道振动等因素将影响流量计的精度，有的超声波热量表需要直管段较长。楼栋热量表宜选用超声波或电磁式热量表。

这种方法也需要对住户位置进行修正并考虑户间传热问题。它适用于分户独循环的室内散热器供暖系统及地面辐射供暖系统，但不适合用于垂直双管系统和垂直单管跨越式系统及采用传统垂直系统的既有建筑的改造。

3 分室（户）温度调控

供热体制改革以“多用热，多交费”为原则，实现供暖用热的商品化、货币化。因此，用户能够根据自身的用热需求，利用供暖系统中的自动温控阀主动有效地调控各个主要房间的室内温度，是实施供热计量的基础和供热系统节能运行的重要前提条件。在采用双管供暖系统时，由于温控阀的调节作用改变了系统的总压差，当供暖循环泵采用变速调节时可节省水泵耗能，同时还可减少锅炉等集中热源的燃料消耗和供热量。以往传统的室内供暖系统中安装使用的手动调节阀，对室内供暖系统的供热量能够起到一定的调节作用，但因其缺乏感温元件及自力式动作元件，无法对系统的供热量进行自动调节，从而无法有效利用室内的“自由热”（Free Heat，又称“免费热”，如阳光照射，室内热源—炊事、照明、电器及居民等散发的热量），节能效果大打折扣。为此，《供热计量技术规程》JGJ 173—2009 第 7.2.1 条和《严寒和寒冷地区居住建筑节能设计标准》JGJ 26—2010 第 5.3.3 条都强制性规定室内供暖系统必须设置分室（户）自动温度调节控制阀进行分室（户）温度调控。

散热器供暖系统应在每组散热器的进水管上安装散热器恒温控制阀（又称温控阀、恒温器等），实现室内温度自动调控。它是一种自力式调节控制阀，具有感受室内温度变化并根据设定的室温对系统流量进行自力式调节的特性，用户可根据对室温高低的要求调节并设定室温。散热器恒温控制阀对室内温度进行恒温控制时，可有效利用室内“自由热”、消除供暖系统的垂直失调，从而达到节省室内供热量的目的；采用通断时间面积法进行分户热计量时，户内室温的总体调节是靠设置在户内系统总管上的电动阀通断控制实现的，不能在散热器上设置恒温控制阀。

正确选用和安装散热器恒温控制阀，才能实现对室温的主动调节以及不同室温的恒定控制。散热器恒温阀的特性及其选用，应遵循《散热器恒温控制阀》JG/T 195—2007 的规定，并应根据室内供暖系统形式选择其类型。垂直单管跨越式供暖系统要采用低阻力的两通恒温阀或三通恒温阀，垂直双管系统要采用高阻力的两通恒温阀。为避免恒温控制阀堵塞造成大面积泄水检修，恒温阀须具备防冻设定和带水带压清堵或更换阀芯的功能，否则为不合格产品。散热器恒温控制阀的阀头和温包不得被破坏或遮挡，应能够正常感应室温并便于调节，温包内置式恒温控制阀的阀头要水平安装，暗装散热器必须匹配温包外置式恒温控制阀。

对于低温热水地面辐射供暖系统，一般可在户内系统入口处设置电动控温调节阀或在室内集水器的进水管上设置自力式恒温控制阀（恒温阀不要设置在装饰罩内，否则温包要外置），实现分户温度自动调控，其户内分集水器上每支环路上应安装手动流量调节阀；有条件的情况下宜实现节能效果更好的分室自动温控，方法是在需要控温房间的加热盘管上装置直接作用式恒温控制阀，通过恒温控制阀温控器的作用直接改变控制阀的开度，保持设定的室内温度。为了测得比较有代表性的室内温度，作为温控阀的动作信号，温控阀或温度传感器应安装在室内离地 1.5m 处。因此，加热管必须嵌墙抬升至该高度处。由于此处极易积聚空气，所以要求直接作用恒温控制阀必须具有排气功能。

4 系统水力平衡

水力失调（即水力不平衡）是由于水力失衡而引起运行工况失调的一种现象，一般可分为静态水力失调和动态水力失调两种。静态水力失调是水系统自身固有的，是由于管路系统特性阻力系数的实际值偏离设计值而导致的；动态水力失调不是水系统自身固有的，是在系统运行过程中产生的。是因某些末端设备的阀门开度改变而导致流量变化的同时，管路系统的压力产生波动，从而引起互扰而使其他末端设备流量偏离设计值的一种现象。目前，我国供热系统水力失调的现象依然很严重，而水力失调引起的表面现象是冷热不匀、温度达不到设计值，导致近端用户开窗散热、远端用户室温偏低，实际上还隐含着系统和设备效率的降低，以及由此而引起的能源消耗的增加，是造成供热系统能耗浪费主要原因，同时，水力平衡又是保证变流量、气候补偿、室温调控等供热系统节能技术可靠实施的前提，因此对供暖系统节能而言，首先应该做到水力平衡。

在供暖系统中合理地设置水力平衡装置，是解决系统水力失调、降低系统能耗、满足室温要求的有效技术措施。常用的水力平衡装置有静态水力平衡阀、自力式流量控制阀及自力式压差控制阀，三种产品调控反馈的对象分别是阻力、流量和压差，不能互相取代。静态水力平衡阀又称水力平衡阀和平衡阀，具备开度显示、压差和流量测量、调节线性和限定开度等功能，通过改变阀门开度，使阀门的流动阻力发生相应变化来调节流量，能够实现设计要求的水力平衡，当水泵处于设计流量或者变流量运行时，各个用户能够按照设计要求，基本上能够按比例的得到分配流量；自力式流量控制阀是一种通过自力式动作，无需外界动力驱动，在某个压差范围内自动控制流量保持恒定的调节阀，又称流量限制阀，一般应用于定流量系统和需要限定最大流量的场合；自力式压差控制阀是一种通过自力式动作，无需外界动力驱动，在某个压差范围内自动控制压差保持恒定的调节阀。

除规模较小的供热系统经过计算可以满足水力平衡外，一般室外供热管线较长，计算不易达到水力平衡。对于通过计算不易达到环路压力损失差要求的，为了避免水力不平衡，应设置静态水力平衡阀，否则出现不平衡问题时将无法调节。由于静态水力平衡阀与普通调节阀相比价格提高不多，且安装后可以取代一个截止阀或闸阀，整体投资增加不多，因此《供热计量技术规程》JGJ 173—2009 第 5.2.2 条规定无论供热规模大小，均要求在建筑物热力入口处安装静态水力平衡阀，并应对系统进行水力平衡调试。静态水力平衡阀是用于消除环路剩余压头、限定环路水流量用的，为了合理地选择静态水力平衡阀的型号，在设计水系统时一定仍要进行管网水力计算及环网平衡计算选取平衡阀。对于旧系统改造时，由于资料不全并为方便施工安装，可按管径尺寸配用同样口径的平衡阀，但需要作压降校核计算，以避免原有管径过于富裕使流经平衡阀时产生的压降过小，引起调试时由于压降过小而造成仪表较大的误差。

静态水力平衡阀是最基本的平衡元件，实践证明，系统第一次调试平衡后，在设置了供热量自动控制装置进行质调节的情况下，室内散热器恒温阀的动作引起系统压差的变化不会太大，因此，只在某些条件下需要设置自力式流量控制阀或自力式压差控制阀。自力式流量控制阀虽然具有在一定范围内自动稳定环路流量的特点，但是其水流阻力也比较大，因此即使是针对定流量系统，设计人员也首先是通过管路和系统设计来实现各环路的水力平衡（即“设计平衡”）；当由于管径、流速等原因的确无法做到“设计平衡”时，应首先考虑在各热力入口设置静态水力平衡阀通过初调试来实现水力平衡；只有当设计认为系统可能出现由于运行管理原因（例如水泵运行台数的变化等等）有可能导致的水量较大波动时，才宜采用阀权度要求较高、阻力较大的自力式流量控制阀。但是，对于变流量系统来说，除了某些需要定流量的场所（例如为了保护特定设备的正常运行或特殊要求）外，不应在热力入口处设置自力式流量控制阀，是否需要设置自力式压差控制阀，应根据水力平衡计算和系统总体控制设置情况确定，计算的依据就是保证恒温阀的阀权度以及在关闭过程中的压差不会产生噪声。目前，有些设计人员不经水力平衡计算，就盲目地在热力入口或各立管安装自力式压差控制阀、分户设置静态水力平衡阀的做法，既造成不必要的浪费，又降低了每一个调节阀在系统里的阀权度和调节性能。

对于既有供热系统，局部进行室温调控和热计量改造工作时，由于改造增加了阻力，会造成水力失调及系统压头不足，因此需要进行水力平衡及系统压头的校核，考虑增加加压泵或者重新进行平衡调试。

CFD 模拟技术在暖通空调系统设计中的应用

清华大学　李先庭

1　前言

暖通设计人员在完成空调系统初步方案之后，往往希望预先知道系统运行后的效果，对效果较差的方案做进一步的改进提高，以求最终保证设计方案的可靠性，以免因设计方案不佳而导致的复杂的后期改造工作，这就需要合理的预测手段来辅助设计；此外，伴随着国家对节能减排工作的重视，节能的观念深入人心，空调系统的节能也至关重要，在保障室内空气参数的前提下，不同的暖通系统设计方案，将导致显著的系统运行能耗差异，因此，效果预测手段还要能进行不同设计方案的比较。日益成熟的 CFD（计算流体力学：Computational Fluid Dynamics）技术正是方案效果预测的很好的手段，比较以往常采用的射流公式预测和模型实验的测试方法，该技术能以很低的成本、较短的时间消耗来全面预测各种建筑空间及设备内部的三维的速度场、温度场、相对湿度场以及热舒适和通风换气等指标的分布，辅助人们看到设计方案目前的效果及不足。

1974 年，丹麦的 P. V. Nielsen 首次将 CFD 技术引入暖通空调领域，他利用流函数和涡旋公式求解封闭二维流动方程，模拟获得了房间内某些断面的速度分布和射流轴心速度的衰减，与实验数据的对比表明，数值计算的结果是可信的。之后国内外大量研究人员开展了暖通空调领域内的 CFD 技术研究，由此将 CFD 技术从基础理论阶段推至了成熟的工程应用阶段。表 1-1 是过去几十年在暖通 CFD 技术发展过程中做出过重要贡献的部分国外专家或科研团队的简要介绍。

表 1-1　暖通领域 CFD 模拟部分进展列表

时间（年）	研究人员或团队	贡　献
1974～1979	P. V. Nielsen	流函数和涡旋公式求解二维房间空气流动；原始变量形式求解三维室内空气流动；描述风口入流边界的盒子方法；浮力影响的非等温空气流动
1980	Gosman	不同几何形状房间的三维数值模拟；风口入流边界的指定速度法
1983	Markatos	电视演播厅（大空间）三维流动和传热，提出利用 CFD 技术改进大空间空调系统设计
1984	Ishihu and Kaneki	流函数和涡旋公式求解非稳态二维流动，预测污染物分布
	Reinartz and Renz	将环形散流器送风按照二维情形直接模拟，获得气流分布
1986	Waters	建筑前庭、洁净室、机场候机厅的速度、温度梯度及烟气运动的分析
1986～1987	Awbi and Setark	贴壁射流的速度分布，分析室内障碍物及墙壁对射流的影响
1988	Jones and Reed	对工厂车间气流组织模拟
	Chen	分析建筑能耗、空气流动及空气品质

续表 1-1

时间（年）	研究人员或团队	贡　献
1989～1994	ASHRAE	完整的研究了CFD模拟的系列相关问题，CFD技术在室内通风空调领域推广开来
1990～1991	Jones	提出利用CFD方法来指导设计，以避免办公室类出现变态建筑
1994	Murakami and Kato	利用代数应力模型（ASM）和微分应力模型（DSM）对水平非等温射流进行室内气流模拟
1998	Emmerich	利用大涡模拟（LES）技术模拟三维房间内热空气流动和烟气传播

国内在20世纪80年代初也开始了CFD在室内供热、通风、空调方面应用的研究。其中湖南大学的汤广发教授在20世纪80年代编写了一套二维层流计算程序，并成功地分析了通风墙体和标准工业厂房的自然对流等难度较大的工程问题，之后改进了SIMPLE算法，并对计算收敛、一般松弛法、源项松弛法、大空间多风口、多障碍物、室内热源等问题进行了研究，取得了大量的基础性研究成果。清华大学李先庭教授领导的课题组，对实际工程中空调风口入流边界条件和数值算法进行了研究，建立室内空气流动数值模拟的简捷体系，自主开发了求解流动与传热问题分析的模拟计算软件STACH-3；并对普通民用建筑、体育场馆、洁净室等空间的气流组织进行了大量的数值模拟研究。国内其他团队也陆续开展了不同程度CFD技术的研究或CFD技术在暖通空调工程的模拟应用。

2　暖通空调领域的CFD技术

2.1　CFD技术基础

对CFD基本理论知识的熟悉，是将待求解的实际问题进行合理建模和正确计算的前提。本节将针对暖通空调工程的实际特点，简要介绍一下与暖通领域应用相关的CFD基础知识。

1）基本假设

根据热工理论基础，暖通领域的室内空气满足气体状态方程，通常可将压力视为常数。此外，常见的空气流动为低速流动，而且由于温度变化不大可假设空气流动满足Boussinesq假设。空气的黏性不可忽略，必须用黏性流体动力学的理论来研究，进一步而言，室内空气流动通常都是湍流流动，需要相应的湍流理论来模拟。室内空气流动的物理模型可总体概括如下：

（1）常温、低速、不可压流体流动；

（2）符合气体状态方程的等压流动；

（3）符合Boussinesq假设；

（4）自然对流、强迫对流和辐射换热都存在的湍流流动。

2）数学物理模型

暖通空调工程领域的流体流动满足连续性方程、动量方程（Navier-Stokes方程）、能量方程和组分方程。但由于空气流动形式为湍流，其流动在时间和空间上是极不规则的，流场中各点的速度是时间和空间的随机函数，对控制方程直接求解难度较大。而实际湍流物理量可以看作是时均值和脉动值之和，在实际工程中，我们更关心的是与时均值相关的湍流流动的宏观特征。因此，1895年，雷诺提出了求解统计平均的控制方程的思想，即著名的雷诺方程，这样就可以求解雷诺方程来获得湍流的时均值。但是，雷诺方程中存在着湍流的二阶脉动相关项，如 $\rho\overline{u_iu_j}$（雷诺应力），$\rho\overline{u_jh}$（雷诺传热量）等，这些均为未知量，结果造成方程数少于未知量个数的情况，无法封闭求解。于是，需要一些假设或理论将上述微分方程组封闭，由此便形成了所谓的湍流模型。目前工程中最为常用的一类湍流模型是涡粘系数模型 EVM（Eddy Viscosity Model），它基于 Boussinesq 假设，将二阶脉动相关项表示为时均值的函数，藉此封闭求解，由此雷诺方程变为如下形式（以下各式中大写字母均代表相关变量的时均值）：

动量方程：

$$\frac{\partial\rho U_i}{\partial t}+\frac{\partial\rho U_iU_j}{\partial x_j}=-\frac{\partial P}{\partial x_i}+\frac{\partial}{\partial x_j}\left[(\mu+\mu_t)\left(\frac{\partial U_i}{\partial x_j}+\frac{\partial U_j}{\partial x_i}\right)\right]+\rho\beta g_i(T_{\mathrm{ref}}-T) \tag{2-1}$$

能量方程：

$$\frac{\partial\rho H}{\partial t}+\frac{\partial\rho HU_j}{\partial x_j}=\frac{\partial}{\partial x_j}\left[\left(\frac{\lambda}{c_{\mathrm{p}}}+\frac{\mu_{\mathrm{t}}}{Pr_{\mathrm{t}}}\right)\frac{\partial H}{\partial x_j}\right]+S_{\mathrm{H}} \tag{2-2}$$

组分方程：

$$\frac{\partial\rho C}{\partial t}+\frac{\partial\rho CU_j}{\partial x_j}=\frac{\partial}{\partial x_j}\left[\left(\frac{\mu}{\sigma_{\mathrm{C}}}+\frac{\mu_{\mathrm{t}}}{\sigma_{\mathrm{t}}}\right)\frac{\partial C}{\partial x_j}\right]+S_{\mathrm{C}} \tag{2-3}$$

上述方程组共有7个未知量，而微分方程的数量为6个，因此需要附加一个求解湍流黏性系数 μ_{t} 的方程就可以封闭上述微分方程组。围绕如何求解 μ_{t} 的问题，形成了多种湍流模型。根据求解 μ_{t} 所附加的微分方程的数量，产生了零方程模型（一个代数方程）、一方程模型（一个微分方程）和两方程模型（两个微分方程）。工程上最常采用的是两方程模型中的 k-ε 模型，该模型的控制微分方程组可用统一的通风微分方程表示如下：

一个统一的通用微分方程表示如下：

$$\frac{\partial}{\partial t}(\rho\phi)+div(\rho\vec{u}\phi-\Gamma_{\varphi}grad\phi)=S_{\phi} \tag{2-4}$$

随着 ϕ 的不同，如 ϕ 代表速度、焓以及湍流参数等物理量时，上式代表流体流动的动量方程、能量方程以及湍流动能和湍流动能耗散率方程，各项具体意义如表2-1所示。

表2-1 三维直角坐标系下的 k-ε 模型控制方程

ϕ	Γ_ϕ	S_ϕ
1	0	0
U	μ_{eff}	$-\frac{\partial p}{\partial x}+\frac{\partial}{\partial x}\left(\mu_{\mathrm{eff}}\frac{\partial u}{\partial x}\right)+\frac{\partial}{\partial y}\left(\mu_{\mathrm{eff}}\frac{\partial v}{\partial x}\right)+\frac{\partial}{\partial z}\left(\mu_{\mathrm{eff}}\frac{\partial w}{\partial x}\right)+\rho\beta g_x(T_{\mathrm{ref}}-T)$
V	μ_{eff}	$-\frac{\partial p}{\partial y}+\frac{\partial}{\partial x}\left(\mu_{\mathrm{eff}}\frac{\partial u}{\partial y}\right)+\frac{\partial}{\partial y}\left(\mu_{\mathrm{eff}}\frac{\partial v}{\partial y}\right)+\frac{\partial}{\partial z}\left(\mu_{\mathrm{eff}}\frac{\partial w}{\partial y}\right)+\rho\beta g_y(T_{\mathrm{ref}}-T)$
W	μ_{eff}	$-\frac{\partial p}{\partial z}+\frac{\partial}{\partial x}\left(\mu_{\mathrm{eff}}\frac{\partial u}{\partial z}\right)+\frac{\partial}{\partial y}\left(\mu_{\mathrm{eff}}\frac{\partial v}{\partial z}\right)+\frac{\partial}{\partial z}\left(\mu_{\mathrm{eff}}\frac{\partial w}{\partial z}\right)+\rho\beta g_z(T_{\mathrm{ref}}-T)$
k	$\frac{\mu_{\mathrm{eff}}}{\sigma_{\mathrm{k}}}$	$G_{\mathrm{k}}-\rho\varepsilon$
ε	$\frac{\mu_{\mathrm{eff}}}{\sigma_{\varepsilon}}$	$\frac{\varepsilon}{k}[G_{\mathrm{k}}C_1-C_2\rho\varepsilon]$

续表 2-1

H	$\frac{\mu_{\text{eff}}}{\sigma_{\text{h}}}$	S_{h}
C	$\frac{\mu_{\text{eff}}}{\sigma_{\text{C}}}$	S_{C}
$\mu_{\text{eff}} = \mu_l + \mu_t\mu_t = C_D\rho k^2/\varepsilon$		
$G_k = \mu_t\left\{2\left[\left(\frac{\partial u}{\partial x}\right)^2 + \left(\frac{\partial v}{\partial y}\right)^2 + \left(\frac{\partial w}{\partial z}\right)^2\right] + \left(\frac{\partial u}{\partial z} + \frac{\partial w}{\partial x}\right)^2 + \left(\frac{\partial w}{\partial y} + \frac{\partial v}{\partial z}\right)^2 + \left(\frac{\partial u}{\partial y} + \frac{\partial v}{\partial x}\right)^2\right\}$		
$C_1 = 1.44, C_2 = 1.92, C_D = 0.09, \sigma_k = 1.0, \sigma_\varepsilon = 1.3, \sigma_H = 1.0, \sigma_C = 1.0$		

需要指出的是上面的经验常数的适应性问题。上述的各个常数是在符合一定条件的特殊情形下的通过试验得出的，但是仍具有一定的适用性。随着 k-ε 模型的广泛应用，实践证明它对于边界层型流动、管内流动、剪切流动、平面倾斜冲击流动、有回流的流动以及三维边界层流动，都能取得满意的模拟结果。

借助上述式（2-4）表示的统一形式的通用微分方程，就可以开发通用的流体流动和传热传质数值计算程序。该式适用于各种变量，所不同的只是等效扩散系数、广义源项和初值、边界条件这三方面。目前世界上研究数值计算传热学和流体力学的主要组织所编制的程序大多针对该通用微分方程式，如著名的 PHOENICS 等。此外，本书介绍的清华大学建筑学院建筑技术科学系编制的 STACH-3 亦属此类。

此外，虽然 k-ε 模型应用比较广泛，但对于空调通风房间内的非等温、混合对流的情形却有较大误差。近年来，由于工程应用对数值模拟快速、准确的要求，一些学者根据实验数据或直接数值模拟（DNS）的计算结果，提出满足工程应用要求的快速、简单的零方程模型，针对性地对所关心的问题进行模拟，由于湍流模型模拟是唯象的，半经验的，故尽管零方程模型比复杂模型简单，但是在专门的领域内却能获得比复杂模型更与实验数据吻合的结果。目前暖通领域应用比较常用的是 MIT 零方程模型，它是在室内空气自然对流和混合对流的直接数值模拟 DNS（Directly Numerical Simulation）结果基础上提出的，该模型针对房间内非等温流动的 Rayleigh 数范围（2.6～3.0）$\times 10^{10}$，认为涡粘系数正比于流体密度、当地速度和距壁面最近之距离，比例系数由直接数值模拟的结果拟合而得：

$$\mu_t = 0.03874\rho Vl \tag{2-5}$$

其中，V 为当地时均速度；l 为当地距壁面最近的距离。该模型少求解两个微分方程，而仅求解关于质量、动量和能量守恒的 5 个微分方程，故计算最省时间。很多的算例表明，该零方程湍流模型对于室内空气流动的数值模拟有着速度快、能满足工程上精度要求的特点，值得在工程中应用。

3）数值计算方法

（1）方程的离散

对空气流动和换热进行数值计算时，需要先将计算域划分成许多互不重叠的子区域，即划分网格，将计算空间区域离散成一个个小控制体。然后在控制体内对控制微分方程进行离散。在暖通空调领域，应用最多的离散方法是有限容积法（FVM，Finite Volume

Method)，它是在离散控制体内对控制微分方程积分，选择合适的内插函数，用节点值表示有关界面的值以及各阶导数，从而将微分方程离散为一组以各网格节点表示的代数方程。对于一般的三维情形，采用有限容积法离散后通常可得类似的代数方程：

$$a_P\phi_P = a_E\phi_E + a_W\phi_W + a_N\phi_N + a_S\phi_S + a_T\phi_T + a_B\phi_B + b \tag{2-6}$$

其中，a 为离散方程的系数，ϕ 为各网格节点的变量值，b 为离散方程的源项。下标 P、E、W、N、S、T 和 B 分别表示本网格、东边网格、西边网格、北边网格、南边网格、上面网格和下面网格处的值。所有的动量方程、能量方程、组分方程等均可离散成上述形式。

用有限容积法导出离散方程时，需要通过一定的数值差分格式来确定控制容积界面上函数的取值及其导数的构造方法，不同的数值差分格式将导致不同的计算结果。比较常用的差分格式有中心差分、上风、混合、幂函数和指数格式等。其中指数格式精度最高，因为它是根据一维情况的精确解推导出来的，幂函数格式次之，但是这两种格式计算耗时更长；一个折中的方案是混合格式，对于多数情况它都能取得较为满意的精度；上风格式是数值计算中常用的差分格式，但是它夸大了对流的作用；而中心差分则相反，只有在贝克列数（Berkeley Number）小于 2（网格很密）时方能取得满意的结果，一般不采用之。

（2）离散方程的求解算法

在对室内空气流动控制方程进行离散得到代数方程之后，需要对其求解以获得流场各物理量的分布信息。同时，实际应用中还必须考虑影响流场的其他变量，如压力、温度、湍流参数等，因为它们与空气流动流速是相互影响的，因此还必须采用一定的算法来考虑它们的耦合性。目前最有代表性、应用最为广泛的耦合求解算法是 SIMPLE（Semi-Implicit Method for Pressure Linked Equation）方法，该算法的迭代求解过程大致如下：

假设压力场 $P*$；

求解动量方程得到速度场 $U*$；

求解压力修正方程，得到 P'；

修正压力场和速度场；

求解其他影响流场的变量，如温度、浓度或湍流动能等；

判敛，如果收敛则停止迭代，否则以更新后的压力场为新的假设的压力场，跳到第二步继续计算，直至收敛；

求解与速度无关的其他变量。

根据以上算法，再结合一般的代数方程迭代求解方法，就可以对空气流动和换热、传质的离散方程进行求解，获得我们需要的场分布情况。

4）边界条件和初始条件

对于实际物理问题的求解，必须建立所谓的定解条件才能封闭方程组，对于一个一般的非稳态问题，定解条件包括边界条件和初始条件。

边界条件包括以下三类：

（1）给出变量的值，如壁面的温度，非滑动壁面的速度分量为零等；

（2）给出变量沿某方向的导数值，如已知壁面的热流量，对绝热壁面的导数为零；

（3）给出变量与其某方向导数的关系式，如通过表面传热系数以及周围流体温度而限定壁面的换热量等。

非稳态问题的初始条件，即为已知零时刻的各函数，它可以是个常数，也可以是空间位置的函数。

在实际应用中，因为最终稳定解与如何给出初始条件无关，于是可以借此用非稳态的方法对稳态问题求解，从而节省计算时间或保证计算不至于发散。

2.2 CFD 商业软件

随着 CFD 技术在工程上的广泛应用，越来越多的商用 CFD 软件应运而生。这些商用软件通常配备有大量的算例、详细的说明文档以及丰富的前后处理功能。但是作为专业性很强的、高层次的知识密集型产品，各种商用 CFD 软件之间也存在差异。不过比较成熟的商业软件一般都具有前处理、求解器、后处理功能。其中前处理用于生成几何模型，并对模型进行网格划分；求解器用于选定湍流模型、离散格式、迭代算法，输入相应的已知边界条件，并进行迭代求解，得到数据结果；后处理用于对数据结果进行可视化处理，如生成速度场、温度场和污染物浓度场的云图，颗粒物传播轨迹以及一些参数变化的动画。下面针对国内常见的一些商用 CFD 软件进行简单的介绍。

2.2.1 PHOENICS

这是世界上第一个投放市场的 CFD 商用软件（1981 年），堪称 CFD 商用软件的鼻祖。由于该软件投放市场较早，因而曾经在工业界得到广泛的应用，其算例库中收录了 600 多个例子。为了说明 PHOENICS 的应用范围，其开发商 CHAM 公司将其总结为 A 到 Z，包括空气动力学、燃烧器、射流等。

另外，目前 PHOENICS 也推出了专门针对通风空调工程的软件 FLAIRE，可以求解 PMV 和空气龄等通风空调房间专用的评价参数。

2.2.2 FLUENT

这一软件是由美国 FLUENTInc.（现已被美国 ANSYS 公司收购）于 1983 年推出的，包含有结构化和非结构化网格两个版本。可计算的物理问题包括定常与非定常流动，不可压缩和可压缩流动，含有颗粒/液滴的蒸发、燃烧过程，多组分介质的化学反应过程等。

值得一提的是，目前 FLUENT Inc. 又开发了专门针对室内空气流动分析的软件包 AirPak，该软件具有风口模型、MIT 零方程湍流模型等，并且可以求解 PMV、PD 和空气龄等通风气流组织的评价指标。

2.2.3 CFX

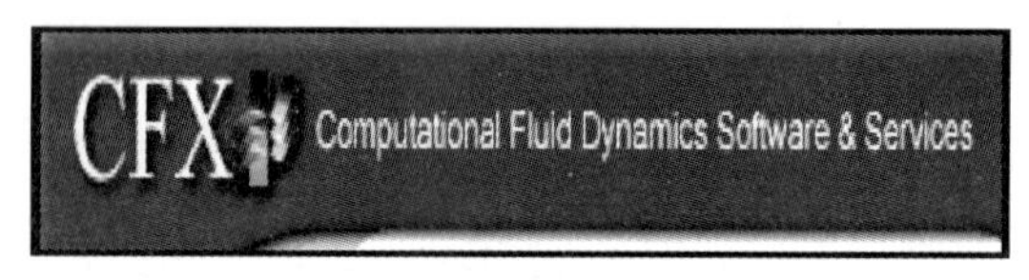

该软件前身为 CFDS-FLOW3D，是由 Computational Fluid Dynamics Services/AEA Technology（现亦为美国 ANSYS 公司收购）于 1991 年推出的。它可以基于贴体坐标、直角坐标以及柱坐标系统，用显式数值方法代替隐式数值方法，满足非线性耦合方程收敛的要求。对不同湍流模型而

言，该软件是一个耦合多重网格和非匹配网格求解器。该软件可计算的物理问题包括不可压缩和可压缩流动、耦合传热问题、多相流、颗粒轨道模型、化学反应、气体燃烧、热辐射等。

2.2.4 STAR-CD

该软件是 Computational Dynamics-Ltd 公司开发的，采用了结构化网格和非结构化网格系统，可灵活适用于不同单元形状，非常适于使用网格步进技巧的时变几何体的自适应网格划分与求解问题。同时，该软件为代数多重网格选项、告诉可压缩流体的优化、自由表面多相流和多物理性能等提供了多种求解器。该软件计算的问题涉及导热、对流与辐射换热的流动问题，设计化学反应的流动与传热问题及多相流（气—液、气—固、固—液、液—液）的数值分析。

2.2.5 STACH-3

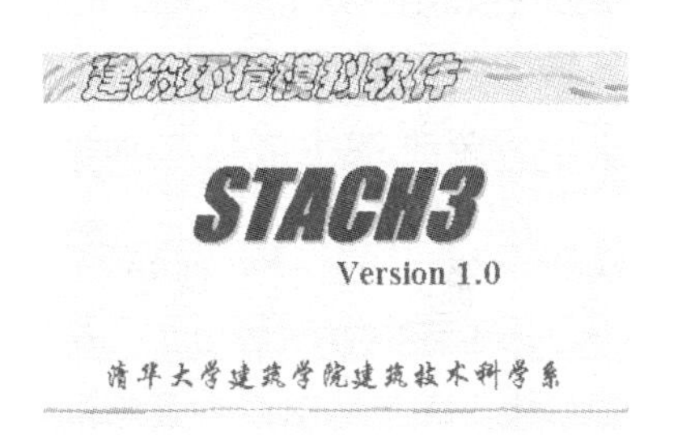

该软件是清华大学建筑技术科学系自主开发的基于三维流体流动和传热的数值计算酸碱，专门针对供热、通风与空气调节领域的传热和流动问题。在这个计算软件中，采用了经典的 k-ε 湍流模型和适于通风空调室内湍流模拟的 MIT 零方程湍流模型，用于求解不可压缩湍流流动的流动、传热、传质控制方程。同时，采用有限容积法进行离散，动量方程在交错网格上求解，对流差分格式可选上风差分、混合差分以及幂函数差分格式，算法为 SIMPLE 算法。

2.2.6 FlOVENT

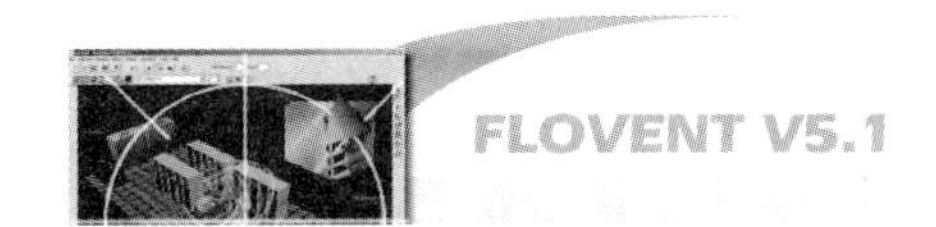

该软件最初由 Flowmerics 公司（现已为 Mentor 公司收购）于 1989 年推出的全球第一套针对建筑行业的暖通及流体仿真软件。通过计算空气流动、传热、污染物分布，为通风系统的设计与优化而服务的一款 CFD 软件。该软件使用直角坐标系统，并被广泛应用于建筑中空气流动的模拟。

以上软件目前在我国的一些企业、科研机构和高效中均有一定的应用。除此之外，国际上还有将近 50 种商用 CFD 软件，这里不一一介绍。

2.3 专业 CFD 前处理软件

前文所述的 CFD 软件一般都自带有简单的前处理和后处理功能。但实际工程中经常会遇到复杂的几何结构需要建模和网格划分，而且有时需要模拟人员提供直观、清晰、漂亮的后处理图片或动画，此时很多商业软件自带的前后处理功能并不能很好地满足这些要求，这就促成了一些专业的 CFD 前处理和后处理软件的蓬勃发展与广泛应用。本小节及下一小节将对暖通领域常用的部分专业前、后处理软件进行简单介绍。

2.3.1 AutoCAD

AutoCAD 是目前世界上应用最广的 CAD 软件，市场占有率位居世界第一。该软件具有完善的图形绘制功能；强大的图形编辑功能；可以采用多种方式进行二次开发或用户

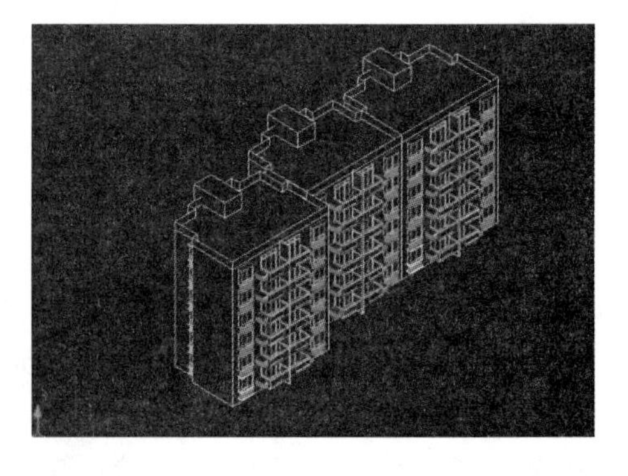

定制；可以进行多种图形格式的转换，具有较强的数据交换能力；支持多种硬件设备；支持多种操作平台；具有通用性、易用性，适用于各类用户。此外，从 AutoCAD2000 开始，该系统又增添了许多强大的功能，如 AutoCAD 设计中心（ADC）、多文档设计环境（MDE）、Internet 驱动、新的对象捕捉功能、增强的标注功能以及局部打开和局部加载的功能，从而使 AutoCAD 系统更加完善。AutoCAD 建立的三维实体文件可以导入到很多 CFD 求解软件和专业的网格划分软件中进行进一步处理，由于其应用普遍、功能操作方便等优点，目前在暖通领域的很多复杂 CFD 模型建立时使用。

2.3.2 PRO/E

第一个提出了参数化设计的概念，并且采用了单一数据库来解决特征的相关性问题。Pro/Engineer 是软件包，并非模块，它是该系统的基本部分，其中功能包括参数化功能定义、实体零件及组装造型，三维上色实体或线框造型棚完整工程图产生及不同视图（三维造型还可移动，放大或缩小和旋转）。Pro/Engineer 是一个功能定义系统，即造型是通过各种不同的设计专用功能来实现，其中包括：筋（Ribs）、槽（Slots）、倒角（Chamfers）和抽空（Shells）等，采用这种手段来建立形体，对于工程师来说是更自然，更直观，无需采用复杂的几何设计方式。此系统的参数比功能是采用符号式的赋予形体尺寸，不像其他系统是直接指定一些固定数值于形体，这样工程师可任意建立形体上的尺寸和功能之间的关系，任何一个参数改变，其也相关的特征也会自动修正。这种功能使得修改更为方便和可令设计优化更趋完美。

2.3.3 Gridgen

Gridgen 是 Pointwise 公司下的旗舰产品。Gridgen 是专业的网格生成器，被工程师和科学家用于生成 CFD 网格和其他计算分析。它可以生成高精度的网格以使得分析结果更加准确。同时它还可以分析并不完美的 CAD 模型，且不需要人工清理模型。Gridgen 可以生成多块结构网格、非结构网格和混合网格，可以引进 CAD 的输出文件作为网格生成基础。生成的网格可以输出十几种常用商业流体软件的数据格式，直接让商业流体软件使用。对用户自编的 CFD 软件，可选用公开格式（Generic），如结构网格的 PLOT3D 格式和结构网格数据格式。Gridgen 网格生成主要分为传统法和各种新网格生成方法。传统方法的思路是由线到面、由面到体的装配式生成方法。各种新网格生成法，如推进方式可以高速的由线推出面，由面推出体。另外还采用了转动、平移、缩放、复制、投影等多种技术。可以说各种现代网格生成技术都能在 Gridgen 找到。Gridgen 是在工程实际应用中发展起来的，实用可靠是其特点之一。如图 2-1 所示。

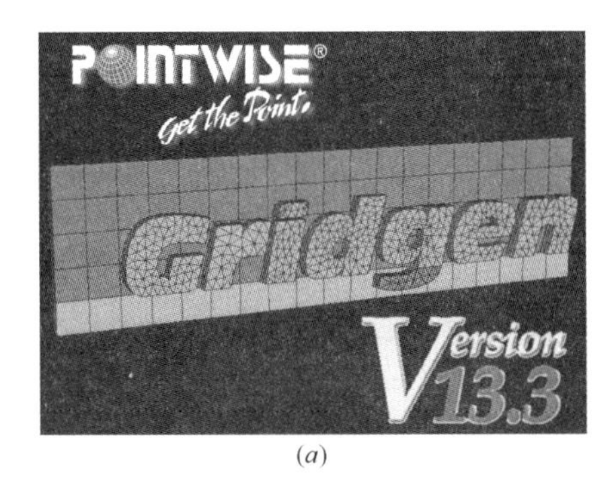

(a)

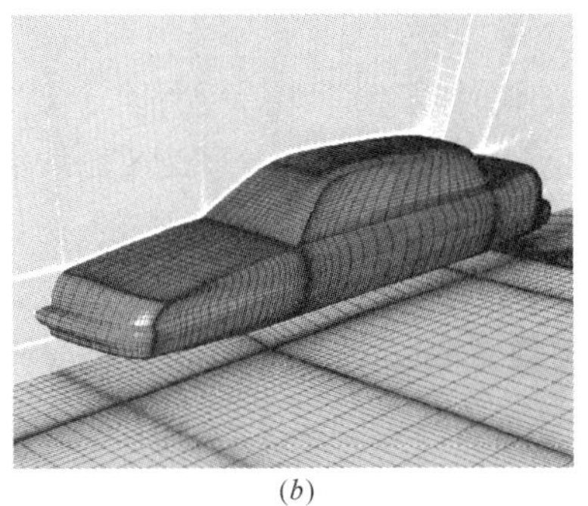

(b)

图 2-1　Gridgen界面及网格划分示例
（a）Gridgen界面；（b）网格划分示例

2.3.4　ICEM CFD

ICEMCFD是一款极为强大的专业CAE前处理软件，在航空、机械等领域应用极为广泛，在一些暖通空调领域的一些复杂模型建立及其网格划分时不失为一个好工具。

作为专业的前处理软件，ICEMCFD拥有强大的CAD模型修复能力、自动中抽取、独特的网格“雕塑”技术、网格编辑技术以及广泛的求解器支持能力。ICEMCFD软件有如下主要功能：忽略细节特征设置，自动跨越几何缺陷及多余的细小特征；方便的网格雕塑技术实现任意复杂的几何体纯六面体网格划分；对CAD模型的完整性要求很低，它提供完备的模型修复工具，方便处理“烂模型”；Replay技术对几何尺寸改变后的几何模型自动重划分网格；快速生成自动生成六面体为主的网格；自动检查网格质量，进行整体平滑处理，坏单元自动重划，可视化修改网格质量；可接入超过100种求解器中，如FLUENT、Ansys、CFX、Nastran、PHOENICS等。ICEMCFD有多种网格划分模型：六面体网格、四面体网格、棱柱型网格。

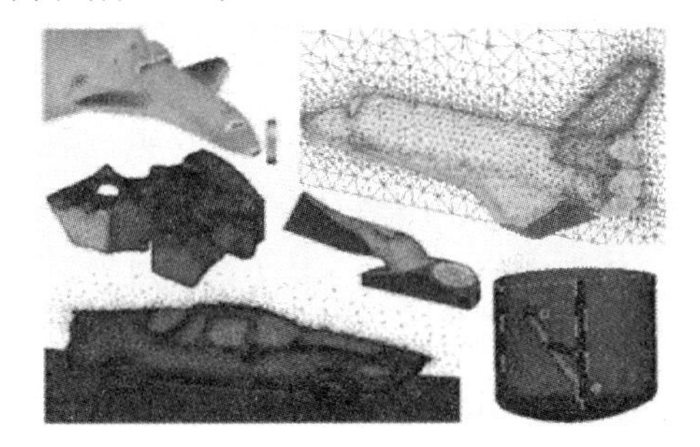

2.4　专业后处理软件

后处理软件数目较多，除了常用的Matlab和Microsoft Office系列软件等简单实用的办公软件之外，目前暖通空调专业常用的后处理软件主要有Tecplot以及Ensight CFD。

2.4.1　Tecplot

Tecplot系列软件是由美国Tecplot公司推出的功能强大的数据分析和可视化处理软件，其中Tecplot360软件专用于数值模拟和CFD结果可视化。Tecplot能按照用户的设想迅速的根据数据绘图及生成动画，对复杂数据进行分析，进行多种布局安排，并将用户的结果与专业的图像和动画联系起来。作为功能强大的数据显示工具，Tecplot通过绘制XY，2-D和3-D数据图以显示工程和科学数据，对于进行数值模拟、数据分析和测试是理想的工具。

Tecplot 软件有如下几大功能：可直接读入常见的网格、CAD 图形及 CFD 软件（PHOENICS、FLUENT、STAR-CD）生成的文件；能直接导入 CGNS、DXF、EXCEL、GRIDGEN、PLOT3D 格式的文件；能导出的文件格式包括了 BMP、AVI、FLASH、JPEG、WINDOWS 等常用格式；能直接将结果在互联网上发布，利用 FTP 或 HTTP 对文件进行修改、编辑等操作。也可以直接打印图形，并在 MICROSOFTOFFICE 上复制和粘贴；可在 WINDOWS9x \ Me \ NT \ 2000 \ XP 和 UNIX 操作系统上运行，文件能在不同的操作平台上相互交换；利用鼠标直接点击即可知道流场中任一点的数值，能随意增加和删除指定的等值线（面）；ADK 功能使用户可以利用 FORTRAN、C、C++等语言开发特殊功能。其界面及可视化结果显示如图 2-2 所示。

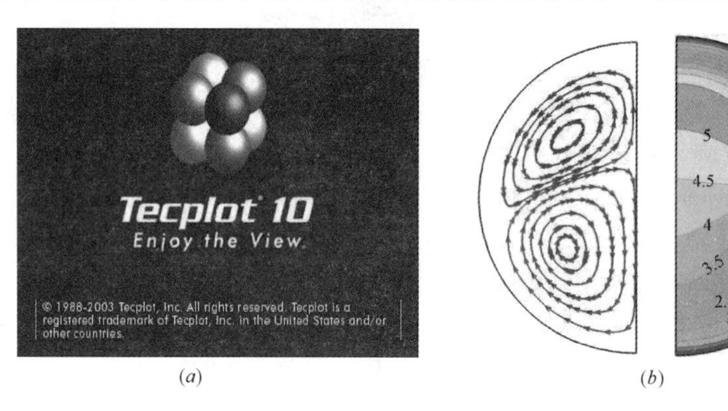

(*a*) (*b*)

图 2-2 Tecplot 界面及可视化结果展示

(*a*) Tecplot 主界面；(*b*) 典型案例的可视化结果

2.4.2 EnSight CFD

EnSight CFD 是一款尖端的科学工程可视化与后处理软件，拥有比当今任何同类工具更多更强大的功能。基于图标的用户接口易于掌握，并且能够很方便地移动到新增功能层中。EnSight CFD 能在所有主流计算机平台上运行，支持大多数主流 CAE 程序接口和数据格式，目前其商业版已解除禁运进入中国，在其官方网站可下载免费版。

该款软件功能几乎覆盖所有 CFD 领域，优势众多：

（1）在数据接口方面，EnSight CFD 可以从多数商业和开源 CFD 求解器读取数据。此外，许多求解器以 EnSight CFD 本地格式输出数据。如果使用默认的数据格式，CEI 会尽可能容易地将数据输入到 EnSight CFD 中，使用自有的读取器 API 来读取数据，或者使用记录器 API 以 Ensight CFD 本地格式输出数据。

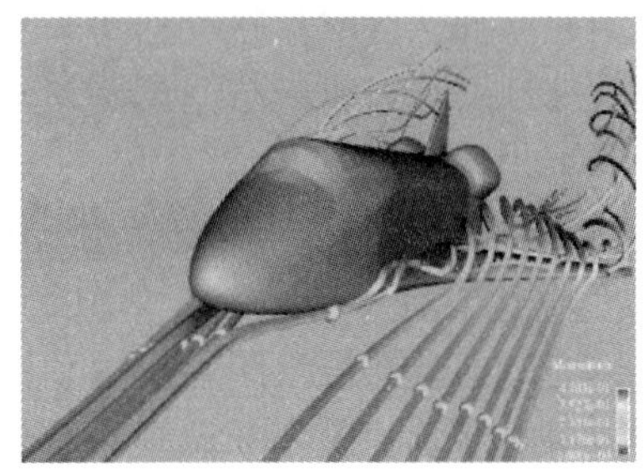

（2）在数据处理与显示方面，Ensight CFD 在处理大型和瞬态数据集方面性能卓著，同时，用户可根据需要改变图形窗户的尺寸、形状和内容。图例、绘

图、注释和模板可完全自定义，并能添加嵌入式图像，非常适合清晰地展示数据。

（3）在数据输出方面，深度的右键单击选项，能够交互操作视图任意方面，使 EnSight CFD 成为目前市场上较方便、高效的三维可视化工具。无论是静态图像还是精湛的动画，EnSight CFD 几乎能以任何格式高质量输出。此外，EnSight CFD 的动画功能和体渲染功能也十分强大，感兴趣的读者可登陆其网站学习了解。

除以上介绍的几种之外，常用的后处理软件还有不少，如 FieldView、AVS Express 等。通过介绍与比较可以发现，常用的专业的前处理和后处理软件在使用方面都有各自的特点，使用者可以根据自己模拟的对象及实际需求选择合适的软件。需要说明的是，只有掌握了流体流动的本质，才能做出很好的 CFD 模拟，模拟软件的选取是为了 CFD 模拟服务的，并非 CFD 模拟结果的主要决定因素。

3 CFD 在暖通空调设计中的应用

3.1 建筑外环境设计

随着人们对建筑环境要求的提高，建筑风环境已经和热环境、声环境、光环境一样，越来越引起人们的重视。建筑风环境对城市规划、建筑设计和结构设计等领域具有很大的影响。随着近现代新建筑的出现，尤其是高层和超高层建筑的问世，也产生了突出的再生风环境或二次风环境。在高低层建筑群中，室外空气流动情况对建筑小区内的微气候有着重要的影响。良好的室外风环境应具有以下特点：

（1）在冬季不要因风速过大而不利于人行走，降低冬季渗透风的可能，降低采暖能耗；

（2）应该保证过渡季或炎热夏季，建筑室内自然通风能顺畅进行，即保证建筑迎风面和背风面有适宜的压差，使得一开窗就能形成有效的穿堂风；

（3）避免在建筑群里过多地形成旋涡和死角，导致通风不良，不利于散热和有害气体排除。

目前很多建筑小区的规划设计对风环境问题重视不够，或缺乏有效的风环境评价技术手段，造成小区内实际风环境不佳，既不能很好地保障小区环境的舒适和良好的空气品质，又大大增加了建筑能耗。采用 CFD 可以方便地对不同的小区建筑布局方案进行风环境的模拟分析比较，从而设计出合理的建筑布局方案。而且，通过模拟建筑外环境的风流动情况，可以获得各单体建筑周围的空气流动情况以及建筑表面风压分布和风压系数的分布（图 3-1），借助这些信息可进一步指导建筑内的自然通风设计。

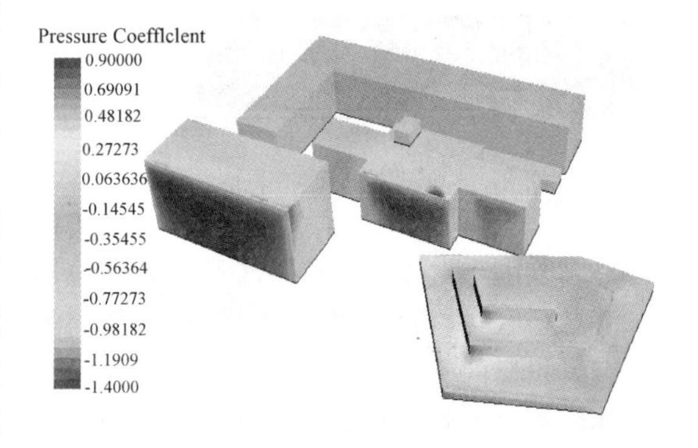

图 3-1　某建筑群表面的风压系数分布图

建筑室外风环境 CFD 模拟在规划前期的介入，对建筑规划设计的优化具有指导作用，对改善风环境具有重要的意义。同时，舒适的室外环境也会促进室内环境的改善。以下将展示两个典型案例，以供参考。

示例一：深圳某小区设计方案的风环境评价

该小区原设计由 11 栋高层建筑、商业用房、小学组成，小区建筑的东南方有大约 50m 高的山，南边与南偏西有若干 7 层左右的既有建筑（图 3-2）。图 3-2 中的黑色建筑群是新设计的小区建筑，因此针对该建筑群的设计方案进行模拟分析，而省略既有建筑和山脉。

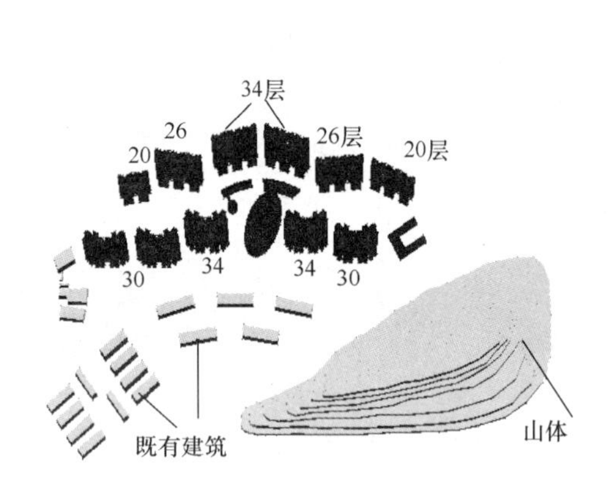

图 3-2　小区整体布局图

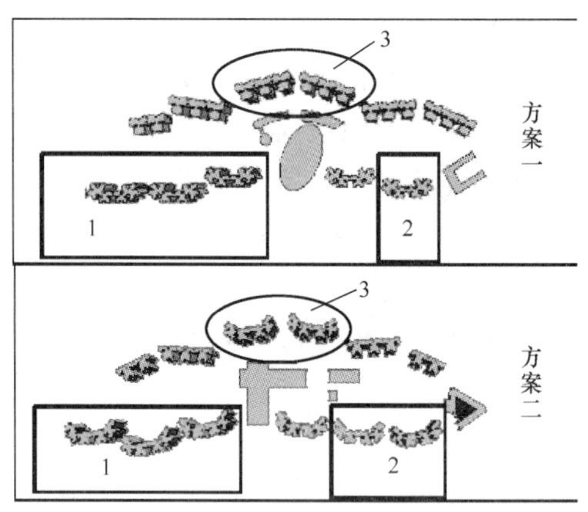

图 3-3　新建建筑群设计方案

对方案一的小区通风情况进行分析后（图 3-3 中方案一），发现小区内风速在2～4m/s 的区域面积较小，而且小区内北侧建筑附近风速在 1m/s 以下，小区的整体通风效果较差，因此对方案一进行了调整，调整后的方案见图 3-3 中的方案二。整个方案的修改中，建筑的高度变化不大；其他如商业用房和学校建筑的体型调整，是建筑师设计的需要；另外一个重要的修改就是每栋底层架空 4.5m。其中主要对通风有利的就是高层建筑体型的调整与建筑底层架空。方案调整前后的模拟结果见图 3-4 和图 3-5。

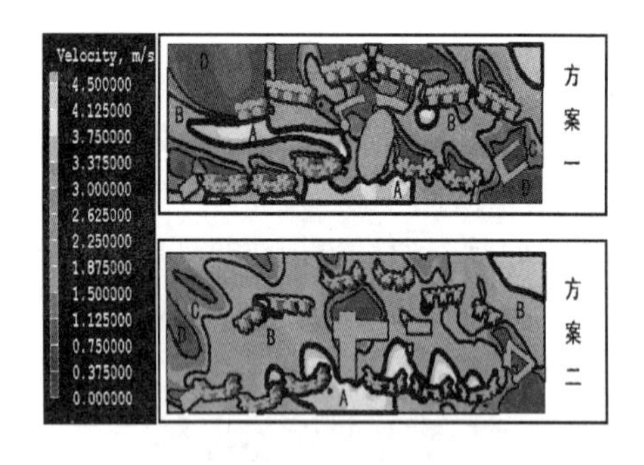

图 3-4　典型断面风速分布

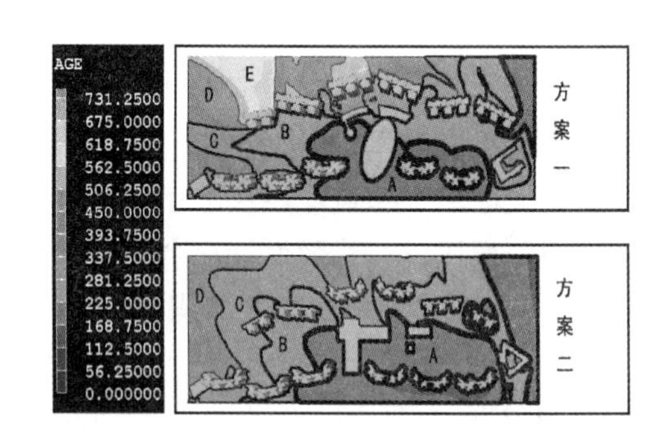

图 3-5　典型断面空气龄分布

可以看出，设计方案调整之后，大部分区域内的风速已经控制在 2～4m/s 的范围之内，满足小区对风速的要求；整个建筑群周围的空气龄也有了明显的降低，小区内的空气品质有了明显的改善。因此，选定方案二作为最终的建筑布局设计方案。

环境中风的状况直接影响着人们的生活，而风环境不仅与当地气候有关，还与建筑物的体型、布局等因素有关。由本案例可以看出，小区的建筑规划布局，不仅是建筑师单方面的经验设计，结合一定的CFD模拟，会对建筑小区的合理设计起到更有利的帮助作用。同时，建筑采用了错列、斜列的排列方式，对小区自然通风及形成良好的室内通风有重要作用。因此在规划设计的初期就对建筑物周围风环境进行分析，并对规划设计方案进行优化，将有效地改善建筑物周围的风环境，创造舒适的室外活动空间。

示例二：小区单体建筑自然通风效果分析

某待建小区规划设计方案如图3-6所示，在施工之前，希望对该小区的整体风环境以及建筑单体各典型户型在夏季的自然通风状况进行预测和评价，以期通过评估结果和可能的改进方案保证建筑良好的自然通风情况。

图3-6　小区模型图

本示例的模拟分析较示例一复杂，因为不仅要考虑整个小区的建筑布局所形成的各建筑周围的风环境，还要进一步考虑在建筑周围的风环境分布下形成的建筑室内的空气流动情况。因此，整个的模拟工作分为两部分进行。首先建立整个小区的模型，综合考虑住宅小区内建筑物布局、高度、主导风向等因素的影响，模拟计算小区中的风环境（结果见图3-7），以获得建筑物表面的风压分布；之后，以建筑表面的风压为已知条件，建立要求解的典型户型的房间内部模型（见图3-8），模拟计算房间内部的气流分布（结果见图3-9）。通过模拟结果就可以对建筑的自然通风量和房间内的气流组织进行详细的分析和评估。

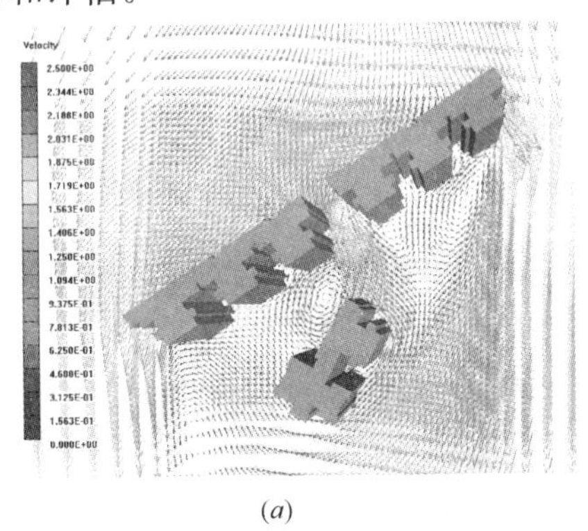

(*a*)

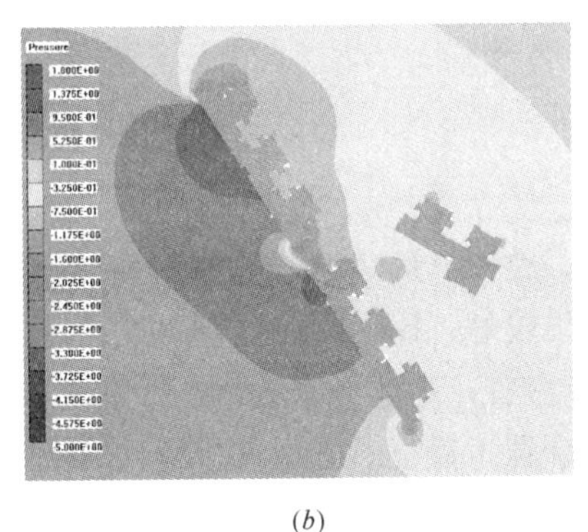

(*b*)

图3-7　小区模拟结果

（*a*）夏季行人高度速度分布图；（*b*）夏季风压分布图（5层）

从图3-7中的模拟结果可以看出，由于上风向建筑的遮挡作用，小区内行人高度的风速普遍较低，满足《中国生态住宅技术评估手册》中室外行走空间风速不高于5m/s的规定，不会因为再生风或者二次风风速过高而威胁到行人的安全或者导致行人行走困难。夏季主要建筑前后压差2.5Pa左右，满足要求。

在小区模拟的基础上，对典型户型A和B分别进行了自然通风的气流模拟，模拟结

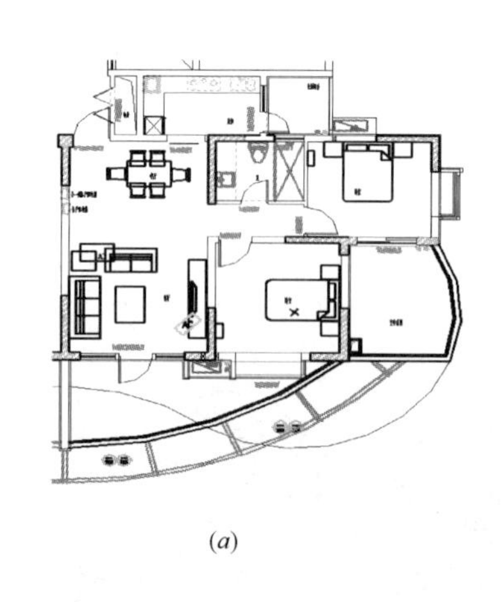

(a)

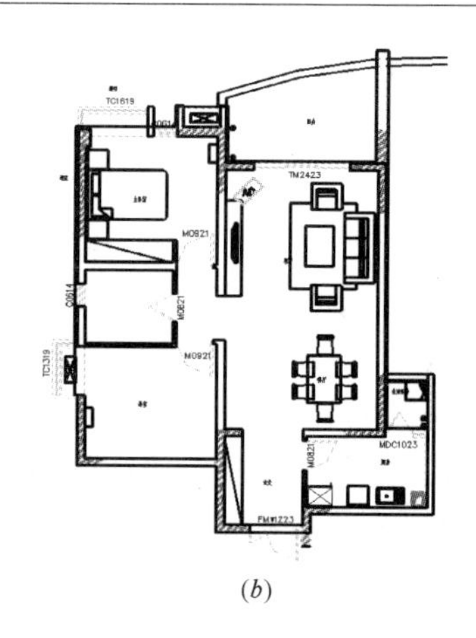

(b)

图 3-8　典型户型平面图
(a) A户型；(b) B户型

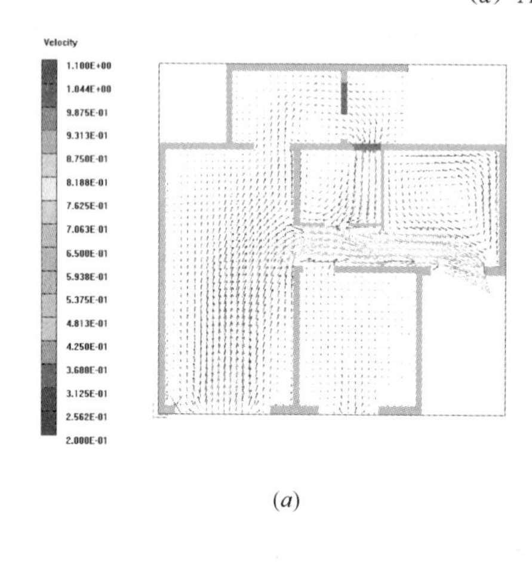

(a)

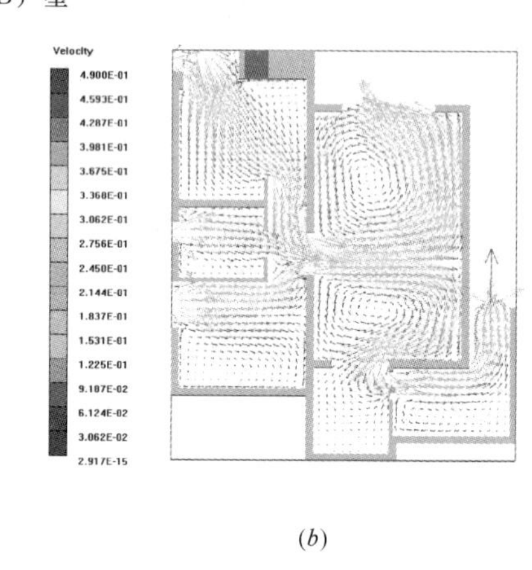

(b)

图 3-9　典型户型夏季自然通风模拟结果（速度矢量图）
(a) A户型；(b) B户型

果发现，在设计的30%窗户开启率情况下A户型的夏季换气次数达到了近30次/h，自然通风效果较好；B户型在夏季的自然通风效果稍弱于A户型，不足15次。风速最大在0.4m/s左右，基本可以达到改善室内热环境和空气品质的要求。建议根据室内的气流组织情况合理布置室内的家具和活动、交流区域，即避免将活动、交流区域布置在风速低于0.2m/s的区域。通过本案例的模拟对单体建筑各户型的自然通风情况进行了有效的预测评价，对于把握当前设计方案的效果现状和进一步的改进提高提供了有力指导。

3.2　室内气流组织的设计

民用建筑空调设计的主要目标是有效保障室内工作区的风速、温度和相对湿度达到设计要求，以满足人员的舒适性要求。按照经验初步设计的空调送回风气流组织方案能否很好的保障效果，需要通过有力的手段来进行预测和评估。特别是对于一些难度较大的通风设计工程，采用传统的设计方法不能很好的指导设计，此时设计人员对于初步设计的方案没有很大把握，比如设计变风量空调送风系统时，在夏季部分负荷下减小风量送风时，容易出现冷风下坠现象，导致送风主射流邻近区域出现过冷现象，而远端出现过热现象；再如体育场馆的通风系统设计，由于场馆空间划分为比赛区和观众席等不同的功能区，各区具有不同的参数要求，因此不同的功能区需要设计各自的送回风分布系统部分，进而组合成一整套的通风系统，而各系统实际运行时相互影响情况如何，能否很好的保障各自区域的参数要求是需要方案设计阶段需要清楚的。以上问题是一般的设计和评价方法不能很好预知的问题，借助 CFD 手段能够快速全面的预测各种工况下室内关注区域形成的各参数分布情况，由此让设计人员看到设计方案的保障效果，发现问题，改进提高方案，以保证最终设计方案的效果。以下将展示三个 CFD 辅助室内气流设计的典型案例。

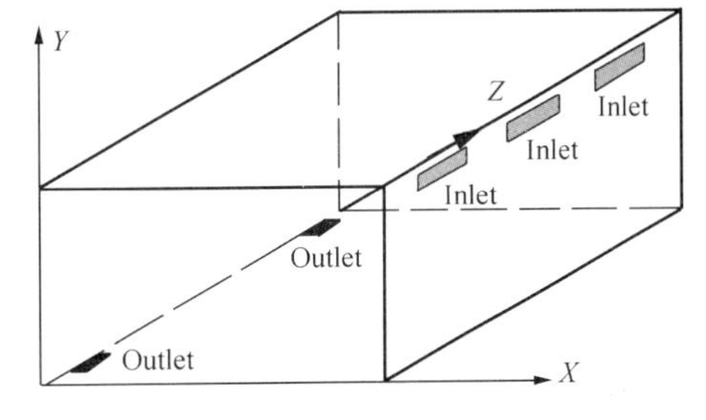

图 3-10　会议室变风量系统送回风布置模型图

示例一：某会议室变风量系统的设计

某会议室采用变风量系统送风，采用侧上送侧下回的送回风设计方案（图 3-10），设计过程中考虑到，在部分负荷情况下需要减少送风量送风，这时由于送风速度很小，设计人员担心会出现冷风下坠情况，造成局部过冷而使部分人员感觉不舒适，因此需要对部分负荷情况下的保障效果进行预测和评估。

采用 CFD 工具对部分工况下系统的保障效果进行模拟分析，得到模拟结果见图 3-11。

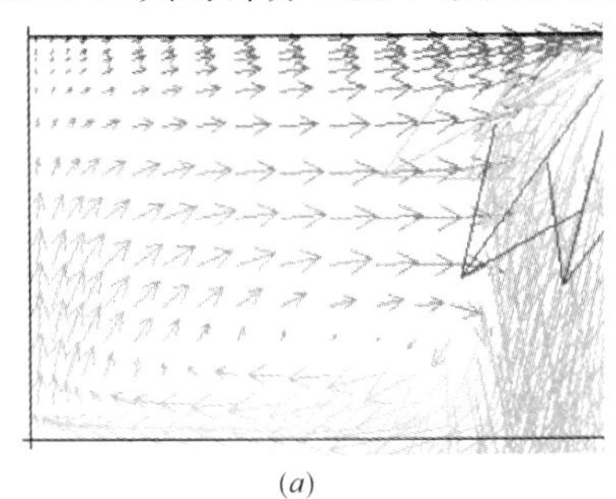

(*a*)

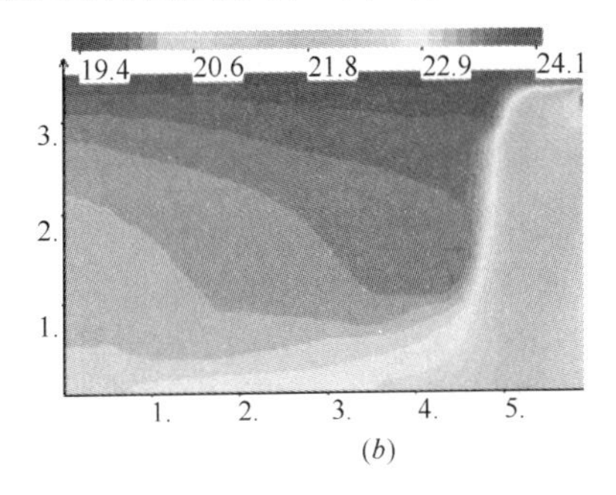

(*b*)

图 3-11　初步设计方案的模拟结果

(*a*) 速度矢量图；(*b*) 温度分布图

从模拟结果可以看到，送风速度减小之后，冷风下坠现象很明显，容易产生冷风感。因此，考虑调整此时的送风方案，将送风口出风方向调整为斜上方 45°角，调整后的模拟结果见图 3-12，从结果看，不再出现冷风下坠情况，改善了室内的气流组织，速度和温度的分布较为合理，应采用调整后的方案作为夏季部分负荷工况下的气流组织方案，而采用传统的射流分析方法无法实现类似分析。

示例二：奥运会射击馆气流组织设计

本案例是对 2008 年奥运会射击馆 50m 靶比赛馆进行的气流组织辅助分析。该场馆内设置全空气空调系统和安装在射击位斜上方的风机盘管系统。顶部方形散流器送风，东西两端回风，北侧敞开的空间进行自然排风（图 3-13）。场馆空调系统的设计需要重点保障两点要求：（1）运动员机会均等，从空调保障角度而言主要是指各运动员周围的温度和风速分布尽可能一致，且应符合比赛要求；（2）保障观众的舒适性。对于正式比赛时，初步

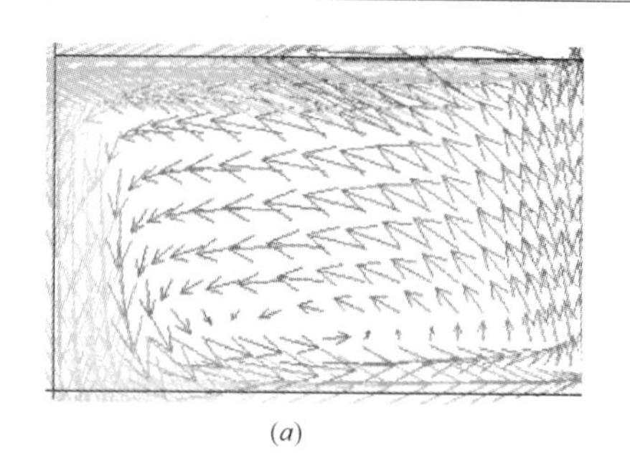

(a)

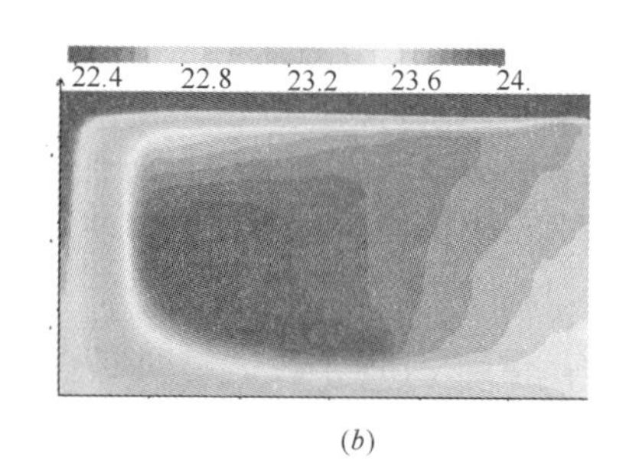

(b)

图 3-12 改进设计方案的模拟结果
(a) 速度矢量图；(b) 温度分布图

(a)

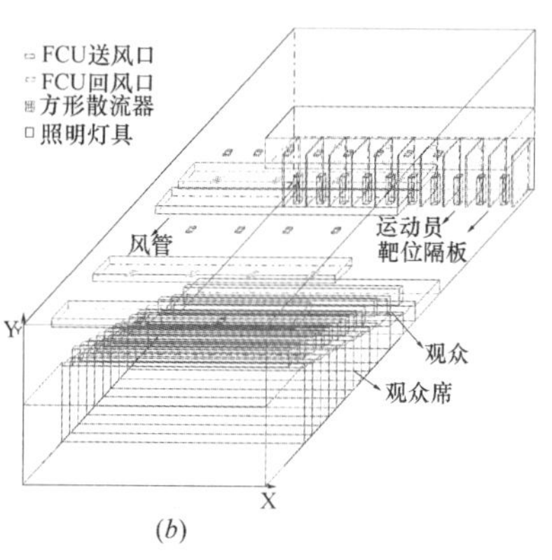

(b)

图 3-13 奥运会射击馆布局及模型图
(a) 场馆布局；(b) 射击馆模型

设计有两套空调送风方案，即风机盘管与全空气系统同时运行（方案一）和仅运行全空气系统（方案二）。需要通过 CFD 方法来预测两种方案下射击区和观众席分别的保障效果，以确定比赛时的运行方案。

根据以上情况建立射击馆的模型如图 3-13（b）。对两种不同的空调方案分别进行模拟，得到的典型断面的速度场和温度场分布见图 3-14～图 3-17。从模拟结果分析可知，

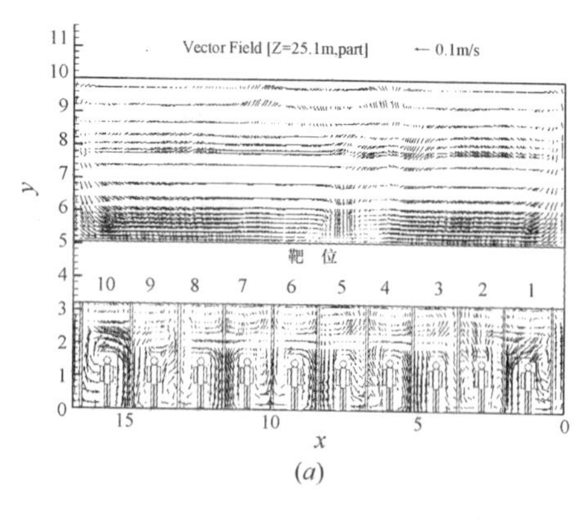

(a)

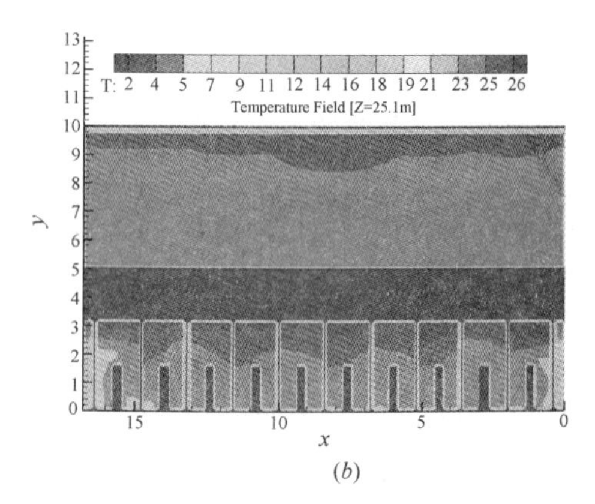

(b)

图 3-14 方案一模拟结果
(a) 速度场分布；(b) 温度场分布

两种空调模式各有利弊。从比赛区公平性角度来看，温度和风速的均匀存在着一定的矛盾，难以同时满足。当只采用全空气系统时，送风温差较大，导致比赛区的温度偏低，同时观众席的垂直温差加剧。如果在运动员上方配合使用风机盘管，则送风温差减小，靶位之间的温度差异减小，但是可能导致运动员周围的风速增大，且不均匀性增强，当然这种影响并不十分严重。综合比较两种空调模式，采用全空气系统，同时配合风机盘管的使用，可以较好地满足比赛场馆的使用要求。

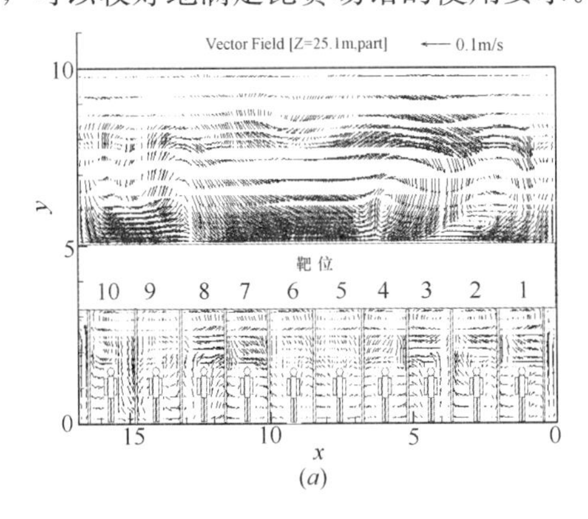

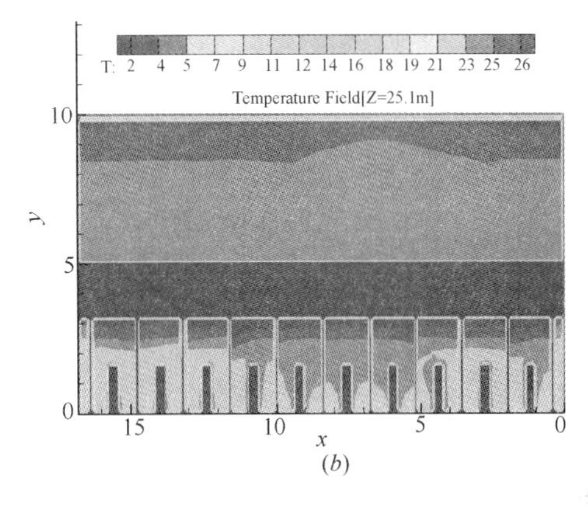

图 3-15　方案二模拟结果

（a）速度场分布；（b）温度场分布

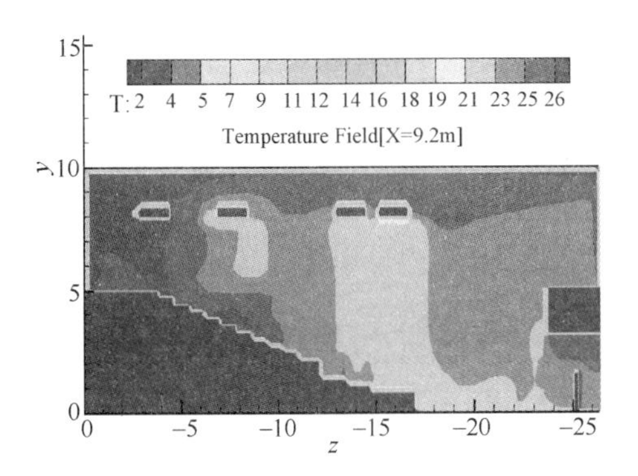

图 3-16　方案一观众席温度分布

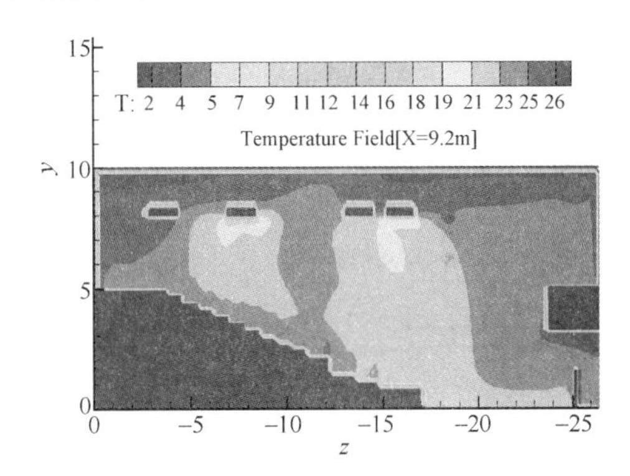

图 3-17　方案二观众席温度分布

3.3　污染物去除的通风系统设计

通风系统的设计效果除对于室内热环境具有重要影响外，对于室内空气品质的影响也十分重要。人们出于节能的考虑，不断的提高围护结构的密闭性，同时对于空调系统通常采用带回风运行，这使得进入房间的新风量不足，室内空气品质严重恶化，因此，对于一个实际的空调设计方案，除应对室内的热湿环境进行准确预测评价外，也应该进行室内空气品质的预测评价，通过预测结果的反馈，确定是否需要对通风设计方案进行必要的调整；此外，对于设计生产工艺的房间，工艺生产过程中可能会产生大量危害人员健康的气体，此时通风气流方案是否能高效排污以降低人员在污染环境中的暴露量，是在设计阶段必须准确评估的，否则将可能令室内人员处于危害性的环境当中。以下将展示一个 CFD

辅助工艺车间通风系统设计的案例。

示例：某报废弹药销毁车间通风系统设计

该车间专门负责报废弹药的销毁，其制片车间在工作过程中会产生大量 TNT 粉尘，既危害工作人员健康，又会造成很大的安全隐患，因此需要设计合理的通风系统对 TNT 粉尘进行有效排除。

通过分析，初步确定了 4 种通风方案（图 3-18）：（1）方案一，以东窗为送风口，在污染源上方设上吸式排风罩；（2）方案二，以东窗为送风口，在污染源上方设有活动挡板的伞形罩；（3）方案三，在工作人员操作前端设置送风口，在污染源上方设有活动挡板的伞形罩；（4）方案四，东墙下侧设置送风口，在污染源上方设有活动挡板的伞形罩。

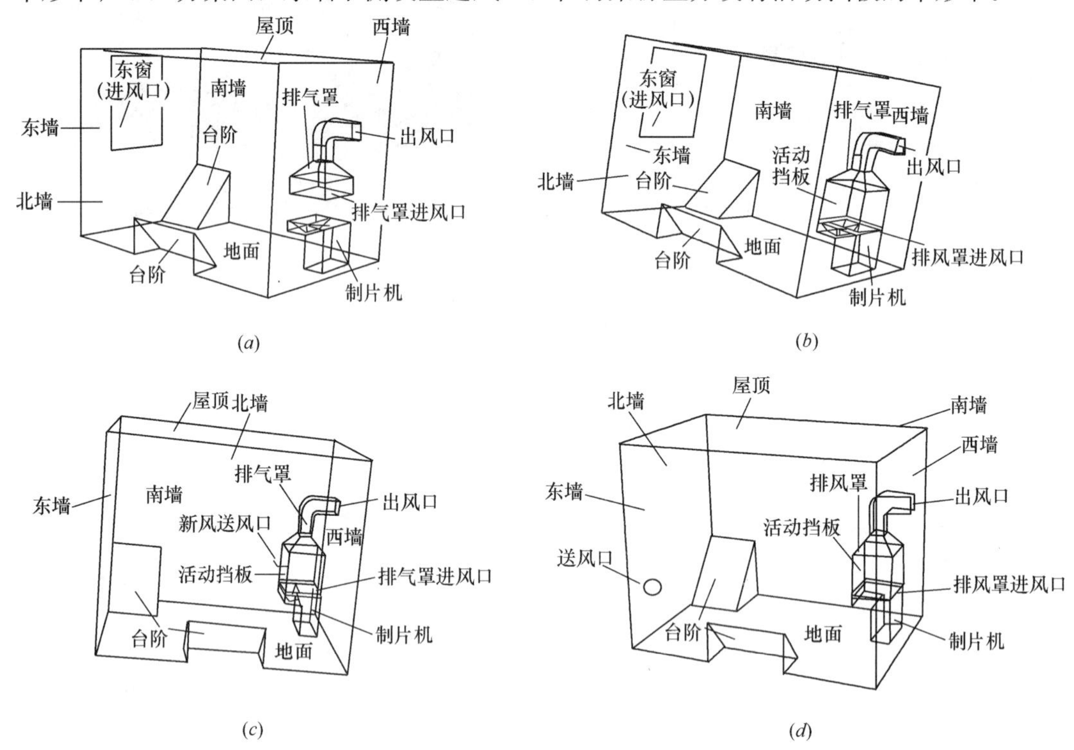

图 3-18 不同通风方案设计

（*a*）方案一；（*b*）方案二；（*c*）方案三；（*d*）方案四

为了比较各方案的气流组织变化情况，各方案均选取相同速度大小的迹线变化情况对各方案下的流场排除污染物的能力进行比较评价，模拟结果见图 3-19。通过模拟结果可以看到，方案一在窗户下端水平断面以下的整个空间，形成较大区域的空气回流区。回流的存在易使制片机产生的粉尘在排气罩风量不足时，将这些粉尘带入回流区，对回流区产生二次污染，使工作人员的工作区域环境变得恶劣。另外，由于排气罩离开制片机一定距离，需要较大的风量来排除污染物，会使设备的处理容量增加，从而增加运行成本；方案二将原来的排气罩改成带有活动挡板的伞形罩，系统排风量减少，室内空气的流动速度明显下降，不易造成二次扬尘，但也存在方案一中的下部分空间空气回流问题；方案三改变送风口的位置，整个房间出现一个较大回流区域，并且送风易吹起粉尘，形成二次扬尘，工作区域环境也较恶劣；方案四将送风口改成直径为 0.8m 的圆形风口（即原有送风机入口），此种方案室内空气流速较小，不易出现二次扬尘，制片房间的大部分区域没有出现回流区。通过上述 4 种方案的对比分析可以发现，方案四的气流组织较好，确定作为最终的通风设计方案。

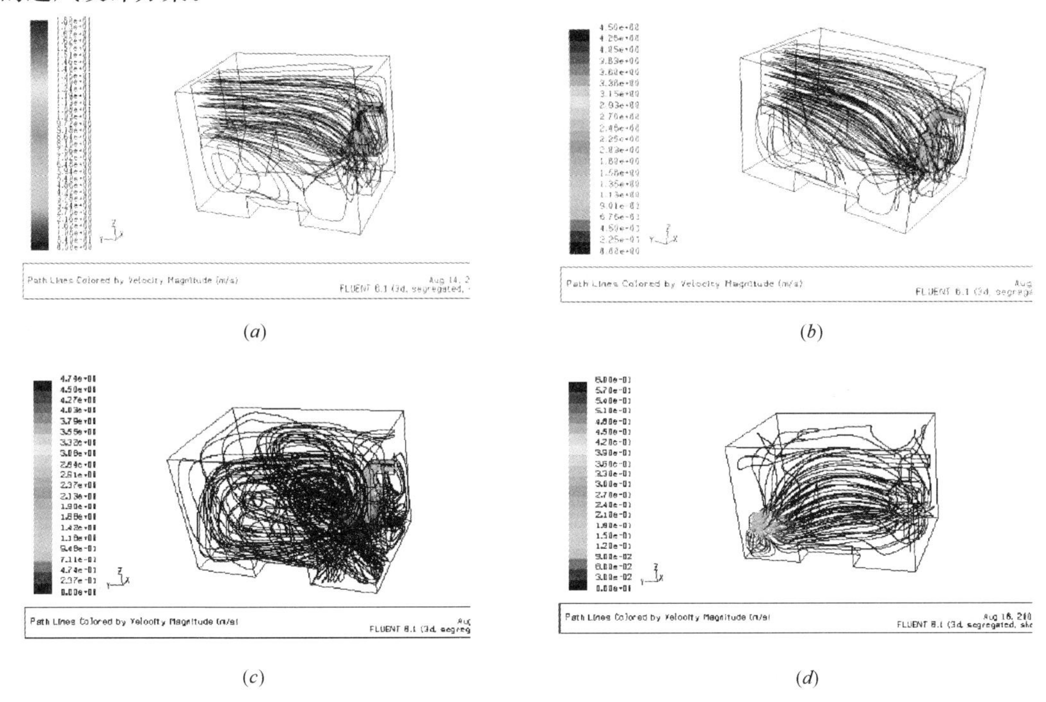

(*a*) (*b*) (*c*) (*d*)

图 3-19　不同方案速度场模拟结果

(*a*) 方案一；(*b*) 方案二；(*c*) 方案三；(*d*) 方案四

3.4　防排烟系统的设计

建筑防排烟系统的设计对于建筑火灾时的安全保障至关重要，尤其是对于高层建筑、地下空间和很多相对封闭的地上空间。科学合理地设计防排烟对于减缓火灾蔓延、争取安全疏散时间有着十分重要的意义。近些年来，防排烟（或称烟气控制）问题已成为国内外建筑设计领域重点关注的问题。初步设计的防排烟气流组织方案能否很好的利用烟气扩散的特性，高效的排除烟气，有必要借助 CFD 手段进行模拟预测，特别是对于一些针对比较特殊的实际受限情况下的防排烟设计方案，其实际保障效果如何，设计人员很难把握，此时就十分有必要通过 CFD 模拟来合理地预测分析，以充分的保证设计效果。以下展示的案例是某地下工程的防排烟设计方案的预测。

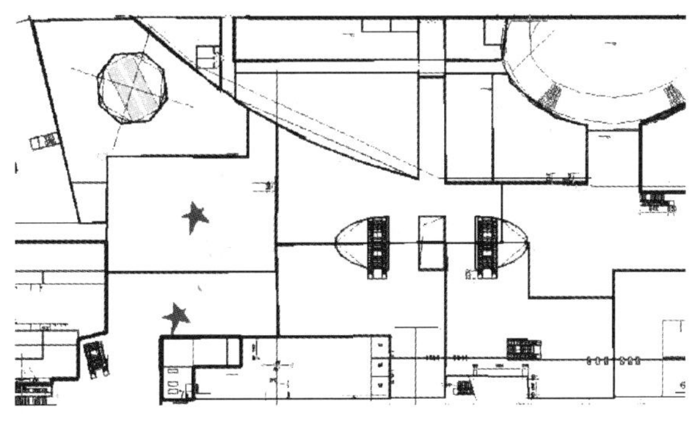

图 3-20　地下一层站厅区防烟分区

示例：某地铁站厅防排烟设计方案的效果评价

该工程为一大型综合交通枢纽，

其地下共 4 层，其中 1 层（图 3-20），二层为站厅，地下三层、四层为不同地铁线路的站台，该枢纽为城市交通主干线的重要环节，上下车和换乘的人数众多且流动性大，发生火灾时防排烟系统充分保障站内人员的安全疏散是非常重要的。由于该工程地下空间占地面积很大，防烟分区众多，气流分布规律比较复杂，当不同区域发生火灾时，初步设计方案是否能够高效提供保障，是需要在设计阶段做出准确预测评估的。

防排烟效果预测中选择几个典型的站台分区和站厅分区进行数值模拟，防烟分区之间没有十分明显的差距，主要依据其潜在的危险性大小进行选取。其中对地下一层的防烟分区 1—5 着火工况的模拟结果见图 3-21～图 3-23，主要预测指标为能见度、行人高度空气温度和顶棚附近温度分布。

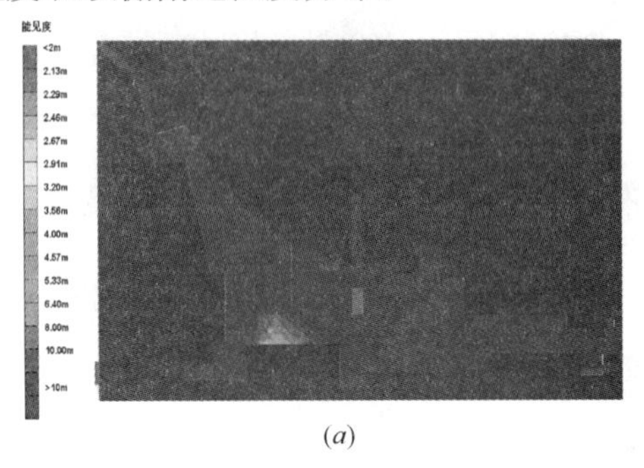

(*a*)

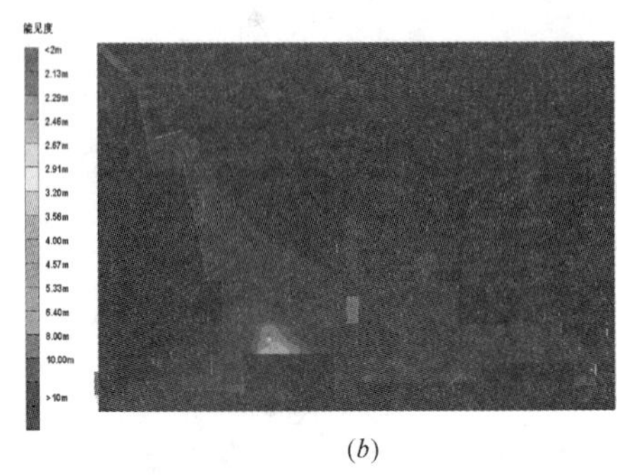

(*b*)

图 3-21　地下一层防烟分区 1—5 能见度分布

(*a*) 6min；(*b*) 12min

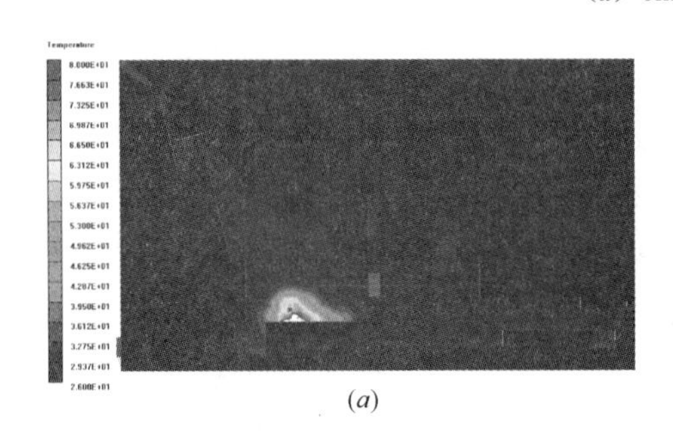

(*a*)

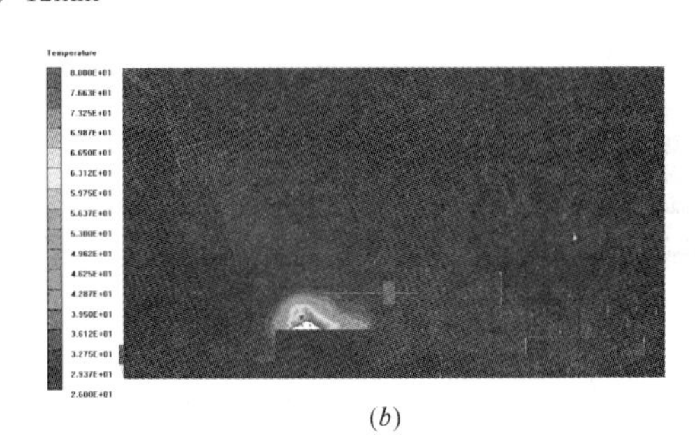

(*b*)

图 3-22　地下一层防烟分区 1—5 行人高度温度分布

(*a*) 6min；(*b*) 12min

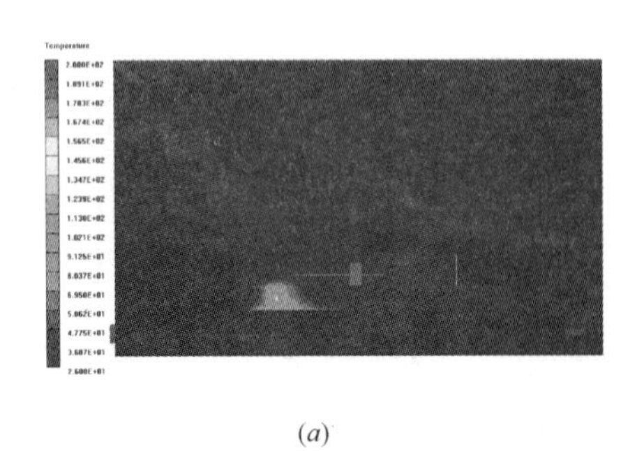

(*a*)

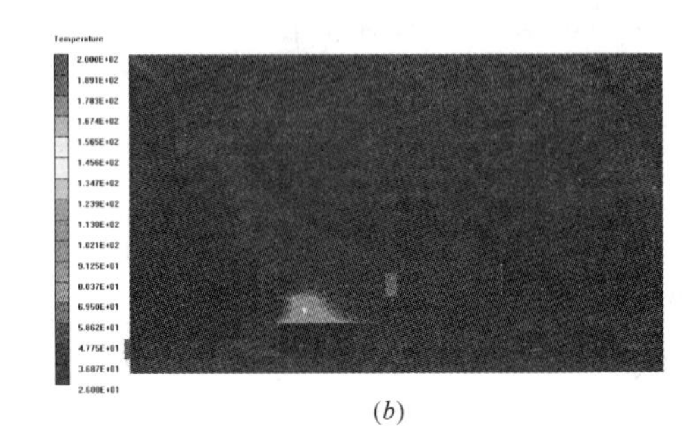

(*b*)

图 3-23　地下一层防烟分区 1—5 顶棚下方温度分布

(*a*) 6min；(*b*) 12min

从模拟结果中可以看出，着火分区的行人高度空气温度，顶棚高度空气温度远高于其他分区，在挡烟垂壁和防排烟系统的共同作用下，12min内，烟气基本上被限制在着火分区之内，没有明显扩散，根据地铁规范规定的6min人员逃生时间，分区1—5着火时，防排烟系统设计可以满足人员逃生的需求。但由于着火分区1—5已经失效，左下角的逃生路径将失效。

对于站厅公共区域火灾选取的其他几个具有代表性的分区的模拟结果表明，虽然在火灾中存在局部失效，但其设计防排烟模式和风量可以保证地铁规范6min人员逃生的需要。由于选取是较危险的分区，因此可以认为其他的分区在设计防排烟模式和风量下也可以取得满意的效果。综合分析可知，现有防排烟系统设计可以保证满足地铁规范对于消防和人员逃生的要求，可以满足火灾时的安全性。初步的模拟分析有效的预测了设计方案的可行性，使设计人员能够对设计出的方案的保障水平有了定量的把握。

3.5 特殊空间

随着一些特殊空间（飞机、空调列车、地铁、军事设施和装备等）的增多以及人们对所处内部环境舒适性要求的提高，特殊空间中空气环境的保障问题越来越受到人们的重视。由于该类空间多具有动态运行性能，其内外各项参数经常处于变化状态，因此其外部装置的布置和性能设计及内部的气流组织设计都具有一定的难度，如果借助CFD模拟分析将能很好地预测不同设计方案的效果，以保证最终的设计水平。以下将展示CFD在某列车内部气流组织设计中的辅助作用。

示例：某列车硬卧车厢气流组织设计

硬卧包间的送风口一般位于上铺之间送风直吹旅客，这种情况容易引起旅客区域的吹风感。为改善这种状况，尝试采用新的送风方式，但包间空间比较紧张，风口位置不易布置，既要美观，又要考虑旅客的舒适度，因此，综合考虑之后设计了两种新方案（图3-24)：（1）方案一：包间行李台侧长方风口贴附顶板侧送风；（2）方案二：包间行李台侧隐式风口条缝贴附顶板侧送风。

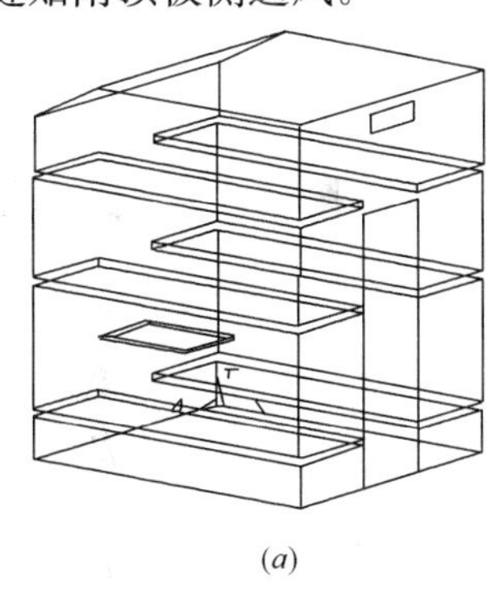

(*a*)

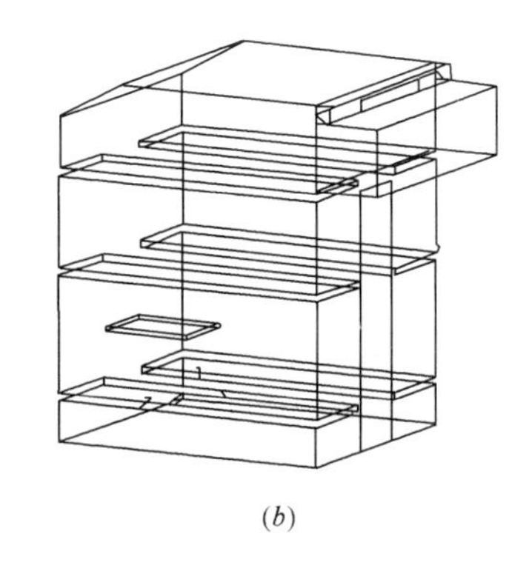

(*b*)

图3-24　送风设计方案模型图

(*a*) 方案一；(*b*) 方案二

通过模拟结果可以发现（图3-25)，方案一上铺区域靠近窗口侧温度在20～22℃之间，中部及近门口侧温度为23℃左右，下铺和中铺区域温度一般在23～24℃之间；方案二上铺温度较均匀，在21～22℃之间，下铺和中铺区域温度为22.5℃左右。通过比较可

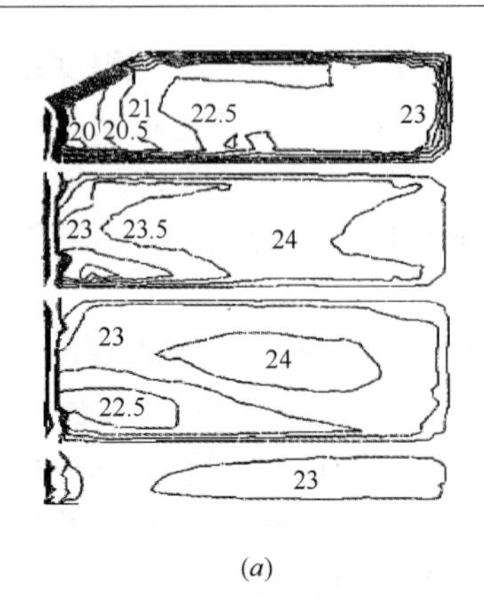

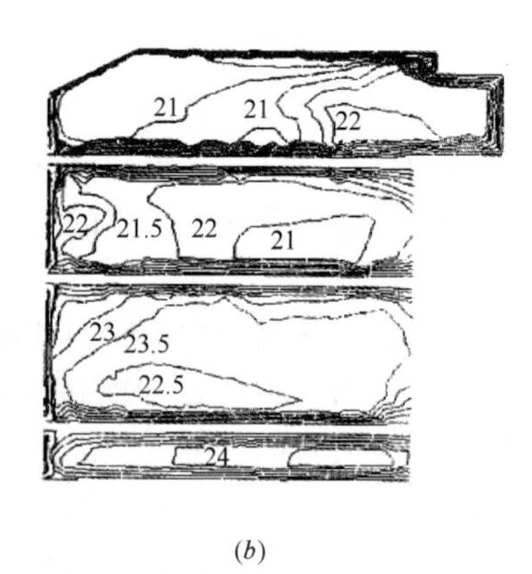

图 3-25 铺位区温度分布图

（a）方案一；（b）方案二

以看出，第 2 种方案的温度场较第 1 种方案均匀，效果要好些。因此，根据计算模拟情况，改进了设计，相应调整了条缝宽度、位置、方向和出风挡板造型等，既优化了送风气流组织的分布，又隐藏了风口，使包间变得更美观。

3.6 暖通设备的模拟

暖通空调设备内部以及周围环境的流动和传热问题也是暖通空调设计中关注的重要问题。借助 CFD 手段可以对风机、冷藏柜、蓄冰槽、风管、室外机布置位置以及冷却塔散热等的设计方案进行性能评估，并指导进一步优化。下面的案例将展示 CFD 辅助建筑室外机布置方案的设计。

示例：空调室外机布置方式的设计

某项目为一栋 33 层民用建筑，土建已经完成，外机放在建筑凹槽中，凹槽外设百叶，层高 3m。甲方原给出的设计方案为每层 4 台侧出风外机安装在凹槽内，其中第 1、2 台平行安装在挑台地面上，靠近百叶窗；第 3、4 台以支架悬挂在墙上，凹槽结构及机器安装方式如图 3-26 所示。

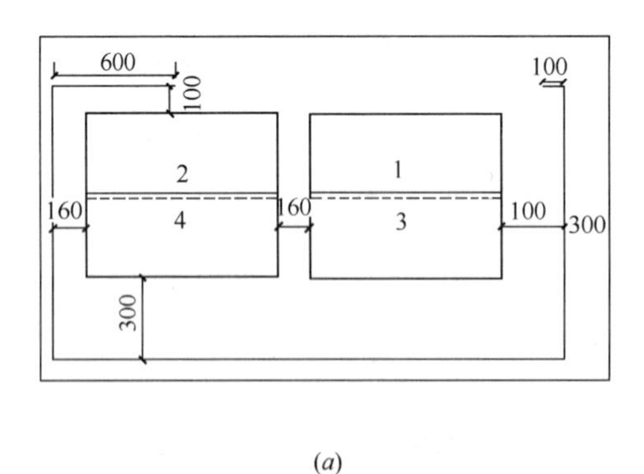

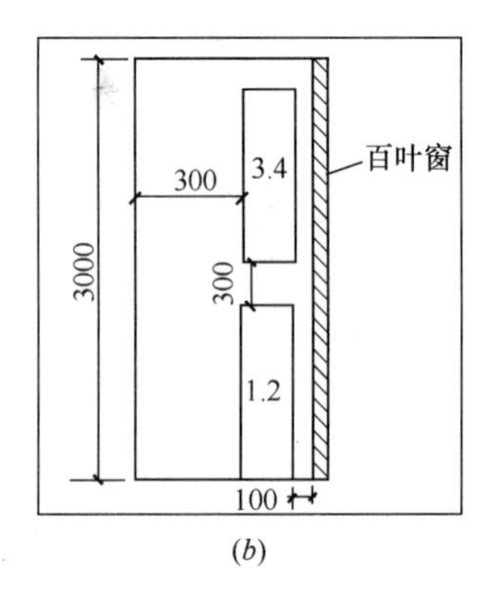

图 3-26 初步设计方案

（a）室外机布置平面图；（b）室外机布置立面图

由初步设计方案的模拟结果可知（图 3-27），原设计方案下，空调热风吹出的距离较近，部分排出的出风与冷凝器进口的回风短路，造成回风温度较高。室外机吹出的热风不能有效地散发到百叶窗外面，在凹槽内聚集，导致回风温度显著升高。由表 3-1 知，各空调外机的回风温度基本在 42～47℃之间，超出环境温度 7～12℃，严重影响了空调的制冷效果，并导致空调功耗增加，能效比降低。

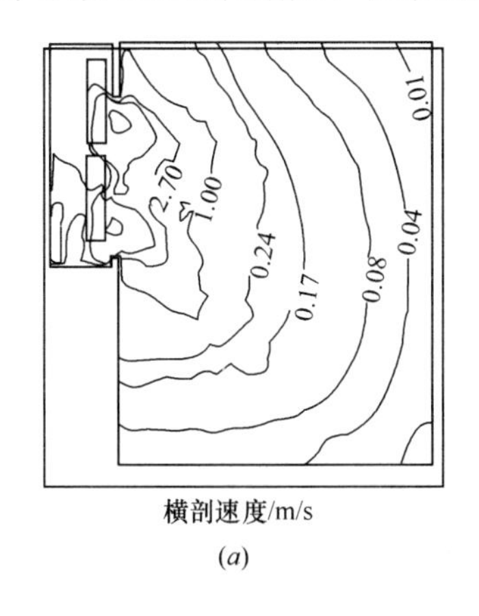

横剖速度/m/s

(*a*)

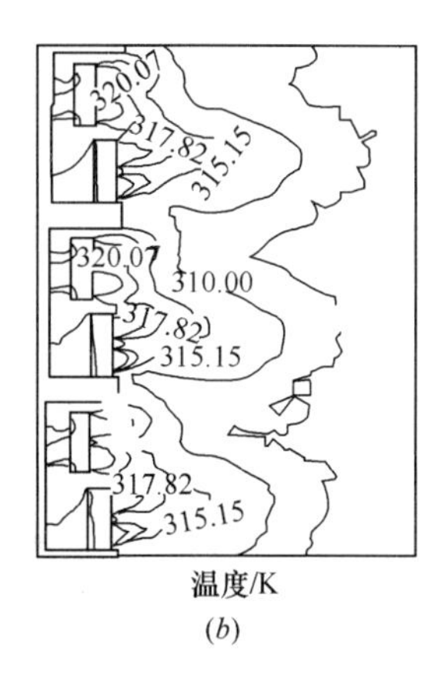

温度/K

(*b*)

图 3-27　初步设计方案的模拟结果

(*a*) 速度分布；(*b*) 温度分布

表 3-1　原设计方案室外机回风温度值

层　数	回风温度℃			
	机号 1	机号 2	机号 3	机号 4
1	45.0	42.3	47.0	43.3
2	45.6	42.0	47.0	43.1
3	45.5	41.8	46.6	43.0
4	45.8	42.0	47.0	43.3
5	46.0	41.9	46.8	43.3
6	45.5	41.8	47.2	43.1
7	45.5	41.8	46.0	41.8

鉴于原方案中室外机回风温度偏高，需对安装方案进行优化设计。考虑到该建筑土建工程已完成，结构不可改变；该百叶窗也已符合设计要求；而安装导风管势必会增加工程成本。只有改变室外机的安装位置来优化散热才切实可行。将原 3、4 号机壁挂安装方式改为地面支撑安装，将 3、4 号机用支架直接安装在 1、2 号机的正上方 300mm 处，各机器距离百叶窗的水平距离为 100mm，以求减弱凹槽和百叶窗对空调出风的影响。优化后的室外机安装位置如图 3-28 所示。

优化后的各外机的回风温度值见表 3-2。比较表 3-2 与表 3-1 的回风温度值可知，回风温度显著降低。原先散热问题比较严重的 3 号机，回风温度分别降低 6℃以上，其他各机的回风温度也比原方案降低了 3℃，显著改善了空调的制冷效果。

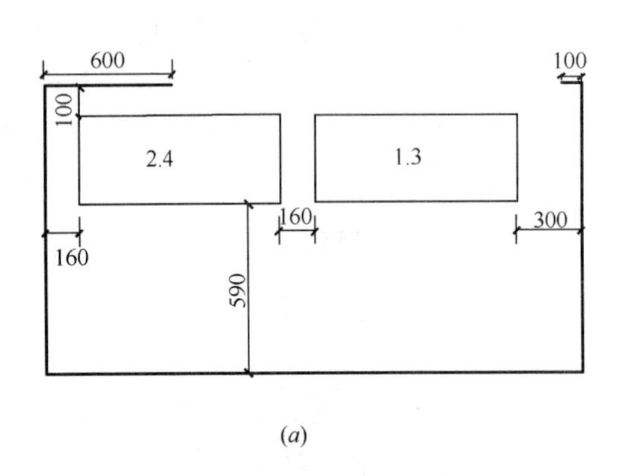

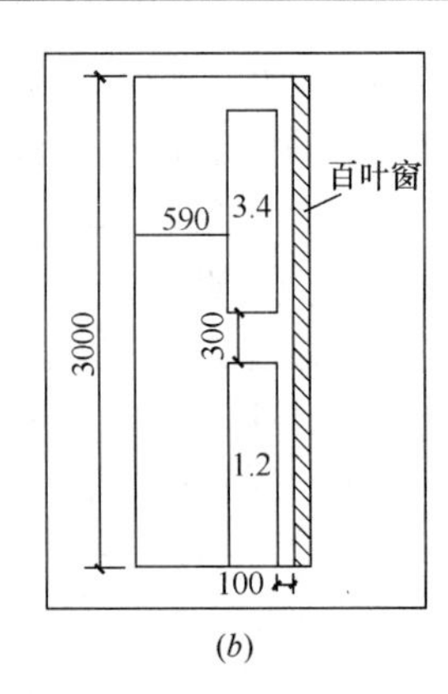

图 3-28　改进设计方案

（a）室外机布置平面图；（b）室外机布置立面图

表 3-2　优化方案室外机回风温度值

层　数	回风温度℃			
	机号 1	机号 2	机号 3	机号 4
1	40.8	38.6	40.6	41.2
2	42.5	39.1	40.6	39.3
3	42.5	39.5	41.3	39.3
4	42.9	39.4	41.5	39.5
5	42.2	39.2	41.0	39.6
6	42.4	39.2	41.3	39.4
7	41.4	38.9	39.4	37.6

4　结语

以上主要针对暖通空调工程相关的 CFD 基础知识及其在暖通空调系统设计中的应用进行了简单介绍。运用 CFD 技术可以很好的辅助设计人员快速把握设计方案的效果，从而给系统设计指明改进的方向，这为实际工程质量的保证提供了坚实的基础。目前国外很多国家（美国、日本、韩国等）在实际暖通工程设计中采取了初步设计→CFD 模拟评估→多次改进设计→对应多次 CFD 模拟再评估→最终方案设计的思路，首先由设计经验比较成熟的人员设计出初方案，之后对方案的模拟结果展开讨论和评价，确定改进方案，经过几轮的再评价和再改进，方能确定最终的设计方案。这个过程往往需要多方技术人员参与，而且可能耗时很长，需要一个较长的设计周期。而在国内的工程设计中，由于设计周期一般比较短，设计人员对 CFD 技术的掌握水平参差不齐等原因，CFD 技术仅在部分工程设计中采用，并未大面积推广开来。而且即便应用，很多情况也仅进行一次或两次模拟就最终确定方案，这种方案在其实还是比较粗糙的方案。因此，从保证设计质量的角度出发，有必要加强 CFD 技术在暖通空调领域的推广应用，具体而言，可开展以下 3 方面的工作：

(1) 加强对暖通设计人员CFD技术培训，使更多的人掌握CFD技术，以使其在建筑设计企业中得到推广和普及。

(2) 加强对CFD模拟分析可靠性的验证。对设计方案进行评估之前，应首先进行使用者操作CFD模拟计算的结果可靠性检验，通过与已有实验数据的对比，确保使用者能够使用CFD工具计算出较准确的参数分布结果。之后，就可以对暖通设计方案进行有效的模拟预测，以保证评估取得可靠的结果。

(3) 加强CFD软件自身的完善，使得CFD软件能够方便快捷的针对暖通空调领域特有的具体实际问题进行模拟分析；加强前处理软件面向暖通空调领域工程的实用性功能，使得建筑空间的各种复杂形体结构和方案设计能够快速地从设计图纸转换成几何模型，从而大大降低软件中建模的复杂性；加强后处理软件的可视化功能，使得模拟结果具有更主观的仿真效果。

5 参考文献

[1] Nielsen PV, Restivo A and Whitelaw JH. The velocity characteristics of ventilated rooms[J]. Journal of Fluids Engineering, 1978, 100(3): 291-298.

[2] Zhao B, Li Xand YanQ. A simplified system for indoor airflow simulation[J]. Building and Environment, 2003, 38(4): 543-552.

[3] 赵彬，李先庭，彦启森. 用零方程湍流模型模拟通风空调室内空气流动[J]. 清华大学学报(自然科学版), 2001, 41(10): 109-113.

[4] 窦国仁. 紊流力学. 上册[M]. 北京：高等教育出版社, 1981.

[5] 陶文铨. 数值传热学[M]. 西安：西安交通大学出版社, 1988.

[6] Xu W. New Turbulence Models for Indoor Air Flow Simulation[D]. Ph. D. thesis. Massachusetts Institute of Techno logy, 1998.

[7] Patankar S V，张政译. 传热与流体流动的数值计算[M]. 北京：科学出版社, 1989.

[8] 林波荣，朱颖心，江亿. 生态建筑室外环境设计中的技术问题[J]. 风景园林, 2004, 53: 36-37.

[9] 胡晓峰，周孝清，卜增文，毛洪伟. 基于室外风环境CFD模拟的建筑规划设计[J]. 工程建设与设计, 2007, 04: 14-18.

[10] 秦玉强，孙三祥. 基于FLUENT软件的报废弹药销毁车间通风方案的优化设计[J]. 洛阳理工学院学报(自然科学版), 2010, 20(2): 31-36.

[11] 金泰木，张明，李连奎. CFD在客车空调系统设计中的应用[J]. 设计制造, 2003, 41(3): 20-22.

[12] 游斌，马丽华，李跃飞. 空调室外机热气流分析与优化研究[J]. 顺德职业技术学院学报, 2009, 7(4): 35-38.

大空间置换送风计算及设计方法

同济大学暖通空调&燃气研究所　张　旭

1　概述

1.1　名词术语

● 置换通风（displacement ventilation）：借助空气浮力作用的机械通风方式。空气以低风速（0.2m/s作用）、高送风温度（≥18℃）的状态送入活动区下部，在送风及室内热源形成的上升气流的共同作用下，将污浊空气提升至顶部排除。注：上列解释，是置换通风的传统定义。随着置换通风应用的普及，近年来实际上已有一定变化，如2002年REHVA-Federation of European Heating and Air-conditioning Associations出版的《Displacement Ventilation in Non-industrial Premises》（非工业房屋内的置换通风）中，对置换通风的定义已改变为：从房间下部引入温度低于室温的空气来置换室内空气的通风。

● 出口邻接区（adjacent zone）：简称出口区，置换送风口出口前出现"吹风（draught）"感的区域。

● 换气率（air change rate）：送至房间的新鲜空气量与房间体积之比，以每小时交换次数计；习惯上称为换气次数。

● 气流扩散（air diffusions）：通过置换送风口将空气输送至活动区的过程。

● 气流分层（air stratification）：由于密度差异，在空间内气流形成不同的层次。

● 气流射程（air throw）：气流从置换送风口至速度衰减至某一特定值之前的传播距离。

● 吹风（draught）：由气流运动引起的与温度有关的对人体形成的有害的局部冷却。

● 面速度（face velocity）：置换送风口的平均出口流速（流量与送风口出口毛面积之比）。

● 等速线（isovel）：平均速度相等的点的边界线。

● 羽流（plume）：从热物体周围升起或从冷物体周围下降的气流，也称热烟羽。

● 下区送风温差（under-temperature）：室内活动区内地面以上1.1m处的平均温度θ_{oz}（℃）与空气分布器出口温度θ_s（℃）之间的温度差（$\Delta\theta_s$），$\Delta\theta_s=\theta_{oz}-\theta_s$。

● 活动区（Occupied zone）：建筑空间的一部分，在这个区域范围内，空气质量必须满足设计标准的规定，温湿度及气流速度等应符合热舒适要求。对于建筑空间的其余部分（非活动区），空气质量和热环境要求允许低于设计标准。

● 活动区的范围在平面上是指离门、窗、散热器所在墙面1.0m以内，离内墙0.5m以内的面积；在高度上是指离地面1.8m（站姿）或1.3m（坐姿）以下区域，如图1-1和表1-1所示。

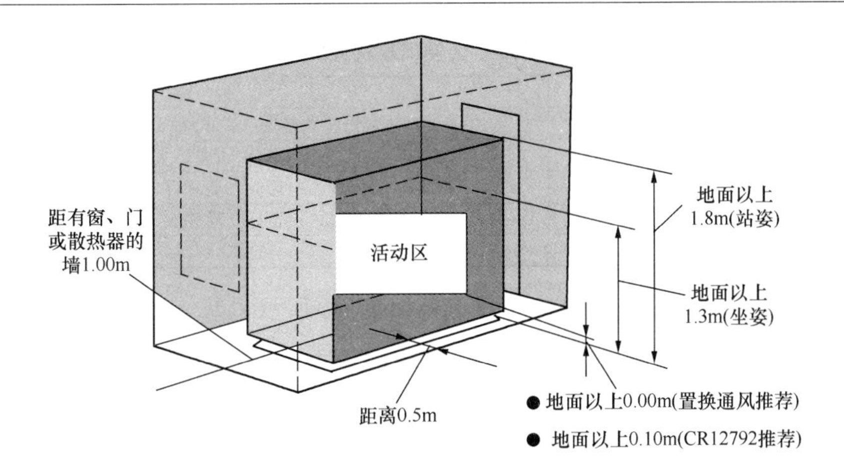

图 1-1　活动区的定位

表 1-1　人与不同的内部设施表面之间的距离

设　施	与内部设施表面的距离（m）	
	典型范围	默认值（CR 12792）
外窗、门和散热器	0.50～1.50	1.00
外墙和内墙	0.25～0.75	0.50
地面（下边界）	0.00～0.20	0.00*
地面（上边界）	1.3（坐姿）～2.00（站姿）	1.80

注：* prEN13779 推荐为 0.1m。

● 送风温度（supply air temperature）：空气离开置换送风口时的干球温度。混合通风系统通常采用 13℃的送风温度。由于置换通风系统将冷空气直接引入到活动区，为了避免由送风温度过低而引起的吹风风险，送风温度通常应≥18℃。

● 阿基米德数（Archimedes number）：

在通风房间里的几个现象，如垂直温度梯度、分层气流里的速度水平、分层水平和通风效率等都可以通过阿基米德数（A_r）来描述。阿基米德数是浮力与惯性力之间简单的比值，其原始形式定义如下：

$$A_r = \frac{\rho \cdot g \cdot L}{\rho \cdot v^2} \tag{1-1}$$

式中　$\Delta\rho$——冷空气与热空气之间的密度差，kg/m^3；

g——重力加速度，m/s^2；

L——特性长度，m；

ρ——空气的密度，kg/m^3；

v——空气的流速，m/s。

阿基米德数大，意味着浮力占优势；阿基米德数小，意味着惯性力（速度）占优势。

● 大空间：空间高度大于 5m、体积大于 1 万 m^3 的建筑称为大空间建筑。在公共民用建筑方面主要是指影剧院、音乐厅、大会堂、体育馆、展览馆等建筑。分类如表 1-2 所示：

表 1-2　大空间建筑分类

类　别	例
体育建筑	体育馆、竞技场、拱顶球场（棒球场等）
会场	大会议室、讲堂、大会堂
观览场所	剧场、电影院、音乐厅、杂技场
展示场所	博览会场、展览厅、博物馆、膜造展示馆
宗教建筑	教堂、寺院

大空间建筑在暖通空调方面有以下特点，如表 1-3 所示。

表 1-3　大空间建筑在暖通空调方面的特点

种类	空间特征	环境控制对象		环境控制方式
		控制区	对　象	
体育馆 （健身区）	顶高 5～15m 底部为比赛场 人员密度小	比赛场	运动员 2～7Met 夏季 0.2～0.3clo 冬季 0.3～0.7clo	换气 换气＋辐射采暖
大型体育馆	顶高 5～70m 跨度大，底层、中层有观众席 人员密度小 大屋顶结构轻薄地面部分热容量大	观众席 比赛场 （多功能要求）	观众 1～2Met 夏季 0.2～0.7clo 冬季 2.0～3.0clo	通风换气 全空气冷气 全空气空调
音乐厅 剧院 电影院	顶高 10～20m 底层、中层、上层 设观众席 人员密度大（1～2 人/m^2） 围护结构厚（隔声）	全部空间 剧院包括舞台	观众 1～1.6Met 夏季 0.7～1.0clo 冬季 1.0～1.5clo	全空气空调 全空气空调＋ 辐射采暖
中庭 （共享空间）	顶高 5～100m 仅底部为人员短时间停留区 人员密度小 屋顶结构较薄	底部为停留区 中～上层部分为开廊	短时间停留者 1～3Met 夏季 0.5～0.7clo 冬季 0.7～3.0clo	自然通风停留区 辐射采暖， 停留区空调

1.2　置换送风的特点和适用范围

在活动区内，置换送风房间的污染物的浓度比混合通风时低。稀释污染物浓度所需的通风量，理论上每人为 20L/s・p；置换通风时，由于人们在呼吸区域里得到的是质量最好的空气，所以实际送风量可大幅度减少。与传统的混合通风系统相比，置换通风的主要优点是：

- 在相同设计温度下，活动区里所需的供冷量较少；
- 利用“免费供冷”的周期较长久；
- 活动区内的空气质量较好。

置换通风的弱点是由于出口风速较小，安装空气分布器需占用较多的墙面。

置换通风系统特别适用于符合下列条件的建筑物：

- 室内通风以排除余热为主，且单位面积的冷负荷 q 约为 120W/m^2；
- 污染物的温度比周围环境温度高，密度比周围空气小；

- 送风温度比周围环境空气温度低；
- 地面至平顶的高度大于 3m 的高大房间；
- 室内气流没有强烈的扰动；
- 对室内的温湿度参数的控制雾严格要求；
- 对室内空气品质有要求；
- 房间较小，但需要的送风量很大。

置换通风系统，不仅意味着室内能获得更加优良的空气品质，而且，可以减少空调冷负荷，延长免费供冷时段，节省空调能耗，降低运行费用。

1.3 置换通风系统评价指标

使用置换通风的目的是为了获得更好的室内空气品质和热舒适性水平。即可接受的室内环境。通常影响室内热舒适性的参数主要包括：吹风感、垂直温度梯度和辐射不对称性。置换通风一般可以为各种类型的空间提供舒适的热环境。然而，置换通风中地板附件的吹风风险（draftrisk）相当大。因为舒适性对于工作区的温度梯度有严格的要求，所以为了减小温度梯度，则需要增加送风量，但往往会导致地板附件的风速过高，增加吹风风险。

Melikov 和 Nielsen（1989）针对 18 个使用置换通风的房间，评价它们的热舒适性参数。因为主要在低的活动水平（≈1.2m）时存在吹风风险，所以研究的对象为处于静坐情况下的人员（如办公室、会议室、计算机房等）。他们发现，某房间工作区的吹风风险高并且垂直温度大，这些工作区的吹风风险和垂直温度差变化很大，所以造成近风口处的半个工作区有严重的不舒适性抱怨。其中 33%的测量位置上超过 15%的人抱怨有吹风感。同时，40%的测量位置上头脚温差超过 3℃。

虽然房间内的辐射不对称也可能影响到热环境的舒适性，但对于 ISO 标准 7730 推荐的标准：垂直方向辐射不对称不应该超过 5℃，这对于一般的置换通风空间，多数情况是满足的。

1.3.1 垂直温差

置换通风系统的热分层导致人的头部空气温度比脚踝处更高，产生了垂直方向的温度梯度。人的感觉是头暖脚寒，这和人的头寒脚暖的舒适要求相悖。从热舒适性的角度，头脚温差应尽可能小，但减小垂直温差的同时也就降低了系统的制冷能力，如果通过提高送风量或加冷却板的方式以保证冷却能力，而这又带来吹风感和投资方面的问题。所以既保证人的舒适性又尽量减小费用是设计的原则之一，也是限制系统应用范围的主要因素。

一些研究者对垂直温度变化对人体热感觉的影响进行了研究。虽然受试者处于热中性状态，但如果头部周围的温度比踝部周围的温度高得多，感觉不舒适的人就越多。图 1-2 是头足温差与不满意率之间关系的试验结果。其中头部距地 1.1m，脚踝

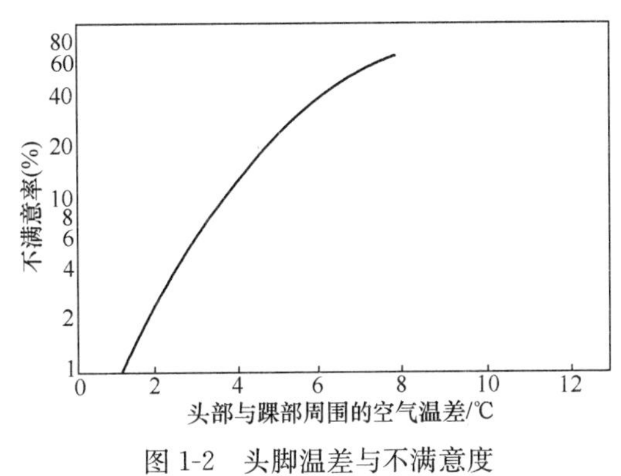

图 1-2 头脚温差与不满意度之间关系的实验结果

距地 100mm。

对于人员处于坐姿的房间（如办公室、会议室和剧场等等），房间工作区的温度 θ_{oz} 往往取决于离地面 1.1m 高度处的温度。如果定义工作区温差 θ_{hf} 为地面 1.1m 与地面 0.1m 处的温度差（也称头脚温差），那么它也就是工作区的垂直温度梯度，如果该温度梯度过大将会引起人的不舒适。

德国某公司提供的室内温度 θ_{oz} 及工作区允许温度梯度 θ_{hf} 数据如表 1-4 所示。

表 1-4　室内温度 θ_{oz} 及工作区允许温度梯度 θ_{hf}

活动方式	散热量（W）	θ_{oz}（℃）	θ_{hf}（℃）
静坐	120	22	≤2.0
轻度劳动	150	19	≤2.5
中度劳动	190	17	≤3.0
重度劳动	270	15	≤3.5

置换通风系统中的温度总是随着高度增加而升高，余热量越多，温度梯度将越高。ISO 标准 7730 推荐 θ_{hf} 不应该超过 3℃，也规定工作区最大温度梯度为 3.0℃/m。有人认为 3.0℃/m 的温度梯度太大了，对一些坐着的人可能脚部空气温度为 21℃，而头部温度则为 24℃。根据 Fangerta 的研究，对于图 1-2 所示的是各种头脚温差下人的预期不满意百分数。由图可知当都叫温差为 3.0℃/m 时，预期不满意百分数约为 7%。ASHRAE 给出的可接受热环境预测不满意率百分数（*PPD*）应小于 10%。但这并没有考虑到低温空气吹过脚踝部位可能造成的吹冷风引起的不适感。就工程设计而言，北欧的一些学者，如 Skistad 等，建议温度梯度不超过 2.0℃/m。

1.3.2　吹风感

吹风感是最常见的不满意问题之一，吹风感的一般定义为“人体所不希望的局部降温”。此外，吹风导致寒冷，而冷颤的出现也是使人感到不愉快的原因。但对某个处于“中性热”状态下的人来说，吹风是愉快的。尽管过高的风速能够保证人体的散热需要，使人处于热中性的状态，但却会给人带来吹风的烦扰感、压力感、黏膜的不适感等。

有很多变量会影响人对吹风的感觉，主要是气流的速度及温度，还有人自身所处的热状态。如果人处于偏热状态，吹风有助于改善热舒适。另外吹风感还跟气流的分布状态有关，因此局部风速往往起到很大的作用。比如一股气流吹到人的颈部，那么用室内的平均风速来评价环境的热舒适就没有多大的意义了。

导致不舒适的最低风速约为 0.25m/s，相当于人体周围自然对流的速度。吹风和自然对流边界层之间有复杂的相互作用，而且可认为边界层对低速的吹风有一定屏蔽作用。

有研究者对实验内的受试者进行了人体颈部可以承受的局部风速和风温之间关系的实验。内文斯（Nevins，1971）汇总实验结果，把吹风风速和吹风温度表示为一个综合指标，提出了有效吹风或称为有效吹风温度 θ 的定义：

$$\theta=(T_j-T_a)-8(v-0.15) \tag{1-2}$$

建议的舒适标准是：

$$-1.7<\theta<1.1$$
$$v<0.35$$

式中，T_a 为室内空气温度,℃；T_j 为吹风的温度,℃；v 为吹风的速度，m/s。

Fanger（1977）通过受试者体验不同频率的风速，获得了如图 1-3 的不舒适反应实验结果，这一不舒适动态风的频率为 0.3～0.5Hz。吹风感与空气速度、空气温度、湍流强度、活动性和衣着有关。

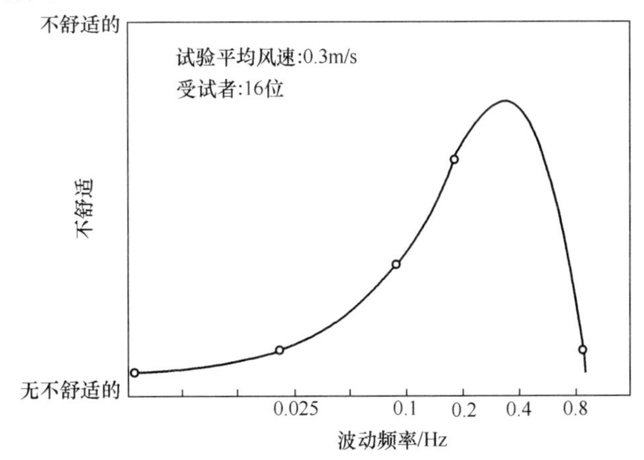

图 1-3　颈部暴露在波动吹风情况下受试者不舒适反应

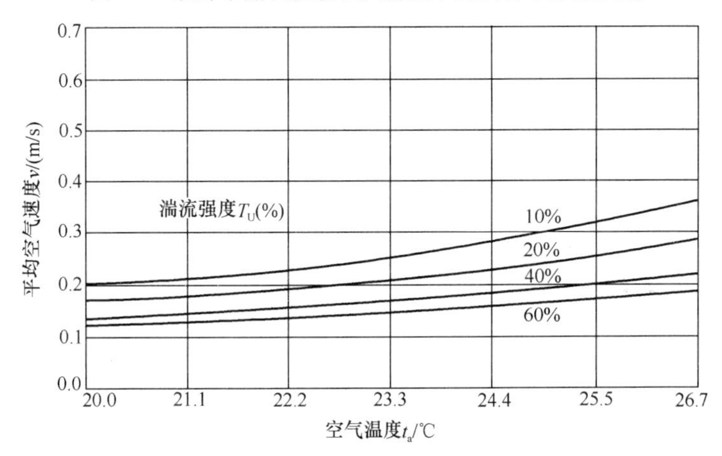

图 1-4　允许平均风速与空气温度及湍流强度的关系

Wyon 和 Stanberg 研究了置换通风的舒适性，认为对于地板附件温度在 22℃以下的情况，不可能满足舒适性要求。

Skistad 根据实际使用经验认为，工作在置换通风系统中的人，当温度为 20℃时速度在 0.15～0.20m/s 是可接受的，如果温度更高，0.25m/s 似乎也是可接受的。

为满足活动区人员的热舒适要求，保证室内的空气品质，置换通风系统应满足以下各项指标的要求：

- 坐着时，头脚温差：$\Delta\theta_{hf}\leqslant 2$℃；
- 站着时，头脚温差：$\Delta\theta_{hf}\leqslant 3$℃；
- 吹风风速不满意率：$PPD\leqslant 15\%$；
- 热舒适不满意率：$PPD\leqslant 15\%$；
- 置换通风房间内的温度梯度：$\Delta s<2$℃/m。

在国际上，各国针对置换通风应满足基本的热舒适性方面做了相应的设计标准和指标。各国置换通风设计标准见表 1-5。

表 1-5　各国置换通风设计标准

舒适性指标	DIN1946/2 (1994)	SIA382/1 (1992)	CIBSE (1990)	ISO07730 (1990)	ASHRAE 5529	GB 50019 (2003)
$t_{0.1-1.1}$ $t_{0.1-1.8}$	≤2℃ —	<2℃ —	<3℃ —	<3℃ —	— ≤3℃	— ≤3℃
$t_{0.1\min}$	21℃	夏季：22℃ 冬季：19℃	夏季：22℃ 冬季：20℃	19～26℃	18～29℃	—
工作区空气流速或通风器出风速度	0.15～0.18m/s	—	—	夏季：≤0.25m/s 冬季：≤0.15m/s	—	工业：≤0.5m/s 民用：≤0.2m/s
说明：DIN——德国工业标准；SIA——瑞士工程师和建筑师协会；CIBSE——建筑服务工程师研究院；ISO——国际标准化组织；ASHRAE——美国供暖制冷空调工程师学会；GB——中华人民共和国标准；$t_{0.1-1.1}$——坐着时，头脚温差（地面 1.1m 与 0.1m 温差）；$t_{0.1-1.8}$——站着时，头脚温差（地面 1.8m 与 0.1m 温差）；$t_{0.1\min}$——地面 0.1m 处最低送风温度						

1.4　置换通风系统的经济性

年度能耗、初投资以及运行和维护费用都是评价通风系统重要的标准。几乎有关能耗分析的文献都是利用数值模拟做的，因此要在一年中对建筑进行逐时测量太昂贵和太费时了。归纳起来，置换通风系统的经济性有以下特点。

（1）从置换通风风量的机理可知，在满足同样室内空气品质的条件下，置换通风的新风量较混合通风要少，从而用于处理新风的能耗相对较少。

（2）由于置换通风排风（回风）温度高且工作区有效负荷少于全室负荷，使实际应用于室内通风降温的风量小于混合通风风量且冷量也小。

（3）置换通风的送风温度比混合通风要高 4～6℃，故使用室外冷空气免费供冷的时间要长。随着送风温度的提高，制冷机组温度可适当提高，从而提高制冷机组的 *COP* 值。

（4）由于置换通风散流器较混合通风散流器的压降低，故实际需要系统送风机的压头就小，风机能耗相应就低。

Sppanen 等（1989）评价了美国办公建筑的置换通风系统和混合通风系统性能，他们比较了不同的控制策略（如 VAV 系统、定风量系统）和不同个的组件（如经济器、热回收装置）下的情况。结果表明，能耗与控制策略要和空气处理系统有很大的关系。使用热回收装置、VAV 控制策略的置换通风系统与混合通风系统的耗能情况相似。

Skistad（1994）分析指出高大空间（如体育馆、会议厅、剧场等）使用的置换通风系统的温差可能更大，所以它的送风量能大幅减小。而且由于置换通风的送风温度比混合通风的高 2～4℃，所以它往往可以更长时间使用自然风制冷，这种情况下节能效果比较好。

2 基本知识

2.1 气流分布

置换通风是室内通风或送、排风气流分布的一种特定形式。经过热湿处理后的新鲜空气，通过空气分布器直接送入活动区下部，较冷的新鲜空气沿着地面扩散，从而形成一较薄的空气层（湖）。室内人员及设备等内热源在浮力的作用下，形成向上的对流气流；热浊的污染空气则由设置于房间的排风口排出。

置换通风的送风速度通常为 0.25m/s 左右，送风的动量很低，所以，对室内主导气流无任何实际的影响。由于较冷的新鲜空气沿地面形成空气湖，而热源引起的热对流气流将污染物和热量带到房间上部，因此，使室内产生垂直的温度梯度和浓度梯度；排风温度高于室内活动区温度，排风的污染物浓度高于室内活动区的浓度。

置换通风的主导气流由室内热源控制。置换通风的目的是保持活动区的温度和浓度符合设计要求，而允许活动区上方存在较高的温度和浓度。与混合通风相比，设计良好的置换通风能更加有效地改善与提高室内空气品质。图 2-1 和图 2-2 分别给出了置换通风的两种典型的气流分布形式。

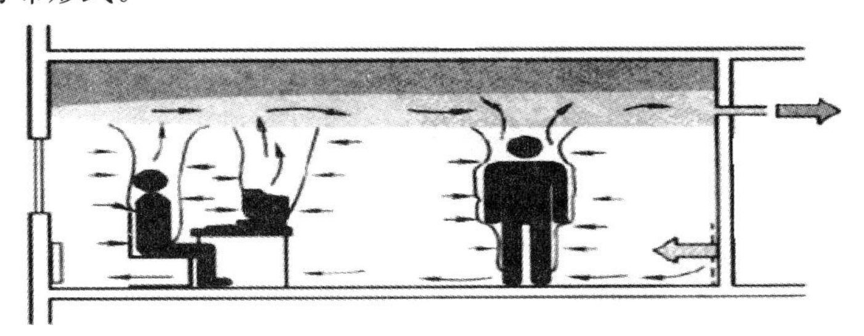

图 2-1 与排出物有关的水平气流运动

图 2-2 对流形成的垂直气流运动

2.2 对流流动

自然对流运动，是置换通风系统中气流运动的源动力，由于热烟羽的密（温）度低于周围空气的密（温）度，所以，使热气流在物体如人体或计算机上部上升，并沿程不断卷吸周围空气而流向顶部。在浮力的影响下，气流沿热的墙面上升；沿着冷物体如窗或外墙下降，如图 2-3 和图 2-4 所示。

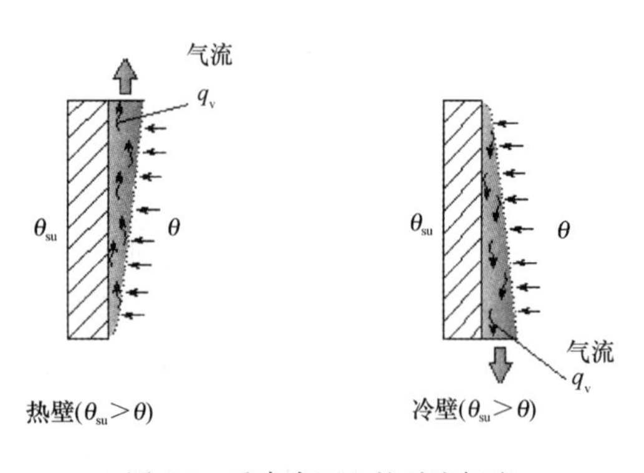

图 2-3 垂直表面上的对流气流

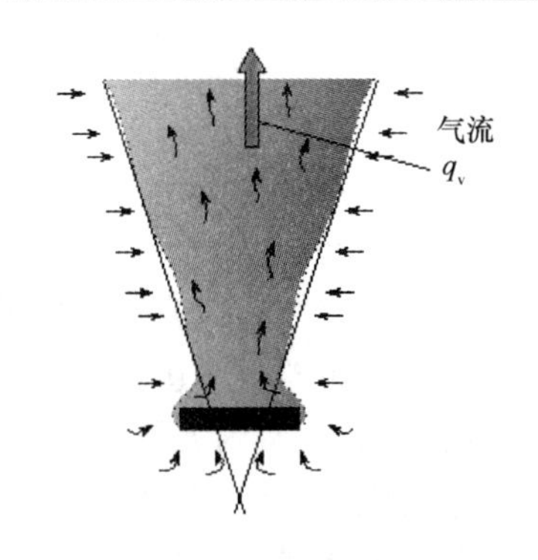

图 2-4 水平热源上部的热羽流

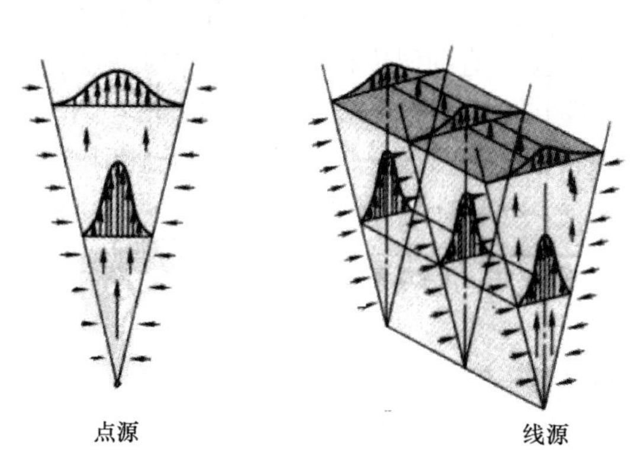

图 2-5 点源和线源的羽流

在热物体上部升起的对流气流，称为羽流，也称热烟羽（thermal plume），或简称为烟羽（plume）；一般应用实验法、解析法和计算流体力学法来计算不同热源上部羽流内的温度、速度和气流量，以及垂直表面的对流流动。实践中遇到的所有羽流，都属于紊流通风，完全遵循紊流类似的规律。

2.2.1 点源与线源

热源通常可以分为点源与线源两种，相应的羽流分布如图 2-5 所示。表 2-1 给出了点热源和线热源上方热羽流的特性，表 2-1 中的公式，是在假设热源尺寸很小且没有说明实践尺寸的情况下导出的。

表 2-1 点热源和线热源上方热羽流的特性

参量	点热源	线热源
轴心速度 v_z (m/s)	$v_z=0.128Q^{\frac{1}{3}}z^{-\frac{1}{3}}$ (2-1)	$v_z=0.067Q^{\frac{1}{3}}$ (2-2)
轴心过剩温度 $\Delta\theta$ (K)	$\Delta\theta=0.329Q^{\frac{2}{3}}z^{-\frac{5}{3}}$ (2-3)	$\Delta\theta=0.094Q^{\frac{2}{3}}z^{-1}$ (2-4)
流量 $q_{v\cdot z}$（点源：L/s；线源：L/s·m）	$q_{v\cdot z}=5Q^{\frac{1}{3}}z^{\frac{5}{3}}$ (2-5)	$q_{v.z}=13Q^{\frac{1}{3}}z$ (2-6)

在不同的参考文献中，式中的系数有细微的差别，取决于所采用的卷吸系数（entrainment coefficient）。Q 表示以 W 或 W/m 计的热源的散热量，z 表示热源水平线以下的高度。对流散热量 Q 可以根据热源消耗的能量 Q_{tot} 按下式估算：

$$Q=kQ_{tot} \tag{2-7}$$

Nielsen（1993B）给出了下列系数值：管道和风管 k=0.70～0.90；小部件 k=0.40～0.60；大的机器和元（部）件 k=0.30～0.50。

2.2.2 沿着水平与垂直表面的对流气流

当垂直扩展表面较小时，对流气流大体上呈层流状薄片，扩展较大时，则气流呈紊流状。

表 2-2 给出了具有固定温度表面的基本方程式（Jaluvia，1980；Etheridge and Sandberg，1996）。

表 2-2 沿垂直表面的对流气流特性

参 量	层 流	紊 流
最大速度 v_z（m/s）	$v_z = 0.1\sqrt{\Delta\theta \cdot z}$ (2-8)	$v_z = 0.1 \cdot \sqrt{\Delta\theta \cdot z}$ (2-9)
边界层厚度 δ（m）	$\delta = 0.05 \cdot \Delta\theta^{-0.25} \cdot z^{0.25}$ (2-10)	$\delta = 0.11 \cdot \Delta\theta^{-0.1} \cdot z^{0.7}$ (2-11)
流量 $q_{v.z}$（$m^3/s \cdot m$ 宽度）	$q_{v\cdot z} = 2.87 \cdot \Delta\theta^{0.25} \cdot z^{0.75}$ (2-12)	$q_{v\cdot z} = 2.75 \cdot \Delta\theta^{0.4} \cdot z^{1.2}$ (2-13)

注：$\Delta\theta$ 表示表面与周围空气间的温度差；z 为至底部的高度。

2.2.3 源的延伸与扩展

实际上的热源，很少是一个点、一条线、或一个平面的垂直表面。因此，通常都采用近似与实际源尺寸的假想源根据风量进行计算。假想源的原点，位于实际源表面另一侧沿羽流轴的距离 z_0 处，如图 2-6 所示。

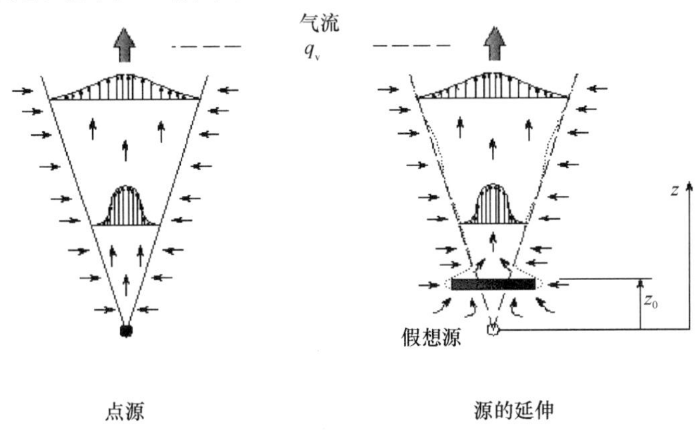

图 2-6 假想源位置的图解

假想源原点的定位，可采用“最大情形”（maximum case）和“最小情形”（minimum case）的方法提供一种估算手段，参见图 2-7（Skistad，1994）。根据“最大情形”以点源替代实际源，这样点源上面羽流的边界就穿过实际源的顶部边缘（例如圆柱体）。

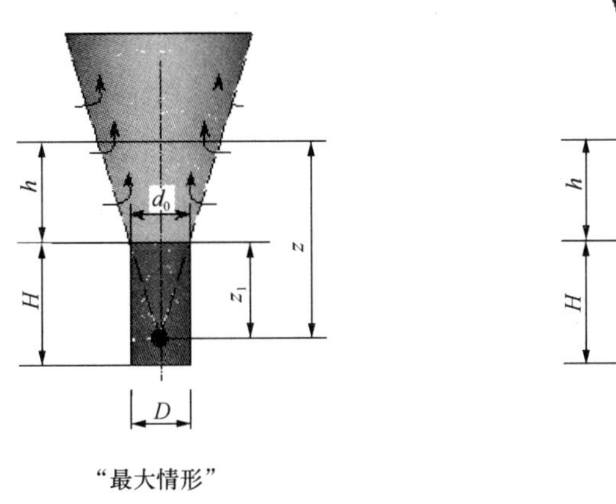

图 2-7 圆柱体上部的对流气流

“最小情形”是当羽流的收缩截面的直径是上部表面直径的 80% 左右时，位于源以上 1/3 个直径处，羽流的扩展角定为 25°。对于低温源，Skistad 推荐“最大情形”，然而，“最小情形”最合适于对大的高温源的度量。“最大情形”给定：$z_0=2.3D$，而“最小情形”给定：$z_0=1.8D$。对于平面热源，Morton建议假想源的位置定位于实际源之下$z_0=1.7\sim2.1D$。

2.2.4 羽流的相互作用

当热源位于墙的旁边是，羽流可能贴附于墙上，形成贴附流，如图2-8所示。

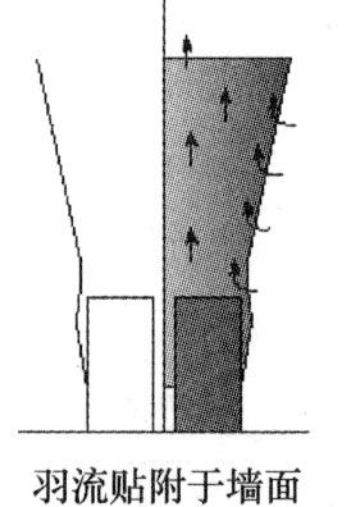
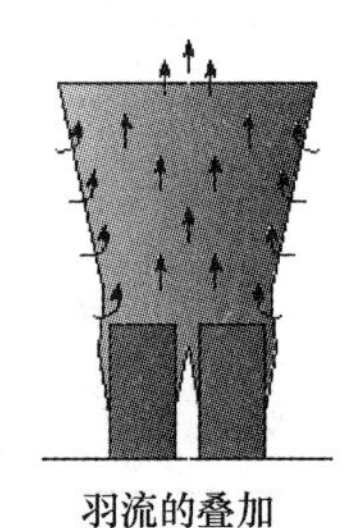

羽流贴附于墙面　　羽流的叠加

图2-8 热羽流

在这种情形下，来自热源的空气量可以根据2Q散发热量的一半计算，即：

$$q_{v.z}=\frac{5(2Q)^{\frac{1}{3}}z^{\frac{5}{3}}}{2}=3.2\cdot Q^{\frac{1}{3}}\cdot z^{\frac{5}{3}} \quad (2\text{-}14)$$

当热源位于交角处时：

$$q_{v.z}=2\cdot Q^{\frac{1}{3}}\cdot z^{\frac{5}{3}} \quad (2\text{-}15)$$

当几个热源汇合至一起时（见图2-8右侧）：

$$q_{v.z.n}=N^{\frac{1}{3}}\cdot q_{v.z} \quad (2\text{-}16)$$

式中　$q_{v.z}$——热源中之一的羽流流量。

当热源比较分散时，总流量等于每个热源流量的总和。

2.2.5 羽流与温度梯度

当如同置换通风一样室内有温度分层时，羽流对温度分层产生影响。羽流的驱动力是羽流与环境之间的温度差。当温差减小时，羽流将分解并向室内水平方向蔓延，如图2-9所示。图中：$\theta_{phune.1}$——羽流1的温度；$\theta_{phune.2}$——羽流2的温度；θ_{room}——房间温度。

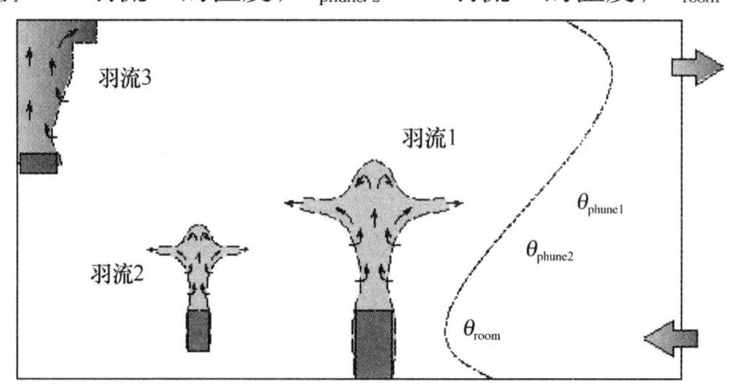

图2-9 置换通风房间气流流型示意图

羽流在两个高度水平之间传播，一个是羽流达到的动态平衡高度（z_t）；在那里羽流与周围空气之间的温差消失；羽流内的另一个高度水平称为羽流的最大高度（z_{max}），在那里气流速度等于零，详见图2-9。

对流气流下面的高度z_t，可以根据下列模型计算（Mundt 1996）：

（1）点源

假想源以上的无因次高度z^*：

$$z^*=2.86z\cdot s^{\frac{3}{8}}\cdot Q_{cf}^{-\frac{1}{4}} \quad (2\text{-}17)$$

式中，s为室内的垂直温度梯度，$s=\Delta\theta/\Delta z$，K/m；Q_{cf}为来自热源的对流热，W。

由图2-10可见，仅$z^*<2.1$与进一步计算有关。

高度 z^* 处的体积流量 q_v（L/s）为：

$$q_v = 2.38 \cdot Q_{cf}^{\frac{3}{4}} \cdot s^{-\frac{5}{6}} \cdot z_1 \tag{2-18}$$

$$z_1 = 0.004 + 0.039z^* + 0.38 \cdot (z^*)^2 - 0.062 \cdot (z^*)^3 \tag{2-19}$$

对于 $z^* = 2.8$，最大高度 z_{max}：

$$z_{max} = 0.98 \cdot Q_{cf}^{\frac{1}{4}} \cdot s^{-\frac{3}{8}} \tag{2-20}$$

对于 $z^* = 2.1$，高度 z_t：

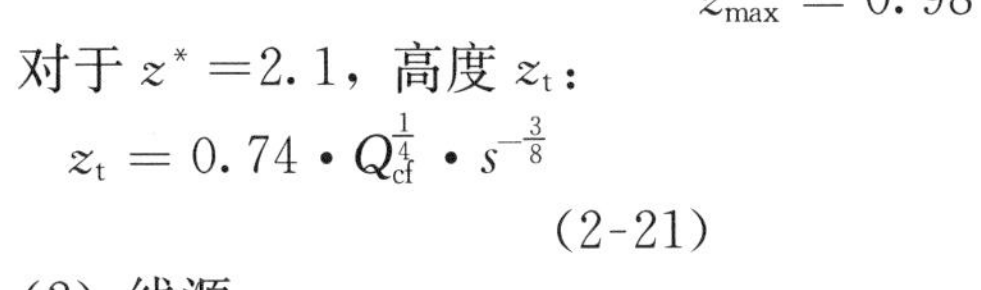

$$z_t = 0.74 \cdot Q_{cf}^{\frac{1}{4}} \cdot s^{-\frac{3}{8}} \tag{2-21}$$

(2) 线源

假想源以上的无因次高度 z^{**}：

$$z^{**} = 5.78 \cdot z \cdot s^{\frac{1}{2}} \cdot Q_{cf}^{-\frac{1}{3}} \tag{2-22}$$

由图 2-10 可见，仅 $z^{**} < 2.0$ 与进一步计算有关。

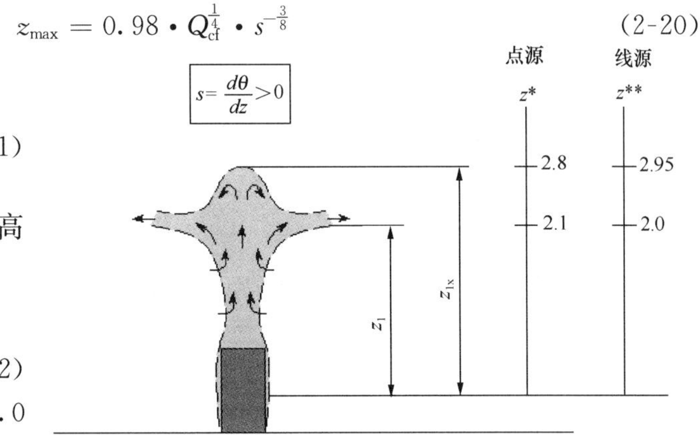

图 2-10　垂直羽流的温度梯度及分层

高度 z^{**} 处的体积流量 q_v（L/s）为：

$$q_{V.1} = 4.82 \cdot Q_{cf}^{\frac{2}{3}} \cdot s^{-\frac{1}{2}} \cdot z_2 \tag{2-23}$$

$$z_2 = 0.004 + 0.477 \cdot z^{**} + 0.029 \cdot (z^{**})^2 - 0.018 \cdot (z^{**})^3 \tag{2-24}$$

对于 $z^{**} = 2.95$，最大高度 z_{max}：

$$z_{max} = 0.51 \cdot Q_{cf}^{\frac{1}{3}} \cdot s^{-\frac{3}{2}} \tag{2-25}$$

对于 $z^{**} = 2.0$，高度 z_t：

$$z_t = 0.35 \cdot Q_{cf}^{\frac{1}{3}} \cdot s^{-\frac{1}{2}} \tag{2-26}$$

2.2.6　实际物体的对流量

根据上述理论和实际的实验，Nielsen（1993B）归纳出了如图 2-11 所示的非工业环

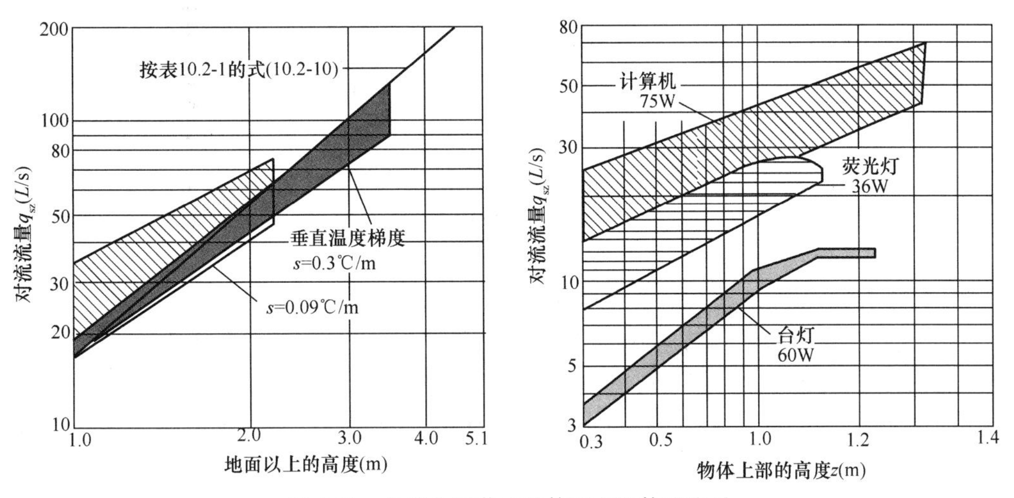

图 2-11　常规房间若干物体的对流体积流量

境的普通物体的对流量。图中线段是根据表 2-1 中空气量方程式（2-6）按坐姿人员上部对流流量为 20L/s 计算出来的，如图 2-12 所示。

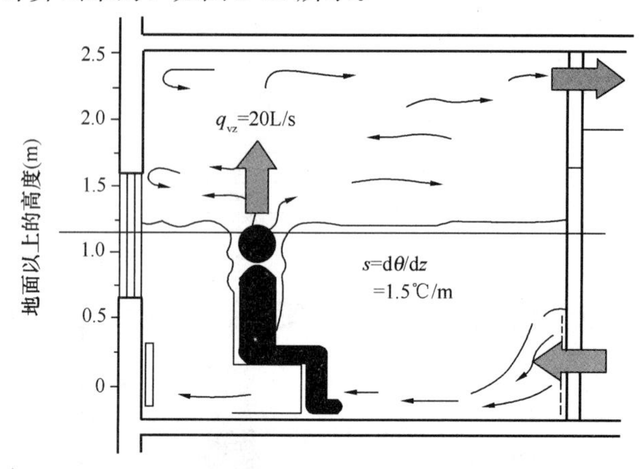

图 2-12　常规环境里坐姿人员上面的对流流动

表 2-3 汇集了部分热源形式引起的上升气流流量，以供设计参考。

表 2-3　部分热源形式引起的上升气流流量

热源形式		有效能量折算（W）	离地面 1.1m 处的空气流量（m^3/h）	离地面 1.8m 处的空气流量（m^3/h）
人员	坐或站 轻度或中度劳动	100～120	80～100	180～210
办公设备	台灯 计算机/传真机 投影仪 台式复印机/打印机 落地复印机 散热器	60 300 300 400 1000 400	40 100 100 120 200 40	100 200 200 250 400 100
机器设备	约 1m 直径，1m 高 约 1m 直径，2m 高 约 2m 直径，1m 高 约 2m 直径，2m 高	2000 4000 6000 8000		

2.3　温度分布

由于置换通风提供的新鲜空气直接地送至活动区，在地面处可能存在吹冷风的风险，此外，温度分层可能造成不舒适，见图 2-13。为此，设计置换通风系统时，必须对气流的流型、温度分布、对流流动、浓度分布等进行详细的研究，以便采取相应的有效措施，做到扬长避短。

2.3.1 地面处的温度

由于诱导对流的作用，地面区域的送风温度将升高，形成这种情况的主要原因，是来自室内其他热表面的辐射。邻近地面处的无因次温度 k，可用下式表示：

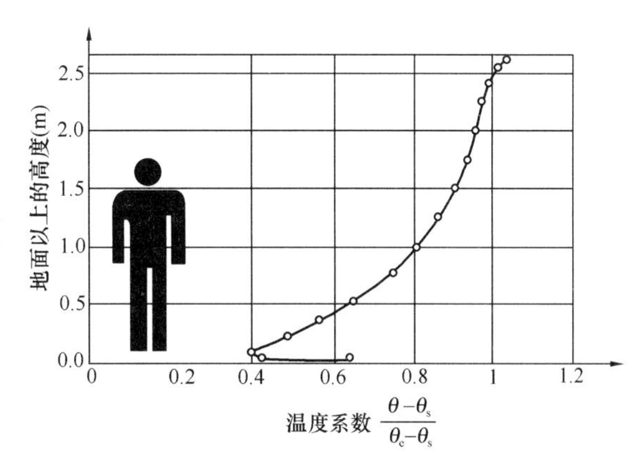

图 2-13 置换通风房间的温度分层

$$k=\frac{\theta_f-\theta_s}{\theta_e-\theta_s} \tag{2-27}$$

式中 θ_f——邻近地面处的温度；

θ_s——送风温度；

θ_e——排风温度。

从室内空间排除的总热量 Φ_{tot}（W）为：

$$\Phi_{tot}=q_v\cdot c_p\cdot\rho(\theta_e-\theta_s)\cdot 10^{-3} \tag{2-28}$$

式中 q_v——空气的体积流量，L/s；

c_p——空气的比热，$c_p=1000$J/kg·K；

ρ——空气的密度，$\rho=1.2$kg/m^3。

邻近地面的无因次温度，一般可按下式计算：

$$k=\frac{1}{\frac{q_v\cdot 10^{-3}\cdot\rho\cdot c_p}{A}\left(\frac{1}{\alpha_r}+\frac{1}{\alpha_{ef}}\right)+1} \tag{2-29}$$

式中 A——地面面积，m^2；

α_r——辐射换热系数，$\alpha_r\approx 5$W/m^2·K；

α_{ef}——对流换热系数，$\alpha_{ef}\approx 4$W/m^2·K。

不同对流换热系数时邻近地面处的无因次温度与通风量的函数关系，如图 2-14 所示。

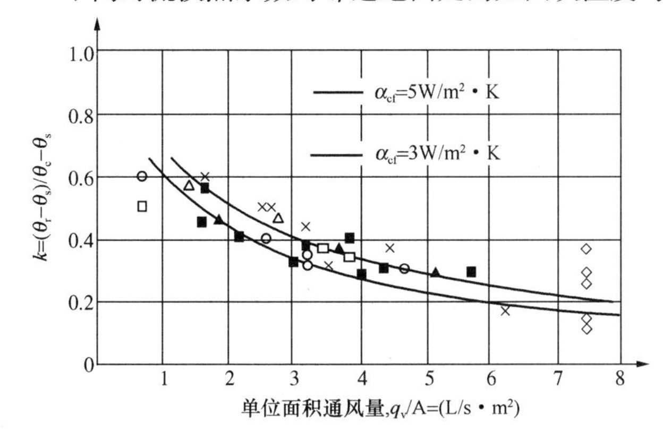

图 2-14 无因次温度与通风量的函数关系

2.3.2 垂直方向的温度分布

室内垂直方向的温度分布，取决于热源的垂直位置。当热源位于室内较低部位时，温度梯度较大。反之，当热源位于室内上部区域时，温度梯度较小，如图 2-15 所示。

根据 Niulsen（1996）、Brohus 和 Ryberg（1999）的研究，对不同形式的热源，相关的邻近地面的无因次温度变化在 0.3～0.65 之间（见图 2-16）。图 2-16 表示了不同的温度梯度，他假定垂直温度分布是高度的线性函数。如果在房间中有许多不同的热源，建议采用“50%法则”。

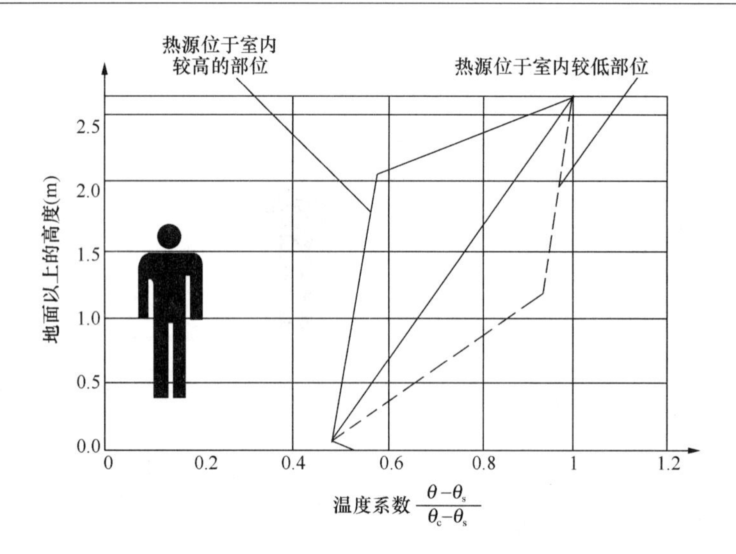

图 2-15　置换通风房间内的温度梯度

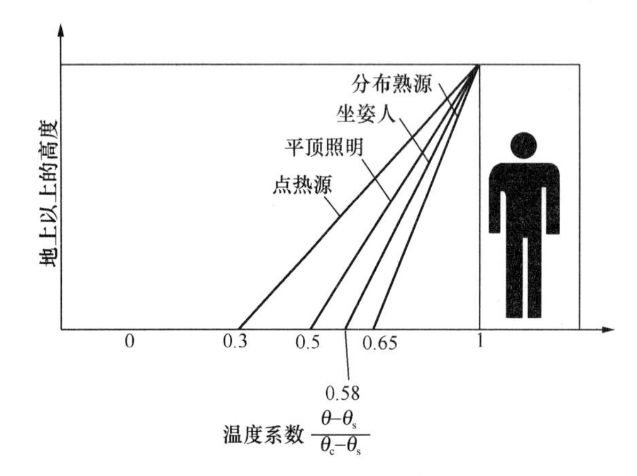

图 2-16　不同热负荷类型时垂直温度的分布

2.3.3　温度效率

当排气温度高于活动区内的空气温度时，温度效率 ε_θ 可定义为：

$$\varepsilon_\theta = \frac{\theta_e - \theta_s}{\theta_{oz} - \theta_s} \qquad (2\text{-}30)$$

式中　θ_{oz}——活动区的平均温度。

2.3.4　用于温度分布的实用假设

如图 2-13 和图 2-15 所示，温度随着高度增加，而温度的分布形式取决于热源分布的位置和风量。对于大多数实用目的来说，我们可以设想一个温度分布形式，如图 2-17 所示。

对于垂直温度分布而言，“50%法则（50%Rule）”表示在地面处的温升（$\theta_f - \theta_s$）占送风和排风温差（$\theta_e - \theta_s$）的一半。这是一般的经验，可以近似的优先用于常规的房间和

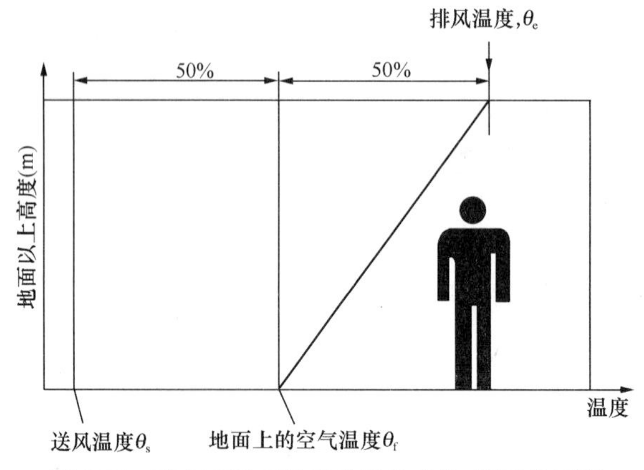

图 2-17　适合于垂直温度梯度分布的“50%法则”

常规的空气分布器（送风口）。对于平顶高度比常规高和比较大的房间，经常发现温度增加小于总量的50%。这时，宜近似采用“33%法则（33%Rule）”。

2.4 热力分层高度（分界面）的确定

2.4.1 垂直温度分层是有内部热源的下部送风房间的客观存在

此处所说热力分层高度是指图2-18中所示的上下两区分界面高度。如何确定和控制这一高度是实现置换通风作用，保证高的通风效率和工作区良好的空气品质的首要条件。

从图2-18可见，在热源自然对流射流上升初始阶段，它是靠送入气流 L_s 补偿对流射流卷吸所需的空气量，在此阶段中 $L_r<L_s$。L_r 是上升高度的函数，它随上升高度的增加而增加。达到 $L_r=L_s$ 时的高度 Z 即为分界面高度。在此分界面上垂直风速为0，超过标高 Z 处，$L_r>L_s$，即送风量已不满足对流射流卷吸所需量，其所不足之量只能靠自身由顶棚回返之量补偿。所以分界面以上是混合气流区，显然，此区空气温度与浓度均高于下区。

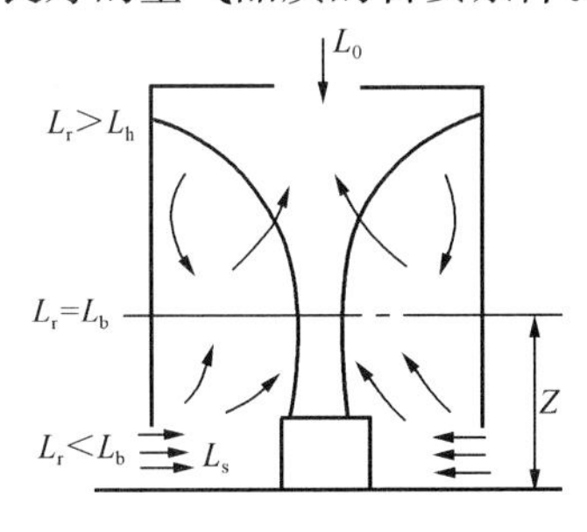

图2-18 热分层示意

如果加大 L_s，则分界面的位置必将进一步提高。在设计中应使分界面足够高，以保证工作区可靠的空气条件。如果工作区高度是 Z_g，马仁民认为分层高度 Z，必须大于 Z_g。这是因为分界面实际是具有一定厚度的过渡空气层。如以 δ 表示过渡层厚度，则分层高度应定为

$$Z=(0.5\sim1.0)\delta+Z_g \tag{2-31}$$

2.4.2 过渡层厚度的确定

根据Baines在1983年提出的理论，M. Sandberg给出了该过渡层厚度以下式表之。

$$\delta=2.5\left[\frac{DA}{\frac{dq}{dz}}\right]^{\frac{1}{2}} \tag{2-32}$$

式中 D——扩散系数，m^2/s；

q——自然对流气流流量，m^3/s；

z——对流射流上升高度，m。

由式（2-32）可见，过渡层厚度随 dq/dz 的增加而减小。对典型办公房间，$\delta=0.25\sim0.45$m。

2.4.3 分界面高度 z 的确定

Шепев，Зльтерман以及W. D. Baines等人都曾研究过自然对流射流上升高度与射流流量的基本方程，即 $L\approx Q^{1/3}X^{5/3}$ 或 $X\approx L^{3/5}Q^{1/5}$。式中 L 为射流流量；Q 为热源功率；X 为上升高度。

前苏联ЗльтерманB. M. 公式

文献中给出了Зльтерман针对均匀布置的相同发热量和相同尺寸的热源，用于计算自然通风排风口面积所采用的对流射流高程与射流流量及热源发热量的关系式，由图2-19可以看出式中有关尺度。

$$Z_0=23L^{\frac{3}{5}}Q^{-\frac{1}{5}} \tag{2-33}$$

$$Z=Z_0-Z_n+h \tag{2-34}$$

而
$$Z_n = 1.7\left(\frac{2ab}{a+b}\right) \tag{2-35}$$

于是
$$Z = 23L^{\frac{3}{5}}Q^{-\frac{1}{5}} - 1.7\left(\frac{2ab}{a+b}\right) + h \tag{2-36}$$

式中　Z_0——从对流射流极点 O 到给定断面之距离，m；

Z——从热源底面(地面)到给定断面之距离即分层高度，m；

Z_n——从热源上表面到射流极点 O 之距离，m；

H——坐落于地面上热源的自身高度，m；

a，b——热源平面长度与宽度，m；

$d=2ab/(a+b)$——热设备当量直径，m；

L——对应于分层高度 Z 标高即给定断面处对流射流的空气量，m^3/s；

Q——从热源进入周围介质的热量，W。

注：当有 n 个相同热源时，式(2-36)第一项应乘以 $(1/n)^{2/5}$ 修正之。

芬兰 J. Laurikainen 公式

式(2-36)在应用中有一定局限性，对多个热源尺寸不同、发热量不同、布置也不均匀的情况，就不便应用。为此特推荐芬兰 J. Laurikainen 提出的计算式

$$Z = K63L'^{\frac{3}{5}}Q'^{-\frac{1}{5}} \tag{2-37}$$

$$K = 0.0075\,(t_f - t_r)^{1.02} + 0.54h \tag{2-37'}$$

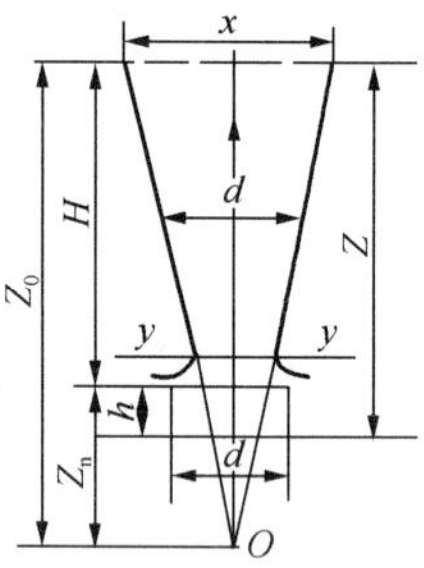

式中　L'——单位地板面积送风量，$m^3/(s \cdot m^2)$；

Q'——热源对流散热量，W/m^2；

t_f——热源表面温度(全部热源的平均温度)，℃；

t_r——工作区空气平均温度，℃；

h——所有热源的平均高度，m。

图 2-19　对流射流图

虽然式(2-37)未明确反映热源个数的影响因素，但包括了热源表面温度，在既定的热源发热量条件下，热源表面积小时表面温度必高，热源表面积大时表面温度必低。而热源数量是反映于热源表面积的。此式的适用性就在于不论热源发热量多少、尺寸大小、尺寸是否相同，布置是否均匀都可应用。自 20 世纪 90 年代初以来此式在北欧已开始应用。

上述式(2-36)与式(2-37)中的常数项都是按国际单位制换算得出的。利用过去的典型实验工况应用以上两式计算的分层高度 Z 列于表 2-4，以资比较。

从表中结果可见，前苏联算法计算值偏大。值得提出的是，上述两式都只在一定程度上反映了送风量和热源特性，并未反映送风分布特性对分层高度的影响，是有欠缺的，下面进行讨论。

从表 2-4 中序号 1、2、4～9 诸栏可见，当风量大时，热分布系数 ΔT_m(或 α)的值小，计算所得的分层高度 Z 值高；送风量小时，α 大，Z 值低。这是符合规律的，然而这些工况均为送风口数量多、气流分布较为均匀时的情况。

当风口数量少、气流分布不够均匀时，如 3、4 栏所示，情况则大为不同，在送风量同样大时，经计算所得的 Z 值也很高，但其 α 值却很大，说明这是由于工作区紊流热传递的加强及回返气流而导致的工作区热分布增多。这种工况的分层高度实际被破坏了，式

(2-36)和式(2-37)未考虑气流因素，计算所得 Z 值自然是不对的，但用于气流分布很均匀时是可行的。

表 2-4　不同工况下分层高度计算值

送风方式	工况序号	工况条件						ΔT_m	计算分层高度 Z/m	
		送风口	$L/m^3/s$	$L'/m^3/(s.m^2)$	Q/W	$Q'/W/m^2$	热源个数		前苏联法	芬兰法
地板送风热源表面温度 65℃ 热源高度 0.6m	1	带直叶片圆风口	0.174	0.012	1875	129	2	0.89	1.09	1.15
	2	1.1 个/m²	0.51	0.035	1875	129	2	0.42	2.3	2.15
	3	0.4 个/m²	0.57	0.039	1875	129	2	0.875	2.49	2.20
	4	0.7 个/m²	0.57	0.039	1155	80	2	0.613	2.78	2.42
	5	旋流	0.162	0.011	1845	127	2	0.87	1.05	1.09
	6	1.1 个/m²	0.594	0.04	1845	127	2	0.37	2.56	2.38
	7	孔板	0.167	0.0115	1845	127	2	0.91	1.06	1.10
	8	0.613	0.042	0.042	1845	127	2	0.41	2.61	2.42
工作区侧送热源表面温度 75℃ 热源高度 0.9m	9	单侧送风	0.55	0.038	1856	128	1	0.41	3.41	3.20

注：$\Delta T_m=(t_{1.8}-t_0)/(t_p-t_0)$为相对温差亦即热分布系数 α。

2.5　污染物分布

置换通风房间内污染物的分布，取决于污染源的位置。如果热源也作为污染源，在理想情况下，热污染院通过对流直接地全部进入上部区域，图 2-20 所示。如果污染源是冷的，污染物将同温度一样均匀地分布在地面上图 2-21。不过，假如污染源过分弱，烟羽将在较低水平处分解，因而，污染物将残留在这个水平面上，只能间接的通过更强的对流气流慢慢地传输至上部区域，如图 2-20 所示。

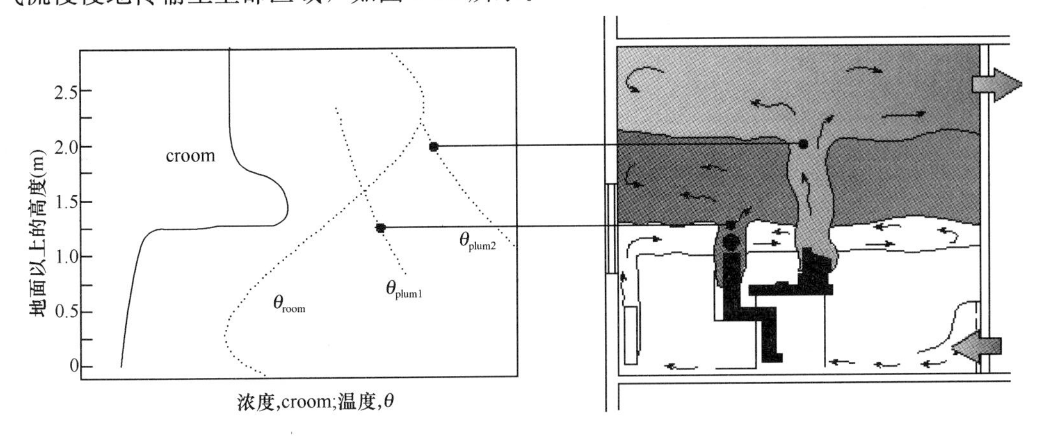

图 2-20　有热污染物源的房间，通过置换通风后室内污染物的分布示意图

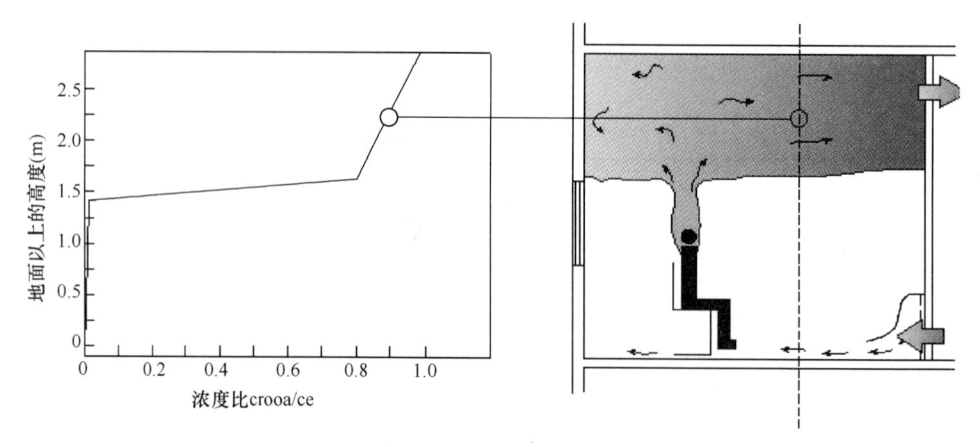

图 2-21　当污染源不是热时，通过置换通风后室内污染物的分布示意图

2.6　通风效率

2.6.1　空气龄

空气龄的概念最早于 20 世纪 80 年代由 Sandberg 提出。根据定义，空气龄是指空气进入房间的时间。在房间内污染源分布均匀且送风为全新风时，某点的空气龄越小，说明该点的空气越新鲜，空气品质就越好。空气龄还反映了房间排除污染物的能力，平均空气龄越小的房间，去除污染物的能力就强。

空气龄分为房间平均空气龄和局部(某一测点)空气龄。

最新鲜的空气应该是在送风口的入口处，如图 2-22 所示，空气刚进入室内时，空气年龄为零。此处空气停留时间最短(趋近于零)，陈旧空气被新鲜空气取代的速度最快。而最"陈旧"的空气有可能在室内的任何位置，这要视室内气流分布的情况而定。最"陈旧"的空气应该出现在气流的"死角"。此处空气停留时间最长，"陈旧"空气被新鲜空气取代的速度最慢。

对于室内气流分布情况以及空气出、入口不十分确定的自然通风房间空气年龄，常采用示踪气体浓度自然衰减法来测定。这种测量首先在室内释放一定量的示踪气体，然后根据需要，在不同的地点进行采样检测，测量其浓度的衰减过程。以初始的示踪气体浓度为100%，则其浓度将随时间而下降。浓度(百分数)与时间的关系曲线与坐标轴所围的面积，就是反映该点的空气新鲜程度(参见图 2-23)。故某一测点 A(见图 2-22)空气年龄的定义式为曲线下面积与初始浓度之比，其表达式为

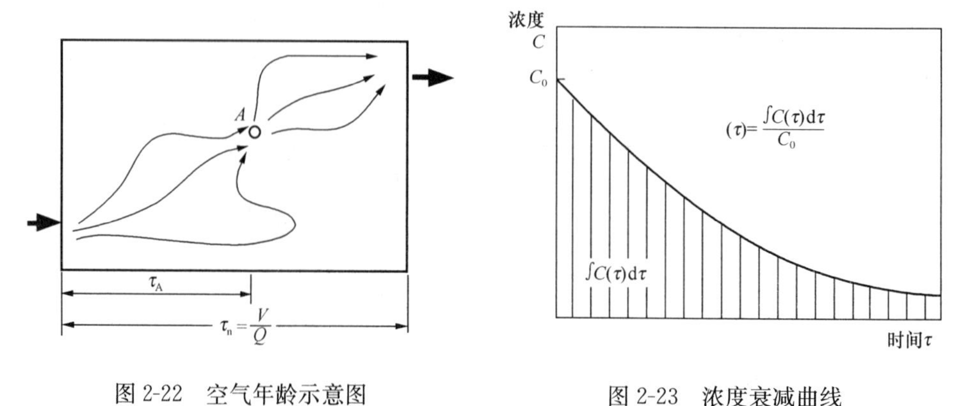

图 2-22　空气年龄示意图　　　　图 2-23　浓度衰减曲线

$$t_A = \frac{\int_0^{\infty} C(\tau)\mathrm{d}\tau}{C_0} \tag{2-38}$$

式中　$C(\tau)$——A 点瞬时浓度；

C_0——A 点初始浓度。

室内空气平均空气龄为

$$\bar{\tau} = \frac{\int_0^{\infty} \tau C_P(\tau)\mathrm{d}\tau}{\int_0^{\infty} C_P(\tau)\mathrm{d}\tau} \tag{2-39}$$

式中　$C_p(\tau)$——为排出空气浓度。

2.6.2　换气效率

理论上最短的换气时间 τ_n 与实际换气时间 τ_γ，之比定义为换气效率 ε。即

$$\varepsilon = \frac{\tau_n}{\tau_\gamma} = \frac{\tau_n}{2\tau} \tag{2-40}$$

显然换气效率随换气时间 τ_γ 之增长而降低。一般混合通风 ε=50％，而置换通风 ε=50％～100％。换气效率 ε=100％只有在理想的活塞流时才有可能(见图 2-24)。

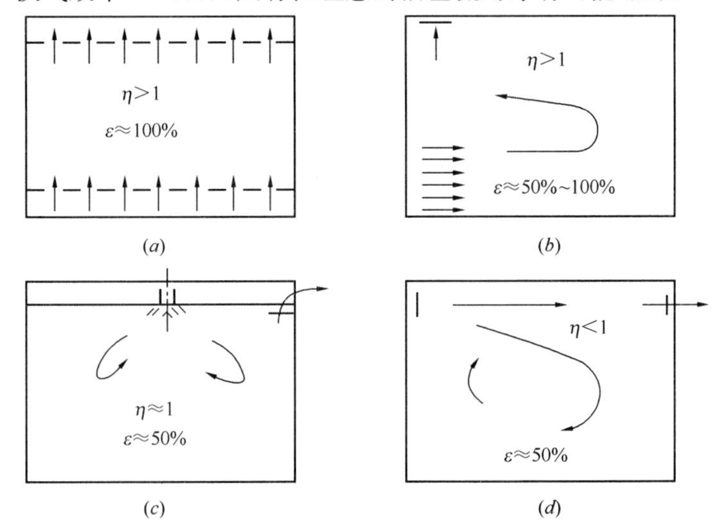

图 2-24　不同送风方式的 ε 值

2.6.3　污染物排除效率

污染物排除的定义是：

$$\varepsilon^c = \frac{C_e - C_s}{C_{mean} - C_s} \tag{2-41}$$

式中　C_e——排风中污染物的浓度；

C_s——送风中污染物的浓度；

C_{mean}——室内污染物的平均浓度。

对于活动区：

$$\varepsilon^c = \frac{C_e - C_s}{C_{oz} - C_s} \tag{2-42}$$

式中　C_{oz}——活动区内污染物的平均浓度。

2.6.4　能量利用系数(排热效率)

如果将排污效率表达式中的浓度全部用相应的温度来替换，则排污效率就变成了能量利用系数(排热效率)η

$$\eta=\frac{t_p-t_0}{t_n-t_0} \quad (2\text{-}43)$$

式中　t_p、t_0、t_n——分别为排风温度、送风温度、室内平均温度(℃)。

2.6.5　人体暴露指标

人体暴露指标可用下式表示：

$$\varepsilon_{exp}=\frac{C_e-C_s}{C_{exp}-C_s} \quad (2\text{-}44)$$

式中　C_{exp}——吸入的浓度。

由于清洁空气是由房间的较低部位通过自然对流绕人体边界层上升至呼吸区的，因此，人体暴露指标经常大于局部通风时的指标。

虽然人体暴露指标表明有改善吸入空气质量的能力，但当污染物主要是寒冷及温度过低时，则不应该采用置换通风。

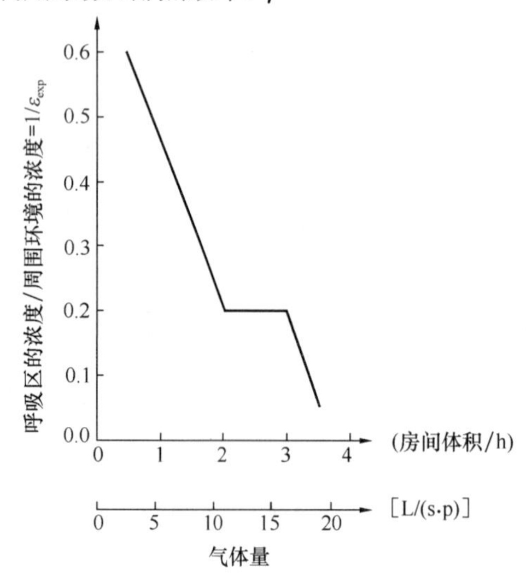

图 2-25　呼吸区与周围空气之间在相同高度处的比率与风量的函数关系

图 2-25 给出了呼吸区与周围空气之间在相同高度处的比率与风量的函数关系。

3　置换通风系统送风口

3.1　低速置换送风口的气流分布

3.1.1　送冷风

送冷风时，送风温度通常比室内空气温度低 1～8℃。这时，送风空气离开置换送风口后，向地面下降，如同地毯一样沿着地面伸展，如图 3-1 所示。

3.1.2　等温送风

当送风温度与室内空气温度相同时，气流将按照在空气分布器表面处的起始流型水平地进入房间，如图 3-2 所示。

3.1.3　送热风

当送风温度高于周围空气温度时，气流将在活动区均匀地上升，不扩散，如图 3-3 所示。由此可以作出结论：只有当送风温度比室内空气温度低时，置换通风才能有效地被应用。

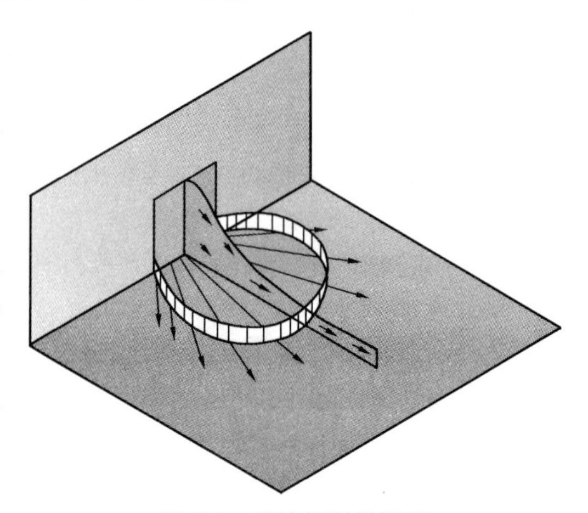

图 3-1　送冷风时的流型

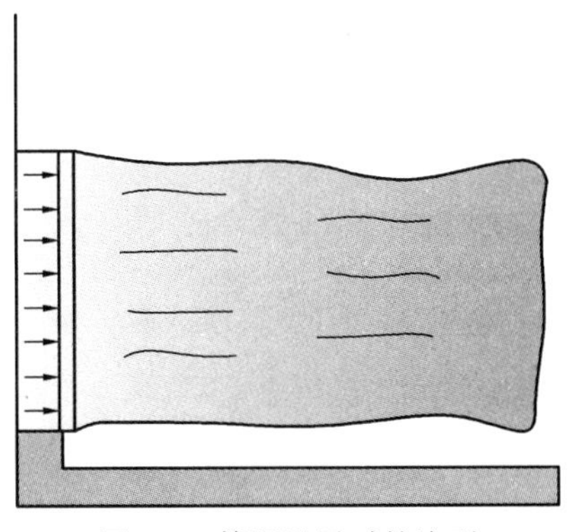

图 3-2　等温送风时的流型

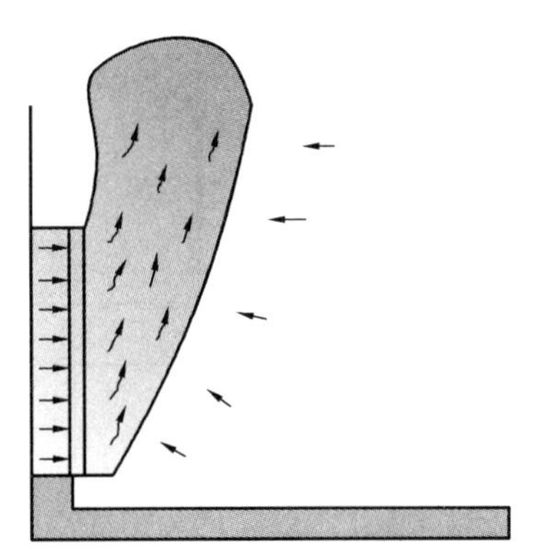

图 3-3　送热风时的流型

3.2　出口区

当空气从安装在墙上的置换送风口直接地流入室内时，在活动区里可能沿地面产生吹风感；这个“吹风区域”称为出口区。

长度为 l 的定义是：从空气分布器至某个点的距离；该距离的最大速度减小至确定的值(通常为 0.20m/s)。

在研发低速置换送风口方面，消除吹风感是主要任务之一。通常，必须为出口气流与室内空气之间提供一种可能的混合，以避免沿着地面产生任何吹风感觉。减少活动区内吹风感的方法之一是在活动区外平行于侧墙直接地送风。图 3-4 给出了向前送出与向侧面送出两种典型的情形(墙面安装置换送风口的数据：高度 $H=0.9$m，宽度 $B=0.6$m，送风量 $q_s=40$L/s，下部的送风温差 $\Delta\theta=6$℃)。

3.3　墙面置换送风口的气流分布

3.3.1　出口气流的深度

典型的出口气流深度为 200mm 左右，气流的最大速度为地面以上深度的 10%左右，近似为 20mm，见图 3-5。空气运动的测量显示，在水平气流里诱导卷吸的空气很少，这也证明，在假设的情况下，气流的深度是定值。

分层的深度是阿基米德数的函数：

$$A_r=\frac{\beta\cdot g\cdot h\cdot(\theta_{oz}-\theta_s)}{v_z^2} \tag{3-1}$$

$$\text{或}=\frac{\theta_{oz}-\theta_s}{q_s^2}$$

式中　β——体积膨胀系数；

g——重力加速度，$g=9.81\text{m/s}^2$；

h——高度，m；

$\theta_{oz}-\theta_s$——室内 1.1m 高度处的温度与送风温度之间的温差；

v_s——面速度，$v_s=q_s/A_s$，m/s；

q_s——送风量，L/s；

A_s——送风口的高度与宽度的乘积，m^2。

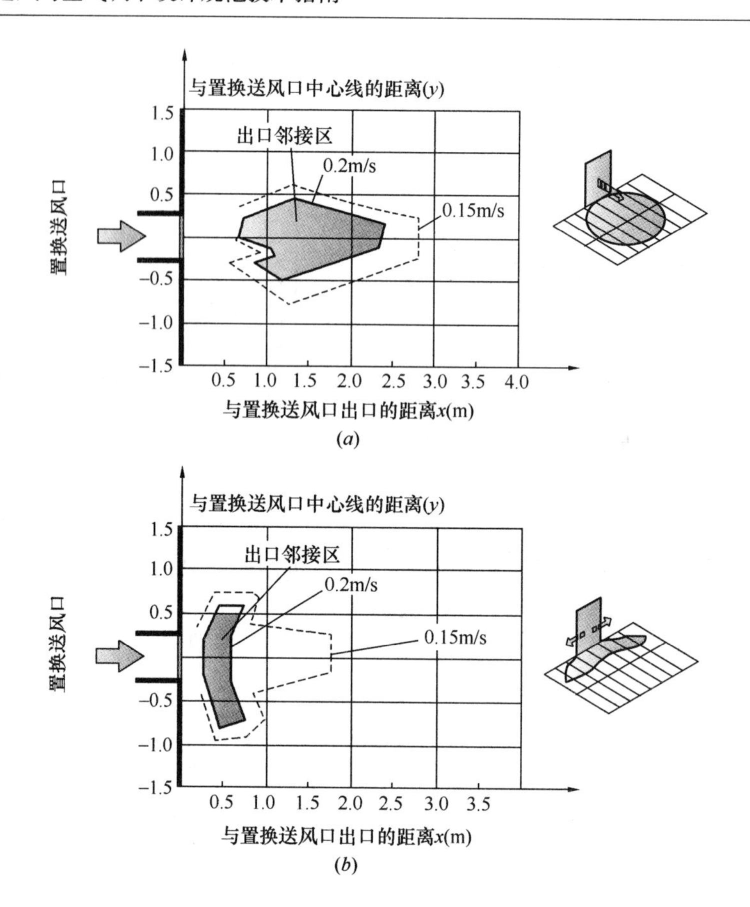

图 3-4 两种典型送风形式

(a)向前吹风；(b)向两侧吹风

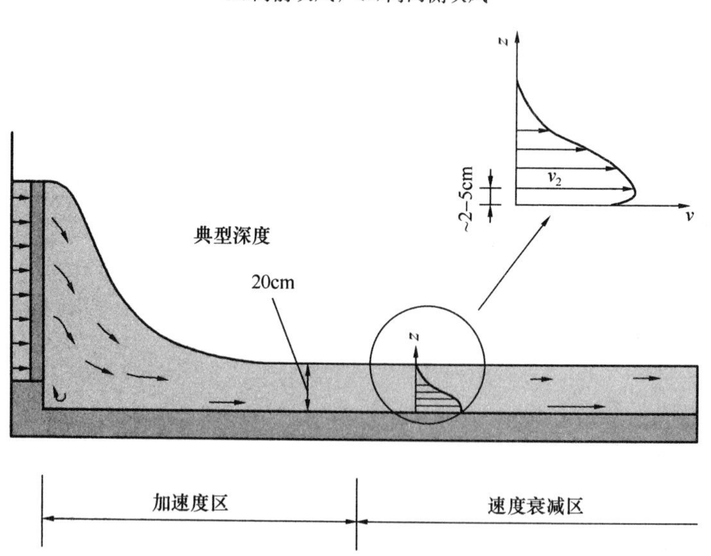

图 3-5 送风口前的速度分布(送风温度低于室内温度)

3.3.2 出口区的长度

出口区的长度 l_n，是送风量 q_s、下部温度差($\theta_{oz}-\theta_s$)与空气分布器类型的函数。2000年 Skaret 发现出口区长度和送风量之间的下列关系(Ar = constant)：

$$l_n = q_s^{0.70} \quad (3\text{-}2)$$

3.3.3 速度分布

图 3-6 所示为墙面置换送风口送风最大速度的测量实例，冷空气的初加速度较高，由于浮力影响，在距离置换送风口出口 0.6m 处获得最高速度。测量显示，与出口的距离大于 1m 时，速度 v_s 与 $x-1$ 成正比；当距离已知为 l_n 时，最大速度可按下式确定：

$$v_s = 0.2 \cdot \frac{l_n}{x} \quad (3\text{-}3)$$

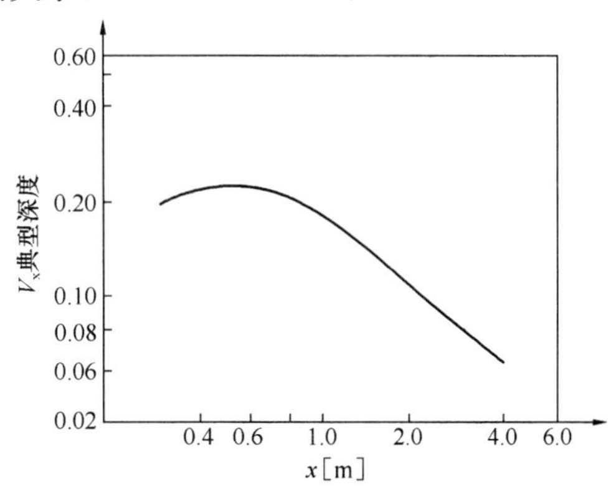

图 3-6 出口距离与最大速度的关系(q_s=28L/s)

在活动区内，速度分布也可作为体积流量和温度差的函数：

$$\nu_x = 10^{-3} q_s K_{Dr} \frac{1}{x} \quad (3\text{-}4)$$

出口区的长度 l_n，可按下式计算(有效范围：$x \geqslant 1.0 \sim 1.5$m)：

$$l_n = 0.005 q_s K_{Dr} \quad (3\text{-}5)$$

式中 K_{Dr}——风量和下部温差的函数(阿基米德数的函数)，不同形式空气分布器的值，见图 3-7。

图 3-7 显示，KD_r 是阿基米德数平方根或($\theta_{oz}-\theta_s$)0.5/q_s 的函数，因此，最大速度将是送风量与阿基米德数平方根的函数。

K_{Dr}值可以用下式表示(Niesen 2000)：

$$K_{Dr} = 0.9 \frac{e b_m}{\alpha_0 \delta} \quad (3\text{-}6)$$

式中 e——风量的最大系数；

b_m——x 轴方向的风量调整系数；

α_0——轴向流的宽度角；

δ——$0.5 v_x$ 处气流的厚度。

e 和 b_m 两者系阿基米德的函数，其变化如图 3-8 所示。

墙面置换送风口出口区的算例(图 3-9)：墙面置换送风口：H=0.45m；B=0.54m。已知置换风口的 K_{Dr}(m^{-1})为：

$$K_{Dr} = 001185 \frac{\theta_{oz}-\theta_s}{q_s^2} 10^3 + 7.748 \quad (3\text{-}7)$$

给定 $\theta_{oz}-\theta_s$=3℃，可算出出口区的长度 l_n(m)如表 3-1 所示：

3.3.4 一排墙面置换送风口的空气分布

气流从一排彼此离的较近的墙面置换送风口送入一个平面时(图 3-10)，速度 v_x 可按下式计算：

$$v_{x}=10^{-3}q_{s,1}k_{D\cdot P} \tag{3-8}$$

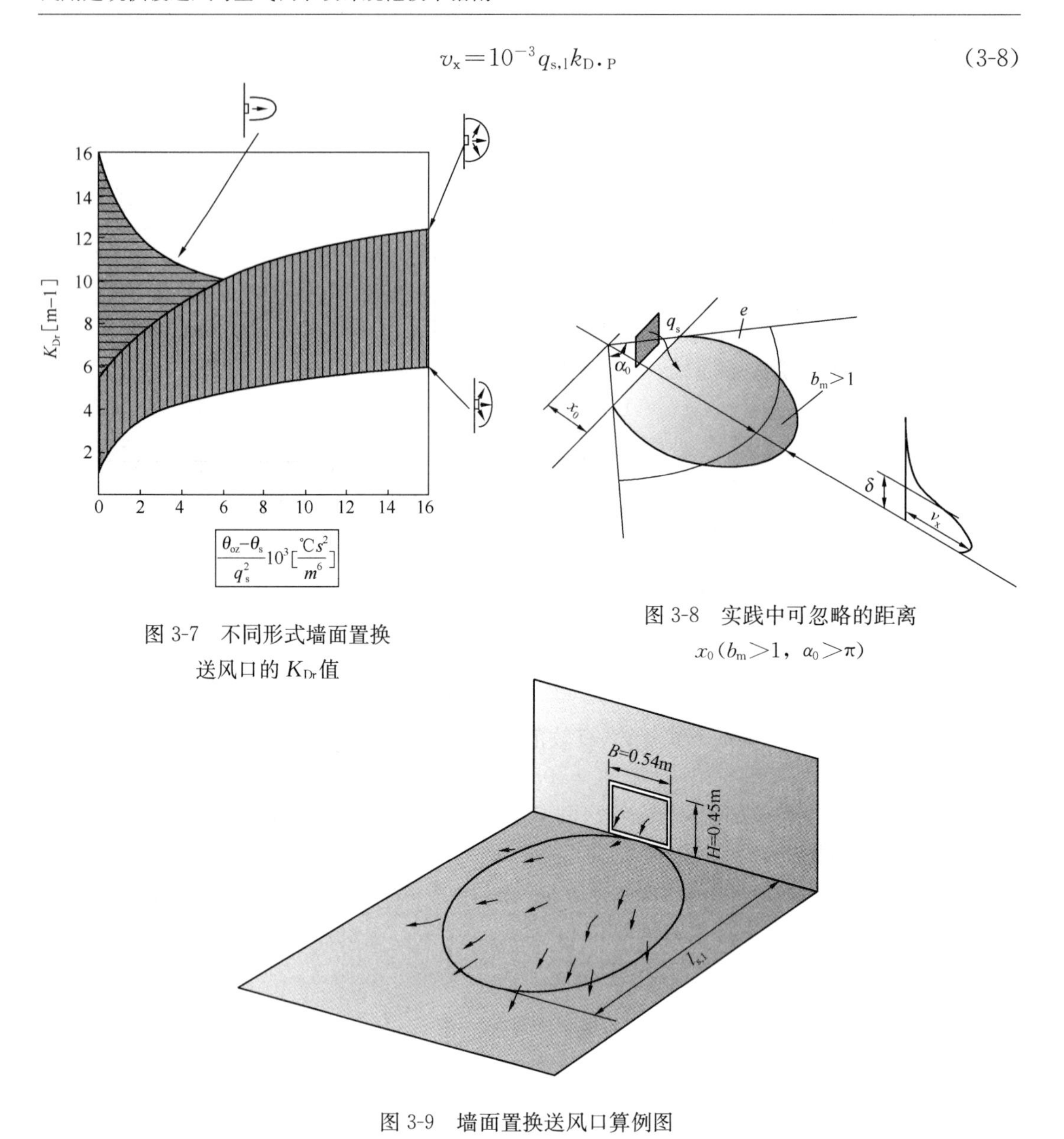

图 3-7　不同形式墙面置换送风口的 K_{Dr}值

图 3-8　实践中可忽略的距离 x_0($b_m>1$，$\alpha_0>\pi$)

图 3-9　墙面置换送风口算例图

表 3-1　出口区的长度 l_n

q_s(L/s)	K_{Dr}(m^{-1})	l_n(m)	q_s(L/s)	K_{Dr}(m^{-1})	l_n(m)
20	8.63	0.86	40	7.97	1.59
30	8.14	1.22	60	7.85	2.35

$$\nu_{x}=10^{-3}q_{1}K_{D,p} \tag{3-8}$$

风量 $q_{s,1}$应取主气流运动宽度每 1m 的流量。$K_{D,p}$值是温差与风量的函数，它取决于置换送风口的形式以及安装间距。

3.3.5　地面置换送风口

旋流型地面置换送风口(图 3-11)的速度衰减，可以采用与圆形自由喷口相同的方程来描述：

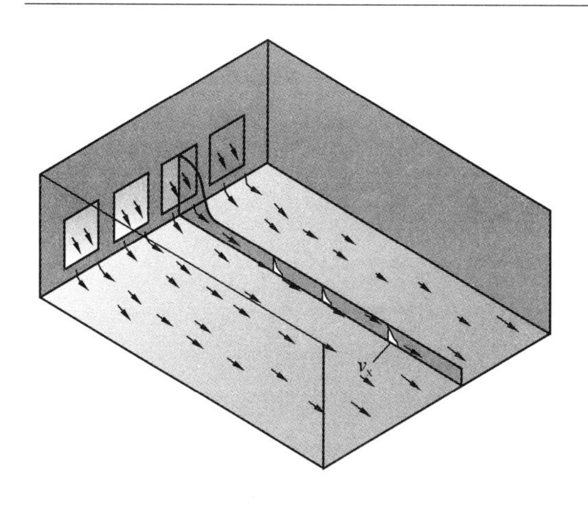

图 3-10　气流从一排置换送风口流入室内

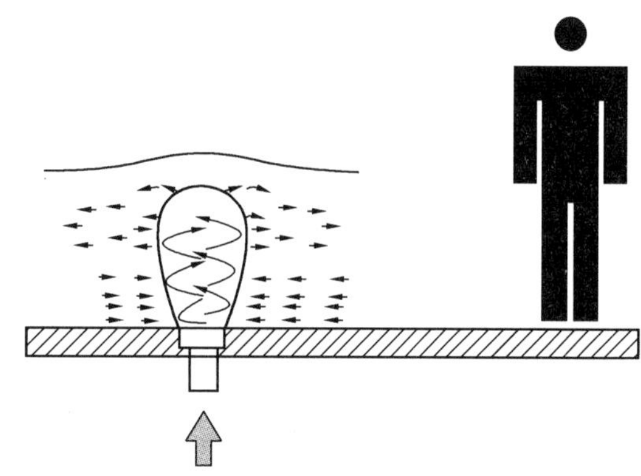

图 3-11　气流从地面置换送风口流入室内

$$\frac{v_z}{v_0}=\frac{K_a}{\sqrt{2}}\frac{\sqrt{A_0}}{z} \tag{3-9}$$

式中　v_z——在距离处地面上的最大速度；

v_0——地面置换送风口的送风速度，$v_0=q_s/A_0$；

A_0——置换送风口的送风面积。

图 3-12 表示了两种不同地面置换送风口的速度衰减。

由图可见，旋流型置换送风口的速度衰减，比不带旋流的置换送风口要迅速得多。

至于 K_a 值，对于自由喷口(无旋流)：$K_a=6.8$；带旋流的喷口：$K_a=0.42$。

墙面和地面置换送风口能处理的室内负荷为 50W/m^2 左右。

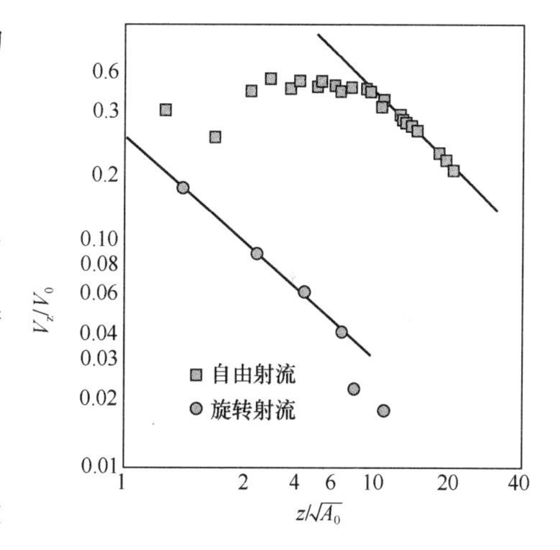

图 3-12　地面送风口的速度衰减

3.4　置换送风口的主要数据

与常规空调系统气流组织设计相类似，设计置换通风系统时，必需已知低速置换送风口在整个送风量(q_s)范围内、下区送风温差为 $\Delta\theta_s=3$K 和 $\Delta\theta_s=6$K 下的下列数据：

- 出口邻接区的长度：l_n；
- 出口邻接区的宽度：b_n；
- 在出口邻接区边界处地面以上 200mm 处的温度；
- 通过置换送风口的压力降：Δp_{tot}；
- 产生的噪声级别；
- 噪声衰减量。

置换送风口的技术数据，一般应以置换送风口常数与下去送风温差、送风量等的函数关系形式给出：

$$K_{Dr} = f[(\theta_{oz} - \theta_s)q_s] \tag{3-10}$$

因此，出口邻接区的长度应根据下式计算：

$$l_n = 0.005q_s K_{Dr} \tag{3-11}$$

而在活动区内的最大流速可按下式计算：

$$v_x = 10^{-3} q_s K_{Dr} \frac{1}{x} \tag{3-12}$$

4　置换通风的设计计算

4.1　概述

与传统的混合通风相比，置换通风设计计算的最大特点是不仅要考虑室内热舒适性——温度因素的影响，同时还要考虑室内的空气品质——污染物浓度的影响。

4.1.1　置换通风的设计流程

置换通风的设计流程，可汇总如图 4-1 所示：

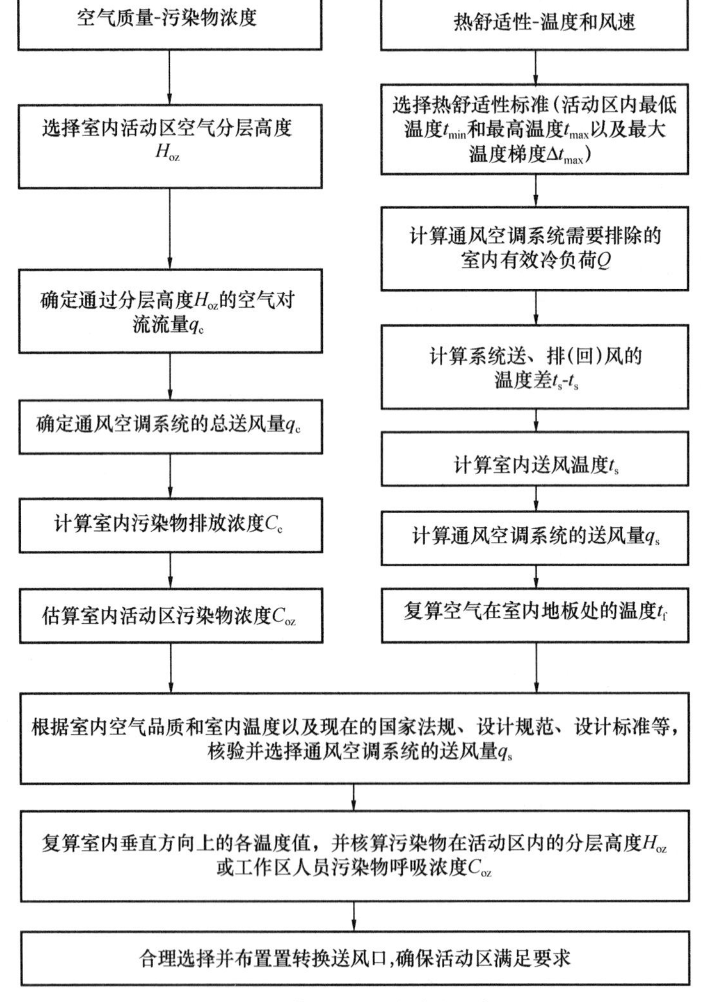

图 4-1　置换通风的设计流程框图

4.1.2 置换通风设计方法应用现状

在当前，有关置换通风设计方法有多种形式，但归纳起来主要分成两种形式。第一种是以北欧为代表，适用于工业和民用建筑的"欧式"置换通风设计方法。第二种是以日美为代表，适用于民用建筑办公楼的"美式"置换通风设计方法。应用较广的置换通风设计方法方面的书册主要有以下几个。

（1）德国妥思兄弟有限公司（TROX），1997 年编制的《Displacement Ventilation Principles and Design Procedures》。

（2）芬兰霍尔斯顿环境技术有限公司（HALTON），2000 年编制的《Displacement Ventilation Design Guide》。

（3）欧盟供热和空调协会（REHVA），2000 年出版的《Displacement Ventilation industrial Premises》。

（4）美国采暖制冷和空调工程师学会（ASHRAE），1997 年编制的《Displacement Ventilation Design Guideline》。

（5）美国采暖制冷和空调工程师学会（ASHRAE），2001 年出版的《2001ASHRAE Fundamental Handbook》。

（6）美国采暖制冷和空调工程师学会（ASHRAE），2003 年出版的《System Performance Evaluation and Design Guidelines for Displacement Ventilation》。

（7）美国采暖制冷和空调工程师学会（ASHRAE），2003 年出版的《Under Floor Air Distribution（UFAD）Design Guide》。

表 4-1 列出了国内外常用几种置换通风设计方法及特点。

表 4-1 国内外常用几种置换通风设计方法及特点

项目内容	设计方法（1）REHVA	设计方法（2）TROX	设计方法（3）ML	设计方法（4）ASHRAE
冷负荷	$Q_z=K_oQ_x$	$Q_z=Q_{lx}$	$Q_z=\alpha_1Q_1+\alpha_2Q_2+\alpha_3Q_3+\alpha_4Q_4$	$Q_z=\beta_1Q'_1+\beta_2Q'_2+\beta_3Q'_3$
负荷特点	考虑围护结构蓄热	全室显热负荷	分层高度以下有效全热负荷	工作区有效显热
系统通风量	取以下大值 （1）热舒适： $L=\dfrac{Q_z}{\rho C_P(t_P-t_s)}$ （2）空气品质： L=10L/s，p	取以下大值 （1）热舒适： $L=\dfrac{Q_z}{\rho C_p\ (t_p-t_s)}=\dfrac{Q_z\Delta t_{0.1-1.1}}{\rho C_pC}$ （2）空气品质： $L=\Sigma l_n$	取以下小值 （1）热舒适： $L=\dfrac{Q_z}{\rho C_P(t_P-t_s)}$ （2）分层： $L=2380d_0\sqrt{NHF\dfrac{t_p-t_s}{t_p+273}}$	取以下大值 （1）热舒适： $L=\dfrac{Q'_z}{\rho C_p\Delta t_{0.1-1.1}}$ （2）新风量： L_x
新风量	确保呼吸区 CO_2 浓度 $C_h=\dfrac{1}{\varepsilon_{exp}}(C_p-C_s)+C_s\leqslant 1000\text{ppm}$	取以下大值 （1）$L_x=nl_x$ （2）$L_x=Fe_{xF}$	按标准取值	$L_x=nl'_xD+Fl'_{xF}$

续表 4-1

项目内容	设计方法（1）REHVA	设计方法（2）TROX	设计方法（3）ML	设计方法（4）ASHRAE
送风温度	由地板面温升系数 K 的"33%规律"和"50%规律"计算送风温度	$t_s=(t_{1.1}-\Delta t_{0.1-1.1})\left(\frac{K}{C+1}\right)$	按标准取 $t_s \geqslant 18$℃（一般标准可取 20℃）	$t_s=t_{0.1}-\frac{K'Q'_2}{\rho C_p L}$
适用条件	民用环境	工业和民用环境	地板下送为主工业和民用环境	办公室环境
设计计算侧重点	呼吸区浓度 C_h 和送风温度 t_s	地板面温升系数 K 和工作区温升系数 C	分层高度和热舒适性的满足	工作区冷负荷和地板面温升系数 K'

表中 Q_z——置换通风空调冷负荷，W；

Q_{Lx}、Q_x——分别为空调显热冷负荷和显热量，W；

K_c——维护结构蓄热系数；连续使用或无蓄热 $K_c=1$；非连续使用或者蓄热 $K_c=0.6\sim0.7$；

L——系统通风量，L/s；

C_h——呼吸区内 CO_2 浓度，ppm；

ε_{exp}——人体暴露系数，即为呼吸区浓度 C_h/周围浓度 C_{oz}；

$\Delta t_{0.1-1.1}$——室内工作区温升，℃；

$\sum l_n$——室内各发热源自然对流风量之和；

C——工作区温升系数；

L_x——置换通风系统新风量，L/s；

n——室内人数；

l_x——按标准所取的每人最小新风量，L/s・p；

F——室内总面积，m^2；

e_{xF}——按标准选取的单位面积最小新风量，L/（s. m^2）；

$t_{1.1}$——人员坐姿高度（1.1m）时的区域温度，℃，即设定室内温度；

K——地板面温升系数，取 $K=0.5$；

Q_1、α_1——分别为围护结构负荷和负荷系数，$\alpha_1\approx0.75$；

Q_2、α_2——分别为照明负荷和负荷系数，$\alpha_2=0.65$；

Q_3、α_3——分别为人员负荷和负荷系数，$\alpha_3=0.95$；

Q_4、α_4——分别为发热设备负荷和负荷系数，其中地板上，$\alpha_4=0.95$；桌面上，$\alpha_4=0.80$；

d_0——送风口直径，m；

N——送风口数量；

H——房间高度，m；

Q'_1、β_1——分别为人员、设备显热负荷和负荷系数，$\beta_1=0.295$；

Q'_2、β_2——分别为灯具、设备显热负荷和负荷系数，$\beta_1=0.132$；

Q'_3、β_3——分别为围护结构得热，太阳辐射得热和负荷系数，$\beta_1=0.185$；

l'_x——每人所需最小新风量，L/s；

D——差异系数；

l'_{xF}——单位地板面积所需最小新风量，L/（s. m^2）；

$t_{0.1}$——地板面 0.1m 处室内温度，℃，$t_{0.1}=t_{1.1}-\Delta t_{0.1-1.1}=t_{1.1}-3$℃；

K'——地板面温升系数，按照下式计算：

$$K'=\left[\frac{L\rho C_p}{F}\left(\frac{1}{\alpha_r}+\frac{1}{\alpha_{cf}}\right)+1\right]^{-1}$$

式中 α_r——天花板时地板面的热辐射系数，取 5W/（m^2・K）；

α_{cf}——地板与室内空气间表面传热系数，取5W/（m^2·K）。

4.1.3 置换通风方式的设计计算方法

置换通风的设计计算方法，比较典型的有“实验系数法”和“计算流体力学模拟法”两种，第一种“实验系数法”是由REHVA（欧盟采暖与空调协会）推荐的，是北欧国家从基于实验的方法发展起来的；第二种“计算流体力学模拟法”是由ASHRAE（美国采暖、制冷与空调工程师协会）发展起来的，是建立在一个经验证的CFD程序基础上，并针对典型的美国建筑。它们的特点如表4-2所示。

表4-2 置换通风的设计计算方法

方法名称	方法	特点
实验系数法	将室内置换通风上、下分层之间进行的热交换影响因素，用某一实验系数值代入	计算简便、实用，并且在通常情况下计算比较准确
计算流体力学模拟法	利用计算流体力学（CFD）软件，对复杂空间进行大量计算模拟的计算	能对各类复杂室内空间可在短时间内进行大量模拟计算并提供参数，但要求用于描述热源、污染源、送风装置以及上、下分层之间进行的热交换等边界条件的取值必须准确，否则将会使模拟结果偏离实际参数

如表4-2所示，由于实验系数法和计算流体力学模拟法两种方法各有利弊，且主要应用于欧洲和美国，而我国大部分地区气候不同于欧美，其特点为湿度大、冷负荷高。因此我国的设计人员在实际工程应用中总结了一套适合我国高大空间建筑置换通风系统的工程计算方法。该方法是以ASHRAE方法为基础，假设垂直方向温度在空间各个分区内（地板空气区，工作区，过渡区，上部区）按照不同的温度梯度线性分布，对典型美国建筑冷负荷分配的权重因数进行了改进，并增加了相对湿度控制。

4.2 实验系数法的应用

实验系数设计计算的具体步骤：

4.2.1 置换通风空气品质的设计

（1）室内活动区热力分层高度H_{oz}（m）：对于以确保室内人员健康为主的建筑物，室内上、下区分层高度H_{oz}取值通常为高于人员呼吸区。当人员为站姿时，一般分层高度取H_{oz}=1.8m；当人员为坐姿时，分层高度取H_{oz}=1.3m。

（2）通过分层高度的室内对流空气流量$q_{v,z}$（m^3/h）：自然对流射流流量（简称对流量）既要满足分层高度或人员呼吸的空气品质的要求，又要使系统送风量最小。

为了便于应用，今将确定人体和一般物体计算对流量$q_{v,z}$的实验方程汇总于表4-3内。至于常用物体实际对流量可按图2-11确定。

表4-3 人体和物体的自然对流流量

热源特性		单位	自然对流流量	自然对流流量
			空气品质——高	空气品质一般
人体	坐姿	m^3/h（L/s）	72（20）	36（10）或计算确定
	立姿	m^3/h（L/s）	72（20）	36（10）或计算确定

续表 4-3

热源特性		单位	自然对流流量	自然对流流量
			空气品质——高	空气品质一般
一般性物体	点源	m^3/h	$q_{v,z}=18Q_{cf}{}^{1/3}Z^{5/3}$	(4-1)
		L/s	$q_{v,z}=5Q_{cf}{}^{1/3}Z^{5/3}$	
	线源	$m^3/h\cdot m$	$q_{v,z}=46.8Q_{cf}{}^{1/3}Z$	(4-2)
		$L/s\cdot m$	$q_{v,z}=13Q_{cf}{}^{1/3}Z$	
	层流片源	$m^3/h\cdot m$	$q_{v,z}=10.33\Delta\theta^{0.25}Z^{0.75}$	(4-3)
		$L/s\cdot m$	$q_{v,z}=2.87\Delta\theta^{0.25}Z^{0.75}$	
	紊流片源	$m^3/h\cdot m$	$q_{v,z}=9.9\Delta\theta^{0.4}Z^{1.2}$	(4-4)
		$L/s\cdot m$	$q_{v,z}=2.75\Delta\theta^{0.4}Z^{1.2}$	

$$Q_{cf}=k\cdot Q \tag{4-5}$$

式中 Q_{cf}——热源对流部分的散热量，W；

Q——室内空调显热冷负荷，W；

k——对流系数。管状物时：$k=0.7\sim0.9$，小部件时：$k=0.4\sim0.6$，大设备和大部件：$k=0.3\sim0.5$；

Z——热源或热源延伸点与分层高度之间的距离，m；

$\Delta\theta$——热源表面与周围环境空气之间的温度差,℃

(3) 通风空调系统总送风量 q_s（m^3/h）：

$$q_s=\sum_{i=1}^{n}q_i \tag{4-6}$$

(4) 室内污染物排放浓度 C_e（ppm）：室内污染源主要是人体时，可将人体散发至空气中的 CO_2 作为室内空气品质的衡量指标：

$$C_e=C_s+\frac{L_{CO_2}}{q_s} \tag{4-7}$$

室内人员呼吸到的 CO_2 浓度 C_{exp}（ppm）：

$$C_{exp}=\frac{1}{\varepsilon_{exp}}(C_e-C_s)+C_s \tag{4-8}$$

通常，应保持 $C_{exp}=1000$ppm。

送风中 CO_2 的浓度（ppm）：

$$C_s=\frac{q_rC_e+q_xC_x}{q_s}=\frac{\varphi_rq_sC_e+(1-\varphi_r)q_sC_x}{q_s}=\varphi_rC_e+(1-\varphi_r)C_x \tag{4-9}$$

式中 L_{CO_2}——室内人员呼出的 CO_2 气体流量，m^3/h。坐姿时一个人呼出的 CO_2 气体量 $Lco_2=0.0216m^3/h$（0.006L/s）；

C_x——室外新风的 CO_2 浓度，350ppm；

C_s——送风中 CO_2（污染物）含量的浓度，ppm。当全新风送风时，$C_x=C_s=350$ppm；

ε_{exp}——送入的置换气流对室内 CO_2 气体的排污效率，见图 2-25；

φ_r——通风空调系统回风率，%；

q_s——室内送风空气流量，当全新风送风时，$q_s=q_x$，m^3/h；

q_r——通风空调系统的循环回风风量，$q_r=\varphi_r\cdot q_x$，m^3/h；

q_x——通风空调系统的室外新风风量，$q_r=(1-\varphi_r)q_x$，m^3/h。

当室内人员呼吸区 CO_2 允许浓度取 $C_{oz}=1000ppm$，室外新风中的 CO_2 含量取 $C_x=350ppm$，人体呼出 CO_2 量取 $C_{CO2}=0.0216m^3\cdot p/h=22L\cdot p/h$ 时室内活动区人员呼吸到的 CO_2 浓度 C_{oz} 和排至室外的 CO_2 浓度 C_e 计算见表 4-4。

表 4-4　人员在空气中呼吸到的 CO_2 含量浓度和排至室外的 CO_2 含量浓度

送、回风类型	送风量	CO_2 送风浓度 C_s	呼吸区 CO_2 浓度 C_{oz}	排风口 CO_2 浓度 C_e
	$m^3/h\cdot p$	ppm	ppm	ppm
全新风（回风率为 0）	36	350	550	950
	72	350	350	650
部分新风（回风率）φ_r%	30～36	$350+\frac{600\varphi_r}{1-\varphi_r}$ (4-10)	$500+\frac{600\varphi_r}{1-\varphi_r}\sim550+\frac{600\varphi_r}{1-\varphi_r}$ (4-12)	$350+\frac{600\varphi_r}{1-\varphi_r}$ (4-14)
	72	$350+\frac{300}{1-\varphi_r}$ (4-11)	$350+\frac{300}{1-\varphi_r}$ (4-13)	$350+\frac{300}{1-\varphi_r}$ (4-15)

当每人送风量为 $30\sim36m^3/h\cdot p$ 时，$\varepsilon_{exp}=3\sim4$ 之间，故回风率为 φ_r 时人员呼吸浓度在 $500+600\varphi_r/(1-\varphi_r)\sim550+600\varphi_r/(1-\varphi_r)$ 范围内。

（5）室内活动区污染物平均浓度 C_{oz} 或人员实际呼吸浓度 C_{exp}

当人员为站姿且呼吸点在热力分层高度以下时，$C_{oz}=C_{exp}$；当人员为坐姿时，$C_{oz}\geqslant C_{exp}$。

系统送风中 CO_2（污染物）含量的浓度 C_s（ppm）：

$$C_s=\frac{q_rC_e+q_xC_x}{q_s}\tag{4-10}$$

按式（4-8）可计算确定室内活动区空气中污染物平均浓度 C_{oz} 或人体呼吸区浓度 C_{exp}。

送入的置换气流对室内 CO_2 气体（污染物）的排污效率 ε_{exp} 取值。

$$\eta_{exp}=\frac{C_a}{C_{exp}}\tag{4-11}$$

式中　C_a——室内活动区中与人体呼吸点同高度的周围空气中 CO_2 气体（污染物）浓度，ppm，$C_a=C_{oz}$；

C_{exp}——室内活动区中人体呼吸到的 CO_2 污染物浓度，ppm。

4.2.2　置换通风的热舒适性设计

（1）室内热舒适性标准：

室内活动区内最低设计温度（距地 0.1m 脚踝处）θ_{min} 和最高设计温度（人员头部或工作区顶部）θ_{max}：一般要求 $\theta_{min}\geqslant20℃$。

室内工作区最大温度梯度：$s\leqslant2℃/m$；

人体头、脚踝处最大温差 $\Delta\theta$：坐姿时 $\Delta\theta\leqslant2℃$；站姿时 $\Delta\theta\leqslant3℃$。

（2）室内空调的有效冷负荷 Q：根据现行规范的规定，计算空调冷负荷（显热部分）。

（3）根据以下条件绘制出室内温度分布图，确定最大送、排（回）风温差 $(\theta_e-\theta_s)$：“50%法则”即在送、排风温差 $(\theta_e-\theta_s)$（或冷负荷）中，室内地面温升 $(\theta_f-\theta_s)$

（或冷负荷）占一半。该温度分配规律主要适用于送风量较小（$L=5\sim10m^3/h$）的场合，或者采用普通送风散流器的场合和普通功能的房间。

"33%法则"即在送、排风温差（$\theta_e-\theta_s$）（或冷负荷）中，室内地面温升（$\theta_f-\theta_s$）（或冷负荷）占三分之一。该温度分配规律适用于房间高度较高或热源较密集的工业场所或送风量较大（一般 $L=15m^3/h$）的场合。

普通送风散流器的室内下部温升：室内热舒适性要求标准较高时取：$\theta_{oz}-\theta_s=3℃$；不致形成室内人体不适的地面温升取值一般为：$\theta_{oz}-\theta_s\leqslant6℃$。特殊送风散流器不致形成室内人体不适的要求地面温升为：$\theta_{oz}-\theta_s\leqslant10℃$。

（4）室内送风温度 θ_s（℃）：根据上面绘出的'室内温度分布图'计算并确定。

（5）室内空调送风量 q_s（m^3/h）：

$$q_s=\frac{3600Q}{\rho c_p(\theta_e-\theta_s)} \tag{4-12}$$

式中 Q——室内空调显热冷负荷，W；

ρ——空气密度，标准工况 $\rho=1.2kg/m^3$；

c_p——干空气的定压比热，$c_p=1010J/(kg\cdot℃)$；

θ_e——室内空气排风温度，℃；

θ_s——室内空气排风温度，℃。

（6）室内地面处送风温度 θ_f（℃）：

$$\theta_f=k(\theta_e-\theta_s)+\theta_s \tag{4-13}$$

式中 k——室内地板面处空气的无因次温度。当"50%法则"时，$k=0.5$；当"33%法则"时，$k=0.33$。

4.3 计算流体力学模拟法的应用

4.3.1 置换通风的空气质量设计

（1）置换通风所需新风量 V_f（m^3/h）：

$$V_f=V_r/\eta \tag{4-14}$$

式中 η——室内工作区人体呼吸的通风效率，%；

V_f——置换通风所需最小新风量，m^3/h；

V_r——混合通风所需最小新风量，m^3/h。

（2）通风效率 η（%）：

$$\eta=\frac{3.41-e^{-0.28n}(Q_{oe}+0.4Q_l+0.5Q_{ex})}{Q_t}=\frac{C_h-C_s}{C_e-C_s} \tag{4-15}$$

式中 n——室内换气次数，h^{-1}；

Q_{oe}——工作区内的人员、台灯和设备的显热冷负荷，W；

Q_l——头顶上部灯光冷负荷，W；

Q_{ex}——外墙和外窗的对流传热负荷以及外窗的太阳辐射传热负荷，W；

Q_t——室内总的显热冷负荷，W；

C_h——坐姿时头部区内的空气中污染物浓度，ppm；

C_s——送风空气中污染物浓度，ppm；

C_e——排风空气中污染物浓度，ppm。

（3）换气次数 n（h^{-1}）：

$$n = \frac{q_s}{AH} \tag{4-16}$$

式中 q_s——室内空气送风量，m^3/h；

A——室内房间面积，m^2；

H——室内房间顶棚高度，m。

4.3.2 置换通风的热舒适性设计

（1）室内空调送风量 q_s（m^3/h）：

$$q_s = \frac{3600}{\theta_{hf}\rho c_p}(\alpha_{oe}Q_{oe} + \alpha_1 Q_1 + \alpha_{ex}Q_{ex}) \tag{4-17}$$

式中 $\Delta\theta_{hf}$——人体头脚处温度差，坐姿时取 2.0℃；站姿取 3.0℃；

ρ——空气密度，标准工况 ρ=1.2kg/m³；

c_p——干空气的定压比热，c_p=1010J/（kg·℃）；

α_{oe}、α_1、α_{ex}——表示坐姿时进入工作区内头与脚高度之间空气对流传热引起的冷负荷附加系数，分别等于 0.295、0.132、0.185；

Q_{oe}——工作区内人员、台灯和设备的显热冷负荷，W；

Q_1——头顶上部灯光的冷负荷，W；

Q_{ex}——外墙和外窗的对流传热负荷以及外窗的太阳辐射传热负荷，W。

（2）室内送风温度 θ_s（℃）：

$$\theta_{\theta f} = \frac{3600}{L_s\rho c_p}(0.295Q_{oe} + 0.132Q_1 + 0.185Q_{ex}) \tag{4-18}$$

$$\theta_f = \theta_h - \theta_{hf} \tag{4-19}$$

$$k = \frac{1}{\frac{L_s\rho c_p}{3600A}\left(\frac{1}{\alpha_r} + \frac{1}{\alpha_{cf}}\right) + 1} \tag{4-20}$$

$$\theta_s = \theta_f - \frac{kQ}{q_s\rho c} \tag{4-21}$$

式中 θ_f——距地 0.1m 人体脚踝处温度，℃；

θ_h——人体头部处温度（即室内设定温度 t_{oz}），℃；

Q——室内总的空调显热冷负荷，W；

A——室内地表面积，m^2；

α_r——室内顶棚对地面的辐射传热系数，一般取 5W/（m²·℃）；

α_{cf}——室内地面对室内空气的对流传热系数，一般取 4W/（m²·℃）。

（3）室内排（回）风温度 θ_e（℃）：

$$\theta_e = \theta_s - \frac{Q}{q_s\rho c_p} \tag{4-22}$$

4.4 三种计算方法的比较

4.4.1 计算结果比较

以同济大学大礼堂观众厅为研究对象，根据其设计参数，分别用三种置换通风计算方法进行计算，并对计算得出的送风量和送风温度进行比较。

室内外计算参数的选取，见表4-5及表4-6。

表4-5 观众厅室内外空调设计参数

设计参数	取值	
室外干球温度（℃）	34（夏季）	−4（冬季）
室外湿球温度（℃）	28.2（夏季）	5.05（冬季）
室内设计温度（℃）	25（夏季）	20（冬季）
室内相对湿度（%）	60～65（夏季）	>30（冬季）
新风量（$m^3/h\cdot$人）	20	
室外平均风速（m/s）	3.2（夏季）	3.1（冬季）
噪声（dB，A）	30	

表4-6 观众厅的负荷资料

地板负荷 Q_0	0W
墙体、窗负荷 Q_1	49987W
照明负荷 Q_2	23920W
人员显热负荷 Q_3	184853W
设备负荷 Q_4	0W
屋顶负荷 Q_5	20434W
室内人员、工作区的照明负荷及设备负荷即 $Q_{oe}=Q_3+Q_4$	184853W
分界面上部照明负荷 $Q_1=Q_2$	23920W
围护结构负荷如 $Q_{ex}=Q_0+Q_1+Q_5$	70421W
室内总显热冷负荷 $Q_t=Q_{oe}+Q_1+Q_{ex}$	279194W

计算时，根据观众席后排座椅最大梯度为6m，故工作区高度取1.1m，热力分层面高度 H_{oz}取1.5m。不同计算方法的结果汇总比较，见表4-7。

表4-7 三种计算方法的结果比较

	REHVA法	ASHRAE法	工程计算法
垂直温度线性分	空气温度随整个空间高度线性变化	空气温度仅在头脚范围内随高度线性变化	空气温度在空间各个分区内按照不同的温度梯度随高度线性变化
系统送风量（m^3/h）	111600	125839	132993
系统新风量（m^3/h）	60873	38750	62000
换气次数（h^{-1}）	4	4.5	4.7
室内空气送风温度（℃）	20.5	21.4	22.7
室内地板处送风温度（℃）	23	22	23
室内人员头部处温度（℃）	23.4	25	25
室内空气送风温度（℃）	27.9	28	29.5
室内活动区温度梯度（℃/m）	0.35	0.43	0.46

由表中数据可以发现，无论是系统送风量、换气次数还是送风温度，都是 REHVA 方法计算结果的数值最小、ASHRAE 方法次之，工程计算方法最大。

4.4.2 计算结果的 CFD 验证

利用上述观众厅 CFD 模型，并根据三种不刚计算方法得到的送风量、送风温度，分别进行三次模拟。比较三种方法所得的送风参数对场内温度分布、整体空调效果的影响，从而得出各计算方法的合理性与适用性。

1. 水平测点 $x=25$m 处的温度横截面比较

注：图中所示温度范围，下限为三者各自计算出的送风温度，上限皆取 30℃。

1）场内温度分层现象比较

比较图 4-3～图 4-5 可以发现，根据 REHVA 方法和工程计算方法计算出的送风参数进行模拟时，场内高度空间的温度分层现象比较明显，自下而上存在 3 个温度区，下部区域温度约为 24～26℃，上部区温度为 29℃左右。

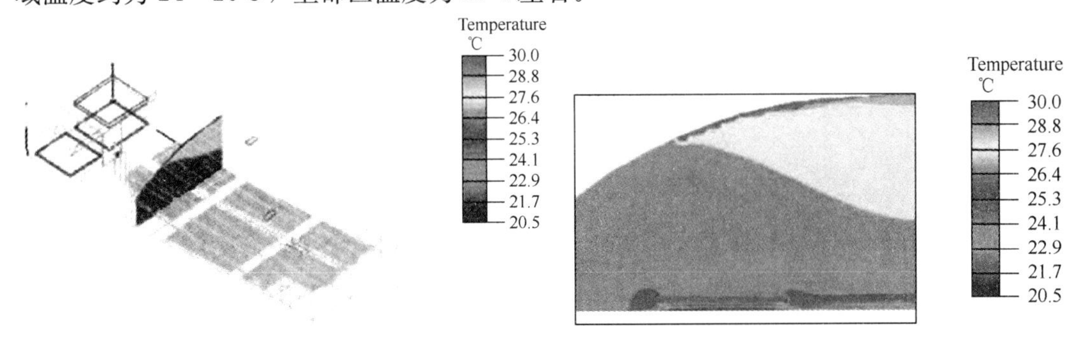

图 4-2　模型中同测点横截面示意图（$x=25$m 处）　图 4-3　REHVA 方法对应的测点处温度示意图

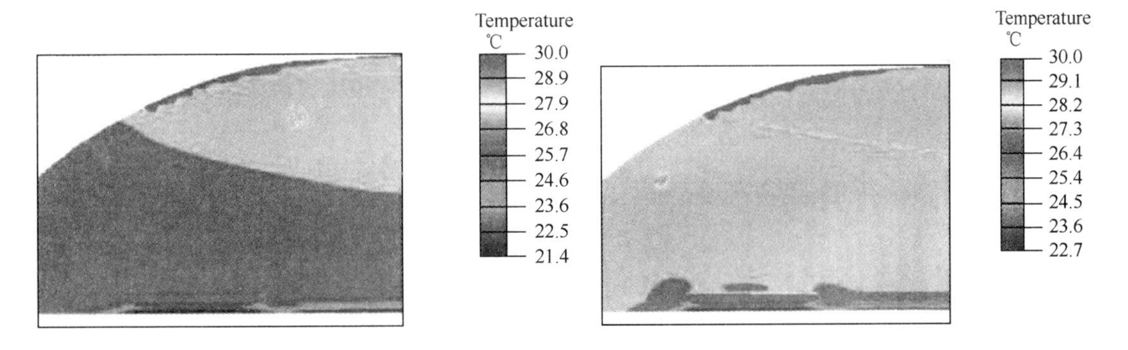

图 4-4　ASHRAE 方法对应的测点处温度示意图　图 4-5　工程计算方法对应的测点处温度示意图

进一步比较两者下部工作区所处的高度位置可以发现，前者的热力分层高度基本上在 5m 左右，该高度以下区域的温度基本一致；而后者的热力分层高度则大致位于 1.5m 处，处于坐姿人员的头顶上方区域，说明该置换通风系统仅仅承担了人员工作区的负荷，更能体现置换通风的负荷特性和节能优势。

在 ASHRAE 方法的模拟结果中，整个场内只存在 2 个明显的温度区，观众厅 10m 以下区域的温度分层现象并不十分明显。

2）上部排风区温度比较

REHVA 方法和工程计算方法皆可以获得比较明显的上部排风区和下部观众区的温差. 温差可选 8～10℃，充分体现了置换通风系统排风温度比较高、上部负荷大多直接由排风带走的特点；而 ASHRAE 方法中，虽然场内存在温度分层现象，但实际上两个温度区之间各自的温度仅仅相差 2℃左右，场内空气在空间高度上还是存在比较充分的混合，未能体现置换通风系统的理论特性和节能优势。

2. 某定点（$x=25\text{m}$，$z=7\text{m}$）处的垂直方向温度分布

观察图 4-6～图 4-8 可以发现，从空间某点的温度分布来看，无论是哪一种计算方法，都能体现出置换通风系统的场内存在一定的温度梯度、排风温度较高等特性，说明三种方法所得出的送风温度与送风速度的组合都能使剧场内形成置换通风流态，其区别仅在于三者各自的温度场及总体空调效果不尽相同。对于本模型而言，工程计算方法得出的参数能获得更好的置换效果及空调效果。

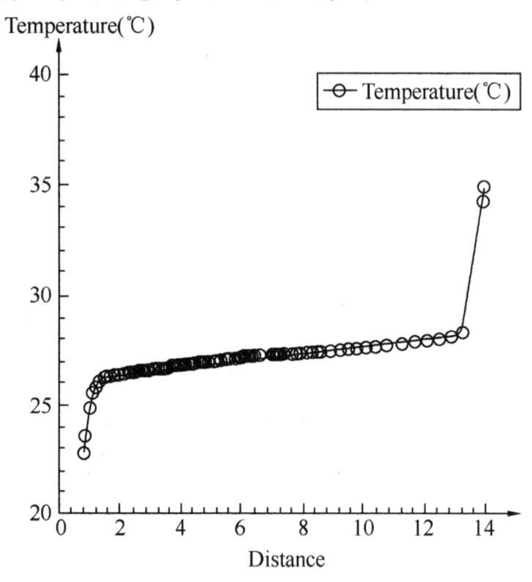

图 4-6　REHVA 方法对应的温度分布

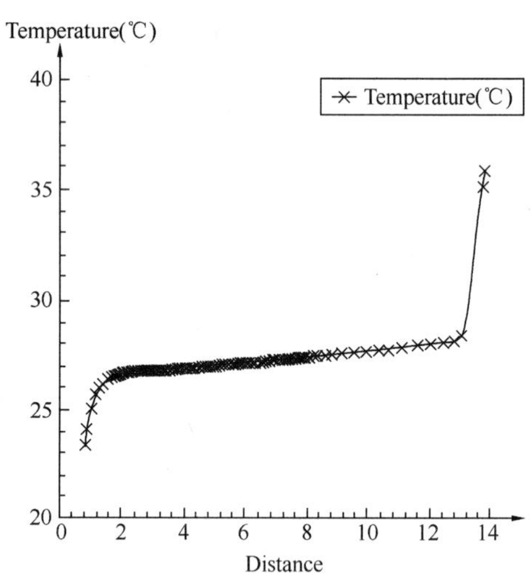

图 4-7　ASHRAE 方法对应的温度分布

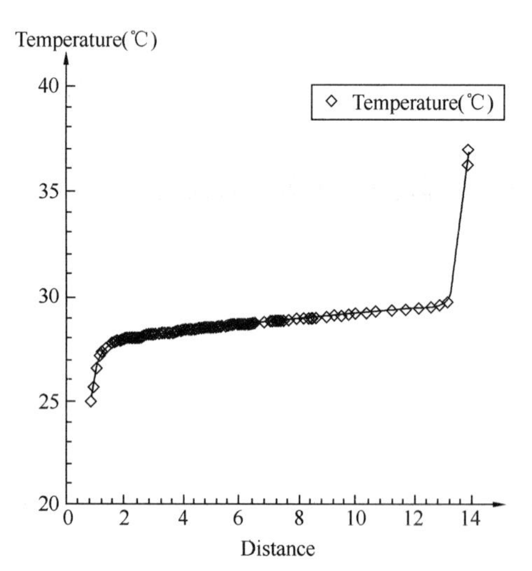

图 4-8　工程计算方法对应的温度分布

4.5　置换通风系统送风量的确定

空调系统的送风量应取以下三项中的最大值：

国家的各种规范和标准要求

卫生要求

满足现行规范、标准的最小新风量 L_x 的要求，即 $L_x \geqslant 30\text{m}^3/(\text{h} \cdot \text{p})$ 或空气中人体呼吸到的 CO_2 浓度 $C_{exp} \leqslant 1000\text{ppm}$。

保持空气调节区“正压”要求：通常要求保持 5～10Pa 的室内、外压差正值。

确保空气调节区需要的换气次数：$n \geqslant 5\text{h}^{-1}$。

按室内空气质量设计所需的送风量

按室内热舒适性设计所需的送风量

再次复核计算室内空气品质和热舒适性

复核室内工作区空气中污染物平均浓度 C_{oz} 或人体呼吸浓度 C_{exp}。

复核室内地面处送风温度 θ_f 和头部与脚踝处实际温度差 $\Delta\theta_{hf}$。

选择空气分布器的形式并合理布置室内的空气分布器

4.6 设计计算注意事项

4.6.1 计算流体力学模拟法的使用条件

场所：

小办公室，带隔断的大办公室，教室和工业车间。

不适用于室内净高 $H \geqslant 5.5$m 的大空间，如电影院、各类剧院和各类大堂、中庭等。

使用条件：

室内平顶高度 H：$2.45\text{m} \leqslant H \leqslant 5.5\text{m}$；

换气次数 n：$2\text{h}^{-1} \leqslant n \leqslant 15\text{h}^{-1}$；

室内平均冷负荷 Q_t/A：$21\text{W} \leqslant Q_t/A \leqslant 120\text{W/m}^2$；

$0.08 \leqslant Q_{oe}/Q_t \leqslant 0.68$；

$0 < Q_l/Q_t \leqslant 0.43$；

$0 < Q_{ex}/Q_t \leqslant 0.92$；

式中 Q_t——室内总的空调显热冷负荷，W；

A——室内地表面积，m^2；

Q_{oe}——室内人员和设备产生的热量，W；

Q_l——室内平顶处灯光产生的热量，W；

Q_{ex}——外墙和外窗以及太阳辐射产生的热量，W。

4.6.2 置换送风口的选择和布置应满足

为满足人体热舒适性要求，民用建筑送风口通常设置高度 $h \leqslant 0.8$m，出口风速 $v \leqslant 0.2$m/s；工业建筑置换送风口通常设置高度不限，出口风速 $v \leqslant 0.5$m/s。

除系统送风温度接近室内温度外，通常工作区人员坐姿时停留处，空气流速 $v_{oz} \leqslant 0.2$m/s；

布置置换送风口时，室内人员应在其扩散的平面邻近区以外处。置换送风口应布置在室内空气较易流通处，送风口前不应有大量遮挡物。置换送风口不应布置在室内靠外墙或外窗侧处，应尽可能布置在室中央或冷负荷较集中的地方。排风口应尽可能设置在室内最高处；回风口应设置在室内热力分层高度以上。

4.6.3 室内送风温度及垂直温度梯度的要求

工作区内最低设计送风温度（距地 0.1m 脚踝处）$\theta_{min} \geqslant 22$℃（冬季时为 20℃）。

工作区内温度梯度 $\Delta\theta_{hf} \leqslant 2$℃/m。

坐姿时人体头部与脚踝（即距地 0.1m 至 1.1m）处温差 $\Delta\theta_{hf} \leqslant 2$℃/m ；站姿时人体头部与脚踝（即距地 0.1m 至 1.8m）处温差 $\Delta\theta_{hf} \leqslant 3$℃/m 。

4.6.4 通风空调系统的设计要求

必须指出，冬季有大量热负荷需要的建筑物外部区域，不适宜采用置换通风系统。一般应按建筑物的内、外区分开设置系统。

4.6.5 传感器和系统控制的设计要求

传感器的设置（见表 4-8）

系统控制策略

表 4-8 置换通风系统传感器的设置位置

传感器类型	普通高度平顶	地板送风	高大空间平顶
室内温度	距地：1.0～1.5m 距风口：0.25～0.5m	地板面上（0.1m高度处）	工作区最到点和低处（1.0～1.5m）各一个
室内空气品质（CO_2 浓度）	距地：1.0～1.5m		工作区内最高点

1）变风量（VAV）系统控制：

室内空气品质（优先）：

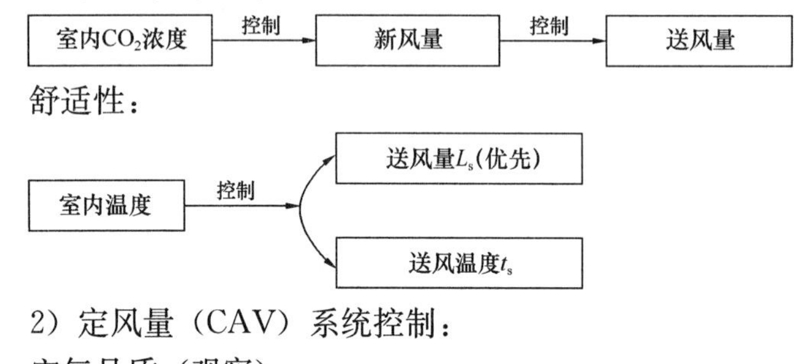

2）定风量（CAV）系统控制：

空气品质（观察）：

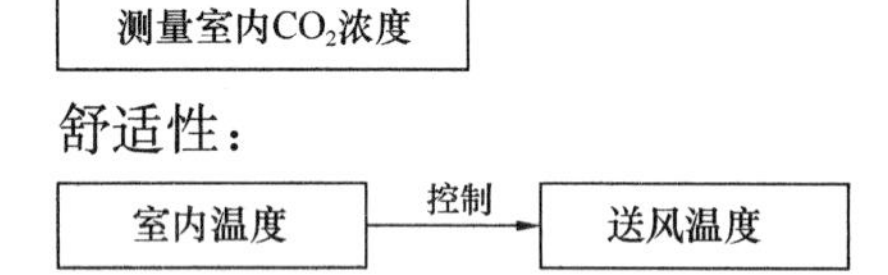

4.7 设计计算例

某单层小型阶梯形会议报告厅，建筑平面如图 4-9 所示。

建筑特征：室内建筑面积 288m²；外形尺寸：长 18m，宽 16m，高 6.0m，室内阶梯处最高 1.2m，吊平顶高 4.5m；南、北向有带外窗的外墙面，东向有无负荷空调内隔墙，西向有无空调内隔墙，顶部为直接对外的屋面。

会议报告厅考虑为非吸烟条件下的室内环境，最多使用人数为 165 人，室内人均面积 1.75m²/p，使用条件为：上午 9：00～12：00；下午 14：00～17：00；每小时使用 45min（15min 会议休息）。

4.7.1 设计计算标准

室内工作区热舒适性：

$\theta_{min}=23℃$；$\theta_{max}=27℃$；$\theta_{oz}=25℃$；$\Delta\theta_{hf}=2\sim3℃$；$\Delta\theta=2℃/m$；$v_{oz}=0.2m/s$。

室内工作区空气质量：人体呼吸空气中含 CO_2 的浓度 $CO_2\leqslant1000ppm$。

4.7.2 热舒适性设计

室内空调冷负荷，见表 4-9。

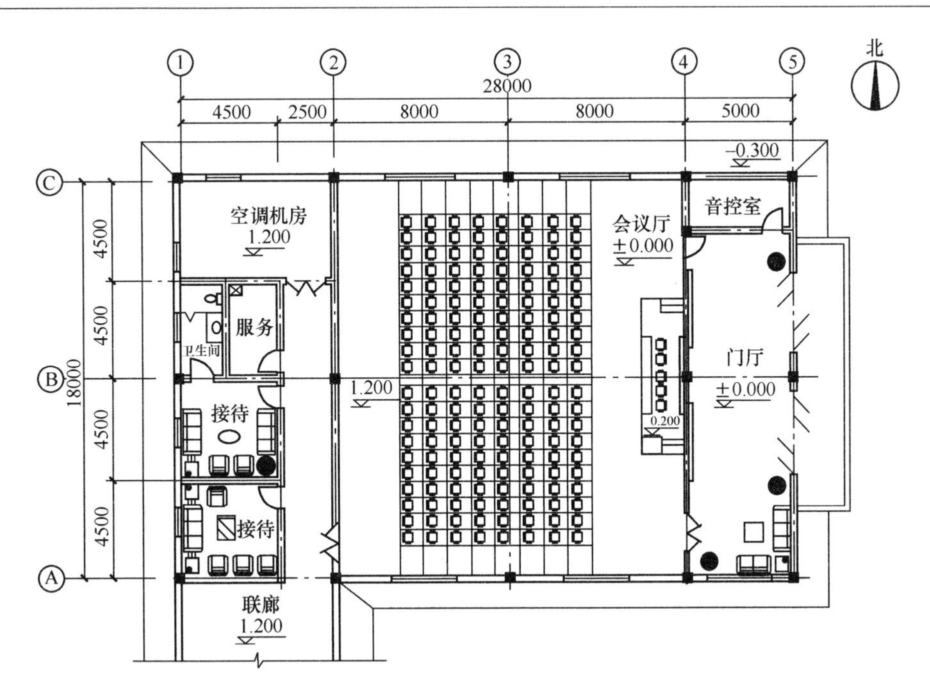

图 4-9 会议报告厅建筑平面图

表 4-9 会议报告厅内空调冷负荷

负荷类型	室内空调冷负荷（W）	单位面积冷负荷（W/m^2）
人体显热冷负荷	60×165=9900	34.4
设备（电脑）散热量冷负荷	75W×20=1500	5.2
灯光照明散热量冷负荷	$15W/m^2 \times 288m^2 = 4320$	15
围护结构最大小时冷负荷（18：00）	8590	29.8
合计最大小时冷负荷	24310	84.4

室内送、排（回）风温度及其温度差：

根据“33%法则”绘制出“室内垂直方向温度分布图”（见图 4-10），由图可看出：$\theta_s - \theta_e = 10.8$℃；$\theta_s = 19.4$℃；$\theta_e = 30.2$℃。

室内空调送风量：由式（4-12）得：

$$q_s = \frac{3600Q}{\rho c_p(\theta_e - \theta_s)} = \frac{3600 \times 24.31}{1.2 \times 1.01 \times 10.8} = 6686 \text{m}^3/\text{h}$$

由式（4-13）可得室内地面处送风温度 θ_f：

$$\theta_f = k(\theta_e - \theta_s) + \theta_s + 0.33 \times 10.8 + 19.4 = 22.96℃ \approx 23℃$$

4.7.3 室内空气质量设计

（1）室内各热源对流空气流量

在工作区，人员和电脑是室内主要的热源。由于室内为非吸烟环境并且室内空间较高，根据表 4-2 和图 4-9 可知，提供给人员和电脑较适宜的对流空气流量分别为 $36m^3/h$ 和 $108m^3/h$。因此，可得出室内的对流空气流量为：

$$q_s = 165 \times 36 + 20 \times 108 = 8100 \text{m}^3/\text{h}$$

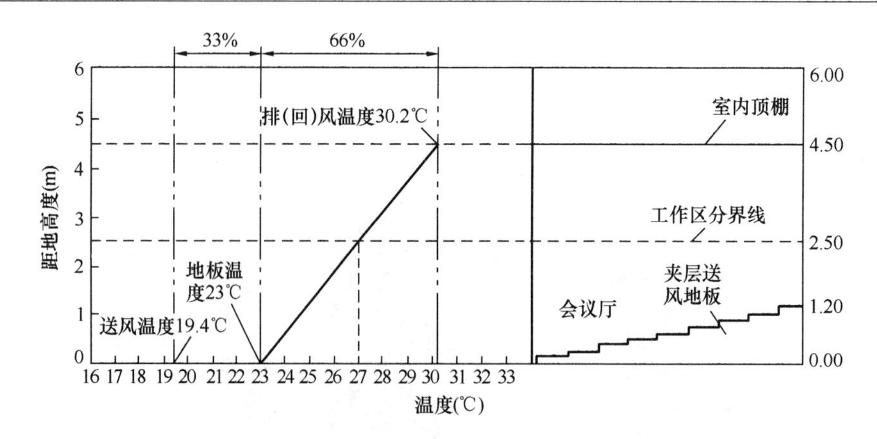

图 4-10 室内垂直方向温度分布图

(2) 室内人员呼吸的污染物浓度 C_{exp}和污染物排放的浓度 C_e：

由于室内污染源主要是人体，故将人体散发至空气中的 CO_2 作为室内污染物。取

$$L_{CO_2} = 0.0216\text{m}^3/\text{h} \cdot \text{p} \times 165 = 3.56\text{m}^3/\text{h}$$

$$C_{exp} = 1000\text{ppm}$$

$$C_e = 350\text{ppm}$$

由式（4-11）算得：$\eta_{exp}=4$；

将以上数值代入式（4-7）、式（4-8）和式（4-9），分别计算得到：

$$C_e = C_s + 440$$

$$4000 = C_e + 3C_s$$

$$C_s = 350 + \varphi_r(C_e - 350)$$

从而得：$C_s=890\text{ppm}$；$C_e=1330\text{ppm}$；$\varphi_r=55.1\%$。

4.7.4 通风空调系统的实际送风量

空调系统的送风量应取以下三项中的最大值：

(1) 规范和标准的要求：人体呼吸的 CO_2 浓度不大于 1000ppm；换气次数 $n \geqslant 5\text{h}^{-1}$。

(2) 室内空气质量设计所需的送风量 $q_s=8100\text{m}^3/\text{h}$；$C_{exp}=1000\text{ppm}$；$n=6.3\text{h}^{-1}$。

(3) 室内热舒适性设计所需的送风量 $q_s=6686\text{m}^3/\text{h}$；$n=5.2\text{h}^{-1}$。

4.7.5 室内空调及系统送风参数

根据送风量 $q_s=8100\text{m}^3/\text{h}$，可计算出空调及系统的送风参数，详见表 4-10。

表 4-10 室内空调及系统送风参数

序号	参数名称		数值
1	系统送风量 q_s	8100（m^3/h）	28.1（$\text{m}^3/\text{h} \cdot \text{m}^2$）； 49.1（$\text{m}^3/\text{h} \cdot \text{p}$）
2	系统新风量 q_x	3637（m^3/h）	12.6（$\text{m}^3/\text{h} \cdot \text{m}^2$）； 22（$\text{m}^3/\text{h} \cdot \text{p}$）
3	系统回风量 q_y	4463（m^3/h）	15.5（$\text{m}^3/\text{h} \cdot \text{m}^2$）； 27.1（$\text{m}^3/\text{h} \cdot \text{p}$）
4	室内通风换气次数		6.3（h^{-1}）
5	室内空气送风温度 θ_s		20.0（℃）

续表 4-10

序号	参 数 名 称	数 值
6	室内地板处送风温度 θ_f	23.0（℃）
7	室内工作区温度差 $\Delta\theta_{oz}$	0.31（℃/m）
8	室内头与脚处温度差 $\Delta\theta_{hf}$	1.7（℃）
9	室内工作区最高温度 $\theta_{oz,max}$	26.3（℃）
10	室内空气排风温度 θ_s	28.9（℃）
11	室内空气的 CO_2 送风浓度 C_s	890（ppm）
12	人员呼吸的 CO_2 浓度 C_{exp}	1000（ppm）
13	室内空气的 CO_2 排风浓度 C_e	1330（ppm）

4.7.6 置换送风口的选择及布置

置换送风口及室内传感器的布置见图 4-11。室内采用座椅下地板置换送风口，其数量 N 选择按室内座椅数为 160 个，每个置换送风口的送风量为：

$$q_s = \frac{q_s}{N} = \frac{8100}{160} = 50.6\text{m}^3/\text{h}$$

由生产厂商提供的产品选用样本可查得：

型号——DSM-100；单个送风量：50.6m³/h；风口压力损失：35Pa；风口噪声：10dB（A）；送风口 0.225m 半径平面处的室内风速：0.1m/s。

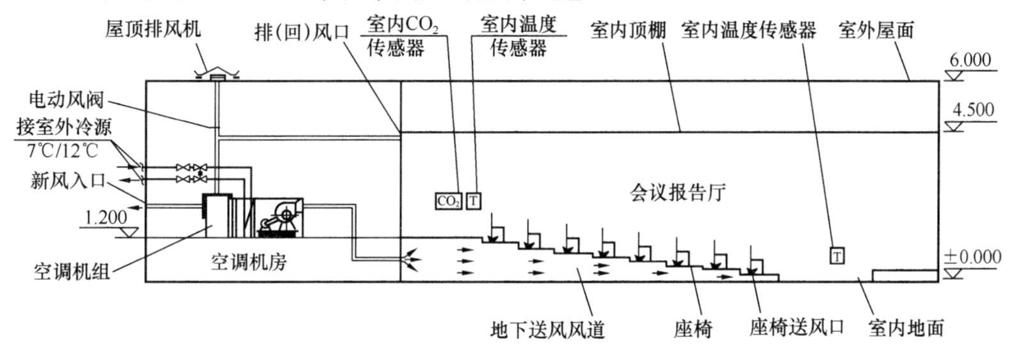

图 4-11 会议报告厅通风空调图

4.8 大空间置换通风的气流组织形式

大空间置换通风常见的气流组织形式，侧下送＋顶部回风、地板送＋顶部回风。对于建筑高度较高（如中庭），还可以采用下送风，中部回风，利用回风形成气流隔断，将建筑分为下部空调区和上部非空调区，同时对建筑上部进行通风，减小建筑上部对下部空调区负荷影响。如图 4-12 所示。

4.8.1 下部置换通风＋中上部通风送风系统设计

对于侧下送＋顶部回风、地板送＋顶部回风形式的建筑，其设计方法如上面章节介绍的那样，这里就不再重复介绍。而对于下部置换通风＋中上部通风送风的通风方式的建筑，其空调区的负荷为：下部空调区的负荷，以及上部非空调区对下部空调区的辐射热转移和对流热转移形成的冷负荷。

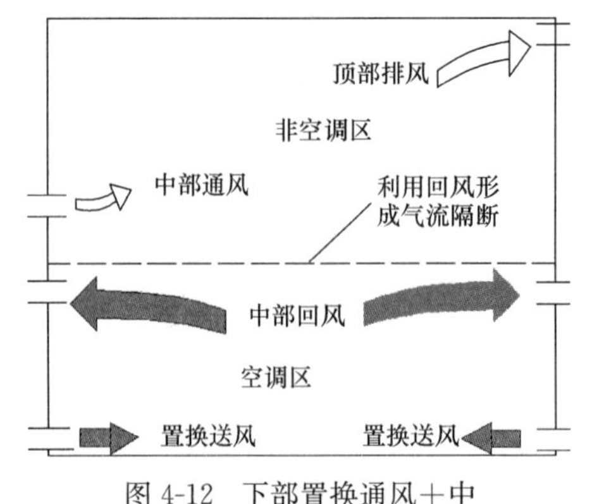

图 4-12 下部置换通风+中上部通风送风形式示意图

空调区本身得热所形成的冷负荷包括：1）通过外围结构（指墙、窗等）得热形成的冷负荷 q_{lw}；2）内部热源（设备、照明和人等）发热引起的冷负荷 q_{1n}；3）室外新风或渗漏风造成的冷负荷 q_x。热转移负荷包括：1）对流热转移负荷 q_d；2）辐射热转移负荷 q_f。辐射热转移负荷包括：a. 非空调区各个面（屋盖、墙和窗等）对地板辐射换热引起的负荷；b. 非空调区各个面对空调区墙体之间辐射换热引起的冷负荷。因此，分层空调的冷负荷组成，可用下式表示：

$$q_{cl}=q_{lw}+q_{ln}+q_x+q_f+q_d \quad (4\text{-}23)$$

式中 q_{cl}——空调区的计算冷负荷；

q_{1w}——空调区外围护结构传热引起的冷负荷；

q_{1n}——内部热源散热形成的冷负荷；

q_x——送入空调区的室外新风引起的冷负荷；

q_d——对流热转移负荷；

q_f——辐射热转移负荷。

（1）辐射热转移量 Q_f 可按下式计算：

$$Q_f=C_1(\Sigma q_{id}+\Sigma q_{fd})=C_1\{\Sigma\varphi_{id}F_i\varepsilon_i\varepsilon_d C_0\left[\left(\frac{T_i}{100}\right)^4-\left(\frac{T_d}{100}\right)^4\right]+\rho_d\varphi_{chd}F_{ch}J_{ch} \quad (4\text{-}24)$$

式中 Σq_{id}——非空调区各个面对地板的辐射换热量，W；

Σq_{fd}——透过非空调区玻璃被地板接受的日射热量，W；

C_1——系数，取 1.3；

φ_{id}——非空调区各个面对地板的形态系数，见图 4-13 和图 4-14；

F_i——计算表面积，m^2；

ε_i、ε_d——非空调区各个面和地板的表面材料黑度，见表 4-11；

C_0——黑体的辐射系数，$C_0=5.68W/(m^2\cdot K^4)$；

T_i、T_d——非空调区各个面和地板的绝对温度，K；

ρ_d——空调区地板吸收率，见表 4-11；

φ_{chd}——非空调区外窗对地板的形态系数见图 4-13 和图 4-14；

F_{ch}——非空调区外窗的面积，m^2；

J_{ch}——透过非空调区外窗的太阳辐射强度，W/m^2。

表 4-11 常用建筑材料黑度和吸收率

材料名称	黑度 ε	吸收率 ρ	材料名称	黑度 ε	吸收率 ρ
玻璃	0.94		抹白灰墙	0.92	0.29
水泥地面	0.88	0.56～0.73	刷油漆构件	0.92～0.96	0.75
石灰粉刷	0.94	0.48	铝箔贴面	0.05～0.2	0.15

辐射热转移形成的冷负荷 q_f

$$q_f = C_2 Q_f \tag{4-25}$$

式中 C_2——冷负荷系数，通常 C_2＝0.45～0.72，对一般空调系统可取 C_2＝0.5。

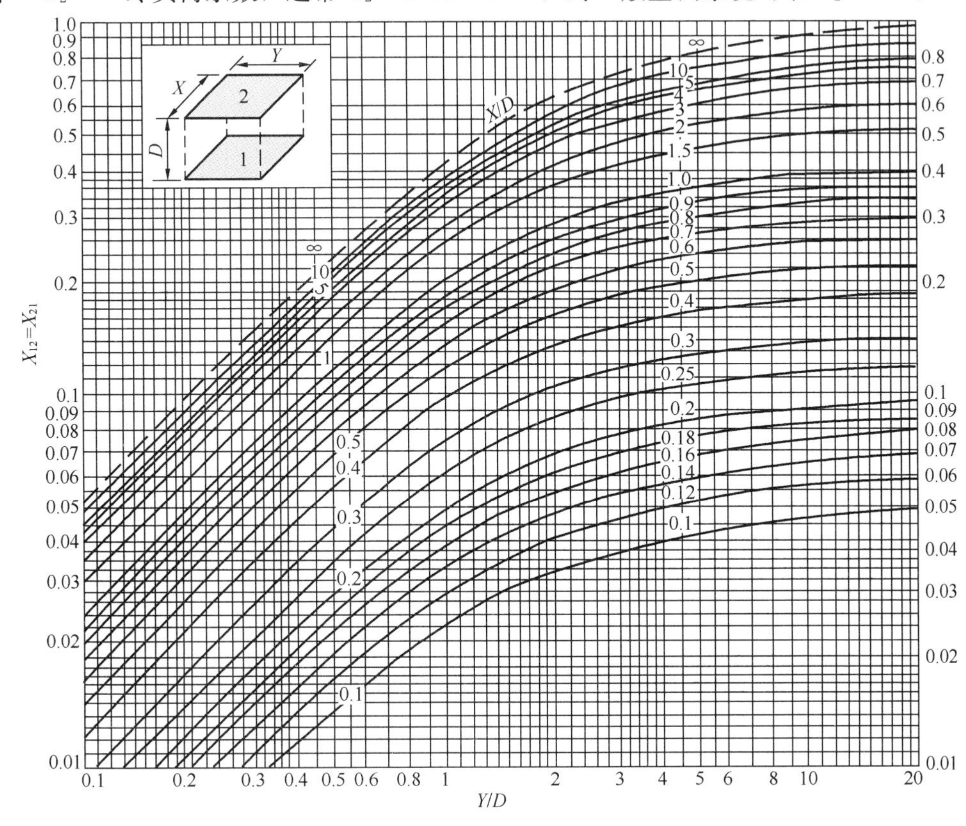

图 4-13 形态系数图（一）

（2）非空调区向空调区对流转移形成的冷负荷 q_d

$$Q_1 = \text{空调区得热量} = q_{1w} + q_{1n} + q_x + q_f \tag{4-26}$$

$$q_1 = \text{空调区热强度} = \frac{Q_1}{V_1} \tag{4-27}$$

$$Q_2 = \text{非空调区得热} = Q_{2w} + Q_{2n} - Q_f \tag{4-28}$$

$$q_2 = \text{非空调区热强度} = \frac{Q_2}{V_2} \tag{4-29}$$

$$Q_p = \text{非空调区排热量} = 1.01\rho V_2 n_2 \Delta t_p / 3600 \tag{4-30}$$

式中 Q_2/Q_1——非空调区与空调区热量比；

$Q'_{21}=q_2/q_1$——非空调区与空调区热强度比；

$Q'_p=Q_p/Q_2$——非空调区的排热率；

$q'_d=q_d/Q_2$——无因次对流热转移负荷；

Q_{2w}——通过非空调区外围护结构的得热量，W；

Q_{2n}——非空调区内部散热量，W；

V_1、V_2——空调区和非空调区体积，m^3；

1.01——空气定压比热，kJ/（kg·℃）；

ρ——空气密度，kg/m³；

n_2——非空调区换气次数，次/h；

Δt_p——进排风温差，可取 2～3℃。

根据 q_2/q_1 和 Q_p/Q_2，查图 4-15，即可求得 q'_d。

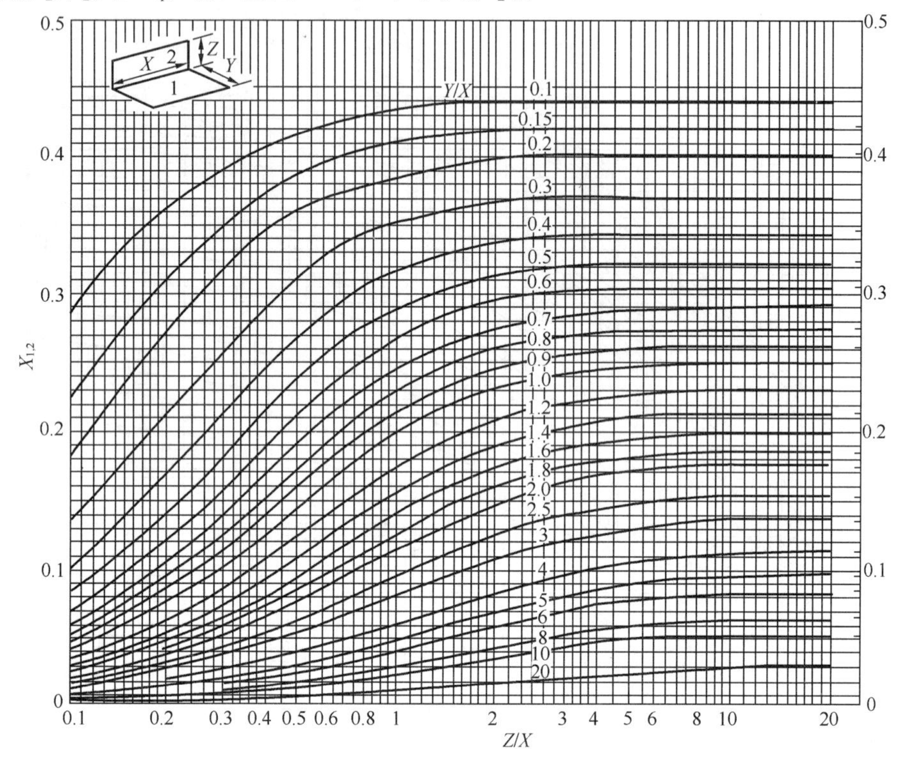

图 4-14 形态系数图（二）

在进行设计时，可采用经验系数法，即对分层空调建筑物按全室空调进行冷负荷计算，然后乘以经验系数 α，常由特定性质的高大建筑物经实测与计算得出，通常 $\alpha=0.5\sim0.85$，当缺乏数据时，可取 $\alpha=0.7$。

（3）非空调区的排风方式

①非空调区的设计原则

设置通风的目的是为了排除上部余热、降低上部空气温度和屋顶内表面温度，以达到减少非空调区的对流热转移和辐射转移量的效果。

非空调区的得热有：通过围护

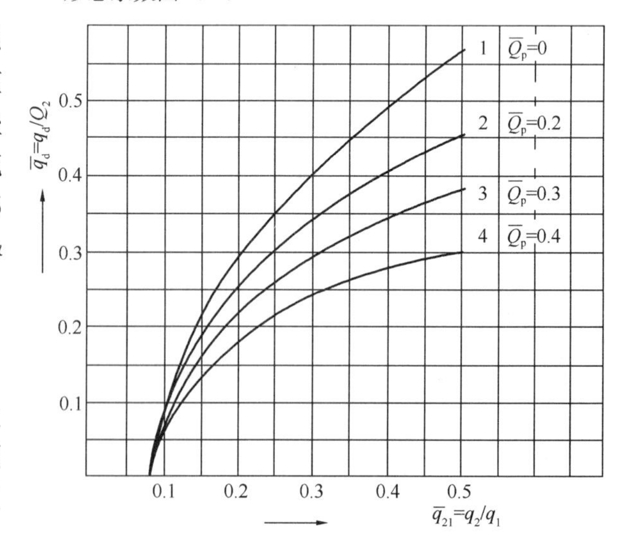

图 4-15 分层空调对流热转移负荷

结构传入室内的热量、通过高侧窗和屋面采光罩等进入室内的辐射热、上部设备和照明散热等。大部分高大建筑物非空调区的得热，以屋顶与窗传入热量和玻璃辐射热为主。因此要求屋顶作良好的保温或做通风屋面，向阳玻璃窗还要考虑遮阳。

非空调区热强度 $q_2 < 4.2\text{W/m}^3$ 时，可不设进排风装置。

非空调区上午的热量不大，因此上午不必通风。

根据国内外实例，大多采用自然通风、机械排风。但按具体条件，也可采用机械进风、自然排风或机械进排风。

②非空调区进、排风方式

机械进风和自然进风的进风设施、密封要求、设计要求及其优缺点的比较见表 4-12。

表 4-12　非空调区进风方式比较

进风方式	进风设施	密封要求	设计要求	优点	缺点	实例
机械排风	进风系统	机房中风机前或后装风阀	1. 每个风口的进风力求均匀； 2. 进风速度须低些； 3. 注意风机噪声	1. 可以根据需要控制进风量； 2. 各个风口易于均匀进风； 3. 容易解决密封和防止渗漏问题	1. 风管布置困难； 2. 造价贵	
	轴流风机	将轴流风机与电磁风阀联动；或者采用带保温百叶式调节阀的轴流风机；也可做防寒密闭窗，冬季关闭	1. 轴流风机布置尽量均匀； 2. 尽量选用多个小型轴流风机； 3. 注意风机噪声的影响	1. 没有风管； 2. 造价比进风系统便宜	1. 进风均匀性差； 2. 维修困难	天津第一机床厂
自然进风	高侧窗	1. 装设电动开窗机构； 2. 要求钢窗密封质量较好； 3. 必要时可设置人行走道，以利于关窗	1. 进风面积应按计算决定，不宜开得太多，须防止在上部空间形成穿堂风； 2. 高侧窗可作成单侧窗	利用采光进风，投资省	1. 窗户难以关严； 2. 容易形成穿堂风； 3. 电动开窗机构易出故障； 4. 进风位置与面积常受建筑设计的制约	天津第一机床厂，南京汽轮电机厂

进风口的高度可按下式计算：

$$H' = \frac{h_3 - h_1}{h_2} \tag{4-31}$$

式中　H'——非空调区进风口相对高度，m；

h_1——空调区高度，m；

h_2——非空调区高度，m；

h_3——非空调区进风口离地面高度，m。

一般进风口宜设置在非空调区的适当高度处，该处的进风温度应小于非空调区同高度处的空气温度。对于自然进风系统，风口设计高度的变化对空调区热舒适的影响很小。但进风口的最低位置宜为非空调区的1/3处，以防止进风干扰空调区的气流组织。

非空调区排风方式分为机械排风和自然排风，其排风设施、密封要求及其优缺点的比较见表4-13。

表4-13 非空调区排放方式比较

排风方式	排风设施	密封要求	设计要求	优点	缺点	实例
机械排风	排放系统	机房中风机前或后装风阀	排放管道布置在建筑两侧屋面下，排风口均匀布置，向下偏斜45°角；夏季用作排风，冬季转为向下吹风，形成自上而下的垂直气流，迫使空调区热气流向下弯曲； 注意风机噪声的影响	1. 容易达到密封要求； 2. 夏冬两用，效果较好； 3. 排放均匀	造价较贵	天津第一机床厂
	屋面进风器	风机与电磁风阀联动	可用轴流风机式屋顶通风器或调试式屋顶离心通风机，注意风机噪声的影响	没有风管	1. 造价贵； 2. 维修麻烦； 3. 密封困难	南京汽轮电机厂
自然排风	风帽或高侧窗	1. 风帽下装设电磁风阀，在工作区操作； 2. 高侧窗装设电动开窗机构	用高侧窗排风，应尽量靠近屋顶	造价便宜	1. 密封困难； 2. 维修麻烦； 3. 靠近屋顶开高侧窗，其采光效果差	

按照要求排除的非空去余热量，由下式计算通风量L_2：

$$L_2=\frac{3600Q_p}{1.01\rho\Delta t_p} \tag{4-32}$$

非空调区换气次数不宜大于3次/h。有条件是可充分利用空调系统多余的低温排风量（包括建筑物的其他空调系统）来排除上部空间热量，此时通风量可适当减少。

大空间的置换通风也通常和其他的空调气流组织形式合用，以达到设计的要求。如实例5.1.1同济大学礼堂。观众席采用置换通风，而舞台采用上送下回式。这时从将整个建筑分为不同的空调区，来考虑对于的气流组织方式。

5 应用实例

5.1 剧院与礼堂建筑

5.1.1 同济大学大礼堂

同济大学大礼堂为装配整体式钢筋混凝土联方网架结构，大厅无柱体，大厅宽 40m，长 56m，建成于 1961 年，曾属远东地区最大的礼堂，因其韵律和简洁的造型被评为“建国 50 周年上海经典建筑”。

大厅为穹形空间，建筑面积 1800m²，高 14m，最远视距为 59m，大厅内设 3003 个座位。总建筑面积 6835m²，地上一层，局部地下一层。

同济大学大礼堂用于举行大型学术报告，大型音乐会，兼作电影院。

空调系统设置

同济大学大礼堂，分为观众厅、舞台部分（主台与侧台）、门厅和后台设备房四个主要功能部分。由于受当时条件限制，整个礼堂没有配置空调系统，对自然光也缺乏有效控制，从而使大礼堂在使用功能上有很大的局限性。为了弥补这些缺憾，同济大学大礼堂改造工程自 2005 年启动，于 2007 年竣工。改造后，整栋建筑物的空调送风由置换通风、风冷热泵全空气系统及 VRV 系统各一套共同承担。

1）观众厅空调方案

选用座椅送风方式，利用原地下室的部分空间作为静压箱，空调送风经由风管送入静压箱后，直接进入每个座椅下方的圆柱形柱脚，经由柱脚上均匀分布的孔口向各个方向逸出（见图 5-1）。

图 5-1 观众厅座椅送风

整套置换通风系统的冷热源由两台制冷量为 510kW 的螺杆式空气源热泵提供。送风机房设置在观众厅后排区域的地下设备房，整个地下送风空间沿观众厅纵向长度共分成四个静压箱区域，由机房一直延伸至前排座椅地下。相应的，选用了四台集中式空气处理机组（两台 50000m³/h、两台 25000m³/h）分别对四个静压箱进行送风，以保证整个场内送风的均匀度和稳定性。置换通风系统的设计送风温度为 20℃，送风量为每人 50m³/h。

2）舞台空调方案

舞台送风采用上送下回式，由两侧天桥下的喷口向主舞台区域送风，回风口则设置在侧台后墙上。整套系统选用了两台屋顶式风冷冷热风机组，空调送风直接由舞台上方的屋顶机组沿风管送入空调区域，管路布置短且简单，不仅大大减少了管路阻力，更不会有碍于舞台上方空间灯光等设备的复杂设置（见图 5-2）。

3）门厅及后台房间空调方案

包括门厅以及演员休息室、控制设备房、化妆间等后台房间在内的空调区域，共用一套 VRV 系统，整套系统设备包括四台变频空调室外机（两台冷量为 112kW，两台为

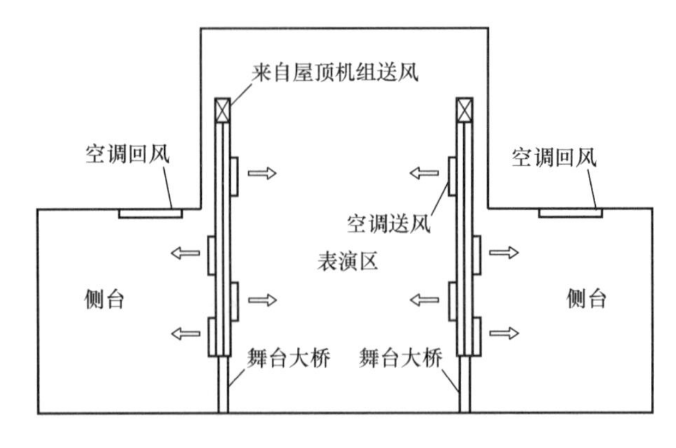

图 5-2　舞台空调送风示意图

33.5kW)、多台空调室内机组成。根据使用区域及具体功能的不同，室内机的类型包括天花板卡式嵌入型、低静压风管连接型等多种形式。另外，又单独设置了配套的直接蒸发式新风机组（室内机和室外机）进行独立的新风供应，以确保各个房间的新风需求。

置换通风系统的实际测试与分析

置换通风空调系统的最大特点，在于其空间内能形成较稳定的温度分层现象，整个空间内的温度分布呈现一个梯度变化，而非混合通风所呈现的场内温度近似均匀分布的情况。所以，温度分层现象可以作为检验置换通风系统实际空调效果的一个重要指标。

测试仪器与测点选择

测试时间：2007 年 9 月 6 日下午及晚上

测试仪器：热电偶温度计、数字式多点记录仪、数字式热电风速仪

测点布置：水平测点布置如图 5-3 中两个白点所示，以前排正中央位置为空场工况测点，另选取前排侧方的一个位置作为满场工况测点。沿垂直方向上，测点分别布置在离地面高度为 0.1m、0.5m、0.8m、1.1m、1.5m、2.0m 和 2.5m 共 7 个高度处。

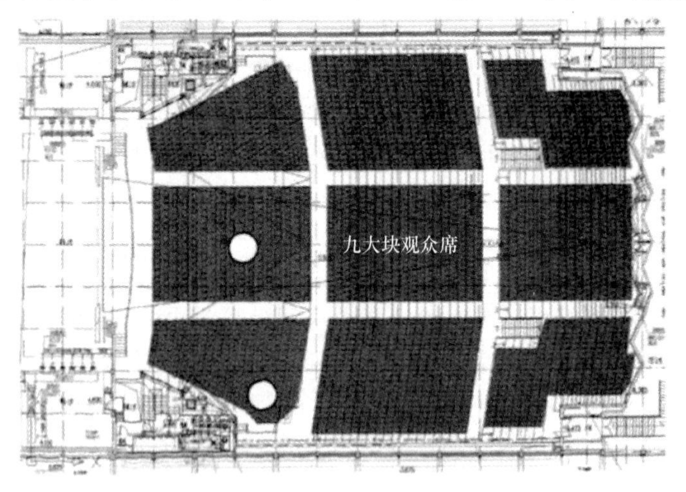

图 5-3　水平测点平面图

测试工况选择

分别测试空调系统在空场和满场两种工况下的观众厅温度分布情况。测试时，预先将热电偶温度计按高度布置要求装置在长杆相应位置处，并将长杆、数字式多点记录仪等仪器布置到位。

整个现场测试以观众厅置换通风空调系统的开机时刻作为测试起点，每个工况测试时间皆为 2～2.5h。分别将多点记录仪的记录间隔设置为 3min（空场工况）和 5min（满场

工况)，自动记录每个时刻这7个位置处的温度，并根据设定每隔3/5min打印记录次，输出值为该时间间隔内的温度平均值。

测试数据与分析

空调开启-空场工况

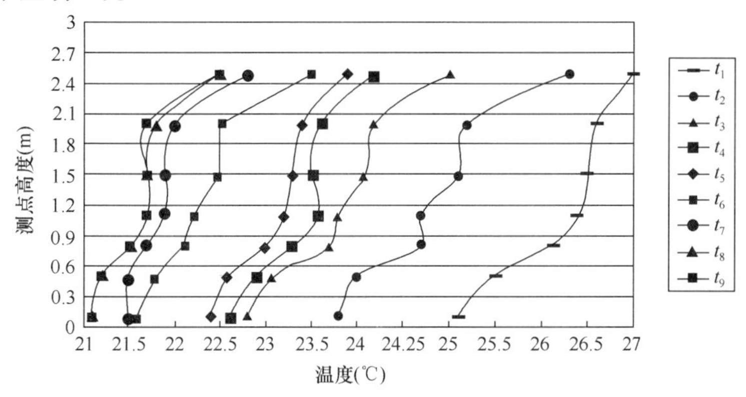

图5-4 空场工况时，空调开启30min后的测点温度分布

注：图中t_1，为系统开机时的最初工况，t_1～t_9曲线沿时间顺序排列。

数据分析：

A. 观察曲线t_1～t_6可知：空调系统刚开房时，整个0～3m测点高度的温度呈现比较明显的下降趋势，0.1m处的送风温度由最初的25℃逐渐降低至21.5℃，说明在这段时间内空调机组正从最初开机状态向稳定的制冷工况转变。

B. 观察曲线t_7～t_9可知：从曲线t_7开始，空调机组的运行工况比较稳定，送风温度维持在21±0.5℃的范围内，置换通风系统将以设计送风参数运行；另一方面，此时测点的温度分布也逐渐达到了稳定状态，说明该观众厅的置换通风空调系统在开机半小时后运行稳定，从而使测点温度场达到稳定，满足了设计要求。

空调开启-满场工况

数据分析：

A. 观察曲线t_1～t_3可知：在初开机的一小段时间内，空调机组运行工况尚未稳定，再加上测点周围人员热源的影响，使得测点处温度分布呈现较大的波动现象，送风温度并非呈现应有的逐步降低趋势，而是出现曲线t_3处送风温度再次升高的突兀；

B. 观察曲线t_4～t_9可知：在开机20min后，从曲线t_4开始0.1m处的送风温度维持在23±0.5℃范围内，该温度值比空场时0.1m处的送风温度值将近高2℃，体现了人员散热量对该测点处温度值的影响。

C. 当达到稳定后，温度曲线的形状接近一致，整个0～3m高度范围内皆呈现较明显的温度梯度：在0.1～1.5m高度范围内出现较大的温度梯度，这是由于剧场内人员坐姿高度为1.1m左右，热源位于剧场下部的缘故；而1.5～3.0m高度范围内其温度值几乎保持不变，这说明该置换通风系统的热力分层高度大致位于1.5m高度处，位于工作区上方，满足置换通风热力分层高度应位于人员区上方的设计要求。

D. 刚开机的一段时间内，场内温度尤其是送风口处温度大致呈递减趋势，达到稳定后温度基本保持不变。此时，工作区域（0.1～1.1m）的上下温度差控制在1.5℃以内，

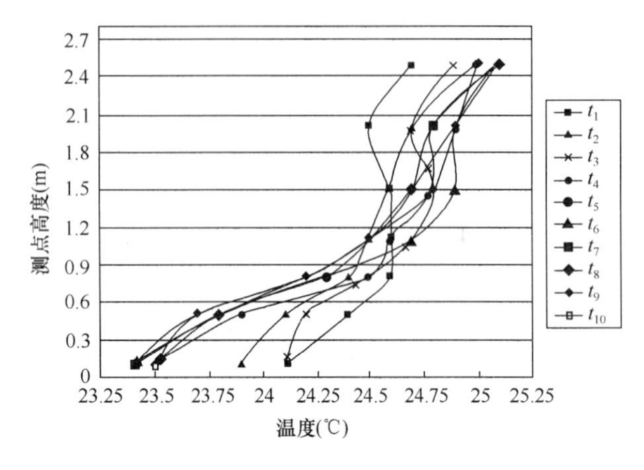

图 5-5　满场工况时，空调开启 50min 后的测点温度分布

注：图中 t_1，为系统开机时的最初工况，

t_1～t_9 曲线沿时间顺序排列。

可以满足舒适性要求。

结论

同济大学大礼堂观众厅的置换通风系统能够形成较明显的上下温度分层现象，体现了置换通风的特性，其实际运行工况良好。同时，该系统形成的热力分层高度以及人员工作区（0.1～1.1m）温差也都在设计允许范围内，能满足室内空气品质以及人员舒适度要求。

5.1.2　CFD 模拟与分析

1）CFD 模型的建立

选用气流模拟软件 Airpak 2.0 建立 CFD 模型，模型尺寸与实际相同，但考虑到观众厅为对称长方体，故为了建模简便而选取实际宽度的一半建立 CFD 模型，该处理并不影响模拟结果。同济大学大礼堂观众厅的建筑外形尺寸为：长 50m×宽 40m×高 14m，建筑面积 2000m^2，可容纳 3100 人，室内人均面积为 0.65m^2/人。模拟时，选取人体热负荷值为 60W/人，送风温度为 20℃，送风量为 50m^3/h·人。选择测点位置的横截面和纵截面，可以得到观众厅内温度分布效果图，如图 5-6 所示。

2）现场实测与 CFD 模拟结果的比较

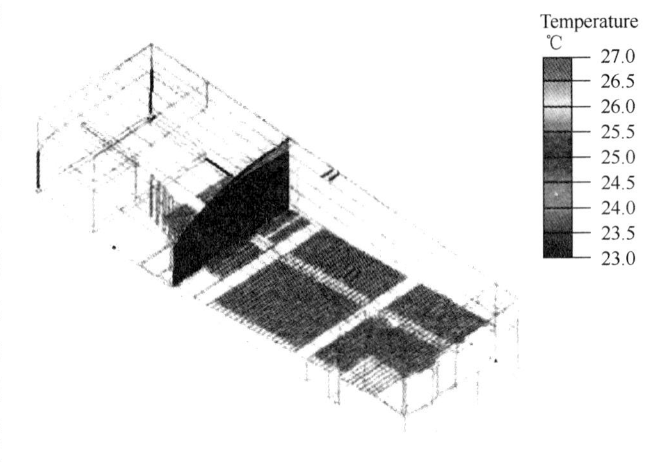

图 5-6　测点位置横截面上温度分布（位置图）

将图 5-5 中的曲线 t_{10} 与实测曲线比较，不难发现实测曲线与模拟曲线的大致形状及走向是一致的，差别仅仅在于每个测点的具体数值上。这是由于实测数据是随着时间有所波动的，即使达到稳定状态，仍受周围人员走动等干扰而难免有所偏差，而模拟数值则来源于一个理论上的稳定状态点。就总体而言，现场实测数据曲线与模拟曲线的契合证明了该 CFD 模型的正确性，说明该 Airpak 模型与实际情况较相符，故可利用该模型进行更深入详细的模拟计算，分析更复杂的工况。

3）数据分析与结论

A. 观察图 5-8 和图 5-9 可知：根据观众厅的几何条件建立 CFD 模型，并以送风温度 20℃、送风量为 50m^3/h·人作为设计送风参数时，可以获得全场一致的、较好的温度分层效果，尤其是观众厅后排区域的温度也都维持在 23～25℃的可接受范围内，说明该观众厅的置换通风空调系统的运行工况良好，能保证一定的空调效果和满足人员舒适度要求。

B. 从图 5-9 可以看出，观众厅排风温度可达 32℃以上，表明空间上部区域温度较高；而空间下部区域的温度基本集中在 25℃以下，上下温差明显，符合置换通风的理论特性。

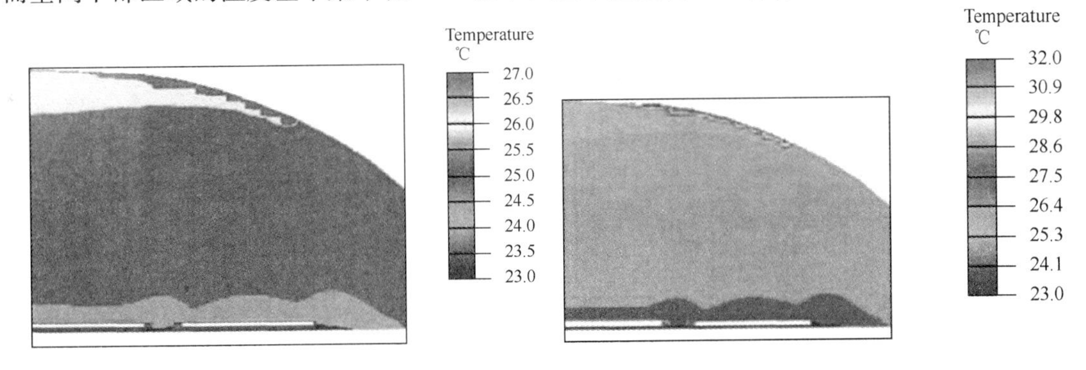

图 5-7　测点位置横截面上温度分层效果（剖面图）　　图 5-8　测点处改变显示温差后的分层效果

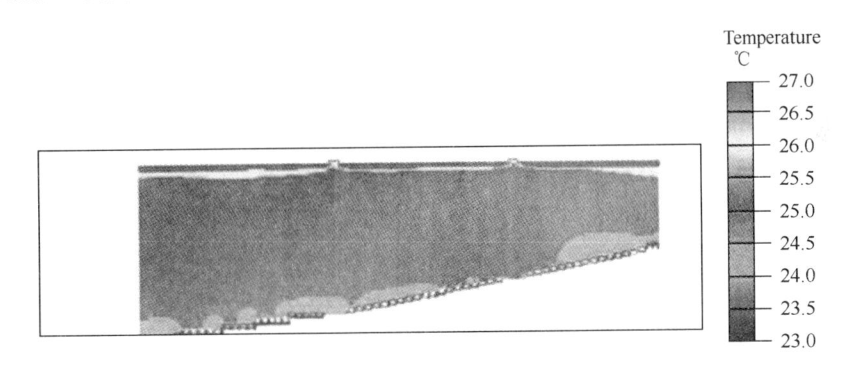

图 5-9　测点位置纵截面上温度分布

C. 在大高差的大型池座、楼座的观众厅计算时，一般不考虑低位置观众区的温度梯度对高位置观众的影响，而是假设所有人的工作区高度都是相对于自身座椅下地面的相对高度（而非相对于室内地面的绝对高度），故工作区高度线应该是与座位坡度平行的斜线。这一理论分析可以从实际效果图上得到验证。

观察温度分布图 5-6 可以看出，空调负荷和水平座位时一样，平均分配到每个人身上。置换空气沿每个人上升的温度梯度是基本相同的，工作区高度线与座位坡度基本平行。

5.2　体育建筑

5.2.1　深圳世界大学生运动会主体育馆

（1）工程概况

该体育馆是 2011 年世界大学生运动会的主赛场，是集羽毛球、体操、篮球、排球、室内短道速滑等比赛于一体的多功能体育场馆，能举办各类国际综合赛事和专项锦标赛，赛后也能举办大型演出、集会和小型展览。体育馆总建筑面积 73761m^2，看台最多可容纳观众 17964 人，由比赛大厅、前厅、热身馆、附属用房等组成。体育馆立面采用镀膜夹胶玻璃，屋面采用聚碳酸酯实体板，呈现为一个巨大的水晶体（见图 5-10）。

图 5-10 深圳大学生运动会主体育馆

（2）室内空调设计参数（见表 5-1）

（3）气流组织

1）比赛大厅

比赛大厅由比赛场地和观众席组成。比赛场地最大尺寸为 70 m×40 m，观众席由 14 941 个固定座椅和 3023 个活动座椅组成。比赛大厅采用置换通风，固定看台阶梯侧面设圆形旋流送风口，活动座椅后侧设百叶送风口，空调送风低速进入室内后，扩散并下沉到比赛场地内。送风遇到人体等热源后产生向上的对流气流，使室内热浊的空气流向工作区上部，一部分由回风口吸人，一部分由设在屋面夹层的排风机排出。室内散湿随对流上升的热气流升至房间顶部，由屋顶排风机排走。回风口设在工作区或接近工作区的上部，回风的温度和相对湿度与工作区相近，空气处理仅需消除工作区余热的显热负荷和少量的潜热负荷。

表 5-1 室内空调设计参数

	温度/℃	相对湿度/%	新风量/(m^3/(人·h))	空气流速(m/s)	A 声级噪声/dB
比赛大厅	26～28	55～65	20	≤0.5	45
热身馆	26～28	55～65	20	≤0.2*	45
前厅	25～27	55～65	20	0.25	45
运动员休息室	25～27	55～65	40	0.2	40
贵宾接待室	25～27	55～65	50	0.2	40
办公室	25～27	55～65	30	0.2	40

*指羽毛球、乒乓球比赛时的风速。

根据上述空调方式的分析，比赛大厅采用二次回风。送风温差为 5℃，比赛大厅总送风量为 1200000m^3/h，其中阶梯旋流风口送风量为 996000m^3/h，活动座椅后百叶风口送风量为 204000m^3/h。

另外，考虑到举办演唱会等大型活动，比赛场地设喷口送风，喷口设置在观众看台的后部，在活动座椅后侧设百叶回风口。总送风量为 100000m^3/h。

2）热身馆

热身馆长 65m，宽 40m，平均高度约 14.5m。不仅可以满足运动员赛前热身的需要，赛后又可举办展览和全民健身运动。空调采用旋流风口顶送风，百叶风口下回风。每个热身馆设 2 台空调机组，当运动员热身时，1 台空调机组运行；当举办展览时，2 台空调机组同时运行。通过旋流风口上的电动执行器改变风口的送风角度，满足各种热身运动和展览等工况对风速的要求。

3）其他区域

前厅、运动员接待区、热身馆和比赛馆的连接区、混合区、－4.00m 标高层贵宾接待区等采用单风道低风速全空气空调系统。+3.00m 和+8.00m 标高层贵宾接待区、运动员休息区、裁判员休息区、媒体办公区、赛事办公区等采用风机盘管加新风系统。

空腔通风

比赛馆外立面及屋面采用玻璃和聚碳酸酯板，玻璃内侧设一层张拉膜，聚碳酸酯屋面下侧为比赛馆的金属保温屋面。前厅立面玻璃和张拉膜之间、比赛大厅上部聚碳酸酯屋面和金属保温屋面之间形成一个连通的空腔。在阳光的照射下，空腔内的空气温度上升，形成向上运动的气流。室外空气由玻璃立面下部百叶进入空腔后，由于热压作用在空腔内上升，并从屋面较高处的排风口排出，带走空腔内的热量，降低空腔内的温度，减少体育馆的空调冷负荷。屋面上部较平缓，形成的热压较小，空气流动减弱，积聚的热量不易排出，故设轴流排风机强制排风（图 5-11）。

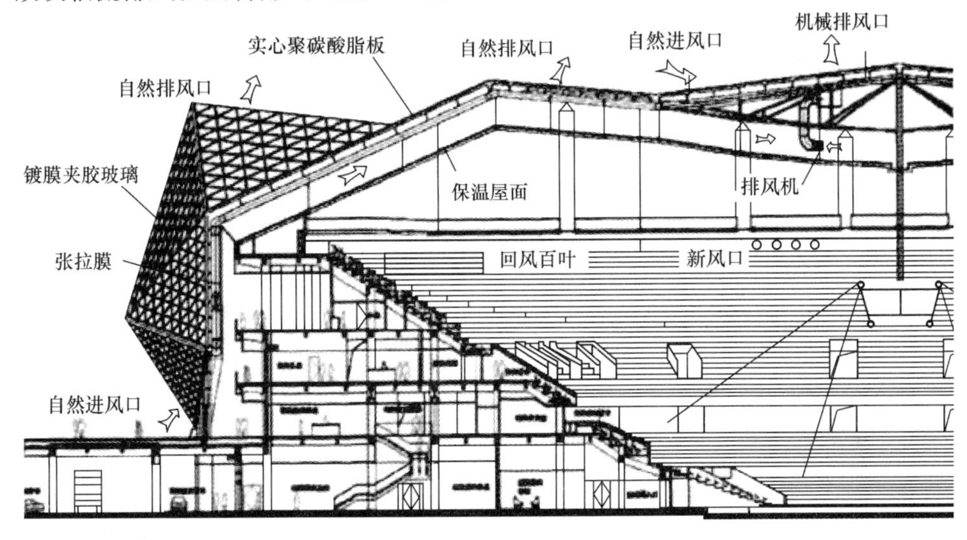

图 5-11　通风示意图

5.3　工业建筑

5.3.1　济南日报印刷厂

济南日报报业集团印发中心位于济南市市区腊山工业园，该中心为多层工业建筑，总面积 9962m²，印刷厂长 96m，宽 15m，高 13.5m。

该厂采用置换通风系统，报纸快速印刷机布置在厂房中间位置，半圆柱型置换送风口间隔 4m，均匀布置在南墙和北墙两侧。置换通风系统布置如图 5-12 所示，印刷厂的剖面如图 5-13 所示。

印刷厂置换通风系统的技术参数如表 5-2 所示。

表 5-2　置换通风实测参数

置换通风器出风量	面风速	出口温度	出风相对湿度	出口 CO_2 浓度
1900m³/h	0.25m/s	20.4℃	39%	605ppm
印刷机表面温度	报纸表面温度	印刷区空气温度	印刷区空气相对湿度	厂房顶棚表面温度

续表 5-2

置换通风器出风量	面风速	出口温度	出风相对湿度	出口 CO_2 浓度
27℃	25℃	22.3℃	58%	21.4℃
地板表面温度	内墙面温度	外墙/窗表面温度	室外温度	室外相对湿度

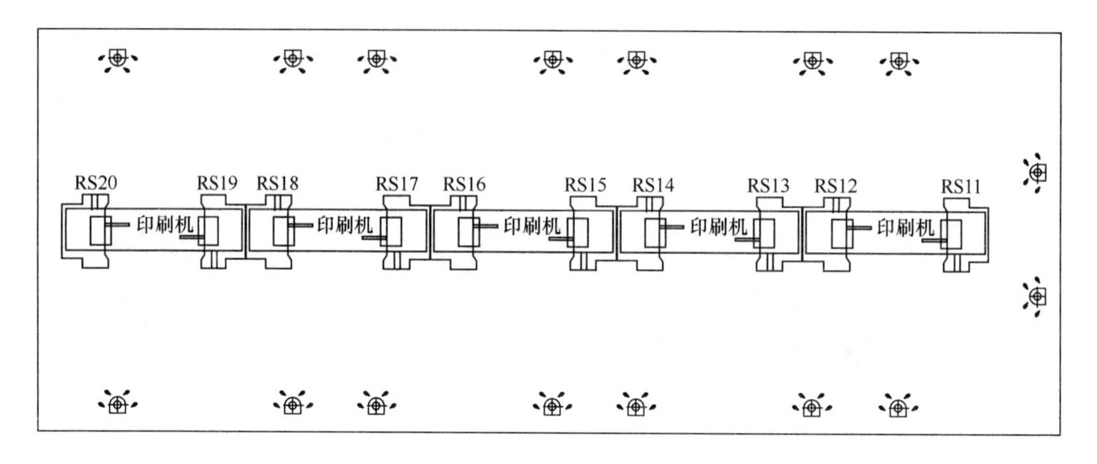

图 5-12　置换通风系统布置

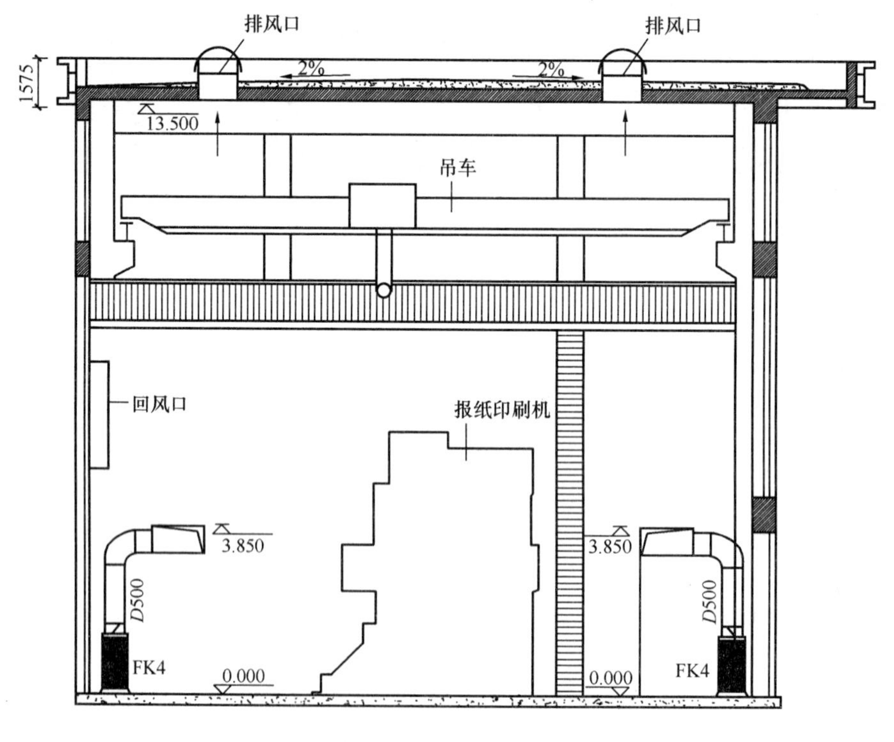

图 5-13　印刷厂剖面图

6 参考文献

[1] 赵容义. 简明空调设计手册[M]. 北京：中国建筑工业出版社，1998.

[2] 2001 ASHRAE Handbook，Fundamentals(SI)[M]. American Society of Heating and Air-conditioning，Inc.，1791 Tullie Circle，N. E.，Atalanta，GA 30329.

[3] 张雅茗. 剧场置换通风系统的设计研究[D]大连：大连理工大学，2007.

[4] ISO 7730：1994，Moderate thermal environment-Determination of the PMV and PPD indices and specification of conditions for thermal comfort[S]. 1994.

[5] Fanger，P. O. Thermal Environment-Human Requirements[J]. The Environmentalist，1986，6(4)：275-278.

[6] ASHRAE Standard 55-2004. Thermal Environmental Conditions for Human Occupancy[s].

[7] Wyon David P. and Sandberg，Mats. The relationship between Local Thermal Discomfort due to Displacement Ventilation and Local Heat Flow from a thermal Manikin Exposed to the Same Conditions[J]. National Swedish Institute for Building Research.

[8] 范存养. 大空间建筑空调设计及工程实录[M]. 北京：中国建筑工业出版社，2001.

[9] Hakon Skistad，Elisbeth Mundt，Peter V. Nielsen，et al. Displacement Ventilation in non-industrial premise[J]. REHVA，Norway，2002.

[10] 陈滨，陈向阳. 日本体育馆空调及其自动控制新技术[J]. 暖通空调，2003，32(2)：48-51.

[11] 章利君. 深圳文化中心音乐厅空调设计[J]. 暖通空调，2003，33(3)：55-57.

[12] 李华东等. 高技术生态建筑[M]. 天津：天津大学出版社，2002.

[13] Peter V. Nielsen. Velocity distribution in a room ventilated by displacement ventilationand wall-mounted air terminal devices[J]. Energy and Buildings 31(2000)：179-187.

[14] ISO 7730：2005，Ergonomics of the thermal environment-Analytical determination and interpretation of thermal comfort using calculation of the PMV and PPD indices and local thermal comfort criteria[S]. 2005.

[15] Per Heiselberg，Kjeld Svidt，peter V. Nielsen. Characteristics of airflow from open windows.

[16] 李强民. 置换通风原理、设计及应用[J]. 暖通空调 30(5)：41-46.

[17] 妥思空调设备有限公司(TROX). 置换通风技术-原理和设计说明[M]. 1997.

[18] 中华人民共和国建设部.《全国民用建筑工程设计技术措施·节能专篇》[M]. 北京：中国计划出版社. 2007.

[19] 陆耀庆. 实用供热空调设计手册[M]. 2007.

[20] 周敏. 置换通风的技术经济性和设计方法研究[D]. 西安：西安建筑科技大学，2004.

[21] A. K. Melikov，J. B. Nielsen. Local thermal discomfort due to draft and vertical temperature difference in rooms with displacement ventilation[J]. ASHRAE Transaction，1989，95(2)：1050-1057.

[22] Xiaoxiong Yang，Qingyan Chen，Leon R. Glicksman. Models for Prediction of Temperature Difference and Ventilation Effectiveness with Displacement Ventilation[J]. ASHRAE Transaction，1999，105(1)：353-367.

[23] Hee-Jin Park，Dale Holland. The effect of location of a convective heat source on displacement ventilation：CFD study[J]. Energy and Buildings，2001，36：883-889.

[24] 倪波. 置换通风的计算机仿真研究[J]. 全国暖通空调制冷 2000 年学术年会学术文集. 北京：中

国建筑工业出版社，2000.
[25] Hakon Skistad，Elisabeth Mundt，Peter V. Nielsen，et al. Displacement Ventilation in non-industrial Premises[J]. REHVA. Norway，2002.
[26] 马仁民. 论下部通风空调节能及其适用条件[J]. 暖通空调，1983，13(3)：5-9.
[27] 赵荣义等. 空气调节[M]. 北京：中国建筑工业出版社，2009.
[28] 李惠风等. 影剧院空调设计[J]. 北京：中国建筑工业出版社，2007.
[29] M Sandberg. Stratified flow in ventilated rooms-a model study[J]. Room-Vent'90 Proceedings. Norway，1990.
[30] Я А Штромъерг. Аэрация горячих цехов с нерав-номеньмра сио ложением источников теп ла[J]. Водосна ъженпе и санитарна я те хника，1968，(2).
[31] J Laurikainen. Calculation method for airflow rate in displacement ventilation system[J]. IAQ'91 Healthy Buildings. 1991.
[32] Sandberg M. what is ventilation efficiency? [J]. building and environment. 1981，16：123-135.
[33] 潘洁. 置换通风在剧场中应用研究[D]. 上海：同济大学，2008.
[34] C. J. Liu. Study On temperature gradient in a displacement ventilation rooIIL proceeding of the 7th International Conference Oil Indoor Air Quality and Climate. 1996，1：877
[35] 章熙民，任泽霈. 传热学[M]. 北京：中国建筑工业出版社，2001.
[36] 杨德福. 大空间分层空调对流热转移数值模拟研究[D]. 成都：西南交通大学，2007.
[37] 高军. 建筑空间热分层理论及其应用研究. 哈尔滨工业大学博士学位论，2007.
[38] 何延治. 深圳世界大学生运动会主体育馆暖通空调设计[J]. 暖通空调，2009，39(8)：1-4.
[39] 屈国伦. 广州新体育馆置换通风空调设计探讨[J]. 制冷，2002，21(2)：44-48.

空气过滤器设计选型

中国建筑科学研究院　王智超

1　空调系统中设置过滤器的作用

空气过滤器是空气洁净技术的主要设备，在建筑通风空调系统中设置不同级别的空气过滤器，对于创造和维持满足需要的生活和生产环境，具有十分重要的作用。概括来说，空气过滤器主要具有以下几方面的功用：

● 对于民用建筑而言，能够维持良好的室内空气环境，保证人们的身体健康免受侵害。在空调通风系统中安装空气过滤器，可以有效地去除室外新鲜空气或室内回风中的颗粒物污染物，防止颗粒物上附着的过敏原、细菌等进入室内，避免对人体造成颗粒物物理污染和微生物污染；新型的化学过滤器对甲醛等化学污染也具有去除作用。

● 对于工业生产或特殊受控环境而言，能够保证室内环境满足特殊的工艺生产要求。例如药品生产厂房、生物实验室、洁净手术室、电子工业厂房等，对环境中颗粒物的粒径分布以及数量浓度都有非常严格的要求，而通过在空调系统中设置合适的粗效、中效和高效空气过滤器组合，能够维持厂房内的洁净度要求，从而保证生产活动或其他活动的顺利进行。

● 能够对空调系统内其他设备起到保护作用。空气过滤器对外界空气进行预过滤，可以防止灰尘聚集在空调系统中表冷器和加热器等暖通空调设备上，保证这些设备的调温调湿效率，从而很好地维持室内的温湿度，减少系统的能源消耗和维护费用。

● 在建筑排气系统中安装空气过滤器，可以减少排气对建筑外部环境的污染。

2　空气过滤器的分类、性能指标及测试技术

2.1　空气过滤器分类

目前国内关于空气过滤器的标准主要有 3 个：《空气过滤器》GB/T 14295—2008、《高效空气过滤器》GB/T 13554—2008 和《高效空气过滤器性能试验方法 效率和阻力》GB/T 6165—2008，这些标准中对过滤器的定义、分类标记、要求和试验方法等做了详细的说明。

（1）按性能分类

最新国标《空气过滤器》GB/T 14295—2008 根据过滤器粒径效率和阻力等性能参数，对一般通风用空气过滤器进行分类，分为：亚高效、高中效、中效 1、中效 2、中效 3、粗效 1、粗效 2、粗效 3 和粗效 4 九个级别，具体内容见表 2-1。中效及以上级别的过滤器分类时考虑的是对粒径≥0.5μm 颗粒的计数效率，粗效过滤器分类时考虑的是对粒

径≥2.0μm颗粒的计数效率和人工尘计重效率。另外粗效、中效、高中效和亚高效空气过滤器的终阻力分别为100Pa、160Pa、200Pa和240Pa，为了防止实际使用时系统的风量因为过滤器阻力的增加而减小，在空调通风系统设计时应该按照过滤器终阻力来进行计算。

最新国标《高效空气过滤器》GB/T 13554—2008关于高效和超高效空气过滤器的分类如表2-2所示。高效空气过滤器分为A、B、C三类，采用钠焰法进行效率检测和判断，超高效空气过滤器分为D、E、F三类，采用计数法进行效率检测和判断，并同时规定了不同类型高效过滤器在额定风量下的初阻力要求。

表2-1　国标《空气过滤器》中关于一般通风用空气过滤器的分类

<table>
<tr><th>性能指标
性能类别</th><th>代号</th><th>迎面风速
m/s</th><th colspan="2">额定风量下的
效率（E）/%</th><th>额定风量
下的初阻力
ΔP_i/Pa</th><th>额定风量
下的终阻力
ΔP_f/Pa</th></tr>
<tr><td>亚高效</td><td>YG</td><td>1.0</td><td rowspan="5">粒径
≥0.5μm</td><td>$99.9>E\geq 95$</td><td>≤120</td><td>240</td></tr>
<tr><td>高中效</td><td>GZ</td><td>1.5</td><td>$95>E\geq 70$</td><td>≤100</td><td>200</td></tr>
<tr><td>中效1</td><td>Z1</td><td rowspan="3">2.0</td><td>$70>E\geq 60$</td><td rowspan="3">≤80</td><td rowspan="3">160</td></tr>
<tr><td>中效2</td><td>Z2</td><td>$60>E\geq 40$</td></tr>
<tr><td>中效3</td><td>Z3</td><td>$40>E\geq 20$</td></tr>
<tr><td>粗效1</td><td>C1</td><td rowspan="4">2.5</td><td rowspan="2">粒径
≥2.0μm</td><td>$E\geq 50$</td><td rowspan="4">≤50</td><td rowspan="4">100</td></tr>
<tr><td>粗效2</td><td>C2</td><td>$50>E\geq 20$</td></tr>
<tr><td>粗效3</td><td>C3</td><td rowspan="2">标准人工
尘计重效率</td><td>$E\geq 50$</td></tr>
<tr><td>粗效4</td><td>C4</td><td>$E<50$</td></tr>
</table>

表2-2　国标《高效空气过滤器》中关于高效、超高效空气过滤器的分类

类　别	代号	额定风量下的效率（%）	额定风量下的初阻力（Pa）	检测方法
高效A	G A	$99.99>E\geq 99.9$	≤190	钠焰法
高效B	G B	$99.999>E\geq 99.99$	≤220	钠焰法
高效C	G C	$E\geq 99.999$	≤250	钠焰法
超高效D	CG D	99.999	≤250	计数法
超高效E	CG E	99.9999	≤250	计数法
超高效F	CG F	99.99999	≤250	计数法

（2）按结构形式分类

按结构形式空气过滤器分为平板式过滤器、折褶式过滤器、袋式过滤器、卷绕式过滤器、筒式过滤器和静电式过滤器。

平板式过滤器具有结构简单和价格低廉的特点，主要用于空调系统的预过滤和净化要求不高的舒适性空调系统，在柜式空调机组和家庭中央空调系统中也有应用。平板式过滤器的滤材主要有无纺布和玻璃纤维等材料。

袋式过滤器是集中中央空调系统中最常见的过滤器，其效率通常为中效级别，应用于各种工业和民用场所的中央空调系统，过滤材质通常为玻璃纤维、聚苯乙烯纤维等。

卷绕式过滤器带有上、下两个卷轴，传动机构将滤料往下拽，过滤器两端的压差大小决定电机是否动作。卷绕式过滤器主要用于对过滤效率要求不高的场所，其优点是滤料价格便宜，运行费用低，其缺点是占用空间大，过滤效率低，一次性造价高。卷绕式过滤器使用的过滤材料主要有玻璃纤维蓬松毡和蓬松的化学纤维毡等。

静电过滤器是指利用静电作用净化空气的装置，利用电晕放电使空气电离产生正离子和电子，正离子附着在灰尘颗粒上，在集尘段被集尘板所收集。静电过滤器的过滤效率取决于电场强度、尘粒大小与性质、气流因素。静电过滤器具有效率高，阻力低的优点，因此可以既起到很好的净化效果，同时又可减少中央空调系统运行过程中的能耗以及对风量的影响。但是静电过滤器的电气安全性能方面有严格要求，如冷态绝缘电阻不应小于2MΩ，电气强度试验过程中应无击穿，外露金属部分和电源线间的泄露电流值不应大于1mA，应有接地标识，且外露金属部分和接地端子之间的电阻值不大于0.1Ω，经过湿热试验机组带电部分和非带电部分之间的绝缘电阻值不小于2MΩ。另外，由于静电空气过滤器在放电过程中往往会产生一定量的臭氧，因此静电空气过滤器臭氧发生浓度1h均值应低于0.16mg/m^3。

按结构形式高效空气过滤器主要分为有隔板式和无隔板式。

有隔板高效空气过滤器由框架、滤料和分隔板三部分组成，滤纸由瓦楞状的隔板隔开，以保证气流在多褶滤纸间的畅通，滤纸的四周用胶粘剂与外框固定并密封。分隔板可采用铝箔、塑料板和胶版印刷纸等，外框有镀锌钢板、中密度板、胶合板和铝型材等。滤料多为玻璃纤维滤纸。有隔板过滤器主要用于各种洁净室末端。

无隔板高效空气过滤器由框架、滤料和分隔物三部分组成，分隔物一般采用热溶胶、玻璃纤维纸条和阻燃丝线等，滤料有玻璃纤维滤纸和聚四氟乙烯纤维滤纸等。无隔板高效过滤器现今已广泛用于各种洁净厂房的末端过滤器、洁净工作台等场所。

2.2 空气过滤器的主要性能指标

评价空气过滤器最重要的特性指标有效率、阻力和容尘量，这些性能参数是产品生产厂家在选择过滤材料，设计过滤器结构，进行产品研发改进时所依据的因素，也是民用建筑工程设计和施工中选择过滤器产品时所关注的对象。

（1）效率

过滤效率决定了空气过滤器对颗粒物的去除效果，直接关系到室内空气的质量水平。目前关于过滤器效率常用的形式有计重效率、计数效率和钠焰法效率。

- 计重效率

计重效率是评价粗效过滤器性能的主要指标，是指用人工尘试验过滤器，在任意一个试验周期内，受试过滤器集尘量与发尘量之比，即受试过滤器捕集灰尘粒子重量的能力。计重效率 A_i 的计算公式为：

$$A_i = 100\% \times \frac{W_1}{W} = 100\% \times \left(1 - \frac{W_2}{W}\right) \tag{2-1}$$

式中，W_1 为在发尘过程中，受试过滤器的质量增量，g；W_2 为在发尘过程中，未被受试过滤器捕集的人工尘重量，g；W 为在发尘过程中的总人工尘发尘量，$W = W_1 + W_2$，g。

关于计重效率有初始计重效率和平均计重效率这两个指标。初始计重效率指用人工尘试验过滤器，第一个试验周期的计重效率；平均计重效率指用人工尘试验过滤器，在额定风量下阻力达到规定值的期间内，若干次测得的计重效率的平均值，其计算公式为：

$$\overline{A}=\frac{1}{W}(W_1\overline{A_1}+\cdots+W_k\overline{A_k}+\cdots+W_f\overline{A_f}) \tag{2-2}$$

式中 W——为发尘的总重量，g，$W=W_1+\cdots+W_k+\cdots+W_f$；

W_k——为第 k 次发尘量 g；

W_f——为最后一次发尘直至达到终阻力时发尘的重量，g；

$\overline{A_k}$——为第 k 次发尘阶段的计重效率，%；

$\overline{A_1}$、$\overline{A_2}$、…、$\overline{A_f}$——各发尘阶段的平均计重效率，%；

$\overline{A}$——为被测过滤器达到终阻力后的平均计重效率，%。

- 计数效率

计数效率是指未积尘的受试过滤器上、下风侧气流中气溶胶计数浓度之差与其上风侧计数浓度之比，即受试过滤器捕集粒子数量的能力。过滤器粒径分组计数效率的计算公式如下：

$$E_i=\left(1-\frac{N_{2i}}{N_{1i}}\right)\times 100\% \tag{2-3}$$

式中 E_i——为粒径分组（如≥0.5μm，≥2.0 μm，0.1～0.2μm，0.2～0.3μm 等）计数效率，%；

N_{1i}——为上风侧某粒径粒子计数浓度的平均值，粒/升；

N_{2i}——下风侧某粒径粒子计数浓度的平均值，粒/升。

过滤器计数效率目前应用广泛，国标采用计数效率来评价超高效空气过滤器、亚高效空气过滤器、高中效空气过滤器、中效空气过滤器、粗效 1 和粗效 2 过滤器。当然，应该注意评价不同类型过滤器时，计数效率所对应的粒径分布是不相同的。

- 钠焰法效率

用钠焰法效率来评价高效空气过滤器的性能是目前国内广泛采用的一种方法，其基本原理是发生多分散相 NaCl 气溶胶，用钠焰光度计检测过滤元件上下游的质量浓度，然后求出过滤元件的质量效率。对于过滤器试验，测试钠焰法效率时发生的试验气溶胶颗粒质量中值粒径为 0.5μm。因此从严格意义上来说，钠焰法也属于计重效率的一种测试方法。

除了效率外，人们也习惯采用透过率来评价过滤器的过滤效果。透过率与过滤效率基本含义是一样的，但它更关注穿透通过过滤器的粒子数。当两个高效过滤器过滤效率非常接近时，采用透过率更容易凸显出它们之间的差异来。透过率 K 的计算公式如下：

$$K=(1-E)\times 100\% \tag{2-4}$$

式中 E 代表过滤效率。

（2）阻力

过滤器的阻力主要由滤料的阻力和过滤器结构的阻力这两部分构成。纤维过滤器滤料的阻力与纤维尺寸的大小、纤维层的厚度、过滤面积和过滤风速、气流流场等因素有关；过滤器结构阻力主要与过滤器固有的构造有关。

中央空调系统中过滤器的能耗与阻力有很大关系，可以通过下式计算而得：

$$E_f = \frac{Q\overline{P}T}{\eta 1000} \tag{2-5}$$

式中　E_f——过滤器能耗，kWh；

Q——管道风量，m^3/s；

$\overline{P}$——过滤器平均阻力，等于过滤器终阻力和初阻力的平均值，Pa；

T——运行时间，h；

η——风机效率。

（3）容尘量

容尘量是指额定风量下，受试过滤器达到终阻力或者效率下降到初始效率 85%以下时所捕集的人工尘总质量。容尘量通常用来评价粗效过滤器和中效过滤器的使用期限，而在高效空气过滤器上的应用则较少。

容尘量（C）由受试过滤器的质量增量求得：

$$C = W_{11} + \cdots + W_{1k} + \cdots + W_{1f} \tag{2-6}$$

式中　W_{11}——为在第一次发尘过程中，受试过滤器的质量增量，g；

W_{1k}——为在第 k 次发尘过程中，受试过滤器的质量增量，g；

W_{1f}——为在最后一次发尘直至达到终阻力过程中，受试过滤器的质量增量，g。

2.3　空气过滤器的性能测试技术

空气过滤器性能测试技术主要包括计数法效率测试、钠焰法效率测试、计重法效率和容尘量测试等。

2.3.1　计数效率测试

（1）空气过滤器计数效率测试技术

对于粗效、中效、高中效和亚高效类空气过滤器，计数效率主要是针对粒径≥2.0μm和≥0.5μm 的固态气溶胶颗粒而言，其测试装置原理图和实物图分别如图 2-1 和图 2-2 所示，主要设备包括气溶胶发生装置、压力测量装置（用来测试被试过滤器的阻力）、粒子计数器（连接过滤前采样管和过滤后采样管进行颗粒物采样，并计算计数效率）和流量测量装置（可以是孔板或喷嘴，用来实时测试管道风量）。

空气过滤器计数法效率测试中所使用的测试尘源为粒径范围在 0.3～10.0μm 的多分散相固态 KCl 气溶胶，图 2-3 所示为多分散气溶胶发生器，主要部件包括一个喷嘴，干燥

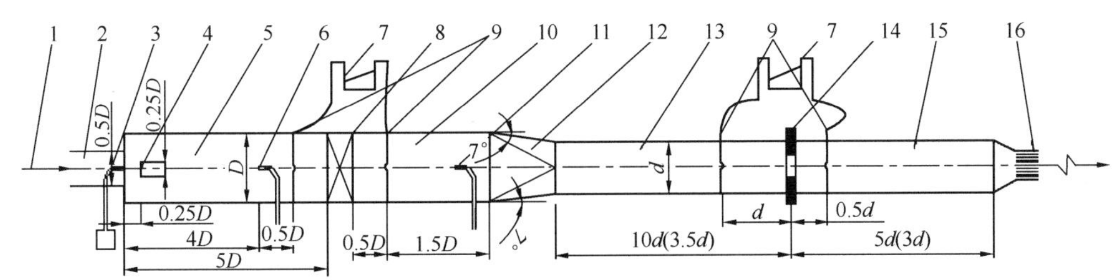

图 2-1　空气过滤器性能试验装置原理图

1—洁净空气进口；2—洁净空气进口风管；3—气溶胶发生装置；4—穿孔板；5—被试过滤器前风管；6—过滤前采样管；7—压力测量装置；8—被试过滤器安装段；9—静压环；10—被试过滤器后风管；11—过滤后采样管；12—天圆地方；13—流量测量装置前风管；14—流量测量装置；15—流量测量装置后风管；16—风机进口风管

柱，气溶胶中和器，加热器，流量计和电源等，所用溶液为质量浓度为10%的氯化钾溶液。

图 2-2　空气过滤器性能测试装置

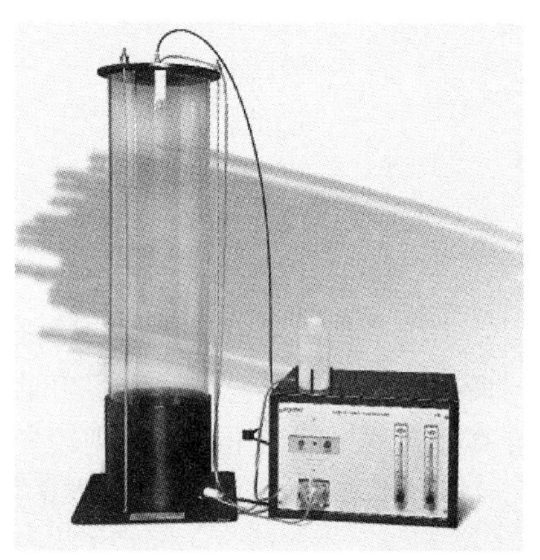

图 2-3　KCl 固态多分散气溶胶发生器

（2）超高效空气过滤器计数效率测试技术

超高效空气过滤器计数法试验装置原理图和实物图分别如图 2-4 和图 2-5 所示，主要用来测试超高效 D、E、F 类空气过滤器的计数效率和阻力。其基本方法是：用气溶胶发生器发生中值直径在 0.1～0.3μm 范围的气溶胶，再用激光粒子计数器或凝结核粒子计数器对过滤器上、下游的气溶胶分别取样，测量气溶胶浓度。通过上、下游气溶胶浓度之比计算出被试过滤器的透过率或过滤效率。测量上游气溶胶浓度时，大多数情况下采样空气必须经过稀释，稀释是为了降低上游浓度过高造成激光粒子计数器计数的重合误差。采样空气的稀释可通过外接稀释器实现，也可通过上游及下游激光粒子计数器取样流量的差异

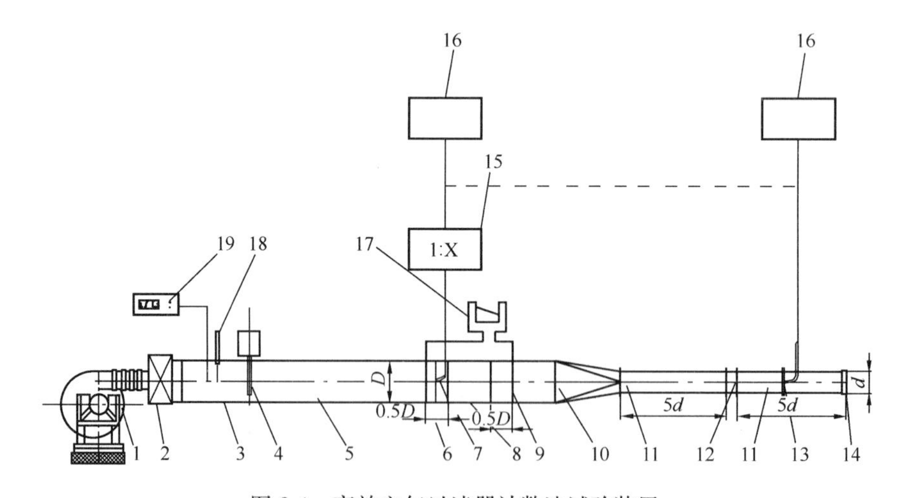

图 2-4　高效空气过滤器计数法试验装置

1—风机；2—高效空气过滤器；3—直管段；4—气溶胶入口；5—整流隔栅；6—过滤前静压环；7—过滤前采样管；8—被试过滤器；9—过滤后静压环；10—变径管；11—直管段；12—流量计；13—过滤后采样管；14—阀门；15—稀释器；16—粒子采样系统；17—倾斜式微压计；18—温度计；19—湿度计

实现。测试时，应对 0.1～0.2μm 及 0.2～0.3μm 两档粒径范围进行测试，并选择其较低值作为被试过滤器的计数法测试效率。

高效空气过滤器计数法试验装置主要设备包括：气溶胶发生器（用于发生 DEHS、DOP 等多分散相气溶胶）、粒子计数器、稀释器和流量计等。

超高效空气过滤器计数法效率测试中所使用的测试尘源为中值直径在 0.1～0.3μm 范围的液态 DEHS 或 DOP 气溶胶。图 2-6 所示为中国建筑科学研究院研发的多分散气溶胶发生器，主要部件为 8 个 Laskin 喷嘴，通过开启不同数目的喷嘴和调节压缩空气流量，可以产生满足实验要求的气溶胶。

图 2-5　中国建筑科学研究院超高效空气过滤器计数法试验装置

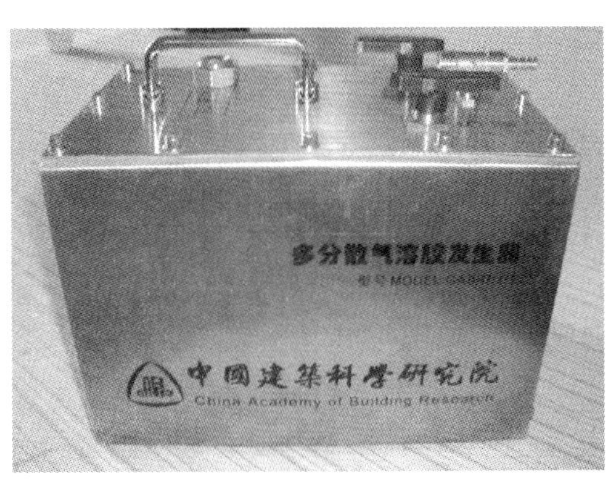

图 2-6　DEHS 多分散气溶胶发生器

2.3.2　高效空气过滤器钠焰法测试技术

高效空气过滤器钠焰法试验装置原理图和实物图分别如图 2-7 和图 2-8 所示，主要用来测试高效过滤器 A、B、C 的钠焰法效率和阻力。其基本方法是：用雾化干燥的方法人工发生氯化钠气溶胶，气溶胶颗粒的质量中值直径约 0.5μm。将过滤器上下游的氯化钠气溶胶采集到燃烧器中并在氢火焰下燃烧，将燃烧产生的钠焰光转变为电流信号并由光电测量仪检测，电流值代表了氯化钠气溶胶的质量浓度，用测定的电流值即可求出过滤器的过滤效率。

高效空气过滤器钠焰法试验装置的主要设备包括：喷雾器（用于发生 NaCl 气溶胶）、洁净空气供给系统（空气压缩机、分气缸和流量计等）、氢气发生器和燃烧器（用于燃烧所采集的 NaCl 气溶胶）、光电转换器和光度测量仪（用于测量钠焰光的强度）、阻力测量装置和流量测量装置。

2.3.3　计重效率和容尘量测试技术

空气过滤器计重效率和容尘量的测试方法是：将称量过的末端过滤器和受试过滤器安装在风道系统中，用人工尘发生器向风道系统发生一定重量的人工尘，穿过受试过滤器的人工尘被末端过滤器捕集。然后取出末端过滤器和受试过滤器，重新称量。根据受试过滤器和末端过滤器增加的质量计算受试过滤器的人工尘计重效率。这样的过滤效率试验至少要进行 4 次。每个试验周期开始和结束都需要测量阻力、受试过滤器和末端过滤器的人工尘捕集量，以此确定受试过滤器的容尘量、阻力与容尘量的关系和计重效率与容尘量的关

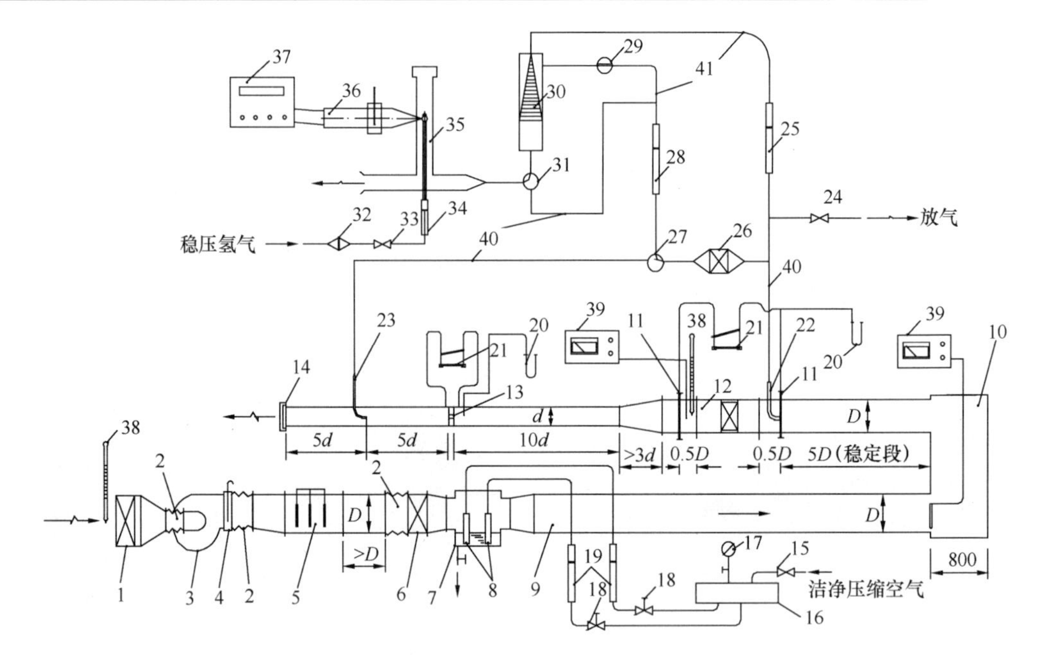

图 2-7　高效空气过滤器钠焰法试验装置

1—预过滤器；2—软管；3—风机；4—阀门；5—加热器；6—高效过滤器；7—喷雾箱；8—喷雾器；9—混合干燥段；10—缓冲箱；11—静压环；12—被测过滤器及其夹具；13—标准孔板；14—阀门；15—调节阀；16—分气缸；17—压力表；18—通断阀；19—流量计；20—U 型压力计；21—倾斜式压力计；22—前取样管；23—后取样管；24—放气调节阀；25—流量计；26—本底过滤器；27—三通切换阀；28—流量计；29—通段阀；30—混合箱；31—三通切换阀；32—氢气过滤器；33—调节阀；34—流量计；35—燃烧器；36—光电转换器；37—光电测量仪；38—温度计；39—湿度计；40—连接管

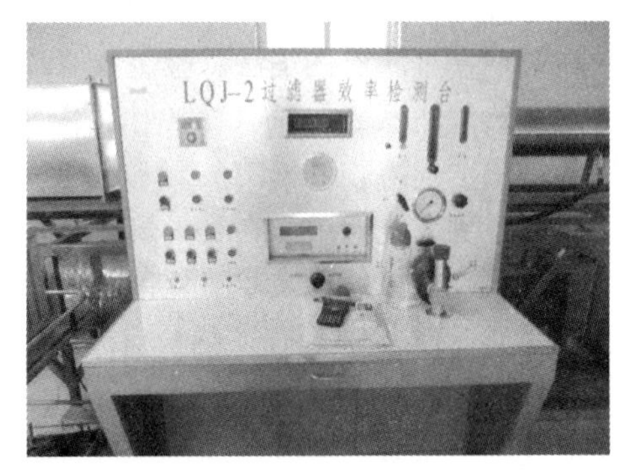

图 2-8　中国建筑科学研究院高效空气过滤器钠焰法试验装置

系。图 2-9 为实际的过滤器计重效率和容尘量现场测试情况。

测试过程中使用的人工尘是由道路尘、炭黑、短棉绒等三种粉尘按一定比例混合而成的模拟大气尘，其组分和物理化学特性如表 2-3 所示。图 2-10 为中国建筑科学研究院自主研发的两种类型的人工尘发尘器：螺旋发尘器和引射式发尘器。螺旋发尘器的工作原理是通过螺旋输送轴将试验粉尘搅拌均匀，并且不断往前推送直至混合管，经由压缩空气送至出料口，从而进入试验系统中去；引射式发尘器是将一定量烘干的测试粉尘放于传送带料盘上，喂料齿轮以一定速度将粉尘向上输送至喷嘴；在压缩空气的引射作用下，喷嘴处的喉缩管形成一定的负压，将颗粒输送至测试管道中。两种发尘器均能均匀稳定地发生人

测试装置

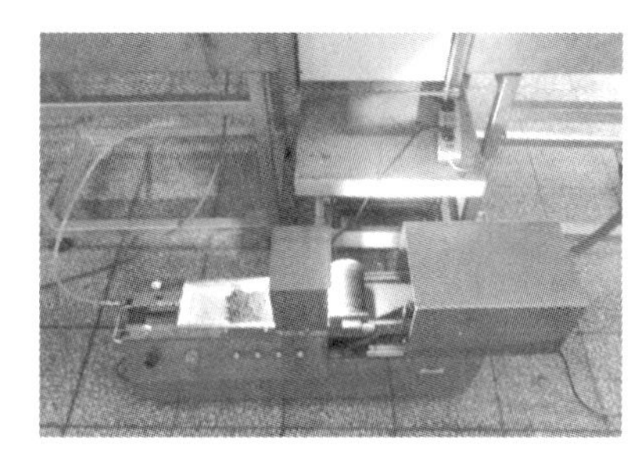

现场装置

受试过滤器

末端过滤器

图 2-9　过滤器计重效率和容尘量现

螺旋发尘器

引射式发尘器

图 2-10　人工尘发尘装置

工尘，保证将试验空气中的粉尘浓度控制在（70±7）mg/m^3。

表 2-3　计重效率和容尘量实验用标准人工尘

成分	重量比 %	原料规格	粒径分布		原料特征 化学组成如下
			粒径范围 μm	比例%	
粗粒	72	道路尘	0～5 5～10 10～20 20～40 40～80	(36±5)% (20±5)% (17±5)% (18±3)% (9±3)%	SiO_2 Al_2O_3 Fe_2O_3 CaO MgO TiO_2 C
细粒	23	炭黑	0.08～0.13μm		吸碘量 10～25mg/g 吸油值 0.4～0.7mg/g
纤维	5	短棉绒	/		经过处理的棉质纤维落尘

3 空气过滤器产品认证与设计选型

3.1 空气过滤器产品认证

为了保证空气过滤器和高效空气过滤器的产品质量，以满足建设工程项目的需要，一般需要对这些产品进行“建筑工程产品认证”，认证的基本环节包括认证的申请、型式检验（抽样）、初始工厂审查、认证结果评价与批准、获证后的监督。从技术层面来讲，空气过滤器和高效空气过滤器作为环保节能产品，需要进行环保认证和节能认证，环保指标主要考虑过滤产品的过滤效率（具体要求见表 3-1），节能指标主要考虑过滤产品的阻力（具体要求见表 3-2）。通过环保节能认证的空气过滤产品更容易得到设计单位和建设工程施工单位的认可。

表 3-1 空气过滤产品环保评价指标

序号	认证单元名称	环保指标（效率指标）
1	粗效空气过滤器	2.0μm 粒子≥60%
2	中效空气过滤器	0.5μm 粒子≥60%
3	高中效空气过滤器	0.5μm 粒子≥90%
4	亚高效空气过滤器	0.5μm 粒子≥98%
5	A 类高效空气过滤器	钠焰法效率≥99.95%
6	B 类高效空气过滤器	钠焰法效率≥99.995%
7	C 类高效空气过滤器	钠焰法效率≥99.9995%
8	D 类高效空气过滤器	对 0.1～0.2μm 及 0.2～0.3μm 两档粒径范围气溶胶的计数效率均≥99.9995%
9	E 类高效空气过滤器	对 0.1～0.2μm 及 0.2～0.3μm 两档粒径范围气溶胶的计数效率均≥99.99995%
10	F 类高效空气过滤器	对 0.1～0.2μm 及 0.2～0.3μm 两档粒径范围气溶胶的计数效率均≥99.99995%

表 3-2 空气过滤产品节能评价指标

序号	认证单元名称	节能指标（阻力指标）
1	粗效空气过滤器	≤40Pa
2	中效空气过滤器	≤60Pa
3	高中效空气过滤器	≤80Pa
4	亚高效指标	≤100Pa
5	A 类高效空气过滤器	≤170Pa
6	B 类高效空气过滤器	≤200Pa
7	C 类高效空气过滤器	≤230Pa
8	D 类高效空气过滤器	≤230Pa
9	E 类高效空气过滤器	≤230Pa
10	F 类高效空气过滤器	≤230Pa

3.2 空气过滤器产品认证

无论是舒适性空调系统还是工艺性空调系统，都需要设置一定级别的空气过滤器，以满足人体舒适性要求和生产工艺要求。

3.2.1 舒适性空调系统中过滤器的选择

舒适性空调一般都有一定的洁净度要求，送入室内的空气都应通过必要的过滤处理；同时，为防止盘管的表面积尘，严重影响其热湿交换性能，进入盘管的空气也需进行过滤处理。工程实践表明，对于没有特别要求的空气调节，设置一级粗效过滤器即可，而对于含尘浓度有特定要求的区域或者室外污染比较严重的情况，可以增设一级中效过滤器。

过滤器的滤料应选用效率高、阻力低和容尘量大的材料。由于过滤器的阻力会随着积尘量的增加而增大，为防止系统阻力的增加而造成风量的减少，过滤器的阻力应按其终阻力计算。空气过滤器额定风量下的终阻力分别为：粗效过滤器 100Pa，中效过滤器 160Pa。

表 3-3 为典型建筑舒适性空调系统中过滤器的经验性选择。

表 3-3 典型建筑舒适性空调系统中过滤器的选择

场所	主过滤器效率	过滤器类型	备注说明
普通中央空调主过滤器	Z 类、GZ 类	袋式过滤器	保护空调系统，保持室内卫生
普通中央空调预过滤器	C 类	平板式过滤器	保护空调系统，保护下一级过滤器
高档公共场所中央空调	GZ 类	袋式过滤器	防止风口黑渍，防止室内装潢褪色
机场航站楼	GZ 类	袋式过滤器	外观美观
学校、幼儿园	GZ 类	袋式过滤器	特殊安全考虑
博物馆、图书馆	GZ 类	袋式过滤器	保护藏品、图书等

3.2.2 工艺性空调系统中过滤器的选择

为了保证洁净厂房或医院洁净手术室的洁净度等级要求，一般在净化空调系统中使用三级或四级空气过滤器，来拦截和过滤外部空气中的尘埃粒子。

在洁净厂房的设计中，对于过滤器的选择要求有：1）空气过滤器应根据洁净室等级选用；2）过滤器的额定风量是过滤器在一定的滤速下，使其效率和阻力最合理时的风量，因此，各类过滤器一般按额定风量选用；3）中效空气过滤器宜集中设置在系统的正压段，防止漏气而使污染空气进入系统，延长高效空气过滤器的使用年限缩短；4）高效空气过滤器和超高效空气过滤器宜设置在净化空调系统的末端；5）对于一些高洁净等级的单向流洁净室可以采用新风集中处理＋风机过滤机组（FFU）净化空调系统；6）对化学污染有控制要求的洁净室，宜设置化学过滤器；7）亚高效、高效和超高效过滤器应采用不燃或难燃的材料制作。

在医院洁净手术部的设计中，对于过滤器的选择要求有：1）净化空调系统至少设置三级空气过滤；2）准洁净手术室和Ⅲ、Ⅳ级洁净辅助用房，可选择采用带亚高效过滤器或高效过滤器的净化风机盘管机组，或立柜式净化空调器；3）净化空调系统中的各级过滤器应采用一次抛弃型；4）净化空调系统中使用的末级过滤器不得用木框制品，成品不应有刺激味，使用风量不宜大于其额定风量的 80%；5）当送风口集中布置时，末级过滤器宜采用钠焰法效率不低于 99.99%的 B 类高效空气过滤器；当风口按常规分散布置时，Ⅳ级洁净手术室和Ⅲ、Ⅳ级洁净辅助用房的末级过滤器可用亚高效空气过滤器；6）洁净手术室内的回风口必须设过滤器，当系统压力允许时，应设置中效过滤层器，必要时回风口可设置碳纤维过滤器；7）系统中第一级的新风过滤，应采用粗效过滤器、中效过滤器和亚高效过滤器的三级过滤器组合。

关于工艺性空调系统典型场所中过滤器的选择，可以参考表 3-4 的经验进行考虑。

表 3-4 典型建筑工艺性空调系统中过滤器的选择

场　所	主过滤器效率	过滤器类型	备注说明
10 万级、1 万级非均匀流洁净室	G 类	有隔板、无隔板高效过滤器	需逐台检测、无易燃材料，过滤器装在高效送风口内
100 级洁净室	G 类或 CG 类	有隔板、无隔板高效过滤器	出厂前经逐台扫描检漏
一般洁净室预过滤	GZ 类、YG 类	袋式过滤器、有隔板、无隔板过滤器	保证末端高效过滤器正常使用寿命
芯片厂 10 级、1 级洁净厂房	CG 类	无隔板高效过滤器	出厂前经逐台扫描检漏
芯片厂 10 级、1 级洁净厂房预过滤	G 类	有隔板、无隔板高效过滤器	保证末端高效过滤器长期使用寿命
制药行业 30 万级洁净厂房	GZ 类、YG 类、G 类	袋式过滤器、有隔板、无隔板过滤器	末端过滤器可以设置在中央空调器内
负压洁净室排风过滤	G 类	有隔板、无隔板过滤器	禁止危险物品的排放
核电站排放	G 类	有隔板、无隔板过滤器	防火、耐冲击
纺纱车间	C 类、Z 类、GZ 类	平板式过滤器、袋式过滤器和静电过滤器	防止煤灰纱
食品工业	GZ 类	袋式过滤器	保持生产环境卫生
洁净工作台、风淋室	G 类	有隔板、无隔板过滤器	
高要求静电喷涂生产车间	GZ 类、YG 类	袋式过滤器、无隔板过滤器	保证外观无瑕疵

4　过滤器的安装维护

过滤器的合理安装与维护对于保证送风洁净度、延长设备使用寿命和减少空调系统费用具有非常重要的意义。

空气过滤器的安装应该遵循以下原则：

（1）框架式及袋式粗、中效空气过滤器的安装应便于拆卸和更换滤料。过滤器与框架之间，框架与空气处理室的围护结构之间应严密；

（2）自动浸油过滤器的安装，链网应清扫干净，传动灵活。两台以上并列安装过滤器之间的接缝应严密；

（3）卷绕式过滤器的安装，框架应平整，滤料应松紧适当，上下筒应平行；

（4）静电过滤器的安装应平稳，与风管或风机相连接的部位应设柔性短管；

（5）亚高效、高效过滤器的安装应符合下列规定：

a. 应按出厂标志方向搬运和存放。安装前成品应放在清洁的室内，并应采取防潮措施。

b. 框架端面或刀口端面应平直。端面平整度的允许偏差±1mm，单个过滤器外框不得修改，在洁净室全部安装工程完毕，并全面清扫，系统连续试车12h后方能开箱检查，不得有变形、破损和漏胶等现象，检漏合格后立即安装。

c. 安装时，外框上的箭头应与气流方向一致。用波纹板组合的过滤器在竖向安装时波纹板必须垂直于地面，不得反向。

d. 过滤器与框架之间必须加密封垫料或涂抹密封胶，密封垫料厚度应为6～8mm，定位粘贴在过滤器边框上，安装后垫料的压缩率应大于50%。

e. 多个过滤器组合安装时，应根据各台过滤器初阻力大小进行合理配置。

（6）高效过滤器的密封安装技术有：

a. 接触填料密封：密封用填料有固体密封垫（如氯丁橡胶板、闭孔海绵橡胶板等）和液体密封垫（如硅橡胶、氯丁橡胶、天然橡胶等），固体密封垫一般采用螺栓螺母机械压紧的密封方法。

b. 液槽刀口密封：在槽形框架中注入一定高度的非牛顿密封液体，高效过滤器的刀口插入密封液槽里，使两侧的空气通路收到阻隔，以达到密封的目的。这种密封方法可靠性强，过滤器拆装方便，通常应用于5级、4级或更高级别洁净度的洁净室密封。

c. 负压漏泄密封：这种密封方法的原理正式正压空间泄漏的污染空气，认为疏导到工作区外的负压空间，以确保工作区不受污染。

（7）中效过滤器前的送风管、回风管、阀门及附件，一般用冷轧钢板或镀锌钢板制作；中效过滤器到高效过滤器之间的送风管、阀门及附件，一般用镀锌钢板或塑料复合钢板制作；高效过滤器后的送风管、阀门及附件，一般用铝合金板、塑料复合钢板或镀锌钢板制作。

（8）在空气过滤器的前后，应该设置测压孔或压差计，并设置报警装置，以方便阻力达到规定值时更换过滤器。一般以终阻力达到初阻力的两倍作为终止条件。

空气过滤器的更换及清洗应该遵循以下原则：

（1）在下列情况下，应更换高效空气过滤器：气流速度降到最低限度，即使更换粗效、中效空气过滤器后，气流速度仍不能增大；高效空气过滤器的阻力达到初阻力的两倍。

（2）可以通过定期对洁净室的洁净度等级和已安装过滤器泄露进行检测，当洁净度不能满足要求时即可更换高效空气过滤器。1～5级洁净室定期检测的时间为6个月，6～9级过滤器定期检测的时间为12个月；已安装过滤器泄露定期检测的嘴唇时间间隔不能超过24个月。

（3）对于亚高效及以下级别过滤器，当过滤器两端的阻力达到初阻力的两倍时，即应该考虑更换或清洗过滤器。

（4）当通风系统中各种污染物或碎屑已累积到可以明显看到的程度，或者明显有粉尘进入室内时，应该进行过滤器的检查、清洗和更换。

（5）过滤器拆装过程中应停止通风空调系统的运行，同时保证通风管道内部与室内环境保持一定的负压，以防止在没有空气过滤器的前提下对室内环境造成污染。

（6）从经济性角度考虑，许多过滤器产品价格低廉，而清洗过程中的劳务费用较高，因此，对过滤器进行清洗反而不如直接进行更换，另外，一些过滤材料（如纤维针刺毡等）往往不适合清洗或者清洗过程中会产生破坏作用（如驻极体材料、静电过滤器等），因而也往往直接进行更换。

（7）清洗方法包括用水清洗，用洗涤剂清洗和采用超声波清洗。利用超声波进行清洗能够保持良好的清洗效果和防止对过滤材料的破坏，是一种很好的清洗方法。另外，过滤器清洗后的效率不应低于原指标的85％，阻力不应高于原指标的115％，强度仍应满足使用要求。

5 参考文献

［1］中华人民共和国国家质量监督检验检疫总局．空气过滤器 GB/T 14295—2008[S]．北京：中国标准出版社，2009.

［2］中华人民共和国国家质量监督检验检疫总局．高效空气过滤器 GB/T 13554—2008[S]．北京：中国标准出版社，2009.

［3］中华人民共和国国家质量监督检验检疫总局．高效空气过滤器性能试验方法 效率和阻力 GB/T 6165—2008．[S]．北京：中国标准出版社，2009.

［4］中华人民共和国国家质量监督检验检疫总局．洁净厂房设计规范 GB 50073—2001．[S]．北京：中国计划出版社，2002.

［5］中华人民共和国建设部．医院洁净手术部建筑技术规范 GB 50333—2002．[S]．北京：中国计划出版社，2002.

［6］中华人民共和国国家质量监督检验检疫总局．通风与空调工程施工质量验收规范 GB 50243—2002．[S]．北京：中国计划出版社，2002.

集中空调系统空气净化装置设计选型

中国建筑科学研究院　王智超

1　集中空调系统污染

近些年，随着经济的发展和人民生活水平的提高，集中空调越来越广泛地应用于宾馆、商场、医院、超市和办公楼等公共场所，同时，许多公共建筑往往通过提高建筑物的密封性来节约能源，造成室内环境新风量不足，室内空气质量很大程度上依赖于空调的送风质量。然而，由于集中空调的长时间运行，空调新风机组、送风管道、送风口积满灰尘，使进风受到污染；另外，空调循环水管、表冷器、水箱等为微生物的生长提供了温湿度适宜的生存环境，滋生出一些病原体，如军团菌、病毒、细菌等，出现了各种各样的空调污染问题。

世界各国都高度重视集中空调引起的室内环境污染，进行了大量的调查研究。美国在20世纪90年代对450座办公楼进行了调查，结果发现，50%的集中空调房间室内空气质量恶化，且来自集中空调通风系统的污染占室内空气总污染程度的一半以上；2002年欧洲国家对室内空气质量调查显示，室内污染中42%来自于集中空调系统。我国集中空调的卫生安全问题也不容乐观，2003年SARS爆发后，国家及时出台了相关的法律法规，国务院颁布《公共场所卫生管理条例》和卫生部颁发的《公共场所集中空调通风系统卫生规范》[2006] 58号文。2004年卫生部组织开展了全国集中空调通风系统卫生状况监督检查，对60个城市的近千家集中空调系统进行检测，结果令人吃惊，合格率仅为6.2%，中等污染为46.7%，严重污染为47.1%。由此可见，我国集中空调通风系统的污染已相当严重。集中空调通风系统所造成的人体健康危害和疾病可达数十种，根据其对人体的危害程度、疾病的性质、致病的病原大致可分为三大类：急性传染病（如SARS等）、过敏性疾病（如过敏性肺炎和加湿器热病等）和“病态建筑综合症”。

我国每年因室内空气污染所致的超额死亡已达11.1万人，超额门诊人数达22万人。据世界银行估计，我国每年因室内空气污染所致健康危害的经济损失高达32亿美元，因此集中空调系统的污染严重影响着人们的身体健康，降低了人们的工作、学习和生活质量。如何消除或减少集中空调引起的室内空气污染已成为社会各界关注的热点。

集中空调通风系统空气净化装置是消除室内空气污染的重要途径之一。近年来，空气净化装置在大型公共建筑中被广泛应用，如奥运场馆、世博园区、首都机场T3航站楼、北京、上海和广州等城市的地铁站等；此外大型既有建筑的空调系统改造时，也加装了空气净化装置。国家空调设备质量监督检验中心对上百种空气净化装置检测结果表明，大部分产品对室内环境改善起到积极的作用。

2　空气净化装置原理与分类

集中空调通风系统空气净化装置从其原理上主要分为静电式、光催化和吸附式三类，以下分别介绍。

2.1　静电式空气净化装置

利用电极电晕放电原理，使空气中的粉尘带上电荷，然后利用电场力的作用，将带电粒子捕集在集尘装置上，达到除尘净化空气的目的。按其电晕原理可以分为正电晕放电和负电晕放电，正电晕容易从电晕放电过渡到火花放电，因此只能施加较小的荷电电压，净化效率低，产生的臭氧量相对较少，多用于室内空气净化装置；负电晕电压高，净化效率高，可以向室内释放有益身体健康的负离子，同时产生大量的臭氧，臭氧是一种强氧化剂，具有较强的杀菌消毒能力，但是其含量过高，也会对人体造成伤害，国家防疫部门和环境保护部门都对室内空气净化装置产生臭氧量有严格的要求，因此负电晕放电多用于工业除尘，而不适用于室内净化。静电式空气净化装置按其外部形式可以分为蜂巢型和极板型两大类，后者居多，见图 2-1 及图 2-2。静电式空气净化装置可以串并联组装在一起，组成大型空气净化装置，用在地铁、机场、酒店、宾馆等集中空调进风口，作为室内环境的一道安全屏障。静电式空气净化装置有很多优点：风阻小，除尘效率高，净化的空气量大，便于微机控制，可以远距离操作。但是不适宜净化气态有机污染物，对制造和安装质量要求较高，易产生臭氧等二次污染物，初期投资较大，且需定期清洗维护。

图 2-1　蜂巢式

图 2-2　极板式

2.2　光催化空气净化装置

光催化净化技术是近几年来发展较快的一项技术，见图 2-3。光源和催化剂是引起光催化反应的必备条件。光源一般采用紫外光，少数直接利用太阳光，催化剂则采用纳米 TiO_2、纳米 ZnO、贵金属（银和铂等）等，其中纳米 TiO_2 综合性能最好，其光催化活性高，耐光腐蚀，对人体无毒无害，因此是研究和应用中最为广泛的一种催化剂。TiO_2 半导体的能级结构，一般是由低能级的价带和高能级的导带构成，价带与导带之间是不连续区域，称为禁带，当能量大于 TiO_2 禁带宽度的光照射半导体时，光激发电子跃迁到导带，形成导带电子（e^-），同时在价带上留下空穴阶（h^+），由于半导体能带的不连续性，电子和空穴的寿命较长，它们能够在电场作用下或通过扩散的方式运动，与吸附在半导体催化剂粒子表面上的物质发生氧化还原反应。空穴和电子在催化剂粒子内部或表面也能直接复合。空穴能够同吸附在催化剂粒子表面的 OH^- 或 H_2O 发生作用生成羟基自由基 HO·，HO·是一种活性很高的粒子，是光催化氧化的主要氧化剂，能够无选择的氧化有机污染物，同时紫外线也能杀菌消毒。

影响光催化反应的因素有很多，比如催化材料的类型、结构、粒径大小和结构缺陷等，另外污染物初始浓度、紫外线强度、空气湿度和通过催化剂材料表面的空气流速等对反应都有重要影响。光催化净化技术相比其他净化技术，有很多优点，比如：降解速度快，一般只需要几十分钟到几个小时即可取得良好的处理效果；降解无选择性，几乎能降解任何有机物，尤其适合于氯代有机物、多环芳烃等；氧化反应条件温和，投资少，能耗低，在紫外光照射或阳光下即可发生光催化氧化反应。但是随着人们对光催化技术的深入研究，发现二氧化钛使用于室内空气中污染物净化需要高强度紫外线照射，污染物浓度过低时尤其如此。由于二氧化钛制备过程中，需要对各晶形的形成进行控制，因为研究表明，二氧化钛具有催化效果的晶形为锐钛型和金红石型两种，其中锐钛型有较好的光催化效果，这主要是由于两者的八面体的畸变程度和八面体间相互连接的方式不同所造成的晶格缺陷及晶面的影响。有研究表明当锐钛型和金红石型的晶相比为 9∶1 时，二氧化钛的光催化活性最佳。这就造成了为了达到二氧化钛催化剂较高的催化效果，生产时的成本居高不下。有些产品由于生产过程的控制问题，达不到预期的光催化效果，也是这类产品常见的问题所在。

通过测试可知，对于某些气态有机污染物，光催化技术不如传统的活性炭吸附法效果明显；光催化技术主要对有机气态污染物有催化分解的作用，对颗粒物净化效果不佳，而且有些催化反应的中间产物毒性较强，会造成二次污染，并有可能产生臭氧或紫外泄露等危险，因此在洁净手术室、无菌病房等净化空调系统中不得将其作为末级净化设施。

2.3 吸附式空气净化装置

吸附式空气净化是一种传统的净化技术，目前仍是净化污染气体的最佳方法之一。其原理是利用多孔性固体吸附剂（活性炭、无纺布、滤纸、纤维、泡沫棉等）处理气体混合物，使其中所含有的一种或多种组分吸附于固体表面上，从而达到分离的目的。吸附法按其原理分为物理吸附和化学吸附。物理吸附是通过吸附剂和吸附质之间的分子间力的作用所引起的吸附，此过程是一种放热过程，具有可逆性，当温度升高或者被吸附气体的压力降低，被吸附气体将从固体表面逸出，而并

图 2-3　集中空调用光催化空气净化装置

不改变吸附剂和吸附质分子的原来性状。化学吸附是由吸附剂表面与吸附质分子间的化学键力导致的吸附，涉及分子中化学键的破坏和重新结合，过程不可逆。化学吸附的速率随着温度升高而显著增加，宜在较高温度下进行。化学吸附有较强的选择性和稳定性，一旦吸附就不易解析，除非在高温下才能脱附。

常用的吸附剂有活性炭、活性氧化铝、分子筛和硅胶等。活性炭是最常见的一种吸附剂，按其原料来源可分为煤质活性炭、木质活性炭、有机活性炭、再生活性炭、果壳类活性炭和椰壳类活性炭，其中，以棕榈果壳和椰壳制成的活性炭为活性炭中的上品。活性炭中加入适量天然沸石或碘化钾后，能增加活性炭吸附空气中有害气体种类范围。目前比较流行的改性活性炭是通过浸渍等方法使活性炭颗粒中掺混一些贵金属，这样使活性炭可以有针对性的催化吸附一些有机气态污染物，在室内空气净化领域获得比较广泛的应用。活性炭的形状不同，其吸附性能差别也很大，比如活性炭纤维具有优异的结构与性能特征，其比表面积大，孔径分布高，是近几十年来迅速发展起来的一种新型高效吸附材料。与粒状活性炭相比，活性炭纤维吸附容量大，吸附脱附速度快，再生容易，而且不粉化。常见吸附剂及其吸附的污染物见表 2-1。

表 2-1 常用吸附剂应用举例

吸附剂	污 染 物
活性炭	苯、甲苯、二甲苯、乙醚、丙酮、煤油、汽油、光气、苯乙烯、氯乙烯、恶臭物质、甲醛、乙醇、硫化氢、氯气、一氧化碳等
浸渍活性炭	烯烃、氨、酸雾、碱雾、硫醇、二氧化硫、硫化氢、氯气、氟化氢、氯化氢、氨气、汞
硅胶	氮氧化物、二氧化硫、乙烯
分子筛	氮氧化物、二氧化硫、一氧化碳、硫化氢、氯气、硫化氢、氨气
活性氧化铝	二氧化硫、硫化氢、烃类、氟化氢
浸渍活性氧化铝	甲醛、汞、氯化氢、酸雾

吸附式空气净化装置按照处理对象不同通常分为空气过滤器和化学过滤器两类，前者主要清除颗粒物和微生物，后者清除气态化学污染物。吸附式空气净化装置前期投资较低，对颗粒物、微生物、化学污染物都有净化效果，但设备阻力较大，长时间使用会在其表面积尘，易引起二次扬尘，造成二次污染，需定期更换滤网或吸附材料等，否则会造成新风量降低，能耗增高。

2.4 复合技术

根据《公共场所集中空调通风系统卫生规范》的要求，集中式空调通风系统中使用的空气净化装置如果仅采用单一的技术很难完全消除所有的有害物质。一般需采用两种或多种技术复合，目前空调系统常用的复合技术有如下几种。

2.4.1 光催化技术与静电除尘技术组合

纳米光催化技术可以去除空气中的有机物却不能清除颗粒物，而且 TiO_2 催化剂容易被灰尘和颗粒物阻塞而失去活性，静电除尘技术可以去除 0.01～100μm 的气溶胶，效率可高达 90%以上，阻力小于 30Pa。二者组合在一起将成为经典的净化技术，同时具有二者的优点，并且静电除尘过程中产生的臭氧可以被纳米光催化材料去除。

2.4.2 光催化与吸附法组合

影响光催化反应效率的一个重要因素是反应时间。通常净化单元的面速为 2～3m/s，在这样的条件下光催化反应时间不够，净化效率不高。将光催化与吸附法结合在一起，可以依靠吸附介质将污染物固定，然后慢慢催化分解，可以大大提高催化反应的效率。

2.4.3 其他方式

目前，光催化净化装置和静电式净化装置价格都比较高，一般业主难以承受。在集中空调通风系统加装空气净化装置，可以采用比较经济的方式。一般风机盘管、空调机组和新风机组上都带有粗效空气过滤器，并且风机盘管和空调机组都是大量采用室内回风，在这些设备上加装纳米光催化设备，即将粗效过滤器与纳米光催化组合，净化效果也不错。另外粗效过滤器与静电空气净化装置组合也是常用的一种组合方式，净化效果比单独使用一种方式好得多。集中空调通风系统中常用空气净化装置及其用途见表 2-2。从表 2-2 可以看出，多种净化装置组合在一起可以同时清除颗粒物、微生物和有害气体，并且净化效果较好，但是这样的组合有可能造成阻力超标，成本过高或者其他问题，在应用中还要根据实际情况进行选择。

表 2-2 空气净化装置对常见空气污染物净化效果

分　　类	悬浮颗粒	有害气体	微　生　物	
种类	悬浮飞尘等[1]	甲醛、苯、氨等	细菌	病菌
微粒直径	0.2～90μm	0.0001～0.001μm	0.4～1μm	0.02～0.3μm
静电式	有效	不明显	部分有效	无效
光催化式	不明显	有效	有效	有效
活性炭吸附式	有效	高效	部分有效	无效
紫外线灭菌式	对霉菌孢子有效	无效	高效	高效
静电式＋光催化式	有效	有效	有效	有效
静电式＋粗效过滤	有效	不明显	部分有效	无效
光催化＋活性炭吸附式	有效	高效	有效	有效
普通滤芯＋HEPA[2]滤芯＋活性炭式	高效	高效	有效	无效
普通滤芯＋HEPA 滤芯＋活性炭式＋紫外线灭菌式[2]	高效	高效	高效	高效

注：1　悬浮飞尘、宠物皮屑、花粉、霉菌孢子、尘螨、唾液飞沫、香烟烟雾、油烟等；
　　2　HEPA 为高效空气过滤器。

3 空气净化装置评价标准

目前，国内空气净化装置的生产厂家很多，但是规模较小，产品质量良莠不齐，因此急需国家标准或行业标准规范市场，促进空气净化行业的健康成长。目前，在国内空气净化装置的检测标准主要有《公共场所集中空调通风系统卫生规范》和《空气净化器污染物净化性能测定》JG/T 294—2010。《公共场所集中空调通风系统卫生规范》是 2003 年

SARS爆发后卫生部紧急制定并颁布的重要文件，并于2006年进一步修订。《空气净化器污染物净化性能测定》JG/T 294—2010则是由中国建筑科学研究院起草编制，于2011年8月1日正式实施，针对室内单体式空气净化器和集中空调通风系统中模块式空气净化器分别提出了具体的技术要求和检测方法。检测内容与要求详见表3-1。

表3-1　空气净化装置检测标准内容比较

测试项目	卫生规范	JG/T 294—2010
阻力	≤50 Pa	≤标称值，需绘制风量与阻力曲线
可吸入颗粒物	一次通过净化效率≥50% （计重法）	符合GB/T 14295规定 （计数法）
微生物	一次通过消除率≥50%为净化合格 一次通过消除率≥90%为消毒合格	一次通过净化效率≥50%
化学污染物	—	一次通过净化效率≥50%
净化寿命	要求可吸入颗粒物一次通过净化效率连续运行24h后，效率下降<10%	≤标称值，未提出具体要求
臭氧增加量	≤0.10mg/m^3	<0.16mg/m^3
紫外线泄漏	≤5μW/cm^2	≤5μW/cm^2
PM10增加量	≤0.02mg/m^3	—
TVOC增加量	≤0.02mg/m^3	—

《公共场所集中空调通风系统卫生规范》是卫生部发布的一个文件，但是在集中空调领域却作为一项强制标准来实施。对空气净化装置主要包括安全卫生和净化性能两方面要求。安全卫生方面包括：臭氧增加量、紫外线泄漏、PM10增加量和TVOC增加量。其中臭氧的限量值直接采用国家强制性标准GB 4706—2008中关于家用电器的要求；紫外线参照《消毒技术规范》中的规定；PM10增加量则是针对二次扬尘引起的颗粒物污染，TVOC增加量是针对有些设备中使用化学试剂，有可能引入新的化学污染物，PM10和TVOC增加量均是在《室内空气质量》GB/T 18883—2002中的标准值基础上，取10%作为限量。净化性能方面包括：阻力、可吸入颗粒物一次通过净化效率及连续运行效果、微生物一次通过净化效率，内容没有涉及对化学污染物的净化效果的要求。可吸入颗粒物一次通过净化效率检测采用2～6μm粒径的单分散相标准粒子（没有指明具体化学成分），其浓度为3～10倍标准值范围内（《室内空气质量标准》GB/T 18883—2002要求PM10浓度≤0.15mg/m^3），连续运行24h则需颗粒物浓度维持在0.5～1.5mg/m^{3}范围内。微生物净化效果采用空气中的自然菌，对净化效果则分为净化和消毒两种要求。

《空气净化器污染物净化性能测定》JG/T 294—2010是一项产品标准，内容包括对污染物净化效果要求、相关检测方法和检测设备等。针对颗粒物的净化效率，通常有两种表示方法，一种是计数效率，检测几个不同粒径的颗粒物净化效率，另一种是计重效率，通常为PM10净化效率。此标准中对于可吸入颗粒物净化效果的检测，则参照《空气过滤器》GB/T 14295—2008，以计数效率作为评价方法，测试尘源采用0.3～10μm粒径范围的多分散固相氯化钾气溶胶粒子，因此，对于同一设备，两个标准中所用的尘源不同，测试结果也会有所差别，一般计重效率略低于计数效率，效率差值与使用尘源、检测仪器设备都有关系。微生物净化效果检测采用大气中自然菌。化学污染物则通过注射式化学污染物发生器产生，测试过程中维持标准值浓度（《室内空气质量标准》GB/T 18883—2002要求）的3±0.5倍。阻力至少要提供额定风量的50%、75%、100%和125%四种风量下的阻力值，绘制风量阻力曲线。在安全性方面，标准中规定了臭氧增加量和紫外线泄漏量两项指标，并且提供了紫外线泄漏量的测试方法。

目前，空气净化产品认证已成为某些大型项目招投标项目中的必备条件，包括住房与城乡建设部在2011年为确保高质量建设城镇保障性安居工程住房，组织建立的保障性住房建设材料部品采购信息平台中规定，所有企业供应的产品都必须通过国家级认证机构颁发的产品认证。住房与城乡建设部唯一认可的国家级空气净化装置产品认证单位是中国建筑科学研究院。该认证中于2007年开展了空气过滤器的产品认证，2010年又开始对空气净化器产品进行认证工作。空气净化器产品认证的范围包括家用或类似用途的单体式空气净化器和公共场所集中空调通风系统中使用的模块式空气净化器。空气净化器产品认证依据的标准是《空气净化器》GB/T 18801—2008和《公共场所集中空调通风系统卫生规范》。模块式空气净化器检测项目包括电气安全、标志、包装、外观、试运转、装置阻力、臭氧增加量、紫外线泄漏量、TVOC增加量、PM10增加量、颗粒物一次通过净化效率及连续运行效果和微生物一次通过净化效率。在基本满足国家标准的基础上，可以为空气净化器产品颁发产品认证标示，同时，空气净化器产品认证对环保和节能分别提出了要求，见表3-2和表3-3，满足节能或环保要求的产品则可以使用节能或环保图标，见图3-1。

图3-1　节能环保图标

表3-2　空气净化装置节能要求

项　目	要　求
装置阻力	≤50Pa
24小时连续运行效果	一次通过效率下降<5%

表3-3　空气净化装置环保性能要求

项　目	要　求
臭氧	增加量≤0.05mg/m^3
紫外线（装置周边30cm）	增加量≤1μW/cm^2
TVOC	增加量≤0.03mg/m^3
PM10	增加量≤0.01mg/m^3
颗粒物净化效率	一次通过效率≥60%
微生物净化效率	一次通过效率≥75%

4 空气净化装置产品检测与现场测试

国家空调设备质量监督检验中心是空气净化装置的权威检测机构，是住房与城乡建设部唯一认可的空气净化装置产品认证单位。具有国内领先的检测能力，具备中、高效检测台、大风量空气净化装置检测台和 $30m^3$ 大型环境舱等检测设备，检测范围包括各类空气净化装置和净化材料等，每年检测的净化装置达几百台次，如图 4-1 及图 4-2 所示。获得国家专利多项，其中包括标准人工尘螺旋形发生器、遥控式气体发生器、大粒径气溶胶发生器和环境测试舱。研制了符合不同检测标准要求的系列人工模拟尘，目前已开始销售。在检测的同时，近几年还先后参与了奥运场馆和北京、上海和广州等地铁站空气净化装置选型工作，取得很好社会效益和经济效益。

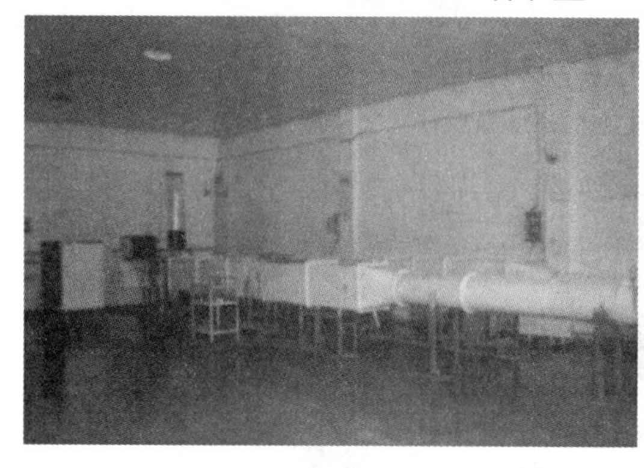

图 4-1 空气净化装置检测台

图 4-2 大风量检测台

空气净化装置在投放市场前都要经过国家质检部门的权威检测，只有质量合格的产品才能使用，但是这类检测主要在实验室中完成，送检样品也仅有一个或几个净化器模块。在一些场合需要几个甚至几十个净化器模块组成大型的空气净化装置，体积庞大，风量达数万立方米每小时，一般检测台无法检测，只能通过现场检测，另外，现场检测更加贴近实际运行状况，检测结果更有实际意义。

图 4-3 北京地铁空气净化装置竞标产品

2009 年国家空调设备质量监督检验中心受北京城建设计研究总院的委托，对竞标北京地铁的空气净化装置进行检测，搭建了风量可达50 000m^3/h，迎风面积为 2m×2m 的大风量空气净化装置测试台，如图 4-3 所示，采用中国建筑科学院自主研发的人工尘作为测试尘源，圆满地完成了各项检测项目，获得了北京城建设计研究总院和各生产厂家的高度评价。随后又测试了广州地铁已投入使用的空气净化装置（见图 4-4 及图 4-5）和北京、上海和广州地铁即将投入使用的集中空调新风机组中的空气净化装置，测试风量最高达90 000m^3/h，净化模块有20多个，迎风端面约10m^2左右。测试项目包括阻力、颗粒物一次通过净化效率及连续运行效果、微生物一次通过净化效率、臭氧增加量、紫外线泄漏量、TVOC和PM10增加量。这种大风量空气净化装置的检测和验收在国内非常罕见，这些装置通常安装在大型公共场所，其产品性能直接关系到公共环境卫生和人们的身体健康，因此，这些净化装置的检测有着非常重要的意义。

图 4-4　广州地铁集中空调新风机组及空气净化装置

图 4-5　广州地铁站已安装的空气净化装置

5　空气净化装置选型

5.1　从经济性和可信性角度选择

目前，空气净化装置的类型很多，其净化的对象也不同，如何挑选出最佳的空气净化装置就显得尤为重要。选择空气净化装置首先要明确现场环境状况，包括建筑物室内空气中的污染物类型和浓度，明确空气净化装置需要清除的对象是什么，根据各类空气净化装置所适用的范围，确定需购买的空气净化装置的大体类型。其次，经济性合算，确定哪种类型的设备最为经济可行。了解室内人员密度，根据国家标准，由室内人员数确定需要的洁净新风量，进而确定集中空调需要的空气净化装置的数目，然后根据设备的使用寿命、购买和维护费用、设备折旧、设备每年实际运行时间等，计算出使用某净化装置每年的总费用。最后，根据自己的预算和条件，合理地进行选择。

比如某大型酒店采用全新风系统的集中空调，要为新风机组进行空气净化装置选型。根据建筑周围及室内环境状况和需要达到的净化要求，选用静电式空气净化装置和袋式空气过滤器均可满足需要。据了解，建筑物中常住人口有 1000 人，根据《室内空气质量》GB/T 18883—2002 要求，室内人员的新风量要求为 $30m^3$/（h·人），则设备运行风量最低为30 000m^3/h，即每小时空气净化装置需要提供30 000m^3的洁净空气，由此就可以确定该风量下需要使用设备的数量。考虑到投资费用，其中包括前期购置费、运行费用（电费、维护清洗费等）、设备的折旧、运行寿命等因素，经过经济合算发现采用静电式空气净化装置和袋式空气过滤器单位风量年度经费分别为 0.48 元/（a·m^3/h）和 1.21 元/（a·m^3/h），选用静电式空气净化装置更加经济实用。另外，还需注意设备品牌，以及安装、维护和保养等事项，最终根据自己的情况确定空气净化装置的类型、型号和数量等。

选型时需要注意以下几点：(1) 供货方需提供国家权威检测单位出具的检测报告。看清报告中是否带有“CMA”、“CAL”和“CNAS”等图标，注意测试结果及具体的测试条件和方法，颗粒物的净化效率采用哪种方法（计重效率或计数效率），方法不同，结果会有差别。(2) 额定风量。不同的产品，在净化效率相同的条件下，额定风量越大越好。(3) 阻力。阻力直接与空调运行能耗有关，相同条件下，阻力越小越好，甚至有时为了节约能源，不得不选择那些净化效率稍差，但是阻力很小的设备。(4) 选择有信誉的供货商，并且需要供货方提供良好的后期服务。有些产品需要定期更换滤芯或滤液，定期对设备进行检修，这些都需要供货方提供优质的服务。

5.2 从安装位置角度选择

集中空调中的空气净化装置主要安装在空气处理机组、送回风管道、送风口或回风口等位置。安装的位置不同，空气净化装置选择类型也不同。

空气处理机组内大部分采用纤维过滤网或活性炭过滤装置，有些是采用粗效过滤和静电式空气净化净化装置配套使用，从而保证引入空气的质量；在主风道中垂直插入紫外灯管或者光催化式空气净化装置，可以杀灭空气中细菌病毒等微生物和化学污染物；新风口通常安装吸附式空气净化装置，消除集中空调系统通风管道污染而引起的室内空气质量恶化；在回风口也可以安装吸附式或静电式空气净化装置，减少或者避免室内建筑装修材料、办公用品、人员活动产生的污染物进入风道中污染整座建筑物中的所有房间。

6 安装与维护

6.1 安装

设备安装前，应仔细检查供货商提供的由国家级检测中心出具的检测报告，产品各项指标特别是装置阻力、噪声、臭氧增加量、紫外线泄漏量和电气安全等满足国家标准要求，才能够安装。安装前，作为空气净化装置供应商应对现场施工人员进行技术指导，避免因施工造成的设备损伤或人员伤害。

空气净化装置应单独供电，其控制并入集中空调系统。适用于组合式空气处理机组的空气净化装置，应当具备装置开启与关闭与空调连锁，同时应当具备事故报警信号输出系统，且需并入空调系统。适用于风机盘管的空气净化装置开启和关闭均可与风机盘管风机连锁控制，同时应当具备事故报警信号输出装置且需并入集中空调控制系统。

安装空气净化装置的位置旁边应预留检修口，便于设备运行维护。在新风机组检修门上设置自动断电功能，当检修门打开时，装置自动断电停机，避免因遗忘断电而造成的人员伤亡。

空气净化装置还需安装有失效报警功能，当积尘达到一定限值，警示灯提醒操作人员进行更换或者清洗操作。对于那些耗电量高的静电式净化装置可以安装风速感应器，当无风通过时，净化装置自动停止，既节约能源，又避免了无风状况下工作时，造成室内臭氧超标。

安装完成后，在条件允许情况下，应当对空气净化装置进行现场检测，确认工作正常，各项功能能够达到设计要求。

6.2 维护

空气净化装置安装、调试完毕后，进行验收，要求经过空气净化装置的空气满足国标及卫生部《公共场所集中空调通风系统卫生规范》中各项对空气质量指标的要求。由产品供应商代表负责监察系统启动，对维护队伍进行专业培训并提供设备运行及维护说明书。

安装在集中空调通风管道、送风口、回风口、主机箱等位置的空气净化装置必须严格按照设计规范或产品说明书运行，进行定期维护、清洗或更换，以保证设备正常运转，保障室内空气品质。

在设备实际运行时，需指定详细的管理制度，并由专人负责，对日常运行和维护等做好以下工作：

1）检查系统的阻力损失是否在安全工作范围内；

2）专业人员应定期检查电器安全；

3）检查静电空气净化装置供电是否正常，根据积尘板上集尘情况定期清洗灰尘；

4）净化装置使用的紫外灯管有一定的使用寿命，要及时更换，定期清除光催化剂表面的灰尘；

5）空调通风系统的过滤网（器）每周清洗消毒一次，定期更换；

6）如果空调系统净化装置污染严重，则需请专业清洗机构，运用专业仪器进行彻底清洗。

空调建筑房间相对压差值及风量平衡设计计算

北京市建筑设计研究院　孙敏生
中国建筑设计研究院　潘云钢

1　对空调区相对压差的要求和目的

保持空调区（空调房间）对室外的相对正压，是为了防止室外空气的侵入，有利于保证空调区的洁净度和室内热湿参数等少受外界的干扰。因此，有正压要求的空调区应根据空调区的外围护结构严密程度来校核其维持正压的新风量。

建筑物内的房间功能不同时，其要求的空气相对压力也应不同。如空调建筑中，电梯厅和走道相对于办公房间和卫生间，餐厅相对于其他区域和厨房，应是空气压力为正压和负压房间的中间区。另外，医院传染病房和一些附属房间等，根据需要还应保持负压。因此，对于舒适性空调区域，规范条文对其压差值提出 5～10Pa 的推荐值，但不能超 30Pa 的最大限值。

工艺性空调由于其压差值有特殊要求，设计时应按工艺要求确定。如医院手术室及其附属用房，其压差值要求应符合《医院洁净手术部建筑技术规范》GB 50333 的有关规定。

规范中空调房间压差值要求，是指门窗关闭时设计工况的数值。

2　目前空调建筑相对压差设计计算的现状

1）以往工程设计中，经常采用按房间换气次数确定压差值。实际上风量渗透通道的大小与房间体积没有直接关系，只与门窗缝隙尺寸有关，因此很不准确。尤其是高大且较密闭的空间，常常出现新风量很大也不需要设置排风的计算结果，使排风热回收的节能措施难以实施，且在门窗紧闭时压差值过大。

2）虽然目前有的设计资料（例如《全国民用建筑工程设计技术措施（暖通空调・动力）》）中提供了门窗单位长度缝隙的渗透风量，为计算维持房间压差所需风量提供了数据，但是这些数据是对于缝隙很大的钢窗的测试或计算结果。现行节能规范对窗户的严密程度已经有了明确的规定，因此通过外门窗向室外的渗透风量已经大大减少。例如设计资料中提供的数据，同样 10Pa 压差下的外窗渗透风量，是有关节能规范要求的 6 级窗的 2～3 倍多。

3）在考虑室内与室外相对压差时，随地区、地形、房间高度、季节不同和天气变化，房间内外温差形成的热压和室外风力的影响是千变万化的。迎面风压是室外空气侵入室内的不利因素；热压则对于不同高度的房间，冬天和夏天的有利和不利是相反的；稳定的设计工况很难确定，按动态工况进行工程设计和运行，也是不现实的。因此目前尚无统一定量的数据和方法，对于工程设计，有必要对设计计算考虑合理的简化。

3 房间门窗渗透风量和压差的关系

1）基本关系式

$$q = 0.827 f \cdot \Delta P^{\frac{1}{b}} \times 3.6 \times 1.25 \tag{3-1}$$

式中 q——单位长度缝隙渗透量，m^3/（h·m）；

0.827——渗风系数；

f——缝隙宽度，mm；

b——指数，可取 $b=2$；

1.25——不严密处附加系数。

2）窗缝渗透量的确定

《建筑外门窗气密、水密、抗风压性能分级及检测方法》GB/T 7106—2008 给出了各级外门窗在 $\Delta P=10$Pa 时的渗透量范围，通过公式（3-1），可以推算出各级窗的当量缝隙宽度。各级窗在两侧压差为 10Pa 时的渗透量范围的平均值 q_{10} 和推算出的当量窗缝宽度 f_c 见表 3-1。

表 3-1 各级窗两侧压差为 10Pa 时的渗透量和当量窗缝宽度

窗分级	1	2	3	4	5	6	7	8
q_{10}（m^3/h·m）	3.75	3.25	2.75	2.25	1.75	1.25	0.75	0.5
f_c（mm）	0.32	0.28	0.23	0.19	0.15	0.11	0.06	0.04

也可以直接采用下式计算不同压差时的窗户渗透量。

$$q_c = q_{10}\sqrt{\frac{\Delta P}{10}} \tag{3-2}$$

式中 q_c——窗单位长度缝隙渗透量（m^3/（h·m））；

ΔP——窗两侧压差值（Pa）；

q_{10}——$\Delta P=10$Pa 时窗的渗透量（m^3/h·m）。

3）门缝宽度 f_m 的确定

虽然文献［2］的要求也适用于外门，但由于实际工程中门的严密程度远远不符合要求，一般内门的上部和侧面或门扇之间有启口而能够较严密关闭，缝隙宽度一般远小于门下部缝隙宽度，各种类型外门的门缝宽度根据四周是否有密封措施也差距很大，应通过调研按实际情况确定。

4）窗与门的比较

由于节能要求使用了分级较高的密闭窗，有外窗的房间为维持房间正（负）压的门窗渗透量中，以门的渗透量为主，设计计算中应重点考虑门缝对房间风量平衡和相对压差的影响。

4 空调建筑各区域相对压差和风量平衡分析

实际工程的空调建筑各区域压力分布和风量平衡关系十分复杂，既要考虑局部区域或楼层的平衡，又要考虑整栋建筑的平衡，因此没有统一的计算公式，需由设计人根据建筑布局进行分析，并进行必要的简化。以下为分析思路的举例，仅供参考。

1）办公层分析举例

图 4-1 为某工程标准办公层的风量平衡示意。假设建筑物有些朝向、季节受到热压或风压的影响，室外空气对外门窗具有一定的正压力，有时则影响较小以致有相反的影响，表示为“＋、±、－”；无外门的办公房间为抵御在不利情况时室外空气从窗户侵入，应维持更高的正压，为“＋＋”；本工程走道无外门窗，与楼梯间、电梯间等有前室相隔，因此不考虑与室外和首层门厅之间的压差，但与办公室相比压力较小，为“＋”；卫生间与其他区域相对为负压，与压力变化的室外相比，表示为“±或－”。

由于室外正压值难以确定，建议按室外假设为 0 压（±）时（例如风压和热压影响中和的层面房间），室内正压值取规范推荐的较大数值（例如 10Pa）；在室外有较大迎面风时，虽然室内外压差值减少，多数时间仍能抵御室外空气侵入；当室外风向或热压作用相反时，房间也不会严重超压。

建筑物内部的办公和走道之间压差值根据需要按规范推荐取值（例如 5Pa）。

内区卫生间和清洁间可按工程中常用的换气次数确定排风量，补风均从走道进入，并采用公式（3-1）校核与走道的压差，必要时（例如压差超过 10Pa 时）设置其他补风通路。

室外风压和热压的变化虽然也对建筑物内部各区域的压差有所影响，但工程设计时一般可忽略。

表 4-1 和表 4-2 为本例实际工程的计算结果。由表中可以看出：

1）窗户两侧压差为 10Pa 时，缝隙风速约为 3.3m/s，我国大部分城市的冬夏季的平均风速在 3m/s 左右，因此一般情况下能够阻挡室外迎面风的侵入。

2）对于采用 6 级窗的空调房间，外窗的渗透量很小，渗透风量中以门的渗透量为主。

3）进入办公室的新风除维持房间正压从窗户渗透的风量和卫生间排风外，其余风量

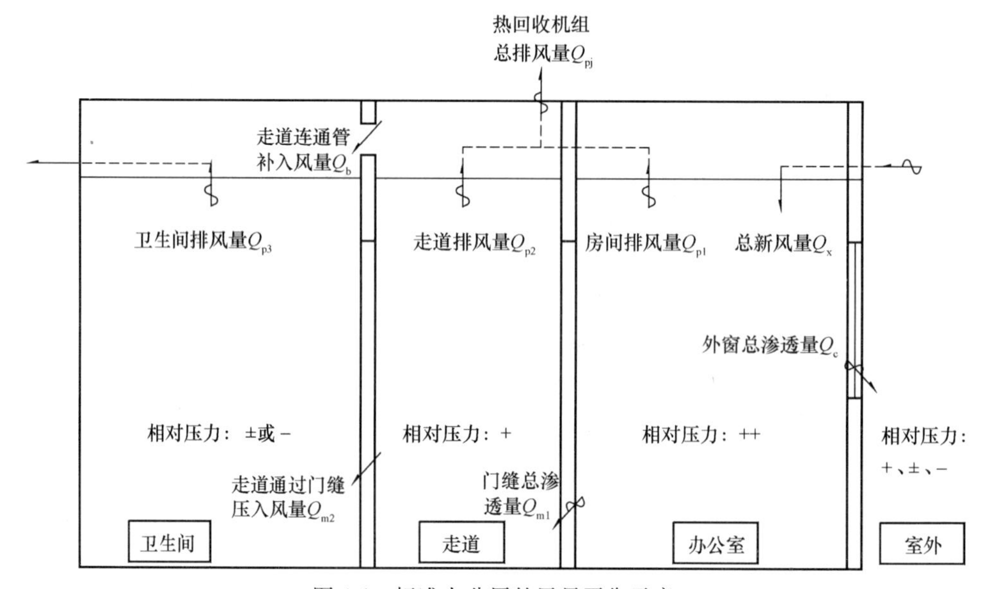

图 4-1　标准办公层的风量平衡示意

还应有排向室外的出路。

4）即使扣除了卫生间排风，能够回收的排风量仍占新风量的80%左右，可见节能要求进行排风热回收是十分必要的。

表4-1　典型房间压差和风量计算表

<table>
<tr><td colspan="5">已　知　数　据</td></tr>
<tr><td colspan="2">项　　目</td><td>办公室</td><td>卫生间</td><td>清洁间</td></tr>
<tr><td colspan="2">房间新风量 Q_x(m^3/h)</td><td>300</td><td>—</td><td>—</td></tr>
<tr><td colspan="2">房间排风量 Q_{p3}(m^3/h)</td><td>—</td><td>400</td><td>150</td></tr>
<tr><td colspan="2">与室外压差 ΔP(Pa)</td><td>10</td><td>—</td><td>—</td></tr>
<tr><td colspan="2">与走道压差 ΔP(Pa)</td><td>5</td><td>≤10(取10)</td><td>≤10(取5)</td></tr>
<tr><td rowspan="4">门</td><td>下部缝宽度 f(mm)</td><td>5</td><td>10</td><td>10</td></tr>
<tr><td>上部和侧面缝宽 f(mm)</td><td>2</td><td>2</td><td>2</td></tr>
<tr><td>高(m)</td><td>2.4</td><td>2.4</td><td>2.4</td></tr>
<tr><td>宽(m)</td><td>1</td><td>1</td><td>1</td></tr>
<tr><td colspan="2">6级窗缝长 L_c(m)</td><td>18.8</td><td>—</td><td>—</td></tr>
<tr><td colspan="5">计　算　结　果</td></tr>
<tr><td colspan="2">项　　目</td><td>办公室</td><td>卫生间</td><td>清洁间</td></tr>
<tr><td rowspan="3">外窗</td><td>渗透量 Q_c(m^3/h)</td><td>24</td><td>—</td><td>—</td></tr>
<tr><td>缝风速(m/s)</td><td>3.3</td><td>—</td><td>—</td></tr>
<tr><td>渗透量占百分比(%)</td><td>14.5</td><td>—</td><td>—</td></tr>
<tr><td rowspan="3">门</td><td>渗透量 Q_m(m^3/h)</td><td>138</td><td>254</td><td>180</td></tr>
<tr><td>缝风速(m/s)</td><td>2.3</td><td>2.6</td><td>2.6</td></tr>
<tr><td>渗透量占百分比(%)</td><td>85.5</td><td>100</td><td>100</td></tr>
<tr><td colspan="2">维持正(负)压风量 Q_{sh}(m^3/h)</td><td>162</td><td>254</td><td>180</td></tr>
<tr><td colspan="2">房间排风量 Q_{p1}(m^3/h)</td><td>138</td><td>—</td><td>—</td></tr>
<tr><td colspan="2">房间补风量 Q_b(m^3/h)</td><td>—</td><td>146</td><td>−30(取0)</td></tr>
</table>

表4-2　办公层风量平衡数据表

<table>
<tr><td colspan="2">项　　目</td><td>计算数据来源或公式</td><td>风量(m^3/h)</td></tr>
<tr><td rowspan="4">空调房间</td><td>总新风量 Q_x</td><td>按卫生要求确定和统计</td><td>8100</td></tr>
<tr><td>外窗总渗透量 Q_c</td><td>按表4-1计算结果统计</td><td>648</td></tr>
<tr><td>门缝总渗透量 Q_{m1}</td><td>按表4-2计算结果统计</td><td>3726</td></tr>
<tr><td>应从房间内排走的总风量 Q_{p1}</td><td>$Q_x-Q_c-Q_{m1}$</td><td>3726</td></tr>
<tr><td rowspan="3">卫生间、清洁间</td><td>总排风量 Q_{p3}</td><td>按换气次数确定</td><td>950</td></tr>
<tr><td>由走道通过门缝压入风量 Q_{m2}</td><td>按表4-1计算结果统计</td><td>404</td></tr>
<tr><td>从走道连通管补入风量 Q_b</td><td>$Q_{p3}-Q_{m2}$</td><td>546</td></tr>
<tr><td>走道</td><td>排风量 Q_{p2}</td><td>$Q_{m1}-Q_{m2}-Q_g$</td><td>2776</td></tr>
<tr><td colspan="2">本层热回收机组的总排风量 Q_{pj}</td><td>$Q_{p1}+Q_{p2}$</td><td>6502</td></tr>
<tr><td colspan="2">本层热回收机组排风/新风量比例(假设不回收厕所排风)</td><td>Q_{pj}/Q_x</td><td>80.2%</td></tr>
</table>

2）公共建筑门厅区域分析举例

某公共建筑入口门厅，外围护结构无上部自然通风窗，仅有外门。空调采用全空气系统，冬夏季采用最小新风量，过渡季全新风运行。当送风为按人员卫生要求确定的最小新风量时，未设机械排风，以免大量室外空气侵入；仅在最大新风量时设机械排风，排风量为最大和最小新风量的差值；有利于节能且节省了设备投资。

分析计算的目的是校核最小新风量时门厅相对压力。门厅区域的自然渗透渠道较复杂：除与室外相通外，室内还与楼梯间、电梯间等相通；楼梯间等与室内正压房间或地下室负压区域也不直接相通，很难确定其相对压差；当维持较高正压的大堂通过楼梯间等向各层走廊等区域渗风时，这些区域的设定压差状态也有改变。但考虑这些因素对风量平衡影响不大，在宏观的工程设计误差允许范围内，因此可不考虑对其他层计算进行修正，外门和内门两侧压差也取相同数值。

门厅风量和压差计算见表 4-3。从校核计算结果看出门厅内外计算压差值和风速均较高，但考虑到外门经常开启或关闭不严，与相邻区域相通的内门实际风速也不会太大。且为防止冷热风侵入，在规范允许范围内室内外压差也应维持较高值。

表 4-3　某公建入口门厅风量和压差校核计算表

已知数据			计算结果		
最小/最大新风量 Q_x(m³/h)		3500/35000	项目	最小新风量	最大新风量
外门	门高(m)	2.8×8	外门渗透量 Q_m(m³/h)	2000	
	门宽(m)	7.8	内门渗透量 Q_m(m³/h)	1500	
	门上部和侧面缝宽 f(mm)	2	维持正压所需风量 Q_s(m³/h)	3500	
	门下部缝宽 f(mm)	10	机械排风量(m³/h)	0	31500
内门	门高(m)	2.4×12	压差值 ΔP(Pa)	15	
	门宽(m)	6	外门缝风速(m/s)	4	
	门上部和侧面缝宽 f(mm)	2			
	门下部缝宽 f(mm)	5			

3）地下机房压差、风量和风量平衡

地下机房一般按消除余热、事故排风或换气次数确定排风量，常按 80%～90%确定补风量。但实际维持正压风量的自然补风通路只有门缝，在压差相同时，每个门的渗风量差别不大；而排风量则因机房消除余热量或有害气体量不同而大不相同，如要获得满足要求的房间压差，送风和补风之差仅与门缝长度有关；门缝长度（门个数）并不随排风量加大而增多。因此，对于换气次数相差很大的机电用房，采用“百比分法”确定补风量的传统方法误差很大，有必要统计计算房间门的大小和数量，确定渗风量，在已知排风量（或新风量）的前提下，进行补风量（或排风量）估算。对于地上空调区域，也有类似问题。

一般习惯做法机电设备用房均为负压，除值班室外正压房间很少，使得地下机房层整体负压值过大，对整个楼栋也有影响。可如下解决和考虑：（1）对于无有害气体的机房，可不考虑负压，例如电气用房和清洁泵房等；（2）地下机房层仍然整体负压，恰好可吸纳首层入口大堂为保持较高正压的渗透量，以减少大堂正压对其他各层压力的影响，有利于整个建筑的风量平衡。

维持房间正压或负压所需风量的简化计算：

工程中设计中，可根据房间门的数量和窗缝的长度，计算维持房间正压或负压所需风量 Q_y（m^3/h），当房间外窗尚无准确资料时，也可按窗渗透量占总渗透量的比例简化计算，见公式（4-1）。

$$Q_y = \sum n \cdot Q_m + L \cdot q_{10} = \alpha \cdot \sum n \cdot Q_m \tag{4-1}$$

式中 n——房间内尺寸相同或相近，两侧压差值取值相同的标准门个数；

Q_m——标准门渗透风量(m^3/h)，可按表 4-4 取值；

L——外窗缝长；

q_{10}——各级窗两侧压差为 10Pa 时的渗透量($m^3/(h \cdot m)$)，按表 3-1 取值，当采用 6 级窗时，$q_{10} = 1.25m^3/(h \cdot m)$；

α——简化计算时考虑外窗渗风量的系数，无可开启外窗时 $\alpha = 1$，有可开启外窗时可取 $\alpha = 1.05 \sim 1.25$。

表 4-4 标准门渗透风量 Q_m（m^3/h）

压差（Pa）			5	10	15	20	25	30	35	40	45	50
标准门编号和下缝宽度	1	5mm	138	195	239	276	309	338	365	391	414	437
		10mm	180	254	311	359	402	440	476	508	539	568
	2	5mm	150	212	259	300	335	367	396	424	449	474
		10mm	200	282	346	399	447	489	528	565	599	632
	3	5mm	167	237	290	335	374	410	443	473	502	529
		10mm	230	325	398	459	514	563	608	650	689	726
	4	5mm	185	261	320	369	413	453	489	523	554	584
		10mm	260	367	450	519	581	636	687	734	779	821
	5	5mm	220	311	381	439	491	538	581	621	659	695
		10mm	320	452	553	639	715	783	845	904	959	1010

注：标准门 1(单扇)：1m×2.2～2.4m(h)，标准门 2(单扇)：1.2m×2.2～2.4m(h)
标准门 3(双扇)：1.5 m×2.2～2.4m(h)，标准门 4(双扇)：1.8 m×2.2～2.4m(h)
标准门 5(双扇)：2.4 m×2.2～2.4m(h)

Q_m 数值表和 Q_y 简化计算公式的编制和使用条件是：

1）表中门的上部和侧面缝隙宽度按 2mm 计，表中给出了 5mm 和 10mm 两种下缝隙宽度的标准尺寸门的计算结果，由计算人根据门的实际情况选用。如为非标准大门可大致折算成标准门计算。

2）实际工程中有些门（例如一些无启口或密封措施的弹簧玻璃外门）缝隙宽度很大，与表的编制条件严重不符。遇此情况可采用公式（3-1）另行计算 Q_m。

3）假设某房间有一单扇标准门和一扇 1m×2m（h）高可开启外窗，根据表 4-4，外窗渗透量占风量 Q_y 的比例约为 5%（α 取值的下限）。假如室内外窗与门相比较多，也不会超过 25%，计算人可根据房间可开启外窗大小和数量对系数 α 进行取值。

5 参考文献

[1] 中华人民共和国建设部. 全国民用建筑工程设计技术措施 2009(暖通空调·动力)[M].

[2] 中国建筑科学研究院. 建筑外门窗气密、水密、抗风压性能分级及检测方法 GB/T 7106—2008 [S].

[3] 杨帆，齐瑞颖. 房间相对压差值及风量平衡设计计算研究报告.

我国空调冷负荷计算方法的发展历程

中国建筑科学研究院　徐伟　孙德宇

摘　要　分析了空调冷负荷计算的难点与特点，回顾了我国空调冷负荷计算方法与原理的发展历程，空调负荷计算经历了稳态计算、周期作用下的不稳态计算、传递函数和谐波反应法、新时期的动态负荷计算四个时期，着重分析了传递函数法和谐波反应法的计算思路。

1　引言

人们在进行空调系统设计时，首先需要计算冷热负荷，然后才能确定空调设备的数量和大小，考虑系统的划分，进行管道计算及确定自动控制方案等。空调系统的负荷计算有两种情况，一种是计算长期（最冷季、最热季、全年或全寿命周期）负荷特性，另一种则是计算瞬态最大负荷或设计负荷。设计负荷是空调系统设计的基础，其准确性对整个建筑的节能情况、运行效果都影响很大，长期负荷计算，又称建筑热性能模拟，是分析建筑物能耗以及研究建筑围护结构最佳热工特性、对比分析空调系统设计方案、评估建筑节能措施等所必须进行的计算。

随着社会的进步和人们生活水平的提高，空调的应用也得到了普及。空调负荷计算的相关理论和方法的研究也取得了长足的进展。空调冷负荷计算主要经历了稳定计算法时期，周期作用下的不稳定计算法时期和动态负荷计算时期。在空调应用的初期，由于缺乏空调冷负荷计算的理论和方法，工程师通常使用简单的公式进行估算空调冷负荷。由于建筑物及其环境控制系统的复杂性，仅凭经验或简单的计算无法准确计算空调冷负荷，随着空调冷负荷计算的理论和计算技术的发展，空调冷负荷计算方法得到了逐步发展。并最终发展成为今天以软件形式的、准确、易于应用的空调冷负荷计算方法。

空调冷负荷计算是空调设计的基础，在暖通空调系统的设计工作中具有非常重要的地位，它直接影响建筑物空调系统划分、制冷设备选择、自动控制方案的确定以及技术经济分析等技术决策问题。由于建筑物空调冷负荷形成的复杂性，迄今为止，仍有许多方面值得进行深入的研究。本文为配合国家标准《民用建筑供暖通风与空气调节设计手册》的实施，对我国空调冷负荷计算方法的发展历程进行回顾。

2　空调冷负荷计算的原理与特点

空调冷负荷是指为维持室内环境要求的温度和湿度，单位时间内须从室内移除的热量。通过设计、安装、控制空调系统来完成能量的传递。空调冷负荷在不同的时刻差别很大，主要取决于外部因素（如室外温度、太阳辐射强度等）和室内因素（如室内人员、灯光、设备数量等)。

冷负荷是由以传热、对流、辐射形式的热传递过程通过围护结构、室内热源以及系统产生的。影响建筑物冷负荷的因素一般包括：

1）室外：外墙、屋顶、窗、天窗、门、隔墙、天棚以及地板；

2）室内：灯光、人员、设备以及室内设施；

3）渗透：空气渗透和湿迁移；

4）系统：室外新风、管道渗透和得热、空气再热、风机和水泵的温升。

影响冷负荷的因素繁多，通常难以准确地确定其彼此之间相互影响。在一个 24 小时的时间或更长的周期内，很多分项负荷的变化幅度很大，方向也有可能发生改变。由于这些周期性变化的分项负荷的存在，确定最大负荷就必须对分项负荷进行逐项计算和分析。

通常意义上，计算空调冷负荷的第一个步骤是确定各部分的得热量。所谓得热量是指当室内空气连续保持一定基准（设计条件）的温湿度时，在内外扰的作用下，某时刻进入房间内的总热量。得热量分为显热得热量和潜热得热量。得热量主要有：

1）通过外窗传到室内的太阳辐射得热量；

2）通过外墙、屋顶、外窗的传热得热量；

3）通过天棚、地板、内墙的传热得热量；

4）室内人员、灯光、设备的产热量；

5）室外空气通过通风或渗透进入室内的得热量。

显热得热是指直接通过对流、传热、辐射进入空调房间的得热量。潜热得热量是指通过水蒸气等进入室内的得热量。当热量进入室内后，室内各表面以及空气之间发生复杂的对流、传导和辐射热交换，最终形成空调负荷。这是空调负荷计算过程中最复杂，也是最困难的步骤。计算过程必须将得热量中的对流和辐射部分区分开来，各种得热量中对流和辐射的比例差别很大，一般而言，通过理论计算将这两部分分开是很困难的。辐射部分进入室内后先被各个表面和室内空气吸收，蓄存在房间各个部位的物体材料中，当空气温度低于物体温度时再逐渐传给室内空气。由于辐射得热量中长波辐射和短波辐射的吸收对象不同，辐射在各物体表面的分布也是复杂、难以准确计算的，辐射被吸收后的释放过程还和蓄热体的放热特性有关，所以这一过程的简化和求解是负荷计算的核心问题。

因此对房间冷负荷进行详细计算是一项十分复杂、繁琐的工程：这不仅需要计算进入房间的各种类型的得热量（如太阳辐射，通过外表面的传导得热，人员、照明及设备散热

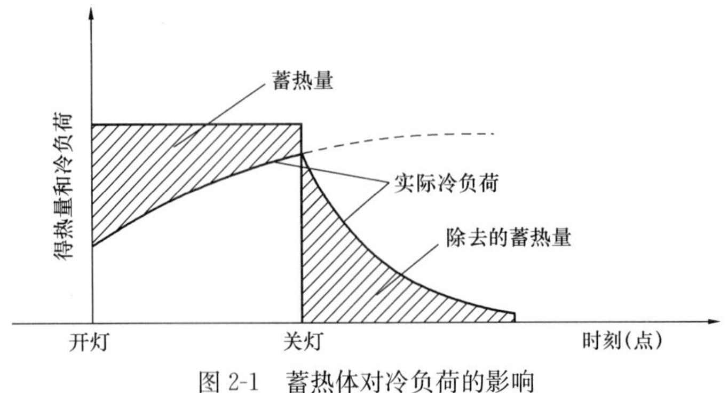

图 2-1　蓄热体对冷负荷的影响

得热等），还要考虑每种得热类型之间的辐射与对流热的交互作用以及蓄热物质的蓄热与放热。正是由于冷负荷形成过程的复杂性，各种方法都对冷负荷计算模型进行了不同程度的简化，对输入数据提出了一定的要求，并将一些计算和简化过程对使用者隐含。图 2-1 为房间蓄热作用对房间内灯具冷负荷的影响。

3 空调冷负荷计算的发展

国内空调负荷计算方法的研究大体可以分为 4 个时期：

1）第一时期，为稳定（或称定长）状态计算法时期，从建国初期到 20 世纪 50 年代末。我国空调技术处于发展初期，空调在国内的应用较少，工程师对空调冷负荷的认识也较为简单，建筑围护结构较为厚重，空调建筑物一般楼层较少，计算工具也不发达。当时主要依靠和学习苏联经验，典型的如捷格恰列夫《空调工程》一书中所提供的太阳辐射热计算公式 $Q=0.074KF_{\mathrm{al}}$的形式。只需知道建筑物围护结构的表面积、传热系数以及室内外设计温度即可求得得热量，并且稳定计算法时期认为建筑物的得热量即为空调系统冷负荷，根本没有考虑建筑物围护结构的蓄热性能对空调冷负荷的影响。对太阳辐射热、墙体传热、设备发热及人体散热各项都以算出的最大数值叠加，作为空调冷负荷。并没有形成得热量和冷负荷的概念。该阶段计算方法简单，计算结果与实际情况差距较大。

2）第二时期为周期热作用下的不稳定（或称不定长）传热方法（前苏联的谐波法）时期，包括整个 20 世纪 60 年代直至 70 年代前期。国内空调的应用开始增多，许多国家标志性建筑都在这一时期建造，空调建筑物的体量不断增加，国内迫切需要更为准确的空调冷负荷计算方法。大约在 20 世纪 50 年代后期，前苏联什克洛维尔、福金等人的著作传入我国，带来了谐波法。该法就是将太阳辐射及室外温度等作为以余弦函数形式表示的周期作用的外扰，由一维傅里叶方程出发，建立定解问题。用调和分析的方法，由傅里叶级数表示，以求出各个不同时刻墙体的得热量。这种计算方法只了考虑围护结构本身的不稳定传热，考虑墙体热传递过程中的衰减和时间上的延迟，但并未考虑整体房间的不稳定热作用过程，没有考虑整个房间围护结构蓄热性能对冷负荷的影响，具体说就是没有区别房间得热量和冷负荷的概念，而把进入房间的瞬时得热当作瞬时负荷，致使空调系统设备容量偏大。比较有代表性的有 1965 年出版的由前建工部北京工业建筑设计院主编的《采暖通风设计技术措施》中，规定用当量温差法计算通过外墙或屋顶等围护结构传入房间的热量。指出“在确定由于室外热作用而传入室内的热量时，应综合计算出房间所有围护结构在同一时间内传入室内热量的最大值作为计算传热量。这种实质为前苏联谐波法的计算方法比第一时期 50 年代所用的方法前进了一大步。但依然存在比较严重的问题。第一是没有区分得热和负荷的概念，当然在计算的过程中也就没有得热和负荷之分了；第二是由窗户进入的太阳辐射热的计算并没有考虑房间的蓄热特性。最终导致计算的空调负荷比实际负荷大，设备选型偏大。

3）第三时期，国内计算方法研究的高峰期。从 20 世纪 70 年代初到 90 年代末期。在 20 世纪 70 年代初，国内先后兴建了一批高层宾馆建筑和办公建筑。实际运行中发现按照原有的计算方法设计的空调系统负荷偏大很多。为解决这些问题，得出一种我国适用、比较先进的建筑物空调冷负荷计算方法是当时暖通空调科技工作者面前的一大难题。

经过三年多的准备，中国建筑科学研究院空调所（现中国建筑科学研究院建筑环境与节能研究院）于 1978 年 4 月联合同济大学、重庆建筑工学院（现重庆大学）、北京市建筑设计院（现北京市建筑设计研究院）、西安冶金建筑学院（现西安建筑科技大学）、北京建工学院和贵州省建筑设计院、西北建筑设计院、西南建筑设计院、西北电力设计院、纺织工业部设计院、有色金属设计研究总院、南京大学等多家单位协作组建建筑物冷热负荷计算方法研究课题组。课题组同时也得到了当时工业企业暖通空调规范管理组的支持。课题组经过数年的科研与攻关，于 1982 年 6 月完成了设计用建筑物冷热负荷计算方法的研究（冷负荷系数法）并通过国家验收。该方法是通过基于传递函数法（TFM）产生的冷负荷系数来计算设计用空调冷负荷。该方法考虑了建筑围护结构等蓄热体的吸热、蓄热和放热特性，改变了国内原有计算方法中不区分得热和冷负荷的做法，较大程度地提高了设计用空调冷负荷的计算准确性。在国内得到了非常广泛的应用。

在传递函数法中，将围护结构连同室内空气视为一个热力系统。将日射、室外温度变化视为作用在其上的扰量，而将围护结构内表面的热流和温度以及室温等作为这一热力系统对扰量的响应。此时就可将扰量作为系统的输入，而将其响应作为系统的输出。对于空调负荷计算中所遇到的围护结构传热问题和室内冷负荷计算问题，通常最为线性定长系统处理。传递函数法为简化问题，将连续热力系统转化为离散热力系统。

根据热力系统传递函数的定义，若以得热量 Q（t）为扰量，以冷负荷 CL（t）作为系统的响应，系统的传递函数 $G(s)=\dfrac{Q(\mathrm{t})}{CL(\mathrm{t})}$，通过 Z 函数变换和简化，于是 n 时刻的空调冷负荷的计算式为 $CL_n = V_0Q_n + V_1Q_{n-1} - W_1CL_{n-1}$。所以对于传递函数法而言，核心为确定将得热量转变为瞬时负荷的传递系数，理论上可以通过建立标准房间，建立室内各围护机构组成的热平衡方程，通过解高阶矩阵的方法来获得。受制于计算机技术的限制，当时通过建立标准房间经过试验获得传递系数。

传递函数法的出现极大地推动了我国空调冷负荷计算方法的发展。使得我国暖通空调行业有了更为先进、准确的冷负荷计算方法。从根本上解决了我国空调冷负荷计算过程中不区分得热量和冷负荷的情况。

与此同时，同为课题组组成单位的贵州省建筑设计院完成了改进谐波法，也就是谐波反应法。谐波反应法以谐波法为基础，使用延迟和衰减等概念使得传热过程直观、易懂。

谐波反应法假设太阳辐射、室外空气温度等外扰周期性作用，通过三角函数级数逼近外扰。利用谐波反应法计算空调负荷的求解思路为：首先利用传递函数知识，求得当室温保持为零时，板壁内外表面对室外侧正弦温度波的衰减和时间延迟度（即板壁的传热频率响应）；求得当室外空气温度保持为零时，板壁内表面对室内侧正弦温度波的衰减和时间延迟（即板壁的吸热频率响应）。接着，利用求得的板壁传热频率响应和吸热频率响应，采用当量温差法计算传热得热量。通过谐波函数计算房间的吸放热特性系数，最终将得热量转化为空调房间的冷负荷。

这两种方法是我国暖通空调科研人员智慧的结晶，虽然两种方法的理论方法和模型简化过程不尽相同，但它们之间有着千丝万缕的联系。作为设计日空调负荷计算方法，两者都能够达到较高的计算精度，计算结果具有较好的一致性。但两种方法也都存在一定程度的缺陷。

4）第四时期，计算机动态计算新时期，从 20 世纪 90 年代末期至今。

随着计算技术的高速发展，我国进入了计算机计算的新时期，国内多家单位将我国现有的冷负荷计算方法开发成计算机软件，其中以中国建筑科学研究院开发的以传递函数法为基础的 PKPM 系列软件和孙延勋教授级高工开发的基于谐波反应法的系列软件最具有代表性。

与此同时，随着国外动态模拟软件的引入，国内掀起了动态模拟研究的高潮。DOE、eQUEST、TRNSYS、EnergyPlus 等国外软件应用推进了我国动态负荷模拟计算的应用。2000 年，国内清华大学开发出 DeST 软件用于空调系统动态模拟，DeST 使用状态空间法并考虑房间热平衡来计算建筑物的负荷。DeST 软件的研发开始于 1989 年。开始立足于建筑环境模拟，1992 年以前命名为 BTP（Building Thermal Performance），以后逐步加入空调系统模拟模块，命名为 IISABRE。为了解决实际设计中不同阶段的实际问题，更好地将模拟技术投入到实际工程应用中，从 1997 年开始在 IISABRE 的基础上开发针对设计的模拟分析工具 DeST，并于 2000 年完成 DeST1.0 版本并通过鉴定，2002 年完成 DeST 住宅版本。如今 DeST 已陆续在国内外得到应用。目前国内多家研究机构和公司也正在积极开发建筑能耗和空调系统动态模拟软件。

4 总结

空调冷负荷是暖通空调行业重要的基础数据，经过几十年的发展，虽然我国空调冷负荷计算方法和相关理论取得了一定的发展，但和发达国家之间依然存在一定的差距。我国暖通空调从业者还需开展更为深入的研究，提高我国空调冷负荷计算方法及理论的水平。

空调冷负荷计算理论比对与改进研究

中国建筑科学研究院　徐　伟　邹　瑜　孙德宇　陈　曦

摘　要　通过对不同空调冷负荷计算软件的大量算例计算结果的比对研究，分析了计算结果差异产生的原因。完善了空调冷负荷计算方法的核心内容——不同得热类型中对流和辐射的比例和辐射在室内各表面的分配模型。通过规范、统一和改进空调冷负荷计算软件，有效提高了我国空调冷负荷计算软件的准确性和一致性。

关键词　改进　冷负荷计算　比对

1　引言

空调冷负荷的计算是暖通空调设备选型的基础，其准确性对整个建筑的节能情况、运行效果都影响很大，暖通空调行业需要准确有效的空调冷负荷计算方法，使负荷计算结果更加准确、合理。

现阶段，我国空调冷负荷计算主要存在以下问题：

1）不同的空调冷负荷计算软件的计算结果差异较大，无法有效指导工程实践；

2）在实际工程中，空调系统设备选型普遍偏大，这与空调冷负荷计算的准确度存在一定的必然联系；

3）实际工程领域存在的空调冷负荷计算软件较多，对于各种方法的差异和准确性的研究鲜有开展。对如何选择空调冷负荷计算软件缺乏明确的指导；

4）实际应用中，工程师对于空调负荷的计算存在一定的误区。导致计算结果的准确性受到较大的影响；

5）我国空调负荷计算方法的研究自 20 世纪 80 年代后基本处于停滞状态，国际上该领域的研究成果日新月异。亟须开展我国新一代空调负荷计算方法和软件的研究。

因此通过比对分析研究，对空调负荷计算软件进行规范、统一、改进，对行业的健康发展意义重大。

本文为配合住房和城乡建设部《2008 年工程建设标准规范制订、修订计划（第一批)》下达的《民用建筑供暖通风与空气调节设计规范》的编写，有效解决我国空调负荷计算方法及软件存在的问题，为规范的编写提供参考，提高我国空调负荷计算的水平和暖通空调设计的准确性，开展专题研究。

2　研究方法与研究对象

2.1　研究方法

目前国际上流行的建筑负荷计算程序的系列验证方法主要有三种验证方法：理论验

证、程序间的对比验证和试验验证。理论验证是在能够用理论求解模型的特定工况下，将软件的计算结果同理论计算值进行比较，验证软件中最基本的物理原理和简化模型有没有概念性的错误。程序比对验证是通过对不同的软件进行深入的对比来检验在建模过程中软件自身在细节上的设定，通过比对计算结果验证软件的准确性。实验验证是将程序的计算结果同实测值进行比较，以验证程序的准确性和可靠性。由于参加比对研究的软件都是成熟的商业化软件，在投入市场之前都会进行严格的理论测试。同时，由于建筑物的复杂性，实测过程不可避免地会出现误差，存在计算条件无法被软件完全复现等问题，因此即便软件的计算结果同实测值相吻合，也很难证明其准确性。本文的主要目的是对不同软件的计算结果进行研究，对不同软件进行规范、统一，因此程序间比对验证研究是比较适宜的手段。

空调冷负荷是指为维持室内环境要求的温度和湿度，单位时间内须从室内移除的热量。通过设计、安装、控制空调系统来完成能量的传递。空调冷负荷在不同的时刻差别很大，主要取决于外部因素（如室外温度、太阳辐射强度等）和室内因素（如室内人员、灯光、设备数量等）。

对作用于建筑热过程的扰量进行简化有助于对问题本质的研究。因此，将建筑物有效简化为只受室外温度和太阳辐射作用，不受室内发热、通风换气、临时传热、土壤温度等因素的影响。

2.2 研究对象

本文的研究对象涵盖了国内所有商业负荷计算软件以及两家美国主流商业软件。进行5次现场比对，多次网络及电话会议比对，共计算43个算例，处理近千组数据。

对室外空气计算干、湿球温度、太阳辐射照度、各种得热类型中对流和辐射热量的比例、各种辐射得热在房间各表面的分配比率、围护结构内外表面的对流换热系数、室内设计温、湿度等数据进行了统一。

为了能够比较全面地比较不同计算软件的差异，选取43个算例，具体信息如下：

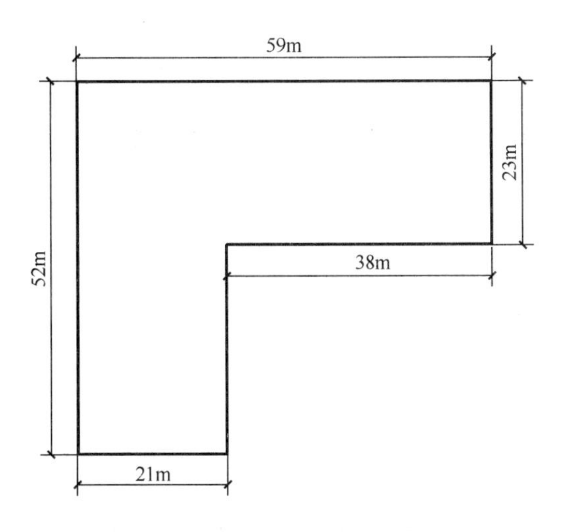

图 2-1 算例 1 平面示意图

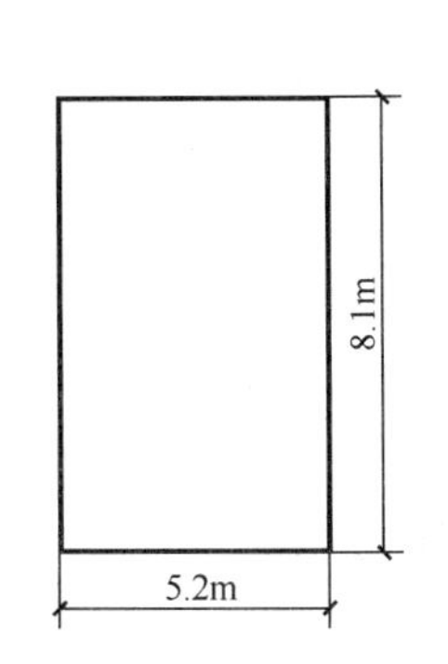

图 2-2 算例 2 平面示意图

算例 1 选取北京的某办公楼一层（顶层），建筑围护结构描述如下：房间高度 3.9m，面积 $1966m^2$；北向外窗 $57.5m^2$；南向外窗 $48.5m^2$；东向外窗 $41m^2$；西向外窗 $46m^2$。墙体为轻集料混凝土＋30mm 挤塑；屋顶为钢筋混凝土＋80mm 厚聚苯板保温。窗为中空玻璃，空气层 6mm。

算例 2 选取北京的某酒店一间（中间层），建筑围护结构描述如下：

房间高度 3m，面积 $46m^2$，南向外窗 $5m^2$。墙体为现浇混凝土＋70mm 厚聚苯板；窗为中空玻璃，空气层 12mm。

算例3～20 和 3′～20′为分析不同朝向组合情况下负荷计算差异，选取确定 36 个算例分析，建筑物为三层，位于北京，尺寸为 18m，18m，9m。每个房间面积为 $36m^2$，选取一层和顶层的 17 个房间和整个建筑物作为分析算例，并配以轻型和重型外围护结构。

3	4	5
10		6
9	8	7

N ↑

一层

11	12	13
18	19	14
17	16	15

顶层

图 2-3 算例 3～20 和 3′～20′编号

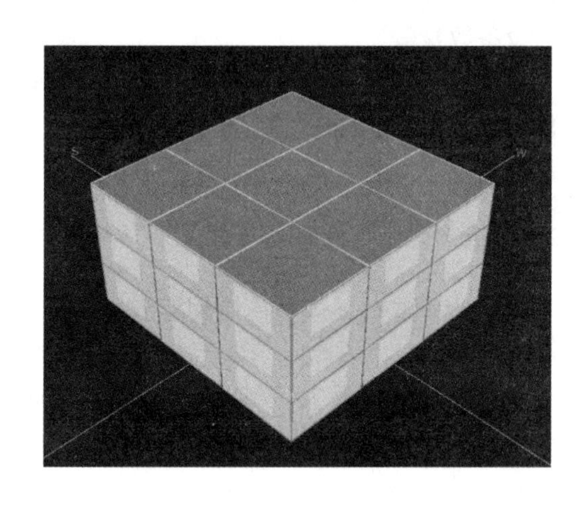

图 2-4 算例 3～20 和 3′～20′所在建筑物

轻型围护结构：挤塑聚苯板＋轻集料混凝土轻型墙体和聚苯板＋轻集料混凝土＋钢筋混凝土屋面，编号为 3～20。

重型围护结构：水泥砂浆＋砖墙外墙和水泥砂浆＋加气混凝土屋面，编号为 3′～20′。

算例 21 房间高度 3m，长 10m，宽 10m，面积 $100m^2$；房间北、西、东向为外墙有外窗，外窗：高 1.8m，宽 3m，南向为内墙，临室为空调房间，无传热温差。使用同算例 8 和 8′相同的轻型和重型外围护结构并配以楼板和内墙。

3 计算结果分析

图 3-1 和图 3-2 分别为第一次比对时算例 1 和算例 2 的空调冷负荷计算结果汇总。

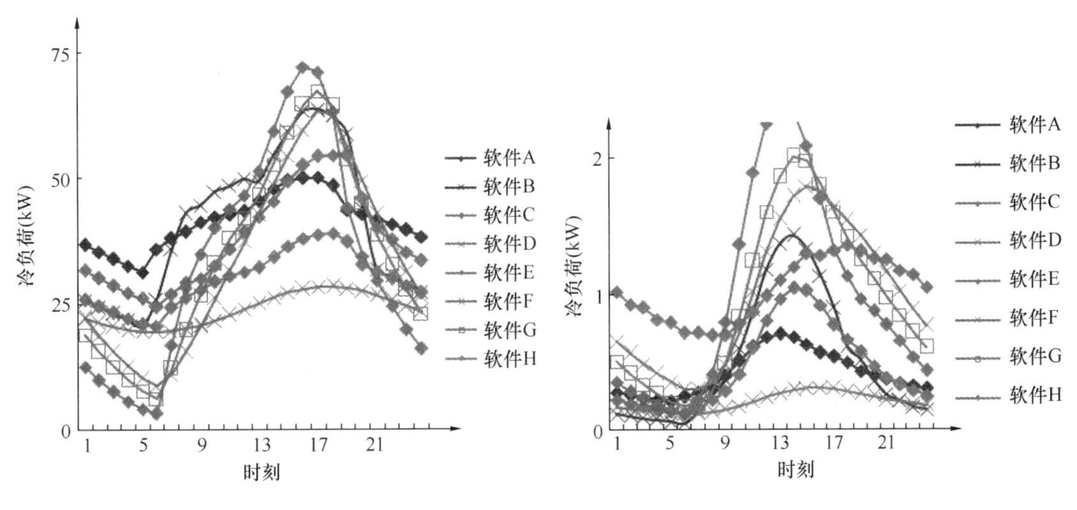

图 3-1 算例 1 第一次计算结果汇总

图 3-2 算例 2 第一次计算结果汇总

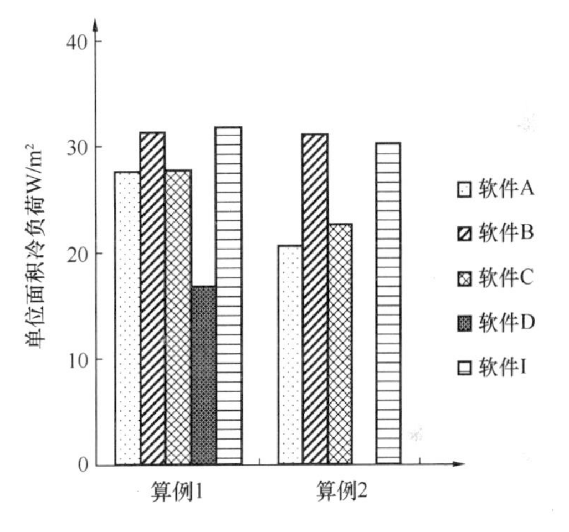

图 3-3 算例 1 和算例 2 在同一条件后空调冷负荷计算结果

结果显示不同空调冷负荷计算软件计算的结果之间差距巨大，算例 1 峰值误差为 150%，算例 2 为 700%。美国的两种软件无法调整气象数据和输出太阳辐射计算模型的数据。故在后面的分析中予以剔除；经过调整后，算例 1 和算例 2 的计算结果的一致性有所提高，但依然较大。算例 3～20 和算例 3′～20′的计算结果表明算例 3′～20′的计算结果的误差小于 3～20。算例 8 和算例 8′以及算例 21 和算例 21′的分项负荷计算结果表明外墙冷负荷的计算结果差异较小，外窗冷负荷的计算结果差异较大，同时算例 8′和算例 20′的计算结果的误差小于算例 8 和算例 20，外窗冷负荷占总冷负荷的比重较大，外窗冷负荷的差异是导致总冷负荷差异的主要原因。见图 3-3～图 3-7。

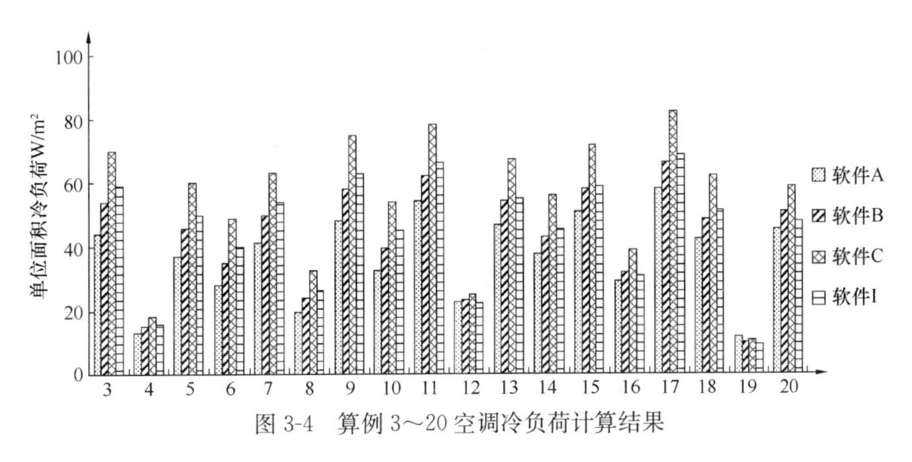

图 3-4 算例 3～20 空调冷负荷计算结果

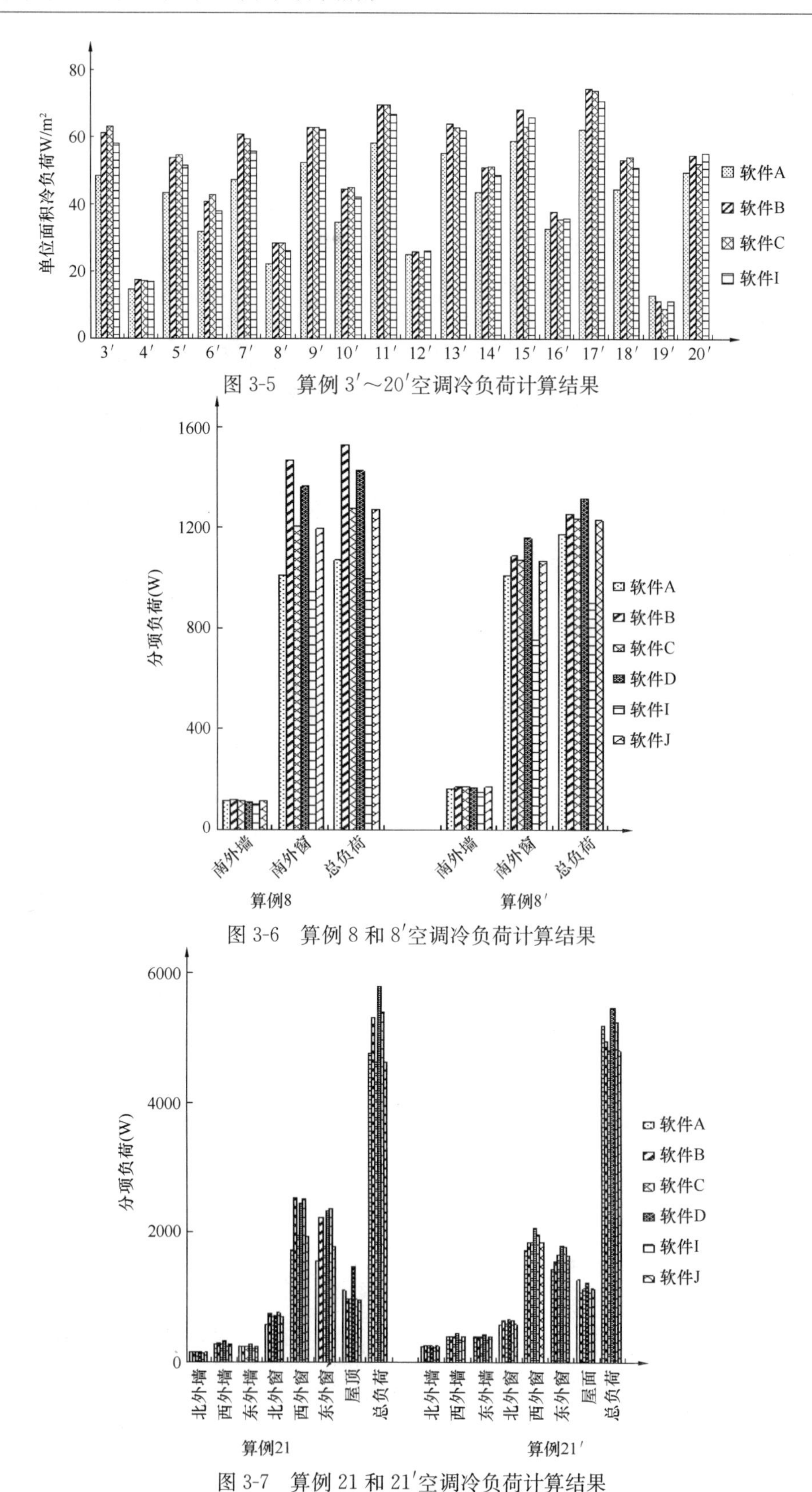

图 3-5　算例 3′～20′空调冷负荷计算结果

图 3-6　算例 8 和 8′空调冷负荷计算结果

图 3-7　算例 21 和 21′空调冷负荷计算结果

4 计算结果差异原因分析

4.1 输入条件无法统一

输入条件的统一、一致是保证计算结果准确性的首要条件。国外计算软件使用的气象数据和我国现行规范所要求的不一致，且在研究过程中无法修改，所以在第一次比对算例1和算例2后，在后续的分析中予以删除。算例1和算例2再次在同一条件后计算结果的差异较第一次有所缩小，主要为输入条件不一致、算例提供的数据不够全面和人为因素等所致，同时各软件提供给用户修改的参数不一致，同时有很多参数是只能在一组数中选择或是隐含的，例如墙体、屋面的表面辐射吸收系数等。

在空调负荷计算中，为获得可用数据工程师依据个人经验对建筑物进行各种假设、判断、抽象的过程对空调负荷计算软件的影响很大，特别是一些无法直接获得的计算参数。可以这样说，工程师的个人经验和计算软件的选择对空调负荷的计算结果准确性的影响一样重要。

4.2 模型差异

各个软件在模型的处理方面差异较大，对于采用不同计算方法的软件，对模型处理的思路差别很大，导致计算结果出现一定的差别。主要是软件处理建筑物内围护结构和家具等蓄热体对冷负荷影响的简化程度。不同软件考虑建筑围护结构及内部蓄热体的蓄热作用对冷负荷的影响是由模型不同所致，不同软件基于不同的标准房间，并以某几种不同的内围护结构计算出的房间特性系数或传递系数来简化处理这一过程，本次比对的软件采取的处理方法有三种，一种是不区分房间内围护结构的影响，一种是将房间分为轻、中、重三种类型，另一种是按建筑的实际情况进行计算获得房间的热特性。主流是把房间分为轻、中、重三种标准类型，这是综合考虑计算复杂度和体现房间蓄热能力、区分得热量和冷负荷的权衡。但什么样的围护结构是轻、中、或者重，对于普通的设计师而言，这是一个难以判断的问题，所以最好的办法就是将房间的全部围护结构（包括内墙、楼板）信息输入到软件中，让软件对真实的房间热特性进行计算，而不是简单地通过选择轻、中、重类型。但这种方法的缺点是我国的设计师在使用软件计算时习惯仅输入外围护结构，房间的内围护结构直接使用默认值，使得计算的房间的热特性和实际房间的存在一定的差距。

比对研究过程中发现，模型中的核心内容不同得热类型中对流和辐射得热量的比例和辐射在房间内各表面的分配模型差异较大。这两种数据是空调负荷计算中将得热量转化为空调冷负荷的核心数据，研究表明不同计算方法的得热量的计算结果一致性较好，但冷负荷计算结果的差异较大，主要原因为这两处的差异所致。不同得热类型中对流和辐射的比例使用20世纪60年代的数据，且不同软件使用的数据差别较大。

各种辐射在室内分配模型是准确计算空调冷负荷的关键。在20世纪80年代初期，开发我国现有空调冷负荷计算方法时，不同类型辐射在室内分布的机理并不清晰，理论上无法求解实际的分配情况。所以我国现行空调冷负荷计算方法都采用了经验数据来计算，谐波反应法采用对多种建筑物空调冷负荷计算结果分析归纳得到的数据，传递函数法则依据标准房间的实测空调冷负荷数据逆向推导得出。采用经验数据的方式对空调冷负荷计算结果产生了巨大的影响：第一，经验数据的准确性差，无法准确描述实际情况；第二，各种辐射的分配与房间的形状、围护结构类型直接相关，经验数据依据固定的房间形状获得，实际应用中，房间的尺寸和形状千差万别，经验数据带来了巨大的误差。

不同软件的修正方法存在差异；主要是对窗构造的修正以及对玻璃类型的修正，窗的内外遮阳等。太阳辐射和阴影的逐时变化使得窗的辐射负荷模拟实际情况计算难度很大，所以软件在实际计算过程中引入了很多修正系数的概念，各家软件的修正系数不大相同，有窗框修正系数、结构修正系数、内遮阳系数、外遮阳系数、综合修正系数等，且各家在使用这些系数的时候也不统一。从目前掌握的数据和理论来看，很难对窗的各种修正进行统一。

4.3 理论差异

目前国内空调冷负荷计算软件使用的空调冷负荷计算方法主要由传递函数法和谐波反应法。传递函数法使用离散函数表现室外气象参数的变化，通过传递函数求解墙体的得热量。

$$Q_n = F\left(\sum_{i=1}^{k} b_i t_{z,n-i} - \frac{1}{F}\sum_{i=1}^{m} d_i \cdot Q_{n-i} - t_r \sum_{i=0}^{p} c_i\right)$$

式中 Q_n 为时刻 n 的传热量，W；$t_{z,n-i}$ 为 $n-i$ 时刻的室外空气综合温度，℃；t_r 为室内空气设计干球温度，℃；b_i，c_i，d_i 为计算墙体的传递函数系数。传递函数法通过 Z 传递函数求的房间的冷负荷。

$$CL_n = V_0 Q_n + V_1 Q_{n-1} - W_1 CL_{n-1}$$

式中 CL_n，CL_{n-1} 分别为 n 时刻、$n-1$ 时刻的冷负荷，W；V_0，V_1，W_1 为对于温差传热量的房间传递函数的系数。

谐波反应法假设室外气象参数周期作用于建筑物围护结构，使用三角函数逼近室外气象条件，求的传入室内的得热量。

$$Q_n = KF\theta_0 + \alpha_n F \sum_{i=1}^{m} \frac{\theta_i}{v_i}\cos(\omega_i t - \varphi_i - \varepsilon_i)$$

式中，θ_i 为室外空气综合温度与室内设计温度的综合温度差，℃；α_n 为室内表面综合换热系数，$W/m^2 \cdot K$；v_i，ε_i 为外墙内表面对于外部温度扰量幅值的衰减倍数和波形的时间延迟；ω_i，φ_i 为 i 阶扰量的角频率和初相角。谐波反应法使用房间衰减和延迟的概念计算空调冷负荷。

虽然两种方法在对扰量的要求、初始值的提法和计算理论等方面有所不同，但理论上得热量的计算结果基本一致，空调冷负荷的计算结果不完全吻合，对不同软件的计算结果的一致性产生一定的影响。

5 对方法完善及完善后计算结果分析

5.1 对方法的完善

各种得热量中对流和辐射的比例是准确地将得热量转化为冷负荷的关键之一，我国现行空调冷负荷计算方法成型于 20 世纪 80 年代，当时国际上关于不同得热量中对流和辐射的比例的研究成果主要源于 ASHRAE 20 世纪 60 年代的研究成果，受制于当时理论和实验条件，数据的准确度不高，同时随着近几十年建筑行业和人民生活水平的发展，新的围护结构和做法以及新型室内热源出现。原有的数据已经远远不能满足实际工程的需要。近年来，国际上关于不同得热量中对流和辐射比例的研究成果相继发布，新的研究成果依据当前最新的理论和实验技术对不同得热量中对流和辐射的比例进行了研究，使得该数据的精度得到了较大的提高，更符合实际情况。在本次研究中采用并吸收了这部分数据，替换了原有数据，使得我国的空调冷负荷计算方法和软件的计算精度和准确度得到了提高。

随着计算技术和理论的发展，近年来各种辐射在室内分配的机理逐渐清晰，理论上已经可以准确计算，但计算过程复杂、计算量大。根据理论的计算结果研究表明实际过程可以简化为直射太阳辐射完全分配到地板和家具上；其余类型辐射（散射太阳辐射、灯光、设备等）平均分配到室内各表面。简化后的计算结果同详细理论计算的结果相差较小，实际工程应用中可以忽略。本课题依据该结果对我国现有空调冷负荷计算方法和软件进行了修改和完善，改变了采用经验数据的现状，使得我国的空调冷负荷计算方法和软件有了较大的发展，计算模型更加贴近实际，准确度和计算精度都得到了较大幅度的提高。有效提高了我国空调冷负荷计算方法和软件的计算水平。

5.2 完善后计算结果分析

为分析计算方法完善后计算结果的一致性，对算例 22 进行了计算，并对计算结果进行了研究。

算例 22 为济南地区顶层空调房间，面积为 15.56m²，东南两面外墙，两面外窗分别包含了内遮阳和外遮阳，同时，室内包含人体、设备以及灯光内热。平面示意图如图 5-1 所示。

图 5-2 为算例 22 的计算结果，计算结果表明，不同软件的计算结果的一致性很好，绝大多数差异小于 5%。个别分项冷负荷的计算结果大于 5%，但小于 10%。这样的误差对于工程设计而言是无足轻重的。

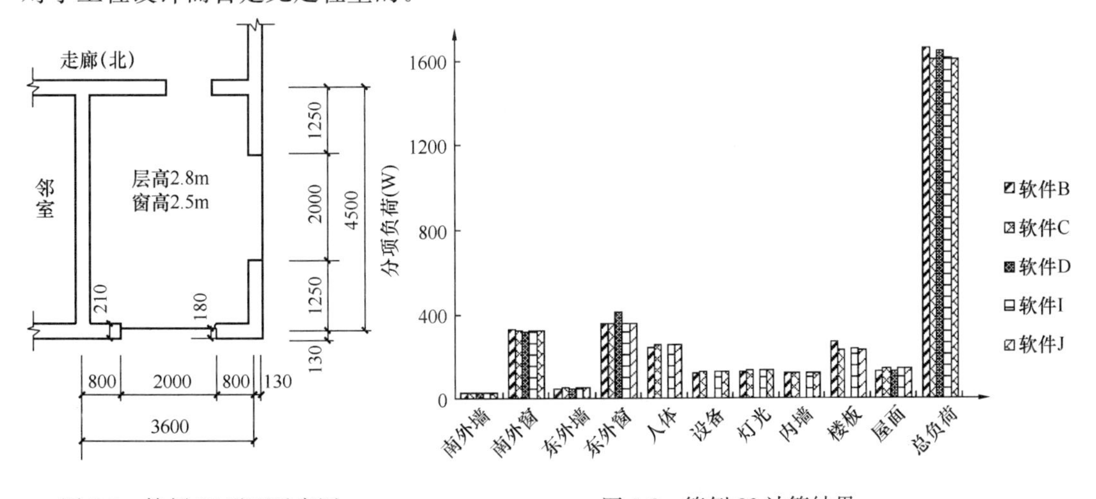

图 5-1 算例 22 平面示意图

图 5-2 算例 22 计算结果

计算结果表明，经过对空调冷负荷计算方法的比对、规范、统一、完善后，使不同计算软件计算结果的差异从700%逐步提高到10%以内，规范了我国空调冷负荷计算软件，有效地提高了空调冷负荷计算软件的计算水平、准确度和一致性，对暖通空调行业意义重大。

6 结论

目前，不同空调冷负荷计算软件计算结果差异较大。对于负荷计算必须统一条件，条件统一要深入软件内部。相同模型的软件可以做到完全统一，不同模型的软件只能做到输入条件的统一，如传递函数的传递系数与谐波反应法的房间吸放热特性无法协调一致。负荷计算软件的比对是一项复杂的系统工程，很难将各种软件完全统一。

通过比对基本消除了软件之间的差异，使得结果更为合理，比对是软件之间相互协调、统一、完善、更新的过程。理论上负荷计算的准确度取决于软件的算法和模型的简化程度。实际上工程师的专业经验对结果的影响也是巨大的，通常工程师对数据的选择、对建筑物建模的正确程度和简化程度等因素对计算结果的影响大于选择不同程序的影响。

实际应用软件进行计算时，导致计算结果的因素主要有：

1）无法准确简单地对建筑物进行简化和假设；

2）难以找到计算负荷所需要的可靠的数据和文件；

3）缺乏对于怎样将实际建筑的真实数据转化为被计算软件所使用的数据的相关指导；

4）缺少官方的建筑物负荷计算的基础数据，例如建筑材料的基础数据等；

5）软件的界面不够友好，导致用户错误输入数据；

6）缺乏可靠的、可以接受的方法保证计算程序的准确性。

这些问题的解决是需要工程师、软件开发人员以及整个行业的共同努力和长期的积累。通常，工程师在将建筑物抽象化和从已有资料提取输入数据的正确程度对于准确计算空调冷负荷影响同选择何种软件计算对计算结果的影响一样重要。

国外的负荷计算软件不能直接引用到国内使用，其隐含的条件未知。一些核心参数如传递函数的传递系数等依据国外的围护结构获得，同我国实际工程中使用的围护结构差异较大，并不适用于我国的实际情况。国外的计算软件均为英文界面，且部分无法支持中文操作系统平台。国外的计算软件主要依据本国的规范研发，无法完全按照我国现行规范体系进行计算。目前来看，并不适合我国普通工程技术人员直接使用。

比对过程中对我国现行的传递函数法和谐波反应法进行了深入的研究，对我国现有空调冷负荷计算方法的缺陷进行了完善，使得计算软件的计算水平取得了较大的提高。我国现有的两种主流空调冷负荷计算方法传递函数法和谐波反应法，虽然两种方法使用不同的理论，但计算结果的一致性较好，两种方法都符合我国现行规范的要求，计算精度满足工程需要，两种方法可以互相验证、共同存在。

从目前的研究来看，一个成熟的空调负荷计算方法应该考虑三个要素：第一，计算过程要区分对流得热量和辐射得热量；第二，计算过程要考虑房间蓄热性能对冷负荷的影响；第三，要计算设计日内的逐时负荷以确定峰值负荷及其发生的时刻。

近二十年来，国际上空调冷负荷计算理论和方法的研究不断深入，我国的计算理论相对落后，应该积极跟进国际最近研究动态，开展热平衡等新方法在我国的应用研究，有效地推进我国空调冷负荷计算方法的进步。与此同时，近年来新型建筑材料和新的施工工艺不断涌现，对于这些建筑围护结构的基本参数有待更新和完善。不同软件对于这类围护结构的修正的参数也相对混乱，建议开展相关研究，统一相关数据和修正。

7 参考文献

[1] 清华大学 DeST 开发组. 建筑环境系统模拟分析方法 DeST[M]. 北京：中国建筑工业出版社，2006.
[2] 单寄平. 空调负荷实用计算方法[M]. 北京：中国建筑工业出版社. 1989.
[3] 孙延勋. 建筑物设计冷负荷计算方法(谐波反应法)编制说明材料系列[M]. 1982.
[4] 陈沛霖，曹叔维. 空气调节负荷计算理论与方法[M]. 上海：同济大学出版社，1987.

天正软件空调逐时冷负荷计算方法说明

北京天正工程软件有限公司　李振华

除在方案设计或初步设计阶段可使用热、冷负荷指标进行必要的估算外，施工图阶段应对空调区进行冬季热负荷和夏季逐项逐时冷负荷计算。

空调区的夏季冷负荷，应根据各项得热量的种类和性质、空调区的蓄热特性分别计算，其中通过围护结构进入的非稳态传热量、透过外窗进入的太阳辐射热量、人体散热量和非全天使用的设备和照明散热量应按不稳定传热方法进行计算。

以下采用谐波反应法针对得热量、得热量形成冷负荷的过程进行说明。

1　室外综合温度的计算

夏季空气调节室外计算逐时温度为：

$$t_{sh,\tau} = t_{wp} + \beta_\tau \Delta t_r \tag{1-1}$$

$$\Delta t_r = \frac{t_{wg} - t_{wp}}{0.52} \tag{1-2}$$

其中　$t_{sh,\tau}$——室外计算逐时温度℃；

t_{wp}——夏季空气调节室外计算日平均温度℃；

β_τ——室外温度逐时变化系数；

Δt_r——夏季室外计算平均日较差；

t_{wg}——夏季空气调节室外计算干球温度℃。

表 1-1　室外温度逐时变化系数 β

t	1	2	3	4	5	6	7	8	9	10	11	12
β	−0.35	−0.38	−0.42	−0.45	−0.47	−0.41	−0.28	−0.12	0.03	0.16	0.29	0.40
t	13	14	15	16	17	18	19	20	21	22	23	24
β	0.48	0.52	0.51	0.43	0.39	0.28	0.14	0.00	−0.1	−0.07	−0.23	−0.26

夏季室外综合温度为：

$$t_{e,z/\tau} = t_{sh,\tau} + \frac{\rho \cdot J_{p/\tau}}{\alpha_w} \tag{1-3}$$

其中　$t_{sh,\tau}$——夏季室外综合温度℃；

ρ——围护结构外表面对于太阳辐射热的吸收系数；

$J_{p/\tau}$——围护结构所在朝向太阳总辐射照度 W/m²；

α_w——外表面换热系数 W/（m²·K）。

2 通过墙体、屋顶的室内得热量及形成的冷负荷

2.1 传导得热量 *q*

室外气象条件逐时、逐日变化，以空调负荷计算设计日来说，它以24h为周期循环变化，对于一个非简谐运动的周期函数，可通过傅里叶变化将其分解为若干个频率呈整数倍的正弦（余弦）函数的级数形式，即谐波形式，因此将室外综合温度变化用傅里叶级数近似描述：

$$T_{e,\tau} = A_0 + \sum_{n=1}^{m} A_n \cos(\omega_n t - \varphi_n) \tag{2-1}$$

$$\Delta T_{e,\tau} = \sum_{n=1}^{m} A_n \cos(\omega_n \tau - \varphi_n) \tag{2-2}$$

式中 A_0——为综合温度的平均值 $\overline{A}_e$；

$\Delta T_{e,\tau}$——逐时室外温度综合温度的波动值。

由于外扰波动值 $\Delta T_{e/\tau}$ 引起墙体、屋顶内表面温度的波动值为：

$$\Delta T_{i/\tau} = \sum_{n=1}^{m} \frac{A_n}{\upsilon_n} \cos(\omega_n \tau - \varphi_n - \varepsilon_n) \tag{2-3}$$

式中 n——谐波阶数；

υ_n——第 n 阶扰量衰减度；

ε_n——第 n 阶扰量的相位延迟。

在周期性外扰作用下，通过墙体或屋顶的得热量包括两部分，一部分是由于室外空气平均综合温度 $\overline{A}_e$ 与室内设计温度 T_i 之差造成的传热量；另一部分是由于外扰波动致使围护结构内表面也具有波动温度 $\Delta T_{i,\tau}$ 而产生的附加传热量。

$$q = \overline{q} + \Delta q \tag{2-4}$$

$$q = K(\overline{T}_e - T_1) + \alpha_{1n} \sum_{n=1}^{m} \frac{A_n}{\upsilon_n} \cos(\omega_n \tau - \varphi_n - \varepsilon_n) \tag{2-5}$$

式中 q——通过屋顶或墙体的得热量 W；

K——传热系数 W/（m^2 · K）；

α_{1n}——内表面换热系数 W/（m^2 · K）；

T_1——室内设计温度℃。

2.2 通过墙体、屋顶室内得热量和形成的冷负荷 CL_q

得热量由对流部分和辐射部分组成。对流部分被室内空气立即吸收，直接成为瞬时冷负荷，辐射部分却不能直接被空气吸收。透过空气被室内各个表面吸收并储存，使各物体的温度升高，待各个表面温度高于室内空气温度时，又以对流的方式将储存的热量逐时的再散给空气。这些放出的对流热成为相应时间的冷负荷。

设得热量中对流热量占 β_d，辐射热量占 β_f。其中 $\beta_d + \beta_f = 1.0$。各种得热量所含有的辐射和对流成分比见表2-1。

表 2-1　各种得热量所含有的辐射和对流成分比

热　源	辐射热 β_f	对流热 β_d	热　源	辐射热 β_f	对流热 β_d
灯光	0.67	0.33	有内遮阳外窗直射辐射	0.63	0.37
设备器具	0.25	0.75	有内遮阳外窗散射辐射	0.63	0.37
人体	0.55	0.45	无内遮阳外窗直射辐射	0	1.0
墙体	0.63	0.37	无内遮阳外窗散射辐射	0	1.0
屋顶	0.86	0.14	有内遮阳平天窗辐射	0.63	0.37
架空楼板	0.63	0.37	无内遮阳平天窗辐射	0	1.0
窗户	0.63	0.37			

得热量是时间变量 τ 的波函数，任意时刻的得热量由平均部分和波动部分组成：

$$q = \bar{q} + \Delta q \tag{2-6}$$

$$\bar{q} = \bar{q}_d + \bar{q}_f = \beta_d \bar{q} + \beta_f \bar{q} \tag{2-7}$$

$$\Delta q = \Delta q_d + \Delta q_f = \beta_d \Delta q + \beta_f \Delta c \tag{2-8}$$

1）对流得热部分直接形成冷负荷：

$$CLq_d = \beta_d(\bar{q} + \Delta q) = \beta_d q \tag{2-9}$$

2）辐射得热部分形成的冷负荷：

辐射得热形成的冷负荷与房间的蓄热特性有关。当空调房间内部受谐性辐射扰量作用时，房间向室内放出热量的衰减倍数 μ_n 和放热延迟 ε_n。

辐射得热同样分为稳定部分 $\bar{q}_f$ 和波动部分 Δq_f，这两部分形成冷负荷过程如下：

第一部分，稳定部分 $\bar{q}_f$ 形成的冷负荷 $CL\bar{q}_1$：

外墙内表面放出的辐射热被其他各表面多次相互反射和吸收，使各内表面温度升高，当温度高于室内温度时，各内表面向室内空气放热，形成对流热的冷负荷。另一方面，通过墙和楼面向另一房间传出一部分热而形成邻室的对流热负荷，这里假设向邻室传入的热量 q_a 与邻室传入的得热量 q_b 相等。即：

$$CL\bar{q}_f = \beta_f \bar{q} + q_a - q_b = \beta_f \bar{q} \tag{2-10}$$

第二部分，波动部分 Δq_f 形成的冷负荷 $CL\Delta q_f$：

$$CL\Delta q_f = \beta_f \alpha_{in} \sum_{n=1}^{m} \frac{A_n}{v_n \mu_n} \cos(\omega_n \tau - \varphi_n - \varepsilon_n - \varepsilon_n) \tag{2-11}$$

3）通过墙体、屋顶室内得热量形成的冷负荷为：

$$\begin{aligned} CLq &= \beta_d q + \beta_f \bar{q} + \beta_f \alpha_{in} \sum_{n=1}^{m} \frac{A_n}{v_n \mu_n} \cos(\omega_n \tau - \varphi_n - \varepsilon_n - \varepsilon_n) \\ &= K(\bar{T}_e - T_i) + \beta_d \alpha_{in} \sum_{n=1}^{m} \frac{A_n}{v_n} \cos(\omega_n \tau - \varphi_n - \varepsilon_n) \\ &\quad + \beta_f \alpha_{in} \sum_{n=1}^{m} \frac{A_n}{v_n \mu_n} \cos(\omega_n \tau - \varphi_n - \varepsilon_n - \varepsilon'_n) \end{aligned} \tag{2-12}$$

3　通过窗户室内得热量和形成的冷负荷

通过窗户的得热量由室内外温差和太阳辐射所引起。由室内温差所引起的室内得热量为传导得热，由太阳辐射所引起的得热量为日射得热。

3.1 传导得热量 q_c

$$q_c = K(t_{sh,\tau} - T_i) \tag{3-1}$$

其中 q_c ——通过窗户的得热量 W；

K ——玻璃传热系数 W/（m^2 · K）。

室外空气温度也按傅里叶级数展开为平均值和波动值两部分：

$$q_c = K(\bar{t}_{th,\tau} - T_i) + K\sum_{n=1}^{m} A_n \cos(\omega_n \tau - \varphi_n) \tag{3-2}$$

3.2 传导得热量形成的冷负荷 CLq_c

传导得热中的辐射热形成室内冷负荷时，考虑波幅的衰减和相位的延迟，而传导得热中的对流热则直接形成瞬时冷负荷。

$$CLq_c = K(\bar{t}_{sh,\tau} - T_i) + \beta_c \alpha_{in} \sum_{n=1}^{m} A_n \cos(\omega_n \tau - \varphi_n) + \beta_t \alpha_{in} \sum_{n=1}^{m} \frac{A_n}{\mu_n} \cos(\omega_n \tau - \varphi_n - \varepsilon_n - \varepsilon'_n) \tag{3-3}$$

当忽略窗户玻璃热容时，通过玻璃传导热量的相位延迟为 0，则：

$$CLq_c = K(\bar{t}_{sh,\tau} - T_i) + \beta_c \alpha_{in} \sum_{n=1}^{m} A_n \cos(\omega_n \tau - \varphi_n) + \beta_f \alpha_{in} \sum_{n=1}^{m} \frac{A_n}{\mu_n} \cos(\omega_n \tau - \varphi_n - \varepsilon'_n) \tag{3-4}$$

3.3 日射得热形成的冷负荷 CLq_f

日射得热 q_f 取决于诸多因素，太阳辐射的辐射强度和入射角与地理纬度、入射时间有关，玻璃的直射、散射透过率取决于玻璃的光学性能，窗玻璃结构、特性、玻璃内外表面换热系数和窗户的遮阳情况都直接影响日射得热。为便于实际计算，假设 3mm 普通平板玻璃为“标准玻璃”，室内侧放热系数为 8.72W/(m^2 · K)，室外侧放热系数为 18.56W/(m^2 · K)。

1）遮挡系数　用来修正非标准玻璃（见表 3-1）：

$$C_s = \frac{\text{实际玻璃在实际工况下的得热量}}{\text{3mm 单层玻璃在标准工况下的得热量}}$$

表 3-1　窗玻璃遮挡系数 C_s

玻璃类型	C_s	玻璃类型	C_s
标准玻璃(3mm)	1.0	6mm 吸热玻璃	0.83
5mm 普通玻璃	0.93	双层 3mm 普通玻璃	0.86
6mm 普通玻璃	0.89	双层 5mm 普通玻璃	0.78
3mm 吸热玻璃	0.96	双层 6mm 普通玻璃	0.74
5mm 吸热玻璃	0.88		

2）遮阳系数　是考虑窗户内遮阳情况不同对日射得热影响的修正（见表 3-2）：

表 3-2　窗内遮阳设施的遮阳系数 C_n

遮阳设施及颜色		遮阳系数 C_n	遮阳设施及颜色		遮阳系数 C_n
布窗帘	白色	0.50	塑料活动百叶(叶片 45°)	白色	0.60
	浅色	0.60	塑料活动百叶(叶片 45°)	浅色	0.68
	深色	0.65		灰色	0.75
半透明卷轴遮阳帘	浅色	0.30	铝活动百叶	灰白	0.60
不透明卷轴遮阳帘	白色	0.25	毛玻璃	次白	0.40
	深色	0.50	窗面涂白	白色	0.60

3）外遮阳

透过外窗的太阳辐射分为直射辐射和散射辐射两部分，计算窗户辐射负荷时，需要根据外遮阳先计算出窗口受到太阳照射的直射面积和散射面积。

如窗户存在外遮阳形式为水平遮阳和垂直遮阳时，需根据太阳方向角、壁面太阳方位角等求出各个时刻太阳照射窗户的散射面积和直射面积。

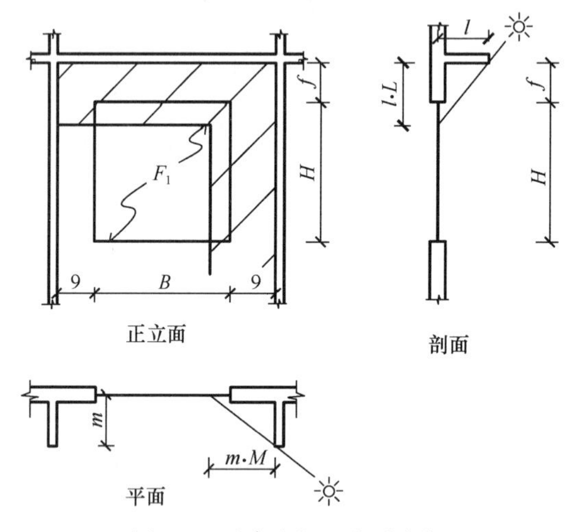

图 3-1　垂直遮阳、水平遮阳

4）日射得热量

通过窗户玻璃进入室内日射直射得热 q_r 和 q_s 用谐波形式表示为：

$$q_r = \sum_{n=1}^{m} B_{n,r}\cos(\omega_n\tau - \varphi_n) \tag{3-5}$$

$$q_s = \sum_{n=1}^{m} B_{n,s}\cos(\omega_n\tau - \varphi_n) \tag{3-6}$$

其中　忽略了玻璃的衰减和延迟。

5）日射得热量形成的冷负荷

$$CLq_f = F\left[\beta_d\sum_{n=1}^{m} B_{n,r}\cos(\omega_n\tau - \varphi_n) + \beta_f\sum_{n=1}^{m}\frac{B_{n,r}}{\mu_n}\cos(\omega_n\tau - \varphi_n - \varepsilon'_n)\right]$$
$$+ F_{s,\tau}\left[\beta_d\sum_{n=1}^{m} B_{n,s}\cos(\omega_n\tau - \varphi_n) + \beta_f\sum_{n=1}^{m}\frac{B_{n,s}}{\mu_n}\cos(\omega_n\tau - \varphi_n - \varepsilon'_n)\right] \tag{3-7}$$

3.4 窗户空调冷负荷 *CLq*

$$CLq = CLq_c + CLq_1 \tag{3-8}$$

4 人体、照明和设备散热量及冷负荷

4.1 人体显热散热量 q_r

$$q_r = \varphi n q_1 \tag{4-1}$$

表 4-1 一名成年男子的散热量和散湿量

类 别	室内温度(℃)								
	20	21	22	23	24	25	26	27	28
静坐：影剧院、会堂、阅览室等									
显热 q_1(W)	84	81	78	75	70	67	62	58	53
潜热 q_2(W)	25	27	30	34	38	41	46	50	55
散湿 g(g/h)	38	40	45	50	56	61	68	75	82
极轻活动：办公室、旅馆、体育馆、小型元器件及商品的制造、装配等									
显热 q_1(W)	90	85	79	74	70	66	61	57	52
潜热 q_2(W)	46	51	56	60	64	68	73	77	82
散湿 g(g/h)	69	76	83	89	96	102	109	115	123
轻度活动：商场、实验室、计算机房、工厂轻台面工作等									
显热 q_1(W)	93	87	81	75	69	64	58	51	45
潜热 q_2(W)	90	94	101	106	112	117	123	130	136
散湿 g(g/h)	134	140	150	158	167	175	184	194	203
中等活动：纺织车间、印刷车间、机加工车间等									
显热 q_1(W)	118	112	104	96	88	83	74	68	61
潜热 q_2(W)	117	123	131	139	147	152	161	168	174
散湿 g(g/h)	175	184	196	207	219	227	240	250	260
重度活动：炼钢车间、铸造车间、排练厅、室内运动场等									
显热 q_1(W)	168	162	157	151	145	139	134	128	122
潜热 q_2(W)	239	245	250	256	262	268	273	279	285
散湿 g(g/h)	356	365	373	382	391	400	408	417	425

4.2 照明散热量 q_1

1）白炽灯散热量：

$$q_1 = 1000 n_1 N \tag{4-2}$$

式中 q_1——白炽灯散热量 W；

n_1——同时使用系数，当缺少实测数据时，可取 0.6～0.8；

N——灯具安装功率 kW。

2）镇流器在空调区之外的荧光灯散热量：

$$q_1 = 1000 n_1 N \tag{4-3}$$

3）镇流器在空调区之内的荧光灯散热量：

$$q_1 = 1200 n_1 N$$

4）暗装在空调房间吊顶玻璃罩之内的荧光灯散热量：

$$q_1 = 1000 n_1 n_0 N \tag{4-4}$$

式中　n_0——考虑玻璃反射及罩内通风情况的系数。当荧光灯罩有小孔、利用自然通风散热于顶棚之内时，取为0.5～0.6；当荧光灯罩无小孔时，可视顶棚内的通风情况取为0.6～0.8。

4.3　设备散热量 q_e

1）电热设备散热量：

$$q_e = 1000 n_1 n_2 n_3 n_4 N \tag{4-5}$$

式中　n_1——同时使用系数，即同时使用的安装功率与总安装功率之比，一般为0.5～1.0；

n_2——安装系数，即最大实耗功率与安装功率之比，一般可取0.7～0.9；

n_3——负荷系数，即小时平均实耗功率与最大实耗功率之比，一般取0.4～0.5；

n_4——通风保温系数；

N——电热设备的总安装功率，kW。

2）电动机和工艺设备均在空调区内的散热量：

$$q_e = 1000 n_1 n_2 n_3 N / r \tag{4-6}$$

式中　r——电动机效率；

N——电动设备总安装功率，kW。

3）只有电动机在空调区内的散热量：

$$q_e = 1000 n_1 n_2 n_3 N (1-\eta) / \eta \tag{4-7}$$

4）只有工艺设备在空调区内的散热量：

$$q_e = 1000 n_1 n_2 n_3 N \tag{4-8}$$

5）办公设备的散热量：

$$q_e = \sum_{i=1}^{n} 1000 s_i q_i \tag{4-9}$$

式中　n——设备总类数量；

s_i——第 i 类设备台数；

q_i——第 i 类设备单台散热量，kW。

4.4 人体、照明和设备散热量形成的冷负荷 *CLq*

人体、照明和设备的散热量在某一时刻为一常量，所以扰量的时间曲线为规律的矩形波。单位矩形波函数记为 $s\left(\frac{t}{k}\right)$。如果得热量出现的时间为连续 k 小时，则单位矩形波函数为：

$$s\left(\frac{t}{k}\right)\begin{cases}0 & t<0\\1 & 0<t<k\\0 & k<t\end{cases} \tag{4-10}$$

以上这几种散热量可写成常数 c 与 $s\left(\frac{t}{k}\right)$ 的乘积：

$$q=cs\left(\frac{t}{k}\right) \tag{4-11}$$

将上式展开为傅里叶级数：

$$q=\sum_{n=1}^{m}A_n\cos(\omega_n\tau-\varphi_n) \tag{4-12}$$

房间通过内扰得热形成的冷负荷计算公式为：

$$CLq=\beta_d\sum_{n=1}^{m}A_n\cos(\omega_n\tau-\varphi_n)+\beta_f\sum_{n=1}^{m}\frac{A_n}{\mu_n}\cos(\omega_n\tau-\varphi_n-\varepsilon'_n) \tag{4-13}$$

5 天正空调负荷计算软件使用方法

为了保持建筑物的热湿环境，在单位时间内需要向房间供应的冷量称为冷负荷；相反，为了补偿房间失热，在单位时间内需向房间供应的热量称为热负荷；为了维持房间相对湿度，在单位时间内需从房间除去的湿量称为湿负荷。

热负荷、冷负荷、湿负荷是暖通空调工程设计的基本依据，暖通空调设备容量的大小主要取决于热负荷、冷负荷、湿负荷的大小，所以负荷计算在设计过程中很关键。

采用天正建筑 TArch5.0 及以上版本绘制的建筑平面图，负荷计算可直接提取建筑平面图的围护结构信息。

5.1 建筑平面图处理

如果不是采用天正建筑 TArch5.0 及以上版本绘制的建筑平面图，在负荷计算前，应用天正暖通软件对建筑平面图样进行预处理，其步骤方法如下：

1）运行天正暖通软件，打开需要进行负荷计算的建筑平面图文件；

2）在 AutoCAD 平台左侧显示的天正菜单中，找到【计算/房间/识别内外】，见图 5-1；

点击运行【识别内外】；

命令行提示："请选择一栋建筑物的所有墙体（或门窗）："，框选整个建筑平面图，然后回车或者鼠标右键确认；

命令行提示"识别出的外墙用红色的虚线示意"，该命令完成；

3）在 AutoCAD 平台左侧显示的天正菜单中，找到【计算/房间/搜索房间】菜单项见图 5-2：

图 5-1 计算-房间-识别内外菜单项

图 5-2 计算-房间-搜索房间的菜单项

点击运行【搜索房间】，弹出“搜索房间”界面，见图 5-3，对话框各项参数无需修改，按默认设置即可；

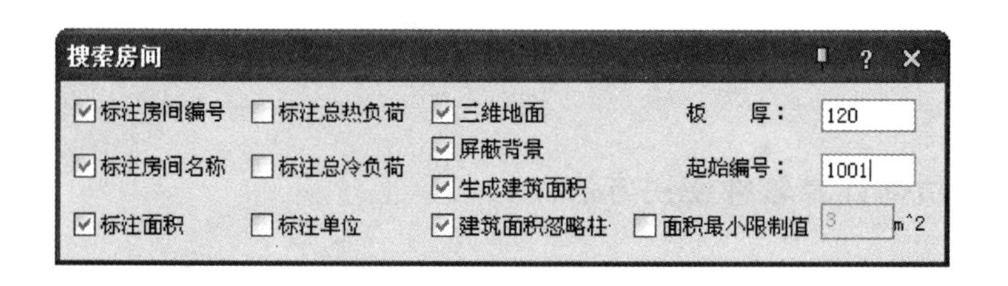

图 5-3 搜索房间对话框

命令行提示：“请选择构成一完整建筑物的所有墙体（或门窗）：”，框选整个建筑平面图，回车或者鼠标右键确认；

命令行提示：“请点取建筑面积的标注位置＜退出＞：”，任意点取图上一点，完成建筑面积的标注，见图 5-4。

5.2 新建工程

在 AutoCAD 平台左侧显示的天正菜单中，找到【计算/负荷计算】，运行【负荷计算】命令，显示出天正负荷计算主界面，见图 5-5。

新建工程可以自行输入工程名称，也可以采用默认的工程名称“新建工程 1”，见图 5-5。

5.3 设置工程地点

点击“选择城市”按钮，见图 5-6，显示气象参数管理界面，软件根据《采暖通风与空气调节设计规范》GB 50019—2003 和《实用供热空调设计手册》建立了完整的数据库，只需正确选择即可，确定完成选择。

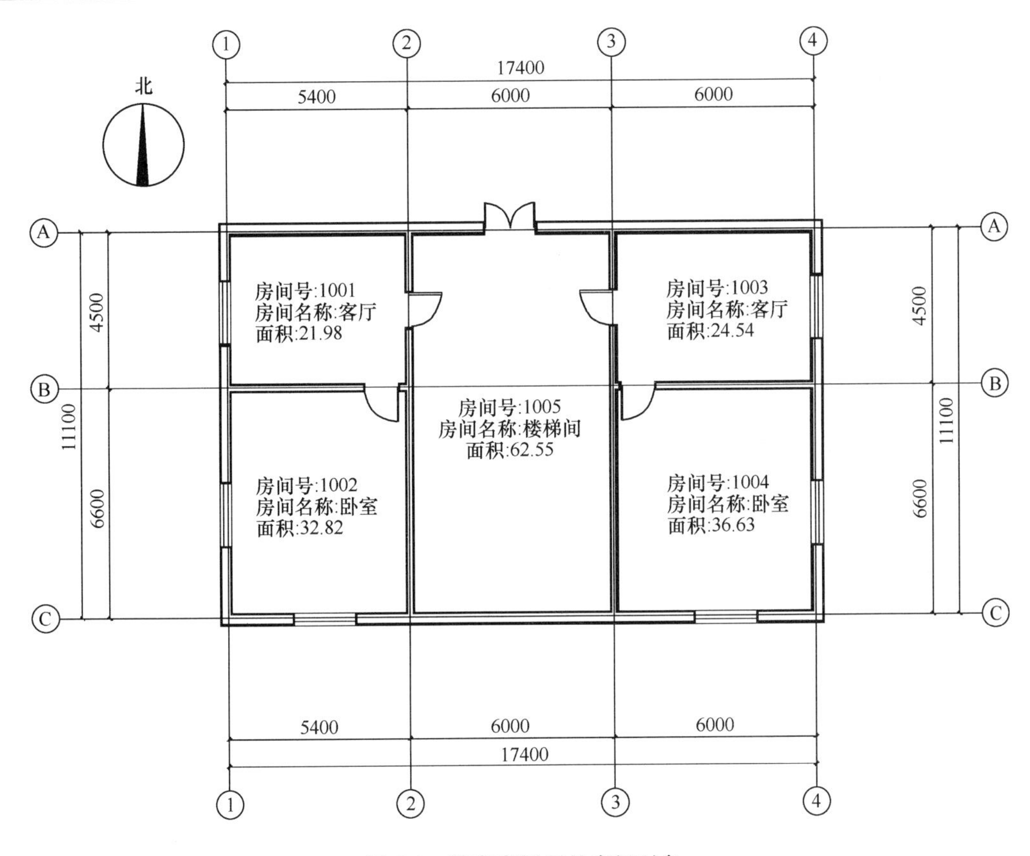

图 5-4　搜索房间后的房间对象

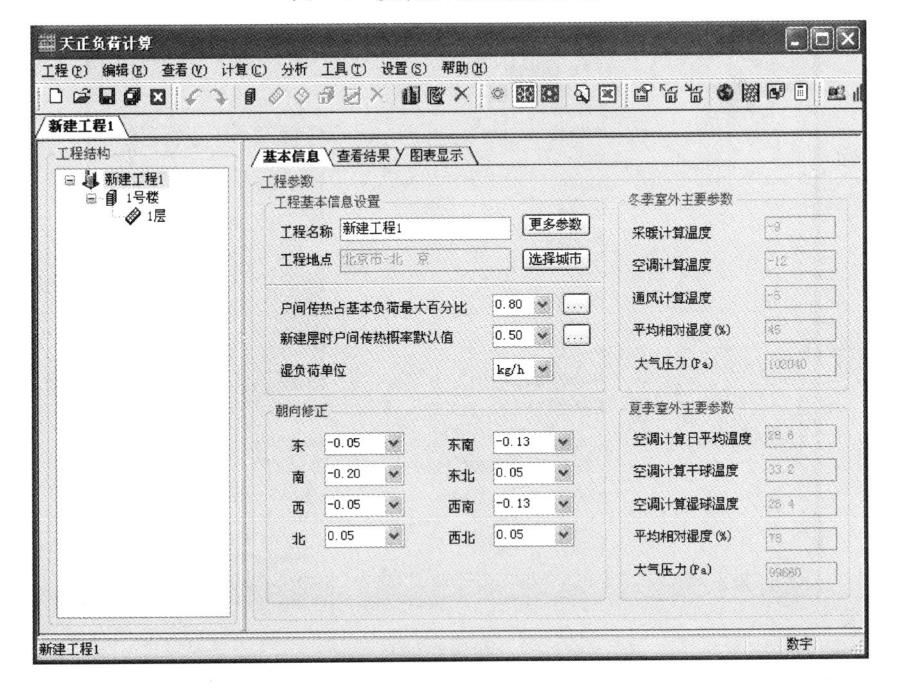

图 5-5　天正负荷计算主界面

图 5-6　气象参数管理界面

5.4　设置围护结构传热系数

点击主界面左侧工程结构中“新建工程 1”下的“1 号楼”，主界面右边点击“基本信息”选项卡，显示出建筑物参数，见图 5-7。

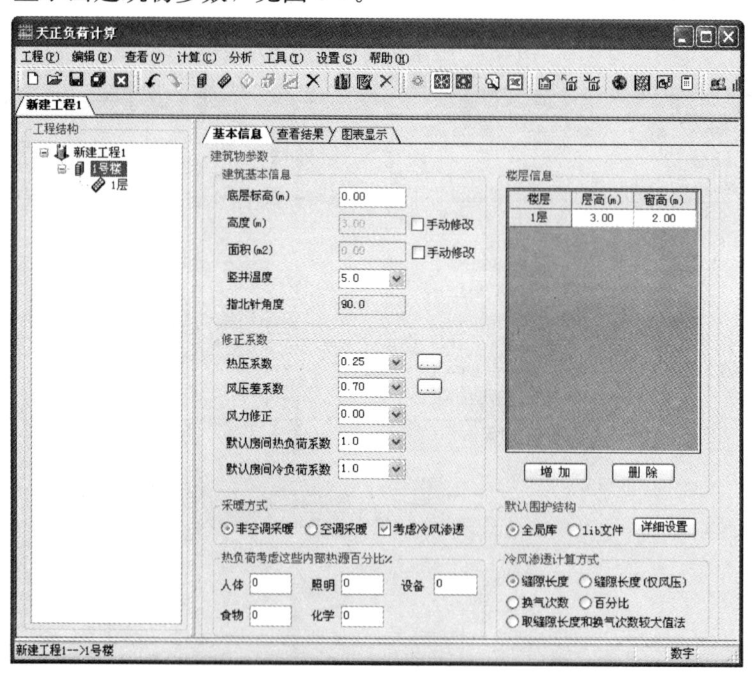

图 5-7　建筑物信息界面

点击 详细设置 按钮，显示围护结构默认传热系数界面，见图 5-8，可直接设置传热系数值。

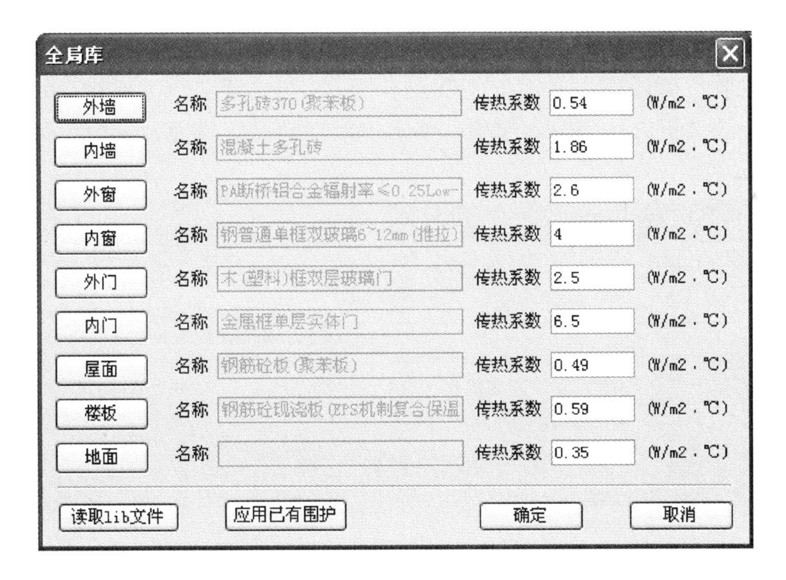

图 5-8　围护结构默认传热系数界面

可以点取外墙等围护结构的按钮，显示天正构造库，见图 5-9，库中提供节能规范中常用的构造作法，可直接选择。

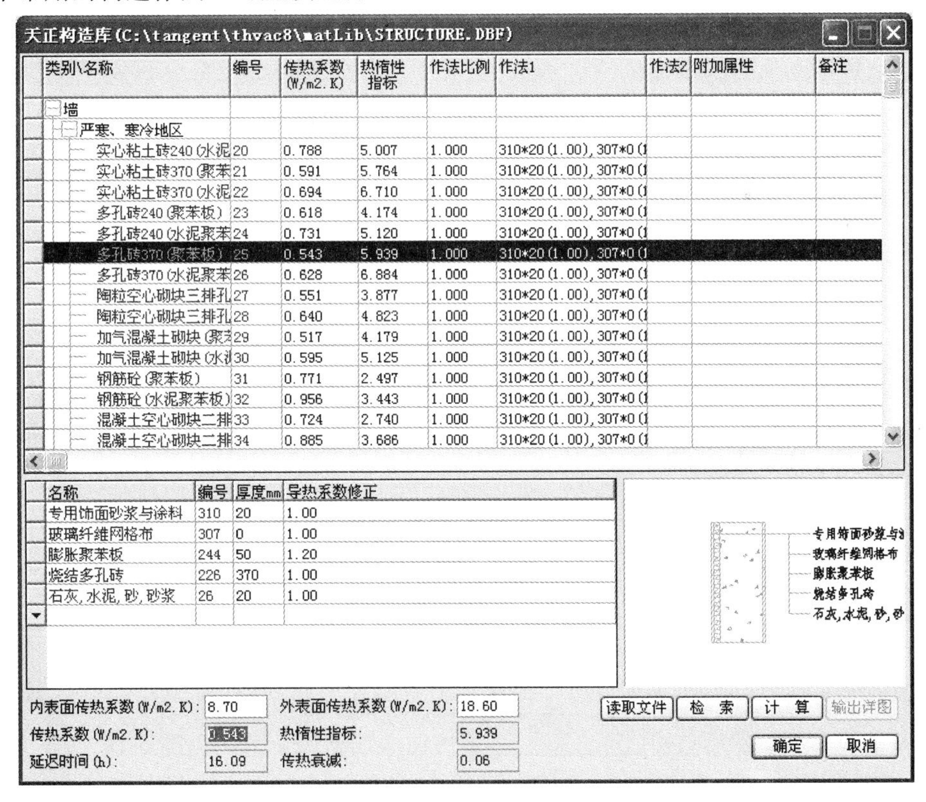

图 5-9　天正构造库

5.5 直接从建筑图上提取围护结构信息

鼠标右键点取负荷计算主界面上工程结构下的“1层”，弹出右键菜单，见图5-10，点击右键菜单上的“提取房间”菜单项，弹出提取房间设置界面，见图5-11。

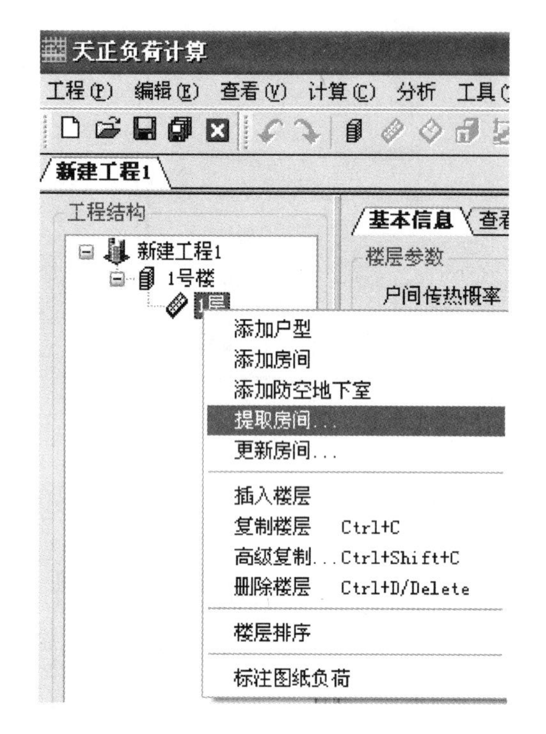

图5-10 在右键弹出菜单中点击提取房间

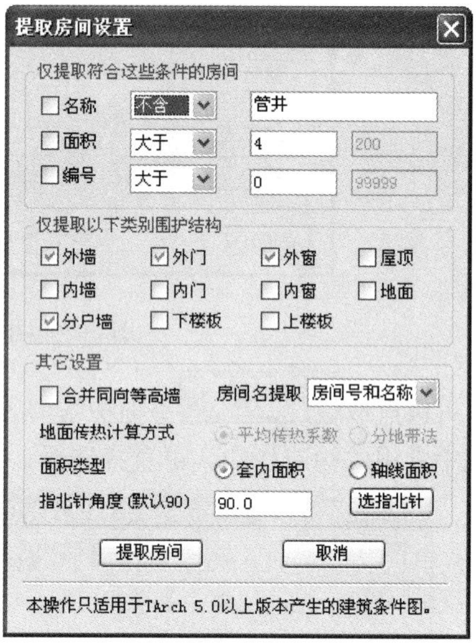

图5-11 提取房间设置界面

点取[选指北针]按钮，选择建筑图上的指北针符号，会自动提取指北针的角度。

点取[提取房间]按钮，命令行提示：“请框选要提取的房间对象<退出>:”，框选整个建筑平面图，回车或者鼠标右键确认后，弹出负荷计算主界面，各个房间的围护结构就自动加载到了楼层下面，见图5-12。

通过提取建筑平面图的方法建立负荷工程，所提取的为建筑围护结构的负荷。但是，一栋建筑的总负荷不仅有围护结构的负荷，还会有室内冷、热源引起的负荷。

下面通过手动添加方式，继续完善工程的负荷输入。

1）添加负荷

选中房间，在界面右侧添加负荷的下拉菜单中选择“新风”，见图5-13，根据工程要求修改风量等参数，然后点击[添加]按钮添加新风负荷，见图5-14。

2）修改负荷

鼠标点击选择要修改的负荷，例如选择新风，见图5-14方框框选部分，在右侧添加负荷栏处会显示“新风”参数，可以根据实际工程情况对参数进行修改，修改完成后点击

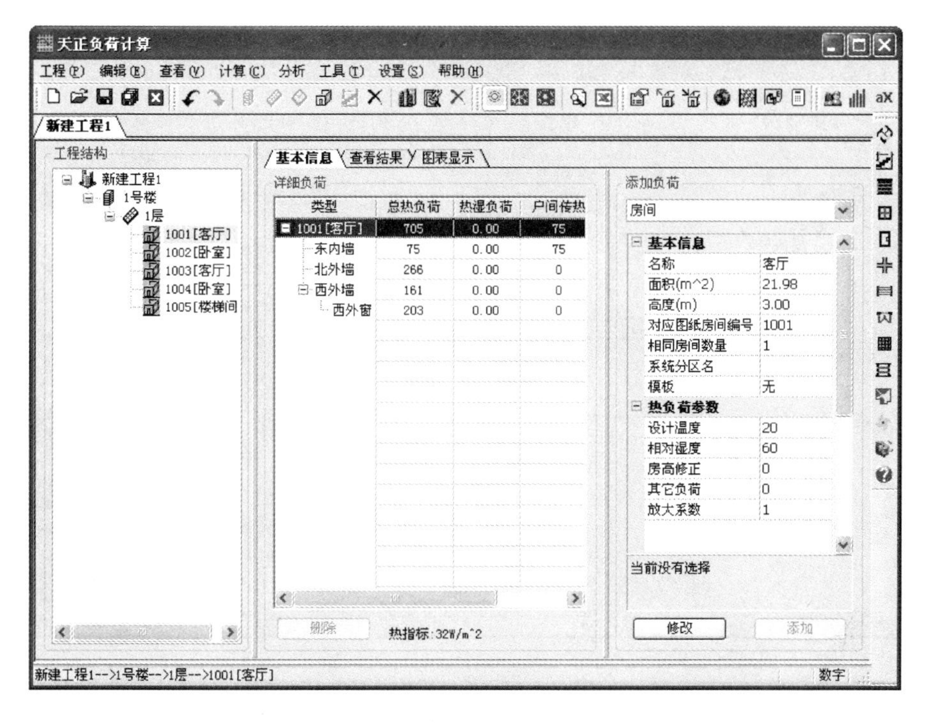

图 5-12 从图中提取的房间信息

图 5-13 添加负荷下拉菜单

修改按钮，即可重新计算新风负荷。

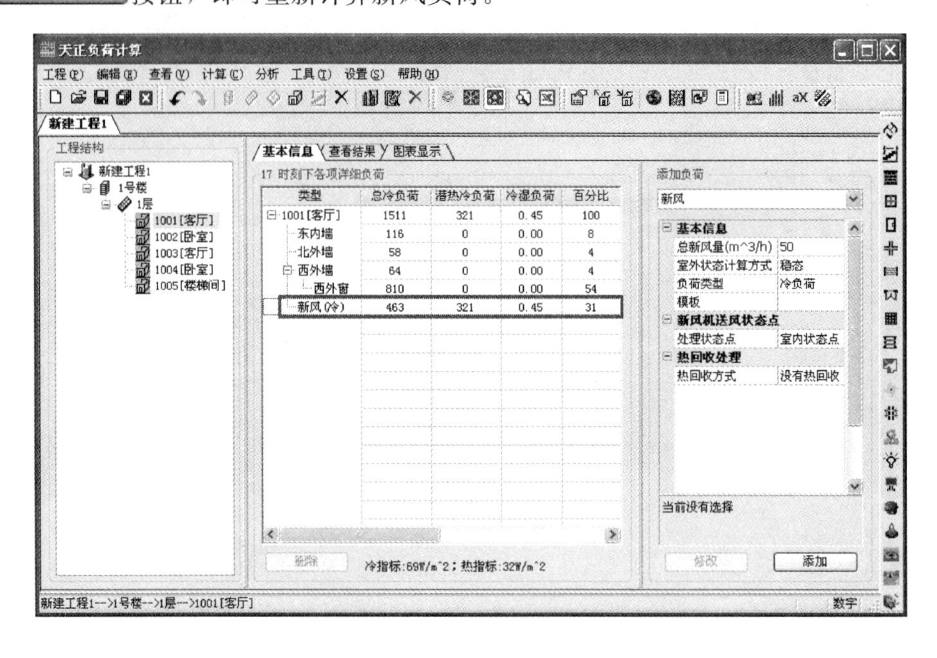

图 5-14　添加新风

同样，可以对目标房间进行“照明”、“设备”、“人体”等的负荷进行添加，添加照明负荷见图 5-15，添加设备负荷见图 5-16，添加人体负荷见图 5-17。

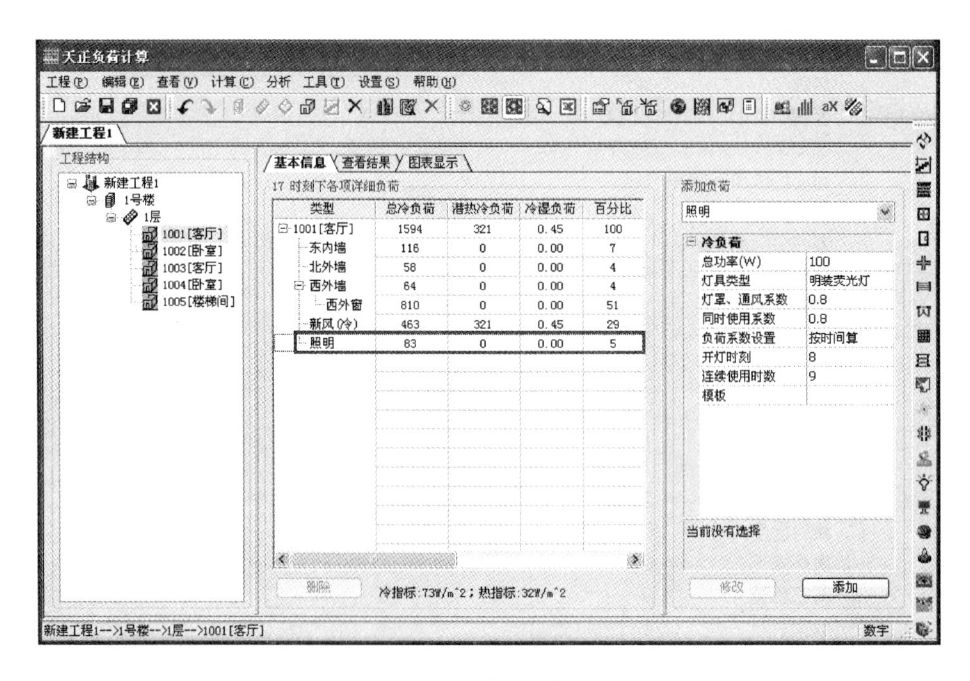

图 5-15　添加照明负荷

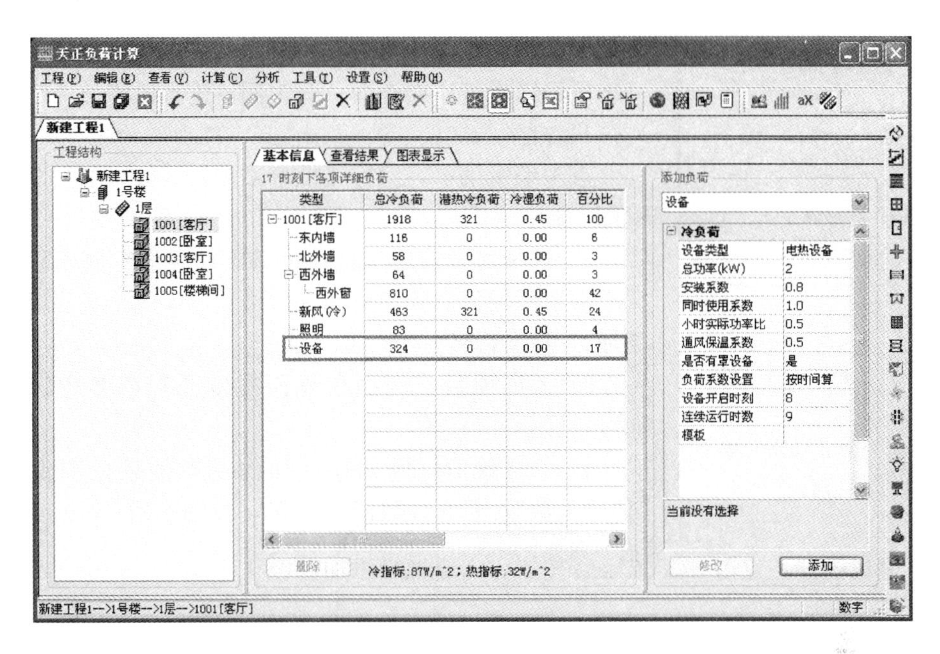

图 5-16 添加设备负荷

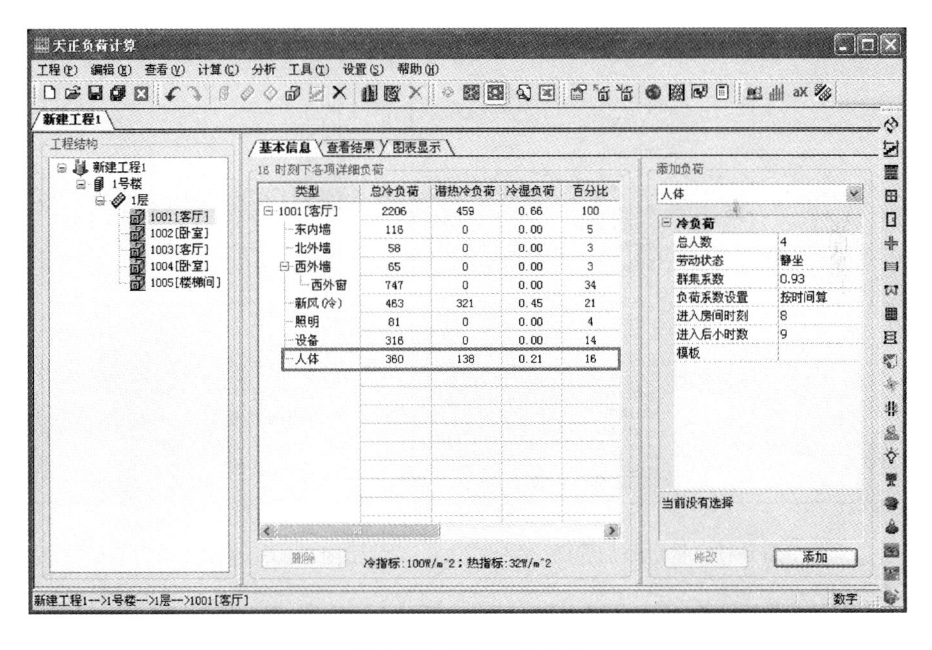

图 5-17 添加人体负荷

5.6 批量添加

为了提高对负荷工程的编辑效率，在天正负荷计算主界面，编辑菜单下提供有【批量添加】、【批量修改】、【批量删除】功能，见图 5-18。

负荷计算有时会出现多个房间都需要添加同一种负荷源的情况，可通过批量添加命令

图 5-18 点击编辑菜单下的批量功能菜单项

一次性完成负荷源的创建工作，然后再局部微调，完成最终计算，节省逐个添加负荷源的时间。

下面以批量添加地面负荷为例，进行说明。

1）批量添加：

点击编辑菜单，执行【批量添加】，弹出批量添加界面，见图 5-19；

2）选择房间或楼层：在批量添加界面左侧工程结构中选择需要添加负荷源的房间，如果 1 层中的全部房间都需要添加，可以直接勾选 1 层，见图 5-19；

3）添加项目：例如在界面右侧添加内容中选择“地面”，见图 5-20；

4）修改数值：例如在地面的基本信息栏中点击选择“传热系数”，并修改数值为 0.35，见图 5-21；

5）完成添加：点击 添加 按钮，完成批量添加。

图 5-19 批量添加界面

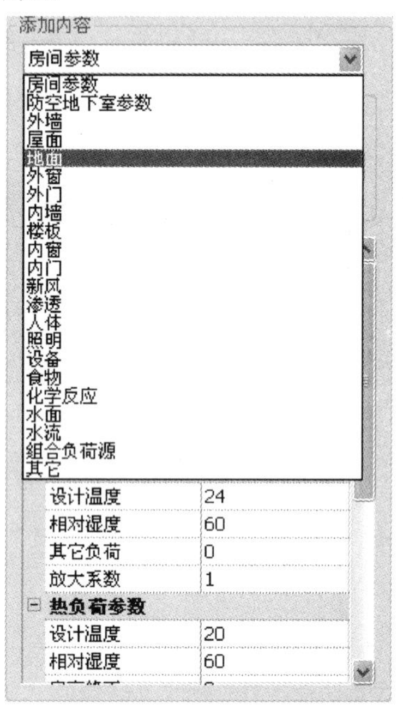

图 5-20 在添加内容下拉菜单中选择要添加计算的负荷项目

5.7 批量修改

设计过程中，计算参数有可能多次变更，如外墙构造变化、房间设计温度调整等，这些都会带来很多重复的数据修改工作。天正负荷计算软件中提供【批量修改】功能，可以对计算参数进行批量调整。

下面以批量修改外墙传热系数为例，进行说明。

1）批量修改：

点击编辑菜单，执行【批量修改】，弹出批量修改界面，见图 5-22；

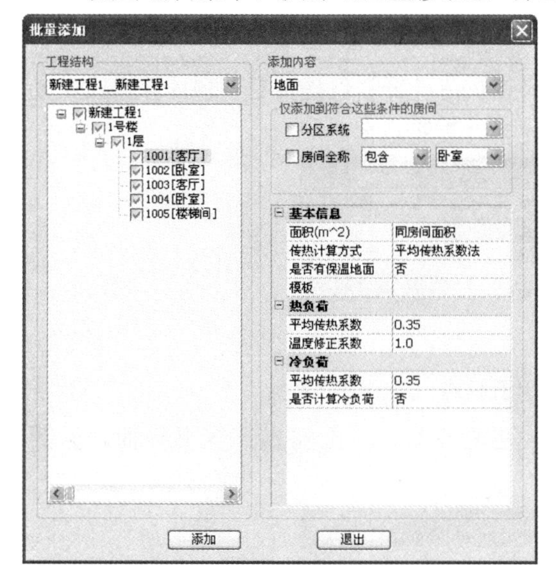

图 5-21　批量添加界面修改数值

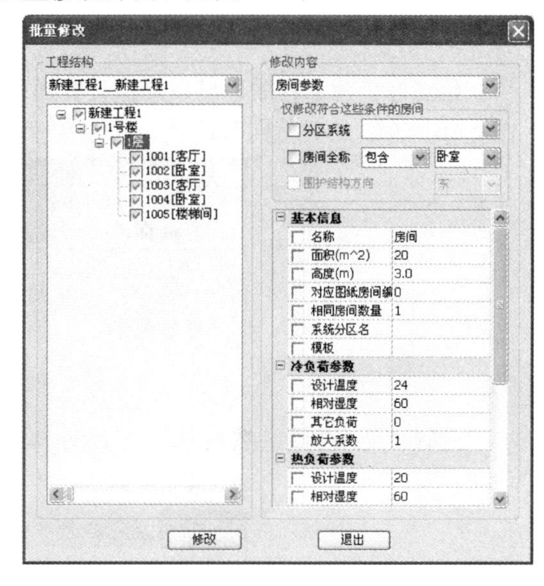

图 5-22　批量修改界面

2）选择房间或楼层：在批量添加界面左侧工程结构中选择需要修改负荷源的房间，如果 1 层中的全部房间都需要修改，可以直接勾选 1 层，见图 5-22；

3）修改项目：例如在界面右侧修改内容中选择“外墙”，见图 5-23；

4）修改数值：例如在外墙的基本信息栏中点击选择“传热系数”，并修改数值为 0.45，见图 5-24。

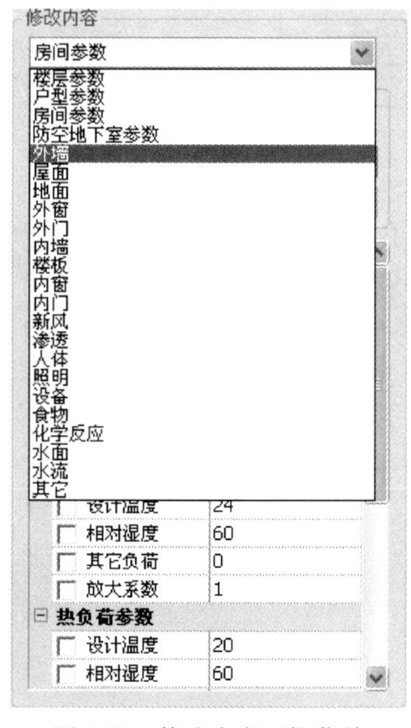

图 5-23　修改内容下拉菜单

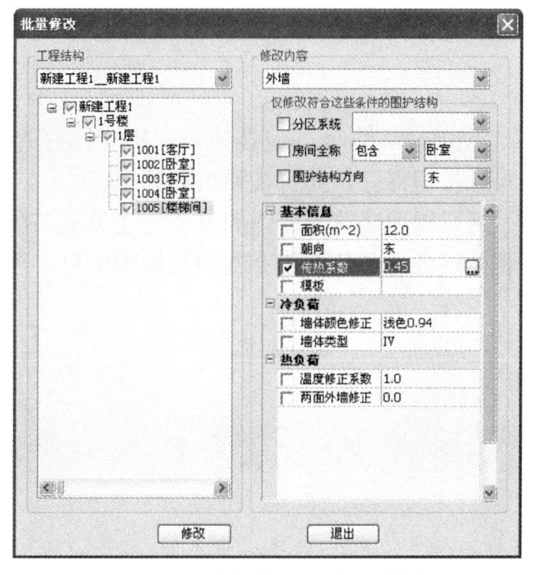

图 5-24　批量修改“传热系数”

5）完成修改：点击 修改 按钮，完成批量修改。

5.8 输出计算书

建立好负荷工程后，可以切换计算模式，天正负荷计算软件提供有三种计算模式，见图 5-25：冷、热负荷同时计算；只计算冷负荷；只计算热负荷。

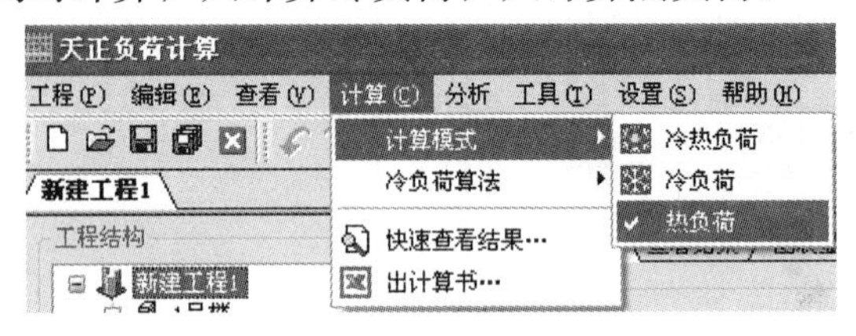

图 5-25 选择计算模式

选择“热负荷”，然后选择“出计算书”，见图 5-25，弹出输出计算书界面，见图 5-26。

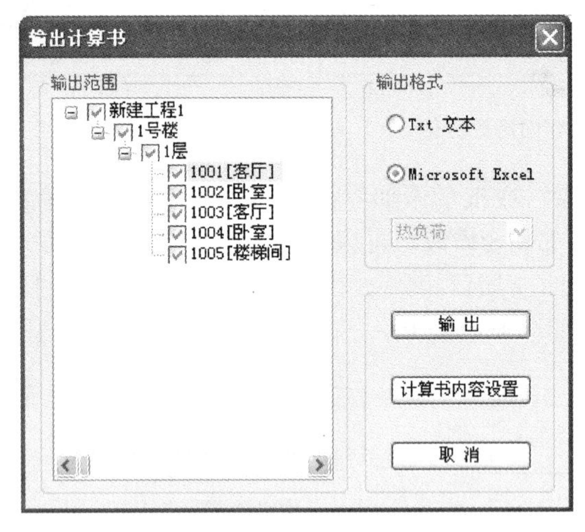

图 5-26 输出计算书界面

点击 输 出 按钮，弹出“另存为”界面，见图 5-26，指定保存的路径位置，点保存按钮保存，并自动弹出计算书。

通过提取建筑平面图的方法建立负荷工程，所提取的为建筑围护结构的负荷。但是，一栋建筑的总负荷不仅有围护结构的负荷，还会有室内冷、热源引起的负荷。

鸿业软件空调负荷计算方法说明

北京鸿业同行科技有限公司　魏光远

1　鸿业空调负荷计算方法

鸿业空调负荷计算，包含谐波法和辐射时间序列法两种计算核心。

1.1　谐波法

谐波法认为，空调系统依靠送风带走室内的热量，只能是对流热，这就是负荷。而上述得热量含有辐射成分不能被送风所吸收，这部分辐射通过被辐射的围护结构的蓄热—放热效应才能转化为对流成分。这种转化必然产生峰值的削减和时间的延迟，其结果使的得热曲线变成负荷曲线时被延迟被削平，负荷峰值小于得热峰值。也就是说得热和负荷是两个不同的概念，得热含有辐射成分。本方法的最终目的就是从已知的得热时间序列计算出冷负荷的时间序列。如图 1-1 所示。

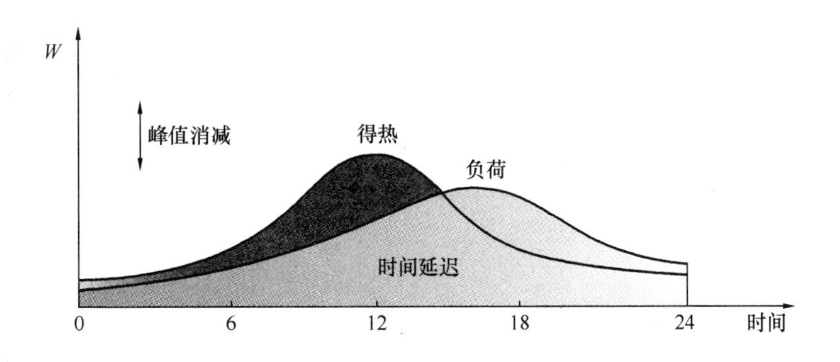

图 1-1　南向外窗进入空调房间太阳辐射热转化为冷负荷的示意图

自动控制理论认为，一个系统受到激励就会产生一个响应。空调房间可以看成自控系统中一个多容的惯性环节，它受到一个扰量的作用（接收得热）就会产生相应的反应。受到周期性热扰作用就会产生周期性热反应。而周期性扰量是可以用不同阶的谐性波动表达的，谐波扰量的响应又是可以计算的。这就是谐波反应法负荷计算方法的基本思路和理论基础。

设计参数都是在考虑了一系列不利因素之后，采用相当保证率条件下，认为在给定周期情况下无限重复。例如室外空气温度的日变化曲线，室外太阳辐射照度等均认为设计条件下每日如此，即具有固定的周期。因此周期响应的方法是谐波法负荷计算的基本方法。

房间对辐射热扰量的放热衰减为 N_i，延迟为 ϕ_i，则转化成的负荷分量应为：

$$\frac{d\phi_i}{N_i}\cos(15i\tau-\zeta i-\phi_i) \tag{1-1}$$

至于房间放热特性 N_i 和 ϕ_i，则可由辐射热扰量在室内的分配百分比（辐射分配系数 XS）和多面围护结构的放热特性放热衰减及放热延迟算出。谐波法采用的分配系数 XS，如表 1-1 所示：

表 1-1　谐波法采用的分配系数 *XS*

辐射源	分配系数 $XS_i(i=1\sim5)$				
	楼板	天花	内墙	外墙	外窗
外墙内表面	0.20	0.20	0.60	0	0
屋顶内表面	0.35	0	0.50	0.10	0.05
外窗温差内表面	0.2	0.15	0.65	0	0
无内遮阳外窗直射辐射	0.80	0.05	0.15	0	0
无内遮阳外窗散射辐射	0.20	0.15	0.65	0	0
有内遮阳外窗直射、散射辐射	0.20	0.15	0.65	0	0
无内遮阳平天窗辐射	0.35	0	0.5	0.1	0.05
有内遮阳平天窗辐射	0.35	0	0.5	0.1	0.05
架空楼板	0	0.35	0.5	0.1	0.05
灯光	0.35	0	0.50	0.10	0.05
人体	0.30	0.10	0.50	0.05	0.05
设备器具	0.20	0.25	0.45	0.05	0.05

1.2　辐射时间序列法

美国 ASHRAE TC 4.1（设计负荷计算委员会）希望开发一种更加直接、更加简便的设计负荷计算方法，它不需要导热传递函数方法所必须的迭代计算，并希望用户直接能够观察、比较不同房间类型的各项响应。辐射时间序列法（RTS，radiant time series）方法正是基于此开发的一种新的计算空调设计负荷的方法。该方法将室内各种类型得热划分为对流部分和辐射部分，其中对流部分直接转化为冷负荷，而辐射部分由辐射时间系数转化为逐时冷负荷。应用辐射时间序列方法进行房间冷负荷计算时，关键的一步就是求出辐射时间系数，有了这些系数，才能够将各种辐射得热转化成逐时冷负荷。

与美欧相比，我国围护结构要厚重得多，尤其近十年来，外保温构造广泛应用，建筑物和房间的蓄热特性都越来越变成“重型”，导致我国的“典型房间”和那些国家的“典型房间”差别越来越大。具体到 Z 传递函数的项数，如果美国取 5 项（v_0、v_1、v_2、w_1、w_2）还算够用的话，那在中国至少要到 13 项（到 $v_0\sim v_6$ 和 $w_1\sim w_6$）才勉强说得过去，否则，误差肯定很大。

国内学者从1997年就注意到了美国俄克拉荷马州立大学提出的RTS方法，并且从2001年该方法被纳入到ASHRAE手册之后就一直跟踪。学者认为，RTS方法的提出表明，经过多年的实践，设计冷负荷的计算还是应回归到以24小时为周期的基础上来。由此可以肯定，算法开发的正确途径应该是从自己的实际情况出发，直接采用周期热作用的理论与方法求解。事实证明这种思想是能够实现的，例题的计算也证明其结果相当令人满意。

2 规范要求

根据《民用建筑供暖通风与空气调节设计规范》，软件对下列各项得热量进行计算：

1）通过围护结构传入的热量；

2）通过透明围护结构进入的太阳辐射热量；

3）人体散热量；

4）照明散热量；

5）设备、器具、管道及其他内部热源的散热量；

6）食品或物料的散热量；

7）渗透空气带入的热量；

8）伴随各种散湿过程产生的潜热量。

其中：

1）通过围护结构进入的非稳定传热得热量；

2）透过透明围护结构进入的太阳辐射得热量；

3）人体得热量；

4）非全天使用的设备、照明灯具的散热得热量等。

均按非稳定传热方法计算其形成的夏季冷负荷。

3 空调区域的得热及构成

鸿业空调负荷计算，涉及非稳定传热计算的得热，具备两个特点。第一：它是时变的；第二：它是含有辐射成分的。

3.1 得热种类

1. 传热得热

包括外墙、屋面、外窗由于室内外温差引起的传热。邻室为通风良好的非空调房间时通过内墙、内窗、内门的温差传热。

2. 通过窗玻璃进入室内的太阳辐射热。

3. 室内发热量

主要是灯光、人体显热散热及设备器具的显热散热量。

3.2 得热的构成

上述得热项目中均只含对流与辐射两种成分。本方法采用的构成如表 3-1 所示。

表 3-1 得热构成分布表

得热种类	对流百分比	辐射百分比
外墙、外窗等温差传热	37	63
屋面温差传热	16	84
无遮阳外窗、天窗直射、散射辐射	0	100
有遮阳外窗、天窗直射、散射辐射	37	63
架空楼板温差传热	37	63
灯器散热	33	67
人体显热散热	45	55
设备用具显热散热	75	25

4 空调负荷计算步骤

1. 计算各围护结构的传热衰减与延迟以及放热衰减与延迟；
2. 计算空调区域的各种得热并将其展成三角多项式；
3. 将得热分成对流部分和辐射部分；
4. 根据得热的种类计算空调区域对辐射热扰量的衰减和延迟；
5. 将辐射热扰转化成冷负荷；
6. 将上述计算值与原对流部分相加得到该项得热的负荷值；
7. 将各项负荷相加得到空调区域冷负荷值。

5 空调负荷计算公式

5.1 外墙和屋面传热冷负荷计算公式

外墙或屋面传热形成的计算时刻冷负荷 Q_τ（W），按下式计算：

$$Q_\tau = K \cdot F \cdot (t_\tau - t_n) \cdot L \tag{5-1}$$

式中 K——传热系数，W/（$m^2 \cdot ℃$）；

F——计算面积，m^2；

τ——计算时刻，h；

t_τ——计算时刻外墙或屋面的冷负荷计算温度，℃；

t_n——夏季空气调节室内计算温度，℃；

L——冷负荷修正系数。

t_τ的确定方法如下：

谐波法：

屋顶：

$$t_\tau = t_p + D_\tau - 3 \tag{5-2}$$

外墙：

$$t_\tau = t_p + D_\tau \tag{5-3}$$

式中 t_p——室外综合温度的平均值；

D_τ——辐射扰量引起的温度波动。

t_p 的计算方法如下：

$$t_p = \bar{t} + \frac{p}{a}\bar{I} \tag{5-4}$$

式中 $\bar{t}$——室外空气温度平均值；

p——太阳辐射吸收系数；

a——外表面换热系数，取 18.6W/（m^2 · ℃）；

$\bar{I}$——水平或者垂直面上的太阳辐射强度。

辐射时间序列法：

$$t_\tau = D_\tau + (1 - f_u) \cdot T_{w\tau} \tag{5-5}$$

式中 τ——计算时刻，h；

D_τ——辐射计算温度基数；

f_u——一个周期内测点阶数，取 12；

$T_{w\tau}$——室外逐时计算温度；

f_u——辐射对流分配系数。

当外墙或屋顶的衰减系数 $\beta < 0.2$ 时，可用日平均冷负荷 Q_{pj} 代替各计算时刻的冷负荷 Q_τ：

$$Q_{pj} = K \cdot F \cdot \Delta t_{pj} \tag{5-6}$$

式中 K——传热系数，W/（m^2 · ℃）；

F——计算面积，m^2；

Δt_{pj}——负荷温差的日平均值，℃。

5.2 外窗的温差传热冷负荷

通过外窗温差传热形成的计算时刻冷负荷 Q_τ 按下式计算：

$$Q_\tau = a \cdot K \cdot F \cdot \Delta t_\tau \tag{5-7}$$

式中 a——窗框修正系数；

K——传热系数，W/（m^2 · ℃）；

F——计算面积，m^2；

Δt_τ——计算时刻下的负荷温差，℃。

外窗的温差传热冷负荷计算与外墙、屋面基本相同。

5.3 外窗太阳辐射冷负荷

透过外窗的太阳辐射形成的计算时刻冷负荷 Q_τ，应根据不同情况分别按下列各式计算：

1　当外窗无任何遮阳设施时

$$Q_{\tau}=F\cdot X_{g}\cdot J_{w\tau} \tag{5-8}$$

式中 F——计算面积，m^2；

X_g——窗的构造修正系数；

$J_{w\tau}$——计算时刻下，透过无遮阳设施玻璃太阳辐射的冷负荷强度，W/m^2。

2 当外窗只有内遮阳设施时

$$Q_{\tau}=F\cdot X_{g}\cdot X_{z}\cdot J_{n\tau} \tag{5-9}$$

式中 F——计算面积，m^2；

X_g——窗的构造修正系数；

X_z——内遮阳系数；

$J_{n\tau}$——计算时刻下，透过有内遮阳设施玻璃太阳辐射的冷负荷强度，W/m^2。

3 当外窗只有外遮阳板时

$$Q_{\tau}=[F_{1}\cdot J_{w\tau}+(F-F_{1})\cdot J_{w\tau}^{0}]\cdot X_{g} \tag{5-10}$$

式中 F_1——窗口受到太阳照射时的直射面积，m^2；

$J_{w\tau}$——计算时刻下，透过无遮阳设施设施玻璃太阳辐射的冷负荷强度，W/m^2；

F——计算面积，m^2；

$J_{w\tau}^0$——计算时刻下，透过无遮阳设施玻璃太阳散射辐射的冷负荷强度，W/m^2；

X_g——窗的构造修正系数。

4 当窗口既有内遮阳设施又有外遮阳板时

$$Q_{\tau}=[F_{1}\cdot J_{n\tau}+(F-F_{1})\cdot J_{n\tau}^{0}]\cdot X_{g}\cdot X_{z} \tag{5-11}$$

式中 F_1——窗口受到太阳照射时的直射面积，m^2；

$J_{n\tau}$——计算时刻下，透过有内外遮阳设施玻璃太阳辐射的冷负荷强度，W/m^2；

$J_{n\tau}^0$——计算时刻下，透过有内遮阳设施窗玻璃太阳散射辐射的冷负荷强度，W/m^2；

X_g——窗的构造修正系数；

X_z——内遮阳系数。

5.4 内围护结构的传热冷负荷

1. 相邻空间通风良好时

当相邻空间通风良好时，内墙或间层楼板由于温差传热形成的冷负荷可按下式估算：

$$Q=K\cdot F\cdot(t_{wp}-t_{n}) \tag{5-12}$$

式中 Q——稳态冷负荷，W；

K——传热系数，W/（$m^2\cdot$℃）；

F——计算面积，m^2；

t_{wp}——夏季空气调节室外计算日平均温度，℃；

t_n——夏季空气调节室内计算温度，℃。

2. 相邻空间有发热量时

通过空调房间内窗、隔墙、楼板或内门等内围护结构的温差传热负荷，按下式计算：

$$Q=K\cdot F\cdot(t_{wp}+\Delta t_{ls}-t_{n}) \tag{5-13}$$

式中 Q——稳态冷负荷，W；

K——传热系数，W/（m^2・℃）；

F——计算面积，m^2；

t_n——夏季空气调节室内计算温度，℃；

Δt_{ls}——邻室温升，可根据邻室散热强度采用，℃。

5.5 人体冷负荷

人体显热散热形成的计算时刻冷负荷 Q_τ，按下式计算：

$$Q_\tau = \varphi \cdot n \cdot q_1 \cdot X_{\tau-T} \tag{5-14}$$

式中 φ——群体系数；

n——计算时刻空调房间内的总人数；

q_1——一名成年男子小时显热散热量，W；

τ——计算时刻，h；

T——人员进入空调区的时刻，h；

$\tau-T$——从人员进入空调区的时刻算起到计算时刻的持续时间，h；

$X_{\tau-T}$——$\tau-T$ 时刻人体显热散热的冷负荷系数。

5.6 灯光冷负荷

照明设备散热形成的计算时刻冷负荷 Q_τ，应根据灯具的种类和安装情况分别按下列各式计算：

白炽灯散热形成的冷负荷

$$Q_\tau = n_1 \cdot N \cdot X_{\tau-T} \tag{5-15}$$

式中 n_1——同时使用系数；

N——灯具的安装功率，W；

τ——计算时刻，h；

T——开灯时刻，h；

$\tau-T$——从开灯时刻算起到计算时刻的时间，h；

$X_{\tau-T}$——$\tau-T$ 时刻灯具散热的冷负荷系数。

镇流器在空调区之外的荧光灯

$$Q_\tau = n_1 \cdot N \cdot X_{\tau-T} \tag{5-16}$$

式中 n_1——同时使用系数；

N——灯具的安装功率，W；

τ——计算时刻，h；

T——开灯时刻，h；

$\tau-T$——从开灯时刻算起到计算时刻的时间，h；

$X_{\tau-T}$——$\tau-T$ 时刻灯具散热的冷负荷系数。

镇流器装在空调区之内的荧光灯

$$Q_\tau = 1.2 \cdot n_1 \cdot N \cdot X_{\tau-T} \tag{5-17}$$

式中 n_1——同时使用系数；

N——灯具的安装功率，W；

τ——计算时刻，h；

T——开灯时刻，h；

$\tau-T$——从开灯时刻算起到计算时刻的时间，h；

$X_{\tau-T}$——$\tau-T$ 时刻灯具散热的冷负荷系数。

暗装在空调房间吊顶玻璃罩内的荧光灯

$$Q_{\tau}=n_0\cdot n_1\cdot N\cdot X_{\tau-T} \tag{5-18}$$

式中 N——照明设备的安装功率，W；

n_0——考虑玻璃反射，顶棚内通风情况的系数，当荧光灯罩有小孔，利用自然通风散热于顶棚内时，取为 0.5～0.6，荧光灯罩无通风孔时，视顶棚内通风情况取为 0.6～0.8；

n_1——同时使用系数，一般为 0.5～0.8；

τ——计算时刻，h；

T——开灯时刻，h；

$\tau-T$——从开灯时刻算起到计算时刻的时间，h；

$X_{\tau-T}$——$\tau-T$ 时刻灯具散热的冷负荷系数。

5.7 设备冷负荷

热设备及热表面散热形成的计算时刻冷负荷 Q_{τ}，按下式计算：

$$Q_{\tau}=q_s\cdot X_{\tau-T} \tag{5-19}$$

式中 τ——热源投入使用的时刻，h；

$\tau-T$——从热源投入使用的时刻算起到计算时刻的持续时间，h；

$X_{\tau-T}$——$\tau-T$ 时间设备、器具散热的冷负荷系数；

q_s——热源的实际散热量，W。

1 电热工艺设备散热量

$$q_s=n_1\cdot n_2\cdot n_3\cdot n_4\cdot N \tag{5-20}$$

2 电动机和工艺设备均在空调房间内的散发量

$$q_s=n_1\cdot n_2\cdot n_3\cdot N/\eta \tag{5-21}$$

3 只有电动机在空调房间内的散热量

$$q_s=n_1\cdot n_2\cdot n_3\cdot N\cdot(1-\eta)/\eta \tag{5-22}$$

4 只有工艺设备在空调房间内的散热量

$$q_s=n_1\cdot n_2\cdot n_3\cdot N \tag{5-23}$$

式中 N——设备的总安装功率，W；

η——电动机的效率；

n_1——同时使用系数，一般可取 0.5～1.0；

n_2——安装系数，一般可取 0.7～0.9；

n_3——负荷系数，即小时平均实耗功率与设计最大功率之比，一般可取 0.4～0.5 左右；

n_4——通风保温系数；

5.8 渗透空气显热冷负荷

渗透空气的显冷负荷 Q，按下式计算：

$$Q = 0.28 \cdot G \cdot (t_w - t_n) \tag{5-24}$$

式中 G——单位时间渗入室内的总空气量，kg/h；

t_w——夏季空调室外干球温度，℃；

t_n——室内计算温度，℃。

5.9 食物的显热散热冷负荷

进行餐厅冷负荷计算时，需要考虑食物的散热量。食物的显热散热形成的冷负荷，可按每位就餐客人 9W 考虑。

5.10 散湿量与潜热冷负荷

5.10.1 人体散湿和潜热冷负荷

人体散湿量按下式计算

$$D_\tau = 0.001 \cdot \varphi \cdot n_\tau \cdot g \tag{5-25}$$

式中 D——散湿量，kg/h；

φ——群体系数；

n_τ——计算时刻空调区的总人数；

g——一名成年男子的每小时散湿量，g/h。

人体散湿形成的潜热冷负荷 Q_τ（W），按下式计算：

$$Q_\tau = \varphi \cdot n_\tau \cdot q_2 \tag{5-26}$$

式中 q_2——一名成年男子每小时潜热散热量，W。

5.10.2 渗入空气散湿量及潜热冷负荷

渗透空气带入室内的湿量 D（kg/h），按下式计算：

$$D = 0.001 \cdot G \cdot (d_w - d_n) \tag{5-27}$$

渗入空气形成的潜热冷负荷 Q（W），按下式计算：

$$Q = 0.28 \cdot G \cdot (h_w - h_n) \tag{5-28}$$

式中 d_w——室外空气的含湿量，g/kg；

d_n——室内空气的含湿量，g/kg；

h_w——室外空气的焓，kJ/kg；

h_n——室内空气的焓，kJ/kg。

5.10.3 食物散湿量及潜热冷负荷

餐厅的食物散湿量 D_τ（kg/h），按下式计算：

$$D_\tau = 0.012 \cdot n_\tau \cdot \varphi \tag{5-29}$$

式中 n_τ——计算时刻就餐总人数；

φ——群聚系数。

食物散湿量形成的潜热冷负荷 Q_τ（W），按下式计算：

$$Q_\tau = 700 \cdot D_\tau \tag{5-30}$$

5.10.4 水面蒸发散湿量及潜热冷负荷

敞开水面的蒸发散湿量 D（kg/h），按下式计算：

$$D=(a+0.00013\cdot v)\cdot(P_{qb}-P_{q})\cdot A\cdot B/B_{1} \quad (5\text{-}31)$$

式中 A——蒸发表面积，m^2；

a——不同水温下的扩散系数；

v——蒸发表面的空气流速；

P_{qb}——相应于水表面温度下的饱和空气的水蒸气分压力；

P_{q}——室内空气的水蒸气分压力；

B——标准大气压，101325Pa；

B_{1}——当地大气压（Pa）。

水面蒸发散湿量形成的潜热冷负荷 Q（W），按下式计算：

$$Q=(2500-2.35\cdot t)\cdot D\cdot 1000 \quad (5\text{-}32)$$

式中 t——水表面温度,℃。

5.10.5 水流蒸发散湿量及潜热冷负荷

有水流动的地面，其表面的蒸发水分应按下式计算：

$$D=G\cdot c\cdot(t_{1}-t_{2})/\gamma \quad (5\text{-}33)$$

式中 G——流动的水量，kg/h；

c——水的比热，4.1868kJ/（kg·K）；

t_{1}——水的初温,℃；

t_{2}——水的终温，排入下水管网时的水温,℃；

γ——水的汽化潜热，平均取2450kJ/kg。

水面蒸发散湿量形成的潜热冷负荷 Q（W），按下式计算：

$$Q=(2500-2.35\cdot(t_{1}+t_{2})/2)\cdot D\cdot 1000 \quad (5\text{-}34)$$

5.10.6 化学反应的散热量和散湿量

$$Q=n_{1}\cdot n_{2}\cdot G\cdot q/3600 \quad (5\text{-}35)$$

$$W=n_{1}\cdot n_{2}\cdot g\cdot w \quad (5\text{-}36)$$

$$Q_{q}=628\cdot W \quad (5\text{-}37)$$

式中 Q——化学反应的全热散热量，W；

n_{1}——考虑不完全燃烧的系数，可取0.95；

n_{2}——负荷系数，即每个燃烧点实际燃料消耗量与其最大燃料消耗量之比，根据工艺使用情况确定；

G——每小时燃料最大消耗量，m^3/h；

q——燃料的热值，kJ/m^3；

w——燃料的单位散湿量，kg/m^3；

W——化学反应的散湿量，kg/h；

Q_{q}——化学反应的潜热散热量，W。

间歇逐时空调附加冷负荷系数的计算方法研究

北京市建筑设计研究院　徐宏庆　林坤平

摘　要　本文从板状围护结构的传热特性和负荷产生的物理过程入手，研究办公建筑中各种蓄热建筑构件（楼板、内墙、家具）逐时负荷的计算方法，分析了各因素对其冷负荷的影响特点，给出了不同地区、不同窗墙比和体形系数的典型办公建筑中楼板、内墙、家具对应的冷负荷系数，完善了冷负荷系数法的计算体系，从而提高了办公建筑冷负荷计算的准确性，为空调系统的设计提供了更准确的依据。并用一个典型算例演示了间歇空调冷负荷系数表格的使用方法。

关键字　间歇空调；冷负荷系数

1　前言

本课题属新国标《采暖通风与空气调节设计规范》的科研项目之一。课题要求完善现有规范的空调冷负荷计算方法，为新规范的编制打下基础。近年来，现有建筑的围护结构材料和特性都发生了很大变化，但现有负荷计算方法没有反应这些变化，其计算条件不能适应现状，需要修改。空调冷负荷的计算是设计院设备选型的基础，其准确性对整个建筑的节能情况、运行效果都影响很大，包括连续性冷负荷和间歇性冷负荷。新规范需要统一计算条件和基础数据，使负荷计算方法更加完善。

为了充分利用峰谷电价差以节省运行费用，越来越多的办公建筑使用冰蓄冷系统。冰蓄冷系统运行中需要确定夜间的逐时蓄冷量和白天的逐时释冷速度，其冷负荷计算与常规空调不同，要准确计算典型设计日全天的逐时冷负荷，从而在满足使用要求的前提下选用经济有效的冰蓄冷设备和运行策略。因此，准确计算建筑逐时冷负荷成为冰蓄冷系统设计的前提和基础。

每天早上空调启动后，因空气的热容很小，室温会很快降低到设定值（一般在一个小时内），但由于建筑内部围护结构（楼板、内墙）和家具的蓄热作用，其降温过程中会持续向室内放出很多热量，形成附加冷负荷，见图1-1。然而，空调设计手册中的冷负荷计算中缺少楼板、内墙、家具等建筑内部热容引起的间歇冷负荷计算方法，仅仅提供了‘间歇负荷系数’（在最大负荷上乘以1.0～1.3的系数）以计算建筑尖峰负荷；

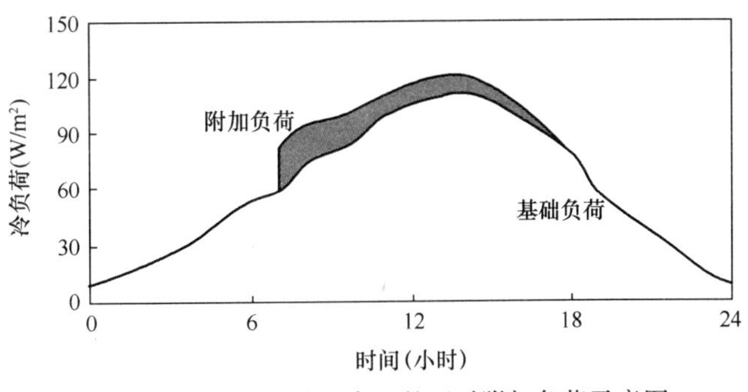

图1-1　楼板、内墙、家具的逐时附加负荷示意图

文献［6］通过热平衡法对一个简化的房间模型进行了分析，给出了几种情况下不同朝向房间的‘间歇负荷系数’，可满足一般办公建筑设计的需要。但随着建筑形式的变化、节能的要求、冰蓄冷系统的广泛应用，仅仅提供了‘间歇负荷系数’已不能满足空调负荷计算的需要；ASHRAE 手册中对建筑内热容引起的间歇负荷阐述很少，只给出某种情况下，间歇采暖的建筑其负荷应增加 10%的建议。在工程设计中，往往采用根据经验估计的方法计算预冷负荷。因此，现有计算方法无法满足冰蓄冷系统的设计、选型和控制要求。

商业逐时负荷模拟软件一般包括楼板和内墙的负荷计算，有些还包括了家具的逐时负荷计算，如清华的 DeST 建筑能耗逐时模拟软件，但其计算与整个建筑围护结构耦合求解，无法得知其所占比例，且因其计算复杂在空调设计中应用较少。“冷负荷系数法”是设计单位常用的建筑冷负荷计算方法，具有简便、快速、物理意义直观的特点，且经过多年的实践检验，在我国的工程设计中应用广泛。把楼板、内墙、家具的间歇逐时冷负荷计算与冷负荷系数法结合，使用更加方便。

本课题从板状围护结构的传热特性和负荷产生的物理过程入手，研究办公建筑中各种蓄热建筑构件（楼板、内墙、家具）逐时负荷的计算方法，并以实际工程设计为例，给出典型办公建筑中楼板、内墙、家具对应的冷负荷系数，完善冷负荷系数法，从而提高办公建筑冷负荷计算的准确性，为冰蓄冷空调系统的设计与运行提供准确的依据。

本报告分为以下几个部分：(1) 首先对楼板、内墙、家具进行传热分析，给出平板传热模型，并验证其准确性，以确定负荷分析的基本原理和方法。(2) 分析各种影响因素对负荷的影响特点和程度，即因素敏感性分析，以抓住主要因素，合理简化分析和计算。(3) 利用模拟软件 DeST 计算不同窗墙比的标准办公建筑，得到其全天室温变化规律。(4) 在上述分析的基础上，对不同厚度、材料的楼板、内墙、家具进行计算，得到其冷负荷系数表，同时给出简化系数表，以适用于不同情况，使冷负荷计算表更加充实，并以实例说明其用法。

2 平板传热模型

2.1 楼板、内墙、家具传热分析

图 2-1 分别为楼板、内墙、家具的表面传热示意图。可见，它们都可以等效成水平或竖直的平板传热。空调开启后先冷却室内空气，再由对流换热和辐射换热使围护结构内表面同时降温。为了简化计算，本报告取综合换热系数进行分析。

ASHRAE 手册给出了板壁对流换热系数的计算公式，但其辐射换热系数因受多种因

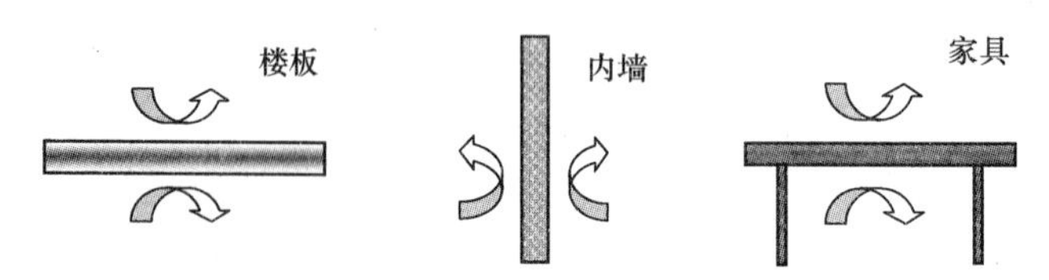

图 2-1 楼板、内墙、家具的表面传热示意图

素影响，无法给定具体数值，见表 2-1。

表 2-1 ASHRAE 手册中给出的板壁对流换热系数及应用

Name	Symbol	Value	Application
Nusselt number	Nu	hD/k，hL/k，$q''L/\Delta tk$	Natural or forced convection，boiling or condensation
Reynolds number	Re	GD/μ，$\rho VL/\mu$，$\rho VD/\mu$	Forced convection，boiling or condensation
Prandtl number	Pr	$c_p\mu/k$	Natural or forced convection，boiling or condensation
Stanton number	St	h/Gc_p or Nu/Re Pr	Forced convection
Grashof number	Gr	$g\beta\rho^2\Delta tL^3/\mu^2$	Natural convection For ideal gases，$\beta=1/T$
Peclet number	Pe	GDc_p/k or Re Pr	Forced convection
Graetz number	Gz	GD^2c_p/kL or Re Pr D/L	Laminar forced convection
Rayleigh number	Ra	$g\beta\Delta tL^3/\nu\alpha$=Gr Pr	Natural convection

《空调负荷实用计算法》对综合换热系数的取值为：当水平壁面，热流方向向上时，取 9.24W/(m^2·℃)；当水平水平壁面，热流方向向下时，取 6.13W/(m^2·℃)；当垂直壁面，热流方向水平时，取 8.28W/(m^2·℃)。

文献［11］中给出的内表面综合换热系数如表 2-2 所示。

表 2-2 文献［11］中给出的内表面综合换热系数

<table>
<tr><td colspan="2"></td><td>对流成分</td><td colspan="2">辐射成分</td><td colspan="2">总的</td></tr>
<tr><td rowspan="4">竖壁或窗</td><td rowspan="2">当沿着窗表面有某个空调送风口时</td><td colspan="2" rowspan="2">7</td><td>夏季</td><td>6</td><td>13</td></tr>
<tr><td>冬季</td><td>4.5</td><td>11.5</td></tr>
<tr><td rowspan="2">当沿着窗表面没有空调送风口时或当停止空调时</td><td colspan="2" rowspan="2">3.5</td><td>夏季</td><td>6</td><td>9.5</td></tr>
<tr><td>冬季</td><td>4.5</td><td>8</td></tr>
<tr><td rowspan="4">顶棚地面</td><td rowspan="4"></td><td>夏季</td><td>1</td><td>夏季</td><td>6</td><td>7</td></tr>
<tr><td>冬季</td><td>4</td><td>冬季</td><td>4.5</td><td>8.5</td></tr>
<tr><td>夏季</td><td>1</td><td>夏季</td><td>6</td><td>10</td></tr>
<tr><td>冬季</td><td>4</td><td>冬季</td><td>4.5</td><td>5.5</td></tr>
</table>

根据以上文献提供的数据，各表面的综换热系数分别取：垂直表面 9.5 W/(m^2℃)，热面朝上水平表面 10.0 W/(m^2℃)，热面朝下水平表面 7.0 W/(m^2℃)。

要计算空调开启后楼板、内墙、家具的逐时冷负荷，即在已知其导热系数 k、热容 ρc_p、等效厚度 L、等效面积 S、空调室温与开空调前楼板、内墙、家具之间的温度差 ΔT 的情况下，计算其逐时散热速率 $Q(\tau)$。

2.2 数学模型

如平板高度和宽度是厚度的 8～10 倍，按一维导热处理时，其计算误差不大于 1%，因此，楼板、内墙、家具的传热可认为是通过板壁的一维传热，见图 2-2。

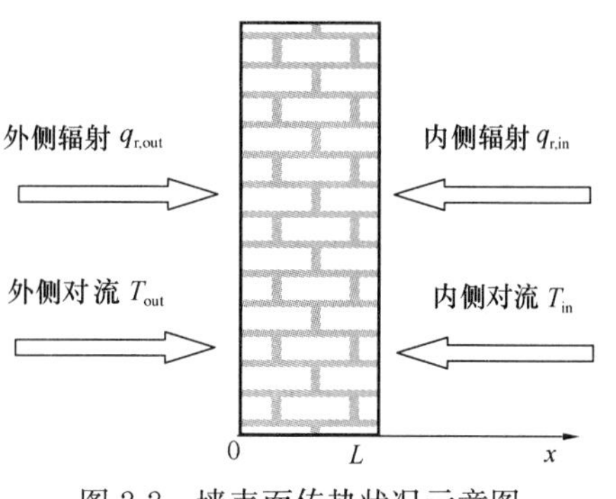

图 2-2 墙表面传热状况示意图

其一维平板传热控制方程为：

$$\rho c_p \frac{\partial T}{\partial \tau} = k \frac{\partial^2 T}{\partial x^2} \tag{2-1}$$

边界条件为：

$$q_{r,in}+h_{w,in}(T_{in}-T_{w,in})=k_w\left.\frac{\partial T_w}{\partial x}\right|_{x=L} \tag{2-2}$$

$$q_{r,out}+h_{w,out}(T_{out}-T_{w,out})=-k_w\left.\frac{\partial T_w}{\partial x}\right|_{x=0} \tag{2-3}$$

初始条件为：

$$T(x,\tau)\mid_{\tau=0}=T_{init} \tag{2-4}$$

其中，ρ 为密度(kg m^{-3})，c_p 为定压比热容(Jkg^{-1}℃-1)，T 为温度(℃)，τ 为时间(s)，k 为导热系数(Wm^{-1}℃$^{-1}$)，q 为热流密度(Wm^{-2})，h 为对流换热系数(Wm^{-2}℃$^{-1}$)，L 为厚度(m)。下标 in 为内侧，out 为外侧，init 为初始时刻，w 为板。

计算程序流程如下：

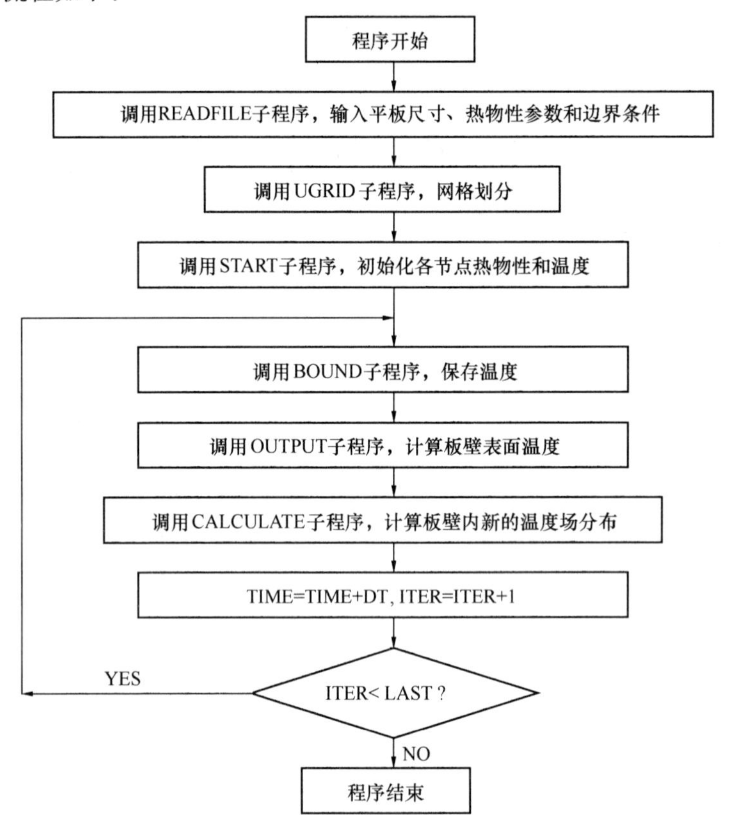

其离散化网格划分方法为：

$$\begin{array}{ccccccccc} 1 & 2 & 3 & \cdots & n & \cdots & N-2 & N-1 & N \\ \bullet\!-\!\mid & -\!\bullet\!-\!\mid & -\!\bullet\!-\!\mid & & -\cdots\cdots- & & \mid\!-\!\bullet\!-\!\mid & -\!\bullet\!-\!\mid & -\!\bullet \\ \Delta x_1 & \Delta x & \Delta x & & & & \Delta x & \Delta x & \Delta x_N \end{array}$$

离散过程在空间上采用中间差分格式，为了确保解的收敛，在时间的离散上采用全隐式的差分格式（向后的 Euler 格式）。将一维板壁传热的离散方程写为如下形式：

$$T_j^{n+1}=T_j^n+\frac{\Delta\tau}{\rho\cdot c_p\cdot(\Delta x)^2}\left[k_{j+1/2}^{n+1}(T_{j+1}^{n+1}-T_j^{n+1})-k_{j-1/2}^{n+1}(T_j^{n+1}-T_{j-1}^{n+1})\right] \tag{2-5}$$

2.3 模型验证

为了验证计算模型和程序，用数值计算方法得到单层和双层板壁的传热特性，并与分析结果（拉氏变换法）比较。设板壁外侧空气温度按正弦波变化，周期为 24 小时。为了更清楚的显示墙体衰减和延迟的效果，把温度波幅增大到 100℃，板壁内侧的空气维持在 0℃。表 2-3 是单层和双层板壁对外扰的衰减和延迟结果，可见数值计算与分析结果符合，从而验证了以上模型与计算程序的正确性。以上方程组的离散过程详见文献 [12]。

表 2-3　单层板壁和双层板壁内表面对外扰的衰减和延迟计算

	单层板壁传热	双层板壁传热	
板壁种类	黏土砖	(外)黏土砖	(内)混凝土
厚度(mm)	240	120	120
密度(kg/m^3)	1800	1800	800
导热系数(W/(m・℃))	0.81	0.81	0.29
比热(kJ/(kg・℃))	0.88	0.88	0.84
外对流换热系数($W/(m^2・℃)$)	18.6	18.6	
内对流换热系数($W/(m^2・℃)$)	8.7	8.7	
差分时间步长(minute)	5	5	
差分空间步长(mm)	5	5	
衰减倍数(数值解/分析解)	9.40 / 9.37	12.59 / 12.55	
延迟时间(hour)(数值解/分析解)	7.33 / 7.32	6.95 / 6.94	

3 影响因素分析

影响平板表面散热速率的因素较多，通过研究不同因素的影响特点，可以抓住主要因素，简化分析和计算。计算的影响因素包括材料导热系数 k、热容 ρc_p、等效厚度 L、等效面积 S、空调室温与开空调前楼板、内墙、家具之间的温度差 ΔT，太阳辐射强度 Q_r。这些因素对附加冷负荷的影响特点不同，根据产生影响的程度可分为主要因素和次要因素。其中 k 和 ρc_p 为材料热物理特性，只要建筑材料确定便可得到确定的值；L 会对建筑的蓄热量产生影响，但在实际应用中只会在一定的范围内；根据计算公式，面积 S 与附加负荷可认为是正比例关系；ΔT 是传热产生的动力，对不同的建筑其取值可能不同；Q_r 会影响开空调前楼板、家具的温度，在部分朝东且无遮挡的房间中应适当考虑。

3.1 材料热容和导热系数的影响

图 3-1(a)为某建筑的室温变化曲线，为简化计算把夜间温度取平均值，假设室内温度在一个小时内降低到 24℃并保持稳定；图 3-1(b)为实际室温与平均室温引起的地板和顶板表面放热热流变化，可见这种简化引起的误差较小，简化比较合理。楼板、内墙、家具由不同材料构成，以表 3-1 所示物性参数为基础，假设其昼夜温差为 3.2 ℃，分别改变其热容和导热系数，得到楼板、内墙、家具双面总逐时散热速率 $Q(\tau)$随不同热容 ρc_p 和导

热系数 k 的变化曲线，见图 3-2。可见，导热系数的影响和热容的影响较小，尤其是对最大值的影响，且为非线性影响。

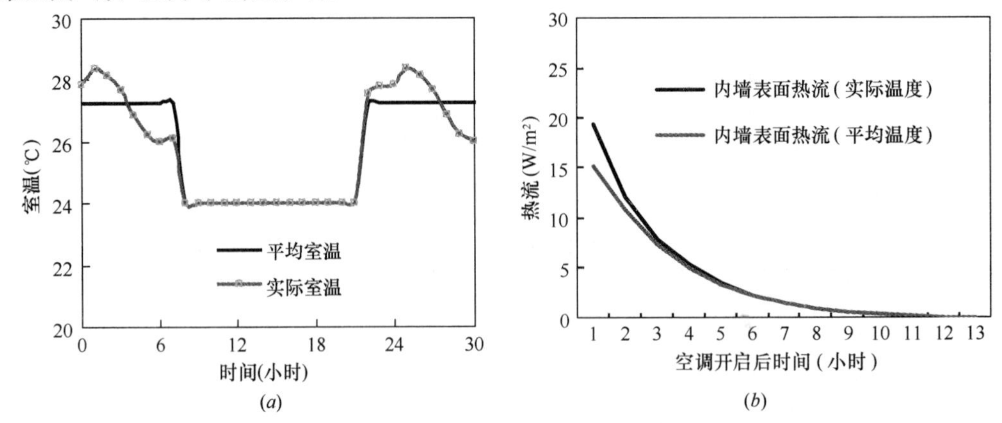

图 3-1　空调办公建筑全天室温取值及误差分析

表 3-1　某办公建筑楼板、内墙、家具的厚度和热物性参数

	等效厚度 L(mm)	热容 ρc_p(MJ/m³・℃)	导热系数 k(W/m・℃)
楼板	120	2.10	1.50
内墙	100	1.26	0.41
家具	30	1.15	0.14

3.2　等效厚度和昼夜温差的影响

对表 3-1 所示楼板、内墙、家具，改变其等效厚度和昼夜温差，得到其逐时散热速率 $Q(\tau)$，见图 3-3。可见，厚度 L 对表面热流为非线性影响，温差 ΔT 的影响较大，且近似为线性变化。

3.3　太阳辐射的影响

早上的太阳辐射会影响东向房间中楼板、内墙、家具的蓄热量，一天之中的太阳总辐射强度为图 3-4 所示。但对于大部分现代建筑，通过遮阳等措施可以避免太阳直射到楼板、内墙、家具上面，因此本报告不考虑太阳辐射对蓄热的影响。

3.4　因素分析总结

由以上分析可知，影响平板表面散热速率的因素较多，但可简化为以下几个因素：材料热特性(尤其是热容)、厚度、面积、昼夜温差。其中，等效面积 S 和温差 ΔT 的变化对结果影响较大，且可近似认为是正比例关系。因此可定义冷负荷系数：

$$f=\frac{Q}{\Delta T\cdot S}\tag{3-1}$$

其中 f 与材料和厚度有关。早上有太阳辐射的东向房间可通过增大昼夜温差进行修正。

对确定的建筑，其楼板、内墙和家具的材料、厚度和面积是容易确定的；因此，如何确定建筑夏季典型日的昼夜温差成为本研究的重点之一。

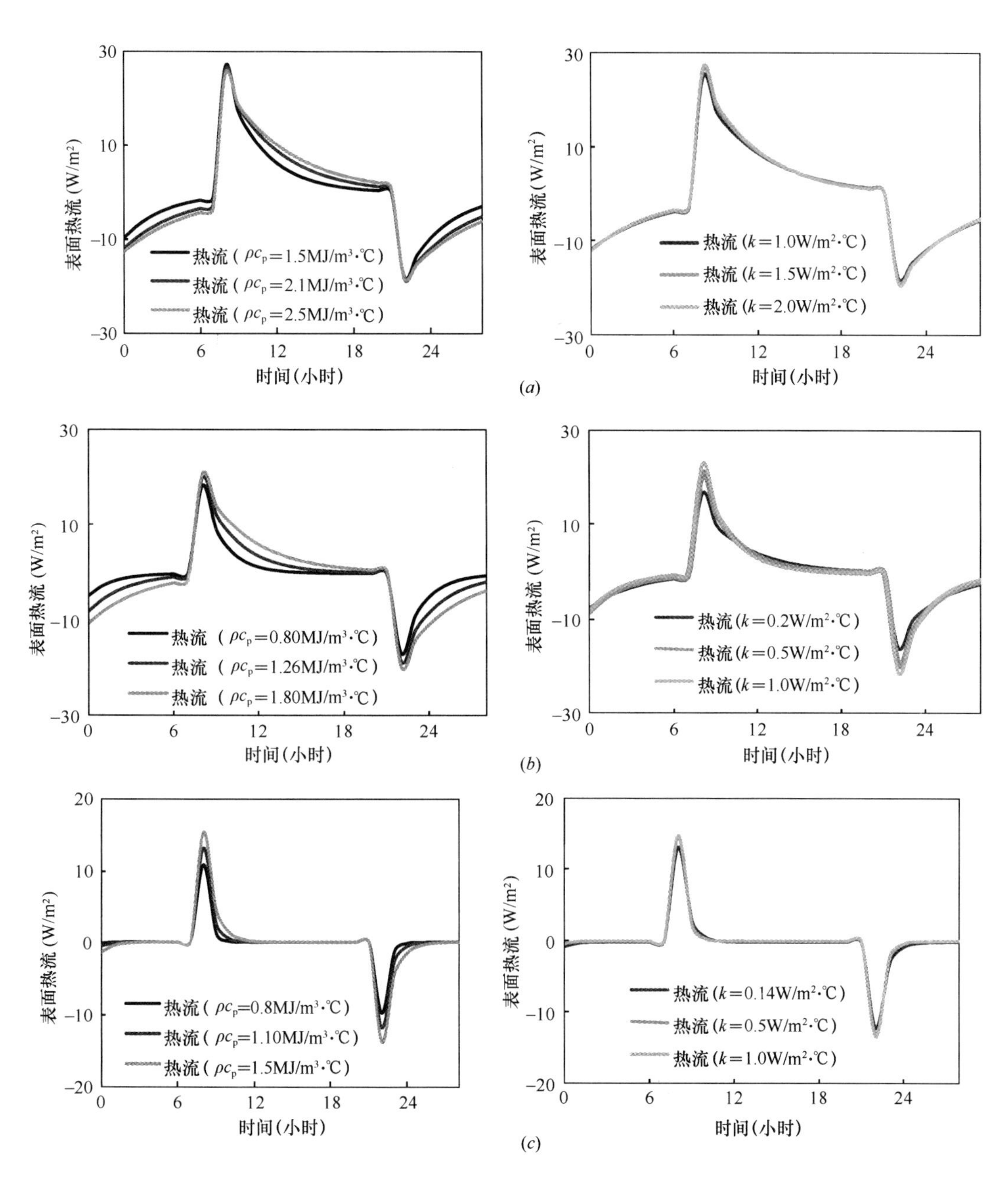

图 3-2　逐时散热速率 $Q(\tau)$随不同热容 ρc_p 和导热系数 k 变化的曲线

(a)楼板；(b)内墙；(c)家具

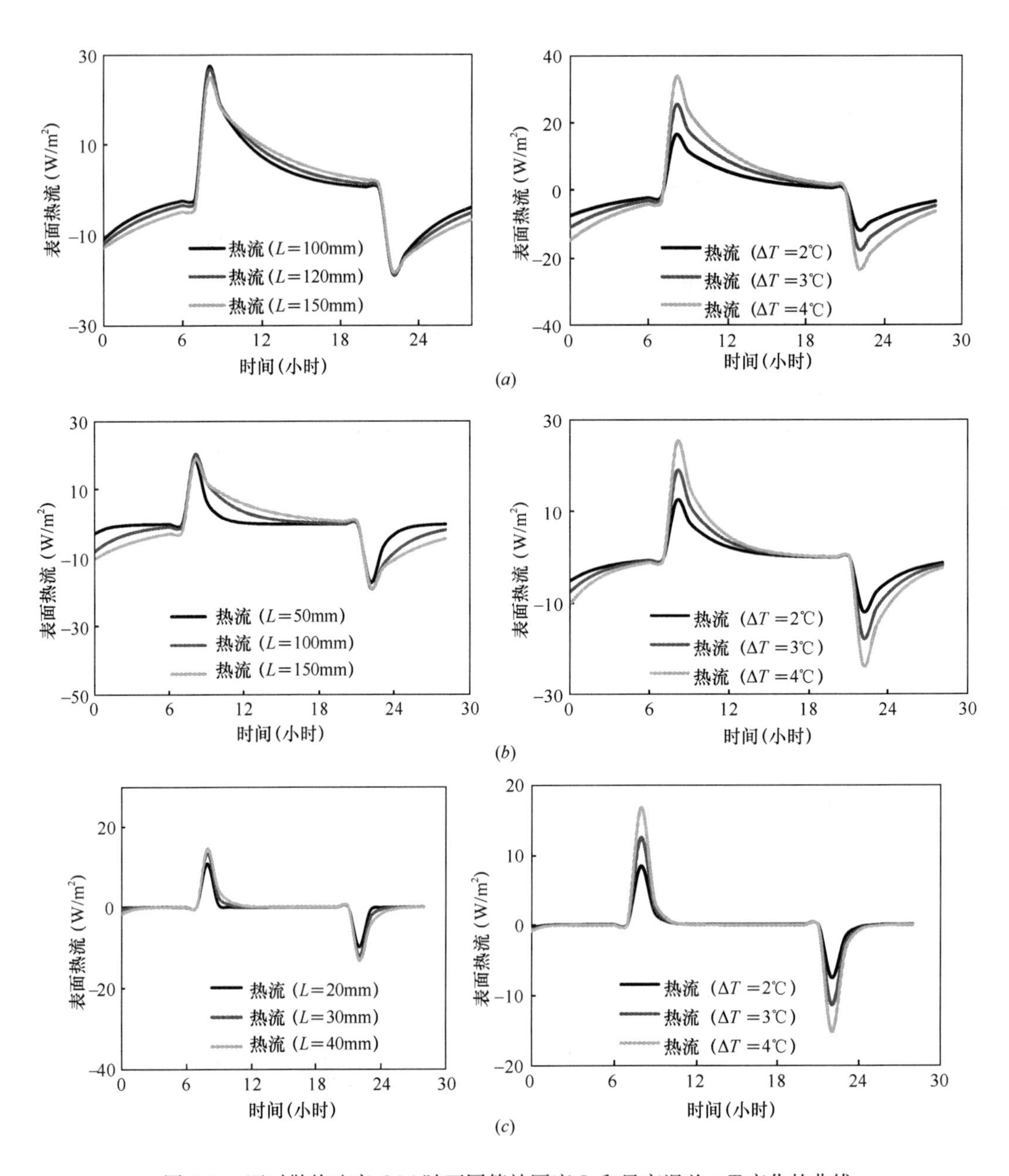

图 3-3　逐时散热速率 $Q(\tau)$随不同等效厚度 L 和昼夜温差 ΔT 变化的曲线

(a)楼板；(b)内墙；(c)家具

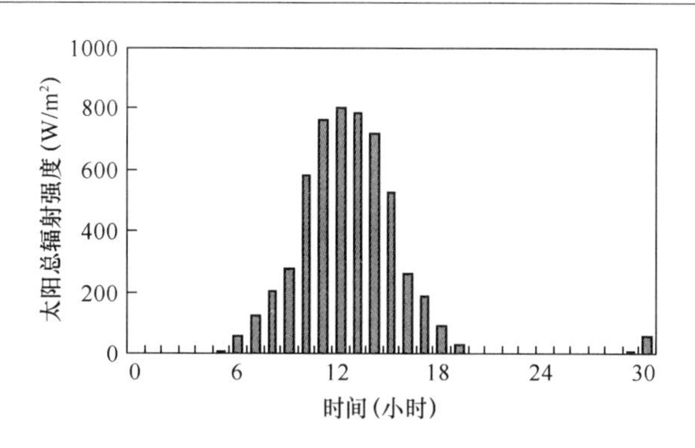

图 3-4　太阳总辐射强度变化

4　测试与模拟验证

由以上分析可知，办公建筑的全天温度变化对楼板、内墙和家具的影响较大，弄清其室内温度的变化规律才能得到较精确的逐时负荷。下面通过实验测试和软件逐时模拟的方法得到普通办公建筑的逐时室温，从而得到其变化规律。

我们在 2007 年 7 月初对一典型的轻质办公建筑进行了测试(见图 4-1)，分别得到供冷房间与东向无供冷房间的室温变化，见图 4-2。测温仪器为清华同方生产的 RHLOG 智能温度自记仪，仪器精度为±0.3℃。因建筑正在进行供冷调试，所得空调房间室温并非正

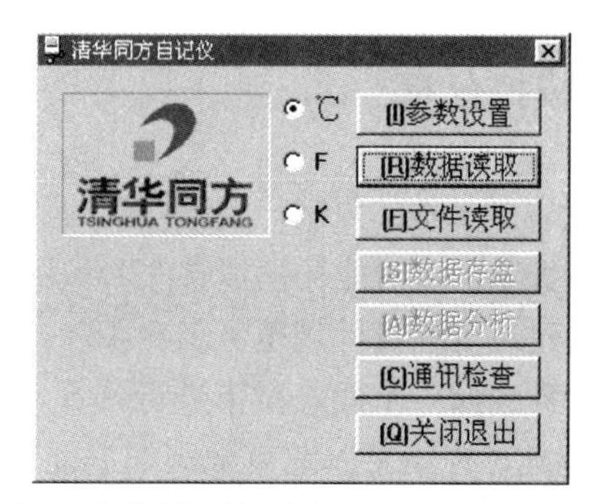

图 4-1　所测办公建筑(凯辰广场)和测量仪器与软件界面

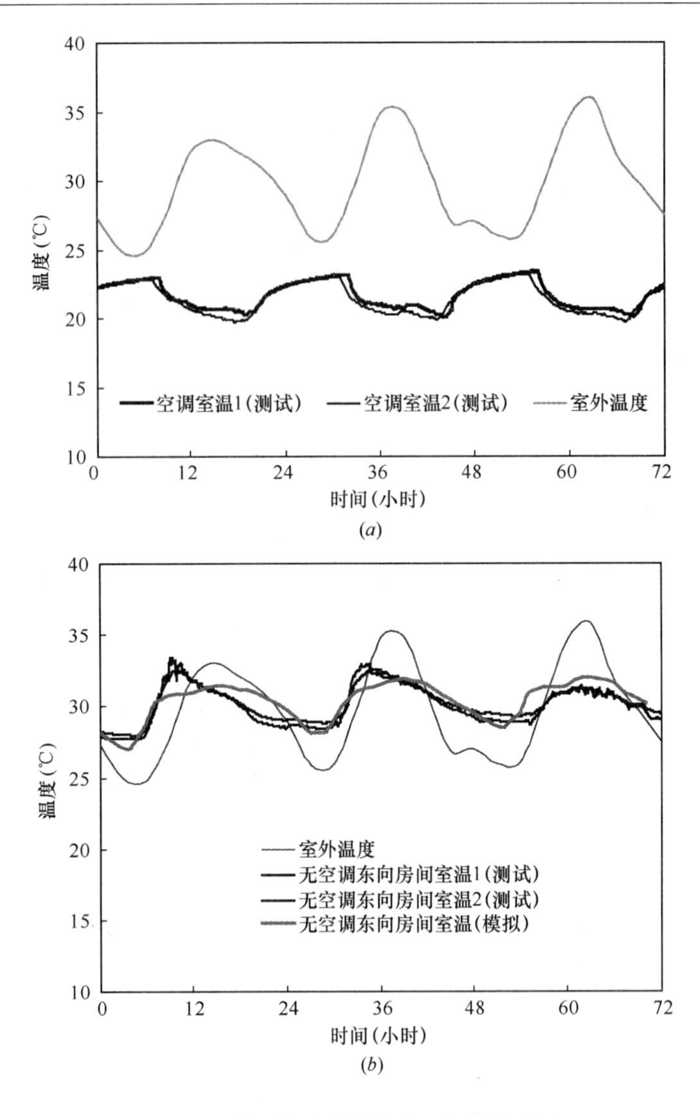

图 4-2 所测办公建筑的室温与模拟验证

(a)空调房间室温；(b)无空调房间室温(测试与模拟比较)

常运行下的室温，因此下面只比较了无空调房间的测试和模拟室温。由图可见，DeST 计算的自然室温与所测室温变化趋势相符合。

5 DeST 模拟分析

由于受客观条件的限制，实验得到的数据不足以得到空调室温的变化规律。因此，本课题应用清华大学的逐时能耗模拟软件 DeST 计算典型办公建筑的空调室温。如图 5-1 所示。

《公共建筑节能设计规范》GB 50189-2005 把全国城市划分为 5 个地区，因此本文在这 5 个地区中各选择一个代表城市进行计算，包括北京、上海、广州、哈尔滨、沈阳，其他地区可参照其计算结果。北京地区根据北京市地方标准《公共建筑节能设计标准》DBJ 01-621-2005 的要求设计。

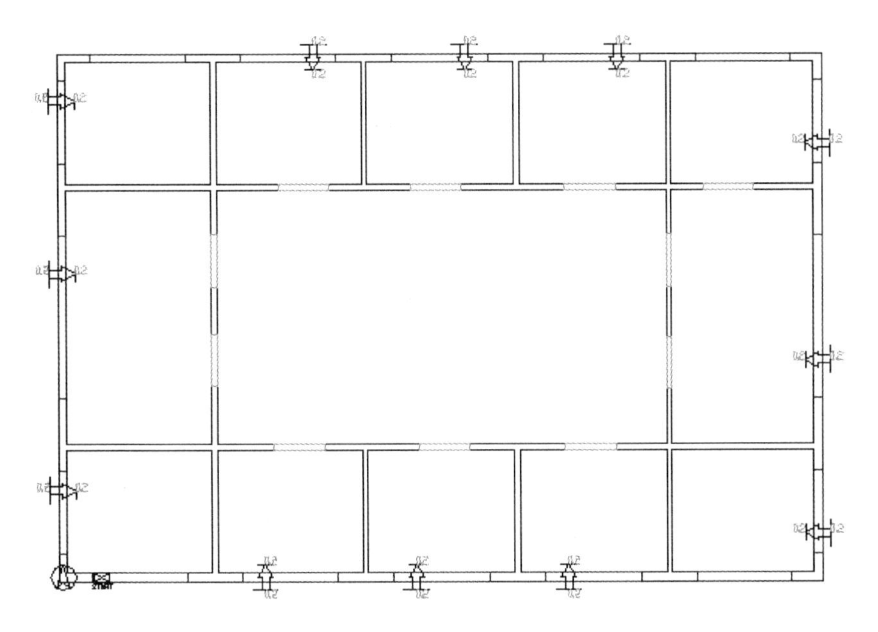

图 5-1　DeST 计算的建筑模型平面图

把一个典型的办公建筑(长 30m，宽 20m，高 23m)作为模拟对象，见图 5-1。选择不同的窗墙比，并根据节能规范选择围护结构热工限值，令室内设计温度为 24℃，早上 7 点开始空调预冷。

表 5-1 为北京地区公建节能乙类建筑热工性能判断表；甲类建筑因个体差别较大，需根据实际情况进行计算，也可参考乙类建筑的计算结果。其他地区的围护结构传热系数限值参见《公共建筑节能设计规范》GB 50189-2005。若建筑围护结构的传热系数低于节能规范的限值，需减小昼夜温差的取值。

表 5-1　公建节能乙类建筑热工性能判断表(北京地区)

围护结构		体形系数 S					
		S≤0.30		0.30<S≤0.40		S>0.40	
		传热系数限值 W/(m²·K)	遮阳系数 SC	传热系数限值 W/(m²·K)	遮阳系数 SC	传热系数限值 W/(m²·K)	遮阳系数 SC
屋顶非透明部分		≤0.55		≤0.45		≤0.40	
屋顶透明部分		≤2.70	≤0.50	≤2.70	≤0.50	≤2.70	≤0.50
外墙		≤0.60		≤0.50		≤0.45	
外窗	窗墙面积比≤0.20	≤3.50	不限制	≤2.80	不限制	≤2.80	不限制
	0.20<窗墙面积比≤0.30	≤3.00	不限制	≤2.50	不限制	≤2.50	不限制
	0.30<窗墙面积比≤0.40	≤2.70	≤0.70	≤2.30	≤0.70	≤2.30	≤0.70
	0.40<窗墙面积比≤0.50	≤2.30	≤0.60	≤2.00	≤0.60	≤2.00	≤0.60
	0.50<窗墙面积比≤0.70	≤2.00	≤0.50	≤1.80	≤0.50	≤1.80	≤0.50

计算本模型在不同地区、不同室内空调设计温度、不同窗墙比、不同体型系数情况下的昼夜温差，选取与设计日室外逐时温度相近的一天作为参考值(见图 5-2)，经模拟计算得到结果，见表 5-2。此表适用于白天使用、夜间停用的建筑(如办公楼、商业楼等)，其计算条件为内墙厚度 120mm，楼板厚度 120mm，内墙面积为楼板面积的 40%。

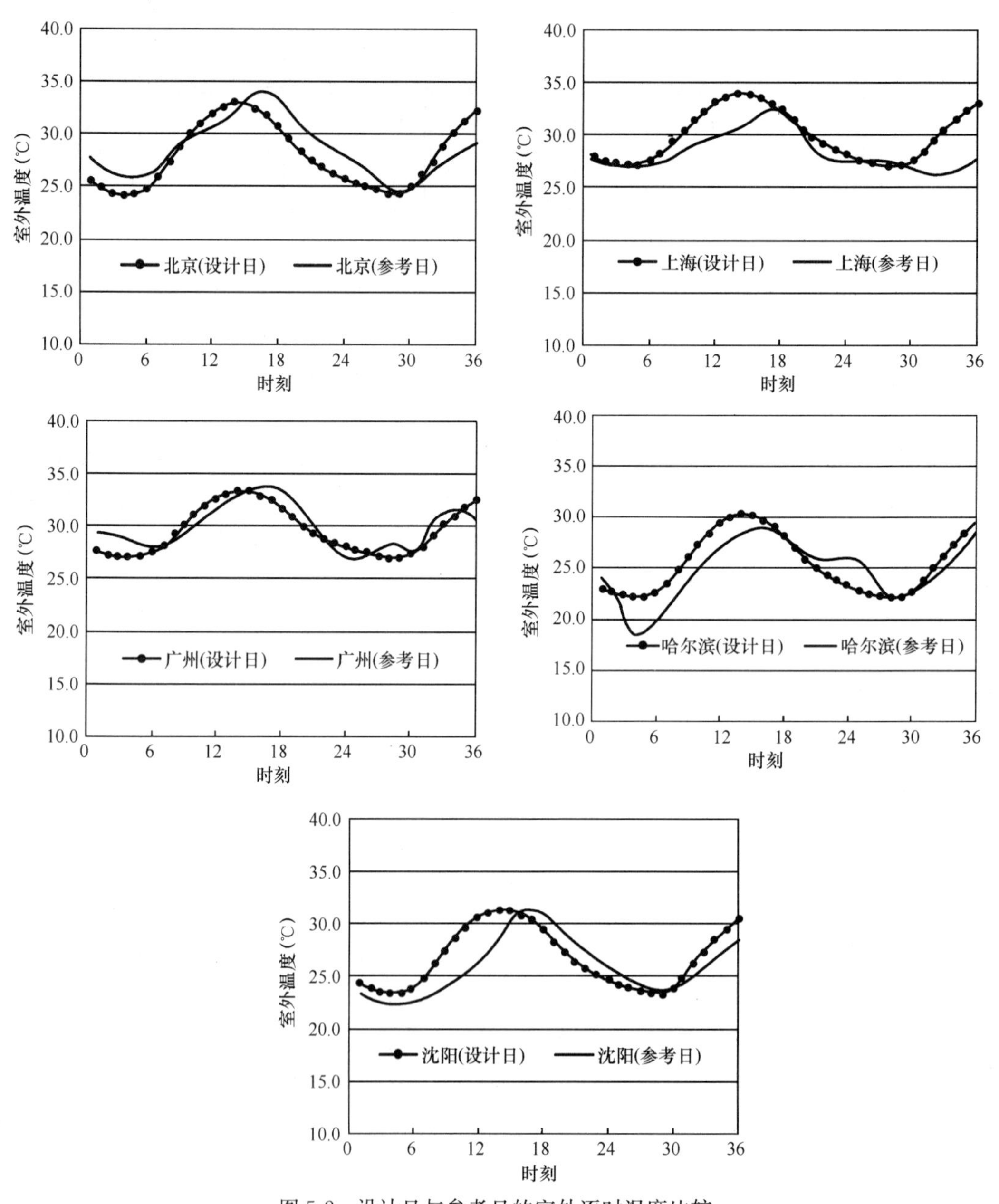

图 5-2 设计日与参考日的室外逐时温度比较

表 5-2(a) 不同建筑条件下的昼夜温差(北京地区)

空调温度 24℃					
昼夜温差	窗墙比 0.2	窗墙比 0.3	窗墙比 0.4	窗墙比 0.5	窗墙比 0.7
体形系数 0.15	1.6	2.0	2.2	2.0	2.7
体形系数 0.20	2.2	2.5	2.6	2.6	3.4
体形系数 0.30	2.4	2.5	2.9	2.8	3.8
体形系数 0.40	2.3	2.9	2.9	3.3	4.7
空调温度 25℃					
昼夜温差	窗墙比 0.2	窗墙比 0.3	窗墙比 0.4	窗墙比 0.5	窗墙比 0.7
体形系数 0.15	1.6	1.9	2.1	1.9	2.6
体形系数 0.20	2.0	2.4	2.5	2.4	3.2
体形系数 0.30	2.2	2.3	2.7	2.6	3.6
体形系数 0.40	2.1	2.7	2.6	3.1	4.4
空调温度 26℃					
昼夜温差	窗墙比 0.2	窗墙比 0.3	窗墙比 0.4	窗墙比 0.5	窗墙比 0.7
体形系数 0.15	1.8	2.0	1.8	1.5	2.5
体形系数 0.20	1.9	2.2	2.3	2.2	3.0
体形系数 0.30	2.0	2.2	2.5	2.4	3.3
体形系数 0.40	1.9	2.5	2.4	2.9	4.2

表 5-2(b) 不同建筑条件下的昼夜温差(上海地区)

空调温度 24℃					
昼夜温差	窗墙比 0.2	窗墙比 0.3	窗墙比 0.4	窗墙比 0.5	窗墙比 0.7
体形系数 0.15	2.1	2.2	2.3	2.4	2.7
体形系数 0.20	2.7	2.8	2.9	3.1	3.2
体形系数 0.30	3.0	2.8	3.3	3.3	3.3
体形系数 0.40	3.2	3.5	3.8	4.1	4.5
空调温度 25℃					
昼夜温差	窗墙比 0.2	窗墙比 0.3	窗墙比 0.4	窗墙比 0.5	窗墙比 0.7
体形系数 0.15	2.0	2.1	2.2	2.3	2.5
体形系数 0.20	2.5	2.6	2.7	2.9	3.1
体形系数 0.30	2.8	2.6	3.1	3.1	3.6
体形系数 0.40	2.9	3.2	3.6	3.8	4.2
空调温度 26℃					
昼夜温差	窗墙比 0.2	窗墙比 0.3	窗墙比 0.4	窗墙比 0.5	窗墙比 0.7
体形系数 0.15	1.8	1.9	2.1	2.2	2.4
体形系数 0.20	2.3	2.4	2.6	2.7	2.9
体形系数 0.30	2.6	2.4	2.9	2.9	3.3
体形系数 0.40	2.7	2.9	3.3	3.5	3.9

表 5-2(c)　不同建筑条件下的昼夜温差(广州地区)

空调温度 24℃					
昼夜温差	窗墙比 0.2	窗墙比 0.3	窗墙比 0.4	窗墙比 0.5	窗墙比 0.7
体形系数 0.15	2.8	2.8	2.8	2.9	3.1
体形系数 0.20	3.4	3.3	3.4	3.5	3.8
体形系数 0.30	3.5	3.0	3.5	3.5	3.9
体形系数 0.40	3.7	3.7	4.0	4.2	4.5
空调温度 25℃					
昼夜温差	窗墙比 0.2	窗墙比 0.3	窗墙比 0.4	窗墙比 0.5	窗墙比 0.7
体形系数 0.15	2.7	2.6	2.7	2.8	2.9
体形系数 0.20	3.2	2.8	3.2	3.2	3.6
体形系数 0.30	3.3	3.1	3.2	3.3	3.6
体形系数 0.40	3.4	3.4	3.7	3.8	4.2
空调温度 26℃					
昼夜温差	窗墙比 0.2	窗墙比 0.3	窗墙比 0.4	窗墙比 0.5	窗墙比 0.7
体形系数 0.15	2.5	2.5	2.5	2.5	2.8
体形系数 0.20	3.0	2.6	3.0	3.0	3.3
体形系数 0.30	3.0	2.8	3.0	3.0	3.3
体形系数 0.40	3.1	3.1	3.3	3.5	3.8

表 5-2(d)　不同建筑条件下的昼夜温差(哈尔滨地区)

空调温度 24℃					
昼夜温差	窗墙比 0.2	窗墙比 0.3	窗墙比 0.4	窗墙比 0.5	窗墙比 0.7
体形系数 0.15	1.4	1.7	2.2	2.1	2.5
体形系数 0.20	1.5	1.8	2.5	2.4	2.9
体形系数 0.30	1.6	1.9	2.6	2.5	3.0
体形系数 0.40	1.7	2.1	2.6	3.1	4.1
空调温度 25℃					
昼夜温差	窗墙比 0.2	窗墙比 0.3	窗墙比 0.4	窗墙比 0.5	窗墙比 0.7
体形系数 0.15	1.3	1.6	2.1	2.0	2.4
体形系数 0.20	1.4	1.7	2.3	2.3	2.7
体形系数 0.30	1.5	1.7	2.4	2.4	2.9
体形系数 0.40	1.6	1.9	2.3	2.9	3.8
空调温度 26℃					
昼夜温差	窗墙比 0.2	窗墙比 0.3	窗墙比 0.4	窗墙比 0.5	窗墙比 0.7
体形系数 0.15	1.3	1.5	2.0	2.0	2.3
体形系数 0.20	1.4	1.6	2.2	2.1	2.5
体形系数 0.30	1.4	1.6	2.2	2.2	2.7
体形系数 0.40	1.4	1.7	2.1	2.7	3.6

表 5-2(e) 不同建筑条件下的昼夜温差(沈阳地区)

空调温度 24℃					
昼夜温差	窗墙比 0.2	窗墙比 0.3	窗墙比 0.4	窗墙比 0.5	窗墙比 0.7
体形系数 0.15	2.0	2.2	2.6	2.4	2.8
体形系数 0.20	2.3	2.5	3.0	2.8	3.3
体形系数 0.30	2.3	2.6	3.2	3.0	3.6
体形系数 0.40	2.2	2.8	3.2	3.7	4.6
空调温度 25℃					
昼夜温差	窗墙比 0.2	窗墙比 0.3	窗墙比 0.4	窗墙比 0.5	窗墙比 0.7
体形系数 0.15	1.9	2.1	2.5	2.3	2.7
体形系数 0.20	2.2	2.3	2.9	2.7	3.2
体形系数 0.30	2.2	2.4	3.0	2.8	3.4
体形系数 0.40	2.0	2.6	3.0	3.5	4.3
空调温度 26℃					
昼夜温差	窗墙比 0.2	窗墙比 0.3	窗墙比 0.4	窗墙比 0.5	窗墙比 0.7
体形系数 0.15	1.9	2.0	2.4	2.2	2.6
体形系数 0.20	2.0	2.2	2.7	2.5	3.0
体形系数 0.30	2.0	2.2	2.8	2.6	3.2
体形系数 0.40	1.9	2.4	2.7	3.2	4.1

6 楼板、内墙、家具的冷负荷系数计算

6.1 常用建材的热物性参数

要计算楼板、内墙、家具的逐时冷负荷系数，首先要确定其材料的热物理特性，表6-1为一些常用建材的热物性参数。其中楼板的主体一般都采用钢筋混凝土或压型钢板+钢筋混凝土，家具一般用木材制作；内墙材料的种类较多，包括空心砖砌块、加气混凝土、陶粒混凝土、石膏板、水泥板等。

表 6-1 一些常用建材的热物性参数

材料种类	容重 kg/m^3	比热容 J/(kg·℃)	导热系数 W/(m·℃)
钢筋混凝土	2500	840	1.50
空心砖砌块	1350	880	0.50
加气混凝土	800	840	0.19
陶粒混凝土	1500	840	0.41
石膏板	1200	840	0.35
水泥板	1800	840	0.58
木 材	500	2300	0.14

下面对复合楼板(压型钢板＋钢筋混凝土)结构的板顶表面热流进行计算，并与相同厚度的钢筋混凝土楼板进行比较，见图 6-1。可见，两者差别较小，为简化计算，压型钢板＋钢筋混凝土结构可按钢筋混凝土结构计算其冷负荷系数。

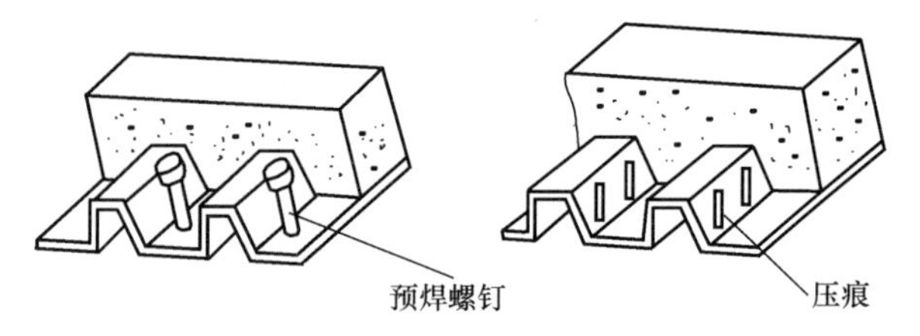

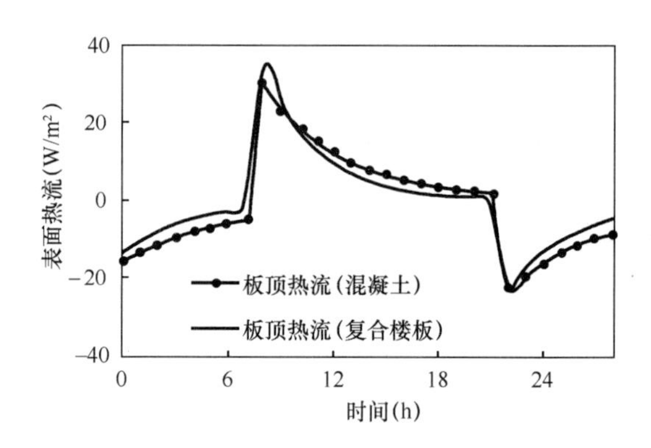

图 6-1　复合楼板与混凝土楼板的表面热流比较

6.2　冷负荷系数的计算与分析

在前文讨论的基础上，本文对不同厚度的楼板、内墙、家具进行了计算，得到了不同厚度、不同材料的冷负荷系数，见表 6-2。

可见，由于楼板的热容较大、传热速度较快，在开空调后的几小时内会持续放热；内墙的热容和传热系数较小，因此其放热速率随时间显著降低，且不同材料之间的差别较小(木材除外)；家具的热容更小，只需在开始的一到两小时内考虑冷负荷。

表 6-2(a)　楼板顶的附加冷负荷系数[W/(m² · ℃)]

材料	厚度(cm)	开空调后的小时数											
		1	2	3	4	5	6	7	8	9	10	11	12
钢筋混凝土	10	5.87	4.57	3.43	2.56	1.91	1.43	1.07	0.80	0.60	0.45	0.33	0.25
	15	5.33	4.51	3.79	3.16	2.62	2.18	1.81	1.51	1.25	1.04	0.87	0.72
	20	4.85	4.16	3.67	3.23	2.84	2.49	2.18	1.92	1.68	1.47	1.29	1.13

表 6-2(b)　楼板地的附加冷负荷系数[W/(m² · ℃)]

材料	厚度(cm)	开空调后的小时数											
		1	2	3	4	5	6	7	8	9	10	11	12
钢筋混凝土	10	8.44	5.83	4.34	3.24	2.42	1.81	1.35	1.01	0.76	0.56	0.42	0.32
	15	7.58	5.71	4.69	3.89	3.23	2.68	2.23	1.85	1.54	1.28	1.06	0.88
	20	6.76	5.23	4.50	3.91	3.42	2.99	2.62	2.30	2.01	1.76	1.54	1.35

表 6-2(c)　家具的附加冷负荷系数[W/(m² · ℃)]

材料	厚度(cm)	开空调后的小时数											
		1	2	3	4	5	6	7	8	9	10	11	12
木材	2	6.67	0.61	0.06	0.01	0.00	0.00	0.00	0.00	0.00	0.00	0.00	0.00
	3	8.22	1.84	0.44	0.11	0.03	0.01	0.00	0.00	0.00	0.00	0.00	0.00
	4	8.98	3.06	1.15	0.43	0.16	0.06	0.02	0.01	0.00	0.00	0.00	0.00

表 6-2(d) 内墙的附加冷负荷系数[W/(m² · ℃)]

材料	厚度(cm)	开空调后的小时数											
		1	2	3	4	5	6	7	8	9	10	11	12
加气混凝土	5	4.00	0.85	0.19	0.04	0.01	0.00	0.00	0.00	0.00	0.00	0.00	0.00
	10	4.52	2.20	1.27	0.73	0.42	0.24	0.14	0.08	0.05	0.03	0.02	0.01
	15	4.32	2.39	1.75	1.30	0.97	0.73	0.54	0.41	0.30	0.23	0.17	0.13
空心砖砌块	5	5.81	1.95	0.67	0.23	0.08	0.03	0.01	0.00	0.00	0.00	0.00	0.00
	10	6.48	3.83	2.41	1.52	0.96	0.60	0.38	0.24	0.15	0.09	0.06	0.04
	15	6.36	3.92	2.64	1.80	1.24	0.86	0.61	0.43	0.31	0.22	0.16	0.12
陶粒混凝土	5	5.84	2.14	0.81	0.31	0.12	0.04	0.02	0.01	0.00	0.00	0.00	0.00
	10	6.29	3.83	2.54	1.68	1.12	0.74	0.49	0.33	0.22	0.14	0.10	0.06
	15	5.83	3.86	3.01	2.38	1.88	1.48	1.17	0.93	0.73	0.58	0.46	0.36
石膏板	5	5.25	1.56	0.48	0.15	0.05	0.01	0.00	0.00	0.00	0.00	0.00	0.00
	10	5.85	3.27	2.01	1.24	0.76	0.47	0.29	0.18	0.11	0.07	0.04	0.03
	15	5.54	3.48	2.62	1.99	1.51	1.15	0.88	0.67	0.51	0.39	0.29	0.22
水泥板	5	6.42	2.67	1.13	0.48	0.20	0.09	0.04	0.02	0.01	0.00	0.00	0.00
	10	6.85	4.43	3.03	2.08	1.43	0.98	0.67	0.46	0.31	0.22	0.15	0.10
	15	6.32	4.44	3.53	2.82	2.25	1.80	1.44	1.15	0.92	0.73	0.59	0.47

注：楼板、内墙都是按单面计算每平米热流；家具按双面计算每平米热流。

6.3 冷负荷系数的简化算法

根据上文的分析，本研究考虑在允许一定误差的情况下，仅取对负荷影响较大的前 8 个小时，对一般情况下忽略不同材料和厚度的影响，仅考虑对结果影响最大的参数(昼夜温差，房间面积)，提供更简洁、更适用于工程计算的简化冷负荷系数表，计算结果见表 6-3。此表适用于楼板和内墙厚度在 10～15cm 之间。

表 6-3 楼板、内墙、家具的简化冷负荷系数表[W/(m² · ℃)]

建筑构件	开空调后的小时数							
	1 小时	2 小时	3 小时	4 小时	5 小时	6 小时	7 小时	8 小时
楼板	13.61	10.31	8.13	6.43	5.09	4.05	3.23	2.59
内墙(a=0.2)	1.17	0.71	0.50	0.35	0.25	0.18	0.13	0.10
内墙(a=0.4)	2.33	1.43	0.99	0.70	0.50	0.36	0.26	0.20
内墙(a=0.6)	3.50	2.14	1.49	1.05	0.75	0.54	0.40	0.29
内墙(a=0.8)	4.67	2.85	1.99	1.40	1.00	0.72	0.53	0.39
家具(b=0.2)	1.72	0.49	0.16	0.05	0.02	0.01	0.00	0.00
家具(b=0.4)	3.44	0.98	0.32	0.11	0.04	0.01	0.00	0.00
家具(b=0.6)	5.16	1.47	0.48	0.16	0.06	0.02	0.01	0.00
家具(b=0.8)	6.88	1.96	0.64	0.22	0.08	0.03	0.01	0.00

注：1. 其中 a 为内墙面积与楼板面积的比值，b 为家具面积与楼板面积的比值，根据建筑实际情况估算；

2. 楼板热流为楼板地与楼板顶热流的总和，内墙热流按单面计算，家具热流按双面计算；

3. 冷负荷系数按楼板面积计算。

7 典型办公建筑的计算

下面通过对一个典型办公建筑的计算，演示如何使用上述冷负荷系数表格。此办公建筑占地面积为70m×25m，地上6层，窗墙比0.7，体形系数0.15，玻璃幕墙的传热系数为2.0 W/m^2·℃，遮阳系数为0.5，每天早上7点开空调预冷，空调设定温度25℃，见图7-1。

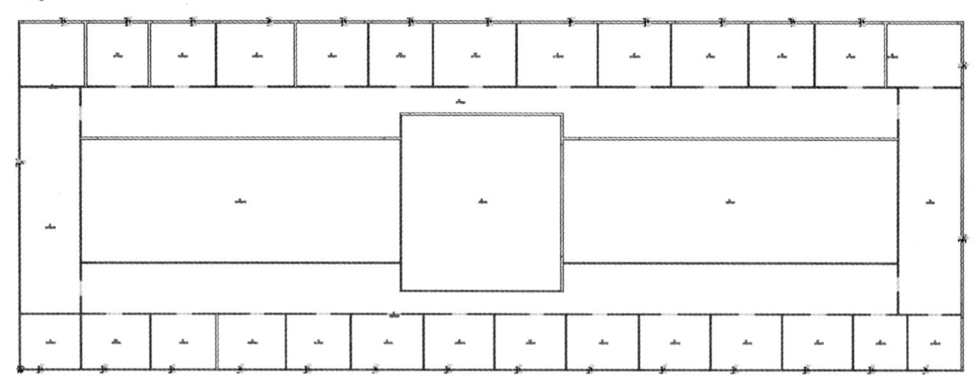

图7-1 某典型办公建筑平面图

首先，根据表5-2得到其昼夜温差为2.7 ℃；然后估算建筑中内墙面积与楼板面积的比值a=0.4、家具面积与楼板面积比值b=0.4；根据简化计算表(表6-3)，分别填入楼板、内墙、家具的冷负荷系数，计算其中一个房间的附加负荷，见表7-1和图7-2。由计算结果可见，对于昼夜间歇运行的办公建筑，其热容对空调开启初期的冷负荷影响较大。

由于建筑一般在下午阶段达到其最大冷负荷，此时热容引起的负荷已较小，因此在制冷空调系统中可不考虑热容引起的负荷，或附加10%的冷负荷即可，但冰蓄冷空调系统的设计和控制必须考虑这部分空调负荷的分配。

表7-1 一个典型建筑的楼板、内墙、家具附加负荷计算

输入参数								
昼夜温差(℃)	2.7	建筑面积(m^2)	10500	a值	0.4	b值	0.4	
冷负荷系数[W/(m^2·℃)]								
建筑构件	开空调后的小时数							
	1小时	2小时	3小时	4小时	5小时	6小时	7小时	8小时
楼板	13.61	10.31	8.13	6.43	5.09	4.05	3.23	2.59
内墙(a=0.4)	2.33	1.43	0.99	0.70	0.50	0.36	0.26	0.20
家具(b=0.4)	3.44	0.98	0.32	0.11	0.04	0.01	0.00	0.00
总冷负荷系数	19.38	12.72	9.44	7.23	5.63	4.43	3.50	2.78
单位面积附加负荷(W/m^2)	52.3	34.3	25.5	19.5	15.2	12.0	9.4	7.5
总附加负荷(kW)	549.6	360.5	267.5	205.1	159.6	125.5	99.2	78.9

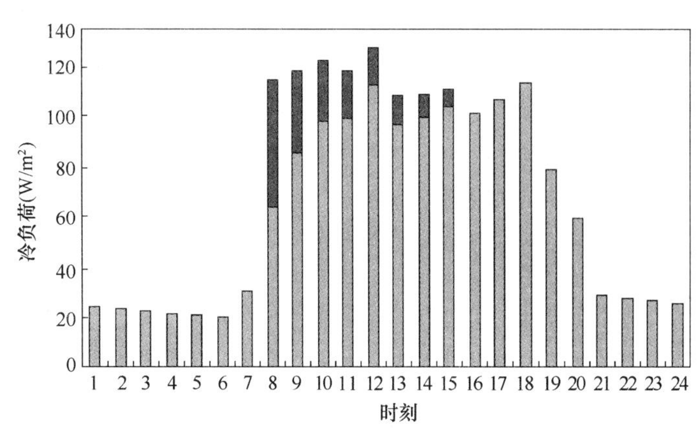

图 7-2　示例建筑附加冷负荷

8　结论

本课题探讨了轻质办公建筑内部热容引起的附加负荷的产生过程，分析了各因素对其冷负荷的影响特点，给出了逐时附加冷负荷系数的计算方法和数值，完善了冷负荷系数法的计算体系。并用一个典型算例演示了冷负荷系数表格的使用方法。

间歇逐时空调附加冷负荷的计算公式如下：

(1)如分别使用楼板、内墙、家具的冷负荷系数表，则

$$CL = (K_{floor} \cdot F_{floor} + K_{inwall} \cdot F_{inwall} + K_{fur} \cdot F_{fur}) \cdot \Delta T \quad (8\text{-}1)$$

式中　CL—— 因空调间歇运行引起的附加冷负荷(W)；

K —— 间隙冷负荷系数[W/(m² · ℃)]，见表 6-2；

F —— 面积(m²)；

ΔT —— 昼夜温差(℃)，见表 5-2；

下标 floor、inwall、fur—— 分别指楼板、内墙、家具。

(2)如使用简化冷负荷系数表，则

$$CL = K \cdot F \cdot \Delta T \quad (8\text{-}2)$$

式中　CL——因空调间歇运行引起的附加冷负荷(W)；

K——简化的间隙冷负荷系数[W/(m² · ℃)]，见表 6-3；

F—— 楼板面积(m²)；

ΔT——昼夜温差(℃)，见表 5-2。

9　参考文献

[1]　陈怀琴，叶祖典，刘晓朝．上海科技城冰蓄冷系统设计[J]. 暖通空调，2001 年第 31 卷第 6 期，pp72-74.

[2]　郑青，李京穗．中国国际贸易中心二期冰蓄冷空调工程[J]，暖通空调，2001 年第 31 卷第 2 期，pp59-62.

[3]　蔡路得，马友才，王天毅．武汉华美达天禄酒店冰蓄冷空调工程[J]. 暖通空调，2002 年第 32 卷第 1 期，pp70-73.

[4] 彦启森，赵庆珠．冰蓄冷系统设计[M]. 全国蓄冷空调节能技术工程中心，1999. 7.

[5] 电子工业部第十设计研究院主编．空气调节设计手册(第二版)[M]. 北京：中国建筑工业出版社，1995.

[6] 赵志安，单寄平．办公楼类型空调建筑物间歇空调设计负荷的简化计算法．空调负荷实用计算法[M]. 北京：中国建筑工业出版社，1989.

[7] ASHRAE Handbook 1999，Chapter 33.

[8] ASHRAE Handbook 2001，Chapter 28.

[9] 谢晓娜，燕达．建筑热环境动态模拟中家具系数的问题[J]. 全国空调模拟分析学组学术交流会论文集，2004. 838.

[10] 谢晓娜，宋芳婷，燕达，江 亿．建筑环境设计模拟分析软件 DeST 第 2 讲 建筑动态热过程模型[J]. 暖通空调，HV&AC，2004 年第 34 卷第 8 期，pp 35-47.

[11] 木村建一著，单寄平译．空气调节的科学基础[M]，北京：中国建筑工业出版社，1981.

[12] 彦启森，赵庆珠．建筑热过程[M]. 北京：中国建筑工业出版社，1986.

[13] 林坤平。相变蓄能建筑构件应用原理和效果研究[D]. 北京：清华大学，2007. 06.

空调冷负荷简化方法计算系数表使用方法

中国建筑科学研究院　徐　伟　邹　瑜　孙德宇　陈　曦

1　背景

空调冷负荷是暖通空调设备选型、系统划分、管道计算、确定自动控制方案的基础。目前我国空调冷负荷计算中，主要有谐波法和传递函数法两种方法，二者计算方法虽不同，但均能满足空调冷负荷计算要求，其共同点是：将研究的传热过程视为非稳定过程，在原理上对得热量和冷负荷进行区分；将研究的传热过程视为常系数线性热力系统，其重要特性是可以应用叠加原理，同时系统特性不随时间变化。经研究比较，二者计算结果具有较好一致性。由于空调冷负荷计算是一个复杂的动态过程，计算过程繁琐，数据处理量大，因此，国内外的暖通空调设计中普遍采用专用空调冷负荷计算软件进行计算；为了使计算更加准确合理，编制组对目前国内常用空调负荷计算软件进行了比较研究，并对其计算模型做出适当规整更新，确保现有版本的计算结果具有较好的一致性。在此基础上，利用更新后的模型及数据，计算了代表城市典型房间、典型构造的空调冷负荷计算系数，并写入本规范附录H，为简化计算时选用。考虑空调冷负荷的动态特性，空调冷负荷计算推荐采用计算软件进行计算；当条件不具备时，也可按附录H提供数据进行简化计算。

2　编制过程

为提高空调冷负荷计算软件的一致性和准确性，并提供空调冷负荷简化计算方法，《民用建筑供暖通风与空气调节设计规范》设立专题研究——空调冷负荷计算方法与软件比对。2010年1月，《民用建筑供暖通风与空气调节设计规范》(后面简称《规范》)研究专题“空调负荷计算方法及软件对比分析”工作会议顺利召开，中国建筑科学研究院环能院徐伟院长确定了课题的研究目的和研究路线，提出了通过程序间模型比对消除不同程序间的差异、学习掌握目前国际空调冷负荷计算最近进展、改进和完善我国现有空调冷负荷计算方法，完成空调冷负荷简化计算方法的目的，会议初步选定了国内5家软件公司的相关软件和美国2家软件公司的相关软件参加该专题的工作，并开展了第一次算例比对，比对发现不同空调冷负荷计算软件之间计算结果差异较大。《规范》组与各软件公司进行了反复沟通、比对和研究，于2010年5月进行了第二次现场比对，由于美国的2家软件公司的相关软件无法依据中国现行规范的数据进行修改，所以这两种软件并没有参与后期的比对研究工作，国内3家软件公司派出了技术人员参与了现场比对，其他2家软件公司也依据现场比对的算例进行计算并返回结果，现场比对特邀请了传递函数法专家赵志安研究员和谐波反应法专家孙延勋教授级高工进行指导，现场比对发现不同软件计算轻型围护结构房间算例的结果差异大于计算重型围护结构的房间，与会专家提出要对差异的原因进行深入的分析。课题组经过理论研究和深入分析，发现计算结果差异的主要原因在于辐射在房间各表面的分配比例和对于房间围护结构蓄热性能对冷负荷计算结果简化处理的模型差异所致。2010 年 7 月，课题组组织开展了第三次现场比对，国内 3 家软件公司派出技术人员参与了现场比对，其他 3 家软件公司通过网络参与了比对工作，比对验证了前期研究结果，相关软件也同意按照国际最新的研究结果对空调冷负荷计算方法对于辐射和围护结构蓄热能力的计算模型进行修改，课题组决定同时向全国范围内征集空调冷负荷计算用标准房间以推动软件比对的下一步工作。2010 年 7 月通过向国内主流设计院征求意见确定了空调冷负荷计算方法的标准房间和两种典型内围护结构。课题组于 2010 年 7 月到 2010 年 8 月，完成了空调冷负荷计算方法的完善工作。2010 年 8 月，课题组组织开展第四次现场比对，国内 3 家有能力按照第三次比对提出的要求对自身软件计算方法进行修改的软件公司参与了本次比对，算例的计算结果表明对空调冷负荷计算方法完善后，不同空调冷负荷计算软件之间的计算结果差异可以控制在 7%以内。2010 年 8 月至 11 月，课题组根据研究成果和确定的标准房间，完成了空调冷负荷简化计算方法。

课题组通过大量的比对研究和理论分析，对我国主流商用冷负荷计算软件进行了规范和统一，提高了计算结果的准确性和一致性。比对软件基本涵盖了在国内应用的所有商业冷负荷计算软件，比对了 43 个算例，处理了上千组数据。有效地提高了空调冷负荷计算软件的一致性和准确性。

从目前的研究来看，一个成熟的空调负荷计算方法应该考虑三个要素：第一，计算过程要区分对流得热量和辐射得热量；第二，计算过程要考虑房间蓄热性能对冷负荷的影响，第三，要计算设计日内的逐时负荷以确定峰值负荷及其发生的时刻。

比对过程中对我国现行的传递函数法和谐波反应法进行了深入的研究，对我国现有空调冷负荷计算方法的缺陷进行了完善，使得计算软件的计算水平取得了较大的提高。我国现有的两种主流空调冷负荷计算方法传递函数法和谐波反应法，虽然两种方法使用不同的理论，但计算结果的一致性较好，两种方法都符合我国现行规范的要求，计算精度满足工程需要，两种方法可以互相验证、共同存在。

同时对我国冷负荷计算所使用的标准房间及典型围护结构进行了更新，使计算结果更符合实际。课题组另一项比较重大的成果是完善了空调冷负荷计算方法的核心内容——各种辐射在室内分配模型和各种的热量中对流和辐射的比例，并对一些基本参数进行了更新。在比对研究基础上，通过对我国主要城市典型房间及围护结构计算，提供了完整的空调冷负荷简化计算方法(原称冷负荷系数表)。

3 使用方法

空调冷负荷主要包括透过围护结构的非稳态传热冷负荷、透过透明围护结构的辐射冷负荷、室内热源产生的冷负荷。空调区的夏季冷负荷应根据各项得热量的种类和性质以及空调区的蓄热性能分别计算。不同类型的热量产生的空调冷负荷可以按照下列公式进行计算。

空调区的夏季冷负荷宜采用计算软件进行计算；采用简化计算方法时，按非稳态方法计算的各项逐时冷负荷，宜按下列方法计算。

3.1 围护结构的非稳态传热冷负荷

通过围护结构传入的非稳态传热形成的逐时冷负荷，按式(3-1)～(3-3)计算：

$$CL_{\mathrm{Wq}} = KF(t_{\mathrm{wlq}} - t_n) \tag{3-1}$$

$$CL_{\mathrm{Wm}} = KF(t_{\mathrm{wlm}} - t_n) \tag{3-2}$$

$$CL_{\mathrm{Wc}} = KF(t_{\mathrm{wlc}} - t_n) \tag{3-3}$$

式中 CL_{Wq}——外墙传热形成的逐时冷负荷(W)；

CL_{Wm}——屋面传热形成的逐时冷负荷(W)；

CL_{Wc}——外窗传热形成的逐时冷负荷(W)；

K——外墙、屋面或外窗传热系数[W/(m^2·K)]；

F——外墙、屋面或外窗传热面积(m^2)；

t_{wlq}——外墙的逐时冷负荷计算温度(℃)，可按本规范附录 H 计算后确定；

t_{wlm}——屋面的逐时冷负荷计算温度(℃)，可按本规范附录 H 计算后确定；

t_{wlc}——外窗的逐时冷负荷计算温度(℃)，可按本规范附录 H 计算后确定；

t_n——夏季空调区设计温度(℃)。

附录 H 提供了 13 种典型外墙、9 种典型屋面的逐时冷负荷计算温度。数据以分组的形式提供。将 36 座典型城市按照纬度和气象条件相近的原则分成以北京、上海、西安、广州四座城市为代表城市的 4 个城市分组。因此，对于不同的设计地点，选择其所在的城市分组，对相应的逐时冷负荷计算温度进行修正。

$$t_{\mathrm{wlq}} = t'_{\mathrm{wlq}} + t_{\mathrm{d}},\ t_{\mathrm{wlm}} = t'_{\mathrm{wlm}} + t_{\mathrm{d}} \tag{3-4}$$

式中 t'_{wlq}——代表城市的外墙的逐时冷负荷计算温度(℃)，可按本规范附录 H 确定；

t'_{wlm}——代表城市的屋面的逐时冷负荷计算温度(℃)，可按本规范附录 H 确定；

t_{d}——代表城市的地点修正。

设计师可以参照规范的附录 H 按照设计地点选择相同或者相近的外墙或屋面的 t'_{wlq}，依据设计地点的地点修正 t_{d}，计算出外墙或屋面的冷负荷计算温度，最终依据公式(3-1)或公式(3-2)计算出外墙或屋面的逐时冷负荷。

对于外窗的非稳态传热冷负荷，附录 H 提供了 36 座典型城市的典型外窗传热逐时冷负荷计算温度 t_{wlc}。外窗的非稳态传热冷负荷计算可依据本规范的公式(3-3)计算。

外窗由玻璃和窗框组成，外窗的传热系数可通过玻璃和窗框的传热系数计算得出，也可在玻璃的传热系数的基础上根据窗框的传热系数和占外窗的比例修正获得。相关修正可参考相关手册或技术指南。

3.2 透过透明围护结构的辐射冷负荷

透过玻璃窗进入的太阳辐射得热形成的逐时冷负荷，按式(3-5)计算：

$$CL_{\mathrm{C}} = C_{\mathrm{clC}} C_{\mathrm{z}} D_{\mathrm{J}}\max F_{\mathrm{C}} \tag{3-5}$$

$$C_{\mathrm{z}} = C_{\mathrm{w}} C_{\mathrm{n}} C_{\mathrm{s}} \tag{3-6}$$

式中 CL_{C}——透过玻璃窗进入的太阳辐射得热形成的逐时冷负荷(W)；

C_{clC}——透过无遮阳标准玻璃太阳辐射冷负荷系数，可按本规范附录 H 确定；

C_z——外窗综合遮挡系数，取值按式(3-6)计算：

C_w——外遮阳修正系数；

C_n——内遮阳修正系数；

C_s——玻璃修正系数；

$D_J max$——夏季日射得热因数最大值，可按本规范附录 H 确定；

F_C——窗玻璃净面积(m^2)。

附录 H 按照以北京、西安、上海、广州为代表城市的分组提供了基于标准房间配以轻型和重型两种内围护结构计算出的透过无遮阳标准玻璃太阳辐射冷负荷系数 C_{clC}。轻型和重型内围护结构的详细信息请见表 3-1 以及表 3-2。

表 3-1　轻型房间典型内围护结构

	材料名称	厚度 mm	密度 kg/m³	导热系数 W/m·K	热容 J/kg·K
内墙	加气混凝土	200	500	0.19	1050
楼板	钢筋混凝土	120	2500	1.74	920

表 3-2　重型房间典型内围护结构

	材料名称	厚度 mm	密度 kg/m³	导热系数 W/m·K	热容 J/kg·K
内墙	石膏板	200	1050	0.33	1050
楼板	钢筋混凝土	150	2500	1.74	920
	水泥砂浆	20	1800	0.93	1050

注：有空调吊顶的办公建筑，因吊顶的存在使房间的热惰性变大，计算时宜选重型房间的数据。

对于有外窗的房间而言，透过透明围护结构的辐射冷负荷是房间空调冷负荷的重要组成部分。房间的围护结构的蓄热性能对透过围护结构的辐射冷负荷影响很大，空调冷负荷计算软件对房间围护结构的蓄热性能进行理论计算，从而计算出房间围护结构蓄热性能对空调冷负荷的影响。房间的围护结构千差万别，简化计算方法不可能提供全部的围护结构组合，简化计算方法基于课题组确定的标准房间，并以轻、重两种不同类型的内围护结构计算出的房间特性系数或传递系数来简化处理这一过程，这是综合考虑计算复杂程度和计算准确性的一种权衡。

本规范附录 H 提供了 36 座典型城市东、南、西、北四个方向的夏季透过标准玻璃窗的太阳总辐射照度最大值供设计人员选择使用。

由于在实际工程中应用玻璃的类型很多，不同类型的玻璃的光学特性相差较大，简化计算方法难以提供全部的玻璃类型的数据，所以在标准玻璃的基础上进行修正是一种比较适宜的方式。本规范附录 H 提供的夏季透过标准玻璃的太阳总辐射照度最大值和透过无遮阳标准玻璃太阳辐射冷负荷系数都是基于标准玻璃计算得出的。实际计算中应按照玻璃的光学特性对计算结果进行修正。同时对于采用内遮阳或外遮阳的外窗，需要使用内遮阳修正或外遮阳修正对计算结果进行修正，相关修正系数可参考玻璃样本数据和相关设计手册。

3.3　室内热源产生的冷负荷

室内热源产生的冷负荷是空调房间冷负荷的重要组成部分，通常而言的室内热源包括人体、照明和设备。人体、照明和设备等散热形成的逐时冷负荷，分别按式(3-7)～(3-9)计算：

$$CL_{rt}=C_{CL_{rt}}\phi Q_{rt} \tag{3-7}$$

$$CL_{zm}=C_{CL_{zm}}C_{zm}Q_{zm} \tag{3-8}$$

$$CL_{sb}=C_{CL_{sb}}C_{sb}Q_{sb} \tag{3-9}$$

式中 CL_{rt}——人体散热形成的逐时冷负荷(W)；

$C_{CL_{rt}}$——人体冷负荷系数，可按本规范附录H确定；

ϕ——群集系数；

Q_{rt}——人体散热量(W)；

CL_{zm}——照明散热形成的逐时冷负荷(W)；

$C_{CL_{zm}}$——照明冷负荷系数，可按本规范附录H确定；

C_{zm}——照明修正系数；

Q_{zm}——照明散热量(W)；

CL_{sb}——设备散热形成的逐时冷负荷(W)；

$C_{CL_{sb}}$——设备冷负荷系数，可按本规范附录H确定；

C_{sb}——设备修正系数；

Q_{sb}——设备散热量(W)。

人体、照明和设备等散热形成的冷负荷：非全天工作的照明、设备、器具以及人员等室内热源散热量，因具有时变性质，且包含辐射成分，所以这些散热曲线与它们所形成的负荷曲线是不一致的。根据散热的特点和空调区的热工状况，按照空调负荷计算理论，依据给出的散热曲线可计算出相应的负荷曲线。本规范附录H提供了人体、照明和设备空调冷负荷计算的冷负荷系数。

人员“群集系数”，是指根据人员的年龄、性别构成以及密集程度等情况不同而考虑的折减系数。人员的年龄和性别不同时，其散热量和散湿量就不同，如成年女子的散热量、散湿量约为成年男子散热量的85%，儿童散热量、散湿量约为成年男子散热量的75%。人员“群集系数”是计算人体散热形成的空调冷负荷的关键数据之一。

照明修正系数是对灯具的安装形式和灯具类型的修正。

设备修正系数是对设备的电动或电热类型、设备的同时使用情况、安装情况、设备负荷使用情况等的一种综合修正。

设备的“功率系数”，是指设备小时平均实耗功率与其安装功率之比。

设备的“通风保温系数”，是指考虑设备有无局部排风设施以及设备热表面是否保温而采取的散热量折减系数。

关于各种修正的数据可以参考相关技术手册或指南。

分别计算出空调房间的各项冷负荷，并将逐时值进行叠加，最终计算出空调房间逐时冷负荷。

4 总结

本规范提供的空调冷负荷简化计算方法依据本规范的专题研究空调冷负荷计算方法及

软件比对的研究成果。专题对我国的传递函数法和谐波反应法进行比对和完善后计算出空调夏季冷负荷简化方法计算系数表。

空调冷负荷计算方法及软件比对分析研究专题在提高我国空调冷负荷计算方法的一致性和准确性取得了一定的成果。本规范的附录 H 提供空调冷负荷系数表基于完善后的空调冷负荷计算方法和更新后的标准房间、围护结构、基础数据计算得出，其准确性更高，可以更为准确地计算空调房间冷负荷。

国际上一直致力于空调冷热负荷计算理论的研究。目前国际上比较先进的理论为热平衡方法。实验证明，热平衡方法计算的结果与实测值吻合度较高。相对于国际上最先进的空调冷负荷计算方法热平衡方法，我国目前使用的传递函数法和谐波反应法相对落后。期望能够继续相关领域的研究，期待在《民用建筑供暖通风与空气调节规范》的下一次修订中，规范组能够提供更为先进、准确的空调冷负荷计算方法。

5 参考文献

[1] 陈沛霖，曹叔维等．空气调节负荷计算理论与方法[M]. 上海：同济大学出版社．1987.
[2] 彦启森，赵庆珠．建筑热过程[M]. 北京：中国建筑工业出版社，1986.
[3] 单寄平．空调负荷实用计算方法[M]. 北京：中国建筑工业出版社．1989.
[4] 孙延勋．建筑物设计冷负荷计算方法(谐波反应法)编制说明材料系列[M]. 1982.

多联机空调系统计算及设计方法

大金(中国)投资有限公司　钟　鸣
中国建筑科学研究院　曹　阳

多联机系统是通过制冷剂管道直接连接室外机与室内机，通过改变制冷剂流量，以适应房间负荷变化的直接膨胀式空气调节系统，其具有室内机独立控制、运行效率高、管理方便、安装便捷、易于计量、可分期投资等优点。自从 1982 年诞生以来，得到了迅猛的发展，目前已成为民用建筑中最为活跃的中央空调系统形式之一。

但随着多联机系统在我国应用的逐步增多，也出现了一些运行效果及性能无法得到良好保证的情况。究其原因，未根据多联机系统特点进行设计，占到了相当比例。多联机系统与集中冷水式系统不同，无需进行输配系统的设计，但其室内外机的能力与系统的设计条件，如系统的连接率、设计温度、制冷剂配管长度及室内外机高低差等诸多因素有关。因此，设计时必须严格遵循多联机系统的设计要求，结合厂家提供的参数，进行合理设计，方能确保多联机系统具有良好的运行性能。

多联机系统简单来说包括了室内外机及制冷剂配管，所以在设计时也遵循以上几部分，大致可分为：系统类型的确定、室内外机的形式及容量、室内外机的布置、制冷剂配管、凝结水管、新风系统、控制系统及电气设计。目前，在《多联机空调系统工程技术规程》JGJ 174—2010 中已规定了多联机系统设计的基本原则及思路，本文结合该规程的内容，以大金现有多联机产品为例，介绍了多联机系统的设计及选型的方法，希望对大家正确理解和设计多联机系统有所帮助。另，由于各厂家的规格参数各不相同，因此在实际项目设计中，请参照各厂家最新的技术规格及相关规范进行设计。

1　多联机系统类型的确定

多联机类型的确定应根据建筑的负荷特点、所在的气候地区，初投资、运行经济性，使用效果等多方面因素综合确定。普通风冷热泵多联机系统宽广的运转范围确保了其在中国大部分区域的适用性。但对于一些特殊场合就需根据气候条件、项目情况、运行效果等因素进行综合考虑。如在寒冷地区，若需要通过多联机进行制热，则建议采用低外温多联机系统；若在同一系统中，同时需要制冷、制热时，可选择热回收型机组；若需结合可再生能源如地源、水源时，或风冷室外机布置不便、室内外机制冷剂管道过长时，可采用水作为冷热源的水源热泵型机组。

2　室内外机的容量及形式确定

多联机系统的选型，可先根据室内冷热负荷初步选定室内机容量及机型，然后根据空

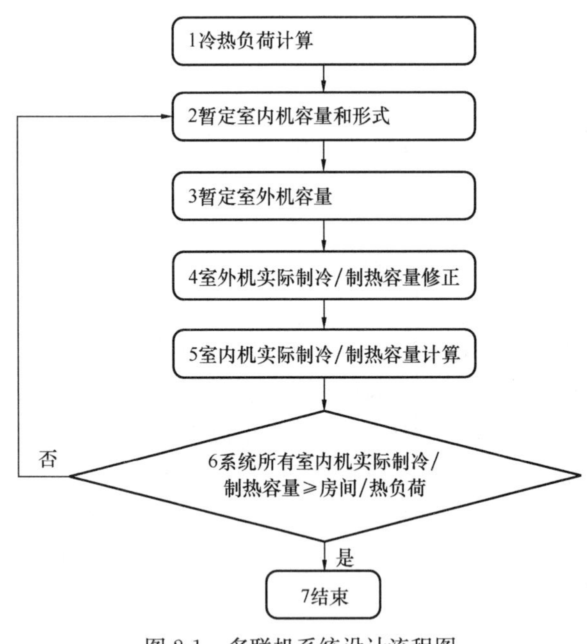

图 2-1　多联机系统设计流程图

调系统的峰值负荷初步选择室外机，计算出室内机的实际能力后，再进行各房间的制冷/制热能力的校核。根据不同类型的机组，其设计方法会略有不同，但总体思路上基本是一致的，以下内容均基于风冷热泵型多联机，其他类型在设计上区别会在下述内容中体现。

图 2-1 为多联机系统设计的流程：

2.1　设计条件确认和冷热负荷计算

根据建筑物室内要求的干、湿球温度以及夏季空调室内外设计干球温度，计算出建筑物内各空调区域的负荷。

2.2　暂定室内机容量和形式

根据相应室内机额定制冷/制热容量，选出最接近且大于房间冷/热负荷的室内机。

值得注意的是，当在制冷和制热工况都有要求的情况下，需要保证室内机的制冷/制热容量需同时满足室内的冷、热负荷计算值。

根据空调房间的建筑构造、装潢条件等条件并考虑良好的气流分布从而选择合适的室内机形式。

2.3　系统组成和室外机容量选择

室外机容量的选择是根据该系统室内机的总容量和逐时峰值负荷来选择的，主要考虑以下几个原则：

- 进行合理的空调分区，降低系统的峰值负荷
- 室内机外机的连接率＊必须在厂家的限定范围

＊ 连接率＝室内机额定总制冷容量/室外机额定制冷容量

- 系统制冷剂配管尽可能优化
- 功能相近的空调区域应尽量划分在一个系统中

2.4　室外机实际制冷/制热容量计算

当多联机系统的设计工况与额定工况不同时，系统室外机实际的制冷/制热容量需要根据设计工况下的温度、连接率以及制冷剂配管长度、室内外机的高低差、除霜等因素进行修正，根据室内外机连接率不同，室外机实际制冷/制热容量的计算方法可分为以下情况：

a. 室内外机连接率低于100%时

室外机的实际制冷/热容量 =室内外设计温度下100%连接率时室外机制冷/热容量*[1]

×管长及高低差修正系数*[2]

×融霜修正系数*[3](仅制热时考虑)

b. 室内外机连接率超过100%时

室外机的实际制冷/热容量 = 设计温度下实际连接率时室外机的制冷/热容量*[1]

×管长及高低差修正系数*[2]

×融霜修正系数*[3](制热时考虑)

由于各生产厂家的技术数据及表述方式不尽相同，因此在项目设计时应根据选择的厂家所提供的技术参数进行计算，以下以大金多联机产品的技术参数为例，以供参考。

*[1] 不同室内外温度及连接率时的室外机制冷/热容量

【例】 34HP室外机的实际制热容量

条件：额定工况：冬季：室内：20℃；室外：7℃DB，6℃WB；室内外机连接率：100%

设计工况：冬季：室内22℃；室外：-4℃DB；室内外机的连接率：105%

表2-1 34Hp制热容量表(局部)

组合(%)(容量系数)	室外气温		室内温度℃DB					
			20.0		21.0		22.0	
			TC	*PI*	*TC*	*PI*	*TC*	*PI*
	℃DB	℃WB	kW	kW	kW	kW	kW	kW
110% 105.60kW	-5.0	-5.6	92.8	28.8	92.7	29.2	92.7	29.7
	-3.0	-3.7	97.4	29.5	97.4	29.9	97.1	30.2
	0.0	-0.7	105	30.4	105	30.7	105	31.1
	3.0	2.2	113	31.2	113	31.6	111	30.9
	5.0	4.1	118	31.2	115	30.4	111	29.2
	7.0	6.0	119	29.8	115	28.6	111	27.4
100% 96.00kW	-5.0	-5.6	92.7	30.0	92.4	30.4	92.4	30.7
	-3.0	-3.7	97.1	30.6	97.1	30.9	97.0	31.2
	0.0	-0.7	105	31.4	104	31.2	101	30.3
	3.0	2.2	108	29.9	105	28.7	101	27.6
	5.0	4.1	108	28.2	105	27.0	101	26.0
	7.0	6.0	108	26.5	105	25.5	101	24.5

在额定工况下，其制热容量为上表中黑框中所示。

计算过程：

a. 从制热容量表2-1上，直接读数室内温度22℃这一列的读数，并且从-5℃DB和-3℃DB两个室外温度条件下，通过求平均数的方法求得-4℃DB时的机器制热能力。具体计算如表2-2所示。

表 2-2 －4℃DB 时的机器制热能力

组　合 (%) (容量系数)	室外气温	室内温度 ℃DB	
		22.0	
		TC	*PI*
	℃DB	kW	kW
110% 105.60kW	－5.0	92.7	29.7
	－3.0	97.1	30.2

110%连接率下，－4℃DB：制热能力 ＝ (92.7＋97.1)/2 ＝ 94.9

组　合 (%) (容量系数)	室外气温	室内温度 ℃DB	
		22.0	
		TC	*PI*
	℃DB	kW	kW
100% 96.00kW	－5.0	92.4	30.7
	－3.0	97.0	31.2

100%连接率下，－4℃DB：制热能力＝ (92.4＋97.0)/2 ＝ 94.7

b. 将前面求得的两个连接率下的制热能力通过加权平均数的方法求得在连接率 105%条件下的制热能力。

105%连接率下：制热能力＝94.7＋[(94.9－94.7)/(110%－100%)
×(105%－100%)]＝94.8kW

通过以上计算我们可以得到在连接率 105%，室外－4℃DB，室内 22℃DB 条件下，室外机实际的制热能力为 94.8kW。

*[2] 管长及高低差修正系数

管长修正系数与室内外机的最长等效管长以及室内外机的最大高低差有关。根据外机容量不同，其容量修正参数也不相同。

等效配管长度＝实际配管长度＋Σ(不同管径下的弯管个数×弯管等效长度)
＋(分歧管个数×分歧管等效长度)

弯管等效长度以及分歧管的等效长度如表 2-3 所示。

表 2-3 弯管及分歧管的等效长度计算表

	管径(mm)	等效长度(m)
弯管等效长度	ϕ6.4	0.16
	ϕ9.5	0.18
	ϕ12.7	0.20
	ϕ15.9	0.25
	ϕ19.1	0.35
	ϕ25.4	0.45
	ϕ31.8	0.55
	ϕ34.9	0.60
	ϕ38.1	0.65
	ϕ41.3	0.75
分歧管等效长度	等效长度 0.5m	

当等效管长超过 90m 时，可通过增加主干气液管的直径以降低系统的能力衰减，并提高系统效率。此时系统的等效配管长度应按下式计算：

等效配管长度＝主管的等效配管长度×修正系数＋第一分歧管后的配管等效长度

修正系数根据不同的机型而有所区别，以下为大金的相关参数，见表 2-4。

表 2-4　大金修正系数

机　　型	变化率（目标配管）	修正系数	
		标准	扩大管径后
8/10HP	制冷（气管）	1.0	0.5
	制热（液管）	1.0	0.2
12/14/16HP	制冷（气管）	1.0	0.5
	制热（液管）	1.0	0.3
18/20/22/24/26/28/30/32/34 HP	制冷（气管）	1.0	0.5
	制热（液管）	1.0	0.4
36/38/40/42/44/46/48HP	制冷（气管）	1.0	—
	制热（液管）	1.0	0.4

【例】 根据图 2-2 计算 34HP 室外机管长修正系数

第一分歧管前的等效管长为：65m

第一分歧管后的等效管长为：30m

高低落差：20m

等效管长＝65m＋30m＝95m＞90m

因此，需扩大主气配管和主液配管管径，此时主配管的修正系数为 0.5（制冷）/0.4（制热），故制冷及制热时的等效管长为：

制冷：65×0.5＋30＝62.5m

制热：65×0.4＋30＝56m

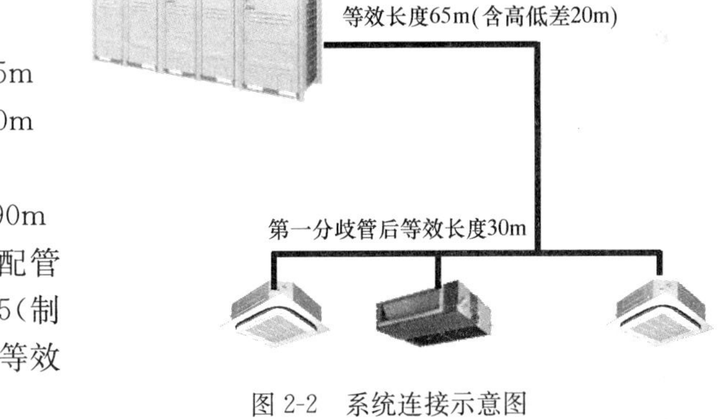

图 2-2　系统连接示意图

根据室外机容量修正系数图图 2-3 可查得：

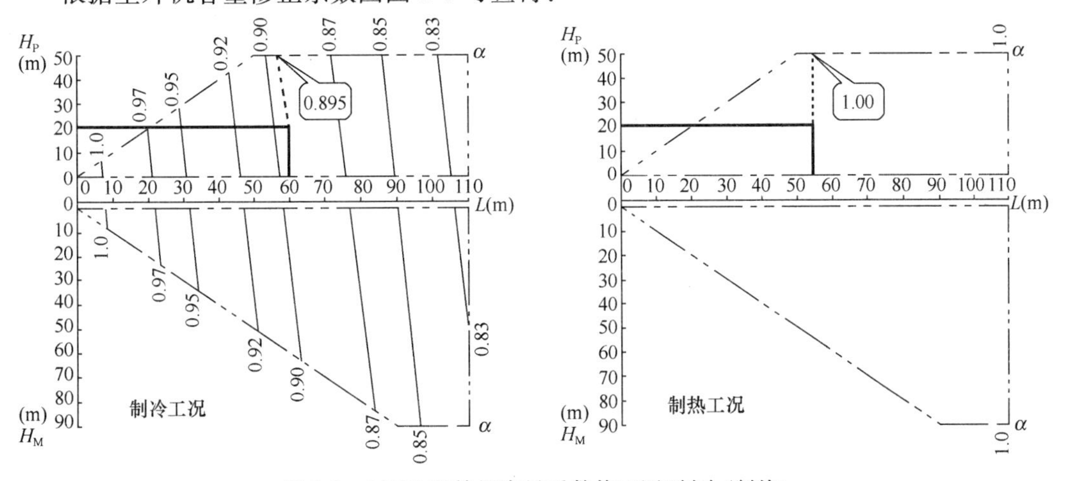

图 2-3　34HP 室外机容量系数修正图（制冷/制热）

制冷容量的修正率为：0.895；制热容量的修正率为：1.00(制热基本没有衰减)

×3 融霜修正系数

由于室外机在进行融霜时是不进行制热运转的，故在进行室外机实际制热容量计算时，还应考虑由于除霜所导致的制热损失。根据室外温度不同，融霜修正系数不同，具体如表 2-5 所示：

表 2-5　融 霜 修 正 系 数

室外单元入口空气温度℃DB(℃WB)	−7.0 (−7.6)	−5.0 (−5.6)	−3.0 (−3.7)	0.0 (−0.7)	3.0 (2.2)	5.0 (4.1)	7.0 (6.0)
结霜时的能力修正系数	0.95	0.93	0.88	0.84	0.85	0.9	1

注：融霜修正系数是将一个循环(制热运转—除霜运转—制热运转)中的制热能力的积分值对应时间进行换算，并将这一值作为能力修正系数。

以上为风冷热泵式多联机组的室外机实际能力的计算方法，但作为水源热泵式机组，其设计方法与其略有差别，主要体现在以下两个方面，需在设计时予以注意：

1)室外设计温度应替换为入水温度及水量；

2)无融霜工况，故无需考虑融霜修正。

室内机实际制冷/制热容量计算：

$$系统中每个室内机的实际制冷/热量=\frac{室外机实际制冷/制热容量\times 室内机的额}{室内机的总计额定容量}$$

如果按照上式计算出的室内机的最终实际制冷/制热量小于该室内机所对应的房间负荷，则应重新选择室内机，再按 2～5 步骤进行计算，直到满足要求为止。

3　室内外机的布置

多联机系统的室内机的布置应根据产品的形式、特点及参数等从气流组织、送风风速、舒适度及噪声等多方面予以考虑，在规范中已有明确要求，在此不再详述。

多联机室外机摆放条件是影响系统运行效果极为重要的因素。在布置室外机时，应遵循以下原则：

预留足够的安装、维护及保养空间

确保良好的散热空间

减少系统的制冷剂管道长度

降低对周边环境的影响

目前多联机室外机的布置方式主要有集中摆放及分层摆放两种，在实际项目中这两种设置方式可以单独或结合使用。

3.1　集中摆放

集中摆放即多台室外机统一摆放在某处(如主楼或裙楼屋顶、地面)。多台室外机集中摆放时，为防止室外机排出的热气流被自身或周边的设备回吸，需注意室外机的基本安装空间，但是大型项目中由于其室外机数量多、现场情况复杂，除了满足厂家提出基本的安装尺寸外，还必须留有充足的散热空间。当现场条件无法满足散热要求时，可通过以下方法予以改善(见图 3-1)：

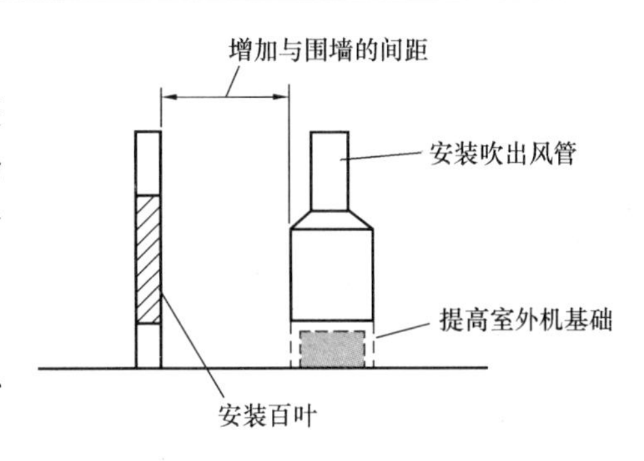

图 3-1 散热不良时的改进措施

a. 增大室外机与围墙的间距

增大室外机与围墙的间距，可以增加室外机的回风空间，从而增加新鲜空气的补充量。

b. 安装百叶

在墙体上开一定面积的百叶，同样可以补充新鲜的空气，帮助室外散热，降低回风温度。

c. 提高室外机的基础

适当的提高室外机的基础，可以增大室外机的回风空间，如果将室外机的基础做成镂空设计，则散热效果更佳。

d. 安装吹出风管

集中摆放时在室外机的出风口上加装直风管，可以增加室外机的出风口与回风的距离，有效地减少了外机排出热气流直接被回风吸入的机率。

3.2 分层摆放

分层摆放即将室外机就近摆放在当层的设备机房中，机房的外立面采用百叶或栏杆的形式，室外机通过送风装置排风的外机布置方式。相较集中摆放来说，减少了系统的制冷剂配管长度，有利于提高系统的效率，减少了设备容量，维护也更加便捷。

当采用分层摆放时，应考虑既不影响建筑立面的景观，又有利于与外气的换热，同时便于清洗和维护室外机的热交换器。

但在高层及超高层建筑的建筑物中分层摆放的情况较为复杂，每个建筑层面均可能设置有多台室外机，若设计不当，则容易产生气流短路现象，故在设计时需要从以下几个方面考虑：

a. 选择合适的机房位置

分层摆放时，机房方位不同对室外机散热效果的影响也各不相同，选择合适的机房位置非常关键，宜将机房设置在建筑的边角处，并在将进排风口设置在不同方向，能最大程度避免气流短路现象的产生。此外，应尽量避免将机房从下到上逐层、依次布置在建筑物的竖向凹槽内，否则极易产生气流短路现象。以下为几种常见的布置方式(见图 3-2)：

b. 确认机房空间尺寸是否满足要求

需确认室外机房的大小是否满足室外机的基本安装和维修空间的要求，并保证有足够的吸、排风空间。如在进行建筑本体的设计时，就考虑了预留给室外机安装的必要空间，则大大方便了日后室外机的安放。如果机房的空间不足，则需要寻找其他室外机的可能安放空间或者采用其他的室外机安放形式相结合的方式来对应。

c. 进、排风风速是否满足要求

为避免气流短路现象的产生，需保证较大的进、排风风速差。一般情况下进风风速较

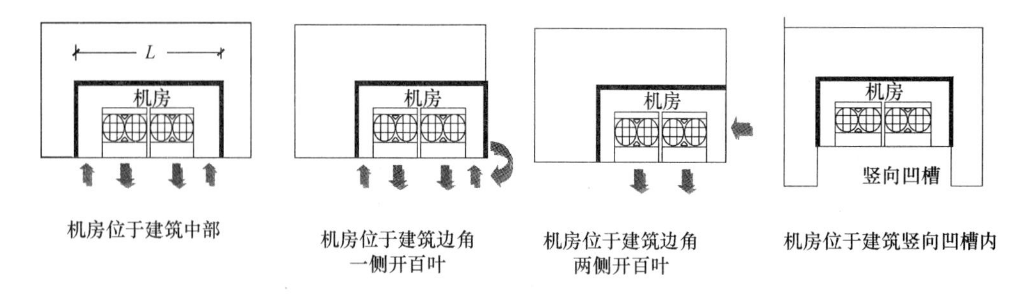

图 3-2 合适的机房位置示意图

低，若要增加风速差主要是通过提高排风风速来实现；然而如果排风风速过大，将会导致排风阻力的增加以及噪声的增加，所以在设计时需要综合考虑各项因素，将进、排风风速控制在一定的范围内。如表 3-1 所示为不同进、排风口的推荐风速。

表 3-1 不同进、排风口的推荐风速

进、排风口位置	排风风速(m/s)	进风风速(m/s)
同侧	6～9	≤1.6
不在同侧	≥4	≤2.5

d. 室外机机外静压的校核

由于室外机摆放在机房内，对其散热条件方面有较大的限制。故当室外机设置在机房时，为了保证其能顺利的排风和吸风，需要校核室外机的机外静压是否可以克服各种阻力损失。

以上简单介绍了多联机室内外机的布置方法，当室外机布置的条件较为复杂时，可利用气流分析软件模拟室内外机的气流分布及温度场状况，并提出合理建议辅助确定室外机的布置方式及位置。

4 制冷剂管道设计

多联机制冷剂管道设计及施工的合理性，将影响多联机系统性能的发挥。故在进行制冷剂配管设计时，应着重考虑以下两个方面：

1. 应按照产品的技术要求选择管径及分歧组件，并遵循以下原则：

a. 室外机与分歧管之间的管径与室外机的配管管径相同。

b. 分歧管与室内机之间的管径与室内机的配管管径相同。

c. 分歧管与分歧管间的管径取决于其后所连接的下游室内机的总容量。

d. 当管长超过一定要求时，需按产品的技术要求的规定相应增加管径。

2. 合理考虑制冷剂管的走向，尽量减少管长，降低损耗

a. 选择合适的管井位置，减少单根制冷剂管的长度，从而降低能力损耗。如图 4-1 中将管道井设置在中间时，制冷剂配管的长度分配比较适当，且第一分歧管在中间分歧，整体的设计灵活性也提高。

b. 优化管路的走向(见图 4-2)

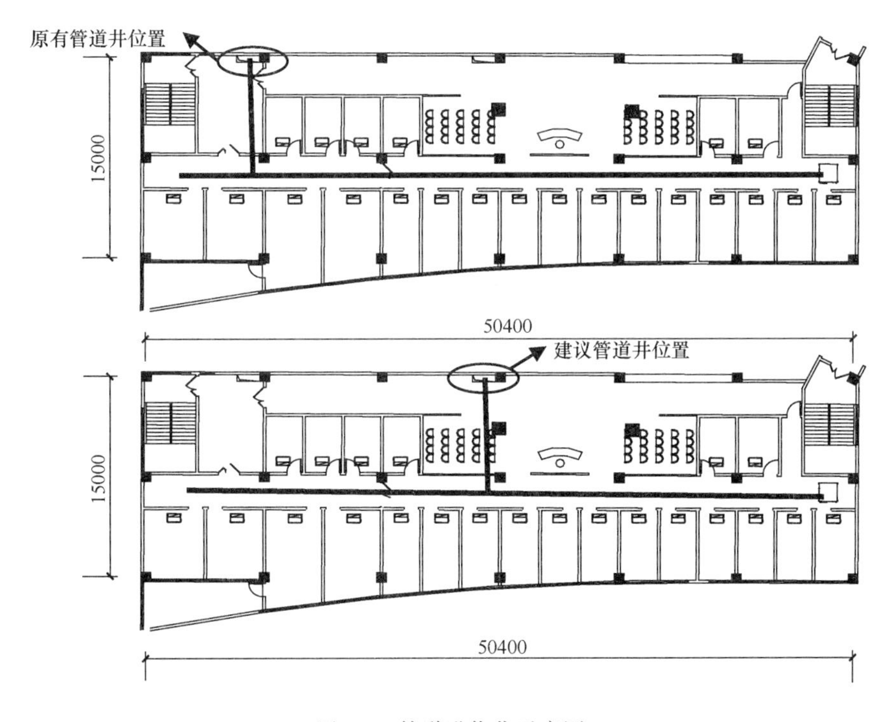

图 4-1　管道进优化示意图

优化管路的走向可以有效减少制冷剂管的使用量，从而减少了空调机组由于管长过长而消耗的能量。同时制冷剂配管使用量和制冷剂的使用量也减少，起到了很好的节能效果。

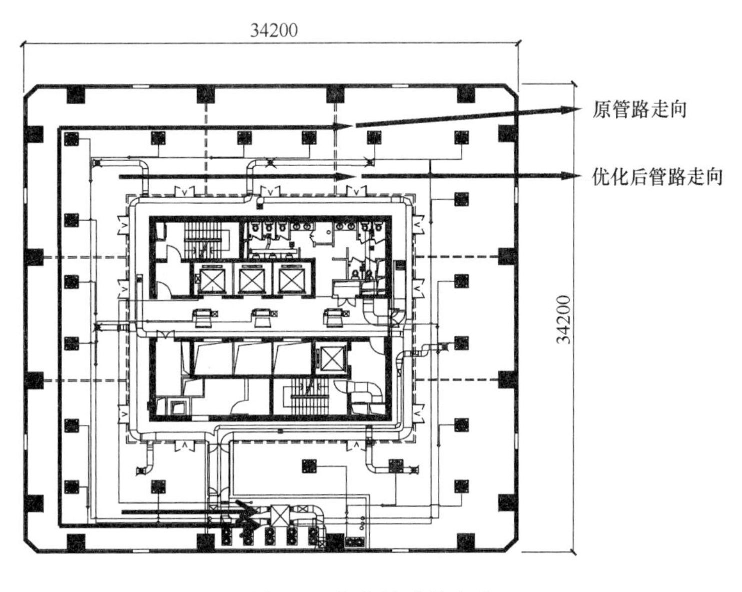

图 4-2　优化管路的走向

5 凝结水系统设计

多联机系统的凝结水应有组织地排放，并符合《民用建筑采暖通风与空气调节设计规范》GB 50019 中相关条款，在此不再详述。

6 新风系统的设计

中央空调系统，为保证空调区域的空气卫生质量，需要对空调区域送新风和排除污浊空气，根据工程系统所在地域的不同，冬夏季存在室内外空气温差、焓差大小不同，将室外新风处理至接近室内空气温度、焓值的状态，需增大冷热源容量，克服这部分负荷，即新风负荷。随着我国建筑节能工作的深入进行，围护结构的负荷占空调总负荷的比例逐渐下降，但新风负荷的比例不降反升，就商场、办公楼、旅馆建筑等而言夏季约占到总空调能耗的 30%～40%；冬季甚至高达 60%左右，新风节能显得突出，为此宜采用对排风进行能量回收的技术。

目前与多联机系统配合使用的新风设备主要为空气-空气热回收装置（也称新风换气机）和全新风处理机组，其拥有各自的特点，适用于不同的场合。

对于在多联机空调系统工程中新风处理用空气-空气热回收装置（也称新风换气机）的设计，应结合当地气候条件、经过技术、经济、节能量和回收周期等分析比较，以确定选用合适的热回收装置，从而达到经济节能的效果，否则会出现采用了节能装置而实际运行不节能的结果。

多联机空调系统工程用新风换气机的宜带有新风旁通功能。当全年或季节大部分运行时间的室内外空气焓差值较为接近时，可采取如下的技术经济比较：

1. 技术比较：空气能量回收装置的应用，技术上从多联机系统工程季节或全年的净节能量考虑，经济上考虑回收期。

1）首先计算工程所在地域单位新风量全年或季节可节省制冷或制热的耗电量。

计算在选定的建筑空调工作时间内单位新风量逐时室内外空气的温差或焓差累计的冷热量（显热或全热）之和，其为该地域新排风可回收的能量最大值，但新风换气机有回收效率，与新风换气机的热回收效率的乘积之和，为能回收的全年或季节回收能量，与多联机对应逐时气象条件下的能效比相除，得出单位新风量全年或季节可省的电量，计算公式如下：

单位新风量全年节省电量：

$$N_{re} = \Sigma[Q_i \times \eta_{re} / EER(i)] \tag{6-1}$$

式中 N_{re}——单位新风量全年或季节节省电量，单位，千瓦时/年（季节）；

Q_i——在 i 时间单位风量的新风回收的冷（热）量，单位，kJ；

$EER(i)$——在对应时间气象条件下多联机的能效比；

η_{re}——新风机回收效率。

2）其次计算新风系统单位新风量全年或季节耗电量。

用选用的新风换气机单位风量新风机和排风机功率之和，减去公共建筑节能设计标准规定的风机单位风量耗功率限值（有盘管和过滤器），再减去公共建筑节能设计标准规定的风机单位风量耗功率限值（普通机械通风系统）。

单位新风量全年耗电量：

$$N_{c}=(N_{x}+N_{p}-N_{L1}-N_{L2})\times 3.6\times D \tag{6-2}$$

式中 N_c——单位新风量全年或季节耗电量，单位，千瓦时/年（季节）；

N_x——单位风量新风机的功率，单位，W；

N_p——单位风量排风机的功率，单位，W；

N_{L1}——《公共建筑节能设计标准》规定的风机单位风量耗功率限值（有盘管和过滤器），单位，W；

N_{L2}——《公共建筑节能设计标准》规定的风机单位风量耗功率限值（普通机械通风系统），单位，W；

D——机组工作的时间，单位，h。

3）进行技术比较。如果单位新风量全年或季节节省电量与全年或季节耗电量之比大于1，技术上可行，否则，技术上不可行。$N_{re}/N_c>1$，技术上可行；$N_{re}/N_c\leqslant 1$，技术上不可行。

多联机对应时间气象条件下的能效比逐时能效比的方法，可参考图6-1，机组回风温度、室外空气温度变化对制冷能效比的影响数据，从右图可知，相同室外空气温度下，室内温度变化对机组的功率和制冷能力有影响，但不同室内温度下的制冷能效比数值间基本接近，平均变化可采用回风温度升高2℃，*EER*增大1.35%，室外温度变化对机组*EER*的影响较大，具体数据可用室外温度升高2℃，*EER*减小5.2%计算，当不知机组的逐时能效比时，可以用额定工况点的数据进行推算。

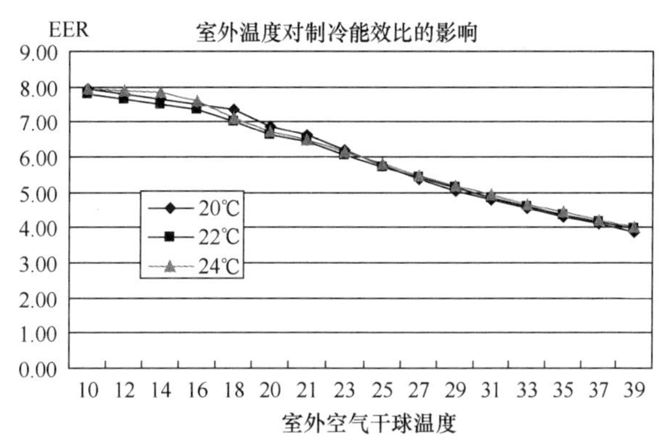

图6-1 室外温度对能效比的影响

2. 经济比较

如果技术上采用热回收装置可行，通过计算初投资增量的资金回收周期，与能量回收设备的使用年限相比较，判断经济性。

1）首先计算采用热回收装置增量资金。

增量资金为单位风量热回收装置的投资减去常规通风扇的投资，再减去配置新风机回收的冷热量所需多联机机组的投资。

采用热回收装置增量资金：

$$I=I_{re}-I_{n}-I_{l} \tag{6-3}$$

式中 I——采用热回收装置增量资金，单位，元；

I_{re}——单位风量能量回收装置的投资，单位，元；

I_n——常规通风扇的投资，单位，元；

I_1——新风回收导致多联机容量减小的投资，单位，元。

2）其次计算运行费节省资金。利用技术比较中单位新风量全年节省电量结果，用当地单位电价计算每年或每季节省电量折算的资金数额。

运行费节省资金：

$$F = p \times N_{re}$$

式中 F——运行费节省资金，单位，元/年；

p——当地单位电价，单位，元/千瓦时。

3）判断资金回收周期。

用热回收装置增量资金与每年或每季节省电量折算的资金数额的比值，可确定回收年限或季度。

$$P = I/F$$

式中 P——资金回收期，单位，年。

再与热回收设备的使用年限相比较，一般回收年限 3 年，设备正常使用 10 年是可接受的。《空气-空气能量回收装置》GB/T 21087—2007 对热回收装置的回收效率限定值作了规定（见表 6-1）。

表 6-1　热交换效率要求

类　型	交换效率　%	
	制　冷	制　热
焓效率	>50	>55
温度效率	>60	>65

注：1. 按装置性能测试工况，且新、排风量相等的条件下测量效率。

2. 焓效率适用于全热交换装置，温度效率适用于显热交换装置。

多联机系统中的全新风机组一般建议选择直接蒸发式机组变频新风机组，其对室内温度影响较小，室内舒适度较高。在设计时需要注意以下事项：

1. 新风进口温度是否在设备的可处理范围内。

2. 当新风机组与多联机系统共用一套室外机时，其容量比及连接率应满足厂家的要求。

在设计时应根据设计及安装条件、初投资、舒适性及运行费用等确定新风系统。

此外，新风系统的划分与多联机系统相对应，以便于统一操作管理。

新风量的确定及新风管路的设计应根据《民用建筑采暖通风与空气调节设计规范》GB 50019 中相关条款。

7　控制系统设计

在控制系统方面，多联机系统相对于集中式冷水系统而言，具有设计、安装、操作简单便捷，控制精度高等优势，并且在达到相同功能的前提下多联机系统在控制系统方面的初投资更低。多联机系统可实现个别控制、集中控制和智能控制三大种类，个别控制和集中控制的设计根据用户需求，选择具有相应功能的控制器即可实现；而智能控制系统由于所能达到的功能范围更广，所涉及的其他配件更多，所以需要进行更为详细的设计。

智能控制一般包括各种参数检测，参数与动力设备状态显示，各种设备联锁与自动保护以及中央监控和管理等。设计时，应从建筑物的用途、用户的实际需求、空调系统的类型和设备运行时间以及经济性等各方面进行考虑，以避免今后追加控制功能所带来的不必要的麻烦。

8 电气设计

在一些多联机系统的项目中，由于电气设计的不合理引发的报修及投诉占到了一定比例。这主要体现在电气配线不合理及电源设计不合理等。因此，在设计时应考虑以下两点：

1. 多联机系统的电气配线应按照多联机的最大运行电流进行设计，而不能按照机组的额定功率进行设计，这主要是因为多联机的运行工况往往与额定工况有较大差距，因此应考虑可运转的室外温度、室内温度及运转情况等数据，并按照厂家提供的最大电流数据确定。

2. 同一系统的室内机应按采用同一电源供电，若采用不同的电源进行供电时，若有些用户关闭其空调电源，会导致该系统内的其他室内机通信故障，无法正常工作，因此应将同一系统的室内机设置在同一路电源中。

限于篇幅，以上简单介绍了多联机系统的设计方法，希望能对大家有所帮助。此外，在设计时应根据不同厂家的技术参数，结合项目的实际情况进行合理设计，才能更好地发挥多联机系统的优势，并更好地促进多联机行业的健康发展。

地板送风空调系统设计方法

中建国际（深圳）设计顾问有限公司　毛红卫　程新红

1　地板送风系统及特点

地板送风系统（Underfloor Air Distribution System，简称 UFAD）是利用结构楼板与架空地板之间的敞开空间，也称地板静压箱，将处理后的空气送至人员活动区域地板送风口（地板散流器）的空调送风形式。

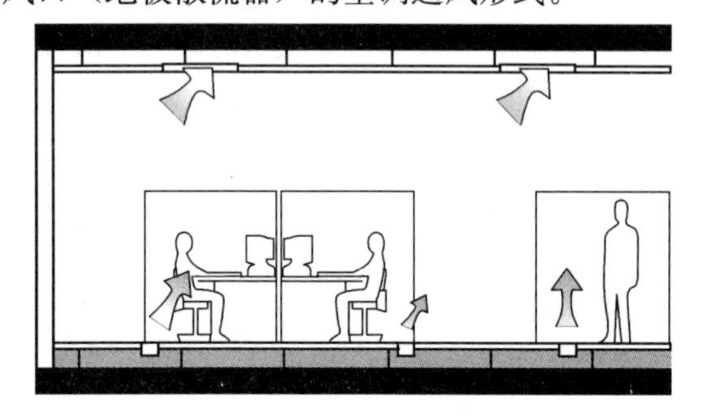

图 1-1　地板送风系统

地板送风系统会造成房间内产生垂直温度梯度和热力分层，设计时应将分层高度维持在室内人员呼吸区之上，一般为 1.2～1.8m，最佳的控制策略是控制送风口，使送风在分层面以下和室内空气混合。如图 1-1 所示。

地板送风系统的主要特点：

- 地板静压箱由架空地板体系组成，架空地板的典型高度为 0.3～0.5m，所有强电、弱电等设备管线可以在地板静压箱内进行布置，从而降低建筑层高；
- 室内人员可对局部热环境进行控制，满足自身热环境舒适要求；
- 改善通风效率与室内空气品质；
- 送风温度一般不低于 16～18℃，随着送风温度的提高，冷水机组的出水温度和 *COP* 值相应提高，对于处在气候温和且干燥的地区，节能效果显著；
- 在过渡季，当室外空气温度低于要求的送风温度时，直接利用新风提供免费供冷的时段较上送风系统长，相应缩短了冷水机组的运行时间；
- 建筑物使用寿命周期内的运行及改造费用减少。

2　地板送风系统的空调负荷计算

地板送风系统的室内冷热负荷计算方法与上部混合式送风系统相同。但在确定供冷所需送风量时，考虑到地板送风系统在室内形成空气分层的特点，其计算应考虑以下与传统空调不同的特点。

2.1　房间冷负荷计算

计算房间冷负荷时，需考虑以下因素：

● 将得热量分配到人员活动区与非人员活动区。来自热源的热量不一定只散发在负荷实际所在的人员活动区或非人员活动区，对于室内热源，必须根据它的对流成分和辐射成分比例进行分配。

● 将灯具散发的对流热量部分分配给非人员活动区，但是辐射传热部分仍需分配给人员活动区；至于计算机，可以假设负荷中有一定量的对流传热和辐射传热进入非人员活动区和人员活动区。

● 考虑房间通过地板向静压箱传热。根据实验报告表明，铺设地毯片的架空地板的传热量在6.3～13W/m^{2}范围内，由于房间和静压箱空气温度是设定控制的，所以房间热量中应扣去这部分地板传热量，也就减去了区域送风量。由于热量是传递到送风中，所以它仍然是系统的负荷，而从下一层楼板向静压箱的传热热量，则应考虑其对该层系统冷负荷的影响。

● 典型办公室热源的辐射热成分和对流热成分见表2-1，示意图见图2-1。

表2-1　典型办公室热源的辐射热和对流热比例

热　　源	辐射部分（%）	对流部分（%）
透射太阳光，没有内遮阳	100	0
通过玻璃窗的太阳光，有内遮阳	63	37
被窗吸收的太阳光	63	37
吊顶荧光灯，不通风	67	33
嵌入式荧光灯，热量经通风进入回风中	59	41
嵌入式荧光灯，热量经通风进入回风与送风中	19	81
白炽灯	80	20
人员，办公室工作强度中等	38	62
导热，外墙	63	37
导热，屋面	84	16
渗入空气和通风	0	100
机械设备和装置	20～80	80～20

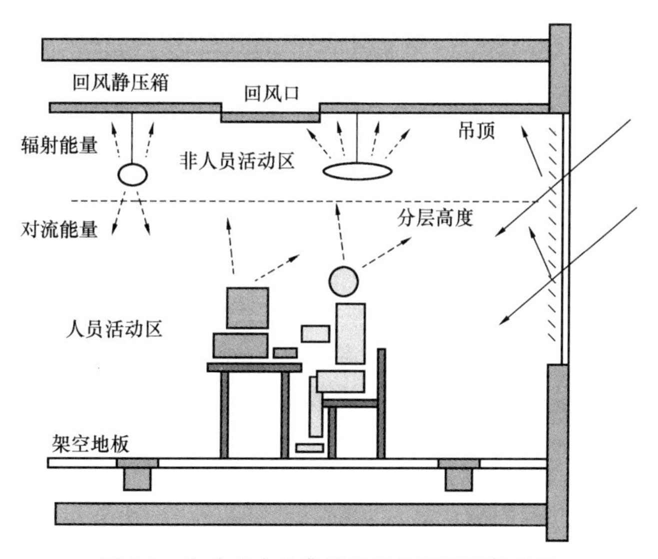

图2-1　办公室内的典型对流热量和辐射热量

设计师需要根据自己对负荷和房间实际特性的理解来合理分配负荷。如果过于保守，则会将过多的风量分配给人员活动区，导致设备增大和最小新风量加大。

影响热源散热中对流与辐射热比例的因素包括热源表面黑度及温度等。从室内热源与房间围护结构所组成的空腔与内包壁面之间的辐射换热关系可以看出，对具有稳定表面温度的室内热源而言，其表面黑度对它的辐射散热量有重大影响，随表面黑度的增加，其辐射散热量迅速增加，相应辐射热所占比例也增加。

通过理论分析与实验测定，有如下结论供设计参考：

（1）考虑实际空调房间内设备的辐射散热时，将其近似当作漫-灰表面处理是可行的；

（2）对具有稳定表面温度的中、低温设备热源而言，影响其辐射散热量比例的主要因素是其表面性质（如表面黑度），此外还与热源发热量及房间换气次数有一定的关系；

（3）计算空调房间内热源与围护结构各内表面间的辐射换热时，围护结构内表面温度的不均匀而引起的辐射换热量的差别可以不计；

（4）对于常用非金属表面的中、低温室内设备，其辐射热比例一般为20%～40%，表面刷漆时为40%～60%；

（5）一般空调房间常用灯具中，白炽灯的辐射热所占比例一般为40%～50%，日光灯的辐射热比例一般为25%～50%；

（6）空调房间中人体散发的辐射热随其皮肤温度的升高而升高，随其皮肤面积的增大而增大。

在方案阶段，地板送风空调负荷可以采用修正系数法，按传统计算方法分别计算出围护结构及不同种类的扰量形成的负荷，再乘以修正系数，作为地板送风空调的房间负荷。修正系数可参见表2-2。

表2-2　地板送风空调负荷修正系数

负荷种类	墙体	照明	设备		人员
			地板上	桌面上	
修正系数	0.75	0.65	0.95	0.80	0.95

2.2　房间热负荷计算

在大多数情况下，只有在建筑物的外区，冬季时由于围护结构存在耗热量才需要供热。另外，建筑物内区的顶层，在人员较少的时段（如晚上和周末），也需要供热。

当从近地板高度、混合速度快的地板送风口送出热风时，能非常有效地向房间传热。由于浮力作用，在供冷运行时所具有的热力分层特性，已被混合良好、温度均匀的气流分布所代替，此时该系统就变成混合式系统。因此，热负荷计算方法与上部送风系统相同。

2.3　确定区域送风温度和送风量

地板送风系统供冷时，进入静压箱的送风温度应保持在16～18℃范围内，而地板散流器处的出风温度以 17～18℃为最佳，以避免附近人员感到过冷。在部分负荷情况下，送风温度甚至还可设定的再高一些。在气候温和、干燥的地区，可以延长新风免费供冷（经济器运行）的时间。

地板送风的送风量 L_s（m^3/h）：

$$L_s = 3.6Q_x/(1.2 \times 1.01 \times \Delta t_s) \tag{2-1}$$

式中 Q_x——人员活动区的显热冷负荷，W；

Δt_s——房间设定温度与送风温度的温差，℃。

3 内区系统

所谓内区一般指距离外墙 5m 以外的区域。由于内区房间（顶层房间除外）不直接受到建筑围护结构产生的负荷影响，室内负荷相对稳定并且较小，几乎需要全年供冷。通常，内区采用定风量控制系统策略完全能够满足要求。由于室内人员能对地板送风散流器进行微小的局部调节，减少了对这些大区域实施动态控制的需求。这种配置形式可使地板下的分隔数量减少。

然而，由于现代办公设备的能耗较高以及人员变化性大，内区的负荷仍然有可能波动较大，故系统设计和控制策略应考虑能适应这些情况，例如，采用变风量空调策略。此外，还需考虑内区与外区之间的相互影响。

4 外区系统

所谓外区一般指距离外墙 5m 范围内的区域。由于受到气候和室外条件的影响，如太阳辐射得热、围护结构得热以及热损失等因素的影响，外区的房间热负荷和冷负荷都需要加以特殊考虑，这些负荷与内区的负荷差别很大且变化很快。

设置外区系统的目的：

- 抵消外围护结构的负荷，将外区与内区系统分隔开，从而可以在冬季对内区系统供冷、外区供热；
- 提供自动控制系统以对负荷的变化作出迅速反应。

外区系统的可选择方案包括：

（1）两管制定速风机盘管系统：在两管制系统中，只给风机盘管提供热水。它有两种布置方式，都是由集中空调系统向这两种系统提供通风和供冷空气。

- 将加热的风机盘管布置在吊顶静压箱内、靠近外墙处（见图 4-1）。送风沿着窗玻璃由上向下吹出，空调送气通过地板下一个压力相关型可调风阀送入区域内。地板下风阀设在静压箱隔断上。在供热时，风阀处于最小位置，风机盘管运行，使回风在房间内循环。
- 在靠近外墙的地板静压箱内布置风机盘管（见图 4-2）。送风由地板面沿着窗玻璃向上吹出，风机箱在供热模式下从房间内取风，在供冷模式下从静压箱取风。当供冷需求量变小时，可采用室外空气或热水盘管加热空调送风。在供热模式时，进风风阀处于最小位置，在保持循环空气量的同时达到最小通风量。

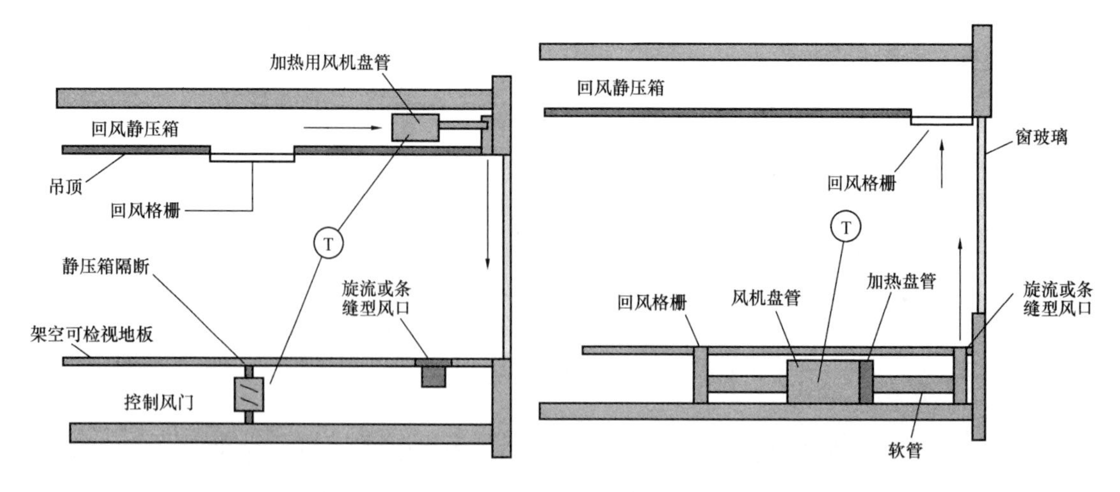

图 4-1 吊顶内二管制风机管系统　　　　图 4-2 地板下二管制风机盘管系统

(2) 带再热的变风量或风机动力型变风量系统：该方案相当于将上部送风变风量系统设置在架空地板静压箱内，而大量设备和风管布置在静压箱里，会限制地板静压箱灵活使用。

该系统通常采用传统的13℃送风温度，如围护结构负荷，特别是太阳辐射负荷较大时，采用这种系统是合适的，因为在围护结构负荷很大的情况下，地板送风系统17～18℃的典型送风温度可能无法完全消除负荷，具体应由计算来确定。

(3) 变风量散流器供冷，风机盘管仅用于供热系统：这种方案通过改变供冷和供热的运行模式实现（见图 4-3，图 4-4）。

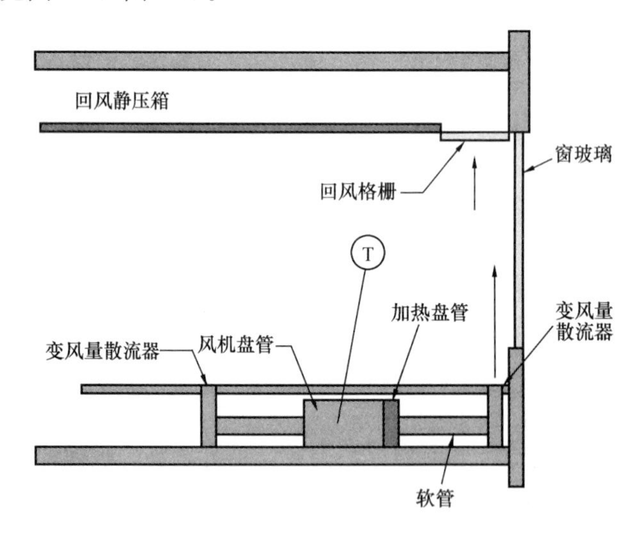

图 4-3 变风量散流器加仅供热的风机盘管系统

● 在供冷时，风机盘管机组关闭，受温控器控制的变风量散流器进行调节，输送来自静压箱内的冷风，以维持室内温度设定值。

● 在供热时，相同的散流器与供热用风机盘管结合使用。通过阀门开启，使得有些散流器成为风机盘管的回风口，有些散流器成为热风出风口，将热风送入室内。

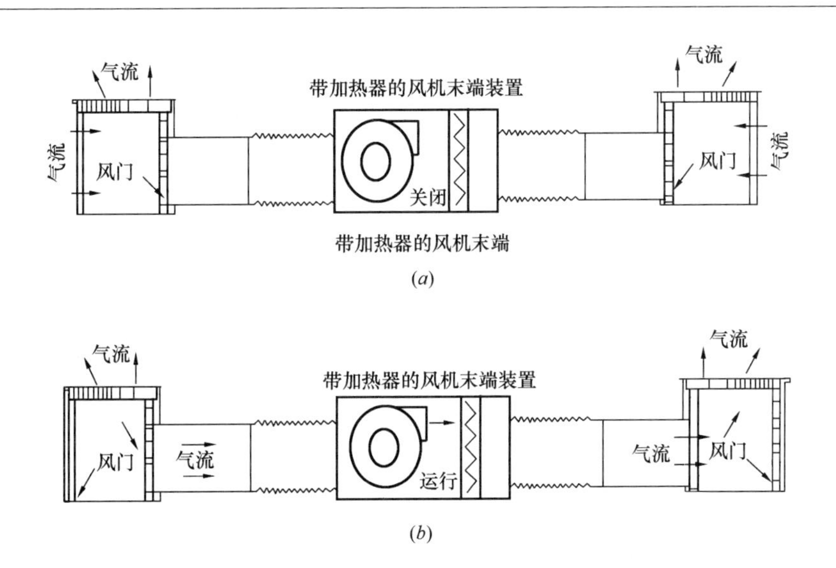

图 4-4　外区带变风量散流器的供热用风机末端装置
(a) 全供冷模式；(b) 全供热模式

(4) 风机动力型送风口系统：在采用风机动力型送风口的外区系统中，就地风机镶嵌在标准地板块的单元内。风机由在其上方的室内人员控制，且控制程度很高。

(5) 对流式或护墙板式散热器供热结合地板送风系统供冷：在这种系统中，供冷与通风用空气由集中式系统提供（见图 4-5）。地板静压箱根据外区每个空调区域进行分配，压力相关型风阀根据房间温度传感器的信号改变送入该空调区的风量。在供热时，风阀处于最小位置，由设在不与静压箱联通的地板沟槽内的热水对流散热器，或者安装在架空地板上的护墙板式散热器向空调区域供热。

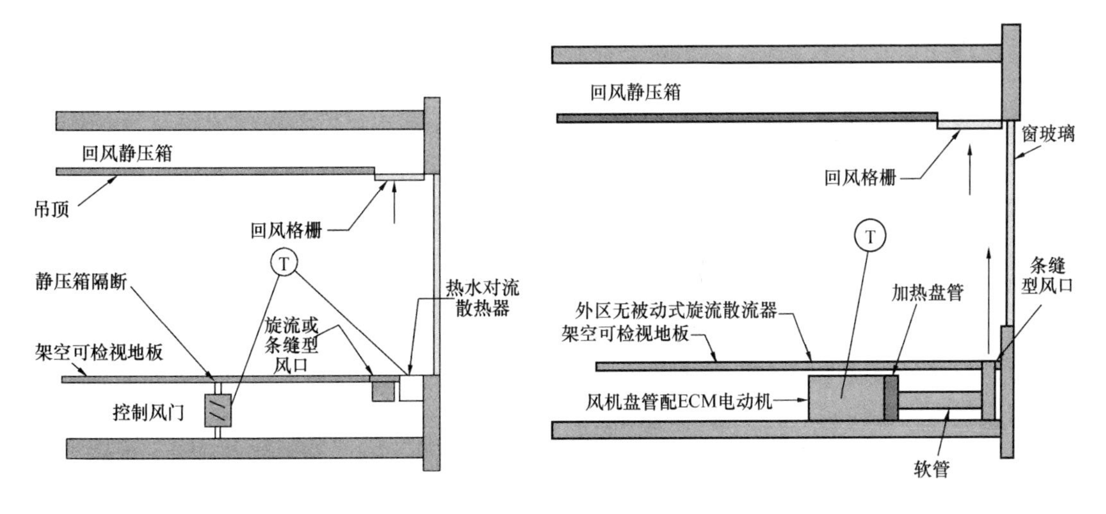

图 4-5　集中系统供冷、外区用热水对流散热器供热

图 4-6　带再热盘管的变速风机盘管

(6) 变速风机盘管系统：该方案使地板下变速风机盘管成为外区的主要设备（见图 4-6）。风机盘管设在每个外区的地板下，进风口处不接风管，如外区需要供热时，机组可配

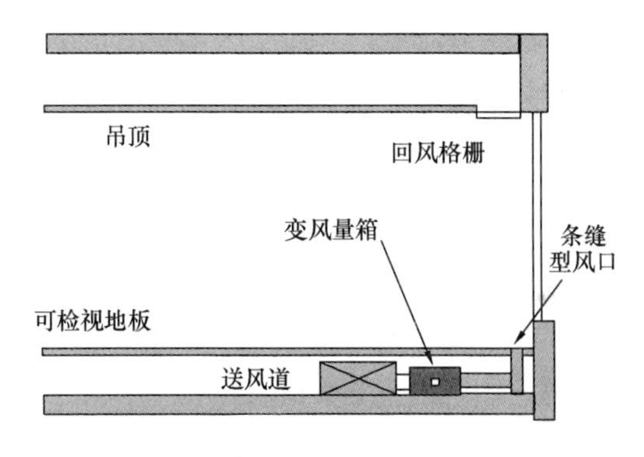

图 4-7 外区变风量变温度（VVT）系统

两管制的热水盘管或电阻式加热器，变速风机可根据空调区的负荷变化增加或减少风量。该系统风机盘管送风侧的风管需保温，设计时也要考虑风机噪声的问题。

（7）变风量转换式空气处理机系统：该系统又称变风量与变温度系统（见图 4-7）。在外区每个朝向设置一台变风量变温度的空气处理机组，将处理后的空气通过一段风管接至不带再热盘管的变风量箱，向整个建筑物外围护结构侧输送单一温度值的空气。如果建筑物的形状和立面足够大，该系统是合适的。

5 地板送风静压箱

利用地板送风静压箱将处理后的空气直接输送到建筑物人员活动区，是区分地板送风系统与上部混合送风系统的基本特征之一。地板静压箱是混凝土结构楼板与架空地板体系底面之间的可开启空间。

考虑送风和布置电缆、服务设施等多重功能，地板静压箱从结构楼板到架空地板顶面的高度一般为 0.3～0.5m，考虑架空地板的厚度，一般来说地板静压箱的净高会比静压箱高度低 33mm。

利用静压箱输送空气有 3 种形式：有压静压箱、零压静压箱、风管和空气通道。

● 有压静压箱：这是目前地板送风系统常用的静压箱形式。通过空气处理机来维持地板静压箱相对于空调房间的微正压，通常在 12.5～25Pa 范围内。

在静压箱的压力作用下，将箱内空气通过设在架空地板平台上的各种被动式地板送风口（格栅风口、旋流地板散流器和可调性散流器等）输送到室内人员活动区；也可以将箱内空气通过设在地板上的主动式风机动力型末端装置，或者利用柔性风管接到设在桌面和办公室隔断上的主动式送风末端装置输送到人员活动区。有压静压箱存在着不受控制的空气渗漏问题，特别是因维修需要移开地板块时，往往会影响气流特性。空气流经静压箱时，与混凝土楼板、架空地板之间产生热交换，使空气温度变化，会形成热力衰减。

● 零压静压箱：空气处理机向地板静压箱送风，并维持静压箱和空调房间几乎一致的压力。需要采用就地的风机动力型送风口将空气送至房间空调区。风机动力型送风口在温控器或室内人员控制下能在较大的范围内按需控制送风状况，以满足热舒适性要求或个人对局部环境的要求。零压静压箱不会有空气渗透到空调区域、邻近区域或室外区域；零压静压箱没有不受控制的空气渗漏，移动地板块时不会影响送风气流。与有压静压箱一样，存在着热交换，使空气温度变化而形成热力衰减。

● 在某些特殊情况下，利用风道途径静压箱将空调风送至末端装置或风口。

所谓“空气通道”是指以地板块的地面作为顶部，混凝土楼板作为底部，再以密闭的钢板作为两侧而制作的矩形风道，其宽度一般为 1.2m，相当于两块地板块的宽度。利用保温风管来输送空气，可以隔绝气流的热力衰减。采用空气通道来输送空气，仍然受到来自楼板和地板块的传热影响，在长距离的空气通道中会出现热力衰减。在静压箱内安装空气通道时，应特别注意空气通道的密封问题，因为被输送的空气压力比静压箱大，如果密封不好，会产生较大的漏风。

虽然零压静压箱具有不渗漏的优点，但工程实践中使用不多，目前实际使用最多的是有压静压箱。在工程设计中，采用混合配置方式可能是较好的方案。例如，在一个有压静压箱设计中，内区采用被动式送风口，外区或负荷变化大的特殊区域内采用主动式风机动力型末端装置加风口，在地板静压箱内则配有一定数量的风管来输送空气。

6　地板静压箱的问题及相关设计措施

地板静压箱经常遇到的问题及解决办法总结如表 6-1 所示。

表 6-1　地板静压箱问题及措施

问　　题	要　　点	相 关 措 施
空气渗漏	• 静压箱密封和施工质量差而渗漏； • 架空地板之间的渗漏； • 检查静压箱而移去地板块时出现的渗漏(由于是暂时性，设计可不考虑)	设计时往往按 10%～30%考虑漏风量，并要求在施工时采取严格的密封措施，如采用企口法铺设地板并在表面铺设地毯的方法，可使漏风量保持在 0.5～1.0L/(m^2·s)
热力衰减	• 楼板与静压箱内空气之间的换热(从楼板下面吊顶回风静压箱传给楼板的热量)； • 地板块和静压箱之间的换热(从房间传来的热量)； • 静压箱内空气温度随着流经静压箱的距离而变化； • 楼板与地板块的储热性能	静压箱内的空气与周围建筑构件之间的热交换导致空气温度的变化，该变化量称为热力衰减度，其主要过程如左所列。由于换热过程很复杂，根据目前的初步研究成果，在设计工作中，建议按照空气每流过 1m 直线距离的温升为 0.1～0.3℃来进行估算，并要求地板静压箱与非空调区之间有保温隔热处理
静压箱进风口	• 静压箱进风口的数量取决于空调区域的大小、地板下所用输配风管的数量和其他与设计相关的问题； • 有压静压箱可以在一个单一的控制区域内维持相对稳定的压力，可确保同样规格的被动式送风口(风口开度一样)向房间送入相等的风量	• 静压箱进风口与空气进入房间的出风口之间的最大实际距离，可由下列因素决定： • 空气输送到送风口所引起的热力衰减度； • 经过处理的空气在可开启的地板空间内的滞留时间。 • 如按照空气每流过 1m 直线距离的温升为 0.1～0.3℃考虑，从静压箱入口到房间送风口之间的最大有效距离应为 15～18m。在静压箱的入口处，处于防止噪声考虑，推荐风速 $v \leqslant 7.6$m/s

续表 6-1

问　　题	要　　点	相关措施
静压箱内水平输送风道	静压箱内的水平风管系统和空气通道，可输送空气从静压箱进风口到最远送风口。 如果采用风管与空气通道，则风速的最大值应限制在 6.0～7.5m/s 的范围内。为了优化分配静压箱内的空气，送风口可以沿着风管（或空气通道）的长度方向布置。然而，通过这些较小送风口的出风速度应限制在 4～5m/s。为了避免静压箱分布风管内的压力差异，还应考虑在这些送风口出设置平衡风阀	地板静压箱内的输送风管可以是标准的矩形风管或圆形风管，但其最大宽度或直径应符合架空地板支座之间格挡的要求，不得超过 560mm。考虑到地板块的厚度，风管必须比完工后的地板高度低 50mm
静压箱分隔	一般用竖向定位的钢板立在地板静压箱内而形成分隔。设置分隔是为了应对区域负荷差别很大的情况。设计时必须首先确定温度控制区域，然后根据该区域的情况决定是否需要在地板下设置分隔	从优化系统的性能和效率出发，应尽量减少在地板静压箱内设置分隔和其他形式的障碍，以维持灵活性和可检视性。地板下需要定期维护的设备应安放在易于检视的地方，如走廊下，不要放置在房间家具和隔断的下方
静压箱结露	在气候潮湿地区，当空气被送入地板静压箱之前，必须对新风（或新风与一部分回风的混合风）进行除湿，不然会在静压箱的结构楼板和地板块的冷表面上会出现结露	对地板送风来说，既要获得所需的较高送风温度（16～18℃），又要让空气处理机的低温冷却盘管对新风和一部风回风进行除湿。其中一种处理方式是采用回风旁通控制策略，即让新风和一部分回风经过冷却盘管，而其余的大部分回风旁通过空气处理机，然后这两股空气相混合，以达到所需的送风温度

7　建筑设计

架空地板体系中所有部件的模块化有利于室内规划，特别是敞开形区域的室内布置。此外，还需要考虑所设计的建筑平面的几何特征与架空地板体系所建立的地板隔挡尺寸之间的一致性。

- 架空地板块的尺寸：一般为 600mm×600mm；
- 地板静压箱的基座间距：与地板块相同，如 600mm。

采用架空地板体系可以较常规的上部送风系统降低层高。层高的降低是通过设备管线共享地板静压箱空间和（或）将钢梁结构改为混凝土平板结构来实现的。表 7-1 为一典型办公楼建筑层高的比较。

地板静压箱的高度通常由以下因素决定：

- 位于地板下最大的暖通空调部件（如送风机盘管机组、末端设备、风道、风门）；
- 地板下电缆布线的要求；
- 满足地板下空气流动要求的净空高度（最小高度通常为 100mm）。

表 7-1　典型办公楼层高的比较

建筑物部件	钢梁结构 配头部以上送风系统	钢梁结构 配地板送风系统	混凝土平板结构 配地板送风系统
结构	混凝土厚 65mm 金属面板厚 65mm 钢梁厚 530mm 防火层厚 50mm	混凝土厚 65mm 金属面板厚 65mm 钢梁厚 530mm 防火层厚 50mm	混凝土板厚 200mm 混凝土梁厚 305mm
吊顶静压箱	530～660mm	200～305mm	200～305mm
地板到吊顶净高	2.70m	2.70m	2.70m
地板静压箱		305～460mm	305～460mm
楼板至楼板层高	4.0～4.1m	4.0～4.2m	3.8～4.0m

8　地板送风末端装置及地板送风口

地板送风末端装置及地板送风口类型、特点、及适用范围总结如表 8-1 所示，具体内容可参见文献。

表 8-1　地板送风末端装置及地板送风口选型

散流器类型	散流器名称	特征及适用范围	备　　注
被动式散流器	旋流型散流器	来自静压箱的空调送风，经由圆形旋流地板散流器，以旋流状的气流流型送至人员活动区，并与室内空气混合。室内人员通过转动散流器或打开散流器并调节流量控制阀门，便可对送风量进行有限度的控制。大多数型号的地板散流器多配有收集污物和溅液的集物盒。 散流器的格栅面板有两种形式，一种是采用放射状条缝，形成标准的旋涡气流流型；另一种是部分放射状条缝（形成旋涡气流流型）。部分环形条缝（形成斜射流气流流型）	定风量散流器，见图 8-1
	可变面积散流器	该散流器为变风量空调系统设备，采用自动（或手动）的内置风阀来调节散流器的可活动面积。当风量减少时，它通过一个自动的内置风阀使出风速度大致维持定值。 空气是通过地板上的方形条缝格栅以射流方式送出。室内人员可以调节格栅的方向来改变射流的方向，也可以通过区域温控器进行风量控制，或者由使用者单独调节送风量	见图 8-2
	条缝型地板格栅	条缝型格栅风口带有多页调节风阀，送风射流呈平面状，为了不让人们进行频繁的调节，一般不适合人员密集的内区，应将它布置在外区靠近外窗的地板面上。 通常，设在静压箱内的风机盘管机组，通过风管将空气输送到外区的格栅风口处，并送入人员活动区	

续表 8-1

散流器类型	散流器名称	特征及适用范围	备　注
主动式散流器	地板送风单元	在单一的地板块上安装多个射流型出风格栅。格栅内固定叶片的倾斜角度为40℃，可以转动格栅来调节送风方向。风机动力型末端装置被直接安装在送风格栅下面，利用风机转速组合控制器来控制风机的风量	
	桌面送风柱	在桌面的后部位置上有两根送风柱，可以调节送风量和送风方向。空气一般有混合箱送出。混合箱悬挂在桌子后部或转角处的膝部高度，然后利用柔性风管接至相邻的两个桌面送风口 在混合箱中，利用小型变速风机将空气从地板静压箱内抽出，并通过桌面送风口以自由射流形式送出。这种装置有一个台式控制盘，使用者能够控制桌面送风口的风速	见图 8-3
	桌面下散流器	它是一个或多个能充分调节气流方向的格栅风口，安装在桌面稍下处，正好与桌面的前缘齐平（其他位置也可）。风机驱动单元既可邻近桌面，也可设在地板静压箱内，通过柔性风管将空气输送到格栅风口	
	隔断散流器	送风格栅安装在紧靠桌子的隔断上。空气通过集成在隔断内的通道送到可控制的送风格栅。格栅风口的位置可正好在桌面之上，也可在隔断顶部之下	

图 8-1　被动式旋流地板散流器

图 8-2　被动式可变面积散流器

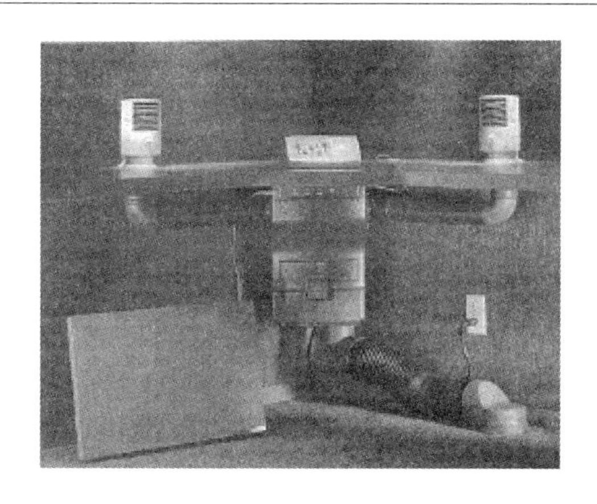

图 8-3 桌面上的岗位/个人环境调节送风装置

9 回风口布置

为了优化地板送风系统的供冷条件，应将回风格栅布置在吊顶高度或至少布置在人员活动区（1.8m）的上方。回风一般利用吊顶上的格栅抽回，也可以通过位于侧墙高处的格栅回风。这种布置有助于形成自地板至吊顶的气流流型，从而更有效地带走室内热量和污染物。

在气候潮湿地区，为了获得所需送风温度和良好的湿度控制，在空气处理机组处理空气时，可采用回风旁通策略。

在某些情况下，一定比例的回风可以通过邻近吊顶的竖井或吊顶静压箱直接回到地板静压箱内。当风机动力型送风口需要的风量大于来自集中空气处理机组的风量时，从地板格栅风口进入静压箱内的回风也可作为静压箱的补风。

10 选择和确定一次风的暖通空调设备

地板送风系统中，湿度控制方法是选择空气处理机组和制冷装置的一个主要因素。另外，在建筑物内有地板送风系统和上部送风系统时，每一种系统应分别选择单独的空气处理机组和制冷装置。如果两种系统使用同一冷水机组和空气处理机组，将会导致地板送风系统效率降低。

此外，还需考虑空气处理机组是否需要设置加热盘管。在早晨预热时，或在寒冷季节最小新风量情况下，或没有条件做二次风系统时，为了取得较高的送风温度，应通过计算确定是否需要加热盘管。

11 蓄热

地板送风系统，应通过对混凝土板采用蓄热控制策略，以节约能量和运行费用。在气候温和的条件下，可以将夜间凉风送入地板静压箱内，通宵对楼板进行有效冷却。在第二天供冷运行时，可以采用较高的送风温度来满足供冷需求，这样至少可以在一天中的部分时间内减少冷负荷。这种 24h 蓄热控制策略能充分利用非峰值时段低电价的好处，且延长了经济器的工作时间。

当然，实际实施起来也有一定的难度。首先要准确了解未来的天气情况，其次必须采用以焓值为基础的经济器控制模式，以维持夜间进风有合适的湿度，防止在静压箱内产生结露现象。该系统的一个缺点是，如果因某些原因造成在一夜预冷以后次日早晨又需要预热时，就会需要更多的加热能耗。

12 地板送风系统的空气处理过程

地板送风空调系统与上部空调系统相同，主要由空气处理机、送回风管、末端装置及地板送风口，回风风管等组成。空气经空气处理机处理后，通过送风管被送到地板静压箱，再经安装在地板静压箱内的末端装置或安装在架空地板上的地板送风口送到空调房间。在人员活动区内，送风与室内空气进行热湿交换，然后穿过空气分层面进入非人员活动区，再经非工作区的热源加热后回到空气处理机或被排除室外。以下对典型的几种地板送风空调系统的空气处理过程。

（1）静压箱加地板送风口的地板送风空调系统（见图 12-1 及图 12-2）：

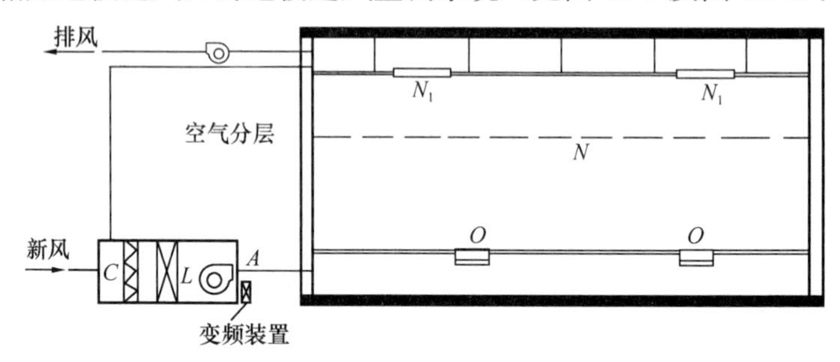

图 12-1 系统示意图

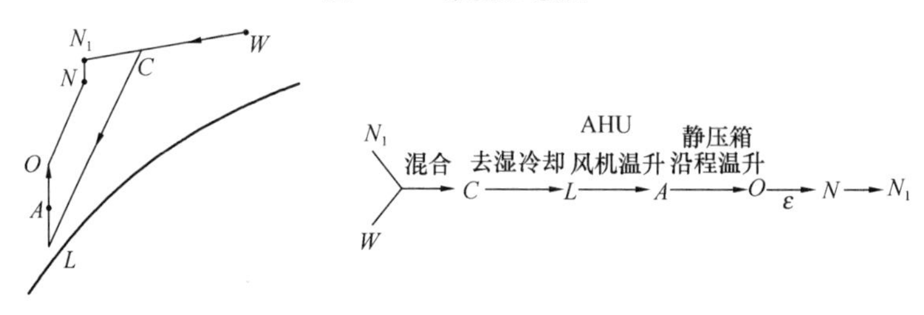

图 12-2 空气处理过程

（2）采用风机动力型末端装置及房间二次回风的地板送风空调系统（见图 12-3 及图 12-4）：

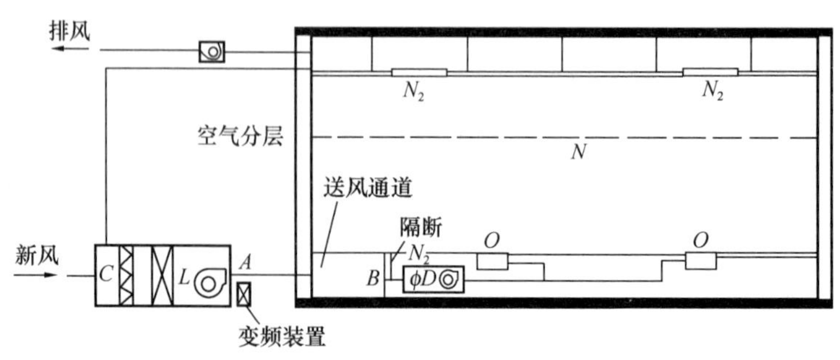

图 12-3 系统示意图

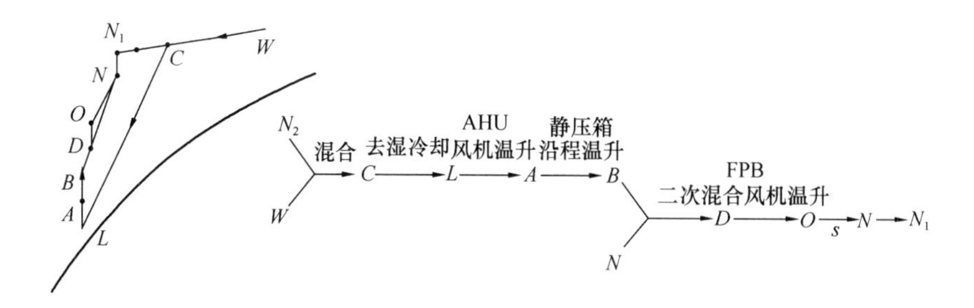

图 12-4　空气处理过程

接保温风管、采用机房二次回风及风机动力型末端装置的地板送风空调系统（见图 12-5、图 12-6）：

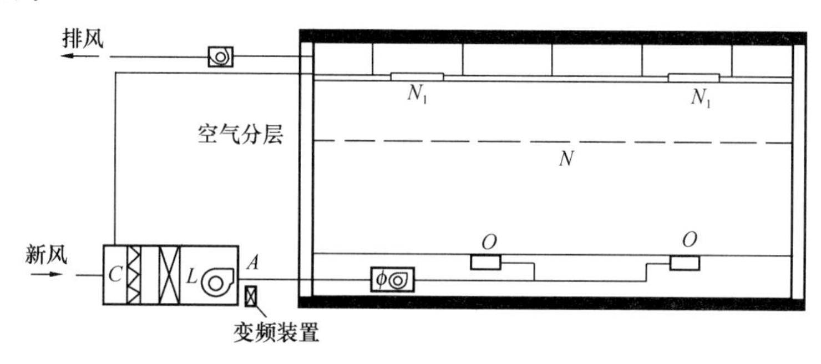

图 12-5　系统示意图

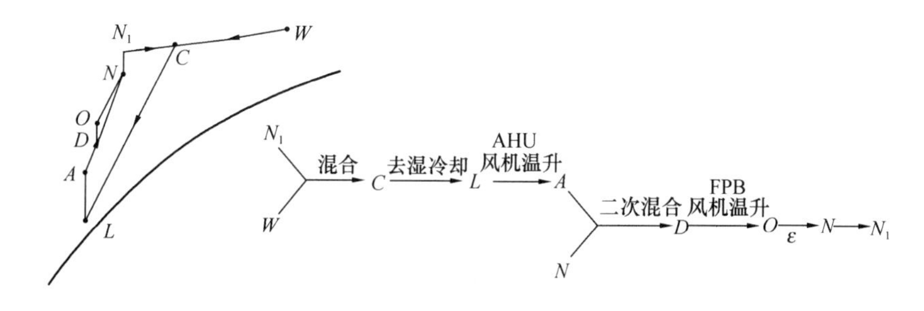

图 12-6　空气处理过程

13　地板送风系统的设计难点

目前，地板送风系统已经越来越多地在实际工程中使用，但是还是有一些设计问题尚未解决，制约了这一技术的广泛使用，它们包括：

● 能耗模拟软件：目前尚无精确的考虑了室内空气分层和地板静压箱热性能（包括热衰减和蓄热）的地板送风系统建筑物能耗模拟软件，而这些软件对设计人员来说非常重要。

● 冷负荷计算：供冷设计风量的确定必须考虑热力分层，目前还没有一个具有操作性的计算方法。

● 热舒适标准：为了能正确评估地板送风系统，需要制订有效的舒适性标准。该标准应考虑热力分层对人员舒适性的影响，以及当室内人员能调节其周边环境条件时热舒适性指标应该出现的新变化。

14 参考文献

[1] Fred S. Bauman. Underfloor Air Distribution (UFAD) Design Guide[S], 2003.
[2] 连之伟，马仁民. 下送风空调原理与设计[M]. 上海：上海交通大学出版社，2006.
[3] 陆耀庆等. 实用供热空调设计手册[M]. 北京：中国建筑工业出版社，2008.

温湿度独立控制空调系统计算及设计方法

清华大学　刘晓华

温湿度独立控制空调系统（Temperature and Humidity Independent Control of air-conditioning system 简称 THIC 空调系统）是一种将室内湿度、温度分开调节的空调理念，从这一理念出发湿度控制系统、温度控制系统的处理设备等可以有多种形式，空调系统也有多种多样的方案。此处将介绍湿度控制系统、温度控制系统的负荷计算方法和干燥地区、潮湿地区的 THIC 空调系统方案，针对设计中需要注意的一些问题进行分析，并给出 THIC 空调系统的全年解决方案及运行调节策略。

1　空调系统特点及方案总述

1.1　温湿度独立控制空调系统概述

温湿度独立控制空调系统的基本组成如图 1-1 所示，包括温度控制的系统与湿度控制的系统，两个系统独立调节分别控制室内的温度与湿度。

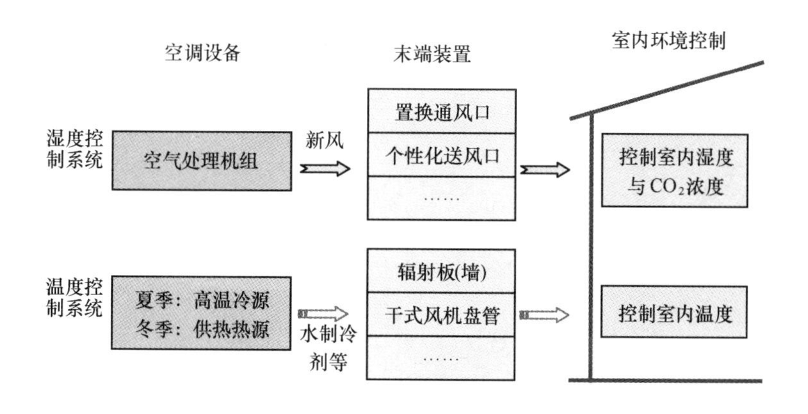

图 1-1　温湿度独立控制空调系统工作原理

温度控制系统包括：高温冷源、余热消除末端装置，推荐采用水或制冷剂作为输送媒介，尽量不用空气作为输送媒介。由于除湿的任务由独立的湿度控制系统承担，因而显热系统的冷水供水温度不再是常规冷凝除湿空调系统中的 7℃，而可以提高到 16～18℃，从而为天然冷源的使用提供了条件，即使采用机械制冷方式，制冷机的性能系数也有大幅度的提高。余热消除末端装置可以采用辐射板、干式风机盘管等多种形式，由于供水的温度高于室内空气的露点温度，因而室内末端运行在干工况情况。

湿度控制系统同时承担去除室内 CO_2、异味，以保证室内空气质量的任务。此系统由新风处理机组、送风末端装置组成，采用新风作为能量输送的媒介，并通过改变送风量来

实现对湿度和 CO_2 的调节。由于仅是为了满足新风和湿度的要求，温湿度独立控制空调系统的风量，远小于变风量系统的风量。

我国幅员辽阔各地气候存在着显著差异，以最湿月室外月平均含湿量 12g/kg 为界，可以分为西北干燥地区和东南潮湿地区，图 1-2 给出了我国典型城市的最湿月平均含湿量的情况。在西北干燥地区(图示Ⅰ区)，室外空气比较干燥，空气处理过程的核心任务是对空气的降温处理过程。而在东南潮湿地区(图示Ⅱ区)，需要对新风除湿之后才能送入室内，空气处理过程的核心任务是对新风的除湿处理过程。

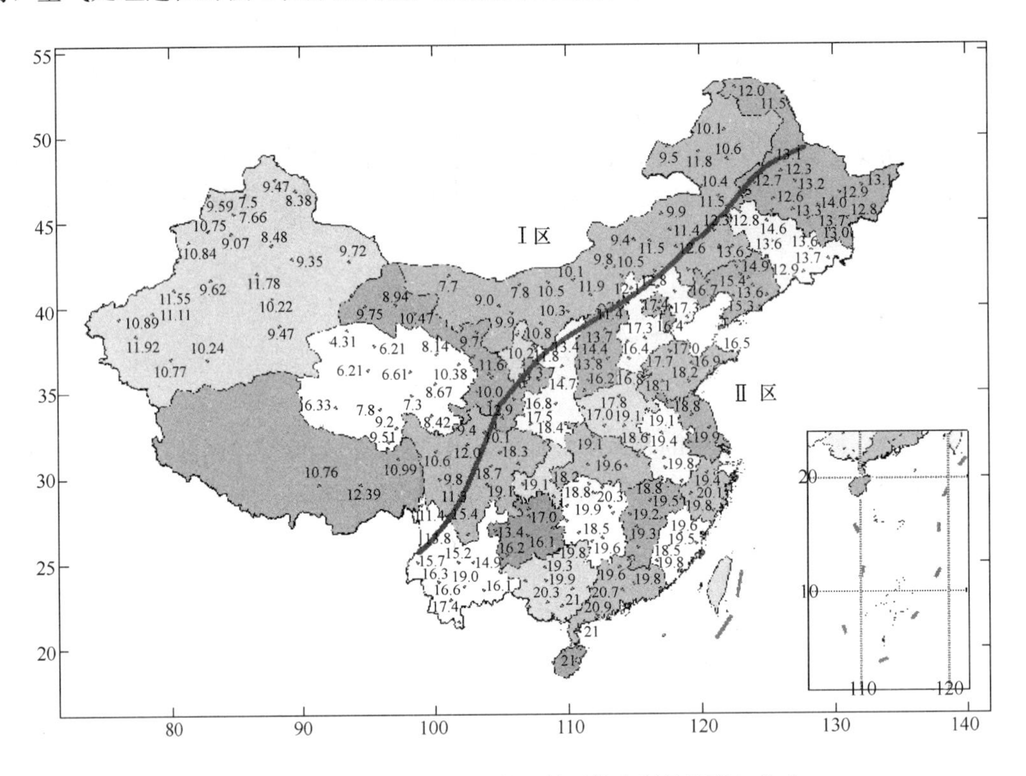

图 1-2 我国各地区最湿月份室外平均含湿量情况(g/kg)

1.2 温湿度独立控制空调系统方案总述

温湿度独立控制空调系统包括温度控制系统和湿度控制系统两部分，其核心思想是利用两个系统分别承担室内温度、湿度控制任务来满足热湿环境营造需求。针对不同的气候、地域条件及建筑类型、负荷特点等，温湿度独立控制空调系统可以有多种不同的形式和方案，参见图 1-3。由于不同地域的气候条件不同，在设计温湿度独立控制空调系统时可应用的资源条件也就不同。

● 在气候干燥地区，室外空气干燥、含湿量水平较低，低于室内设计参数对应的含湿量水平，因而可以将室外干燥空气作为室内潜热负荷排出的载体，此时只需向室内送入适量的室外干燥空气(一般经间接或直接蒸发冷却后送入室内)即能达到控制室内湿度的要求。由于室外空气干燥，可以通过间接蒸发冷却方式制得的冷水来满足干燥地区室内温度的控制要求。因此，在干燥地区应当充分利用室外干燥空气的可用能来满足建筑环境控制

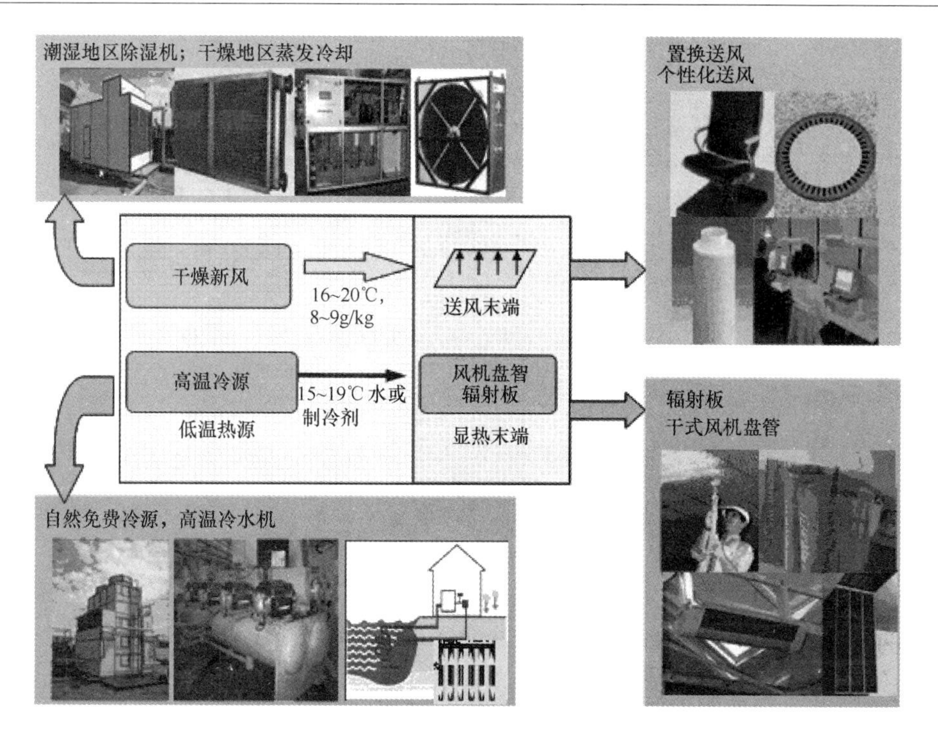

图 1-3 温湿度独立控制空调系统的组成形式

的目的。

● 在气候潮湿地区，室外空气的含湿量水平较高，需要对新风进行除湿处理后(送风含湿量低于室内含湿量)再送入室内。由于将温度、湿度分开控制，可以利用的自然冷源范围远大于常规系统的冷源范围。如果地质构造、温度水平等条件合适，如江河湖水、深井水等都可以直接作为这些地区温度控制系统的高温冷源。当无法应用上述自然冷源时，高温冷水机组、高温多联式空调机组等人工冷源形式也可作为温度控制系统的冷源解决方案。

2 负荷计算

2.1 温湿度独立控制空调系统负荷组成

温湿度独立控制空调系统负荷的组成、来源可用图 2-1 表示。该图中新风的送风温度是低于室内空气温度的情况，此时湿度控制系统承担了全部新风显热、潜热负荷及建筑室内潜热负荷，同时还承担了部分建筑室内显热负荷，而温度控制系统则承担剩余的建筑室内显热负荷。当新风送风温度高于室内温度时，新风送风就不再承担建筑室内显热负荷。这时，温度控制系统除了承担全部建筑室内显热负荷外，还应承担因新风送风温度与室内温度存在差异而带来的显热负荷。

2.2 湿度控制系统负荷计算

湿度控制系统的主要任务是向建筑送入的干燥新鲜空气承担建筑全部潜热负荷来控制湿度，同时满足室内新鲜空气的需求。在确定了设计新风量之后，新风送风含湿量的确定应当保

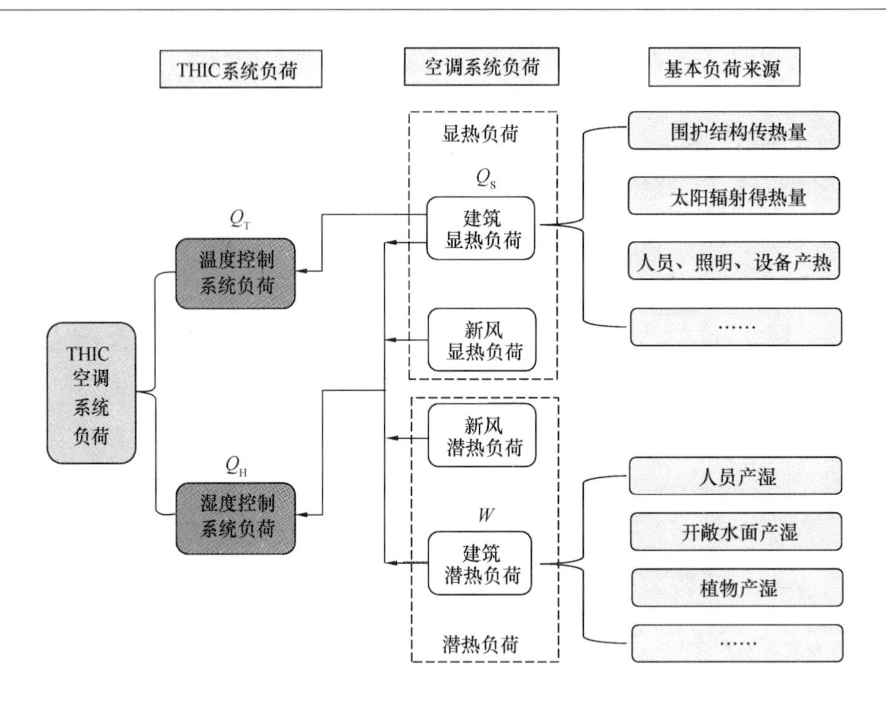

图 2-1 温湿度独立控制空调系统负荷组成示意图(新风送风温度低于室内温度时)

证能够带走建筑内所有产湿，送风含湿量 d_S 与室内设计状态的含湿量 d_N 存在如下关系：

$$d_S = d_N - \frac{W}{\rho G} \tag{2-1}$$

式中，W 为建筑产湿量，g/h；G 为设计新风量，m^3/h；ρ 为空气密度，kg/m^3。需要说明的是，需要考虑新风除湿设备的处理能力(能达到的送风含湿量 d_S)，对新风量进行校核。

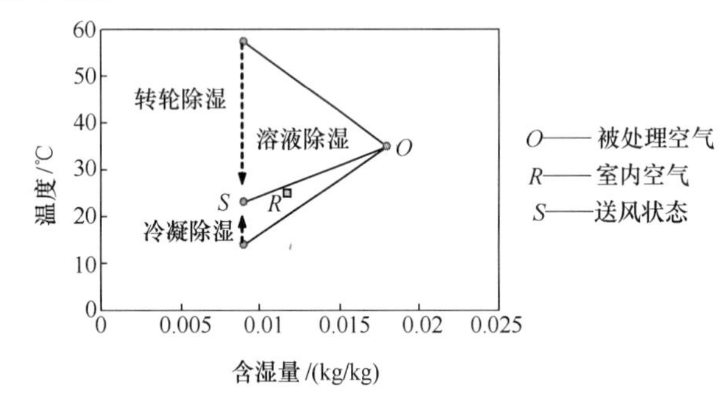

图 2-2 不同除湿方式的空气处理过程

在温湿度独立控制空调系统中，通过向室内送入干燥的空气来承担建筑所有的潜热负荷。不同的新风处理方式原理不同，经过处理后的新风送风温度也存在较为明显的差异，图 2-2 给出了冷凝除湿、溶液除湿和转轮除湿三种除湿方式的空气处理过程。冷凝除湿方式对空气处理的过程中，空气先被降温，温度降低到露点后水蒸气开始变为液态水析出，除湿后的空气状态接近饱和，温度较低。转轮除湿方式对空气处理的过程中，空气状态近似沿等焓线变化，除湿后的空气温度显著高于室内温度。溶液除湿方式可以将空气直接处理到需要的送风状态点，送风的温度低于室内空气温度。

根据新风送风温度 t_S 和含湿量 d_S，可以确定新风送风状态点，则湿度控制系统承担的负荷 Q_H 计算如下：

$$Q_H = \rho G(h_W - h_S) \tag{2-2}$$

式中，h_W 为新风室外设计状态焓值，kJ/kg；h_S 为新风送风状态焓值，kJ/kg。

当室内设计温度为 t_N 且新风送风温度 t_S 低于 t_N，如采用冷凝除湿或溶液除湿方法处理新风时，新风送风可以承担部分建筑室内显热负荷(送风温度低于室内设计温度)。新风送风承担的空调系统显热负荷 Q_{HS} 可以通过下式计算，其中 c_p 为空气比热容，kJ/(kg·℃)；t_w 为室外新风的温度,℃。

$$Q_{HS}=c_p\rho G(t_W-t_S) \tag{2-3}$$

2.3 温度控制系统负荷计算

温度控制系统承担的负荷为建筑空调系统总显热负荷与新风送风承担的部分显热负荷之差。温度控制系统承担的负荷 Q_T 如式(2-4)所示，其中 Q_S 为建筑空调系统的总显热负荷(包含新风的显热负荷)，kW。

$$Q_T=Q_S-Q_{HS} \tag{2-4}$$

2.4 新风送风含湿量与送风温度选取

(a) 送风含湿量的选取

在 THIC 空调系统中，新风送风承担排除室内湿负荷的任务，送风含湿量应满足排出室内产湿的要求。不同类型的室内产湿源其产湿特点不同，当室内产湿源以人员为主时，产湿量受人员活动强度、室内设计状态等的影响，而送风含湿量则由送风量、产湿量

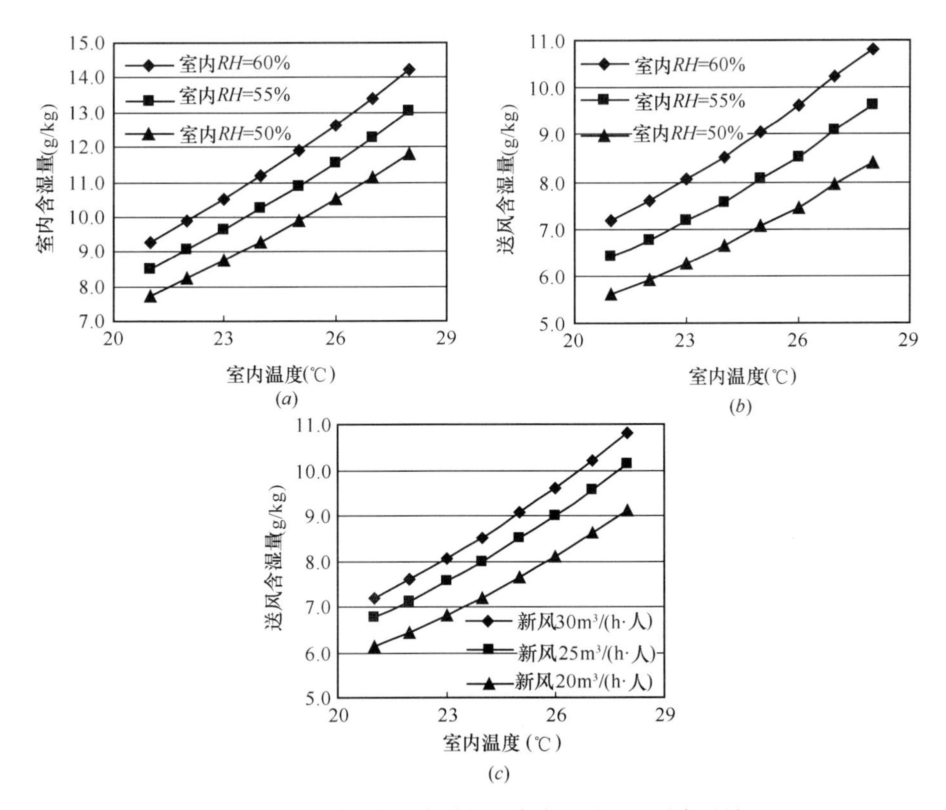

图 2-3 不同室内温度时的室内含湿量和送风含湿量

(a) 室内含湿量；(b) 送风含湿量；(c) 不同新风量时的送风含湿量

共同决定。图 2-3(a)给出了不同室内设计温度、不同室内相对湿度时对应的室内含湿量水平。以普通办公室为例，只考虑人员产湿，当人均新风量为 30m³/h 时，不同室内设计状态时的新风送风含湿量水平如图 2-3(b)所示；当人均新风量不同时，排除余湿所需求的送风含湿量水平也有所不同，图 2-3(c)给出了室内相对湿度为 60%，人均新风量分别为 20m³/h、25m³/h 和 30m³/h 时对应的送风含湿量水平。以室内设计温度 26℃、相对湿度 60%为例，人均新风量为 30m³/h，只考虑排除人员产湿时需求的送风含湿量为 9.6g/kg。由图 2-3 可以看出：当人均新风量一定时，室内设计含湿量越低，需求的送风含湿量越低；当室内设计状态一定时，人均新风量越小，需求的送风含湿量越低。

(b) 送风温度的选取

以普通办公室为例，表 2-1 给出了当人均新风量为 30m³/h、室内设定温度分别为 24～26℃时，不同新风送风温度下送风承担的显热供冷量情况。当室内设定温度分别为 25℃、26℃时，当新风送风温度分别约为 18℃、20℃时送风能够承担的显热冷量与人员显热发热量相当，即若利用送风在承担室内潜热负荷的同时也承担人员显热负荷，所需的送风温度分别为 18℃和 20℃。新风送风温度的选取要考虑人体热舒适的影响，送风温度偏低或偏高都会影响人体的热感觉。由于不同新风处理方式对新风显热的影响程度不同，实际设计中可根据具体设备形式及人体舒适性需求来选取合理的送风温度。

表 2-1　不同送风温度时承担的显热冷量比较

送风温度(℃)	室内设定温度为 26℃		室内设定温度为 25℃		室内设定温度为 24℃	
	人员显热(W/人)	送风供冷量(W)	人员显热(W/人)	送风供冷量(W)	人员显热(W/人)	送风供冷量(W)
17	61.0	90.5	66.0	80.4	70.0	70.4
18		80.4		70.4		60.3
19		70.4		60.3		50.3
20		60.3		50.3		40.2
21		50.3		40.2		30.2
22		40.2		30.2		20.1
23		30.2		20.1		10.1

3　温湿度独立控制空调系统方案设计

3.1　潮湿地区系统方案设计

3.1.1　新风处理方案

新风处理设备的主要任务是对新风进行除湿处理，以达到湿度控制系统送风需求的含湿量水平。常见的对空气进行除湿处理的方式主要包括冷凝除湿、溶液除湿、转轮除湿等多种方法。冷凝除湿方式的原理如图 3-1 所示。温度较低的冷媒(冷冻水或制冷剂)进入表冷器，湿空气经过表冷器时温度降低，达到饱和状态后如果继续降温湿空气中的水蒸气就会凝结析出。经过表

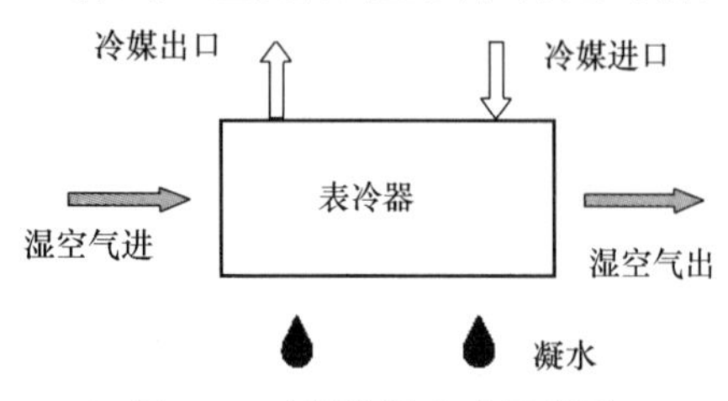

图 3-1　冷凝除湿方式原理图

冷器后，湿空气的含湿量降低，而温度也相应降低，出口空气接近饱和状态。

固体吸附除湿是采用硅胶、分子筛等固体吸附剂与被处理空气直接接触，利用二者间的水蒸气分压力差进行水分的传递，从而实现对空气的湿度处理过程。固体吸附除湿设备有固定式和转轮式两种，固定式采用周期性切换的方法，实现间歇式的吸湿再生；转轮式除湿可实现连续的除湿和再生，应用较为广泛。图 3-2 是转轮除湿装置的工作原理，通常转轮的四分之三区域为除湿区，在此区域内固体吸附剂吸收空气中的水分、被处理空气的含湿量降低；转轮剩余的四分之一区域为再生区，吸附剂中的水分被热空气带走、恢复吸附剂的除湿性能，通常采用电加热或者蒸汽加热的方式进行再生。

溶液除湿方法与固体吸附除湿工作原理类似，不同的是采用具有吸湿性能的溶液作为吸湿剂，如溴化锂溶液、氯化锂溶液等。被处理空气的水蒸气分压力与吸湿溶液的表面蒸汽压之间的压差是水分传递的驱动力，因而溶液表面蒸汽压越低，在相同情况下，溶液的除湿能力越强、被处理空气所能达到的湿度越低。经过除湿过程后溶液的浓度降低、除湿能力下降，为了能够循环使用，同样需要对吸湿溶液进行浓缩再生，溶液除湿方式的工作原理参见图 3-3。除湿器和再生器是溶液除湿空调系统的核心部件，在除湿/再生装置中溶液与空气直接接触进行传热传质过程。在除湿器中，水分从空气传递给溶液，空气被除湿、溶液被稀释；再生是除湿过程的反过程，空气被加湿、溶液被浓缩再生。除湿器与再生器的传热传质效果直接影响整个溶液除湿空调系统的性能。

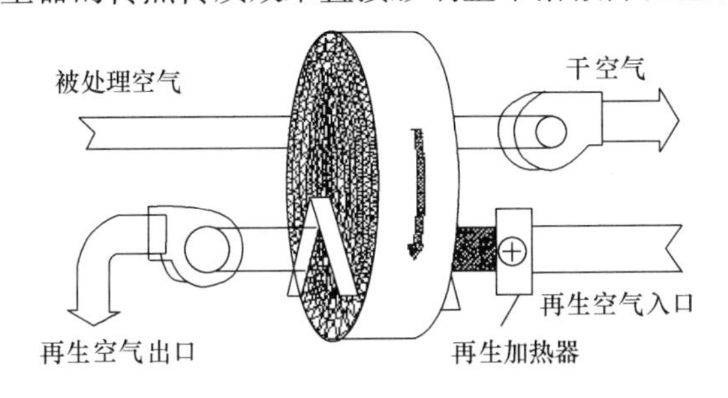

图 3-2　转轮除湿方式的基本原理

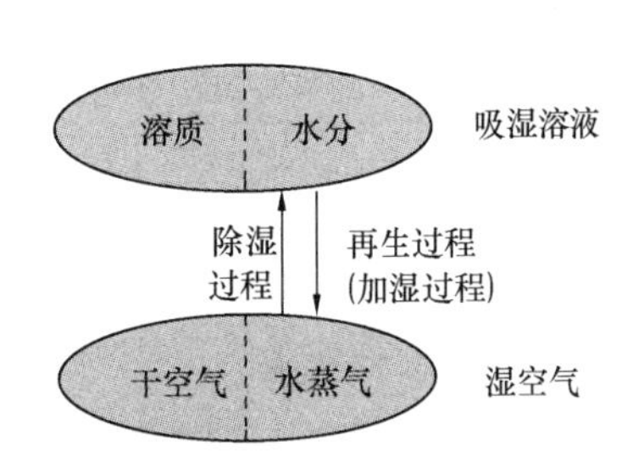

图 3-3　吸湿溶液处理空气的基本原理

3.1.2　高温冷源方案

在气候潮湿地区，高温冷源形式包括自然冷源和人工冷源两大类，其中自然冷源主要包括土壤源、地下水源、江河湖水等，只要这些自然资源的温度条件合适，就有可能作为 THIC 空调系统的高温冷源。需要注意的是，这些自然冷源的应用会受到输配系统的限制，比如一些地方离江、河的距离较远，利用江河水时长距离输送导致的输配系统能耗增加可能反而不能实现能源节约。因而在考虑利用自然冷源时，需要对输配系统能耗等问题进行合理评估。

当上述自然冷源形式受到地域条件等的严格限制，而人工冷源则可以不受地域条件的限制。人工冷源按照承担输送冷量任务的媒介不同，可以分为以冷水为媒介的机械驱动的各种高温冷水机组和以制冷剂冷媒直接输送冷量的高温多联式空调机组等。由于蒸发温度的提高，机械驱动的高温冷源性能要比常规空调系统中的低温冷源有很大提高，但同时蒸发温度提高带来的小压缩比等问题也是人工高温冷源开发中需要重点解决的问题。目前，国内外已经出现了多种规格形式(如离心式、螺杆式等)的高温冷水机组，直接输送制冷剂的高温多联式空调机组也已经有开发案例，这些人工高温冷源的不断开发、生产可以满足不同场所对高温冷源的需求。

3.1.3 室内末端方案

THIC空调系统分为湿度控制系统和温度控制系统两个子系统来分别承担湿度、温度控制任务，湿度控制系统可以选用不同的送风方式，末端设备为各种形式的风口；温度控制系统可以通过对流、辐射方式来承担温度控制任务，对应的末端设备形式主要包括干式风机盘管、辐射末端等。

3.1.4 THIC空调系统方案举例

选取不同的高温冷源方案和新风处理方案时，温湿度独立控制空调系统可以有多种方案形式。此处以选取高温冷水机组作为高温冷源方案为例，给出选取不同的新风处理设备时温湿度独立控制空调系统的形式示意，参见图3-4，各种THIC空调系统方案采用的冷源方式、新风处理方式及末端设备方式如表3-1所示，表中Q_T为温度控制系统承担的负荷，Q_H为湿度控制系统承担的负荷，Q'_T为高温制冷机组承担的湿度控制系统预冷或冷却降温负荷。

表3-1 不同空调系统方案主要设备形式

空调方案	冷水供水温度	新风处理方式	末端方式	主要设备及承担负荷	
				温度控制主要设备	湿度控制主要设备
常规系统	7℃	7℃冷水冷凝除湿	湿式风机盘管	—	—
THIC方案1	16℃	溶液调湿新风机组	干式风机盘管	高温制冷机组(Q_T)	溶液调湿新风机组(Q_H)
THIC方案2	16℃	溶液调湿新风机组	辐射板		
THIC方案3	16℃和7℃	7℃冷水冷凝除湿	干式风机盘管	高温制冷机组(Q_T)	低温制冷机组(Q_H)
THIC方案4	16℃和7℃	7℃冷水冷凝除湿	辐射板		
THIC方案5	16℃和7℃	16℃冷水预冷新风，然后采用7℃冷水冷凝除湿	干式风机盘管	高温制冷机组($Q_T+Q'_T$)	低温制冷机组($Q_H-Q'_T$)
THIC方案6	16℃和7℃	16℃冷水预冷新风，然后采用7℃冷水冷凝除湿	辐射板		

在THIC空调系统中，湿度控制系统的主要设备为新风机组，温度控制系统的主要设备包括高温冷源(一般为高温冷水机组)及其输配系统、末端显热处理设备等。根据方案设计阶段确定的THIC空调系统方案，即可确定温度控制系统和湿度控制系统选用的设备形式；依据不同设备形式的特点及前述负荷计算方法，就可以进行各种设备负荷的计算。

● 湿度控制系统设备负荷

● 湿度控制系统的主要设备为新风处理机组，新风机组的任务是对新风进行处理，得到干燥的空气送入室内控制湿度。新风处理机组将新风从室外状态最终处理到送风状态，因此新风在整个处理过程前后的能量变化即为新风机组设备承担的负荷，而这一负荷也正是湿度控制系统的负荷。

● 温度控制系统设备负荷

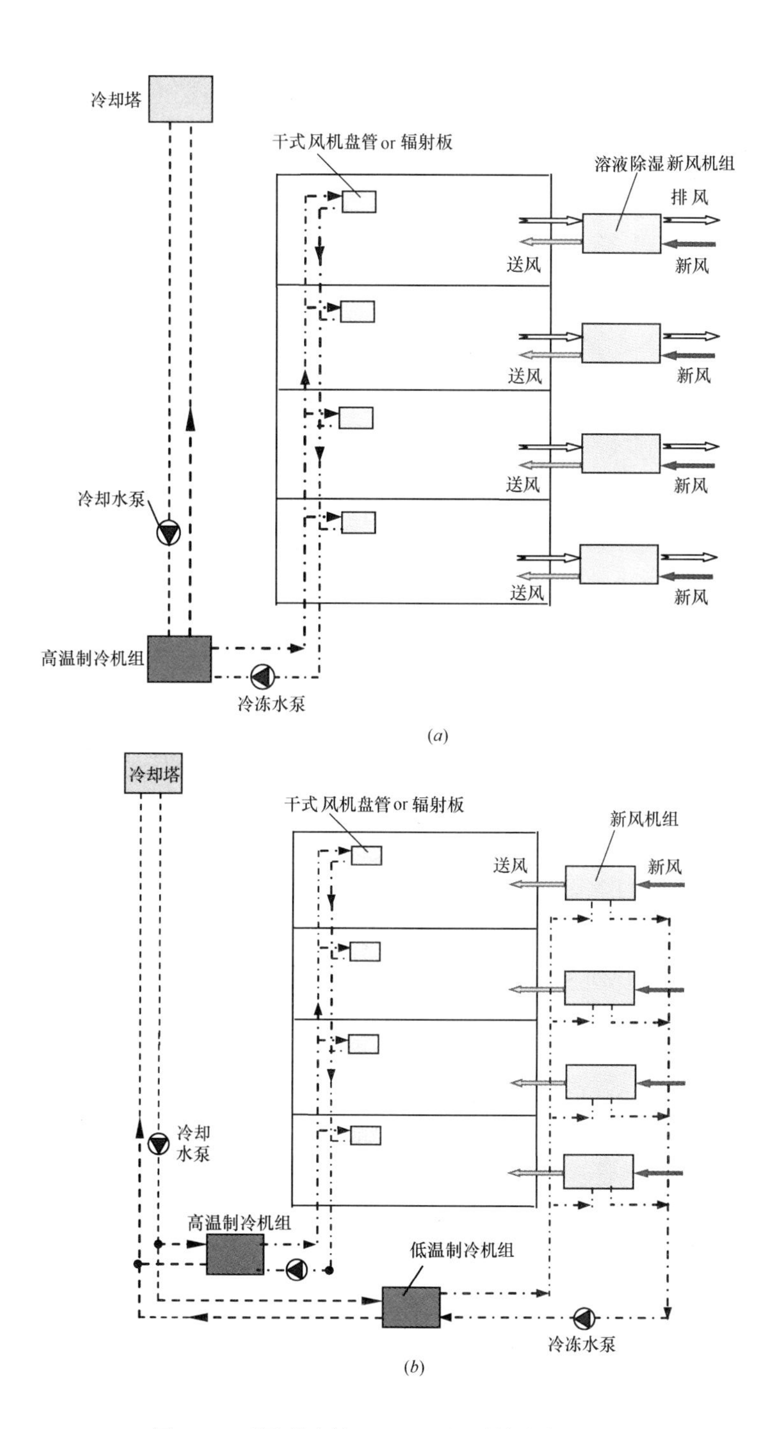

图 3-4 不同形式的 THIC 空调系统方案(一)

(*a*) THIC 方案 1 和 2 (方案 1 显热末端为干式风机盘管、方案 2 为辐射板);

(*b*) THIC 方案 3 和 4 (方案 3 显热末端为干式风机盘管、方案 4 为辐射板)

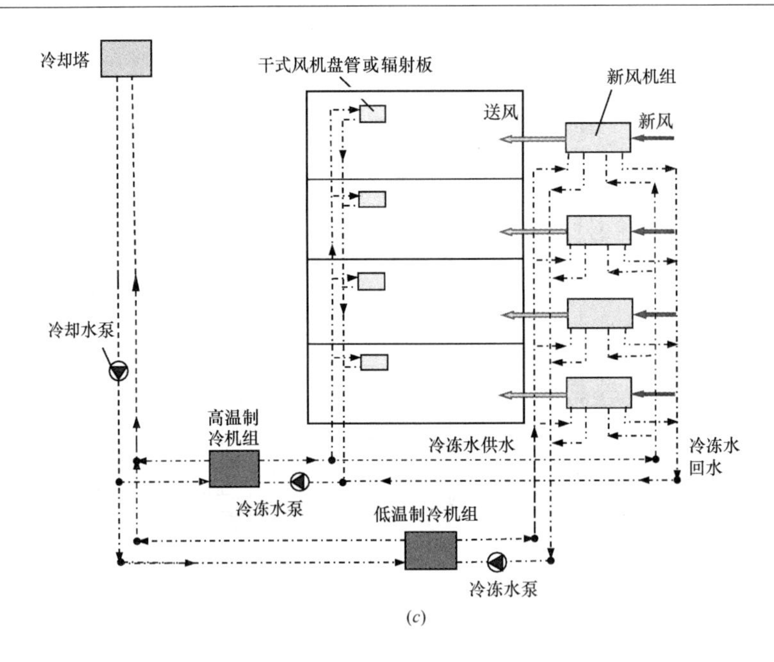

图 3-4　不同形式的 THIC 空调系统方案(二)

(*c*) THIC 方案 5 和 6（方案 5 显热末端为干式风机盘管、方案 6 为辐射板）

温度控制系统的主要设备包括高温冷源及其输配系统、末端显热处理设备等，应当针对 THIC 空调系统的具体方案和形式来确定温度控制系统各种主要设备承担的负荷。高温冷源主要用来承担建筑显热负荷，而有些类型的新风处理设备在处理过程中需要高温冷源参与，不同形式的空调方案会对高温冷源的负荷产生影响，参见表 3-1。

➢ 当湿度控制系统的空气处理过程需要高温冷源预冷或冷却降温时(如图 3-4*c*)，高温制冷机组承担的负荷应为温度控制系统的负荷 Q_T 与预冷或冷却降温过程的负荷 Q_T 之和；

➢ 当湿度控制系统不需要高温冷源进行预冷或冷却降温过程时(如图 3-4*a* 和 3-4*b*)，高温制冷机组承担的负荷即为温度控制系统的负荷 Q_T。

末端显热设备如干式风机盘管、辐射板等只负责处理显热负荷，由于不同房间的负荷情况不同，需要针对每个房间单独确定其末端显热设备的负荷。在负荷计算过程中，可以计算得到每个房间的显热负荷及新风送风承担的部分显热负荷，两者之差即为应由该房间末端显热设备承担的负荷。

3.2　干燥地区系统方案设计

在气候干燥地区，室外新风的含湿量要低于舒适性空调室内设计状态的含湿量水平。这时，建筑空调系统在考虑排除余湿的设计时，就可以选取通入室外的干燥新风作为余湿排除手段。新风处理的核心任务不是对其除湿过程，而是降温处理。采用直接或者间接蒸发冷却方法降低新风的温度后送入室内，将室内潜热负荷带走，以满足室内湿度的控制需求。

不同于潮湿地区，干燥地区因其气候特点而可以有其他形式的高温冷源形式。由于空气露点温度较低，通常在 15℃以下，利用间接蒸发冷却方式设计出的高温冷水机组就可以很好地实现制备高温冷水的任务，例如在我国新疆地区制备出水水温在 15～19℃的冷水，实现对于室内的降温处理过程，并且具有较高的系统能效比。

THIC空调系统的末端装置，在干燥地区与潮湿地区类似，可采用干式风机盘管和辐射板等控制室内温度，同时送入干燥空气来满足室内新鲜空气以及控制室内湿度的需求。

3.2.1 新风处理方案

干燥地区不需要对新风进行除湿处理，但当夏季室外气温较高时，干燥的新风不适宜直接送入室内，需要经过一定的降温处理后才能作为控制室内湿度的送风。因此，干燥地区的新风处理设备主要承担对新风降温的任务。蒸发冷却方式可以利用干燥空气的特点处理新风，是对新风降温的一种有效方式，分为直接蒸发冷却和间接蒸发冷却两种方式。直接蒸发冷却方式处理新风的装置原理及空气处理过程如图3-5所示。在该处理过程中，循环水在水泵的驱动下送至填料顶部的喷淋装置，之后依靠重力流下，润湿填料表面。新风经过填料时，与填料表面的水膜进行热湿交换。空气将显热传递给水，自身温度降低，而水分蒸发变为水蒸气进入空气中，使得空气含湿量有所增加。直接蒸发冷却是利用水的蒸发吸热来冷却空气，空气的变化是一个等焓加湿降温过程，空气能够达到的最低温度为空气的湿球温度。在室外含湿量足够低的室外环境下，可以采用直接蒸发冷却方法；否则经过此过程空气含湿量增加，不足以带走室内人员等产湿，这种情况下推荐采用间接蒸发冷却方法。

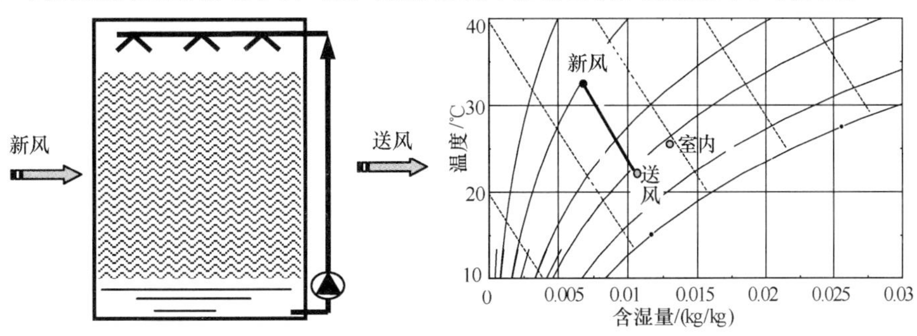

图3-5　直接蒸发冷却装置及空气处理过程

间接蒸发冷却处理新风的空气处理过程参见图3-6，可以采用外冷式间接蒸发冷却装置或者内冷式间接蒸发冷却装置。间接蒸发冷却过程是对空气等湿降温的过程，其通过增加空气冷却器，比如图3-6(*a*)所示的外冷式间接蒸发冷却模块，或通过在直接蒸发冷却

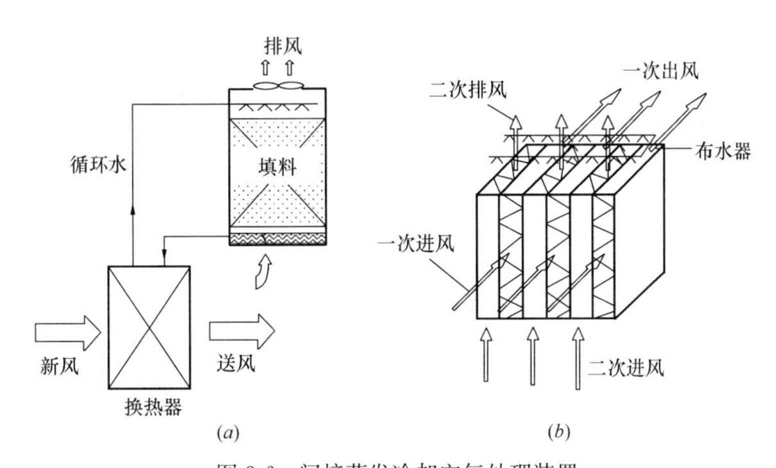

图3-6　间接蒸发冷却空气处理装置

(*a*) 外冷式间接蒸发冷却装置；(*b*) 内冷式间接蒸发冷却装置

模块中嵌入显热换热过程，增加干通道冷却进风，如图 3-6(*b*)所示的内冷式间接蒸发冷却模块，而使得空气被降温而不被加湿。在间接蒸发冷却模块中，二次风(即参与直接蒸发冷却过程的空气)的来源决定了进风可能被冷却的极限温度，若二次风为一次风出风的一部分时，如图 3-6(*b*)所示，间接蒸发冷却出风的极限最低温度为新风进风的露点温度。也可以将上述直接蒸发冷却装置、间接蒸发冷却装置结合起来，形成多组串连的处理过程。蒸发冷却方式对新风的处理能够满足干燥地区对新风的需求，而且这种利用自然冷源的方式不需要消耗压缩机等人工冷源形式，有助于实现湿度控制系统的高效运行。

3.2.2 高温冷源方案

干燥地区室外空气的相对湿度和含湿量较低，使得空气的湿球温度和露点温度都较低，这就为高温冷源在干燥地区的应用提供了有利条件。在干燥地区，空气含湿量较低，一些地区的空气露点温度常年在 15℃以下。这时，可以利用间接蒸发冷却的方式制取高温冷水。

间接蒸发冷却制取冷水的原理图及空气处理过程如图 3-7 所示。在间接蒸发冷却过程中，室外新风(O 点)经过冷却后到达 A 点，进入喷淋装置后线达到接近饱和状态(B 点)，之后空气继续与水进行热湿交换，变为 C 点状态的排风后排出。在喷淋过程中，水从 t_{wi} 状态降温到 t_w 状态，实现了制取高温冷水的过程。

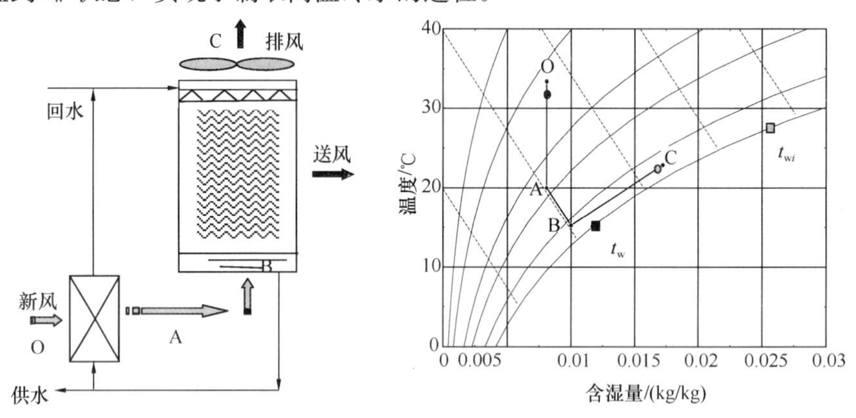

图 3-7 间接蒸发冷却制取冷水原理

3.3 与常规系统方案用能效率比较

在 THIC 空调系统的设计过程中，不同新风处理设备、高温冷源等的应用会得到不同的系统方案形式。本节以 3.1 小节中列举的几种空调系统方案为例，选取典型工况比较不同空调方案的能效比。

选取典型工况的室外气象参数为温度 35℃、相对湿度 60%(对应的含湿量为 21.4g/kg)，表 3-2 给出了不同空调系统方案中主要设备的性能指标，主要包括制冷机组的 COP_c、冷冻泵输送系数 TC_{chw}、冷却泵输送系数 TC_{cdp}、冷却塔输送系数 TC_{ct}、新风风机输送系数 Tc_{fan}、风机盘管输送系数 TC_{fc} 以及溶液或冷凝除湿新风机组能效比 COP_a 等。在温湿度独立控制(THIC)空调系统中，当高温冷水的设计供回水温度为 16℃和 21℃时，冷冻水供回水温差与常规系统(7℃/12℃)设计供回水温差相同，冷冻水输送系数相同。

表 3-2 各种空调系统方案的性能系数选取

性能系数	计算公式	常规系统	THIC 方案 1 和 2	THIC 方案 3 和 4	THIC 方案 5 和 6
冷水机组性能系数 COP_c	制冷机组制冷量与冷机(压缩机)电耗的比值	5.5	8.5	5.5 (7℃冷水) 8.5 (16℃冷水)	5.5 (7℃冷水) 8.5 (16℃冷水)
冷冻水输送系数 TC_{chw}	制冷系统供冷量与冷冻泵电耗的比值	41.5	41.5	41.5	41.5
冷却水输送系数 TC_{cdp}	制冷机组冷凝器侧排热量与冷却泵电耗的比值	41.5	41.5	41.5	41.5
冷却塔输送系数 TC_{ct}	冷却塔排热量与冷却塔电耗的比值	150	150	150	150
新风机输送系数 TC_{fan}	新风机组供冷量与新风风机电耗的比值	20	18	20	20
风机盘管输送系数 TC_{fc}	风机盘管供冷量与风机盘管风机电耗的比值	50	22 (方案 1) —(方案 2)	22 (方案 3) —(方案 4)	22 (方案 5) —(方案 6)
溶液除湿机组性能系数 COP_a	新风机组供冷量与机组内压缩机与溶液泵总电耗的比值	—	5.5	—	—
冷站整体性能系数	提供给建筑冷量与冷站内所有设备(冷机、冷冻泵、冷却泵、冷却塔)耗电量的比值	4.13	5.68	4.93	5.40
系统整体性能系数 COP_{sys}	提供给建筑冷量与空调系统所有设备耗电量的比值	3.72	4.40 (方案 1) 4.94 (方案 2)	3.96 (方案 3) 4.33 (方案 4)	4.33 (方案 5) 4.79 (方案 6)

从上述典型工况的不同空调系统方案的性能比较中可以看出，THIC 空调系统各种主要设备的能效比与常规空调系统的比较为：

- 在冷源方面，常规空调系统采用热湿统一处理的方式，冷水机组的蒸发温度受到限制从而使得冷水机组的能效受到限制，而 THIC 空调系统将热湿负荷分开处理的方式使得冷机蒸发温度得到提高，高温冷水机组能效比比常规空调系统中的冷水机组有很大提高；
- 在输配设备方面，各种 THIC 空调系统冷凝侧排热设备如冷却泵、冷却塔等的排热能效比与常规空调系统相同，即冷却水输送系数和冷却塔输送系数都与常规空调系统相同；
- 在显热末端方面，THIC 空调系统中采用的干式风机盘管与常规空调系统中的风机盘管相比，由于供水温度的提高，运行在干工况的风机盘管单位风机电耗的供冷量与湿工况相比有很大降低，即 THIC 空调系统中的风机盘管输送系数低于常规系统(按照干工况开发的新型风机盘管，其输送系数可以达到与原有湿工况风机盘管相同的性能，此处仍以市场上较多采用的干式风机盘管形式为例)。

根据典型工况下各种空调系统方案主要设备的性能，可以得到不同空调方案的系统整体性能系数 COP_{sys} 如表 3-2 和图 3-8 所示，图 3-8 同时给出了不同 THIC 空调系统方案的 COP_{sys} 比常规空调系统提高的比例。

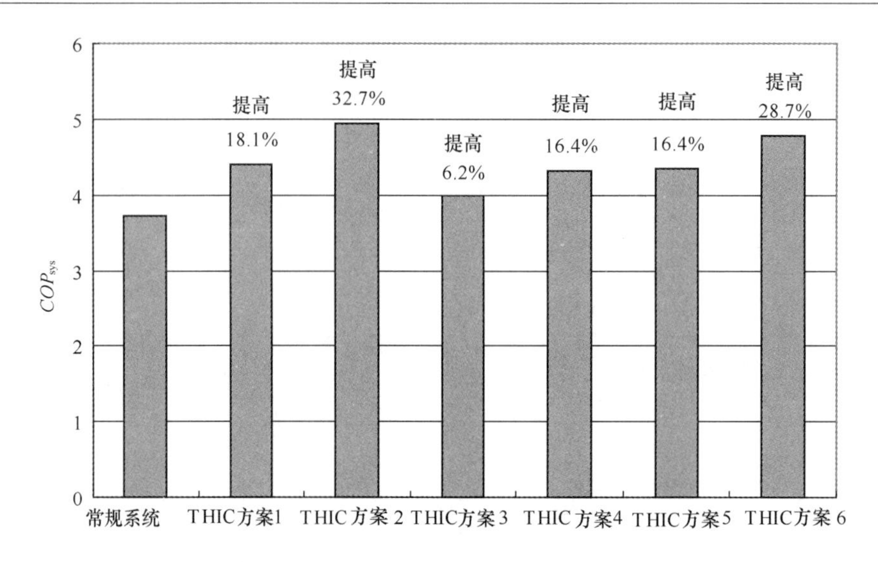

图 3-8　典型工况下不同空调方案能效比较

4　设计中需要注意的问题

在 THIC 空调系统的设计计算中，需对湿度控制和温度控制两套系统详细分析，根据方案形式、负荷计算结果等选取合适的设备形式，以下将对 THIC 空调系统设计中需要注意的问题进行分析。

4.1　冷水机组出水温度选取

常规空调系统中将显热负荷与潜热负荷统一处理，夏季空调为了保证除湿的需求，在考虑一定的输配系统能耗及其他经济性因素的基础上，选取的冷冻水设计供回水温度一般为 7/12℃。在 THIC 空调系统中，冷水的出水温度一方面要考虑室内空气露点温度的影响，保证末端设备的干工况运行，另一方面要考虑对各种余热去除末端等装置运行性能的影响。表 4-1 给出了不同室内设计状态时对应的露点温度情况，需要注意的是，温度控制系统的供水温度与末端设备的表面最低温度并不是同一个温度，由于不同材料层的存在使得设备表面最低的温度要高于供水温度。不同供水温度时，辐射末端表面的温度分布情况不同，只要保证末端设备的表面最低温度不低于周围空气的露点温度，就不会出现结露现象。

表 4-1　不同室内设计状态时对应的露点温度

干球温度 ℃	相对湿度 %	含湿量 g/kg	露点温度 ℃	干球温度 ℃	相对湿度 %	含湿量 g/kg	露点温度 ℃
26	60	12.6	17.6	25	60	11.9	16.7
26	55	11.6	16.3	25	55	10.9	15.3
26	50	10.5	14.8	25	50	9.9	13.9

（1）回水温度相同，供回水温差不同

以高温冷水机组形式的人工冷源为例，冷冻水的出水温度对制冷系统的性能有很大影响，出水温度越高，制冷系统的 *COP* 越高；若冷冻水回水温度不变，出水温度升高时，提供相同冷量所需求的水量就会增大，需要消耗的冷冻水泵能耗就会有所增加。图 4-1 给出了在冷水回水温度为 21℃、制冷循环的热力学完善度为 0.55 时，不同冷水出水温度下制冷机组 *COP*、系统 *EER* 及输配设备输送系数的变化情况，末端显热设备分别选用干式风机盘管形式和辐射末端形式，其中室内设计温度为 26℃。

不同冷冻水供回水温度时，空调系统的新风机组性能几乎不受影响，但冷水机组 *COP*、冷冻水输送系数、风机盘管输送系数等会有所不同。此处系统 *EER* 是指系统供冷量与制冷机组及输配水泵、末端风机盘管三部分电耗之和的比值，不包含新风机组部分的电耗，定义式为：

$$\text{系统 } EER=\frac{\text{供冷量}}{\text{冷水机组电耗}+\text{输送水泵电耗}+\text{末端风机盘管电耗}} \tag{4-1}$$

由于不同冷冻水供回水温度时，冷水机组 *COP* 不同，冷水机组的排热量也会不同，冷却水侧的设备如冷却泵、冷却塔的电耗就会有所差异，但不同工况下冷却泵、冷却塔的输送系数基本不变，故图 4-1 中未给出冷却侧设备的输送系数，设备输送系数的定义参见表 3-2。

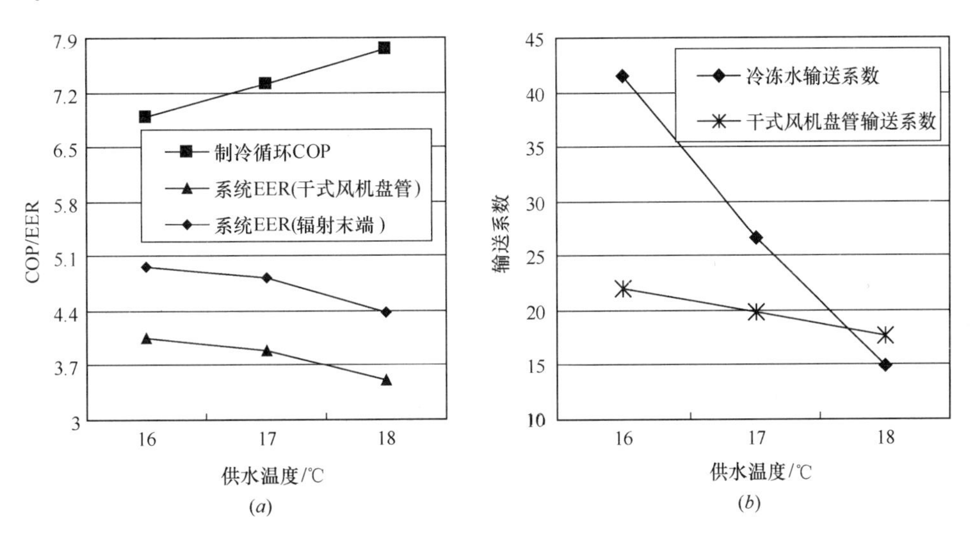

图 4-1 不同冷水供水温度(回水温度相同)时系统能效比较

(*a*) 系统能效情况；(*b*) 设备输送系数

从图 4-1 的结果可以看出，当冷水出水温度提高时，制冷循环的 *COP* 有一定提高；由于需求水量的提高，冷冻水输送系数逐渐减小；干式风机盘管的输送系数随着冷水出水温度的升高而减小；选用干式风机盘管时，选取 16℃的供水温度时系统能效比最高；选用辐射末端时，同样也是 16℃供水时系统能效比最高。

对于干式风机盘管，供水温度不同时风机盘管中冷水与室内空气的换热温差不相同，当末端需求的供冷量一定时不同冷水出水温度对应的需要投入的显热末端换热能力 *KA*(换热系数 *K* 与换热面积 *A* 的乘积)存在差异。以回水温度为 21℃，供水温度分别为16℃和 17℃(即供回水温差分别为 5℃和 4℃)为例，当室内设计温度为 26℃时，两种供水温度下干式风机盘管与室内空气间的平均换热温差分别为5℃和4.5℃，获得相同冷量时，供回水温差为4℃时需要投入的换热能力比5℃时要增加12%。当采用辐射板时，可以省去末端风机的输配能耗，系统能效会有一定改善。在回水温度相同时，供水温度较高时为获得相同冷量而投入的辐射末端换热面积要高于供水温度较低时的工况。以供水温度分别为16℃和17℃、回水温度为21℃为例，达到相同供冷量时，后一种工况辐射板需要多投入11%的换热面积。

（2）供回水温差相同，供水温度不同

图4-2给出了冷水供回水温差均为5℃、冷水供水温度不同时制冷循环*COP*、系统*EER*及输配设备输送系数的变化情况，其中制冷系统的热力学完善度为0.55，末端显热设备分别选用干式风机盘管形式和辐射末端两种形式。

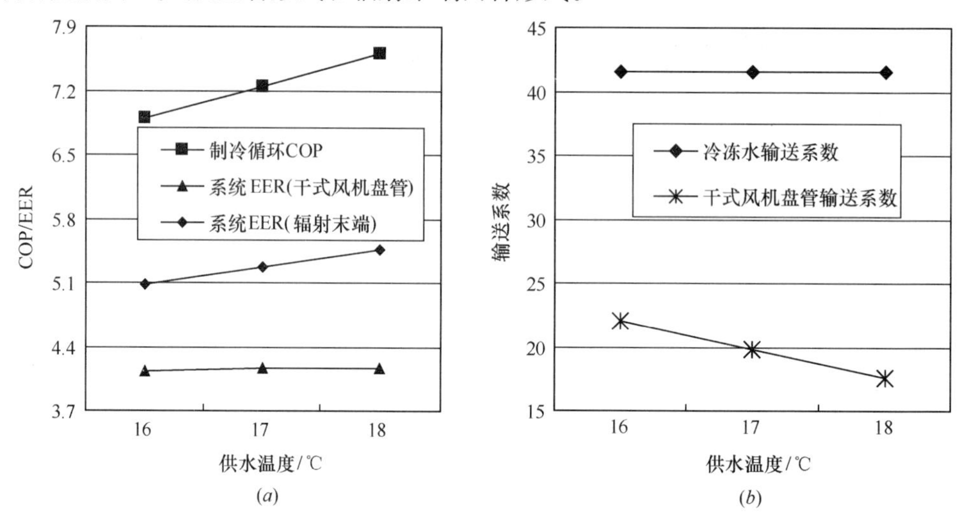

图4-2 不同冷水供水温度（供回水温差相同）时系统能效比较
（*a*）系统能效情况；（*b*）设备输送系数

从图4-2的结果可以看出，当供回水温差相同时，不同冷水供水温度对选用干式风机盘管的系统*EER*影响较小；供水温度越高，选用辐射末端时系统*EER*越高。由于供回水温差相同，冷冻水输送系数不随供水温度变化；制冷循环*COP*随供水温度的升高而升高。在获得相同供冷量时，供水温度越高，需要投入的末端设备的换热面积越大。

根据以上对冷水出水温度的分析，可以得到的结论有：

● 显热末端设备选用干式风机盘管形式时，冷冻水回水温度相同时，供回水温差越大（5℃与3℃相比），系统能效比*EER*越高；供回水温差一定时，提高或降低冷水供水温度对系统*EER*的影响并不明显。

● 显热末端设备选用辐射板时，冷冻水回水温度相同时，不同供回水温差对系统*EER*的影响并不显著；供回水温差一定时，提高冷水供水温度能够提高系统*EER*。

● 当需求的供冷量一定时，末端设备无论选取干式风机盘管还是辐射板，需要投入的换热面积都随着供水温度的升高而增加。在实际选取供水温度及供回水温差时，应当综合考虑投入的换热面积与系统能效*EER*之间的关系。

4.2 输配系统设计分析

输配系统如风机、水泵等是空调系统的重要组成部分，输配系统的能耗在整个供热空调系统能耗中占有很大比例，有的建筑中输配系统能耗甚至会占到50%以上。合理的输配系统设计是实现整个空调系统的正常运行、降低运行能耗的重要前提。

湿度控制系统、温度控制系统承担不同的热湿环境调控任务，这两个子系统的主要输配设备存在很大不同。湿度控制系统的输配部件是将干燥空气送入室内的风机，温度控制系统的输配部件将水、制冷剂等冷媒输送到末端的水泵，以及末端的风机(风机盘管)等。不同形式空气处理装置的阻力情况及末端静压需求影响着湿度控制系统中风机的性能，与常规空调系统中风机的性能差异不大，此处不再赘述。而温度控制系统利用高温冷源和干式末端来处理显热负荷，与常规系统相比其输配设备的工作条件及性能会产生一定差异。

高温冷源的输配设备包括冷却塔、冷却水泵和冷冻水泵等，冷却塔、冷却水泵等人工冷源排热侧的输送设备其性能与常规空调系统没有差别，只是供冷侧的输配部件(冷冻水泵、末端风机)的性能因其工作条件的不同而与常规空调系统存在不同。与常规空调系统选用7℃左右的冷水作为冷源相比，高温冷水(16～18℃)等冷媒温度较高，与室内换热温差较小，即处理显热负荷的驱动力减小。当末端采用强制对流即风机驱动进行换热时，排出单位显热负荷时所对应的风机电耗一般会高于常规空调系统；当末端采用辐射或自然对流方式换热时，将节省末端的风机电耗。

THIC空调系统中冷冻水泵性能与常规空调系统存在差异主要是由于冷冻水供回水温差引起的，常规空调系统冷冻水设计供回水温度一般为7/12℃、温差5℃，THIC空调系统的冷冻水设计供回水温差一般为3～5℃。当不考虑水泵扬程、效率等因素影响时，若THIC空调系统供回水温差小于5℃，则THIC空调系统输送单位冷量时的冷冻水泵电耗要高于常规空调系统。冷冻水供回水温差不仅影响冷冻水泵的性能，对高温冷水机组、末端设备的性能也会造成影响，合理的供回水温差应在考虑各种影响因素的基础上进行选取。前一小节详细分析了选用不同的显热排热装置时，供回水温差对整个空调相同运行能效的影响。

4.3 渗透风影响分析

(1) 建筑渗透风相关研究

建筑中由于门窗缝隙等带来的渗透风会给建筑带来一定的热湿负荷，影响空调系统的运行。空调系统的设计中有必要考虑渗透风带来的影响，对渗透风风量、渗透风造成的负荷等进行合理评估。国内外已有很多关于渗透风的研究，不同建筑形式、气候特点、内部结构及门窗种类等特点对建筑的渗风量有很大影响。对于大空间建筑物来说，渗风与开口通风引起的负荷占总负荷的比例不容忽视，根据文献中实测数据表明，通风负荷可占总冷负荷的33%(黄晨，2000，暖通空调)。对于夏季空调状况下的建筑物空气渗透和自然通风问题，由于渗透风与室内外空气压力分布状况密切相关，而室内的压力分布又由室内的热状况及机械通风、排风状况所决定，这种复杂性使得目前难以定量分析渗透风对室内热环境和建筑能耗的影响，CFD方法是对单个建筑渗透风问题进行定量研究的一种有效手段。黄晨等(2000，暖通空调)、宋芳婷等(2007，暖通空调)对于办公建筑的实际调研及测试分析结果显示，对于不同朝向、体型、空调系统形式的办公建筑，外窗开启带来的渗透风都达到了相当大的数量，对建筑物能耗造成较大的影响，人均新风量的平均水平已远远超出卫生需求，极大地增加了建筑物空调系统的负担。

当室外空气非常潮湿时，渗入的潮湿空气将会提高室内的含湿量水平，使得设计在干工况下工作的末端设备（辐射板、干式风机盘管）等存在结露隐患，影响空调系统的正常运行。因此，在 THIC 空调系统的设计中，应当考虑渗透风量带来的影响。尤其在建筑物前庭、火车站、机场航站楼等，由于与外界直接接触、门窗开口缝隙较多、门禁需要经常开启等因素的影响，这些场所的渗透风现象尤为明显，在空调系统设计、运行中需仔细考虑渗透风的影响及解决方案。

(2) 渗透风的处理方法

对于渗透风较明显的车站、机场航站楼等高大空间，由于渗透风的无组织性、多变性等特点，导致一是难以估算渗风量的具体数值，二是并不清楚渗入的空气是否进入了人员活动区。因而目前空调系统设计中新风量一般仍按人员数目等因素进行选取，并未将渗入室内的室外空气作为新风对待。关于渗透风能否作为新风来使用的问题目前尚无定论，仍需要进一步的研究。

渗透风进入室内到达人员活动区后，需要采取相应的措施消除其造成的影响。THIC 空调系统通过送入干燥空气来排除室内湿负荷，渗透风带来的湿负荷也需由干燥的空气带走。湿度控制系统通常利用干燥的新风作为排除湿负荷的媒介，与不考虑渗透风的影响时相比，可以有两种方式实现排除渗透风带来的湿负荷——一种是增加送入的干燥空气量，一种是在保证风量不变的情况下将新风处理到更为干燥的状态。通过将新风处理到更为干燥的状态来排除渗透风湿负荷时，送入的干燥空气量保持不变，但对新风处理设备的能力提出了更高要求；通过增加送入的干燥空气量来排除渗透风湿负荷时，需要增加送风量，会导致风机输送能耗的增加。从现有新风处理设备的除湿处理能力来看，当渗透风量不是很大时，后一种方式不会增加送风风量，是较为合理的解决方案，即在保证新风量不变的情况下可以将新风处理到更为干燥的状态来承担渗风带来的湿负荷。若渗风量较大，仍维持送入的干燥空气量不变时，需求的送风含湿量就会较低甚至可能超过空气处理设备的处理能力，这时应适当增加送风量来满足湿度控制需求。

以一典型候车厅为例，面积为 400m^2、高度为 7m，人均面积指标为 2m^2/人。当室内设计状态为温度 26℃、相对湿度 60%，人均新风量为 30m^3/h 时，只考虑排除人员产湿时需求的送风含湿量水平为 9.6g/kg。当室外参数为温度 35℃、含湿量 22g/kg 时，以渗透风进入人员活动区的风量为 420m^3/h 为例：若维持送风量不变，仍为人均 30m^3/h，此时送风需要被处理到 8.3g/kg 时才能同时排除人员产湿和渗风带来的湿负荷；若维持送入干燥空气的含湿量为 9.6g/kg 不变，此时需要增加送入的人均干燥空气量为 13m^3/h，即当送入干燥空气量为人均 43m^3/h 时才能同时排除人员产湿和渗透风带来的湿负荷。通过将新风处理到更加干燥的状态来排除渗风带来的湿负荷，可以不增加送风风量，是一种更为合适的解决方案。

4.4 辐射末端的热惯性

对于辐射末端热惯性的分析采用自动控制中“时间常数”的概念，用时间常数作为时间尺度来度量辐射末端达到稳定传热所需的时间。时间常数可以作为辐射地板热惯性大小的衡量标准，图 4-3 和图 4-4 分别给出了某种典型结构的辐射地板和毛细管辐射板表面平均温度随时间变化的曲线图，图中竖线的位置即为辐射末端的时间常数。目前常用的辐射地板的时间常数一般在 2～4h，抹灰的毛细管末端的时间常数一般在 5～15min。

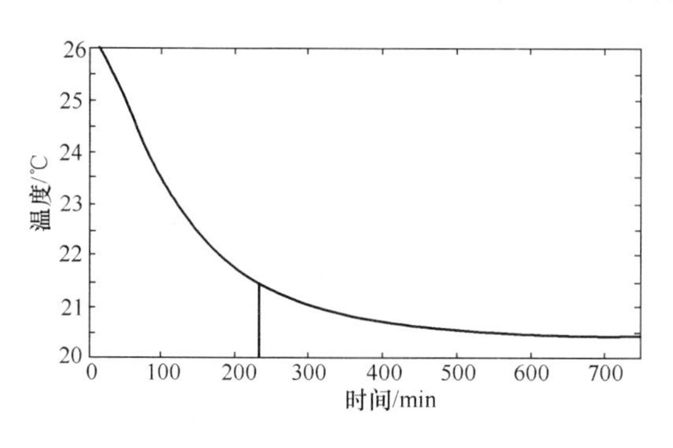

图 4-3　典型辐射地板表面温度变化

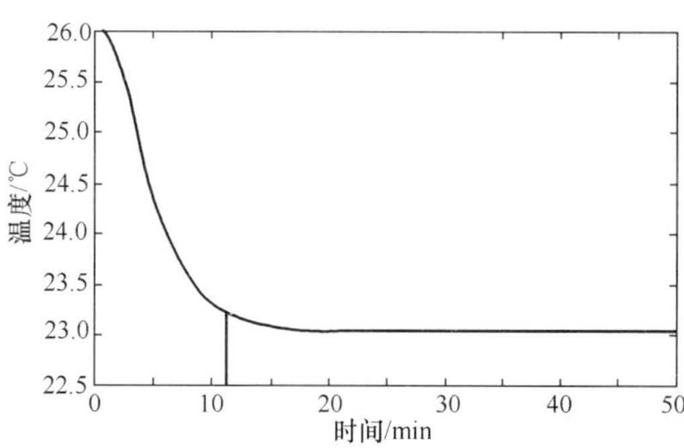

图 4-4　典型毛细管辐射板表面温度变化

应用地板辐射采暖/供冷方式时，与风机盘管供冷末端方式相比，辐射末端具有较大的热惯性。在风机盘管中，通过风机强制对流，实现室内空气与盘管内水流的换热。但在辐射板中，从管内冷媒/热媒到辐射板表面一般通过导热的方式进行热量的传递。尤其在辐射地板中，由于内部材料的厚度较厚，辐射地板的热惯性问题尤为严重。当应用于机场、铁路客站等 24 小时连续运行的建筑时，辐射板的蓄热特性和热惯性并无显著影响；但对于每日仅运行一段时间的建筑，应用辐射地板时应对其热惯性要给予充分的关注。

5　全年采暖空调系统方案

5.1　我国典型气候区域采暖空调需求

我国地域广阔，各地之间的室外气候条件差异很大。根据室外新风是否需要除湿，依据室外最湿月的平均含湿量 12g/kg 为分界线，可以得到：

西北部干燥地区：室外空气非常干燥，THIC 空调系统中湿度控制系统的主要任务是对新风降温处理。

东南部潮湿地区：湿度控制系统的主要任务是对新风除湿处理。

根据冬季是否需要供暖，以及目前我国冬季的供暖情况，可以得到：

北方地区（已有供暖）：我国北方城镇建筑面积超过 90 亿 m^2，目前 90%的民用建筑采用集中供暖方式采暖，其余为各类分散方式。

长江流域地区：室外温度可能出现 5℃以下的城镇建筑面积约为 70 亿 m^2（参见图 5-1）。由于冬季室外温度与室内要求的舒适温度差别不大，采暖多以分散方式为主。

长江流域以南的南方地区：冬季温暖，夏季炎热，时间长。冬季一般不供暖，只需要针对夏天设计空调系统。

5.2　我国典型气候区域采暖空调系统方案

由上述分析，我国北方地区冬季以集中供热系统为主，可直接利用市政热网或锅炉房

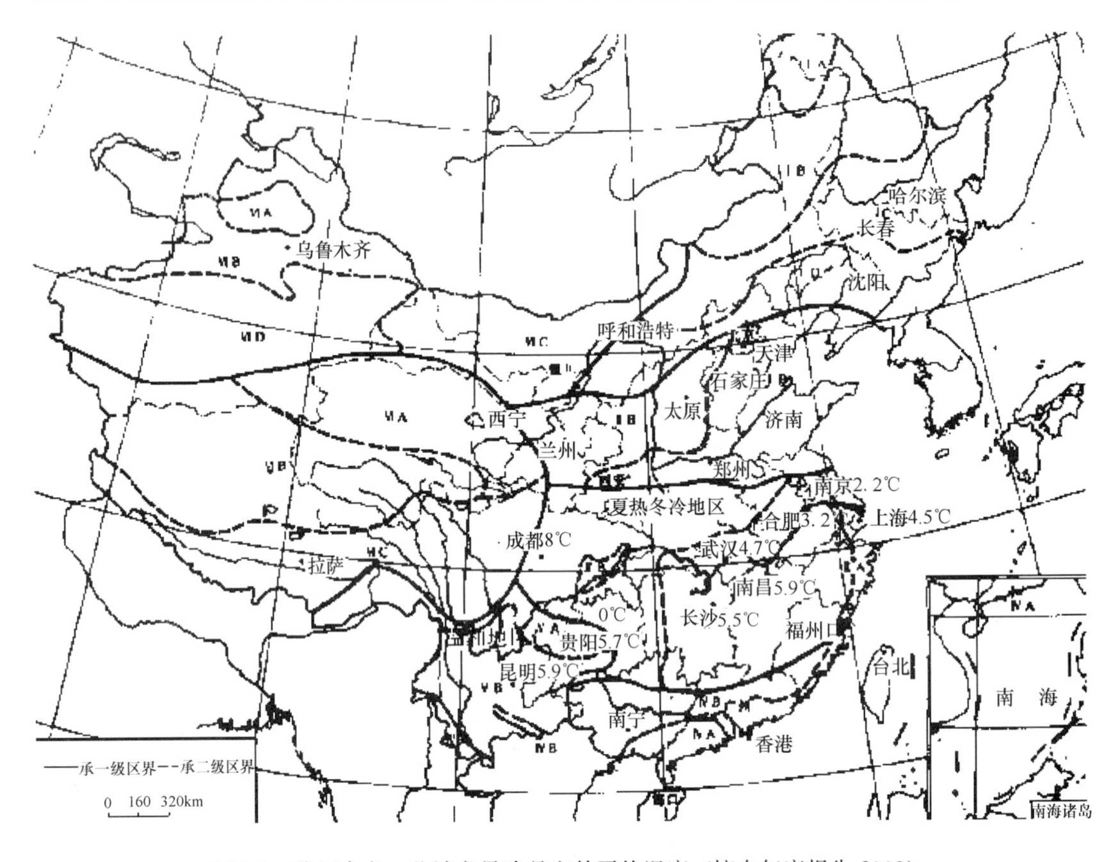

图 5-1　我国南方一些城市最冷月室外平均温度（摘自年度报告 2009）

产生的热水给建筑供热；我国长江流域地区，推荐采用热泵分散式采暖方式；长江流域以南的南方地区基本无冬季供暖需求。因而，以下仅给出北方地区和长江流域地区全年不同季节，采用温湿度独立控制系统的全年系统方案。

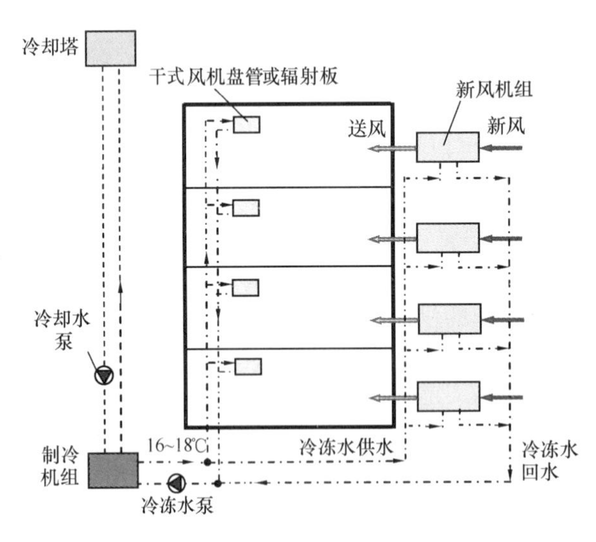

图 5-2　THIC 空调系统夏季运行原理图

(1) 北方地区

我国北方冬季以集中供热为主，可以直接利用集中供热热水实现建筑的采暖需求。室内末端与夏季可共用一套末端装置。辐射板或干式风机盘管通入热水，变夏季供冷工况为冬季供热工况，继续维持室温。图 5-2 和图 5-3 以冷凝除湿新风机组（高温冷水预冷＋独立热泵除湿）＋风机盘管形式的温湿度独立控制空调系统为例，分别给出了夏季和冬季的运行原理。

当冬季对建筑室内的湿度也有控制需要时，由于我国北方冬季室外的含湿量水平很低，虽然室内有人员等产湿源，仍需要对新风进行加湿处理。当新风夏季除湿采用表冷器冷凝除湿方式时，冬季需要在新风机组内加设单独的加湿装置（循环水湿膜加湿、高压喷雾加湿等）。当新风夏季除湿采用热泵驱动的溶液除湿方式时，冬季可以通过热泵四通阀的转换，实现对于新风的加热加湿处理过程，无需单独设置加湿装置。

(2) 长江流域地区

建筑夏季利用地下水供冷、土壤源换热器取冷的设施以及人工冷源（冷水机组）设备，在长江流域的冬季室外条件下运行是否仍然可以实现高性能供热？本节就此问题进行简要探讨。

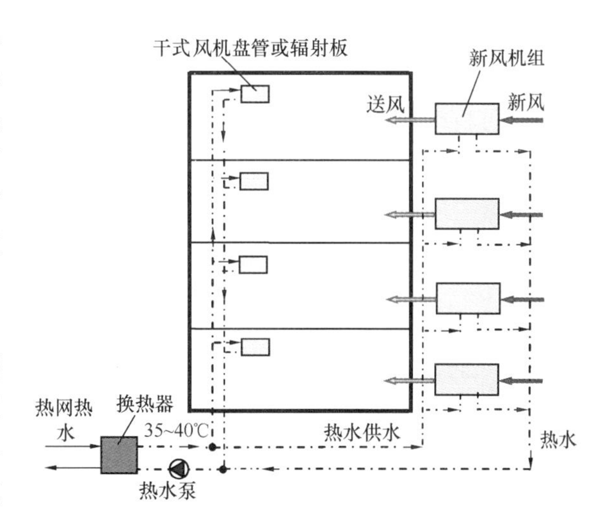

图 5-3　THIC 空调系统冬季运行原理图

水源与土壤源冷水机组（热泵机组）全年运行

在 THIC 空调系统中，冬夏共用同一末端装置，进行供热时热水温度为 35℃（相对供水温度为 45℃的常规热泵机组而言，可称之为低温热水）即可，利用地下水和土壤作为热源的水源热泵和土壤源热泵制备低温热水比常规热泵机组具有更好的性能。冬季供热时，其运行工况范围：冷凝温度 t_k 为 37～40℃，由于地下水源和土壤源温度稳定性良好，蒸发温度 t_0 为 3～5℃，其对应压缩比：R22 为 2.4～2.8；R134a 为 2.7～3.1。采用往复活塞式、离心式以及适宜内容积比的螺杆式、涡旋式压缩机制造热泵机组时，其 COP 的大致在 4 左右。

水冷式冷水机组（热泵机组）全年运行

在 THIC 空调系统中，夏季制冷运行时，制备 16～18℃的高温冷水，机组的设计蒸发温度 t_0=14～16℃；冷凝温度 t_k=36～40℃；采用 R22 为制冷工质的冷水机组的压缩比范围为 1.7～2.0，采用 R134a 工质对应的压比 1.8～2.2。制备高温冷水的冷水机组的压比小于制备 7℃冷水的常规冷水机组（R22：2.3～2.8，R134a：2.6～3.1）。

在冬季制热运行时，由于所需要的热水温度较低为 35℃左右，故冷凝温度约 38～40℃；室外设计工况为干球温度/湿球温度=7/6℃，蒸发温度一般为 1～2℃；此时 R22 的压缩比约为 2.6～3.0，R134a 为 3.0～3.3，高于制冷工况。表 5-1 给出了以 R22 为制冷剂的水冷机组在夏季制备 18℃高温冷水与冬季制备 35℃低温热水的性能。可以看出，夏季相对制冷量 φ_0 为 1.0 的机组（t_0=16℃、t_k=36℃、过冷度 SL=3℃、过热度 SH=5℃），在冬季制热设计工况下，其相对制热量 φ_k 为 0.70～0.73。

表 5-1　单级压缩水冷式机组的运行工况与性能（制冷剂为 R22）

运行模式	制冷运行			制热运行		
外温条件	外温=35℃			外温=7℃		
性能参数	p_k/p_0	$COP_{制冷}$	φ_0	p_k/p_0	$COP_{制热}$	φ_k
	1.7～2.0	6.3～8.4	0.9～1.0	2.6～3.0	5.1～5.5	0.70～0.73
备注	制备 18℃高温冷水；SL=3℃、SH=5℃			制备 35℃低温热水；SL=3℃、SH=5℃		

图 5-4 给出了采用双级压缩的离心式热泵冷水机组冬季运行的原理图。夏季通过冷却塔制取冷却水，作为冷水机组的热汇（放热源），利用制冷系统制备高温冷水，向房间供冷；冬季可将冷却塔的冷却介质更换为不易结冰的载冷剂（如乙二醇溶液），载冷剂在蒸发器和冷却塔中循环，在冷却塔中吸收空气的热量，作为热泵机组的热源，通过热泵系统，在冷凝器中制备向建筑供热的热水，这种机组已在部分工程中得到应用。

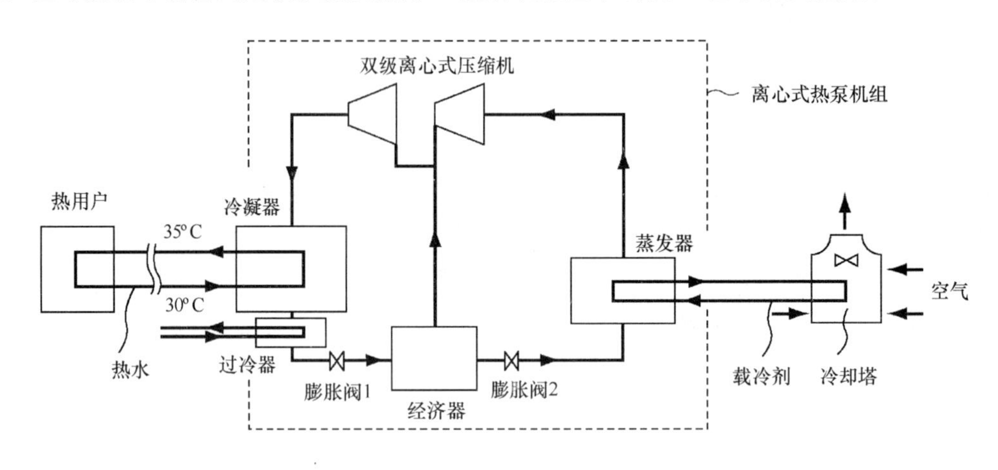

图 5-4　水冷式双级离心式热泵机组冬季工作原理

风冷式冷水机组（热泵机组）全年运行

对于采用空气作为夏季运行的冷却介质和冬季运行的热源的空气源热泵冷热水机组而言，由于其容量通常较小，主要采用往复活塞式、涡旋式、螺杆式等容积式压缩机。在 THIC 空调系统中，夏季制冷运行时制备 16～18℃的高温冷水，此时机组的蒸发温度与水冷式冷水机组的相当，设蒸发温度 t_0＝14～16℃；但由于冷凝器为风冷换热器，设计工况为干球温度 35℃，即使采用高效传热管的风冷式冷凝器，其冷凝温度 t_k 也将高于水冷式（壳管式）冷凝器，一般取 t_k＝45～50℃。此时风冷式冷水机组的压缩比略高于水冷式机组，R22 的压缩比范围为 2.1～2.5，R134a 为 2.3～2.8，但比常规冷水机组（7℃）的压缩比（R22：3.0～3.5，R134a：3.3～4.0）要低见表 5-2。

在冬季制热运行时，需要的热水温度 35℃时，冷凝温度约 38～40℃；室外设计工况为干球温度/湿球温度＝7/6℃，蒸发温度一般在 2～3℃；此时 R22 的压缩比约为 2.6～2.9，R134a 为 3.0～3.2，高于制冷工况。表给出了以 R22 为制冷剂、采用内容积比为 2.2 的螺杆式压缩机的空气源热泵冷热水机组，在夏季制备 18℃高温冷水和冬季制备 35℃低温热水时的外压缩比和性能参数相对值的计算结果。可以看出，夏季相对制冷量 φ_0 为 1.0 的机组（t_0＝16℃、t_k＝45℃、过冷度 SL＝3℃、过热度 SH＝5℃），在冬季制热设计工况下，其相对制热量 φ_k 达到 0.75～0.80。

表 5-2　单级压缩空气源热泵冷热水机组运行工况与性能（制冷剂为 R22）

运行模式	制冷运行			制热运行		
外温条件	外温＝35℃			外温＝7℃		
性能参数	p_k/p_0	$COP_{制冷}$	φ_0	p_k/p_0	$COP_{制热}$	φ_k
	2.1～2.5	4.3～5.5	0.9～1.0	2.6～2.9	5.0～5.4	0.75～0.80
备注	制备 18℃高温冷水；SL＝3℃、SH＝5℃			制备 35℃低温热水；SL＝3℃、SH＝5℃		

6 温湿度独立控制空调系统运行调节策略

THIC空调系统与常规系统的运行调节相同之处在于：冷水机组、冷冻水泵、冷却水泵、冷却塔的运行调节方式，以及新风从新风处理机组到室内各房间的送风过程。本节仅对运行调节与常规系统不同之处进行分析说明。

6.1 系统整体运行策略

基于温湿度独立控制的空调理念，可以构建新的室内环境控制方式。在室内环境控制过程中，优先考虑被动方式，尽量采用自然手段维持舒适的室内热湿环境。过渡季节可利用自然通风来带走余热、余湿，缩短主动式空调系统的运行时间。需要注意的是，在利用自然通风排除室内余湿时，应对自然通风量与排除室内余湿需求的风量进行校核。若自然通风量不能满足排除室内余湿的风量要求，就需要通过主动式的湿度控制系统来满足余湿排除需求。自然通风采用以下运行模式：

当室外温度和含湿量均低于室内状态时，可以直接采用自然通风来解决建筑的排热排湿；当室外温度高于室内温度、但含湿量低于室内含湿量的时候，可以利用自然通风排除室内余湿，再利用显热末端装置控制室内温度；

当室外含湿量高于室内含湿量时，关闭自然通风，被动方式已不能满足热湿环境调控需求，需采用主动式空调系统解决室内空调要求。

THIC空调系统分别有控制温度的子系统、控制湿度的子系统，两子系统分别控制调节室内温度和湿度，因而运行调节比常规热湿联合处理的空调系统从控制逻辑上来看更为简单。当室外温度低、但湿度较高时，可以单独运行新风除湿系统，满足建筑的新风和湿度处理需求。夏季需要严格保证室内没有结露现象发生，对于夏季“非连续”运行的建筑，THIC空调系统中各个子系统的开启顺序和关机顺序与常规空调系统有所不同。

以高温冷水机组和独立新风机组（如图6-1图*a*所示）、室内为干式风机盘管的降温末端装置为例，给出温湿度独立控制空调系统建议的运行次序：

上班前一段时间（需根据实际情况确定），提前开启新风机组对室内进行除湿；

通过室内的温湿度传感器监测室内的露点信息，露点可通过温度和相对湿度参数运算得到。若露点温度低于冷冻水供水温度（一般设定为16～18℃），启动风机盘管，末端水阀打开，此时可开启高温冷水机组；

高温冷水机组开启顺序：冷却水泵启动→冷却塔启动→冷冻水泵启动→主机启动；

运行正常后，新风支路电动风阀根据温湿度传感器的监测数据自控调节，风机盘管的水阀也通过温湿度传感器的监测数据和水温开关。

空调关机顺序：关高温冷机→依次关冷冻泵、冷却泵和冷却塔→关风机盘管风机→关新风机。

整个系统的运行控制思路：

新风机组：比较室内含湿量实测值（可通过温湿度测点计算得到，或者室内CO_2水平）与设定值之间差异对新风机组进行调节，一种方案是定送风含湿量、部分负荷时调整新风量；一种方案是定新风送风量、部分负荷时调整送风含湿量设定值。

显热末端（干式风机盘管与辐射板）：比较室内温度实测值与设定值之间差异对末端设备进行调节。干式风机盘管通过三挡风速调节、水阀进行调节。辐射板可通过变流量调节、定流量调节水阀开启占空比进行调节、末端混水泵调节辐射板入口水温等多种方式进行室温的调节。

6.2 显热末端调节策略

常用的显热末端装置主要包括干式风机盘管和辐射板两大类，在冬、夏可共用此末端装置分别实现供热和供冷，并采用相同的室温调节方式。干式风机盘管的控制调节与普通湿工况的风机盘管相同，设置三挡风量调节、室温控制器和电磁阀控制水路进行 ON/OFF 调节。此节主要介绍辐射板的调节方式。辐射板的调节可以分成三类方式：一是采用变流量调节；二是采用定流量调节水阀开启占空比；三是末端混水方案。前两种方式中，进入辐射板的入口水温不进行调节；第三种方式则通过末端混水方案调节进入辐射板的入口水温，以下分别介绍这三类调节方式。

（1）变流量调节方式

《实用供热空调设计手册（第二版）》第六章详细介绍了此类调节方式。本节仅摘引该手册中的一个典型控制模式：房间温度控制器+电敏（热敏）执行机构+带内置阀芯的分水器。辐射板集水器、分水器的构造图，以及该控制模式的示意图参见图 6-1。通过房间温度控制器设定值和检测室内温度，将检测到的实际室温与设定值进行比较，根据比较结果输出信号，控制电敏（热敏）执行机构的动作，带动内置阀芯开启与关闭，从而改变被控（房间）环路的供水流量，保持房间的设定温度。

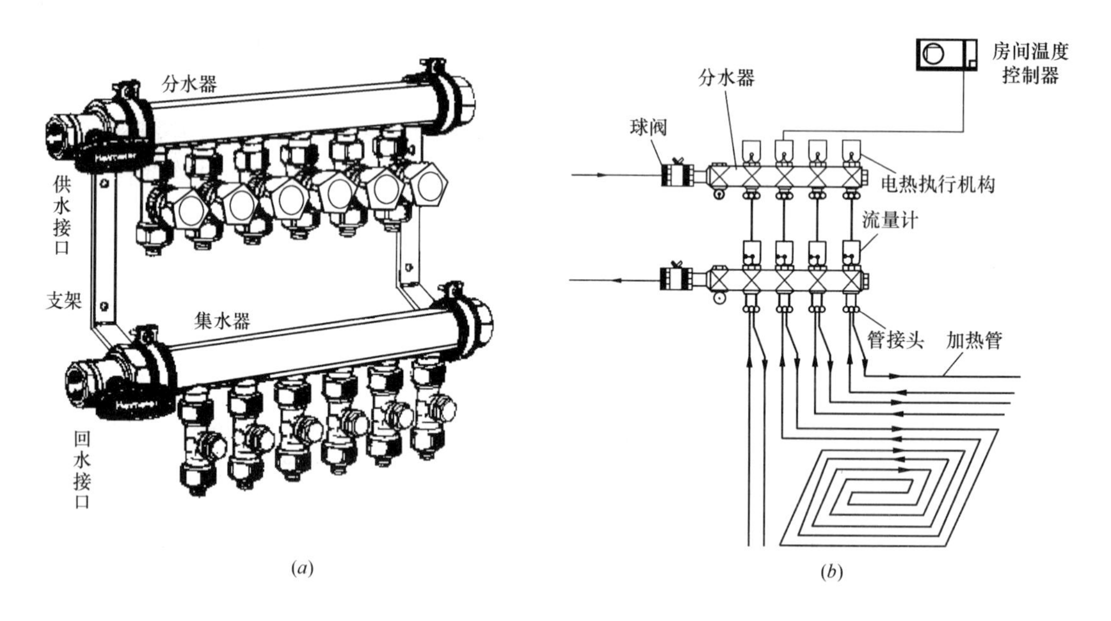

图 6-1 辐射板集水器、分水器构造及典型控制模式

（a）分集水器；（b）控制示意图

（2）定流量改变阀门开启占空比调节方式

上一种控制调节方式中，当室内部分负荷时，辐射板内循环水流量降低，会造成辐射

板表面温度不均匀。此小节介绍的调节方式的核心思想是开启水阀时，辐射板的流量为额定流量，通过调节水阀开启的占空比进行供冷量/热量的调节，原理参见图 6-2。在各分支支路上安装室温通断控制阀，通过测量的室内温度与室温设定值，室温通断控制阀根据实测室温与设定值之差，确定在一个控制周期内通断阀的开停比，并按照这一开停比确定的时间“指挥”通断调节阀的通断，从而实现对供冷量/热量的调节，实现对室温的控制。

(3) 末端混水泵调节方式

每个辐射末端单元可采用小型水泵驱动的混水方式调节水温，如图 6-3 所示。当水泵转速达到最高时，冷水已不能再补充到辐射板水回路中，辐射板不再提供冷量。随水泵转速降低，混水比下降，辐射板内水温降低，供冷量加大。这种末端方式在冬季辐射板内通入热水，变供冷为供热，继续维持室温。

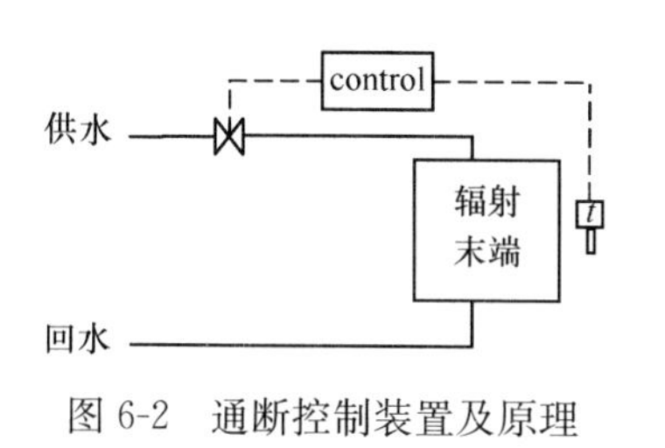

图 6-2　通断控制装置及原理

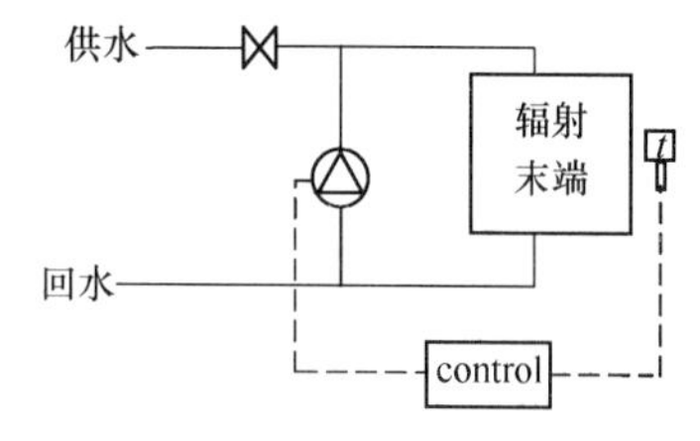

图 6-3　混水泵控制水温的方式

6.3　新风送风调节策略

新风机的调节：风量按照室内新鲜空气与除湿需求，可采用湿度传感器、CO_2 传感器测量室内的湿度水平或空气质量情况。也有建筑辅助以远红外传感器，用于检测室内有人或无人，然后对新风机组进行调节。

新风机组在部分负荷下的调节策略，可以采用定送风含湿量、调节新风量的方式；或者定风量系统，改变送风含湿量设定值两种方式。以下以冷凝除湿新风机、溶液除湿新风机为例，分别给出新风机组的运行调节策略。

冷凝除湿新风机组

图 6-4 给出了冷凝除湿新风机组的调节方式。测送风含湿量水平（可直接测量或者通过温湿度测点计算得到），根据实际送风含湿量与设定送风含湿量的差值，调节冷冻水流量，时间步长一般在 10s；测室内湿度水平，根据室内含湿量水平与设定值之间的差值，调节新风机送风量或者改变送风含湿量的设定值，此调节的时间步长一般在 15min，远大于冷冻水流量调节的时间步长。如带有室内排风热回收系统的新风机组，则新风送风侧风

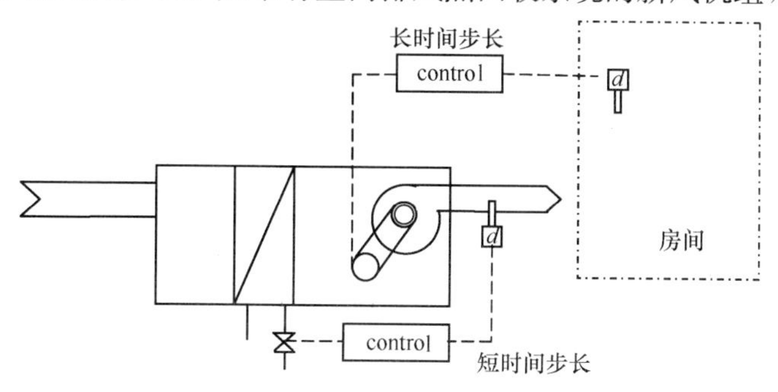

图 6-4　冷凝除湿新风机组的调节方式

机与排风侧风机的风量联动控制。

冬季如对新风有加湿需求，需要在新风机组内另设置加湿装置（如湿膜加湿器等），表冷器内改走热水，实现对新风的加热加湿处理过程。调节策略依然是控制送风的含湿量水平，根据实测值与送风含湿量的设定值之间的差异调节表冷器中水阀开度与加湿装置；根据室内湿度水平（或 CO_2 浓度）的实测值与房间设定值之间的差异，调整新风机组的送风量或者送风含湿量设定值。

如果建筑冬季不考虑湿度处理，仅是控制室内温度，则新风机组的调节策略变为：控制送风的温度水平，根据实测送风温度与设定值的差异调节表冷器中水阀的开度。如为变新风量机组，则需根据室内 CO_2 浓度实测值与设定值之间的差异，调整新风机组的送风量。

溶液除湿新风机组

溶液除湿新风机组的控制策略与冷凝除湿新风机组类似，控制逻辑也分成长时间步长与短时间步长两个调节层面。仅是短时间步长调节手段与冷凝除湿有所区别而已。通过送风含湿量实测值与设定值之间的差异，对于溶液除湿新风机组而言，需要调整机组内热泵开启台数或者变频控制、并通过补水方式调节机组内循环溶液的浓度水平，达到期望的机组送风含湿量，通过机组内部的控制程序实现，时间步长较短。长时间步长的调节策略与冷凝除湿新风机组类似，通过室内含湿量的实测水平与室内设定值之间的差异，可调整新风送风量或者送风含湿量的设定值进行调节，此调节的时间步长一般在 15min。

溶液除湿新风机组可以通过热泵系统中四通阀的转换，实现冬季对于新风的加热加湿处理过程，其控制调节策略与夏季相同。

6.4 防结露措施与调节

避免供冷表面结露是温湿度独立控制空调系统夏季运行的前提条件。为避免室内结露，应在房间最冷位置处安装温度探测器，并保证供冷表面的最低温度高于室内露点温度。根据经验，室内最冷点应为远离窗户的、紧靠供水管的内侧墙角位置。理论上，供冷表面的最低温度（而不是冷冻水的供水温度）高于室内露点温度即可保证无结露现象。ASHRAE Handbook 建议，必须保证辐射板供水温度高于室内空气露点温度 0.5℃；有文献介绍，辐射供冷板的表面温度应高于室内空气露点温度 1～2℃。

此外，还需要妥善处理门窗开启位置等有热湿空气渗入的地方，在气候潮湿地区需要尤为关注。在设计中，如泰国曼谷某机场的辐射地板布置在距离大厅进口 10m 之外的区域；有的建筑中距离开口位置较近有结露危险的地方局部设置带有凝水盘的风机盘管；有的建筑房间内同时设置可开启窗的状态探测器，当探测到窗处于开启状态时，则关闭辐射板或者风机盘管的冷水阀。

当设置在房间最冷点的温度测量值接近露点温度，测得有结露危险时，应控制该房间的新风送风末端加大新风量或者降低新风机组的送风含湿量水平，如仍有结露危险，则关闭辐射板或干式风机盘管的冷水阀，停止供冷水。待送入的干燥新风将室内的湿度降低至一定水平时，再开启辐射板或干式风机盘管的冷水阀恢复供冷。

7 主要参考文献

[1] 刘晓华，江亿．温湿度独立控制空调系统[M]．北京：中国建筑工业出版社，2006.

[2] 民用建筑供暖通风与空气调节设计规范(征求意见稿)，2010 年 4 月.

[3] 中国有色工程设计研究总院．采暖通风与空气调节设计规范 GB 50019—2003[S]．北京：中国计划出版社，2004.

[4] 中国气象局气象信息中心气象资料室，清华大学建筑技术科学系 编著．中国建筑热环境分析专用气象数据集[M]．北京：中国建筑工业出版社，2005.

[5] 铃木谦一郎，大矢信男著．李先瑞译．除湿设计[M]．北京：中国建筑工业出版社，1983.

[6] 田旭东，史敏，周建诚等．温湿度独立控制空调系统中冷水设计温差的选取探讨[J]．流体机械，2008，36(12)：75-78.

[7] 田旭东，刘华，张治平等．高温离心式冷水机组及其特性研究[J]．流体机械，2009，37(10)：53-56.

[8] 刘拴强，刘晓华，江亿．温湿度独立控制空调系统中独立新风系统的研究Ⅰ：湿负荷的计算[J]．暖通空调．2010，40(1)：80-84.

[9] 刘拴强，刘晓华，江亿．温湿度独立控制空调系统中独立新风系统的研究Ⅱ：送风参数的确定[J]．暖通空调．2010，40(12)：85-90.

[10] 黄晨，李美玲，邹志军等．大空间建筑室内热环境现场实测及能耗分析[J]．暖通空调，2000，30(6)：52-56.

[11] 宋芳婷，江亿．空调建筑无组织通风的实测分析[J]．暖通空调，2007，37(2)：110-114.

[12] 陆耀庆主编．实用供热空调设计手册(第二版)[M]．北京：中国建筑工业出版社，2008.

[13] 清华大学建筑节能研究中心．中国建筑节能年度发展研究报告 2009[R]．北京：中国建筑工业出版社，2009.

[14] 刘兰斌，江亿，付林．基于分栋热计量的末端通断调节与热分摊技术的示范工程测试[J]．暖通空调，2009，39(9)：137-141.

[15] ASHRAE. ASHRAE Handbook-Fundamentals. Atlanta：American S℃iety of Heating[M]，Refrigerating and Air-Conditioning Engineers，Inc.，USA，2000.

水蒸发冷却空调系统设计及计算方法

中国建筑科学研究院　曹　阳

1　概述

自然界中空气的干湿度不同，其容纳水汽的能力也不同，由于干燥空气可以容纳较多水汽，而水蒸发成气体会吸收热量，因此，干空气在由干变潮的过程中，能为空气降温提供所需要的能量，这种干燥空气所具有的能量，现在有的院校称其为“干空气能”。采用水蒸发冷却空调技术就是利用自然环境空气中的干湿球温度差所具有的“干空气能”，通过水与空气之间的热湿交换进行制冷的一种环保高效且经济的空调方式，具有投资省（初投资约为常规空调设备的1/2）、能耗低（运行能耗为常规空调设备的1/5）的特点，同时采用水作制冷剂，能减少温室气体和CFCs排放量特点的一种节能环保空调技术。其主要适用于干球温度与湿球温度差大的地区进行空调通风制冷，随着多级水间接蒸发冷却技术和设备的发展，水蒸发冷却空调技术已由最初局限在西北干燥地区逐渐向内地中湿地区发展，节能减排的效果逐渐显现，正如原建设部科技司科技处张福麟处长所说，我国在“干空气能”利用方面取得重要突破，在当前建设行业节能减排任务很重的情况下，具有特殊重要的意义。

蒸发冷却空调以水作为制冷剂，利用水的蒸发制取冷量，不需要将蒸发后的水蒸气再进行压缩、冷凝回到液态水后进行蒸发，可以通过补充水来维持水分的蒸发冷却过程，与机械式制冷相比不需要消耗压缩功，作为一种节省电能的可再生自然能源空调制冷技术，对建筑节能的贡献具有巨大的潜力，使用该种可再生干空气能源，在保证建筑环境安全舒适条件下，可为减少建筑总能耗开辟新的突破口，节约大量的煤炭和电量，大大降低二氧化碳和其他有害气体的排放。

2　设计方法

2.1　室内外参数的选择

舒适性空气调节的室内参数，与人体对周围环境温度、相对湿度和风速的舒适性要求相互关联，由于蒸发冷却空调系统的送风量较传统空调系统的送风量大，风感较强，一般在相同舒适条件下，夏季室内空气设计干球温度的设定值可比传统空气温度舒适区高2～3℃，相对湿度在允许范围内取较大的值，以合理的降低空调系统的换气次数。

室内空气计算参数，应符合表2-1的规定：

表2-1　水蒸发冷却舒适性空调室内计算参数

参　数	冬　季	夏　季
温度（℃）	18～24	≤28
相对湿度（%）	≥30	≤65

2.2 适应性判断

水蒸发冷却技术有广泛的应用空间，但也同时存在自身的不足，如：受气候环境因素的制约、缺乏除湿功能等。科学客观地研判是否采用蒸发冷却空调系统、采用何种形式的蒸发冷却空调系统，是否需要采用人工冷源复合系统显得尤为重要。

水蒸发冷却空调制冷的驱动力为空气中水蒸气分压力，它与空气的干湿球温度差密切相关，可用室外空气干湿球温度差的大小判断蒸发冷却空调的适应性，由于《采暖通风与空气调节设计规范》GB 50019 确定的夏季室外空气计算干球温度、室外计算湿球温度是分别采用历年平均不保证 50h 统计的温度，而不是同时不保证 50h 的温度，因此，用夏季室外空调设计温湿度判断建筑所在地区技术适应性，保证率会高于 50h，会使设备富裕能力过大或会使一部分适用的地域被排除在可应用范围之外，造成浪费，因此，进行技术经济比较时，还应采用当地逐时室外气象参数进行不保证率的校核。

2.3 负荷计算

水蒸发冷却空调冷热负荷计算应符合《采暖通风与空气调节设计规范》GB 50019 的要求，冷负荷中包含附加冷负荷，新风冷负荷，空气通过风机、风管的温升引起的冷负荷，冷水通过水泵、水管、水箱的温升引起的冷负荷以及空气处理过程产生冷热抵消现象引起的附加冷负荷等，水蒸发冷却空调系统人员所需新风量根据室内空气的卫生要求、人员的活动和工作性质，以及在室内的停留时间等因素确定，如果满足卫生要求所需的最小新风量小于水蒸发冷却空调系统一次送风量，附加冷负荷中不应包含夏季新风负荷的容量。

2.4 系统设计应注意事项

1）水蒸发冷却空调系统应合理考虑空气调节系统的排风出路和风量平衡。水蒸发冷却空调系统新风量大，考虑空气调节系统的排风出路（包括机械排风和自然排风）及进行空气调节系统的风量平衡计算，是为了使室内正压不要过大，造成新风无法正常送入。

2）新风进风口应装设能严密关闭的阀门。系统停止运行时，进风口如果不能严密关闭，夏季热湿空气浸入，会造成金属表面和室内墙面结露。

3）水蒸发冷却空调系统的空气与水处理设备应留有必要的维修通道和检修空间。水蒸发冷却空调系统用设备与常规系统相比，维护管理比常规空调周期短，便于维护维修和清理，应留有必要的维修通道和检修空间。

4）空气的蒸发冷却采用水应水质应符合卫生要求，水的温度、硬度等应符合使用要求。反之直接和空气接触的水因有异味、不卫生会影响室内空气品质，水的硬度过高会加速传递热管结垢。见表 2-2。

表 2-2　蒸发冷却循环水系统循环水及补充水水质标准

检测项	单位	直接蒸发		间接蒸发	
		补充水	循环水	补充水	循环水
pH		6.5～8.5	7.0～9.0	6.5～8.5	7.0～9.0
浊度	*NTU*	≤3	≤3	≤3	≤5

续表 2-2

检　测　项	单位	直接蒸发		间接蒸发	
		补充水	循环水	补充水	循环水
电导率（25℃）	μS/cm	≤400	≤1000	≤800	≤1600
总硬度（以 $CaCO_3$ 计）	mg/L	≤200	≤400	≤300	≤600
总碱度（以 $CaCO_3$ 计）	mg/L	≤200	≤500	≤200	≤600
Cl^-（以 Cl^- 计）	mg/L	≤100	≤200	≤150	≤300
总铁（以 Fe 计）	mg/L	≤0.3	≤1.0	≤0.3	≤1.0
SO_4^{2-}（以 SO_4^{2-} 计）	mg/L	≤250	≤500	≤250	≤500
氨氮	mg/L	≤0.5	≤1.0	≤5	≤10
COD	mg/L	≤3	≤5	≤30	≤100
菌落总数	CFU/mL	≤100	≤100	—	—
异氧菌总数	个/mL	—	—	—	$\leq 1\times10^5$
磷酸盐（以 P 计）	mg/L	—	—	—	≤1.0
有机膦	mg/L	—	—	—	≤0.5

5）直接蒸发冷却在进行热工计算时，应进行挡水板过水量对处理后空气参数影响的修正。挡水板后气流中的带水现象，会引起空气调节区的湿度增大。要消除带水量的影响，则需额外降低送风空气的机器露点温度，使设备尺寸和初投资增大。因此，在设计计算中，考虑带水量的影响，是一个很重要的问题。

3　系统形式分类

水蒸发冷却技术中，按照水和一次空气是否直接接触，可以分为直接蒸发冷却和间接蒸发冷却两类；根据蒸发冷却输出载冷介质为冷风或冷水可以分为蒸发冷却全空气（新风）系统和蒸发冷却空气-水系统；根据承担室内热湿负荷所用末端形式可以分为全空气系统、风机盘管系统、辐射供冷系统。另外，根据是否与其他空气处理系统结合，还有一类复合式蒸发冷却系统。

3.1　根据蒸发冷却的形式分类

3.1.1　直接蒸发冷却

直接蒸发冷却将水喷淋在填料中，水与空气直接接触，由于填料中水膜表面的水蒸气分压力高于空气中的水蒸气分压力，这种自然的压力差成为水蒸发的动力。水的蒸发使得空气干球温度降低、含湿量增加，空气的显热转化为潜热。理想循环水喷淋状况下，空气在等焓加湿后可达到湿球温度，如图 3-1 所示。其空气处理过程为 $W-O$，即将室外空气 W 等焓加湿到送风状态 O 点。

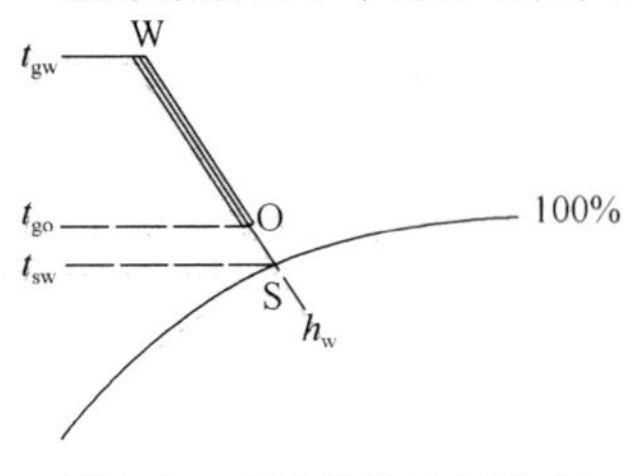

图 3-1　直接蒸发冷却空气处理焓湿图

直接蒸发冷却的效率为：

$$\eta=\frac{(t_{gw}-t_{go})}{(t_{gw}-t_{sw})} \tag{3-1}$$

式中 t_{gw}——室外空气的干球温度,℃;

t_{sw}——室外空气的湿球温度,℃;

t_{go}——直接蒸发冷却后空气的干球温度,℃。

直接蒸发冷却通过对空气加湿而使空气降温，其仅能近似沿等焓线处理空气，其对空气降温的极限温度为室外湿球温度；同时通过直接蒸发冷却处理后的空气湿度增加，其排除室内余湿的能力降低，实现同时排热和排湿能力有限，这使得直接蒸发冷却技术一般仅应用于干燥的地区。

3.1.2 间接蒸发冷却

间接蒸发冷却技术，是在直接蒸发冷却过程中嵌入显热换热过程，利用二次空气和水直接蒸发冷却产生的冷量对一次空气进行等湿降温。经过间接蒸发冷却后，一次空气的温度降低，但湿度保持不变，且送风温度可以更低。如图 3-2 所示，其空气处理过程为W_1-O_1。

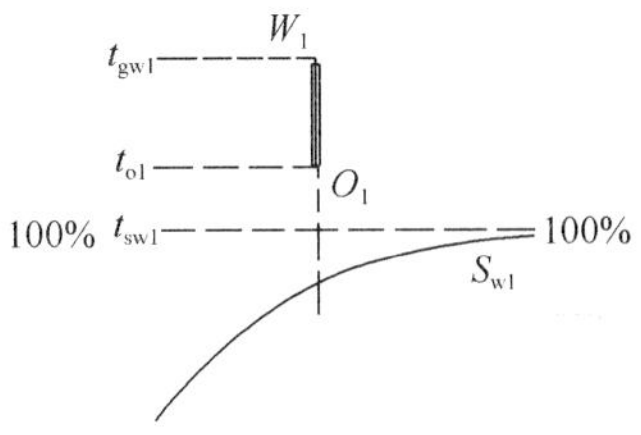

图 3-2 间接蒸发冷却空气处理过程

间接蒸发冷却的效率为：

$$\eta_2=\frac{t_{gw1}-t_{01}}{t_{gw2}-t_{sw1}} \tag{3-2}$$

式中 t_{gw1}——一次空气进口处的干球温度,℃;

t_{01}——一次空气出口处的干球温度,℃;

t_{sw1}——二次空气进口处的湿球温度,℃。

理想状况下，间接蒸发冷却技术可达到的最低温度为入口空气的露点温度。

3.2 根据承担室内热湿负荷所用末端形式分类

3.2.1 全空气系统

在干热地区，室外含湿量和湿空气温度值都较低，低于室内设计值。可以采用直接（图 3-3a）或直接和间接相结合（图 3-3b）的多级蒸发冷却全空气系统形式。

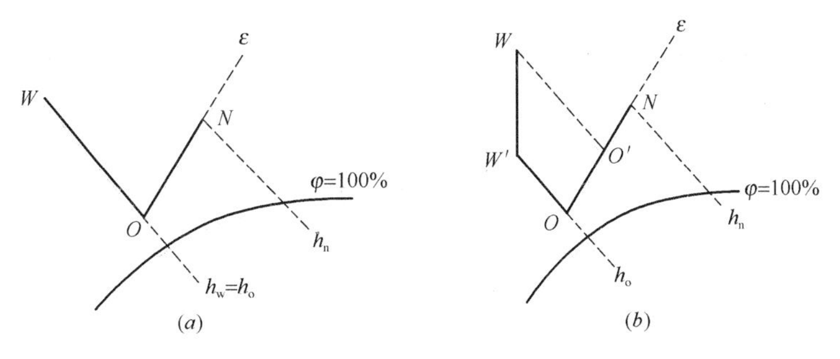

图 3-3 干热地区蒸发冷却空气处理过程

（a）直接蒸发冷却焓湿图；（b）两级蒸发冷却焓湿图

全空气系统可与置换通风相结合，蒸发冷却与置换通风相结合的空调系统是将经过热湿处理的新鲜空气直接送到室内人员活动区，并在地板上形成一层较薄的空气湖，送风的动量很低，对室内主导气流无任何实际的影响。它适用于主要的热源和污染源是人员，热污染流形成一种自下而上的流动，靠近顶棚的地方空气温度及污染源浓度均高于下部区域。应用置换通风系统将蒸发冷却机组处理的全新风新鲜空气直接送向人员，而在顶棚附近设排风口将热污染空气排走，会产生良好的通风效果和节能效益。图 3-4 是蒸发冷却与置换通风相结合时空气在焓湿图上的处理过程。

3.2.2 辐射吊顶空气-水系统

蒸发冷却与辐射吊顶相结合的空气-水空调系统，适用于潜热负荷小，换气次数较小的场合。其空气处理过程的焓湿图如图 3-5 所示。空气从室外状态点经蒸发冷却空调新风机组中的两级间接蒸发段处理到 W''点，然后再经直接蒸发段被处理到 O 点，最后沿 ε 线送到室内来负担全部潜热负荷和部分显热负荷，而其余的显热负荷由辐射吊顶系统来承担。

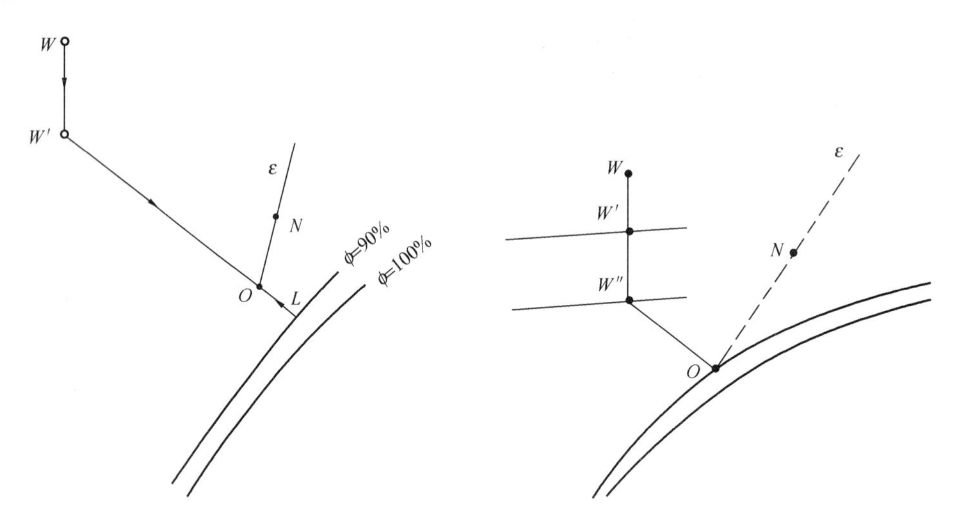

图 3-4 蒸发冷却与置换通风结合时的空气处理过程

图 3-5 蒸发冷却与辐射吊顶相结合时的空气处理过程

新疆绿色使者空气环境技术有限公司提出在西北地区使用蒸发冷却与辐射供冷联合运行的复合式空调系统。一方面，可以利用间接蒸发冷水机为辐射供冷提供 16℃左右的冷水；另一方面，还可以利用多级蒸发冷却新风机组处理新风，承担部分室内负荷，改善室内空气品质，提高空调降温效果，降低室内露点温度。图 3-6 是其原理图。

3.2.3 与干式风机盘管结合的空气-水系统

如图 3-7 所示，由于西北地区独特的气候特点，室外空气参数在室内设计温度的左上部。在与干式风机盘管结合时，多级蒸发冷却新风机组可以将空气处理到热湿比线 ε 的左侧（如 L 点）来承担室内的湿负荷。图 3-7 中的 $W-W'$为二级或三级间接蒸发段，$W'-L$ 为直接蒸发段，$N-M$ 为干式风机盘管处理空气时的等湿冷却段，最终将室外新风和室内回风混合后以状态点 O 送入室内。

空调系统如图 3-8 所示，新风机组根据需要可选用二级或三级蒸发冷却机组，室内使用干式风机盘管，仅承担室内的显热负荷。此系统不仅实现了温湿度的独立控制，而且由于干式风机盘管的使用，承担了部分负荷，从而解决了现有直流式蒸发冷却空调系统风管

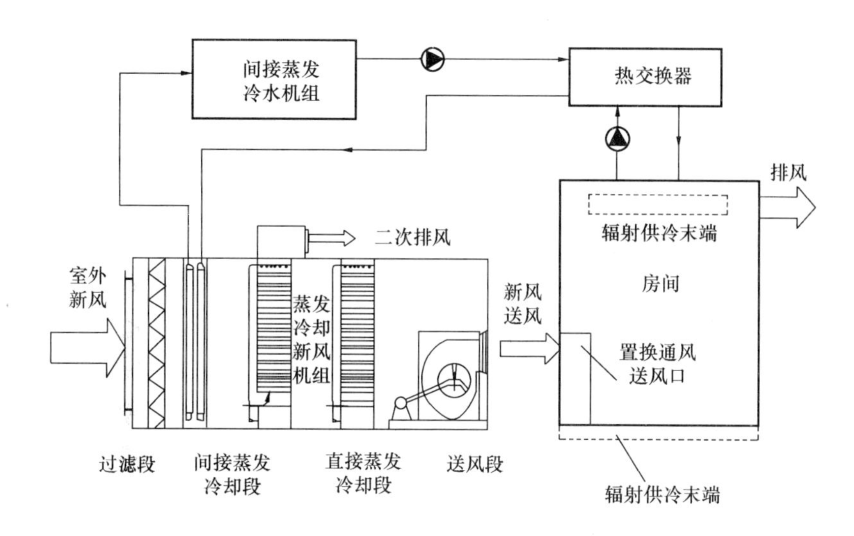

图 3-6　蒸发冷却与辐射供冷联合运行系统原理示意

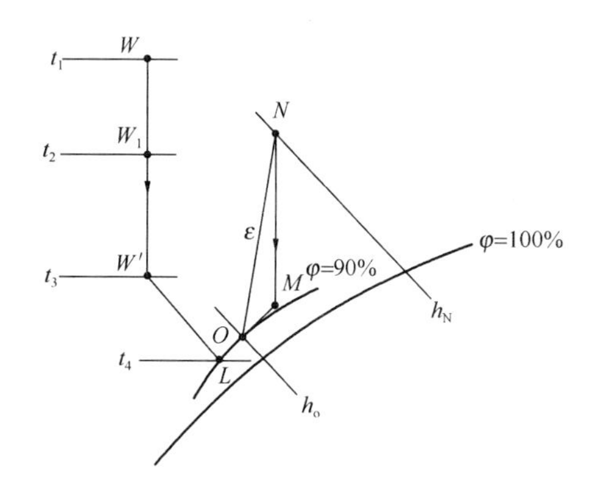

图 3-7　蒸发冷却＋干式风机盘管半集中式空调系统空气处理过程

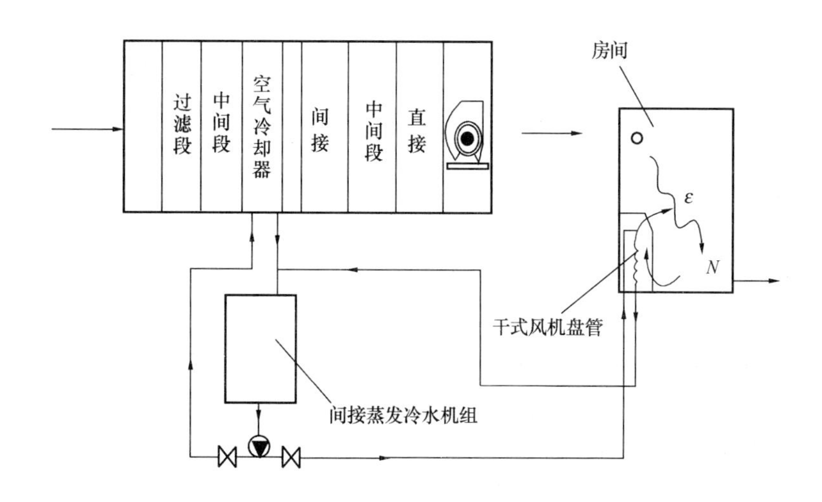

图 3-8　蒸发冷却＋干式风机盘管空气-水空调系统设计方案

体积大、占用空间多的问题。而且使分室、分时控制，根据需要调节室内温度成为可能。该系统适合我国西北炎热干燥地区的使用。

3.3 蒸发冷却与其他空气处理系统复合分类

在我国，大部分研究人员认为蒸发冷却空调是适合应用于西北干燥地区的一种绿色环保节能空调，值得在哈尔滨—太原—天水—西昌—昆明一线以西及西北地区，尤其是新疆地区使用。将蒸发冷却空调技术与其他的暖通空调技术相复合，可以有不同类型的复合式蒸发冷却空调系统，既提高了空调系统的效果，又扩大了蒸发冷却空调的应用范围。

3.3.1 中湿度地区

在中湿度地区，将蒸发冷却与机械制冷相结合（如图 3-9 所示），夏季充分利用间接段对新风进行预冷，也可以利用直接蒸发冷却对进入冷凝器入口的空气进行预冷，用以降低制冷机组的冷凝温度和压力，减少压缩机能耗，提高机组 *COP* 值，减小机械制冷能耗，表冷段用于夏季冷却除湿；过渡季节，关闭机械制冷，采用蒸发冷却“免费供冷”，并采用全新风方式；冬季利用热管间接段回收室内排风热量，对新风进行预热，减少预热加热器的能耗，直接段除在过渡季节与间接段联用外，还可在冬季对空气进行加湿处理。

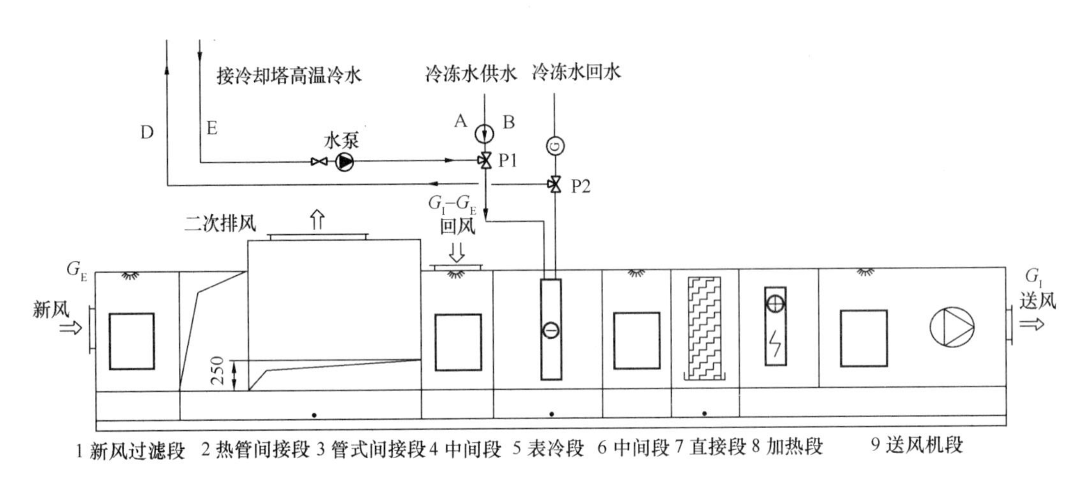

图 3-9 蒸发冷却与机械制冷复合空调机组结构示意

3.3.2 高湿度地区

湖南、湖北、广州、安徽、江苏和浙江等省，由于室外空气含湿量较大，因而依靠单纯的蒸发冷却无法获得满意的送风状态，蒸发冷却技术需要与除湿技术（转轮吸附除湿技术或溶液吸收除湿技术）相结合，先用除湿手段将室外空气处理成干燥空气，然后就可以再采用多级蒸发冷却技术进行降温处理。图 3-10 为溶液除湿蒸发冷却空调系统图，图 3-11 为等温除湿加两级蒸发冷却焓湿图。

水蒸发冷却空调制冷技术是一项节能、环保和使用可再生能源的技术，按蒸发冷却的形式可分为直接、间接、多级几种，按判断该技术的地域适应需要在确定该技术应用的室内舒适条件和室外设计条件基础上，确定判据并对我国城市逐一判断，得出水蒸发冷却技术区域适用性区域图。

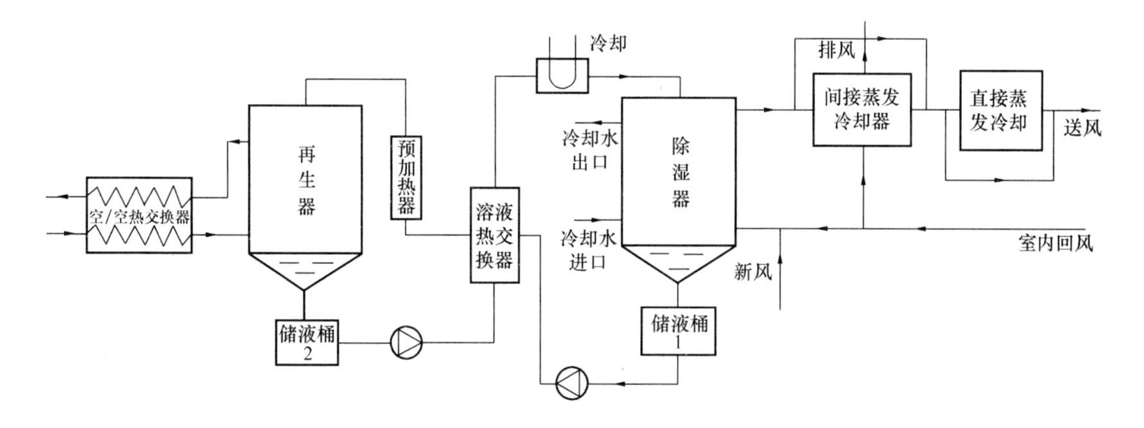

图 3-10　溶液除湿蒸发冷却空调系统图

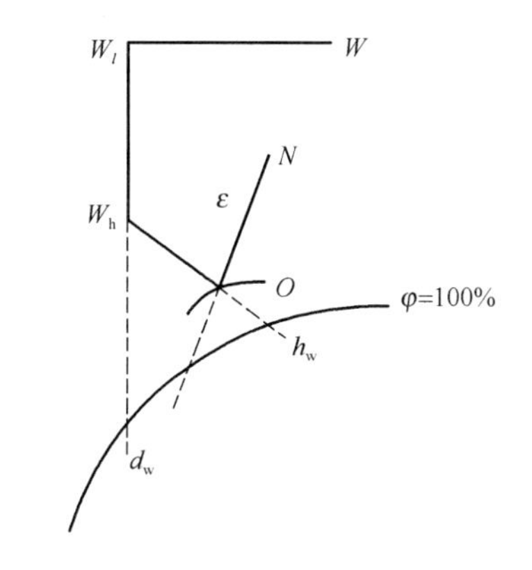

图 3-11　等温除湿加两级蒸发冷却焓湿图

干热气候地区空调系统设计方法

新疆建筑设计研究院　刘　鸣

1　干热气候地区的夏季气象特点

国家《公共建筑节能设计标准》GB 50189—2005 中，对我国冬季的气候区进行了有针对性的分类，并给出了它们不同的节能标准和技术对策；但是，我国幅员辽阔，夏季气候差异也很大，包括有海洋性气候、湿热气候、干热气候各类气候，它们的夏季室外气象条件相差很大。以前，西部地区的建筑很少使用机械制冷的中央空调系统，但随着社会发展与进步，人们对室内生产和生活环境的要求越来越高，各类新建建筑对空调的需求越来越多。

但是，现有的许多空调工程设计所采用的技术或产品常常忽略了夏季干热气候区与常规湿热气候区的巨大差异，将适应于湿热气候区的空调工程技术与产品简单地移至到干热气候区，结果常常使得空调设计的设备与系统严重偏大，造成空调工程的投资和运行浪费；有的设计甚至对相对湿度不到 30%室内环境还要除湿，结果给生活在室内的人们造成皮肤、呼吸道困扰问题，房间木制品、家具变形开裂，易产生静电干扰计算机正常工作；有的设计结果只能满足夏季使用，在漫长的冬季新风系统无法使用，要靠开窗引入品质不好的空气来换气，这样又要产生大量能耗，昂贵的空调系统不能创造令人满意室内舒适环境。造成这一结果的一个重要原因，是对我国的夏季气候没有分类，缺乏有针对性技术对策。表 1-1 是中国和美国划分室外气候的对比表：

表 1-1　中国、美国的气候划分对比表

国　家	中　国	美　国
冬季	严寒地区 A 区	亚北极气候（Subarctic）
	严寒地区 B 区	严寒气候（Very-cold）
	寒冷地区	寒冷气候（cold）
全年	夏热冬冷地区	
	夏热冬暖地区	
夏季		海洋性气候（Marine）
		湿热气候（Hot-Humid）
		半湿热气候（Mixed-Humid）
		干热气候（Hot-Dry）
		半干热气候（Mixed-Dry）

注：美国气候区的划分是由美国能源部给出，引自 Battelle Memorial 研究所的成果。

可见，我国对夏季气候的差别是模糊的，没有详细的分类。我国西部地区（包括西北、西南、华北一些地区）多属干热气候区，这些气候区地区年降雨量少，室外空气干燥；它们夏季室外空气的主要特点有：

1）一些地区夏季空调室外计算干球温度值较高。

2）室外空气干燥、湿球、露点温度较低；空气的焓值较小；绝大多数时间里，空气中水蒸气流动方向不是由室外向室内传，而是由室内向室外传；要保持室内一定湿度则需要加湿。

与湿热气候区上海、北京等地除湿难，能耗高的情况不同，在乌鲁木齐等地，除湿很容易，做好送排风系统，甚至开窗户自然通风即可消除室内湿负荷。

3）昼夜温差相对较大；很多时刻是双向传热，白天由室外向室内传热，晚上则有室内向室外热；建筑的显热负荷不大。

4）夏季空调度日数相对较小，空调系统运行实际时间少，总能耗不大。

5）规范 4.1.6 条、4.1.7 条室外空气设计计算干球计算温度、湿球计算温度均是各自分别历年平均不保证 50h 的值，而不是彼此在时间上同时对应的值，换句话说现有的夏季室外空调计算湿球温度不是干热高温时，对应的平均湿球温度，而是将下雨时的值也统计进来了；这一统计结果对干热气候区的影响较大，现有的室外设计计算湿球温度普遍比实际值高出 1℃以上。

美国 ASHRE 手册给出的夏季室外设计状态参数是在不保证率为 0.4%、1.0%、2.0%的不同标准等级下，空气干球温度与平均同时对应下的湿球温度（Mean coincident wet bulb temperature）对应值。乌鲁木齐市夏季室外空调计算的干湿球温度值见表 1-2。

表 1-2　依照 ASHRAE 给出的乌鲁木齐市夏季室外空调计算的干湿球温度值

不保证率	0.4%		1.0%		2.0%	
室外计算干湿球温度	干球温度（℃）	湿球温度（℃）	干球温度（℃）	湿球温度（℃）	干球温度（℃）	湿球温度（℃）
数值	33.3	16.3	31.8	16.2	30.3	15.8

注：1. 上述湿球温度是依照干球计算温度时，平均相对应的湿球温度值。乌鲁木齐的干湿球温度计算值分别为 34.1℃，18.5℃；
2. 以上数据是由地面航空气象和太阳辐射观测网 1961～1999 年（Surface Airways Meteorological and Solar Observing Network）国家气象数据中心 1982～2001 年数据（National Climate Data Center）。

相对于夏季，这些地区冬季大多数属于严寒或寒冷气候区，冬季的采暖度日数普遍要大于夏季空调度日数，也就是说冬季的空调能耗要大于夏季空调能耗；另一方面，在满足夏季使用的空调系统，必须做好冬季的节能使用。

2　干热气候地区的空调系统设计要点

针对干热气候地区的夏季气候与建筑特性，应通过采用各种被动式建筑技术措施：提高围护结构保温性能和建筑的热惰性，改进建筑的体形系数，窗墙比优化，减少热桥、建筑气密性热损失，设置窗户外遮阳和利用自然通风降温等来满足人们对室内热舒适性的要求。这是当今国际上特别是西欧国家极力推荐的被动式集成空调节能技术。除非以上措施仍不能满足舒适标准要求时，才考虑使用各种适宜的空调系统。

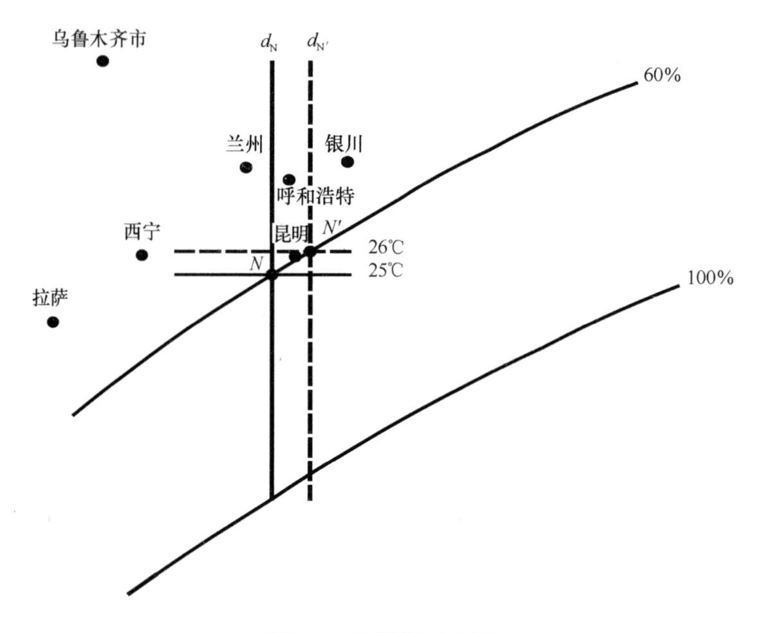

图 2-1　焓湿图示意图

与夏季潮湿气候区的空调任务不同，在室内温、湿度的控制上，干热气候区空调的任务主要是排除室内显热即降温，室内的潜热或湿负荷很少，不用排除（有些场所甚至要加湿）或者除湿量很小；夏季可增加新风量甚至100%并用新风来消除室内余湿，应结合各地气候特征和建筑特性有针对性地采用各类高效环保的冷源，优先采用包括蒸发冷却在内的高效、环保、经济各类天然冷源。应避免采用7～12℃工况下的机械人工冷源。

由于干热气候区冬季能耗远远大于夏季能耗，空调系统设计应同时满足冬季使用情况要求。

3　空调设计的冷热源

干热气候区的冷源与常规机械制冷不同，如果不考虑除湿或除湿量很小，舒适性空调室内干球温度一般在25℃左右，理论上送风或供水温度低于此温度值，就可用来降温。所以，干热气候区夏季应采用符合自身特点的高效节能冷源，干热气候区夏季冷源的供水温度应采用10～18℃的高温冷水，一般不应直接选用供回水温度为7～12℃名义工况条件下的机械冷水机组。

在条件许可的情况下，空调系统的冷源应优先考虑选用天然冷源，如湖水、河水、水库水、地下水等低温冷水；西部地区各类天然水水温多数较低，如，新疆库尔勒一工程地下水资源丰富，夏季从地下井中取水，水温14℃，经换热直接通入地面辐射冷盘管，供冷效果较好，系统能效 *EER* 接近20。

其次，选用能提供低温冷水的冷却塔、间接蒸发冷却冷水机组以及能满足提供低温冷空气的直接蒸发冷却、各类新型多级间接蒸发冷却装置。

我国干热气候区昼夜温差大，建筑的保温性能较好，利用夜间大量通风，使建筑室内夜间充分蓄冷，利用最经济手段改善室内热舒适性。此外，利用夜间干、湿球温度低的特性，夜间启用空调制冷也能获得相对较高的能效供冷。

只有在无法使用以上冷源和空调技术措施的前提下，才考虑采用各类高温机械冷水机组。

3.1 机械制冷水冷机组

冷水机组的实际设计工况是非名义工况，冷水机组的各项性能参数与名义工况值相差较大，大型工程项目应选用专门的高温冷水机组，如选用的是普通名义工况下的冷水机组，设计上应给出相应实际设计工况条件下的冷冻水、冷却水供回水温度，冷冻水、冷却水流量，通过蒸发器、冷凝器的阻力、耗电量等主要参数；上述数据应与设备制造商沟通协调取得一致，生产厂家也应依据设计调整冷水机组的配置，不然在冷冻水供水温度过高等某些工况下，常规的冷水机组或者性能不佳，或者不能正常工作，造成严重的经济、技术问题。

某厂商的标准螺杆式冷水机组在其他条件不变的情况下，冷冻水供回水温度提高至15～20℃时与标准冷冻水7～12℃工况的制冷量、输入功率的对比结果，从表3-1可见，应选用高温冷水机组的制冷量、制冷机组制冷效率大幅提高，但输入功率变化不大。

表3-1　机组性能表

主要参数	制冷量	输入功率	*COP*
机组性能变化（%）	133	105	127

考虑到干热气候区的湿球温度低，如冷冻水温度维持在7～12℃，冷却水供回水温度降至25～30℃，在此情况下冷水机组的冷量、输入功率相对于名义工况（冷却水32～37℃）的变化结果见表3-2，此时，机组实际制冷量有小幅增加，耗电大幅降低，机组的实际制冷效率又得以提高。

表3-2　机组性能表

主要参数	制冷量	输入功率	*COP*
机组性能变化（%）	107	85.4	125

乌鲁木齐的设计冷却水供回水温度24～29℃，冷冻水供回水温度15～20℃时，冷水机组的冷量、输入功率相对于标准冷却水工况的变化见表3-3：

表3-3　机组性能表

主要参数	制冷量	输入功率	*COP*
机组性能变化（%）	143	89.4	160

在干热气候区，综合以上二项变动，普通标准的冷水机组按照其实际设计工况，其制冷量、耗电量、冷冻冷却水流量、阻力等参数都会发生不可忽略的变化。这些变化将对冷冻、冷却水泵的选用，冷水机组的配电都带来直接的影响；冷水机组的选择计算必须按实际工况进行校核计算。

对离心、涡旋、溴化锂吸收式等各类冷水机组的选用也一样，设计人应与生产厂商技术部门沟通，依照实际工况给出最佳的配置与控制工况。

冷却塔的选择：湿球温度与冷却塔的出水温度密切相关，冷却塔在干热气候地区的性能会更好，它的选择必须依照各地计算湿球温度值，对冷却塔进行校核或优化选择计算，选择出的冷却塔必须与冷水机组匹配，冷却水温度变化范围要满足要求，即冷却水出水温度要高于制冷机组要求的最低冷凝温度，离心机组不得低于 15℃；当冷却水温度偏低，应关闭冷却塔风机或者在冷却塔的进出口设置旁通，打开旁通阀，以保证机组在室外低温时，仍能安全可靠地工作。

3.2 风冷式制冷与空调机组

除非在水资源极为紧张，没有水可用的情况下，在高温干热气候地区新建的大中型建筑中，不应采用各类风冷式冷水机组或变频多联机。因为：1）风冷机组的制冷剂直接膨胀蒸发，蒸发盘管温度低，除湿能力强，结果引起室内干燥，对干燥地区不仅无助而且有害。2）干热高温气候下，冷却塔的冷却水出水温度很低，机械制冷冷水机组的冷却水在冷凝器内的传热效率高，水冷式机组的能效可以达到 7.0；即使加上循环水泵、冷却塔以及冷却水循环泵的能耗，其总能耗也较高，采用水冷式机组能减少一次投资、降低运行费用。与之相对应，风冷式空调机由于受外界空气干球温度的直接影响，能效比较低。

国外在干热气候地区使用风冷式机组时，是通过在其冷凝器前加设直接蒸发冷却器，直接蒸发冷却在峰值时利用其湿球温度低，可大幅提高冷凝器的换热效率，在不同地区可提高能效 20％～40％（为保证压缩机工作正常和节能，室外温度在＞26℃时淋水，在 55℃时应停用），干湿球温度相差越大，节能效果越好；这也意味着小风冷机组可以承担较大的冷负荷或者说降低了供电峰值负荷、用户实际运行的费用减少。相对制冷效率与通过冷凝器温度的关系见表 3-4。

表 3-4 机组性能表

进风温度℃	29.4	35.0	40.6	46.1
制冷效率％	95	87	78	73

注：引自《EVAPORATIVE AIR CONDITIONING HANDBOOK》P319。

3.3 间接蒸发冷水机组

间接蒸发冷水机组是利用干热气候条件，制取介于当地气候露点温度与湿球温度之间的低温冷水，机组出水温度理论上可以达到室外空气的露点温度，在实际工程中，考虑到经济性与安全性以及热湿传递过程的损失，出水温度一般高于室外露点温度 3～5℃，该机组没有除湿能力。

室外空气 O 流经间冷器后，等湿降温至状态 A，与水接触后到状态 B，再经湿填料与来自系统的回水大量热湿交换，空气湿度增加温度升高后，从机组排出。从用户回来的冷水，回到机组喷水管之前先与从间冷器出来的水混合，形成温度为 2 的待处理冷水，在喷口被均匀喷出，与室外低温干热空气逆流充分接触，水在冷却填料区域向空气放出大量热量，水温降低至状态 1 的冷水，汇到接水槽，由水泵送出；部分至用户（空调机组、风机盘管或地面辐射冷盘管）为房间供显热冷量，部分去机组间冷器构成整个水循环。

该机组尤其适合用于温度、湿度分别独立控制的方式——一方面可以利用新风与室内

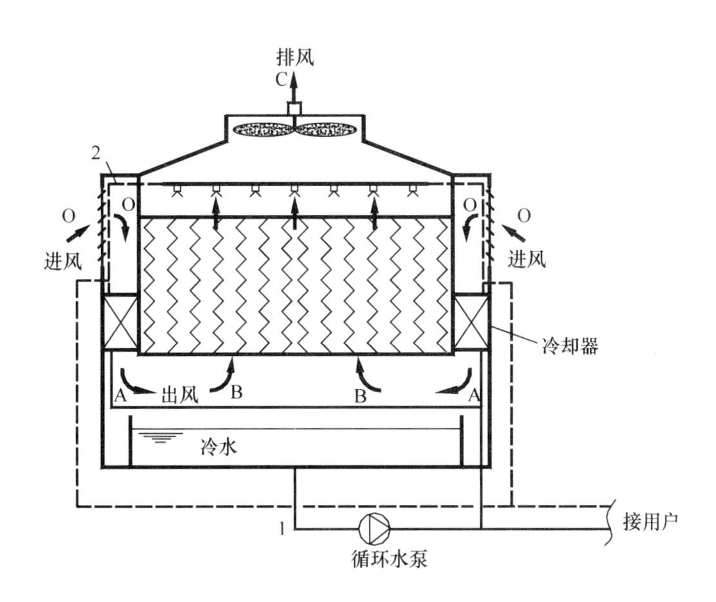

图 3-1　间接蒸发冷水机组

空气之间的含湿量差，来消除室内余湿（潜热冷负荷）；另一方面用平均温度为 15℃左右冷媒来消除显热负荷，将高于室内空气露点温度的冷水，通入系统风机盘管内，盘管不会产生凝结水，风机盘管在干工况下运行，用以消除室内围护结构、照明、设备和人体散热等的显热负荷；这也防止了病菌在盘管凝水盘和凝结水系统中的孳生和空气的二次污染，并且能有效地提高室内空气品质。

该机组是开式水系统，机组宜设置在系统的最高位置；系统水循环过程中矿物质浓度会增加，将影响板面上空气与水的接触效果，应依照各地水浓度变化，定时排放循环水，补充新鲜水或者直接采用软化水（运行时间短暂的场合）；为防止喷头堵塞，应在循环水泵前加设过滤装置；水系统室外管路的最低点应设泄水阀，以防冻冻裂，机组设在室外应做好保温要求。

该设备的冷水出水温度受当地干湿球温度的变化而变化，即湿球温度低，供水温度就低；通过控制排风机、循环水泵转速的启停或循环水压差旁通等措施控制系统对冷水温度、流量的要求；另外，夏季峰值负荷时，在夜间启用可获得较低的出水温度，夜间运行储存冷水或末端采用蓄热能力较好地面辐射供冷效果最好。湿度-含湿量关系见图 3-2。

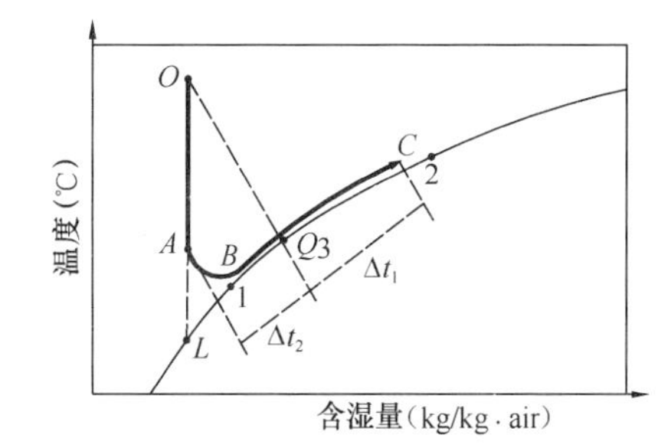

图 3-2　湿度-含湿量关系图

设计人应按照需求提出设计工况下机组冷量、供水温度等主要参数的要求；应考虑留有维护检修空间；设备的荷载较大，应预留设备基础基座。

4　空调系统负荷特点与计算

空调负荷计算的一个重要目的是为了选择冷源、空调机组或末端设备，现有的空调负荷计算程序都是将显热与潜热负荷自然地叠加起来统计出计算结果，以此来选择制冷设备机组。这样简单的计算结果对干热气候区常常会出现较大错误，造成制冷系列设备等选型偏大。

4.1 空调系统显热、潜热负荷的计算

干热气候区空调设计负荷的一个主要特点，在夏季大多数时间里可用室外新风来消除室内的余湿，计算这部分室内潜热负荷应单另列出，新风同时还承担了室内部分显热冷负荷，所以，当新风机组采用蒸发冷却空调机组时，此部分新风显热冷负荷和室内潜热湿负荷都不得再计入到水系统的制冷设备负荷中。因此，冷水机组的装机容量在干热气候区显著减小。

在室外计算空气的含湿量小于室内空气含湿量时，新风量的计算应满足消除室内余湿的要求。

4.1.1 空气-水空调系统的新风除湿

对于空气-水空调系统，如风机盘管、盘管诱导器或地面辐射供冷加新风系统，室外新风经间接蒸发冷却，等湿降温，由 $W\to1$，再经直接蒸发冷却处理，由 $1\to2$，送入室内 $2\to N$；风机盘管、盘管诱导器或地面辐射供冷水系统，室内回风经等湿降温 $N\to M$；新风量承担室内全部湿负荷（见图 4-1）：

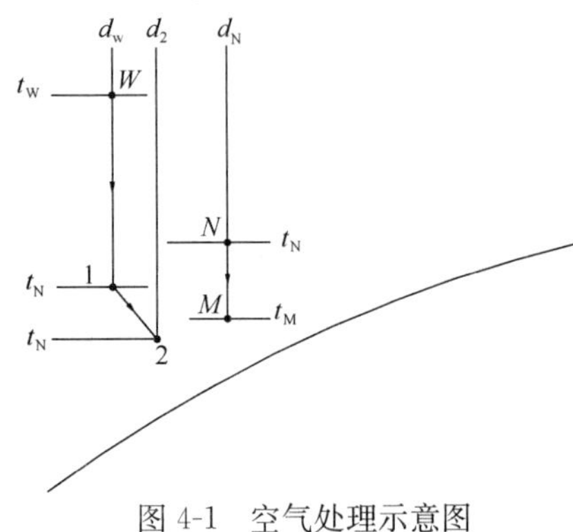

图 4-1 空气处理示意图

$$W = G_{新}(d_N - d_2),或者\ G_{新} = \frac{W}{(d_N - d_2)} \tag{4-1}$$

室内显热负荷计算：

$$Q = Q_1 + Q_2 \tag{4-2}$$

其中，新风承担的室内显热负荷：

$$Q_1 = G_{新}(t_N - t_2) \tag{4-3}$$

新风全部显热冷负荷：

$$Q_1' = G_{新}(t_W - t_2) \tag{4-4}$$

水系统的末端承担显热冷负荷：

$$Q_2 = G_{回}(t_N - t_M) \tag{4-5}$$

4.1.2 全空气系统的新风除湿

干热气候地区，全空气送风的室外新风含湿量小于室内的，可采用100%新风量来消除室内全部湿负荷和部分显热负荷。增大室外新风量有利于室内空气品质提高。计算如下：

空气处理过程见图 4-2：经间接蒸发冷却段，室外新风由 $W\to M$，再经直接蒸发冷却处理 $M\to O$，送入室内 N。新风独立承担室内空气的湿负荷，新风量承担的湿负荷计算：

$$W = G_{新}(d_N - d_O),或者\ G_{新} = \frac{W}{(d_N - d_O)} \tag{4-6}$$

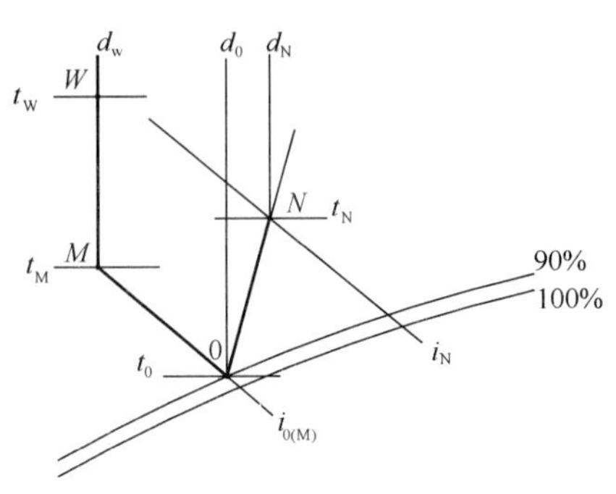

图 4-2 空气处理示意图

式中 W 代表室内湿负荷，$G_{新}$ 代表新风量或送风量，d_N、d_O 分别代表室内、送风终状态的空气含湿量。

在室内湿负荷状态一定时，新风量大小与送风终状态 O 密切相关，控制新风送风状态点 O 消除室内全部余湿；同时，还消除了部分室内显热负荷：$Q_1 = G_{新}(t_N - t_O)$

当室外空气的焓值大于室内空气时，可采用部分回风，新风仍可承担消除室内余湿的作用。

4.2 新风负荷的对比

北京市 $1m^3/h$ 的室外新风湿度减至室内的湿度，所需的潜热冷负荷 $Q_1=7.75W$；将它处理到室内温度所需的显热冷负荷：$Q_2=2.42W$，新风冷负荷 $Q=10.17W$；其中，潜热负荷是显热负荷 3 倍多。在湿热地区，湿度越大二者相差就越大，或者说潜热负荷就越大。

但在乌鲁木齐市 $1m^3/h$ 的新风含湿量是负值，只有显热负荷，$Q=2.48W$。仅是北京新风负荷的 24%。假设：新风负荷占到空调设备制冷量的 40%，乌鲁木齐仅因新风干燥，设备制冷量比北京的就小 30%。

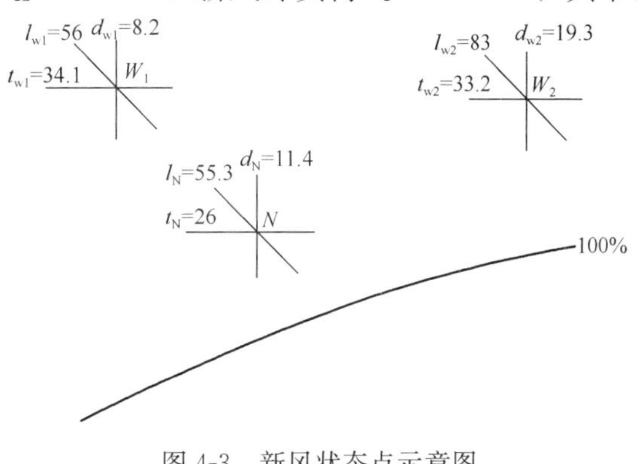

图 4-3 新风状态点示意图

这一结论对建筑的冷负荷指标采用具有一定的借鉴作用。

5 空调系统设计与处理机组

干热气候区受冬季建筑保温节能效果好的影响，建筑自身的室内外热量传递热惰性大和延迟时间长；通过门窗、外墙、地面、屋顶的外围护结构得热量即空调负荷小；通过采用利用窗户的外遮阳能有效地减少太阳辐射的得热量；利用水蒸发冷却、自然通风或机械通风的被动式建筑技术，完全取消或最大程度减少空调设备与系统的负荷承担量，从而满足室内人的舒适性要求是当今欧洲空调领域发展的最新方向，也是我国干热气候区最具条件实现的运用技术，应是优先推荐采用的技术实施方案。只有在采用以上技术不能满足要求的情况下，才考虑采用以下空调系统方式，来满足对室内空气环境的需求。

5.1 全空气空调系统

依据室外气象参数和室内空气设计状态标准的要求，大多可以采用蒸发冷却空调机组来实现送风要求；可依据不同情况选择：直接蒸发、间接蒸发（有板翅式、转轮式、热管式、盘管式等多种）、间直接多级蒸发冷却、带直接膨胀蒸发盘管和压缩机的冷却空调机组。

5.1.1 蒸发冷却设备的效率

蒸发冷却集中式空调机组的送风量、功能段和设备选型，必须依照机组承担的作用、室内外设计参数、显热、潜热负荷和设备效率等资料详细计算，不应按照换气次数等估算经验方式确定。

蒸发冷却空调机组的直接、间接冷却效率是至关重要技术参数，设计文件中必须明确给出其设计数值。不同产品的蒸发冷却设备效率有高有低，这直接关系到空调系统的送风量和出风口送风温度。

同一蒸发冷却设备在不同地方使用效果不一样，它与室外大气压、机组进风的干球、湿球温度或露点温度等密切相关，所以必须进行复核计算并按要求做出设备或系统调整。只有设备的实际出力与设计相符，空调系统才能保证使用效果。

蒸发冷却设备出力受环境影响较大，及其进风口，应远离排风口、冷却塔，减少阳光直射影响。

5.1.2　全空气蒸发冷却的室内设计温度

按照《EVAPOURATIVE AIR CONDITIONING HANDBOOK》第Ⅳ章 COMFORT ASPECTS OF AIR CONDITIONING 中的室内热舒适性标准，蒸发冷却的全空气系统，随着送风量的增加，室内循环风的风速也将增加，当风速在 0.5m/s，1.5m/s，3.0m/s 时，对应的舒适区也不同，其对应 23.9℃的实效温度（Effective Temperature）可以分别增加 1.7、2.2、4.4℃；设计师应特别注意。而在空气水系统中则不同，如：地面辐射供冷系统，应按照 Effective temperature，即干球温度＋四周表面辐射的综合实效温度，来考虑室内空气的温度，一般，温度可略高 1～2℃。

5.1.3　气流组织

采用了直接蒸发冷却降温的全空气系统应采用室外新风，不应用室内风循环，系统应保证有可靠的排风。否则，直接蒸发冷却持续对送风加湿，如不能同时有效排风，会使室内含湿量淤积，湿度、正压增大，将影响人的热舒适性和冷却降温效果。

蒸发冷却方式空调，相比较而言，送风温度较高，下送风方式是较为理想的送风方式。

5.1.4　直接蒸发冷却

可单独用于干热气候，房间温度高的环境，由于室内外干湿球温差大，此过程作用效果更显著，被直接蒸发冷却处理过的湿润、低温空气；使用要求房间允许风量大、室内风速大，且送风风道短、过滤器阻力小；送入室内可改善室内干燥的湿度、降低室内温度，产生良好的舒适性环境，成为经济、有效的空调方式。但在湿球温度高（21～25℃）气候条件下，内部湿负荷高、多区域办公室、无屋顶安装和现场维修场地则不适于使用直接蒸发冷却。但可用于岗位冷却通风或厨房、洗衣房、农业、工业厂房等场所的通风降温；直接蒸发冷却的冷却效率在 50%～95%之间，可由设计人按照不同效率选择不同规格的直接蒸发冷却换热器。直接蒸发冷却方式也可用来增强机械制冷效率。

单独使用直接蒸发冷却降温不应采用室内风循环。为确保直接蒸发冷却的使用效果，应注意以下要素：

1）迎风面风速：空气与水接触时，迎风面风速低，效率就高，通过蒸发冷却器的面风速宜为 2.5m/s，最大不宜超过 3.0m/s；否则，冷却效率会降低，空气阻力增大，在满足效率要求下，通过湿帘的空气阻力越小越好，一般不宜超过 100Pa。为防止水滴被带走进入送风道，应设一挡水装置。

2）应保证空气与水充分接触，按照厂商提供的资料维持一定的水-空气质量流量比、接触面积。

3）长期使用循环水，水中的矿物质浓度增加，会影响板面上空气与水的接触效果，应依照各地水浓度变化，定时排放循环水，补充新鲜水。排放量取决于蒸发速度、水的酸碱度（PH值）、水中钙离子（Ca^{2+}）和碳酸离子（HCO^{2-}）的浓缩程度、空气污浊程度。排放量是蒸发量的5%～100%。

4）因循环水中含有大量的灰尘杂物，为防止喷头堵塞，应在循环水泵前加设过滤装置。

5）公共、居住建筑集中空调系统的空调机组使用的冷却器介质材料应采用阻燃、防霉抗腐蚀、使用寿命长的材料，易燃的纸质材料不应使用。

6）进入直接蒸发加湿器的空气干球温度不应小于4℃，否则水会冰冻，因此，在冷天使用直接蒸发冷却器时应用预热室外新风或直接加热循环水。

应在冷却器前设置中效Ⅲ级以上的空气过滤器。直接蒸发冷却器可清洁净化被处理空气，直接蒸发冷却其介质上空气与水接触过程中，可去除直径到0.1μm的灰尘颗粒，去除的效率取决于灰尘颗粒的规格、密度、溶水性、可溶性，大颗粒融水性好的灰尘易于除去。颗粒粘黏在加湿表面，将减少加湿面积。水和湿膜对烟雾、油烟颗粒无效，因为它们油滑的外表面不沾水或者其颗粒粒径小于0.1μm。

5.1.5 间接蒸发冷却空气换热机组

间接蒸发冷却的原理是用直接蒸发冷却产生的冷水或冷风通过间壁去冷却另外一支路空气的换热机组，被冷却空气（也称为一次风）在这一过程中含湿量不变、温度降低，等湿降温。

室外新风或回风流经二次风通道，室外新风流经一次风干通道，二次风与一次风风量比值一般为1：1，最小不得小于0.7，迎风面空气流速不应大于2.6m/s；一次风的水系统注意事项与直接蒸发冷却机组的要求基本相同；此空气换热器的间冷效率一般可达60%～85%，热回收效率40%～55%，冬季热回收效率低，此设备可用于冬季热回收为辅；一、二次风道间有交叉污染的可能；通过一次风干通道的风阻60～185Pa，通过二次风湿道的风阻200～225Pa；设备单位风量的初投资高；此外，该机组的几何尺寸较大，工程设计时应事先做好建筑机房的空间安排。

舒适性空调建筑的回风湿球温度一般在15.5～18.5℃，当室外空气的湿球温度高于此温度范围时，只要气流组织允许采用回风更有利于降低出风温度、提高能效。合用一套排风系统有利于降低设备投资、减少机房尺寸和方便管理。

在VAV系统，间接蒸发空气换热器随着送风量减少，静压将按照平方量减小，风量减小，机组的间冷效率*IEE*将增大；但二次风的流量一般不变。二次风的风量不应小于机组规定值（不宜小于送风量的70%）。

为维护间接蒸发冷却效率和使用寿命，一、二次风的进风风口前应设中效过滤器不得低于Ⅲ级。

采用二次风的间接蒸发冷却机组一般送风量不应大于34000m^3/h；对空气处理机组风量进行限制主要是考虑在多层或高层建筑中，由于新风、二次风/回风风道都要占用空间、空调机组又相对较大，而建筑层高常常限制了风道、风口的布置；加之大风量风机产生的噪声对机房周围房间有影响。所以，提出了空调机组规格的使用条件；但是，对于体育场馆、展览厅、车站、机场、剧场等大空间建筑，其机房、建筑空间相对较大，空调机组则可不受此限制。

5.1.6 多级蒸发冷却系统

在间接蒸发冷却器后，串接一直接蒸发冷却器，即二级蒸发冷却；如二种间接蒸发冷却器串联后再串接一直接蒸发冷却，则组成三级蒸发冷却。在室外湿球温度 t_{ws}≥18.5℃的地区。采用多级串联的间、直接蒸发冷却方式可强化冷却效果，进一步降低送入建筑物空气的干球温度，以满足较好的舒适要求并可以减小送风量和送风管断面尺寸。

此类设备即使在湿球温度较高，如：24℃的气候区整个夏季，二级蒸发冷却能承担45%的制冷负荷，另外的55%负荷由常规机械制冷系统来承担。

直接蒸发冷却、间接蒸发冷却设备与其风系统、水系统上应设自动控制系统。直接蒸发冷却的送风状态湿度控制，有3种方式：

1）对选用低效率湿帘，采用控制循环水泵或供水阀门的停、开；

2）部分空气流经湿帘，部分旁通不经加湿控制；

3）对湿度控制精度要求高的场所，采用高效湿帘，控制湿帘前后的预热加热器、加热器来保证露点温度恒定。

在部分负荷时，间接蒸发冷却的出风温度控制：

1）可通过改变二次风机的转速、甚至关闭风机来调节过低的送风温度；

2）旁通风也可调节送风温度；

3）循环水路的管道可控制旁通水流或循环泵。

5.1.7 间接蒸发冷却器与机械制冷设备联合运用

1）在直接膨胀蒸发制冷空调机组中的运用：

如图5-1所示，在湿球温度较高的气候条件下，间接蒸发冷却的二次风用于冷却制冷系统的冷凝器（一、二次风风量相同），如使用建筑物的回风，通过冷凝器前的湿空气温度接近15.5～18℃；被处理一次空气先预冷，再经直接膨胀的蒸发盘管，制冷机组的能效 *COP* 最高将提高50%。受板式横流空气换热器的几何尺寸影响，直接膨胀蒸发制冷的空调机组最大处理风量同样不应大于34000m³/h。

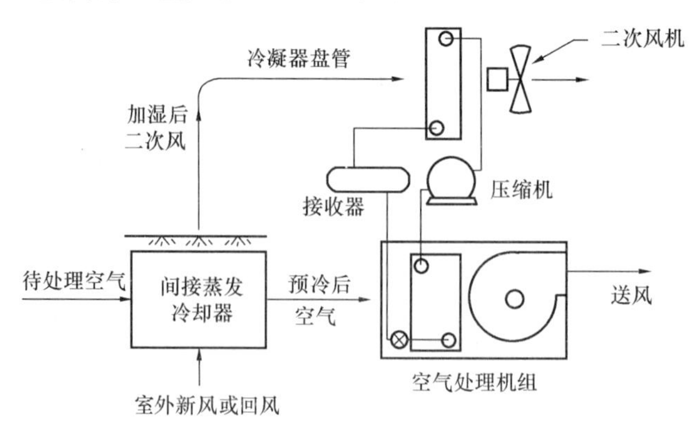

图5-1 用作预冷的蒸发冷却示意图

2）如果室内产湿量大，为保证室内湿度，则必须限制送风的含湿量，可以采用如下间接＋直接蒸发冷却＋直接膨胀蒸发制冷配置的空调处理机组：

如图 5-2 所示，室内回风通过热管式空气换热器的二次排风通道，先喷淋预冷，加湿降温后，与制冷系统的冷凝器热交换；室外新风通过一次送风通道经热管空气换热器等湿降温，再经直接蒸发，当此二级蒸发冷却不能满足使用要求时，则启动制冷系统，被处理新风与直接膨胀的蒸发器盘管热交换降温、除湿。

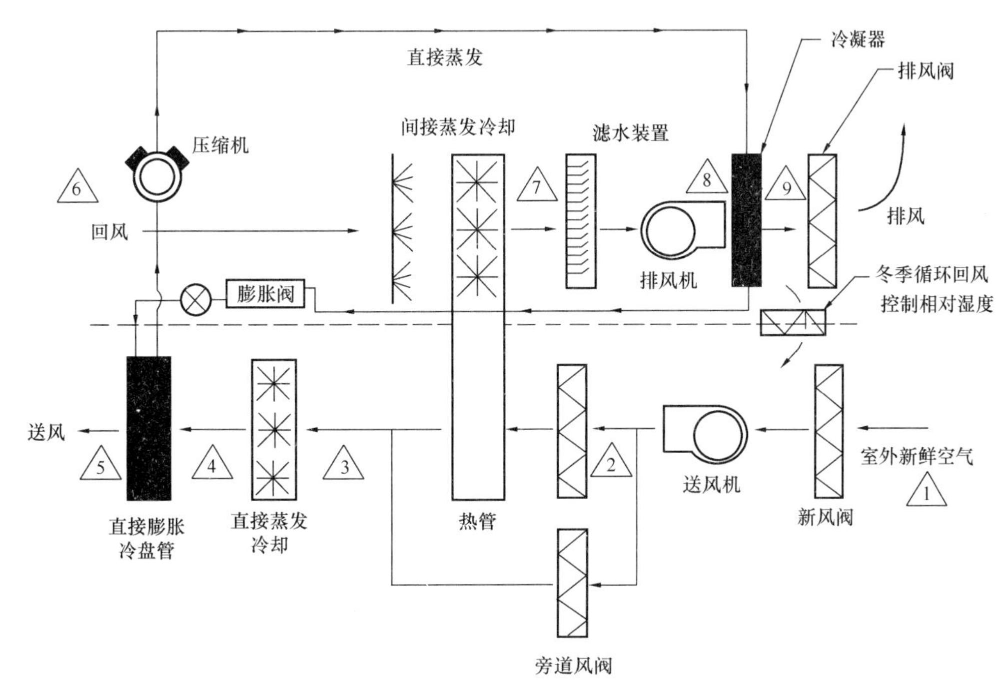

处理状态参数：

1. 37.8℃ db/20.5℃ wb	4. 16.6℃ db/15.6℃ wb	7. 22.7℃ db/22.5℃ wb
2. 39.4℃ db/21.6℃ wb	5. 12.7℃ db/12.7℃ wb	8. 23.8℃ db/22.7℃ wb
3. 23.3℃ db/15.6℃ wb	6. 23.8℃ db/17.2℃ wb	9. 35.0℃ db/25.7℃ wb

图 5-2　二级蒸发冷却示意图

蒸发冷却从以下几方面提高和改善了制冷能效：采用湿球温度低于室外的室内回风，经喷淋加湿，比直接采用室外新风能大幅增强间接蒸发冷却能力，既增加对一次风的冷却能力，也增加了制冷系统冷凝器传热能效，通过冷凝器的空气温度降低，可增加压缩机制冷能力、延长其使用寿命，降低能耗。对配置的制冷机组选用可以大幅减小。

一旦制冷系统出故障，二级蒸发冷却也能发挥有效的补偿作用。

无论是定风量机组或变风量机组，为确保制冷系统冷凝器的降温需求，室内二次排风量应与送风量保持匹配。

以上两种类型产品流程图引自 ASHRAE HANDKOOK. 2007HVAC Application，国内才刚刚有类似产品问世。

5.2 空调风系统与水系统

办公、客房、病房等同功能的多区域空调常采用风机盘管加新风系统，这里的水系统是高温水冷源，水系统末端风机盘管为干工况运行；依照殷平教授《“干盘管”误解剖析》，2008年暖通空调第7期，一文实验性结论：冷水的供水温度较室内空气露点温度低3～6℃时，不会发生结露问题；本某工程的供水温度度是10℃，室内外空气的露点温度只要不高于13～14℃，就不会有风机盘管外表面结露现象。工程中室内实际露点温度值与设计值并不总是一致，许多地方室内实际湿度常常小于室内设计值。所以，凝结水管可取消不设，但积水盘盘底的排水口应密封。

因供水温度提高，风机盘管的选型就会变大，为避免风机盘管机组选型偏大，一般有2个方法：1）采用专用干式高温风机盘管（多排逆流）；2）新风除了承担湿负荷也可多承担一部分室内显热负荷，这样，盘管承担得就少，机组选型就越小，可减少盘管初投资；承担的冬夏季负荷也好同时兼顾。必须指出：非标准工况风机盘管的选择应按照实际的高温供回水温度进行校核计算。

供回水水温的选择：1）在露点温度较高的场合，如要保持干工况则宜采用温度较高的冷水；2）如受建筑空间影响，风机盘管要多承担室内负荷，露点温度又较低的地区则可采用温度较低的冷水。一般，供水温度范围在10～14℃的冷水宜采用高温机械冷水机组，而供水温度范围在15～18℃的冷水宜采用冷却塔、间接蒸发冷水机组，当然有其他天然冷源，如地下水可利用则更好。

在干热气候条件下，采用地面辐射供冷，它具有独特的4大优势：1）地面辐射供冷能力有限，正常情况下，供冷能力≤45W/m^2，但在有太阳光直射的地面区域，最大供冷能力可以超过100W/m^2。随着节能建筑效果的提高，空调负荷减小，地面辐射供冷正好能发挥恰当的作用用来消除室内相当一部分显热冷负荷。2）结露方面，室内外露点温度低，地表面不易结露。在乌鲁木齐等地地表面温度即使达到14℃地面也不会结露，使得地面辐射供冷的能力增大。3）地面辐射供冷水系统与高温冷源可以构成一个很好的高效制冷空调系统。4）也是最为关键的方面，地面辐射供冷与供热公用一套系统，则可节省一次投资、降低运行费用，节省建筑空间。在乌鲁木齐、昌吉的医疗建筑、库尔勒的居住小区都已有采用地面辐射供冷供热的空调系统，正已投入使用，效果也较好。

6 全年运行的空调系统设计

空调能提供较好的室内空气品质，这使得空调系统在冬季也能承担起采暖系统无法达到的作用。空调系统的设计除了对夏季计算，也应对冬季进行计算，尤其是空调机组的功能段选择、设置应用$i-d$图进行分析计算。

由于冬季时间漫长，新风热负荷大，新风量的选用不同于夏季，为减少空调负荷，新风量的选择应依照本规范7.3.21条的规定。冬季使用的空调机组或新风机组，因冬、夏季新风量悬殊，空调机组上建议设二个新风口，一个全年使用，按照满足冬季新风量的要求配置风口大小与相应空气过滤器、预热器；另一个仅夏季、过渡季使用，整个冬季完全关闭。

严寒与寒冷地区的建筑内所有通往室外空调、通风系统靠近室外的风道上，一律应配置与风机连锁的关断风阀，风阀应选用国家机械行业标准《风量调节阀》JBT 7228—1994（漏风量不大于0.5%），选用进口产品其风阀的漏风量应保证密闭时漏风量在1000Pa时应小于0.1$m^3/h \cdot m^2$。多级蒸发冷却的二次风系统，一般冬季不用，也应在进风口处设与二次风机连锁的保温密闭阀，以防冷风进入机组。

在冬季来临时，机组停止工作，应关闭供水管道的阀门、排空管道与水槽内的积水。如采用了冷却盘管应使管道保持水平以便能在底部排除其管内积水。

冬季为严寒与寒冷气候区，送风排风之间设热回收装置将会收到显著的节能效果，冬季和过渡季宜用间接蒸发冷却器作为热回收装置。

当间接蒸发冷却空气换热器停止湿侧的水喷淋，即成为冬季显热热回收装置；除冷却塔与盘管空气换热器不能冬季热回收，其他各类间接蒸发冷却空气换热器都能实现热回收，转轮式空气换热器是冬季热回收效率最高的；除盘管式循环水空气换热器没有热回收空气交叉污染，其余几种均有交叉污染可能，所以，用于医院等建筑的热回收装置应避免新风受到排风的污染。热回收换热装置的送风、排风风量一般是相等的。在新风入口前应设不低于Ⅲ级的中效过滤器。

当室外温度低于13℃，可启动热回收；当室外新风温度低于10～15℃，即换热表面温度低于室内排风的露点温度，湿排风将在表面凝结、结露乃至结冰，阻塞排风通道，这时应启用防冻措施，如新风预热。

蒸发冷却水系统和设备的水质及安全使用：冷却塔、间接蒸发冷水机组都直接接触空气但不送入室内；但是，蒸发冷却器处理的空气将被直接送入室内，所以，对冷却塔、间接蒸发冷水机组水处理的方法并不能完全用于蒸发冷却空气设备中。残留的在蒸发填料上的化学、生物物质随着送风对人将造成的影响必须予以考虑。因此，水质除了应符合中华人民共和国国家标准《工业循环冷却水处理设计规范》GB 50050—2007要求外，还应兼顾以下问题：

蒸发冷却不会给军团病菌提供生长环境，军团病菌喜欢在37～41℃的水中生长，超出了蒸发冷却的水温范围。但是，为避免室外机组在停用时，受太阳照射而使水温增加产生隐患，在每次使用后宜将水槽内的积水排空（包括冷却塔、间接蒸发冷水机组），机组排水管上应设电磁阀；启用前重新注水。应定期检查海藻、泥土、细菌的生长。

机组在停止运行时，应先关闭供水管，让风机继续运行，以使蒸发加湿的表面完全干燥；当加湿或交换器高度1m，循环泵应提前运行10min。从而减少微生物生长和滋生异味，保证和改善直接、间接蒸发冷却器的性能、延长设备寿命。

风机停止运行后加湿或交换器24h没有淋水，在启用前也应排水。

为保持设备工作可靠和效率，给水管、配水装置、水槽、排水口、水泵过滤器必须定期清洗，避免灰尘、杂物片和水垢淤积，内部构造应易于冲洗、清扫。排水口的位置：应设在水槽的底部，并朝排水口有2%坡度；空调机组旁应设排水设施。机组循环水将清洗空气，灰尘会留在循环水中，所以，在循环水泵前应设置过滤器。

应保持管道内清洁，避免钙化物、矿物质、黏土沉淀，避免给人的健康带来影响的霉菌和其他微生物的生长。应避免在管道的底部、末端的积水积存时间过长而引起水质变差。

应尽量避免加湿器的湿表面结垢，结垢厚度超过一定范围，将影响设备的效率，清洗除垢时应保证湿表面不得损坏。

水与空气的过滤器应清洗或按要求更换。应防止空气从水槽与加湿、换热器之间短路，必须设水封。要有防止水雾和水滴流出的措施。

风机驱动装置、电机与轴承应该定期检查、加润滑油。

运行管理应建立维护保养制度，按要求定期维护，如：应定期最少每个月清洗、消毒水循环系统一次。

喷淋给水管前应设除污过滤装置（串联二个、设旁通，也应定期检查），在供水管上增设过滤器可降低腐蚀引起的破坏；此外，还应设压力表、温度计、水表并按设备要求设置调节阀门，调节水压，一般不应低于 1.5kgf/cm^2；喷头阻塞将导致供水管压力升高，压力减小则意味着有泄漏孔。如果配水不均，直接湿膜和间接蒸发的换热介质部分面积是干燥的，则会引起设备效率降低。

蒸发冷却空调机组正在制定相应的国家标准，但应遵从国家标准《组合式空调机组》GB/T 14294—2008 的一般要求；室外机组应满足保温要求。

冷水机组全年能耗评价指标的探讨

特灵空调系统（中国）有限公司 贾 晶

冷水机组的名义工况性能系数（*COP*）和综合部分负荷性能系数（*IPLV*）是目前评价冷水机组能效特性的2个重要指标，可有效促进冷水机组生产商提高产品性能。但在工程应用中，冷水机组全年能耗是关键，由于冷水机组全年大部分时间不在满负荷工况下运行，因此一些人通过比较机组 *IPLV* 的高低评估冷水机组全年能耗水平。但用 *IPLV*/*NPLV* 值评估冷水机组全年能耗在工程应用中存在以下三方面局限性，因此应正确理解和应用 *IPLV* 指标。

➢ 对于单台冷水机组的系统，*IPLV*/*NPLV* 不与冷水机组的全年能耗成反比

➢ 对于多台冷水机组的系统，*IPLV*/*NPLV* 不适用，宜注重机组高负荷区域（或满负荷）*COP*

➢ 因各地区气象条件不同，*IPLV*/*NPLV* 不能直接应用于实际项目的机组能耗分析

通过分析 ASHRAE90.1—2010 表 6.8.1C 中冷水机组的满负荷 *COP* 和 *IPLV* 限定值的2套方案，可以了解 ASHRAE 更注重满负荷 *COP* 对机组能耗的影响。因此冷水机组的选型宜采用名义工况制冷性能系数（*COP*）较高的产品，并同时考虑满负荷和部分负荷因素，其性能系数应符合现行的《公共建筑节能设计标准》GB 50189—2005 的规定。变频冷水机组的 *IPLV* 高，但其部分负荷时的性能系数与冷却水温度关系密切，因此也需分析在不同冷却水进水温度下，水冷冷水机组部分负荷时的节能效果。

1 比较 ASHRAE90.1-2010 对机组 *COP* 和 *IPLV* 限定值要求，说明其注重机组 *COP*

ASHRAE90.1-2010 标准对除低层住宅以外的建筑提出建筑能耗要求，ASHRAE90.1-2010 表 6.8.1C（见表 1-1）对冷水机组的 *COP* 和 *IPLV* 的限定值提出2套方案：方案 A 的 *COP* 较高但 *IPLV* 较低；方案 B 的 *COP* 较低但 *IPLV* 较高。若比较表 1-1 中机组冷量大于 2109.6kW 的方案 A 和方案 B，则 ASHRAE90.1-2010 允许方案 B 的 *COP* 比方案 A 的 *COP* 低 3.4%，但要求方案 B 的 *IPLV* 比方案 A 的 *IPLV* 高 34.8% 作为补偿。故2种方案 *COP* 与 *IPLV* 限定值的差值百分比相差10倍，说明 ASHRAE 更注重 *COP* 对建筑能耗的影响。若比较表 1-1 中各冷量段的方案 A 和方案 B，求 *COP* 与 *IPLV* 限定值的差值百分比平均值，则 ASHRAE90.1-2010 允许方案 B 的 *COP* 比方案 A 的 *COP* 平均低 3.0%，但要求方案 B 的 *IPLV* 比方案 A 的 *IPLV* 平均高 20.3%作为补偿。故2种方案 *COP* 与 *IPLV* 要求的差值百分比平均相差 6.7 倍以上。因此，对比机组 *IPLV* 的限定值，ASHRAE90.1-2010 更注重机组 *COP* 限定值要求。

表 1-1　ASHRAE90.1-2010 对冷水机组的 *COP* 和 *IPLV* 的限定值

机　型	机组冷量/kW	方案 A/（kW/kW）		方案 B/（kW/kW）	
		COP	*IPLV*	*COP*	*IPLV*
涡旋机 螺杆机	<263.7	4.51	5.58	4.40	5.86
	263.7～527.4	4.54	5.72	4.45	6.00
	527.4～1054.8	5.17	6.06	4.90	6.51
	>1054.8	5.67	6.51	5.50	7.18
离心机	<1054.8	5.55	5.90	5.50	7.81
	1054.8～2109.6	6.10	6.40	5.86	8.79
	>2109.6	6.17	6.52	5.96	8.79

2　对于单台冷水机组的系统，*IPLV* 不与冷水机组的全年能耗成反比

比较 *IPLV*/*NPLV* 的计算法则和机组全年能耗的简化计算公式，说明对于单台冷水机组的系统，*IPLV* 不与冷水机组全年能耗成反比，并用 2 台实际机组的数据验证此观点。

《工业或商业用及类似用途的冷水（热泵）机组》GB/T 18430.1—2007 对综合部分负荷性能系数（*IPLV*）的定义为：用一个单一数值表示的空气调节用冷水机组的部分负荷效率指标，基于该国标表 3 规定的 *IPLV* 工况下机组部分负荷的性能系数值，按机组在特定负荷下运行时间的加权因素，通过式（2-1）获得：

$$IPLV = 2.3\% \times A + 41.5\% \times B + 46.1\% \times C + 10.1\% \times D \qquad (2\text{-}1)$$

式中 A、B、C 和 D 分别为 100%，75%，50%和 25%负荷时的性能系数 *COP*（kW/kW）

由此可见，*IPLV* 是对机组 4 种负荷性能系数加权平均的综合值，其权重是 4 种负荷对应的运行时间百分比，不含机组负荷百分比，虽然机组 4 种负荷工况决定其权重。

机组全年能耗可参照 *IPLV*/*NPLV* 的计算法则简化计算如下：

由于“机组能耗＝运行时间×机组冷量/机组性能系数”，假设机组全年能耗按机组负荷率分别为 100%，75%，50%和 25%计算，则单台机组全年能耗为

$$E = H \times (2.3\% \times 100\% \times T/A + 41.5\% \times 75\% \times T/B + 46.1\% \times 50\% \times T/C + 10.1\% \times 25\% \times T/D) \qquad (2\text{-}2)$$

式中 E 为单台机组全年能耗；H 为机组全年运行时间；T 为单台机组名义冷量。

式（2-2）简化得

$$E = H \times T \times (2.3\%/A + 31.125\%/B + 23.05\%/C + 2.525\%/D) \qquad (2\text{-}3)$$

对比式（2-1）与式（2-3），得到以下结论：

机组全年能耗≠全年运行时间×名义冷量/*IPLV*，即 *IPLV* 不与冷水机组全年能耗成反比。

与机组 4 种负荷相关的参数的权重不同，见表 2-1。

表 2-1 与机组 4 种负荷相关的参数的权重比较

冷水机组负荷百分比	与机组 4 种负荷相关的参数的权重		
	IPLV/*NPLV* 计算法则	机组全年能耗计算	权重变化
100%	2.3%	2.3%	不变
75%	41.5%	31.125%	减少 25%
50%	46.1%	23.05%	减少 50%
25%	10.1%	2.525%	减少 75%

分析表 2-1 得出：

1）与机组 4 种负荷相关参数的权重改变的原因是 *IPLV*（或 *NPLV*）仅考虑了机组在 4 种负荷下运行时间的加权因素，未考虑机组负荷百分比的权重对单台机组全年能耗影响。

2）借用 *IPLV*/*NPLV* 计算法则评估机组全年能耗不合理，因 *IPLV*/*NPLV* 计算法则变相低估了单台机组满负荷时机组能效的权重，高估了部分负荷时机组能效的权重。部分负荷越小，其能效权重被高估得越多。

2 台实际机组的数据也说明单台机组 *IPLV*/*NPLV* 高，其全年耗电量不一定低。在单台机组承担空调系统负荷前提下，虽然变频机组的 *NPLV*（8.06）比高效机组 *NPLV*（7.84）高，但是其全年耗电量却比高效机组多 3.85%（见表 2-2）。

表 2-2 单台变频机组与高效机组全年耗电量比较

运行参数			变频机组参数			高效机组参数		
机组负荷	运行时间	运行时间	*NPLV*（8.06）			*NPLV*（7.84）		
kW	权重	时间/h	机组能效/(W/W)	功率/kW	耗电量/(kWh)	机组能效/(W/W)	功率/kW	耗电量/(kWh)
1758	0.01	30	5.16	341	10230	6.84	257	7710
1319	0.42	1260	6.76	195	245700	7.85	168	211680
879	0.45	1350	9.25	95	128250	8.21	107	144450
440	0.12	360	8.45	52	18720	6.56	67	24120
全年运行时间 3000h			全年总耗电量 402900kWh			全年总耗电量 387960kWh		

3 对于多台冷水机组的系统，*IPLV* 不适用，宜注重机组高负荷区域 *COP*

在许多工程中，多台冷水机组以群控方式运行，每台冷水机组大部分时间在 60%～85%或以上的高负荷区运行。以二台离心机组 A、B（3516kW 冷量）和一台螺杆机组 C（1055kW 冷量）的项目为例，系统负荷从 0 到 100%的过程中，三台机组在 9 种情况下达到 100%单机负荷。系统负荷为 13%时，其中一台机组达到 100%单机负荷，见表 3-1。

表 3-1　3 台机组典型运行方案

系统冷量/kW		8087	7032	4571	3516	1055	105
系统负荷/%		100	87	57	43	13	1.3
单机负荷/%	A 机组（3 516kW）	100	100	0	0	0	0
	B 机组（3 516kW）	100	100	100	100	0	0
	C 机组（1 055kW）	100	0	100	0	100	10

根据 ARI550/590-2003 标准 D2 的叙述："在多台冷水机组系统中的各个单台冷水机组是要比单台冷水机组系统中的单台冷水机组更接近高负荷运行"，故机组的高负荷（或满负荷）*COP* 具有代表意义。上述叙述可参考图 3-1 理解。

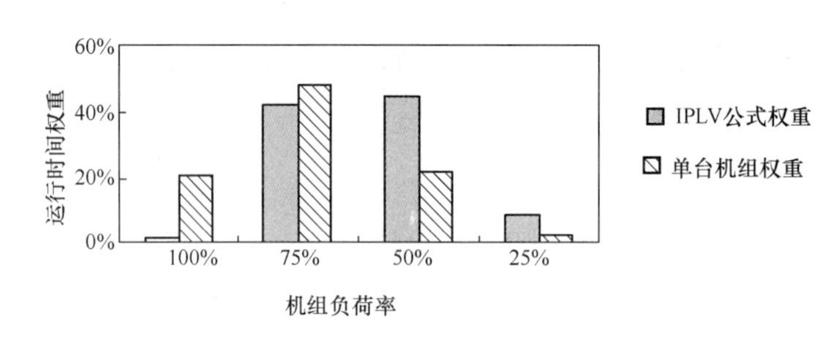

图 3-1　多台冷水机组系统中单台机组运行时间权重

W. Ryan Geister 等在 ASHRAE 文章中给出在美国芝加哥的对冷水机组台数研究的数据（见表 3-2）。

表 3-2　冷水机组台数对单台机组运行时间权重影响

	单台机组运行时间权重/%			
单台机组负荷率	100%	75%	50%	25%
IPLV/NPLV	1	42	45	12
1 台机组系统	23	33	4	40
2 台机组系统	41	29	9	21
3 台机组系统	53	26	9	12
4 台机组系统	62	24	7	8
4 个系统均值	44.8	28	7.3	20.3

表 3-2 说明冷水机组台数对单台机组不同负荷率下运行时间权重的影响，若机组台数增加，则单台机组在高负荷区运行时间增加，在低负荷区运行时间减少。另外从 1 台机组系统到 4 台机组系统，其单台机组不同负荷率下运行时间权重与 *IPLV/NPLV* 数据差别很大。故 *IPLV/NPLV* 不适用多台冷水机组的系统，宜注重机组高负荷区域（或满负荷）*COP*。

4　因各地区气象条件不同，*IPLV* 不能直接应用实际项目的机组能耗分析

《公共建筑节能设计标准》GB 50189—2005 的条文说明指出：蒸气压缩循环冷水（热泵）机组综合部分负荷性能系数（*IPLV*）计算的根据：取我国典型公共建筑模型，计算

出我国 19 个城市气候条件下，典型建筑的空调系统供冷负荷以及各负荷段的机组运行小时数，参照美国空调制冷协会《采用蒸气压缩循环的冷水机组》ARI 550/590—1998 标准中综合部分负荷性能 *IPLV* 系数的计算方法，对我国 4 个气候区分别统计平均，得到全国统一的 *IPLV* 系数值。

冷水机组部分负荷的 *COP* 值受冷却水进水温度影响很大，在两种典型工况条件下，同一机组在相同的部分负荷时的 *COP* 值会相差 20%或以上（见图 4-1）。典型工况条件 1（曲线 1）是按 *IPLV* 公式所设定的机组负荷与进水温度的关系变化，典型工况条件 2（曲线 2）是冷却水进水温度不变（机组满负荷对应的水温），但机组负荷发生变化。

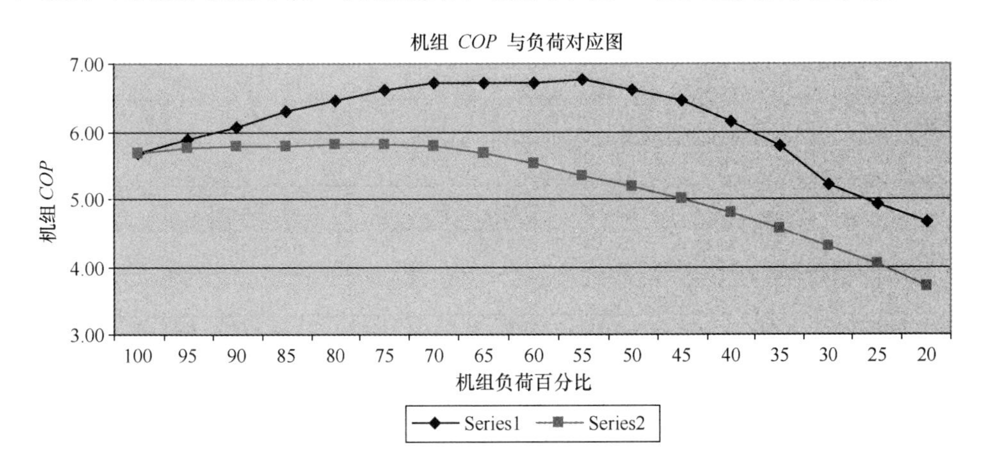

图 4-1　冷却水进水温度对冷水机组部分负荷的性能系数影响

由于我国地域辽阔，各地气象条件差异较大，机组负荷与进水温度变化的关系与 *IPLV* 公式设定值差别较大，因此 *IPLV*/*NPLV* 不能直接应用于实际项目的机组能耗分析。

由于实际工程中仅有 1 台冷水机组的项目极少，为了便于比较，W. Ryan Geister 等在 ASHRAE 文章中假设使用 2 台冷水机组的典型办公楼位于全球不同气候条件下 40 多个城市，比较单台机组运行时间权重百分比与 *IPLV*/*NPLV* 设定值（美国 ARI 550/590-2003 的定义）的区别，结果令人惊讶（见表 4-1）。

表 4-1　2 台冷水机组机房的单台机组运行时间权重百分比全球分析结果

单台机组负荷率	100%	75%	50%	25%
冷却水进水温度/℃	29.4	23.8	18.3	18.3
ARI（*IPLV*）	1	42	45	12
亚特兰大	52	30	8	10
曼谷	94	5	0	1
北京	44	30	7	19
开罗	47	28	8	17
开普敦	18	44	15	22
加拉加斯	95	5	0	0
芝加哥	41	29	9	21

续表 4-1

单台机组负荷率	100%	75%	50%	25%
达拉斯	59	21	7	13
丹佛	19	34	22	25
迪拜	65	27	2	6
河内	69	15	2	13
胡志明市	97	3	0	0
香港	64	18	5	13
休斯敦	66	19	3	12
耶路撒冷	23	48	11	18
堪萨斯州城	59	19	5	17
伦敦	14	32	18	35
洛杉矶	19	44	15	22
墨尔本	11	24	16	49
墨西哥城	23	48	15	14
迈阿密	78	18	1	3
莫斯科	16	38	16	30
孟买	80	18	1	1
新德里	53	27	7	13
渥太华	28	32	12	28
巴黎	19	38	13	29
珀斯	18	40	15	27
凤凰城	35	42	10	13
利雅得	33	46	8	13
罗马	43	26	7	24
圣保罗	46	39	5	10
西雅图	13	29	21	37
首尔	45	28	7	20
上海	52	24	3	21
新加坡	100	0	0	0
悉尼	29	37	11	23
台北	63	22	4	11
东京	43	28	4	25
温哥华	10	33	22	35
华沙	23	33	16	27
华盛顿特区	47	27	6	20
地区平均	45	28	9	18

无论是某个城市的数据，还是地区平均的数据，都与 *IPLV*/*NPLV* 设定值大相径庭。这说明宜注重机组高负荷区域（或满负荷）*COP*。

表 4-1 的数据也验证 ASHRAE90.1-2010 对机组 *COP* 和 *IPLV* 限定值要求，说明 ASHRAE 注重机组满负荷的 *COP*。

5　变频离心机组的 *IPLV* 高，其部分负荷时的性能系数与冷却水温度关系密切

《工业或商业用及类似用途的冷水（热泵）机组》GB/T 18430.1—2007 中表 3 列出部分负荷工况的温度条件，水冷式冷凝器的进水温度条件如表 5-1 所示。

表 5-1　部分负荷工况对应的水冷式冷凝器进水温度条件

名　　称		部分负荷规定工况	
		IPLV	*NPLV*
水冷式冷凝器	100%负荷进水温度/℃	30	选定的进水温度
	75%负荷进水温度/℃	26	75%和 50%负荷的进水温度必须在 15.5℃至选定的 100%负荷进水温度之间按负荷百分比线形变化，保留一位小数
	50%负荷进水温度/℃	23	
	25%负荷进水温度/℃	19	19
	流量/[m³/(h·kW)]	0.215	选定的流量
	污垢系数/[m²·℃/kW]	0.043	指定的污垢系数

普通离心机组加载变频器后，在《工业式商业用及类似用途的冷水（热泵）机组》GB/T 18430.1—2007 规定（表 5-1）的部分负荷工况下的性能系数 *COP* 提高很快，因此变频离心机组 *IPLV* 比普通机组高很多，但满负荷时 *COP* 下降，因为变频器耗电。由于变频是调节压缩机的电动机转速，能有效适应压缩机进排气口的压差变化，因此在冷却水温随机组负荷减少而降低时，部分负荷的节能效果明显。若机组负荷减少，而冷却水温度不变，则部分负荷的节能效果较差。图 5-1 为采用 ARI550/590-2003 定义的 *IPLV* 的 4 种特定负荷工况对应的冷却水进水温度下，对某一品牌的变频机组、普通机组、高效机组在部分负荷时的性能系数的比较。图 5-2 是冷却水温度不变时的比较结果。

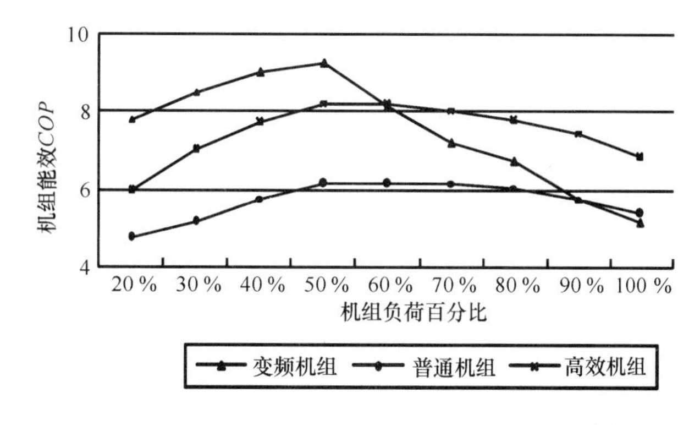

图 5-1　冷却水温随机组负荷改变的机组能效比较

从图 5-1 中看出，在冷却水温随机组负荷减少而降低的情况下，当机组负荷小于 90%时，变频机组的能效高于普通机组；当机组负荷小于 60%时，变频机组的能效高于高效机组。

从图 5-2 中看出，在冷却水温不变，而机组负荷减少的情况下，当机组负荷小于 60%时，变频机组的能效高于普通机组；但机组负荷在 20%～100%区间变化时，变频机组的能效低于高效机组。

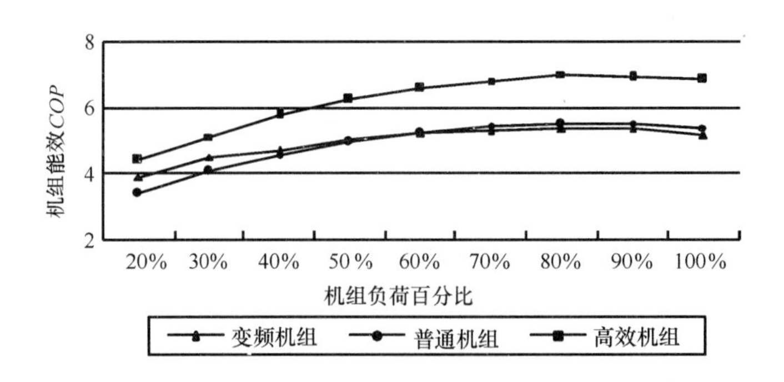

图 5-2 冷却水温不变机组负荷改变时机组能效比较

采用变频机组还是高效机组节能，需分析机组负荷特性和当地气象条件（冷却水温度）。当具备下面 2 种情况时，变频离心机组节能明显。

1. 冷负荷变化大，且机组长期低负荷运行（60%以下）

2. 机组低负荷时冷却水温明显下降（<19℃）

上述分析，可得以下结论：

1. 对比机组 *IPLV* 的限定值，ASHRAE90.1 更注重机组 *COP* 限定值要求。ASHRAE90.1-2010 表 6.8.1C 对冷水机组的 *COP* 和 *IPLV* 的限定值提出两套方案，对于冷量大于 2109.6kW 的机组，它允许方案 B 的 *COP* 比方案 A 的 *COP* 低 3.4%，但要求方案 B 的 *IPLV* 比方案 A 的 *IPLV* 高 34.8%作为补偿。

2. 用 *IPLV* 值评估冷水机组全年能耗在工程应用中的三方面局限：

1）对于单台冷水机组的系统，*IPLV* 不与冷水机组的全年能耗成反比；

2）对于多台冷水机组的系统，*IPLV* 不适用，宜注重机组高负荷区域（或满负荷）*COP*；

3）因各地区气象条件不同，*IPLV* 不能直接应用于实际项目的机组能耗分析。

3. 在常规项目中，冷水机组的选型宜采用名义工况制冷性能系数（*COP*）较高的产品，并兼顾机组的 *IPLV*，须同时考虑满负荷和部分负荷因素。

6 参考文献

[1] ANSI/ASHRAE/IESNA Standard 90.1-2010, Energy Standard for Buildings Except Low-Rise Residential Buildings[S]. Atlanta：ANSI，2010.

[2] 全国冷冻设备标准化技术委员会．工业或商业用和及类似用途的冷水(热泵)机组 GB/T 18430.1—2007[S]. 北京：中国标准出版社，2008.

[3] ARI. Standard for Water Chilling Packages Using the Vapor Compression Cycle ARI 550/590-2003 [S]，2003.

[4] 贾晶，赵锡晶，李杰．用 *IPLV/NPLV* 值评估冷水机组全年能耗的局限性[J]. 暖通空调，2010，40(3)：19-22.

[5] 贾晶，严新娟．对变频离心式冷水机组全年节电的探讨[J]. 暖通空调，2009，39(1)：66-69，42.

[6] W. Ryan Geister，Mike Thompson 余中海，谢建宏，贾晶译. 冷水机组标定的进一步解读[J]. 暖通空调. 2011，41(4)：50-57.

[7] 汪训昌．从冷水机组的优化群控评 ARI550/590 标准的 *IPLV* 指标[J]. 冷冻空调标准与检测. 2004，26(6)：10-14.

[8] 韩树衡. 对如何正确应用综合部分负荷系数 *IPLV* 之我见[J]. 制冷与空调. 2005，5(6)，80-82.

[9] 汪训昌．正确理解、解释与应用 ARI550/590 标准中的 *IPLV* 指标[J]. 暖通空调，2006，36(11)：46-50.

[10] 张明圣．冷水机组产品国家标准的修订及 *IPLV* 应用的探讨[J]. 制冷学报，2006，26(4)：59-62.

地源热泵系统适宜性研究

中国建筑科学研究院　徐　伟

可再生能源的开发利用是国家能源发展的基本政策，土壤、地下水、江河湖水、海水、污水等都可以作为热泵系统的冷热源，夏天蓄热，冬天吸热，地源热泵系统是实现利用可再生能源和提高能源利用率来降低能耗的有效途径之一。地源热泵系统所用设备、构件及材料，应根据国家和当地现有的生产能力和材料供应状况择优选用。采用地源热泵系统时，需向有关政府职能部门提交勘查报告，进行审批，确定换热功率和换热量，获得可再生能源的使用权。采用地源热泵系统设计时，应符合国家现行的法律法规与相关的标准规范。地源热泵系统应根据系统的复杂程度，配备必要的专业技术和操作、维修人员以及相应的维护设备和检测仪表，并应在系统中设置必要的条件和计量装置。

1　地埋管地源热泵系统适宜性研究

采用地埋管地源热泵系统的设计应根据供热、制冷负荷，土壤岩性、物理、热物性参数以及传热特性等，同有关专业配合，通过技术经济确定。

地埋管地源热泵系统按埋管方式可分为水平地埋管地源热泵系统和垂直地埋管地源热泵系统。我国一般采用垂直地埋管地源热泵系统。

地埋管地源热泵系统应安装流量计，进、出口温度传感器，以及安装必要的地温测量温度传感器，进行系统地监测。

在我国北方气候寒冷地区，有必要使用防冻液的循环工质。

对于地埋管地源热泵的适宜性分区主要考虑岩土体特性、地下水的分布和渗流情况、地下空间利用等因素。竖直地埋管地源热泵系统适宜性分区主要指标见表 1-1。

表 1-1　竖直地埋管换热适宜性分区

分区	分区指标（地表以下 200m 范围内）			综合评判标准
	第四系厚度（m）	卵石层总厚度（m）	含水层总厚度（m）	
适宜区	＞100	＜5	＞30	三项指标均应满足
较适宜区	＜30 或 50～100	5～10	10～30	不适合适宜区和不适宜区分区条件
不适宜区	30～50	＞10	＜10	至少两项指标符合

在地下水含砂量大于 1/20000（体积比）、难以回灌的地区，宜采用江河湖水源热泵系统、地埋管地源热泵系统或传统空调系统。如果该地区江河湖水缺乏，则可采用地埋管地源热泵系统或传统空调系统。

对于单供热或单制冷的地区或供热与制冷不均衡的地区，需要论证地埋管地源热泵系统对环境的影响。

对于地下水对金属的腐蚀性离子较多，且大部分超标，水质污染较为严重时，水处理代价过高，且又适宜、较适宜采用地埋管地源热泵系统的地区，可采用地埋管地源热泵系统进行供热或制冷。

对于基岩地区，地层可钻性差，且传热条件也差的地区，不宜采用地埋管地源热泵系统进行供热或制冷。

对于含水层厚度大，易于采取地下水，地下水水质好，水量大的地区，宜采用地下水地源热泵系统而不采用地埋管地源热泵系统进行供热或制冷，以降低工程费用。

针对典型办公建筑和典型居住建筑在不同气候区采用地埋管地源热泵系统的适宜情况及合理应用进行了计算与分析，得出了不同建筑类型的使用范围：

(1) 针对办公建筑，采用单一式地埋管地源热泵系统，不同气候区的适宜情况为：寒冷气候区为适宜区；严寒B区为较适宜区；夏热冬冷气候区为一般适宜区；严寒A气候区和夏热冬暖气候区为不适宜区。

(2) 针对办公建筑，采用地埋管地源热泵系统与其他冷热源形式相结合的复合式系统，不同气候区的适宜情况为：寒冷气候区为适宜区；严寒B区和夏热冬冷气候区为较适宜区；严寒A气候区为一般适宜区；夏热冬暖气候区为不适宜区。

(3) 针对居住建筑，一般仅在寒冷气候区和夏热冬冷气候区既需冬季供热又需夏季供冷，均存在一定的不平衡率，在这两个气候区采用地埋管地源热泵系统与其他冷热源形式相结合的复合式系统适宜情况为：寒冷气候区为适宜区；夏热冬冷气候区为较适宜区；而严寒A、B气候区居住建筑仅有集中供热需求；夏热冬暖气候区居住建筑仅有集中供冷需求，均为不适宜区。

注：本条地埋管地源热泵系统的适宜性结论是针对典型建筑在不同气候区的典型城市进行分析得出。针对具体城市的具体项目应根据项目自身建筑负荷特性及地质状况进行具体研究，以确定项目是否适宜采用地埋管地源热泵系统。

2 地下水地源热泵系统适宜性研究

采用地下水地源热泵系统的设计应根据供热、制冷负荷，含水层岩性、物理、水理性质、热物性参数以及传热特性等，同有关专业配合，通过技术经济确定。

地下水地源热泵系统应安装流量计，进、出口温度传感器，水位、水温监测仪器，以及采取水样测试水质，进行系统地监测。

在采用地下水地源热泵系统时，应提交勘查报告，与有关的政府职能部门进行协商，确定取水方案、取水量和换热功率，获取水权。

对地下水地源热泵的回灌措施与回灌效果作全面调查研究，杜绝抽水多、回灌少的现象存在，坚决贯彻关于抽取地下水全部回灌到同一含水层的强制性条文规定。对违反者，坚决停止运行，进行技术改造，直到合格为止。

对于地下水地源热泵的适宜性分区主要考虑含水层岩性、分布、埋深、厚度、富水性、渗透性，地下水温、水质、水位动态变化，水源保护、地质灾害等因素。

在地下水含砂量大于1/20000（体积比）、难以回灌的地区以及水资源缺乏地区，不宜采取地下水地源热泵系统进行供热或制冷。

对于单供热或单制冷的地区或供热与制冷不均衡的地区，需要论证地下水地源热泵系统对环境的影响。

对于地下水对金属的腐蚀性离子较多，且大部分超标，水质污染较为严重时，水处理代价过高，不宜采用地下水地源热泵系统进行供热或制冷。

对于含水层厚度大，易于采取地下水，地下水水质好，水量大的地区，宜采用地下水地源热泵系统，以降低工程费用。

针对办公建筑和居住建筑，在不同气候区域中应用地下水地源热泵的适宜性分析研究，将不同建筑类型应用适宜范围划分如下：

（1）公共建筑地下水地源热泵系统适宜性研究结果为：寒冷地区为地下水地源热泵系统适宜性最好区域，严寒B类地区为较适宜区，夏热冬冷地区为一般适宜区域，寒冷A类地区为勉强适宜区域，夏热冬暖地区为较不适宜区域。

（2）居住建筑地下水地源热泵系统适宜性研究结果为：寒冷地区为地下水地源热泵系统适宜性最好区域，夏热冬冷地区为较适宜区，严寒B类地区为一般适宜区域，寒冷A类地区为勉强适宜区域，夏热冬暖地区为较不适宜区域。

注：本条地下水地源热泵系统的适宜性结论是针对典型建筑在不同气候区的典型城市进行分析得出。针对具体城市的具体项目应根据项目自身建筑负荷特性及地质状况进行具体研究，以确定项目是否适宜采用地下水地源热泵系统。

3　江河湖水源热泵系统适宜性研究

建筑物的供热、制冷设计方案，应根据建筑物的用途、工艺和使用要求、室外气象参数、地表水体参数以及能源状况等，同有关专业配合，通过技术经济确定。

江河湖水源热泵系统所用设备、构件及材料，应根据国家和建设地区现有的生产能力和材料供应状况择优选用。

江河湖水源热泵系统的设备、管道、配件布置，应为安装、操作和维修留有必要的位置，大型设备和管道，应根据需要在建筑设计中预留安装和维修用孔洞，并应考虑有装设起吊设施的可能。

江河湖水源热泵系统中的取水构筑物和管道设备应考虑必要的安全防护措施，并应和有关的政府职能部门进行协商，确定取水方案。

江河湖水源热泵系统适宜的地区为夏热冬冷地区，一般适宜区为夏热冬暖地区。对于寒冷地区、严寒地区、温和地区，由于涉及气候区气温和水温相互关系、水系分布、水质等多方面因素，在上述地区进行江河湖水源热泵方案选择时，必须进行技术经济的综合分析。

应根据取水口的标高和热泵机组的标高和取水管线确定取水能耗，应根据取水温度和取水能耗进行系统能耗综合分析，以确定江河湖水源热泵系统相对传统空调的节能率。若江河湖水源热泵系统节能率低于传统空调的节能率，项目不应采用江河湖水源热泵系统方案。

水体腐蚀性离子较多，且大部分超标，水质污染较为严重时，水处理代价过高，该水体不适应采用江河湖水源热泵系统。

对于滞留水体，若水体最大深度低于3m，该水体不适宜采用江河湖水源热泵系统。

当冬季水体水温低于4℃时，由于系统可能存在结冰现象，为保证系统的安全和经济性，则项目不适合采用开式江河湖水源热泵系统。

对于滞留水体，当夏季排水温度高于40℃时，为保证排水对水体水环境的影响，项目不适合采用开式江河湖水源热泵系统。

当对于流动水体，若采用渗滤取水方案，若排水不进行二次利用，由于取水投资过高，项目不宜采用江河湖水源热泵系统方案。

对于流动水体，由于闭式换热器固定和安装困难，不宜采用闭式江河湖水源热泵系统。

对于夏季水温较高或冬季水温较低的水体，应根据供冷期和供热期的水温变化进行技术经济分析，经对建筑物负荷进行全寿命周期分析，才能确定江河湖水源热泵系统方案。

流动水体中设置浮船取水方案或采用湿式水泵房方案的江河湖水源热泵系统，应得到航道等政府部门的审批意见后，才能采用该取水方案。

若水体水位、水温变化过大，应预留冷却塔和锅炉接口，保证项目系统的稳定性。

4 海水源地源热泵系统适宜性研究

海水源地源热泵系统设计前，应从以下3个方面进行可行性和技术经济性分析：

（1）建筑物距海水源侧距离、建筑物性质及负荷特性、末端性质、海水源地源热泵系统拟供冷、供热区域的现状及发展规划。

（2）工程所在地航运情况，海水的水文地质条件，如海水温度的变化规律、水质、浪涌、潮汐及潮位等。

（3）工程所在地，与系统设计相关的气象参数变化规律。

海水源地源热泵系统的取水方案确定，应获得项目所在地有关政府职能部门批准，严禁破坏海底电缆及其他既有设施。在系统完成后应在换热区域做出警示标志，以防止管线遭到破坏。

海水源地源热泵系统应根据技术经济分析决定是否设置冷、热源调峰。设调峰冷、热源时，其年总供热、供冷量占系统年总供热、供冷量的比例不宜大于40%。

直接利用后的海水，需排入海水后处理装置，经过无害化处理、过滤处理，控制使用后海水的温度指标和含氯浓度，以免影响海洋的生态环境。

在有可能出现冻结的地区，应采取可靠的防冻措施。

我国的海岸线分布在寒冷地区、夏热冬冷地区和夏热冬暖地区沿岸，海水源地源热泵系统适宜的地区为寒冷地区的南部，较适宜地区为夏热冬冷地区南部，一般适宜区为夏热冬冷地区北部以及大连地区周围，寒冷地区北部为可以使用区。夏热冬暖地区采暖需求极少，主要是空调制冷需求，因此此地区应用的为海水源空调机组，不列入海水源地源热泵系统适宜性划分范围。

项目所在地冬夏两季海水温度与当地气候间温差较大，海水温度峰谷值与建筑负荷峰谷值之间有较大滞后，海水源地源热泵系统在满足建筑负荷需求同时，可以取得比较高的能效比时，此类区域为适宜区。

项目所在地区域周围海洋温度与建筑负荷变化一致性较高，且冬季海水温度较低，海水源地源热泵系统运行能效比很低。此类地区属于可以使用区，但可再生能源利用优势已经不够突出，可以考虑采用复合式系统。

海水源地源热泵机组蒸发器水侧（或钛板换热器海水侧）的出口温度应高于海水冰点3℃，以保障机组的运行安全性，若海水温度高于冰点温度小于3℃，应采用辅助热源式复合海水源地源热泵系统。

采用沙滩井取水方式，或沙滩掩埋输水管道的方式，使取用海水与沙滩土壤换热后，有利于海水源地源热泵系统能效的提高，可以扩大海水源地源热泵系统应用范围，但必须进行技术经济的综合分析，以确定具体项目采用这类方式后是否合理。

海水源地源热泵站房，距离取水口距离不宜过远，根据不同地区，与常规供暖空调进行技术经济性比较后，确定合理输送距离，大于此距离项目，不适宜应用海水源地源热泵系统。

在沿海区域为滩涂，泥沙含量大的区域，将海水处理到热泵可以利用的程度需要付出较高的经济代价，不适宜应用海水源地源热泵系统。

在近海区域一般不宜采用井水源热泵，以防止取水时引起海水侵蚀陆地、地层沉降及建筑物地基下沉等。

5 污水源地源热泵系统适宜性研究

污水源地源热泵系统污水利用方式主要有以下3种：

（1）闭式利用：污水源侧水系统封闭，通常采用充注换热介质的高密度聚乙烯塑料管作为热交换器，直接置于污水中，根据污水温度或设计需要换热介质为自来水或15%～20%的乙烯乙二醇。这种方式系统可靠性好，但成本与运行费用较高，只适用于小型热泵系统，不适用于原生污水系统。

（2）开式直接利用：污水经污水循环泵直接进入热泵机组换热器，换热后的污水直接排放，热泵机组换热器需要采用特殊材质，具有防腐、防堵特性等。这种方式系统初投资与运行费用都较低，但可靠性差，适宜较大型系统，不适宜原生污水系统。

（3）开式间接利用：对于二级水或中水，采用板式换热器实现热泵机组与污水的间接换热。对于原生污水，采用壳管换热器实现热泵机组与污水的间接换热。注意原生污水系统中应设防堵装置。这种方式系统可靠性高，但初投资和运行费用也相对较高，适合大型污水源地源热泵系统。

用污水作为低位热源时，引入水源热泵机组或中间热交换器的“污水”应满足《城市污水再生利用工业用水水质》GB/T 19923—2005或《城市污水再生利用城市杂用水水质》GB/T 18920—2002等标准的要求。特殊情况下，应作污水应用的环境安全与卫生防疫安全评估，并应取得当地环保与卫生防疫部门的批准。

在确定采用污水源地源热泵系统前，应进行详细的技术经济分析，分析时应考虑如下因素：

（1）工程所在地，污水温度的变化规律。

（2）工程所在地，与系统设计有关的气象参数变化规律。

（3）拟建空调建筑距污水源侧的距离。

（4）拟建空调建筑的冷、热负荷设计指标与预测的系统全年总供热、供冷量。

污水的利用方式应根据污水温度及流量的变化规律、热泵机组产品性能与投资、系统预期寿命等因素确定。

污水源地源热泵系统应根据技术经济分析决定是否设置冷、热源调峰。设调峰冷、热源时，其年总供热、供冷量占系统年总供热、供冷量的比例不宜大于40%。

污水源地源热泵系统的热泵机组站房宜靠近拟建空调建筑的负荷中心设置。

污水温度适宜的地区，应考虑过渡季，利用污水直接供冷；过渡季和冬季对建筑内区，利用污水直接供冷。

由于涉及污水源的水温与气候区气温相互关系、污水量、污水水质等多方面因素，在各个地区进行污水源地源热泵方案选择时，必须进行技术经济的综合分析。

分析污水源地源热泵系统经济性时，应以污水温度变化规律及空调供水温度优化为基础，计算热泵机组的全年能效比COP_n；以COP_n为基础计算污水源地源热泵系统的全年能效比COP'_n。由于初投资较高，污水源地源热泵系统经济性分析必须综合考虑资金成本、投资回收年限、运行费用等因素。

经过与所在城市常规能源系统进行经济性对比分析后，项目所在地与污水源间距离大于经济性距离的，不适宜应用污水源地源热泵系统。

空调水系统耗电输冷(热)比(*EC*(*H*)*R*)编制情况介绍和实施要点

上海建筑设计研究院有限公司　寿炜炜
中国建筑设计研究院　潘云钢
北京市建筑设计研究院　孙敏生

1　引言

随着公共建筑节能工作的深入，空调水系统的经常性运行能耗在整个空调系统的能耗的高百分比凸显了从严控制水系统输送能耗问题的重要性。节约空调输送系统的运行能耗问题已越来越被人们所重视。国家 2005 年实施的《公共建筑节能设计标准》GB 50189—2005 5.3.27 条对空调冷热水的输送能效比提出了相关的节能要求；但随着多级泵技术的发展及应用项目规模的增大，原有的条文已不适宜国内节能工作发展的需要。这次《民用建筑供暖通风与空调设计规范》制定之时，应众多国内行业与设计院专家要求，将该条文作一修改。

为了使读者正确理解本条文，并在设计中得到合理的实施，这里将该条文的编制依据、基本数据、计算结果以及实施要点作以下说明。

2　《公共建筑节能设计标准》的规定

2.1　内容

2.1.1　条文正文

在《公共建筑节能设计标准》GB 50189—2005 中，5.3.27 条空调冷热水系统的输送能效比（*ER*）应按下式计算，且不得大于表 2-1 中的规定值：

$$ER = 0.002342H/(\Delta T \cdot \eta) \tag{2-1}$$

式中　H——水泵设计扬程（m）；

ΔT——供回水温差（℃）；

η——水泵在设计工作点的效率（%）。

表 2-1　空调冷热水系统的最大输送能效比（*ER*）

管道类型	两管制热水管道			四管制热水管道	空调冷水管道
地区	严寒地区	寒冷地区/夏热冬冷地区	夏热冬暖地区		
ER	0.00577	0.00433	0.00865	0.00673	0.0241

注：两管制热水管道系统中的输送能效比值，不适用于采用直燃式冷热水机组作为热源的空调热水系统

2.1.2 条文说明

1. 本条引自《旅游旅馆建筑热工与空气调节节能设计标准》GB 50189—93，转引时，将原条文中的“水输送系数”（*WTF*），改用输送能效比（*ER*）表示，两者的关系为：*ER*=1/*WTF*。

2. 本条文适用于独立建筑物内的空调水系统，最远环路总长度一般在200～500m范围内。区域管道或总长度过长的水系统可参照执行，目的是为了降低管道的输配能耗。

3. 考虑到在多台泵并联的系统中，单台泵运行时往往会超流量，水泵电机的配置功率会适当放大的情况，在输送能效比（*ER*）的计算公式中，采用水泵电机铭牌功率显然不能准确地反映出设计的合理性，因此这里采用水泵轴功率计算，公式中的效率亦采用水泵在设计工作点的效率。

4. 考虑到冷水泵的扬程一般不超过36m，其效率为70%以上，供回水温差为5℃时，计算出冷水的*ER*=0.0241。

5. 考虑在两管制系统中，为了使自控阀门对供热时的控制性能有所保证，自控阀门的冷、热水设计流量值之比以不超过3∶1为宜。热水供回水温差最大为15℃。

6. 严寒地区按设计冷/热量之比平均为1∶2考虑；寒冷地区和夏热冬冷地区按设计冷/热量之比平均为1∶1考虑；夏热冬暖地区按设计冷/热量之比平均为2∶1考虑。

7. 再由于直燃机的热水温差较小（与冷水温差差不多），因此这里明确两管制热水管道系统中的输送能效比值计算“不适用于采用直燃式冷热水机组作为热源的空调热水系统”。

2.2 条文存在的问题

经过多年的实践和应用，发现条文实施时存在以下一些问题：

1）适用水系统的范围狭窄

条文只是适用于一级泵系统，可以根据循环泵的扬程、效率和供回水温差进行计算判定。但近年来二级泵或多级泵空调水系统发展迅速，无法采用该公式进行判定。

2）使用水管长度有局限性

鉴于近年来超大型建筑物的快速发展，几十万甚至上百万平方米的建筑物时有建成，这样的建筑物中，空调冷热水管道最远环路总长度往往会达到近千米，由于该条文的*ER*判定值是基于独立建筑物内的最远环路总长度在500m范围的条件下给出的，系统管道的直径计算取值范围有所限制；因此在超大型建筑物中，该*ER*判定值是无法直接使用。

3）供回水温差的规定有一定局限性

条文采用了空调冷热水系统的最大输送能效比（*ER*）表，该表是基于规定的供回水温差计算所得，因此对于目前采用燃气溴化锂、空气源热泵机组的热水供应系统和辐射空调使用的小于规定供回水温差的供水方式均无法适用。

4）个别数据与实际应用情况有差异

条文中对夏热冬冷地区和寒冷地区两管制空调冷热水系统的最大输送能效比提出了相同的要求，即空调热水供回水温差都要求15℃；实际上这两个地区按夏季与冬季冷热负荷比和自控阀门的冷、热水设计流量值之比不超过3∶1的要求，其冬季热水温差的取值是有差异的，用于夏热冬冷地区时适用性较差。

3 条文修改的目标要求

针对以上所存在的问题，通过研究，制定的条文应能达到以下目标：

1. 能适用于多级泵系统；
2. 能适用于全国各气候区中大部分使用的集中空调的水系统；
3. 能适用于各种建筑规模和管道长度的空调水系统；
4. 能合理地将国家对于电机、水泵的技术水平的提高体现出来。

4 形成的应用条文

在新规范《民用建筑供暖通风与空气调节设计规范》中形成的条文如下：

8.5.12 在选配空调冷热水系统的循环水泵时，应计算循环水泵的耗电输冷（热）比 $EC(H)R$，并应标注在施工图的设计说明中。耗电输冷（热）比应符合下式要求：

$$EC(H)R = 0.003096\Sigma(G \cdot H/\eta_b)/\Sigma Q \leqslant A(B+\alpha\Sigma L)/\Delta T \quad (8.5.12)$$

式中 $EC(H)R$——循环水泵的耗电输冷（热）比；

G——每台运行水泵的设计流量，m^3/h；

H——对应运行水泵的设计扬程，m 水柱；

η_b——对应运行水泵设计工作点的效率；

Q——设计冷（热）负荷，kW；

ΔT——规定的计算供回水温差，按表 8.5.12-1 选取，℃；

A——与水泵流量有关的计算系数，按表 8.5.12-2 选取；

B——与机房及用户的水阻力有关的计算系数，按表 8.5.12-3 选取；

α——与 ΣL 有关的计算系数，按表 8.5.12-4 或表 8.5.12-5 选取；

ΣL——从冷热机房至该系统最远用户的供回水管道的总输送长度，m；当管道设于大面积单层或多层建筑时，可按机房出口至最远端空调末端的管道长度减去 100m 确定。

表 8.5.12-1 ΔT 值（℃）

冷水系统	热水系统			
	严寒	寒冷	夏热冬冷	夏热冬暖
5	15	15	10	5

注：1. 对空气源热泵、溴化锂机组、水源热泵等机组的热水供回水温差按机组实际参数确定；
2. 对制水机组直接提供高温冷水的机组，冷水供回水温差按机组实际参数确定。

表 8.5.12-2 A 值

设计水泵流量 G	$G\leqslant 60m^3/h$	$200m^3/h>G>60m^3/h$	$G>200m^3/h$
A 取值	0.004225	0.003858	0.003749

注：多台水泵并联运行时，流量按较大流量选取。

表 8.5.12-3　*B* 值

系　统　组　成		四管制单冷、单热管道 *B* 值	二管制热水管道 *B* 值
一级泵	冷水系统	28	—
	热水系统	22	21
二级泵	冷水系统①	33	—
	热水系统②	27	25

注：① 多级泵冷水系统，每增加一级泵，*B* 值可增加 5；
② 多级泵热水系统，每增加一级泵，*B* 值可增加 4。

表 8.5.12-4　四管制冷、热水管道系统的 α 值

系　　统	管道长度 ΣL 范围（m）		
	$\Sigma L \leqslant 400$m	400m$<\Sigma L<$1000m	$\Sigma L \geqslant 1000$m
冷水	$a=0.02$	$a=0.016+1.6/\Sigma L$	$a=0.013+4.6/\Sigma L$
热水	$a=0.014$	$a=0.0125+0.6/\Sigma L$	$a=0.009+4.1/\Sigma L$

表 8.5.12-5　两管制热水管道系统的 α 值

系　统	地　区	管道长度 ΣL 范围（m）		
		$\Sigma L \leqslant 400$m	400m$<\Sigma L<$1000m	$\Sigma L \geqslant 1000$m
热　水	严　寒	$\alpha=0.009$	$\alpha=0.0072+0.72/\Sigma L$	$\alpha=0.0059+2.02/\Sigma L$
	寒冷	$\alpha=0.0024$	$\alpha=0.002+0.16/\Sigma L$	$\alpha=0.0016+0.56/\Sigma L$
	夏热冬冷			
	夏热冬暖	$\alpha=0.0032$	$\alpha=0.0026+0.24/\Sigma L$	$\alpha=0.0021+0.74/\Sigma L$

注：两管制冷水系统 α 计算式与表 8.5.13-4 四管制冷水系统相同。

耗电输冷（热）比反映了空调水系统中循环水泵的耗电与建筑冷热负荷的关系，对此值进行限制是为了保证水泵的选择在合理的范围，降低水泵能耗。

本条文的基本思路来自现行国家标准《公共建筑节能设计标准》GB 50189 第 5.2.8 条，根据实际情况对相关参数进行了一定的调整：

1）温差的确定。对于冷水系统，要求不低于 5℃的温差是必须的，也是正常情况下能够实现的。对于空调热水系统来说，在这里将四个气候区分别作了最小温差的限制，也符合相应气候区的实际情况，同时考虑到了空调自动控制与调节能力的需要。

2）采用设计冷（热）负荷计算，避免了由于应用多级泵和混水泵造成的水温差和水流量难以确定的状况发生。

3）*A* 值是反映水泵效率影响的参数，由于流量不同，水泵效率存在一定的差距，因此 *A* 值按流量取值，更符合实际情况。根据国家标准《清水离心泵能效限定值及节能评价值》GB 19762 水泵的性能参数，并满足水泵工作在高效区的要求，当水泵水流量$\leqslant$60m^3/h 时，水泵平均效率取 63%；当 60m^3/h$<$水泵水流量$<$200m^3/h 时，水泵平均效率取 69%；当水泵水流量$>$200m^3/h 时，水泵平均效率取 71%。

4）*B* 值反映了系统内除管道之外的其他设备和附件的水流阻力，$\alpha \Sigma L$ 则反映系统管道长度引起的摩擦阻力。在原《公共建筑节能设计标准》GB 50189 第 5.2.8 条中，这两部分统一用水泵的扬程 H 来代替，但由于在目前，水系统的供冷半径变化较大，如果用一个规定的水泵扬程（标准规定限值为 36m）并不能完全反映实际情况，也会给实际工程设计带来一些困难。因此，本条文在修改过程中的一个思路就是：系统半径越大，允许的限值也相应增大。故此把局部阻力和管道系统长度引起的摩擦阻力分别开来，这也与现行国家标准《严寒和寒冷地区居住建筑节能设计标准》JGJ 26 第 5.2.16 条关于供热系统的耗电输热比 EHR 的立意和计算公式相类似。同时也解决了管道比摩阻 α 在不同长度时的连续性问题，使得条文的可操作性得以提高。

5　应用条文的编制

5.1　空调冷热水系统耗电输冷(热)比(EC(H)R)的计算公式

空调冷热水系统的耗电输冷(热)比（$EC(H)R$）的定义是：空调冷热水系统的输送单位能量所需要的功耗。当考虑了电机效率与传动机构的效率时，它的计算公式推导如下：

根据定义

$$EC(H)R = N/Q \tag{5-1}$$

式中　N——耗电功率，kW；

　　　Q——每小时的被输送的热（冷）量，kW。

$$N = G \cdot H/367/\eta \tag{5-2}$$

式中　G——水泵流量，m^3/h；

　　　H——水泵设计扬程，mH_2O；

　　　η——包括水泵、电机及传动机构在内的综合效率。

$$\eta = \eta_b \times \eta_d \times \eta_c = 0.88\eta_b \tag{5-3}$$

式中　η_b——水泵设计工作点的效率；

　　　η_d——电机效率，根据国家电动机标准中节能评价值和空调水泵电机功率范围，取 0.90；

　　　η_c——传动机构效率，有直联与联轴器两种，为方便计算，统一取 0.98。

联立（5-2）（5-3）公式，可以得到：

$$N = G \cdot H/367/\eta = G \cdot H/367/(0.88 \cdot \eta_b) = 0.003096G \cdot H/\eta_b$$

$$EC(H)R = N/Q = 0.003096G \cdot H/\eta_b/Q \tag{5-4}$$

以上式（5-4）仅仅是单个水泵循环系统的计算公式，对于一级泵系统中有多台水泵同时运行，则应把这些泵的耗电功率全部相加，同时也把每一台泵输送的能量也全部相加，形成下式：

$$EC(H)R = 0.003096\Sigma(G \cdot H/\eta_b)/\Sigma Q \tag{5-5}$$

同样，对于多级泵循环系统，泵的耗电功率应包括所有运行水泵的功率（备用水泵不应计入），输送能量也应包括所有每台冷（热）源设备设计供冷（热）量。

5.2　EC(H)R 评价值的确定

按照公式(5-5)，并按节能设计要求确定 $EC(H)R$ 的限定值，见下式(5-6)。

$$EC(H)R = 0.003096\Sigma(G \cdot H/\eta_b)/\Sigma Q \leqslant A(B + \alpha\Sigma L)/\Delta T \quad (5\text{-}6)$$

式中 α——单位长度管道阻力，mmH_2O/m；

L——系统中，从冷热机房出口(或分集水器处)至用户入口的连接管道长度，m；

A——相当于 $0.002662/\eta b$；

B——机房及用户的水阻力，mH_2O；

ΔT——规定的供回水温差，按表 8.5.12-1 规定取值,℃。

公式(5-6)中不等符号右侧就是 $EC(H)R$ 的判定值计算式，要求不等符号左侧的实际设计计算式，计算的数据小于等于右式的评价值；其含义就是空调设计水系统的单位输送能量所需要的功耗不大于目前设计单位在设计空调水系统中常用的，也就是相当于标准设计的取值，具体见第 5.1 节阐述。

判定值计算式中的 A、B 含义见第 5.1 节介绍；计算式中的（$B+\alpha\Sigma L$）可以看作水泵扬程 H；而且 α 是与 ΣL 有关的计算系数。

6 判定值计算式介绍

6.1 *EC*(*H*)*R* 的判定值计算式

同样，对于判定用空调水系统的单位输送能量耗功率可应用下式反映：

$$N/Q = (G \times H/367/0.88/\eta_b)/(1000 \times G \times \Delta T/860) = 0.002663H/\eta_b/\Delta T \quad (5\text{-}7)$$

这里设：$A=0.002662/\eta_b$；$B+\alpha\Sigma L=H$；

得到判定值计算式：

$$N/Q = A(B + \alpha\Sigma L)/\Delta T \quad (5\text{-}8)$$

由式可知，A 是与水泵效率有关的一个系数；B 基本上是由冷热机房水阻力与用户区水阻力组成，单位为 mH_2O；而 $\alpha\Sigma L$ 则是冷热机房与用户区之间的管道水阻力，单位为 mH_2O。

由式（5-8）可知，$EC(H)R$ 的判定值也不是一个固定不变的数，是一个与机组供回水温度、水泵、系统管道长度等因素有关的数值。

6.2 *A* 值的确定

根据国家标准《清水离心泵能效限定值及节能评价标准》GB 19762—2007 以及目前市场上水泵的性能情况，当水泵水流量≤$60m^3/h$，扬程在 20～$30mH_2O$ 时，水泵平均效率应为 62%；当水泵水流量＞$60m^3/h$，≤$200m^3/h$ 时，扬程在 20～$40mH_2O$ 时，水泵平均效率为 70%；当水泵水流量＞$200m^3/h$ 时，扬程在 20～$40mH_2O$ 时，水泵平均效率为 73%。据此，根据循环水泵流量，评价值中的 A 可以按规范条文中的“表 8.5.12-2A 值”采用。

6.3 *ΔT* 取值

ΔT 采用的是目前常规标准设计采用的空调冷热水系统的供回水温差，见规范条文中的“表 8.5.12-1ΔT 值”。在该表中，热水温差除了适用于四管制的热水循环系统外，同样可以适用于二管制的热水循环系统，经计算，二管制冬季热水流量均可以满足不小于夏季冷水流量的三分之一，能基本满足控制阀门对于控制特性的要求。

但由于系统冷热源采用空气源热泵、溴化锂机组、水源热泵等机组时，其热水供回水温差往往因为机组本身工艺要求，不能达到“表 8.5.12-1”中的供回水温差，这时可直接采用机组提供的供回水温差参数。

6.4 *B* 值的确定

根据空调水系统的划分，可划分为三种类型：空调单冷水管道系统、空调单热水管道系统和季节冷/热水转换的二管制管道系统。其中单冷和单热管道系统的 *B* 值，可以放在一起讨论；按季节冷/热水转换的二管制管道系统的 *B* 值，单独讨论。

6.4.1 单冷或单热管道系统 *B* 值的确定

从式（5-6）可知，*B* 是除管道外的其他阻力，它由三部分阻力组成：机房内阻力（见表 6-1）、用户区阻力（见表 6-2）和采用二级泵（或多级泵）时增加的辅助设备的阻力。

1）机房阻力除了制冷机及其辅助设备阻力外，还包括机房内管道阻力，这部分总阻力参见表 6-3，冷水系统机房阻力可采用 16mH_2O，热水系统采用 13mH_2O。

2）用户区阻力除了末端空调设备阻力外，还包括进入用户区域或层面的管道阻力。用户区内的管道长度通常不会太长，当用户区末端采用风机盘管时，连接管道一般不超过 120m，同时入口最大管道一般不超过 *DN*100。

根据单冷水管道系统的实际计算可知，这部分的管道阻力通常不会超过 4mH_2O；当用户区末端采用的是空调箱，连接管道一般不超过 20m，而且管径一般不会小于 *DN*50，因此这部分用户区的管道阻力通常不会超过 1mH_2O。由于空调箱阻力一般比风机盘管大，根据通常情况，加上过滤器及控制阀，空调箱阻力采用 10m，风机盘管采用 7m。这样，如表 6-2 所示，用户区阻力可取 12mH_2O。

同样，由单热水管道系统的实际计算可知（见表 6-2），用户区阻力可取 9mH_2O。

表 6-1 机房阻力计算

系 统	机房内阻力 mH_2O					
	机组（换热器）	摩阻	水过滤器	止回阀	机房局阻	小计
冷水	9	1	3	1	2	16
热水	7	1	2	1	2	13

说明：机房局阻含进出水集管、三通、弯头、阀门。

表 6-2 用户区阻力计算

系 统	用户区阻力 mH_2O				
	末端设备、过滤器及控制阀		用户层管阻	平衡控制阀等	小 计
冷 水	风机盘管	7	4	1	12
	空调箱	10	1		
热水	风机盘管	5	3	1	9
	空调箱	7	1		

3）当采用二级泵系统时，由于二次泵的采用，以及配合二次泵设置的单向阀、过滤

器、变径管等，冷水系统需要增加阻力约 5mH_2O；热水系统需要增加阻力约 4mH_2O。

由此得到单冷或单热管道系统的 B 取值表 6-3。

表 6-3　单冷或单热管道系统的 B 取值表

<table>
<tr><th colspan="2">系统组成</th><th>机房阻力</th><th>用户区阻力</th><th>二级泵增加阻力</th><th>B 值</th><th>备　注</th></tr>
<tr><td rowspan="2">一级泵</td><td>冷水系统</td><td>16</td><td>12</td><td>—</td><td>28</td><td rowspan="4">均为单冷，或单热管道系统</td></tr>
<tr><td>热水系统</td><td>13</td><td>9</td><td>—</td><td>22</td></tr>
<tr><td rowspan="2">二级泵</td><td>冷水系统</td><td>16</td><td>12</td><td>5</td><td>33</td></tr>
<tr><td>热水系统</td><td>13</td><td>9</td><td>5</td><td>27</td></tr>
</table>

6.4.2　二管制热水管道系统 B 值的确定

二管制空调冷水管道系统的 B 值与单冷管道系统相同；二管制热水管道的 B 值则按我国各个不同地区空调使用的特点分别给出。

由于二管制热水机房水管路系统是单独设置，机房中的管径选择是按热水流量进行，其机房阻力应与四管制的单热热水机房阻力相同，采用 13mH_2O。

由 5.4.1 节分析可知，用户区阻力除了平衡控制阀外，影响水阻力的有管道与末端设备，其中管道阻力可被认为是能满足与水流量比的平方关系；但末端设备、过滤器和控制阀中，末端设备也能被认为是满足与水流量比的平方关系，但过滤器和控制阀的情况比较复杂，不能完全认为是满足平方关系。由此可知，在二管制系统热水运行状态时，用户阻力应比单热水系统的用户阻力会有所降低，减少 1m 较为合适。这样可得到表 6-4。

表 6-4　二管制热水系统 B 取值表（m）

系统组成	机房阻力	用户区阻力	多级泵增加阻力	B 值
一级泵	13	8	—	21
二级泵	13	8	4	25

将表 6-3 与表 6-4 汇总后，得到规范条文中的“表 8.5.12-3B 值”。

6.5　α 取值

在解决了 A、B、ΔT 的取值问题后，剩下就是从机房到用户区之间的管道阻力确定问题。图 6-1 是计算用的管道系统图。

6.5.1　四管制冷热水管道的 α 取值

1）单冷水管道 α 取值

在建筑面积在 8 万 m^2 以下建筑物中，通常空调冷水管道最不利管道长度在 500m 左右，去除用户区的 120m 管道，从机房到用户区之间的管道约在 400m 左右。据实际计算，这部分管道单位长度平均阻力不会超过 20mmH_2O/m。当管道长度增加至 400～1000m 时，服务的建筑物规模继续增大，输送管径也会加增大，这部分管道单位长度平均阻力不应超过 16mmH_2O/m；当管道长度大于 1000m 时，管径继续加大，管道单位长度平均阻力不会超过 13mmH_2O/m。我们可以把管道长度与阻力的关系汇总到表 6-5 中。

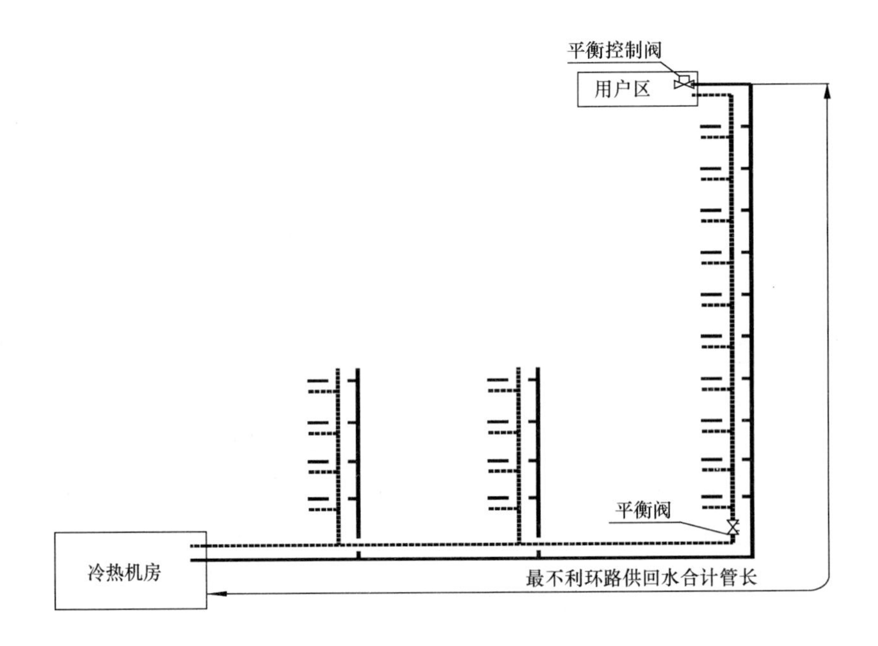

图 6-1 冷热机房至用户区的最不利环路示意图

表 6-5 冷水系统的管道阻力计算汇总

系 统	机房及用户区阻力 mH_2O	管道长度 m	0～400	400～1000	1000～1500
冷水	28	单位长度阻力 mmH_2O/m	20	16	13
		管道总阻范围 mH_2O	0～8	8～17.6	17.6～24.1
		冷水泵扬程 mH_2O	28～36	36～45.6	45.6～52.1

说明：管道长度系指机房出口至最远用户层的入口处。

并通过计算，得到单冷水管道的单位长度阻力的计算式：

α_L——与 ΣL 有关的计算系数，按如下选取或计算：

当 $\Sigma L \leqslant 400$m 时，$\alpha_L = 0.02$；

当 $400 < \Sigma L < 1000$m 时，$\alpha_L = 0.016 + 1.6/\Sigma L$；

当 $\Sigma L \geqslant 1000$m 时，$\alpha_L = 0.013 + 4.6/\Sigma L$。

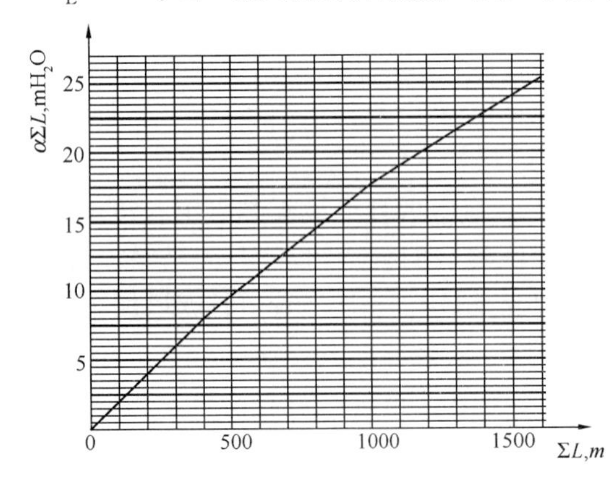

图 6-2 单冷水管道管长与管道阻力的关系图

我们从前面 5.1 节已经知道，$\alpha\Sigma L$ 是冷热机房与用户区之间的管道水阻力，根据该计算式，可以绘制出单冷水管道管长与管道阻力的关系图，见图 6-2。由图可知，采用该计算式得到的管道阻力是一个连续的折线图，对应任何管道长度都有一个对应的阻力值。

2）单热水管道 α 取值

同样，可以得到热水系统的管道阻力计算汇总表 6-6，并得到单热水管道的单位长度阻力的计算式。

表 6-6　热水系统的管道阻力计算汇总

系统	机房及用户区阻力 mH_2O	管道长度 m	0～400	400～1000	1000～1500
热水	22	单位长度阻力 mmH_2O/m	14	12.5	9
		管道总阻范围 mH_2O	0～5.6	5.6～13.1	13.1～17.6
		冷水泵扬程 mH_2O	22～27.6	27.6～35.1	35.1～39.6

说明：管道长度系指机房出口至最远用户层的入口处。

α_R——与 ΣL 有关的计算系数，按如下选取或计算：

当 $\Sigma L \leqslant 400m$ 时，$a=0.014$；

当 $400<\Sigma L<1000m$ 时，$a=0.0125+0.6/\Sigma L$；

当 $\Sigma L \geqslant 1000m$ 时，$a=0.009+4.1/\Sigma L$。

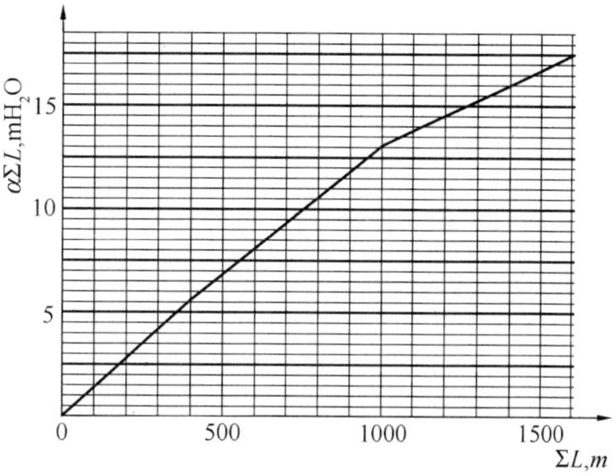

3）单冷、单热水管道系统的 α 计算式

把本节 1）和 2）内容合并后，可以得到规范条文中的“表 8.5.12-4 四管制冷、热水管道系统的 α 值”。

图 6-3　单热水管道管长与管道阻力的关系图

6.5.2　二管制热水管道系统的 α 取值

根据二管制冷、热水管道运行时的负荷比例、冷热水温差和冷热水流量比例，我们可以得到输送热水时的管道阻力修正系数，由此也可以得到热水运行时的单位长度阻力，见表 6-7。

表 6-7　二管制热水管道系统的单位长度阻力表（mmH_2O/m）

管道系统	地区	冷/热 负荷比	冷/热 水温差	冷/热水 流量比	输送热水时 的修正系数	管道长度 ΣL 范围，m		
						0～400	400～1000	1000～1500
冷水	—	—	—	—	—	20	16	13
热水	严寒	1∶2	5/15	1∶2/3	0.45	9	7.2	5.9
	寒冷	1∶1	5/15	1∶1/3	0.12	2.4	2	1.6
	夏热冬冷	1∶2/3	5/10	1∶1/3	0.12			
	夏热冬暖	1∶2/5	5/5	1∶2/5	0.16	3.2	2.6	2.1

说明：管道长度系指机房出口至最远用户层的入口处。

由此得到 α 的计算式，见规范条文中的“表 8.5.12-5 二管制热水管道系统的 α 值”。

要说明的是，这里的二管制系统系指冷、热源各自独立设置，冬夏季使用一套供回水管道的系统。对于用同一个机组提供冷、热源的设备（如空气源热泵冷热水机组）的二管制系统，由于该设备的制冷/制热量的比例不能正好符合每一个服务地区的冷/热负荷比，因此是不适用的。通常只是校核制冷工况 $EC(H)R$ 值，热水工况不再校核。

7 计算实例

例 1： 有一空调冷源系统，计算该冷水系统的耗电输冷（热）比 $EC(H)R$。系统设备配置如下：

1）制冷量为 3868kW 离心式冷水机组 3 台与制冷量为 1934kW 离心式冷水机组 1 台；

2）系统供回水温 7/12℃；

3）采用二级泵供水系统：

一次泵 6 台：4 台（三用一备）流量为 666m^3，扬程 16m，水泵效率为 0.76；

2 台（一用一备）流量为 333m^3/h，扬程 16m，水泵效率为 0.74。

二次变频泵 6 台：3 台（二用一备）流量为 700m^3/h，扬程 25m，水泵效率为 0.78；

3 台（二用一备）流量为 466m^3/h，扬程 23m，水泵效率为 0.76。

4）从机房到最远空调末端设备的水管长度为 350m。

解： 1. 计算设计 $EC(H)R$ 值

$$\Sigma Q = 3868 \times 3 + 1934 \times 1 = 13538\text{kW};$$

$$\begin{aligned}\Sigma(G \cdot H/\eta_b) &= 666 \times 16 \times 3/0.76 + 333 \times 16 \times 1/0.74 + 700 \times 25 \times 2/0.78 \\ &\quad + 466 \times 23 \times 2/0.76 \\ &= 122340\end{aligned}$$

$$EC(H)R = 0.003096\Sigma(G \cdot H/\eta_b)/\Sigma Q = 0.02798$$

2. 计算判定值

从机房到最远空调末端设备的水管总长度为 350m，用户区管道长度为 100m；

因此，$\sum L = 2 \times 350 - 100 = 600$m；

根据最大水泵流量 700m^3/h，查表 8.5.12-2，得 $A = 0.003749$；

根据二级泵冷水系统，查表 8.5.12-3，得 $B = 33$；

查表 8.5.12-4，$\alpha = 0.016 + 1.6/\Sigma L = 0.016 + 1.6/600 = 0.01867$

系统 $\Delta T = 5$

$$A(B + \alpha\sum L)/\Delta T = 0.003749(33 + 0.01867 \times 600)/5 = 0.03314$$

3. 设计 $EC(H)R = 0.02798$ 小于判定值 0.03314。

结论：达到节能设计要求。

例 2： 例题 1 中的项目在上海（夏热冬冷地区），空调管道系统为二管制，夏季输送冷水，冬季输送空调用热水，计算该水系统的耗电输冷（热）比 $EC(H)R$ 是否合格？

1）系统热负荷为 8530kW；

2）系统供回水温 60/50℃；

3）采用二级泵供水系统：

一次泵 3 台（二用一备）流量为 367m³，扬程 13m，水泵效率为 0.77；
二次变频泵 5 台：3 台（二用一备）流量为 231m³/h，扬程 15m，水泵效率为 0.76；
2 台（一用一备）流量为 272m³/h，扬程 14m，水泵效率为 0.76。

解：1. 计算设计 $EC(H)R$ 值

$$\Sigma Q = 8530\text{kW};$$

$$\Sigma(G \cdot H/\eta_b) = 367 \times 13 \times 2/0.77 + 231 \times 15 \times 2/0.76 + 272 \times 14 \times 1/0.76 = 26521$$

$$EC(H)R = 0.003096\Sigma(G \cdot H/\eta_b)/\Sigma Q = 0.009833$$

2. 计算判定值

$$\Sigma L = 2 \times 350 - 100 = 600\text{m};$$

查表 2，$A=0.003749$；
查表 8.5.12-3，二级泵，热水系统，$B=25$；
查表 8.5.12-4，$\alpha=0.002+0.16/\Sigma L=0.016+1.6/600=0.0022667$；
查表 8.5.12-1，夏热冬冷地区二管制，$\Delta T=10$；

$$A(B+\alpha\Sigma L)/\Delta T = 0.003749(25+0.0022667 \times 600)/10 = 0.009882$$

3. 设计 $EC(H)R = 0.009833$ 小于判定值 0.009882。
结论：达到节能设计要求。

例 3：上述案例中设计供回水温采用 60/48℃时，水泵流量大幅度下降，水泵参数：
一次泵 3 台（二用一备）流量为 306m³，扬程 13m，水泵效率为 0.77；
二次变频泵 5 台：3 台（二用一备）流量为 193m³/h，扬程 15m，水泵效率为 0.76；
2 台（一用一备）流量为 227m³/h，扬程 14m，水泵效率为 0.76。
计算该水系统的耗电输冷（热）比 $EC(H)R$ 是否合格？

解：1. 计算设计 $EC(H)R$ 值

$$\Sigma(G \cdot H/\eta_b) = 306 \times 13 \times 2/0.77 + 193 \times 15 \times 2/0.76 + 227 \times 14 \times 1/0.76 = 22132$$

$$EC(H)R = 0.003096\Sigma(G \cdot H/\eta_b)/\Sigma Q = 0.008033$$

2. 计算判定值，同例 2，$A(B+\alpha\Sigma L)/\Delta T = 0.009882$
结论：$EC(H)R$ 值远小于判定值，达到节能设计要求。

8 修编条文的特点

1）这次修编的条文摒弃了以前仅对一个循环水泵评判 $EC(H)R$ 值的方法，该方法很容易产生错计、漏计的现象。现在采用的是针对整个冷源系统或热源系统进行计算的 $EC(H)R$ 值，从定义上来说，更为准确。

2）适用水系统的范围更为宽泛。对于现在常用的多级泵系统也可进行评判。

3）适用水系统管道的长度更长，基本上可以涵盖超大型建筑的集中式空调水系统。但对于蓄冷、蓄热系统还不能完全适用。

4）适用水系统的供回水温差范围更为自由。对于非常规供回水温度的水系统，同样可以进行评判。

5）条文引入了国家对于电机与水泵制造标准中的效率数据，能较合理地体现国家在这方面技术的先进性。

9 实施要点

为保证空调冷热水系统的耗电输冷（热）比 $EC(H)R$ 不超标，最基本的要求是水泵水量和扬程应计算确定，凭经验“毛估计”常常造成水泵的流量、扬程的偏大，造成输送能量的浪费。为进一步降低耗电输冷（热）比，通常可以采取下列一些措施：

1）冷热机房尽可能设置在建筑物负荷中心，同时管道也应尽可能按最便捷的方法进行布置，减少管道的程度。

2）大温差供水。

把冷水温差从 5℃提高到 7℃（或更高），管道摩阻的控制与原来的要求相同时，水泵的流量减少了 28.6%，从设计水系统 $EC(H)R$ 值计算公式可知，输送能耗也减少了 28.6%。

3）适当放大管道管径。

适当放大管道管径后，随着水管阻力的下降，水泵功率也会下降，$EC(H)R$ 值也降低了。

4）选择工作点效率更高的水泵。

本条文计算控制的水泵效率并不是很高：从 62%～72%；根据市场产品情况，目前有许多厂家水泵的效率可以大大超出这个值，个别大流量泵甚至可超过 90%，因此设计选择的空间还是很大，但水泵价格可能会高一些。

5）选择低阻的空调设备。

本条文编制时冷水机组蒸发器采用的水阻力是 7m，目前也有一些厂家采用的水阻力只有 3～4m，多余的水泵扬程放到管道阻力上，可以起到减少水泵耗电功率的作用。

10 参考文献

[1] 中华人民共和国国家标准．公共建筑节能设计标准 GB 50189—2005[S]．北京：中国建筑工业出版社，2005.

[2] 住房和城乡建设部工程质量安全监管司．全国民用建筑工程设计技术措施　暖通空调·动力[M]．北京：中国计划出版社，2009.

[3] 中华人民共和国国家标准．中小型三相异步电动机能效限定值及节能评价值 GB 18613—2006[S]．北京：中国标准出版社，2006.

[4] 中华人民共和国国家标准．清水离心泵能效限定值及节能评价标准 GB 19762—2007[S]．北京：中国标准出版社，2007.

空调水系统选择与设计

北京市建筑设计研究院　孙敏生
中国建筑设计研究院　潘云钢
上海建筑设计研究院有限公司　寿炜炜

1　空调冷热水系统制式

目前工程中经常采用的空调冷热水系统制式可分为：两管制、分区两管制和四管制。本版规范对三种制式的适用范围、选择原则做出了规定，表1-1为三种制式的对比总结。

表1-1　空调冷热水系统制式

水系统制式	适用情况	严格程度	运行中可能出现的问题
两管制	建筑物所有区域只要求按季节同时进行供冷和供热转换	应	冬季内区风机盘管不能供应冷水，如存在内区等发热量大的房间有可能出现过热情况
分区两管制	建筑物内一些区域的空调系统（主要是风机盘管）需全年供应空调冷水，其他区域仅要求按季节进行供冷和供热转换	可	冬季内区风机盘管不能供应热水，负荷较小时有可能出现房间过冷情况
四管制	建筑物内一些区域需要空调水系统的供冷和供热工况转换频繁或需同时使用	宜	冬季内区风机盘管如不接热水，有可能出现房间过冷情况

两管制的空调水系统最简单，一次投资也最节省。一般不存在大量内区或发热量不大的民用建筑，其空调供冷和供热需求，是大致随季节变化的，冬夏季之间存在有较明显的“过渡季”，使得每年两次进行季节转换即可满足要求，因此没有特殊需要，应采用两管制水系统。

一些标准很高的工程，例如五星级宾馆、温湿度控制要求严格的建筑等，当房间确实存在冷热负荷变化大、供冷和供热工况转换频繁的情况，或建筑物内同时存在供冷和供热需求不同的房间，要求供冷和供热系统同时运行时，宜采用四管制水系统。四管制水系统初投资较高，但由于其使用的灵活性和保证性，随着经济水平的提高，在高档建筑中采用的实例逐渐增多。

分区两管制系统复杂程度和一次投资介于两管制和四管制之间，可以解决建筑物内需全年供应冷水的区域的供冷需求，近年来得到了较广泛的采用，但同时也带来了一些问题。工程中还有其他将四管制和两管制结合的各种做法，但不能都称为分区两管制系统，标准的分区两管制系统是，按建筑物空调区域的负荷特性将空调水路分为冷水和冷热水合用的两种两管制系统。需全年供冷水区域的末端设备只供应冷水，其余区域末端设备根据季节转换，供应冷水或热水，如图 1-1 所示。下面对分区两管制系统的的选用做一些分析。

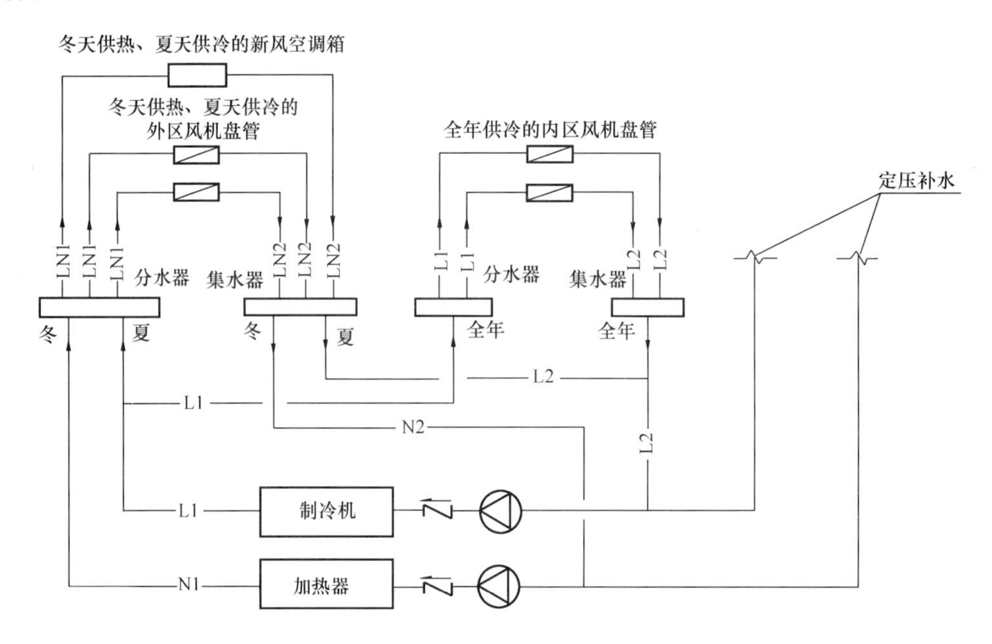

图 1-1　典型的风机盘管加新风分区两管制空调水系统示意图

对于一般工程，如仅在理论上存在一些内区，但实际使用时发热量常比夏季采用的设计数值小且不长时间存在或波动较大，或这些区域面积和总冷负荷很小、冷源设备无法为之单独开启，或这些区域冬季即使短时温度较高也不影响使用，如为之采用分区两管制系统，相对两管制系统不仅系统复杂且投资较高，工程中还经常出现不能正常使用，甚至在冷负荷小于热负荷时房间温度过低而无供热手段的情况。

建筑物内存在需全年供冷的区域时，这些区域在非供冷季首先应该直接采用室外新风做冷源，例如全空气系统可增大新风比、独立送新风的系统可增大新风量，采用改变送风温度控制室温恒定。只有在新风冷源不能满足供冷量需求时，才需要在供热季设置为全年供冷区域单独供冷水的管路，工程中最常见的是为全年供冷区域的风机盘管等循环风末端设备单独供冷水。

因此本版规范仅将分区两管制系统作为冬季解决内区等需全年供冷的区域室温过热问题的手段之一提出，工程中应考虑建筑物是否真正存在面积和冷负荷较大的需全年供应冷水的区域，确定最经济和满足要求的空调管路制式。

2　空调水系统的分类

根据空调水系统的管路及设备的组成，以空调冷水系统为例，可以分为直接供冷系统和间接供冷系统（供热系统的情况相同）。直接供冷系统按串联水泵的级数，分别称为一级泵、二级泵、三级泵……间接供冷系统，换热器两侧为两个独立的水系统，分别称为一次水和一次泵、二次水和二次泵。

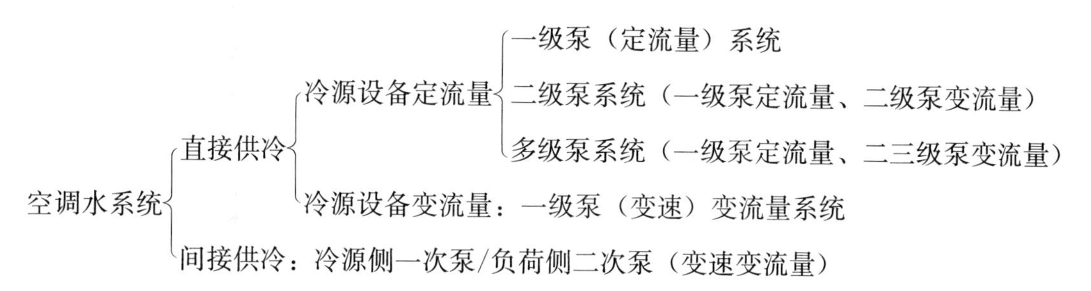

对于直接供冷系统，以往国内一些技术资料按冷源设备和循环水泵是否变流量运行，对空调水系统如下分类：

这是因为以前的概念是冷源设备应为定流量运行，保证冷源设备流量恒定的一级泵也均为定流量运行，而近年后推出的冷水机组变流量、水泵变速运行的一级泵系统（也常被称为“一级泵（变频）变流量系统”）自然被列入单独的系统形式。

但空调水系统不仅仅有冷源设备及循环水泵，对于输送管路、末端空调设备，都有定流量和变流量运行两种形式。国外技术资料判定定流量或变流量，一般是对输送系统而言。因此，本版规范将后推出的冷水机组变流量系统和仅输送管网变流量的传统一级泵系统，均归入“变流量一级泵系统”。空调水系统按串联水泵的级数和输送系统是否变流量重新分类如下：

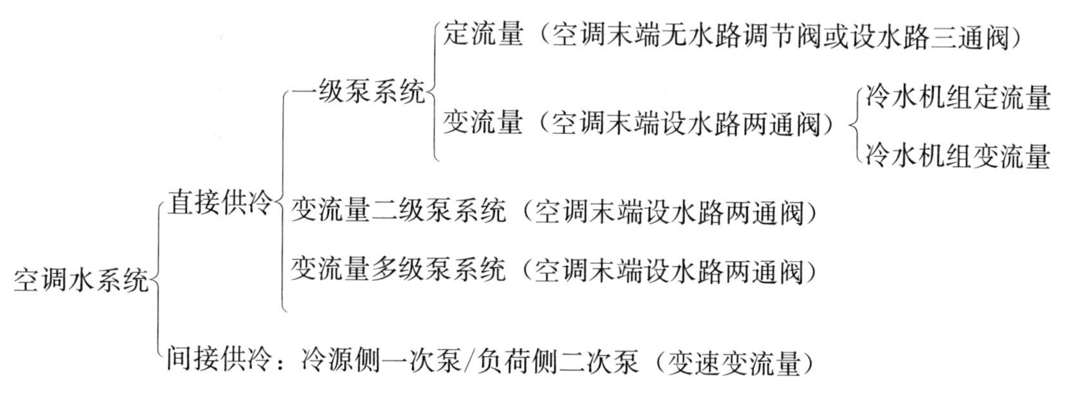

末端设备设置自动控制的水路两通阀，是形成输送系统变流量的基本条件，因此规范中要求所有变流量系统均应设置。

对于定流量一级泵系统，如空调末端设水路电动三通阀，虽然对于末端设备是变流量运行，但基于“定流量或变流量是对输送系统而言”的原则，仍属于定流量系统。

对于工程中常用的直接供冷系统的特点总结如表 2-1 所示。

表 2-1　直接供冷系统的图示和特点

系统形式		定流量一级泵系统		变流量一级泵系统		变流量二级泵系统	
		末端不控	末端三通阀	泵台数控制	泵变速控制	二级泵台数控制	二级泵变速控制
图示	用户侧	供水 回水 空调机 空调机	供水 回水 空调机 空调机	供水 回水 空调机 空调机 ΔP	供水 回水 空调机 空调机 ΔP	供水 回水 空调机 空调机 ΔP	供水 回水 空调机 空调机 ΔP
	冷源侧	水泵 冷水机组	水泵 冷水机组	冷水机组 水泵 冷水机组	水泵 冷水机组 冷水机组	二级泵 A B 冷水机组 一级泵 冷水机组	二级泵 A B 冷水机组 一级泵 冷水机组
特点	末端	流量恒定	流量变化	流量变化		流量变化	
	输送管路	流量恒定		流量变化		流量变化	
	水泵	定速运行		定速运行	变速运行	定速运行	变速运行
	冷水机组	流量恒定		流量恒定	流量变化	流量恒定	
备注		规范限制只能用于 1 台冷水机组和水泵的小型工程		适用条件见本文 3.2		适用条件见本文 4.1 规范要求二级泵应采用变速控制	

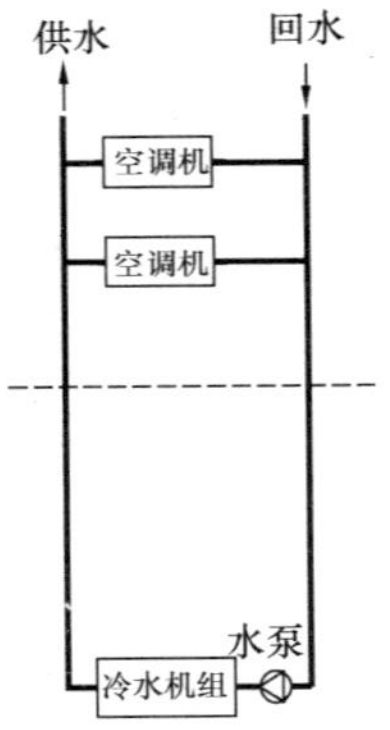

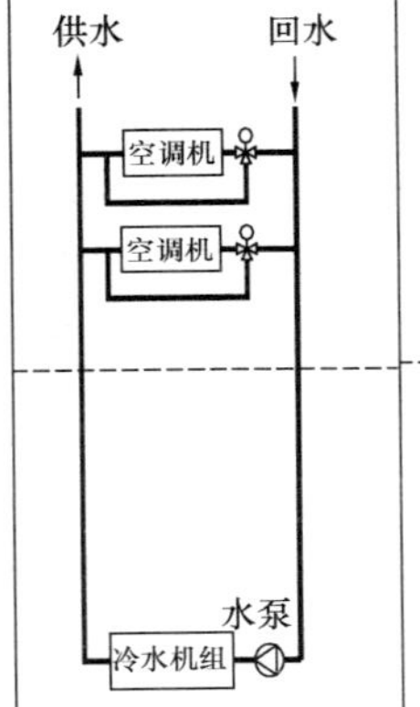

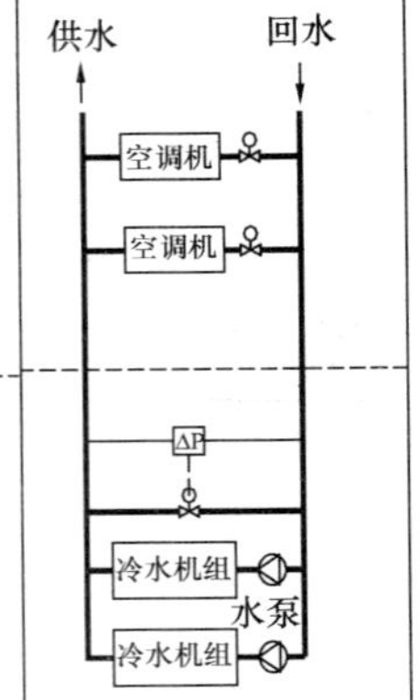

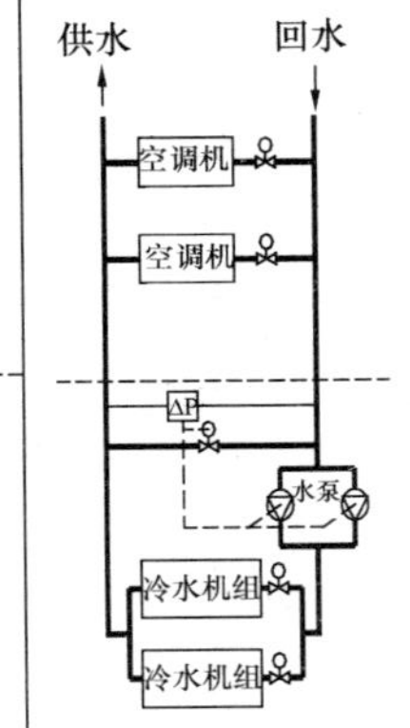

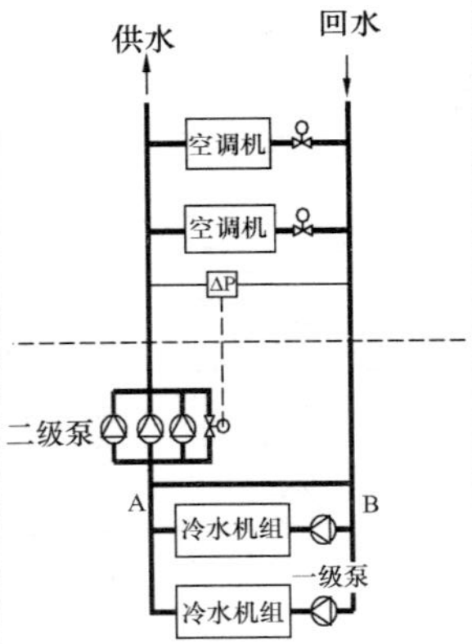

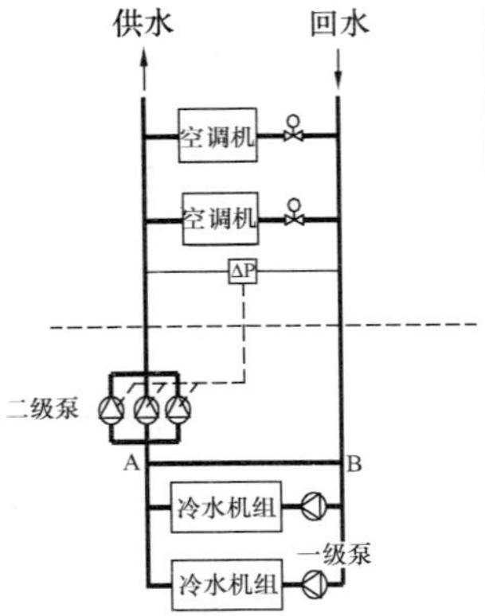

3　一级泵系统

3.1　对定流量一级泵系统的使用限制和末端控制要求

定流量一级泵系统，包括末端不设置水路两通自动控制阀和设置三通自动控制阀两种情况，后者已经不太常用。该系统简单，不设置水路控制阀时一次投资最低。其特点是运行过程中各末端用户的总阻力系数不变，因而其通过的总流量不变，使得整个水系统不具有实时变化设计流量的功能。

当整个建筑处于低负荷时，只能通过冷水机组的自身冷量调节来实现供冷量的改变，而无法根据不同的末端冷量需求来做到总流量的按需供应。当这样的系统设置有多台水泵时，如果空调末端装置不设水路电动阀或设置电动三通阀，仅运行一台水泵时，系统总流量减少很多，但仍按比例流过各末端设备（或三通阀的旁路），由于各末端设备负荷减少的比例不能同步于机组总负荷减少的比例，因而会造成供冷（热）需求较大的设备供冷（热）量不满足要求，而供冷（热）需求较小的设备供冷（热）量过大。

同时由于水泵运行台数减少、尽管总水量减小，但无电动两通阀的系统其管网曲线基本不发生变化，运行的水泵还有可能发生单台超负荷情况（严重时甚至出现事故）。

因此，该系统限制只能用于1台冷水机组和水泵的小型工程。

因为定流量一级泵系统仅用于个别标准不高的小型工程，这些工程又往往有技术经济等方面的限制，规范条文中对于采用该系统空调区域的温度自控要求不是非常严格，但为了保证空调区域的冷量按需供应，仍强调宜对该区域空气温度进行自动控制，以防止房间过冷和浪费能源。通常的调控方式包括：

1）末端设置分流式三通调节阀，房间温度自动控制通过末端装置和旁流支路的流量比例来实现。因电动三通阀价格较高，不如设置两通阀的变流量系统经济，已经不常采用。

2）对于风机盘管等设备，采用房间温度自动控制风机起停（或者自动控制风机转速）的方式。这种控制方式停风机时房间气流几乎停滞，温控器不能准确反映工作区域温度，室温波动大，控制精度和舒适性比水路自动控制方式差。

对于一些特别小型且系统中只设置了一台冷水机组的工程，如果对自动控制方式的投资有较大限制，至少也应设置调节性能较好的手动阀（最低要求），但室温不能自动控制，舒适和节能性更差。

上述调控方式均有其缺陷，且设置一组设备也是工程不提倡的（见规范8.1.5条），因此，该系统属于严格限制使用的系统形式。

3.2　变流量一级泵系统适用范围和设计要点

1. 适用范围、设备配置和运行方式

对于变流量一级泵系统，包括冷水机组定流量、冷水机组变流量两种形式，见表2-1图示。

冷水机组定流量、负荷侧变流量的一级泵系统，形式简单，通过末端用户设置的两通阀自动控制各末端的冷水量需求，同时，系统的运行水量也处于实时变化之中，在一般情况下均能较好地满足要求，是目前应用最广泛、最成熟的系统形式。但当系统作用半径较大或水流阻力较高时，循环水泵的装机容量较大，由于水泵为定流量运行，使得冷水机组的进出水温差随着负荷的降低而减少，不利于在运行过程中水泵的运行节能，因此一般适用于最远环路总长度在 500m 之内的中小型工程。

随着冷水机组制冷效率的提高，循环水泵能耗所占比例上升，尤其是单台冷水机组所需流量较大时或系统阻力较大时，冷水机组变流量运行水泵的节能潜力较大。但该系统涉及冷水机组允许变化范围，减少水量对冷机性能系数的影响，对设备、控制方案和运行管理等的特殊要求等；因此应进行“技术和经济比较”，指与其他系统相比，节能潜力较大；在确有技术保障的前提下，可以作为供选择的节能方案。

为便于比较，将两种变流量一级泵系统的适用范围、设备配置和运行方式列于表 3-1。

表 3-1　一级泵系统适用范围、设备配置和运行方式

<table>
<tr><th colspan="2">系统形式</th><th>设备配置和运行方式</th><th colspan="2">适　用　范　围</th></tr>
<tr><td rowspan="2">变流量一级泵系统</td><td>冷水机组定流量</td><td>水泵和冷水机组一对一配置，冷源设备定流量、负荷侧（输送管网和末端设备）变流量运行</td><td rowspan="2">水温和温差要求一致</td><td>各区域管路压力损失相差不大的中小型工程（供回水干管长度不超过 500m）</td></tr>
<tr><td>冷水机组变流量</td><td>冷水机组与冷水循环水泵配置可不一一对应，应采用共用集管连接方式；负荷侧变流量、冷源设备在一定范围内变流量运行</td><td>单台水泵功率较大时，经技术和经济比较，在确保设备的适应性、控制方案和运行管理可靠的前提下采用</td></tr>
</table>

2. 设计要点

1）系统电动旁通调节阀的设置和选择

对于冷水机组定流量的变流量一级泵系统，设置电动旁通调节阀，是为了保证流经冷水机组蒸发器的流量恒定。

对于冷水机组变流量的变流量一级泵系统，水泵采用变速调节时，已经能够在很长的运行时段内稳定地控制相关的参数（如压差等）。但是，当系统用户所需的总流量低至单台最大冷水机组允许的最小流量时，水泵转数不能再降低，实际上已经与“机组定流量、负荷侧变流量”的系统原理相同。为了保证在冷水机组达到最小运行流量时还能够安全可靠地运行，供回水总管之间也应设置电动旁通调节阀。

在实际工程中经常发生旁通阀选择过大的情况，有的设计图甚至按照水泵或冷水机组的接管来确定阀门口径，致使旁通阀调节性能很差。电动旁通阀口径应按设计流量和设计压差确定阀门的流通能力（也称为流量系数）进行选择。

对于冷水机组定流量系统，如设置多台相同容量冷水机组，旁通阀的设计流量就是一台冷水机组的流量，这样可以保证多台冷水机组在减少运行台数之前，各台机组都能够定流量运行。对于冷水机组大小搭配的系统，多台运行的时间段内，通常是大机组在联合运行（这时小机组停止运行的情况比较多），因此旁通阀的设计流量按照大机组的流量来确定与上述的原则是一致的。即使在大小搭配运行的过程中，按照大容量机组的流量来确定可能无法兼顾小容量机组的情况，但从冷水机组定流量运行的安全要求这一原则出发，这样的选择也是相对安全的。当然，如果要兼顾小容量机组的运行情况（无论是大小搭配还是小容量机组可能在低负荷时单独运行），也可以采用大小口径搭配（并联连接）的“旁通阀组”来解决。但这一方法在控制方式上更为复杂一些。

对于冷水机组变流量系统，旁通调节阀的最大流量为单台冷水机组最小允许流量，此时系统的控制和运行方式与冷水机组定流量方式类似。流量下限一般不低于机组额定流量的50%，或根据设备的安全性能要求来确定。当机组大小搭配时，由于机组的规格不同（甚至类型不同，如：离心机与螺杆机搭配），也有可能出现小容量机组的最小允许流量大于大容量机组允许最小流量的情况，因此要求此时旁通阀的最大设计流量为各台冷水机组允许的最小流量中的“最大值”。

冷水机组定流量的一级泵系统，总供、回水管之间的旁通调节阀一般采用压差控制方式。冷水机组变流量的一级泵系统，可采用流量、温差或压差控制方式。

2）保证冷水机组流量的控制措施

不论是几级泵系统，也不论冷水机组定流量还是变流量，规范规定多台冷水机组和冷水泵之间通过共用集管连接时，每台冷水机组进水或出水管道上应设置电动两通阀，阀门应与对应的冷水机组和水泵连锁开关。这是因为当一些冷水机组和冷水泵停机，应自动隔断停止运行的冷水机组的冷水通路，以免流经运行的冷水机组的流量不足。

对于冷水机组变流量一级泵系统，因水泵和机组并不对应设置，必须采用共用集管连接，因此都应设置冷水机组支路的电动开关阀（通常为电动蝶阀，俗称为隔断阀），见表2-1中一级泵变速控制的示意图。

对于冷水机组定流量的各级泵系统，水泵定流量运行的一级泵，其设置台数和流量与冷水机组的台数和流量相对应，可以与冷水机组的管道一对一连接。从投资和控制两方面来看，当水泵与冷水机组采用一对一连接时，可以省去冷水机组共用集管连接时所需要的隔断阀，以及某些工程设计中为了保证流量分配均匀而设置的定流量阀，减少了控制环节和系统阻力，提高了可靠性，降低了投资。即使设备台数较少时，考虑机组和水泵检修时的交叉组合互为备用，仍可采用设备一对一地连接管道，在机组和冷水泵连接管之间设置互为备用的手动转换阀，因此建议设计时尽可能采用水泵与冷水机组的管道一一对应的连接方式，只有在有困难时，例如水泵和机组位置过远，无法设置多根一对一的连接管道，才采用共用集管的连接方式。水泵和机组的一对一连接方式如图3-1、图3-2所示。

3）冷水机组变流量系统设计要点

系统设计时，以下两个方面应重点考虑：

（1）设备控制方式：需要考虑冷水机组的容量调节和水泵变速运行之间的关系，以及所采用的控制参数和控制逻辑；

（2）冷水机组对变水量的适应性：重点考虑冷水机组允许的变水量范围和允许的水量变化速率。

冷水机组和冷水循环水泵的台数变化及其运行与启停，应分别独立控制。

采用冷水机组变流量的一级泵系统的目的，是为了发掘一级泵的节能潜力，因此一级泵应采用调速泵。水泵采用变速控制模式，其被控参数应经过详细的分析后确定，包括：采用供回水压差、供回水温差、流量、冷量以及这些参数的组合等控制方式。具体控制方式见本文4.4节。

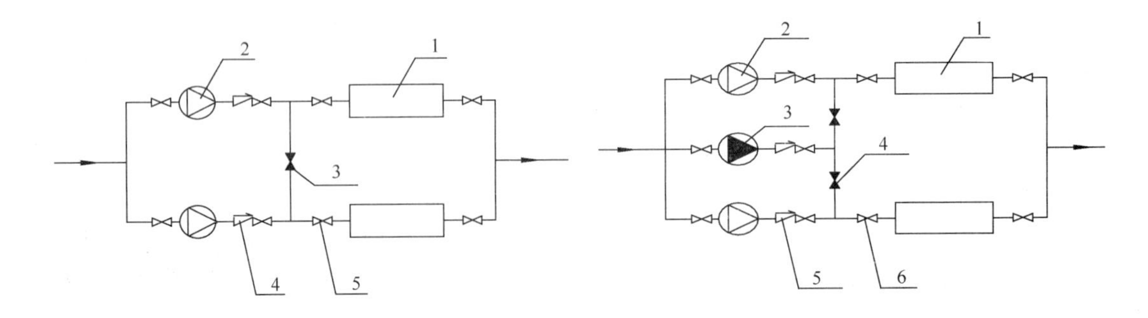

图 3-1 循环泵和冷水机组之间一对一接管连接方式（无备用泵）和阀门配置举例

1—冷水机组（蒸发器或冷凝器）；2—循环水泵；3—常闭手动转换阀；4—止回阀；5—设备检修阀

图 3-2 循环泵和冷水机组之间一对一接管连接方式（设备用泵）和阀门配置

1—冷水机组（蒸发器或冷凝器）；2—循环水泵；3—备用泵；4—常闭手动转换阀；5—止回阀；6—设备检修阀

冷水机组的最大流量应考虑蒸发器最大许可的水压降和水流对蒸发器管束的侵蚀因素；冷水机组的最小流量不应影响到蒸发器换热效果和运行安全性。

冷水机组宜选择允许水流量变化范围大、适应冷水流量快速变化（允许流量变化率大）的冷水机组；冷水机组应具有减少出水温度波动的控制功能，例如：除根据出水温度变化调节机组负荷的常规控制外，还具有根据冷水机组进水温度变化来预测和补偿空调负荷变化对出水温度影响的前馈控制功能等；采用多台冷水机组时，应选择在设计流量下蒸发器水压降相同或接近的冷水机组。

4 二级泵和多级泵系统

4.1 二级泵系统适用范围、设备配置和运行方式

1. 设备配置和运行方式

冷水机组和一级泵一对一设置；冷源侧一级泵定流量运行，负荷侧二级泵变流量运行；见表 2-1 图示。

2. 适用范围

1）各工程机房内冷源侧阻力相差不大，因此系统设计水流阻力较高的原因，大多是由于系统的作用半径造成的，因此系统阻力是宜采用二级泵或多级泵系统的条件，且为充要条件。当空调系统负荷变化很大时，首先应通过合理设置冷水机组的台数和规格解决小负荷运行问题，仅用靠增加负荷侧的二级泵台数无法解决根本问题，因此“负荷变化大”不是采用二级泵或多级泵的条件。

2）各区域水温一致且阻力接近时完全可以合用一组二级泵，多台水泵根据末端流量需要进行台数和变速调节，大大增加了流量调解范围和各水泵的互为备用性。且各区域末端的水路电动阀自动控制水量和通断，即使停止运行或关闭检修也不会影响其他区域。以往工程中，当各区域水温一致且阻力接近，常常仅以使用时间等特性不同为条件，按区域分别设置二级泵，带来如下问题：(1) 水泵设置总台数多于合用系统，有的区域流量过小采用一台水泵还需设置备用泵，增加投资；(2) 各区域水泵不能互为备用，安全性差；(3) 各区域最小负荷小于系统总最小负荷，各区域水泵台数不可能过多，每个区域泵的流

量调节范围减少，使某些区域在小负荷时流量过大、温差过小、不利于节能。

3）按区域分别设置二级泵的条件只能是“系统各环路阻力相差较大”，如果分区分环路按阻力大小设置和选择二级泵，有可能比设置一组二级泵更节能。阻力相差“较大”的界限推荐值可采用 0.05MPa，通常这一差值会使得水泵所配电机容量规格变化一档。

4）工程中常有空调冷热水的一些系统与冷热源供水温度的水温或温差要求不同，又不单独设置冷热源的情况。可以采用再设换热器的间接系统，也可以采用设置二级混水泵和混水阀旁通调节水温的直接串联系统。后者相对于前者有不增加换热器的投资和运行阻力，不需再设置一套补水定压膨胀设施的优点。因此规范增加了当各环路水温要求不一致时按系统分设二级泵的推荐条件。

根据系统不同特点，二级泵可采用不同的设备配置方式，见表 4-1。

表 4-1　二级泵配置方式

系统特点		设备配置方式	系统特点
负荷侧系统较大、阻力较高	各区域管路阻力相差不大	各区域合用一组二级泵	最小负荷（流量）总数较大，水泵的调节范围较大，对节能有利；多台水泵之间的互为备用性较强，或水泵台数较少
	各区域管路阻力相差悬殊（≥5m）	各区域分别设置二级泵	减小阻力小区域的泵扬程，有利节能；但每个区域的负荷（流量）小，水泵调节范围小；各区较少的水泵台数互为备用性差，或总台数较多
各环路水温（温差）要求不同		设置二级泵作为混水泵	与间接换热系统相比的特点见本文 5.2 节

3. 按区域设置二级泵时的布置方式

当采用按区域分别设置二级泵时，二级泵可以设置在冷站内（集中式设置）；当各区域距冷站较远时，也可以将二级泵设置在服务的各区域内（分布式设置）。集中式设置便于设备的集中管理，但系统所分区域较多时，总供回水管数量增多、投资增大、外网占地面积大，且相同流速下小口径管道水阻力大、增大水泵能耗，可考虑分布式设置，如图 4-1 所示。

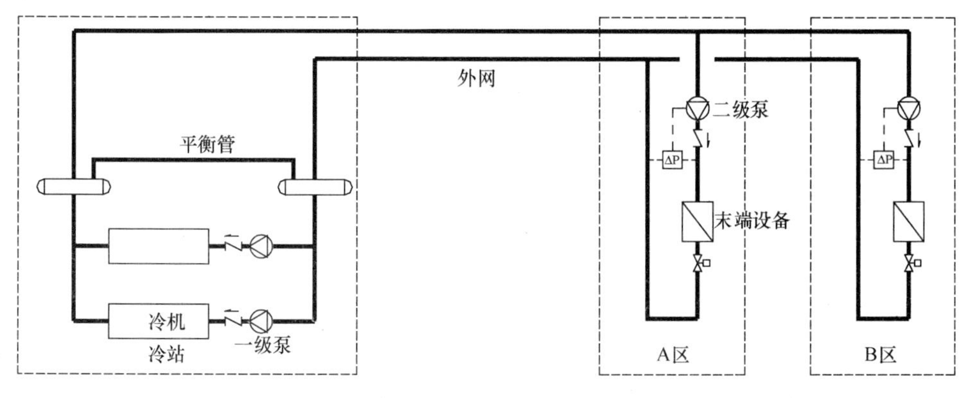

图 4-1　分布式布置二级泵系统示意图

对于变频控制的空调水二级泵，负荷降低、流量减少时管道阻力减少，水泵扬程也应相应降低才能更加节能。因此从节能角度恒定压差信号点宜设在系统末端，见图 4-2 所示的“$\Delta P3$”。这样既可以控制水泵的流量减少，也可以降低水泵扬程，此时称之为“变压差控制”，指水泵为变压差运行、末端压差恒定，最节能。

压差信号点设在水泵处的供回水干管上的做法目前仍是最常见的，当二级泵设在冷站内时，压差信号点只能使水泵的流量减少，不能降低水泵扬程，水泵压差基本恒定，称之为“定压差控制”，但末端压差是变化（流量一定程度上仍过剩），见图 4-2 所示的“$\Delta P1$”。这是因为“变压差控制”需要在系统每个末端都设置压力传感器，随时检测比较、控制，投资相对较高，还有最不利末端难以确定等因素所限。

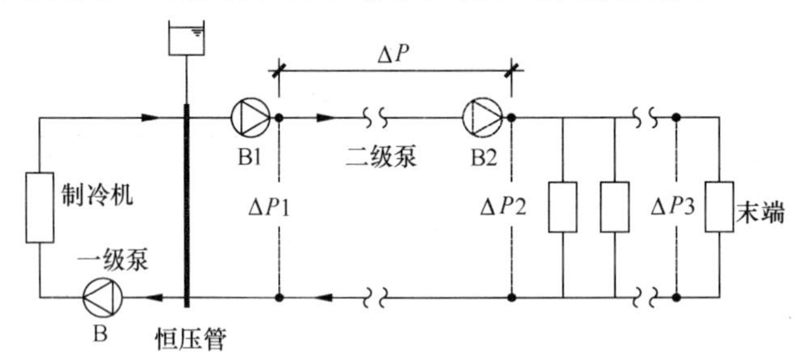

图 4-2　分布式设置的二级泵变压差运行分析

B：一级泵；$B1$：靠近恒压管设置的二级泵；$B2$：靠近末端区域设置的二级泵；ΔP：$B1$ 和 $B2$ 间供回水干管的压降；$\Delta P1$：$B1$ 处供回水干管的压差及信号；$\Delta P2$：$B2$ 处供回水干管的压差及信号；$\Delta P3$：最不利末端处供回水干管的压差及信号

当二级泵分布式设置在靠近负荷末端的各区域时，即使压差信号点设在水泵处的供回水干管上，水泵变频调速维持各区域的压差恒定，但由于共用总干管的阻力变化，水泵扬程改变，为“变压差控制”，比较节能。见图 4-2 所示的“$\Delta P2$”。

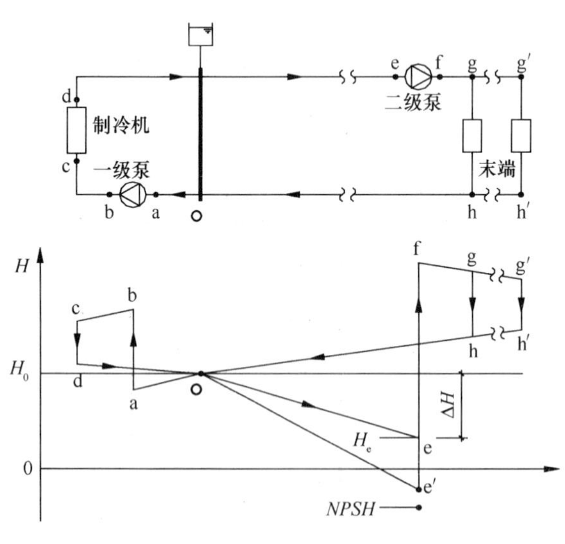

图 4-3　分布式设置的二级泵压力分析图

O-a-b-c-d-O：一级泵负担阻力

O-e-f-g-h-O：二级泵负担阻力

二级泵分布式设置在各区域靠近负荷端时，应校核系统压力，如图 4-3 所示：当系统定压点较低（坐标高度为 H_0）或外网阻力很大时，系统最低点的二级泵入口压力（e 点坐标高度为 H_e）如低于水泵所在高度（坐标高度为 0）时（e 点降至 e′ 点），系统容易进气，低于水泵允许最大负压值时（假设该值坐标高度为 $NPSH$），水泵会产生气蚀；因此应校核从平衡管的分界点至二级泵入口的阻力（ΔH）不应大于定压点高度（H_0），一般空调系统均能满足要求，外网很长阻力很大时可考虑三次泵或间接连接系统。

将按区域分别设置二级泵时其布置方式的优缺点总结如表 4-2 所示。

表 4-2　分区域设置的二级泵布置方式

二级泵位置	水泵管理	水泵运行	多区域二级泵系统的供回水总管	水压分布	优点	缺　　点
集中设置在冷站内	集中	定压差	多组小管	二级泵入口压力与定压点基本相同	便于集中管理	造价较高 水泵运行扬程较高 管道比模阻较大
分布设置在各区域	分散	变压差	一组大管	二级泵入口压力低于定压点高度	造价较低 较节能	不便于集中管理 系统定压点较低或外网阻力很大时 应校核水泵入口是否为正压

4.2　多级泵系统适用范围、设备配置和运行方式

1. 设备配置和运行方式

冷源侧：设置定流量运行的一级泵；

共用输配干管（外网）：设置变流量运行的二级泵；

各用户或用户内的各系统：分别（分布式）设置变流量运行的三级泵或四级泵。

2. 适用范围

对于冷水机组集中设置且各单体建筑用户分散的区域供冷等大规模空调冷水系统，当输送距离较远且各用户管路阻力相差非常悬殊的情况下，即使采用二级泵系统，也可能导致二级泵的扬程很高，运行能耗的节省受到限制。这种情况下，在冷源侧设置定流量运行的一级泵、为共用输配干管设置变流量运行的二级泵、各用户或用户内的各系统分别设置变流量运行的三级泵或四级泵的多级泵系统，可使得二级泵的设计扬程降低，也有利于单体建筑的运行调节。如用户所需水温或温差与冷源水温不同，还可通过三级（或四级）泵和混水阀满足要求。多级泵系统的优点如下：

1）可根据各用户所需不同压差或水温（温差）选择末端水泵；

2）可对二级泵实现集中设计和管理；

3）可解决在冷站为各用户分别设二级泵外网总管过多的问题；

4）可解决在用户分别设二级泵，水泵吸入口压力过低的问题。

但多级泵系统也存在以下缺点：水泵台数多，设置分散，各级泵之间流量不匹配问题比二级泵系统突出，设计不合理时并不比二级泵系统节能。

4.3　二级泵和多级泵系统的平衡管

1. 平衡管的作用

“平衡管”，有的资料中也称为“盈亏管”、“耦合管”。在一些中、小型工程中，也有的采用了“耦合罐”形式，其工作原理都是相同的。无论平衡管设在何处，两端即为相邻各级泵负担阻力的分界点，可使不完全同步调节的各级泵之间流量达到平衡。

一级泵和二级泵之间流量达到平衡，可保证蒸发器流量恒定，因此规范规定“应在供

回水总管之间冷源侧和负荷侧分界处设置平衡管”。

二级泵与三级泵之间也有流量调节可能不同步的问题，但没有保证蒸发器流量恒定问题。以图4-4所示的三级泵系统为例，如二级泵与三级泵之间设置平衡管，当各三级泵用户远近不同、且二级泵按最不利用户配置时，近端用户需设置节流装置克服较大的剩余资用压头，或多于流量通过平衡管旁通。当系统控制精度要求不高时如不设置平衡管，近端用户三级泵可以利用二级泵提供的资用压头而减少扬程，最近端用户甚至可以不设三级泵，对节能有利。因此，二级泵与三级泵之间没有规定必须设置平衡管。但当各级泵之间要求流量平衡控制较严格时，应设置平衡管；当末端用户需要不同水温或温差时，还应设置混水旁通管。

图4-5为一个设平衡管的末端混水系统示例。以平衡管两端为界，混水泵负担末端（分集水器及加热管）阻力，系统总循环泵（可能是一级泵，也可能是二级泵）负担平衡管前阻力，当因系统存在不平衡等因素时，热源侧流量大于混水泵流量时，多余流量通过平衡管流回，否则反之。平衡管保证了负荷侧的流量恒定，也保证了通过控制阀门开度调节分水器进口水温的准确性。当楼内供热管路系统需要冲洗时，可关闭负荷侧供回水阀门，平衡管作为旁通管使用。

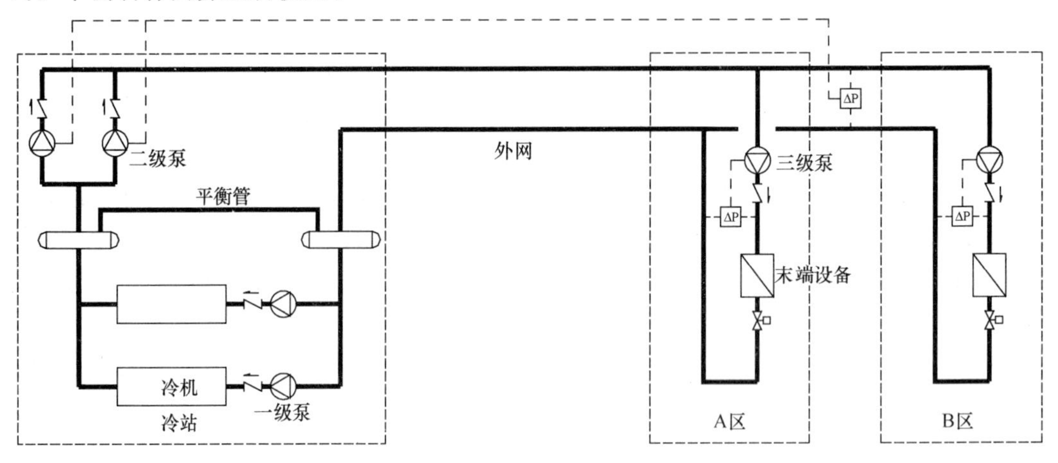

图4-4　空调冷水三级泵系统示例

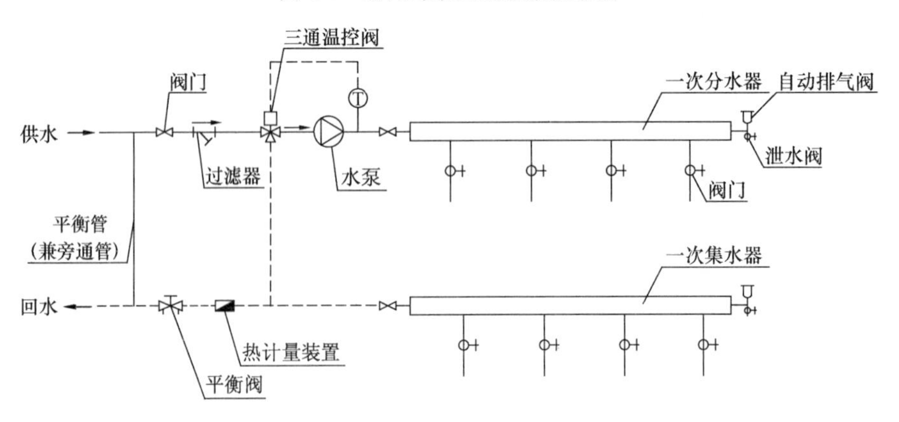

图4-5　地板供暖末端混水系统举例

2. 平衡管的设置位置

以图 4-5 为例，当分区域设置的二级泵采用分布式布置时，如平衡管远离机房设在各区域内，定流量运行的一级泵则需负担外网阻力，并按最不利区域所需压力配置，系统循环泵总功率很大，较近各区域平衡管前的一级泵多余资用压头需用阀门调节克服，或多余流量通过平衡管旁通，不符合节能原则。因此推荐平衡管位置设在冷源机房内。

3. 平衡管的尺寸

一级泵和二级泵流量在设计工况完全匹配时，平衡管内无水量通过即接管点之间无压差。当一级泵和二级泵的流量调节不完全同步时，平衡管内有水通过，使一级泵和二级泵保持在设计工况流量，保证冷水机组蒸发器的流量恒定，同时二级泵根据负荷侧的需求运行。在旁通管内有水流过时，也应尽量减小旁通管阻力保证旁通流量，因此管径应尽可能加大，规范规定不宜小于总供回水管管径。

4. 工程中出现的问题

一级泵和二级泵之间平衡管两端之间的压力平衡是非常重要的。目前一些二级泵或多级泵系统，存在运行不良的情况，特别是空调系统的回水直接从平衡管旁通后进入了供水管的情况比较普遍，导致冷水系统供水温度逐渐升高、末端无法满足要求而不断要求加大二级泵转速的“恶性循环”情况的发生，其原因就是二级泵选择扬程过大造成的。

为此工程中有在平衡管上设单流阀的做法，只允许在一级泵流量大于二级泵流量时，供水通过旁通管流回。当二级泵流量过大时，单流阀阻止流量平衡，负荷侧多余流量进入冷机，会带来主机蒸发器管壁过度冲蚀，供水温度上升等问题。

因此设计中应进行详细的水力计算，以保证平衡管两端之间的压力平衡。

4.4 二级泵和多级泵系统负荷侧水泵的控制

1. 采用二级泵和多级泵系统的目的，也是为了减少负荷侧运行水泵的功率，因此二级泵等负荷侧各级泵应采用变速水泵，且应采用台数调节和变速调节相结合的控制方式。

2. 台数调节宜采用流量控制方式。

3. 对于负荷侧最后一级水泵，变频调速控制方式根据系统的规模和特性，有以下几种方式：

1）控制回水温度：这种方式控制简单，但响应较慢，滞后较长，节能效果相对较差，因此不推荐采用。

2）控制水泵负担区域的供回水干管进出口压差恒定：该方式简便易行，是目前采用最多的方式；但流量调节幅度相对较小，尤其是二级泵集中设置在冷站内为定压差运行时，节能潜力受到一定限制。

3）控制管网末端最不利环路压差恒定：该方式流量调节幅度相对较大，节能效果明显，是规范推荐的控制方式；但如前所述，投资相对较高，控制较复杂，在实际应用中受到了一定的限制。

4. 以图 4-4 所示的三级泵系统为例，二级泵仅负担共用输配干管（外网）阻力，没必要为最不利末端区域的三级泵再提供多余的资用压头，最不利末端区域的三级泵之前的供回水干管，理论上压差应接近零，此处虽然没有设置平衡管，却是二级泵和最不利区域三级泵的分界。因此可将压差传感器设置在靠近最不利区域的供回水干管处（见图 4-4 所示），控制二级泵的转速，使压差信号稳定在一个较小数值。

5 间接系统

5.1 间接系统举例

无论是冷水系统还是热水系统，下列情况一般采用间接供冷或供热系统。

1）超高层建筑部分区域高度超高，使系统压力超过设备、管道、管件等的承压能力。设计时应注意换热器二次侧水温与一次冷热源侧水温存在温差，影响末端设备的水侧和风侧传热。

2）采用市政或区域锅炉房的高温水热源，或采用区域供冷大温差、低温冷源，因负荷侧所需水温（温差）与冷热源不一致，冷热源侧因密闭、承压、补水等因素需独立管理，负荷侧需分别定压和管理等。设计时应了解一次水侧要求的运行工况，确定换热器一次水的温控自动调节阀：如为变流量系统（循环泵变速调节，或冷热源总管处设置压差控制的旁通设施），采用两通阀；如为定流量系统，采用三通阀；换热器数量较多时，也可两通阀加总管处设旁通电动调节阀。

3）冰蓄冷系统，冷源侧和负荷侧水温要求不同，且负荷侧容量大，不能直接采用乙二醇水溶液。

4）采用开式水池的水蓄冷系统，水池液面高度低于空调水系统最高点。

5）采用常压锅炉等热源设备，系统压力超过热源设备的允许压力。

5.2 间接系统和直接串联系统的选择比较

有些情况，没有上述承压或定压要求不同等而必须设置间接系统的因素，可以采用间接系统，也可以采用直接串联系统。

与直接串联系统相比，间接系统的优点是：(1) 负荷（用户）侧和冷热源侧可独立管理；(2) 各独立的系统水压分布简单，设计中考虑的因素少，当冷热源和负荷侧系统分别设计时配合环节少。

但间接系统也有其缺点：(1) 需增设一套补水定压膨胀设施；(2) 需要增加大换热面积的板式换热设备；(3) 一次泵和二次泵均增加板换阻力；(4) 减少了末端空气处理设备水侧和风侧温差，增大了换热盘管表面积需求。

因此设计时应通过经济技术比较，确定供冷或供热方式。

5.3 间接系统设计要点

图 5-1 为间接供热系统示意图。对供冷（热）负荷和规模较大工程，当各区域管路阻力相差较大或需要对二次水系统分别管理时，也可按区域分别设置换热器和二次循环泵。

因为一般换热器不需要定流量运行，因此间接系统的节能设计要点是二次水侧的二次循环泵采用变速调节。具体控制方式见本文 4.4 节。

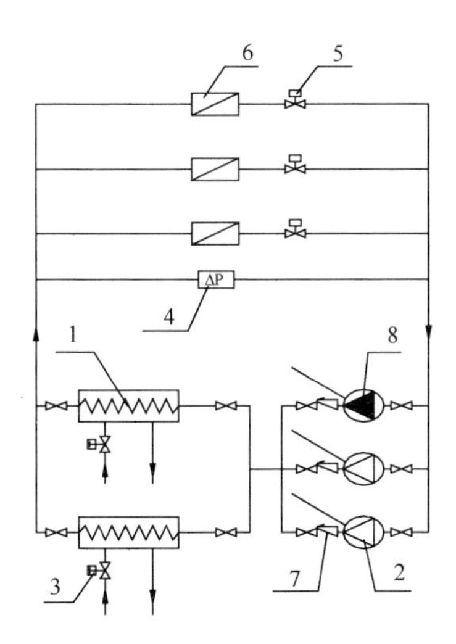

图 5-1　间接供热系统示意图

1—板式换热器；2—变频调速循环泵；3—温控阀；4—压差控制器；5—电动两通阀；6—末端空气处理装置；7—止回阀；8—备用泵

蓄冷系统计算及设计方法

杭州源牌环境科技有限公司　叶水泉　刘月琴

空调蓄冷技术属于电力需求侧管理技术，其重要作用是调节电力负荷特性，平衡电网峰谷用电负荷，减少高峰电力需求。随着国家峰谷电力政策的持续推进和各种设计规范标准的相继出台，目前蓄冷技术已逐渐发展成为一项成熟的空调冷源技术而得到越来越广泛的应用。与分布式能源技术、区域供冷技术、低温送风技术、地源热泵技术等结合成为蓄冷技术新的发展趋势，越来越多的通讯机房将蓄冷设备作为应急冷源使蓄冷技术的优势得到更为充分的发挥。本文对蓄冷系统设计及计算方法进行了较为全面的总结和梳理，以方便广大暖通空调技术人员查阅，以期推动该项技术进一步地快速发展。

1　蓄冷系统设计特点

蓄冷系统的设计较常规空调冷源系统复杂，主要表现在以下方面：

（1）必须进行设计日空调冷负荷逐时计算；

（2）冷源由制冷主机和蓄冷设备共同构成，需要考虑二者的匹配性，包括主机和蓄冷设备的蓄冷释冷特性、共同承担冷负荷的比例、基载与双工况主机的设置及容量等；

（3）蓄冰系统需要采用冰点较低的载冷剂（如乙二醇溶液），需考虑载冷剂物理化学特性及供冷方式（直接或间接）；

（4）根据末端供冷温度、时段等需求不同，选用不同蓄冷方式与流程；

（5）根据电力政策、系统配置、产品特性等因素，确定系统在不同负荷情况下逐时运行策略；

（6）需要根据系统配置、电力政策、运行策略策等因素，进行系统经济性分析，并且根据分析结果，进行系统配置和运行策略优化调整。

2　蓄冷空调系统的设计内容

（1）空调冷负荷计算；

（2）确定蓄冷方式和蓄冷介质；

（3）选择运行、控制策略，确定系统流程；

（4）制冷主机、蓄冷装置的容量计算；

（5）确定其他辅助设备形式和选型计算；

（6）编制不同负荷日蓄冷-释冷负荷逐时分配表；

（7）计算投资回收期；

（8）系统制冷机和蓄冷装置等配置最终复核。

2.1 空调冷负荷计算

进行蓄冷系统设计时，应计算一个蓄冷-释冷周期的逐时空调冷负荷，且应考虑间歇运行的冷负荷附加。冷负荷计算方法包括系数估算法和详细计算法两种。

对于一般的酒店、办公等建筑来说，典型设计蓄冷时段通常为一个典型设计日。对于全年非每天使用（或即使每天使用但使用人数并不总是满员的建筑一例如展览馆、博物馆以及具有季节性度假性质的酒店等），其满负荷使用的情况具有阶段性，这时应根据实际满员使用的阶段性周期作为典型设计蓄冷时段来进行。

1）系数估算法

在方案设计或初步设计阶段一般采用系数估算法进行空调冷负荷计算。

$$q_i = K_i \cdot q_{max} \tag{2-1}$$

式中 q_i —— i 时刻空调冷负荷（kW）；

K_i ——逐时冷负荷系数，可参考表 2-1 取值；

q_{max} ——高峰小时冷负荷（kW）。

表 2-1 逐时冷负荷系数 K_i

时间	写字楼	宾馆	商场	餐厅	休闲吧	夜总会	保龄球
1：00	0	0.16	0	0	0	0	0
2：00	0	0.16	0	0	0	0	0
3：00	0	0.25	0	0	0	0	0
4：00	0	0.25	0	0	0	0	0
5：00	0	0.25	0	0	0	0	0
6：00	0	0.50	0	0	0	0	0
7：00	0.31	0.59	0	0.32	0	0	0
8：00	0.43	0.67	0.40	0.34	0.32	0	0
9：00	0.70	0.67	0.50	0.40	0.37	0	0
10：00	0.89	0.75	0.76	0.54	0.48	0	0.30
11：00	0.91	0.84	0.80	0.72	0.70	0	0.38
12：00	0.86	0.90	0.88	0.91	0.86	0.40	0.48
13：00	0.86	1.00	0.94	1.00	0.97	0.40	0.62
14：00	0.89	1.00	0.96	0.98	1.00	0.40	0.76
15：00	1.00	0.92	1.00	0.86	1.00	0.41	0.80
16：00	1.00	0.84	1.96	0.72	0.96	0.47	0.84
17：00	0.90	0.84	0.85	0.62	0.87	0.60	0.84
18：00	0.57	0.74	0.80	0.61	0.81	0.76	0.86
19：00	0.31	0.74	0.64	0.65	0.75	0.89	0.93
20：00	0.22	0.50	0.50	0.69	0.65	1.00	1.00
21：00	0.18	0.50	0.40	0.61	0.48	0.92	0.98
22：00	0.18	0.33	0	0	0	0.87	0.85
23：00	0	0.16	0	0	0	0.78	0.48
24：00	0	0.16	0	0	0	0.71	0.30

2）详细计算法

在深化设计阶段，应采用详细计算法计算逐时冷负荷，可借助动态能耗计算软件进行。在有条件的情况下，还宜进行全年的逐时空调负荷计算，这样才能更好地确定系统的全年运行策略。

3）间歇运行附加冷负荷计算

由于蓄冷系统存在间歇运行的特点，空调系统不运行的时段内，建筑构件（主要包括楼板、内墙及家具）仍然有传热而形成了一定的蓄热量，这些蓄热量需要整个空调系统来带走，这对于蓄冷系统设计选型不容忽视。因此在计算整个空调蓄冷系统典型设计日的总冷量（kWh）时，除计算空调系统运行时段的冷负荷外，还应考虑上述蓄热量。蓄冷空调系统非运行时段的各建筑构件单位楼板面积、单位昼夜温差（由自然温升引起的）附加负荷可参考表 2-2。

表 2-2　蓄冷空调系统间歇运行附加冷负荷[W/(m^2·℃)]

建筑构件	开空调后的小时数							
	1 小时	2 小时	3 小时	4 小时	5 小时	6 小时	7 小时	8 小时
楼板	13.61	10.31	8.13	6.43	5.09	4.05	3.23	2.59
内墙(a=0.2)	1.17	0.71	0.50	0.35	0.25	0.18	0.13	0.10
内墙(a=0.4)	2.33	1.43	0.99	0.70	0.50	0.36	0.26	0.20
内墙(a=0.6)	3.50	2.14	1.49	1.05	0.75	0.54	0.40	0.29
内墙(a=0.8)	4.67	2.85	1.99	1.40	1.00	0.72	0.53	0.39
家具(b=0.2)	1.72	0.49	0.16	0.05	0.02	0.01	0.00	0.00
家具(b=0.4)	3.44	0.98	0.32	0.11	0.04	0.01	0.00	0.00
家具(b=0.6)	5.16	1.47	0.48	0.16	0.06	0.02	0.01	0.00
家具(b=0.8)	6.88	1.96	0.64	0.22	0.08	0.03	0.01	0.00

注：1. 此表适用于轻型外墙的情况；

2. 此表适用于楼板和内墙厚度在 10～15cm 之间的情况；

3. 表中 a 为内墙面积与楼板面积的比值，b 为家具面积与楼板面积的比值，根据建筑实际情况估算。

计算示例：某办公建筑，建筑面积 10000m^2，采用轻质外墙，内墙面积与楼板面积的比值 a=0.6，家具面积与楼板面积的比值 b=0.4，空调房间昼夜室内温差为 3.0℃，则本建筑间歇运行附加冷负荷计算见表 2-3。

表 2-3　计算示例

建筑构件	开空调后的小时数							
	1 小时	2 小时	3 小时	4 小时	5 小时	6 小时	7 小时	8 小时
楼板	13.6	10.3	8.13	6.43	5.09	4.05	3.23	2.59
内墙(a=0.6)	3.50	2.14	1.49	1.05	0.75	0.54	0.40	0.29
家具(b=0.4)	3.44	0.98	0.32	0.11	0.04	0.01	0.00	0.00
附加冷负荷系数	20.5	13.4	9.94	7.59	5.88	4.6	3.63	2.88
房间昼夜室内温度	3.0							
附加冷负荷	61.6	40.2	29.8	22.7	17.6	13.8	10.8	8.64

结果 8 小时累计附加冷负荷为 2055kW·h，大约相当于 1～2 小时的尖峰冷负荷，因此在方案阶段也可按此进行大致估算。

2.2 选择蓄冷方式

蓄冷方式的确定，应该结合空调系统的末端需求、蓄冷装置的特性、运行模式和控制策略、工程现场条件、工程初期投资以及运行费用等综合考虑。

蓄冷方式分类及比较见表 2-4。

表 2-4 蓄冷方式分类及比较

分类	类型			蓄冷介质	蓄冷流体	取冷流体	适用范围
潜热式	静态制冰	冰盘管	外融冰	冰	制冷剂	水	较适用于独立新风系统、低温送风系统和区域供冷等设计供水温度较低的场所及瞬间供冷负荷大的场所
					载冷剂		
			内融冰	冰	载冷剂	载冷剂	大多数项目均适用，包括独立新风系统、低温送风系统和区域供冷系统
		封装式		冰	载冷剂	载冷剂	适用于供水温度不低于 5℃的中央空调系统 特别适用于间歇式、瞬间供冷负荷较大场所
				相变材料	水	水	
	动态制冰	收获式制冰		冰	制冷剂	水	特别适用于工业过程冷却及渔业冷冻 设计出水温度较低及瞬间供冷负荷大的场所
		冰浆式(冰晶式)		冰	制冷剂	水或水溶液	设计出水温度较低及瞬间供冷负荷大的场所设备容量小、需长期连续运行、储存大量冰泥供短时间大负荷空调需求的系统生产过程冷却或食品冷藏
显热式	水蓄冷	温度分层式		水	水	水	有足够设备布置空间，供冷温度高于 5℃的中央空调系统 通讯机房等瞬间负荷很大的应急供冷系统

2.3 选择蓄冷模式、控制策略，确定系统流程

1)蓄冷模式、控制策略选择

应根据蓄冷-释冷周期内冷负荷曲线、电网峰谷时段以及电价、建筑物能够提供的设置蓄冷设备的空间等因素，经综合比较后确定采用全负荷蓄冷或部分负荷蓄冷。模式分类及比较见表 2-5。

对于用冷时间短，并且在用电高峰时段需冷量相对较大的系统，可采用全负荷蓄冷；一般工程建议采用部分负荷蓄冷。在设计蓄冷-释冷周期内采用部分负荷的蓄冷空调系统，应考虑其在负荷较小时能够以全负荷蓄冷方式运行。在确定全年运行策略时，充分利用低谷电价，一方面能够节省运行费用，另一方面，也为城市电网"削峰填谷"取得较好效果。

一般情况下冰蓄冷空调系统采用分量蓄冰模式，其蓄冷量占设计日白天非低谷电时段空调总冷量的 30%～50%，对于夜间有空调冷负荷需求的建筑物，该比例还将适当减少，对于体育场所、影剧院等建筑物，该比例还将适当增大，可在满足建筑物全天空调要求的前提下合理选择蓄冰容量。

表 2-5　蓄冷模式分类及比较

运行模式	定义	优点	缺点	适用条件
全量蓄冷 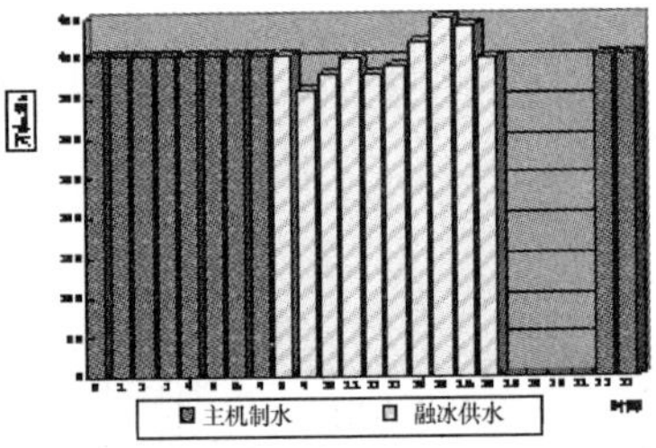 主机制水　融冰供水	制冷主机在电力低谷期全负荷运行，制得系统高峰时段所需要的全部冷量。在电力高峰期，所有主机停运，所需冷负荷全部由所蓄冷量来满足	a. 最大限度地转移了电力高峰期的用电量。 b. 白天全天通过蓄冷设备供冷，运行成本最低。 c. 控制简单	a. 系统的蓄冰容量、制冷主机及相应设备容量最大。 b. 系统的占地面积最大。 c. 系统的初期投资最高	a. 体育馆、教堂等短时供冷场所。 b. 高峰电时段用电负荷有严格限制，无法开启主机供冷的场所
分量蓄冷（主机优先） 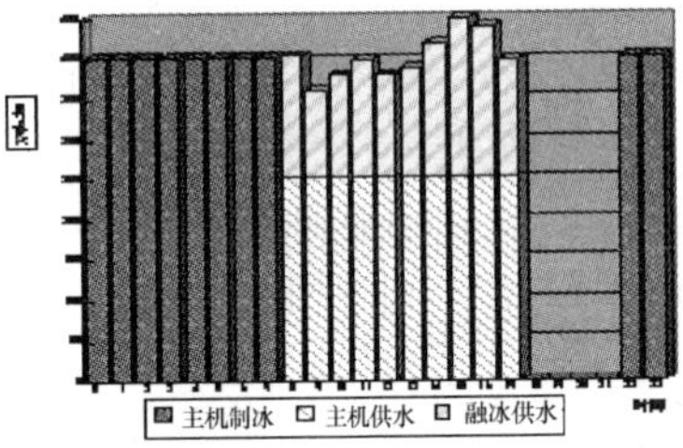 主机制冰　主机供水　融冰供水	制冷主机在电力低谷期全负荷运行，制得系统高峰时段所需要的部分冷量。在电力高峰期，主机以满负荷运行，不足部分由所蓄冷量补充	a. 系统的蓄冰容量、相应设备容量最小。 b. 系统的占地面积最小。 c. 初期投资最小，回收周期短	a. 仅转移了电力高峰用电量，白天系统还配电容量。 b. 运行费用较全量蓄冰高。 c. 控制较复杂	a. 非全量蓄冰模式均可采用。 b. 目前大多数冰蓄冷项目均采用这种蓄冰模式
分量蓄冷（蓄冷设备优先） 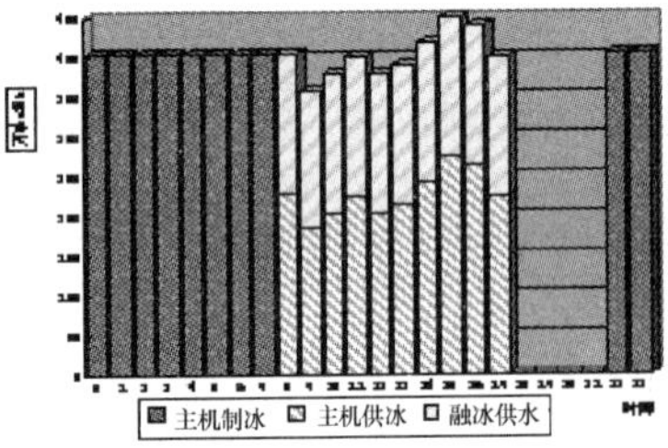 主机制冰　主机供水　融冰供水	制冷主机在电力低谷期全负荷运行，制得系统高峰时段所需要的部分冷量。在电力高峰期，蓄冷设备按要求提供冷量，不足部分由主机提供，主机一般工作在卸载状态	a. 系统的蓄冷容量、相应设备容量较小。 b. 系统的占地面积较小。 c. 初期投资较小，回收周期短	a. 仅转移了电力高峰期的部分用电量，还需较大的配电容量。 b. 运行费用较全量蓄冰高，较主机优先低。 c. 控制复杂 d. 投资较主机优先高	a. 非全量蓄冰模式均可采用

表 2-6 为某项目按全量蓄冰、主机优先分量蓄冰、融冰优先分量蓄冰三种模式的设备容量比较，供参考。

表 2-6　某项目不同蓄冷模式设备配置比较

设备容量	全量储冰	蓄冷设备优先	主机优先
压缩机容量(R_t)	1960	810	670
储冰容量(R_{th})	10180	4220	3480

2)确定蓄冷系统流程

蓄冷系统流程主要有串联流程和并联流程两种。由于末端空调需求不同，蓄冰装置种类多样，为达到系统综合效能最佳，必须根据蓄冰设备的特点及末端使用要求，选用与之匹配的流程。详见表 2-7。

表 2-7　冰蓄冷系统流程及特点

流程		流程特点	较适用的蓄冰装置
并联流程		① 冰槽出口设计供水温度一般为 5℃，供回水温差为 5℃； ② 主机效率较高； ③ 控制复杂，融冰优先难实现； ④ 可用于末端供回水温度为 7/12℃的常规系统	封装式(冰球) 完全冻结式内融冰盘管
串联流程	主机下游	① 主机出口设计供水温度为 3～4℃，供回水温差为 7～10℃； ② 主机效率较低； ③ 控制简单，融冰优先难实现； ④ 可用于常规及大温差低温送风系统	完全冻结式内融冰盘管
	主机上游	① 冰槽出口设计供水温度为 1～4℃，供回水温差为 7～10℃； ② 主机效率最高； ③ 控制简单，主机优先、融冰优先易实现； ④ 可用于常规、大温差低温送风系统及区域供冷系统	不完全冻结式内融冰盘管 外融冰系统

(1)冰蓄冷系统常用流程形式

① 并联流程

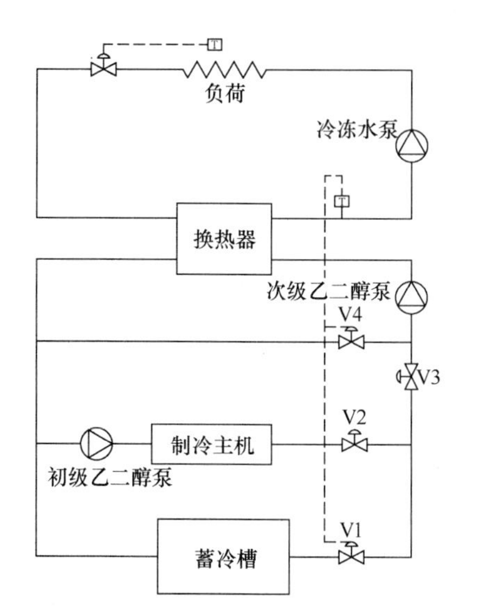

运行工况	阀门状态	制冷主机状态	乙二醇泵状态
蓄冷工况	开启：V1、V2 关闭：V3、V4	运行	初级泵运行 次级泵停运
蓄冷槽单供冷工况	关闭：V2 开启：V3 调节：V1、V4	停运	次级泵运行 初级泵停运
主机单供冷工况	开启：V2、V3、V4 关闭：V1	运行	次级泵运行
主机与冷槽联合供冷	开启：V2、V3 调节：V1、V4	运行	次级泵运行
主机蓄冷兼供冷工况	开启：V1、V2 调节：V3、V4	运行	初级泵运行 次级泵运行

图 2-1　冰蓄冷系统并联流程

② 串联流程 1(内融冰)

a. 主机上游串联流程(单级泵)

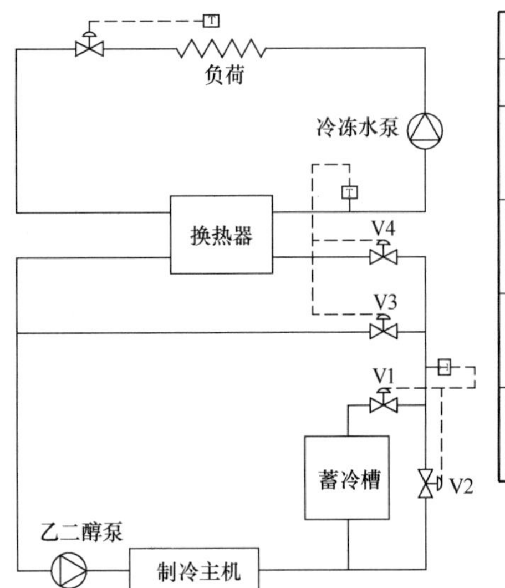

运行工况	阀门状态	制冷主机状态	乙二醇泵状态
蓄冷工况	开启：V1、V3	运行	运行
蓄冷槽单供冷工况	关闭：V3 开启：V4 调节：V1、V2	停运	运行
主机单供冷工况	开启：V2 关闭：V1	运行	运行
主机与冷槽联合供冷工况	调节：V2、V3 V4、V5	运行	运行
主机蓄冷兼供冷工况	开启：V1 关闭：V2 调节：V3、V4	运行	运行

图 2-2　冰蓄冷系统串联流程 1

b. 主机上游串联流程(双级泵)

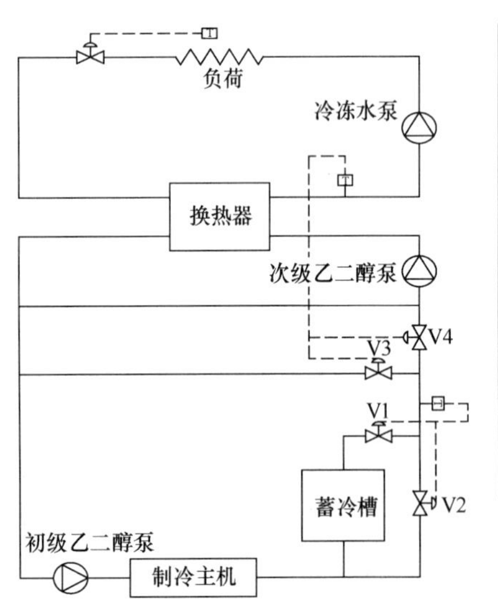

运行工况	阀门状态	制冷主机状态	乙二醇泵状态
蓄冷工况	开启：V1、V3	运行	初级泵运行
蓄冷槽单供冷工况	开启：V4 关闭：V3	停运	初级泵运行 次级泵运行
主机单供冷工况	开启：V2 关闭：V1	运行	初级泵运行 次级泵运行
主机与冷槽联合供冷工况	调节：V1、V2， V3、V4	运行	初级泵运行 次级泵运行
主机蓄冷兼供冷工况	开启：V1 关闭：V2	运行	初级泵运行 次级泵运行

图 2-3　冰蓄冷系统主机上游串联流程

c. 主机下游串联流程(单级泵)

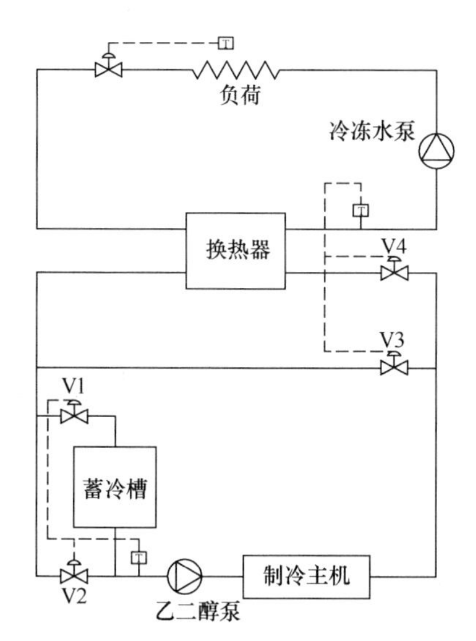

运行工况	阀门状态	制冷主机状态	乙二醇泵状态
蓄冷工况	开启：V1、V3 关闭：V2、V4	运行	运行
蓄冷槽单供冷工况	关闭：V3 开启：V4 调节：V1、V2	停运	运行
主机单供冷工况	开启：V2 关闭：V1 调节：V3、V4	运行	运行
主机与冷槽联合供冷工况	调节：V1、V2、V3、V4	运行	运行

图 2-4 冰蓄冷系统主机下游串联流程

③串联流程 2(外融冰)

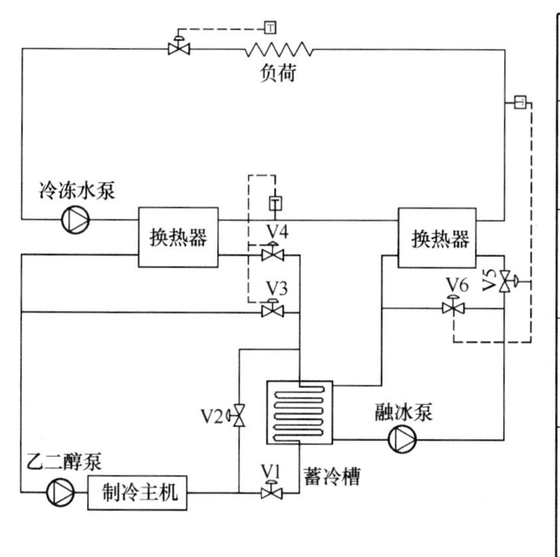

运行工况	阀门状态	制冷主机状态	乙二醇泵状态
蓄冷工况	开启：V1、V3 关闭：V2、V4、V5、V6	运行	乙二醇泵运行 冷冻水泵停运 融冰泵停运
蓄冷槽单供冷工况	调节：V5、V6	停运	冷冻水泵运行 融冰泵运行 乙二醇泵停运
主机单供冷工况	开启：V2、V4 关闭：V1、V3	运行	乙二醇泵运行 冷冻水泵运行 融冰泵停运
主机与冷槽联合供工况	开启：V2 关闭：V1 调节：V3、V4，V5、V6	运行	乙二醇泵运行 冷冻水泵运行 融冰泵运行
主机蓄冷兼供冷工况	开启：V1 关闭：V2 调节：V3、V4	运行	乙二醇泵运行 冷冻水泵运行 融冰泵停运

图 2-5 冰蓄冷系统串联流程 2

2）水蓄冷常用流程

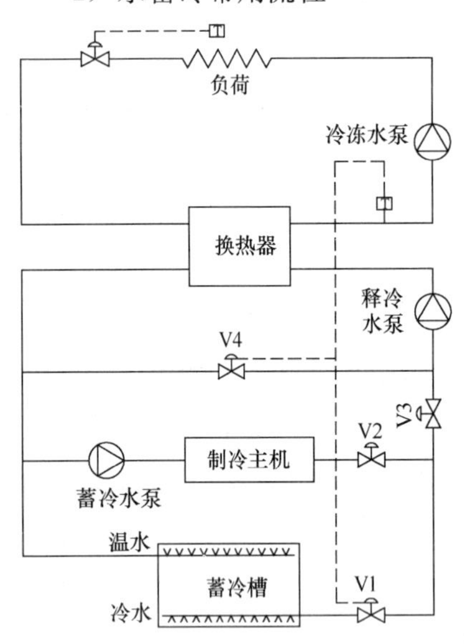

运行工况	阀门状态	制冷主机状态	水泵状态
蓄冷工况	开启：V1、V2 关闭：V3、V4	运行	蓄冷水泵运行 释冷水泵停运
蓄冷槽单供冷工况	开启：V1、V3 关闭：V2、V4	停运	释冷水泵运行蓄冷水泵停运
主机单供冷工况	开启：V2、V3、V4 关闭：V1	运行	释冷水泵运行蓄冷水泵运行
主机与冷槽联合供冷	开启：V2、V3 调节：V1、V4	运行	释冷水泵运行蓄冷水泵运行

图 2-6　水蓄冷常用流程

3）蓄冷系统控制策略

（1）自控系统配置

自控系统由微机中央控制单元、现场控制单元、电动阀门、传感检测器件、系统控制软件等部分组成，确保实现系统的在线控制与无人值守，实现系统的智能化运行。自控系统作为楼宇自动化管理系统（BAS）的一个子系统，应为BAS系统留有OPC标准接口。

（2）控制功能

控制系统通过对制冷主机、蓄冷装置、板式换热器、水泵、冷却塔等设备及系统管路电动阀门进行控制，调整蓄冰系统各运行工况，为中央空调末端提供稳定的供水温度；

控制系统应根据时间预设或负荷预测选择蓄冷系统运行模式；

根据季节和机组运行情况，自控系统具备工况的自动转换功能；

控制系统配置手动/自动切换功能；

具备节假日等情况下的特别控制功能；

蓄冷系统应能实现系统经济运行。

（3）系统运行控制策略

分量蓄冷模式的控制较全量蓄冷模式复杂，除了保证蓄冷工况与供冷工况之间的转换操作以及空调供水温度控制以外，主要应解决制冷主机和蓄冷装置之间的供冷负荷分配问题，充分利用蓄冷系统节省运行费用。常用的控制策略有三种，即：制冷主机优先，蓄冷装置优先和优化控制。

a. 制冷主机优先

① 控制方式：

设定主机出口温度为冰蓄冷系统供液温度。

当系统负荷小于主机供冷量，主机负荷率较低时，主机及相应的水泵，冷却塔应可进行台数调节。

② 特点：

主机满负荷运行，冷量不足由融冰补充。

在部分负荷时，主机出水温度下降，效率降低。

随着建筑物的负荷的降低，蓄冷装置的使用率也会降低，不能有效的削减峰值用电而节约运行费用。

控制简单，运行可靠。

b. 融冰优先

① 控制方式：

根据蓄冰装置融冰性能和负荷情况分配各个时段的融冰量。

根据各个时段分配的融冰量，核算系统流量确定水泵开启的最少台数。

根据融冰量、流量和蓄冰装置出口温度，计算蓄冰装置进口温度。

根据蓄冰装置进口温度，计算主机出口设定温度。

当主机负荷率较低时，主机及相应的水泵，冷却塔可进行台数调节。

当乙二醇泵运行数量与主机数量不一致时，应根据回水温度动态调整主机出口温度设定。

② 特点：

蓄冰装置按要求提供冷量，冷量不足由主机补充，主机经常运行在部分负荷下。

主机出水温度设定较高，效率较高。

随着建筑物的负荷的降低，蓄冷装置的使用率能得到保证，能有效的削减峰值用电而节约运行费用。

控制复杂，如果不能解决好释冷量在时间上的分配问题，可能造成在某些时间段总的供冷能力不足。

c. 优化控制

优化控制就是根据电价政策，在满足用户使用要求的前提下，最大限度的发挥蓄冷装置作用，使用户支付的电费最少，也就是说，优化的目标函数是运行费用，给出逐日预测的建筑物负荷、蓄冰设备容量及特性、制冷设备容量及特性、当地电价结构等约束条件，运用最优化方法，得出各时刻制冷机组及蓄冷设备应负担的负荷，并据此进一步得出各机组、蓄冰设备及管路中的阀门的启停状态或调节位置。这种控制策略对于非典型设计日具有较大的经济性。据有关资料介绍，在对国内某建筑物的蓄冰系统进行分析后，发现采用优化控制策略比采用制冷机优先控制策略，可以节省运行电费30%。

2.4 制冷主机、蓄冷装置的选择与容量计算

制冷主机的选择主要取决于机组可以获得的出水温度、容量范围、效率、自控系统和经济性等因素。水蓄冷系统制冷主机出水最低温度为4℃，对制冷主机的要求同常规系统。冰蓄冷系统用双工况制冷主机的选择则需重点考虑机组可以获得的出水温度、低温工况容量调节范围、效率、自控系统等因素。

1）蓄冰系统对双工况制冷主机的工艺要求

（1）机组需同时满足制冰和空调两种工况要求；

（2）在制冰工况下，能随外界负荷变化实现能量自动调节；

（3）载冷剂通常为27%重量浓度的乙二醇溶液；

（4）空调工况和制冰工况的切换，可以通过简单的面板操作或外部遥控操作实现；

（5）机组的机械性能及保温层厚度应能满足制冰工况要求；

（6）机组微电脑控制系统的信息显示、载冷剂的温度控制、系统控制、系统保护、爬坡控制等功能必须同时满足空调和制冰工况的要求。

2）蓄冷制冷机的一般特性（见表 2-8）

表 2-8　蓄冷制冷机的一般特性表

冷水机组	最低供冷温度	制冷机性能系数（*COP*）		典型选用容量范围	
	（℃）	空调工况	蓄冷工况	（kW）	（RT）
往复式	－12～－10	4.1～5.4	2.9～3.9	90～530	25～150
螺杆式	－12～－7	4.1～5.4	2.9～3.9	180～1800	50～500
离心式	－6.0	5.0～5.9	3.5～4.1	700～7000	200～2000
涡旋式	－9.0	3.1～4.1	1.2～1.3	70～210	20～60
吸收式	4.4	0.65～1.23	—	700～5600	200～1600

3）基载主机设置条件

（1）基载冷负荷超过制冷主机单台空调工况制冷量的 20%时；

（2）基载冷负荷超过 350kW 时；

（3）基载负荷下的空调总冷量（kWh）超过设计蓄冰冷量（kWh）的 10%时。

基载冷负荷如果比较大或者基载负荷下的总冷量比较大时，为了满足制冰蓄冷运行时段的空调要求，并确保制冰蓄冷系统的正常运行，通常宜设置单独的基载机组。比较典型的建筑是酒店类建筑。基载冷负荷如果不大，或者基载负荷下的总冷量不大，单独设置基载机组，可能导致系统复杂和投资增加，因此这种情况下，也可不设置基载冷水机组，而是根据系统供冷的要求设置单独的取冷水泵（在蓄冷的同时进行部分取冷）。

4）蓄冰装置的选用依据

根据空调系统对供水温度、供回水温差、融冰速度等要求，是否采用低温送风、区域供冷或独立新风系统，以及工程项目的具体情况（冷冻机房空间、空调系统规模等）选择蓄冷装置的类型。常用蓄冰装置类型有盘管式和封装式两类，其中盘管式有内融冰、外融冰两种，内融冰又有完全冻结式和不完全冻结式两种。目前不完全冻结内融冰盘管蓄冰装置应用最多，随着大型区域供冷增多，外融冰盘管将成为较佳的选择。

（1）冰蓄冷装置的蓄冷特性要求（见图 2-7）：

在电网的低谷时间段内（通常为 7～9 小时），均匀完成全部设计冷量的蓄存。因此必须考虑两个因素：a）确定制冷机在制冷工况下的最低运行温度，不宜过低（一般内融冰和封装式蓄冰为－4～－6℃，外融冰为－5～－8℃）；b）根据最低运行温度及保证制冷机安全运行的原则，确定载冷剂的浓度（体积浓度一般为 25%～30%）。

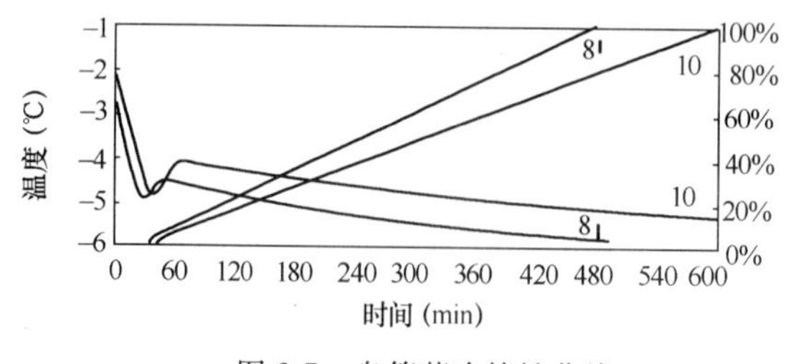

图 2-7　盘管蓄冷特性曲线

（2）冰蓄冷装置的释冷特性要求：

对于用户及设计单位来说，冰蓄冷装置的释冷特性是非常重要的，保持冷水温度恒定和确保逐时释冷量符合建筑空调的需求是空调系统运行的前提。所以，冰蓄冷装置的完整释冷特性曲线中，应能明确给出装置的逐时可释出的冷量（常用释冷速率来表示和计算）及其相应的溶液浓度。见图 2-8 及图 2-9。

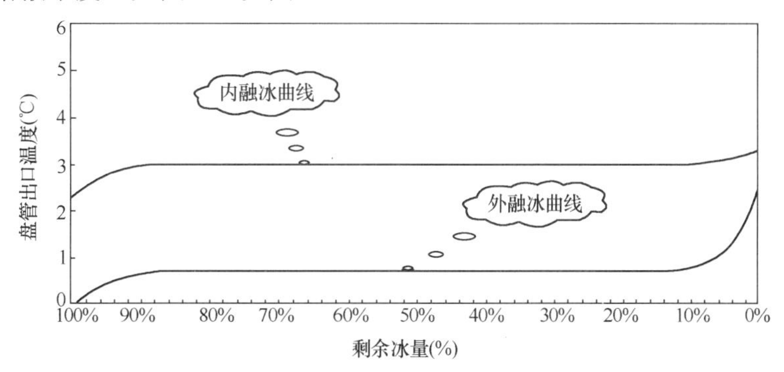

图 2-8　盘管释冷冷特性曲线 1

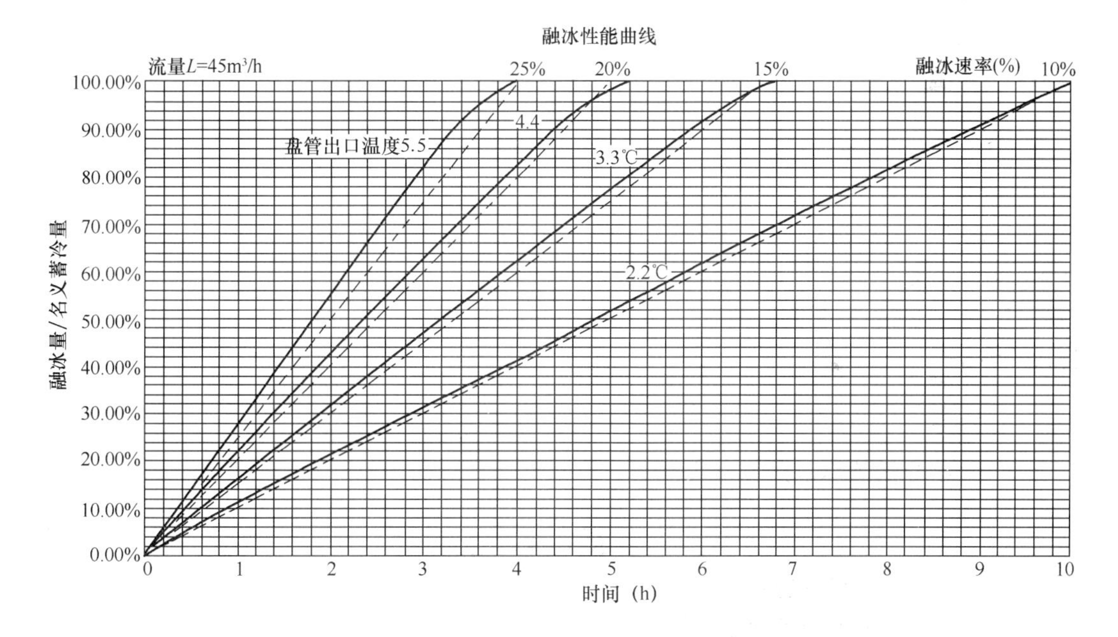

图 2-9　盘管释冷冷特性曲线 2

5）制冷主机、蓄冷装置容量计算

（1）全量蓄热时

蓄冷装置有效容量：$Q_S = \sum_{i=1}^{24} q_i = n_1 \times c_f \times q_c$ （2-2）

蓄冷装置名义容量：$Q_{SO} = \sum_{i=1}^{\infty} q_i = \varepsilon \times Q_s$ （2-3）

制冷剂标定制冷量：$q_c = \dfrac{\sum_{i=1}^{24} q_i}{n_1 \times c_f}$ （2-4）

式中　Q_S——蓄冷装置有效容量（kW·h）；

Q_{SO}——蓄冷装置名义容量（kW·h）；

q_i——建筑物逐时冷负荷（kW）；

n_1——夜间制冷剂在蓄冷工况下运行的小时数（h）；

c_f——制冷剂蓄冷时制冷能力的变化率，即实际制冷量与标定制冷量的比值，一般情况下：

活塞式制冷机 c_f= 0.6～0.65；

螺杆式制冷机 c_f=0.64～0.70；

离心式（中压）制冷机 c_f=0.62～0.66；

离心式（三级）制冷机 c_f=0.72～0.8；

q_c——制冷机的标定制冷量（空调工况）（kW）；

ε——制冷装置的实际放大系数（无因次）。

（2）部分负荷蓄冷时

蓄冷装置有效容量：$Q_S = n_1 \times c_f \times q_c$　(2-5)

蓄冷装置名义容量：$Q_{SO} = \varepsilon \times Q_S$　(2-6)

制冷机标定制冷量：$q_c = \dfrac{\sum_{i=1}^{24} q_i}{n_2 + n_1 \times c_f}$　(2-7)

式中　n_2——白天制冷机在空调工况下运行的小时数（h）。

当白天制冷机在空调工况下运行时，如果计算得到的制冷机名义制冷量 q_c 大于该时段内的 n 个小时制冷机承担的逐时冷负荷 q_i、q_k、…则需对白天制冷机在空调工况下运行的小时数 n_2 进行实际修正变为 n_2'，并将其带入以上公式。n_2 的实际修正值 n_2'可以按以下公式计算

$$n_2' = (n_2 - n) + \frac{q_i + q_k + \cdots}{q_c} \tag{2-8}$$

（3）水蓄冷槽的容量计算方法：

$$L = \frac{3600Q}{K \cdot \rho \cdot c \cdot \Delta t} \tag{2-9}$$

式中　L——水槽的设计容积（m^3）；

Q——水槽的设计蓄冷量（kWh）；

K——水槽的性能指数，指在一个蓄冷放冷周期内水槽的输出与输入能量之比，可以取 0.85～0.9；

ρ——水的密度（kg/m^3）；

c——水的比热容[kJ/(kg)·K]；

Δt——水槽的供回水温差（K）。

2.5　确定其他辅助设备形式和选型计算

1）乙二醇泵

乙二醇泵必须满足冰蓄冷系统制冰、单融冰、联合供冷、主机单独供冷等几个工况的要求。

(1) 乙二醇泵流量计算方法：

$$F = \frac{Q}{C\rho\Delta T} \tag{2-10}$$

式中 F——乙二醇系统总流量，m^3/h；

Q——设备换热量，kW；

对于串联流程乙二醇泵流量计算时，Q 为板换换热量；

C——对应浓度乙二醇溶液的比热；

ρ——对应浓度乙二醇溶液的比重；

ΔT——换热设备进出口温差，℃。

(2) 乙二醇泵扬程确定

由于乙二醇溶液的黏度与水不同，管道阻力应考虑修正系数，一般 25%（质量浓度）乙二醇水溶液，修正系数为 1.2～1.3 倍，30%（质量浓度）乙二醇水溶液，修正系数为 1.25～1.35 倍。设备压降也应该按照相应浓度的乙二醇水溶液来计算。乙二醇泵扬程应经过详细的计算和分析后确定。

2) 板式换热器

冰蓄冷系统用板式换热器将蓄冰系统中循环的乙二醇溶液与通往空调末端系统的冷冻水隔离，同时进行低温乙二醇溶液与高温冷冻水之间的热交换。

板式换热器的容量按设计尖峰负荷确定（当配置有基载主机时应将该部分冷量扣除）。板式换热器温度参数的确定在系统设计中是很关键的，它不仅要考虑末端设备要求、蓄冰设备融冰性能，还要综合比较价格因素等各方面情况后确定最佳方案。另外，板换应该考虑保温措施，以降低冷量损失及防止凝露。见表 2-9。

(1) 当空调冷水直接进入建筑内各空调末端时，若采用冰盘管内融冰方式，空调系统的冷水供回水温差一般为 6～8℃，供水温度不高于 6℃；若采用冰盘管外融冰方式，空调系统的冷水供回水温差一般为 8～10℃，供水温度不高于 4℃。

(2) 当建筑空调水系统由于分区而存在二次冷水的需求时，若采用冰盘管内融冰方式，空调系统的一次冷水供回水温差一般为 5～7℃，供水温度不高于 6℃；若采用冰盘管外融冰方式，空调系统的一次冷水供回水温差一般为 6～8℃，供水温度不高于 4℃。

(3) 当空调系统采用低温送风方式时，其冷水供回水温度，应经经济技术比较后确定。供水温度不宜高于 5℃。

表 2-9　不同蓄冷介质和蓄冷取冷方式的空调冷水供水温度范围

蓄冷介质和蓄冷取冷方式	水	冰				共晶盐
		动态冰片滑落式	冰盘管式		封装式（冰球或冰板）	
			内融冰式	外融冰式		
空调供水温度（℃）	4～9	2～4	3～6	2～4	4～6	7～10

3) 载冷剂与管路设计

蓄冰系统中常用的载冷剂是乙烯乙二醇水溶液，其浓度愈大凝固点愈低（见表 2-10）。一般制冰出液温度为－6～－7℃，蓄冰需要其蒸发温度为－10～－11℃，故希望乙烯乙二醇水溶液的凝固温度在－11～－14℃之间。所以常选用乙烯乙二醇水溶液体积浓度为25％左右。

表 2-10 乙烯乙二醇水溶液浓度与相应凝固点及沸点

乙二醇	质量％	0	5	10	15	20	25	30	35	40	45	50	55	60
	体积 ％	0	4.4	8.9	13.6	18.1	22.9	27.7	32.6	37.5	42.5	47.5	52.7	57.8
沸点(100.7kPa)(℃)			100	100.6	101.1	101.7	102.2	103.3	104.4	105.0	105.6			
凝固点（℃）		0	－1.4	－3.2	－5.4	－7.8	－10.7	－14.1	－17.9	－22.3	－27.5	－33.8	－41.1	－48.3

2.6 编制不同负荷日蓄冷一释冷负荷逐时分配图

根据系统设备配置及特性、电价政策等进行不同负荷日蓄冷一释冷负荷逐时分配图即运行策略编制，可通过EXCEL表格手工计算编制，也可以采用专业模拟运行软件进行自动模拟，如图2-10是某实际项目100％、75％、50％、25％负荷日蓄冷一释冷负荷分配图模拟计算结果。

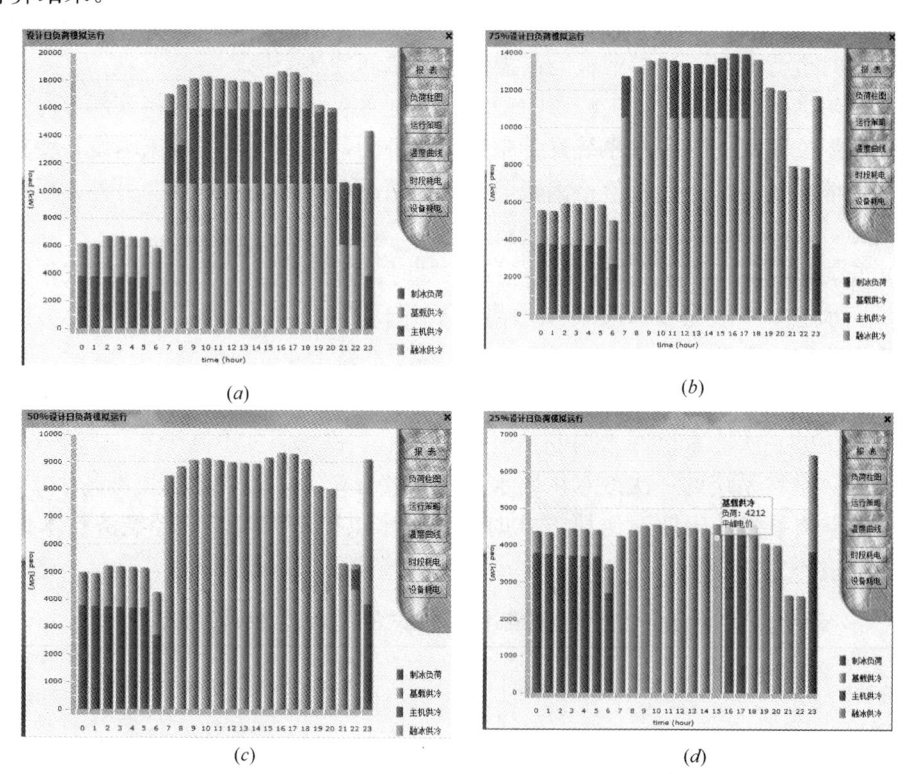

图2-10 某实际项目100％、75％、50％、25％负荷蓄冷-释冷负荷分配图模拟计算结果
（*a*）100％负荷情况；（*b*）75％负荷情况；（*c*）50％负荷情况；（*d*）25％负荷情况

2.7 计算投资回收期

对蓄冷系统经济性评价，需要分析和比较不同方案初投资费用与运行费用。这类分析

通常是与常规系统的比较，有时可能还要进行不同的蓄冷模式或技术的比较。一般采用投资回收期（静态投资回收期）进行方案可行性评价，将不同蓄冷方案与常规系统的投资之差与年运行费用之差的比值称为投资回收期，回收期少于5年，一般视为可采用方案。

对于一些蓄冷特别适用的应用工程，蓄冷系统初投资费用不会比非蓄冷系统高。蓄冷空调系统初投资费用包括制冷设备、蓄冷槽、电气系统、空气与水输配系统、配电设施及电力增容费。运行费用则决定于采用的电价政策、系统蓄冰模式及运行策略。

2.8 系统制冷机和蓄冷装置等配置最终复核

根据系统技术经济分析结果再进行制冷机和蓄冷装置等配置最终复核计算，直到达到较优的技术经济性能方能确定最终设计方案。

区域供冷系统设计要点

华南理工大学建筑设计研究院　王　钊

1　概述

1.1　概念

区域供冷系统是为了满足某一特定区域内多个建筑物的空调冷源要求，由专门的供冷站集中制备冷冻水，并通过区域管网进行供给冷冻水的供冷系统。可由一个供冷站或多个供冷站联合组成。

区域供冷是现代城市的基础设计设施之一，与集中供热、自来水、城市燃气、电力一样是一项公用事业。

它是城市或区域能源规划及分布式能源站建设的组成部分之一。

区域供冷所提供的冷水是一种商品。

1.2　实施的条件

当新建或改造城市的一定区域内，具备下列条件就可实施区域供冷：

（1）平均冷负荷需求密度较高。

（2）具有较长的供冷时间。

（3）有明确用户。

（4）具备规划建设区域供冷站及区域供冷管网的条件。

（5）具备适当的能源动力条件及配套的政策、法规。

1.3　构成

区域供冷系统一般由区域供冷站、输送管网、用户入口装置三部分构成。区域供冷也可以是区域能源系统的一部分，可与分布式能源站、热电厂、城市燃气系统、垃圾发电厂及其他余热利用等组合作为能源梯级利用系统。

1.4　特点

（1）减少建设的初投资

（2）提高能源利用率

（3）美化城市环境

（4）减少空调系统的日常经营维护费用

（5）提高空调系统的安全性和有效性

（6）提高生活质量

（7）满足能源服务业市场化、专业化的需要

1.5 区域供冷与区域能源规划

区域能源规划是对所规划区域在一定的时段内各种能源形式综合利用提出指导性的意见。目的是提高能源利用率，降低城市运行成本，实现可持续发展。

根据能源规划，确定区域内主要的能源来源，多种能源利用形式及能源综合利用的方案。同时确定区域供冷的范围、能源形式、能源综合利用流程及区域供冷系统的制冷工艺流程。

2 前期规划及方案论证

2.1 区域供冷建设程序如表2-1所示。

表2-1 区域供冷建设程序

区域供冷系统建设	政府决策阶段	提出概念
		项目建议书
		可行性研究
		初步确定冷水价格
		初步签订用户协议
		专家论证，政府决策
		特许经营权招标
	规划设计阶段	方案设计
		城市综合管线规划及土地使用
		成套技术成套设备招标与采购
		初步设计
		施工图设计
	施工调试阶段	施工
		设备采购
		冲洗及调试
		试运行
	运营阶段	售冷价格分析、测算
		确定冷水价格调价机制
		政府批准冷水（商品）价格及调价机制
		与用户签订用冷协议
		运营商招标
		开始运营

应注意的几个问题：

（1）由于区域供冷是向一定区域内的众多建筑提供冷水，不论是由多个特殊用户构成的小区域或城市内的大区域都应在建设及规划的初期开始实施（包括旧城市的改造）。

（2）规划设计阶段需提供冷站用地、冷水管网敷设所需的位置及空间。

（3）需要在土地开发及规划审批过程中在单体建筑方案设计要点中明确体现，要在政府主导下市场化运作。

（4）需要有关政府职能部门和相关技术部门制定配套的指南、法规和技术标准。

2.2 可行性研究及方案设计

1）必要性

区域供冷不同于单体建筑的中央空调系统，它一般需要一个投资主体及运营主体，是以冷水为商品的生产性企业，因此其投资的回报率、运营管理及冷水销售的市场预测，必须在设计建设前期进行研究和论证。

2）可行性研究

可行性研究除满足国家有关编制内容、深度要求外，区域供冷系统主要的技术分析工作如下：

（1）冷负荷的分析、预测

目的是确定总的装机容量，同时为预测年总售冷量，确定冷水价格提供基础资料。

区域供冷的建设投入直接与冷负荷的预测有关（如管网的设计、建设；供冷站（房）的设计、建设），按一般的建设程序，在多数单体建筑建设之前，管网和冷站的设计已基本完成，建设规模应已落实，并且部分配合城市建设的地下工程已先期完成。详见图2-1。

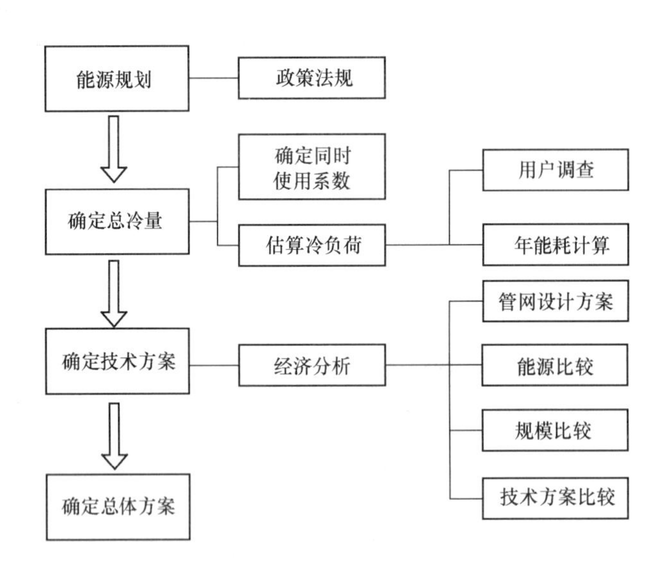

图2-1 可行性研究或方案设计步骤图

冷负荷的分析和预测是区域供冷系统的特点和难点之一，既有复杂的技术问题又含有生活习惯、消费水平和市场行为，要在设计、建设的各个阶段修正和调整。

区域供冷的冷负荷分析一般可根据投资经营分为两类：

一类是一个机构为其拥有的多个建筑空调需要而建设的区域供冷系统，投资、建设、经营成本是内部核算。其特点是规划、建设计划、加入区域供冷计划确定，各单体建筑需求量确定，如大型航空港的区域供冷系统。这种情况冷负荷需求明确，重点是确定合理的同时使用系数，确定合理的供冷站规模及位置等。

另一类是具有明确的投资主体，运营机构，冷水作为商品出售，如广州大学城区域供冷项目。城市规划和建设计划基本确定，但加入区域供冷计划的各单体建筑及多个建筑冷负荷需求有不确定的因素。这种情况的重点是分析、预测冷负荷，再确定同时使用系数，确定供冷站的规模、数量及位置等。

（2）同时使用的系数的确定

根据计算预测的冷负荷，确定总装机容量，重点是确定合理的同时使用系数。影响因素主要有：

a. 建筑类型

b. 供冷站的规划数量及位置选取

c. 各类建筑的使用特点

d. 气候条件、生活习惯、经济条件等人文因素

可简化计算为：

$$\text{同时使用系数} = \frac{\text{各类建筑叠加某时刻最大冷负荷}}{\text{各类建筑计算日最大冷负荷之和}}$$

（3）冷站的规模、数量及位置：

位置：尽量位于供冷区域中心或冷负荷中心。

规模和数量：这两者是彼此关联的，应进行技术经济分析确定。供冷站规模大，一般来讲供冷半径就大，管网投资多，冷水输送的能耗就高。根据工程实践，供冷半径不宜大于 2km。确定供冷站的位置、规模、和供冷半径，有 3 个具体的数据可供参考：

a. 管网的冷损失：温升控制在小于 0.5～0.8℃。冷损失小于 4%～6%。

b. 管网的投资：占总投资的比例不大于 10%～12%（旧城改造可提高此项的比例）。

c. 冷水输送的能耗：占总能耗的比例不大于 15%。

（4）供冷站制冷工艺的选择

影响因素主要有：

a. 外部条件：主要是能源动力的条件，如电力、蒸汽、天然气等燃料及水源的条件（见表 2-2）。

b. 供冷站规模。

c. 初投资与运行费用，维护费用。

d. 能源规划及政策。

制冷工艺方案：

表 2-2　制冷工艺方案示意图

<table>
<tr><th>能　源</th><th>工　艺</th><th>供回水温度</th><th>特　点</th></tr>
<tr><td rowspan="2">电力</td><td rowspan="2">压缩式制冷
一般采用大型离心式或螺杆式冷水机组
冰蓄冷或水蓄冷</td><td>供水 5～6℃
回水 13～15℃</td><td>投资较少，运营管理简单</td></tr>
<tr><td>供水 1.1～3℃
回水 13～15℃</td><td>输送能耗低，管网投资少，移峰填谷，减少电力投资，初投资高，制冷能耗高，运行管理复杂</td></tr>
</table>

续表 2-2

能　源	工　艺	供回水温度	特　　点
天然气等可燃气体或其他燃料	直燃式 溴化锂吸收式冷水机组	供水 5～6℃ 回水 13～15℃	用于天然气较丰富的地区
蒸汽 （一般为发电机组抽气或尾气）	溴化锂吸收式冷水机组	供水 5～6℃ 回水 13～15℃	初投资较少，与热电厂或分布式能源站配合，实现能源的梯级利用
	蒸气驱动离心式或其他形式制冷机组	供水 3～4℃ 回水 13～15℃	初投资高，设备维护较复杂 可较大限度的使用蒸汽
其他采用各种余热	余热型吸收机 水源、地源等冷水机组	供水 5～6℃ 回水 13～15℃	利用余热，日常运行费用低 初投资较高
多种能源组合	吸收式冷水机与电制冷机组串联/并联，或其他各种形式能源组合	供水 3～4℃ 回水 13～15℃	可发挥每一种能源的优势，获得较大的供回水温差，也可以利用不同种类的能源在不同时段的优惠价格，以降低运行成本

无论采用何种制冷工艺方案，在制冷设备选择合理的情况下，尽量增大供回水温差是经济合理的方案。如冰蓄冷方案中，采用钢盘管外融冰技术，可以提供 1.1℃的冷水。在国内外有很多大型区域供冷工程实例，应用得很广泛。此外，冰晶（又称冰泥浆）技术可以提供温度更低的冷水以及利用水的相变潜热输送更多的冷量。随着该项技术的成熟，工程实践中有广泛的应用前景。

（5）区域供冷系统存在的主要问题是管网投资多、输送距离长、水泵能耗高、管网沿程冷损失较大。系统方案的确定，主要是围绕解决好上述的几个问题。

3　区域供冷站

3.1　概述

区域供冷站可建于供冷区域某一建筑物内，也可作为一座独立建筑建设。由于区域供冷的供冷站的规模较大，需考虑平面布置、层高、设备运输安装、室外冷却塔的布置，一般宜独立设置。

3.2　供冷站规划建设方案

结合管网设计，区域内多个供冷站建设规划有以下两种基本方案：

采用枝状管网：设计时，区域内多个供冷站根据用户的要求同时建设，但主要制冷设备可根据用户的发展，分段安装运行，每个供冷站的装机容量是分阶段增加的。

主干部分采用环状管网：可先集中建设一个供冷站，当第一个供冷站的供冷量达到设计的装机容量后，再建设下一个供冷站。当区域内规划的供冷站都建设完成后，也可将原环状管网改为枝状管网。这种建设方案的初投资小，投资风险和运行成本都比较低。其缺点是管网输送水泵的设计选型较复杂，区域面积大时应分析比较水泵配置后再决定是否采用。

4 管网设计

管网设计是区域供冷系统设计的重点。设计过程中应注意以下几个问题：

4.1 管网的规划及路由

1）一般采用枝状管网布置，如有多个冷站设计，也可将各冷站的管网之间联通，可在特定的情况下运行。

2）沿市政道路边缘敷设，不宜在主要道路中间或路面下敷设。

3）主干管要尽量穿越冷负荷较集中的区域，个别距离较远的建筑不宜规划接入区域供冷系统。

4.2 管网的敷设

一般有架空、区域综合管沟、直埋三种敷设方式。

在管网的直埋敷设方式中有保温或不保温两种方式。

规划阶段区域供冷负荷的确定方法

天津市建筑设计院　伍小亭

区域供冷系统具有单一系统供冷负荷高——通常高于 30 000kW（约 8 500RT）、供冷半径大——通常会大于 0.5km、供冷面积大——通常达 20 万平方米以上、供冷对象数量多、业态不唯一的特点。

与规模几万平方米的单体建筑自建空调供冷站相比，由于巨大的建筑面积乘数效应，因此能否合理确定区域供冷设计冷负荷（以下简称，区域冷负荷）对项目的工程经济性有显著影响，甚至关系到项目财务的成败。例如供冷面积分别为 50 000m^2 与 500 000m^2 的冷站，每平方米面积的冷负荷均高出 10W，对前者投资增加值仅约 100 万，而后者则可达 1000 万以上。

实践表明，经常采用的根据单位面积冷负荷指标与建筑面积相乘确定区域冷负荷的方法（以下简称“指标法”）或根据单体建筑空调设计提供的冷负荷值叠加确定区域冷负荷的方法（以下简称“提资法”），往往造成站房设备能力过剩、投资增加、运行能效降低、系统经济性变差。既然如此，自然会想到用较准确的计算方法代替这两种方法，但由于区域供冷规划往往超前于单体建筑设计，不具备准确计算冷负荷所需的条件，所以不大可能简单套用单体建筑自建冷站确定设计冷负荷常采用的准确计算法。

基于以上分析，确实需要对区域冷负荷的确定方法进行研究，使其既能避免“指标法”的相对粗放、“提资法”的过度“安全”，又能在不具备准确计算冷负荷所需的现实条件下，提高过程的合理性与结果的准确性。

1　目前区域冷负荷确定方法存在的问题

区域冷负荷的准确性直接影响冷站的投资和运行经济性，且对投资的影响往往达到千万元级别。但由于区域供冷站往往与其服务区域内建筑同步规划，所以不大可能像建筑自建冷站那样通过计算建筑逐时冷负荷综合最大值的方法来确定其设计冷负荷，通常的做法是按照建筑冷负荷面积指标进行冷负荷估算，即以上所谓“指标法”或根据单体建筑空调设计单位提供的冷负荷值进行叠加，即以上所谓“提资法”，实践表明这两种区域冷负荷确定方法均存在缺点，具体分析如下。

1.1　“指标法”

该方法的最大优点在于简便易行，但由于各地目前均缺乏实测研究数据，各种业态建筑面积冷负荷指标值多取自空调设计手册与设计参考资料，其所提供的数据本身就是变化幅度 20%～30%的一个范围，加上数据多为对规模中等的单体建筑的研究，所以按此方法得到的设计冷负荷具有较大的弹性，变化幅度至少在 20%以上，达到 30%～40%也并不鲜见。如此带来的问题是，尽管指标法采用的单位建筑面积冷指标值在设计参考资料给定的合理范围内，但由于上述指标值的“弹性”加之区域供冷巨大的面积乘数效应，造成虽然冷负荷指标数值的选用对项目经济性的影响显著，但却难于判定其具体数值准确与否。

天津某服务建筑面积 120 万 m^2 区域供冷站的规划设计对此是生动说明。该项目建筑业态以高档金融写字楼为主，在控制性详细规划阶段必须确定冷站规模，相关设计参考资料对此类建筑的面积冷负荷指标建议为 90～120W，专家建议取 100～110W，设计方通过建立“假定建筑模型”进行逐时冷负荷分析得到的综合建筑面积冷负荷指标为 75W，对应 75W、90W、105W、120W 的冷站投资（一、二类费用合计）分别为 32 000 万元、38 400 万元、44 800 万元、51 200 万元，该项目最终按 75W 面积冷负荷指标确定其区域供冷站设计冷负荷。与“合理”取值范围上限 120W 相比减少投资 19 200 万元，与专家建议取值范围中值 105W 相比减少投资 12 800 万元。

应该指出的是上述案例中的“假定建筑模型”进行逐时冷负荷分析得到冷负荷指标的方法与面积冷负荷指标法存在本质上的不同，前者冷负荷指标是基于特定对象的计算结果，后者是对以往经验数据的直接采用。由于区域供冷在我国刚刚起步，因此以往经验数据缺乏对区域供冷的针对性。

既然以上分析与案例表明采用指标法确定区域冷负荷，很可能会差之毫厘失之千里(因为巨大的面积乘数效应)，那么根据单体建筑空调设计提供的冷负荷值进行叠加确定区域供冷设计冷负荷的提资法是否应该更准确？理论上确应如此，但实践中同样难尽人意。

1.2 “提资法”

该方法具有两大优点，一是理论上比“指标法”准确，二是责任清晰，因为区域供冷的责任在于满足供冷对象提出的冷负荷要求，至于该冷负荷值是否准确，责任在单体建筑空调设计方。但实践中，该方法除了可以使区域供冷系统设计方对区域冷负荷值的准确性与否免责外，理论上的准确性不仅很难体现，而且往往出现比“指标法”更大的正向偏差(这里将大于实际所需定义为正向偏差)，即过度的容量安全。产生这种问题的主要原因在于：

1）准确“提资”必然相对滞后。所谓准确“提资”指，单体建筑具备空调冷负荷准确计算所需条件时，用正确的方法计算得到的冷负荷数据，通常表现为典型日逐小时分布。但由于区域供冷站与所服务单体建筑的规划设计至少是同步进行，站房结合单体建筑设置时更是如此，此时单体建筑设计也仅仅处于建筑方案创作阶段，不具备空调冷负荷准确计算所需条件，所以不可能准确“提资”。准确“提资”要等到建筑方案完全定型、各部分业态基本确定、空调系统也基本确定后才可能提供。

所以准确“提资”相对滞后是必然的，因为从规划的角度不允许等到单体建筑具备准确“提资”条件后再确定区域冷站的建筑要求。在此情况下单体建筑设计方的冷负荷“提资”仍然要回归“指标法”，而如前所述用“指标法”很难得到较准确的区域冷负荷，而且为避免被动，越是初期阶段越倾向于过度放大冷指标值。

2）较难获取正确的单体建筑设计日逐时冷负荷曲线。由于无需自建制冷机房，单体建筑设计方往往不愿意再进行基于建筑整体的设计日逐时冷负计算，即便提供，也往往较草率。然而没有每幢建筑的设计日逐时冷负荷曲线，就不能很好地利用单体建筑时间分布上的参差性，以合理确定区域供冷站容量规模，发挥其本应具有的集约化优势。

3）单体建筑"提资"冷负荷过于"安全"。这里所谓提资冷负荷过于安全指冷负荷裕量过大，其原因在于一方面设计师追求保险，另一方面单体建筑业主方往往担心万一要少了会影响未来经营。特别是当区域供冷站采用不收取容量接入费且百分百按实际耗冷量收取供冷费用时，单体建筑要求区域供冷系统提供设计冷负荷被夸大的程度往往更高。如此造成的直接后果是区域供冷系统经济性变差，市场竞争力变弱。

由于以上问题的存在，造成区域供冷系统规划设计阶段确定供冷负荷的两难境地。一方面无论从设计程序还是从责任界定角度，都应以单体建筑"提资"为确定区域冷负荷的依据；另一方面，因规划阶段单体建筑设计深度限制及其他因素，其"提资"冷负荷必然存在较大正偏差。

2　基于模型分析的区域冷负荷确定方法

以上分析表明，因为没有足够设计与实测数据支撑"指标法"目前尚无法做到依据充分，"提资"法由于受到设计阶段的限制而不现实。同时，无论采用这两种方法的哪一种，都很容易造成区域供冷系统能力过剩，投资增加、运行能效降低、系统经济性变差。因此需要提出一种切实可行的规划设计阶段区域冷负荷确定方法，以便既能保证区域冷站规划设计可以与其他建筑，特别是与之相结合的建筑规划设计同步展开，又能保证所确定的区域冷负荷具有较高的准确性。

为此笔者所在设计团队在若干区域供冷项目规划设计过程中，尝试采用基于模型分析的方法解决规划设计阶段区域冷负荷的确定问题。该方法的基本思路为：在没有服务区内单体建筑详细设计资料的情况下，根据修建性详细规划以及国家与当地的建筑节能设计标准，针对各种业态建筑构造包含空调冷热负荷计算所需全部信息的建筑模型，计算建筑模型的典型设计日逐时冷负荷及其面积冷负荷指标并以此计算区域冷负荷。该方法的核心在于使所构造的建筑模型从冷负荷计算角度具有足够精度，即使其接近实际建筑。该方法具体分析计算步骤如下：

1）构造冷负荷计算用建筑模型。该步骤有以下若干子步骤构成：

◇ 分析建筑规划信息。根据修建性详细规划提供的信息，分析区内各业态建筑的基本情况，如面积、层数、平面形状、基本层高等。

◇ 确定模型建筑数量。不同业态建筑分别构造建筑模型，每种业态建筑需要构造的模型个数，根据建筑体型系数 S（shape coefficient of building）确定，S 值相差≤0.05 的单体建筑可归为同一建筑模型。面积权重很小的建筑，如≤20%时，亦不必独立构造建筑模型。

◇ 设定模型建筑几何参数。模型建筑几何参数如面积、层数、基本层高建议取其所代表的单体建筑族的平均值，平面形状与方位可取与族内面积权重最大单体建筑相同。

◇ 划分模型建筑平面功能。平面功能详细划分有困难时，可根据区域主要功能，将其每层视为几间甚至一间大房间，在此基础上依据"每间房间"内不同功能的面积权重对空调冷负荷计算参数，如人员密度、照明与设备功率等进行均一化处理。不同业态建筑平面主要功能区面积权重值可参考表2-1。

表 2-1　不同业态建筑平面主要功能区面积权重表

	主要功能区	附属房间（卫生间、设备用房）	交通面积（走道）	楼、电梯
商业	65%	7%	15%	13%
办公	70%	10%	13%	7%
酒店	70%	5%	13%	12%
展览建筑	70%	7%	10%	13%
学校教学楼	60%	7%	25%	8%
医院	65%	5%	18%	12%
餐饮	60%	40%（厨房）		

◇ 确定模型建筑空调冷负荷计算参数。分两类，一类为建筑热工参数，如窗墙比、围护结构传热系数、围护结构透明部分热工参数等。另一类为室内设计参数，如设计温、湿度、照明与设备功率、人员密度、新风量标准等。单体建筑设计未提供这些参数时，建议采用项目当地执行的“建筑节能设计标准”中规定的最低要求限值。

2）确定与模型建筑各功能区对应典型设计日的“作息”时间表。通常设计都是将相关“空调设计规范”给出的夏季室外计算参数作为典型设计日参数。但有时候典型设计日还应结合区内主要业态单体建筑的使用规律确定，如区内建筑以校园为主，暑期空调冷负荷需求很小，区域供冷最大冷负荷很可能不是出现在“规范典型设计日”，而在临近暑期开始或结束的某个时间内。对应典型设计日的“作息”时间表应根据设计者的项目经验或“建筑节能设计标准”确定。

3）区域冷负荷计算，有以下三个步骤：

◇ 计算各个模型建筑典型设计日逐时冷负荷 $Q_i(t)$ 及其面积冷负荷指标 $q_i(t)$，

$$q_i(t) = Q_i(t)/F_i \qquad (\mathrm{W/m^2})$$

其中 F_i 为建筑模型 i 的面积。

◇ 令 $C_i = F_i/F$，C_i 为某一业态建筑占总建筑面积的权重因子，由此计算典型设计日逐时区域冷负荷 $Q(t)$，

$$Q(t) = F \times \Sigma_{i=1}^{n} C_i \times q_i(t) \quad (\mathrm{kW})$$

其中 F 为区域供冷系统服务的总建筑面积，n 为构造的模型建筑数量。

◇ 典型设计日逐时区域冷负荷 $Q(t)$ 的最大值，就是区域冷负荷。

由以上分析不难看出，由于该方法建立在对模型建筑的逐时冷负荷计算基础上，采用的各项设计参数与实际建筑很接近，所以其计算结果应该比在规划阶段常用的“指标法”与“提资法”具有更高的准确性。

有一点应特别指出，即室内设计参数的人员密度、照明与设备功率取值应采用相关标准的下限值，并应在此基础上进一步折减，折减系数可为0.8～0.9。其理由在于相关标准给出的数据是以保证空调末端选型容量安全为前提的，即建筑的任何一平方米都可能处于冷负荷最大的使用状态下，空调末端设备必须具有容量包容性。但以此作为冷源设计冷负荷计算依据一定会造成冷负荷值偏高，而且冷源服务的建筑面积越大越明显，因为作为

建筑整体基本上不可能每平方米均处于冷负荷最大的使用状态。设计实践中，即便“精心计算了冷负荷”，但冷源容量仍然有可能选型偏大，原因就在于此。所以在区域冷负荷计算时，有必要采用有别于空调末端选型采用的室内设计参数。

3 对三种方法基于案例的简单比较

如图 3-1 所示，案例为一个多源复合式供冷供热区域能源项目，该项目建筑业态包括，两座博物馆、美术馆、大剧院、科技馆、青少年体验培训中心以及 30 余万 m^2 的高档购物中心，总建筑面积约 100 万 m^2。

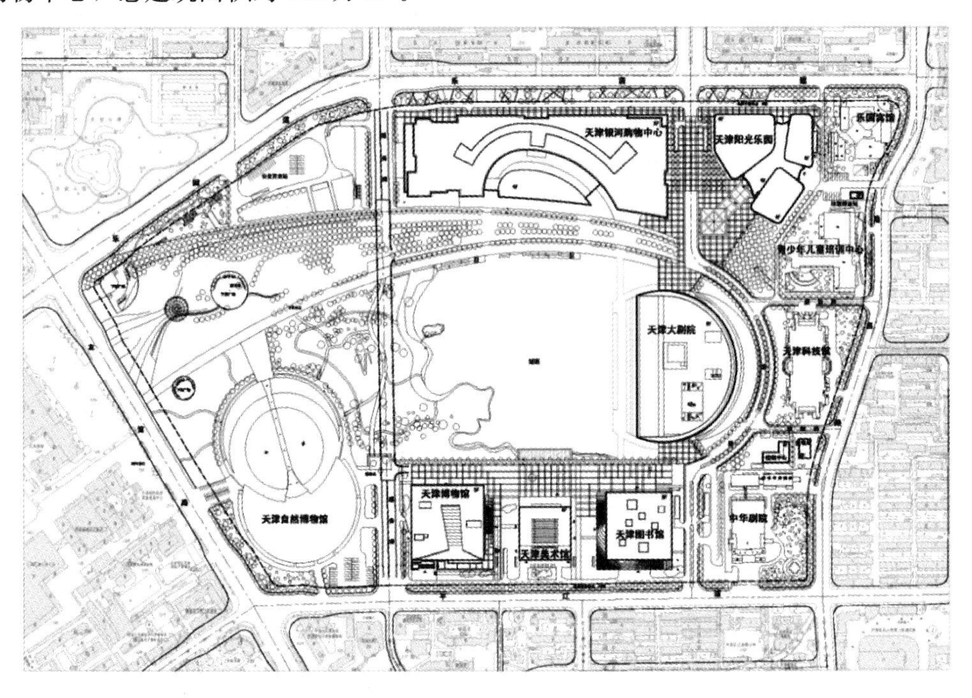

图 3-1　多源复合式供冷供热区域能源项目

由于冷站结合地下空间建设，地下空间设计与区内其他单体建筑同时进行。地下空间设计要求确定冷站面积与平面规划时，单体建筑处于方案设计阶段，无法提供准确设计冷负荷。区域供冷系统设计方分别采用前述三种方法对区域冷负荷进行计算分析。结果对比见表 3-1。

表 3-1　区域冷负荷进行计算分析表

编号	区域名称	建筑面积 m^2	指标法冷负荷 kW	提资法冷负荷 kW	模型分析法冷负荷 kW
1	博物馆	57500	7475	6814	6401
2	美术馆	28500	3705	2450	2333
3	图书馆	55000	55000	5360	5010
4	大剧院	77490	12398	10358	8595
5	阳光乐园	90000	13500	16000	11081

续表 3-1

编号	区域名称	建筑面积 m^2	指标法冷负荷 kW	提资法冷负荷 kW	模型分析法冷负荷 kW
6	银河购物	255520	38328	35020	28518
7	地铁地下商业	160000	16000	13110	9985
	总计	724010	146406	89112	71923

该项目最终采用了模型分析法计算的区域冷负荷数据，方法与结论并得到了评审专家的认可。最终采用的区域冷负荷数据分别比“指标法”低 50.9%、比“提资法”低 19.3%。而且该方法同时可以计算供冷季区内建筑总耗冷量，该数据是项目经济评价的重要基础数据。

4 结语

本文通过设计实践，分析了采用“指标法”与“提资法”在区域供冷规划设计阶段确定设计冷负荷的不足与产生原因。提出了基于模型分析的区域冷负荷确定方法，并将其用于实践。应该说该方法仅仅是相对合理，其结论尚需经过运行实测加以验证。希望借此文引起同行对区域供冷规划设计阶段冷负荷计算问题的重视。

空调系统在线清洗技术

深圳市建筑设计研究总院　吴大农

1　国内冷水机组的保有量

中国经过近30年的高速发展，冷水机组的应用量越来越大，已成为世界上最大的冷水机组生产、使用的国家。例如，从1994年至2008年这15年间的冷水机组总产量（以制冷量kW计），既2008年在用的总制冷量为126571532kW；另据《中国制冷空调行业2009年年度报告》，2009年参与统计的企业的水冷螺杆式冷水机组销售量为21218台，离心式冷水机组销售量为2934台，2009年总制冷量为20220000kW。另一方面，通过对设有中央空调系统的公共建筑能耗检测的统计分析所得出的结论是，中央空调系统的能耗约占建筑总能耗的35%，而中央空调系统的冷水机组能耗又占到中央空调系统能耗的60%，因此提高冷水机组的使用效率成为降低中央空调系统能耗、实现建筑节能的关键和重中之重。

2　冷水机组的设计标准

随着高效传热管技术的发展，对蒸发器和冷凝器水侧污垢系数提出了更高的要求，2007版国家标准《蒸气压缩循环冷水（热泵）机组　第1部分：工业或商业用及类似用途的冷水（热泵）机组》GB/T 18430.1—2007的4.3.2.2条针对2001版国家标准《蒸气压缩循环冷水（热泵）机组　工商业用和类似用途的冷水（热泵）机组》GB/T 18430.1—2001的3.3.3条做出了修订，由2001版的规定："蒸发器水侧和冷凝器水侧污垢系数为：0.086m^2·℃/kW"，修改为2007版的规定："蒸发器水侧污垢系数为：0.018m^2·℃/kW；冷凝器水侧污垢系数为：0.044m^2·℃/kW。"这就意味着要保持冷水机组高效运行，就需要更有效的保持蒸发器水侧和冷凝器水侧洁净的措施。

3　水处理规范

国标《工业循环冷却水处理设计规范》GB/T 50050的2007版与1995版相比，从节水及经济建设可持续发展方面考虑，2007版国标对于间冷开式冷却水系统，其设计浓缩倍数由1995版的3倍提高到了5倍。这就意味着冷却水中的污垢浓度会更高，同一型号的冷水机组，在其他条件不变的情况下，要保持其制冷性能系数不变，就必须对冷凝器水侧洁净度的保障措施提出更高的要求。

4 传统冷水机组蒸发器和冷凝器污垢处理方式和不足

冷却水系统中由于冷却水与空气直接接触进行热交换、不断蒸发浓缩以及补充水的水质等因素，造成水质不稳定，产生和积累大量水垢、污泥、微生物，在冷凝器的换热管表面形成污垢，使冷凝器的传热效率降低。我们将金属与各类垢层的导热系数进行比较（见表 4-1），可看出水垢的导热系数为钢材的几十分之一至几百分之一，为铜材的几千分之一，污垢对导热系数的影响是显著的且随污垢种类的不同而变化，其中生物污泥比水垢的影响更大。随着冷凝器换热强化传热技术的广泛应用，污垢热阻对传热效率的影响更加明显，污垢可引起冷凝器端差（制冷剂的冷凝温度与冷却水出口温度之差）增大。从各类压缩式冷水机组的检测报告可以看到：当蒸发温度一定时，冷凝温度每增加 1℃，压缩机单位制冷量的耗功率约增加 3%～4%。冷凝温度的提高直接导致冷水机组制冷效率下降。冷水机组水冷管壳式冷凝器污垢状况见图 4-1。

表 4-1 金属与垢层导热系数的比较

金属与垢层	组成	导热系数 W/（m·K）
水垢	碳酸钙（镁）水垢	0.5814～6.9800
	硅酸盐水垢	0.0581～0.2326
	硫酸盐水垢	0.5814～2.9100
生物污泥	生物薄层（水分占 90%左右）	0.0600～0.1000
腐蚀物	氧化铁垢	0.1163～0.2326
金属	碳钢	40～70
	铜	370～420

图 4-1 冷水机组水冷管壳式冷凝器污垢状况

尽管冷水机组的冷却水、冷冻水系统大部分都作了化学水处理，但由于目前我国没有针对中央空调冷水机组循环水处理行业标准，只能借鉴《工业循环冷却水处理设计规范》GB/T 50050—2007，该规范比较适合中大型工业企业，它们有专业技术人员、成套的监测设备、仪器仪表和严格的管理制度作保证。对于中央空调冷水机组循环水系统，由于其量大面广、系统小、分散，用户没有专业人员、缺乏监测设备和仪器仪表，又没有相应的管理制度作保证，导致多数用户采取了化学水处理技术，再加每年周期性机械捅刷冷凝器和蒸发器的污垢处理方式。但实际的结果并不能令人满意，因为冷水机组的效率也随着机械捅刷冷凝器和蒸发器的周期呈周期性的变化，刚捅刷冷凝器和蒸发器后，污垢层被处理干净，冷水机组的冷凝器端差最小，其制冷效率最高而接近新机，随着运行时间的延长污垢层逐渐累积增厚直到下一次捅刷前，冷水机组的冷凝器端差也逐渐增大而达到最大，其制冷效率也下降至最低。这就无法保证冷水机组在全年运行周期内始终是高效运行的。

5 胶球自动在线清洗装置

冷水机组水冷管壳式冷凝器胶球自动在线清洗装置（以下简称胶球清洗装置），作为自动在线清洗技术的一种，是近几年在市场上出现的冷水机组节能新技术，是综合了流体力学、水力机械、胶球、微电脑控制等技术的最简单清洗冷凝器内壁的解决方案。发球机将胶球发入冷凝器冷却水进水口端，胶球通过水力压差擦洗掉换热管内壁的污垢，在冷却水出口端通过收球器回收胶球至发球机形成一个清洗循环，并通过微电脑控制程序设置清洗频率和次数，达到自动在线清洗功能（见图 5-1）。胶球清洗装置可使冷水机组冷凝器内壁始终处于洁净状态，端差（制冷剂的冷凝温度与冷却水的出水温度差）最小（接近新机值），降低了冷水机组的冷凝温度，保证冷水机组的制冷效率始终接近新机，达到最佳运行状态，从而节约能源；另一方面，采用胶球清洗装置也减少了化学水处理药剂的使用，降低了化学药剂对生态环境的破坏，能够有效地保护环境。

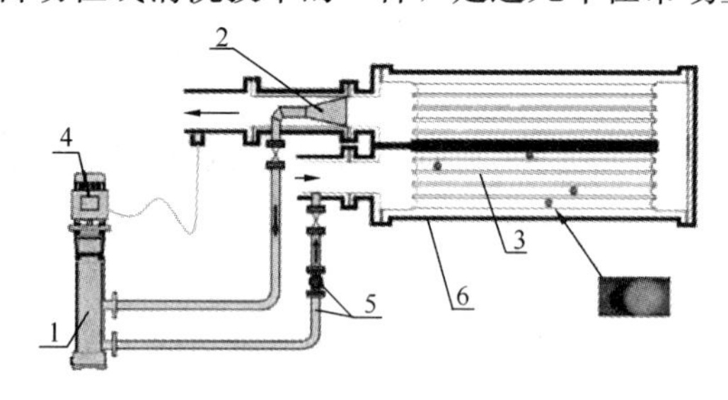

图 5-1 胶球清洗装置

1—发球机；2—收球器；3—清洗胶球；4—控制装置；5—管路附件及仪表等；6—冷水机组冷凝器

6 胶球清洗装置与传统方式的对比

蒸发温度一定时，冷水机组多耗能比率随冷凝器端差变化的情况见表 6-1。

表 6-1 冷凝器端差与冷水机组多耗能比率对照表

端差℃	1.2	1.5	2.0	2.5	3.0	3.5	4.0	4.5	5.0
多耗能%	0.0	1.2	3.2	5.2	7.2	9.2	11.2	13.2	15.2

表 6-2 给出了采用胶球清洗装置进行污垢处理与采用传统方式进行污垢处理的不同的效果。

表 6-2 胶球清洗装置与传统方式的比较

污垢处理方法	传统方式	胶球清洗装置
	化学水处理＋周期机械桶刷	化学水处理＋胶球清洗装置
冷凝器水管内壁状况	冷凝器管内壁由清洁较快转变为沉积大量污垢、黏泥	冷凝器管内壁始终保持清洁状态
端差（平均值）	平均 2.7～5.0℃	平均 1.5℃以下
耗能状况	多耗能 6%～15%	相对传统方式节能 6%～15%

7 国境内外自动在线清洗装置使用介绍

7.1 境外

进入20世纪90年代，胶球自动在线清洗技术得到了推广，在美国、意大利、德国、法国、澳大利亚、新加坡、泰国、中国台湾、中国香港取得了广泛的应用，例如，国外某公司在其网站上介绍他们的胶球自动在线清洗技术装置全球拥有数千个客户。目前该技术装置已被香港特区政府列为冷水机组有效的节能措施加以全面推广，并已被广大的设计人员和用户接受，认为是冷水机组高效运行的必备设备之一，详见香港特别行政区政府机电工程署和香港建筑署的有关节能的能效审核指引、措施。

美国Donald R. Wulfinghoff出版的世界著名的《能效手册》(ENERGY EFFICIENCY MANUAL)也将该技术列为推荐的冷水机组节能新技术。

7.2 境内

本世纪初，胶球自动在线清洗技术装置首先应用于欧、美、日、韩、台的独资工厂，并随着国外品牌在国内的推广，开始被北京、上海、深圳、广州等经济发达地区的极少用户使用，目前，国内品牌的胶球自动在线清洗技术装置已有近10个生产厂家，通过大家的积极推广，加上国家、整个社会节能意识的提高，目前已有近千个应用案例。

(1) 住房与城乡建设部行业标准《公共建筑节能改造技术规范》JGJ 176—2009

《公共建筑节能改造技术规范》JGJ 176—2009的第6.2.15条规定："对水冷冷水机组或热泵机组，宜采用具有实时在线清洗功能的除垢技术。"

(2) 国家机械行业标准《水冷冷水机组管壳式冷凝器胶球自动在线清洗装置》JB/T 11133—2011

随着《水冷冷水机组管壳式冷凝器胶球自动在线清洗装置》JB/T 11133—2011在2011年的正式颁布和实施，胶球自动在线清洗装置将势必得到大面积的使用。

8 胶球自动在线清洗装置设计、使用注意事项

8.1 设计前置过滤器

为了避免安装过程的焊渣、焊条、金属碎硝、砂石、有机织物以及运行过程产生的冷却塔填料等异物进入冷凝器和蒸发器，设计时宜在冷水机组冷却水和冷冻水入水口前设置过滤孔径不大于3mm的过滤器(对于循环水泵设置在冷凝器和蒸发器入口处的设计方式，该过滤器可以设置在循环水泵进水口)。

8.2 使用时定期更换清洗元件——胶球

合格的清洗胶球是在湿态情况下直径应大于换热管内径1 mm，使用过程中由于水质情况和清洗频率不同，磨损情况不同，要定期监测冷水机组端差的变化和清洗胶球的湿态直径，清洗胶球作为损耗品，当湿态直径和换热管内径一样时，需要做出更换。

9 应用案例

项目一：某城市综合体，建筑面积 18 万 m^2，冷水机组为 3 台 650RT，3 台 2000RT。见图 9-1。

图 9-1 机组原图

从 2004 年 12 月建成到 2008 年 12 月，在这期间，冷水机组刚开始使用时，冷凝器的端差在 1.3℃ 内，随着使用时间的增加，冷水机组尽管做了化学水处理和每年机械捅刷清洗，但清洗后随着使用时间的延长，冷凝器的端差还在增加，2008 年 12 月清洗前的冷凝器端差通常在 3.5～4.5℃之间，有时在 5℃以上。2009 年 1 月 3 日安装胶球自动清洗装置，运行两年多情况来看，冷凝器端差的增量一直保持在 0.3℃，即端差在 1.5℃ 以内。冷凝器端差的变化值为：$\Delta T=2\sim3$℃，冷凝温度降低 2～3℃，平均节能率 8%～12%。参见图 9-2 项目一的 2 号机组实际运行端差表。

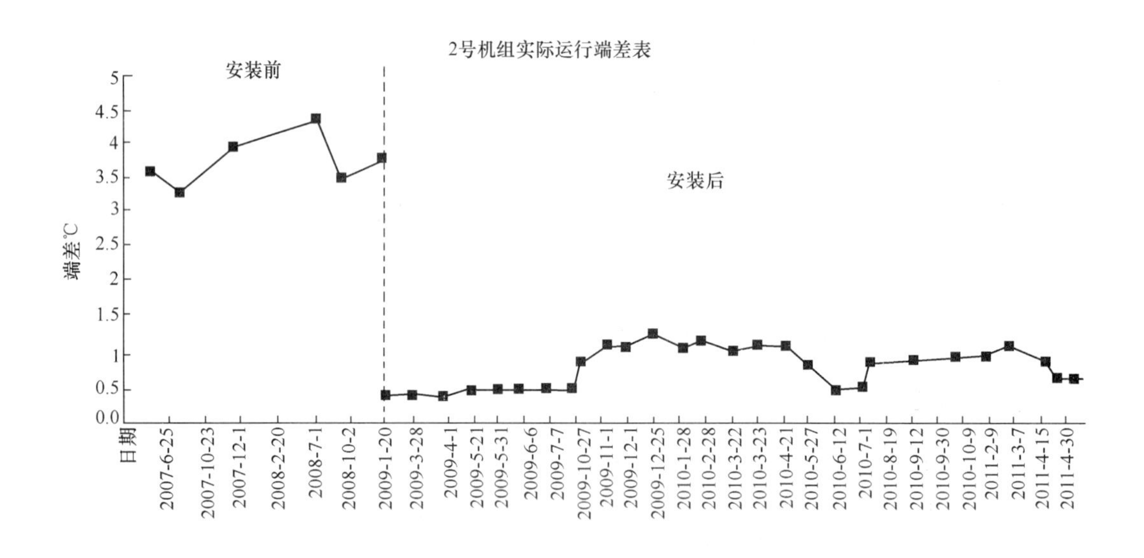

图 9-2 项目一的 2 号机组胶球自动清洗装置使用前后实际运行端差

项目二：某工厂制冷站有 6 台离心式冷水机组，单机制冷量 1260RT、输入功率 784kW、共 5 台；单机制冷量 1350RT、输入功率 835kW，1 台。目前是开 2 台机组，满负荷运行 365 天，5 台轮流使用，设计最大负荷时要开足 5 台，1 台备用（见图 9-3）。

新机时的换热管洁净，端差在 100%负荷为 1.2℃左右，但随着使用时间延长，尽管做化学水处理和每年机械捅刷清洗处理，从 2009 年 6 月 19 日的运行记录看，折算为 100%负荷时，端差平均都在 3℃以上。

图 9-3　项目二

安装胶球自动清洗装置之前，以 6 号冷水主机 2009 年 6 月 10 日至 2009 年 6 月 19 日的运行记录共 6 组数据为对比依据，冷凝器端差换算为 100%负荷时的平均值为 3.27℃。安装胶球自动清洗装置之后，以 6 号冷水主机 2009 年 9 月 4 日至 2010 年 3 月 5 日的运行记录为对比依据，冷凝器端差换算为 100%负荷时的平均值为 0.91℃（见图 9-4）。胶球自动清洗装置使用前后相比，冷凝器端差的变化值为：$\Delta T=2.36$℃。说明采用自动胶球清洗装置是保障冷凝器换热面清洁的有效手段，节能率达 10%左右，是保证冷水机组始终处于高效运行的有效措施。

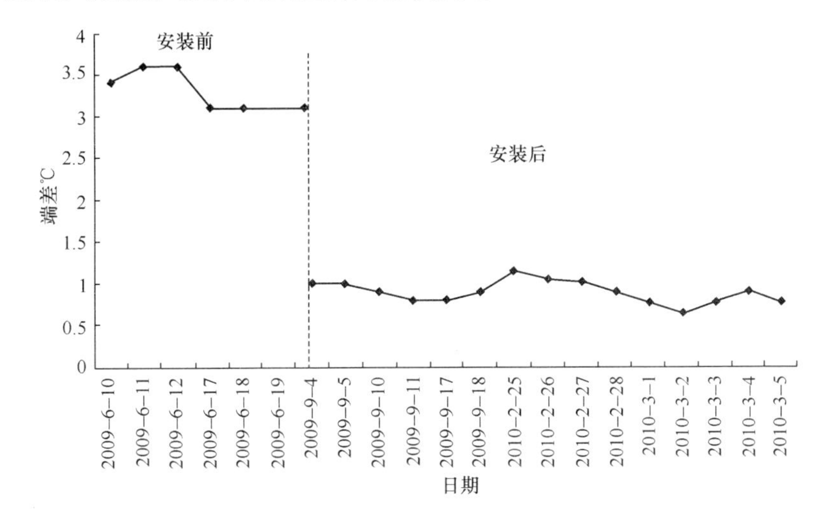

图 9-4　项目二的 6 号机组胶球自动清洗装置使用前后实际运行端差

10　结论

根据以上分析，提高冷水机组的使用效率对于降低中央空调系统能耗、实现建筑节能具有举足轻重的作用，水垢对冷水机组制冷效率下降具有严重影响；国家标准一方面已大幅提升对蒸发器和冷凝器水侧污垢系数的要求；另一方面又放宽冷却水中的污垢浓度范围（设计浓缩倍数由 3 倍提高到了 5 倍），这就对保障冷凝器水侧洁净度的措施提出更高的要求；传统方式已不能有效解决冷水机组蒸发器和冷凝器污垢，而胶球自动在线清洗技术与之相比，在国内外早已得到广泛应用，实例证明其除垢和提升能效的效果显著，并且已经作为主要的节能技术措施被国内外的有关标准、设计规范所采用，要求大力推广应用，因此，这次制定的国家标准《民用建筑供暖通风与空气调节设计规范》GB 50764—2012 的 8.6.4 规定“冷却水的水质应符合国家现行标准的要求”，并规定了为此应采取的措施，其中第3项措施就是“采用水冷管壳式冷凝器的冷水机组，宜设置自动在线清洗装置”。

11 参考文献

[1] 张明圣、彭飞、石竹青. 中央空调用电力驱动冷水机组年耗电量分析计算[J]. 制冷与空调，2010(6)：11-13.

[2] 中国制冷空调协会. 中国制冷空调行业2009年年度报告[R].

暖通空调系统检测与监控设计要点

同方股份有限公司　赵晓宇

1　检测与监控的内容和选择

1.1　检测与监控的内容

检测与监控是暖通空调系统设备运行操作的必备手段，直接影响系统的运行效率。检测与监控的内容、功能和实现方式见表 1-1。

表 1-1　检测与监控内容

内容	功能简述	实现方式
参数检测	获取测点的环境参数、设备运行状态、执行器反馈信息等	就地检测/遥测
显示	将以上检测的各种参数通过某种手段表现出来	现场数字显示/现场声响或灯光等显示/远程计算机屏幕显示
调节	使某些运行参数保持规定值或按预定规律变动	手动/自动
控制	使系统中的设备及元件启停	手动/自动
工况转换	在多工况运行的系统中，根据节能及参数运行要求实时从某一运行工况转到另一运行工况	手动进行控制调节/手动改变工况，自动控制调节/自动判断选择工况，自动控制调节
联动联锁	有关联的设备按某种制定顺序依次启停	手动/自动
报警保护	设备运行状况异常、某些参数超过允许值或遭遇突出事件（断电）时，发出报警信号或使系统中某些设备及元件停止工作	手动/自动
能量计量	对系统的冷热量、水流量、能源消耗量及其累计值等进行记录	现场仪表定期手动记录/遥测自动记录

检测与监控系统可采用就地仪表手动控制、就地仪表自动控制和计算机远程监控等多种方式。设计时究竟采用哪些检测与监控内容和方式，应根据系统节能目标、建筑物的功能、系统的类型、运行时间和工艺对管理的要求等因素，经技术经济比较确定。

1.2　检测与监控的形式与选择

现场检测、人员手工操作模式设置的检测与监控设备最简单，投资最节省。不过系统运行效果与操作员的技术水平有很大关系，而且设备台数较多、分布比较分散时，操作不便、维护管理困难。

采用就地监控设备或系统可以实现暖通设备的联动联锁、报警保护和自动调节，但是需要人员手工进行工况选择等操作，主要特点如下：

1）工艺或使用条件有一定要求的供暖、通风和空调系统，采用手动控制维护管理困难，而采用就地控制不仅可提高了运行质量，也给维护管理带来了很大方便；

2）实现防止事故保证安全的自动控制，主要是指系统和设备的各类保护控制，如通风和空调系统中电加热器与通风机的联锁和无风断电保护等；

3）采用就地控制系统能根据室内外条件实时投入节能控制方式，因而有利于节能，不过其监控范围有限，只能实现某一设备运行或参数控制环节的节能。

随着现代建筑技术的发展，人们对环境要求逐渐提高，暖通空调设备的规模不断扩大，能源及运行效率问题日益突出，因此检测与监控系统由现场检测人工操作向自动运行操作的模式转化。

集中监控系统是指以微型计算机为基础的可实现遥测、集中显示和自动控制等功能的系统。该系统可在满足使用要求的前提下，按既考虑局部、更着重总体的节能原则，使各类设备在耗能低效率高状态下运行，实现总体运行优化。规范中提及的集中监控系统主要指集散型控制系统及全分散控制系统等。

所谓集散型控制系统是一种基于计算机的分布式控制系统，其特征是“集中管理，分散控制”。即以分布在现场所控设备或系统附近的多台计算机控制器（又称下位机）完成对设备或系统的实时检测、保护和控制任务，克服了计算机集中控制带来的危险性高度集中和常规仪表控制功能单一的局限性；由于采用了安装于中央监控室的具有通信、显示、打印及其丰富的管理软件的计算机系统，实行集中优化管理与控制，避免了常规仪表控制分散所造成的人机联系困难及无法统一管理的缺点。全分散控制系统是系统的末端，例如包括传感器、执行器等部件具有通信及智能功能，真正实现了点到点的连接，比集散型控制系统控制的灵活性更大，就中央主机部分设置、功能而言，全分散控制系统与集散型控制系统所要求的是完全相同的。

采用集中监控系统具有以下优势：

1）由于集中监控系统管理具有统一监控与管理功能的中央主机及其功能性强的管理软件，因而可减少运行维护工作量，提高管理水平；

2）由于集中监控系统能方便地实现下位机间或点到点通信连接，因而对于规模大、设备多、距离远的系统比常规控制更容易实现工况转换和调节；

3）由于集中监控系统所关心的不仅是设备的正常运行和维护，更着重于总体的运行状况和效率，因而更有利于合理利用能量实现系统的节能运行；

4）由于集中监控系统具有管理软件并实现与现场设备的通信，因而系统之间的联锁保护控制更便于实现，有利于防止事故，保证设备和系统运行安全可靠。

随着现代技术的发展和计算机的普及，集中监控系统在现代大中型公共建筑中已获得了广泛应用。但是该系统投资较高，需要对检测仪表定期维护，控制与管理软件也需要根据实际运行情况进行调整和优化。

1.3 检测与监控的设计要点

参数检测包括参数的就地检测及遥测两类。就地参数检测是现场运行人员管理运行设备或系统的依据；参数的遥测是集中监控或就地控制系统制定控制策略的依据。应根据下列原则进行设置：

1）反映设备和管道系统在启停、运行及事故处理过程中的安全和经济运行的参数，应进行检测；

2）反映系统运行效果的环境参数，应进行检测；

3）用于设备和系统主要性能计算和经济分析所需要的参数，宜进行检测；

4）用于工况判断和自动控制调节策略所需要的参数，宜进行检测；

5）检测仪表的选择和设置应与报警、自动控制和计算机监视等内容综合考虑，不宜重复设置，就地检测仪表应设在便于观察的地点。

联动联锁和报警保护功能涉及到设备和人员的安全，无论采用集中监控、就地自控还是现场手动操作哪种模式，都应设置该保护措施，实现方式可以根据模式确定：

1）当采用集中监控系统时，联动、联锁等保护措施应由集中监控系统实现，通过监控系统下位机的控制程序或点到点的硬线连接实现。该方式对于联动联锁的设备分布在不同区域时优越性尤为突出。

2）当采用就地自动控制系统时，联动、联锁等保护措施，应为自控系统的一部分或分开设置为一个独立的就地控制环节。

3）当无集中监控或就地自动控制系统时，出于安全目的为人员误操作导致的设备损坏或人身伤害，应独立设置保护措施，往往通过电气保护或机械元器件实现。

为使动力设备安全运行及便于维修，在动力设备附近的动力柜上都设置就地手动控制装置。当采用集中监控系统时，还应设置远程/就地转换开关，并要求能监视远程/就地转换开关状态。为保障检修人员安全，在开关状态为就地手动控制时，不能进行设备的远程启停控制。

暖通空调系统的运行能耗必须进行计量，本规范设置了部分强制条文对计量项目进行了规定。根据中华人民共和国节约能源法，对一次能源/资源的消耗量以及集中供热系统的供热量均应计量。此外，在冷、热源进行耗电量计量有助于分析能耗构成，寻找节能途径，选择和采取节能措施。循环水泵耗电量不仅是冷热源系统能耗的一部分，而且也反映出输送系统的用能效率，对于额定功率较大的设备宜单独设置电计量。

2 现场仪表的设计要点

检测与监控系统中的检测元件和控制调节部件，都需要安装在设备、工艺管道和被控环境的现场。设计时需要考虑该类设备的安装位置和条件，以保证功能的实现。本规范中的现场仪表包括传感器和执行器（调节阀）两大部分，主要内容是暖通空调专业需要向相关专业或部门提出要求的范围。

2.1 传感器的选择

传感器选择的基本原则：

1）根据设置目的确定传感器输出数据的类型。

当以安全保护和设备状态监视为目的时，宜选择温度开关、压力开关、风流开关、水流开关、压差开关、水位开关等以开关量形式输出的传感器，不宜使用连续量输出的传感器。开关量形式输出即只有通、断两种状态，对采用计算机的集中监控系统来说，一位二进制数据也是“0”和“1”两种状态，因此开关量检测简单可靠、造价较低，在满足使用要求的情况推荐优先采用。而模拟量数据则需要根据精度采用8位到16位二进制数据表示，而且还要受到模拟/数字转化器和仪表的精度限制，因此造价较高，在需要时设置，例如房间温度、阀门开度等参数。

2）传感器测量范围和精度应与二次仪表匹配，并高于工艺要求的控制和测量精度。

传感器的测量范围和精度等级需要根据设计情况确定。

3）易燃易爆环境应采用防燃防爆型传感器。

根据《爆炸性气体环境用电气设备》GB 3836.1—2000标准，防爆电器分为隔爆型、增安型、本质安全型等种类，设备的外壳材料、构造和内部电路均有一定要求。本质安全型电气设备的特征是其全部电路均为本质安全电路，即在正常工作或规定的故障状态下产生的电火花和热效应均不能点燃规定的爆炸性混合物的电路。对于检测仪表和控制回路而言，主要是限制电压和电流，以及内部使用的电容和电感等元器件。

常用传感器的设置条件见表2-1。

表2-1　常用传感器的设置条件

类型	量　程	安装位置	注意事项
温（湿）度	测点温度范围的1.2～1.5倍	1. 壁挂式传感器应安装在空气流通，能反映被测房间空气状态的位置。 2. 风道内传感器应保证插入深度，不应在探测头与风道外侧形成热桥。 3. 插入式水管温度传感器应保证测头插入深度在水流的主流区范围内，安装位置附近不应有热源及水滴。 4. 机器露点温度传感器应安装在挡水板后有代表性的位置，应避免辐射热、振动、水滴及二次回风的影响	供、回水管温差的两个温度传感器应成对选用，且温度偏差系数应同为正或负
压力（压差）	测点压力（压差）正常变化范围的1.2～1.3倍	1. 在同一建筑层的同一水系统上安装的压力（压差）传感器宜处于同一标高；否则需作高度修正。 2. 测压点和取压点的设置应根据系统需要和介质类型确定，选在管内流动稳定的地方并满足产品需要的安装条件	工作压力（压差）应大于该点可能出现的最大压力（压差）的1.5倍
流量	宜为系统最大工作流量的1.2～1.3倍	安装位置前后应有保证产品所要求的直管段长度或其他安装条件	1. 应选用具有瞬态值输出的传感器； 2. 宜选用水流阻力低的产品

2.2　调节阀的选择

设计时对调节阀流量特性及口径的选择正确与否将直接影响系统运行的稳定性和调节质量。

调节阀的流量特性反映了其相对流量与相对行程之间的关系，即

$$Q/Q_{max} = f(l/l_{max}) \tag{2-1}$$

式中 Q——调节阀在某一开度时的流量；

Q_{max}——调节阀在全开状态时的流量；

l——调节阀在某一开度时阀芯的行程；

l_{max}——调节阀在全开状态时阀芯的行程。

调节阀在前后压差恒定的情况下得到的流量特性称为理想流量特性，有时也叫固有流量特性，其主要取决于阀芯结构，即阀芯曲面的形状。典型的理想流量特性有直线流量特性、等百分比（对数）流量特性、快开流量特性和抛物线流量特性等四种，特性曲线见图 2-1。

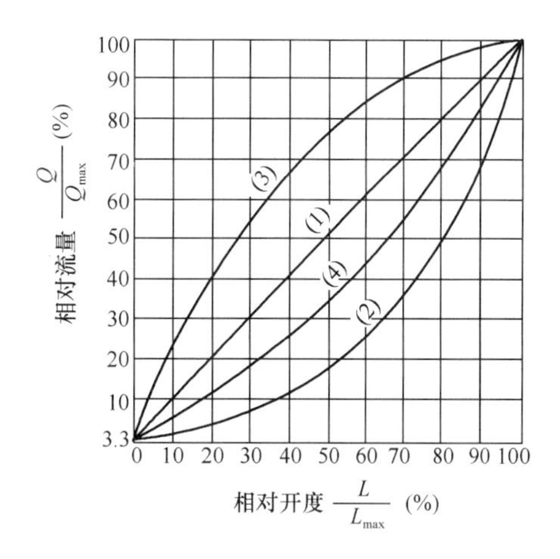

图 2-1 调节阀的理想流量特性（$R=30$）

（1）直线；（2）等百分比；（3）快开；（4）抛物线

调节阀的工作流量特性，是指调节阀前后压差随负荷变化的工作条件下，调节阀的相对行程（开度）与相对流量之间的关系。其不仅取决于阀芯结构，而且直接受阀权度的影响。

调节阀的阀权度 S（也称压力损失比）按下式确定：

$$S=\frac{\Delta P_{v}}{\Delta P}=\frac{\Delta P_{v}}{\Delta P_{v}+\Delta P_{r}} \qquad (2\text{-}2)$$

式中 ΔP_{v}——调节阀的设计压差，即阀门全开时的压力损失（Pa）；

ΔP_{r}——被控对象（换热器）及所接附件的水流阻力（Pa），当有多个对象并联时，应取并联支路中最大的 ΔP_{r} 值；

随着 S 值的减小，理想的直线特性趋向于快开特性，理想的等百分比特性趋向于直线特性；在实际使用中，一般 S 值不宜小于 0.3。而 S 值过高则可能导致通过阀门的水流速过高和水泵输送能耗增大，不利于设备安全和运行节能，因此管路设计时选取的 S 值不宜大于 0.7。根据 S 值选择阀门流量特性的原则见表 2-2。

表 2-2 按阀权度选择阀的特性

配管状态	S=1.0～0.6		S=0.6～0.3		S<0.3
实际工作特性	直线	等百分比	直线	等百分比	控制不适合
所选流量特性	直线	等百分比	等百分比	等百分比	

因为等百分比特性的适用范围较广，因此水路两通阀推荐采用，具体可根据所设置阀门的调节目标（流量或压力）及配管情况确定。

三通调节阀的流量特性及数学表达式均符合上述规律。直线流量特性的三通调节阀在任何开度时流过上下两阀芯流量之和不变，即总流量不变。而抛物线流量特性的三通调节阀的总流量是变化的，在开度 50%处总流量最小，向两边逐渐增大直至最大。当可调范围相同时，直线特性的三通调节阀较抛物线特性的总流量大，而等百分比特性三通调节阀的总流量最小。它们在开度 50%时上下阀芯通过的流量相等。

需要注意的是：阀门本身的特性曲线与阀杆上电位器输出的特性曲线并不完全相同，后者可以通过电输出信号进行修正，而前者直接影响阀门的调节精度。

调节阀的口径应通过流通能力的计算确定。流通能力通常用标准压差下，阀门全开时所

通过的流量数 K_v 或 C_v（英制单位）值来表示。暖通空调系统中流过调节阀的介质基本是水或蒸气（饱和蒸气），其 K_v 值计算公式见表 2-3。根据阀门的设计流量和设计压差（选取 $S=0.3\sim0.6$）可进行计算，选择产品额定流通能力大于且最接近计算值这一档的口径。

表 2-3　不同介质的流通能力计算公式

介质	判断条件	计算公式
一般液体（如水等非高黏度液体）		$Kv=\dfrac{316Q}{\sqrt{(P_1-P_2)/\rho}}$ (m³/h) $Kv=\dfrac{316M}{\sqrt{(P_1-P_2)\rho}}$ (kg/h)
饱和蒸气	$P_2>0.5P_1$	$Kv=\dfrac{10M}{\sqrt{\rho_2(P_1-P_2)}}$
	$P_2<0.5P_1$	$Kv=\dfrac{10M}{\sqrt{\rho_2'(P_1-P_2)}}=\dfrac{10M}{\sqrt{\rho_2'(P_1-P_1/2)}}=\dfrac{14.14M}{\sqrt{\rho_2'P_1}}$

式中　M——质量流量（kg/h）；

P_1——调节阀前绝对压力（Pa）；

P_2——调节阀后绝对压力（Pa）；

ρ——调节阀处的流体密度（kg/m³）；

ρ_2——阀后出口截面上的蒸气密度（kg/m³）；

ρ_2'——蒸气密度（kg/m³），可根据 $P_2'=P_1/2$ 和蒸气温度查表得到。

需要注意的是：空调系统旁通调节阀所在串联管路（旁通管）的总压差 ΔP 一般较大；例如一次泵系统压差控制的空调冷水旁通阀，ΔP 为分集水器之后系统负荷侧管网阻力；温度控制的冷却水旁通阀，ΔP 为室外气温和水温过低需旁通时运行的水泵流量所计算出的管网阻力和冷却塔所需压力之和。但旁通管和检修阀等其他阻力较小，调节阀压力损失比 S 值很大，按此计算选择的阀门相对于流量来说口径很小、流速很大，可能会发生对阀门磨损较大等问题；因此工程中常比计算流通能力数值放大 2 号以上选择过大的阀门，阀门调节性能变差，此时应选择调节性能更好的等百分比特性或抛物线特性的两通调节阀。建议旁通管流速选较高值，电动调节阀两侧可设置高阻力、调节性能较好的检修阀，以增加阻力，减少旁通调节阀两侧压差。

关于三通阀的选择，总的原则是要求通过三通阀的总流量保持不变，抛物线特性的三通阀当 $S=0.3\sim0.5$ 时，其总流量变化较小，在设计上一般常使三通阀的压力损失与热交换器和管道的总压力损失相同，即 $S=0.5$，此时无论从总流量变化角度，还是从三通阀的工作流量特性补偿热交换器的静态特性考虑，均以抛物线特性的三通阀为宜，当系统压力损失较小，通过三通阀的压力损失较大时，亦可选用线性三通阀。

关于蒸汽两通阀的选择，如果蒸汽加热中的蒸汽作自由冷凝，那么加热器每小时所放出的热量等于蒸汽冷凝潜热和进入加热器蒸汽量的乘积。当通过加热器的空气量一定时，经推导可以证明，蒸汽加热器的静态特性是一条直线，但实际上蒸汽在加热器中不能实现自由冷凝，有一部分蒸汽冷凝后再冷却使加热器的实际特性有微量的弯曲，但这种弯曲可以忽略不计。从对象特性考虑可以选用线性调节阀，但根据配管状态当 $S<0.6$ 时工作流量特性发生畸变，此时宜选用等百分比特性的阀。

调节阀的口径应根据使用对象要求的流通能力来定。口径选用过大或过小会导致满足不了调节质量或不经济。

此外，调节阀选用时还应注意：

1）泄漏量：直通单座阀的泄漏量小，但阀前后允许（或关闭）的压差也较小；双座阀承受的阀前后压差大，但泄漏量也较大。蒸汽的流量控制应选用单座阀。当在大口径、大流量、低压差的场合工作时，应选蝶阀，但此时泄漏量较大。

2）弹簧复位功能：一般情况下，电动调节阀在无电信号时停在当时阀位状态。对于蒸汽阀，必须有复位关闭的功能，即在断电时能够停止蒸汽流入用汽设备。其他阀门根据使用情况确定。

3）执行机构输出力/力矩：执行机构的输出力要足以克服介质的不平衡力、摩擦力和阀芯的重力等阻力，以避免阀门关不严或打不开、动作不自如等问题的出现。主要受阀的结构形式、压差、流量等因素影响，为简化计算，保证工作压差 ΔP 小于生产厂商提供的允许压差［ΔP］即可。

3 供暖通风系统的检测与监控

3.1 供暖系统的检测与监控

供暖系统应根据系统设置确定参数检测点的设置，至少包括以下内容：

1. 供暖系统的供水、供汽和回水干管中的热媒温度和压力；
2. 过滤器的进出口静压差；
3. 水泵等设备的启停状态；
4. 热空气幕的启停状态。

供暖系统的控制调节应符合下列要求：

1. 集中供暖系统各用户入口应根据系统形式采用相应的调控装置，确保水力平衡。
2. 热水集中供暖系统的室温调控应符合本规范 5.10 节的相关规定。
3. 集中供暖系统的热源应设供热量自动控制装置，根据室外气温等变化自动改变用户侧供（回）水温度，对用户侧系统进行总体质调节。

3.2 通风系统的检测与监控

通风系统应设置的参数检测点：

1. 通风机的启停状态；
2. 可燃或危险物泄漏等事故状态；
3. 空气过滤器进出口静压差的越限报警。

事故通风系统应设置的安全保护功能：事故通风系统的通风机应与可燃气体泄漏、事故等探测器联锁开启，并宜在工作地点设有声、光等报警状态的警示。

通风系统的控制应符合下列要求：

1. 应保证房间风量平衡、温度、压力、污染物浓度等要求；
2. 宜根据房间内设备使用状况进行通风量的调节。

4 空调系统的检测与监控

4.1 空调系统的检测

空调系统应设置的参数检测点：

1. 室内、外空气的温度；

2. 空气冷却器出口的冷水温度；

3. 空气加热器出口的热水温度；

4. 空气过滤器进出口静压差的越限报警；

5. 风机、水泵、转轮热交换器、加湿器等设备启停状态。

参数检测点设计注意事项：

1）室内、外空气的湿度检测根据使用要求和系统是否设置加湿器等实际情况确定；

2）空调机组送风温度的检测可用于运行效果判断和空气冷却器/加热器的调节，根据系统设置和控制策略等情况确定，有条件时宜设置；

3）有条件时，宜对调节型水阀、风阀等设置模拟量的阀位反馈检测；

4）对于离心型风机，可增设风速开关或进出口压差检测，以便发现因皮带松开等原因导致的风机丢转或不转，此时风机电机正常工作，从风机状态检测点无法发现此现象。

4.2 空调系统的多工况运行和工况转换

多工况运行方式是指在不同的工况时，其调节系统（调节对象和执行机构等）的组成是变化的。以适应室内外热湿条件变化大的特点，达到节能的目的。工况的划分也要因系统的组成及处理方式的不同来改变，但总的原则是节能，尽量避免空气处理过程中的冷热抵消，充分利用新风和回风，缩短制冷机、加热器及加湿器的运行时间等，并根据各工况在一年中运行的累计小时数简化设计，以减少投资。多工况同常规系统运行区别，在于不仅要进行参数的控制，还要进行工况的转换。多工况的控制、转换可采用就地的逻辑控制系统或集中监控系统等方式实现，工况少时可采用手动转换实现。例如：最常见的运行方式是将全年分为冬季、夏季和过渡季等工况。

空调系统空气处理装置当冷却和加热工况互换时，应设冷热转换装置。冬季和夏季需要改变送风方向和风量的风口应设置冬夏转换装置。转换装置的控制可独立设置或作为集中监控系统的一部分。

4.3 常见空调系统的控制调节

全空气空调系统的控制应符合下列要求：

1）室温的控制由送风温度或/和送风量的调节实现，应根据空调系统的类型和工况进行选择。通常定风量空调系统是靠送风温度而变风量系统是靠送风量的调节实现。

2）送风温度的控制应通过调节冷却器或加热器水路控制阀和/或新、回风道调节风阀实现。水路控制阀的设置应符合本规范第 8.5.6 条的规定，且宜采用模拟量调节阀；需要控制混风温度时风阀宜采用模拟量调节阀。

送风温度是空调系统中重要的设计参数，应采取必要措施保证其达到目标，有条件时进行优化调节。控制室温是空调系统需要实现的目标，根据室温实测值与目标值的偏差对送风温度设定值不断进行修正，对于调节对象纯滞后大、时间常数大或热、湿扰量大的场合更有利于控制系统反应快速、效果稳定。送风温度调节的通常手段是空气冷却器/加热器的水阀调节，对于二次回风系统和一次回风系统在过渡期也可通过调节新风和回风的比例来控制送风温度。

3）采用变风量系统时，风机应采用变速控制方式。变风量采用风机变速是最节能的方式。尽管风机变速的做法投资有一定增加，但对于采用变风量系统的工程而言，这点投资应该是有保证的，其节能所带来的效益能够较快地回收投资。

4）当采用加湿处理时，加湿量应按室内湿度要求和热湿负荷情况进行控制。当室内散湿量较大时，宜采用机器露点温度不恒定或不达到机器露点温度的方式，直接控制室内相对湿度。

5）过渡期宜采用加大新风比的方式运行。需要注意与排风措施相应联锁。

在条件合适的地区应充分利用全空气空调系统的优势，尽可能利用室外自然冷源，最大限度地利用新风降温，提高室内空气品质和人员的舒适度，降低能耗。利用新风免费供冷（增大新风比）工况的判别方法可采用固定温度法、温差法、固定焓法、电子焓法、焓差法等，根据建筑所处的气候分区进行选取，具体可参考 ASHRAE 标准 90.1—2001，气候分区和新风免费供冷工况的判断方法见表 4-1。

表 4-1　气候分区与工况判别方法

地区	气候条件	允许的工况判别方法	禁止的工况判别方法
干燥地区	$t_{wb}<21$℃或 $t_{wb}<24$℃且 $t_{db}\geqslant38$℃	固定温度法，温差法，电子焓法，焓差法	固定焓法
适中地区	21℃$\leqslant t_{wb}\leqslant$23℃，$t_{db}<38$℃	固定温度法，温差法，固定焓法，电子焓法，焓差法	
潮湿地区	$t_{wb}>23$℃	固定温度法，固定焓法，电子焓法，焓差法	温差法

注：1. 表中 t_{wb} 和 t_{db} 分别为该标准定义的夏季空调设计湿球温度和夏季空调设计干球温度；

2. 判别方法说明如下：

1）焓差法是比较室外新风焓值 h_W 与回风焓值 h_R 的大小，以 $h_W\leqslant h_R$ 作为启动新风免费供冷工况的启动条件。

2）固定焓法是比较室外新风焓值焓 h_W 与某一固定焓值焓 h_S（例如室内设计状态：干球温度 24℃，相对湿度 50%，则 h_S=47kJ/kg）的大小，以 $h_W\leqslant h_S$ 作为启动新风免费供冷工况的启动条件。

3）电子焓法是用等温线与等焓线将焓-湿图分成四个区域，新风状态点位于左下区域，作为启动新风免费供冷工况的启动条件。

4）温差法是比较室外新风温度 t_W 与回风温度 t_R 的大小，以 $t_W\leqslant t_R$ 作为启动新风免费供冷工况的启动条件。

5）固定温度法是比较室外新风温度 t_W 与某一固定温度 t_S 大小，以 $t_W\leqslant t_S$ 作为启动新风免费供冷工况的启动条件。其中 t_S 是根据不同地区的相对湿度对应于 h_S 的干球温度。对于干燥地区、适中地区和潮湿地区，其相对湿度分别为 50%、64%和 86%，对应于 h_S=47kJ/kg 的 t_S 分别为 24℃、21℃和 18℃。

6）焓差法的节能性最好，但需要的传感器多，且湿度传感器误差大、需要经常维护，实施较困难。

7）固定温度法的检测稳定可靠，实施最为简单方便，可在实际工程中采用。

从理论分析，采用焓差法的节能性最好，然而该方法需要同时检测温度和湿度，且湿度传感器误差大、故障率高，需要经常维护，数年来在国内、外的实施效果不够理想。而固定温度和温差法，在工程中实施最为简单方便。因此，本标准推荐在过渡期采用加大新风的运行方式以利于节能，但对变新风比控制方法不做限定。

新风机组的控制应符合下列要求：

1）新风机组水路电动阀的设置应符合第 8.5.6 条的要求，且宜采用模拟量调节阀。

2）水路电动阀的控制和调节应保证需要的送风温度设定值，送风温度设定值应根据新风承担室内负荷情况进行确定。

3）当新风系统进行加湿处理时，加湿量的控制和调节可根据加湿精度要求，采用送风湿度恒定或室内湿度恒定的控制方式。

新风机组根据设计工况下承担室内湿负荷的多少，有不同的送风温度设计值：(1) 一般情况下，配合风机盘管等空调房间内末端设备使用的新风系统，新风不负担室内主要冷热负荷时，各房间的室温控制主要由风机盘管满足，新风机组控制送风温度恒定即可。(2) 当新风负担房间主要或全部冷负荷时，机组送风温度设定值应根据室内温度进行调节。(3) 当新风负担室内潜热冷负荷即湿负荷时，送风温度应根据室内湿度设计值进行确定。

风机盘管水路电动阀的设置应符合第 8.5.6 条的要求，并宜设置常闭式电动通断阀。

风机盘管的自动控制方式主要有两种：(1) 带风机三速选择开关、可冬夏转换的室温控制器连动水路两通电动阀的自动控制配置；(2) 带风机三速选择开关、可冬夏转换的室温控制器连动风机开停的自动控制配置。第一种方式，能够实现整个水系统的变水量调节。第二种方式，采用风机开停对室内温度进行控制，对于提高房间的舒适度和实现节能是不完善的，也不利于水系统运行的稳定性。因此从节能、水系统稳定性和舒适度出发，应按 8.5.6 条的要求采用第一种配置。采用常闭式水阀更有利于水系统的运行节能。

4.4 空调系统的安全保护

1. 冬季有冻结可能性的地区，新风机组或空调机组应设置防冻保护控制。

位于冬季有冻结可能地区的新风或空调机组，应防止因某种原因热水盘管或其局部水流断流而造成冰冻的可能。通常的作法是在机组盘管的背风侧加设感温测头（通常为毛细管或其他类型测头），当其检测到盘管的背风侧温度低于某一设定值时，与该测头相联的防冻开关发出信号，机组即通过集中监控系统的控制器程序或电气设备的联动、联锁等方式运行防冻保护程序，例如：关新风门、停风机、开大热水阀，防止热水盘管冰冻面积进一步扩大。

2. 空调系统的电加热器应与送风机联锁，并应设无风断电、超温断电保护装置；电加热器必须采取接地及剩余电流保护措施。

电加热器的联锁与保护措施，为强制条文。要求电加热器与送风机联锁，是一种保护控制，可避免系统中因无风电加热器单独工作导致的火灾。为了进一步提高安全可靠性，还要求设无风断电、超温断电保护措施，例如，用监视风机运行的风压差开关信号及在电加热器后面设超温断电信号与风机启停联锁等方式，来保证电加热器的安全运行。电加热器采取接地及剩余电流保护，可避免因漏电造成触电类的事故。

5 空调冷热源及水系统的检测与监控

5.1 冷热源及水系统的检测

1. 空调冷热源及其水系统应设置的参数检测点：

1）冷水机组蒸发器进、出口水温、压力；

2）冷水机组冷凝器进、出口水温、压力；

3）热交换器一二次侧进、出口温度、压力；

4）分、集水器温度、压力（或压差）；

分水器的温度和压力检测仪表可分别设置一个，而集水器宜在各回水支管设置温度、压力检测，有利于进行各支路热力平衡和水力平衡的判断。

5）水泵进出口压力；

6）水过滤器前后压差；

7）冷水机组、水泵、冷却塔风机等设备的启停状态。

此外宜检测室外空气温度和相对湿度（湿球温度），可用于冷负荷预测，控制冷水机组和冷却塔的运行台数和容量调节。

冷量检测直接采用冷量计比较简便、精度较高，而采用流量和温差检测再计算的方法精度略差（两个数据采集时刻可能会有偏差），其中温差检测仪表应符合 9.2.2 条及其条文说明的规定。但是后者可分别提供两个数据，对于系统运行状况判断和水泵的变速调节等有很大参考价值，根据实际需要和系统设置确定采用哪种方式。

2. 蓄冷、蓄热系统应设置的参数检测点：

1）蓄冷（热）装置的进、出口介质温度；

2）电锅炉的进、出口水温；

3）蓄冷（热）装置的液位；

4）调节阀的阀位；

5）蓄冷（热）量、供冷（热）量的瞬时值和累计值；

6）故障报警。

因为蓄冷（热）系统需要根据蓄冷（热）装置的蓄能量和用能量来控制冷热源机组和蓄能装置的运行和容量调节，因此设置的检测点较多。设计时应根据系统设置加以确定。

5.2 冷水系统的安全保护

1. 采用自动方式运行时，冷水系统中各相关设备及附件与冷水机组应进行电气联锁，顺序启停。

由于制冷机运行时，一定要保证它的蒸发器和冷凝器有足够的水量流过，为达到这一目的，制冷机水系统中其他设备，包括电动水阀冷冻水泵、冷却水泵、冷却塔风机等应先于制冷机开机运行，停机则应按相反顺序进行。通常通过水流开关检测与冷机相联锁的水泵状态，即确认水流开关接通后才允许制冷机启动。

2. 冰蓄冷系统的二次冷媒侧换热器应设防冻保护控制。

一般空调系统夜间负荷往往很小，甚至处在停运状态，而冰蓄冷系统主要在夜间电网低谷期进行蓄冰。因此，在二者进行换热的板换处，由于空调系统的水侧冷水基本不流动，如果乙二醇侧的制冰低温传递过来，易引起另一侧水的冻结，造成板换的冻裂破坏。因此，必须随时观察板换处乙二醇侧的溶液温度，调节好有关电动调节阀的开度，防止事故发生。

5.3 冷热源及水系统的控制调节

1. 冷水机组运行台数的控制：宜采用由冷量优化控制的方式

许多工程采用的是总回水温度来控制，但由于冷水机组的最高效率点通常位于该机组的某一部分负荷区域，因此采用冷量控制的方式比采用温度控制的方式更有利于冷水机组在高效率区域运行而节能，是目前最合理和节能的控制方式。但是，由于计量冷量的元器件和设备价格较高，因此推荐在有条件时（如采用了DDC控制系统时），优先采用此方式。同时，台数控制的基本原则是：(1) 让设备尽可能处于高效运行；(2) 让相同型号的设备的运行时间尽量接近以保持其同样的运行寿命（通常优先启动累计运行小时数最少的设备）；(3) 满足用户侧低负荷运行的需求。

2. 水系统总供、回水管之间的旁通调节阀控制

1) 变流量一级泵系统冷水机组定流量运行时，空调水系统总供、回水管之间的旁通调节阀应采用压差控制。压差测点应设置在管道中压力稳定的区域。

对于冷水机组定流量运行的变流量一级泵系统，设置旁通调节阀的目的是为了保证流经冷水机组蒸发器的流量恒定。当水系统总供、回水管之间的压差处于设计工况时，负荷侧调节阀全开，旁通阀关闭。随着负荷的减少，负荷侧的调节阀关小，总供、回水管之间的压差增大，旁通阀逐渐打开，部分水流返回冷水机组保证其流量不变。反之，当用户负荷增大时，总供、回水管之间的压差减小，旁通阀开度减小。

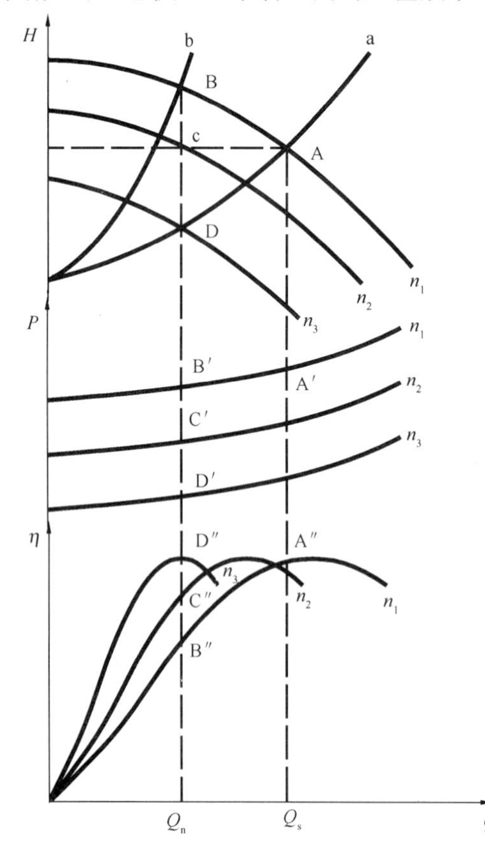

图5-1 变频泵/风机性能曲线

2) 变流量一级泵系统冷水机组变流量运行时，空调水系统总供、回水管之间的旁通调节阀可采用流量、温差或压差控制。

3. 冷水泵的台数和频率控制

1) 变流量一级泵系统冷水机组定流量运行时，冷水泵的台数与冷水机组对应。

2) 二级泵和多级泵空调水系统中，二级泵等负荷侧各级水泵运行台数宜采用流量控制方式；水泵变速宜根据系统压差变化控制。

3) 变流量一级泵系统冷水机组变流量运行时，冷水泵的台数和转速控制与2) 相同。

水泵变速控制可采用恒压差和变压差控制，水泵变速时的性能曲线变化见图5-1，两种控制方式的主要特点见表5-1。

可以看出：由于负荷降低、流量减少时管道阻力也减少，水泵扬程随之降低会使运行更加节能，因此变压差控制的节能效果要优于恒压差。但是变压差控制需要在各末端设置压力传感器，随时比较找出最不利末端压差并根据其值调节水泵转速，因此投资相对较高，实施难度也较大。压差测点离水泵

越远，水泵扬程调节范围越大，系统运行越节能，推荐二级泵系统压差测点宜设在最不利环路干管靠近末端处；负荷侧多级泵变速宜根据用户侧压差变化控制，压差测点宜设在用户侧支管靠近末端处。

表 5-1　不同控制方式下变频的性能与特点

<table>
<tr><th>方式</th><th>基本原理</th><th>过程分析</th><th>主要特点</th></tr>
<tr><td>恒压</td><td>通过调速，使水泵/风机出口后某点压力保持恒定来达到节能的目的</td><td rowspan="2">需要最大流量 Q_S 时，泵出口扬程达到 H_S 即能满足最大需求，额定转速 n_1，管网阻力特性为曲线 a，工作点为 A，功率点为 A′，效率点为 A″；
定频泵/风机：当需要水量减小至 Q，调节阀门使管网阻力特性为曲线 b，额定转速 n_1，工作点为 B，功率点为 B′，效率点为 B″；
恒压控制：当需要水量减小至 Q，以 H_S 值为恒压控制值，调节转速至 n_2，工作点为 C，功率点为 C′，效率点为 C″
变压控制：当需要水量减小至 Q，管网阻力特性不变仍为曲线 a，调节转速至 n_3，工作点为 D，功率点为 D′，效率点为 D″
转速：$n_{3(D)} < n_{2(C)} < n_{1(A=B)}$
效率：$\eta_D > \eta_C$；$\eta_A > \eta_B$
功率：$P_D < P_C < P_B < P_A$</td><td rowspan="2">节能效果变压优于恒压。
恒压比变压控制简单且容易实现。
采用恒压控制时测压点放在出口或管网上压力稳定段即可。测压点离泵/风机越近，控制越容易稳定但节能效果越差。测压点离泵/风机较远，则安装和布线（或通讯方式）会有一定的难度。
采用变压控制时，如测压点设在水泵/风机出口，必须了解管网特性，由于实际管网特性复杂只能近似实现</td></tr>
<tr><td>变压</td><td>通过调速来满足管网在不同流量时的要求</td></tr>
</table>

注：实际运行中需要流量的改变时，常用阀门调节来实现，因此管路特性会有变化，D 只是理论上的点，实际变压控制达到的运行工作点应该在 C 与 D 之间。

并联运行的一组水泵应同时设置变频器而且频率应同步调节，以避免出现大小水泵并联运行时的不完全并联现象。在调节过程中，水泵运行的台数还直接影响到其运行效率。例如，对于设计工作点在高效区的水泵，提供 180%单台设计流量时，2 台泵运行在 90%流量要比 3 台泵运行在 60%流量时的运行效率高、节能效果好，因此推荐在有条件情况下，二级泵和多级泵空调水系统中二级泵等负荷侧各级水泵运行台数宜采用流量控制方式；水泵变速宜根据系统压差变化控制。

4. 变流量一级泵系统冷水机组变流量运行时，还应采用精确控制流量和降低水流量变化速率的控制措施。包括：

1）应采用高精度的流量或压差测定装置；

2）冷水机组的电动隔断阀应选择“慢开”型；

3）旁通阀的流量特性应选择线性；

4）负荷侧多台设备的启停时间宜错开，设备盘管的水阀应选择“慢开”型。

5. 空调冷却水系统的控制调节应符合下列要求：

1）冷却塔风机开启台数或转速宜根据冷却塔出水温度控制；

2）当冷却塔供回水总管间设置旁通调节阀时，应根据冷水机组最低冷却水温度调节旁通水量；

3）可根据水质检测情况进行排污控制。

从节能的观点来看，较低的冷却水进水温度有利于提高冷水机组的能效比，因此尽可能降低冷却水温对于节能是有利的。但为了保证冷水机组能够正常运行，提高系统运行的可靠性，通常冷却水进水温度有最低水温限制的要求。为此，必须采取一定的冷却水水温控制措施。通常有三种做法：（1）调节冷却塔风机运行台数；（2）调节冷却塔风机转速；（3）当室外气温很低，即使停开风机也不能满足最低水温要求时，可在供、回水总管上设置旁通电动阀，通过调节旁通流量保证进入冷水机组的冷却水温高于最低限值。在（1）、（2）两种方式中，冷却塔风机的运行总能耗也得以降低。而（3）方式可控制进入冷水机组的冷却水温度在设定范围内，是冷水机组的一种保护措施。

冷却水系统在使用时，由于水分的不断蒸发，水中的离子浓度会越来越大。为了防止由于高离子浓度带来的结垢等种种弊病，必须及时排污。排污方法通常有定期排污和控制离子浓度排污。这两种方法都可以采用自动控制方法，其中控制离子浓度排污方法在使用效果与节能方面具有明显优点。

设备与管道最小保温保冷厚度计算方法

上海建筑设计研究院有限公司　寿炜炜

1　引言

《民用建筑供暖通风与空气调节设计规范》第11章为“绝热与防腐”内容。其中“绝热”一节内容对暖通工程中需要绝热的对象、绝热材料的要求、绝热工作应遵守的标准提出了详细、原则性的要求。但实际工程应用中依照这些标准进行计算会耗费设计人员大量的时间，为方便能更好地贯彻、落实国家颁布的有关节约能源的法规和方针政策，实现节能目标，本标准依据这些原则，在附录K中为设计人员提供了“设备与管道最小保温、保冷厚度及冷凝水管防凝露厚度选用表”。这里将这些计算图表的编制内容、适用范围、计算方法、编制条件等内容给予介绍，以方便设计人员的正确理解与应用。本文中附录K不再重复录入，可对照规范中的内容理解。

2　绝热设计标准与计算原则

设备和管道的绝热工作包括保温与保冷。绝热设计应遵照《设备及管道保温设计导则》GB 8175（下称“导则”）进行。常用的计算方法有：经济厚度法、最大允许热（冷）损失量法、表面温度控制法、最大介质温降（升）法、防结露法等。对于民用建筑暖通工程绝热来说，最常用的是经济厚度法和防结露法。

设备和管道的保温层厚度，通常应按“导则”中经济厚度方法计算确定，必要时也可按允许表面热损失法或允许介质温降法计算。

设备与管道的保冷层厚度，在供冷或冷热共用时，应按“导则”中经济厚度和防止表面凝露的保冷层厚度方法计算确定，取厚值。冷凝水管按“导则”中防止表面凝露保冷厚度方法计算确定。

3　编制内容和适用范围的确定

3.1　编制内容的确定

1）当前建筑市场的现状是应用的绝热材料很多，如：岩棉制品、矿渣棉制品、闭孔柔性泡沫橡塑、硬质聚氨酯发泡、玻璃棉制品、复合硅酸盐制品、硅酸铝制品、憎水膨胀珍珠岩等。但这次编制的“设备与管道最小保温、保冷厚度及冷凝水管防凝露厚度选用表”应采用民用建筑暖通工程中应用普遍，且性价比较高的典型材料。因而，保温部分选取了闭孔柔性泡沫橡塑和离心玻璃棉两种材料；保冷部分则选取闭孔柔性泡沫橡塑、离心玻璃棉和硬质聚氨酯发泡三种材料。

2）“设备与管道最小保温、保冷厚度及冷凝水管防凝露厚度选用表”按管道、设备（平面型）二类绝热类型以及“保温与保冷”功能分别给出选用表。管道类型中应采用管道的管瓦型绝热，设备类型中应采用设备表面的平面型绝热，并且都采用单层绝热材料构造。

3.2 适用范围的确定

根据民用建筑中常用的空调设备与管道类型，保温可以按室内与室外环境、最高介质温度条件给出选用厚度；保冷可以按介质温度、室内温湿度条件、室外温湿度等条件给出选用厚度；见表 3-1。

表 3-1 附录 K 的适用范围表

功能	表　号	环　境	介质温度（℃）	典型介质或系统	绝热材料	热/冷价（元/GJ）
保温	K.0.1-1	室内	60、80	供暖、空调热水	泡沫橡塑、离心玻璃棉	85
	K.0.1-2	室内、外	95、140、190	热水、蒸汽	离心玻璃棉	35
	K.0.1-3	室内、外	95、140、190	热水、蒸汽	离心玻璃棉	85
保冷	K.0.2-1	Ⅰ区、Ⅱ区	≥5	空调冷水	泡沫橡塑、离心玻璃棉	75
	K.0.2-2	Ⅰ区、Ⅱ区	≥-10	制冰、蓄冰、乙二醇	泡沫橡塑、聚氨酯发泡	75
	表 K.0.3 图 K.0.3-1/2	室外 各大城市	−10、−6、−2、2、6、10、14	制蓄冰、乙二醇、冷水、高温冷水	泡沫橡塑、聚氨酯发泡	75
绝热	K.0.4-1	室内	15～30、6～39	空调风管道	热阻要求	冷 75 热 85
防结露	K.0.4-2	室内	19	空调冷凝水	泡沫橡塑、离心玻璃棉	—

注：140℃饱和蒸汽的表压为 0.26MPa；190℃饱和蒸汽的表压为 1.15MPa。

4 绝热计算中各参数的确定

绝热计算中有多个参数需要确定，如绝热材料的导热系数；能源价格；投资贷款年分摊率；材料安装价格……以下逐一介绍。

4.1 绝热材料的导热系数

表 4-1 给出了几种典型绝热材料及其性能。

表 4-1 绝热材料及其性能

序号	绝热材料名称	最高使用温度（℃）	推荐使用温度（℃）	使用密度（kg/m³）	导热系数参考公式［W/（m·℃）］
1	闭孔柔性泡沫橡塑	105	60～80	40～80	$\lambda=0.034+0.00013T_m$
2	硬质聚氨酯泡沫	—	≤120	30～60	$\lambda=0.024+0.00014T_m$（保温时） $\lambda=0.024+0.00009T_m$（保冷时）
3	离心玻璃棉制品	350	300	≥45	$\lambda=0.031+0.00017T_m$

注：1. 表中序号 1 的导热系数计算公式取自厂家样本，仅供参考；
2. 表中序号 2、3 的导热系数计算公式取自《工业设备及管道绝热工程设计规范》GB 50264—97 附录 A。

4.2 能源价格

1. 热价

1）以煤为供暖燃料，推算热价

原煤产热量：5000×1000×0.78×0.94×4.186=15.33GJ/t

原煤按 537 元/t（非产煤区）计：537÷15.33=35.03 元/GJ

2）以天然气为供暖燃料，推算热价

天然气产热量：8500×0.89×0.94×4.182=0.02974GJ/Nm³

天然气价格以 2.5 元/Nm³ 计：2.5÷0.02974=84.06 元/GJ

考虑到我国的地域经济差异，保温层经济厚度分别按两种热价给出，35 元/GJ、85 元/GJ，以满足不同地域、不同工程的需要。

2. 冷价

冷价是以用得最多的电制冷的螺杆式冷水机组、冷却塔、冷冻水泵、冷却水泵的基本组合为计算依据。由于螺杆式冷水机组的冷性能系数比离心式冷水机组稍低，但它较风冷式机组要高，因而具有一定的代表性。

另外，全国各地的电价和水价相差较大，这里按一般情况进行假设：电价按 0.92 元/度计；水价（含排水费）按 2 元/m³ 计。经计算，冷价约 75 元/GJ。

4.3 绝热结构层单位造价

绝热结构层单位造价见表 4-2。

表 4-2 绝热结构层单位造价

序号	绝热材料名称	使用密度（kg/m³）	保护层材料	平均结构造价（元/m³）
1	闭孔柔性泡沫橡塑	40～80	—	3400
2	硬质聚氨酯泡沫	30～60	玻璃钢	2700
3	离心玻璃棉制品	64	镀锌薄钢板	1600
4	铝箔复面离心玻璃棉板	≥45	复合铝箔	1350

4.4 贷款年分摊率 S

$$S=\frac{i\cdot(1+i)^n}{(1+i)^n}$$

式中 S——绝热工程投资贷款年分摊率，宜在设计使用年限内，按复利率计算；

i——贷款的年利率，根据“导则”要求和近年贷款的年利率情况，取10%计算；

n——还贷年限，根据“导则”要求为4～6年，按6年还贷计算。

4.5 环境温度的选取

1）室内热管道与设备，大多数是布置在室内机房、走廊、管道井和房间吊顶中，相对温度条件比较好，根据“导则”规定，计算保温时采用的冬季环境温度为20℃，风速0m/s。

2）室外热管道与设备的环境条件均按室外温度为0℃，风速3m/s。实际上各地的冬季室外温度都是不同的，因此，这里给出了实际绝热厚度δ'的修正公式：

$$\delta'=((T_o-T_w)/T_o)^{0.36}\cdot\delta \tag{4-1}$$

式中 δ——为环境温度0℃时的查表厚度，mm；

T_o——管内介质温度，℃；

T_w——为实际使用期平均环境温度，℃。

3）室内空调设备与冷水管道有相当一部分布置在无空调的机房、走廊和管道井等场所，而布置在空调房间或空调房间吊顶中的环境条件比无空调的机房要好得多，因此可以统一按室内机房环境来确定绝热厚度。由于各大城市夏季的气候条件都有所不同，室外气候条件也会直接影响到室内机房环境条件，这里按气候条件分为两个区域，见表4-3。实际执行时，可实测当地夏季机房环境的平均温湿度，然后确定所属区域。

表4-3 夏季室内机房环境条件划分

区 域	室内机房环境条件		代 表 城 市
	环境温度，℃	相对湿度，%	
Ⅰ区（较干燥地区）	≤31	≤75	北京、天津、石家庄、太原、呼和浩特、长春、大连、哈尔滨、济南、重庆、昆明、贵阳、西安、乌鲁木齐
Ⅱ区（较潮湿地区）	≤33	≤80	上海、南京、温州、宁波、合肥、厦门、青岛、开封、广州、汕头、深圳、海口、三亚、成都、常德、南宁

4）室外空调设备管道的防结露厚度计算完全受室外温度、湿度的影响，各个城市之间的差异很大。为此，附录K中针对各城市气象条件采用图表查取方式：首先根据室外温度、湿度和管道内的介质温度查表K.0.3——得到潮湿系数θ，然后再查图K.0.3—1/2——得到防结露厚度，再适当考虑安全富裕量。

5）空调冷凝水管道绝大多数是布置在室内空调房间的吊顶中，也有部分管道是布置在非空调房间内。其环境温、湿度条件见表4-4。

表 4-4　夏季室内空调冷凝水

区　域		室内机房环境条件		代表城市
		环境温度，℃	相对湿度，%	
空调房吊顶内		28	70	—
非空调房间内	Ⅰ区（较干燥地区）	≤31	≤75	同表 3
	Ⅱ区（较潮湿地区）	≤33	≤80	同表 3

6）空调风管的送风温度的变化范围不像介质温度变化那么大，而且绝大多数是布置在空调房间及其吊顶或架空地板内，环境条件也很好，送冷风时计算环境温度取 26℃，送暖风时计算环境温度取 20℃。因此，绝热材料厚度要求可以采用最小热阻的方法加以控制；这样也方便多种绝热材料的应用，如酚醛发泡材料等。

4.6　潮湿系数 θ

潮湿系数 θ 是在防结露保冷层厚度的计算中，为了方便计算制表而采取的系数。其与冷设备或冷管道的表面温度及环境空气的干球温度、露点温度有关，用公式表示如下：

$$\theta=\frac{(T_s-T_0)}{(T_a-T_s)} \tag{4-2}$$

式中　T_s——绝热层外表面温度（℃）。采用所在地的设计露点温度+0.3℃；露点温度对应的相对湿度为最热月的月平均相对湿度；

T_0——管道或设备的外表面温度（℃）。无衬里金属设备和管道壁的外表面温度取内部介质温度；

T_a——环境温度（℃）。

1. 算例

例 1：有一直径为 *DN*80 的室内空调热水管道与热水水箱，管道与水箱内的热水均为 60℃，采用闭孔柔性泡沫橡塑材料保温，求其保温厚度。

答：空调热水系统通常采用燃气锅炉供热，因此热价采用 85 元/GJ，查表 K.0.1-1“热管道柔性泡沫橡塑经济绝热厚度（热价 85 元/GJ）”，得到绝热厚度为 32mm。

热水水箱保温属于平面型保温，按“管道与设备保温制表条件”中 4，设备保温厚度可按最大口径管道的保温厚度再增加 5mm。因此查表 K.0.1-1 中最大口径管道的保温厚度是 50mm，那么水箱的绝热厚度应采用 55mm。

例 2：管道系统同例 1，用于空调冷水，水温为 6℃，采用柔性泡沫橡塑材料保冷，且该工程位于宁波，求其保冷厚度。

答：根据冷水温度 6℃和工程位于宁波地区，查表 K.0.2-1“室内机房冷水管道最小绝热层厚度（介质温度≥5℃）”的Ⅱ区，得到绝热厚度为 45mm。

例 3：当例 1 与例 2 中的管道为二管制，冬夏均要使用时，应采用多厚的柔性泡沫橡塑材料绝热？

答：应按保温和保冷情况下的厚度，选取较厚者，因此，这里应选取 45mm。

例 4：由燃煤城市热网（或燃气供热）供热。室内供暖管道，供水温度 95℃，管径为 $DN100$；室外蒸汽管道供汽表压为 1.0MPa，管径为 $D159\times4.5$mm，采暖期日平均温度为−5℃，采用离心玻璃棉保温，求该两根管道的保温厚度。

答：①当采用燃煤供热，城市热网的热价为 35 元/GJ。

室内管道：根据介质温度 95℃，管径 $DN100$，查表 K.0.1-2“热管道离心玻璃棉经济绝热厚度（热价 35 元/GJ）”，得到绝热厚度为 40mm。

室外蒸汽管道：根据蒸汽压力 1.0MPa，饱和蒸汽温度为 184℃，选用表中的介质温度 190℃，管径 $D159$mm×4.5mm（$DN150$），查表 K.0.1-2“热管道离心玻璃棉经济绝热厚度（热价 35 元/GJ）”，得到绝热厚度为 70mm。

室外温度修正：$\delta'=((T_o-T_w)/T_o)^{0.36}\cdot\delta=[(190+5)/190]^{0.36}\times70=70.7$mm；

当采用绝热厚度为 70mm 的绝热厚度时，误差在 1%，属允许范围内。

②当采用燃气供热，热价为 85 元/GJ。

室内管道：根据介质温度 95℃，管径 $DN100$，查表 K.0.1-3“热管道离心玻璃棉经济绝热厚度（热价 85 元/GJ）”，得到绝热厚度为 60mm。

室外蒸汽管道：根据蒸汽压力 1.0MPa，选用表中的介质温度 190℃，管径 $DN150$，查表 K.0.1-3“热管道离心玻璃棉经济绝热厚度（热价 85 元/GJ）”，得到绝热厚度为 100mm。

室外温度修正：$\delta'=((T_o-T_w)/T_o)^{0.36}\cdot\delta=[(190+5)/190]^{0.36}\times100=101$mm；

当采用绝热厚度为 100mm 的绝热厚度时，误差在 1%，属允许范围内。

例 5：位于上海的冷冻机房，乙二醇管道内介质最低介质温度为−8℃，管径为 $DN150$，采用柔性泡沫橡塑保冷，求其绝热层厚度。

答：查表 K.0.3“各主要城市的潮湿系数 θ 表”，根据上海地区、介质温度为−8℃，利用插入法，得到潮湿系数 $\theta=(12.41+11.20)/2=11.81$；然后根据管径 $DN150$ 查 K.0.3-1“发泡橡塑材料的最小防结露厚度”图，参见图 4-1，得到绝热厚度为 43.6mm。再乘上安全系数 1.20，得到厚度 52.3mm；圆整后采用厚度为 55mm。

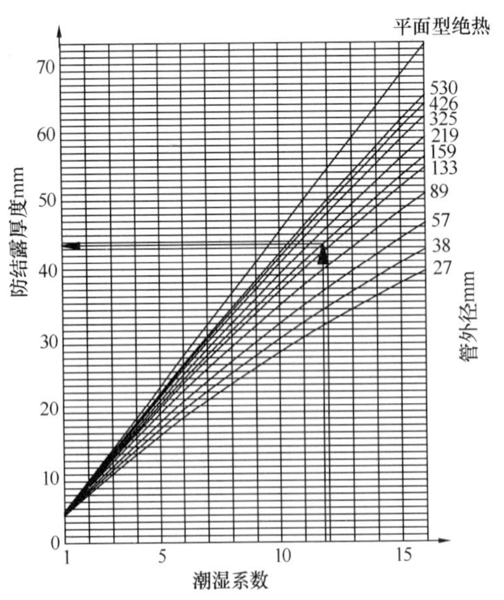

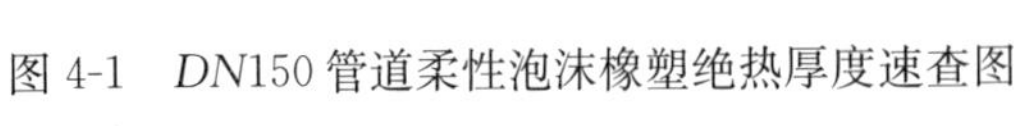
图 4-1　$DN150$ 管道柔性泡沫橡塑绝热厚度速查图

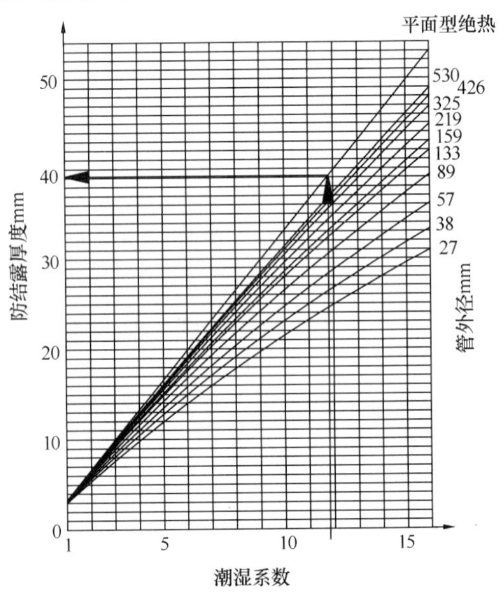

图 4-2　蓄冰槽聚氨酯泡塑绝热厚度速查图

例 6：同上例，蓄冰槽采用聚氨酯泡塑，求其绝热板最小厚度。

答：同样，潮湿系数 $\theta=11.81$；查图 K.0.3-2“硬质聚氨酯泡塑材料的最小防结露厚度”平面型绝热，参见图 4-2，得到厚度为 39.2mm。再乘上安全系数 1.30，得到厚度 51mm；圆整后采用厚度为 55mm。

2. 应用注意事项

附录 K“设备与管道最小保温、保冷厚度选用表”在应用时，必须注意其应用条件，通常应注意以下几个方面：

1）绝热材料的选用

a. 应注意绝热材料的适用性，保冷工程中应采用闭孔、不吸水材料；保温工程中可以采用多孔（开孔、闭孔）或纤维材料；

b. 在介质温度、环境温湿度条件变化范围内，始终能保证绝热材料能工作在它允许的温度范围工作。

2）环境温湿度参数

环境温度参数对保温材料的厚度会有影响；环境温湿度参数对保冷材料的厚度会有影响，尤其是相对湿度的影响很大。要求注意附录 K 各选用表的适用环境条件，必要时，应进行修正。

3）介质温度的变化范围

确定介质温度时，应按照其最不利情况进行确定，保证在所有的介质温度情况下，绝热材料都能满足使用要求。

4）特殊环境条件应重新计算

a. 通风条件较差的地下室或地下走道等，相对湿度较大，会超过室内机房的相对湿度条件，这时根据实际场所温湿度条件重新计算；

b. 用于地沟内或其他特殊场合的管道设备绝热厚度应重新计算。

5）不适用于复合绝热结构

由于复合绝热结构的计算较复杂，本附录未能包含在内，应按设计标准中要求的方法重新计算。

5 参考文献

[1] 中华人民共和国国家标准. 设备及管道绝热技术通则 GB/T 4272－2008[S]. 北京：中国标准出版社. 2009.

[2] 中华人民共和国国家标准. 设备及管道绝热设计导则 GB/T 8175－2008. 北京：中国标准出版社. 2009.

[3] 中华人民共和国国家标准. 工业设备及管道绝热工程设计规范 GB 50264－97. 北京：中国标准出版社. 1997.

[4] 陆耀庆. 实用供热空调设计手册(第二版)[M]. 北京：中国建筑工业出版社，2008.

俄罗斯联邦建筑技术法规 CHиП41-01《供暖通风与空气调节》简介

中国建筑科学研究院　陈　曦　临沂市建筑设计研究院　崔维龙

1　前言

1975 年我国发布实施第一版暖通设计规范《工业企业采暖通风和空气调节设计规范》，规范的篇章体例及规定思路主要受苏联相应技术规范的影响。由于经济水平所限，当时民用建筑对于采暖设施的设置仅限于严寒和寒冷地区，空气调节设施主要应用于工业建筑，作用是满足生产工艺的要求。

随着 20 世纪 80 年代以来改革开放的不断深入，人民生活水平的提高促使民用建筑对供暖通风和空气调节装置的需求不断上升，我国的规范体系立足本国实际发展情况，逐渐综合吸收欧美、日本等其他发达国家的经验。2012 年，我国民用建筑的供暖通风和空气调节设计规范首次与工业建筑用设计规范分开编写，适应了我国建筑领域对民用建筑供暖通风空气调节系统专业化设计需求不断加大的形势，也使我国的建筑标准体系更加完善且更具针对性。

当然，我国目前的暖通设计规范及整个建筑标准规范体系的设置还保留着很多前苏联标准体系的特征。本文在简要介绍俄罗斯建筑标准管理体系的基础上，重点介绍由俄罗斯联邦国家建筑住房和城市经济委员会在 2004 年发行的俄罗斯联邦建筑技术法规《供暖通风与空气调节》(标准号：CHиП41－01－2003)。可作为了解我国暖通设计规范的历史沿革，以及研究其未来发展方向的参考。

2　俄罗斯建筑标准管理体系

2.1　管理机构

俄罗斯联邦建筑法规的主管机构是俄罗斯联邦国家建委技术法规、标准化和认证管理局。其主要职能是：确认和通过建筑法规，对建筑业标准化把关；向合格的建筑材料、制品以及符合资质的设计单位和企业公司发放合格证。

业务主管单位是“国家建委建筑法规与标准化方法学中心”，属于联邦国家统一企业，其机构设置包括：

- 建筑标准化与法规部，兼跨国建筑标准化与技术法规科学技术委员会秘书处；
- 设计文件质量与标准化部；
- 设计工艺与组织部；
- 建筑法规与标准化信息中心。

2.2 标准化法

1993年6月10日，俄罗斯联邦总统叶利钦签署了第5154-1号总统令，发布实施《俄罗斯联邦标准化法》(以下简称《标准化法》)。这是俄罗斯（包括前苏联）正式颁布的第一部标准化法，其生效实施标志着俄罗斯标准化工作从此步入了法制化轨道。该法规定了一切国家管理机构、企业和社会团体强制执行的俄罗斯标准化的法律基础，确定以编制和采用标准化规范文件为手段对使用者和国家的利益给予国家的保护措施。

《标准化法》中明确规定了建筑业和建筑材料工业方面的国家标准和技术经济信息分类由国家建设委员会通过，并在国家标准化委员会完成国家注册后予以实施。《标准化法》第二章中规定“国家标准在保证产品、工作与服务对环境、生命、健康与对财产的安全性、保证产品技术和信息兼容性与互换性、检查方法标示的统一性等方面提出的要求，以及俄罗斯联邦法律规定的其他要求，对国家管理机构和经济活动主体来说，均为强制性要求”。

2.3 现行建筑业标准文件的类别及数量

根据《俄罗斯联邦现行建筑业标准夏件索引》(2002-4-1) 提供的标准统计分析，现行俄罗斯建筑技术法规149项、设计和施工规程汇编58项、各类标准897项，共计1104项，具体分布如表2-1所示。

表2-1 俄罗斯联邦现行建筑业标准文件类别及数量

类别	数量
俄罗斯联邦建筑技术法规（СНиП）	149项
设计和施工规程汇编（СП）	58项
地方建筑规范（ТСН）	90项
标准体系文件的指导性文件（РДС）	19项
国家建委及其下属部门批准的作为推荐性文件的标准文件（建筑规范 СН、部门建筑规范 ВСН)、苏联时期国家建委批准的标准文件（РСН）	87项
跨国标准（ГОСТ）	643项
建筑领域的国家标准（ГОСТ Р）	14项
作为国家标准实施的经互会标准（СТ СЭВ）	44项
合计	1104项

设计和施工规程汇编其定义为：“为建筑工程勘察、设计、施工安装、建筑制品生产和建筑产品使用推荐技术方案和规程，并规定达到法规和标准强制性要求的方法的标准文件。”

建筑领域的国家标准（ГОСТ Р）是由俄罗斯联邦国家标准委员会或俄罗斯国家建委通过的标准。

跨国标准（ГОСТ）是跨国标准化、计量与认证委员会或跨国建筑标准化、技术法规与认证科学技术委员会通过的标准。

2.4 俄罗斯联邦建筑技术法规（СНиП）

前苏联《建筑法规》（СНиП）经前苏联国家建委批准，于 1955 年正式颁布实行，是前苏联建筑工程中必须遵守的法规。我国当时为了系统学习苏联经验，国家建委组织建筑工程部、重工业部、铁道部、交通部与水利部的专家翻译了这些法规，并由建筑工程出版社出版。这就是我国最早接触到的前苏联建筑法规。

根据 2002 年《俄罗斯联邦现行建筑业标准文件索引》的统计，目前俄罗斯联邦建筑技术法规（СНиП）共 149 项，分布于下列 6 组 24 个部类中，见表 2-2。

表 2-2 俄罗斯联邦建筑技术法规分类

（1）组织方法性标准文件	部类 11 建设工程勘察与设计 部类 12 生产 部类 14 城市建设
（2）一般技术性标准文件	部类 20 工程结构物可靠性基本规定 部类 21 火灾安全性 部类 22 危险性地球物理作用的防护 部类 23 内部气候和有害作用的防护
（3）城市建设、建筑物和构筑物的标准文件	部类 30 城市建设 部类 31 居住、公共和生产性建筑物与构筑物 部类 32 运输构筑物 部类 33 水利工程和土壤改良构筑物 部类 34 干管和生产运营管道 部类 35 保证残疾人和其他低活动量人群可接触到的生活环境
（4）建筑物、构筑物和工程设备与内部管网的标准文件	部类 40 给水与排水 部类 41 供热、采暖、通风和空调 部类 42 煤气供应
（5）建筑结构和制品的标准文件	部类 50 建筑物和构筑物地基基础 部类 51 砌体和配筋砌体结构 部类 52 钢筋混凝土与混凝土结构 部类 53 金属结构 部类 54 木结构 部类 55 其他材料的结构
（6）经济类标准文件	部类 81 价格构成和预算 部类 82 材料与热能资源

建筑技术法规的编制可分为以下几个阶段：

（1）第一阶段——编制建筑法规组织；

（2）第二阶段——编制建筑法规草案初稿；

（3）第三阶段——编制建筑法规草案的最终稿，并送交编制建筑法规的委托者；

（4）第四阶段——建筑法规的审查、通过（批准）和登记；

（5）第五阶段——建筑法规的出版。

2.5 俄罗斯工程建设标准化改革

为了加快工程建设标准化体系与国际的接轨，俄罗斯国家建委建筑法规与标准化方法学中心完成了调研报告《经济发达国家建筑业标准体系概况》，并提出两项原则，分为三个层次、四点做法，进行标准体制和标准化工作改革。

两项原则：一是要求设计、施工人员在具体情况下如何去做的陈述性或者是规定性标准过渡到在法规中确定应达到的目标；二是上述目标是以能体现建筑使用者要求的“使用要求”形式出现的，也可以从国家总体任务出发，确定节能、保护自然的与都市环境等要求。

三个层次是指：法律性文件、政令性文件、政府机构批准的推荐性文件。

四点做法：（1）明确由俄罗斯联邦或其授权的俄罗斯国家建委所通过的建筑法规（СНиП）对全国来说具有强制性；（2）编制包含可选择的设计、施工和工艺方案等推荐性标准文件，为发挥设计人员的主动精神创造条件；（3）为保证建筑业产品与服务的标准化和认证工作间的关系更加密切创造条件；（4）建立建筑业的科学技术中心，加强标准化研究。

3 《供暖通风与空气调节》СНиП41-01-2003 编写概况

该标准在俄罗斯联邦技术法规中属部类 41“供热、采暖、通风和空调”。本部类中共有三部标准，分别为：

- 《供暖通风与空气调节》СНиП41－01－2003
- 《热力网》СНиП41－02－2003
- 《设备和管道的隔热》СНиП41－03－2003

该标准是在“国家建委建筑法规与标准化方法学中心”和专家组的参与下，由国有企业 SantehNIIproekt 负责制定的。该标准于 2003 年 6 月 26 日获得通过并自 2004 年 1 月 1 日起实施。该标准的推介工作由俄罗斯国家建筑和公用设施标准规范鉴定办公室承担。本标准实施后，建筑规范 СНиП2.04.05-91 自动失效。

4 《供暖通风与空气调节》СНиП41－01－2003 主要内容

4.1 适用范围

该规范适用于建筑物和构筑物的供热、采暖、通风和空气调节系统。

该规范不适用于如下系统：

（1）庇护所、用作放射性物质生产的建筑、地下采矿设施以及爆炸物的生产、储存或使用场所的采暖通风和空调系统；

（2）服务于工艺电气设备、气力输送装置等专门的加热、冷却及除尘系统。

4.2 相关规范

该规范参考的其他规范如下：

- 全苏国家标准《噪声：一般安全要求》ГОСТ Р12.1.003－83 SSBT
- 全苏国家标准《工作区空气的一般卫生要求》ГОСТ Р12.1.005－88 SSBT
- 全苏国家标准《空气处理设备及连接点截面标称尺寸》ГОСТ Р24751－81
- 全苏国家标准《住宅和公共建筑的室内小气候参数》ГОСТ Р30494－96
- 建筑规范《公共建筑物与构筑物》СНиП2.08.02－89
- 建筑规范《建筑物与构筑物的消防安全》СНиП21－01－97
- 建筑规范《建筑气候》СНиП23－01－99
- 建筑规范《建筑物的隔热》СНиП23－02－2003
- 建筑规范《隔声》СНиП23－03－2003
- 建筑规范《住宅公寓楼（多单元住宅楼）》СНиП31－01－2003
- 建筑规范《工业建筑》СНиП31－03－2001
- 建筑规范《行政性公共建筑》СНиП31－05－2003
- 建筑规范《设备和管道的隔热》СНиП41－03－2003

4.3 总则

总则中首先要求建筑物的技术方案应确保：执行联邦标准中对于住宅、公共建筑和厂房工作区的标准气象条件、空气洁净度以及噪声的要求；保护大气环境；设备和系统的可维护性、防爆和防火。

系统所使用的材料和产品符合卫生、消防的强制认证，并确认允许在建筑中使用。

总则中对安全注意事项的要求包括：限制热媒温度及采暖设备的表面温度；考虑防爆要求，限制通风系统的空气温度；管道的防腐；水系统打压试验的压力、温度要求。

4.4 室内外空气参数

室外计算参数的规定，主要引用建筑规范《建筑气候》СНиП23－01－99的相关内容；对住宅、公共建筑及生产建筑室内参数的要求，主要引用国家标准《住宅和公共建筑的室内小气候参数》ГОСТ Р30494－96和国家标准《工作区空气的一般卫生要求》ГОСТ Р12.1.005－88 SSBT中的相关内容。

4.5 供热与采暖

对系统形式、热媒参数、不同材料管道的适用条件做出了规定。

4.6 通风空调和热风采暖

内容参见目录概览。其中7.3室外空气接收装置，是指通风系统进风口的布置要求。

4.7 防火排烟

防火排烟系统的组成部分，在建筑中的适用性；防火排烟系统的布置要求、几何尺寸及性能参数要求；设备及管道的耐火等级要求。

4.8 供冷

建议优先选择直接或间接蒸发冷却装置；设备和输配系统的冷损失计算量取值，不得大于制冷量的10%；氟利昂和氨作为制冷剂时的使用限制。

4.9 废气的大气排放

根据俄罗斯国家卫生保护检测委员会制定的人口密集地区的大气中有害物质浓度最高极限，规定了不同情况下大气有害物质浓度的最高容许值；对排风口和建筑物进风口的布置间距提出定量要求。

4.10 建筑节能

将空气热回收和冷媒/热媒的热回收作为系统的设计原则之一；对换热设备提出卫生要求以避免威胁人的健康；热回收装置的防冻规定。

4.11 电力和自动化

设备的供电系统规定；防火排烟系统的自动控制规定；需要控制空气温度或热媒/冷媒温度的情况；传感器的放置要求、精度要求；应设自动连锁装置的情况；防冻保护。

4.12 规划要求与设计解决方案

要求民用建筑的设计应预留可以进行自然通风的条件；机房的围护结构耐火等级的规定；设备的布置和设计应根据需要预留装配、拆卸或起重作业的空间。

4.13 供暖通风与空气调节系统的供水与管网

主要是对系统内水质的要求，其中，用于处理送风和回风的喷淋室及加湿器和其他设备的供水水质应符合饮用水标准；供热供冷系统和设备的排水以及凝结水应设排至室外的排水管道。

4.14 附录

内容参见目录概览。其中“附录B采暖系统”内容是各种主要的民用、工业建筑不同使用情形下采暖系统、散热器、热媒、热媒或受热表面的最大允许温度规定列表。

5 《供暖通风与空气调节》СНиП41－01－2003目录概览

本标准的完整目录如表5-1所示。

表 5-1 《供暖通风与空气调节》СНиП41－01－2003 完整目录表

	序　　言		序　　言
1	适用范围	8	防火排烟
2	相关规范	9	供冷
3	定义	10	废气的大气排放
4	总则	11	建筑节能
5	室内外空气参数	12	电力和自动化
6	供热与采暖	13	规划要求与设计解决方案
6.1	室内供热与采暖	14	供暖通风与空气调节系统的供水与管网
6.2	户式供热系统		
6.3	采暖系统	附录 А	术语解释
6.4	管道	附录 Б	采暖系统
6.5	散热设备及配件	附录 В	工业与民用建筑采暖期室内温度、相对湿度和空气流速
6.6	暖炉采暖		
7	通风空调和热风采暖	附录 Г	射流额定速度与最高速度的比率
7.1	一般规定		
7.2	通风系统	附录 Д	服务区和工作区射流允许温差
7.3	室外空气接收装置	附录 Е	喷雾过程中空气温度与速度计算标准
7.4	送风量		
7.5	气流组织	附录 Ж	管道中水的允许流速
7.6	应急通风	附录 И	采暖炉在建筑物的应用
7.7	空气幕	附录 К	采暖炉与烟道的尺寸计算
7.8	设备	附录 Л	补风的温度与流速计算
7.9	设备布置	附录 М	人均最小新风量（m^3/h）
7.10	设备机房	附录 Н	金属风道截面外形尺寸和所需金属壁厚
7.11	风管		

6 结语

俄罗斯暖通空调设计规范体系与我国现行暖通空调设计规范体系相比，存在以下几点异同：

6.1 适用范围的规定

如前文 4.1 所述，俄罗斯规范 СНиП41－01－2003“适用于建筑物和构造物的供热、采暖、通风和空气调节系统”，即除有特殊用途和工艺要求的生产建筑外，该规范均适用。

回顾我国暖通空调设计规范历史沿革，从 1975 年首次颁布，到 1987 年、2003 年两次修订，规范的总则中均规定，规范“适用于新建、扩建和改建的民用和工业建筑的采暖、通风与空气调节设计”、“不适用于有特殊用途、特殊净化与防护要求的建筑物以及临时性建筑物的设计。”与俄规适用范围基本相同。

2012年，民用建筑的供暖通风和空气调节设计规范首次与工业建筑用设计规范分开编写，编号GB 50019的原暖通设计规范改为工业建筑用设计规范。《民用建筑供暖通风与空气调节设计规范》编号为GB 50736－2012，其总则中规定：“本规范适用于新建、改建和扩建的民用建筑的供暖、通风与空气调节设计。本规范的通用性方法及规定也适用于工业建筑……”这一变化一方面适应了我国建筑领域对民用建筑供暖通风空气调节系统专业化设计需求不断加大的形势，另一方面说明，《民用建筑供暖通风与空气调节设计规范》GB 50736在暖通空调设计的通用方法和通用信息的规定方面是全面而系统的，可以作为非民用建筑用设计规范相关规定的参考。

6.2 通用性信息的标准化规定

对于气象参数、室内设计参数、噪声等通用信息的规定，俄罗斯规范主要援引国家标准《工作区空气的一般卫生要求》ГОСТ Р12.1.005－88 SSBT、国家标准《住宅和公共建筑的室内小气候参数》ГОСТ Р30494－96、建筑规范《建筑气候》СНиП23－01－99、建筑规范《隔声》СНиП23－03－2003、国家标准《噪声：一般安全要求》ГОСТ Р12.1.003－83 SSBT中的相关数据，除特殊要求的说明外，在暖通设计规范中未做数据的再整理。

我国暖通空调设计规范（以下均指《民用建筑供暖通风与空气调节设计规范》GB 50736－2012）附录中列出了完整的全国室外空气计算参数和太阳辐射照度参数表，完整的室内设计参数、最小新风量参数表；消声隔振内容单列一章。

从单本标准的全面性而言，我国暖通空调设计规范的内容更加丰富严谨；而从整个工程建设标准体系的设置来看，俄罗斯的做法使得整个体系更加系统化，通用标准与专业标准各司其职，层次分明。

6.3 设备和管道的隔热规定

俄罗斯的气候特点决定了其拥有漫长而寒冷的采暖季，因此，出于系统效率和节能的考虑，设备和管道的保温效果格外重要。在俄建筑规范“部类41 供热、采暖、通风和空调”中，《设备和管道的隔热》СНиП41－03－2003是和《供暖通风与空气调节》СНиП41－01－2003并列的两个标准，足见其对设备管道保温的重视程度。

我国暖通空调设计规范中有独立一章“绝热与防腐”，“绝热设计”为其中一节。另外我国有国家标准《设备及管道绝热设计导则》GB/T 8175为通用的推荐性标准。

就整个标准体系而言，中俄两国工程建设标准化体制，包括文件体系设置和管理体制，强制性条文汇编文件的设立等，都有许多相似之处。俄罗斯标准化改革的一些做法和经验，对我国的标准化体系建设也有一定的参考意义。

7 参考文献

[1] 窦以松，邵卓民，项阳．俄罗斯的建筑技术法规与技术标准体系[J]．水利技术监督，2003(2)：17-22.

[2] 崔维龙．俄规译稿(内参)[M]．2010.

美国暖通空调设计标准（手册）简介

中国建筑科学研究院　张时聪

为了配合国家标准《民用建筑供暖通风与空气调节设计规范》GB 50736 宣传推广，让更多的国内暖通空调科技工作者、标准规范研究人员和设计师全面了解美国暖通空调相关标准、导则、手册以及行业协会的基本情况，本文介绍了美国暖通空调制冷工程师学会（ASHRAE）相关情况、《美国暖通空调设计手册》（ASHRAE HANDBOOK）主要内容，介绍了 ASHRAE 颁布的相关标准、导则和相关书籍，以及美国与暖通空调相关的机构组织的基本信息。

1　美国暖通空调制冷工程师学会简介

美国暖通空调制冷工程师学会（American Society of Heating，Refrigerating and Air-Conditioning Engineers，ASHRAE）是一个创立于 1894 年的国际组织，总部位于美国亚特兰大，目前拥有全职工作人员 100 余名，全球会员 51000 名。ASHRAE 通过开展科学研究，提供技术标准、导则、继续教育和相关出版物，促进暖通空调和制冷方面的科学技术的发展。ASHRAE 是国际标准化组织（ISO）指定的唯一负责制冷空调方面的国际标准认证组织，目前 ASHRAE 标准已被所有国家的制冷设备标准制定机构和制冷设备制造商所采用。ASHRAE 标准由于其在制冷、空调领域的权威性，在中国的暖通规范等相关领域也有引用。

在美国，任何一个组织（包括协会、学会、制造商等），都可以编制自认为有市场需求的技术标准、指南及手册。美国国家标准学会（American National Standards Institute，ANSI）或其他权威性机构通过一定的程序（公告、征询各方面意见修改）将某一标准认可为联邦标准（仍为自愿采用的标准，这与我国的国家标准有本质区别）后，该标准才可能被采纳为某一方面或某一地区的标准。只有在联邦政府某些州、县、市通过相关政府文件对某一联邦标准进行认定后，才能在其行政管辖区内具有法律效力，而成为联邦政府或这些州、县、市政府的强制性标准。ASHRAE 编制的大部分标准都通过美国国家标准学会的批准，进而被各州广泛采用。

ASHRAE 的出版物和相关技术文件包括：（1）书籍和软件（Books & Software）：ASHARE 的在线书店，定期更新。给购买 ASHARE 出版物的用户提供查询。（2）论文（Papers & Articles）：ASHRAE 出版的学术会议论文和 ASHRAE 期刊文章。（3）标准和导则（Standards & Guidelines）：ASHARE 标准和导则。（4）《美国暖通空调设计手册》（ASHRAE Handbook，后统称 ASHRAE 手册）：该手册设有 192 条简明、完全、权威的 HVAC&R 专题，共四本，每年修订其中一本，四年为一个修订周期。（5）自学课程（Courses）：自学课程提供了一条在 HVAC&R 领域进行继续教育的便利灵活的途径。

(6) 免费新闻（Free Mailings & Forums）：提供 ASHRAE 的免费新闻与更新情况。(7) 文摘中心（Abstract Archives）：文摘中心是 7000 条 ASHRAE 论文和出版物文摘的在线索引，包括了 ASHRAE 学术会议论文、ASHRAE 期刊文章、ASHRAE 联合主办会议论文和 ASHRAE 图书的全部文摘和题录。

2 《美国暖通空调设计手册》(ASHRAE 手册) 简介

在暖通空调及制冷专业领域，ASHRAE 手册被公认为工程学做法和规范的大型知识库。该手册为设计工程师提供实用技术信息和数据，适用于了解专业知识的相关人士，可应用于工程核对、提供设计资料、了解最新的行业规范。ASHRAE 手册适用于咨询工程师、设备设计人员、现场工程师、承包商、政府官员、技术人员及学生。

该手册并没有列出所有情况的计算方法、设备选择及设计方案。具体设计必须始终以工程师的经验和专业知识背景为重要依据，同时需考虑经济学、业主的喜好、当地惯例、气候条件、维护和运营成本及其他因素。因此，手册是为执业工程师提供指导而不能完全替代工程师的判断。

为 ASHRAE 手册出版编写的材料均由 ASHRAE 技术委员会（TC）、工作组（TG）、技术资源小组（TRG）严格审查。ASHRAE 的许多团体及个人都参与了手册的编写工作，出版和教育委员会负责相关政策及出版事宜。手册的编辑及工作人员负责准备工作及出版工作。编写委员会负责相关政策、决议、各章节的分配、协调及联系工作。委员会由主席，4 个分册委员会组成，各分册委员会又分别设有主席、成员、技术联系人。TCs/TGs/TRGs 负责各章节的起草和修订工作。组织机构如下：编写委员会下设：委员会主席、各章节审稿人、章节主要作者、修订人员和其他作者、审稿人。

ASHRAE 手册包括四个独立分册，分别为《基本原理》、《制冷》、《暖通空调应用》、《暖通空调系统及设备》，有纸质和电子光盘两种形式。一个分册每年出英制单位和国际单位制两个版本，所有内容每四年全部更新完。

基本原理分册：基本原理分册各章节简明扼要地介绍了暖通空调和制冷技术的基本工程原理，侧重操作原则和设计参数变化的影响。该章节还提供了用于计算和设计的基本数据，为设计人员提供行之有效的图表。基本原理分册也常常被用来作为暖通空调制冷相关课程的参考书籍。

制冷分册：制冷分册各章节涵盖了各类设备及系统，中低温制冷在食品工业、过程工业、工业设施的应用，不包括人体热舒适应用。还包含了食品属性基本数据，制冷工业详尽的计算过程。

暖通空调应用分册：暖通空调应用分册各章节提供的信息是帮助设计工程师如何更好地应用其他分册所描绘的设备和系统。该信息为设计师如何选择最优系统和使用正确设备提供依据，但不包含如何设计元件和设备。

暖通空调系统及设备分册：暖通空调系统及设备分册介绍了各种暖通空调系统及举例说明了各系统的特点和不同。部分章节介绍了设备部件，可以更好地帮助设计人员设计部件和操作人员操作设备。但不包含如何设计部件。

为了使读者更好地了解 ASHRAE 手册的内容设置，将其各分册内容目录进行翻译，并保留英文原文，中英文对照如表 2-1～表 2-4 所示。

2.1 《2008-暖通空调系统及设备》

表 2-1 《2008-暖通空调系统及设备》目录中英文对照表

AIR-CONDITIONING AND HEATING SYSTEMS	空调及供暖系统
1. HVAC System Analysis and Selection	1. 暖通空调系统分析及选择
2. Decentralized Heating and Cooling	2. 分散式供热及供冷系统
3. Central Heating and Cooling Plants	3. 集中式供热及供冷系统
4. Air Handling and Distribution	4. 空气处理及输送系统
5. In-Room Terminal Systems	5. 室内终端设备
6. Panel Heating and Cooling	6. 辐射式供冷及供暖
7. Combined Heat and Power Systems	7. 热电联产系统
8. Applied Heat Pump and Heat Recovery Systems	8. 热泵应用及热回收系统
9. Small Forced-Air Heating and Cooling Systems	9. 小型空气强制冷却和加热系统
10. Steam Systems	10. 蒸汽系统
11. District Heating and Cooling	11. 区域供暖及供冷
12. Hydronic Heating and Cooling	12. 循环冷却和加热系统
13. Condenser Water Systems	13. 冷凝水系统
14. Medium-Temperature and High-Temperature Water Heating	14. 中温和高温水供热系统
15. Infrared Radiant Heating	15. 红外辐射采暖
16. Ultraviolet Lamp Systems	16. 紫外灯系统
17. Combustion Turbine Inlet Cooling	17. 燃气机进气冷却
AIR-HANDLING EQUIPMENT AND COMPONENTS	**空气处理设备及部件**
18. Duct Construction	18. 通风管道
19. Room Air Distribution Equipment	19. 室内风量分配设备
20. Fans	20. 风机
21. Humidifiers	21. 加湿器
22. Air-Cooling and Dehumidifying Coils	22. 空气冷却及除湿盘管
23. Desiccant Dehumidification and Pressure-Drying Equipment	23. 除湿和真空干燥设备
24. Mechanical Dehumidifiers and Related Components	24. 机械除湿及相关部件
25. Air-to-Air Energy Recovery Equipment	25. 空气-空气能量回收设备
26. Air-Heating Coils	26. 空气加热盘管
27. Unit Ventilators, Unit Heaters, and Makeup Air Units	27. 通风设备、加热设备、空气除尘设备
28. Air Cleaners for Particulate Contaminants	28. 空气净化器
29. Industrial Gas Cleaning and Air Pollution Control Equipment	29. 工业烟气净化和空气污染控制设备
HEATING EQUIPMENT AND COMPONENTS	**供热设备及部件**
30. Automatic Fuel-Burning Systems	30. 全自动燃油燃烧系统
31. Boilers	31. 锅炉

续表 2-1

HEATING EQUIPMENT AND COMPONENTS	供热设备及部件
32. Furnaces	32. 熔炉
33. Residential In-Space Heating Equipment	33. 住宅空间加热设备
34. Chimney, Vent, and Fireplace Systems	34. 烟囱、通风和壁炉系统
35. Hydronic Heat-Distributing Units and Radiators	35. 热分配表和散热器
36. Solar Energy Equipment	36. 太阳能设备
COOLING EQUIPMENT AND COMPONENTS	**冷却设备及零部件**
37. Compressors	37. 压缩机
38. Condensers	38. 冷凝器
39. Cooling Towers	39. 冷却塔
40. Evaporative Air-Cooling Equipment	40. 蒸发冷却设备
41. Liquid Coolers	41. 液体冷却器
42. Liquid-Chilling Systems	42. 液体冷却系统
GENERAL COMPONENTS	**通　用　部　件**
43. Centrifugal Pumps	43. 离心泵
44. Motors, Motor Controls, and Variable-Speed Drives	44. 电动机、电机控制、变速驱动器
45. Pipes, Tubes, and Fittings	45. 管道、软管及配件
46. Valves	46. 阀件
47. Heat Exchangers	47. 热交换器
PACKAGED, UNITARY, AND SPLIT-SYSTEM EQUIPMENT	**一体式、单元式、分体式系统设备**
48. Unitary Air Conditioners and Heat Pumps	48. 单元式空调和热泵
49. Room Air Conditioners and Packaged Terminal Air Conditioners	49. 室内空调器及一体式空调器
GENERAL	**综　　合**
50. Thermal Storage	50. 蓄热
51. Codes and Standards	51. 规范和标准

2.2　《2009-基本原理》

表 2-2　《2009-基本原理》目录中英文对照表

PRINCIPLES	原　　理
1. Psychrometrics	1. 湿度
2. Thermodynamics and Refrigeration Cycles	2. 热力学及制冷循环
3. Fluid Flow	3. 流体
4. Heat Transfer	4. 传热
5. Two-Phase Flow	5. 两相流
6. Mass Transfer	6. 传质
7. Fundamentals of Control	7. 控制基础
8. Sound and Vibration	8. 声音和振动
INDOOR ENVIRONMENTAL QUALITY	**室内空气品质**

续表 2-2

INDOOR ENVIRONMENTAL QUALITY	原　理
9. Thermal Comfort	9. 热舒适性
10. Indoor Environmental Health	10. 室内环境健康
11. Air Contaminants	11. 空气污染物
12. Odors	12. 气味
13. Indoor Environmental Modeling	13. 室内环境建模
LOAD AND ENERGY CALCULATIONS	**负荷及能量计算**
14. Climatic Design Information	14. 设计用气象参数
15. Fenestration	15. 门窗布局
16. Ventilation and Infiltration	16. 通风和渗透
17. Residential Cooling and Heating Load Calculations	17. 住宅冷热负荷计算
18. Nonresidential Cooling and Heating Load Calculations	18. 非住宅建筑物冷热负荷计算
19. Energy Estimating and Modeling Methods	19. 能耗评估及建模方法
HVAC DESIGN	**暖通空调设计**
20. Space Air Diffusion	20. 空间气流组织
21. Duct Design	21. 风管设计
22. Pipe Sizing	22. 管道尺寸
23. Insulation for Mechanical Systems	23. 机械系统保温
24. Airflow Around Buildings	24. 建筑周围的气流
BUILDING ENVELOPE	**建筑围护结构**
25. Heat, Air, and Moisture Control in Building Assemblies-Fundamentals	25. 建筑围护结构中热湿及通风控制——基础
26. Heat, Air, and Moisture Control in Building Assemblies-Material Properties	26. 建筑围护结构中热湿及通风控制——材料性质
27. Heat, Air, and Moisture Control in Insulated Assemblies-Examples	27. 建筑围护结构中热湿及通风控制——示例
MATERIALS	**材　料**
28. Combustion and Fuels	28. 燃烧及燃料
29. Refrigerants	29. 制冷剂
30. Thermophysical Properties of Refrigerants	30. 制冷剂的热力性质
31. Physical Properties of Secondary Coolants (Brines)	31. 载冷剂的热力性质
32. Sorbents and Desiccants	32. 吸附剂及干燥剂
33. Physical Properties of Materials	33. 材料的物理性质
GENERAL	**综　合**
34. Energy Resources	34. 能源
35. Sustainability	35. 可持续性
36. Measurement and Instruments	36. 测量及测量工具
37. Abbreviations and Symbols	37. 缩写和符号
38. Units and Conversions	38. 单位和单位换算
39. Codes and Standards	39. 规范和标准

2.3 《2010-制冷》

表 2-3 《2010-制冷》目录中英文对照表

SYSTEMS AND PRACTICES	系统和方法
1. Halocarbon Refrigeration Systems Refrigerant Piping	1. 碳氢化物制冷系统及制冷剂配管
2. Ammonia Refrigeration Systems	2. 氨制冷系统
3. Carbon Dioxide Refrigeration Systems	3. 二氧化碳制冷系统
4. Liquid Overfeed Systems	4. 过量充液系统
5. Component Balancing in Refrigeration Systems	5. 制冷系统的部件匹配
6. Refrigerant System Chemistry	6. 制冷剂系统的化学组成
7. Control of Moisture and Other Contaminants in Refrigerant Systems	7. 制冷剂系统内水分和其他杂质的控制
8. Equipment and System Dehydrating, Charging, and Testing	8. 设备和系统脱水、充注和试验
9. Refrigerant Containment, Recovery, Recycling, and Reclamation	9. 制冷剂的密封、恢复、回收和再利用
COMPONENTS AND EQUIPMENT	**部件和设备**
10. Insulation Systems for Refrigerant Piping	10. 制冷剂管道的绝热系统
11. Refrigerant-Control Devices	11. 制冷剂控制元件
12. Lubricants in Refrigerant Systems	12. 制冷剂系统内的润滑油
13. Secondary Coolants in Refrigeration Systems	13. 制冷剂系统的载冷剂
14. Forced-Circulation Air Coolers	14. 强制对流空气冷却器
15. Retail Food Store Refrigeration and Equipment	15. 零售食品储存冷冻和设备
16. Food Service and General Commercial Refrigeration Equipment	16. 食品和一般商业冷冻设备
17. Household Refrigerators and Freezers	17. 家用冰箱和冷冻机
18. Absorption Systems	18. 吸收设备
FOOD COOLING AND STORAGE	**食品冷却和储藏**
19. Thermal Properties of Foods	19. 食品的热力性质
20. Cooling and Freezing Times of Foods	20. 食品的冷却和冷冻时间
21. Commodity Storage Requirements	21. 日用品的储藏要求
22. Food Microbiology and Refrigeration	22. 食品微生物学和冷藏
23. Refrigerated-Facility Design	23. 冷藏设备设计
24. Refrigerated-Facility Loads	24. 冷藏设备负荷
REFRIGERATED TRANSPORT	**冷 冻 运 输**
25. Cargo Containers, Rail Cars, Trailers, and Trucks	25. 货运集装箱、轨道运输、拖车和卡车
26. Marine Refrigeration	26. 海运冷冻
27. Air Transport	27. 航空运输

续表 2-3

FOOD, BEVERAGE, AND FLORAL APPLICATIONS SYSTEMS AND PRACTICES	食品、饮料和花卉应用系统和方法
28. Methods of Precooling Fruits, Vegetables, and Cut Flowers	28. 水果、蔬菜和鲜花的预冷
29. Industrial Food-Freezing Systems	29. 工业食品冷冻系统
30. Meat Products	30. 肉类产品
31. Poultry Products	31. 家禽类产品
32. Fishery Products	32. 鱼类产品
33. Dairy Products	33. 乳类产品
34. Eggs and Egg Products	34. 蛋及蛋类产品
35. Deciduous Tree and Vine Fruit	35. 阔叶树和藤类水果
36. Citrus Fruit, Bananas, and Subtropical Fruit	36. 柑橘类水果、香蕉和亚热带水果
37. Vegetables	37. 蔬菜
38. Fruit Juice Concentrates and Chilled Juice Products	38. 果汁浓缩物和冷藏果汁产品
39. Beverages	39. 饮料
40. Processed, Precooked, and Prepared Foods	40. 已处理食品、预加工过的食品和精致食品
41. Bakery Products	41. 烘焙食品
42. Chocolates, Candies, Nuts, Dried Fruits, and Dried Vegetables	42. 巧克力、糖果、坚果、干果和脱水蔬菜
INDUSTRIAL APPLICATIONS	**工 业 应 用**
43. Ice Manufacture	43. 制冰
44. Ice Rinks	44. 溜冰场
45. Concrete Dams and Subsurface Soils	45. 混凝土坝和地下土壤
46. Refrigeration in the Chemical Industry	46. 化工业制冷
LOW-TEMPERATURE APPLICATIONS	**低 温 应 用**
47. Cryogenics	47. 低温学
48. Ultralow-Temperature Refrigeration	48. 超低温制冷
49. Biomedical Applications of Cryogenic Refrigeration	49. 低温制冷在生物医学中应用
GENERAL	**综 合**
50. Terminology of Refrigeration	50. 制冷术语
51. Codes and Standards	51. 规范和标准

2.4 《2011-暖通空调应用》

表 2-4 《2011-暖通空调应用》目录中英文对照表

COMFORT APPLICATIONS	舒适性应用
1. Residences	1. 住宅
2. Retail Facilities	2. 商用设施
3. Commercial and Public Buildings	3. 商业和公共建筑
4. Tall Buildings	4. 高层建筑

续表 2-4

COMFORT APPLICATIONS	舒适性应用
5. Places of Assembly	5. 大型集会中心
6. Hotels, Motels, and Dormitories	6. 酒店、汽车旅馆及学生宿舍
7. Educational Facilities	7. 教育机构
8. Health-Care Facilities	8. 医疗服务机构
9. Justice Facilities	9. 司法机构
10. Automobiles	10. 汽车
11. Mass Transit	11. 公共交通
12. Aircraft	12. 飞机
13. Ships	13. 轮船
INDUSTRIAL APPLICATIONS	**工　业　应　用**
14. Industrial Air Conditioning	14. 工业空气调节
15. Enclosed Vehicular Facilities	15. 封闭车辆设施
16. Laboratories	16. 实验室
17. Engine Test Facilities	17. 发动机试验设施
18. Clean Spaces	18. 洁净室
19. Data Processing and Telecommunication Facilities	19. 数据处理和通信设施
20. Printing Plants	20. 印染厂
21. Textile Processing Plants	21. 纺织品加工厂
22. Photographic Material Facilities	22. 感光材料设施
23. Museums, Galleries, Archives, and Libraries	23. 博物馆、美术馆、档案馆和图书馆
24. Environmental Control for Animals and Plants	24. 动植物生长环境管理控制
25. Drying and Storing Selected Farm Crops	25. 农作物的干燥和储藏
26. Air Conditioning of Wood and Paper Product Facilities	26. 木材和纸张加工厂
27. Power Plants	27. 发电厂
28. Nuclear Facilities	28. 核工厂
29. Mine Air Conditioning and Ventilation	29. 矿井空气调节和通风
30. Industrial Drying	30. 工业干燥
31. Ventilation of the Industrial Environment	31. 工业通风系统
32. Industrial Local Exhaust	32. 工业局部排风
33. Kitchen Ventilation	33. 厨房通风

续表 2-4

ENERGY-RELATED APPLICATIONS SYSTEMS AND PRACTICES	能源相关应用系统和方法
34. Geothermal Energy	34. 地热能
35. Solar Energy Use	35. 太阳能
BUILDING OPERATIONS AND MANAGEMENT	**建筑物经营和管理**
36. Energy Use and Management	36. 能源使用及管理
37. Owning and Operating Costs	37. 所有权及运营成本
38. Testing，Adjusting，and Balancing	38. 测试、审计及调平衡
39. Operation and Maintenance Management	39. 运行维护管理
40. Computer Applications	40. 计算机应用
41. Building Energy Monitoring	41. 建筑能耗监测
42. Supervisory Control Strategies and Optimization	42. 监督控制策略和优化
43. HVAC Commissioning	43. 暖通空调调试
GENERAL APPLICATIONS	**一 般 应 用**
44. Building Envelopes	44. 建筑围护结构
45. Building Air Intake and Exhaust Design	45. 建筑物的进排风设计
46. Control of Gaseous Indoor Air Contaminants	46. 室内空气污染物控制
47. Design and Application of Controls	47. 控制系统的设计与应用
48. Noise and Vibration Control	48. 噪声和振动控制
49. Water Treatment	49. 水处理
50. Service Water Heating	50. 热水供应
51. Snow Melting and Freeze Protection	51. 融雪及防冻
52. Evaporative Cooling	52. 蒸发冷却
53. Fire and Smoke Management	53. 防火及防排烟
54. Radiant Heating and Cooling	54. 辐射供暖及制冷
55. Seismic- and Wind-Resistant Design	55. 防震及防风设计
56. Electrical Considerations	56. 电气
57. Room Air Distribution	57. 室内气流组织
58. Integrated Building Design	58. 楼宇综合设计
59. HVAC Security	59. 暖通空调系统安全
60. Ultraviolet Air and Surface Treatment	60. 紫外线空气及表面处理
61. Codes and Standards	61. 规范及标准

3 主要标准及出版物简介

除了ASHRAE手册以外，ASHRAE还发布各种系统、设备相关标准、导则、技术文件，在此一并列出。

3.1 ASHRAE标准及相关配套书籍（表3-1）

表3-1 ASHRAE标准及相关配套书籍（中英文对照）

15-2007, Safety Standard for Refrigeration Systems	制冷系统安全标准
16-1983, Method of Testing for Rating Room Air Conditioners and Packaged terminal air conditioners	室内空调器及一体式终端空调器额定值测试方法
17-2008, Method of testing capacity of thermostatic refrigerant expansion valves	恒温制冷剂膨胀阀额定容量测试方法
18-2008, Method of testing for rating drinking-water coolers with self-contained mechanical refrigeration	具有自备式机械制冷系统的饮水冷却器的额定值测试方法
20-1997, Method of testing for rating remote mechanical-draft air-cooled refrigeration condenser	远程机械空气冷却系统额定值的试验方法
22-2007, Method of testing for rating water-cooled refrigeration condensers	水冷冷却器额定值的试验方法
23-2005, Method of testing for rating positive displacement refrigeration compressors and condensing units	容积式制冷压缩冷凝机组额定值的试验方法
24-2000, Method of testing for rating liquid coolers	液体冷却器额定值的试验方法
25-2001, Method of testing forced convection and natural convection air coolers for refrigeration	制冷用强制对流和自然对流空气冷却器的试验方法
26-1996, Mechanical refrigeration and air-conditioning installations aboard ship	船上机械制冷和空调装置
28-1996, Method of testing flow capacity of refrigeration capillary tubes	制冷用毛细管流通能力的试验方法
29-1988, Method of testing automatic ice makers	全自动制冰机的试验方法
30-1995, Method of testing liquid-chilling package	封装式液体冷却器试验方法
32.1-2004, Method of testing for rating vending machines for bottled, canned and other sealed beverages	瓶装、灌装及其他密封形式自动售货机额定值试验方法
32.2-2003, Method of testing for rating pre-mix and post-mix beverage dispensing equipment	饮料配料加工设备额定值试验方法
33-2000, Method of testing forced circulation air cooling and air heating coils	循环压力冷却和压力加热线圈的试验方法
35-1992, Method of testing desiccants for refrigerant drying	制冷剂干燥用干燥剂试验方法
37-2005, Method of testing for rating electronically driven unitary air-conditioning and heat pump equipment	带有电驱动压缩机的单元空调器和热泵额定值试验方法
40-2002, Method of testing for rating heat-operated unitary air-conditioning and heat-pump equipment	降温用温度操作单元空调设备额定值测试方法
41.1-1986, Standard method for temperature measurement	温度标准测量法

续表 3-1

41.2-1987，Standard method for laboratory airflow measurement	实验室空气流动标准测量法
41.3-1989，Standard method for pressure measurement	压力测量标准方法
41.4-1996，Standard method for measurement of proportion of lubricant in liquid refrigerant	液体制冷剂中润滑油比例的测量方法
41.6-1994，Standard method for measurement of moist air properties	湿空气特性测量方法
41.7-1984，Method of test for measurement of flow of gas	气流的标准测量方法
41.8-1989，Standard method for measurement of flow of liquids in pipes using orifice flowmeters	孔板流量计的测量方法
41.9-2000，Calorimeter test methods for mass flow measurements of volatile refrigerants	易挥发制冷剂流量的热量计标准测量方法
41.10-2008，Flowmeter test methods for mass flow measurement of volatile refrigerants	易挥发制冷剂质量流量的流量计标准测量方法
51-2007，Laboratory methods of testing fans for aerodynamic performance rating	风扇的空气动力性能额定值的实验室试验方法
52.1-1992，Gravimetric and dust-spot procedures for testing air-cleaning devices used in general ventilation for removing particulate matter	一般除尘通风使用的空气清洁设备的试验用重量分析和尘斑检测程序
52.2-2007，Method of testing general ventilation air-cleaning devices for removal efficiency by particle size	通过粒度测试通用通风空气净化设备排除效率的测试方法
55-2004，Thermal environmental conditions for human occupancy	人类居住的热环境
58-1986，Method of Testing for Rating Room Air Conditioners and Packaged terminal air conditioner and packaged terminal air conditioner heating capacity	测定室内空调器和组装终端空调器加热能力试验方法
62.1-2004Ventilation for acceptable indoor air quality	能满足室内空气品质的通风系统
62.1-2004 User's manual	62.1-2004 用户指南
62.1-2007，Ventilation for acceptable indoor air quality	能满足室内空气品质的通风系统
62.1-2007 User's manual	62.1-2007 用户指南
62.2-2007，Ventilation and acceptable indoor air quality in low-rise residential buildings	低层住宅建筑物的通风和合格的室内空气质量
62.2-2004 User's manual	62.2-2007 用户指南
63.1-1995，Method of testing liquid line refrigerant driers	液管制冷剂干燥器的试验方法
63.2-1996，Method of testing liquid line filter drier filtration capability	测试液体线滤器和干滤器过滤性能的方法

续表 3-1

64-2005，Methods of testing remote mechanical-draft evaporative refrigerant condensers	遥控型机械通风蒸发冷冻剂冷凝器额定值测试方法
68-1997，Laboratory method of testing to determine the sound power in a duct	管道的声功率实验测定方法
70-2006，Method of testing for rating the performance of air outlets and inlets	进风口出风口性能的试验方法
72-2005，Method of testing commercial refrigerators and freezers	商用制冷机和冷藏柜的试验方法
74-1988，Method of measuring solar-optical properties of materials	太阳能光伏材料性能试验方法
78-1985，Method of testing flow capacity of suction line filters and filter-driers	吸液线过滤器和滤器干燥器的流量测试方法
79-2002，Method of testing for rating fan-coil conditioners	风机盘管空调器额定值试验方法
84-2008，Method of testing air-to-air heat exchangers	空气热交换器试验方法
86-1994，Method of testing the floc point of refrigeration grade oils	制冷级油的絮凝点的试验方法
87.2-2002，In-situ method of testing propeller fans for reliability	螺旋桨式风机可靠性的现场检测试验方法
87.3-2001，Method of testing propeller fan vibration-diagnostic test methods	螺旋桨风扇振动诊断试验方法
90.1-2007，Energy standard for buildings except low-rise residential buildings	非低层住宅建筑的建筑能耗标准
90.1-2007 User's manual	90.1-2007 用户手册
90.1-2007 SI version	90.1-2007 SI 版本
90.1-2004，Energy standard for buildings except low-rise residential buildings	非低层住宅建筑的建筑能耗标准
90.1-2004 User's manual	90.1-2004 用户手册
90.2-2007，Energy-efficient design of low rise residential buildings	低层住宅建筑节能设计标准
93-2003，Method of testing to determine thermal performance of solar collectors	太阳能集热器热性能的试验测定方法
94.1-2002，Method of testing active latent-heat storage devices based on thermal performance	基于热性能潜热主动存储装置的检测方法
94.2-1981，Method of testing thermal storage devices with electrical input and thermal output based on thermal performance	基于热性能的电气输入和热输出装置的试验方法

续表 3-1

95-1987，Method of testing to determine the thermal performance of solar domestic water heating system	测定太阳能热水系统热性能的试验方法
96-1980，Method of testing to determine the thermal performance of unglazed flat-plate liquid-type solar collector	测定无釉平板液体型太阳能收集器的热性能的试验方法
97-2007，Sealed glass tube methods to test the chemical stability of materials for use within refrigerant systems	制冷系统内用材料化学稳定性的密封玻璃管试验方法
99-2006，Refrigeration oil description	冷冻机油说明书
100-2006，Energy conservation in existing buildings	既有建筑节能标准
103-2007，Method of testing for annual fuel utilization efficiency of residential central furnaces and boilers	集中式采暖炉和锅炉年度燃料利用效率的试验方法
105-2007，Standard methods of measuring，expressing and comparing building energy performance	测量、表达和比较建筑物能量性能的标准方法
110-1995，Method of testing performance of laboratory fume hoods	实验室排烟罩性能测试方法
111-2008，Practices for measurement，testing，adjusting，and balancing of building heating，ventilation，air-conditioning and refrigeration systems	建筑供热、通风、空调及制冷系统的测试、调试、调平衡的实践方法
113-2005，Method of testing for room air diffusion	室内空气扩散测试方法
116-1995，Method of testing for rating seasonal efficiency of unitary air conditioners and heat pumps	单元空调和热泵季节热效率的试验方法
118. 1-2008，Method of testing for rating commercial gas，electric and oil service water heating equipment	燃气、电力和燃油热水器额定值的测试方法
119-1988，Method of testing for rating residential water heaters	住宅热水器额定值的测试方法
120-2008，Air leakage performance for detached single-family residential buildings	独立住宅空气渗透率测定方法
124-2007，Method of testing to determine flow resistance of HVAC ducts and fittings	空调系统通风管道沿程阻力检测方法
125-1992，Method of testing for rating combination space-heating and water-heating appliances	空间加热器和热水器联合装置的额定值测试方法
126-2008，Method of testing thermal energy energy meters for liquid streams in HVAC air ducts	空调系统通风管道液流热能测试方法
127-2007，Method of testing for rating computer and date processing room unitary air conditioners	计算机和数据处理机房用单元式空调器额定值测试方法
128-2001，Method of rating unitary spot air conditioners	单体空调器的评价方法
129-1997，Measuring air change effectiveness	空气交换效果的测量

续表 3-1

130-2008, Method of testing for rating ducted air terminal units	管道式空气终端整体机额定功率测试方法
13256-1:1998, Water-source heat pumps-testing and rating for performance-part 1: water-to-air and brine-to-water heat pumps	水源热泵性能试验和功率测量(一):空气-水热泵及盐水-水热泵
13256-2:1998, Water-source heat pumps-testing and rating for performance-part 2: water-to-water and brine-to-water heat pumps	水源热泵性能试验和功率测量(二):水-水热泵及盐水-水热泵
133-2008, Method of testing direct evaporative air coolers	直接蒸发空气冷却器的测试方法
134-2005, Graphic symbols for heating, ventilating, air-conditioning and refrigerating systems	暖通空调系统及制冷系统图例
135-2008, BACnet@-A date communication protocol for building automation and control networks	楼宇自动控制网络数据通信协议
135.1-2007, Method of test for conformance to BACnet@	BACnet 一致性测试方法
136-1993, A method of determining air change rates in detached dwellings	独立住宅空气交换率测定方法
137-1995, Method for testing for efficiency of space-conditioning/water-heating appliances that include a desuperheater water heater	空调器/含预加热器的水加热设备功率测试方法
138-2005, Method of testing for rating ceiling panels for sensible heating and cooling	天棚显热采暖和供冷等级评价测试方法
139-2007, Method of testing for rating desiccant dehumidifiers utilizing heat for the regeneration process	吸附除湿设备的热再生等级评价测试方法
140-2007, Standard method of test for the evaluation of building energy analysis computer programs	建筑能耗分析计算机程序的标准试验方法
143-2007, Method of test for rating indirect evaporative coolers	间接蒸发冷却器额定值试验方法
145.1-2008, Laboratory test method for assessing the performance of gas-phase air-cleaning systems: loose granular media	气相空气净化系统的性能评估用实验室试验方法:松散颗粒介质
146-2006, Method of testing and rating pool heaters	游泳池加热器的测试和评定方法
147-2002, Reducing the release of halogenated refrigerants from refrigerating and air-conditioning equipment and systems	减少空调及制冷系统制冷剂泄漏
149-2000, Laboratory methods of testing fans used to exhaust smoke in smoke management systems	烟尘管理系统中排烟用风扇测试的实验室方法
150-2000, Method of testing the performance of cool storage systems	冷藏系统性能的试验方法

续表 3-1

151-2002，Practices for measuring，testing. Adjusting and balancing shipboard HVAC&R systems	测量，检验，调节和平衡船载加热，通风，空气调节和制冷系统的实施规程
152-2004，Method of test for determining the design and seasonal efficiencies of residential thermal distribution systems	住宅用热配送系统的设计和季节性效应测定的试验方法
154-2003，Ventilation for commercial cooking operations	商业烹饪操作的通风
158. 1-2004，Method of testing capacity of refrigerant solenoid valves	制冷剂电磁阀的容量试验方法
158. 2-2006，Method of testing capacity of refrigerant pressure regulators	制冷剂压力调节阀容量试验方法
161-2007，Air quality within commercial aircraft	商用飞机内空气质量
164. 1-2008，Method of testing for residential central-system humidifiers	住宅加湿系统的试验方法
169-2006，Weather data for building design standards	建筑设计气象数据标准
170-2008，Ventilation of health care facilities	卫生保健设施通风
171-2008，Method of testing seismic restraint devices for HVAC&R equipment	HVAC&R 设备用地震控制装置的试验方法
180-2008，Standard practice for inspection and maintenance of commercial building HVAC systems	商用建筑中央空调系统检测及维护标准
182-2008，Methods of testing absorption water-chilling and water-heating package	吸收式冷水和热水机组试验方法
183-2007，Peak cooling and heating load calculations in buildings except low-rise residential buildings	非低层住宅建筑最大冷热负荷计算

3.2 导则(表 3-2)

表 3-2 导则(中英文对照)

0-2005 The commissioning process	调试流程
1. 1-2007 HVAC&R technical requirements for the commissioning process	空调及制冷系统调试流程
2-2005 Engineering analysis of experimental data	实验数据的工程分析
4-2008 Preparation of operating and maintenance documentation for building systems	建筑工程操作及维护规程
5-1994 Commissioning smoke management systems	防排烟管理系统
6-2008 Refrigerant information recommended for product development and standards	制冷剂研发标准
8-1994 Energy cost allocation for multiple-occupancy residential buildings	多层居住建筑能源消费基准

续表 3-2

11-2009 Field Testing of HVAC controls Components	暖通空调控制系统在线检测
12-2000 Minimizing the risk of legionellosis associated with building water systems	降低建筑水系统军团病发病率
13-2007 Specifying direct digital control systems	直接数位控制系统说明
14-2002 Measurement of energy and demand savings	能源消耗及节能测量
16-2003 Selecting outdoor, return, and relief dampers for air-side economizer systems	空气侧节能装置风阀的选择
22-2008 Instrumentation for monitoring central chilled-water plant efficiency	空调机房效率检测中心设备
24-2008 Ventilation and indoor air quality in low-rise residential buildings	低层住宅建筑通风及室内空气品质
26-2008 Guideline for field testing of general ventilation devices and systems for removal efficiency in-situ by particle size and resistance to flow	基于粒度测试和流动阻力测试的一般通风设备和系统的换气效率现场测试指南

3.3 专著

除标准和导则外，ASHRAE 还提供很多设计指南等相关技术书籍，简单介绍其“超越（Advanced）系列”和“数据中心（Data Center）系列”书籍。

- 超越系列

ASHRAE 超越系列针对不同建筑类别（如小型医院及医疗保健单位、公路旅馆、小型仓库和建筑物自带仓库、K-12 教学楼、小型零售建筑、小型办公建筑）提出了实现节能的有效并且快捷的途径，避免了繁琐的计算分析。指南为承包商和设计人员提供以 ASHRAE90.1 标准为基准实现节能 30%的现有产品和实用技术。节能 30%是实现零排放建筑物的第一步。该指南是 ASHRAE、美国建筑师学会（AIA）、北美照明工程学会（IES）和美国绿色建筑委员会（USGBC）的合作项目，并得到了能源部（DOE）支持。该系列为了满足所有业主的节能要求。

- 数据中心系列

ASHRAE 数据中心系列有十本出版物，提供制冷和相关领域的数据处理资料。包括：设计和操作数据中心、绿色技术数据中心、实时能耗测量数据中心、悬浮颗粒物数据中心、个案研究及最优方案、节能的最优方法数据中心、结构和隔振器指南数据中心、液体冷却指南数据中心、设计要素数据中心、电力设备和制冷应用数据中心、数据处理环境热指南。

3.4 期刊

《ASHRAE Journal》是在美国暖通空调领域被誉为最佳信誉和最新技术排名第一的出版物，是唯一一本进行行业评审的杂志。该杂志以应用为主要内容，涉及从设计到施工的相关技术，提供着最新的技术知识和行业动态。

《High performing buildings》是 ASHRAE 创刊的一本全新期刊，目的是实现可持续发展建筑。其内容包括介绍高性能建筑新技术性能，研究最新案例相关技术、分析成功因素。为建筑师、业主、设计管理人员及相关专业人士提供实现节能，经济环保高性能的技术方法。

4 相关机构简介

4.1 美国公共电力协会 American Public Power Association（APPA）

美国公共电力协会（简称 APPA）创立于 1940 年，作为非营利，无党派，服务性的组织，由地区代表理事会管理。美国公共电力协会为 2000 多家社区型电力公用设施提供服务，受到这些设施服务的美国人人数超过 4500 万。APPA 的目标是增加其会员单位以及会员单位的用户在公共政策中的利益，提供会员服务，以合理的价格确保充足可靠的电力供应，同时保护环境。

主要书籍：

- 《APPA 安全手册》《APPA Safety Manual》
- 《小企业的能源问题》《Energy Matters for Small Business》

4.2 国际建筑业主与经理人协会 Building Owners and Managers Association International（BOMA）

建筑业主和经理人协会（BOMA）是一个非营利性组织，它的使命是通过倡导、教育、认证标准和信息来增加人们在商业不动产业的知识和提升建筑业主的资产价值。BOMA 帮助成员保证承租人满意、利润最大化，以及通过市场信息反馈、教育、联网和政府倡导来增加建筑业主和投资者资产价值。BOMA 通过其协会成员联盟及其所属的国际协会联盟，向商业建筑业主、投资管理业提供专业的服务，BOMA 在北美拥有 17500 家企业会员，在英国和其他 10 个国家有 2 万多家企业会员，全球拥有不少于 8 万的个人会员；BOMA 会员包括：建筑业主、经理人、开发商、资产经理人、租赁专业人员、政府官员、设计机构、顾问机构以及写字楼相关机构及个人；BOMA 会员控制全球 9 亿平方米的写字楼；80%企业会员拥有超过 100 万美元的年度经营预算和 3%的客户拥有超过 500 万美元年度经营预算，个人会员直接控制平均 18 万平方米的商业不动产。

主要标准：

- 办公建筑：标准测量方法 Office Buildings：Standard Methods of Measurement（ANSI/BOMA Z65.1-2010）
- 零售商业建筑：标准测量方法 Retail Buildings：Standard Method of Measurement（ANSI/BOMA Z65.5-2010）（ANSI/BOMA Z65.5-2010）
- 多层民用住宅：标准测量方法 Multi-Unit Residential Buildings：Standard Methods of Measurement（ANSI/BOMA Z65.4-2010）
- 建筑总面积：标准测量方法 Gross Areas of a Building：Standard Methods of Measurement（ANSI/BOMA Z65.3-2009）

- 工业建筑：标准测量方法 Industrial Buildings：Standard Methods of Measurement (ANSI/BOMA Z65.2-2009)
- 多功能建筑：标准测量方法 Mixed Use Properties：Standard Methods of Measurement

主要书籍：

- 《标准流程开发指南》《Guide To Developing A Standard Operating Procedure Manual》
- 《高效、可持续建筑最佳维护方法》《Preventive Maintenance：Best Practices to Maintain Efficient & Sustainable Buildings》

4.3 美国政府工业卫生师协会 American Conference of Government Industrial Hygienists (ACGIH)

美国政府工业卫生师协会是一个私营的、非营利的、非政府法人机构，就其本质而言ACGIH是一个非营利的学术性协会，而不是一个制定标准的机构。ACGIH设立有委员会，由致力于促进工作场所职业卫生和安全的工业卫生师或其他职业卫生安全相关专业人员组成，目标是对已发表的、经过同行评议的科学文献进行述评后，通过一定的程序，制定和发布阈限值和生物接触指数，用于工业卫生师对工作场所中各种化学和物理因素的安全接触水平的决策。

主要书籍：

- 《关于TLVs的年度报告》《Annual Reports of the Committees on TLVs》

4.4 美国国家环境平衡局 National Environmental Balancing Bureau (NEBB)

美国国家环境平衡局是一个国际性的非营利机构。NEBB对与建筑物室内环境之测试、调整与认证等等有关的单位，提供教育训练与认证的服务。NEBB成立的宗旨就是要成为国际上学术界、工业界、商业界在室内环境之测试调整与认证的标准机构。因此NEBB由持续不断的研究，发展出一套合理的测试标准让业界遵循，提供训练课程以提高从业人员素质，并订定认证标准与颁发认证证书以规范相关公司与个人，达到品质保证的目的。NEBB的目的是为了协助建筑物所有人、建筑师、空调设计师、工程师、承包商等人，在共同的理念下，建造出良好的建筑物与空调通风系统，使其性能表现能满足设计要求，运转也能符合设计理念，达到性能好又省能的效果。

4.5 美国绿色建筑委员会 U.S Green Building Council (USGBC)

美国绿色建筑委员会是世界上较早推动绿色建筑运动的组织之一，它也是随着国际环保浪潮而产生的。其宗旨是整合建筑业各机构，推动绿色建筑和建筑的可持续发展，引导绿色建筑的市场机制，推广并教育建筑业主、建筑师、建造师的绿色实践。绿色建筑运动在美国起源于20世纪70年代的世界能源危机，使人们认识到节能与环保对人类生存的地球的重要性，揭示了绿色建筑的概念。美国绿色建筑委员会成立于1993年，总部设在美国首都华盛顿，是一个非政府、非营利组织，其成员来自于社会各个方面，以组织成员形式组成，主要有政府部门、建筑师学会、建筑设计公司、建筑工程公司、大学、建筑研究机构和建筑材料、设备制造商、工程和承包商。该组织成立后，其会员发展速度异常迅猛，从 1993 年成立时的 23 个发起成员，2002 年发展到 2200 个成员，2006 年成员已增加到 7600 个，2007 年达到超过 1 万个。美国绿色建筑协会成立后的一项重要工作就是建立并推行了《绿色建筑评估体系》(Leadership in Energy & Environmental Design Building Rating System)，国际上简称 LEEDTM。目前在世界各国的各类建筑环保评估、绿色建筑评估以及建筑可持续性评估标准中被认为是最完善、最有影响力的评估标准。已成为世界各国建立各自建筑绿色及可持续性评估标准的范本。

主要书籍：

《绿色建筑研究导则》《Green Associate Study Guide / Green Building & LEED Core Concepts Guide》

4.6 国际制冷学会 International Institute of Refrigeration (IIR)

国际制冷学会（IIR/IIF）是一个政府间的交流学术和工业技术的国际学术组织，成立于 1908 年 10 月，总部设在法国巴黎。它的主要使命是为了推动企业、实验室以及组织内的发展进程和传播制冷技术方面的先进知识，以提高人类健康水平；提升科学和技术领域内所涉及的制冷技术及其应用，为人类谋求福利；促进和扩展国际合作，为业内人士在全球范围提供市场与技术导向的高质量服务。国际制冷学会的出版物有：国际制冷学会通报（双月刊），国际制冷杂志（双月刊）以及各种推荐条件和规程，各类小册子，大会及专业委员会学术会议论文集等。

4.7 美国制冷空调与供暖协会 The Air-Conditioning, Heating, and Refrigeration Institute (AHRI)

自 1959 年起，美国空调制冷协会（ARI）本着自愿、诚信的原则，开始管理一些产品性能认证——ARI 认证。第一批 ARI 整体产品的认证项目只有 26 个参加者，总共生产 600 个认证产品机型。至 2009 年底，ARI 产品性能认证项目已拥有 300 多个参加者，总共生产 150000 个认证产品机型。ARI 产品性能认证以其诚信和为客户服务的宗旨已成为北美地区甚至国际上享有盛名的品牌。2008 年 1 月 1 日，美国空调制冷协会（ARI）与美国气体设备生产商协会（GAMA）合二为一，组建成规模更大、实力更强的空调供热制冷协会（AHRI）。自此，AHRI 成为认证项目的新总部。ARI 认证是制冷空调产品进入北美市场的门槛，没有 ARI 认证，产品很难在北美市场销售。ASHRAE 在 HVAC 相关设备性能及检测方法上参考了 AHRI 的大量标准。

4.8 美国通风与空调协会 The Air Movement and Control Association (AMCA)

AMCA 在标准制定方面约有 80 年历史，是有关空气流动和控制设备的科学发展及工艺方面的世界权威机构。AMCA 国际出版及分发标准、参考及应用手册给那些制定者、工程师和其他对空气系统有兴趣者，作选型、评估和空气系统组件故障检测之用。许多 AMCA 标准被当作美国国家标准。AMCA 国际出版物被列入出版物目录中。AMCA 与世界各地的许多工业国家成员公司和实验室，作为 ISO 技术委员会，积极参与工业领域的国际标准的开发制定。

4.9 美国国家标准学会 American National Standards Institute（ANSI）

美国国家标准学会是由公司、政府和其他成员组成的自愿组织。它们协商与标准有关的活动，审议美国国家标准，并努力提高美国在国际标准化组织中的地位。此外，ANSI使有关通信和网络方面的国际标准和美国标准得到发展。ANSI是IEC和ISO的成员之一。美国国家标准学会是非营利性质的民间标准化组织，是美国国家标准化活动的中心，许多美国标准化协会的标准制（修）订都同它进行联合，ANSI批准标准成为美国国家标准，但它本身不制定标准，标准是由相应的标准化团体和技术团体及行业协会自愿将标准送交给ANSI批准的组织来制定，同时ANSI起到了联邦政府和民间的标准系统之间的协调作用，指导全国标准化活动，ANSI遵循自愿性、公开性、透明性、协商一致性的原则，采用3种方式制定、审批ANSI标准。

4.10 美国材料与试验协会 American Society for Testing and Materials（ASTM）

ASTM是美国最老、最大的非营利性的标准学术团体之一。经过一个世纪的发展，ASTM现有33669个（个人和团体）会员，其中有22396个主要委员会会员在其各个委员会中担任技术专家工作。ASTM的技术委员会下共设有2004个技术分委员会。有105817个单位参加了ASTM标准的制定工作，主要任务是制定材料、产品、系统和服务等领域的特性和性能标准，试验方法和程序标准，促进有关知识的发展和推广。ASTM的宗旨就是促进公共健康与安全，提高生活质量；提供值得信赖的原料、产品、体系和服务；推动国家、地区乃至国际经济发展。ASTM现有11 000多项在用标准，每年在ASTM标准年鉴中分15类（不包括索引）70余卷公开发布。ASHRAE在围护结构相关性能及检测方法上参考了ASTM大量标准。

4.11 美国冷却技术协会 cooling technology institute（CTI）

CTI成立于1950年，是非营利性技术学会，致力于提高冷却塔和冷却塔系统的技术、设计、性能和保养。会员包括制造商，用户，设备和化工产品供应商，以及对冷却塔有关问题包括水和空气污染问题感兴趣的工程公司。CTI的宗旨是：为公共利益，通过支持教育、研究、标准开发和确认，与政府联系技术性信息交换来提倡和促进环境友好型蒸汽热交换系统，冷却塔和冷却技术的使用。CTI的标准活动瞄准满足本行业及其用户规定的要求。主要包括推荐红木等级，分级规则和木材允许设计应力；机械抽水塔冷却能力规定方法和使用的仪器；木紧固件推荐材料，制作极限，允许负荷和设计要求等。

4.12 国际化标准组织 International Organization for Standardization（ISO）

该组织成立于1947年2月23日。ISO负责除电工、电子领域和军工、石油、船舶制造之外的很多重要领域的标准化活动。ISO现有117个成员，包括117个国家和地区。ISO的最高权力机构是每年一次的“全体大会”，其日常办事机构是中央秘书处，设在瑞士日内瓦。中央秘书处现有170名职员，由秘书长领导。ISO的宗旨是“在世界上促进标准化及其相关活动的发展，以便于商品和服务的国际交换，在智力、科学、技术和经济领域开展合作。”ISO通过它的2856个技术机构开展技术活动，其中技术委员会（简称SC）

共611个，工作组（WG）2022个，特别工作组38个。中国于1978年加入ISO，在2008年10月的第31届国际化标准组织大会上，中国正式成为ISO的常任理事国。标准的内容涉及广泛，从基础的紧固件、轴承、各种原材料到半成品和成品，其技术领域涉及信息技术、交通运输、农业、保健和环境等。每个工作机构都有自己的工作计划，该计划列出需要制订的标准项目（试验方法、术语、规格、性能要求等）。

ISO的主要功能是为人们制订国际标准达成一致意见提供一种机制。其主要机构及运作规则都在一本名为ISO/IEC技术工作导则的文件中予以规定，其技术机构在ISO是有800个技术委员会和分委员会，它们各有一个主席和一个秘书处，秘书处是由各成员国分别担任，目前承担秘书国工作的成员团体有30个，各秘书处与位于日内瓦的ISO中央秘书处保持直接联系。通过这些工作机构，ISO已经发布了9200个国际标准，如ISO公制螺纹、ISO的A4纸张尺寸、ISO的集装箱系列（目前世界上95%的海运集装箱都符合ISO标准）、ISO的胶片速度代码、ISO的开放系统互联（OS2）系列（广泛用于信息技术领域）和有名的ISO9000质量管理系列标准。

ASHRAE标准参考了、水源热泵性能试验和功率测量（一）：空气-水热泵及盐水-水热泵ISO 13256-1（1998）、水源热泵性能试验和功率测量（二）：水-水热泵及盐水-水热泵ISO 13256-2（1998）。

4.13 美国电气制造商协会 National Electrical Manufactures Association（NEMA）

该协会成立于1926年，NEMA由美国560家主要电气制造厂商组成，主要是由发电、输电、配电和电力应用的各种设备和装置的制造商组成。标准制订的目的是消除电气产品制造商和用户之间的误解并且规定这些产品应用的安全性。它的标准化活动所涉及的范围非常广泛，除上述电气产品外，还包括X射线装置等，标准化活动多数是与其他组织联合进行的，如美国材料与试验协会（ASTM）、爱迪生电气学会（EEI）、全国防火协会（NFPA）、美国保险商实验室（UL），美国电气与电子工程师学会（IEEE）以及其他协会、实验所和政府机构。NEMA积极支持与参加美国国家标准学会（ANSI）的标准化活动，并向美国政府与军用标准化组织提供情报资料和建议。此外，NEMA还代表美国全国标准委员会，参加国际电工委员会并主持几个委员会。NEMA参加制订影响电气设备的安全标准。NEMA出版了500多个标准并通过Global Engineering公司销售其信息产品。NEMA通过其网站提供NEMA标准数据库检索、期刊、信息报导等信息服务。标准名称：美国全国电气制造商协会标准（NEMA Standards Publications）。标准种类：1. 正式标准（Adopted Standards）：系用于已正式成批生产的标准化产品；2. 推荐标准（Recommended Standards）；3. 供将来设计用的推荐标准（Suggested Standards for Future Design）：系用于正在研制中的重要工程产品，对在销产品不作规定而仅适用于今后开发的产品；4. 经认可的工程情报（Authorized Engineering Information）：其内容为说明性的资料或者其他情报资料。

4.14 美国防火协会 National Fire Protection Association（NFPA）

NFPA成立于1896年，旨在促进防火科学的发展，改进消防技术，组织情报交流，建立防护设备，减少由于火灾造成的生命财产的损失。该协会是一个国际性的技术与教育组织。拥有150个学会、协会等组织的集体会员，75，000名个人会员，此外，还有80多其他国家的会员。制订防火规范、标准，推荐操作规程、手册、指南及标准法规等。NFPA防火规范与防火标准，得到国内外广泛承认，并有许多标准被纳入美国国家标准（ANSI)。此外，该协会还参加国际标准化组织（ISO）与加拿大电气规程委员会（CECC）的标准制订工作。并与美国劳动部（DL），美国卫生、教育与福利部（DHEW)、美国国家标准局（NBS)、美国一般事务管理局（GSA）和美国住房与城市发展部（HUD）等机构保持协作关系。NFPA通过其网站提供NFPA标准数据库检索、出版物介绍、期刊、会议录等信息服务。标准名称：全国防火规范（National Fire Code：NFC）标准编号：标准代号＋一至四位数号＋制订年份 例：NFPA 10-1978轻便灭火器期刊：NFPA杂志（NFPA Journal)；NEC Digest（NEC文摘)；NFPA Update。

ASHRAE标准在防火方面参照了NFPA相关标准。

4.15 美国国家门窗等级评定委员会 national fenestration rating council（NFRC）

美国国家门窗等级评定委员会，是一个对门窗系统及其附属产品提供公平、准确、可靠的能源绩效评估的非营利性组织，NFRC成立于20世纪80年代，自1991年NFRC发布其首批认证的产品目录开始，NFRC凭借其公正可信的核心价值观，逐渐成为全球在能源绩效评级和门窗产品认证领域公认的领导者。到目前已成为欧美各国政府和公用建筑进行能源效益项目评估的标准，同时也是建筑师、建筑商、业主和设计师们选择比较产品时的重要参考准则。

ASHRAE标准在门窗性能检测及计算上参照了NFRC相关标准。

4.16 电信工业协会 Telecommunications Industry Association（TIA）

电信工业协会是全球通信与信息技术工业中重要的同业协会。1924年，一些电话网络供应商组织在一起，打算举办一个工业贸易展览。后来渐渐演变成为美国独立电话联盟委员会。1979年，该委员会分出一个独立的组织——美国电信供应商协会（USTSA），并成为世界上最主要的电信展览和研究论坛的组织者之一。1988年4月，USTSA与EIA（美国电子工业协会）的电信和信息技术组合并，形成了美国电信工业协会（TIA)。TIA是一个全方位的服务性国家贸易组织，其成员包括为美国和世界各地提供通信和信息技术产品、系统和专业技术服务的900余家大小公司，此外，TIA还有一个分支机构——多媒体通信协会（MMTA)。TIA还与美国电子工业协会（EIA）有着广泛而密切的联系。TIA也是经过ANSI认可的指定标准的组织，但其属于行会性质，除了标准工作外，其职责还包括为保护和促进会员厂家利益而影响政策、促进市场和组织交流。

ASHRAE标准在数据中心相关方面参照了TIA的标准。

4.17 美国保险商实验室 Underwriter Laboratories Inc.（UL）

UL安全试验所是美国最有权威的，也是世界上从事安全试验和鉴定的较大的民间机构。它是一个独立的、非营利的、为公共安全做试验的专业机构。它采用科学的测试方法来研究确定各种材料、装置、产品、设备、建筑等对生命、财产有无危害和危害的程度；确定、编写、发行相应的标准和有助于减少及防止造成生命财产受到损失的资料，同时开展实情调研业务。

ASHRAE标准参考了UL 181A-2005同刚性风管一起使用的密闭系统、UL 181B-2006用于空气软管和空气连接器的密封系统。

5 结论

5.1 标准管理体系

中美两国的标准管理体系差别导致暖通空调相关设计规范和手册的编制程序、认可程序和使用范围有所不同。在美国，没有全国范围强制执行的"设计标准"，影响力最大的就是ASHRAE的《美国暖通空调设计手册》。ASHRAE的标准编制有自行编制程序和固定修订周期，新的标准需要经过ANSI认可为联邦标准后，该标准才可能被采纳为某一方面或某一地区的标准；但ANSI认可后的标准仍为自愿采用的标准，只有在联邦政府某些州、县、市通过相关政府文件对某一联邦标准进行认定后，才能在其行政管辖区内具有法律效力，而成为联邦政府或这些州、县、市政府的强制性标准。所以目前，美国各州、不同建筑业主要求使用的ASHRAE《美国暖通空调设计手册》的版本并不完全相同，有一些州也可以不使用ASHARE的标准，这与我国的国家标准有本质区别。

5.2 标准适用范围

ASHRAE的《美国暖通空调设计手册》共分为四本，其内容基本涵盖所有与暖通空调与制冷相关的领域，可以在工业建筑、民用建筑、农业、交通运输设备（飞机、轮船）等领域进行非常广泛的使用，其《手册》内容的使用范围比我国《民用建筑供暖通风与空气调节设计规范》要宽。

我国的《规范》适用于各种类型的民用建筑，其中包括居住建筑、办公建筑、科教建筑、医疗卫生建筑、交通邮电建筑、文体集会建筑和其他公共建筑等。对于新建、改建和扩建的民用建筑，其供暖、通风与空调设计，均应符合规范规定。在工业建筑的暖通空调系统设计中，建筑的室外设计计算参数、太阳辐射照度、冷热负荷计算、管道及风管计算、空调系统设计、冷热源选择、检测与监控、消声与隔振、绝热与防腐等相关内容，也应执行规范相关规定。

中美两国标准化体系的差异和标准的管理编制形式导致我国《规范》与美国《手册》有着很多不同点，本文对美国使用最广泛的《美国暖通空调设计手册》进行简要介绍，供进一步完善我国相关标准、导则参考。

日本暖通空调设计手册简介

中国建筑科学研究院　刘宗江

1　前言

本节内容作为“国家标准《民用建筑供暖通风与空气调节设计规范》GB 50736 配套教材”的补充内容，以日本空气调节・卫生工学会（Society of Heating，Air-Conditioning and Sanitary Engineers，SHASE）主编的《空气调节・卫生工学便览》为依据，介绍日本暖通空调设计手册的编写历程，主要内容目录，并简单介绍了日本 SHASE 学会，其颁布的各种标准，导则及出版的相关书籍。

日本作为世界上的发达国家，其暖通空调设计在亚太地区具有典型的代表性。对日本暖通空调设计手册的简介可以作为国内业内人士的参考资料。

2　日本暖通空调设计手册编写组织（SHASE）简介

SHASE 是日本供暖、空调和卫生工学领域非常重要的组织，拥有 80 多年历史。SHASE 成立于 1917 年，时称“供热和制冷协会”（Heating and Refrigeration Association），在 1927 年更名为“家用设备和卫生工程协会”（Society of Domestic and Sanitary Engineering），到 1962 年更名为“供热・空气调节和卫生工学会”（SHASE）并沿用至今。SHASE 是日本迄今为止暖通空调和卫生工学领域最大的科研机构。

SHASE 主要从事建筑设备、系统和建筑环境工程领域的研发，包括：供热，通风，空气调节和卫生工学。涵盖的业务范围如下：

1. 教育：组织座谈会，技术交流会，教育和培训课程，等。
2. 出版：发行期刊，技术报告，研究报告，等。
3. 科研：开展、支持和促进研究和调查。
4. 合作：与相关国际机构展开合作。
5. 标准编制：编制采暖、空调和卫生工程相关标准，统称为 SHASE-S。
6. 资格考试：“设备工程师”（Building Service Engineer）认证考试。
7. 特别奖励：给在本领域有特殊贡献的人士颁发奖励。

3　SHASE 主编的书刊

SHASE 编辑的书籍、刊物主要包括《空气调节・卫生工学便览》，相关的行业设备标准（SHASE-S），工程指导方针（SHASE-G），和一些手册（SHASE-M），并编写其他相关的图书。详细内容如表 3-1～表 3-4 所示。

表 3-1 SHASE 负责编写的部分标准（SHASE-S）

Sleave Type Expansion Pipe Joints	套筒补偿管连接接头
Metal Made Flexible Pipe Joints	金属软连接管
Mechanical Type Flexible Pipe Joints	机械式软连接管接头
Inserts for Mechanical and Electrical Equipment	机电设备配件
Standard Specification for Air-Conditioning and Plumbing Works	空气调节和水管工程标准规范
Post Installed Anchor for Building Equipment	建筑设备的固定安装
Seal Materials to use for a Screw Joining for the Plumbing with Building Equipment	建筑设备水管螺纹接头密封材料
Ventilation Requirements for Acceptable Indoor Air Quality	维持室内空气质量所需通风量
Pressure Reducing Valves	减压阀
Methods of Sound Power Levels Determination for Ducted Fans	风系统中风机噪声等级检测方法
Simplified Calculation Methods of Cooling and Heating Loads	冷热负荷的简化计算方法
Methods of Sound Power Levels Determination for Room Air-Conditionings	室内空气调节噪声等级检测方法
Methods of Sound Pressure Level Determination for Air-Conditioning Equipment	室内空调设备噪声等级检测方法
Field Measurement Methods for Ventilation Effectiveness in Rooms	室内通风效率的现场测试方法
Ventilation Rate Measurement of a Single Zone Using Tracer Gas Technique	示踪气体法测量单一空间换气效率
Field Measurement Methods of Air Flow Rate for Ventilation and Air Conditioning Systems	通风和空调系统通风量的现场测量方法
Method of Calculation and Representation of Chiller Seasonal Efficiency	制冷机组的季节效率的计算和表示方法
Lead Pipes for Drainage and Vent	排水孔和排气孔的导流管
Testing Methods for Water Hammer Arresters	防水锤设备的检测方法
Method of Performance Evaluation on Sand Filters used for Commercial Bathtub Recirculation Systems	公共浴场再循环水系统砂滤池性能检测方法
Testing Methods of Discharge Characteristic for Plumbing Fixtures	卫浴管件流量特性的检测方法

表 3-2 SHASE 负责编写的部分指导方针（SHASE-G）

建築・都市エネルギーシステムの新技術	建筑・都市能源系统新技术
設計用最大熱負荷計算法	设计用最大热负荷计算方法
建築設備の耐震設計施工法	建筑设备的抗震设计及施工方法
SIの手引き	SI 手册（国际单位制手册）
図解異管種接合法	各种不同管道连接方法图解
ダクトの新標準仕様・技術指針・同解説	风道新标准规格・技术指南・解释说明

表 3-3　SHASE 负责编写的部分手册（SHASE-M）

コージェネレーションシステム計画・設計と評価	热电联产项目的规划・设计和评价
コージェネレーション評価プログラムCASCADEⅢ	基于 CASCADEⅢ的热电联产项目评估
新版工場換気	新版工业通风手册
蓄熱式空調システム 計画と設計	蓄热空调系统的规划设计
新版・快適な温熱環境のメカニズム	新版・舒适性热环境原理
環境負荷削減対策マニュアル	减轻环境负荷对策指南
BEMS ビル管理システム	建筑能源管理系统（BEMS）
災害時の水利用	灾害时的水使用
低温送風空調システムの計画と設計	低温送风系统的规划和设计
都市ガス空調のすべて	城市燃气空调全解析

表 3-4　SHASE 负责编写的部分其他相关图书

オフィスにおける室内気候と知的生産性	办公室环境与工作效率
置換換気ガイドブック—基礎と応用	置换通风技术指南——基础与应用
建築設備の省エネルギー技術指針 住宅編	建筑设备节能技术指南 住宅篇
建築設備の省エネルギー技術指針 非住宅編	建筑设备节能技术指南 非住宅篇
空調・衛生機材の環境評価基準	空调・卫生器材的环境评价基准
建築設備の性能検証過程指針	空调设备性能的验证指南
学校トイレの計画・メンテナンスマニュアル	学校设施的规划和维护手册
省エネルギーと快適な熱・光環境の両立を図る自動制御ブラインドの仕様と解説	兼顾节能、热舒适、光环境的自动控制百叶窗式样解说
建築室内環境・設備システム性能評価方法の標準化研究	建筑室内环境・设备系统性能评价方法的标准化研究
空気調和設備の試運転調整基本指針(案)・機能性能試験基本指針(案)	空气调节设备的运行调试基本指南(案)及性能检验指南(案)
住宅設備の CO_2 排出量推定と削減対策	减少住宅设备 CO_2 排放量对策
エンドユーザー向け住宅設備性能検証手法の検討	针对用户的住宅设备性能检测方法研究
空気調和システムシミュレーション活用ガイド	空气调节系统模拟实验的灵活应用方法

4　《空气调节・卫生工学便览》出版发行经过

1934 年《卫生工程便览》出版发行，这是《空气调节・卫生工学便览》（后简称为“便览”）的前身，随着空调・卫生工程学的发展，对其进行反复修订在 2001 年出版发行了第 13 版“便览”。在第 13 版出版发行后经过 8 年，即 2009 年开始进行第 14 版出版发行。

第 13 版是将 1995 年发行的第 12 版进行了局部的修改，使其更加完善。第 13 版出版发行后，在学术界、产业界、出版界等各界产生了非常强烈的影响，对此专家组重新认真研讨了“便览”应有的作用，并计划发行第 14 版。为了研讨第 14 版便览创刊计划，在 2003 年由企划委员会设立了“第 14 版便览工作小组”，对发行“便览”的目的、“便览”

应具有的基本特征、读者对象、编辑体制、发行形式等进行商讨。讨论结果在报告《下一版便览应有的特征》中总结出来。报告中有以下3种方案形式：1）基础篇、技术篇、实例篇；2）基础篇、设计篇、应用篇；3）空调基础、空调系统、空调应用、环境能源、卫生等。最后根据实际情况决定需要编制3～7分册。2005年理事会围绕着编制目标、构成方案、编辑制作体制、出版方式等进行了研讨，并制定了第14版发行的方针。终于在2006年设立了第14版出版发行便览委员会，开始了发行的具体工作。

便览委员会最终研讨出的结果虽然内容上与研讨书上的第3种方案相近，但同时也进行了必要的修改，最后决定第14版的“便览”包括以下的5篇：

1. 基础篇
2. 机器·材料篇
3. 空气调节设备篇
4. 给排水卫生设备篇
5. 设计施工与运行管理篇

2007年“便览委员会”开始设立13个分科会，分科会承担各个部分章节内容编写工作。2008年成立便览刊行小委员会对便览的资金计划、制作方法、促销方法、刊行日程等进行集中管理。

这样，从2009年开始第14版的分册出版发行工作。2010年2月28日发布基础篇，空气调节设备篇和给排水卫生设备篇，2010年4月30日发布机器·材料篇和设计施工与运行管理篇。

5 手册主要编写人员（前三分册）

第一分册 基础篇

便览编写委员会：

委 员 长：宇田川 光弘

副委员长：加藤 信介

干　　事：野原 文男 水岛 茂

委　　员：青木 一羲 浅野 良晴 伊香贺俊治 相贺 洋大冢 雅之 仓渕 隆
佐藤 正章 首藤 治久田中 良彦 田辺 新一 羽山 広文 藤泽
一郎山下 幸人

便览编写小委员会（*表示前委员）：

主　查：宇田川 光弘

干　事：野原 文男 水岛 茂

委　员：伊藤 修一 加藤 信介 高桥 纪行*中尾 正喜* 中村 勉

基础部分分会：1～16章

主　查：田迈 新一

副主查：秋元 孝之

委　员：大冈 龙三 龟谷 茂树 笹尾 博行 永田 明寛 林 立也
藤井 晴行 三浦 克弘 柳 宇

环境评价部分分会：17～23 章

主　查：相贺　洋

副主查：畏井　达夫

委　员：石野　久弥　岩宫　正治　内海　康雄　小笠原昌宏　熊谷　智正　郡公子　高木　正尚

建筑设备历史部分　24 章

主　查：加藤　信介

副主查：安孙子羲彦

委　员：下田　邦雄　田中　孝

第二分册　机器·材料篇

便览编写委员会：

委 员 长：宇田川　光弘

副委员长：加藤　信介

干　　事：野原　文男　水岛　茂

委　　员：青木　一羲　浅野　良晴　伊香贺俊治　相贺　洋大冢　雅之　仓渕隆佐藤　正章　首藤　治久田中　良彦　田边　新一　羽山　広文藤泽　一郎　山下　幸人

便览编写小委员会：（＊表示前委员）

主查：宇田川　光弘

干事：野原　文男　水岛　茂

委员：伊藤　修一＊　加藤　信介　高桥　纪行＊中尾　正喜＊　中村　勉＊村田　恭夫

常用设备篇：1～6 章

主　　查：佐藤　正章

副 主 查：境　弘夫

委　　员：安部　伸树　市川　彻　高田　茂生　千秋　隆雄　烧田　克彦

专门委员：川口　修　白石　康裕　藤田　稳彦　村田　邦夫　横田　英靖

空调设备分会：7～16 章

主　查：田中良彦

副主查：山崎喜久夫

委　员：大宫由纪夫　才野　忠敬　佐々木哲夫　筱原　进　铃木　规安　关亘田崎　茂　辻　忠男　坪井　纯一　中岛　利树　野部　达夫益子　美德　增本　干夫　所谷　雅史＊

材料耐久性分会 17～21 章

主　查：　青木　一羲

副主查：中村　勉

委　员：户田　浩之　永山　隆　藤井　哲雄　细谷　清　村上三千博　吉田新一

第三分册　空气调节设备篇

便览编写委员会：

委 员 长：宇田川　光弘

副委员长：加藤　信介

干　　事：野原　文男　水岛　茂

委　　员：青木　一羲　浅野　良晴　伊香贺俊治　相贺　洋大冢　雅之　仓渕　隆　佐藤　正章　首藤　治久田中　良彦　田边　新一　羽山　広文　藤泽　一郎山下　幸人

便览编写小委员会（＊表示前委员）：

主　查：宇田川　光弘

干　事：野原　文男　水岛　茂

委　员：伊藤　修一　加藤　信介　高桥　纪行　中尾　正喜＊　中村　勉＊

空调设备设计分册 1～7 章

主　查：伊香贺俊治

副主查：丹羽腾巳

委　员：井上　正宪　岩崎　博志　大和田　淳　织间　正行　桂木　宏昌　佐原　恭彦　高井　启明　高濑　知章　橘　雅哉　森川　泰成　槁谷　至诚

不同类型建筑空调系统 8～26 章

主　查：首藤　治久

副主查：小内　宝

委　员：植草　常雄　铃木　基　田村　恭男　坪田　佑二　富田弘明　山下　一彦横尾　升刚　吉田　尚贵

6　手册主要内容纲要

6.1　基础篇

基础

第 1 章　空气调节与卫生工学概论

第 2 章　热力学

第 3 章　湿空气

第 4 章　热质传递

第 5 章　流体的流动特性

第 6 章　噪声与振动

第 7 章　测定方法

第 8 章　自动控制

第 9 章　结构力学

第 10 章　材料力学

第 11 章　电气与电子技术基础

第 12 章　化学基础

第 13 章　热感

第 14 章　空气质量

第 15 章　单位及物理常数

第 16 章　应用数学

环境·能源评价

第 17 章　冷热负荷

第 18 章　空调系统模拟

第 19 章　流体模拟解析

第 20 章　热电联产系统

第 21 章　可再生能源系统
第 22 章　节能评价与节能设计
第 23 章　生命周期评价
第 24 章　建筑设备简史

6.2　设备和材料篇

常用设备
第 1 章　泵，风机和压缩机
第 2 章　发动机
第 3 章　电动机
第 4 章　锅炉
第 5 章　热交换器
第 6 章　压力容器
空调设备
第 7 章　制冷机
第 8 章　冷却塔
第 9 章　蓄热设备
第 10 章　供暖设备
第 11 章　整体式空调
第 12 章　空气调节设备
第 13 章　加湿与除湿设备
第 14 章　送风口和回风口
第 15 章　空气净化装置
第 16 章　自动控制装置
材料及其耐久性
第 17 章　配管及连接件
第 18 章　阀门及特殊连接件
第 19 章　板材
第 20 章　绝热材料
第 21 章　腐蚀与老化及耐久性

6.3　空调设备篇

空调设备设计
第 1 章　空调系统设计
1.1　概述
1.1.1　目标设定和反馈
1.1.2　建筑和设备的一体化
1.1.3　环境提案和设备计划
1.2　建筑规划与设计的内容
1.2.1　规划・设计的流程
1.2.2　规划・设计上的调查事项
1.2.3　基础规划（构想）与内容
1.2.4　基础设计与内容
1.2.5　实施设计与内容
1.3　空调系统与热负荷
1.3.1　空调系统的分类
1.3.2　空调系统与热负荷
1.3.3　空调系统的动向
1.4　定风量与变风量单一风管方式
1.4.1　概述
1.4.2　设计顺序
1.4.3　自动控制
1.5　大温差送风（低温送风）
1.5.1　概述
1.5.2　规划・设计
1.6　分体式风管方式
1.6.1　概述
1.6.2　设计顺序
1.6.3　自动控制
1.7　地板送风方式
1.7.1　概述
1.7.2　设计顺序
1.7.3　自动控制
1.8　置换通风
1.8.1　概述
1.8.2　设计顺序
1.8.3　自动控制
1.9　外区空气调节方式
1.9.1　概述
1.9.2　设计顺序
1.9.3　自动控制
1.9.4　混合损失的防止
1.10　风机盘管方式
1.10.1　概述

9.2.4　空调系统设计
9.3　地下街
9.3.1　概述
9.3.2　设计条件
9.3.3　热负荷特性
9.3.4　空调系统设计
第10章　医疗设施
10.1　医疗设施
10.1.1　概述
10.1.2　设计条件
10.1.3　负荷特性
10.1.4　系统设计
10.1.5　各部分的规划
10.2　疗养所、老年人福利院设施
10.2.1　概述
10.2.2　设计条件
10.2.3　负荷特性
10.2.4　系统设计
10.2.5　各部分的规划
第11章　展览设施
11.1　博物馆和美术馆
11.1.1　概述
11.1.2　设计条件
11.1.3　负荷特性
11.1.4　系统设计
11.1.5　各部分的规划
11.2　图书馆
11.2.1　概述
11.2.2　设计条件
11.2.3　负荷特性
11.2.4　系统设计
11.2.5　各部分的规划
11.3　水族馆
11.3.1　概述
11.3.2　设计条件
11.3.3　热源规划
11.3.4　系统设计
11.3.5　各部分的规划
11.4　动物园和植物园
11.4.1　概述
11.4.2　动物园
11.4.3　植物园
第12章　剧场和集会设施
12.1　剧场
12.1.1　概述
12.1.2　设计条件
12.1.3　负荷特性
12.1.4　系统设计
12.1.5　各部计划
12.1.6　剧场的规划案
12.2　集会设施
12.2.1　概述
12.2.2　设计条件
12.2.3　负荷特性
12.2.4　系统设计
12.2.5　各部分的规划
12.2.6　集会设施的规划案
第13章　教育设施
13.1　概论
13.2　幼儿园和托儿所
13.2.1　概述
13.2.2　设计条件
13.2.3　负荷特性
13.2.4　系统设计
13.2.5　各部分的设计
13.3　小学·中学·高中
13.3.1　概述
13.3.2　设计条件
13.3.3　负荷特性
13.3.4　系统设计
13.3.5　各部分的设计
13.4　大学
13.4.1　概述
13.4.2　设计条件
13.4.3　负荷特性
13.4.4　系统设计
13.4.5　各部分的设计
第14章　体育设施

25.6.1　概述
25.6.2　设计条件
25.6.3　换气量
25.6.4　系统设计
第26章　交通运输设施
26.1　物流中心
26.1.1　概述
26.1.2　设计条件
26.1.3　负荷特性
26.1.4　系统设计
26.2　市场
26.2.1　概述
26.2.2　设计条件
26.2.3　热负荷
26.2.4　系统设计
26.2.5　各部分的规划
26.3　仓库
26.3.1　概述
26.3.2　设计条件
26.3.3　负荷特性
26.3.4　系统设计
26.3.5　各部分规定

6.4　给排水卫生设备设计篇

给排水卫生设备设计
第1章　给排水卫生设备的规划与设计方法
第2章　给排水负荷计算方法的基础知识
第3章　地下水采取
第4章　水处理设备
第5章　给水设备
第6章　热水供应设备
第7章　排水通气设备
第8章　卫生器具设备
第9章　净化槽设备
第10章　废水再利用和雨水利用设备
第11章　消防设备
第12章　燃气输配设备
第13章　基本单位
特殊供排水卫生设备
第14章　厨房设备
第15章　洗涤设备
第16章　医疗用设备及特殊气体配管设备
第17章　游泳池设备
第18章　浴场设备
第19章　水景及布水设备
第20章　水族馆供水及水处理设备
第21章　各种用途的排水处理设备
第22章　放射性排水设备
第23章　真空清洁设备
第24章　垃圾处理设备
第25章　食物垃圾处理排水处理系统
第26章　物品搬运设备
第27章　大规模用地的供排水卫生设备
第28章　寒冷地区供排水卫生设备

6.5　设计施工和维护管理篇

规划
第1章　综合规划概要
第2章　实际综合规划
第3章　调试
第4章　中央监视与电气设备
第5章　温热环境规划
第6章　空气环境规划
第7章　振动环境规划
第8章　光·视觉环境规划
第9章　水环境规划施工
第10章　合同与合同文件
第11章　施工管理
第12章　建筑相关工程
第13章　机器的搬入及安装

第 14 章　配管工程
第 15 章　风管工程
第 16 章　自动控制设备
第 17 章　保温工程
第 18 章　涂装工程
第 19 章　试运转调试
第 20 章　完成·验收
第 21 章　抗震
第 22 章　隔声·防振

维护管理

第 23 章　维护管理
第 24 章　居住环境管理
第 25 章　运行管理与点检
第 26 章　废弃物管理
第 27 章　诊断与改善
第 28 章　建筑改建

英国暖通空调设计导则简介

中国建筑科学研究院　袁闪闪

1　前言

本章介绍英国暖通空调设计常用导则，主要是 CIBSE（Chartered Institution of Building Services Engineers，英国皇家屋宇装备工程师学会）关于公共建筑和居住建筑中的供热、通风、空调和制冷系统的设计原则和方法。本章主要内容包括：英国暖通空调设计工作简介、导则出版单位简介、设计导则发展简介、导则的主要编写人、导则的主要内容以及设计辅助软件等。

2　英国暖通空调设计工作简介

在英国建筑类专业划分中，暖通空调专业包括在建筑设备（Building Service）专业中。建筑设备专业包括：Mechanical Engineering，相当于我国的暖通空调工程；Electrical Engineering，相当于我国的建筑供电工程；Public Health Engineering，相当于我国的给排水工程。

英国暖通空调设计一般可分为三个阶段：预设阶段（Pre-Design）、初设阶段（Preliminary design）和深设阶段（Design development）。预设阶段任务是估算和制定设计内容书，主要内容包括收集信息（如建筑地理位置、建筑用途等）；从标准规范中确定设计参数；分析当地的可再生能源资源条件。初设阶段任务是系统设计，主要内容包括确定与设计相关的关键参数（如建筑气密性、可再生能源利用可能性等）；确定室内设计参数；估算负荷以支持系统选型；考虑建筑内部分区；比较可利用的冷热源系统；考虑运行维护控制措施；最终确定系统。深设阶段任务是技术设计，主要内容包括计算负荷；检查系统供给是否合适；设备选型；检查部分负荷运行时性能；检查控制系统是否满足要求；最终设计整体评估。

3　设计导则出版单位

从 1980 年至 2007 年近 30 年间，英国有 16 家机构总共出版了暖通空调设计相关导则约 160 本，其中最主要的机构是 CIBSE，其出版的导则数量约占 3/4。另外还有 BSRIA (Building Services Research and Information Association，英国建筑服务研究与信息协会)、BRE（Building Research Establishment，英国建筑研究院)、BBA（British Board of Agreement，英国建筑工程认证协会)、BSI（British Standards Institution，英国标准协

会)、HVCA（Heating and Ventilating Contractors′ Association，英国暖通服务商协会）等机构也出版过暖通空调相关设计导则，但数量都相对较少，应用范围也远没有 CIBSE 的导则广泛。

CIBSE 前身是供热通风工程学会（Institution of Heating and Ventilating Engineers，1897 年成立）和照明工程学会（Illuminating Engineering Society，1909 年成立），1976 年这两家机构合并为 CIBSE，当年即得到皇家特许证。CIBSE 第一任主席是 John Gundy。CIBSE 是一家专业从事建筑科学、技术和实践的工程机构，并拥有认证工程师的资格。

CIBSE 官方网站会发布一些欧盟和英国的重要能源政策（如“新欧盟能效指令”、“英国政府碳规划”）、会议摘要和技术报告等。同时，CIBSE 还出版一些导则来指导建筑设计，包括一些相关的设计指标和准则，其中一部分被引用到英国建筑规范中，成为了建筑设备的立法要求。

CIBSE 是建筑设备工程领域规范导则的创立者和授权者，也是应对气候变化的先锋。它出版的导则和规范的权威性得到了国际认可，为同行的实践提供了标尺。CIBSE 不仅是英国政府在建造、工程和可持续方面的顾问，也是欧盟和联合国政府在建筑和工程方面的主要顾问组织和机构之一。

目前，CIBSE 会员超过 19000 人，来自全球 80 多个不同国家和地区。会员可以获得 CIBSE 的官方月刊以及定期的邮件消息，以了解前沿信息、先进数据及教育服务，同时 CIBSE 每年的会议及其他活动也为其会员提供了非常多的与行业专家学者交流的机会。

4 设计导则发展简介

早期，CIBSE 前身之一——供热通风工程学会编写 IHVE Guide（The Institution of Heating and Ventilating Engineers Guide，供热通风工程学会导则），其中会包括暖通空调设计部分。1940 年该导则发布第一版，活页册形式；1955 年第一版再印刷，合订本形式；1959 年发布第二版；1964 年发布第三版；1965 年发布第四版，改为三卷形式；1974 年发布第五版，独立章节形式。

1986 年，由供热通风工程学会和照明工程学会合并的 CIBSE 将 IHVE Guide 更名为 CIBSE Guide，于 1986 年将导则第五版分成三卷再次印刷发行。CIBSE 编制的 1986 版导则分为以下三卷：A 卷-设计数据、B 卷-装置与设备数据、C 卷-参考数据。A 卷（设计数据）主要包括气象参数、围护结构热特性参数等，C 卷（参考数据）主要包括水及水蒸气的特性参数、风管和水管中流体特性参数等，而 B 卷（装置与设备数据）则是介绍暖通设计师常用的设计导则，包括 16 章内容：B1 供暖、B2 通风和空调（要求）、B3 通风和空调（系统、设备、控制）、B4 水系统、B5 防火、B6 管道、B7 防腐与水处理、B8 卫生系统和水处理、B10 电力、B11 自动控制、B12 噪声控制、B13 燃烧系统、B14 制冷和制冷机组、B15 垂直运输、B16 各种设备、B18 投资和运行费用。可见，B 卷几乎涵盖了供暖、通风、空调所涉及各项技术内容，下面将主要介绍 B 卷（以下简称 CIBSE Guide B）的发展和主要内容。

2001-2002 年，第六版 CIBSE Guide B 以不同内容的 5 个单本书形式出现，分别为：B1 供热；B2 通风和空气调节；B3 管道系统；B4 制冷和制冷机组；B5 暖通空调系统的消声与隔振。

2005年，CIBSE将这5本书编辑成卷成为第七版（也即2005版）。2005版CIBSE Guide B只是将原来的5个单本书简单整合在一起，修改了原书中的错误、部分图表和公式等，而每一部分的框架仍然保持了原来的结构。2005版CIBSE Guide B总共369页A4纸，用户可以从CIBSE官网上订购该导则，会员价为52英镑，非会员价为104英镑。

根据CIBSE的规划，下一版的CIBSE Guide B将考虑整合各部分内容以使通用内容集中介绍。

值得注意的是，CIBSE除发布Guide B外，还发布暖通空调设计相关方面的导则以支撑暖通空调设计工作，其他导则包括：Guide A：环境设计；Guide C：参考数据；Guide D：建筑中的运输系统；Guide E：防火工程；Guide F：建筑节能；Guide G：公共健康；Guide H：建筑控制系统；Guide J：气象、太阳辐射和照明数据；Guide K：建筑电气；Guide L：可持续性；Guide M：工程维护和管理。

5　主要编写人

来自学会、研究机构、大学、设备公司、咨询公司的代表共同参与CIBSE Guide B导则的编写。导则共分五章，每章有不同的主要作者、参与者和CIBSE项目管理者，每章的编写有不同的支持机构。2005版导则各章主要编写人名单如下：

第1章　供暖——George Hendson；Guide B1筹划委员会成员；Paul Compton（Colt International有限公司董事长），Peter Koch；

第2章　通风及空气调节——Nick Barnard（Faber Maunsell公司）；Denice Jaunzens（英国建筑研究院）；

第3章　管道系统——John Armsting；Guide B3筹划委员会成员；Professor Phllip Jones（卡地夫大学董事长）；Robert Kinsbury（EMCOR Drake & Scull公司）；Peter Koch（考文垂大学）；Stephen loyd（英国建筑服务研究与信息协会）；

第4章　制冷与制冷机组——David Bulter（英国建筑研究院）；

第5章　暖通空调系统的消声与隔振——Dr Geoff Leventhall（顾问）。

6　主要内容

◆ 内容简介

2005版导则每章第一部分是引言，然后是一个常见通用模式，它可以为一些设计的策略性问题提供一个框架。目录概览表见表6-1。

第1章　供热

本章包括引言、策略性设计、设计准则、系统选择、设备及装置、燃料六节内容以及计算示例、烟囱与烟道的尺寸和高度计算两个附录。

本章主要内容包括：（1）方案设计时需要考虑的问题，包括环境影响、寿命周期、法律法规等；（2）负荷计算方法，其中考虑到建筑围护结构的蓄热量；（3）系统选择，除对热水系统、蒸汽系统、热风系统进行介绍外，还对如何选择热源燃料提出了相关指导；（4）设备选型，介绍锅炉、散热器、管道、水泵等相关供热设备

第2章　通风与空气调节

这一章主要介绍不同类型建筑、不同系统和设备的设计要求，包括引言、综合措施、要求、系统、设备五节内容以及通风评价技术、传湿过程两个附录。

本章细化了建筑类型，共分23种类型对不同建筑提出室内环境和暖通空调通风控制策略的要求：（1）办公楼；（2）集会大厅和大礼堂；（3）中庭；（4）广播室；（5）饮食供给和食物处理；（6）洁净室；（7）居住建筑；（8）电脑机房；（9）住宅建筑（包括高层）；（10）工厂和仓库；（11）高层建筑（非居住建筑）；（12）医院和健康护理建筑；（13）大酒店；（14）工业通风；（15）实验室；（16）博物馆、图书馆和艺术陈列馆；（17）工作间；（18）学校及教育性质的建筑；（19）商店和零售部门；（20）运动中心；（21）卫生间；（22）交通建筑和设备；（23）混合部分。关于不同系统的介绍，并不是为了提供初步的设计导则，而是为了对主要任务进行概述和提出设计中应解决的任务。这一部分的导则可以在CIBSE Guide A和F中找到。不同设备的介绍，重点说明了设计中与特殊的设备条款关键问题，以及在选择设备时应注意的关键点。

第3章　管道系统

这一章主要介绍空调/机械排风系统（AV/MV）中风量分配的基本计算方法和步骤，包括引言、设计方案、设计准则、系统选择、管道材料及安装、测试及试运转、维护及清洁七节内容以及风管参考尺寸、空间余隙、最大允许空气泄漏率、风机类型及其效率概要、防火方法、计算示例六个附录。本章仅针对风管而不包括水管，相关水管的要求分散在其他章，如供暖、制冷与制冷机组等章中。

本章主要内容包括：（1）风管设计应考虑的主要问题；（2）风管设计遵循的主要标准法规；（3）系统选择，考虑整个寿命周期的经济和能耗效益；（4）安装与维护，保证系统高效运行。本章使用对象为具有建筑物理相关专业知识背景的设计人员，所以大量的数学公式推导过程的详细步骤没有给出，有关管道压降和配件的数据编制在GIBSE Guide C：Reference data中。本章没有对通风管的构建进行详细说明，在英国，供热与通风研究协会编制的通风管说明书中有这方面的叙述。

第4章　制冷与制冷机组

这一章主要是对制冷剂及制冷系统等方面给予指导，包括引言、设计方案、要求、系统选择、设备五节内容以及制冷剂数据汇总、制冷剂的压焓图两个附录。

英国作为全球积极应对气候变化的国家之一，在其建筑系统设计阶段非常重视建筑碳排放测算。设计师在选择制冷系统和设备前，需综合考虑用户需求、系统能效、环境影响、与其他系统联合运行、寿命周期、运行维护难度和成本等。本章对十几种制冷系统和方式进行了介绍，包括电磁制冷、光制冷、涡流制冷等。

第 5 章　暖通空调系统的消声与隔振

这一章替代了 1986 年版 CIBSE Guide B 的 B12 部分。本章主要内容包括：总结暖通空调系统中噪声与振动问题，包括典型噪声源及其特征、噪声传播途径及传播途径的控制；建筑设备中的噪声源，包括风机、栅格、风机盘管、水泵等、设备机房的噪声控制；气流噪声——管道内噪声的再生；管道内噪声传递的控制；房间的声音等级；噪声的往复传播；暖通空调系统的噪声要求；噪声预测；振动问题和控制，包括振动的基本原理和振动的控制、振动扩散的分析仪器、振动极限等；消声和隔振导则摘要。

表 6-1　目　录　概　览

1	Heating	供暖
1.1	Introduction	引言
1.2	Strategic design decisions	策略性设计
1.3	Design criteria	设计准则
1.3.1	General	概述
1.3.2	Internal climate requirements	室内微气候要求
1.3.3	Design room and building heat loss calculation	房间和建筑的设计热负荷计算
1.3.4	"Buildability","commissionability" and"maintainability"	"建筑"、"移交" 和 "维护"
1.3.5	Energy efficiency targets	节能目标
1.3.6	Life cycle issues	生命周期问题
1.4	System selection	系统选择
1.4.1	Choice of heating options	供热设备的选择
1.4.2	Energy efficiency	能源效率
1.4.3	Hydronic systems	水循环供热系统
1.4.4	Steam systems	蒸汽系统
1.4.5	Warm air systems	热风采暖系统
1.4.6	Radiant systems	辐射采暖系统
1.4.7	Plant size ratio	设备容量比
1.5	Plant and equipment	设备及装置
1.5.1	Equipment for hydronic systems	水循环系统所用的设备
1.5.2	Equipment for steam systems	蒸汽系统设备
1.5.3	Equipment for warm air systems	暖气系统设备
1.5.4	Rediant heaters	辐射加热器
1.5.5	Chimneys and flues	烟囱通道
1.5.6	Corrosion in boilers, flues and chimneys	锅炉、管道和烟囱的腐蚀
1.6	Fuels	燃料
1.6.1	Classification and properties of fuels	燃料的分类和特性
1.6.2	Factors affecting fuel choice	影响燃料选择的因素
1.6.3	Handling and storage of fuels	处理和存储燃料
	References	参考文献
	Appendix 1.A1：Example calculations	附录 1.A1：计算示例
	Appendix 1.A2：Sizing and heights of chimneys and flues	附录 1.A2：烟囱与烟道的尺寸和高度的计算

续表 6-1

2	Ventilation and air conditioning	通风与空气调节
2.1	Introduction	引言
2.2	Integrated apporach	综合措施
2.2.1	Introduction	简介
2.2.2	Establishing key performance requirements	确定主要的性能要求
2.2.3	Interaction with fabric/facilities	与结构/设备的作用关系
2.2.4	Purpose of ventilation systems	通风系统设计的目的
2.2.5	Choice of ventilation strategy	通风方案的选择
2.3	Requirements	要求
2.3.1	Introduction	概述
2.3.2	Offices	办公楼
2.3.3	Assembly halls and auditoria	集会大厅和大礼堂
2.3.4	Atria	中庭
2.3.5	Broadcasting studios (radio and TV)	广播室
2.3.6	Catering and food processing	饮食供给和食物处理
2.3.7	Cleanrooms	洁净室
2.3.8	Communal residential buildings	居住建筑
2.3.9	Computer rooms	电脑机房
2.3.10	Dwellings (including high rise)	住宅建筑(包括高层)
2.3.11	Factories and warehouses	工厂和仓库
2.3.12	High rise buildings(non-domestic)	高层建筑(非居住建筑)
2.3.13	Hospitals and health care buildings	医院和健康护理建筑
2.3.14	Hotels	大酒店
2.3.15	Industrial ventilation	工业通风
2.3.16	Laboratories	实验室
2.3.17	Museums, libraries and art galleries	博物馆、图书馆和艺术陈列馆
2.3.18	Plant rooms	工作间
2.3.19	Schools and educational buildings	学校及教育性质的建筑
2.3.20	Shops and retail premises	商店和零售部门
2.3.21	Sports centres	运动中心
2.3.22	Toilets	卫生间
2.3.23	Transportation buildings and facilities	交通建筑和设备
2.3.24	Miscellaneous sectors	混合部分
2.4	Systems	系统
2.4.1	Introduction	介绍
2.4.2	Room air distribution strategies	房间送风策略
2.4.3	Natural ventilation systems design	自然通风系统设计
2.4.4	Mechanical ventilation systems design	机械通风系统设计
2.4.5	Mixed mode systems design	混合模式系统的设计
2.4.6	Comfort cooling and air conditioning	舒适性冷却和空气调节
2.4.7	Night cooling and thermal mass	夜间制冷与蓄热质

续表 6-1

2.4.8	Chilled cellings/chilled beams	冷却顶板/冷却梁
2.4.9	Cooled surfaces(floors and slabs)	冷却表面(地板和楼板面)
2.4.10	Desiccant cooling systems	干燥剂冷却
2.4.11	Dual duct and hot deck/cold deck systems	双风和冷/热板系统
2.4.12	Evaporative cooling (direct and indirect)	蒸发冷却(直接和间接的)
2.4.13	Fan coil units	风机盘管
2.4.14	Ground cooling(air)	地源冷却(空气)
2.4.15	Ground cooling(water)	地源冷却(水)
2.4.16	Heat pumps	热泵(注意：湿度调节可见 2.5.10 节)
2.4.17	Induction units	诱导系统
2.4.18	Room air conditioners	房间空气调节器
2.4.19	Single duct constant air volume systems	单管定空气流量系统
2.4.20	Single duct variable air volume (VAV) systems	单管变空气流量(VAV)系统
2.4.21	Split systems	分体式系统
2.4.22	Sea/river/lake water cooling	海水/河水/湖水冷却
2.5	Equipment	设备
2.5.1	Introduction	说明
2.5.2	Ventilation air intake and discharge points	通风入口和排放点
2.5.3	Natural ventilation devices	自然通风设备
2.5.4	Exhaust systems	排风系统
2.5.5	Mixing boxes	混合箱
2.5.6	Heat recovery devices	热回收装置
2.5.7	Air cleaners and filtration	空气净化器和过滤器
2.5.8	Air heater batteries	空气加热器
2.5.9	Air cooler batteries	空气冷却器
2.5.10	Humidfiers	加湿器
2.5.11	Fans	风机
2.5.12	Air control units	空气控制机组
2.5.13	Air terminal devices	空气末端装置
	References	参考文献
	Appendix 2. A1：Techniques for assessment of ventilation	附录 2. A1：通风评价技术
	Appendix 2. A2：Psychrometric processes	附录 2. A2：传湿过程
3	Ductwork	风管
3.1	Introduction	引言
3.1.1	General	概述
3.1.2	Symbols, definitions and abbreviations	符号、定义和缩写形式
3.2	Strategic design issues	设计方案
3.2.1	Introduction	引言
3.2.2	Classification of ductwork systems	通风管网系统的分类
3.2.3	Ductwork sections	风管截面

续表 6-1

3.2.4	Layout	布局设计
3.2.5	Spatial requirements	空间要求
3.2.6	Aesthetics	风管的美学处理
3.2.7	Approximate sizing	尺寸
3.2.8	Interaction with structure/building form	结构/建筑形式的影响
3.2.9	Zoning	分区
3.2.10	Ductwork testing and air leakage limits	管道检测和漏气量限制
3.2.11	Fan power energy requirements	风机功率和能源需求
3.2.12	Environmental issues	环境问题
3.2.13	Fire issues	消防
3.2.14	Weight of ductwork	管网重量
3.2.15	Testing and commissioning	测试及试运转
3.2.16	Cleaning	清洁
3.2.17	Controlling costs	成本控制
3.3	Design criteria	设计准则
3.3.1	Introduction	简介
3.3.2	Duct air velocities	管道中的空气流速
3.3.3	Legislation	法规
3.3.4	Health and safety	健康与安全
3.3.5	Airflow in ducts	管道中的空气流速
3.3.6	Heat gains or losses	得热与散热
3.3.7	Condensation and vapour barriers	凝结和隔汽层
3.3.8	Air leakage	空气渗透
3.3.9	Air leakage testing	漏风测试
3.3.10	Access for inspection, maintenance and cleaning	入口的观察、维护和清洁
3.3.11	Noise form ductwork and HVAC plant	管道噪声和 HVAC 设备
3.3.12	Fire issues	管道压力
3.3.13	Supports and fixings	支撑和设备安装
3.3.14	Overseas work	国外要求
3.4	System Selection	系统选择
3.4.1	Introduction	简介
3.4.2	Duct sizing criteria	管道型号的标准
3.4.3	Principles of design	设计原则
3.4.4	Ductwork sizing process	管道型号连接步骤
3.4.5	Computer-based sizing methods	以计算机为基础的选择型号的方法
3.4.6	Ductwork connections	管网系统连接
3.4.7	Flow regulation	气流组织
3.4.8	Passive stack ventilation	被动通风系统
3.5	Duckwork materials and fittings	管道材料以及安装
3.5.1	Ductwork materials	管道材料
3.5.2	Weights and thicknesses of ductwork materials	管材的重量和材料

续表 6-1

3.5.3	Fittings, dampers and ancillaries	装置、阀门及其他
3.5.4	Protective coverings	防护罩
3.5.5	Connections to building openings	建筑开口
3.5.6	Sensors	传感器
3.6	Testing and commissioning	测试及试运转
3.6.1	Introduction	概述
3.6.2	Design provision to facilltate commissioning	易于试运转的设计
3.6.3	Test holes	孔洞实验
3.7	Maintenance and cleaning	维护以及清洁
3.7.1	Introduction	简介
3.7.2	Legislation	法定规则
3.7.3	Maintenance	维护
3.7.4	Design for cleaning	清洁工作的设计
3.7.5	Air quality and healty issues	空气品质及健康问题
3.7.6	New ductwork construction	新管道的敷设
3.7.7	Installation	安装
3.7.8	Existing ductwork	已有的管网
3.7.9	Dust deposition	尘土堆积
3.7.10	Moisture	湿气
3.7.11	Inspectio	检查
3.7.12	Cleaning methods	清洁方法
	References	参考文献
	Bibliography	索引
	Appendix 3.A1: Recommended sizes for ductwork	附录 3.A1: 风管参考尺寸
	Appendix 3.A2: Space allowances	附录 3.A2: 空间余隙
	Appendix 3.A3: Maximum permissible air leakage rates	附录 3.A3: 最大允许空气泄漏率
	Appendix 3.A4: Summary of fan types and efficiencies	附录 3.A4: 风机类型及其效率概要
	Appendix 3.A5: Methods of fire protection	附录 3.A5: 防火方法
	Appendix 3.A6: Example calculations	附录 3.A6: 计算示例
4	Refrigeration and heat rejection	制冷与制冷机组
4.1	Introduction	引言
4.1.1	General	总则
4.1.2	Overview of section 4	概述
4.2	Design strategies	设计方案
4.2.1	Introduction	引言
4.2.2	End-user requirements	终端用户的要求
4.2.3	Energy efficiency and environmental issues	能效及环境因素
4.2.4	Interaction with building fabric, services and facilities	建筑维护结构、公共设备及设施的相互作用
4.2.5	Choice of refrigeration and heat rejection strategy	制冷方案的选择
4.2.6	Associated systems	辅助系统

续表 6-1

4.2.7	Reliability	可行性
4.2.8	Whole-life costs	全生命周期费用
4.2.9	Procurement issues	采购
4.2.10	Commissioning	试运行
4.2.11	Operation	运行
4.2.12	Maintenance	维护
4.2.13	Future needs	未来需求
4.3	Requirements	要求
4.3.1	Introduction	引言
4.3.2	Safety	安全
4.3.3	Noise	噪声
4.3.4	Pollution	污染
4.3.5	Energy efficiency	能效
4.3.6	Building Regulations	建筑规范
4.3.7	Maintenance	维护
4.3.8	Building structure and layout	建筑结构和布局
4.3.9	Aesthetics	美学要求
4.4	System selection	系统选择
4.4.1	Introduction	引言
4.4.2	Refrigeration and heat rejection systems	制冷和制冷机组
4.4.3	Free cooling	自由冷却
4.4.4	Vapour compression refrigeration	蒸发压缩制冷
4.4.5	Absorption refrigeration	吸收式制冷
4.4.6	Heat dissipation ratio	热效率
4.4.7	Secondary coolants	二次冷冻机
4.4.8	Evaporative cooling	蒸发冷却
4.4.9	Desiccant enhanced cooling	干燥剂强化制冷
4.4.10	Ice storage systems	冰蓄冷系统
4.4.11	Other refrigeration technology	其他制冷技术
4.5	Equipment	设备
4.5.1	Introduction	引言
4.5.2	Refrigeration system components	制冷系统组件
4.5.3	Driect expansion (DX) systems	直接蒸发式(DX)系统
4.5.4	Water chillers	水冷机组
4.5.5	Heat rejection and cooling water equipment	热消耗和水冷设备
4.5.6	Controls	控制
	References	参考文献

续表 6-1

	Appendix 4. A1：Summary data for refigerants	附录 4. A1：制冷剂数据汇总
	Appendix 4. A2：Pressure-enthalpy charts for refrigerants	附录 4. A2：制冷剂的压焓图
5	Noise and vibration control for HVAC	暖通空调系统的消声与隔振
5. 1	Introduction	引言
5. 1. 1	General	概论
5. 1. 2	Overview of section 5	总论
5. 1. 3	Noise from HVAC systems	暖通空调系统的噪声
5. 2	Summary of noise and vibration problems from HVAC	暖通空调系统中噪声与振动问题的总结
5. 2. 1	Typical sources of HVAC noise and their characteristics	暖通空调系统中的典型噪声源和它们的特征
5. 2. 2	Transmission paths	传播路径
5. 2. 3	Control of the transmission paths	传播路径的控制
5. 3	Noise sources in building services	建筑设备中的噪声源
5. 3. 1	Fans	风机
5. 3. 2	Variable air volume (VAV) systems	变风量系统(VAV)
5. 3. 3	Grilles and diffusers	栅格和散流器
5. 3. 4	Roof-top units	屋顶装置
5. 3. 5	Fan coil units	风机盘管
5. 3. 6	Chillers，compressors and condensers	蒸发器、压缩机和冷凝器
5. 3. 7	Pumps	水泵
5. 3. 8	Stand-by generators	备用发电机
5. 3. 9	Boilers	锅炉
5. 3. 10	Cooling towers	冷却塔
5. 3. 11	Lifts	电梯
5. 3. 12	Escalators	自动扶梯
5. 4	Noise control in plant rooms	设备机房的噪声控制
5. 4. 1	Healty and safety	健康与安全问题
5. 4. 2	Breakout noise from plant rooms	从设备机房传出的噪声
5. 4. 3	Break-in noise in plant rooms	设备机房的干扰噪声
5. 4. 4	Estimation of noise levels in plant rooms	设备机房的噪声等级估计
5. 5	Regeneration of noise in ducts	气流噪声-管道内噪声的再生
5. 5. 1	Airflow generated noise	空气流动产生的噪声
5. 5. 2	System effects on regeneration of noise	系统对再生噪声的影响
5. 5. 3	Silencers	消声器
5. 6	Techniques for control of noise transmission in ducts	管道内噪声传递的控制
5. 6. 1	Duct components	管道组件
5. 6. 2	Unlined straight ducts	无衬里的直管段
5. 6. 3	Lined straight ducts	加衬里的直管段
5. 6. 4	Duct bends	弯头

续表 6-1

5. 6. 5	Duct take-offs	三通管
5. 6. 6	End reflection loss	末端的反射损失
5. 6. 7	Passive silencer and plenums	被动消声器与静压箱
5. 6. 8	Active silencers	主动消声器
5. 6. 9	Use of fibrous sound absorbing materials in ducts	纤维吸收材料在管道中的应用
5. 6. 10	Duct breakout noise	管路噪声
5. 7	Room sound levels	房间的声音等级
5. 7. 1	Behaviour of sound in rooms	房间内的声音情况
5. 7. 2	Determination of sound level at a receiver point	在接收点声音等级的测量
5. 7. 3	Source directivity	声源的方向性
5. 7. 4	Sound transmission between rooms	各房间之间的声音传播
5. 7. 5	Privacy and cross talk	隐秘谈话和串话
5. 7. 6	Sound in large reverberant spaces	大回响空间的声音
5. 8	Transmission of noise to and from the outside	噪声的往复传播
5. 8. 1	Transmission of noise to the outside and to other rooms	噪声向外界和其他房间传播
5. 8. 2	Transmission of external noise to the inside	外部噪声向建筑内部的传播
5. 8. 3	Naturally ventilated buildings	自然通风建筑
5. 9	Criteria for noise in HVAC systems	暖通空调系统的噪声要求
5. 9. 1	Objective	目的
5. 9. 2	Approaches	方法
5. 9. 3	ASHRAE approach	ASHRAE 的方法
5. 9. 4	Review	回顾
5. 9. 5	Criteria for design and commissioning	设计和试行要求
5. 10	Noise prediction	噪声预测
5. 10. 1	System noise	系统噪声
5. 10. 2	Noise to atmosphere	噪声传播到大气
5. 11	Vibration problems and control	振动问题和控制
5. 11. 1	Introduction	说明
5. 11. 2	Fundamentals of vibration and vibration control	振动的基本原理和振动的控制
5. 11. 3	Rating equipment for vibration emission	振动扩散的分析仪器
5. 11. 4	Vibration limits	振动极限
5. 11. 5	Common types of vibration isolator	振动隔离器的一般类型
5. 11. 6	Practical examples of vibration isolation	振动隔离的实例
5. 12	Summary	消声和隔振导则摘要
5. 12. 1	Noise in HVAC systems	HVAC 系统的噪声
5. 12. 2	Vibration in HVAC systems	HVAC 系统的隔振
	References	参考文献
	Appendix 5. A1: Acoustic terminology	附录 5. A1：声学术语
	Appendix 5. A2: Generic formulae for predicting noise from building services plant	附录 5. A2：预测建筑系统装置噪声的常用公式

续表 6-1

	Appendix 5. A3：Interpreting manufacturers' noise data	附录 5. A3：解释设备制造厂家的噪声数据
	Appendix 5. A4：Basic techniques for prediction of room noise levels form HVAC systems	附录 5. A4：预测暖通空调系统房间噪声水平的基本方法
	Appendix 5. A5：Noise instrumentation	附录 5. A5：所使用的噪声仪器
	Appendix 5. A6：Vibration instrumentation	附录 5. A6：测量振动的仪器
	Appendix 5. A7：Direct and reverberant sound in a room	附录 5. A7：房间内的直接声和回响声
	Appendix 5. A8：Noise criteria	附录 5. A8：噪声标准

7 气象设计辅助工具——设计罗盘

CIBSE 发布了在线的气象设计辅助工具“设计罗盘”(Design COMPASS)，主要是协助年轻的设计师按照一套成熟的设计流程进行建筑设备的设计。近些年来欧盟能效要求的不断提高以及应对气候变化的需要等都对建筑设备的设计提出了新的要求，设计罗盘正是帮助设计师应对这种设计日益复杂的趋势。

设计罗盘提供了一个一致的设计程序和被认可的设计过程，指导设计师获得现在以及未来的气候气象数据信息，也提供了现有 CIBSE 导则和其他有用信息的链接。同时，工具也请设计人员对未来 CIBSE 导则的改进提出建议，这使得 CIBSE 导则将更符合设计者的需求。

设计罗盘并不是提供全套的建筑设备设计信息，而是旨在与天气相关的信息。设计罗盘分为供热、空调、通风、照明、健康、电气六大块内容，每块内容给出了设计过程中的不同任务内容，并给出了进一步了解有关选择和使用天气数据的链接。

8 辅助软件

英国暖通空调计算机辅助设计软件的开发始于 20 世纪 70 年代末及 80 年代初，目前暖通空调设计软件近 100 种，主要可分为空调及通风类、通风管道设计及分析类、能量计算类、供热设计类、制冷系统设计类、排烟防火类及其他类总共七大类。计算机辅助设计软件在建筑设计院中普遍应用。

其中，Hevacomp 及 Cymap 公司的 CAD Link 是目前英国设计院中普遍使用的两套建筑设备设计软件，可以完成负荷计算、能耗分析、系统设计、管道及风道设计、噪声计算以及防火报警系统设计等。设计人员普遍反映，这两套软件在 Windows 系统下运行，使用较为方便，设计计算可信度较高，尤其是与 AutoCAD 相集成，使建筑图形输入更为方便。

英国主要暖通空调设计辅助软件详见表 8-1 介绍。

表 8-1　英国主要暖通空调设计辅助软件

类别	软件名称	公司	主要功能	运行系统	价格
空调及通风	AC CALC	Adacam Ltd	热负荷计算	Windows 3.1+	£199+VAT
	Air change rate/ crackage ventilation	Institute of Domestic Heating & Environment	气流及渗透风热损失计算	MS DOS	£60
	BREEZE	BRE Ltd	多层建筑通风设计及气流计算	MS DOS	£450+VAT
	BREVENT	BRE Ltd	住宅建筑通风量预测计算		£200+VAT
	BREWS	BRE Ltd	风压计算	Windows 3.1+	£350+VAT
	CAD link Psychro	Cymap Ltd	焓湿图，空气处理系统设计	Windows NT	—
	CHART	Hevacomp Ltd	焓湿图，空气处理系统设计	MS DOS, Windows 3.1+	—
	CRACK	Hevacomp Ltd	渗透风计算	MS DOS, Windows 3.1+	—
	FREEVENT	Diamant Technical	通风设计	MS DOS	£60
	GRILLE	Hevacomp Ltd	侧墙送风口设计及气流计算	MS DOS, Windows 3.1+	—
	INFIL	Hevacomp Ltd	室外空气渗透率计算	Windows 3.1+	—
	Moist for Windows	Business Edge Ltd	热湿处理系统设计	Windows	—
	OBSTRUCT	Cymap Ltd	周围建筑遮阳计算	Windows NT	—
	SHADOW	Hevacomp Ltd	周围建筑遮阳计算	MS DOS, Windows 3.1+	—
	SOLAR	Diamant Technical	通过窗户的逐月及全年太阳辐射计算	MS DOS, Windows	£60
	SOLAR	Hevacomp Ltd	太阳角计算	MS DOS, Windows	—
	SUMTEMP	Cymap Ltd	夏季室内逐时空气温度计算及通风设计	Windows, NT4	—
	SUNHEAT	Diamant Technical	太阳辐射计算	MS DOS3-21	£60
	VENT AIR	Diamant Technical	满足健康舒适要求的通风计算	MS DOS	£60
通风管道设计及分析	CAD Link Duct	Cymap Ltd	通风管道设计	Windows, NT	—
	DUCT	Hevacomp Ltd	通风管道设计	MS DOS, Windows	—
	DUCT Design Program	Carrier Air-Conditioning Ltd	通风系统设计	DOS	£300+VAT
	ME DUCT WORK	Hevacomp Ltd	二维及三维空调系统管道设计	MS DOS, Windows	—

续表 8-1

类别	软件名称	公司	主要功能	运行系统	价格
能量计算	BRE- ADMIT	BRE Ltd	冷热负荷计算及室温预测	Windows，NT4	£100+VAT
	CIBS	Hevacomp Ltd	建筑能耗计算	Windows 3.1+	—
	CAD Link Energy	Cymap Ltd	负荷计算及能耗分析	Windows，NT4	—
	BLOCK LOAD LITE	Carrier Air-Conditioning Ltd	负荷计算及设备容量选择	MS DOS	£175+VAT
	DESIGN DATABASE	Hevacomp Ltd	逐房间负荷及能耗计算	MS DOS，Windows 3.1+	—
供热设计	CAD Link H& C	Cymap Ltd	冷热水管网系统设计	Windows，NT4	—
	ECON	Hevacomp Ltd	最经济保温层厚度计算	MS DOS，Windows 3.1+	—
	ME PIPE SERVICES	Hevacomp Ltd	冷热水管网系统绘图	Windows	—
	RADNET	Diamant Technical	供热系统及散热器选择计算	MS DOS3-21	£60
	RAD	Cymap Ltd	散热器选择计算	Windows，NT4	—
制冷系统设计	REFRIGERANT PIPE DESIGN	Carrier Air-Conditioning Ltd	冷冻站管道设计计算	DOS V 3.00+	£150+VAT
	FLAMINGO	Business Edge Ltd	冷冻站设计	DOS	—
排烟防火	ALARM	Hevacomp Ltd	火警系统设计	Windows 3.1+	-
	ASKFRS	BRE Ltd	排烟防火系统设计	MS DOS	£100+VAT
	SPRAY	A. A shfield Ltd	消防水系统设计	MS DOS V3.3	£1000
其他	Hevacomp	Hevacomp Ltd	建筑设备工程设计集成软件	Windows 95+	—
	CAD Link	Cymap Ltd	建筑设备工程设计集成软件	Windows 95+	£6950
	APFA-APACHE	Integrated Environmental Solution Ltd	建筑热过程模拟分析	Windows 95+	—
	TAS	Environmental Design Simulation Ltd	建筑模拟分析（热模拟、气流模拟）	Windows NT4+	£1600（第1年使用）

注：VAT为消费税。

9 参考文献

[1] 李百战，罗庆．供热、通风、空调和制冷工程(译稿)[M]重庆：重庆大学出版社，2008.

[2] 姚润明，安德鲁·米勒，肯尼斯·伊普．英国暖通空调计算机辅助设计软件应用介绍及分析[J]. 暖通空调．2001，31(2)：34-37.